詳解 EMC工学
実践ノイズ低減技法

Henry W. Ott
ヘンリー W オットー 著

Deguchi Hirokazu *Tagami Masateru* *Takahashi Takehiro*
出口博一　田上雅照　高橋丈博 監訳

Electromagnetic Compatibility Engineering

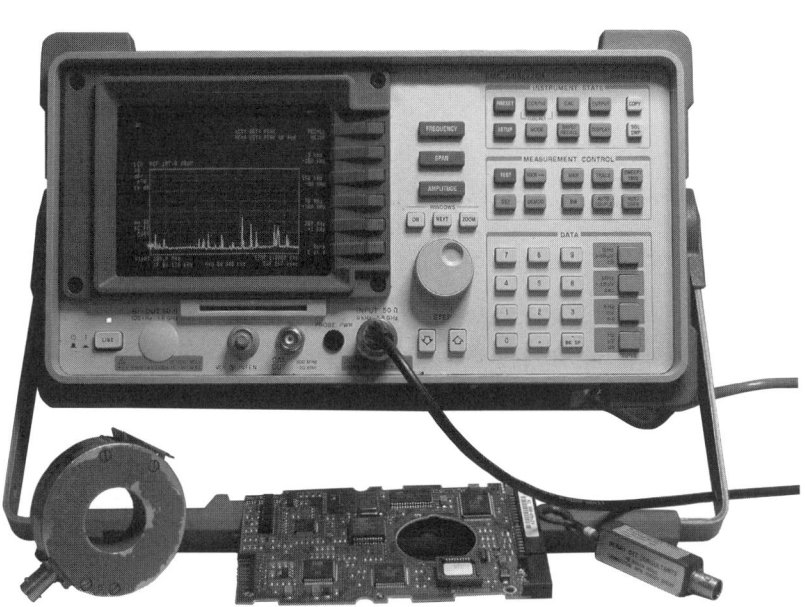

TDU 東京電機大学出版局

Electromagnetic compatibility engineering
by Henry W. Ott.
Copyright © 2009 by John Wiley & Sons, Inc.
Translation Copyright © 2013 Tokyo Denki University Press.
All rights reserved.

Japanese translation rights arranged with
John Wiley & Sons International Rights, Inc.
through Japan UNI Agency, Inc., Tokyo

序文

本書は前著『Noise Reduction Techniques in Electronic Systems』の3版として書き始めたが，内容が豊富になったのでタイトルも変更した．原著の12章のうち9章を完全に書き直した．さらに，新しく6章を追加し，付録を新しく2章追加し，600ページが新しいか，改訂された部分である（新しい図342枚を含む）．

新しい題材の大部分は Electromagnetic Compatibility（EMC）Engineering の理論を実際の回路に適用することに関している．それは，EMC コンサルタントとしての私の経験と，20年以上にわたる EMC 訓練セミナー教育実績に基づくもので，実際の役に立つものである．

設計技術者が直面する困難な問題は EMC（電磁環境両立性）と規格適合問題である．これらの問題は，通常学校では教えられないので，技術者の多くは，これらの問題の取り扱いに苦労する．EMC 問題の解決策は，試行錯誤のみで行われ，理論的理解は行われない傾向にある．しかしそのような努力は非常に時間の浪費であり，その解決策は不満足なものであることが多い．

それは不幸なことと言わざるを得ない．EMC 問題に含まれる原理の大部分は単純かつ基礎的物理で説明できるからである．本書はこのように理論的な背景から問題を理解することを意図して書かれている．

本書は，電子機器やシステムの設計で，EMC と規格適合問題に直面する実務技術者のものである．この本は EMC エンジニアリングの実務に焦点をおき，EMC 放射と EMC イミュニティの両者をカバーしている．本書の内容は，低い周波数は可聴周波数帯から高い周波数は GHz 帯までカバーしており，アナログ回路とデジタル回路の両方に適用できる．本書の力点の一つは費用対効果の高い EMC 設計であり，数学的な厳密さは極力少なくした．本書により，電磁環境に適合する電子機器設計と国内，国際 EMC 規制に適合する電子機器設計の知識を習得することができる．

本書は電磁環境適合性に関する上級レベルや生涯学習教育コースでの教科書としても使用できる．各章の終わりに理解度判定用の問題を251用意し，略解は付録Fに記載した．

本書は二部構成からなり，第一部は **EMC 理論**で第1章～第10章，第二部は **EMC 応用編**で第11章～第18章からなる．さらに6つの付録を含む．

本の構成は以下の通り．

第 1 章：電磁環境適合性に関する導入部で，国内，国際 EMC 規格，ヨーロッパ連合規格，FCC と米軍規格を含む．

第 2 章：電磁界のケーブル結合とクロストーク，および遮蔽と接地法．

第 3 章：安全，電力，信号とハードウエア/システムの接地法。

第 4 章：バランス法，フィルタリング法，差動アンプ，低周波アナログ回路のデカップリング。

第 5 章：受動素子と性能に影響する素子の非理想的特性，抵抗，コンデンサ，インダクタ，フエライトビーズ，導体と伝送線路を含む。

第 6 章：金属シートとプラスチックの導電塗装の遮蔽効果の解析と遮蔽効果に対する開口部の影響。

第 7 章：リレーとスイッチの接点保護。8 章と 9 章は部品と能動素子の内部ノイズ源を論議する。

第 8 章：部品固有のノイズ源，熱雑音，ショット雑音。

第 9 章：能動素子のノイズ源。
第 10 章，第 11 章，第 12 章はデジタル回路に付随する電磁環境適合性をカバーする。

第 10 章：デジタル回路の接地を検証，グランドプレーンのインピーダンスとデジタル論理回路の電流の流れを論議。

第 11 章：デジタル回路の電源分配とデカップリング。

第 12 章：デジタル回路の放射メカニズム，コモンモードと差動モード。

第 13 章：交流と直流電源線上の伝導雑音，およびスイッチング電源，可変速モータドライブに伴う EMC 問題。

第 14 章：無線周波と過渡イミュニティおよび電磁環境の論議。

第 15 章：電子機器設計における静電気放電に対する保護を扱い，三方面からのアプローチすなわち機械的，電気的，ソフトウェア設計の重要性に焦点を当てている。

第 16 章：プリント基板の配置と積層法。

第 17 章：ミックスドシグナル（アナログとデジタル）回路基板の仕切り，接地と配置の困難な問題を扱う。

第 18 章：事前適合 EMC 測定法，製品開発の実験室で簡単，安価な測定装置を用いて測定可能とする測定法に関し，製品の EMC 性能に結びつく。

　各章の終りには，その章で論議した最も重要な点の要約と読者の訓練用として多くの問題を提示した。また，主題に関する追加情報を必要とする人の為に，各章に参考文献と参考書を掲載している。

補充の情報が 6 個の付録に含まれている。

付録 A：デシベル。

付録 B：製品からの放射を最大にする 10 の方法。

付録 C：薄い遮蔽の中での磁界の多重反射を導く方程式。

付録 D："皆に分かるダイポール（Dipoles for Dummies）" はダイポールアンテナがどのように機能するかの単純，洞察力に満ちた，直感的な論議。製品が電磁エネルギーを拾い上げ，放射するとき，それはアンテナである。したがって，基本的なアンテナ理論の理解は，全ての技術者特に EMC 技術者にとって助けになる。

付録E：重要であるが良く理解されていない，部分インダクタンスについて説明する。

付録F：各章の末尾に掲載した問題の答えを提供する。

『Noise Reduction Techniques in Electronic Systems』を読んでコメントを寄せてくださったすべての人達に感謝したい。また，私に本書を書くことを勧めてくれた人達にも感謝の気持ちを捧げたい。John Celli, Bob German, Dr. Clayton Paul, Mark Steffka と Jim Brown の諸氏には特に感謝したい。本原稿の重要な部分に対し洞察力に富むレビューを寄せて下さり，EMC に関する実り多き論議と励ましをいただいた。諸氏のおかげで本書は良い本の一つになった。

本原稿の一部は Michigan-Dearborn 大学で Mark Steffka が教えた Electromagnetic Compatibility のクラスで 2007 年と 2008 年の各セメスターで使用された。これら 2 クラスの学生は多数のコメントと示唆をくれたので，私の心からの感謝を彼らに捧げたい（これらのコメントの多くは本書に反映されている）。特に，本書に入れた追加問題では彼らの助言は大きかった。さらに，James Styles 氏に感謝する。Mark Steffka と私の二人で Styles 氏のコメントは最も有益なものであったと意見が一致する。

最後に，本原稿の各所のレビューに時間を割いてくれ，有益なコメントと示唆を頂いた，私のすべての同僚に感謝します。

追加の技術情報，EMC に関する最新情報と本書に関する誤記訂正は Henry Ott Consultants の Web サイト（http://www.hottconsultants.com）にあります。

Henry W. OTT

Livingston, New Jersey
January 2009

訳者序文

本書は Henry W. Ott 氏の『Electromagnetic Compatibility Engineering』(John Wiley & Sons, 2009) を翻訳したものである。Ott 氏は電磁環境適合性 (EMC) の分野における専門家およびコンサルタントであり，AT & T ベル研究所勤務中とその離職後も，多忙なコンサルタントとして長年にわたり良く知られている。

Otto 氏の最初の著作『Noise Reduction Techniques in Electronic Systems』は 1977 年に書かれ，1988 年改訂第 2 版が発行された (翻訳版『増補改訂版実践ノイズ逓減技法』1990)。EMC 技術者にとってバイブル的存在であった。2 版における基本的情報は普遍的なものであるが，技術は格段に進歩し，記載された概念や解決策のいくつかは幾分時代遅れとなった。

本書は 2 版に含まれた主要な情報を維持しつつ新しいものとなっており，12 章の内 9 章を完全に書き直し，さらに 6 章を追加し付録を二つ追加，全体として本文 18 章と 6 つの付録からなる。アナログとデジタル及びミックスドシグナル回路の設計原理をカバーしており，オーディオから GHz までの周波数を含む。Ott 氏がコンサルタントとして長年集めた実際応用と理論のバランスを取り記載するよう努めて書かれている。理論は，製品設計技術者達が容易に理解できる内容なので，このテキストは専門コースの上級レベルのみならず初中級レベル用教科書としても適当である。

この本は現役の製品設計者のために書かれたものであり，理論だけを学ぼうとする人のためのものではない。理論を学ぶには，Clayton 氏の『Introduction to Electromagnetic Compatibility (2nd edition)』等をお勧めする。しかし本書は基本概念を理解するに十分な理論を含めて書かれている。適合問題を解決するために，理論をあまり深く調べる時間を持たない設計者にとって最良の本であると信ずる。基本を理解すれば，異なる事例でも適用可能な方法を見つけることができるだろう。

要約すると，EMC 設計に関する Ott 氏の新しい本は，平均的製品設計者が製品の電磁環境適合認定に成功するための優れた参考書であり，大いに推奨できる。

各章の概要：

以下の概要は『Noise Reduction Techniques in Electronic Systems (2nd edition)』との対比で違いを示す。

第 1 章—「電磁環境両立性」は規格，規則の節が改訂され，米国，カナダ，欧州と米軍の規格を含む。

第 2 章—「ケーブル配線」は少量の改訂を含み，ケーブルシールドとその終端に関し追加の情報を含む。

第 3 章—「グランウンド」は大幅に改定され，AC 電源分配，アースグラウンド，

信号グラウンドとシステムグラウンデングを含む。

第 4 章—「平衡化とフイルタリング」は適度な改訂で，ケーブルのバランス，コモンモード除去比（CMRR），負荷バランス，差動増幅器と測定用増幅器に関する多くの情報を含む。

第 5 章—「受動素子」には，長方形導体の抵抗とインダクタンスと伝送線路に関する新しい節が追加された。

第 6 章—「シールディング」。複数開口，伝達インピーダンス，継ぎ目，内部シールド，導電塗装と空洞共振に関する情報が追加された。

第 7 章—「接点の保護」。大部分は同じ文献が含まれ，過渡現象の抑圧と機械スイッチ及びトランジスタスイッチの接点保護及び誘導性負荷の断続をカバーする。

第 8 章—「固有雑音源」。変更なし，熱雑音，等価雑音帯域，ショット雑音，接点雑音，ポップコーン雑音とランダム雑音の測定をカバーする。

第 9 章—「能動素子のノイズ」。この章は大部分変更なし，ノイズ係数，信号対雑音比，ノイズ電圧電流の測定，直列段のノイズ指数，バイポーラとFETのノイズとオペアンプのノイズを扱う。

第 10 章—「デジタル回路の接地」。これは完全な書き直しで，以前のノイズ源とループ面積の情報を含むが，ストリップライン，非対称ストリップラインを用いた電源分配法に関する多くの情報とグラウンドプレーンインピーダンスと抵抗及びデジタル論理電流の流れを含む。

第 11 章—「デジタル回路の電源分配」（新規）。ここでDC電力分配の最良法に立ち入っている。過渡的負荷に関しそれを電源バスからデカップリングする方法と共に述べている。デカップリングコンデンサとデカップリング戦略をカバーする。複数デカップリングコンデンサ戦略（同じ値，異なる値）の利害得失について，B. Archambeault氏の研究に基づきカバーし，PC基板における埋め込みコンデンサについてある程度言及し電源供給の分離についても述べる。デカップリングコンデンサの搭載と配置の効果について説明している。

第 12 章—「デジタル回路の放射」。大部分は同じ文献であるが，差動モード放射の抑制に関しループ打ち消しと周波数拡散クロックの概念を追加した。コモンモード放射とその抑制法に関し重点を置いている，なぜならそれが，今日の製品からの主要な放射であるからである。コモンモード電流の測定法は18章に移動した（事前適合試験）。

第 13 章—「伝導妨害波」（新規）。これは先の本に対する主要なる追加である。電源線インピーダンス，LISN，スイッチング電源とそれにより発生するコモンモードと差動モードの雑音に関する文献を追加した。フィルタコンデンサのESLとESRの影響について整流器雑音とスナバ回路と共に論議する。電源線フィルタに関し漏洩インダクタンス，搭載法，磁気結合と共に1節を設けた。可変速モータ制御の節を設け，工業用制御回路の設計や電気自動車に関するホットな話題を含む。最後にアクティブ力率制御の論議

でこの章をまとめている。

第14章—「RFとトランジエントのイミュニティ」(新規)。ここにも,無線周波(RF),電気的高速過渡現象(EFT),静電気放電(ESD)と雷イミュニティをカバーする新たな章がある。RF電界に対する感受性を削減するための簡単なフイルタ・トポロジィを論議している。次にほかの主要な過渡波形:ESD,EFTと雷サージの記述に移動し,次に各種の抑圧回路網を論議する。電源線妨害(ディップと瞬断)に関する短い説明でまとめている。

第15章—「静電気放電」。適度に改定されたこの章は,各種形状の物体のエネルギー蓄積に関する論議を含む。装置の設計に関する節を再編成し拡張した,接地と非接地(携帯)製品のESDに対する保護手段に関する節を追加した。

第16章—「PCB配置と積層法」(新規)。これは全く新しい章である,前回の本で欠けていたものである。デジタルノイズの結合を削減するための部品配置と主要な回路の配置区分から論議を始め,クロックのような重要な信号とそのPC基板のI/O領域からの分離を論議する。グラウンドと電源プレーン中のスロットの重要な概念をそのリターン電流に対する影響と共に述べる。関連する話題として,リターン電流の基準プレーン変更を含む。この章の残り半分はPC基板設計者にとって重要な情報であり,4層から12層の基板の最良の積層法を含む。各積層例について「六つの設計目標」を確認している。

第17章—「ミックスドシグナルPCB配置」(新規)。ミックスドシグナル(アナログとデジタルの混在)に対するPCB設計は基板設計者にとって非常に困惑する問題である。プレーンの分割から論議を始め,分割したプレーン間のトレースの接続法を論議し,次にリターン電流経路に焦点を当て,二つの領域間を結合するリターン電流を確保する方法について述べる。A/DとD/AのコンバータのようなミックスドシグナルICに対するグラウンドと電源の配線とデカップリングも含まれる。最後に工業プロセス制御装置とその独特の問題(デジタル回路に入り込む低周波の過渡現象)を論議する。

第18章—「事前適合EMC試験」(新規)。この章は最新の卓上測定技法の幾つかで再編成し更新した。製品のEMCに対する健全性を評価するため試験所に搬送し適合性を測定する前に,簡単な事前適合試験を作業台で行うことを推奨している。氏の『作業台測定』に関する多くの公開セミナーから題材を取り込み磨き上げたものである。この章で新しいのはDouglas Smith氏設計の自家製受動平衡差動プローブである,異なるグラウンドピン間の差動ノイズ電圧の測定に用いる。試験法に関する情報は拡張され,電源線上のコモンモードと差動モードの電流の分離測定法を示す。彼はスペクトル分析とピーク,準尖頭値と平均値検波の違いを論議し,異なる試験にどの検波器を使うべきかを説明する。障害探索目的でFCCのクラスAとBの限度値と電気的に小さなアクティブアンテナによる1m放射雑音試験との相関を取る方法を述べている。章の残りは各種の過渡イミュニティ試

験を扱う。興味ある一つの例は，広帯域のノイズ源として Dremel® モータ工具の使用を薦めていることである。

いくつかの付録があり，有益な情報を含む。

付録A—「デシベル」。これは明確を期して書き直された。

付録B—「製品からの放射を最大にする，最良の方法10」（新規）。これは『からかい半分』の内容で，まずい設計例のリストである。

付録C—「薄いシールドでの磁界の多重反射」。これは再掲である。

付録D—「みんなに分かるダイポールアンテナ」（新規）。これは放射ダイポールアンテナの簡単な理論を含み，製品の中に広く見られる各種のダイポール構造を説明する。これは彼の評判の良い講演から引用されている。

付録E—「部分インダクタンス」（新規）。これは少し高度であるが，重要な，部分インダクタンスを導く理論である。この文献の大部分は Clayton Paul 氏の業績による。グラウンドプレーン上の電圧ドロップ測定実験の仕組みを含む。

付録F—各章末の演習問題に対する解答集である。

各章の終わりには要約と演習問題が含まれており，参考文献，参考図書と共に学習の助けとなる。

本書の翻訳はエレクトロニクス実装学会のメンバーの協力を得た。担当個所は訳者一覧に示す通りである。翻訳をするにあたり，疑問点は原著者に問い合わせ，修正を施した。数式上の誤りは殆ど皆無になったと思う。訳語の統一，言い回しの不明瞭点は監訳者，出口博一，田上雅照，高橋丈博の3名と東京電機大学出版局での重ねての推敲によりできるだけ少なくした。ご不明の箇所に気づかれたときにはご指摘いただきたい。

また，東京電機大学出版局の吉田拓歩氏には，翻訳の機会を頂くと共に，編集と出版に多大なる労をとって頂きました。心からの感謝の意を表します。

2013年5月

訳者代表　出口博一

訳者一覧（カッコ内は所属および担当章等）

　大森寛康（住友電気工業株式会社　第3, 8, 16章）
　菊地秀雄（ST-Lab　第4, 5, 10章）
　清野幹雄（株式会社エーイーティー　第17章）
　志賀章紀（株式会社JSOL　第2, 13章）
　高橋丈博（拓殖大学　監訳，付録）
　田上雅照（VCCI協会　監訳，第7, 11, 12章）
　田原啓輔（株式会社エーイーティー　第6, 15章）
　出口博一（EMCT研究会　監訳，序文，18章）
　奈良茂夫（富士ゼロックス株式会社　第1, 9, 14章）

目次

第1章　電磁環境両立性

- 1.1　はじめに …………………………………………………………………………… *1*
- 1.2　ノイズと妨害 ……………………………………………………………………… *1*
- 1.3　電磁環境両立性のための設計法 ………………………………………………… *2*
- 1.4　設計図面とEMC …………………………………………………………………… *3*
- 1.5　米国のEMC規制 …………………………………………………………………… *4*
  - 1.5.1　FCC規制　*4*
  - 1.5.2　FCC Part 15, サブパートB　*5*
  - 1.5.3　エミッション　*8*
  - 1.5.4　行政上の手続き　*11*
  - 1.5.5　感受性　*13*
  - 1.5.6　医療機器　*13*
  - 1.5.7　通信機器　*14*
  - 1.5.8　自動車　*14*
- 1.6　カナダのEMC要件 ………………………………………………………………… *15*
- 1.7　欧州連合（EU）のEMC要件 ……………………………………………………… *15*
  - 1.7.1　エミッション規格　*16*
  - 1.7.2　高調波とフリッカ　*17*
  - 1.7.3　イミュニティ要件　*18*
  - 1.7.4　指令と規格　*18*
- 1.8　国際的な整合 ……………………………………………………………………… *21*
- 1.9　軍用規格 …………………………………………………………………………… *22*
- 1.10　航空電子機器 ……………………………………………………………………… *23*
- 1.11　規制のプロセス …………………………………………………………………… *24*
- 1.12　代表的なノイズ経路 ……………………………………………………………… *24*
- 1.13　ノイズ結合の方法 ………………………………………………………………… *25*
  - 1.13.1　伝導性結合ノイズ　*25*
  - 1.13.2　共通インピーダンス結合　*25*
  - 1.13.3　電界と磁界の結合　*26*
- 1.14　その他のノイズ源 ………………………………………………………………… *26*
  - 1.14.1　ガルバニック作用（電食）　*26*
  - 1.14.2　電解作用　*28*
  - 1.14.3　摩擦電気効果　*28*
  - 1.14.4　導線の移動　*28*
- 1.15　回路理論の使用 …………………………………………………………………… *28*
- 要約 …………………………………………………………………………………………… *30*
- 問題 …………………………………………………………………………………………… *31*
- 参考文献 ……………………………………………………………………………………… *33*

参考図書 …… 34

第2章 ケーブル配線

- 2.1 容量性結合 …… 36
- 2.2 容量性結合におけるシールドの効果 …… 38
- 2.3 誘導性結合 …… 41
- 2.4 相互インダクタンスの計算 …… 43
- 2.5 磁気結合におけるシールドの効果 …… 44
  - 2.5.1 シールドと内部導線間の磁気結合　45
  - 2.5.2 磁気結合——開放された単線とシールドされた導線　48
- 2.6 磁界放射を防ぐためのシールド …… 50
- 2.7 磁界に対するレセプタのシールド …… 52
- 2.8 シールドの共通インピーダンス結合 …… 53
- 2.9 実験データ …… 54
- 2.10 選択シールドの例 …… 57
- 2.11 シールドの伝達インピーダンス …… 58
- 2.12 同軸ケーブルとツイストペア線 …… 59
- 2.13 編組シールド …… 61
- 2.14 らせんシールド …… 63
- 2.15 シールドの終端 …… 65
  - 2.15.1 ピグテール　65
  - 2.15.2 ケーブルシールドのグラウンド接続　67
- 2.16 リボンケーブル …… 73
- 2.17 電気的に長いケーブル …… 74
- 要約 …… 76
- 問題 …… 76
- 参考文献 …… 80
- 参考図書 …… 80

第3章 グラウンド接続

- 3.1 交流電力分配と保安グラウンド …… 83
  - 3.1.1 受電口（Service Entrance）　83
  - 3.1.2 分岐回路　85
  - 3.1.3 ノイズの抑制　87
  - 3.1.4 大地グラウンド　88
  - 3.1.5 絶縁グラウンド　89
  - 3.1.6 分離供給システム　91
  - 3.1.7 接地の俗説　91
- 3.2 信号グラウンド …… 92
  - 3.2.1 一点グラウンドシステム　96
  - 3.2.2 多点グラウンドシステム　98
  - 3.2.3 共通インピーダンス結合　99
  - 3.2.4 複合グラウンド　100
  - 3.2.5 シャーシグラウンド　101
- 3.3 装置やシステムのグラウンド接続 …… 102
  - 3.3.1 孤立システム　102
  - 3.3.2 群構成システム（Clustered Systems）　103
  - 3.3.3 分散システム　108

	3.4	グラウンドループ	111
	3.5	コモンモードチョークの低周波解析	115
	3.6	コモンモードチョークの高周波解析	118
	3.7	回路に対する一点グラウンド基準	119
要約			120
問題			121
参考文献			122
参考図書			122

第4章　平衡化とフィルタリング

- 4.1 平衡化 123
  - 4.1.1 コモンモード（ノイズ）除去比　*125*
  - 4.1.2 ケーブルの平衡化　*128*
  - 4.1.3 システムの平衡化　*129*
  - 4.1.4 平衡負荷　*130*
- 4.2 フィルタリング 135
  - 4.2.1 コモンモードフィルタ　*135*
  - 4.2.2 フィルタでの寄生効果　*139*
- 4.3 電源のデカップリング 139
  - 4.3.1 低周波アナログ回路のデカップリング　*143*
  - 4.3.2 増幅器のデカップリング　*145*
- 4.4 容量性負荷の駆動 146
- 4.5 システム帯域幅 148
- 4.6 変調と符号化 148

要約 148
問題 149
参考文献 150
参考図書 150

第5章　受動素子

- 5.1 コンデンサ 151
  - 5.1.1 電解コンデンサ　*152*
  - 5.1.2 フィルムコンデンサ　*153*
  - 5.1.3 マイカコンデンサとセラミックコンデンサ　*154*
  - 5.1.4 貫通コンデンサ　*156*
  - 5.1.5 コンデンサの並列化　*157*
- 5.2 インダクタ 158
- 5.3 トランス 159
- 5.4 抵抗器 160
  - 5.4.1 抵抗器のノイズ　*161*
- 5.5 導線 162
  - 5.5.1 円形導線のインダクタンス　*162*
  - 5.5.2 矩形導線のインダクタンス　*163*
  - 5.5.3 円形導線の抵抗　*164*
  - 5.5.4 矩形導線の抵抗　*165*
- 5.6 伝送線路 166
  - 5.6.1 特性インピーダンス　*169*
  - 5.6.2 伝搬定数　*171*

　　　　5.6.3　高周波損失　　*171*
　　　　5.6.4　C, L と ε_r 間の関係　　*173*
　　　　5.6.5　最終考察　　*174*
　5.7　フェライト……………………………………………………………………………*174*
　要約………………………………………………………………………………………*180*
　問題………………………………………………………………………………………*181*
　参考文献…………………………………………………………………………………*183*
　参考図書…………………………………………………………………………………*183*

第6章　シールディング

　6.1　近傍界と遠方界………………………………………………………………………*185*
　6.2　特性インピーダンスと波動インピーダンス………………………………………*186*
　6.3　シールド効果…………………………………………………………………………*188*
　6.4　吸収損失………………………………………………………………………………*189*
　6.5　反射損失………………………………………………………………………………*192*
　　　　6.5.1　平面波に対する反射損失　　*193*
　　　　6.5.2　近傍界領域における反射損失　　*194*
　　　　6.5.3　電界の反射損失　　*195*
　　　　6.5.4　磁界の反射損失　　*196*
　　　　6.5.5　反射損失の一般式　　*197*
　　　　6.5.6　薄板シールド内の多重反射　　*197*
　6.6　吸収，反射の複合損失………………………………………………………………*198*
　　　　6.6.1　平面波　　*198*
　　　　6.6.2　電界　　*199*
　　　　6.6.3　磁界　　*199*
　6.7　シールド方程式の要約………………………………………………………………*199*
　6.8　磁性材料によるシールド効果………………………………………………………*201*
　6.9　実験データ……………………………………………………………………………*203*
　6.10　開口部…………………………………………………………………………………*205*
　　　　6.10.1　複数の開口部　　*207*
　　　　6.10.2　継ぎ目　　*209*
　　　　6.10.3　伝達インピーダンス　　*213*
　6.11　遮断周波数以下の導波管……………………………………………………………*215*
　6.12　導電性ガスケット……………………………………………………………………*216*
　　　　6.12.1　異種金属の接合　　*217*
　　　　6.12.2　導電性ガスケットの取り付け　　*218*
　6.13　"理想的な"シールド…………………………………………………………………*220*
　6.14　導電性の窓……………………………………………………………………………*221*
　　　　6.14.1　透明な導電性皮膜　　*221*
　　　　6.14.2　ワイヤメッシュスクリーン　　*221*
　　　　6.14.3　窓の取り付け　　*222*
　6.15　導電性塗装……………………………………………………………………………*222*
　　　　6.15.1　導電性塗料　　*223*
　　　　6.15.2　火炎/アークスプレー　　*224*
　　　　6.15.3　真空蒸着　　*224*
　　　　6.15.4　無電解めっき　　*224*
　　　　6.15.5　金属箔の裏張り　　*225*
　　　　6.15.6　充填プラスチック　　*225*

6.16	内部シールド	225
6.17	空洞共振	227
6.18	シールドのグラウンド接続	227
	要約	228
	問題	229
	参考文献	230
	参考図書	230

第7章　接点の保護

7.1	グロー放電	232
7.2	金属蒸気放電またはアーク放電	233
7.3	交流回路と直流回路	234
7.4	接点の材料	235
7.5	接点の定格	235
7.6	突入電流の大きい負荷	236
7.7	誘導性負荷	237
7.8	接点保護の基礎	238
7.9	誘導性負荷での過渡現象の抑圧	241
7.10	誘導性負荷の接点保護回路	243
	7.10.1　C回路　　243	
	7.10.2　RC回路　　244	
	7.10.3　RCD回路　　245	
7.11	トランジスタスイッチで制御される誘導性負荷	246
7.12	抵抗性負荷での接点保護	247
7.13	接点保護の選択指針	247
7.14	例	248
	要約	249
	問題	250
	参考文献	250
	参考図書	250

第8章　固有雑音源

8.1	熱雑音	251
8.2	熱雑音の特性	254
8.3	等価雑音帯域幅	255
8.4	ショット雑音	257
8.5	接触雑音	258
8.6	ポップコーン雑音	259
8.7	雑音電圧の加算	260
8.8	ランダム雑音の測定	260
	要約	261
	問題	262
	参考文献	263
	参考図書	263

第9章　能動素子のノイズ

9.1	ノイズ指数（ノイズファクタ）	264
9.2	ノイズ指数の測定	266

  9.2.1　単一周波数法　*266*
  9.2.2　ノイズダイオード法　*267*
- 9.3　ノイズ指数からS/Nと入力ノイズ電圧を計算する方法 …………………………… *267*
- 9.4　ノイズ電圧とノイズ電流モデル ……………………………………………………… *268*
- 9.5　V_nとI_nの測定 ……………………………………………………………………… *271*
- 9.6　V_n-I_nによるノイズ指数とS/Nの計算 …………………………………………… *271*
- 9.7　最適なソース抵抗 ……………………………………………………………………… *272*
- 9.8　直列段のノイズ指数 …………………………………………………………………… *274*
- 9.9　ノイズ温度 ……………………………………………………………………………… *276*
- 9.10　バイポーラトランジスタのノイズ …………………………………………………… *277*
  9.10.1　トランジスタのノイズ指数　*278*
  9.10.2　トランジスタのV_n-I_n　*279*
- 9.11　電界効果トランジスタのノイズ ……………………………………………………… *279*
  9.11.1　FETのノイズ指数　*280*
  9.11.2　FETノイズのV_n-I_n表示　*281*
- 9.12　オペアンプのノイズ …………………………………………………………………… *281*
  9.12.1　オペアンプのノイズを規定する方法　*283*
  9.12.2　オペアンプのノイズ指数　*283*
- 要約 …………………………………………………………………………………………… *285*
- 問題 …………………………………………………………………………………………… *285*
- 参考文献 ……………………………………………………………………………………… *286*
- 参考図書 ……………………………………………………………………………………… *287*

第10章　デジタル回路のグラウンド接続

- 10.1　周波数領域と時間領域 ………………………………………………………………… *288*
- 10.2　アナログ回路とデジタル回路 ………………………………………………………… *289*
- 10.3　デジタル論理ノイズ …………………………………………………………………… *289*
- 10.4　内部ノイズ源 …………………………………………………………………………… *289*
- 10.5　デジタル回路のグラウンドノイズ …………………………………………………… *292*
  10.5.1　インダクタンスの最小化　*292*
  10.5.2　相互インダクタンス　*293*
  10.5.3　デジタル回路グラウンドシステムの実際　*294*
  10.5.4　ループ面積　*297*
- 10.6　グラウンド電流分布とインピーダンス ……………………………………………… *297*
  10.6.1　基準プレーンの電流分布　*298*
  10.6.2　グラウンドプレーンのインピーダンス　*304*
  10.6.3　グラウンドプレーン電圧　*311*
  10.6.4　末端効果　*311*
- 10.7　デジタル論理電流の流れ ……………………………………………………………… *313*
  10.7.1　マイクロストリップ線路　*314*
  10.7.2　ストリップライン　*316*
  10.7.3　デジタル回路電流の流れのまとめ　*318*
- 要約 …………………………………………………………………………………………… *318*
- 問題 …………………………………………………………………………………………… *320*
- 参考文献 ……………………………………………………………………………………… *321*
- 参考図書 ……………………………………………………………………………………… *321*

第 11 章　デジタル回路の電源分配

- 11.1　電源供給のデカップリング　322
- 11.2　過渡的な電源電流　323
    - 11.2.1　過渡的な負荷電流　324
    - 11.2.2　ダイナミックな内部電流　325
    - 11.2.3　過渡電流のフーリエスペクトル　325
    - 11.2.4　過渡電流の総計　326
- 11.3　デカップリングコンデンサ　327
- 11.4　効果的なデカップリング戦略　330
    - 11.4.1　複数のデカップリングコンデンサ　331
    - 11.4.2　同じ値の複数のコンデンサ　331
    - 11.4.3　二つの異なる容量の複数のコンデンサ　333
    - 11.4.4　多数の異なる容量の複数コンデンサ　335
    - 11.4.5　目標インピーダンス　336
    - 11.4.6　埋め込み型 PCB 容量　338
    - 11.4.7　電源供給の分離　342
- 11.5　放射に対するデカップリングの効果　344
- 11.6　デカップリングコンデンサのタイプと容量　346
- 11.7　デカップリングコンデンサの配置と搭載　346
- 11.8　大容量デカップリングコンデンサ　348
- 11.9　電源入力フィルタ　349
- 要約　349
- 問題　350
- 参考文献　351
- 参考図書　351

第 12 章　デジタル回路の放射

- 12.1　差動モード放射　353
    - 12.1.1　ループ面積　354
    - 12.1.2　ループ電流　355
    - 12.1.3　フーリエ級数　355
    - 12.1.4　放射の包絡線　357
- 12.2　差動モード放射の抑制　357
    - 12.2.1　基板のレイアウト　357
    - 12.2.2　ループの打ち消し　359
    - 12.2.3　ディザードクロック　360
- 12.3　コモンモード放射　362
- 12.4　コモンモード放射の抑制　365
    - 12.4.1　コモンモード電圧　365
    - 12.4.2　ケーブルのフィルタとシールド　366
    - 12.4.3　I/O グラウンドの分離　368
    - 12.4.4　コモンモード放射問題の取り扱い　371
- 要約　371
- 問題　372
- 参考文献　373
- 参考図書　373

第13章　伝導妨害波

- 13.1　電源線インピーダンス　374
    - 13.1.1　電源線インピーダンス安定化回路網　375
- 13.2　スイッチング電源　377
    - 13.2.1　コモンモード放射　378
    - 13.2.2　差動モード放射　381
    - 13.2.3　DC-DCコンバータ　386
    - 13.2.4　整流ダイオードのノイズ　387
- 13.3　パワーラインフィルタ　388
    - 13.3.1　コモンモードのフィルタリング　389
    - 13.3.2　差動モードのフィルタリング　389
    - 13.3.3　漏えいインダクタンス　390
    - 13.3.4　フィルタの搭載法　392
    - 13.3.5　電源線フィルタを組み込んだ電源　394
    - 13.3.6　高周波ノイズ　395
- 13.4　1次側から2次側へのコモンモード結合　396
- 13.5　周波数ディザリング　398
- 13.6　電源の不安定性　398
- 13.7　磁界放射　399
- 13.8　可変速モータドライブ　401
- 13.9　電源高調波の抑制　406
    - 13.9.1　誘導性入力フィルタ　407
    - 13.9.2　能動型力率補正　407
    - 13.9.3　交流電源線リアクタ　408
- 要約　409
- 問題　410
- 参考文献　411
- 参考図書　411

第14章　RFとトランジェントのイミュニティ

- 14.1　性能判定基準　412
- 14.2　RFのイミュニティ　413
    - 14.2.1　RFの環境　414
    - 14.2.2　オーディオ整流　414
    - 14.2.3　RFIの低減技術　415
- 14.3　トランジェントのイミュニティ　422
    - 14.3.1　静電気放電（ESD）　423
    - 14.3.2　電気的高速トランジェント（EFT）　423
    - 14.3.3　雷サージ　424
    - 14.3.4　トランジェント抑制回路　424
    - 14.3.5　信号線の抑制　426
    - 14.3.6　高速信号線の保護　428
    - 14.3.7　電源線のトランジェント抑制　430
    - 14.3.8　ハイブリッド保護回路　433
- 14.4　電源線妨害　434
    - 14.4.1　電源線イミュニティ曲線　435
- 要約　437

問題············438
参考文献············439
参考図書············440

第15章 静電気放電

15.1 静電気の発生············441
 15.1.1 誘導電荷 443
 15.1.2 エネルギー保存 444
15.2 人体モデル············446
15.3 静電気放電············448
 15.3.1 減衰時間 448
15.4 機器設計におけるESD保護············450
15.5 ESDの侵入防止············452
 15.5.1 金属筐体 452
 15.5.2 I/Oケーブルの処理 455
 15.5.3 絶縁された筐体 458
 15.5.4 キーボードとコントロールパネル 461
15.6 敏感な回路の強化············462
15.7 ESDのグラウンド接続············462
15.8 グラウンドのない製品············463
15.9 誘導された場による乱れ············464
 15.9.1 誘導結合 464
 15.9.2 容量結合 465
15.10 トランジェントに強いソフトウェア設計············465
 15.10.1 プログラムフロー内のエラー検出 466
 15.10.2 入出力でのエラー検出 467
 15.10.3 メモリ内のエラーを検出 468
15.11 時間窓············470
要約············470
問題············472
参考文献············473
参考図書············473

第16章 PCBのレイアウトと層構成

16.1 一般的PCBレイアウトの考慮事項············474
 16.1.1 区分 474
 16.1.2 禁止領域 475
 16.1.3 重要な信号 475
 16.1.4 システムクロック 476
16.2 PCBとシャーシのグラウンド接続············476
16.3 リターン経路の不連続性············477
 16.3.1 グラウンドプレーンと電源プレーンのスロット 478
 16.3.2 グラウンドプレーンと電源プレーンの分割 479
 16.3.3 基準プレーンの切り替え 481
 16.3.4 同一プレーンの表と裏を基準面とする 483
 16.3.5 コネクタ 484
 16.3.6 グラウンドの充填 484
16.4 PCBの層構成············485

16.4.1　1層基板と2層基板　　485
　　　16.4.2　多層基板　　486
　　　16.4.3　一般的な PCB 設計手順　　500
　要約 ……………………………………………………………………………………………… 501
　問題 ……………………………………………………………………………………………… 502
　参考文献 ………………………………………………………………………………………… 504
　参考図書 ………………………………………………………………………………………… 504

第 17 章　ミックスドシグナル PCB のレイアウト

　17.1　グラウンドプレーンの分割 ……………………………………………………………… 505
　17.2　マイクロストリップグラウンドプレーンの電流分布 ………………………………… 507
　17.3　アナログとデジタルのグラウンドピン ………………………………………………… 509
　17.4　どのようなとき，分割グラウンドプレーンを使用すべきか？ …………………… 511
　17.5　ミックスドシグナル IC ………………………………………………………………… 512
　　　17.5.1　複数基板のシステム　　513
　17.6　高分解能の A/D コンバータと D/A コンバータ ……………………………………… 514
　　　17.6.1　ストリップライン　　515
　　　17.6.2　非対称ストリップライン　　516
　　　17.6.3　分離したアナログとデジタルのグラウンドプレーン　　517
　17.7　A/D コンバータと D/A コンバータの周辺回路 ……………………………………… 518
　　　17.7.1　サンプリングクロック　　518
　　　17.7.2　ミックスドシグナルの周辺回路　　520
　17.8　垂直分離 …………………………………………………………………………………… 521
　17.9　ミックスドシグナルの電源分配 ………………………………………………………… 522
　　　17.9.1　電源分配　　522
　　　17.9.2　デカップリング　　523
　17.10　工業プロセス制御装置（IPC）の問題 ………………………………………………… 524
　要約 ……………………………………………………………………………………………… 525
　問題 ……………………………………………………………………………………………… 526
　参考文献 ………………………………………………………………………………………… 527
　参考図書 ………………………………………………………………………………………… 527

第 18 章　事前適合 EMC 測定法

　18.1　試験環境 …………………………………………………………………………………… 528
　18.2　アンテナかプローブか …………………………………………………………………… 529
　18.3　ケーブル上のコモンモード電流 ………………………………………………………… 529
　　　18.3.1　試験手順　　531
　　　18.3.2　注意事項　　532
　18.4　近傍界の測定 ……………………………………………………………………………… 532
　　　18.4.1　試験手順　　534
　　　18.4.2　注意事項　　534
　　　18.4.3　筐体の継ぎ目と開口部　　534
　18.5　ノイズ電圧の測定 ………………………………………………………………………… 535
　　　18.5.1　平衡差動プローブ　　536
　　　18.5.2　DC～1 GHz プローブ　　537
　　　18.5.3　注意事項　　537
　18.6　伝導ノイズの測定 ………………………………………………………………………… 537
　　　18.6.1　測定手順　　538

	18.6.2 注意事項 *539*
	18.6.3 コモンモードノイズと差動モードノイズの分離 *539*

18.7 スペクトラム・アナライザ ·· 543
    18.7.1 検波器の機能   *543*
    18.7.2 一般的測定手順   *544*

18.8 EMC処置用台車 ··· 545
    18.8.1 対策部品リスト   *546*

18.9 1m放射ノイズ測定 ··· 547
    18.9.1 測定環境   *547*
    18.9.2 1m試験の許容値   *548*
    18.9.3 1m試験用アンテナ   *548*

18.10 事前適合イミュニティ試験 ··· 550
    18.10.1 放射イミュニティ   *550*
    18.10.2 伝導イミュニティ   *552*
    18.10.3 トランジェントイミュニティ   *553*

18.11 事前適合の電源品質試験 ··· 555
    18.11.1 電源高調波   *555*
    18.11.2 フリッカ   *556*

18.12 マージン ··· 557
    18.12.1 放射ノイズマージン   *557*
    18.12.2 静電気放電マージン   *558*

要約 ··· 559
問題 ··· 560
参考文献 ··· 561
参考図書 ··· 561

付録A デシベル

A.1 対数の性質 ··· 562
A.2 電力測定以外でのデシベルの利用 ··· 563
A.3 電力損失・負の電力利得 ··· 564
A.4 電力の絶対レベル ··· 564
A.5 デシベル表示した電力の加算 ··· 565

付録B 製品からの放射を最大にする10の方法 ··· 567

付録C 薄いシールドでの磁界の多重反射 ·· 570

付録D みんなにわかるダイポールアンテナ ·· 572
(電磁気学の博士号を持たない人たちのために)

D.1 みんなにわかるダイポールアンテナの初級編 ··· 572
D.2 みんなにわかるダイポールアンテナの中級編 ··· 575
D.3 みんなにわかるダイポールアンテナの上級編 ··· 578
    D.3.1 ダイポールアンテナのインピーダンス   *578*
    D.3.2 ダイポールアンテナの共振   *579*
    D.3.3 受信ダイポールアンテナ   *580*
    D.3.4 鏡像理論   *580*
    D.3.5 ダイポールアンテナアレー   *581*
    D.3.6 超高周波ダイポールアンテナ   *582*

目次

　　要約 …………………………………………………………………………………… *583*
　　参考図書 ………………………………………………………………………………… *583*

付録 E　部分インダクタンス

　E.1　インダクタンス ………………………………………………………………………… *584*
　E.2　ループインダクタンス ………………………………………………………………… *585*
　　　E.2.1　矩形ループのインダクタンス　*586*
　E.3　部分インダクタンス …………………………………………………………………… *588*
　　　E.3.1　部分自己インダクタンス　*588*
　　　E.3.2　部分相互インダクタンス　*590*
　　　E.3.3　正味の部分インダクタンス　*591*
　　　E.3.4　部分インダクタンスの応用　*591*
　　　E.3.5　伝送線路の例　*593*
　E.4　グラウンドプレーンのインダクタンスの測定試験配置 ………………………………… *594*
　E.5　インダクタンスの表記について ……………………………………………………… *599*
　　要約 …………………………………………………………………………………… *599*
　　参考文献 ………………………………………………………………………………… *600*
　　参考図書 ………………………………………………………………………………… *600*

付録 F　問題の解答 ……………………………………………………………………… *601*

索引 ……………………………………………………………………………………… *623*

第1章
電磁環境両立性

1.1 はじめに

　電子回路は通信機，コンピュータ，オートメーションなど，広範囲に使用されており，多様な回路が互いに近接して動作することを余儀なくされている。多くの場合，これらの回路は互いに悪影響を及ぼしあう。回路設計者にとって電磁妨害（Electromagnetic Interference：EMI）は重要な問題になり，今後いっそう厳しくなりそうである。一般に使用される多くの電子素子が，この傾向に多少関与している。さらに，ICとLSIの使用により電子機器のサイズは縮小した。回路が小型化し高機能になるにつれて多くの回路が狭いスペースに詰め込まれてきて，妨害の可能性が増大した。さらに，クロック周波数は年を追って著しく上昇してきており，1 GHzを超えることが多い。家庭向けのパーソナルコンピュータが1 GHzを超えるクロック速度を持つことは，今では珍しくない。

　現代の機器設計者は，そのシステムを研究室の理想的な条件で動作させるだけでは不十分で，それ以上のものをつくる必要がある。その明白な任務以外にも，ほかの機器が近くにある「現実の世界」においてその製品が機能し，電磁環境両立性（Electromagnetic Compatibility：EMC）の国家規制に適合するように設計しなければならない。これは，機器が外部の電磁波発生源によって影響されてはならず，それ自体も環境を汚染する電磁的ノイズ源であってはならないことを意味している。電磁環境両立性を重要な設計目標とすべきである。

1.2 ノイズと妨害

　ノイズは回路の中に表れる希望信号以外のあらゆる電気信号である。この定義では非直線性のため回路の中で発生するひずみ成分を除く。このひずみ成分は望ましくないかもしれないが，それが別の回路部分に結合しないかぎりノイズと考えない。ある回路の希望信号がほかの回路に結合したときに，ノイズとみなせる。

　ノイズ源は次の三つのカテゴリに分類できる。(1) 物理システムの中で不規則変動から生じる固有ノイズ源；熱雑音，ショットノイズなど，(2) 人工ノイズ源；モータ，スイッチ，コンピュータ，デジタル電子機器，無線送信機など，(3) 自然の擾乱によって発生するノイズ；稲妻や太陽の黒点など。

　妨害はノイズによる望ましくない影響である。ノイズ電圧が回路の誤動作を起こせ

ば，それは妨害である。ノイズは取り除くことができないけれども，妨害は排除できる。ノイズは，それがもう妨害を起こさなくなるまでその大きさを減らすことができるだけである。

1.3　電磁環境両立性のための設計法

　電磁環境両立性（EMC）は，電子システムが，(1) その意図されている電磁環境の中で適切に機能し，(2) その電磁環境への妨害源にならない，という能力である。電磁環境は放射性エネルギーと伝導性エネルギーから構成される。したがって，EMC はエミッション（輻射）とサセプタビリティ（感受性）という二つの側面を持っている。
　サセプタビリティとは，望ましくない電磁エネルギー（ノイズ）に対応できるデバイスや回路の性能である。サセプタビリティ（感受性）の逆が**イミュニティ**（免疫性）である。回路やデバイスのイミュニティレベルとは，機器が性能低下なしに，所定の安全マージンを持って問題なく動作することのできる電磁環境である。イミュニティ（またはサセプタビリティ）レベルを決定する際に難しいのは，何をもって性能低下と定義するかである。
　エミッションは製品の妨害発生の可能性に関係している。エミッションを抑制する目的は，輻射される電磁エネルギーを制限することであり，それによって，ほかの製品が動作できる電磁環境を規制することである。一つの製品からのエミッションを抑制することは，ほかの多くの製品への妨害問題を取り除くことになる。したがって，電磁的に両立性のある環境を生み出すためには，エミッションを抑制することが望ましい。
　ある程度まで，感受性は自主規制である。ある製品が電磁環境に影響されやすいならば，ユーザはそれに気づくことになり，その製品を購入し続けなくなる。一方で，エミッションは自主規制ではない傾向にある。輻射源である製品は，それ自体がその影響を受けることは少ない。すべての電子製品の設計において EMC が考慮されていることを保証するために，さまざまな政府関係機関と規制団体は，製品が売買される前に適合しなければならない EMC 規制を設定した。この規制はエミッションの許容値を管理し，場合によっては，必要とされるイミュニティの程度を規定している。
　EMC 工学は，二つの方法からアプローチできる。一つは**危機アプローチ**であり，もう一つは**システムアプローチ**である。危機アプローチでは，設計者は機能設計が終わるまで EMC をまったく無視する。そして，試験で，最悪の場合はフィールドで初めて問題が顕在化する。このように遅い段階で実施される解決策は一般に高価となり，望ましくない対策部品を追加することになる。これは「間に合わせ（応急）」法といわれることが多い。
　機器開発が設計から試験，生産へと進むにつれ，設計者が使用できるノイズ低減技術の選択肢は徐々に減少する。同時にそのコストは上がっていく。この傾向を図 1-1 に示す。したがって，妨害問題を早い段階で解決することが，通常最も望ましく最も安価な手法である。
　システムアプローチは設計全体を通じて EMC を考慮する。設計者は設計工程の最初から EMC 問題を予測し，実験用回路基板と初期の試作品段階で残っている問題を見つ

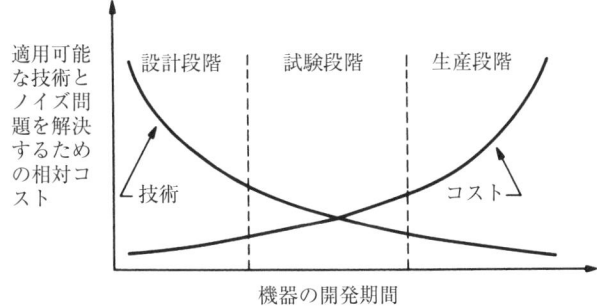

図1-1 機器開発が進むと，使用できるノイズ低減技法数は少なくなる。同時に，ノイズ低減のコストは上がる。

けて，最終試作品を可能な限り徹底的にEMCについて試験する。この方法は，EMCが製品における電気設計，機械設計，場合によっては，製品のソフトウェア/ファームウェア設計にとって欠くことのできないものになる。その結果として，EMCは設計で製品の中に組み込まれ，付け足しでなくなる。このアプローチは最も望ましく，費用対効果が高い。

機器が最初に設計される段階から，EMCとノイズ抑制が一つのステージやサブシステムごとに考慮されるならば，必要とされる技術は通常単純で，簡単である。経験的に，EMCをこのように扱うと，設計者が最初の試験をする前に，潜在的な問題が90％以上取り除かれた機器を製造することができる。

EMCを完全に無視して設計されたシステムは，ほとんどがテストの始まった時点で問題を持つことになる。この時点での問題解析，すなわち多くの可能なノイズ経路の組み合わせの中でどれが問題に寄与しているかを見つけることは単純でも明白でもない。この遅い段階の解決策は通常，回路には必須でない余分な部品の追加という結果になる。支払うペナルティには，低減部品とその実装の費用に加えて，設計作業と試験の追加費用がある。サイズ，重量および消費電力についてもペナルティがあるかもしれない。

1.4　設計図面とEMC

読者もお気付きのように，EMCのために重要な情報の多くは，回路図などの設計図面の標準的な記法によってうまく伝えることはできない。たとえば，回路図のグラウンド記号は，グラウンドをどこにどのように接続すべきかを記述するには不十分である。EMC問題の多くは寄生成分が関係するが，図面には示されない。また，設計図面に示される部品は，非常に理想的な特性を持っている。

したがって，標準の設計図面だけでの伝達では不十分である。優れたEMC設計は設計チーム全体，システムエンジニア，電気エンジニア，機械エンジニア，EMCエンジニア，ソフトウェア/ファームウェアの設計者およびプリント回路板設計者との協力と議論を必要としている。

さらに，多くのコンピュータ設計支援（Computer-assisted Design：CAD）ツールは，もしあったとしてもEMCに対する配慮は不十分である。したがって，EMCに対

する配慮は，CADシステムを無視して手動で利用せざるを得なくなることが多い。また，回路設計者とプリント回路板設計者は目的が違うことが多い。回路設計者の目的は，適切に動作し，EMC要件を満たすシステムを設計することである。プリント回路板（Printed Circuit Board：PCB）設計者の目的は，EMCを考慮せずに，なんとかしてすべての部品と配線を基板に収めることである。

1.5 米国のEMC規制

より重要である商用および軍事用のEMC規制や規格を調べると，妨害問題に対するさらなる洞察力が得られ，同時に電子機器の設計者，製造者およびユーザの義務がわかる。

EMC規制について記憶すべき最も重要な事実は，それが「生きた文書」であり，常に変更されていることである。したがって，1年前の規格や規制が適用できないことがある。新たなプロジェクトで作業するときには，適用される規制の最新版の写しを持っていることを常に確かめること。この規格は，実際，製品の設計期間中にも変更されることがある。

1.5.1 FCC規制

米国では，連邦通信委員会（Federal Communications Commission：FCC）が無線通信と有線通信の使用を規制する。その職責には妨害の管理もある。FCCの規則と規定には[*1]三つの章があり，非認可の電子機器に適用可能な要件を含む。この要件は，Part 15（無線周波装置），Part 18（産業・科学・医療（Industrial Scientific and Medical：ISM）機器）およびPart 68（電話回線に接続される端末装置）に記載されている。

FCC規則規定のPart 15は，無線周波装置のための技術標準と動作要件を規定する。**この無線周波装置とは，その動作において放射や伝導などによって無線周波エネルギーを輻射することが可能なあらゆる装置である**（§2.801）。無線周波エネルギーは，意図的な輻射でも，非意図的な輻射でもよい。無線周波（Radio-frequency：RF）エネルギーは，FCCにより9kHz〜3000GHzの周波数範囲の電磁エネルギーと定義される（§15.3 (u)）。Part 15規則は二つの目的を持つ。(1) 無線局免許を要しない低電力送信機の運用を規定する，(2) 無線周波のエネルギーやノイズをその動作の副産物として発生する装置による，認可無線通信サービスに対する妨害を抑制する。デジタル電子機器は後者のカテゴリに分類される。

Part 15は六つのサブパートで構成されている。A-概要，B-非意図的放射器，C-意図的な放射器，D-免許不要のパーソナル無線装置，E-免許不要の国家情報インフラ装置，およびF-超広帯域運用。サブパートBは，非意図的な放射器である電子装置のためのEMC規制を含んでいる。

FCC規則規定のPart 18は，ISM機器のための技術基準と運用条件を規定する。ISM装置とは，工業，科学，医学などの目的（無線によるエネルギー伝達を含む）で無線周波を使用するあらゆる装置であり，無線通信を使用せず，使用を意図しない装置と定義

---

*1 米国連邦規制基準，タイトル47，電気通信。

される。医療用電気メス，工業用加熱装置，高周波溶接機，高周波照明装置，物質を物理的に変化させるために電波を用いる装置およびほかの類似の非通信装置が含まれる。

　FCC 規則規定の Part 68 は，構内交換機（Private Branch Exchange：PBX）を含む端末装置とその配線の接続により引き起こされる危害から電話回路網を保護するための統一基準を提供する。さらに，補聴器を持つ人が無理なく電話回路網にアクセスできることを保証するために，補聴器と電話機の両立性を規定する。電話回線網への危害には，電話会社の作業員への電気的危害，電話局機器の損傷，電話会社の課金装置の誤動作と，その端末装置のユーザである発呼者，被呼者以外の人々に対する電話サービス機能の低下を含む。

　2002 年 12 月に，FCC は，補聴器両立性の要件を除く Part 68 のほとんどを民営化する報告指令（Docket 99-216）を発令した。FCC 規則 68.602 項は米国電子通信工業会（Telecommunication Industry Association：TIA）に，米国の公衆電話網に接続する端末装置に対する技術基準を規定し発表する責任を持つ端末付属装置の管理委員会（Administrative Council for Terminal Attachment：ACTA）の設立を認可した。この要件は現在 TIA-968 に規定されている。しかし，すべての端末装置は技術基準に適合すべきという法的要件は，FCC 規則の Part 68 に残っている。Part 68 は，公衆電話交換網に直接接続する端末装置が，Part 68 の基準と ACTA の発行する技術基準の両方を満たすことを要求する。

　電気通信端末装置の製造者には次の二つの承認プロセスが使用できる。(1) 製造者は適合宣言（Declaration of Conformity：(§68.320)）を行い，それを ACTA に提出できる。または，(2) 委員会により指定された (68.160) 通信認証機関（Telecommunication Certifying Body：TCB）で，製造者は機器の認定を受けることができる。TCB は，米国商務省標準技術研究所（National Institute of Standards and Technology：NIST）によって認可される必要がある。

1.5.2　FCC Part 15，サブパート B

　最も一般的に適用される FCC 規則は，Part 15 のサブパート B である。なぜなら，それは事実上すべてのデジタル電子機器にあてはまるからである。FCC は 1979 年 9 月，デジタル電子機器（当時 "計算機器" と呼ばれた）の妨害の可能性を管理するための規則を定めた。この規則「計算装置の技術標準」（Docket 20780）は，限定された放射装置に関する FCC 規則の Part 15 を修正した。今ではこれは連邦規則集のタイトル 47 の Part 15 のサブパート B に含まれている。この規則のもとで，最大許容放射と交流（AC）電源線上の最大許容伝導に限度値が設定された。この規制は，デジタル電子機器が妨害源と認められるラジオとテレビの受信障害について，FCC への苦情が増大した結果であった。この規定化について，FCC は次のように述べている。

　　ほとんどすべての無線サービス，特に警察・航空・放送サービスを含む 200 MHz 未満の無線サービス[*2]にコンピュータが妨害を引き起こすことが報告されてきた。

＊2　これは 1979 年のことであったことを忘れずに。

これにはいくつかの要因があり，(1) デジタル機器が社会に大量に出回り，今では家庭向けにも販売されている，(2) 技術はコンピュータの速度を上げ，今やコンピュータ設計者は無線周波と電磁妨害（EMI）の問題を取り扱わなければならなくなった――15年前には取り組む必要のなかったものである，(3) 現代の生産性の追求から，放射電磁界を遮蔽し低減する金属筐体を，まったく遮蔽しないプラスチック筐体に置き換えた．

その規定化において，FCCは，デジタル装置（以前は計算装置と呼ばれた）を次のように定義した．

> 毎秒9 000パルス（サイクル）を超える速度のタイミング信号またはパルスを生成し使用し，デジタル技術を使用する非意図的放射体（デバイスまたはシステム）；デジタル技術を使用する電話装置，または電子的な計算，操作，変換，記録，ファイリング，仕分け，記憶，検索や転送などのデータ処理機能を実行するために，無線周波エネルギーを発生し，使用するすべての装置またはシステム（§15.3（k））．

コンピュータに接続することを意図しているコンピュータ端末と周辺装置もまた，デジタル装置であると考えられる．

この定義はできるだけ多くの製品を含むように意図的に広くしてある．したがって，デジタル回路を使用し9 kHz以上のクロックを持つ製品ならば，FCC定義ではデジタル装置である．この定義は今日存在するほとんどのデジタル電子機器を網羅する．

この定義により網羅されるデジタル装置は次の二つのクラスに分類される．

クラスA：商業，工業およびビジネス環境で使用するために販売されるデジタル装置（§15.3（h））

クラスB：商業，ビジネスおよび工業環境で使用するかどうかにかかわらず，居住環境で使用するために販売されるデジタル装置（§15.3（i））

クラスBのデジタル装置は，ラジオ受信機やテレビ受像機に近接して設置されやすいので，クラスB装置に対する放射許容値はクラスA装置より約10 dB厳しく制限される．

規制に含まれている技術基準に適合することは，製品の製造業者や輸入業者の義務である．適合を保証するために，FCCは，製品を米国内で**市場に出す**前に製品の適合を試験することを製造業者に要求する．FCCは市場に出すことを，出荷，販売，リース，販売のための提示，輸入などと定義する（§15.803（a））．製品が規則に適合しないうちに，展示会で広告したり展示したりすることは法律的にできない．なぜなら，これは販売のための提示と考えられるからである．製品が適合する前に，合法的に広告したり展示したりするためには，その広告や展示に次のような表現の声明を含める必要がある．

この装置は，FCC 規則によって要求される認定を受けていません。この装置は認定が得られるまで，販売やリースのために提示したり，または販売したり，リースしたりすることはありません（§2.803（c））。

パソコンとその周辺装置（クラス B の下位分類）に対して，規則に適合していることを適合宣言によって製造者は示すことができる。適合宣言とは，適切な技術基準に機器が適合することを保証するために製造者が測定するかまたは別の処置をとる手順である（§2.1071 から 2.1077）。特に要求されない限り，サンプル機や代表的な試験データの FCC への提出は必要ではない。

ほかのすべての製品（パソコンとその周辺装置以外のクラス A とクラス B の装置）については，製造者は，販売する前に製品を試験することによって適合を検証しなければならない。**検証**とは自己証明手続きであり，委員会から特に要求されない限り，FCC に何も提出しなくてもよく，適合宣言に似ている（§2.951〜2.956）。適合確認は FCC による製品の無作為抽出による。適合試験の実施に要する時間（および製品が不合格の場合に製品を修理し試験をやり直す時間）は，製品の開発工程表に組み込む必要がある。事前の EMC 適合測定（18 章参照）により，この時間をかなり短縮できる。

試験は，生産ユニットを代表するサンプルで実施する必要がある。これは通常，初回生産品や製造準備段階のモデルを意味している。したがって，最終的な適合試験は，製品開発工程の最後の項目の一つでなければならない。知らなかったと驚いている場合ではない。製品が適合試験に失敗した場合には，この時点での変更は難しく，時間がかかり高価になる。したがって，製品が合格するだろうという高い確信を持って最終的な適合試験に臨むことが望ましい。これが実現できるのは，(1) 適切な EMC 設計原理（本書で説明されるような）を設計全体に適用した場合と，(2) 18 章で説明する予備的な EMC 事前適合試験を初期モデルやサブアセンブリで実行した場合である。

許容値と測定手順は相互に関係することに注目すべきである。導かれた許容値は，規定された試験手順に基づいている。そのため，適合測定は規則（§15.31）で概説された手順に従わなければならない。FCC は，デジタル装置の Part 15 への適合を示す測定は，測定基準 ANSI C63.4-1992「9 kHz〜40 GHz までの低電圧電気電子機器からの無線ノイズ放射の測定方法」に述べる測定手順に従うこと，ただし，5.7 項，9 条，14 条（§15・31（a）（6））[3] を除くと規定している。

試験は，すべてのケーブルを接続し，放射を最大にするように構成した完全なシステムで実施しなければならない（§15・31（i））。パソコンに使用するが，別個に販売される中央制御装置（Central Processing Unit : CPU）基板と電源には，特別な認可手順が用意されている（§15.32）。

＊3　5.7 項は，試験中に手持ち機器を支持するための疑似手の使用法に関連する。9 条は，ある限られた周波数範囲で，ある種の機器を，放射雑音測定の代わりに吸収クランプを使って無線ノイズ電力を測定することに関連する。14 条は，短時間（≤200 ms）の過度電流に対し放射や伝導のエミッション許容値を緩和することに関連する。

1.5.3 エミッション

FCC Part 15 の EMC 規制は，0.150～30 MHz の範囲で交流電源線での最大許容伝導エミッションと，30 MHz～40 GHz の周波数範囲での最大放射エミッションを制限する。

1.5.3.1 放射エミッション

放射エミッションについては，測定手順は屋外試験場（Open Area Test Site：OATS）および同等サイトでの同調ダイポールまたはほかの相関の取れる直線偏波アンテナを用いたグラウンドプレーン上での測定を規定する。このセットアップを図1-2に示す。ANSI C63.4 は，規定されたサイトアッテネーション要件を満たしているならば，吸収体を敷設した遮蔽室などの代替テストサイトの使用を認める。しかし，吸収体のない遮蔽室は放射エミッション測定に使用できない。

指定された 30～1 000 MHz の範囲の受信アンテナは，同調ダイポールであるがほかの直線偏波の広帯域アンテナも使用できる。しかし，議論が生じた場合には，同調ダイポールにより測定したデータが優先される。1 000 MHz より上では，直線偏波のホーンアンテナを使用する必要がある。

表1-1は，10 m の距離で測定したクラス A 製品の FCC の放射許容値のリストである（§15.109）。表1-2は，3 m の距離で測定したクラス B 製品の許容値のリストである。

クラス A とクラス B の許容値は同じ測定距離で比較する必要がある。したがって，クラス B の許容値を測定距離 10 m に換算する（1/d 外挿法を使用）と，表1-3に示すように2組の許容値を比較することができる。表からわかるように，クラス B の許容

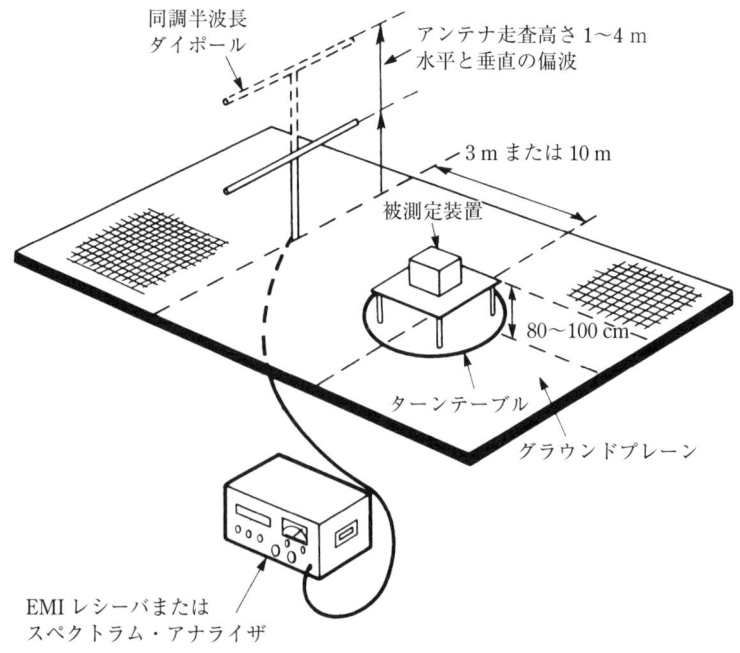

図1-2　FCC 放射試験のための屋外試験場（OATS）。被測定装置（EUT）はターンテーブル上に置く。

表 1-1　FCC クラス A の放射許容値（10 m 測定）

周波数〔MHz〕	電界強度〔μV/m〕	電界強度〔dBμV/m〕
30～88	90	39.0
88～216	150	43.5
216～960	210	46.5
＞960	300	49.5

表 1-2　FCC クラス B の放射許容値（3 m 測定）

周波数〔MHz〕	電界強度〔μV/m〕	電界強度〔dBμV/m〕
30～88	100	40.0
88～216	150	43.5
216～960	200	46.0
＞960	500	54.0

表 1-3　FCC クラス A とクラス B の放射許容値（10 m 測定）

周波数〔MHz〕	クラス A 許容値〔dBμV/m〕	クラス B 許容値〔dBμV/m〕
30～88	39.0	29.5
88～216	43.5	33.0
216～960	46.5	35.5
＞960	49.5	43.5

表 1-4　放射試験の上限周波数

EUT で発生または使用する最大周波数〔MHz〕	最大測定周波数〔GHz〕
＜108	1
108～500	2
500～1 000	5
＞1 000	5 次高調波または 40 GHz の いずれか低い周波数

値のほうが，960 MHz 以下で約 10 dB，960 MHz 以上で 5 dB も厳しい．周波数範囲 30～1 000 MHz，測定距離 10 m での，FCC クラス A とクラスの B 両者の放射許容値のプロットを図 1-5 に示す．

　　放射試験を実施する必要のある周波数範囲は，30 MHz から被測定機器（Equipment Under Test：EUT）が生成するか使用する最高周波数で決まる，表 1-4 に示す周波数までである．

1.5.3.2　伝導エミッション

　　伝導エミッション規制は，150 kHz～30 MHz の周波数範囲で交流電源線にかえってくる伝導電圧を制限する．伝導エミッション許容値が存在するのは，30 MHz 未満の周波数で無線通信を妨害する主要な原因は，無線周波エネルギーが交流電源線に伝導し，それが電源線から放射することにより発生すると規制当局が信じているからである．したがって，伝導エミッション許容値は実は，姿を変えた放射エミッション許容値である．

　　FCC の伝導エミッション許容値（§15.107）は，今では欧州連合（EU）が使用する国際無線障害特別委員会（The International Special Committee on Radio Interference：CISPR，フランス語のタイトルに由来）の許容値と同じである．これは FCC が 2002 年

7月，国際的なCISPRの要件と一致させるために伝導エミッションの規則を改定したことによる。

表1-5と表1-6は，クラスAとクラスBそれぞれの伝導性エミッション許容値を示す。測定手順の中で指定されるように，50Ω/50μHの電源線インピーダンス安定化回路網（Line Inpeadance Stabilization Network : LISN）を使って，これらの電圧を交流電源線上においてコモンモード（ホットとグラウンド，ニュートラルとグラウンド）で測定する[*4]。

図1-3は，典型的なFCCの伝導エミッション試験のセットアップを示す。

表1-5と表1-6を比較すると，クラスBの準尖頭値伝導エミッション許容値が，クラスAの許容値より13〜23dB厳しいことを示す。また，尖頭値と平均値の両測定が不可欠であることに注意。尖頭値測定はクロックなどの狭帯域ノイズ源からのノイズ測定を表し，平均値測定は広帯域ノイズ源の測定を表している。クラスBの平均値伝導

表1-5 FCC/CISPR クラスAの伝導エミッション波許容値

周波数〔MHz〕	準尖頭値〔dBμV〕	平均値〔dBμV〕
0.15〜0.5	79	66
0.5〜30	73	60

表1-6 FCC/CISPR クラスBの伝導エミッション許容値

周波数〔MHz〕	準尖頭値〔dBμV〕	平均値〔dBμV〕
0.15〜0.5	66〜56*	56〜46*
0.5〜5	56	46
5〜30	60	50

＊ 制限は周波数の対数に対して直線的に減少する。

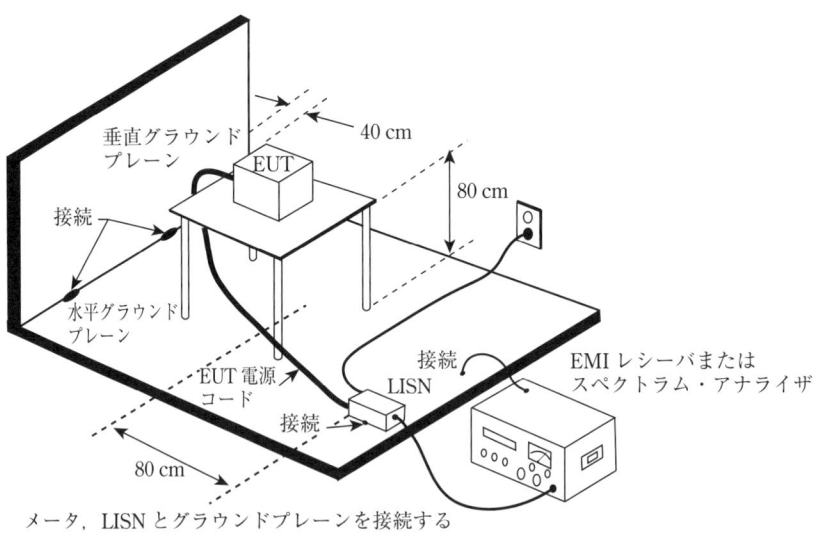

図1-3 FCC伝導エミッション測定のための試験セットアップ

[*4] LISNの回路を図13-2に示す。訳者注：欧州連合（EU）では疑似電源回路網（Artificial Mains Network : AMN）という。その回路定数は異なる。

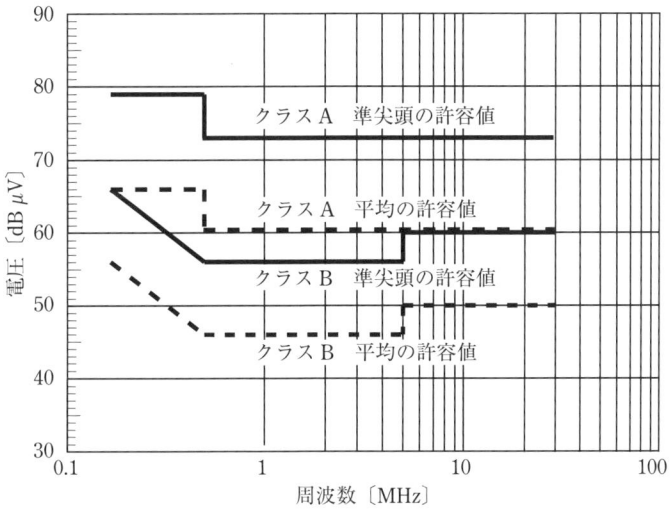

図 1-4　FCC/CISPR の伝導エミッション許容値

エミッション許容値は，クラス A の平均値許容値より 10〜20 dB 厳しい。

図 1-4 は平均値と準尖頭値の FCC/CISPR 両者の伝導エミッション許容値のプロットである。

1.5.4　行政上の手続き

　FCC 規則は，製品が満たす必要がある技術基準（許容値）を規定するだけでなく，従うべき行政上の手続き，適合を判定するために使用すべき測定方法を規定する。行政上の手続きの多くは，FCC 規定規則の Part 2，サブパート I（無線周波装置の販売），サブパート J（機器許可手続き）およびサブパート K（有害な妨害を起こす可能性のある装置の輸入）に含まれている。

　規制に含まれる技術基準に製品が適合しているかどうか試験し，かつそれに適合しているというラベルを貼付する必要がある（§15.19）。また，ユーザに妨害の可能性に関する情報を提供しなければならない（§15.105）。

　上述した技術基準に加えて，規則はまた非妨害要件を含んでおり，製品の使用が有害な妨害を起こす場合は，**ユーザが装置の動作を止めることを要求される**（§15.5）。技術基準と非妨害要件の間の責任の違いに注目すること。技術基準（許容値）に適合することは，製品の製造者または輸入業者の責任であるが，非妨害要件を満足することは製品ユーザの責任である。

　製品の適合を判定する初期の試験に加えて，製造者や輸入業者が後で製造したユニットを継続して適合させることに対しても責任があると，規則は規定する（§2.953，2.955，2.1073，2.1075）。

　適合した製品に変更があれば，製造者はその変更が製品の適合に影響を及ぼすかどうかを判定する責任を持つ。FCC は，製造者に次のように警告を発した（1982 年 4 月 7 日付の公報 3281）。

一見ささいに思える変更の多くは，実際には非常に重要である。したがって，回路基板の配置変更や配線の追加，除去，経路変更であっても，またたとえ論理回路の変更であっても，ほとんどの場合確実に装置の放射特性が変化する。この特性の変化が製品を非適合にするかどうかは，再試験によって判定するのが一番よい。

本書の執筆時点（2008年9月）で，FCCはデジタル装置の八つの下位分類について規則の技術基準への適合を免除した（§15.103）。これらは次のとおりである。
1. 自動車，飛行機，船舶などの輸送手段に限定して使われるデジタル装置。
2. 工業プラント，工場，公益事業施設などで使われる工業用制御システム。
3. 産業用，商業用，医療用の試験装置。
4. 電子レンジ，食器洗い機，衣類乾燥機，エアコンなどの器具に限定して使われるデジタル装置。
5. 患者の家または医療機関で使われるかどうかにかかわらず，一般に免許を受けた医療従事者の指示または監視のもとで使われる専門的な医療装置。一般公衆が使用するために，小売店を通して売買される医療装置は免除されないことに注意のこと。
6. 6 nWを超えない電力消費量を持つ装置。たとえばデジタル腕時計。
7. デジタル回路をまったく含まないジョイスティック・コントローラや同様のデバイス（マウスなど）。単純なアナログ・デジタル変換ICの使用は許されることに注意のこと。
8. 最高周波数が1.705 MHz以下であって，交流電源線から給電されない装置，または交流電源線に接続している間は動作しない装置。

しかし，上記の免除された各装置にも，やはり規則の非妨害要件は必要である。これらの装置のいずれかが実使用において有害な妨害を起こすならば，ユーザは装置の動作を停止するか，またはなんらかの方法で妨害問題を改善しなければならない。FCCはまた，義務ではないが，免除されたデバイスの製造者の，そのデバイスを規則のPart 15の適用可能な技術基準に適合させる努力を強く推奨すると述べている。

FCCはデジタル電子機器を含む多くのタイプのエレクトロニクス製品に権限を持っているので，生産する製品のタイプに適用可能な完全かつ最新のFCC規則のセットを設計開発部門が持つべきである。これらの規則は，適合証明が要求されたときに，後で起こる困惑を避けるために設計の期間中に参照すべきである。

FCC規則の完全なセットは米国連邦規制基準，タイトル47（電気通信）の0〜300までのパートに含まれている。それらは5巻から構成され，米国政府印刷局の文書管理者から入手できる。FCC規則の第1巻は，米国連邦規制基準の0〜19までのパートを含んでいる。最新版は毎年春に出版され，前年の10月1日までに成文化されたすべての最新の規制を含んでいる。規則はまた，FCCのウェブサイトwww.fcc.govからオンラインで入手可能である。

FCC規制の変更時は，それらが施行される前に移行期間がある。この移行期間は規制が米国官報で出版された後○○日のように指定される。

1.5.5 感受性

1982年8月，米国議会は家庭用電子機器とシステムの感受性を規制する権限をFCCに与えるため，1934年の通信法（下院法案 #3239）を改正した。家庭用電子機器の例は，ラジオ受信機やテレビ受像機，家庭用盗難警報・防護システム，自動ガレージ扉開閉装置，電子オルガン，ステレオ・ハイファイのシステムなどである。この法律制定は主として家庭用娯楽機器とシステムを目的とするが，FCCが家庭外でも使われる装置に感受性標準を適用するのを妨げる意図はない。しかし，今までのところFCCはこの権限を行使していない。FCCは1978年，電子機器に対する無線周波妨害の問題の調査（一般 Docket 78-369号）を発行したが，産業界による自己規制に頼っている。産業界が万一この点で怠慢になるならば，FCCはその権限を行使するために動くかもしれない。

電磁環境の調査（Heirman 1976年，Janes 1977年）では，2 V/mより大きな電界強度が約1％の時間発生することを示した。米国では商用機器に対する法的な感受性要件が存在しないので，妥当な最小イミュニティレベル目標は2～3 V/mであろう。感受性レベルが1 V/mより小さい製品は，明らかに設計がよくなく，それらの製品寿命の間にRF電界からの妨害を非常に多く経験しそうである。

カナダ政府は1982年に，電子機器のイミュニティの三つのレベルすなわち3グレードを定義したEMC部会諮問公報（EMCAB-1）を公開し，次のように述べた。

1. グレード1（1 V/m）に適合する製品は，性能劣化する可能性がある。
2. グレード2（3 V/m）に適合する製品は，性能劣化しにくい。
3. グレード3（10 V/m）に適合する製品は，非常に厳しい環境下だけで性能劣化する。

カナダ産業省は，1990年6月，EMCAB-1の最新版を発行した。この最新版は，居住地域にある製品は，ほとんどの周波数帯域で1～20 V/mに及ぶ電界強度にさらされると結論づけた。

1.5.6 医療機器

ほとんどの医療機器（Part 18規則に分類されるもの以外）は，FCC規則を免除されている。FCCではなく食品医薬品局（Food and Drug Administration：FDA）が医療機器を規制する。FDAは1979年にはEMC規格（MDS-201-0004, 1979年）を作成したが，それを一度も公式に強制的なものとして採択していない。むしろ，医療機器が電磁妨害（EMI）の影響を受けないように適切に設計されることを保証する，同局の検査官の検査指針文書に依存している。この文書，*Guide to Inspections of Electromagnetic Compatibility Aspects of Medical Devices Quality Systems* は次のように述べている。

> 現時点では，FDAはいかなるEMC規格への対応も要求しない。しかし，新しい装置の設計や既存装置の再設計時にEMCを考慮すべきである。

しかし，FDAは医療機器のEMCに関してますます関心を深めている。検査官は現在，設計過程でEMC問題に取り組んだこと，そして装置がその目的とする電磁環境の中で適切に動作するという保証を製造者に要求している。上記の指針は，製造者がそのEMC規格として IEC 60601-1-2［医療機器のEMC要件および試験］を使うことを奨励する。IEC 60601-1-2 は静電気放電（Electrostatic Discharge：ESD）などの過渡的なイミュニティを含み，エミッションとイミュニティの両方に許容値を提供する。

結果として，ほとんどの場合 IEC 60601-1-2 は実効的に，米国で医療機器が適合すべき非公式な事実上のEMC基準になった。

1.5.7　通信機器

米国では，電話会社が所有するかリースした専用の局舎や大部屋に設置される限り，電話局（電話網）機器は FCC Part 15 規定規則の適用を免除される。それが事務所や商業ビルなどの加入者施設に設置される場合，免除に該当せず FCC Part 15 規則が適用される。

Telecordia 社（旧 Bellcore 社）の GR-1089 は，通常米国の電気通信網装置に適用される規格である。GR-1089 はエミッションとイミュニティの両方を網羅し，欧州連合（EU）のEMC要件に多少似ている。規格は新装置建設基準（New Equipment Building Standard：NEBS）と称されることが多い。この規格は，オリジナルのAT&Tベルシステム内のNEBS規格を受け継いでいる。

この規格は強制的な法定要件ではないが，売買契約上の要件である。そのため，場合によっては，この要件は適用が一時的に免除されるか，適用されないこともある。

1.5.8　自動車

前述したように，移動車両に組み込まれる大部分の（すべてではないが）電子機器は，米国ではFCC Part 15 規則などのEMC規制を免除される（§15.103）。これは，車両システムが法的なEMC要件を持たないことを意味しているわけではない。世界の多くの地域で，自動車の電磁界エミッションとイミュニティのための要件が法律で定められている。法的要件は，一般にCISPR，国際標準化機構（International Organization for Standardization：ISO）および自動車工業会（Society of Automotive Engineers：SAE）を含む多くの国際的に認められている規格に基づく。これらの各組織が，自動車産業に適用可能ないくつかのEMC規格を発行した。これらの規格は任意ではあるが，自動車の製造者はそれらを厳密に適用するか，自社規格の作成時に参照規格として使用する。この作成された自社要件は部品レベルと車両レベルの両項目を含み，製造者の顧客満足度目標に基づくことが多く，したがって，それらはほとんど強制規格の効果を持つ。

たとえばSAE J551は，車両レベルのEMC規格であり，SAE J1113は個々の電子モジュールに適用可能な部品レベルのEMC規格である。両規格はエミッションとイミュニティを網羅し，軍用EMC規格に多少似ている。

結果として車両EMC規格は，エミッションとイミュニティの両方を網羅し，世界で最も厳しい部類のEMC規格である。これは車両が多様なシステムの組み合わせであ

り，それらが互いに近接しているためである．これらのシステムには，過敏な娯楽用ラジオ受信機システムの近くに高電圧放電（スパーク点火装置など）があり，データ通信線と同じ束線にモータやソレノイドなどの誘導性の装置の配線が含まれ，最近の「ハイブリッド車」では，高速スイッチング動作の高電流モータ駆動システムなどがある．この放射エミッション規制基準は，一般的に FCC クラス B 許容値より 40 dB も厳しい．放射イミュニティ試験は，自動車以外の大部分の商用イミュニティ規格が 3～10 V/m であるのに対して，200 V/m（場合によってはもっと高い）の電界強度まで規定される．

欧州連合（EU）では，自動車と自動車内での使用を意図する電子機器は EMC 指令（204/108/EC）を免除されるが，EMC 要件を含む自動車指令（95/54/EC）の範疇に入る．

1.6 カナダの EMC 要件

カナダの EMC 規制は，米国の規制に似ている．カナダの規制はカナダ産業省（Industry Canada：IC）によって管理される．表 1-7 は，製品のさまざまなタイプに適用可能なカナダ EMC 規格を列挙する．これらの規格は，カナダ産業省の Web ページ（www.ic.gc.ca）から読むことができる．

表 1-7 カナダ EMC 試験規格

機器タイプ	規格
情報技術装置（Information Technology Equipment：ITE）*	ICES-003
産業・科学・医療機器（ISM）	ICES-001
電話回線網に接続される端末装置（Terminal Equipment Connected to the Telephone Network）	CS-03

＊ デジタル装置

ITE と ISM の規格はカナダ産業省のホームページにある「周波数帯域管理と通信」（WWW.ic.gc.ca/spectrum）内から以下のリンクをたどって読むことができる：Official Publications/Standards/Interference-Causing Equipment Standards（ICES）．通信規格は同ホームページから以下のリンクをたどって読むことができる：Official Publications/Standards/Terminal Equipment-Technical Specifications List．

ITE のための測定法と実際の許容値は，CAN/CSA-CEI/IEC CISPR22：02（情報技術装置の無線妨害特性の測定方法と許容値）に記載されている．

米国とカナダの製造者の負担を減らすために，米国とカナダは相互認証協定を結び，両国が機器認定目的で互いの試験成績書を受け入れることに合意した（1995 年 7 月 12 日付の FCC 公報 54795）．

1.7 欧州連合（EU）の EMC 要件

1989 年 5 月，欧州連合（EU）は 1992 年 1 月 1 日付で施行する EMC に関する指令（89/336/EEC）を発表した．しかし，欧州委員会は指令を実行するための作業量を少

なく見積もっていた。そのため，欧州委員会は1992年に指令を改正して4年間の移行期間を認め，1996年1月1日までのEMC指令の完全な実施を要求した。

欧州EMC指令はエミッション規制に加えて，イミュニティ要件を含むことがFCC規制と異なる。別の違いは，指令が例外なくすべての電気/電子機器を網羅することである。EMC指令は電球さえ含めており例外はない。しかし，この指令は自動車指令のように，EMC条項を持つ別の指令により規制されている機器を除く。別の事例は医療機器であり，EMC指令ではなく医療機器指令（93/42/EEC）に管轄される。

1.7.1 エミッション規格

先に述べたように，欧州連合（EU）の伝導要件は現在，FCC（図1-4，表1-5，6を参照）と同じである。放射基準は似ているがまったく同じではない。表1-8は，欧州連合（EU）のクラスAとクラスBの10m測定時の放射許容値を示す。

図1-5は，30～1 000 MHzの周波数範囲で欧州連合（EU）の放射基準を現在のFCC規格と比較している。FCCクラスB許容値は，この比較のために10 mの測定距離に換算されている。見てわかるように，88～230 MHzの周波数範囲では，欧州（CISPR）許容値のほうが厳しい。88 MHz未満と230 MHz以上でCISPRとFCCの許容値は，事実上同じである（互いに0.5 dB以内）。しかし，欧州連合（EU）は1 GHzより上の放射許容値がまったくないのに対して，FCC許容値はある条件（表1-4を参照）のも

表1-8 CISPRの放射エミッション許容値（10 m）

周波数〔MHz〕	クラスA許容値〔dBμV/m〕	クラスB許容値〔dBμV/m〕
30～230	40	30
230～1 000	47	37

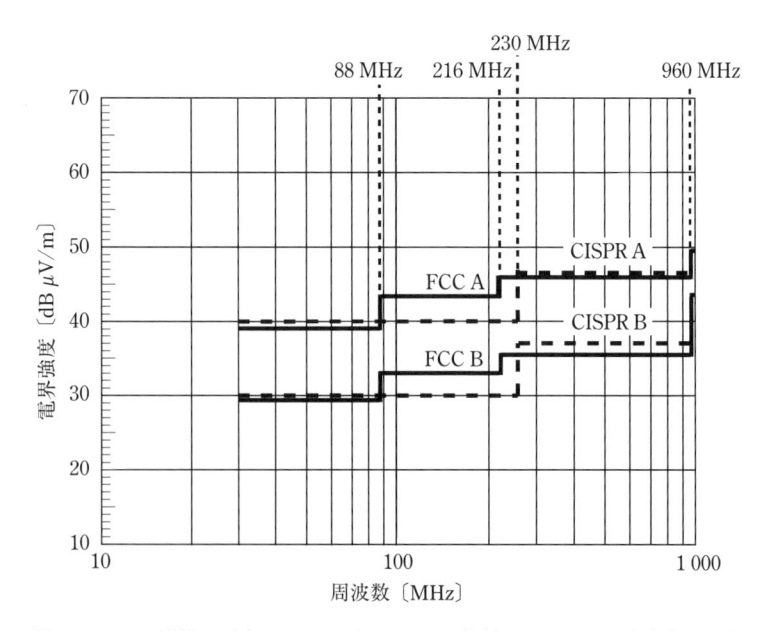

図1-5 10 m距離で測定したFCCとCISPRの放射エミッション許容値の比較

表1-9 商用製品の放射エミッション許容値の合成最悪値（10 m 測定）

周波数〔MHz〕	クラス A 許容値〔dBμV/m〕	クラス B 許容値〔dBμV/m〕
30～230	39.0	29.5
230～960	46.5	35.5
960～1 000	47.0	37.0
>1 000	49.5	43.5

とで 40 GHz まで設定されている。（訳注：現在は欧州（CISPR）も 1 GHz より上の放射許容値がある）

表1-9 は，10 m で測定した FCC と CISPR の放射エミッション許容値を単純に合成した最悪値である。

1.7.2 高調波とフリッカ

欧州連合（EU）には，電力品質問題に関連した二つの追加の放射要件（高調波とフリッカ）がある。この要件は，1 相当り 16 A 以下の入力電流があり，商用交流電源配電システムに接続されることを目的とする製品に適用される。FCC は類似の要件をまったく持っていない。

高調波の要件（EN 61000-3-2）は，交流電源線から製品によって引き出す電流の高調波成分を制限する（表 18-3 を参照）。高調波の発生は，交流電源線に接続している負荷の非線形的な挙動の結果である。一般的な非線形負荷には，スイッチング電源，可変速モータ駆動回路，蛍光灯の電子安定器などがある。

高調波の主要な発生源は，交流電源線に直接接続していて，大容量のコンデンサ入力フィルタが後に続く全波整流器である。この状況で，入力電圧がフィルタコンデンサの電圧を超えているときだけ，電流が電源線から引き込まれる。結果として，電流は交流電圧波形のピークのとき（図 13-4 参照）だけ電源線から引き込まれる。その結果生じる電流の波形は，奇数高調波（3 次，5 次，7 次高調波など）を多く含んだものとなる。これらの状況下で，70～150 % の総高調波ひずみ（Total Harmonic Distortion：THD）値は珍しくない。

発生する高調波の数は，電流パルスの立上り，立下り時間や電流波形の振幅によって決定される。ほとんどのスイッチング電源（非常に低出力の電源は除く）と可変速モータ駆動回路は，なんらかの受動または能動型の力率改善回路なしでこの要件を満たすことはできない。

この問題を軽減するためには，交流入力電流パルスをサイクルの全般に分散して高調波成分を減らす必要がある。通常，電流パルスの THD は，欧州連合（EU）規制に適合するために 25 % 以下に減らさなければならない。

フリッカ要件（EN 61000-3-3）は，製品によって引き込まれる過渡的な交流電源線電流を制限する（表 18-4 を参照）。この要件の目的は，人間の目に支障があるとされる照明器の明滅を防止することである。この規制は，被測定装置と同じ交流電源から電力を供給される 60 W の白熱電球の照度に，知覚可能な変動を与えないことに基準を置いている。

電源線は有限のソースインピーダンスを持つため，その線に接続される機器による電

流変動により，電圧変動が生じる。電圧変動が十分に大きければ，照明器の照度に知覚可能な変動を生み出す。負荷変動が十分な大きさと繰返し速度を持っている場合，照明器の明滅（フリッカ）がイライラや不安を引き起こす。

適用可能な許容値を決定するために，多くの人々が被験者となり，照明器のフリッカによるイライラの分岐点を決定した。フリッカ速度が低いとき（1分当り1回以下）は，イライラの分岐点は，交流電源電圧が3％変わるときと同じである。照明器のちらつき速度が1分当り1 000回程度のときに，人間は最も敏感である。1分当り1 000回の速度での，電圧変動0.3％は，ちょうど1分当り1回未満の変動で3％の変動と同じくらいイライラする。1分当り1 800回以上の変動では，光のフリッカはもはや感知されない。

ほとんどのEMCエミッション要件は，1回の測定パラメータの大きさが規定量（許容値）を超えないことに基づく。しかし，フリッカ試験は異なり多数の測定を必要とし，測定データの統計的解析によってそれが許容値を超えているかどうかを判定する。

ほとんどの機器は，交流電源線から通常は大きな過渡電流を引き込まないので，この要件は問題ではない。しかし，この要件は，大きな電流を引き込むヒータや大きな負荷のモータのように急にスイッチが入る製品には問題となり得る。たとえば，空調機のコンプレッサや複写機の大型ヒータのスイッチが急に入ったときである。

1.7.3　イミュニティ要件

欧州連合（EU）のイミュニティ要件は，放射と伝導のイミュニティのほか，静電気放電（ESD），電気的高速トランジェント（Electrical Fast Transient：EFT），サージなどを含む過渡的イミュニティも網羅する。

EFT要件は，交流電源線上の誘導性負荷の切り替えによって生成されるノイズを模擬する。電流断続器が誘導性負荷を開放したときに，アークが形成され，何回も消えたり始まったりする。サージ要件は，近傍の雷パルスの影響を模擬することを意図している。

さらに，欧州連合（EU）は交流電圧のディップ，サグ，瞬断を網羅するイミュニティ要件を持っている。

これらの過渡的イミュニティと電源線の擾乱要件についての追加情報は，14.3節，14.4節を参照のこと。

1.7.4　指令と規格

欧州規制は指令と規格からなる。指令は非常に一般的であり，法的要件である。規格は指令に適合するために一つの方法を提供するが，唯一の方法ではない。

EMC指令2004/108/EC（当初のEMC指令89/336/EECに代わった）は，欧州連合（EU）において売買される製品の**必須要件**を規定する。それらを次に示す。

1. 機器は，それが発生するいかなる電磁波妨害も，無線機器や通信機器などの装置が意図どおりに機能できることを確保するように構成しなければならない。
2. 機器は，外部で発生する電磁波妨害に対し固有のイミュニティレベルを持つように構成しなければならない。

これらは**EMCに関する唯一の法的要件**であり，その要件は漠然としている。指令はその要件への適合を示す二つの方法を用意する。最も一般的に使われるのは，適合宣言によるもので，ほかのオプションは技術構成ファイルの使用である。

製品を試験して適用可能なEMC規格に適合するならば，指令の要件を満たすと見なされ，製造者はその事実を証明する適合宣言書を作成できる。

適合宣言は，責任者である製造者または輸入業者が，まずその製品に適用可能な規格を決定し，規格に照らして製品を試験し，それらの規格とEMC指令に適合することを述べる宣言書を発行する自己認証手続きである。適合宣言は一枚の文書でもよいが，次を含まなければならない。

・どの指令（すべての適用可能な指令）を適用したか
・適合を判定した規格（規格の発効日を含める）
・製品名とモデル番号，もしあれば製造番号も
・製造者の名前と住所
・製品が指令に適合することを宣言する日付
・製造者により法的に権限を与えられた人によるサイン

適合を証明する技術構成ファイル手法は，欧州連合（EU）独自のものである。技術構成ファイルはその製品に整合規格が存在せず，共通規格類が適切でないとメーカが考えるときしばしば使われる。この場合，EMC指令への適合を保証するために使った手順と試験法を説明するために，メーカは技術構成ファイルを作成する。メーカは，独自のEMC仕様と試験手順を作成することができる。メーカは，いつ，どこで，どのように，製品をEMCについて試験するかを決めることができる。しかし，独立した**コンピテントボディ（法的資格機関）** が技術構成ファイルを承認しなければならない。コンピテントボディは，欧州連合（EU）の個々の国によって任命され，欧州委員会は欧州連合（EU）公報の中でそのリストを公表する。コンピテントボディは，製造者の手順と試験法を使用して，製品がEMC指令の必須要件を満たしていることに同意しなければならない。欧州連合（EU）ではEMC指令は規格ではないが，満足しなければならない法律文書であるので，この手法は受け入れ可能である。他の多くの管轄区において，規格は適合しなければならない法律文書である[訳注]。

EMC指令への適合が上記の手順の一つによって証明された製品は，**CEマーク**を貼付する必要がある。CEマークは指定された独特のフォントの小文字「ce」からなる。CEマークを製品に貼付することは，EMC指令だけでなく，すべての適用可能な指令への適合を示す。ほかの適用可能な指令には安全指令，玩具指令，機械指令などがある。

欧州連合（EU）には2種類の規格が存在する。製品群規格と共通規格[*5]である。製品群規格は常に共通規格に優先する。しかし，ある製品に適用可能な製品群規格が存在

[訳注] その後，新EMC指令（04/108/EC）の発効により，コンピテントボディは廃止され，製造者は任意に通知機関（Notified Body）を使用できるようになった。
*5 3番目の規格も存在し，それは基本規格である。基本規格は通常，試験や測定の手順であり，製品群規格や共通規格によって参照される。

表 1-10　欧州連合（EU）の EMC 試験規格

機器タイプ	エミッション	イミュニティ
製品群規格		
情報技術機器（ITE）	EN 55022	EN 55024
産業・科学・医療機器（ISM）	EN 55011	—
ラジオ・テレビジョン受信機	EN 55013	EN 55020
家庭用具・電動工具	EN 55014-1	EN 55014-2
ランプ・発光体	EN 55015	EN 61547
可変速モータ駆動装置	EN 61800-3	EN 61800-3
医療機器*	EN 60601-1-2	EN 60601-1-2
共通規格		
居住用，商用，軽工業環境	EN 61000-6-3	EN 61000-6-1
重工業環境	EN 61000-6-4	EN 61000-6-2

＊　EMC 指令ではなく医療指令（93/42/EEC）が適用される。

しない場合，共通規格が適用可能となる。ある製品のためのエミッションとイミュニティの要件は，通常別々の規格によってカバーされる。現在，50 を超えるさまざまな規格が EMC 指令と関連づけられている。表 1-10 は，四つの共通 EMC 規格と同様により一般的に適用可能な製品群規格のいくつかを列記している。区分の中に適切な製品群規格が存在しない場合，適切な共通規格が適用される。

　欧州連合（EU）の規格作成組織欧州電気標準化委員会（the European Committee for Electro-Technical Standardization：CENELEC）は，EMC 指令の必須要件を満たす関連技術仕様の起草義務を与えられており，関連技術仕様への適合は EMC 指令の必須要件への適合の根拠を提供する。そのような仕様は整合規格と称される。ほとんどの CENELEC 規格は，国際電気標準会議（International Electro Technical Commission：IEC），または CISPR の規格に基づく――イミュニティ規格は IEC，エミッション規格は CISPR。CENELEC 規格や欧州規格（European Norms：EN）は，「欧州連合（EU）公報」においてその適用が発表されるまで，公式なものではない。

　新しい規格が創出され既存の規格が修正されると，通常 2 年間の移行期間が規格の中で指定される。移行期間中は，古い規格か新しい規格のどちらかを EMC 指令への適合を示すために使うことができる。

　EMC 指令 2004/108/EC と整合した規格についての最新の情報は，次のウェブサイトで得ることができる：http://europa.eu.int/comm/enterprise/newapproach/atandardization/harmstds/reflist/emc.html

　EMC 指令の広大な範囲と網羅される製品の多様性を考慮して，1997 年欧州委員会は，指令（欧州委員会，1997 年）によって影響を受ける製造者，試験所およびそのほかの当事者で使われる EMC 指令の解釈に，124 ページの指針を出版する必要性を感じた。この指針は，EMC 指令の解釈に関する問題と手順を明確化することを意図した。それはまた，部品，サブアセンブリ，装置，システムおよび設備への指令の適用ばかりでなく，スペアパーツ，中古品や修理品への指令の適用を明確にした。

1.8 国際的な整合

電子機器のエミッションとイミュニティの許容値を決める規格は，さまざまな国別規格より一つの国際規格のほうが望ましい。これは，世界的に受け入れ可能な一つの規格で，製造者が製品を設計し，試験することを可能にする。図 1-6 は典型的な商品を示し，整合した世界市場でそれらが適合しなければならないエミッションとイミュニティ両方の各種の EMC 要件を示す。

単一の EMC 試験手順は単一の EMC 規格よりも重要である。試験手順が同じならば EMC 試験を一度だけ実施し，各国の規格（許容値）と比較して，その結果が各規則に適合するかを判定することができる。しかし，試験手順が違うときは製品を各規格のために再度試験しなければならず，コストと時間がかかりすぎる作業である。

最もうまく整合を達成している例は欧州連合（EU）の EMC 規格であり，CISPR 規格に基づく。CISPR は国際貿易を促進する目的で，無線周波妨害の測定法と許容値を決定するために 1934 年に創設された。CISPR は規制の権限を持たないが，その規格が各国政府によって採用されたときは国家規格となる。CISPR は 1985 年，情報技術装置（コンピュータやデジタル電子機器）のためにエミッション規格（Publication 22）の新しいセットを採用した。欧州連合（EU）は CISPR 規格をそのエミッション要件の基礎として採用した。CISPR の投票メンバとして，米国は新しい規格に賛成投票を行った。この行動は，FCC も同じ規格を採用するようにというかなりの圧力となった。

1996 年に，FCC はその Part 15 規則を修正し，製造者がパソコンとその周辺装置の適合手順として適合宣言することを可能にしたが，これは欧州連合（EU）が EMC 規制に使用した手段と同様である。先に述べたように，FCC は伝導放射の CISPR 許容値も採用した。

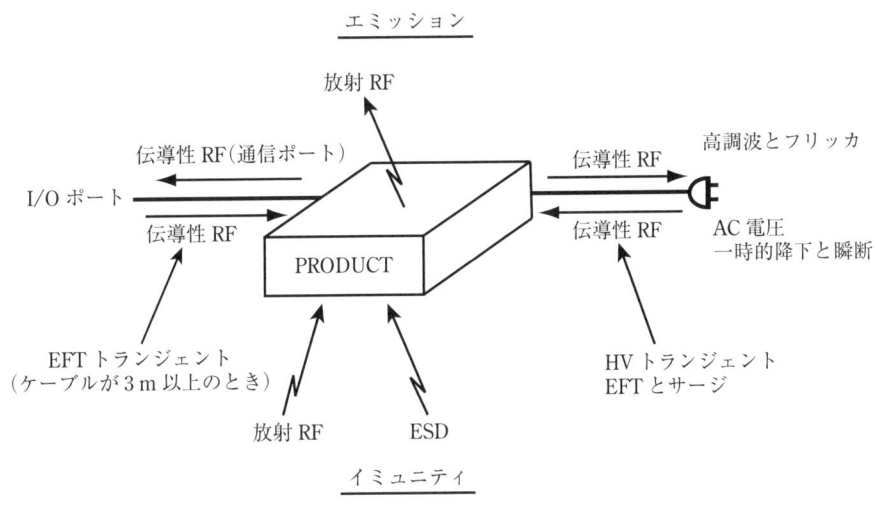

図 1-6 世界中の商用 EMC 要件を代表する複合図

1.9 軍用規格

もう一つの重要な EMC 規格類は，米国国防省により発行されたものであり，軍用機器と航空宇宙機器に適用される。国防省は 1968 年に，さまざまな部門の多数の異なる EMC 規格を二つの一般的に適用可能な規格に統合した。MIL-STD-461 は，適合すべき許容値を規定し，MIL-STD-462 は，MIL-STD-461 に含まれる試験をするための試験法と試験手順を規定した。この規格は FCC 規制より厳格であり，30 Hz～40 GHz までの周波数範囲でエミッションとともにイミュニティも網羅する。

何年もかけて，この規格類は 1968 年の MIL-STD-461A から 1999 年の MIL-STD-461E まで数回の改版を経てきた。1999 年に，MIL-STD-461D（許容値）と MIL-STD-462D（試験手順）は，許容値と試験手順の両方を網羅した一つの規格 MIL-STD-461E に統合された[6]。

商用規格と違って MIL-STD は法的要件ではなく，むしろ契約上の要件である。そのため，試験許容値は交渉が可能であり，免除も可能である。法的要件ではなく契約要件なので，旧版規格もまだ現在の製品に適用可能である。通常は，最初の調達契約が指定したどの規格でもまだ適用可能である[7]。

軍用規格で指定される試験手順は，商用 EMC 規格で指定されるものと異なることがよくあり，このことが許容値の直接的な比較を難しくする。放射エミッションに，軍用規格は閉じた部屋（シールドルーム）での試験を指定するのに対して，FCC と欧州連合（EU）の規則は屋外試験を要求する。伝導エミッション試験のために，軍事用規格が元は電流を測定したのに対して，商用規格は電圧を測定する。

表 1-11 MIL-STD-461E のエミッションとサセプタビリティの要件

要件	説明
CE101	伝導エミッション，電源端子，30 Hz～10 kHz
CE102	伝導エミッション，電源端子，10 kHz～10 MHz
CE106	伝導エミッション，アンテナポート，10 kHz～40 GHz
CS101	伝導サセプタビリティ，パワーリード，30 Hz～50 kHz
CS103	伝導サセプタビリティ，アンテナポート，内部変調，15 kHz～10 GHz
CS104	伝導サセプタビリティ，アンテナポート，不要信号の除去，30 Hz～20 GHz
CS105	伝導サセプタビリティ，アンテナポート，混変調，30 Hz～20 GHz
CS109	伝導サセプタビリティ，構造電流，60 Hz～100 kHz
CS114	伝導サセプタビリティ，大電流の注入，10 kHz～40 MHz
CS115	伝導サセプタビリティ，大電流の注入，インパルス励振
CS116	伝導サセプタビリティ，減衰正弦波過度電流，ケーブル，電源線，10 kHz～100 MHz
RE101	放射エミッション，磁界，30 Hz～100 kHz
RE102	放射エミッション，電界，10 kHz～18 GHz
RE103	放射エミッション，アンテナのスプリアスと高調波の出力，10 kHz～40 GHz
RS101	放射サセプタビリティ，磁界，30 Hz～100 kHz
RS103	放射サセプタビリティ，電界，10 kHz～40 GHz
RS105	放射サセプタビリティ，トランジェント電磁界

---

[6] 2007 年 12 月 10 日に，MIL-STD461F が公表された。
[7] 対照的に，商用規格は改定されたり修正されると，新しく製造される製品はすべて指定された移行期間の終了までに新しい許容値に従わなければならない。

表 1-12　要件適用可能性マトリックス，MIL-STD-461E

以下の甲板または施設内に設置されるか，そこから発進する装置	CE101	CE102	CE106	CS101	CS103	CS104	CS105	CS109	CS114	CS115	CS116	RE101	RE102	RE103	RS101	RS103	RS105
海上船	N	A	L	A	S	S	S	N	A	L	A	A	A	L	A	A	L
潜水艦	A	A	L	A	S	S	S	L	A	L	A	A	A	L	A	A	L
陸軍機と駐機整備地区，飛行進路	A	A	L	A	S	S	S	N	A	A	A	A	A	L	A	A	L
海軍機	L	A	L	A	S	S	S	N	A	A	A	L	A	L	L	A	L
空軍機	N	A	L	A	S	S	S	N	A	A	A	N	A	L	N	A	N
宇宙システムと発射装置	N	A	L	A	S	S	S	N	A	A	A	N	A	L	N	A	N
陸上，陸軍	N	A	L	A	S	S	S	N	A	A	A	N	A	L	L	A	N
陸上，海軍	N	A	L	A	S	S	S	N	A	A	A	N	A	L	A	A	L
陸上，空軍	N	A	L	A	S	S	S	N	A	A	A	N	A	L	N	A	N

A＝適用可　L＝規格で指定された制限付き適用可能　S＝調達文書で指定されれば適用可能　N＝適用不可

EMC 試験とその精度について研究が進むにつれ，軍用規格はその試験手順の一部について批判を受けた。結果として，軍用規格は商用の試験手順の一部を採用した。たとえば，MIL-STD-461E は，伝導エミッション試験に LISN の使用と電流よりも電圧の測定を指定する。また，エミッションとイミュニティの試験に使用する部屋の壁には，少なくとも部分的に無響にするためになんらかの吸収材の使用を要求する。

表 1-11 は，MIL-STD-461E により確立されたエミッションとイミュニティの要件のリストである。試験は放射エミッションと伝導エミッションの両方に加えて，放射，伝導，高電圧過渡現象のサセプタビリティを要求する。

軍用規格は異なる環境（陸軍，海軍，航空宇宙など）には異なる許容値を持つことが多い。表 1-11 に掲載した要件の中には，特定の環境だけに適用されるものがあり，ほかには適用されない。表 1-12 はさまざまな環境に対する要件の適用可能性を列挙している。

1.10　航空電子機器

民間の航空電子産業は，独自の EMC 規格を持っている。それは軍用のものに似ている。この規格はすべての民間航空機に適用され，軽汎用航空機，ヘリコプタ，ジャンボジェット機を含む。航空無線技術委員会（The Radio Technical Commission for Aeronautics：RTCA）が，航空電子産業のためにこれらの規格を作成する。最新版は，**空輸装置のための環境条件と試験手順** RTCA/DO-160E であり，2004 年 12 月に発行された。15〜23 節までと 25 節が EMC 問題を取り扱う。

軍用規格と同じように，DO-160E は法的要件でなく契約要件であるため，その項目は交渉可能である。

1.11 規制のプロセス

「法の不知は抗弁たりえず」という警句は多分よく知られている。その法の存在が周知されるために，政府は商用 EMC 規制をどのように公開しているのか？ ほとんどの国で，その国の「官報」で規制を**出版**または**参照**することによって公表される。米国では，官報は**連邦記録**であり，カナダでは**カナダ官報**であり，欧州連合（EU）では**欧州連合（EU）官報**である。

いったん規制が出版されるか官報で**参照される**と，それは**公式発表**となり，誰もがその存在を知っているとみなされる。

1.12 代表的なノイズ経路

代表的なノイズ経路のブロック図を図 1-7 に示す。同図に示すように，妨害問題を引き起こすには，三つの要素が必要である。第 1 に**ノイズ源**が必要である。第 2 にそのノイズに感受性を持つ**受信器**回路が必要である。第 3 にノイズ源からのノイズを受信器に転送する**結合経路**が必要である。さらに，そのノイズ特性は受信器で感受できる**周波数**（frequency）で，受信器に影響を与えるだけの**振幅**（amplitude）で，そのノイズを受信器が受信可能な**時間帯**（time）に輻射されるものでなければならない。重要なノイズ特性を覚えるよい方法はその頭文字 FAT である。

ノイズ問題を分析する最初のステップは，その問題を明確にすることである。これは，ノイズ源は何か，その受信器は何か，結合経路は何かおよびノイズの FAT 特性を判定することである。そして，ノイズ経路を断ち切る三つの方法がある。(1) ノイズ特性をノイズ源で変化させる，(2) 受信器をノイズに無反応にする，(3) 結合経路を通しての伝送を除去するか最小化する。場合によっては，ノイズ抑制技術を二つまたは三つすべてのノイズ経路に適用する必要がある。

放射問題の場合は，放射源に対してその周波数，振幅，時間の特性を変化させることによって対策することが多い。感受性問題では，受信器にノイズへの免疫力を増大させるように注意を向けることが多い。多くの場合，ノイズ源や受信器を修正するのは現実的ではなく，その場合は結合経路を制御する選択肢だけが残される。

例として，図 1-8 に示す回路を検討する。これはモータ駆動回路に接続したシールドされた直流（DC）モータを示す。モータノイズが同じ装置内の低レベル回路を妨害している。モータの整流子ノイズは駆動回路に伸びるリードのシールドから伝導される。このリードからノイズが低レベル回路に放射される。

この事例において，ノイズ源はブラシと整流子との間の放電である。結合経路は，二

図 1-7 ノイズが問題になるには，ノイズ源，受信器および結合経路がなければならない。

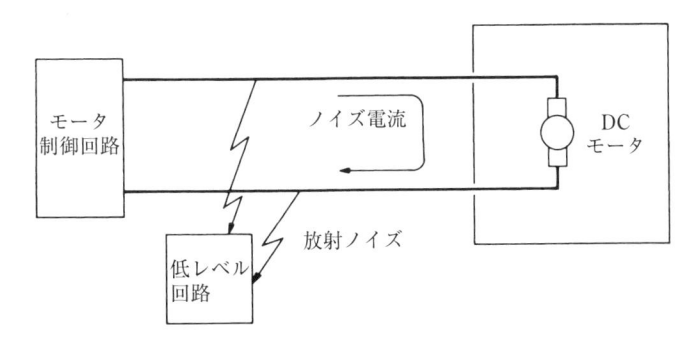

図 1-8 この例では，ノイズ源はモータであり，受信器は低レベル回路である。結合経路はモータリード上の伝導とリードからの放射である。

つの部分からなり，モータリード上の伝導とモータリードからの放射である。受信器は低レベル回路である。この場合，ノイズ源や受信器にはあまり対策ができない。したがって，結合経路を断ち切ることによって妨害を除去する必要がある。シールドからのノイズ伝導を止めるか，リードからの放射を止める必要があり，両方の手段が必要になることもある。この事例は 5.7 節でさらに深く議論する。

1.13 ノイズ結合の方法

1.13.1 伝導性結合ノイズ

ノイズが回路に結合する，最も明白だが見過ごされることの多い経路の一つは導線である。ノイズのある環境を通過する線路はノイズを拾い，それをほかの回路に導き，そこで妨害を起こす。解決策は，線路がノイズを拾うことを防止するか，フィルタにより線路からノイズを除去して，敏感な回路を妨害させないことである。

この分野での主な例は，電源線上の回路に伝導するノイズである。回路設計者が電源を管理できない場合やほかの機器がその電源に接続される場合，ノイズが回路に侵入する前に線路からのノイズをデカップルするか，フィルタする必要がある。もう一つの例は，シールドを通過する線路による，シールド筐体の中や外へのノイズ結合である。

1.13.2 共通インピーダンス結合

二つの異なる回路からの電流が共通のインピーダンスを通過するとき，共通インピーダンス結合が発生する。各回路で観測されるインピーダンス両端の電圧降下は，他の回路の影響を受ける。この種の結合は電源系統やグラウンド系統に通常発生する。この種の結合の典型的な例を図 1-9 に示す。グラウンド電流 1 と 2 の両者が，共通グラウンドインピーダンスを通過する。回路 1 に関しては，そのグラウンド電位は共通のグラウンドインピーダンスを流れるグラウンド電流 2 によって変動する。したがって，多少のノイズが回路 2 から回路 1 に，そして逆にも共通グラウンドインピーダンスを通して結合する。

この問題の別の事例を，図 1-10 の電源分配回路の中で説明する。電源線路の共通インピーダンスと電源内部のソースインピーダンスのため，回路 2 が必要とする供給電流のいかなる変動も，回路 1 の端子の電圧に影響する。回路 2 からのリードを電源出力端

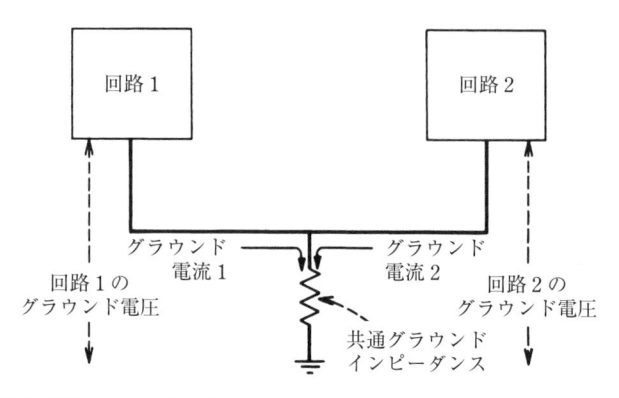

図1-9 二つの回路が共通グラウンドを共有するときに，それぞれのグラウンド電圧はほかの回路のグラウンド電流の影響を受ける。

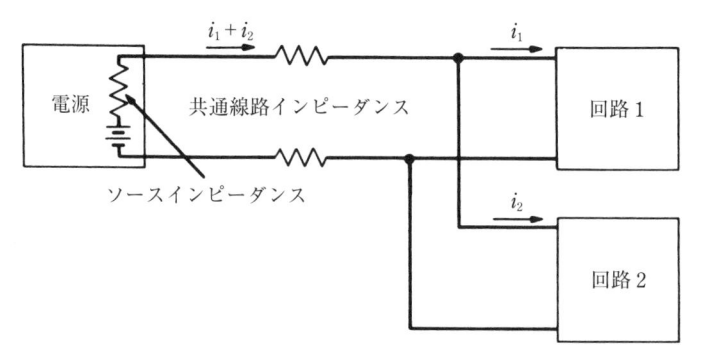

図1-10 二つの回路が電源を共有するとき，一方の回路により引き込まれる電流はほかの回路の電圧に影響する。

子に直接接続し，共通線路インピーダンスをバイパスすることによりかなり改善できる。しかし，電源内部インピーダンスによる多少のノイズ結合は残る。

1.13.3 電界と磁界の結合

放射電界と放射磁界は，ノイズ結合のもう一つの手段を提供する。電荷が移動すると，導線を含むすべての回路素子は必ず電磁界を放射する。この非意図的放射に加えて，放送局やレーダ送信局などの発生源からの意図的放射の問題がある。受信器が発生源に近いとき（近傍界）は，電界と磁界は別々に考慮される。受信器が発生源から遠いとき（遠方界）は，放射は電界と磁界が結合された電磁界放射とみなされる[*8]。

1.14　その他のノイズ源

1.14.1　ガルバニック作用（電食）

低レベル回路の中の信号経路に異種の金属が使用される場合，二つの金属間のガルバ

---

*8　近傍界と遠方界の説明については6章を参照。

ニック作用からノイズ電圧が出現することがある。湿気や水蒸気の存在が二つの金属と連携して化学的湿電池（ガルバニック対）を生じさせる。発生する電圧は使われた二つの金属に依存し，表 1-13 に示すガルバニック系列におけるその位置に関係する。この表で遠く離れた金属ほど，大きな電圧を発生する。同じ金属の場合は電位差を発生することはない。

ノイズ電圧の発生に加えて，異種金属の使用は腐食問題を引き起こす。ガルバニック腐食は，一方の金属からもう一方への陽イオンの移動を引き起こす。この作用は陽極素材を徐々に破壊する。腐食の速度は，環境の含水率とガルバニック系列の中で両金属がどれほど遠く離れているかに依存する。異種金属がガルバニック系列の中で遠く離れているほど，イオン転送速度が速い。異種金属の組み合わせで，望ましくないが一般的なのはアルミニウムと銅である。この組み合わせによって，アルミニウムは結局侵食される。しかし，アルミニウムと鉛-スズはんだはガルバニック系列の中で近いので，銅が鉛-スズはんだで被覆される場合，反応はかなり減速する。

ガルバニック作用が起こるためには，次の4要素が必要である。

1. 陽極素材（表 1-13 の順位の高いほう）
2. 電解質（通常は湿気として存在）

表 1-13 ガルバニック列（イオン化傾向）

陽極側
（腐食に最も弱い）

グループ I	1. マグネシウム		グループ IV	17. 銅-ニッケル合金
	2. 亜鉛			18. モネル
	3. Galvanized steel			19. 銀はんだ
グループ II	4. アルミニウム 25			20. ニッケル（不活性）*
	5. カドミウム			21. ステンレス鋼（不活性）*
	6. アルミニウム 17ST			22. 銀
	7. 銅		グループ V	23. 黒鉛
	8. 鉄			24. 金
	9. ステンレス鋼（活性）			25. プラチナ
グループ III	10. 鉛-スズはんだ			
	11. 鉛			**陰極側**
	12. スズ			（腐食に最も強い）
	13. ニッケル（活性）			
	14. 真ちゅう（黄銅）			
	15. 銅			
	16. 青銅			

＊ 強酸性溶液に浸けても不活性

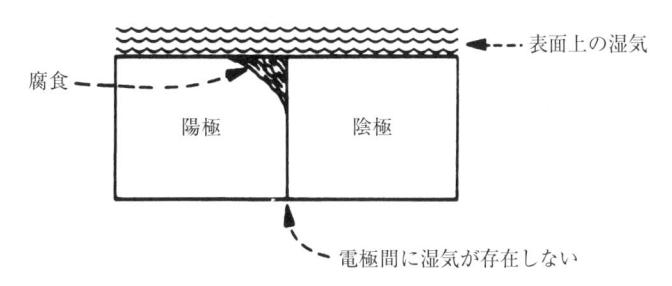

図 1-11 二つの異種金属が結合されて，湿気が表面上に存在するならば，ガルバニック作用が起こる。

3. 陰極素材（表1-13の順位の低いほう）
4. 陽極と陰極間の導電的な電気的接続（通常は漏電経路として存在）

陽極と陰極の間に湿気がなくても，ガルバニック作用は起こる。必要なのは，図1-11に例示するように，二つの金属が一緒になる表面上の少しの湿気だけである。

表1-13からわかるように，ガルバニック系列の金属は五つのグループに分類される。異種金属を結合する必要があるときは，同じグループの金属の使用が望ましい。製品がかなり温和な屋内環境で使用されるときは，通常隣接するグループの異種金属を一緒に使うことができる。

二つの異種金属の間での腐食を最小化するほかの方法は次のとおりである。
・陰極素材を可能な限り小さくしておく。
・金属の一方をめっきして接触面の組み合わせを変更する。
・表面の湿気を除去するために，接合した後に表面を被覆する。

1.14.2 電解作用

2種類目の腐食は，電解作用によって起こる。これは，電解質（少し酸性の周囲の湿気であり得る）が間にある二つの金属間を流れる直流によって起こる。この種の腐食は使われる二つの金属に依存せず，両方が同じでも起こる。腐食の速度は電流の大きさと電解質の導電率に依存する。

1.14.3 摩擦電気効果

誘電体がケーブル心線との接触を保持できない場合，ケーブル内の誘電性素材に電荷が発生する。これは摩擦電気効果と呼ばれる。これは，ケーブルの機械的な曲げによって通常生じる。この電荷はケーブル内のノイズ電圧源として機能する。鋭い曲がりとケーブルの動きを除去すれば，この効果を最小にできる。特殊な「低ノイズ」ケーブルが入手可能であり，このケーブルは化学的に処理されていて，誘電体上の電荷形成の可能性を最小化する。

1.14.4 導線の移動

導線が磁界内を移動すると線路の両端に電圧が発生する。高電流が流れる電力配線や回路のために，ほとんどの環境に漏洩磁界が存在する。低レベル信号を持つ線路がこの磁界を通過することを許されるならば，線路内にノイズ電圧が発生することになる。この問題は振動の多い環境で特にやっかいである。解決策は単純であり，ケーブルクランプや固定装置などにより線路の移動を防止することである。

1.15 回路理論の使用

電気回路がどのように振る舞うかという質問に正確に答えるには，マクスウェルの方程式を解かねばならない。この方程式は，三つの空間変数（x, y, z）と時間（t）の関

数であり 4 次元問題である．最も簡単な問題を除いて，その解決策は通常複雑である．この複雑性を避けるために，「電気回路解析」と呼ばれる近似解析技法がほとんどの設計手順で使われる．

回路解析は空間変数を取り除き，時間（または周波数）のみの関数として近似解を提供する．回路解析は下記を仮定する．

1. すべての電界はコンデンサの内部に閉じ込められる．
2. すべての磁界はインダクタの内部に閉じ込められる．
3. 回路の寸法は考慮している波長に比べて小さい．

これらが意味しているのは，外部の電磁界は，実際には存在しているとしても，回路網の解の中では無視できるということである．それでも，ほかの回路への影響が心配される所ではこの外部電磁界は必ずしも無視できない．

たとえば 100 W の電力増幅器が 100 mW の電力を放射することがある．この 100 mW は，この電力増幅器の解析と動作に関する限り完全に無視できる．しかし，この放射電力のほんの一部が敏感な回路の入力で拾われる場合は，それが妨害を起こすことがある．

100 mW の放射波は 100 W の電力増幅器では完全に無視できるが，敏感なラジオ受信機は正常な条件のもとで，数千マイル離れていてもその信号を拾えることがある．

可能な限り，ノイズ結合経路は等価的な集中定数部品の回路網で表される．たとえば，二つの導線間に存在して経時変化する電界は，図 1-12 に示すように二つの導線を接続するコンデンサによって表現できる．二つの導線を結合し経時変化する磁界は，図 1-13 に示すように二つの回路間の相互インダクタンスで表現できる．

この手法が有効であるためには，回路の物理的な寸法は関係する信号の波長に比べて小さくなければならない．適切な場合には，本書全体にこの仮定を適用している．

この仮定が現実には有効でないときでも，次の理由で集中定数部品の表現はなお有用である．

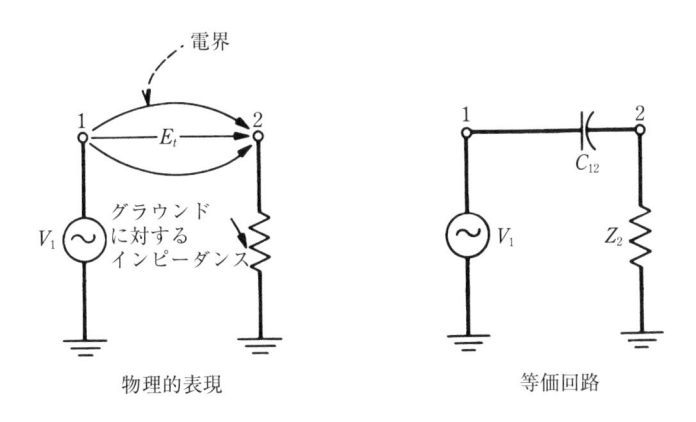

図 1-12　二つの回路が電界によって結合されるとき，結合はコンデンサによって表現できる．

物理的表現

等価回路

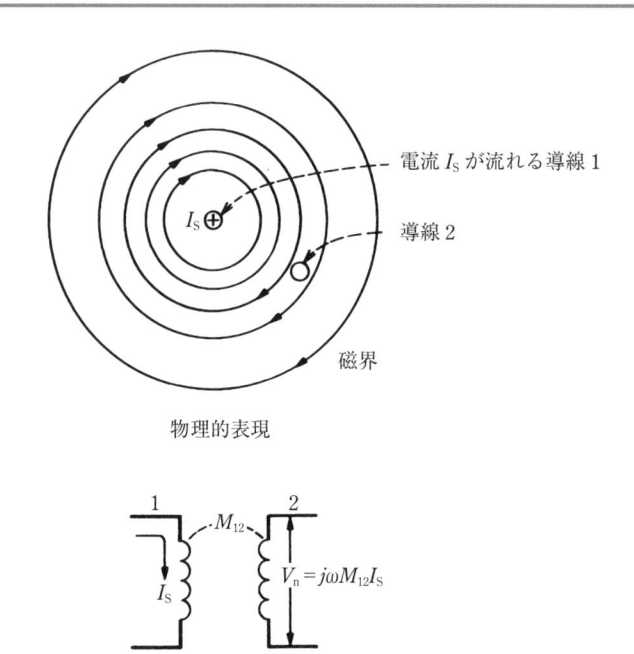

図 1-13 二つの回路が磁界により結合されるとき，その結合は相互インダクタンスで表現できる。

1. マクスウェル方程式の解法は，ほとんどの「現実世界」のノイズ問題には実用的でない。境界条件が複雑だからである。
2. 集中定数部品の表現は最も正確な数値的な答えを生み出さないが，ノイズがシステムのパラメータにどのように依存するかを明確に示す。その一方，マクスウェル方程式の解法は，可能であってもそのようなパラメータ間の依存関係を示さない。
3. ノイズ問題を解決するには，システムのパラメータを変更しなければならず，集中定数回路解析はパラメータの依存関係を明確に示す。

一般に，集中定数部品の数値は，ある特定の形状を除いてどのような精度でも計算は極めて困難である。しかし，これらの部品が存在し，紹介されるように，部品が定性的な感覚で定義されるだけでも，結果は非常に有益であると断言できる。

要約

- ノイズを発生しない機器を設計することは，ノイズに影響されにくい機器を設計するのと同じく重要である。
- ノイズ源は次の三つのカテゴリにグループ化できる。(1) 固有のノイズ源，(2) 人工ノイズ源，(3) 自然界の擾乱によるノイズ。
- 費用対効果を上げるには，ノイズ抑制を設計の初期から考慮しなければならない。

- EMCとは，意図する電磁環境下で適切に機能する電子システムの能力である．
- EMCには二つの側面，エミッションとイミュニティがある．
- EMCは設計の最後に付加するのではなく，製品につくり込むべきである．
- 大多数の電子機器は市場に出荷する前にEMC規制に適合する必要がある．
- EMC規制は固定的ではなく，継続的に変更される．
- 主要なEMC規制はFCC規則，欧州連合（EU）規制および軍用規格の三つである．
- 次の製品は一時的にFCC要件を免除されている．
    - 運搬用車両の電子機器
    - 工業用制御システム
    - 試験用装置
    - 家庭用電気器具
    - 専用的な医療機器
    - 電力消費量が6 nWを超えない装置
    - ジョイスティックコントローラや類似の装置
    - クロック周波数が1.705 kHz以下の装置で，AC電源線で動作しない装置
- いかなる製品も欧州連合（EU）のEMC要件を事実上免除されない．
- EMCは主要な設計目標とすべきである．
- 妨害問題を引き起こすには次の3点が必要である．
    - ノイズ源
    - 結合経路
    - 敏感な受信器
- ノイズの三つの重要な特性は次である．
    - 周波数
    - 振幅
    - 時間（いつ発生するか）
- 互いに接触する金属はガルバニックな適合性を持つ必要がある．
- 電子システムのノイズを低減するには，多様な技法を使う必要がある．多くのノイズ低減問題に対応できる，唯一の優れた解決策などは存在しない．

問題

1.1 ノイズと妨害の違いは何か？

1.2 a. デジタル腕時計はFCCの定義でのデジタル装置に当てはまるか？
    b. デジタル腕時計は，FCCのEMC要件を満たす必要があるか？

1.3 a. 試験装置は，FCC Part 15 EMC規制の技術基準に適合する必要があるか？
    b. 試験装置は，FCC Part 15 EMC規制の非妨害要件を満たす必要があるか？

1.4 a. 誰がFCC EMC規制の技術基準に適合することに責任を持つのか？
    b. 誰がFCC EMC規制の非妨害要件を満たすことに責任を持つのか？

1.5 FCCと欧州連合（EU）のクラスBの放射許容値はどちらのほうが厳しいか？

a. 30〜88 MHz の周波数範囲では？
b. 88〜230 MHz の周波数範囲では？
c. 230〜960 MHz の周波数範囲では？
d. 960〜1 000 MHz の周波数範囲では？

1.6 a. 500 MHz 以下のどんな周波数範囲で，FCC と欧州連合（EU）のクラス B の放射妨害許容値との間に最大の差異があるか？
b. この周波数範囲で最大の差異はいくらか？

1.7 a. どのような周波数範囲で FCC は伝導許容値を規定するか？
b. どのような周波数範囲で FCC は放射許容値を規定するか？

1.8 a. 欧州連合（EU）で売買される製品のための必須の要件は何か？
b. 必須の要件はどこで規定されるか？

1.9 どのようなプロセスによって商用の EMC 規制は公表されるか？

1.10 FCC の EMC 要件と欧州連合（EU）の EMC 要件の主要な違いは何か？

1.11 欧州連合（EU）は，FCC にない，どのような追加のエミッション要件を持っているか？

1.12 あなたの会社は，欧州連合（EU）で販売すべく，新しい電子式小型機械を設計中である。この小型機械は居住用と商業用の両方の環境で使用される。あなたは最新の調和した製品群 EMC 規格のリストを見直したが，この小型機械に当てはまるものはなかった。あなたは EMC 適合を示すために，どのような EMC 規格を（特に）適用すべきか？

1.13 欧州連合（EU）で合法的に販売するために，エレクトロニクス製品は整合 EMC 規格に適合していなければならないか？

1.14 欧州連合（EU）で EMC 指令への適合を示す二つの方法とは何か？

1.15 以下の EMC 規格のどれが法的要件であり，どれが契約条件であるか？
・FCC Part 15B
・MIL-STD-461E
・2004/108/EC EMC 指令
・RTCA/DO-160E 航空電子機器用途
・GR-1089 電話網機器用途
・TIA-968 電話端末装置用途
・SAE J551 自動車用途

1.16 次の国の公式な刊行物は何か？　米国，カナダ，欧州連合（EU）

1.17 米国で医療機器は FCC の EMC 要件を満たす必要があるか？

1.18 妨害問題が発生するのに必要な 3 要素は何か？

1.19 ノイズ源の特性を分析するときに，頭文字 FAT は何を表しているか？

1.20 a. 以下の金属のうち，どれが最も腐食されやすいか？
　　　カドミウム，ニッケル（不活性の），マグネシウム，銅，鉄
b. どれが腐食に最も影響されにくいか？

1.21 スズ板を亜鉛鋳物にボルトで締めた場合，ガルバニック作用のため，どちらの金属が腐食したり，侵食されたりするか？

参考文献

- 2004/108/EEC. Council Directive 2004/108/EEC Relating to Electromagnetic Compatibility and Repealing Directive 89/336/EEC, *Official Journal of the European Union*, No. L 390 December 31, 2004, pp. 24-37.
- ANSI C63.4-1992. *Methods of Measurement of Radio-Noise Emissions from Low-Voltage Electrical and Electronic Equipment in the Range of 9 kHz to 40 GHz*, IEEE, July 17, 1992.
- CAN/CSA-CEI/IEC CISPR 22:02. *Limits an Methods of Measurement of Radio Disturbance Characteristics of Information Technology Equipment*, Canadian Standards Association, 2002.
- *CISPR, Publication 22.* "Limits and Methods of Measurement of Radio Interference Characteristics of Information Technology Equipment," 1997.
- Code of Federal Regulations, Title 47, Telecommunications (47CFR). Parts 1, 2, 15, 18, And 68, U. S. Government Printing Office, Washington, DC.
- *EMCAB-1 Issue 2.* Electromagnetic Compatibility Bulletin, "Immunity of Electrical/Electronic Equipment Intended to Operate in the Canadian Radio Environment (0.014-10,000 MHz)." Government of Canada, Department of Communications, August 1, 1982.
- EN 61000-3-2. *Electromagnetic Compatibility (EMC) — Part 3-2: Limits — Limits for Harmonic Current Emissions (Equipment Input Current ≤ 16 A Per Phase)*, CENELEC, 2006.
- EN 61000-3-3. *Electromagnetic Compatibility (EMC) — Part 3-3: Limitation of Voltage Changes, Voltage Fluctuations and Flicker in Public Low-Voltage Supply Systems, for Equipment with Rated Current ≤ 16 A Per Phase and Not Subject to Conditional Connection*, CENELEC, 2006.
- European Commission. *Guidelines on the Application of Council Directive 89/336/EEC on the Approximation of the Laws of the Member States Relating to Electromagnetic Compatibility*, European Commission, 1997.
- FCC. "Commission Cautions Against Changes in Verified Computing Equipment." Public Notice No. 3281, April 7, 1982.
- FCC. "United States and Canada Agree on Acceptance of Measurement Reports for Equipment Authorization," Public Notice No. 54795, July 12, 1995.
- FDA. Guide to Inspections of Electromagnetic Compatibility Aspects of Medical Device Quality Systems, US Food and Drug Administration, Available at http://www.fda.gov/ora/inspect_ref/igs/elec_med_dev/emcl.html. Accessed September 2008.
- GR-1089-CORE. *Electromagnetic Compatibility and Electrical Safety —Generic Criteria for Network Telecommunications Equipment*, Telcordia, November 2002.
- Heirman, D. N. "Broadcast Electromagnetic Environment Near Telephone Equipment." " IEEE National Telecommunications Conference, 1976.
- Janes, D. E. et al. "Nonionizing Radiation Exposure in Urban Areas of the United States." *Proceedings of the 5th International Radiation Protection Association.* April 1977.
- MDS-201-0004. *Electromagnetic Compatibility Standards for Medical Devices*, U. S. Department of Health Education and Welfare, Food and Drug Administration, October 1, 1979.
- MIL-STD-461E. *Requirements For The Control of Electromagnetic Interference Characteristics of Subsystems and Equipment*, August 20, 1999.
- MIL-STD-889B. *Dissimilar Metals*, Notice 3, May 1993.
- RTCA/DO-160E. *Environmental Conditions and Test Procedures for Airborne Equipment*, Radio Technical Commission for Aeronautics (RTCA), December 7, 2004.
- SAE J551. *Performance Levels and Methods of Measurement of Electromagnetic Compatibility of Vehicles and Devices (60 Hz to 18 GHz)*, Society of Automotive Engineers, June 1996.
- SAE J1113. *Electromagnetic Compatibility Measurement Procedure for Vehicle Components (Except Aircraft) (60 Hz to 18 GHz)*, Society of Automotive Engineers, July 1995.
- TIA-968-A. *Telecommunications Telephone Terminal Equipment Technical Requirements for*

Connection of Terminal Equipment to the Telephone Network, Telecommunication Industry Association, October 1, 2002.

参考図書
- Cohen, T. J. and McCoy, L. G. "RFI-A New Look at an Old Problem." *QST*, March 1975.
- Gruber, M. ed. *The ARRL RFI Book*, Newington, CT, American Radio Relay League, 2007.
- Marshman, C. *The Guide to the EMC Directive 89/336/EEC*, IEEE Press, New York, 1992.
- Wall, A. "Historical Perspective of the FCC Rules For Digital Devices and a Look to the Future," 2004 *IEEE International Symposium on Electromagnetic Compatibility*, August 9-13, 2004.

第2章
ケーブル配線

　ケーブルは，システムの中で通常最も長い部品であるため効率のよいアンテナとして機能し，ノイズを拾ったり放射したりするので重要である。本章では，電磁界とケーブルおよびケーブル相互間の結合（クロストーク）のメカニズムに関して，非シールドケーブルとシールドケーブルの両者について述べる。

　本章においては，次の仮定を置いている。

1. シールドは非磁性材料でできており，問題にしている周波数における表皮深さに比べてはるかに薄い[*1]。
2. レセプタ（受信器）は発生源に対して発生源を圧迫するほど密に結合していない。
3. レセプタ回路に誘起される電流は，もとの電磁界を乱さない程度に小さい（この仮定はレセプタ回路を囲むシールドには適用しない）。
4. ケーブルは波長に比べて十分に短い。

　ケーブルは波長に比べて十分に短いと仮定しているので，回路間の結合は導線間の集中定数の静電容量とインダクタンスで表される。したがって，回路は通常の回路網理論によって解析できる。

　3種類の結合が考えられる。一つ目は容量性結合あるいは電界結合で，回路間の電界の相互作用によるものである。このタイプの結合は多くの文献で静電的結合と呼ばれているが，電界は静的とは限らないのでこれは明らかに間違った呼び方である。

　二つ目は誘導性結合あるいは磁界結合で，回路間の磁界の相互作用によって起こるものである。この種の結合は，一般に電磁的結合と記述されるが，電界はこの種の結合に関係しないため，これも誤解を呼ぶ命名である。三つ目は，電界と磁界の組み合わせによる結合で，電磁結合あるいは放射と妥当な表現で呼ばれている。電界性の結合を処理するために開発された技術は，電磁結合の場合についても適用できる。通常，近傍界での解析の際は電界と磁界を別々に考え，一方で問題が遠方界[*2]の場合は電磁界の事例を考える。妨害を与える回路は発生源と呼ばれ，妨害を受ける回路はレセプタと呼ばれる。

[*1] シールドが表皮深さ以上に厚いとき，本章の方法で計算された以上の遮蔽効果が表れる。この効果についてより詳細に6章で述べる。
[*2] 近傍界と遠方界の定義については6章を参照。

2.1　容量性結合

2本の導線間の容量性結合の簡単な表現を図 2-1[*3] に示す。静電容量 C_{12} は導線 1 と導線 2 との間の浮遊容量である。静電容量 C_{1G} は，導線 1 とグラウンドとの間の容量，静電容量 C_{2G} は導線 2 とグラウンドとの間のトータルの容量，R は回路 2 とグラウンドとの間の抵抗である。抵抗 R は導線 2 に接続される回路によるもので，浮遊的なものではない。静電容量 C_{2G} は導線 2 とグラウンドとの間の浮遊容量と導線 2 に接続されたあらゆる回路による影響を合わせたものである。

この結合の等価回路も図 2-1 に示す。導線 1 の電圧 V_1 を妨害の発生源とし，導線 2 が妨害を受ける回路またはレセプタと考える。図 2-1 の C_{1G} のように，発生源に直接接続された静電容量は，ノイズの結合に何の影響も与えないので無視できる。導線 2 とグラウンドとの間に生じる電圧 V_N は，次のように表される。

$$V_N = \frac{j\omega[C_{12}/(C_{12}+C_{2G})]}{j\omega+1/R(C_{12}+C_{2G})}V_1 \quad (2\text{-}1)$$

式(2-1)では，ピックアップ電圧が各パラメータにどのように依存するか明確に示されていない。R が浮遊静電容量 $C_{12}+C_{2G}$ のインピーダンスに比べて十分小さい場合は，式(2-1)を単純化することができる。この単純化の条件は，多くの現実的な場合において成立する。したがって，

$$R \ll \frac{1}{j\omega(C_{12}+C_{2G})}$$

が成り立つ場合，式(2-1)は次のようになる。

$$V_N = j\omega R C_{12} V_1 \quad (2\text{-}2)$$

電界性（容量性）の結合は，レセプタ回路とグラウンドとの間に置かれた，強度 $j\omega C_{12} V_1$ の電流源としてモデル化できる。このことを図 2-9(A) に示す。

式(2-2)は，2 本の導線間の容量性結合を記述する最も重要な式であり，回路 2 に生じる電圧が各パラメータにどのように依存するかを明確に示している。式(2-2)は，ノ

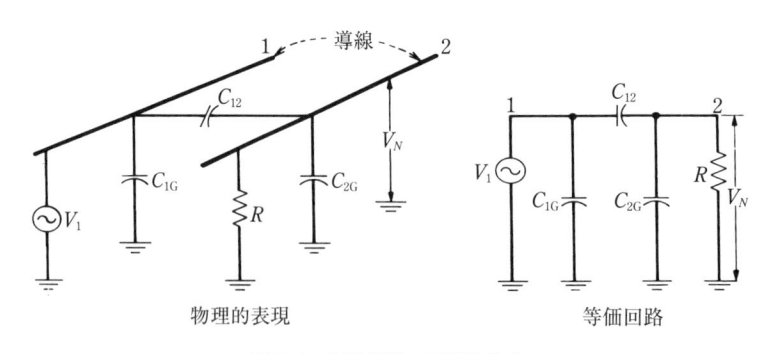

図 2-1　2 導線間の容量性結合

物理的表現　　　　　等価回路

[*3]　図 2-1 の 2 本の導線はケーブル中の線路を示すとは限らない。空間にあるいかなる 2 本の導線であってもよい。たとえば，プリント回路板（Printed Circuit Board : PCB）上のトレース類を示すことができる。

イズ電圧が発生源の周波数（$\omega = 2\pi f$），影響を受ける回路2とグラウンドとの間の抵抗 R，導線1と導線2との間の静電容量 C_{12} および電圧 V_1 に比例することを示している。

ノイズ源の電圧と周波数を変えられないと仮定すると，容量性結合を減らすために変更できるパラメータは二つしかない。レセプタ回路を低い抵抗レベルで動作させるか，あるいは静電容量 C_{12} を減らすかである。静電容量 C_{12} は，導線を適切な向きにする，シールドする（2.2節参照），あるいは2本の導線を物理的に離すことにより減らすことができる。導線が互いに遠ざかれば，C_{12} は減少し導線2に誘起する電圧が減少する。導線の間隔による容量性結合への影響を図2-2に示す[*4]。基準として，導線が導線直径の3倍離れているときの結合を0 dBとした。図からわかるように，導線の距離をその直径の40倍（#22番線の場合1 in）以上離しても，得られる減衰量の増加はわずかしかない。

導線2からグラウンドへの抵抗が次のように大きい場合，

$$R \gg \frac{1}{j\omega(C_{12}+C_{2G})}$$

式(2-1)は，

$$V_N = \left(\frac{C_{12}}{C_{12}+C_{2G}}\right)V_1 \tag{2-3}$$

と簡略化できる。この条件のもとでは，導線2とグラウンドとの間に発生するノイズ電圧は，C_{12} と C_{2G} からなる容量性分圧器によって決まる。ノイズ電圧は周波数に無関係で，R が小さい場合と比べて大きな値になる。

式(2-1)を周波数 ω についてプロットしたものが図2-3である。この図からわかるように，最大のノイズ結合は式(2-3)で与えられる。また，実際のノイズ電圧は常に式(2-2)で与えられた値に等しいか，それより小さい。

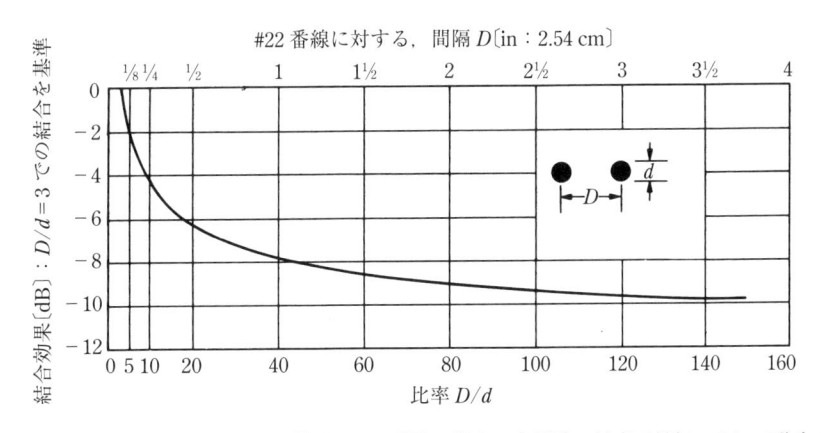

図2-2　導線間隔の静電結合に対する効果。#22番線の場合，大部分の減衰は最初の1 inで発生する。

[*4] 直径 d で距離 D 離れた2本の平行線間の容量は $C_{12} = \pi\varepsilon/\cosh^{-1}(D/d)$。$D/d > 3$ のとき，これは $C_{12} = \pi\varepsilon/\ln(2D/d)$, [F/m] となる。自由空間では $\varepsilon = 8.5 \times 10^{-12}$ ファラッドパーメータ [F/m]。

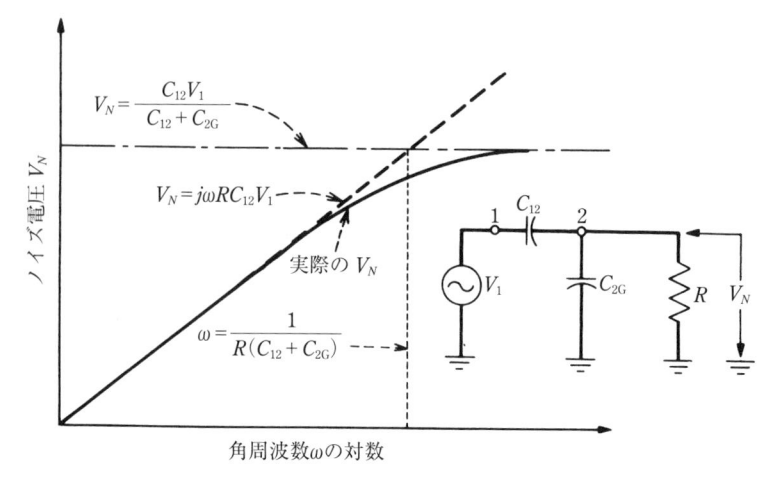

図2-3 静電結合ノイズ電圧の周波数特性

周波数が次式の場合,

$$\omega = \frac{1}{R(C_{12}+C_{2G})} \tag{2-4}$$

式(2-2)は実際のノイズ電圧値の1.41倍の値を与える。実際のほとんどのケースでは周波数はこれより小さいため，式(2-2)が適用できる。

2.2 容量性結合におけるシールドの効果

初めに，図2-4に示すように理想的なシールド導線の場合を考える。容量性結合の等価回路も同図に示す。これは次の意味で理想的なケースである。
1. シールドが導線2を完全に囲っており，導線2はいっさいシールドの外に出ていない。
2. シールドは連続的であり，編組シールドに見られるような開口はまったくない。
3. シールドは終端されておらず，導線2にも終端インピーダンスがない。

シールド自体は，導線1に対しむき出しのシールドされない導線の一種であり，シールドには終端が取られていないため，高い終端インピーダンスを持っている。このため，シールドによってピックアップされる電圧を決定するために，式(2-3)を使うことができる。シールドに生じるノイズ電圧は，

$$V_S = \left(\frac{C_{1S}}{C_{1S}+C_{SG}}\right)V_1 \tag{2-5}$$

となる。図2-4の等価回路からわかるように，この理想的な場合においては，導線2に接続されている唯一のインピーダンスは静電容量C_{2S}である。ほかのいかなるインピーダンスも導線2に接続されていないため，電流はC_{2S}を通って流れることができない。その結果，C_{2S}の両端には電位差が生じず，導線2にピックアップされる電圧は，

$$V_N = V_S \tag{2-6}$$

2.2 容量性結合におけるシールドの効果

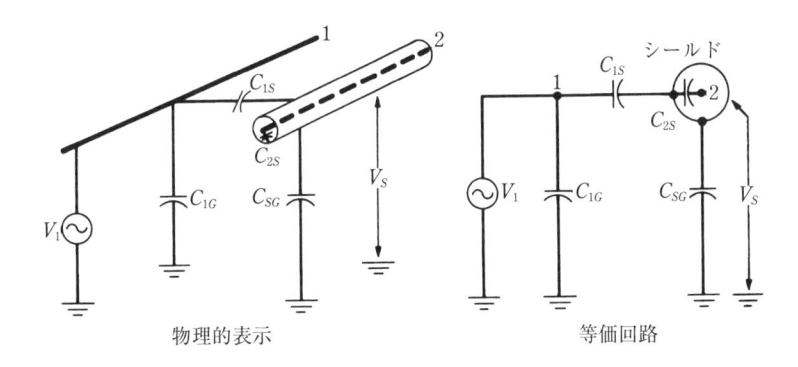

物理的表示　　　　　　　　　　等価回路

図 2-4　レセプタ導線の周りにシールドを施した容量性結合

となる。したがって，シールドは導線 2 に発生するノイズ電圧を減らさない。

しかし，シールドがグラウンド接続されている場合は電圧 $V_S = 0$ となり，式(2-6)により導線 2 のノイズ電圧 V_N も同様にゼロとなる。したがって，シールドが適切に終端されなければ，シールドとしての効果を発揮しないと結論づけることができる。以下で見るように，シールド導線自体の特性よりもシールドの終端方法のほうが，多くの場合に重要となる。

多くの実際の状況においては，中心導線はシールドの外に出ており，図 2-5 のような状態になる。ここで C_{12} は導線 1 とシールドされた導線 2 との間の静電容量で，C_{2G} は導線 2 とグラウンドとの間の静電容量である。これらの静電容量は，いずれも導線 2 の端部がシールドの外まで伸びているために生じるものである。この場合は，たとえシールドがグラウンドに接続されていても，導線 2 にノイズ電圧が発生する。その強度は次式で表される。

$$V_N = \frac{C_{12}}{C_{12} + C_{2G} + C_{2S}} V_1 \tag{2-7}$$

式(2-7)における C_{12}，したがって V_N の値は，導線 2 でシールドの外に伸びている部分の長さに強く依存し，シールドにある開口部による影響はそれに比べると弱い。

したがって，良好な電界シールドには，(1) シールドの外へ出る中心導線の長さを最短にし，(2) シールドによいグラウンドを施すことが必要である。ケーブルが波長

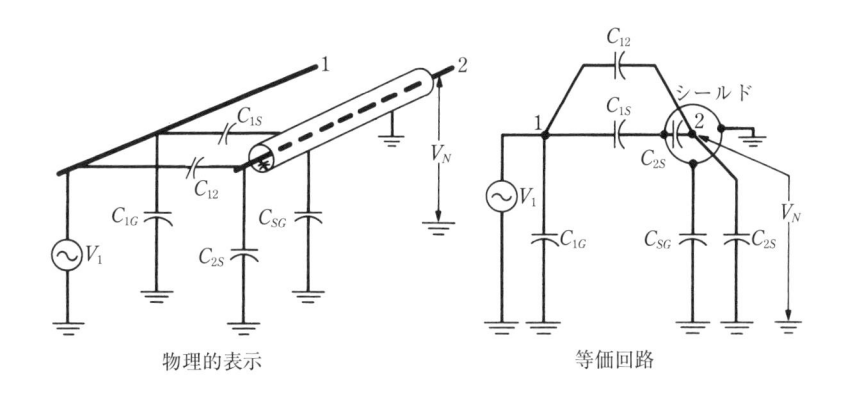

物理的表示　　　　　　　　　　等価回路

図 2-5　1 点でグラウンド接続されたシールドから中心導線が伸びているときの容量性結合

物理的配置

等価回路　　　　　　グラウンド接続されたシールドに
　　　　　　　　　　対する単純化された等価回路

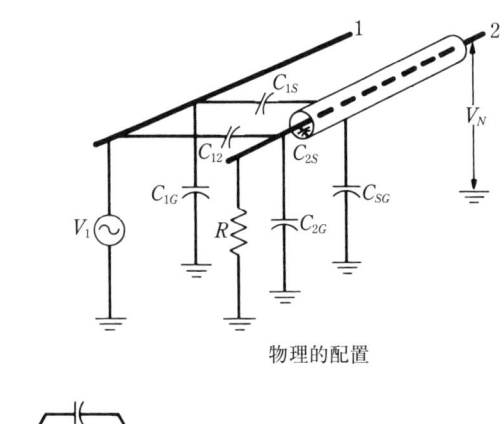

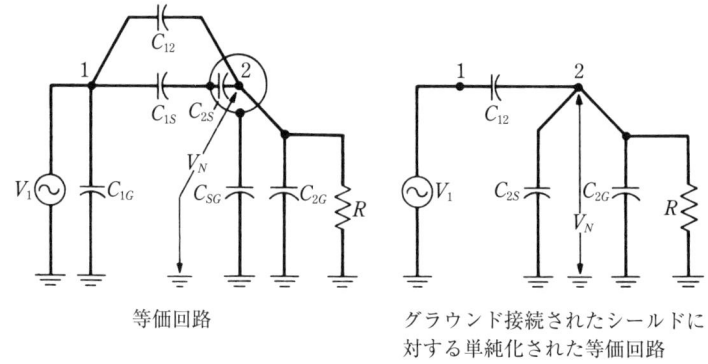

図2-6　レセプタの導線がグラウンドに対し抵抗を持っているときの容量性結合

の20分の1よりも短い場合は，シールドとグラウンドの接続を1点で取れば，よいシールド効果を得ることができる。ケーブルがもっと長い場合は，多点グラウンドが必要になる可能性がある。

さらに，ノイズを受ける導線がグラウンドに対して有限の抵抗を持つ場合は，図2-6のように表せる。シールドがグラウンド接続されている場合は，同図にあるように等価回路を単純化することができる。発生源に直接接続されている静電容量は，ノイズ結合に影響がないので C_{2G} を C_{2G} と C_{2S} の和で置き換えれば，単純化された等価回路は図2-1で分析したものと同じであることがわかる。したがって，通常成り立つように，

$$R \ll \frac{1}{j\omega(C_{12}+C_{2G}+C_{2S})}$$

である場合は，導線2に生じるノイズ電圧は次式になる。

$$V_N = j\omega R C_{12} V_1 \tag{2-8}$$

これはシールドなしのケーブルに対する式(2-2)と同じであり，C_{12} がシールドの存在によって大幅に小さくなる点だけが異なる。静電容量 C_{12} は，主に導線1と導線2のシールドされていない部分の間の静電容量からなっている。シールドが編組構造の場合は，シールドの穴を介して導線1と導線2との間に生じる静電容量も C_{12} に含まれる。

2.3 誘導性結合[*5]

電流 I が導線を流れると、電流に比例する量の磁束 Φ を発生させる。このときの比例定数をインダクタンス L と呼び、次のように表される。

$$\Phi_T = LI \tag{2-9a}$$

ここで Φ_T は総磁束であり、I は磁束を発生させる電流である。式(2-9a)を書き直すと、自己インダクタンスを求める次式が得られる。

$$L = \frac{\Phi_T}{I} \tag{2-9b}$$

インダクタンスの値は回路の形状と周囲の空間の磁気特性に依存する。

ある回路に流れる電流が別の回路に磁束をつくる場合は、回路1と回路2との間の相互インダクタンス M_{12} を次のように定義することができる。

$$M_{12} = \frac{\Phi_{12}}{I_1} \tag{2-10}$$

記号 Φ_{12} は、回路1の電流 I_1 によってつくられる回路2の鎖交磁束を表す。

磁束密度 $\overline{B}$ の場によって面積 $\overline{A}$ の閉ループに誘導される電圧 V_N は、ファラデーの法則によって導かれ (Hayt, 1974, p.331)、それは、

$$V_N = -\frac{d}{dt}\int_A \overline{B}\cdot d\overline{A} \tag{2-11}$$

ここで $\overline{B}$ と $\overline{A}$ はベクトル量である。もし閉ループが静止しており、磁束密度が正弦波状に時間変化し、なおかつ磁束密度が閉ループのある領域で一様な場合、式(2-11)は次式のように書くことができる。

$$V_N = j\omega BA\cos\theta \tag{2-12}[*6]$$

図2-7に示すように、A は閉ループの面積、B は角周波数 ω [rad/s] で正弦波状に時間変化する磁束密度の2乗平均の平方根（実効値：rms）であり、V_N は誘起電圧の実効値である。

$BA\cos\theta$ はレセプタ回路に鎖交する総磁束（ϕ_{12}）を表すので、式(2-10)と式(2-12)を組み合わせると誘起電圧 V_N を回路間の相互インダクタンス M によって表す式を導

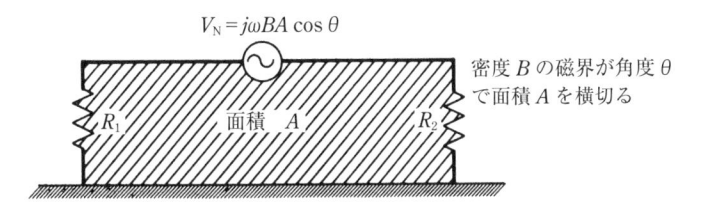

図2-7 誘起ノイズは妨害された回路によって囲まれた面積に依存する。

[*5] インダクタンスの概念に対する詳細な論議は付録Bにある。
[*6] 式(2-12)はMKS単位系を用いた場合に成り立つもので、磁束 B はウェーバ/m²（あるいはテスラ）で面積 A は [m]² で表したものである。B をガウスで A を [cm]² で表す場合は（CGS系）式(2-12)の右辺に 10^{-8} を掛けることが必要である

くことができる。それは，次式のようになる。

$$V_N = j\omega M I_1 = M \frac{di_1}{dt} \qquad (2\text{-}13)$$

式(2-12)と式(2-13)は，二つの回路間の誘導性結合を表す基本的な式である。図2-8は式(2-13)で表される回路間の誘導性（磁界性）の結合を示している。I_1は妨害の元となる回路の電流であり，Mは二つの回路間の媒質の形状と磁気特性による項である。式(2-12)と式(2-13)にωが含まれていることから，この結合が周波数に直接的に比例することを意味している。ノイズ電圧を抑制するためには，B，Aまたは$\cos\theta$を小さくする必要がある。Bの項は回路どうしを物理的に遠ざけるか，ノイズ源の導線をツイストすることによって小さくできる。ただし，電流がツイストペアを流れて，グラウンドプレーンは流れない場合である。この状況では，ツイストペアの各導線がつくる磁束密度Bが互いに打ち消し合う。レセプタ回路の面積は，導線をグラウンド面に近づける（リターン電流がグラウンドを流れる場合）か，2本の導線をツイストする（リター

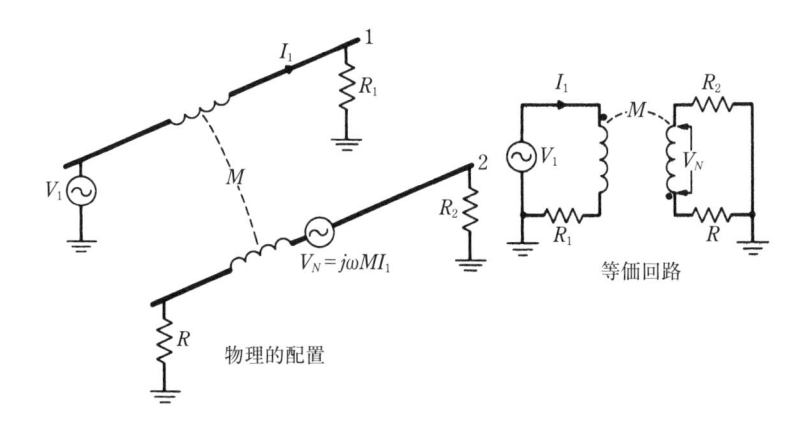

図 2-8 二つの回路の間の磁気結合

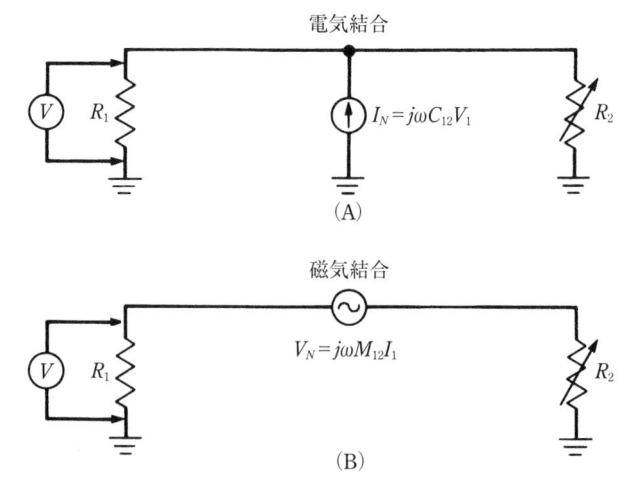

図 2-9 （A）電界結合の等価回路 （B）磁界結合の等価回路

ン電流がグラウンドでなく，ペア線のもう一方の導線を流れる場合）ことで小さくできる。$\cos\theta$ の項は，発生源とレセプタの回路を適切な向きに置くことによって減らすことができる。

磁界性の結合と電界性の結合の違いを知ることは有用といえる。磁界性の結合ではノイズ電圧がレセプタの導線に直列に発生するが（図2-9(B)），電界性の結合ではノイズ電流がレセプタ導線とグラウンドとの間に発生する（図2-9(A)）。この違いは，電界性結合と磁界性結合を見分ける以下の試験で利用できる。ケーブルの一端のインピーダンスに生じるノイズ電圧を測定しながら，ケーブルの他端のインピーダンスを次第に小さくしていく。このとき，測定された電圧が減少すればノイズのピックアップは電界性であり，電圧が増加すれば磁界性である。

2.4 相互インダクタンスの計算

式(2-13)を評価するためには，発生源とレセプタ回路との間の相互インダクタンスがわかっていなければならない。多くのテキストでは，現実の回路構成に対する相互インダクタンスの計算についてあまり関心を払っていない。Grover（1973）はこのテーマに関して深く扱っており，Ruehli（1972）は部分相互インダクタンスという有用な概念を開発した（付録E参照）。この部分相互インダクタンスという考え方は，Paul（1986）によってさらに発展を見た。

相互インダクタンスを計算する前に，電流が流れる導線からの距離の関数として磁束密度を表現する必要がある。ビオ-サバールの法則を用いると，電流 I が流れる十分長い線状導線から，距離 r の位置における磁束密度 B を，次式のように表すことができる。

$$B = \frac{\mu I}{2\pi r} \tag{2-14}$$

ただし，r は導線の半径に比べて十分大きいとする（Hayt, 174, pp. 235-237）。磁束密度 B は単位面積当りの磁束 ϕ に等しい。したがって，磁界は電流 I に比例し，導線からの距離 r に反比例する。式(2-14)と式(2-10)を用いると，電流が流れる導線からノイズを受ける回路に結合する磁束をすべての導線について個別に計算し，それらを足し合わせて結合する総磁束量を求めることにより，任意の形状の導線に対して相互インダクタンス M を導出することができる。

[例2-1] 図2-10(A)のように，同一平面上に入れ子状に置かれた二つの導線ループ間で，相互インダクタンスを求める。ここで，ループの長手方向は終端部に比べてはるかに長い（つまり終端部が結合に及ぼす影響は無視できるほど小さい）と仮定する。導線1と導線2に流れる電流 I は，導線3と導線4からなるループに電圧 V_N を誘導する。図2-10(B)は導線どうしの間隔を示す断面図である。導線1の電流によって発生し，導線3と導線4からなるループに鎖交する磁束は，

$$\phi_{12} = \int_a^b \frac{\mu I_1}{2\pi r}\, dr = \frac{\mu I_1}{2\pi} \ln\left(\frac{b}{a}\right) \tag{2-15}$$

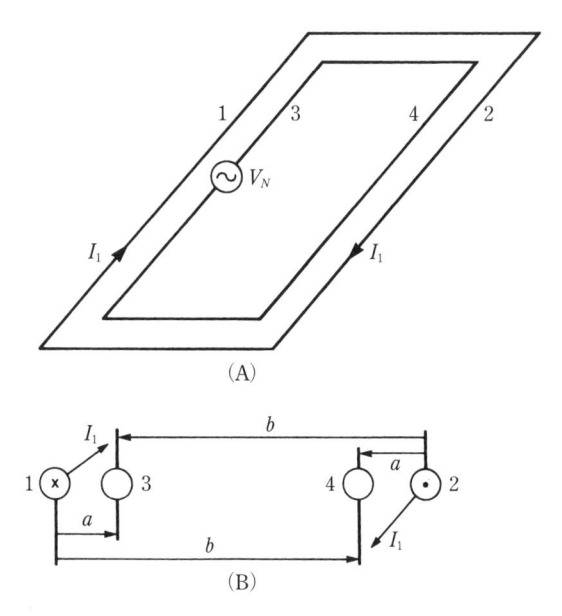

図 2-10 （A）入れ子になった共通平面ループ （B）（A）の断面図

となる。導線の対称性により導線 2 も同じ量の鎖交磁束を生じる。この磁束は導線 1 の電流がつくる磁束と同じ向きである。したがって，導線 3 と導線 4 がつくるループに鎖交する総磁束は式(2-15)の 2 倍，すなわち，

$$\phi_{12} = \left[\frac{\mu}{\pi} \ln\left(\frac{b}{a}\right)\right] I_1 \quad (2\text{-}16)$$

となる。式(2-16)を I_1 で割り，μ に真空の透磁率 $4\pi \times 10^{-7}$ H/m を代入すると，次のように相互インダクタンス（単位 H/m）が得られる。

$$M = 4 \times 10^{-7} \ln\left(\frac{b}{a}\right) \quad (2\text{-}17)$$

二つのループ間の結合により生じる電圧は，式(2-17)で得られた結果を式(2-13)に代入することで得られる。

2.5　磁気結合におけるシールドの効果

グラウンド接続されていない非磁性体のシールドが導線 2 の周りに置かれた場合，回路は図 2-11 にようになる。ここで，M_{1S} は導線 1 とシールドとの間の相互インダクタンスである。シールドは，回路 1 と 2 との間の媒質の形状や磁気特性にまったく影響を及ぼさないため，導線 2 に誘導される電圧になんら影響を与えない。しかし，シールドは導線 1 の電流の影響があるため，電圧をピックアップする。

$$V_S = j\omega M_{1S} I_1 \quad (2\text{-}18)$$

シールドの片端だけをグラウンドに落とした場合も状況は同じである。したがって，**導線の周りに置かれた非磁性体シールドの片端をグラウンド接続しても，その導線に磁気的に誘導される電圧にはまったく影響を与えないことになる。**

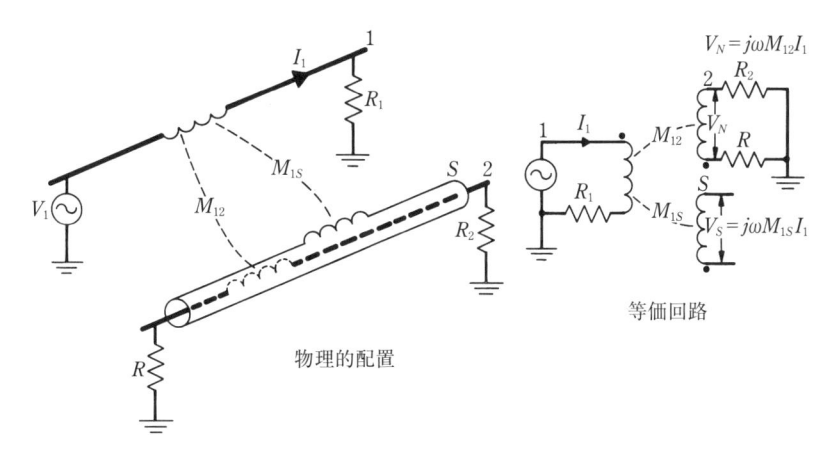

図 2-11　レセプタ導線の周りにシールドが置かれたときの磁気結合

しかし，シールドの両端がグラウンドに接続されていると，図 2-11 の M_{1S} によってシールドに誘導される電圧のために，シールドに電流が流れる。シールドの電流は導線 2 に 2 次的なノイズ電圧を発生させるので，これを考慮する必要がある。この電圧を計算する前に，まずはシールドと中心導線との間の相互インダクタンスを求める必要がある。

こうした理由から，誘導結合の議論を先に進める前に，穴のあいた円筒導線（シールド）とその内側に位置する導線との間の磁気的な結合を計算する必要がある。この考え方は磁気シールドの検討における基本であり，後の議論で必要になる。

2.5.1　シールドと内部導線間の磁気結合

初めに，図 2-12 に示すようにチューブ状の導線を軸方向に流れる**一様な軸状**の電流がつくる磁界を考える。チューブの穴がチューブと同心円状になっている場合は，チューブ内側の空間の磁界はゼロになり，磁界はすべて円筒の外側につくられる（Smythe, 1924, p. 278）。

次に，図 2-13 に示すようにチューブの内側に導線を入れて同軸ケーブルとした場合を考える。シールドを流れる電流 I_S がつくる磁束 ϕ はすべて中心導線を取り囲むよう

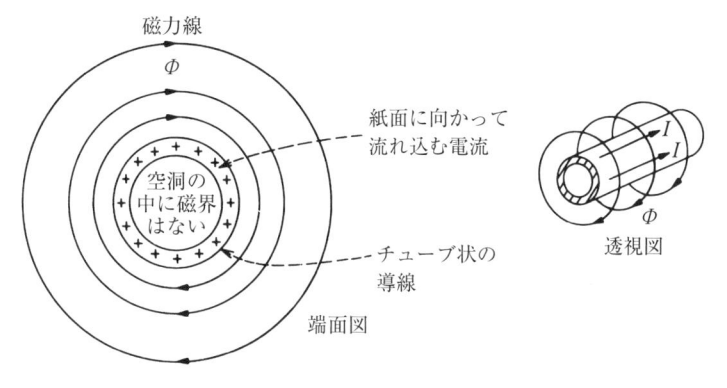

図 2-12　同軸導線の電流によって発生する磁界

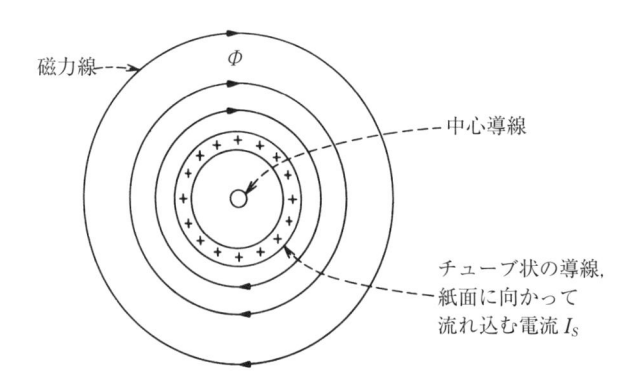

図 2-13 シールド電流が流れる同軸ケーブル

に発生する。よってシールドのインダクタンスは次式で表される。

$$L_S = \frac{\phi}{I_S} \tag{2-19}$$

シールドと内部導線の相互インダクタンスは次式になる。

$$M = \frac{\phi}{I_S} \tag{2-20}$$

シールドの電流がつくる磁界はすべて中心導線を取り囲むので，式(2-19)と式(2-20)の磁束 ϕ は等しい。したがって，シールドと中心導線間の相互インダクタンスは，シールドの自己インダクタンスに等しい。

$$M = L_S \tag{2-21}$$

式(2-21)は非常に重要な結果であり，この先でたびたび参照する。この式は，**シールドと中心導線との間の相互インダクタンスはシールドの自己インダクタンスに等しい**ことを示すために導いた。相互インダクタンスの可逆性（Hayt, 1974, p. 321）から，逆もまた正しい。すなわち，中心導線とシールドとの間の相互インダクタンスは，シールドの自己インダクタンスに等しい。

式(2-21)が成り立つためには，シールドの電流がその内側の空洞に磁界をつくらないということが満たされさえすればよい。これが満たされるためには，図 2-12 に示すようにチューブが円筒形であり，かつ電流密度が**チューブの円周方向に一様**であることが必要である。チューブの内側には磁界が存在しないから，式(2-21)はチューブの内側のどこに中心導線があっても成り立つ。つまり，二つの導線は同軸である必要はない。式(2-21)はシールドの内側に複数の導線がある場合にも成り立つ。この場合，式(2-21)はシールドとそれぞれの導線との間の相互インダクタンスを表すことになる。

ここで，シールドの電流 I_S によって中心導線に誘導される電圧 V_N を計算することができる。ここでは，ほかのなんらかの回路の影響によってシールドに電圧 V_S が誘導され，その電圧がシールドに電流を発生させていると仮定する。図 2-14 が対象とする回路である L_S と R_S は，それぞれシールドのインダクタンスと抵抗である。電圧 V_N は次のようになる。

$$V_N = j\omega M I_S \tag{2-22}$$

シールドの電流 I_S は，

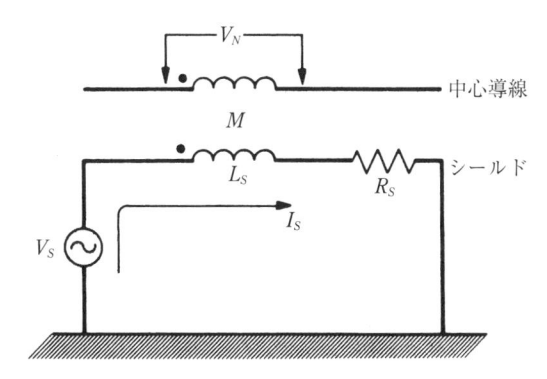

図 2-14　シールドされた導線の等価回路

$$I_S = \frac{V_S}{L_S}\left(\frac{1}{j\omega + R_S/L_S}\right) \tag{2-23}$$

となる。よって次式が得られる。

$$V_N = \left(\frac{j\omega M V_S}{L_S}\right)\left(\frac{1}{j\omega + R_S/L_S}\right) \tag{2-24}$$

式(2-21)から，$L_S = M$ であるので，

$$V_N = \left(\frac{j\omega}{j\omega + R_S/L_S}\right)V_S \tag{2-25}$$

が成り立つ。式(2-25)をグラフにプロットしたのが図2-15である。曲線が折れ曲がる周波数はシールド遮断周波数（ω_c）と呼ばれ，次の周波数で発生する。

$$\omega_c = \frac{R_S}{L_S} \quad \text{または} \quad f_c = \frac{R_S}{2\pi L_S} \tag{2-26}$$

中心導線に誘導されるノイズ電圧は，直流ではゼロで，周波数 $5R_S/L_S$ 〔rad/s〕でほぼ V_S に達するまで増加する。したがって，シールドに電流が流れれば，シールド遮断周波数の5倍より高い周波数帯では，中心導線に誘導される電圧はシールドにかかっている電圧とほぼ等しくなる。

これはシールド内部の導線に関する非常に重要な性質である。シールド遮断周波数とその5倍の周波数の実測値をさまざまなケーブルに関して表2-1に示す。多くのケーブ

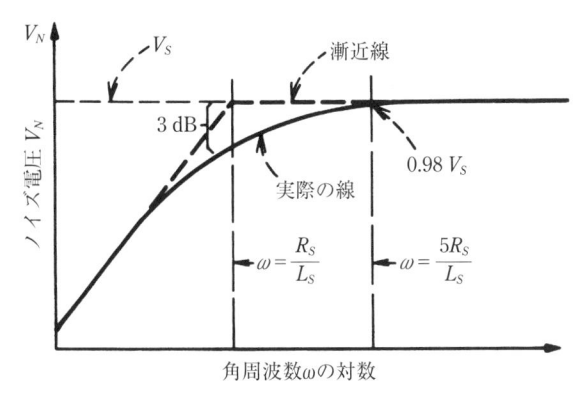

図 2-15　シールド電流による同軸ケーブル中心導線のノイズ電圧

表 2-1　シールド遮断周波数の測定値（f_c）

ケーブル	インピーダンス〔Ω〕	遮断周波数〔kHz〕	遮断周波数の5倍の周波数〔kHz〕	備　考
同軸ケーブル				
RG-6A	75	0.6	3.0	二重シールド
RG-213	50	0.7	3.5	
RG-214	50	0.7	3.5	二重シールド
RG-62A	93	1.5	7.5	
RG-59C	75	1.6	8.0	
RG-58C	50	2.0	10.0	
シールドされたツイストペア				
754E	125	0.8	4.0	二重シールド
24Ga.	—	2.2	11.0	
22Ga.*	—	7.0	35.0	アルミ箔シールド
シールドされた単線				
24Ga.	—	4.0	20.0	

＊　11対のケーブルのうちの1対（Belden 8775）

ルにおいてシールド遮断周波数の5倍の周波数は，オーディオ帯域の上限付近になる。アルミ箔シールドケーブルのシールド遮断周波数は，ほかのケーブルに比べて非常に高いが，これは薄いアルミ箔シールドが比較的高い抵抗を持つためである。

2.5.2　磁気結合──開放された単線とシールドされた導線

図2-16は，非磁性体のシールドが導線2の周りに置かれ，シールドが両端でグラウンドに落とされた際に発生する磁気結合を示している。この図では，見やすさのためにシールド導線を導線2から離して描いている。シールドが両端でグラウンド接続されているので，シールドに電流が流れ，それが導線2に電圧を誘導する。したがって，導線2に誘導される電圧は二つの成分からなる。つまり，直接導線1から誘導される電圧V_2と誘導されたシールド電流によって生ずる電圧V_cである。この二つの電圧成分は互いに逆の方向性を持つことに注意してほしい。導線2に誘導される電圧の総量は次のようになる。

$$V_N = V_2 - V_c \tag{2-27}$$

式(2-21)の同一性を使い，さらに導線1とシールドとの間の相互インダクタンスM_{1S}と導線1と導線2との間の相互インダクタンスM_{12}が等しい（シールドと導線2は導線1から見るとほぼ同じ位置にあるため）ということを用いると，式(2-27)は次式になる。

$$V_N = j\omega M_{12} I_1 \left[\frac{R_S/L_S}{j\omega + R_S/L_S} \right] \tag{2-28}$$

式(2-28)でωが小さい場合は，[ ]の部分の値は1となり，ノイズ電圧はシールドしないケーブルの場合と等しくなる。つまり，低い周波数ではたとえ両端をグラウンド接続した場合でも，シールドは磁界をシールドする効果を持たない。

ωが大きい場合は，式(2-28)は次式になる。

$$V_N = M_{12} I_1 \left(\frac{R_S}{L_S} \right) \tag{2-29}$$

図2-17は式(2-28)をグラフにしたものである。低周波ではシールドされたケーブル

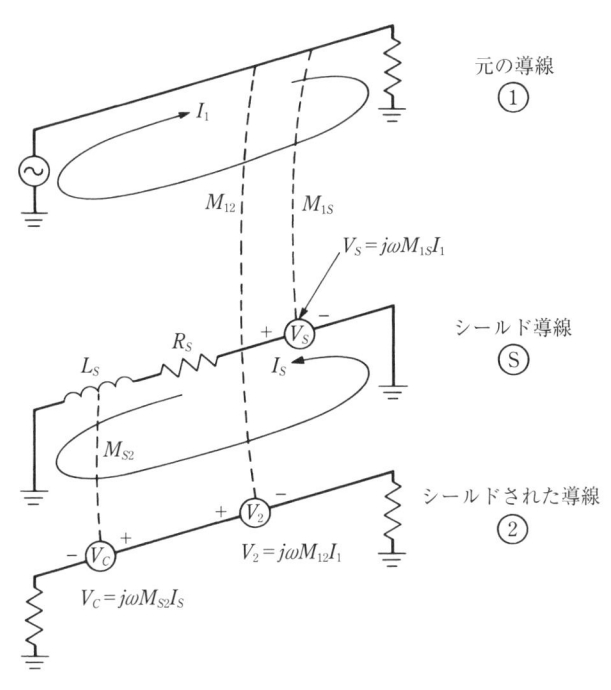

図 2-16 両端でグラウンド接続されたシールドを持つシールドケーブルに対する磁気結合

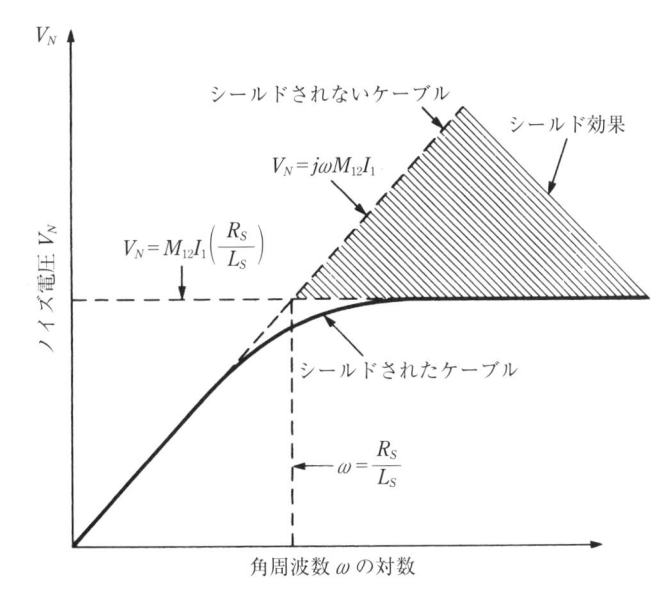

図 2-17 シールドされていないものと両端でグラウンド接続されたシールドを持つシールドケーブルに対する磁界結合ノイズ電圧と周波数の関係

がピックアップするノイズの大きさは，シールドなしのケーブルの場合に一致する。しかし，シールドカットオフ周波数より高い周波数では，ノイズ電圧の増加が止まり一定値に落ち着く。シールド効果（図2-17の網かけの部分）は，シールドなしのケーブルとシールドされたケーブルのグラフの差に等しい。

式(2-29)から，導線2に誘導されるノイズ電圧を最小化するためには，シールドの抵

$$V_N = j\omega M_{12}I_1 - j\omega M_{S2}I_S$$

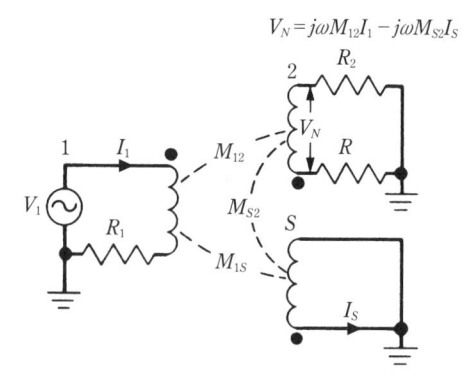

図 2-18　両端でグラウンド接続されたシールドのあるシールドケーブルに対する磁界結合のトランス相似（M_{S2} は M_{12} や M_{1S} よりはるかに大きい）

抗 R_S を最小にする必要があることがわかる。これは，シールドに誘導された電流のつくる磁界が，導線1から導線2へ直接誘導する磁界の大半を打ち消すためである。R_S はシールドの電流を弱めるので，磁気シールド効果を下げてしまうのである。

図 2-16 の中央の図から，R_S はシールドの抵抗のみを表すのではなく，シールド電流 I_S が流れるループ全体の抵抗を意味することが推察される。実際，R_S はシールドの抵抗だけでなく，シールドの終端抵抗やグラウンドの抵抗まで含んでいる。最大のシールド効果を得るには，これらすべての抵抗を最小化する必要がある。したがって，シールドを直接グラウンドに落とさずに抵抗で終端することが時折勧められるが，これは磁界に対するシールド効果を劇的に低下させるため，避けるべきである。

図 2-18 は，変圧器の考え方を利用した図 2-16 の等価回路表現である。図からわかるように，シールドは変圧器の短絡巻き線のように振る舞い，巻き線2の電圧を短絡させる効果を持つ。短絡巻き線（シールド）のあらゆる抵抗（シールドの抵抗など）は，巻き線2の電圧を短絡させる効果を減らすことになる。

2.6　磁界放射を防ぐためのシールド

放射を抑制するために妨害の発生源をシールドすることができる。図 2-19 は，自由空間に置かれた電流が流れている導線の周辺に発生する電界と磁界を示している。非磁性体のシールドをこの導線の周りに置くと，図 2-20 に示すように電気力線はシールドで終わるが，磁界はほとんどシールドの影響を受けない。中心導線と等しい強さで逆向きの電流がシールド上を流れると，その電流は等しい強さで逆向きの外部磁界を発生させる。この磁界は中心導線の電流がシールドの外側につくる磁界を打ち消し，図 2-21 に示すようにシールド外部には磁界がなくなる。

図 2-22 は両端がグラウンド接続され電流 I_1 が流れる回路を示す。この回路からの磁界放射を防ぐには，シールドを両端でグラウンド接続しなければならない。また，リターン電流はグラウンド面を流れる（図の I_G）のではなく，シールドの中を A から B へ（図の I_S）流れなければならない。しかし，電流はなぜ抵抗ゼロのグラウンド面ではなく，A から B へシールドの中を通って戻らなくてはならないのだろうか。等価回路を

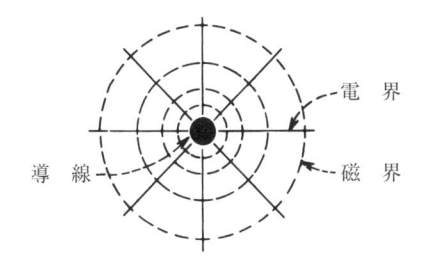

図 2-19　電流を運ぶ導線の周りの電磁界

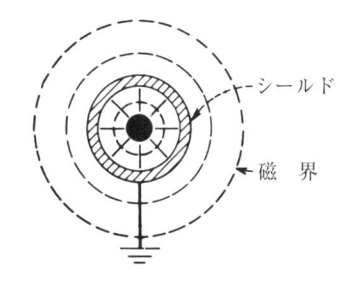

図 2-20　シールドされた導線の周りの電磁界：シールドは1点でグラウンド接続されている。

図 2-21　シールドされた導線の周りの電磁界：シールドはグラウンド接続され，導線電流に等しく逆向きの電流を流している。

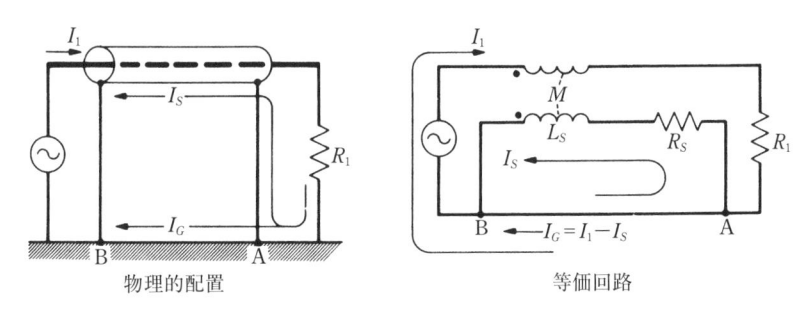

図 2-22　シールドとグラウンド面との間の電流の分布

使うとこの状況を分析することができる。グラウンドループの周りの回路網方程式を書くことにより（A—R_S—L_S—B—A），シールド電流I_Sを求めることができる。

$$0 = I_S(j\omega L_S + R_S) - I_1(j\omega M) \tag{2-30}$$

ここでMはシールドと中心導線との間の相互インダクタンスであり，以前に式(2-21)で示したように，$M = L_S$である。これを代入して再整理するとI_Sの式が求まる。

$$I_S = I_1 \left(\frac{j\omega}{j\omega + R_S/L_S} \right) = \left(\frac{j\omega}{j\omega + \omega_c} \right) I_1 \tag{2-31}$$

　式(2-31)からわかるように，周波数がシールド遮断周波数ω_cより十分高い場合は，シールド電流は中心導線との電流に近づく。シールドと中心導線との間の相互インダクタンスによって，同軸ケーブルはコモンモードチョーク（図3-36参照）のような働きをする。シールドは高周波数帯において，回路全体のインダクタンスがグラウンドよりも低くなるような電流リターン径路を提供する。周波数が$5\omega_c$よりも低くなると，より多くの電流がグラウンドを通って戻るようになるため，シールドケーブルの磁気シールド効果は弱くなる。

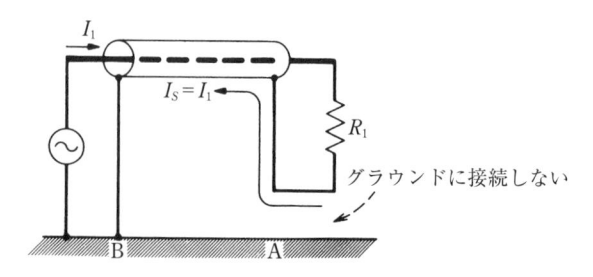

図 2-23　負荷端がグラウンドされていない場合，すべての電流はシールドを介して流れる。

　両端がグラウンド接続された導線からの磁界の放射を防ぐためには，導線をシールドしてそのシールドを両端でグラウンドに接続すべきである。シールド遮断周波数よりもかなり高い周波数では，この手法で磁界をうまくシールドすることができる。放射磁界が抑制されるのは，そのようなシールド自体に磁界シールド特性があるからではない。むしろ，シールドのリターン電流が中心導線のつくる磁界を打ち消す磁界をつくるからである。

　図 2-23 のように，**回路の一端からグラウンドを外した場合は，同じ端のシールドのグラウンドを除去し，リターン電流がすべてシールドの上を流れるようにしなければならない**。このことは特にシールド遮断周波数よりも低周波側では正しい。シールドの両端をグラウンド接続することは，この場合一部の電流がグラウンド面を通って戻ってくるようになるため，シールド効果を悪化させる。

2.7　磁界に対するレセプタのシールド

　レセプタを磁界から守る最もよい方法は，レセプタのループ面積を小さくすることである。ここで注目する面積とは，レセプタ回路の電流が取り囲む領域の全面積である。電流がソースに戻るときに通る経路を考えることは重要である。電流はしばしば設計者が意図したのと異なる経路を通ってソースに戻るため，電流のループ面積は（予想とは）変化する。導線を囲む非磁性体のシールドは，より小さい面積を取り囲むようにリターン電流を流すため，シールドはある程度の磁界をシールドする効果を持つ。しかし，この効果は電流ループの面積が減少したことによるものであり，シールド自体が磁界をシールドする特性を持つためではない。

　図 2-24 は，回路のループ面積に対するシールドの影響を示す。図 2-24(A)では，ソース V_S は負荷 R_L に 1 本の導線でつながっており，電流のリターン経路はグラウンドである。電流が囲む面積は導線とグラウンドとの間の長方形である。図 2-24(B)では，導線にシールドが付けられ，シールドの両端がグラウンドに接続されている。リターン電流がグラウンドではなくシールドを通って流れるならば，電流ループの面積が減るため，磁界に対するシールド効果が生じる。すでに示したように，シールド遮断周波数の 5 倍より高い周波数では，リターン電流はシールドを通って流れる。図 2-24(C)に示すように，導線を囲むシールドが一端だけでグラウンド接続されている場合は電流ループの面積は変わらず，磁界のシールド効果は生じない。

(A) シールドなし
ループ面積が大きい

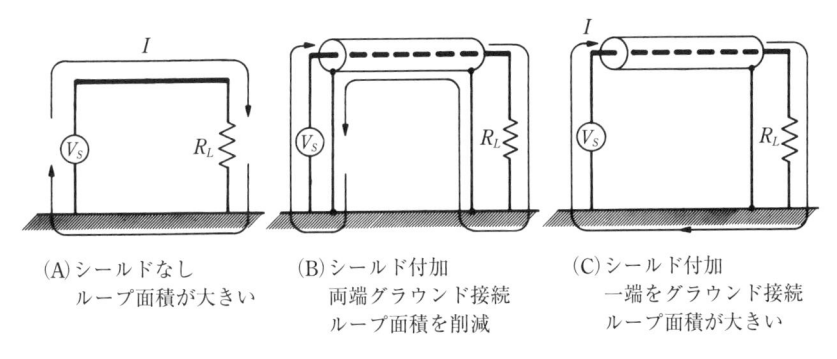

(B) シールド付加
両端グラウンド接続
ループ面積を削減

(C) シールド付加
一端をグラウンド接続
ループ面積が大きい

図2-24 レセプタのループ面積に対するシールドの影響

図2-24(B)の構成は，シールド遮断周波数より低い周波数では磁界のシールド効果を持たない。なぜなら，大部分のリターン電流がシールドではなくグラウンドを流れるためである。これとは別に，この回路には低周波において次の二つの問題点がある。(1)シールドは回路導線の一つなので，シールドに流れるノイズ電流は必ずIRの電圧降下を起こし，ノイズ電圧となって回路に表れる。(2)シールドの両端のグラウンドに電位差があると，これもノイズ電圧として表れる。

2.8　シールドの共通インピーダンス結合

同軸ケーブルを低周波で使用し，そのシールドを両端でグラウンド接続するとシールドにノイズ電流が誘導されるため，ほんの少しの磁界の保護が行えるだけである。信号線の一つであるシールドを誘導電流が流れるため，シールドの電流と抵抗の積で表されるノイズ電圧がシールドに発生する。このことを図2-25に示す。電流I_Sはグラウンド電位の差や外部磁界の結合によって生じるノイズ電流である。入力ループの周りの電圧の総和を取ると，次式が得られる。

$$V_{IN} = -j\omega M I_S + j\omega L_S I_S + R_S I_S \tag{2-32}$$

すでに示したとおり，$L_S = M$であるから，式(2-32)は次式になる。

$$V_{IN} = R_S I_S \tag{2-33}$$

二つの誘導ノイズの電圧（式(2-32)の第1項と第2項）は互いに打ち消し合い，抵抗によるノイズ電圧の項だけが残ることに注目してほしい。

この例は共通インピーダンス結合の一例であり，シールドが二つの役割を担っていることによるものである。シールドは，第1に信号のリターン経路であり，第2に誘導されたノイズ電流の経路でもある。この問題は3導線のケーブル（例：シールドツイストペア線）を用いることによってなくすか，あるいは少なくとも最小化することは可能である。この場合，ツイストペアの2本の導線が信号を通し，シールドはノイズ電流のみを通す。これにより，シールドは二つの役割を持つ必要がなくなる。

シールドの共通インピーダンス結合は，不平衡の相互接続を使用する消費者向けのオーディオシステムで問題になることが多く，この相互接続は通常フォノプラグで終端された中心導線とシールドからなるケーブルである。この問題はケーブルのシールドの抵抗を小さくするか，平衡した相互接続やシールドツイストペア線を使用することによっ

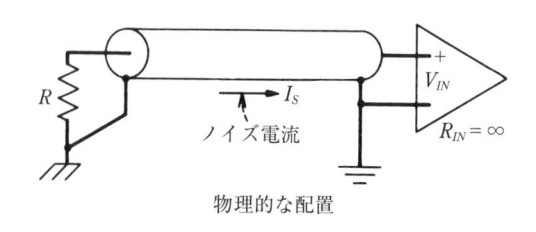

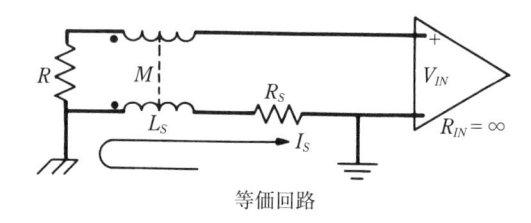

図 2-25 同軸ケーブルのシールドに流れるノイズ電流の影響

て，最小化することができる。

　シールドが一端だけでグラウンド接続されている場合でも，電磁界の結合によって，シールドにノイズ電流が流れ得る（すなわち，ケーブルがアンテナとして機能し，無線周波数（Radio-frequency：RF）のエネルギーを拾う）。この現象はしばしばシールド電流誘導ノイズ（Shield Current Induced Noise：SCIN）と呼ばれる（Brown and Whitlock, 2003）。

　共通インピーダンス結合の問題は高周波では発生しない。これは表皮効果のためである。同軸ケーブルは事実上，次のような三つの独立の導線からなる。(1) 中心導線，(2) シールドの内表面，(3) シールドの外表面。信号のリターン電流はシールドの内表面にだけ流れ，ノイズ電流は外表面にのみ流れる。したがって，二つの電流は共通のインピーダンスを流れることがなく，先に議論したノイズ結合は発生しない。

2.9　実験データ

　各種ケーブルの磁界シールド特性について，実測と比較を行った。試験のセットアップを図 2-26 に示し，試験結果の一覧を図 2-27，図 2-28 に示す。すべての試験対象のケーブルに関して，試験周波数（50 kHz）はシールド遮断周波数の 5 倍以上としている。図 2-27 と図 2-28 のケーブルは，図 2-26 に L_2 として示した試験対象ケーブルである。

　回路の(A)〜(F)（図 2-27）では，回路の両端をグラウンド接続した。これらは，一端だけをグラウンド接続した回路の(G)〜(K)（図 2-28）に比べると，磁界の減衰率が非常に小さい。

　図 2-27 の回路(A)は，ほとんど磁界のシールド効果を持たない。1 MΩ の抵抗で測定したノイズ電圧の実際の値は 0.8 V であった。回路(A)におけるノイズのピックアップ量を基準値 0 dB と定義し，ほかのすべての回路の性能を比較した。回路(B)では，シールドを片端でグラウンド接続したが，このことは磁界のシールドにほとんど影響が

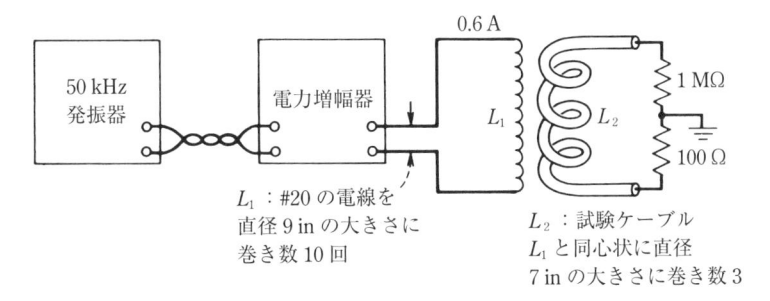

図 2-26 誘導結合の実験装置

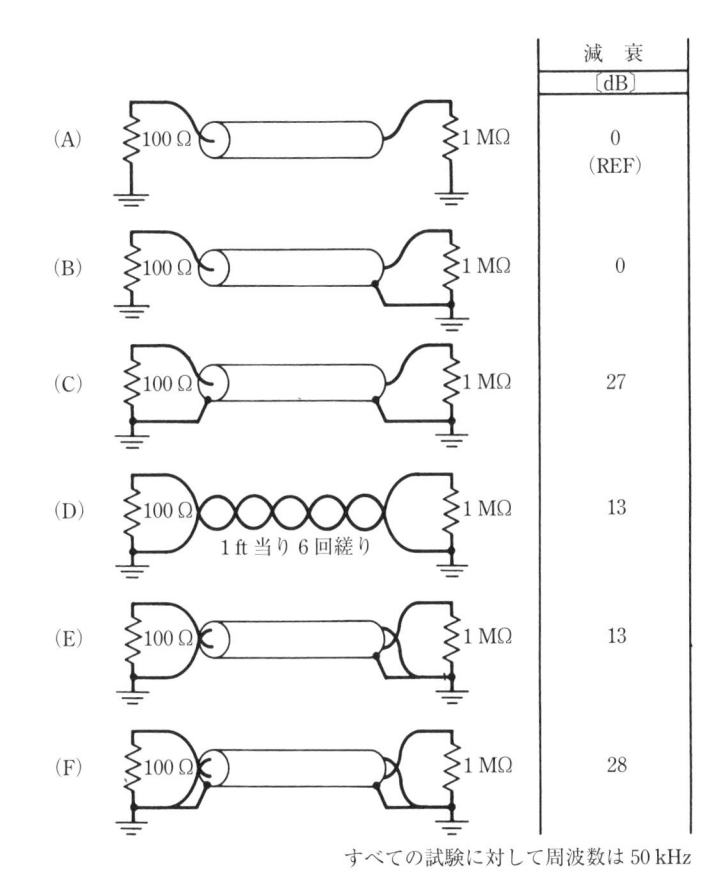

図 2-27 誘導結合実験の結果：すべての回路は両端でグラウンドされている。

ない。シールドを両端でグラウンド接続した回路(C)は，周波数がシールド遮断周波数より高いため，ある程度の磁界のシールド効果を生じる。回路の両端をグラウンド接続点することによってできるグラウンドとの間のループ面積がなければ，より強いシールド効果を生じると思われる。磁界はケーブルのシールドと2個のグラウンド接続点からなる低インピーダンスのグラウンドループに，強い電流を誘導する。このノイズ電流は，前節で述べたようにシールドにノイズ電圧を発生させる。

ツイストペア線を用いた回路(D)は，本来ずっと強い磁界シールド効果を持つはずであるが，この効果は回路両端のグラウンド接続によってできるグラウンドループの影響

	減衰〔dB〕
(G) 100Ω ─[同軸]─ 1MΩ	80
(H) 100Ω ─[ツイスト 1ft 当り 6 回縒り]─ 1MΩ	55
(I) 100Ω ─[シールド付]─ 1MΩ	70
(J) 100Ω ─[シールド付]─ 1MΩ	63
(K) 100Ω ─[シールド付]─ 1MΩ	77

すべての試験に対して周波数は 50 kHz

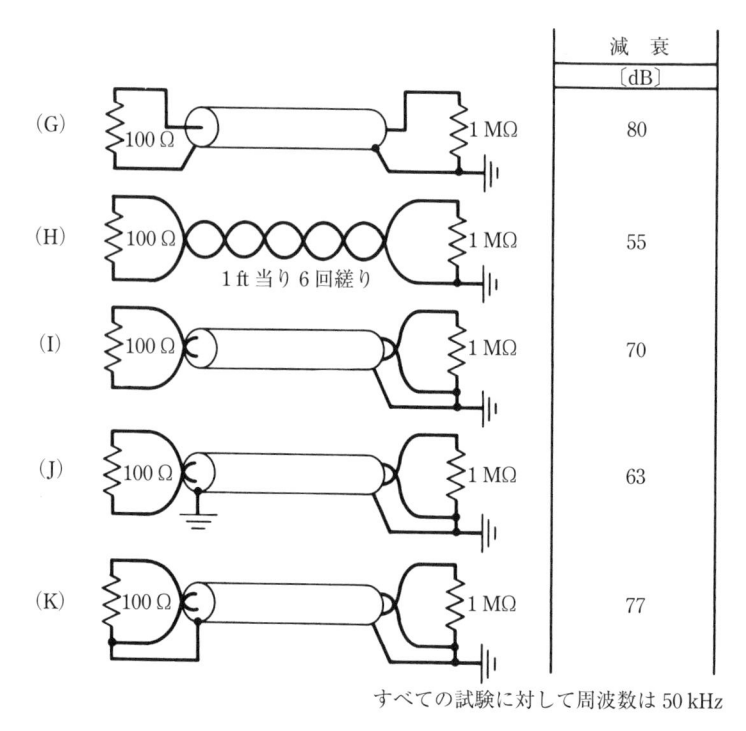

図 2-28 誘導結合実験の結果:すべての回路は一端のみでグラウンドされている

により打ち消されている。この影響は回路(D)と回路(H)の減衰量を比べると明確にわかる。回路(E)のように,ツイストペア線に片端をグラウンド接続したシールドを加えても効果はない。回路(F)のようにシールドを両端でグラウンド接続すると,さらなるシールド効果が得られる。これは,低インピーダンスのシールドが,磁気的に誘導されたグラウンドループの電流の一部を信号導線の代わりに流すためである。しかし,一般的には図 2-27 のような回路構成では,グラウンドループがあるため,良好な磁界のシールドは得られない。回路を両端でグラウンド接続しなければならない場合は,回路(C)または回路(F)の構成を用いるべきである。

　回路(G)は大幅に改善された磁気シールド効果を示している。これは,同軸ケーブルによってループ面積が小さくなっていることと,シールド効果を損なうようなグラウンドループがないことによる。同軸ケーブルでは,シールドはその中心軸上に置かれた等価な導線と考えることができるため,ループ面積は小さい。同軸ケーブル,中心導線の軸上あるいは軸の近くにシールドを効果的に置くことになる。

　回路(H)のツイストペア線は,示された 55 dB よりずっと大きなシールド効果を提供するものと期待していた。シールド効果が予想より弱まったのは,ツイストペア線がシールドされておらず,かつ終端が不平衡(4.1 節参照)であるため,ある程度の電界結合が表れ始めているためである。このことは回路(I)を見るとわかる。回路(I)では,ツイストペア線にシールドを加えることで減衰量が 70 dB に増加している。回路(G)の減衰量が回路(I)に比べて高いことは,今回のケースではツイストペア線よりも同軸ケーブルのほうが,磁界と結合するループ面積が小さいことを示唆している。しかし,これ

は必ずしも一般的に正しいことではない。ツイストペア線のどちらか(H)または(I)の単位長当りの縒り回数を増やせば，ノイズのピックアップは減少するであろう。一般に，低周波の磁界をシールドする際は，回路(I)ではシールドを信号が通らないため，回路(G)よりも回路(I)のほうが好まれる。

　回路(J)のようにシールドの両端をグラウンド接続すると，シールド効果がやや低下する。これはシールドによってつくられるグラウンドループを強い電流が流れることによって，2本の中心導線に等しくない電圧を誘起するためである。回路(K)は，同軸ケーブル(G)の特性とツイストペア線(H)の特性を兼ね備えるため，回路(I)よりもシールド効果が高い。回路(K)は，シールドに生じたノイズ電圧や電流が信号導線に流れる可能性があるため，通常は望ましくない。ほぼすべての場合において，シールドと信号導線はただ1点でだけ接続させたほうがよい。この接続点は，シールドから来たノイズ電流がグラウンドへ流れるときに，信号導線を通らなくてもいいように取るべきである。

　これらの実験結果は，試験セットアップのケーブル両端においてグラウンドの電位が等しいような，比較的低周波（50 kHz）の磁界のシールドだけに関して成り立つことに注意が必要である。

2.10　選択シールドの例

　シールドされたループアンテナは，電界だけが選択的にシールドされ磁界が影響を受けない一つの事例である。このようなアンテナは，無線方向探知機や事前適合試験の電磁環境両立性（Electromagnetic Compatibility：EMC）測定（18.4節参照）で使用する磁界プローブとして効果的である。また，放送受信機においてアンテナがピックアップするノイズを減らすことができる。ほとんどの局所的なノイズ源は主として電界を発生させるため，後者の効果が重要である。図2-29(A)は，基本的なループアンテナを表している。式(2-12)から，磁界によってループに誘導される電圧の値は，

$$V_m = 2\pi fBA \cos\theta \tag{2-34}$$

である。角度θは磁界とループ面の垂線とがなす角度である。しかし，このループは垂直アンテナとしても機能し，入射電界から電圧をピックアップする。この電圧は電界Eとアンテナの実効的な高さの積に等しい。円形の単一ループアンテナでは，実効高さは$2\pi A/\lambda$である（ITT, 1968, p.25-26）。電界による誘起電圧は，

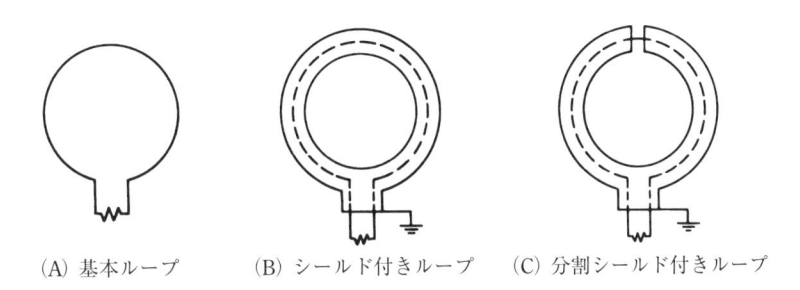

　　(A) 基本ループ　　(B) シールド付きループ　　(C) 分割シールド付きループ

図2-29　ループアンテナのスプリットシールドは磁界を通し電界を減らす。

$$V_c = \frac{2\pi AE}{\lambda}\cos\theta \tag{2-35}$$

となる。角度 θ は電界とループ面がなす角度である。

電界のピックアップをなくすためには，ループを図 2-29(B) に示すようにシールドするとよい。しかし，この構成ではシールド電流が流れるため，電界と同様に磁界も打ち消してしまう。ループの磁界への感度を保つためには，シールド電流を防ぐためにシールドに切れ目を設けなくてはならない。たとえば図 2-29(C) に示すように，シールドの先端部を取り去るとよい。こうしてできたアンテナは，入射する電波の磁界成分だけに反応する。

2.11　シールドの伝達インピーダンス

1934 年に Schelkunoff は，ケーブルシールドのシールド効果を測定する手段として，伝達インピーダンスという考え方を初めて提案した。シールド伝達インピーダンスはシールドの特性で，シールド電流により中心導線とシールドとの間に生じる（単位長当りの）開放端電圧に関係する。シールドの伝達インピーダンスは次式で表される。

$$Z_T = \frac{1}{I_S}\left(\frac{dV}{dl}\right) \tag{2-36}$$

ここで，Z_T は伝達インピーダンスで単位は ohm/m，I_S はシールド電流，V は中心導線とシールドとの間に誘起される電圧，l はケーブルの長さである。伝達インピーダンスが小さいほどシールドの性能は高い。

低周波では，伝達インピーダンスはシールドの直流（DC）抵抗に等しい。これは式

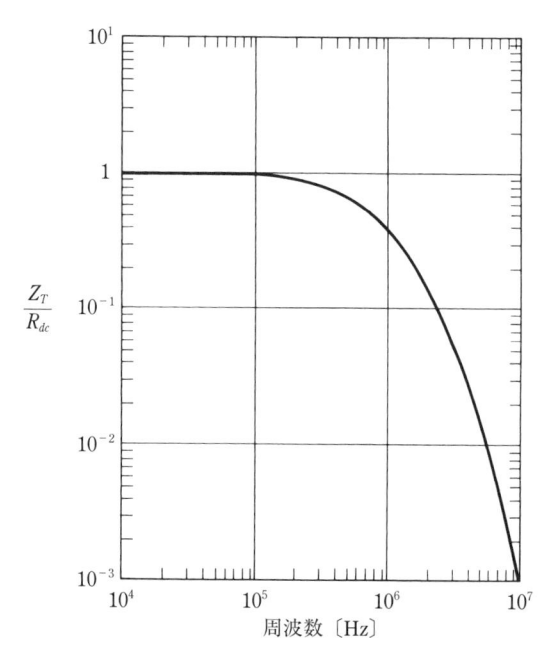

図 2-30　固体シールドの正規化された伝達インピーダンスの値

(2-33) で得られた結果と等価である．高い周波数（典型的なケーブルでは 1 MHz 以上）では，固体円筒シールドの伝達インピーダンスは表皮効果のために減少し，ケーブルのシールド効果は高くなる．表皮効果によって，ノイズ電流はシールドの外表面にとどまり，信号電流は内表面を流れる．これにより，二つの電流間の共通インピーダンス結合は除去される．

図 2-30 は固体の円筒シールドの伝達インピーダンス（直流抵抗 R_{dc} で規格化）を表す．シールドが編組の場合は，図 2-34 に示すように伝達インピーダンスは約 1 MHz を境に周波数とともに増加する．

2.12　同軸ケーブルとツイストペア線

同軸ケーブルをツイストペア線と比較する場合，両タイプのケーブルの利便性をまず伝達特性の観点から理解することが重要である．このことを図 2-31 に示す．1980 年代以前は，ツイストペア線が有効な周波数帯は 100 kHz 前後であり，特別な用途の場合は 10 MHz まで達すると考えられていた．しかし，多くの用途において同軸ケーブルに比べてのツイストペア線の経済的利点が理解されるにつれて，今日のケーブル設計者，製造者は，この制限を乗り越える方法を見つけてきた．

ツイストペア線は，2 本の導線が相互に一定の位置関係を保たないため，同軸ケーブルのように一様な特性インピーダンスを持たない．ケーブルが曲げられた場合には特にそうである．今日のケーブルの設計者は，通常のツイストペア線が有効な 10 MHz までという周波数範囲をある用途（たとえば，イーサネットや High-Definition Multimedia Interface：HDMI）に関して数百 MHz にまで高めてきた．これらの高性能ケーブルは静電容量が低く，高密で一様なツイスト構造を持つ．さらに，2 本のワイヤーの相互の位置関係が，ケーブルの全長にわたって厳密に同じになるように 2 本のワイヤーを接着する場合もある．接着されたツイストペア線は，通常のものよりも一様な特性インピーダンスを持ちノイズに対する耐性が強く，電界の放射を非常に低く抑えられる．

現在の非シールドツイストペア線（Unshielded Twisted Pair：UTP）の多くは，旧世代のシールドツイストペア線（Shielded Twisted Pair：STP）と比較して同程度，ある

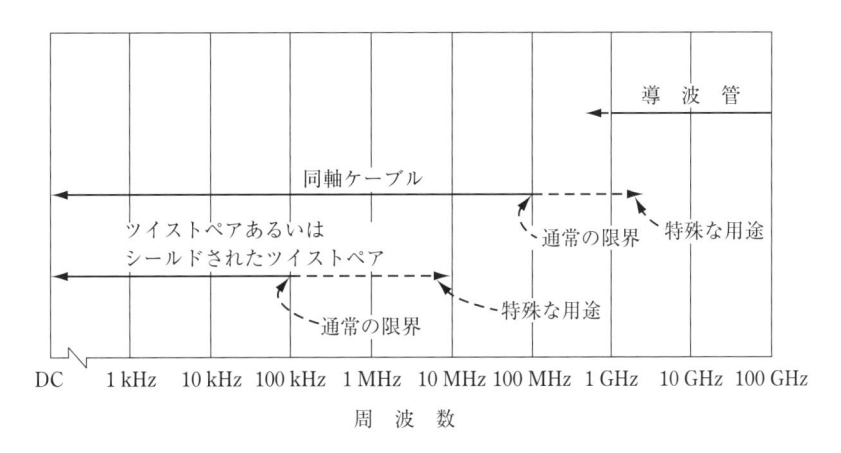

図 2-31　各種伝送線の使用周波数範囲

いはよりよい性能を持つ。ツイストペア線は本質的に平衡度の高い構造であり，4章で論じるようにノイズを効果的に抑えることができる。今日のケーブルの多くは非常に高い平衡度を持つ。このよい例が，カテゴリ Cat 5 や Cat 6 のイーサネットケーブルである。ANSI/TIA/EIA 568B-2.1 は，インピーダンス，ケーブル損失，クロストークおよび放射といった性能に関する仕様を定義している。Cat 5 ケーブル（図 2-32 参照）は，24 ゲージのワイヤーでできた 4 対の UTP からなる。ツイストの公称ピッチは 1 cm 当り 1 回（2.5 回/in）である。しかし，ケーブルの各ツイストペアは，異なるペア間のクロストークを最小化するためにわずかに異なるピッチを持つ。Cat 5e の UTP ケーブルは 125 MHz まで良好な性能を持つように設計されており，Cat 6 ケーブルは 250 MHz まで，そして将来予定されている Cat 7 ケーブルでは 600 MHz 程度まで有効である。

　同軸ケーブルは，ツイストペア線に比べて一様な特性インピーダンスを持ち，損失も低い。直流から VHF 帯まで使用することができ，ある種の用途においては UHF 帯まで使用可能である。1 GHz より上では同軸ケーブルの損失が大きくなるため，導波管が実用的な伝送媒体となることが多い。

　片端グラウンドの同軸ケーブルは，容量（電界）結合に対して良好なシールド効果を示す。しかし，ノイズ電流がシールドを流れると，2.8 節で述べたようにノイズ電圧が発生する。その強度はシールド電流とシールドの抵抗の積に等しい。同軸ケーブルではシールドが信号経路の役割も果たすため，このノイズは入力信号に重畳される。2 層のシールドの間に絶縁体を挟んだ二重シールドケーブル，あるいは 3 軸ケーブルは，シールドの抵抗によって発生するノイズ電圧をなくすことができる。ノイズ電流が外部シールドを流れ，信号のリターン電流は内部シールドを流れる。このため，二つの電流成分（信号およびノイズ）は，共通のインピーダンスを流れることがない。

　残念ながら，3 軸ケーブルは高価で，かつ扱いづらい。しかし，同軸ケーブルは，表皮効果が生じるために高周波において 3 軸ケーブルとして振る舞う。典型的な同軸ケーブルにおいて，表皮効果は 1 MHz 程度から顕著に起こる。ノイズ電流がシールドの外表面を流れる一方，信号電流は内表面を流れる。このため，同軸ケーブルは周波数が高いほうが良好に機能する。

　シールドツイストペア線は 3 軸ケーブルと似た性質を持つが，3 軸ほど高価ではなく，扱いづらくもない。信号電流は 2 本の内部導線を流れ，誘導されたノイズ電流はす

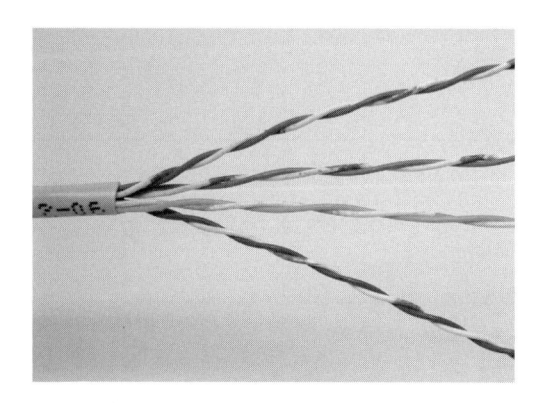

図 2-32　Cat 5 イーサネットケーブル

べて外部導線を通る。このため，共通インピーダンス結合は起こらない。さらに，シールド電流は相互インピーダンスによって，両方の内部導線に（理想的には）等しく結合するため，2導線にノイズ電圧が生じても互いに打ち消し合う。

非シールドツイストペア線は，終端部で平衡条件が満たされない場合（4.1節参照），静電（電界）結合に対して非常に弱いシールド効果しか発揮できないが，磁界結合に対しては高いシールド効果を示す。ツイストによる効果は，単位長当りのツイスト数が多いほど高まる。ツイストペア線を終端するときは，2本のワイヤーが互いに離れているほどノイズ抑制効果は低下する。したがって，シールドの有無にかかわらず，ツイストペア線を終端する場合は，必要以上に終端部のひねりを解いてはいけない。

ツイストペア線は，シールドがない場合であっても，磁界結合の抑制に非常に効果がある。このことが成り立つためには，二つだけ満たすべき条件がある。第1に，信号は2本の導線を等しい大きさで逆方向に流れる必要があること。第2に，ツイストのピッチは，取り扱う周波数における波長の20分の1以下の長さにする必要がある（10 cm当り4ひねりのペースで，約500 MHzまで効果がある）こと。以上のことは終端が平衡であっても不平衡であっても成り立つ。さらに，終端が平衡であれば，ツイストペア線は電界結合の抑制にも効果を発揮する（4.1節参照）。配線のツイスト化と終端の平衡化は，同時に実施されることが多いものの，二つの完全に異なる概念であるので混同してはならない。

2.13　編組シールド

ほとんどのケーブルは，実は隙間のない導線ではなく編組によってシールドされている（図2-33参照）。編組の利点は，柔軟性，耐久性，強度，そして長い折り曲げ寿命である。一般に編組シールドでは，ケーブル全体の60～98 %だけが金属で覆われており，隙間のない導線に比べてシールドとしての効果が低い。通常，編組シールドは，電界シールド効果が隙間のない導線に比べて少し低い程度であるが（UHF帯を除く），磁界シールド効果は大きく低下する。これは，編組が長さ方向のシールド電流の均一性を損ねてしまうためである。編組シールドでは，磁界のシールド効果が隙間のない導線と比べて，一般に5～30 dB低下する。

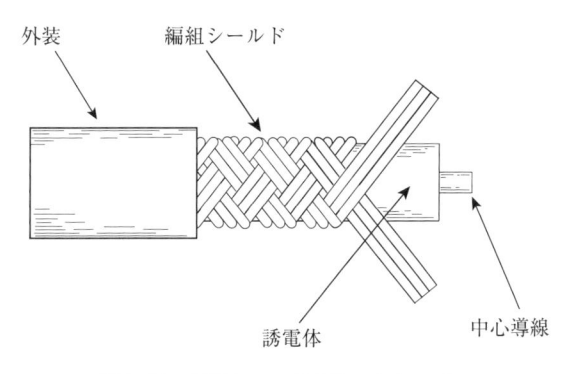

図2-33　編組シールドを被ったケーブル

周波数が高くなると，編組のシールド効果は，編組の開口部が原因でさらに大きく低下する。シールドを多層構造にするとより高いシールド効果を得ることができるが，コストは高く，柔軟性は低くなる。シールドが二重，さらに三重になった高級なケーブルや銀めっきされた銅の編組シールドケーブルは，軍事，航空宇宙，計測器といった性能要求の厳しい用途で使用される。

　図 2-34（Vance, 1978, 図 5-14）は，典型的な編組シールドケーブルに関して，シールドの直流抵抗で正規化した伝達インピーダンス値を示している。伝達インピーダンスの 1 MHz 前後からの低下は，シールドの表皮効果のためである。これに続いて 1 MHz より高い周波数で伝達インピーダンスが増加しているのは，編組の開口部の影響によるものである。さまざまな編組被覆率に関して曲線が描かれている。緩く編まれた（シールド被覆率の低い）編組は柔軟性が高い。一方，きつく編まれた（シールド被覆率の高い）編組は高いシールド効果があるが柔軟性が低い。図からわかるように，最高のシールド性能を得るには，編組被覆率を最低でも 95 % にすべきである。

　薄く隙間のないアルミ箔のシールドを持つケーブルが入手可能であるが，こうしたケーブルはシールドでほぼ 100 % 覆われていて，より高い電界シールド効果を持つ。だが，編組ほどの強度はなく，抵抗が大きいためにシールド遮断周波数が高く，適切な端末処理をすることが（不可能ではないにしても）難しい。アルミ箔と編組を組み合わせたシールドも存在する。これは，箔と編組それぞれのよい性質を利用し，弱点を補わせようとするものである。編組はシールドの周方向 360° を終端できるようにし，箔は編組の穴を埋め合わせる。箔を編組で覆った，あるいは二重の編組によるシールドケーブ

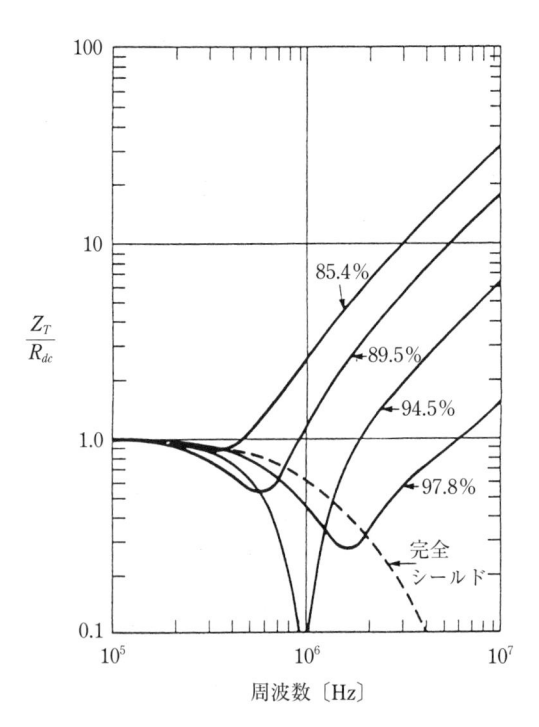

図 2-34 編組の被覆率に対する編組線シールドの正規化された伝達インピーダンス
（John Wiley & Sons, Inc. の許可のもと掲載，Vance, 1978）

ルのシールド効果は，約 100 MHz まで低下せずに保たれる。

2.14 らせんシールド

らせんシールド（図 2-35）は，次の三つのうちいずれかの理由でケーブルに使用される。製造コストを下げる，終端をしやすくする，ケーブルの柔軟性を高める。らせんシールドは，帯状の導線をケーブルの芯（誘電体被覆）の周囲にらせん状に巻きつけた構造をしている。帯は通常 3～7 個の導線からなっている。

ここで，らせんシールドケーブルと，隙間がなく均質な理想的なシールドケーブルとの違いを考察しよう。隙間のない均質なシールドケーブルでは，シールド電流がケーブルの軸に沿って長さ方向に流れ，シールド電流がつくる磁界は，図 2-12 に示すようにシールドの外部に円形に発生する。

らせんシールドケーブルの場合，シールド電流はケーブルの長さ方向に対して角度 ϕ（図 2-36 に示すらせんのピッチ角[*7]）をなして，らせんに沿うように流れる。

シールドの総電流 I は，二つの成分に分けられる。一つはケーブルの軸に沿った長さ方向の成分，もう一つは図 2-37 に示すような円周方向の成分である。ケーブル軸に沿った，長さ方向の電流 I_L は，次の値になる。

$$I_L = I \cos \phi \qquad (2\text{-}37)$$

ここで，I はシールドの総電流であり，ϕ はピッチ角である。ケーブルの軸に垂直で，円周方向に還流する電流 I_c は，次のようになる。

$$I_c = I \sin \phi \qquad (2\text{-}38)$$

長さ方向の電流 I_L は，均質な隙間のないシールドの電流と同じように振る舞い，ケ

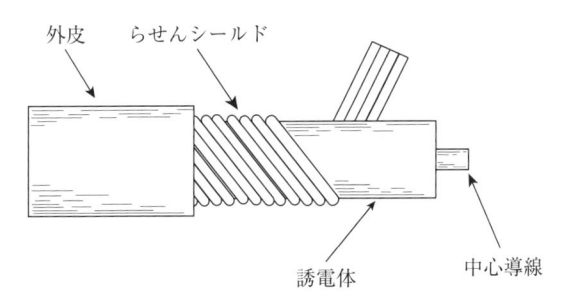

図 2-35　らせんシールドを被ったケーブル

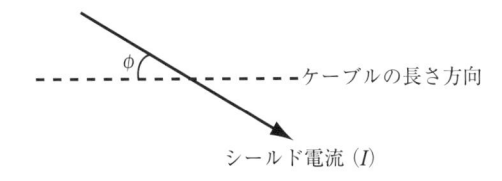

図 2-36　らせんシールドケーブルを流れるシールドの電流の方向；ϕ はらせんのピッチ角

[*7] これは実際にあることだが，らせんを形成する個々の導線間の電気的伝導度がよくないことがある。

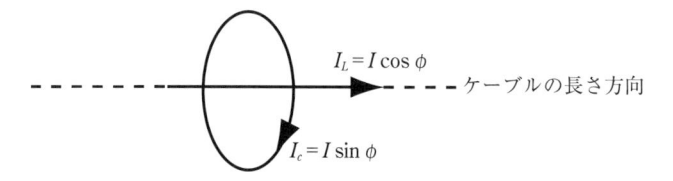

図2-37 らせんシールド上のシールド電流は二つの成分に分解可能である。一つは長さ方向成分（I_L）と，もう一つは周方向成分

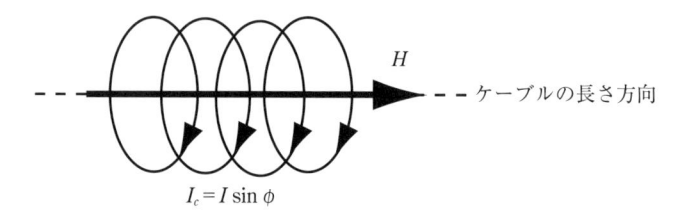

図2-38 らせんシールドケーブル上のシールド電流の周方向成分は，ケーブルの長さ方向の軸に沿って磁界を発生させる。

ーブルの外部に円形の磁界を発生させる。長くて薄いケーブルの場合は，周方向の電流はケーブル軸に沿って置かれたソレノイド（コイル巻き線またはインダクタ）のように働き，図2-38に示すようにシールド内部に長さ方向の磁界を発生させ，シールド外部にはまったく磁界を発生させない。シールドの円周方向の電流が発生させたシールド内部の長さ方向の磁界は，シールドのインダクタンスを増加させるという有害な作用を持つ。したがって，らせんシールドケーブルは，長さ方向の電流成分によって普通の同軸ケーブルのように働くが，円周方向の電流成分により追加のインダクタンスを持つ。

　編組シールドは図2-33に示すように，それぞれの帯がほかの帯に対して上下に交互に通過するように，2本以上の導線の帯をらせん状に編み込んでいったものと考えることができる。一方の帯を時計回りに巻き，もう一方を反時計回りに巻く。2本の帯を逆向きに巻くために，シールドの周方向の電流成分は互いに打ち消し合い，シールド電流の長さ方向成分の影響だけが残ることになる。したがって，編組シールドケーブルは，らせんシールドケーブルに比べて高周波の性能がずっと高い。

　以前述べたように（2.11節），シールドケーブルのシールド効果は伝達インピーダンスという言葉で表される。らせんシールドケーブルでは，伝達インピーダンスは二つの項を含んでいる。一つはシールド電流の長さ方向成分によるもので，もう一つは円周方向成分によるものである。

　ノイズ電流の長さ方向成分に起因する伝達インピーダンスの項は，図2-30に示したように周波数とともに減少するが（これは望ましいことである），円周方向成分に起因する項は，周波数とともに増加する（望ましくない）。これらの組み合わせの結果，らせんシールドケーブルの伝達インピーダンスは，約100 kHzを超えると周波数とともに増加するようになる。高周波における伝達インピーダンスは，らせんのピッチ角ϕに強く依存する。ピッチ角が大きいほど伝達インピーダンスは大きくなり，ケーブルのシールド効果は小さくなる。

　通常の編組シールドケーブルでも，伝達インピーダンスは高周波において増加する

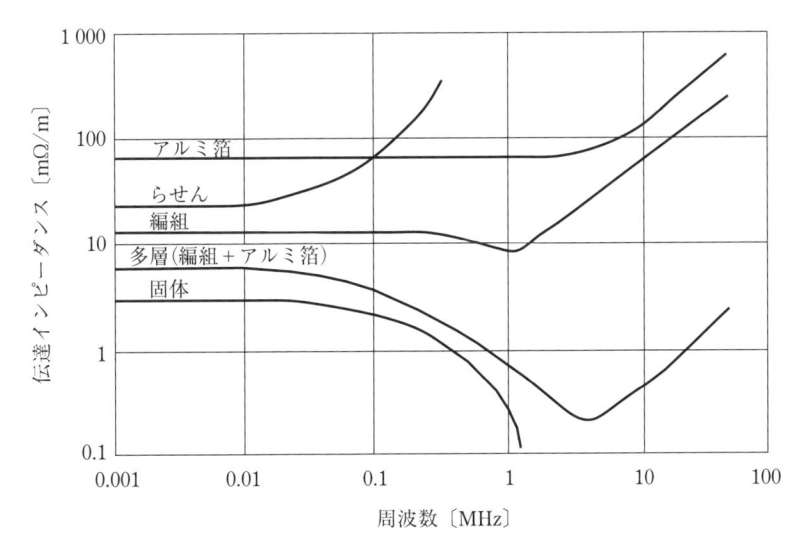

図 2-39 周波数に対する，各種シールドケーブルのシールド伝達-インピーダンスの実測値（Tsaliovich, 1995ⒸAT&T）

が，その増加の程度はらせんシールドケーブルの場合に比べると非常に小さい．図 2-39 はさまざまなタイプのシールドを持つケーブルに関して，伝達インピーダンスの実測値を示している（Tsaliovich, 1995, 図 3-9）．

らせんシールドは，高周波においては伝達インピーダンスが高く，基本的に電磁誘導を起こすコイル巻き線のようになる．したがって，らせんシールドケーブルは，信号の周波数が 100 kHz 以上の用途に使うべきではない．編組およびらせんシールドに関するより詳細な議論は，*Cable Shielding For Electromagnetic Compatibility*（Tsaliovich, 1995）に見られる．

2.15 シールドの終端

シールドケーブルに関する問題のほとんどは，シールドの不適切な終端が原因である．よくシールドされたケーブルの利点を最大限に引き出せるのは，シールドが適切に終端されたときだけである．適切なシールド終端の要件は，次のとおりである．

1. ケーブルの適切な端部を適切な位置にグラウンド接続すること．
2. 終端接続のインピーダンスが非常に低いこと．
3. シールドを円周方向 360° にわたって終端させること．

2.15.1 ピグテール

先に議論した磁界のシールドは，シールド周囲の縦方向のシールド電流の一様な分布に依存している．したがって，ケーブル終端付近の磁気シールド効果は，シールドの終端方法に強く依存する．ピグテール終端（図 2-40）を行うと，シールド電流がシールドの片側に集中することになる．最大のシールド効果を得るには，シールドはその周囲を均一に終端すべきである．こうした終端は，BNC，UHF，または N 型のような同軸

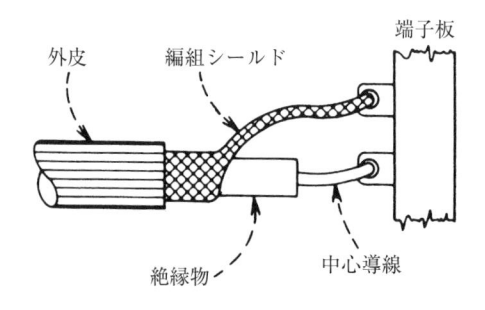

図 2-40 シールドの一端でピグテールシールド接続が電流を集中させる。

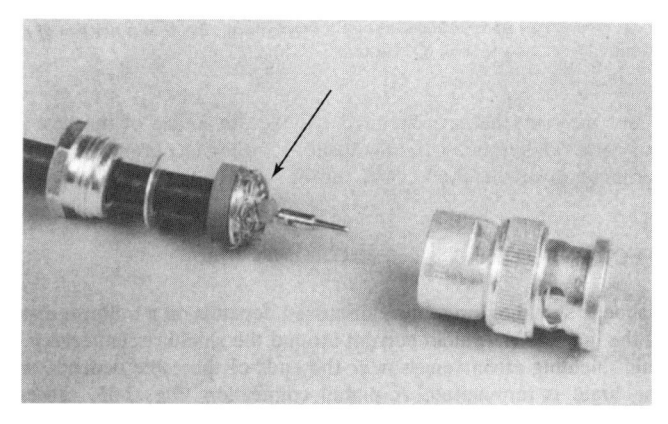

図 2-41 シールドに対して 360° の接触を示す分解された BNC コネクタ

コネクタを用いて実現できる．図 2-41 に示すこれらの同軸コネクタは，360° にわたるシールドとの電気的な接触を取れる．また，同軸終端は内部導線を完全に覆う効果があるため，電界シールドの完全性を保つことができる．

　360° 接触は，シールドとコネクタとの間だけでなく，互いに嵌合するコネクタ間でも重要である．この点で，N 型や UHF などのねじ止めタイプのコネクタは最もよく機能する．図 2-42 は，ねじ止めタイプでない EMC 社の XLR コネクタを示している．このコネクタは，嵌合する相手と 360° のシールド接触をさせるために，その周囲にスプリングフィンガーを持っている．図 2-43 は 360° のシールド終端を実現する別の方法であり，この場合コネクタを使わない．

　ピグテール終端の使用がケーブルの全長に比べて十分短いものであっても，100 kHz より高い周波数において，ケーブルに対するノイズの結合に非常に大きな影響を持つ．例として，シールド両端を長さ 8 cm のピグテールでグラウンド接続した全長 3.66 m (12 ft) のシールドケーブルに対するノイズの結合を図 2-44 に示す（Paul, 1980, 図 8a）．シールドされた導線の終端のインピーダンスは 50 Ω である．この図では，ケーブルのシールドされた部分に対する磁界結合，シールドがない（ピグテール）部分に対する磁界結合，シールドがない部分に対する電界結合のそれぞれの寄与分を示している．ケーブルのシールドされた部分への容量（電界）結合は無視できるほど小さい．これは，シールドがグラウンド接続されており，かつシールドされた導線の終端インピー

図 2-42 嵌合するコネクタバックシェルと 360°の接触を取るために，その周囲にスプリングフィンガーを持つ，雌型 XLR コネクタ（プロのオーディオ設備に使用）

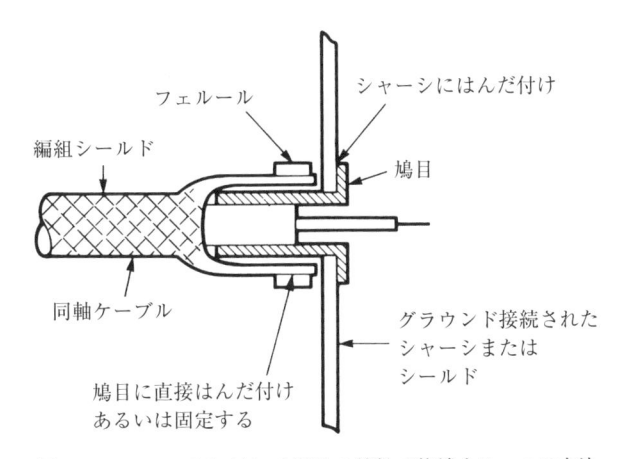

図 2-43 シールドに対して 360°の接触で終端する一つの方法

ダンスが低い（50 Ω）ためである。図 2-44 に示すように，100 kHz より高い周波数では，ケーブルへの結合の最大の要因はピグテールに対する誘導結合である。

シールドされた導線の終端インピーダンスを 50 Ω から 1 000 Ω に大きくした結果を図 2-45 に示す（Paul, 1980, 図 8b）。この場合，10 kHz 以上でピグテール部での容量結合が，支配的なノイズ結合のメカニズムとなる。これらの条件下では，ケーブルが完全にシールドされた（ピグテールがない）場合と比べて，1 MHz におけるノイズ結合が 40 dB 大きくなる。

図 2-44 および図 2-45 からわかるように，低周波（10 kHz 未満）のシールドのグラウンド接続では短いピグテールによる終端が許される可能性があるが，高周波ではそれが許されない。

2.15.2 ケーブルシールドのグラウンド接続

ケーブルのシールドの終端に関して最もありがちな質問は，シールドをどこで終端すべきかということである。片端でいいか，両端で行うべきか，どの位置に終端すればよいのか。単純な答えは，場合による。

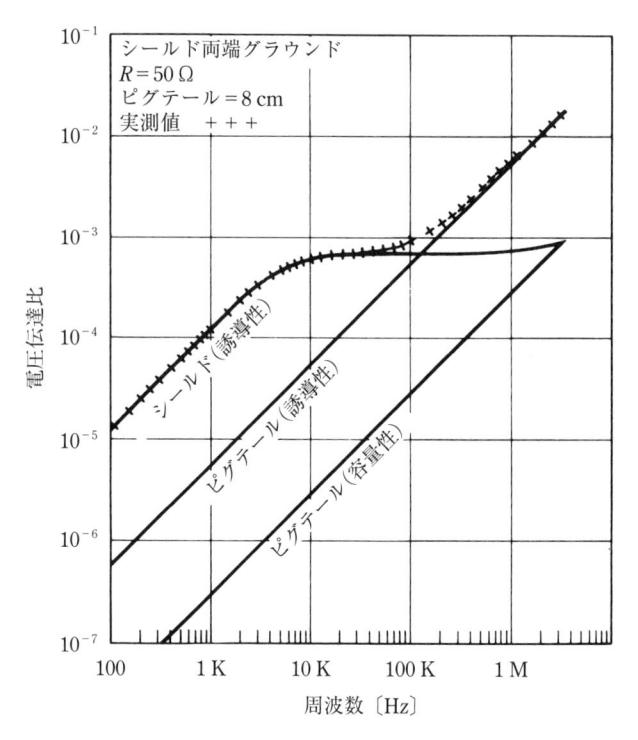

図 2-44 3.7 m のシールドされたケーブルと 8 cm のピグテールとの結合。回路の終端インピーダンスは 50 Ω に等しい（Paul 1980 IEEE）

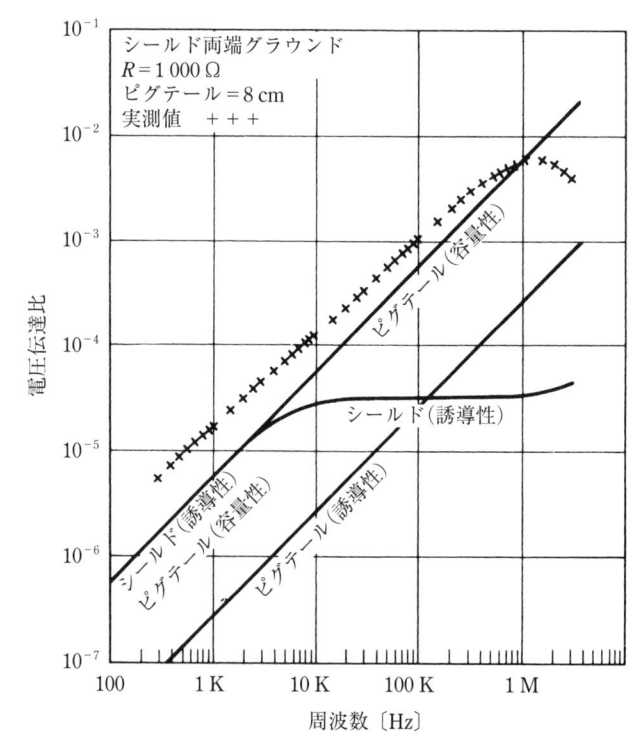

図 2-45 8 cm のピグテールを持った 3.7 m のシールドされたケーブルとの結合。回路の終端インピーダンスは 1 000 Ω に等しい（Paul 1980 IEEE）

2.15.2.1　低周波におけるケーブルのシールドのグラウンド接続

　低周波でケーブルにシールドを施す主な理由は，電界結合，特に50/60 Hzの電源系の導線からの結合を防ぐことである。2.5.2項で議論したように，シールドは低周波において磁界のシールド効果をまったく持たない。このことは，シールドツイストペア線を低周波で使用することの利点を示す。シールドは電界結合を防ぎ，ツイストペアは磁界結合を防ぐのである。多くの低周波回路は，電界結合を受けやすい高インピーダンス部品を含むため，低周波におけるケーブルのシールドが重要になる。

　低い周波数では，シールドが信号のリターン経路になっていない多導線ケーブルは，シールドが片端だけで終端されることがよくある。シールドが片端以外でもグラウンド接続される場合，二つのグラウンド点間の電位差によってノイズ電流がシールドを流れる可能性がある。この電位差とそれに伴うシールドの電流は，通常グラウンドを流れる50/60 Hzの電流によるものである。同軸ケーブルの場合，シールドの電流は，図2-33に示したようにシールドの電流とシールド抵抗の積で表されるノイズ電圧を生じる。シールドツイストペア線の場合は，シールド電流が誘導結合によって異なる電圧をツイストペアの各素線に誘起し，それがノイズ源になる場合がある（4.1節の平衡に関する記述を参照）。だが，シールドを片端だけでグラウンド接続するならば，どちらの端をどこのグラウンドに接続すればよいのだろうか。

　たいていの場合，シールドは波源側の端部でグラウンド接続したほうがよい。なぜなら，そこは信号電圧の基準点だからである。しかし，もし波源自体が浮いている（グラウンド接続されていない）のであれば，負荷側で終端したほうがよい。

　シールドツイストペア線と同軸ケーブルに関して，低周波における望ましいシールドの方法を図2-46に示す。回路の(A)～(D)は波源または増幅器（負荷）回路の両方ではなく，いずれか一方がグラウンド接続されている場合である。これら四つのケースではシールドは片端だけでグラウンド接続されており，それは回路がグラウンド接続されているのと同じ側の端部である。回路の(E)と(F)のように信号回路が両端でグラウンド接続されている場合は，グラウンド電位の差およびグラウンドループの磁界に対する感受性により，抑制可能なノイズ量は限定される。回路(E)では，グラウンドループ電流が信号のリターン経路ではなく，インピーダンスの低いほうのシールドを流れるようにするため，シールドツイストペア線も両端でグラウンド接続されている。回路(F)で

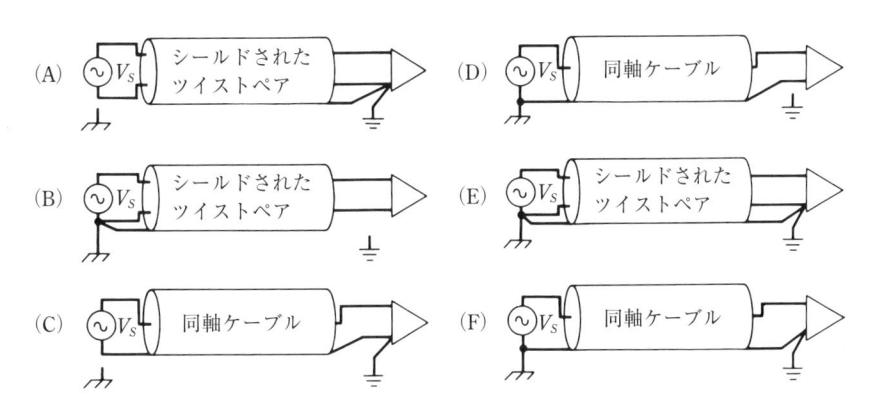

図 2-46　シールドされたツイストペアおよび同軸ケーブルに対する低周波における推奨グラウンド方法

は，同軸ケーブルのシールドは両端で終端しなくてはならない。なぜなら，シールドが信号のリターン経路でもあるからである。この場合，シールドの抵抗を低くすれば，2.8 節で述べたように共通インピーダンス結合を減らせるので，ノイズ結合も抑えることができる。より高いノイズへの耐性を求められる場合は，グラウンドループを切断しなくてはならない。これは 3.4 節で述べるトランスやフォトカプラ，コモンモードチョークによって実現することができる。

図 2-46 の配置に関して，期待し得る性能のタイプは，図 2-27 と図 2-28 に示した磁界結合の実験結果を参照するとわかる。

ケーブルのシールドを片端グラウンド接続すると，商用電源周波数のノイズ結合を抑えられるが，ケーブルが高周波アンテナのように動作することになるため，無線帯域のノイズ結合に対して脆弱になる。AM・FM 帯のラジオの送信機は無線帯域の高周波電流をシールドに誘導する。ケーブルのシールドが回路のグラウンドに接続されていると，高周波電流が装置に入り込んで妨害を引き起こす可能性がある。したがって，シールドの適切な終端方法は，回路のグラウンドではなく装置をシールドする筐体にグラウンド接続することである。この接続はできるだけ小さなインピーダンスを持つべきであり，シールド筐体の外側に終端すべきである。このように，シールドを流れる無線帯域のノイズ電流はほかへ害を及ぼすことなく筐体の外表面を流れ，内部の繊細な電子部品を迂回しながら筐体の浮遊容量を通してグラウンドへ流れていく。

ケーブルのシールドは筐体のシールドを延長したものと考えれば，**シールドを回路のグラウンドではなく，筐体にグラウンド接続すべきである**ことは明らかである。

オーディオの専門家の間では，ケーブルのシールドを筐体ではなく回路のグラウンドに接続することによって起こるノイズ問題は，"*Pin 1* Problem" などと呼ばれる。Neil Muncy がこの言葉をつくったのは，1995 年に発表したこのテーマに関する古典的な論文，*Noise Susceptibility in Analog and Digital Signal Processing Systems*（アナログとデジタルの信号処理システムにおけるノイズ感受性）の中であった。*Pin 1* という言葉は，専門家向けのオーディオシステムで広く用いられる XLR コネクタのピンのうち，ケーブルのシールドに接続されるものを指している。電話のジャックでは，*Pin 1* はスリーブを意味する。音響プラグや BNC コネクタでは，コネクタの外部導線を意味する。

ケーブルのシールドを回路のグラウンドへ終端させることによる障害事例が数多く報告されたことを受けて，オーディオ技術学会（Audio Engineering Society：AES）は 2005 年に，オーディオ機器におけるケーブルのシールド終端に関して，次のような基準を発表した。「**ケーブルのシールドおよび機器のコネクタの外部導線は，できるだけ低インピーダンスの経路を通じて金属筐体に直に接続するものとする**」（AES48, 2005）

同軸ケーブルのシールドは，シールドが信号のリターン導線であり，両端をグラウンド接続する必要がある。またその接続先は，回路の機能上，回路のグラウンドでなければならない。しかし，上述したようにノイズに対する配慮から，ケーブルのシールドは金属筐体に接続すべきである。これは簡単に実現することができ，ケーブルのシールドを金属筐体に接続し，次に回路のグラウンドを筐体の同じ箇所に接続すればよい。

シールドの片端グラウンド接続は低い周波数（オーディオ帯域またはそれ以下）では

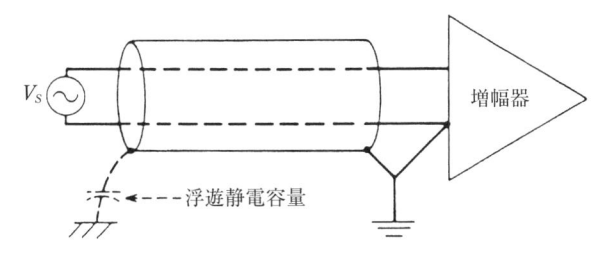

図 2-47　高周波においては浮遊静電容量はグランドループを完成させようとする。

効果的である。これは，商用電源周波数の電流がシールドを流れ，結果として信号回路に電圧を誘導することを防げるからである。また，片端グラウンド接続はシールドのグラウンドループ[*8]と，それに伴う磁気結合を抑えることができる。しかし，周波数が高くなると，片端グラウンド接続の効果は次第に低下する。ケーブルの長さが波長の4分の1に近づくと，片端グラウンド接続のシールドは非常に効率的なアンテナとなる。こうした状況では，通常シールドは両端グラウンド接続される。

2.15.2.2　高周波におけるケーブルのシールドのグラウンド接続

　　約 100 kHz 以上の周波数，あるいはケーブルの長さが波長の 20 分の 1 を超える場合は，シールドを両端でグラウンド接続することが必要になる。これは多導線のシールドケーブルでも同軸ケーブルでも同じである。高周波では低周波とは異なる問題が発生する。図 2-47 に示すように浮遊容量がグラウンドループを完結させる傾向があるため，シールドのグラウンド接続していない端部をグラウンドから絶縁しておくことが困難あるいは不可能になる。

　　そのため，高周波の場合やデジタル回路においては，ケーブルのシールドを両端グラウンド接続するのが一般的である。グラウンドの電位差によって，わずかなノイズ電圧（主に電源線の周波数とその高調波成分）が回路に結合するが，ノイズと信号の周波数が大きく異なるため，このノイズはデジタル回路に影響を与えない，また，通常はフィルタによって取り除かれる。1 MHz 以上の周波数では，シールドを流れる信号電流とノイズ電流の共通インピーダンス結合は，表皮効果によって抑えられる。表皮効果によってノイズ電流はシールドの外表面に流れ，信号電流はシールドの内表面を流れる。シールドの遮断周波数より高い周波数では，多点グラウンド接続も磁界のシールド効果を生じる。

2.15.2.3　ケーブルシールドの混合型グラウンド接続

　　オーディオ周波数以下では一点グラウンド接続が効果的で，高周波では多点グラウンド接続が効果的であるが，たとえばビデオ信号のように高周波成分と低周波成分をともに含む信号を扱う場合は，どうすればいいだろうか。今日のほとんどのオーディオ機器は，信号処理のためのデジタル回路を持っているので，オーディオ機器であっても高周波の信号が存在することが多い。オーディオ機器の場合，高周波の信号を意図的にケーブルに流すことはないだろうが，高周波の信号がコモンモードとして意図しない形でケーブルに結合する可能性がある。こうした場合，この高周波信号の放射を防ぐために，

[*8]　ケーブルのシールドと外部のグラウンドとの間に構成されるループのこと。

図 2-48　ケーブルシールドと**コネクタバックシェル**との間に 10 個の SMT コンデンサを持つ XLR コネクタ

ケーブルのシールドが必要である。

こうした状況では，図 2-47 に示す回路を利用して，浮遊容量を実際のコンデンサ（すなわち 47 nF の）に置き換え，複合型，または混合型と呼ぶべきグラウンド接続を構成する。低周波ではコンデンサのインピーダンスが高いため，片端グラウンド接続が実現される。一方，高周波では，コンデンサは低インピーダンスとなり，回路が両端グラウンド接続に変わる。

しかし，効果的な混合型シールドのグラウンド接続を実際に実現するのは難しい場合がある。なぜならば，コンデンサと直列のなんらかのインダクタンスが，その効果を損なうためである。理想的には，このコンデンサはコネクタの中に組み込むべきである。近年，いくつかのオーディオコネクタメーカが混合型シールドグラウンド接続手法の利点を理解し始め，効果的なシールド終端用コンデンサを組み込んだコネクタを設計した。図 2-48 は XLR コネクタの例であり，10 個の表面実装コンデンサがケーブルのシールド終端部とコネクタのバックシェルをつなぐように，放射状に配置されている。これにより，低周波ではグラウンドループが効果的に分断され，一方の高周波ではケーブルのシールドとコネクタのシェルとの間の終端を低インピーダンスに保つことができる。10 個のコンデンサを並列化することによって，各コンデンサに直列に発生するインダクタンスを 10 分の 1 に減らすことができ，1 GHz 程度まで効果のある混合型シールド終端を実現することができる。

2.15.2.4　二重シールドケーブルのグラウンド接続

二重シールドケーブルを用いるのは，次の二つの理由による。一つは高周波のシールド効果を高めるためである。もう一つは，高周波と低周波の信号を同じケーブルに通すためである。第 1 の場合は，二つのシールドは互いに接触していてよい。第 2 の場合は，二つのシールドは互いに絶縁していなければならない（こうしたケーブルはトリアキシャルケーブルと呼ばれることが多い）。

互いに絶縁された二つのシールドがあると，設計者は各シールドを別々の方法で終端するという選択肢を取ることができる。外側のシールドは，磁界と高周波に対するシー

ルド効果を高めるため，両端でグラウンド接続することができる。また，外側のシールドは，ケーブルを流れる高周波のコモンモード電流から生じる放射を防ぐために用いられることが多い。内側のシールドを一端のみでグラウンド接続することにより，両端グラウンド接続の場合に発生するグラウンドループの結合を避けることができる。内側のシールドを低周波向けの方法で終端し，外側を高周波向けの方法で終端することによって，高周波成分と低周波成分を含む信号が引き起こす問題を解決することができる。外側のシールドは，筐体に接続すべきである。内側のシールドは，筐体または回路のグラウンドのうち，その環境下でうまく機能するほうに接続すべきである。

トリアキシャルケーブルを使用する場合にもう一つ興味深いのは，両方のシールドを片端のみで，ただし反対側で終端できるという点である。この結果，低周波のグラウンドループは存在せず，内部導線の浮遊容量が高周波における電流ループを完結させることができる。この方法は，ケーブル両端のグラウンドの電位差が大きく，またシールド間の浮遊容量が大きくなるような，非常に長いケーブルの場合に有効なことが多い。

2.16 リボンケーブル

ケーブルの使用に伴う主なコストは，ケーブルの終端に関連するものである。リボンケーブルの利点は複数の導線の終端を低コストで実現できることであり，それがリボンケーブルを使う最大の理由である。

リボンケーブルには2次的な利点もある。ケーブルの各導線の位置や方向がプリント回路板の導線のように固定されているという意味で，リボンケーブルは，「コントロールされた」ケーブルである。これに対し，通常のワイヤーハーネスは各導線の位置や方向がランダムであり，個々のハーネスによって異なる「ランダムなケーブル」である。したがって，「ランダムケーブル」のノイズに対する性能は，個々に異なる可能性がある。

リボンケーブルの使用に伴う主な問題は，個々の導線が信号とグラウンドの導線に対してどの位置に置かれるかという点である。

図2-49(A)は1本の導線がグラウンドでほかのすべての導線が信号線であるようなリボンケーブルを示している。この配置が用いられるのは，必要な導線との数が最少で済むためであるが，三つの問題がある。第1に，信号ラインの導線とグラウンドリターンの導線との間に大きなループ面積ができ，放射と感受性に帰着する。第2の問題は，すべての信号導線が同じグラウンドリターンの導線を使用することによって起こる共通インピーダンス結合である。第3の問題は，個々の導線間の（容量性および誘導性の）クロストークである。したがって，この導線配置はほとんど用いられない。もし用いる場合は，電流のループ面積をなるべく小さくするために，1本のグラウンドは中央部の導線にすべきである。

図2-49(B)はよりよい導線配置を示している。この配置では，各導線が別々のグラウンドリターンをすぐ隣に持っているのでループ面積が小さい。また，共通インピーダンス結合は起こらず，導線間のクロストークは最小化される。これは，図2-49(A)に比べて2倍もの導線を必要とするが，それでもリボンケーブルの構成として望ましいもの

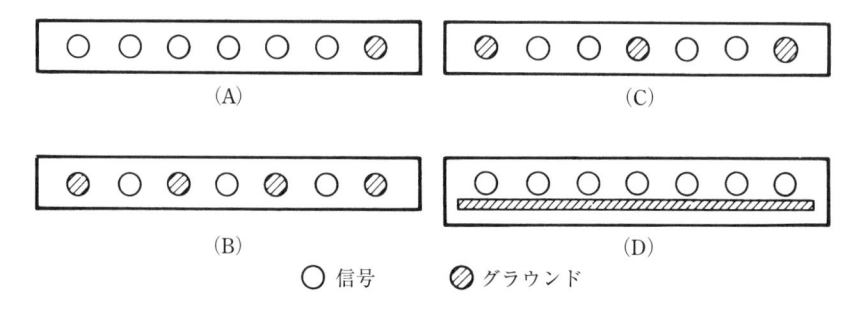

図 2-49　リボンケーブルの形状：(A) 単一グラウンド，(B) 交互グラウンド，(C) グラウンド/信号/信号/グラウンド，(D) グラウンド面の上に信号

である。ケーブル間のクロストークが問題となるような用途では，信号導線の間に 2 本のグラウンドが必要となる可能性もある。

　図 2-49(B) よりわずかに劣るものの，使用する導線が 25 % 少ないような配置を図 2-49(C) に示す。この配置でもグラウンド線が各信号導線の隣にあるためループ面積は小さい。2 本の信号導線が一つのグラウンドを共有しているので，ある程度の共通インピーダンス結合が発生する。隣り合う信号導線の間にグラウンドがない場合があるため，クロストークは図 2-49(B) よりも大きい。この配置は多くの用途において適切な性能を発揮でき，一定性能に対する費用が最少に抑えられることがある。

　リボンケーブルは，図 2-49(D) に示すようにケーブルの幅全体にわたってグラウンドプレーンを配したものも入手可能である。この場合，ループ面積は信号導線とその下のグラウンドプレーンの間隔によって決まる。通常，この間隔は導線間のすき間に比べて小さいため，ループ面積は図 2-49(B) に示した交互にグラウンド線を置く場合よりも小さくなる。そうすれば，図 2-22 で電流がシールドを通ってリターンするのと同じ理由で，グラウンド電流が信号導線の下のプレーンを流れることも可能である。しかし，ケーブルがグラウンドプレーンと幅全体にわたり電気的接触を取って終端されなければ，リターン電流は信号導線の下から押し出され，ループ面積は増加する。この種のケーブルは適切に終端することが難しいため，あまり頻繁には使われない。

　シールド付きのリボンケーブルも入手可能である。しかし，シールドを 360°にわたり接触させて適切に終端しなければ（難しいことなのだが），シールド効果はかなり低下する。リボンケーブルのシールド終端の電磁放射に対する影響は，Palmgren (1981) によって議論された。Palmgren は，シールドリボンケーブルでは，外側の導線のほうが中央寄りの導線に比べてシールド効果が弱い（約 7 dB 低い効果）と指摘している。この効果低下の原因は，シールド外縁部においてシールド電流が一様に流れないことである。したがって，重要な信号はシールドリボンケーブルの外側の導線に割り当てないようにすべきである。

2.17　電気的に長いケーブル

　本章で行った分析では，ケーブルが波長に対して短いと仮定した。この仮定の本当の意味は，ケーブルのどの位置の電流も位相が同じということである。この条件下では，

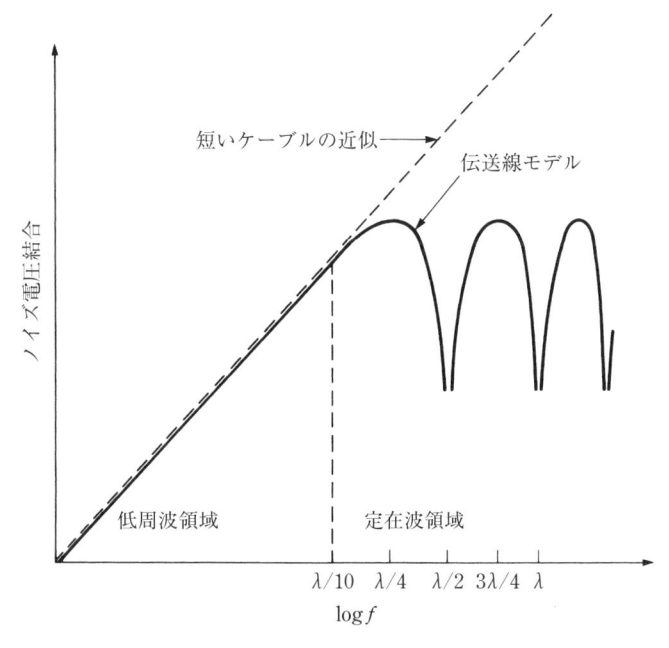

図 2-50 短いケーブルと伝送線モデルを使用したケーブル間の電界結合

理論上，電界結合と磁界結合は周波数とともにどこまでも増加すると予測される。しかし，現実にはある周波数を超えると，この結合は一定のレベルに落ち着く。

ケーブルの長さが波長の4分の1程度になると，ケーブル内の電流の一部で位相がずれてくる。ケーブルの長さが半波長になると，位相のずれた電流が外部からの結合を打ち消してゼロに近づける効果を生む。ただし，ノイズ結合の問題の各種パラメータに対する依存性自体は変わらず，結果的に結合の値がそうなるだけということである。したがって，ケーブルの長さにかかわらず，結合を決定づけるパラメータは同じである。

図 2-50 はケーブルが電気的に短いという仮定を置いた場合と置かない場合の，2本のケーブル間の結合を示している。いずれの結果も，位相の効果が起こり始める10分の1波長程度まではほぼ一致する。短いケーブル近似は4分の1波長まではまだ有効である。しかし，この点を過ぎると短いケーブル近似では結合の増加が予測されるのに対し，実際は電流の一部の位相がずれるため実際の結合が減少する。短いケーブル近似による結合の増加を4分の1波長までで打ち切るのであれば，それは実際の結合のよい近似になる。この場合は，電流の位相がずれることによって発生する，高周波側のゼロ点（ヌル）とピーク点の繰り返しについて考慮していないことに注意のこと。しかし，このゼロ点とピーク点を装置の設計に生かそうと考えるならば（危険なことではあるが），これらの点の位置は重要ではない。

電気的に長いケーブルに関するより詳しい情報に関しては，Paul（1979）やSmith（1977）の文献を参照していただきたい。

要約

- 電界結合はノイズ電流発生器をレセプタ回路を短絡する形で挿入することで，モデル化できる．
- 磁界結合はノイズ電圧発生器をレセプタ回路に直列に挿入することで，モデル化できる．
- 電界は磁界よりもガードすることがはるかに容易である．
- 1か所以上グラウンド接続されたシールドは電界を遮蔽する．
- 磁界結合を減らすかぎはピックアップループの面積を減らすことである．
- 両端をグラウンド接続された同軸ケーブルは，可聴周波数以上ではほとんどすべてのリターン電流がシールドの中を流れる．
- 磁界の放射やピックアップを防止するには，可聴周波数以上でシールドの両端グラウンド接続が有効である．
- ノイズ電流が流れるいかなるシールドも信号経路の一部としてはいけない．
- 高い周波数では，表皮効果のため同軸ケーブルは三芯同軸ケーブルとして振る舞う．
- ツイストペアのシールド効果は単位長当りのツイスト数の増加とともに増大する．
- 本章で示した磁気シールド効果は，シールドの周囲に均一に分布してシールド電流が流れる円筒状のシールドを必要とする．
- 隙間のないシールドケーブルではシールド効果が周波数とともに増大する．
- 箔上編組または二重編組ケーブルのシールド効果はおよそ 100 MHz 以上で低下し始める．
- 編組シールドケーブルのシールド効果はおよそ 100 kHz 以上で低下し始める．
- ケーブルのシールド問題の多くは不適切なシールドの終端により発生する．
- 低周波では，ケーブルのシールドの一端のみのグラウンド接続が許される．
- 高周波では，ケーブルシールドは両端グラウンド接続すべきである．
- 低周波と高周波の信号が関係しているとき，複合シールド終端を効果的に使用することができる．
- ケーブルシールドは回路グラウンドでなく装置の筐体に終端すべきである．
- リボンケーブルに関する主要な課題は，個別の導線をどのように信号とグラウンドに割り当てるかである．

問題

2.1 図 P2-1 において，導線1と導線2との間の浮遊容量は 50 pF である．各導線はグラウンドに対して 150 pF の静電容量を持つ．導線1を振幅 10 V，周波数 100 kHz の交流の信号が流れている．このとき導線2に誘導されるノイズ電圧を，抵抗 R_T が次の三つの場合について求めよ．
  a. 抵抗が無限大では？
  b. 抵抗が 1 000 Ω では？

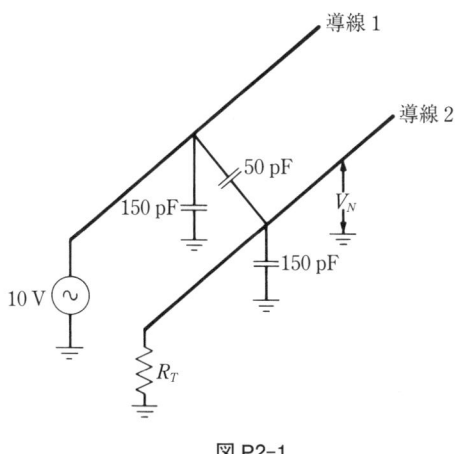

図 P2-1

   c. 抵抗が 50 Ω では？

2.2 図 P2-2 において，導線 2 の周りをグラウンド接続されたシールドが囲んでいる．導線 2 のグラウンドに対する静電容量は 100 pF，導線 2 と導線 1 との間の容量は 2 pF，導線 2 とグラウンドとの間の容量は 5 pF である．導線 1 を振幅 10 V，周波数 100 kHz の交流信号が流れている．このとき導線 2 に誘導されるノイズ電圧を，抵抗 R_T が次の三つの場合について求めよ．

   a. 抵抗が無限大では？
   b. 抵抗が 1 000 Ω では？
   c. 抵抗が 50 Ω では？

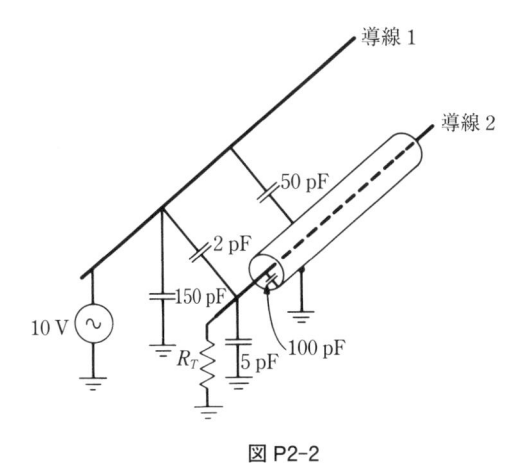

図 P2-2

2.3 一般にスイッチング電源においては，パワートランジスタのスイッチング動作によって，電源の出力端子と筐体との間にノイズ電圧が発生する．これを図 P2-3 で V_{N1} として示す．このノイズ電圧は，図に示すように，隣接する回路 2 に対して容量結合する．C_N は筐体と出力端子との間の結合の原因となる容量である．ここで，$C_{12} \ll C_{1G}$ と仮定する．

a. この回路構成において，電圧比 V_{N2}/V_{N1} を求め，周波数に対する変化をグラフにせよ（破線で示した容量 C を無視すること）。

次に，図に示されているように出力端子と筐体との間に容量 C を追加する。

b. 容量 C は，ノイズ結合にどのような影響を及ぼすか？
c. 電源端子をシールドするとノイズに関する性能はどのように向上するか？

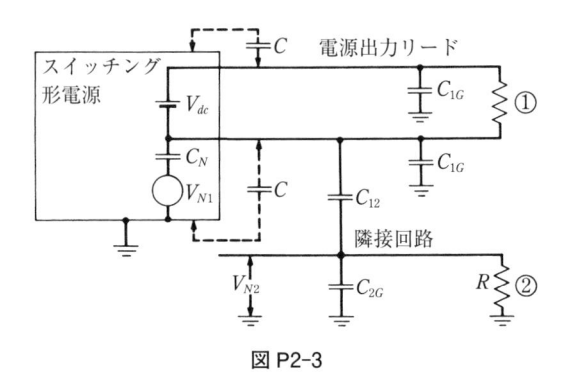

図 P2-3

2.4 長さ 10 cm の 2 本の導線が互いに 1 cm 離れて置かれ，一つの回路を構成している。この回路が，強さ 10 ガウス，周波数 60 Hz の磁界の中に置かれている。

磁界によってこの回路に誘導されるノイズ電圧の最大値はいくらか？

2.5 図 P2-5(A) は，低レベルトランジスタ増幅器回路の一部分である。この回路のプ

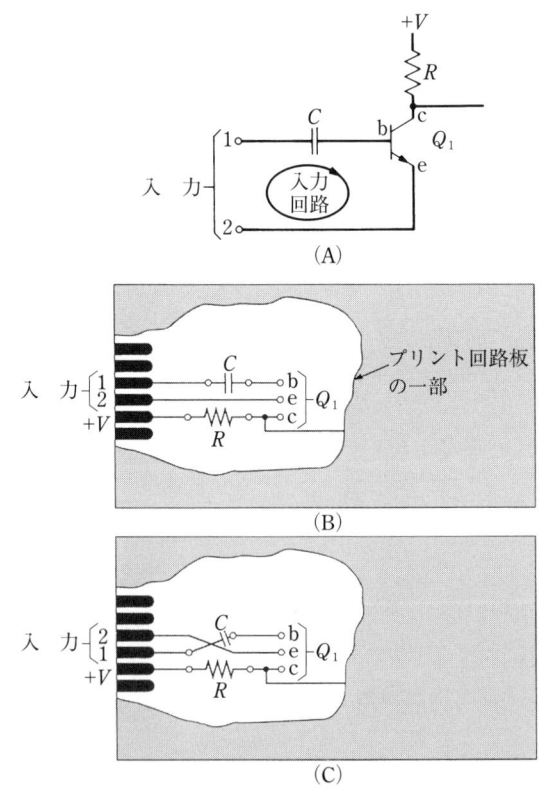

図 P2-5

リント回路板上のレイアウトを図 P2-5(B) に示す．この回路が強い磁界の中に置かれている．

基板のレイアウトを図 P2-5(C) のように変更した場合，図 P2-5(B) に比べてどのような利点があるか？

2.6 図 P2-6 に示すような同一平面上に平行に置かれた二つのループに関して，単位長当りの相互インダクタンスを求めよ．

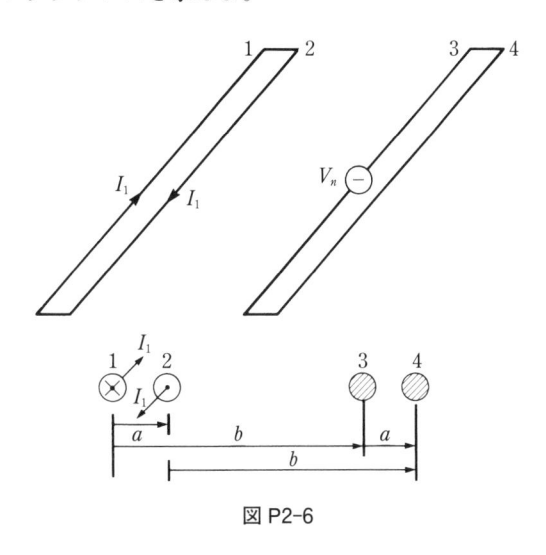

図 P2-6

2.7 問題 2.6 の結果を用いて答えよ．

　a. 導線間距離が 0.05 in のリボンケーブルにおいて，隣接するペア（1 番目のペアと 2 番目のペア）間の，単位長当りの相互インダクタンスを求めよ．また，1 番目と 3 番目のペア，1 番目と 4 番目のペア間の相互インダクタンスも求めよ．

　b. あるペアの信号が 10 MHz，5 V の正弦波で，ケーブルが 500 Ω で終端されている場合，隣接するペアに誘導される電圧はいくらか？

2.8 二つの回路間の相互インダクタンスの最大値はいくらか？

2.9 導線からの距離に対して，磁界の強度はどのように変化するか．次の各導線に対して求めよ．

　a. 1 本の孤立した導線

　b. 信号電流とリターン電流が流れている 2 本の近接した平行導線

2.10 長さ 1 m の線路からなるレセプタ回路が，グラウンドプレーンの 5 cm 上に置かれている．回路の各終端部は 50 Ω の抵抗で終端されている．電界がこの回路に 0.5 mA のノイズ電流を誘導している．また，同じノイズ源による磁界は，この回路に 25 mV のノイズ電圧を誘導している．

　a. 各終端抵抗に生じるノイズ電圧を測定すると，その値はいくらになるか？

　b. 上記の結果からどのような一般的結論を導くことができるか？

　c. 磁界によって誘導される電圧の極性が逆になった場合，何が起こるか？

2.11 非シールドのツイストペア線の終端部が平衡している（すなわち両方の導線がグラウンドに対して等しいインダクタンスを持つ）場合に，容量結合に対してのみ保護効果を生じるのはなぜかを説明せよ．

2.12 らせんシールドケーブルにおいて，次のシールド電流がつくる磁界 H のうち，シールドの外側につくられる磁界と，内側につくられる磁界の割合はいくらか？
   a. シールド電流の長さ方向成分に対して。
   b. シールド電流の円周方向成分に対して。

参考文献

- AES48-2005, *AES Standard on Interconnections — Grounding and EMC Practices — Shields of Connectors in Audio Equipment Containing Active Circuitry,* Audio Engineering Society, 2005.
- ANSI/TIA/EIA-568-B. 2.1, *Commercial Building Telecommunications Cabling Standard — Part 2 : Balanced Twisted Pair Components — Addendum I — Transmission Performance Specifications for 4-Pair 100 Ohm Category 6 Cabling,* 2002.
- Brown, J. and Whitlock, B. "Common-Mode to Differential-Mode Conversion in Shielded Twisted-Pair Cables (Shield Current Induced Noise)." *Audio Engineering Society 114th Convention,* Amsterdam, The Netherlands, 2003.
- Grover, F. W. "Inductance Calculations — Working Formulas and Tables" *Instrument Society of America,* 1973.
- Hayt, W. H., Jr. *Engineering Electromagnetics.* 3rd ed. McGraw-Hill, New York, 1974.
- ITT. *Reference Data for Radio Engineers.* 5th ed. Howard W. Sams & Co., New York, 1968.
- Muncy, N. "Noise Susceptibility in Analog and Digital Signal Processing Systems." *Journal of the Audio Engineering Society,* June 1995.
- Palmgren, C. "Shielded Flat Cables for EMI & ESD Reduction" IEEE Symposium on EMC, Boulder, Co, 1981.
- Paul, C. R. "Prediction of Crosstalk Involving Twisted Pairs of Wires — Part I : A Transmission-Line Model for Twisted-Wire Pairs," *IEEE Transactions on EMC,* May 1979.
- Paul, C. R. "Prediction of Crosstalk Involving Twisted Pairs of Wires — Part II : A Simplified Low-Frequency Prediction Model." *IEEE Transactions on EMC,* May 1979.
- Paul, C. R. "Effect of Pigtails on Crosstalk to Braided-Shield Cables." IEEE Transactions on EMC, August 1980.
- Paul, C. R. "Modeling and Prediction of Ground Shift on Printed Circuit Boards," *1986 IERE Symposium on EMC.* York, England, October 1986.
- Ruehli, A. E. "Inductance Calculations in a Complex Integrated Circuit Environment." *IBM Journal of Research and Development,* September 1972.
- Schelkunoff, S. A. "The Electromagnetic Theory of Coaxial Transmission Lines and Cylindrical Shields." *Bell System Technical Journal,* Vol. 13, October 1934, pp. 532-579.
- Smith, A. A *Coupling of External Electromagnetic Fields to Transmission Lines.* Wiley, New York, 1977.
- Smythe, W. R. *Static and Dynamic Electricity.* McGraw-Hill, New York, 1924.
- Tsaliovich, A. *Cable Shielding for Electromagnetic Compatibility.* New York, Van Nostrand Reinhold, 1995.
- Vance, E. F. *Coupling to Shielded Cables,* Wiley, New York, 1978.

参考図書

- Buchman, A. S. "Noise Control in Low Level Data Systems." *Electromechanical Design,* September 1962.
- Cathy, W., and Keith, R. "Coupling Reduction in Twisted Wires" *IEEE International Symposium on EMC,* Boulder, August 1981.
- Ficchi, R. O. *Electrical Interference.* Hayden Book Co., New York, 1964.

- Ficchi, R. O. Practical Design For Electromagnetic Compatibility. Hayden Book Co., New York, 1971.
- Frederick Research Corp, *Handbook on Radio Frequency Interference*. Vol. 3 (Methods of Electromagnetic Interference Suppression). Frederick Research Corp., Wheaton, MD, 1962.
- Hilberg. W. *Electrical Characteristics of Transmission Lines*. Artech House, 1979.
- Lacoste, R., "Cable Shielding Experiments," *Circuit Cellar,* October, 2008.
- Mohr, R. J. "Coupling between Open and Shielded Wire Lines over a Ground Plane," *IEEE Transactions on EMC,* September 1976.
- Morrison, R. *Grounding and Shielding.* Wiley, 2007.
- Nalle, D. "Elimination of Noise in Low Level Circuits." *ISA Journal,* vol. 12, August 1965.
- Ott, H. W. *Balanced vs. Unbalanced Audio System Interconnections,* Available at www.hottconsultants.com/tips.html. Accessed December 2008.
- Paul, C. R. "Solution of the Transmission-Line Equations for Three-Conductor Lines in Homogeneous Media." *IEEE Transactions on EMC,* February 1978.
- Paul, C. R. "Prediction of Crosstalk in Ribbon Cables: Comparison of Model Predictions and Experimental Results." *IEEE Transactions on EMC,* August 1978.
- Paul, C. R. *Introduction to Electromagnetic Compatibility,* 2nd ed. Chapter 9 (Crosstalk), New York Wiley, 2006.
- Rane Note 110. *Sound System Interconnection.* Rane Corporation, 1995.
- Timmons, F. "*Wire or Cable Has Many Faces,* Part 2." EDN, March 1970.
- Trompeter, E. "Cleaning Up Signals with Coax." *Electronic Products Magazine,* July 16, 1973.

第3章
グラウンド接続

> 「優れたグラウンド」の探究は，多くの点で聖杯の探究によく似ている——その存在に関する話はあちこちにあり，誰もがそれを欲しがり必要とするが，誰にも見つけられない。— Warren H. Lewis[*1]

　電子部品を相互接続するために使用するすべての導線の中で，最も複雑でありながら皮肉にも一般に最も注目されないのは，グラウンドである。グラウンド接続することは，不要なノイズを最小化しシステムを安全にする重要な方法の一つである。とはいうもののノイズのないシステムが必ずしも安全なシステムというわけではない，逆に安全なシステムは必ずしもノイズのないシステムではない。安全でしかもノイズのないシステムを提供するのは技術者の責務である。**優れたグラウンドシステムを設計する必要がある**。グラウンドシステムを配慮せずに設計したとき，グラウンドシステムがよく機能することを期待するのは希望的観測である。信じがたいように思えるときもあるが，技術者の貴重な時間を回路のグラウンド設計の細部の整理に費やすべきであり，最終的に製品の製造と試験の後に不可思議なノイズ問題を解決する必要がなくなり，時間と費用の節約になる。

　よく設計されたグラウンドシステムの利点の一つは，製品に対して追加費用なしに，不要な妨害とノイズ放射に対する保護を提供できるということである。唯一の費用はシステムの設計に要する設計時間である。一方，不適切に設計されたグラウンドシステムは妨害源と放射源の主要因となり，問題解決のために膨大な設計時間を必要とする。したがって，適切に設計されたグラウンドシステムはまさに費用対効果が優れている。

　ノイズと妨害波の抑制に対してグラウンド接続することは，重要ではあるが誤解されることが多い。まず，グラウンド接続という言葉自体に問題がある。「グラウンド（接地）」という言葉は人によってまったく異なるものを意味する。それは雷保護のため地中に打ち込まれる2mの棒を意味したり，交流（AC）電力配電盤に使用される緑の保安線を意味したりすることがある。また，デジタル論理プリント回路板（Printed Circuit Board：PCB）上のグラウンドプレーンを意味したり，地球軌道を巡る衛星上の低周波アナログ信号にリターンパスを提供するPCB上の細いトレース（配線）を意味したりすることもある。上記のすべての場合においてグラウンドに対する要求は異なる。

　グラウンドは次の二つに分類される。(1) 保安用のグラウンド，(2) 信号のグラウンドである。第2の分類はグラウンドではなくむしろ**リターン**と呼ぶべきであり，さらに信号リターンと電源リターンに分類できる。もしグラウンドと呼ぶなら，運ぶ電流の種類を定義して，「保安グラウンド」と区別し「信号グラウンド」と「電源グラウンド」と呼ぶべきである。しかし，一般的用法として

[*1] Lewis, 1995, p. 301

それらすべてをグラウンドと呼ぶ．

多くの場合，保安グラウンドは本章の後半で論議するように，故障時を除いて電流を流さない．この相違は重要であり，信号グラウンドは通常動作中の電流を流すからである．したがって，グラウンドを分類する別の方法は，(1) 正常動作中に電流を流すもの（信号リターンや電源リターン）(2) 正常動作中は電流を流さないもの（保安グラウンド）である．

さらに，グラウンドが装置の筐体やシャーシに接続されるとき，**シャーシグラウンド**とも呼ばれる．グラウンドが大地に低インピーダンス経路で接続される場合，**アースグラウンド（接地）**とも呼ばれることがある．保安グラウンドは通常大地に，または大地の代わりとなる航空機の機体や船の船体のような導電性胴体に接続される．信号グラウンドは大地に接続してもしなくてもよい．多くの場合，保安グラウンドは信号グラウンドとしては不適当な箇所に必要とされ，これが設計問題を複雑化する．しかし，グラウンド接続の基本目標は常に，**最初は安全にすること，次に安全に妥協することなく適切に機能させることである**．すべての場合において，これを実現するグラウンド接続技法が存在する．

3.1 交流電力分配と保安グラウンド

電力業界では，接地とは大地に対する接続を意味する．米国では，施設での交流電力の分配，接地，配線の基準が米国電気規定（The National Electrical Code：NEC）の中に記載されており，単に「コード」ともいわれる．コードの改定は3年ごとに行われる．電力システム接地の基本的な目的は，人，動物，構築物，建物を感電や火災による危害から保護することにある．施設の配線は通常，次の手順で実現される．

1. 故障発生時（すなわち，通電線と装置筐体との間の接触）に保護装置（ヒューズや回路遮断器）の動作を保証する．
2. 導電性筐体とほかの金属物体間の電位差を最小にする．
3. 落雷から保護する．

3.1.1 受電口（Service Entrance）

電力は施設（住居，商業/工業）に受電口から入る．公益事業体は受電口の供給側での配線と接地に責任を持ち，利用者は受電口の負荷側における配線と接地に責任を持つ．受電口は公益事業体と利用者との間の境界であり，計量が行われ，電力を施設から遮断することができ，落雷が施設に入りやすい箇所である．わずかな例外はあるが，NECは建物ごとに一つの受電口を許容する（230.2条）．わずかな例外はNECの230.2(A) から230.2(D) に記載されている．

三相の高電圧システム（通常4160Vまたは1万3800V）が地域への給電に使用される．施設へは架空または地下を経由して供給される．工業地域では三相すべてが給電される．しかし，住居地域では一相のみが給電され，高電圧が単相の給電トランスで減圧される．非常に一般的な構成は図3-1に示すように，2次側センタータップ付き給電トランスである．この構成で施設に単相の120Vと240Vの電力を供給する．トランスの2次側の中点タップ（中性線）は配電トランスと受電盤の所で大地に**固定的に接地**される．トランスの2次側の外側端子のいずれかと中点の電圧は120Vである．二つ

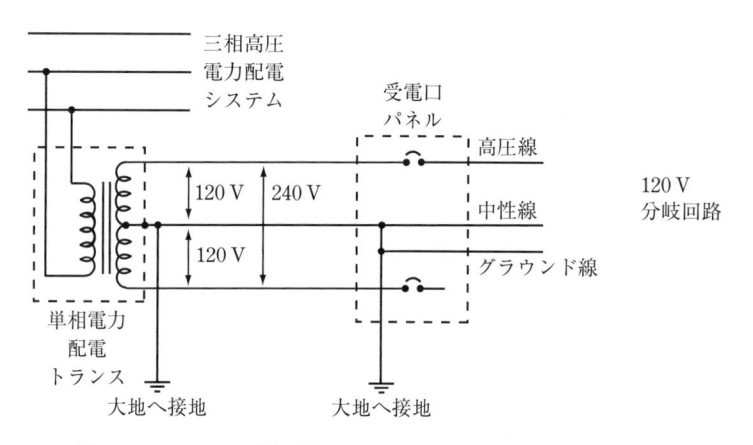

図3-1 120/240 V 単相電力を供給する，単相住居用配電システム

の外部端子間の電圧は 240 V である。240 V は電気オーブン，大型エアコンや電気衣類乾燥機などの大電力家電に使用されることが多い。二つの外部導線は「高圧線（Hot）」であり（接地された中性線に対し電位を持つ），ヒューズや回路遮断器などの過電流保護装置を持つ必要がある。ヒューズや回路遮断器を中性線に使用してはならない（230.90（B））。NEC はさらに，施設から電力を完全に遮断するために 6 個以下の手動ブレーカや遮断器を必要とし（230.7.1），これらの遮断器を同じ位置に，同じパネルボックスの中に置くのが望ましいと規定する。

　NEC は接地が電気施設を安全にする唯一の方法であるとは示唆していない。分離，絶縁，保護も場合によっては実行可能な代案である。たとえば 1 000 V 以上の配電システムは通常接地されない。しかし，NEC は安全な交流電力配電システムを提供する一方法を提示し，これを地域や州の政府機関の法律で義務づけている。

　初期の交流電力配電では，建物内の電力分配システムを接地すべきかどうかについて「専門家」の間で多くの議論がなされた（International Associations of Inspectors, Appendix A, 1999）。この場合「接地」なる用語は，電流を運んでいる導線の一つで通常中性線と呼ばれるものを接地することをいう。1892 年に，火災保険協会のニューヨーク理事会は**電力線の接地**に関する報告書を発表し，ここで，「火災保険協会のニューヨーク理事会は，中性線の接地は危険であると非難し，中止せよと命令した。中性線を接地する慣例は，完全に絶縁したシステムほど安全でないことに疑いはない」と述べた。

　唯一接地を義務づけているのは NEC の初版（1897 年）であり，避雷器に関するものである。16 年後の 1913 年になって NEC は交流電力配電トランスの 2 次側の中性線の接地を要求した。

　今日まで，世界の多くの国で非接地の交流電力分配システムが広く使用されている。この非接地システムの 100 年にわたる経験は，そのようなシステムが安全であり得ることを示してきた。信頼性が重要で，海水が常に存在するという問題のある海軍の船では，電力分配システムは通常接地されない。しかしながら，米国もほかの多くの国でも，多くの人がより安全と感ずる手法として接地システムを採用してきた。しかし，上記の検討は，電気安全を達成するためには受け入れ可能な複数の方法が存在することを明示している。

3.1.2 分岐回路

　交流電力分配システムの接地要件は，NEC の 250 項に含まれている。中性線の接地以外に，感電事故に対する保護のために追加の保安接地が要求される。したがって，図 3-2 のように，120 V の分岐回路は 3 線システムでなければならない。負荷電流は過電流保護回路を含む高圧配線（黒）を通して流れ，中性線（白）を通して戻らなければならない。NEC は中性線を「接地された導線」として扱う。保安グラウンド線（緑，黄色い縞模様の緑，またはむき出し）は，電流を運ばないすべての装置金属筐体とハードウエアに接続する必要があり，黒と白の電流を運ぶ導線と同じケーブルや管に入れる必要がある。NEC は保安グラウンドを「接地導線」と称する。しかし，本書ではこの三つの導線を高圧線（Hot），中性線（Neutral），グラウンド線（または保安グラウンド線）として扱う。

　グラウンド線が電流を流すのは故障したときだけであり，ただちに過電流保護素子（ヒューズや回路遮断器）が回路を開放して電圧を除去し，装置を安全にする。グラウンドには通常は電流が流れないので電圧降下はなく，それに接続されたハードウエアや筐体はすべて同電位である。NEC で次のように規定している。中性線とグラウンド線は **1 か所，1 点でのみ接続するものとし，その接続点は主受電パネルであること**（250.24 (A) (5)）。ほかの方法を採ると，負荷電流の一部がグラウンド線を戻るため，その導線に電圧降下を生じる。さらに NEC はグラウンド線も受電パネルで，接地棒やなんらかの手段を通して大地に接続するように求めている。NEC は接地棒を「接地電極」と称する。本書ではそれを単に接地棒と称する。金属性の水道管や建物の鋼鉄も接地棒に接合[*2]して，建築物のための単一「接地電極システム」を形成する必要がある。

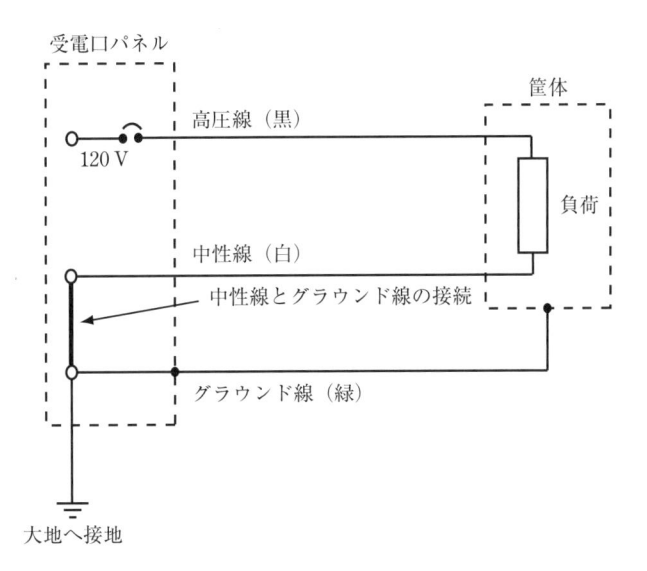

図 3-2　標準 120 V AC 電力配電分岐回路は 3 本の導線を持つ。

---

*2　NEC は接合（ボンディング）を次のように定義する。「電気的導電経路を形成するために，金属部分を永続的に接合すること」

第3章 グラウンド接続

適切に配線された分岐回路を図 3-3 に示す。

120 V/240 V の組み合わせ分岐回路は図 3-4 に示すように，さらに高圧線（Hot）（赤が多い）を追加する以外は 120 V 回路と類似している。その負荷が 240 V のみを必要とする場合，図 3-4 に示した中性線（白）は必要ない。

図 3-5 は，適切に配線された交流電力線に接続された電気機器の一つに故障が発生したとき，何が起こるかを示している。高圧線，グラウンド線，中性線からグラウンドへの接続で構成される低インピーダンス経路が存在し，これが大きな故障電流を引き込み，ただちに過電流保護装置が作動し，それにより電源を負荷から除去し装置の安全を保つ。

過電流保護装置が動作するためにはグラウンド線と中性線との接続が必要である。しかし，グラウンド線と大地との接続は必要ない。同様に，グラウンド線に接続されたすべての金属を同電位にするためには，大地に対する接続も不要である。それでは，なぜ NEC は大地への接続を要求するのか？ 架空電力線は落雷に弱い。この大地接続は落

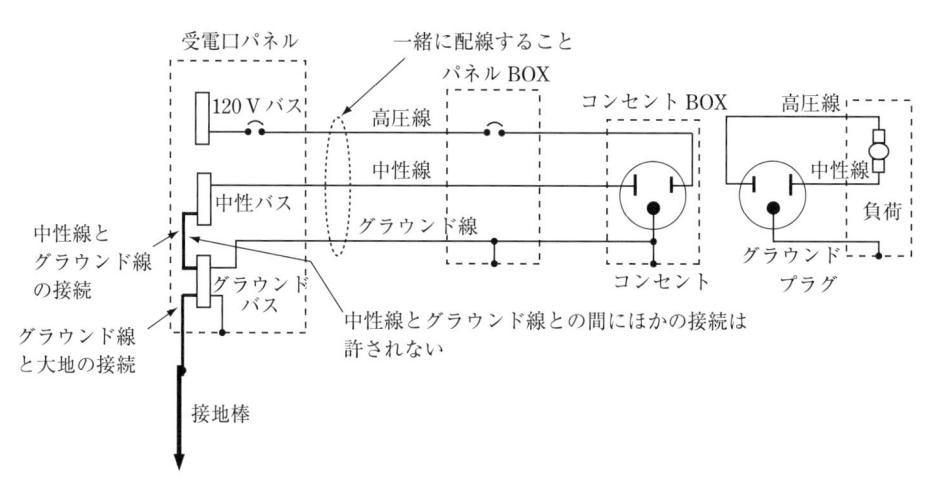

図 3-3 適切な配線と接地の施された交流分岐回路

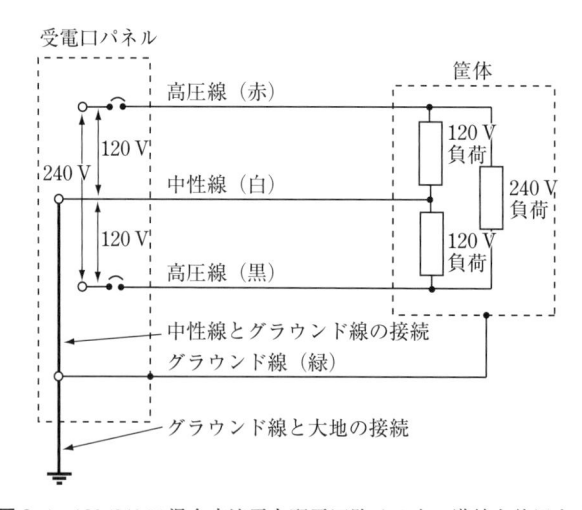

図 3-4 120/240 V 混合交流電力配電回路は 4 本の導線を使用する。

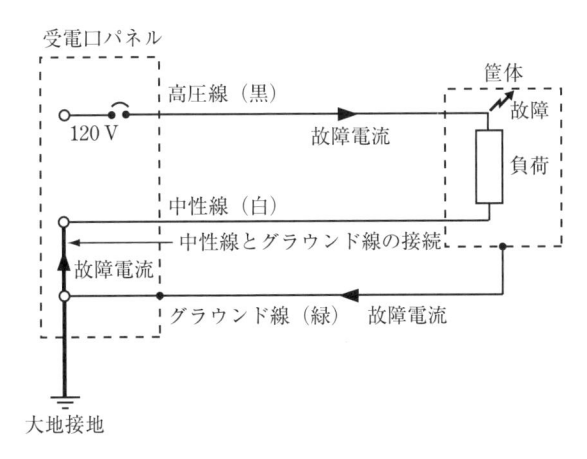

図 3-5 標準 120 V 交流電力分岐回路の故障電流経路

雷電流をグラウンドにそらすために使用され，落雷により電力システムに印加される電圧を制限し，同様に電力線サージや高電圧電力線との意図しない接触により誘起されるいかなる電圧をも抑える。

3.1.3 ノイズの抑制

　　NEC はノイズや妨害波の抑制にはわずかしか言及せず，電気保安と火災防護への関心がほとんどである。システム設計者は NEC を満足する方法を見つけ，かつ低ノイズのシステムをつくる必要がある。さらに，NEC は 50/60 Hz の周波数とその高調波のみに関心を持つ。60 Hz で許容できるグラウンドは 1 MHz のグラウンドとしては許容できない。低ノイズのシステムをつくりながら NEC の要件を満足するためのよい参考図書は，IEEE Std. 1100-2005, *IEEE Recommended Practice for Powering and Grounding Electronic Equipment* である。これは「エメラルドブック」と称される。

　ノイズは図 3-6 に示すように，差動モード（高圧線と中性線）やコモンモード（中性線とグラウンド線）であり得る。しかしながら，**接地はコモンモードノイズにのみ効果がある**。

　ノイズと妨害波の抑制には 50/60 Hz ばかりでなく，はるかに高い周波数（数百 MHz でなくとも数十 MHz）で低いインピーダンスのグラウンドシステムを構築する必要がある。この目標を達成するには，グラウンドストラップ，グラウンドプレーン，グラウンド格子などの補助的なグラウンド線を必要とすることになる。NEC は次の二つの条件を満足するような補助グラウンドを許容する。

1. NEC で要求するグラウンド線を置き換えるのでなく，それに追加するものである

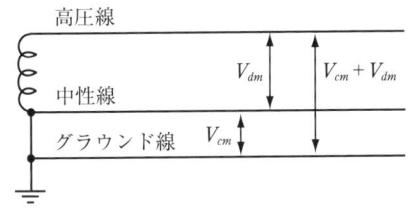

図 3-6　差動モードとコモンモードのノイズ

こと。

2. それらは，NECの要求するグラウンド線に接続するものであること。

物理的に分離した装置単位に対し，最も広い周波数帯域にわたって，低インピーダンスのグラウンドを得る最も効果的な方法は，図3-26に示すように，ベタのグラウンドプレーンに接続することである。この平面はゼロ信号基準プレーン（Zero Signal Reference Plane：ZSRP）と呼ばれることが多い。ZSRPはどの実際的寸法の単一グラウンド線より数桁少ないインピーダンスを持ち，この低インピーダンスは数桁の周波数範囲にわたる（すなわち，直流から数百MHz以上）。**ZSRPは疑いもなく，最適な低インピーダンス，広帯域のグラウンド構造である。**

多くの場合，ベタのZSRPは現実的ではない。この場合，ベタのプレーンを模擬する格子がよい結果をもたらす。格子は穴の開いた平面と想定できる。穴の最大寸法を波長の1/20以下に保てば，格子は平面同様の効果を持つ。この手法は典型的な大型コンピュータ室の内部の通気性の上げ床の構造であり，60cm間隔の格子導体を持つ。

3.1.4 大地グラウンド

装置を大地に接続すれば，ノイズと妨害波が減るというのは俗説である。ノイズと妨害波の抑制を試みて，絶縁され離れて置かれた接地棒からなる「静かなグラウンド」に装置を接続することを提案する装置設計者もいる。そのようなシステムを図3-7に示す。しかしながら，万一高圧線と筐体との間に故障が発生した場合，図の矢印が示すように，漏電電流の経路に大地が含まれることになる。

問題は大地が優れた導体ではないことである。大地の抵抗が数Ω以下であることはまれで，多くの場合10〜15Ωの範囲にある。NECは接地棒と大地の間に25Ωまでの抵抗値を許容する（250.56）。大地への抵抗が25Ω以上の場合は，第2の接地棒を第1の棒から少なくとも2m離して差し，第1の接地棒に電気的に接続しなければならない。その結果，この漏電電流は5A以下となり，回路遮断機が動作するには小さすぎる。この構成は非常に危険であり決して使用してはいけない。これはNECの要件にも

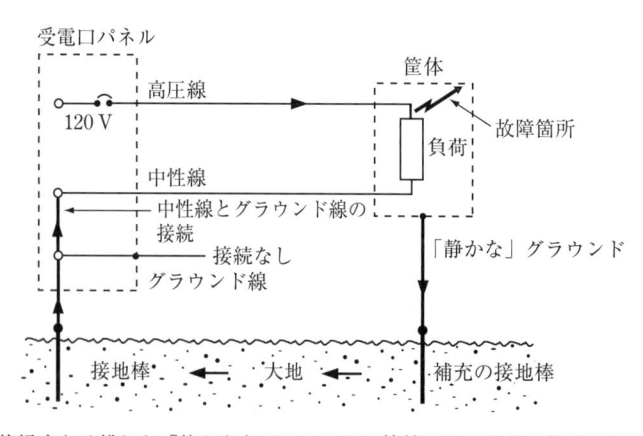

図3-7　負荷が絶縁または離れた「静かな」グラウンドに接続されたときの故障電流経路。この構成は危険かつNECの要件に違反する。

違反する。NEC には次のように記載されている。「**大地を効果的な故障電流経路と考えてはならない（250.4（B）（4））**」。

複数の接地棒を使用する場合，NEC はそれらをすべて接合して単一の低インピーダンスの故障電流経路とすることを要求する（250.50）。通信システム［ケーブルテレビ（CATV），電話など］の接地棒も建物の接地電極システムに接続することが要求される（810.20（J））。これは落雷の際に接地棒間の電位差を削減するために必要である。

図 3-7 の構成が安全でない事実に加えて，ノイズや妨害波を減らすことはまれである。交流電力の大地グラウンドシステムは長い線路配列であり，アンテナとして機能しあらゆる種類のノイズと妨害波を拾い上げる。それはほかの装置や電力設備からのノイズの多い電源電流によりひどく汚染されている。大地は低インピーダンスでなく，等電位面とはかけ離れている。それは，このような問題の解決策というより，ノイズや妨害の原因になりやすい。

実際，建物や家庭の交流電力分配システムが適切に設置されると，グラウンドと各種のコンセントとの間の電位差は少なく，きわめて安全である。漏えい電流，磁界誘導，装置のグラウンドに接続された電磁妨害（Electromagnetic Interference：EMI）フィルタコンデンサを流れる電流がこの電圧を発生させる。二つの接地点間で測定した電圧は通常 100 mV 以下であるが，場合によっては数 V にもなる。このノイズ電圧は安全ではあるが，多くの低レベル信号回路に結合すると明らかに過大である。したがって，交流電力グラウンドは信号の基準としての価値がほとんどない。交流電源や大地に対する接続は，保安上必要なときのみ行うべきである。

3.1.5 絶縁グラウンド

敏感な電子機器のグラウンド上のノイズ（電磁妨害）低減が必要な場合，グラウンド端子がコンセント搭載機構から絶縁されているコンセントの使用を NEC は認めている（250.146（D））[3]。類似の項（250.96（B））は，直接配線される装置筐体に絶縁グラウンドの使用を認めている。これらの例は，強固に接地された回路を要求する通常の NEC 要件に照らすと例外である。この場合，絶縁という用語はコンセントで接地する方法を指し，接地されているかどうかではない[4]，ということを理解することが重要である。絶縁グラウンド（Isolated Ground：IG）コンセントとは，コンセントのグラウンド端子と装置のほかのいかなる金属部分との間にも直接電気的接続を持たないものをいう。絶縁グラウンドコンセントは通常オレンジ色であるが，NEC は，コンセントの表面のオレンジ色の △ によって識別することを要求する（406.2（D））。IG コンセントの使用は金属製コンセント箱やほかのすべての金属機構を接地すべきという要件を緩めるものではない。

図 3-8 に絶縁グラウンドコンセントの配線を示す。このコンセントのグラウンドピン

---

[3] NEC は絶縁グラウンドの使用が，どのような場合に正当化されるかを厳密には述べていない。
[4] 人によっては**絶縁グラウンド**の代わりに**隔離グラウンド**という用語の使用を好む。なぜなら，システムがどのように配線され，その回路が大地から絶縁されていることを意味しないことを，より正確に記述するからである。

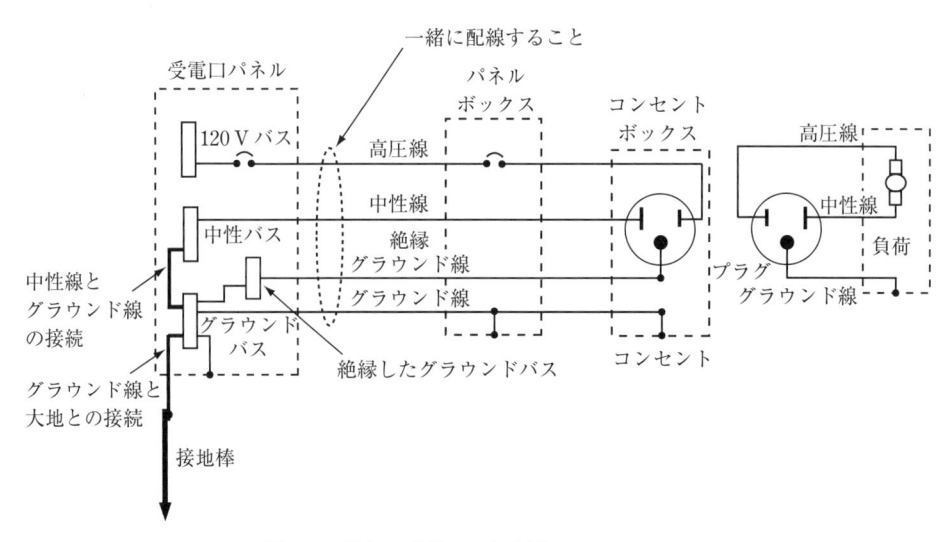

図3-8 適切に配線された絶縁したグラウンド

は独立の絶縁線を受電口パネルや分離供給システムのソースに走らせ保安グラウンドに接続する（3.1.6項参照）。この絶縁グラウンド線は，中間のパネルボックスを，ボックスと電気的に接続させずに通過しなければならない。通常の保安グラウンド線は依然として必要であり，すべてのコンセントとパネルボックスに接続する。このシステムは今や二つの接地線を持つ。この絶縁された接地線はコンセントのグラウンドピンにつながり，装置がコンセントに差し込まれて初めて装置を接地する。通常の保安グラウンド線はほかのすべてのハードウエアとともに，コンセントボックスやすべての中間のパネルボックスを接地する。交流電力配線は今や4導線システムであり，高圧線，中性線，絶縁グラウンド線，通常のハードウエア（保安）グラウンド線を持つ[5]。絶縁されたグラウンド線とハードウエアグラウンド線はすべて，関連する通電導線（高圧線と中性線）と同一のケーブルか導管内に配線しなければならない。

　図3-3と図3-8を比較すると，違いは（1）コンセントのグラウンドピンとコンセントボックスのジャンパー接続の除去と（2）受電口パネルへ戻る絶縁グラウンド線の追加である。

　受電口パネル以外での，絶縁グラウンド線と保安グラウンド線間との意図的または偶然の接触は，絶縁グラウンド構成の背後にあるすべての目的を損なう。これは，外部からの接続が生じる回路だけでなく，受電口パネル内にある分離グラウンドバスによってサポートされるすべての分離グラウンド回路も損なうことになる。

　絶縁グラウンドコンセントを使用する利点があるとしても，広く合意されてはいないし，NECでも論議されていない。結果には，改善なしからある程度の改善，ノイズの増加まで幅がある。しかし，ノイズの改善があるとしてもコモンモードノイズに対してだけであり，差動モードノイズにはない。

　多くの場合，分離された分岐回路，ZSRP（ゼロ信号基準プレーン）や独立駆動システムのための絶縁トランスの使用は，よいノイズ特性を示す。これらの手法は互いに組

---

*5　分離された絶縁グラウンドの代わりに金属製導管も保安グラウンドとして使用可能である。

み合わせて使用することができるし，絶縁グラウンドを使用してさらにノイズを低減できる。

3.1.6 分離供給システム

　分離供給システムは，高圧線と中性線が電力サービスの引込み線と**直接**の接続を持たない配線システムである。分離供給システムの例は，発電機，バッテリー，トランスにより供給されるものであり，ほかの電源と直接の電気的接続をしていない。基本的に，分離供給システムの場合，すべてがやり直しであり，商用サービスの受電口パネルのように，中性線とグラウンド線への新たな単一の接続を設ける。

　絶縁トランスはコモンモードノイズ低減のために使用できることが多い。絶縁トランスは分離供給システムを構成するので，中性線とグラウンド線との新たな接続点を設けることができる。この時点で，グラウンド線と中性線との間にコモンモード電圧は存在しない。トランスから供給された電圧のみが敏感な電子負荷の供給に使用される場合，そのノイズ電圧は大幅に低減される。図3-9は絶縁トランスと負荷との間の配線を示す。トランスの2次側を分離供給される（新）電力源と考えると，図3-9の右側の部分（パネルボックスから負荷へ）と図3-2の配線は同じである。

　絶縁トランスは主電源上に存在するいかなる差動モードノイズ（高圧線から中性線間）も低減しない，なぜなら，これはトランスを通して直接結合するからである。絶縁トランスは，確実に接地されたコンセントや絶縁グラウンドコンセントとともに用いることができる。この技法は絶縁トランスと組み合わせたとき，絶縁グラウンドコンセントのおそらく最良の使用法であろう。

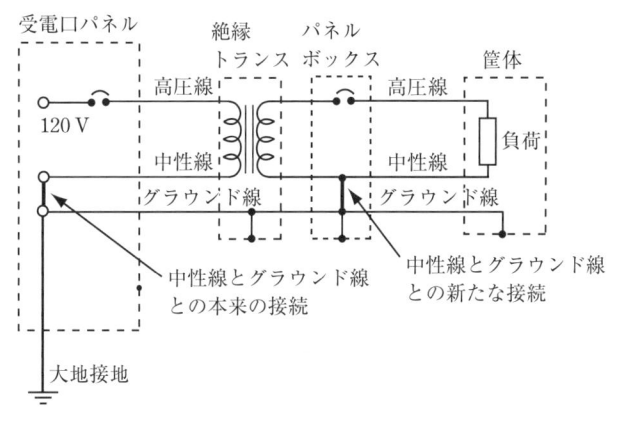

図3-9　新たな電源システムをつくるために用いる絶縁トランス。中性線とグラウンド線との新たな接続点がトランスまたはトランスの後の最初のパネルボックスに設けられる。

3.1.7　接地の俗説

　接地に関する領域には，電気工学のほかのいかなる分野より多くの俗説が存在する。次に，このうちの一般的な俗説を挙げる。

1. 大地はグラウンド電流に対する低インピーダンス経路である。これは誤りであり，大地のインピーダンスは銅線のインピーダンスより数桁大きい。

2. 大地は等電位面である。これは誤りであり，1の結果より間違いなのは明確。
3. 導線のインピーダンスはその抵抗により決まる。これは誤りであり，誘導性リアクタンスの概念では何が起こるのか？
4. 低ノイズで動作させるには，回路やシステムは大地に接地すべきである。これは誤りである。なぜなら，接地なしでも，飛行機，衛星，自動車，バッテリー駆動のラップトップコンピュータはすべて良好に動作する。実際，接地はノイズ問題の原因となり得る。多くの電子システムのノイズ問題は装置を大地に接地することより，大地接地から回路を取り外す（または絶縁する）ことで解決する。
5. ノイズを低減するため，電子システムは独立の絶縁された接地棒を使用した「静かなグラウンド」に接続すべきだ。これは誤りであり，この手法は正しくないばかりか危険であり，NECの要件に違反する。
6. 大地接地は一方向性で，電流は大地にのみ流れ込む。これは誤りであり，電流はループ状に流れなければならず，大地に流れ込んだ電流は大地のどこかから流れ出なければならないからである。
7. 絶縁コンセントは接地されない。これは誤りであり，「絶縁」という用語はコンセントの接地方法をいう，たとえ接地されていても同じである。
8. システム設計者は，流すべき電流の種類により（すなわち，信号，電源，雷，デジタル，アナログ，静かな，ノイズの多いなど）グラウンド線に名前を付けることができ，電子は適切に設計された導線に応じてそこだけに流れる。これは明らかに誤りである。

3.2　信号グラウンド

　グラウンドは，回路やシステムの基準電位として機能する等電位[*6]の点またはプレーンと定義されることが多いが，これをグラウンドの**電位定義**と呼びたい。しかし，この定義は実際のグラウンドシステムの表現ではない。なぜなら，実際はそれが等電位ではないからである。さらにこの定義づけは，グラウンド電流が通る現実の経路の重要性を強調しない。設計者にとって，実際のリターン電流経路を知ることは，回路の放射ノイズやサセプタビリティを評価するのに重要である。「現実の世界」のグラウンドシステムの制約や問題を理解するためには，現実の状態を表現する定義を使用するほうがよい。信号グラウンドのよりよい定義は，ソースに戻る電流に対する低インピーダンス経路である（Ott, 1979）。このグラウンドの**電流定義**は，電流の流れの重要性を強調する。それは電流が有限のインピーダンスを通して流れ，任意の物理的に離れたグラウンド点間に電位差が発生することを意味する。電圧定義はグラウンドが理想的にどうあるべきかを定義し，電流定義は実際のグラウンドがどうあるかをもっと綿密に定義する。グラウンドの電圧と電流の概念との間にあるほかの重要な違いに注意のこと。電圧は常に相対的で，「何に対して？」と常に問わなければならない。グラウンドはどの電位にあるべきか，それは何に対して測定すべきか？　一方，電流は限定的であり，電流は常に発

[*6] 電流が印加されるか引き出されるかに関係なく電位が変化しない点。

生源に戻りたがる。

信号グラウンドの三つの基本的な目的は次のとおり。
1. グラウンドのリターン経路を遮らないこと。
2. できるだけ小さなループ経由で電流を戻すこと[*7]。
3. グラウンドにおける共通インピーダンス結合の可能性に注意のこと。

グラウンド線の最も重要な特性はそのインピーダンスである。任意の導線のインピーダンスは次のように書ける。

$$Z_g = R_g + j\omega L_g \tag{3-1}$$

式(3-1)はグラウンドインピーダンスに対する周波数の効果を明示する。低い周波数では抵抗 R_g が支配的になる。高い周波数ではインダクタンス L_g が支配的インピーダンスとなる。13 kHz 以上の周波数で，長さ 30.5 cm の 24 番ゲージの直線ワイヤがグラウンドプレーン上 2.54 cm にあるとき，誘導性リアクタンスのほうが抵抗より大きい（図3-10 参照）。

グラウンドを設計するに際し，どのようにグラウンド電流が流れるかという疑問が重要である。グラウンド電流の経路を決めねばならない。次に，電流を流すいかなる導線にも電圧降下があるので，このグラウンドに接続されたすべての回路の性能に対するこの電圧降下の影響を評価する必要がある。すべてのほかの電圧同様にグラウンド電圧はオームの法則に従う。したがって，

$$V_g = I_g Z_g \tag{3-2}$$

式(3-2)はグラウンドノイズ電圧 V_g を最小にする二つの方法を指摘する。
1. グラウンドインピーダンス Z_g を最小化する。
2. グラウンド電流を別の経路に強制的に流して I_g を下げる。

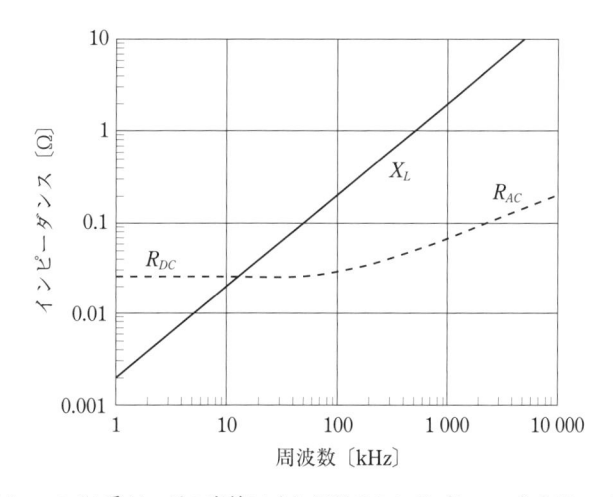

図 3-10 長さ 30.5 cm の 24 番ゲージの直線ワイヤがグラウンドプレーン上 2.54 cm に位置するときの抵抗と誘導性リアクタンスの周波数特性

[*7] これは最小インピーダンスの経路になる。

第3章　グラウンド接続

　最初の手法は高周波でデジタル回路に広く用いられ，グラウンドプレーンや格子を使用する。後者の手法は低周波のアナログ回路で広く用いられ，一点グラウンドを使用する。一点グラウンドでは，グラウンド電流を流したいところに流すことができる。式(3-2)はまた，電流がグラウンドを流れると仮定したとき，物理的に離れた二つの点は決して同じ電位にならないという最も重要なポイントを明示している。

　図3-11に示す両面板PCBの場合を考えてみよう。これは，基板上面に配線されたトレースと基板下面にあるベタのグラウンドプレーンとで構成されている。A点とB点でビアが貫通し上面のトレースとグラウンドプレーンとを接続して電流ループを完成させる。問題はまさに，A点とB点との間のグラウンドプレーンを電流がどのように流れるかである。

　低い周波数ではグラウンド電流は抵抗が最小の経路を通るため，これは図3-12(A)に示すようにA点とB点との間を直結する。しかし，高い周波数ではグラウンド電流は最小インダクタンスを通るため，図3-12(B)に示すようにトレースの直下となる。なぜなら，これが最も小さいループ面積を示すからである。したがって，電流のリターン経路は低周波と高周波では異なる。今回の場合，低周波と高周波の分かれ目は通常数百kHzである。

　低周波の場合（図3-12(A)）には注意が必要であり，電流は非常に大きなループの周囲を回り，好ましくない。しかし，高周波の場合（図3-12(B)），電流は小さなループの周囲を流れる（信号トレース長は基板厚みの数倍ある）。結論は，高周波のグラウンド電流はわれわれの要求どおり流れる（すなわち小さなループに沿って流れる），したがって設計者としてわれわれのなすべきことはそれを遮断させず，それが望むような流れを妨げないことである。しかし，低周波のグラウンド電流では，われわれが望むとおり（すなわち小さなループで流れる）に流れることもあり，流れないこともある。したがって，われわれの望む箇所を電流が流れるよう仕向け（強制し）なければならないことが多い。

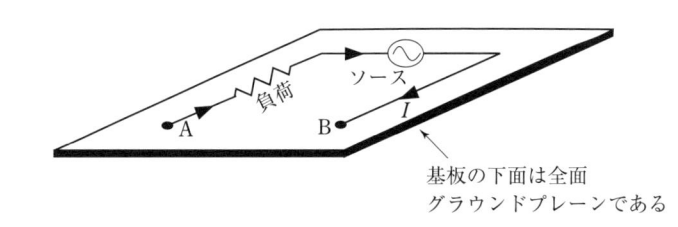

図3-11　上面に1本のトレース，下面が全面グラウンドプレーンの両面PCB。A点とB点との間をグラウンドプレーン電流はどのように流れるか。

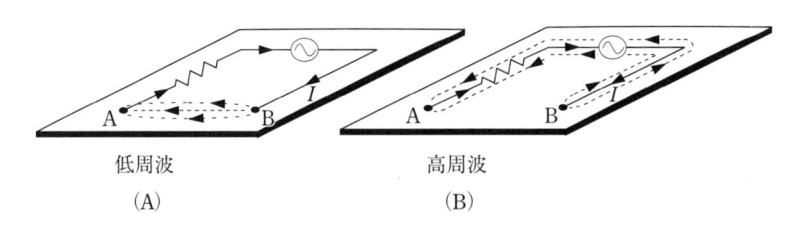

図3-12　グラウンドプレーン電流経路．(A) 低周波ではリターン電流は最小抵抗経路を取る，(B) 高周波ではリターン電流は最小インダクタンスの経路を取る。

3.2 信号グラウンド

　適切な信号グラウンドシステムは，電気回路の種類，動作周波数，システムの大きさ，内蔵型か外付けかなどの多くの条件で決定される．同様にほかの制約，安全保護や静電気放電（Electrostatic Discharge：ESD）保護がある．すべての用途に適切な単一のグラウンドシステムはないことを理解することが重要である．

　ほかの留意点は，グラウンド接続には常に妥協が伴うことである．すべてのグラウンドシステムは利点と欠点を併せ持つ．設計者の役目は，手掛ける用途に対しグラウンドの利点を最大にし，欠点を最小化することである．

　さらに，グラウンド接続問題に対して好ましい解決策は複数ある．したがって，二人の技術者が同じグラウンド接続問題に対し，たまたま二つの異なる解決策を思いついたとしても，両方の解決策が受け入れ可能であろう．

　最後に，グラウンド接続は階層的である．グラウンド接続は，ICレベル，PCBレベル，ならびにシステムや装置レベルで実施される．各レベルの処置は別の設計者により実施されることが多く，各人は通常，次のレベルで何が起こるかを理解していない．たとえば，IC設計者はその素子のすべての用途，使い方，素子が組み込まれる装置の種類，装置の最終設計者がどのグラウンド接続戦略をとるかを知らない．

　信号グラウンドは，次の三つに分類される．
1. 一点グラウンド
2. 多点グラウンド
3. 複合（ハイブリッド）グラウンド

　一点グラウンドと多点グラウンドをそれぞれ図3-13と図3-14に示す[8]．複合グラウンドは図3-21と図3-22に示す．一点グラウンドは二つに区分され次のようになる．これは図3-13に示すように，直列接続と並列接続した形になる．直列接続は共通チェーンまたはデージーチェーンとも呼ばれ，並列接続は分離型またはスターグラウンドシス

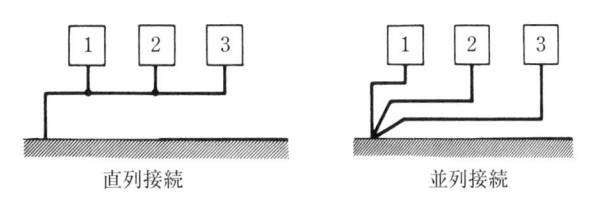

　　　直列接続　　　　　　　並列接続

図3-13 2種類の一点グラウンド接続

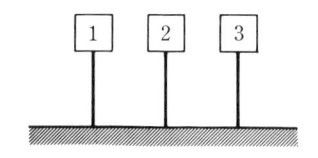

図3-14 多点グラウンド接続

---

[8] グラウンドは階層構造であるので，これらの図で回路1，2などと名付けた箱は，任意の物——電子装置の大きなラック，小さな電子モジュール，PCB，または個々の部品またはIC——を代表することができる．

テムと呼ばれることが多い。

一般に，電源分配システムのトポロジーはグラウンドのトポロジーに従うのが望ましい。通常グラウンド構造は最初に設計される。次に電力が類似の方法で分配される。

3.2.1 一点グラウンドシステム

一点グラウンドは，直流から約 20 kHz までの低周波において最も効果的に使用される。通常 100 kHz 以上で使用すべきでないが，ときにはこの限度が 1 MHz まで引き上げられる。一点グラウンドはグラウンドのトポロジーを制御して，グラウンド電流を流したい所に流れるように仕向けることができ，グラウンドの敏感な箇所の I_g を下げる。式(3-2)から，I_g を下げればグラウンドのその場所の電圧降下が小さくなることがわかる。さらに，一点グラウンドはグラウンドループの防止にも効果的に使用できる。

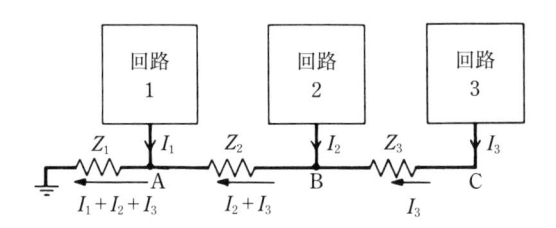

図 3-15 共通またはデージーチェーン一点グラウンドシステムは直列グラウンド接続で，ノイズの観点から望ましくないが，配線が単純という利点がある。

最も望ましくない一点グラウンドシステムは，図 3-15 に示した共通チェーンまたはデージーチェーンのグラウンドシステムである。このシステムは個々の回路グラウンドが直列に接続されている。図示されたインピーダンス Z は[*9]，そのグラウンド線のインピーダンスを示し，I_1, I_2, I_3 は，それぞれ回路 1，2，3 のグラウンド電流である。A 点の電位はゼロでなく次のようなる。

$$V_A = (I_1+I_2+I_3)Z_1 \tag{3-3}$$

そして C 点の電位は，

$$V_C = (I_1+I_2+I_3)Z_1+(I_2+I_3)Z_2+I_3Z_3 \tag{3-4}$$

この回路は最も望ましくない一点グラウンドシステムであるが，その簡単さから広く使われている。重要性の低い回路では完全に満足することもある。この構造は，高電流の段が共通グラウンドインピーダンスを通して低電流回路に悪影響を与えるため，大幅に異なる電流レベルで動作している回路間には使用すべきでない。このシステムを使用する場合，最も重大な回路は最初のグラウンド点にいちばん近い回路にすべきである。図 3-15 の A 点は B 点，C 点より低い電位であることに注意のこと。

図 3-16 に示す，独立または並列のグラウンドシステムは，より望ましい一点グラウンドシステムである。それは異なる回路からのグラウンド電流の間に相互結合が起こらないからである。たとえば，A 点と C 点の電位は次のとおりである。

$$V_A = I_1Z_1 \tag{3-5}$$

[*9] 図では抵抗で示してあるが，一般にインピーダンスの表現を意図し，インダクタでもよい。

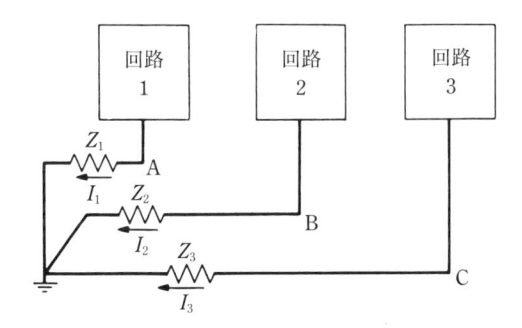

図3-16 分離または並列一点グラウンドシステムは並列グラウンドシステムで，よい低周波数グラウンドを提供する。しかし，大型のシステムでは機構的に扱いにくい。

$$V_C = I_3 Z_3 \tag{3-6}$$

　一つの回路のグラウンド電位は，今やその回路のみのグラウンド電流とインピーダンスの関数である。しかし，大型システムでは，法外な数のグラウンド線が必要となるため，このシステムは機構的に扱いにくいことがある。

　最も実用性のある一点グラウンドシステムは，実際には直列と並列の接続の組み合わせである。そのような組み合わせは，電気的ノイズ基準に適合する必要性と必要以上に複雑な配線を避ける目標との間での妥協案である。これらの要素を成功裏にバランスさせるかぎは，グラウンド線を選択的にグループ化して，大きく変動する電力やノイズレベルの変化する回路に同じグラウンドリターン線を共有させないことである。このように，いくつかの低レベル回路が一つのグラウンド線を共有する一方で，ほかの高レベルの回路が別のリターングラウンド線を共有することができる。

　NECが要求する交流接地システムは，現実には一点接地に接続された直列，並列の組み合わせである。一つの分岐回路（一つの回路遮断機に接続された）内で，グラウンドは直列接続であり，各種の分岐回路のグラウンドは並列接続である。図3-17に示すように，一点接続点やスター接続点は受電盤内にある。

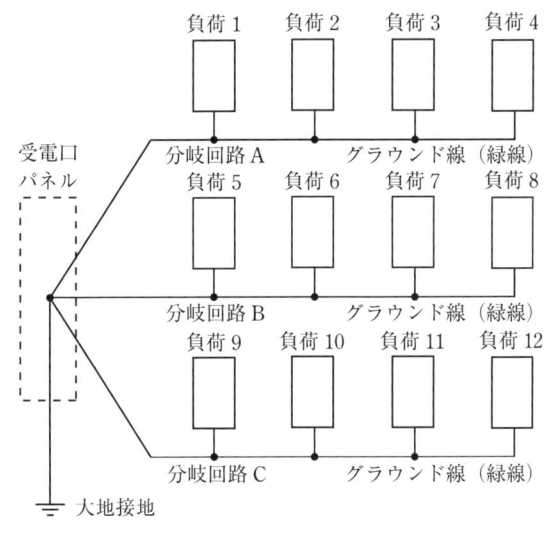

図3-17 AC電源一点接地，NEC規則による。

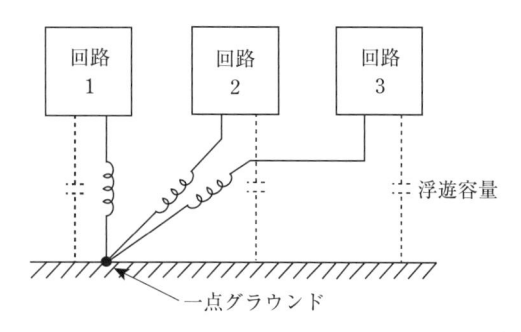

図 3-18 高周波において一点グラウンドは浮遊容量のため多点グラウンドとなる

　高周波では，一点グラウンドシステムは，グラウンド線のインダクタンスがグラウンドインピーダンスを増加させるため望ましくない。さらに高い周波数では，グラウンド線のインピーダンスは，その長さが1/4波長の奇数倍に一致する場合に非常に高くなる。このようなグラウンドは，高いインピーダンスを持つだけでなく，アンテナとして機能して放射し，エネルギーを効率的に拾い上げる。低インピーダンスを維持し，放射と受信を最小化するには，グラウンドの引出しを常に1/20波長以下に保たねばならない。

　非常に高い周波数では，一点グラウンドという解はない。図3-18に高周波で一点グラウンド構成を試みたときに何が起こるかを示す。そのインダクタンスにより，グラウンド線は高いインピーダンスを示す。しかし，高い周波数では回路とグラウンドとの間の浮遊静電容量のインピーダンスは低い。したがって，グラウンド電流は低インピーダンスの浮遊容量を流れ，長いグラウンド線のインダクタンスに起因する高いインピーダンスを通過しない。この結果が高周波における多点グラウンドである。

3.2.2　多点グラウンドシステム

　多点グラウンドは高周波（100 kHz 以上）やデジタル回路で使用される。多点グラウンドシステムは，式(3-2)でグラウンドインピーダンス Z_g を最小化することによりグラウンドノイズ電圧 V_g を最小化する。式(3-1)からわかることは，高周波数でグラウンドインダクタンスを下げることを意味し，グラウンドのプレーンまたは格子を用いることで実現できる。できる場合は，インダクタンスを低減するために回路とプレーンとの間を多点接続する。図3-19に多点システムを示し，回路は近傍に得られる低インピーダンスのグラウンドプレーンに接続する。低グラウンドインピーダンスは，主としてグラウンドプレーンの低インダクタンスの結果である。各回路とグラウンドプレーンの接続は，そのインピーダンスを最小化するため，できるだけ短くすべきである。多くの高周波回路では，これらのグラウンドリードの長さは1 cm以下にとどめなければならない。図3-18で示したように，すべての一点グラウンドは浮遊容量により高周波では多点グラウンドとなる。

　グラウンドプレーンの厚みが増えても，高周波でのインピーダンスに効果はない，なぜなら，(1) そのインピーダンスを決めるのはグラウンドの抵抗でなくインダクタンスであるため，(2) 表皮効果により，高周波電流はプレーンの表面のみを流れるからであ

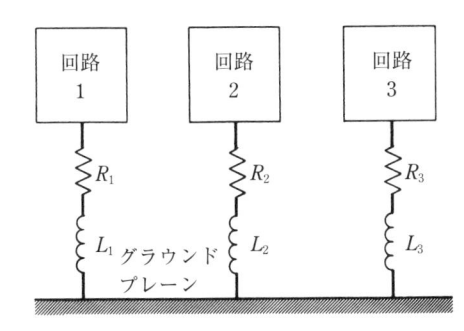

図 3-19 約 100 kHz 以上の周波数では多点グラウンドシステムがよい選択である。問題とする周波数でのインピーダンス R_1-R_3 と L_1-L_3 を最小化すること。

る（6.4 節参照）。

　高周波やデジタル論理の回路を含むいかなる PCB にも，優れた低インダクタンスのグラウンドが必要である。このグラウンドはグラウンドプレーンか，両面基板ではグラウンド格子でできる。グラウンドプレーンは信号電流に対して低インピーダンスのグラウンドリターンを与え，信号の相互接続に一定のインピーダンス伝送線路を使用する可能性を提供する。

　デジタル論理基板上のグラウンドは多点グラウンドであるべきだが，それは基板に供給される電源も多点グラウンドが必要という意味ではない。なぜなら，高周波のデジタル論理電流は基板に閉じ込めるべきであり，基板に供給する電源供給線の中を流すべきではないからであり，さらに論理基板グラウンドは多点であるが電源が直流であるため，一点グラウンドのような配線ができるからである。

3.2.3 共通インピーダンス結合

　多くのグラウンドシステムの問題は，共通インピーダンス結合によって発生する。図 3-20 に共通インピーダンス結合の例を示す，ここでは，一つのグラウンドリターンを共有する二つの回路となっている。回路 1 の負荷インピーダンス R_{L1} の両端の電圧 V_{L1} は，

$$V_{L1} = V_{S1} + Z_G(I_1 + I_2) \tag{3-7}$$

となる。ここで Z_G は共通グラウンドインピーダンス，I_1 と I_2 は回路 1 と 2 のそれぞれの信号電流である。この状態で回路 1 の負荷 R_{L1} の信号電圧は，もはや回路 1 の電流のみの関数でなく，回路 2 の電流の関数でもあることに注意のこと。式(3-7)の $I_1 Z_G$ の項は回路内のノイズ電圧を表し，$I_2 Z_G$ は回路間ノイズ電圧を示す。

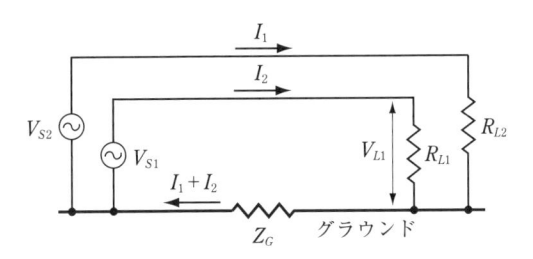

図 3-20 共通インピーダンス結合の例

共通インピーダンス結合は二つ以上の回路で共通グラウンドを共用したときに問題となり,次の複数の条件が存在する。

1. 高インピーダンスグラウンド(高周波では大きすぎるインダクタンスで,低周波では大きすぎる抵抗で発生する)。
2. 大きなグラウンド電流。
3. このグラウンドに接続された,非常に高感度の低ノイズマージンの回路。

一点グラウンドは,互いに妨害しそうなグラウンド電流を分離して異なる導線を流れるよう強制し,式(3-2)の I_G を効果的に抑制することにより,これらの問題を克服する。この手法は低周波では効果的だが,高周波においては,信号の電流経路と一点グラウンドに付随する長いリード長がインダクタンスを増大し,これが損失となる。その上,高周波では一点グラウンドの実現は,図3-18のように寄生容量がグラウンドループを閉じるため,ほとんど不可能である。

多点グラウンドは非常に低いグラウンドインピーダンスを形成し,式(3-1)の L_G 項を効果的に抑制することでこの問題を解決している。

通常 100 kHz 以下の周波数では一点グラウンドシステムが望ましく,100 kHz 以上で多点グラウンドシステムが最良である。

3.2.4 複合グラウンド

信号周波数が 100 kHz の上下両方の広い帯域をカバーするとき,複合グラウンドが一つの解決策となり得る。ビデオ信号がこのよい例であり信号周波数が 30 Hz〜数十 MHz に及ぶことがある。複合グラウンドは,周波数が異なるとシステム接地構成が異なる振る舞いをするグラウンドである。図3-21に低周波数で一点グラウンド,高周波数で多点グラウンドとして機能する複合グラウンドの一般的形式を示す。

この原理の実際例は図3-22に示すシールドケーブル構造である。低い周波数でコン

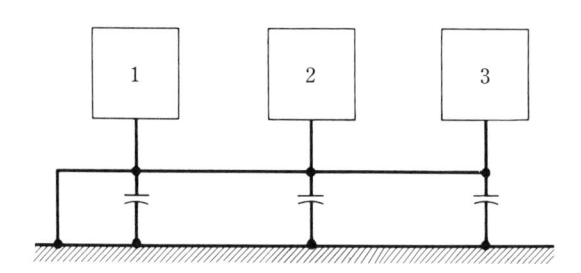

図 3-21 低周波では一点グラウンド,高周波では多点グラウンドとして機能する複合グラウンド接続

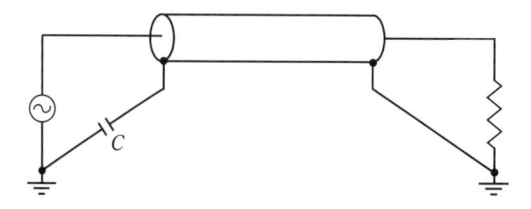

図 3-22 複合接地したシールドケーブルの例

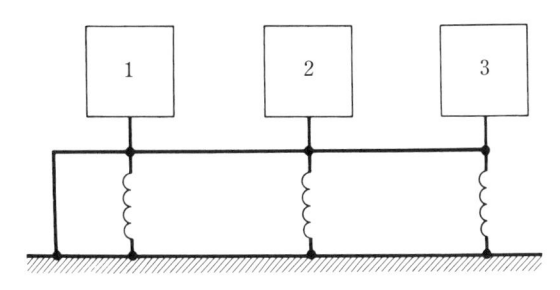

図 3-23 低周波では多点グラウンド，高周波では一点グラウンドとして機能する複合グラウンド接続

デンサ C は高インピーダンスであり，ケーブルのシールドは唯一負荷端での一点グラウンドである。高い周波数でコンデンサ C は低インピーダンスであり，ケーブルシールドは効果的に両端でグラウンド接続される。この形の複合シールドグラウンドは先に 2.15.2.3 で検討した。

図 3-23 に別の形の複合グラウンドを示す。この複合グラウンドはあまり一般的ではないものの，多数の装置筐体を電力システムのグラウンドに接地する必要がある場合に使用できるが，回路的に一点接地が望ましい。グラウンドインダクタは 50/60 Hz で低インピーダンスの保安グラウンドを提供し，高い周波数ではグラウンドの絶縁を行う。ほかの用途は装置がグラウンド線を通してノイズ電流を伝導している場合で，これは電力ケーブル放射の原因となって電磁環境両立性（Electromagnetic Conpatibility：EMC）要件に不合格となる。グラウンド線を除去すれば製品は EMC に合格するが，安全規格違反である。インダクタやチョーク（たとえば 10～25 μH）をグラウンド線に直列に配置すれば，50/60 Hz で低インピーダンスを提供し，一方はるかに高いノイズ周波数では高インピーダンスを提供する。

3.2.5 シャーシグラウンド

シャーシグラウンドは装置の金属筐体に接続された導線である。シャーシグラウンドと信号グラウンドは，通常一点または多点で互いを接続している。ノイズや妨害を最小化するかぎは，信号グラウンドを**どこで，どのように**シャーシに接続するかである。適切なグラウンド接続は製品からの放射ノイズを低減すると同時に，外部電磁界に対する製品のイミュニティ（免疫性）を強化する。

図 3-24 に示すように，入出力（I/O）ケーブルが金属筐体に収納された PCB の場合を考えてみよう。回路のグラウンドは電流を流し，有限のインピーダンスを持つのでそ

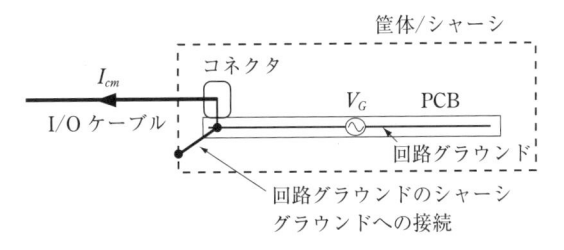

図 3-24 回路グラウンドは PCB の I/O 領域で筐体（シャーシ）に接続する。

の両端に電位差 V_G が発生する。この電圧はコモンモード電流をケーブルに励起させ，そのケーブルは放射の要因となる。回路のグラウンドがケーブルと反対側の PCB の端でシャーシと接続される場合，全電圧 V_G はケーブルに電流を励起する。しかし，回路グラウンドが I/O コネクタの所で筐体に接続されると，電圧により励起されケーブルに流れるコモンモード電流は，理論上はゼロとなる。全グラウンド電圧はケーブル接続のない PCB 端に表れる。したがって，シャーシと基板の I/O 領域の回路グラウンドとの間をしっかり低インピーダンス接続をすることが重要である。

この例を視覚化するほかの方法は，グラウンド電圧がコモンモードノイズ電流をつくり出して I/O コネクタに向かって流れると想定することである。コネクタでは，PCB のグラウンドとシャーシ接続とこのケーブルとの間で電流が分割される。基板のグラウンドとシャーシとの間のインピーダンスの値が小さいほど，ケーブル上のコモンモード電流は小さくなる。この手法の効果のかぎは，PCB とシャーシとの間の接続で（問題とする周波数での）低インピーダンスを実現することである。この方法は，特にその周波数が数百 MHz 以上の領域を含む場合には，口でいうほど簡単ではない。高い周波数では，これは低インダクタンスを意味し，通常は多点接続が求められる。

回路グラウンドと I/O 領域のシャーシ間に低インピーダンス接続を強固なものとすることは，無線周波（Radio-frequency：RF）に対するイミュニティにも有利である。ケーブルに誘導されるすべての高周波ノイズ電流は，PCB グラウンドを流れる代わりに筐体に伝導されることになる。

3.3　装置やシステムのグラウンド接続

多くのシステムの電子回路は，大型の装置ラックやキャビネットに収納される。代表的なシステムは複数の装置筐体から構成される。装置筐体は大きな場合と小さな場合があり，互いに近接されるか分散して置かれ，建物，船，航空機に搭載され，交流（AC）または直流（DC）の電力供給システムから給電される。装置のグラウンド接続の目的には，電気安全，雷保護，EMC の抑制，信号品質がある。以下の論議は交流給電の地上設置システムに重点を置くが，類似のグラウンド接続法が自動車や航空機の中のシステムや直流給電されるシステムにも適用される。

本節の例は大型機器の筐体グラウンド接続を示すが，自動車や航空機にも見られるような，多くの小型回路モジュールを含むシステムにも同じ原理が等しく適用可能である。要するに，この原理は PCB の集積からなるシステムにも適用可能である。グラウンド接続は階層的であるが，規模に関係なく同じ原理を適用することを覚えておくこと。

次の 3 種類のシステムを検討していく（Denny, 1983 により分類された）。(1) 孤立システム，(2) 群構成システム，(3) 分散システム。

3.3.1　孤立システム

孤立システムとは，すべての機能が一つの筐体に含まれ，ほかのグラウンドシステムに外部信号接続を持たないものである。孤立システムの例は，自動販売機，テレビセッ

ト，（すべての要素を一つのラックに搭載した）コンポーネントステレオ[*10]，デスクトップ PC など。このシステムはすべてのシステムの中で最も単純であり，適切なグラウンド接続が最も容易である。相互接続された電子装置間の電位差を最小にする方法は，できるだけ小さな六面金属筐体にすべてを収めることである。

NEC は電子装置のすべてのむき出しの金属筐体を交流電源グラウンド線に接続するように命じている。筐体と大地，構造物，機体，外殻構造などの間にただ 1 本の保安グラウンド接続が要求される。この筐体グラウンドは，(1) 単相交流（AC）で給電される場合は交流電源グラウンド線（緑）によって（図 3-2 参照），または (2) 三相交流（AC）で給電される場合は電力ケーブル（または金属導管）とともに走る独立のグラウンド線によって与えられる。

内部の信号は，回路の種類と動作周波数により適切にグラウンド接続すべきである。孤立システムはほかのグラウンド接続システムに対し I/O を持たないので，I/O 信号のグラウンド接続は考えなくてよい。

3.3.2 群構成システム（Clustered Systems）

群構成のシステムは，図 3-25 に示すように，装置収納室や単一の部屋のような狭い領域に配置された複数の装置筐体（キャビネット，装置ラックのフレームなど）からなる。図 3-25 には示さないが，複数の相互接続される I/O ケーブルが，ほかの接地システムとでなく，個々のシステム要素間に存在する。群構成システムの例は，小さなデータセンタ，多数の周辺装置を持つミニコンピュータ，複数の要素を部屋中に散在させるコンポーネントステレオなどである。

3.3.2.1 群構成システムの保安接地

保安のため，装置筐体は交流電源グラウンドに接続すべきである。この接続は多様な方法で実現できる。ラックは一点グラウンドまたは多点グラウンドが可能である。一点グラウンドの場合，直列様式（デージーチェーン），または並列型（スター）の接続が可能である。図 3-15 で示したように，直列接続を用いたとき，筐体の電位はほかのラ

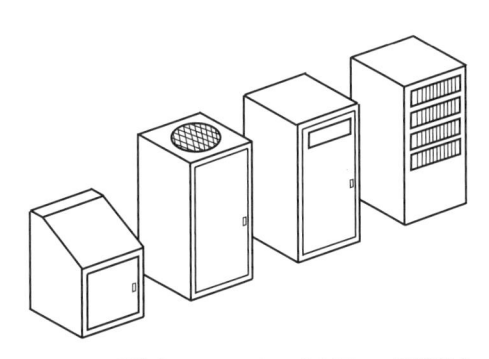

図 3-25 群構成システムをつくる四つの装置筐体

[*10] スピーカ類は確かにシステムから離して置かれるが，これが孤立システムであることに変わりはない．なぜならスピーカ類はグラウンド接続されないから．

ックのグラウンド電流の関数となる．3.2.1 項で論議したように，直列接続した一点グラウンドはあまり好ましくないのみならず，敏感な電子機器装置を含む装置ラックの相互接続には通常不十分である．

　もっとよい手法は，図 3-16 に示すような並列またはスター型グラウンドの使用である．この場合，各装置ラックは独立のグラウンド線で主グラウンドバスに接続する．各装置のグラウンド線は，直列接続の場合に比べるとグラウンド電流が少ないので，グラウンド線の電圧降下は低減され，一つの筐体のグラウンド電位はそれ自体のグラウンド電流の関数である．多くの場合，この手法は非常に適切なノイズ低減性能を示す．

3.3.2.2　群構成システムの信号グラウンド

　内部信号は回路の種類と動作周波数に従って適切にグラウンド接続すべきである．要素間で基準とする信号グラウンドは，含まれる信号の特性に対し適切である限り，一点グラウンド線，多点グラウンド，またはハイブリッドグラウンドでもよい．一点グラウンドの場合，信号グラウンドの基準は通常，既存の NEC 要求の装置グラウンド線でよい．多点グラウンドの場合，信号グラウンドはケーブルシールド（最も不適），補助グラウンド線，または幅広の金属ストラップ（適），またはワイヤ格子やベタの金属プレーン（最適）で供給される．良好な環境にある，敏感でない電子機器装置では，ケーブルシールドまたは補助グラウンド線による信号グラウンド法は，多くの場合で容認できる．厳しい環境下にある，敏感な電子装置機器では，幅広の金属ストラップ，格子，またはグラウンドプレーンを真剣に検討すべきである．

　分離されたユニット間に広範囲の周波数にわたって，低インピーダンスの信号グラウンド接続を得るための最良の方法は，図 3-26 に示すベタの金属のグラウンドプレーンで相互接続することである．金属プレーンのインピーダンスは，単独の線より 3〜4 桁小さい．これは真の多点グラウンドシステムを構成し，ZSRP と呼ばれることが多い．2 番目の最良手法はグラウンド格子の使用である．格子は内部に穴を持つプレーンと考えられる．問題とする最高周波数の波長に比べ穴が小さいとき（$\lambda/20$），格子はプレーンの特性にほぼ等しく，かつ設置が容易である．

　多点グラウンドシステムでは，個々の電子装置筐体やラックは，NEC の命令する装置接地線を用いてまず接地しなければならない．さらに，各ラックと筐体はほかのグラ

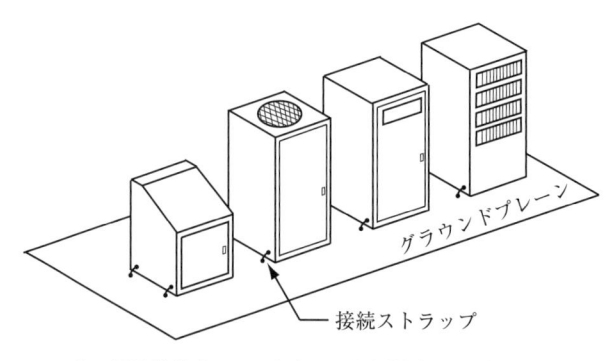

図 3-26　ZSRP は，広い周波数帯域にわたり個々の装置筐体間に効果的な低インピーダンスのグラウンド接続を提供する．

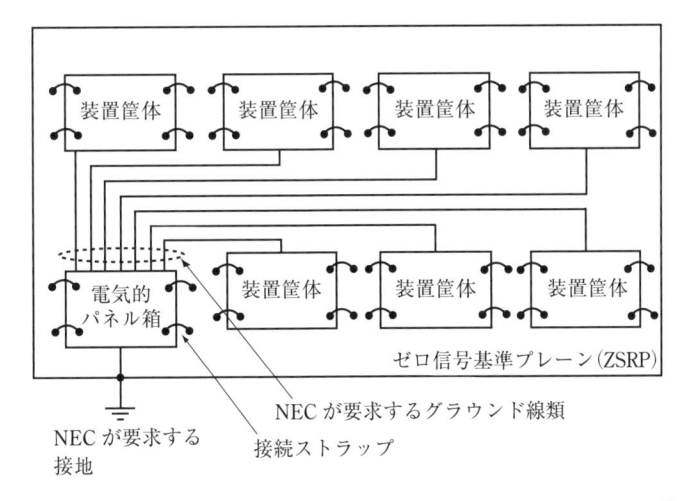

図 3-27 NEC が要求する装置グラウンド線を維持しながらの，ZSRP グラウンド構造の実施。

ウンドに接続することになり，この場合は ZSRP である．図 3-27 はこれを示す．格子がプレーンの代わりに使用できることを忘れないこと．この手法は直流から高周波まで，疑いもなく最適な構成である．

ZSRP 類は非常によく機能するとはいえ，完全ではない．すべての導線構成と同様に共振点を持つ．導線や電流経路が 1/4 波長（またはその奇数倍）の長さを持つと，高インピーダンスになる．しかし，ZSRP や格子の場合，一つの電流経路が 1/4 波長になるとき，1/4 波長でないほかの並列経路が存在する．したがって，グラウンド電流は高インピーダンスの 1/4 波長経路の代わりに，低インピーダンスの並列経路を流れる．したがって，共振を考慮しても，どんな単一導線の代案より ZSRP のインピーダンスは小さい．

落雷保護のため，ZSRP はいかなる物体や構造物からも隔離してはならない．そこに侵入する個々の品目，パイプ，金属導管，鉄骨などに接続すべきである．ZSRP は，さらにその 2 m 以内に存在するどの金属物体とも接続すること．この原則は落雷火災の防止に重要である．

3.3.2.3 グラウンドストラップ

インダクタンスの最小化のために，装置筐体を多点で（最低 4 か所が従うべきよい原則），長さと幅の比が 3：1 以下の短いストラップを用いて ZSRP に接続すべきである．丸い導線の直径を増大しても，直径とインダクタンスの対数関係のため（10.5.1 項参照）インダクタンスを大幅には低減しない．

筐体と ZSRP の接続に，丸い導線の代わりに短く平らな矩形ストラップを使用すべきである．平らな矩形導線のインダクタンスは（Lewis, 1995, p. 316）．

$$L = 0.002l\left[2.303\log\left(\frac{2l}{w+t}\right)+0.5+0.235\left(\frac{w+t}{l}\right)\right] \tag{3-8}$$

ここで，L はインダクタンス μH，l は長さ，w は幅，t は平らなストラップの厚さ（すべて単位は〔cm〕）．矩形導線の場合，長さと幅の比はストラップのインダクタンスに

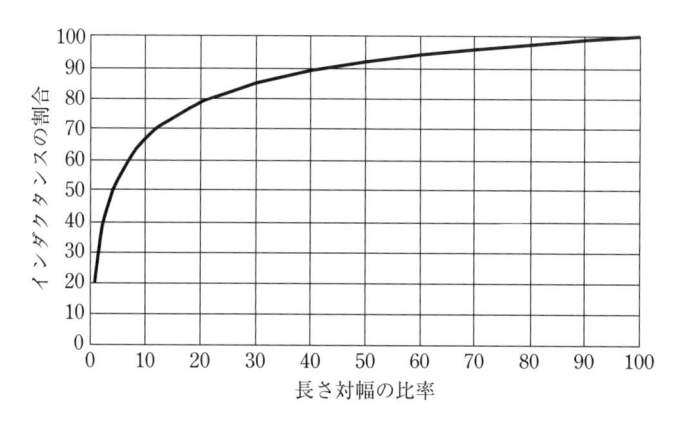

図 3-28　長さと幅の比を関数とする，矩形断面グラウンド線ストラップのインダクタンス。インダクタンスは長さ対幅100：1のストラップのインダクタンスに対する割合として表示。

表 3-1　長さ一定の矩形断面導線の長さ対幅の比を関数とするインダクタンスの減少率

長さ対幅の比	インダクタンスの減少率*
100：1	0
50：1	8
20：1	21
10：1	33
5：1	45
3：1	54
2：1	61
1：1	72

＊　長さ対幅の比100：1の持つインダクタンスに対する減少率を示す。

大きく影響する[*11]。一定の長さのストラップのインダクタンスはストラップの幅の増大とともに減少する。図 3-28 は長さ 10 cm，厚さ 0.1 cm の導線のインダクタンスを，長さと幅の関数および長さ対幅100：1でのインダクタンスに対するパーセンテージとして表した。

　式(3-8)はストラップの長さを増大すると，かっこの前の1項のため，長さと幅の比に関係なくインダクタンスが増大することを示す。しかし，固定長のストラップは，図 3-28 と表 3-1 に示すように，長さと幅の比の関数としてインダクタンスが減少する。したがって，優れた高周波特性のためにはできるだけ長さ対幅の比が小さく，短いストラップを使用すべきである。

　グラウンドストラップは固体の金属や編組線から構成される。編組線は曲げ性が必要な箇所では，固体金属より使いやすいことが多い。しかし，編組線は個々のより線間で腐食の影響に弱く，それによりインピーダンスが上昇する。銅の編組を使用したとき，スズや銀めっきによりこの問題を少なくできる。スズや銀めっきされた編組線は，この用途で固体ストラップと同等に機能する。

　複数のグラウンドストラップを用いることにより，さらなるインダクタンスの減少が得られる。並列にした2本のストラップのインダクタンスは，その相互インダクタンスが無視できるように分離した場合，1本のストラップの半分になる。このインダクタン

＊11　実際はこの比は長さ対幅足す厚さの比である。しかし，厚さ t は幅 w よりはるかに小さいので，通常は長さと幅の比のみを考える。

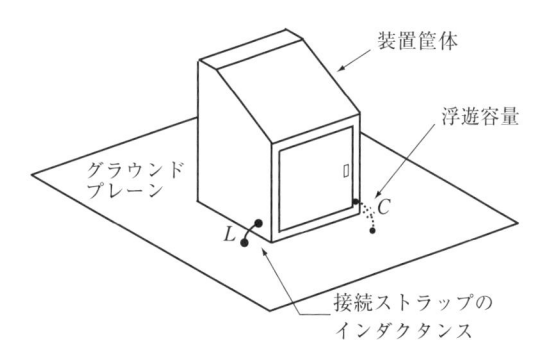

図 3-29 接続ストラップインダクタンスと筐体の浮遊容量の並列組み合わせで，接続ストラップの共振が発生し得る．

スの減少は，使用するストラップの数に逆比例する．4 本の幅広く分散したグラウンドストラップは，1 本のストラップの 1/4 のインダクタンスとなる．

したがって，高周波装置をグラウンド接続する際，最も低いインピーダンスにするには，できるだけ最短，かつ長さと幅の比ができるだけ最小の複数のグラウンドストラップを用いるべきである．

装置のキャビネットは多くの場合，意図的にまたは意図せずに（たとえば，結果として表面が塗装されたキャビネット）グラウンドプレーンから絶縁されている．したがって，唯一のグラウンドプレーンへの電気的接続は接合ストラップを通してなされる．この状況では図 3-29 のように筐体とグラウンドプレーンとの間の寄生容量により共振問題が生じる．この容量は，グラウンドストラップのインダクタンスと次に算出される周波数で共振する．

$$f_r = \frac{1}{2\pi\sqrt{LC}} \tag{3-9}$$

ここで，L はグラウンドストラップのインダクタンス，C はグラウンドプレーンと筐体との間の寄生容量である．これは並列共振であるため，共振時のインピーダンスは非常に高く，実効的に筐体をプレーンから切り離す．この共振が 10〜50 MHz で発生するのは珍しいことではない．このグラウンドストラップの共振をシステムの動作周波数以上に保つのが望ましい．共振周波数を上げるには，キャパシタンスやインダクタンスを小さくしなければならない．インダクタンスは，多数の短くて広いグランディングストラップを使用することで下げることができる．グラウンドプレーンからキャビネットを絶縁体でさらに持ち上げると容量が下がる．

3.3.2.4 ユニット間ケーブル接続

個々の要素間の信号ならびに電源ケーブルは図 3-30(A) のように筐体の上の空中ではなく，図 3-30(B) のように ZSRP に近接して引き回すべきである．この手法はケーブルと基準プレーンとの間の面積を最小化し，ケーブルに対するコモンモードノイズの結合を最小化する．ある例では（たとえばコンピュータ室），ZSRP または格子は上げ床の一部であり，この場合図 3-30(B) の選択肢 2 のようにケーブルを ZSRP の下を引き回すことができる．

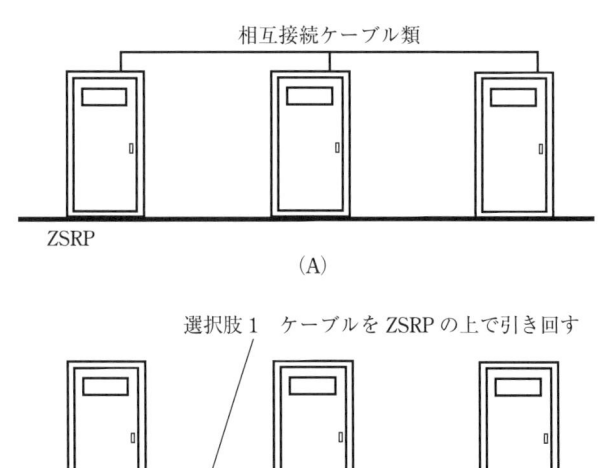

図 3-30 （A）好ましくないケーブル引き回しと（B）好ましいケーブル引き回し

これらの装置グラウンドの概念をどのように大型の電子機器のラック以外に適用できるかを理解するために，この概念を群構成のシステムから「ブレッドボックス」の大きさの小さな筐体に入った製品に適用してみよう，これはいくつかの独立したモジュールとプリント回路板（PCB）からなり，すべてがケーブルで相互接続されている。そこには電源モジュール，ディスクドライブモジュール，液晶画面（Liquid Crystal Display：LCD）モジュールと多数の PCB がある。モジュール類と PCB 類を実装し，グラウンド接続し，相互接続する最適法は何であろうか？

思い出してみると，グラウンド接続は階層的であり，単一の筐体は巨視的に見れば孤立したシステムであるが，筐体内の要素のみを考えれば，微視的に見て群構成のシステムと考えることができる。したがって，最適な構成にはすべてのモジュールと PCB 類が ZSRP として機能する，単一のグラウンドプレーンまたは金属シャーシに搭載してグラウンド接続する必要があり，かつすべてのケーブルをできるだけそのプレーンに近接して引き回す必要がある。各 PCB が 4 本の直径 0.6 cm の金属スペーサでグラウンド接続される場合，各金属スペーサは 1.8 cm 以下の長さで，長さ対幅の比は 3：1 を超えてはならない。

3.3.3 分散システム

分散システムは図 3-31 に示すように，別の部屋，建物などにあるため物理的に離れている複数の装置筐体（キャビネット，ラック，装置枠など）である。さらに，システムの独立の要素間に複数の相互接続 I/O があり，このケーブルはたいてい長く，問題とする周波数で 1/20 波長を超える。分散システムの例には工業用プロセス制御装置や大型コンピュータ網がある。このシステムの要素は異なる電源から給電され，たとえばこの要素が単一の建物内にあれば別の分電盤から，別の建物にあれば別のトランスの端子から給電される。

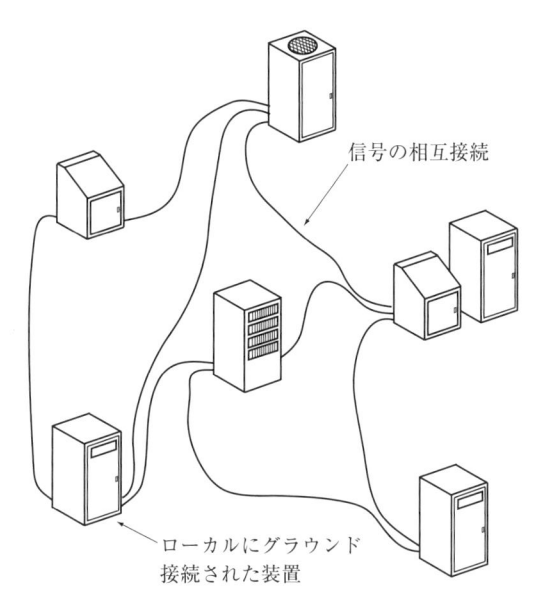

図 3-31 多数の広範囲に分散された装置からなる分散システム

3.3.3.1 分散システムのグラウンド接続

　　分散システムにおいて，異なる要素は通常分離された交流電源，保安と落雷保護のグラウンドを持つ。しかし，各場所に置かれた一つの要素あるいは複数の要素は孤立または群構成のいずれかのシステムと考えられ，システムの形式対応の保安接地を持つ。

　　内部信号は回路の種類と動作周波数により，適切にグラウンド接続すべきである。分散システムに付随する主要な問題は，システムの個々の要素間を相互接続する必要がある信号の処理法である。すべての信号ポートと相互接続ケーブルは厳しい（ノイズの多い）環境にあり，ケーブリングに関する2章と平衡化とフィルタリングに関する4章で扱う原理を用いて適切に処理すべきである。

　　適用可能なI/O処理の決定に絡む主たる考慮事項は，その信号の特性は何か？　どのようなタイプのケーブルとフィルタリングを用いるか？　信号はアナログかデジタルか？　信号は平衡か，不平衡か？（平衡信号は不平衡信号よりノイズに強い）ケーブルは個別の線か，ツイストペアか（シールドの有無は），リボンケーブルか同軸か？　シールドを用いる場合，そのグラウンド接続は，片側か，両側か，それとも複合グラウンド接続をすべきか？　ほかの重要な配慮は，なんらかの絶縁またはフィルタリングが使用できるか？　たとえば，その信号はケーブルにトランスや光学的な結合が使用できるか，ということである。I/O信号の処理とノイズの結合を最小化するためにフィルタとコモンモードチョークも使用できる。

　　この事態において，グラウンドループが問題になる。3.4節がこの問題とその軽減策を扱う。すべての相互接続信号は，必要な保護の程度の分析を必要とする。相互接続の中には，周波数，振幅，信号特性などによって，何も特殊な保護手段を必要としないものがある。

3.3.3.2 共通バッテリーシステム

　共通バッテリー分散システムでは，構造物（シャーシ，外殻，機体など）が直流のリターンに使用される。そのような構成は，自動車や航空機で見ることができる。この種のシステムでは，構造物が信号の基準になることが多い。すべてのグラウンド電流（電源と信号）が構造物を流れるのでコモンインピーダンスの結合が深刻な問題となる。システムのさまざまな点間にいくつかの異なる電位差があると，信号の相互接続のすべての基準グラウンドに共通インピーダンスの結合が直列として表れるであろう。ノイズと妨害の観点からそのようなシステムはあまり望ましくなく，ひいき目に見ても問題がある。

　共通バッテリー分散システムに付随する主要な問題は，システムの個々の要素間を相互接続する必要がある信号類の処理法である。すべての相互接続信号は，要求されているのであれば，その保護の程度を決めるために解析しなければならない。回路内の信号レベルに対するノイズ電圧の大きさが重要である。回路動作が影響されそうなS/Nレベルであれば，コモンモードグラウンドノイズに対し適切に保護する必要がある。敏感な信号類は，3.4節のグラウンドループで論議したように扱うべきである。このような場合，平衡の相互接続はシングルエンドの相互接続よりノイズに強いので，真剣に考慮すべきである。

　装置に対する電力の供給は，ツイストペアを使用するほうがシャーシリターンより常に優れている。しかし，ツイストペアがシャーシリターンとともに使用されるのであれば，シャーシリターンがない場合に得られるのと同等の効果は得られないだろう。しかしながら，ツイストペアの使用は，まだいつくかの利点がある。ツイストペアは電源リードからの差動モードの磁界の拾い上げを減らすことができる。低周波のリターン電流は相変わらずシャーシ経由で戻るが（ここでは，ツイストペアのリターン導線より低い抵抗であると仮定），高周波のノイズ電流はツイストペア経由で戻る（なぜなら低いインダクタンス経路を与えているため），そして効率的に放射することはなく，ほかの装置に妨害を与えないだろう。さらに，シャーシグラウンドが弱い（高インピーダンス）か，経年劣化しても電源電流はツイストペア内を戻ることができ，信頼性を向上させる。

3.3.3.3 端末を持つ中央システム

　分散システムの特例は，端末を持つ中央システムである。図3-32に示す前述のシステムは，一つまたは複数の中央装置が通常スター状配列で中央装置から遠く離れた遠隔端末に接続される。このシステムと分散システムの違いは，遠隔装置が通常小さく，ローカルに給電も接地もされず，むしろ電力は中央装置から給電されるということである。通常これらは低周波のシステムである。この種のシステムの最良例は電話回線網である。ほかの例では，工場内にある接地のない（されない），遠隔のセンサーや作動装置を持つプログラマブル・ロジック・コントローラ（Programmable Logic Controller：PLC）である。

　中央装置は，孤立または群構成のシステムのいずれかに適した構造で接地しなければならない。さらに，遠隔要素へのケーブルは2章で論議したように，ノイズの拾い上げ

遠隔装置
（端末）

中央装置
（孤立または群構成）

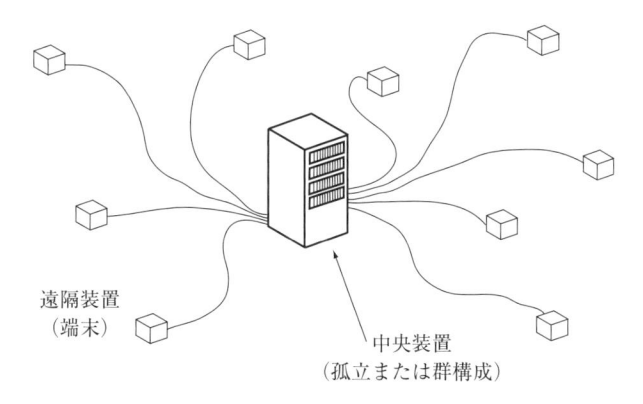

図 3-32 端末を持った中央装置。端末はローカルにグラウンド接続されず，中央装置から給電される。

や放射を防止するように処理しなければならない。

3.4　グラウンドループ

　グラウンドループは時折，ノイズや妨害の発生源となる。これは複数のグラウンド点が遠く離れていて交流電力グラウンドに接続されるとき，あるいは低レベルのアナログ回路が用いられたときに特に当てはまる。このような場合，グラウンド経路のノイズに対して，ある種の差別または分離を準備する必要がある。

　図 3-33 に二つの異なる点でグラウンド接続されたシステムを示す。図中の二つの異なるグラウンド記号は，二つの物理的に離れたグラウンド点には電位差が起こるということを強調して示している。この構成には，次のような三つの電位問題がある。

1. 二つのグラウンド間のグラウンド電位差 V_G は，図 3-33 に示す回路内のノイズ電圧 V_N と結合することがある。このグラウンド電位差は，ほかの電流がグラウンドインピーダンスを流れた結果である。
2. 強力な磁界が，信号導線とグラウンドで形成されるループにノイズ電圧を誘起する。図 3-33 では「グラウンドループ」と名付けられている。
3. 信号電流は複数のリターン経路を持ち，特に低い周波数ではグラウンド接続を流れ，信号のリターン導線には流れない。

高い周波数で 3 番目が問題になるのはまれである。なぜなら，グラウンドリターン経路に付随する大きなループは，電流が信号リターン導線を戻ったときの小さなループに

回路1　　V_N　　回路2

グラウンドループ

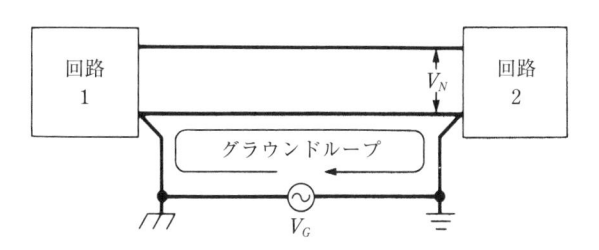

V_G

図 3-33 二つの回路間のグラウンドループ

比べはるかに大きなインダクタンスを持つからである。したがって，高周波の信号電流は，信号リターン導線を流れグラウンドには流れない。

回路の信号レベルと比較したノイズ電圧の大きさは重要である。S/N が回路の動作に影響する場合，この状態を修復する手段を講じなければならない。多くの場合，特別なことは何もする必要はない。

グラウンドループすべてが悪いのではなく，設計者はグラウンドループの存在に神経質になることはない。ほとんどのグラウンドループは有益である。実際のグラウンドループ問題の多くは 100 kHz 以下の低周波で発生し，音響機器や測定システムのような，敏感なアナログ回路に通常関係する。この代表例は 50/60 Hz ハムの音響システムへの結合である。100 kHz 以上の高周波やデジタル論理システムでは，グラウンドループはめったに問題にならない。経験によれば，グラウンドループを避けようとしたときのほうが，グラウンドループ自体から引き起こされるより多くの問題が発生する。ある種のグラウンドループは実際には有益であり，たとえば磁界シールドするため両端をグラウンド接続したシールドケーブルの場合である。これは 2.5 節で論議した。

グラウンドループが問題であるとき，次の三つの方法の一つで処理できる。

1. 一点グラウンドや複合グラウンドでループを避ける。この技法は通常低周波のみで効果があり，高周波で試みると事態を悪化させることが多い。
2. グラウンドインピーダンスの最小化（たとえば ZSRP の使用）や回路のノイズマージンの増加（たとえば信号レベルの増大や平衡回路の使用）でループを容認する。
3. 次に述べる技法の一つでループを切る。

図 3-33 に示したグラウンドループは次の一つで切断できる。

1. トランス
2. コモンモードチョーク
3. 光カプラ

図 3-34 にトランスによって分離した回路 1 と回路 2 を示す。グラウンドのノイズ電圧はトランスの 1 次と 2 次の巻き線間に発生するが入力回路には表れない。残りのノイズ結合があるとすれば，主としてトランス巻き線間の浮遊容量の作用であり，5.3 節でトランスについて検討したが，これはトランス巻き線間にファラデーシールドを置くことで低減される。トランスは優れた結果をもたらすが，いくつかの欠点を持つ。トラン

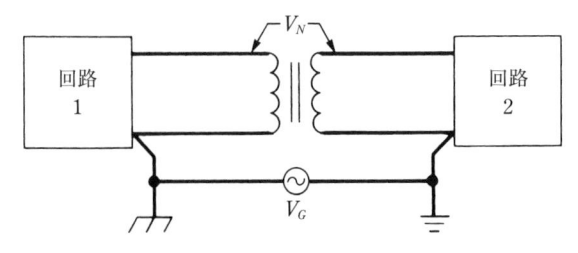

図 3-34 二つの回路のグラウンドのグラウンドループを切るために用いるトランス

スは大型が多く，周波数応答に限度があり，直流に対する連続性がなく，高価である。さらに，複数の信号が回路間に接続されている場合，複数のトランスが必要となる。

ほとんどの専門的な音響機器は，妨害やグラウンドループに対する感受性を最小にするため，平衡インタフェースを使用する。しかし，ほとんどの消費者向け音響装置は，安価な不平衡インタフェースを使用する。不平衡インタフェースは，各種装置を相互接続する際に形成されるグラウンドループによる共通インピーダンス結合（図 2-25 参照）に，非常に影響されやすい。相互接続信号リードによく絶縁トランスを使用して，グラウンドループを除去したり切断したりする。図 3-35 は，デュアル高品質の音響絶縁トランスユニットを示し，音響用途でのグラウンドループに発生するハムやうなり音の除去に使用できる。例示したモジュールは RCA フォノプラグを用いてステレオの相互接続を意図する 2 回路ユニットである。このトランスは磁界の拾い上げを削減するためにミューメタルによる外部シールドを持ち，巻き線間容量を減らすため，1 次 2 次巻き線間にファラデーシールドを持つ。例示したこのユニットの周波数応答は 10 Hz〜10 MHz，挿入損失 0.5 dB 以下，コモンモード（ノイズ）除去比（Common-mode(noise) Rejection Ratio：CMRR）は 60 Hz で 120 dB，20 kHz で 70 dB である。

絶縁によりグラウンドループを切断する際は，絶縁は信号の相互接続に使用すべきで，交流電源の保安グラウンドを絶縁（切断）することによっては実施できないという点に注意すること。後者の手法は NEC 規則違反であり非常に危険である。

図 3-36 では，コモンモードチョークのように接続されたトランスで二つの回路が絶縁されていて，このコモンモードチョークは直流と差動モード信号を伝送するが，コモ

図 3-35 オーディオシステムで，グラウンドループに起因するハムを除去するために用いる 2 チャネル（ステレオ）オーディオ絶縁トランス

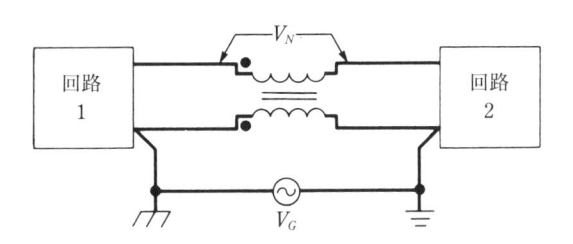

図 3-36 二つの回路間のグラウンドループを切るために用いるコモンモードチョーク

ンモードの交流信号は除去する．これは基本的にトランスを90°回転し，信号導線に直列に接続してある．コモンモードのノイズ電圧はトランス（チョーク）巻線の両端に表れ，回路の入力には表れない．コモンモードチョークは伝送される差動モード信号に影響しないので，複数の信号リードを同じコアにクロストークなしに巻くことができる．コモンモードチョークの動作を 3.5 節と 3.6 節で解析する．

図 3-37 に示したように，光カプラ（光アイソレータ，光ファイバ）は二つのグラウンドの金属経路を切断するので，もう一つの非常に効果的なコモンモードノイズ除去法である．二つのグラウンド間に大きな電位差があるとき――たとえ数百 V あっても――非常に有効である．望まれないコモンモード電圧は光学カプラの両端に表れ，入力回路の両端には表れない．

図 3-37 に示した光学カプラは，デジタル回路で特に有効である．光カプラを通した線形性が必ずしも満足されないので，アナログ回路ではそれほど有効ではない．しかし，カプラ本来の非線形性を補正する光帰還技法を用いてアナログ回路が設計されてきた（Waaben, 1975）．しかし，絶縁増幅器（内部にトランスまたは光カプラを持つ）も高感度のアナログ回路で用いるものとして入手可能である．

図 3-38 に示すように，平衡回路はコモンモードのノイズ電圧と差動モード電圧を判別できるので，回路のノイズイミュニティを強化する．この場合，コモンモード電圧は，平衡回路の両半分に同じ電流を誘起するので，平衡受信回路は二つの入力の差のみに応答する．平衡度が大きいほど，コモンモード（ノイズ）除去比は大きくなる．周波数の増大とともに高度の平衡を保つことは困難になる．平衡については 4 章で論議する．

ある周波数でコモンモードノイズ電圧が必要な信号と異なるとき，周波数選択性の複合グラウンドがよく使用されて，問題のある周波数でのグラウンドループを防ぐ．

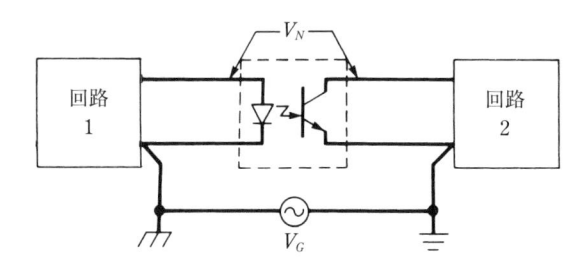

図 3-37 二つの回路間のグラウンドループを切るために用いた光カプラ

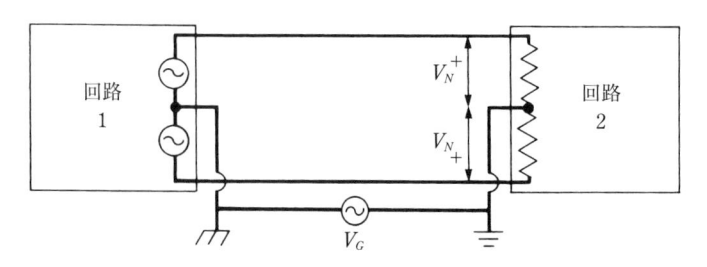

図 3-38 グラウンドループの影響を打ち消すために用いる平衡回路

3.5 コモンモードチョークの低周波解析

トランスは図3-39のように接続したとき，コモンモードチョーク（縦チョーク，中和トランスまたはバランとも呼ばれる）として使用できる。この方法で接続されたトランスは信号電流に対し低インピーダンスを示し，直流結合を可能にする。しかし，このトランスはいかなるコモンモード電流に対しても高インピーダンスである。

図3-39に示した信号電流は，二つの導線に等しく流れるが反対方向である。これは望まれている電流であり，差動回路電流またはメタリック回路電流とも呼ばれる。ノイズ電流は，両導線に沿って同じ方向に流れ，コモンモード電流と呼ばれる。

図3-39のコモンモードチョークの回路性能は，図3-39で示される等価回路を参照して解析することができる。電圧源 V_S は信号源を示し，抵抗 R_{C1} と R_{C2} を持つ二つの導線を通して負荷 R_L に接続されている。コモンモードチョークは二つのインダクタ L_1 と L_2 と相互インダクタンス M で表されている。もし二つの巻き線が同じコア上に密接して等しい回数の巻き数で結合していると，L_1，L_2 と M は等しい。電圧源 V_G はグラウンドループによる磁気結合やグラウンド差動電圧によるコモンモード電圧を示す。導線抵抗 R_{C1} は R_L と直列であり，値として非常に小さいので無視できる。

第1段階は，V_G の影響を無視して信号電圧 V_S に対するこの回路の応答を決定することである。図3-39を書き直すと図3-40となる。この図は，図2-22と類似である。そこでは，周波数が $\omega = 5R_{C2}/L_2$ より大きいとき，ほとんどすべての電流 I_S が第2の導線を通り，グラウンドプレーンを通らず信号源へ戻る。L_2 を最低信号周波数が $5R_{C2}/L_2$〔rad/s〕より大きくなるように選択すると，$I_G = 0$ である。これらの条件下で

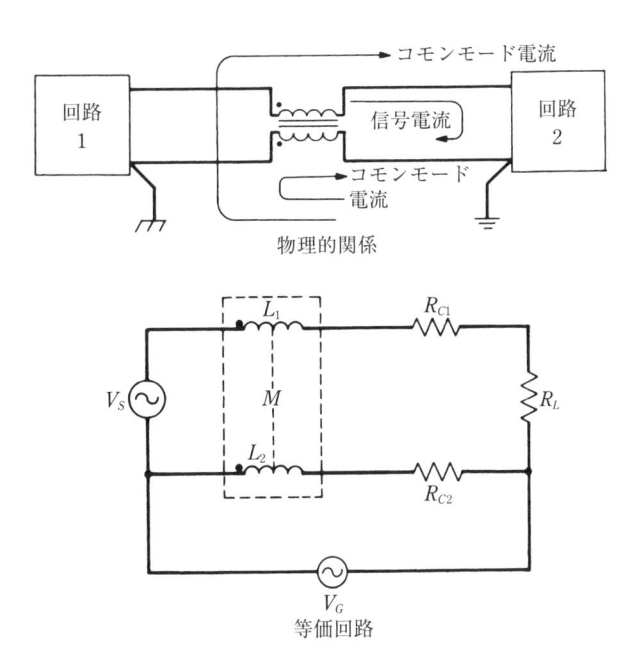

図3-39 直流または低周波の連続性が必要なとき，グラウンドループ切断にコモンモードチョークが使用可能である。

は図 3-40 の上部のループを巡る電圧の和は，

$$V_S = j\omega(L_1+L_2)I_S - 2j\omega M I_S + (R_L+R_{C2})I_S \tag{3-10}$$

$L_1 = L_2 = M$ であることを思い出し，R_L は R_{C2} よりはるかに大きいと仮定して I_S について解くと，

$$I_S = \frac{V_S}{R_L+R_{C2}} = \frac{V_S}{R_L} \tag{3-11}$$

式(3-11)はチョークがないときに得られるものと同じである。したがって，チョークは信号周波数 ω が $5R_{C2}/L_2$ より大きくなるようにチョークのインダクタンスが十分大きい限りは，信号伝送に影響を持たない。

図 3-39 の回路のコモンモード電圧 V_G に対する応答は図 3-41 に示す等価回路を検討して決定できる。チョークがなければ全ノイズ電圧 V_G が R_L の両端に表れる。

チョークが存在すると R_L 両端に掛かるノイズ電圧は図に示す二つのループの周りに方程式を立てることで決定できる。外側ループの電圧の和を取ると，

$$V_G = j\omega L_1 I_1 + j\omega M I_2 + I_1 R_L \tag{3-12}$$

下部ループの周りの電圧の和は，

$$V_G = j\omega L_2 I_2 + j\omega M I_1 + R_{C2} I_2 \tag{3-13}$$

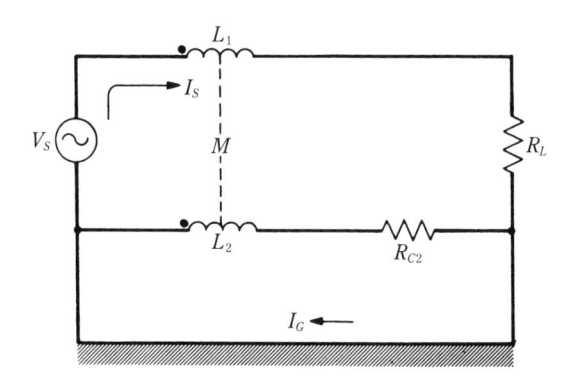

図 3-40　信号電圧 V_S に対する応答を解析するための図 3-39 の等価回路

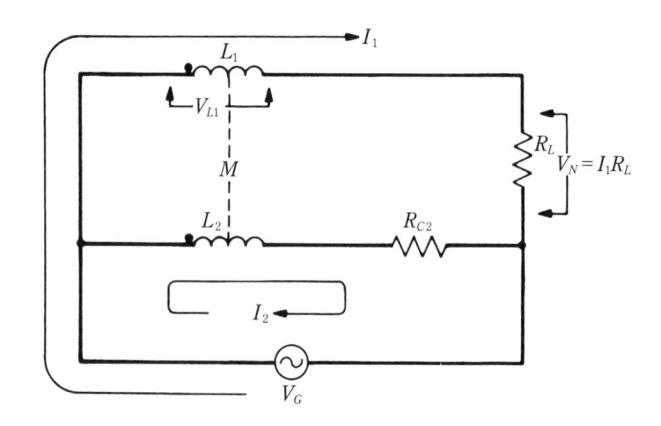

図 3-41　コモンモード電圧 V_G に対する応答を解析するための図 3-39 の等価回路

式(3-13)を I_2 について解くと，次の結果が得られる。

$$I_2 = \frac{V_G - j\omega M I_1}{j\omega L_2 + R_{C2}} \tag{3-14}$$

$L_1 = L_2 = M = L$ であることを思い出し，式(3-14)を式(3-12)に代入し，I_1 について解くと，

$$I_1 = \frac{V_G R_{C2}}{j\omega L(R_{C2} + R_L) + R_{C2} R_L} \tag{3-15}$$

ノイズ電圧 V_N は $I_1 R_L$ に等しく，R_{C2} は通常 R_L よりはるかに小さいので，次のように書ける。

$$V_N = \frac{V_G R_{C2}/L}{j\omega + R_{C2}/L} \tag{3-16}$$

V_N/V_G の漸近線プロットを図 3-42 に示す。このノイズ電圧を最小化するために，R_{C2} をできるだけ小さく保ち，チョークのインダクタンス L を次のようにする。

$$L \gg \frac{R_{C2}}{\omega} \tag{3-17}$$

ここで，ω はノイズの周波数である。さらに，チョークは回路に流れる不平衡直流電流で飽和しないよう十分大きくなければならない。

図 3-43 で示したコモンモードチョークは容易につくることができ，単純に二つの回路をつなぐ導線を一つの磁気コアの周りに図 3-43 のように巻く。30 MHz 以上の周波数で 1 ターンのチョークで効果を発揮する。2 回路以上からの信号導線を信号回路間の妨害（クロストーク）なしに同じコアに巻き付けることができる。このようにして，一つのコアを多数の回路のコモンモードチョークとして使用できる。

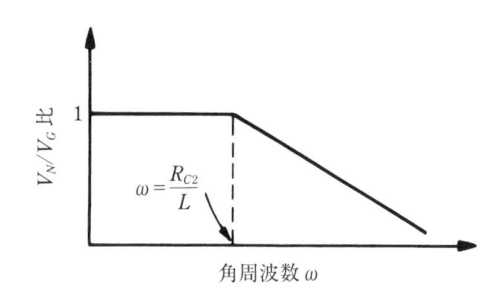

図 3-42 R_{C2} が大きいとノイズ電圧が重要になる。

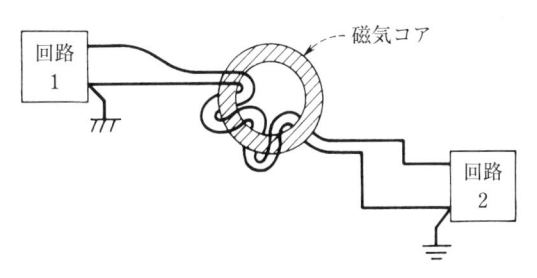

図 3-43 回路にコモンモードチョークを挿入する簡単な方法は，両方の線をトロイダル磁気コアの周りに巻くことである。示した導線の代わりに同軸ケーブルも使用可能。

3.6　コモンモードチョークの高周波解析

先のコモンモードチョーク解析は低周波解析であり浮遊容量の影響を無視していた。チョークを高周波（>10 MHz）で使用するとき，巻き線間の浮遊容量を考慮しなければならない。図 3-44 は二導線伝送線路の等価回路でありコモンモードチョーク（L_1 と L_2）を含む。R_{C1} と R_{C2} はチョークの巻き線とケーブル導線の抵抗を示し，C_S はチョークの巻き線間の浮遊容量である。Z_L はケーブルのコモンモードインピーダンス，V_{CM} はケーブルを駆動するコモンモード電圧である。この解析で Z_L は差動モードインピーダンスではなく，アンテナとして機能するケーブルのインピーダンスで約 35 Ω から 350 Ω の間で変化する。チョークの挿入損失（Insertion Loss：IL）はこのチョークのないコモンモード電流とチョークのある場合のコモンモード電流の比である。$R_{C1} = R_{C2} = R$，$L_1 = L_2 = L$ のとき，チョークの挿入損失 IL は，

$$\mathrm{IL} = Z_L \sqrt{\frac{[2R(1-\omega^2 L C_S)]^2 + R^4(\omega C_S)^2}{[R^2 + 2R(Z_L - \omega^2 L C_S Z_L)]^2 + [2R\omega L + \omega C_S R^2 Z_L]^2}} \tag{3-18}$$

図 3-45 と図 3-46 は，$R_{C1} = R_{C2} = 5\,\Omega$，と $Z_L = 200\,\Omega$ の場合の式 (3-18) のプロットである。図 3-45 は 10 μH チョークの各種シャント容量に対する挿入損失を示し，図 3-46 は 5 pF のシャント容量と各種インダクタンスを持ったチョークの挿入損失を示す。この二つの図からわかるように，70 MHz 以上の挿入損失はチョークのインダクタンスで大きく変わらないが，シャント容量の関数として大きく変わる。**したがって，チョークの特性を決める最も重要な要素はシャント容量であり，インダクタンスの値ではない**。実際に，この用途で用いられる大部分のチョークは，自己共振周波数を超えている。浮遊容量の存在が高周波で得られる最大挿入損失を厳しく制限する。この技法で 30 MHz 以上の周波数で 6～12 dB の挿入損失を得るのは困難である。

これらの周波数において，チョークはコモンモードノイズ電流に対し開放回路と考えられる。ケーブル上の総コモンモードノイズ電流はしたがって，浮遊容量により決定されるのであり，チョークのインダクタンスによるのではない。

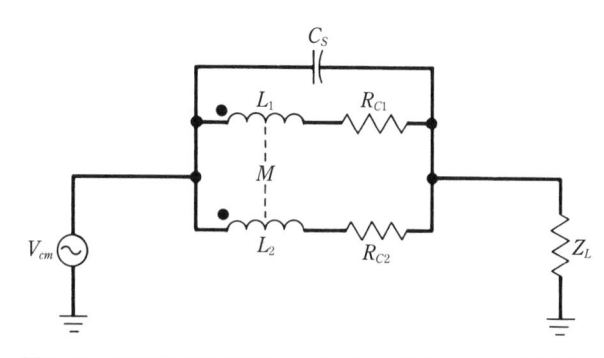

図 3-44　浮遊並列容量を持つコモンモードチョークの等価回路

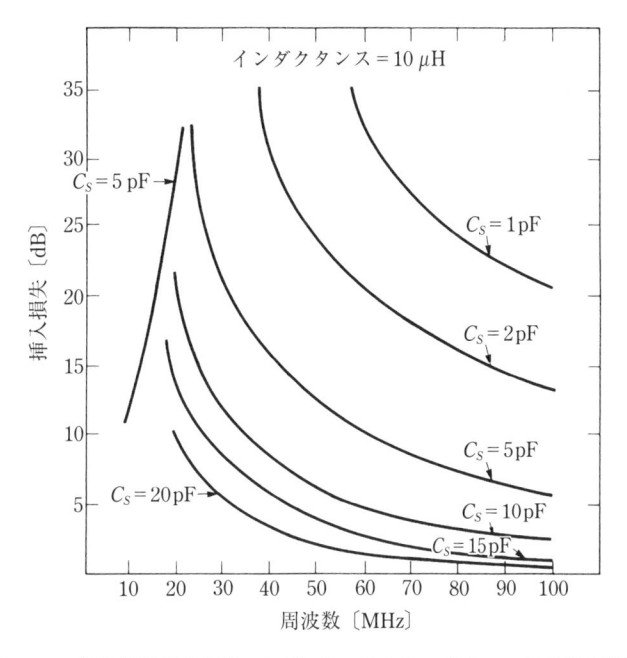

図 3-45　各種並列容量を持った $10\,\mu\mathrm{H}$ コモンモードチョークの挿入損失

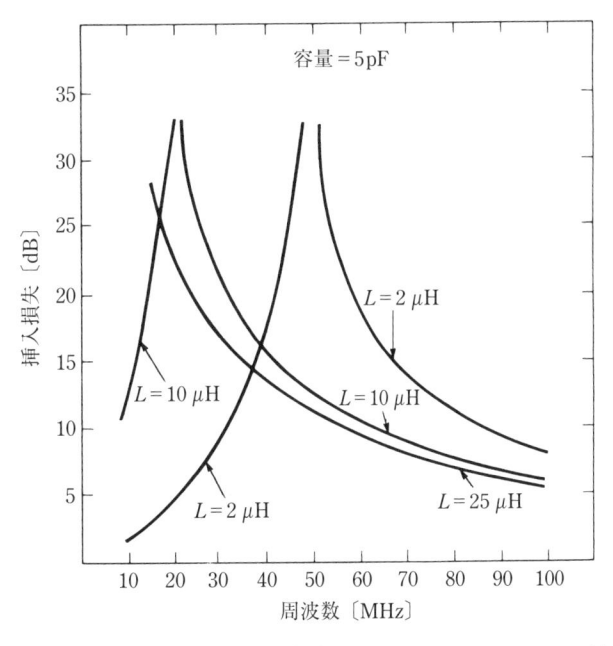

図 3-46　$5\,\mathrm{pF}$ のシャント容量を持つ各種値のコモンモードチョークの挿入損失

3.7　回路に対する一点グラウンド基準

　ダイポールやモノポールアンテナをつくる方法は，二つの金属片間に RF 電位を持たせることである（付録 D を参照）。二つの金属片間の容量は RF 電流の経路を与える。アンテナは非常に効率的にエネルギーを放出し，エネルギーを拾い上げる。事実，ある

周波数においてダイポールアンテナの効率は，98％を超えることができる。ところで，アンテナの半分がどのような電位となるかというのは問題ではなく，問題のすべてはそれらの間に存在する電位差である。放射を防止する方法は同電位になるように二つの金属片をつなぎ，放射できないようにする。電位差がなければ電流は流れない。

多くのシステムは複数のグラウンドプレーンを持つ。たとえば独立したアナログとデジタルのグラウンドプレーンなどである。図 17-2 に示すように，これらは一点で，おそらく電源供給点でのみ一緒に接続される。一つのシステムに複数の独立したグラウンドプレーンや基準プレーンをつくることは，効率のよいアンテナをシステムに組み込んでしまう確実な方法である。ほとんどすべての場合において基準プレーンを一つにすることで，システムは機能的にも EMC の観点からもよく機能する。

Terrell と Keenan は，*Digital Design for Interference Specifications* でこのことを述べている，ここで彼らはいう（Terrell, Keenan, 1983, pp. 3-18）。

「汝の前にただ一つのグラウンドを持て」"Thou shalt have but one ground before thee".

要約

- グラウンド線を含むすべての導線は，抵抗とインダクタンスからなる有限のインピーダンスを持つ。
- 1/20 波長より長い導線は低インピーダンスではない。
- グラウンドは二つに分類され，保安グラウンドと信号グラウンドである。
- 交流（AC）グラウンドは信号グラウンドとしてはほとんど価値がない。
- 大地は非常に低いインピーダンスではなく，ノイズの多い電源電流により汚染されていて，等電位面には程遠い。
- 安全のため必要なとき，大地グラウンドにのみ接続せよ。
- EMC 問題の解決策として，大地グラウンドに目を向けるな。
- 一点グラウンドは低周波でのみ，通常 100 kHz 以下でのみ使用せよ。
- 多点グラウンドは通常 100 kHz 以上の高周波とデジタル回路で用いるべきである。
- よいグラウンドシステムの目的の一つは，二つ以上のグラウンド電流が共通のグラウンドインピーダンスを通して流れるとき起こるノイズ電圧を最小化することである。
- 独立の装置間に，広範囲の周波数にわたって低インピーダンスのグラウンド接続を提供する最良の方法は，それらをプレーンや格子で接続することである。
- グラウンドノイズ電圧を最小化する方法は，
  - 低周波ではグラウンドのトポロジーを管理する（電流を仕向ける）。
  - 高周波ではグラウンドインピーダンスを抑制する。
- グラウンドループは抑制できる。
  - それを防ぐ
  - それを容認する
  - それを切る
- グラウンドループを切る三つの一般的方法は，

- 絶縁トランス
- コモンモードチョーク
- 光カプラ

問題

3.1 どの種のグラウンドが通常の動作中に電流を流さないか？

3.2 適切な交流電源接地は電源分配システム上の差動モードとコモンモードのノイズの抑制に非常に効果的である．正しいか誤りか？

3.3 最も広範囲の周波数範囲に効果的な低インピーダンスのグラウンドを得る最適な方法は何か？

3.4 グラウンドノイズ電圧を抑制するために，式(3-2)のどの項を通常制御するか？
    a. 低周波回路の場合
    b. 高周波回路の場合

3.5 a. 大地接地の代表的インピーダンスはいくらか？
    b. 第2の接地電極を使用する前に，NECで許容される最大の大地接地インピーダンスはいくらか？

3.6 図3-15でB点の電位はいくらか？

3.7 高周波において，なぜ電子機器筐体に複数のグラウンド接続ストラップを使用しなければならないか？

3.8 長さ20 cm，幅5 cm，厚さ0.1 cmの装置グラウンドストラップのインダクタンスはいくらか？

3.9 大型の装置ラックがグラウンドプレーン上に立っている．しかし，ラックの塗装のためそこから絶縁されている．そのラックはプレーンに対し1 000 pFの容量を持つ．ラックはラックの各角に一つずつ4か所でプレーンにグラウンド接続されている．各ストラップのインダクタンスは120 nHである．どの周波数でラックとグラウンドのインピーダンスは最大になるか？

3.10 分散型システムで処理すべき主要な問題は何か？

3.11 分散型システムと端末を持つ中央集中システムの大きな違いは何か？

3.12 問題となるグラウンドループを処理する三つの基本的方法は何か？

3.13 グラウンドループを切るために使用できる三つの部品の名は？

3.14 家庭用ステレオシステムで問題を持った人が，交流電源と緑色の線，アンプへのグラウンドを切断してハムが消えることを発見した．なぜこれがこの問題の解決策として受け入れられないか？

3.15 低レベルのソースから900 Ωの負荷に接続する伝送線路にコモンモードチョークを直列に置いた．伝送線路の各々は1 Ωの抵抗を持つ．コモンモードチョークの各巻き線は0.044 Hのインダクタンスと4 Ωの抵抗を持つ．
    a. どの周波数以上で，このチョークは信号伝送線路への影響を無視できるか？
    b. グラウンド差動ノイズ電圧に対し，このコモンモードチョークは60 Hz，180 Hzそして300 Hzにおいてどれだけの減衰（[dB]）を与えるか？

参考文献

- Denny, H. W. *Grounding for the Control of EMI*. Gainsville, VA, Don White Consultants, 1983.
- IEEE Std. 1100-2005, *IEEE Recommendation Practices for Powering Grounding Electronic Equipment*（The Emerald Book）.
- Lewis, W. H. *Handbook of Electromagnetic Compatibility*,（Chapter 8, Grounding and Bonding）, Perez, R. ed., New York, Academic Press, 1995.
- *NEC 2008, NFPA 70 : National Electric Code.* National Fire Protection Association（NFPA）, Quincy, MA, 2008.（This code revised every three years.）
- Ott, H. W. "Ground — A Path for Current Flow." *1997 IEEE International Symposium on EMC*. San Diego, CA, October 9-11, 1979.
- International Association of Electrical Inspectors. *SOARES Book on Grounding and Bonding*, 10th ed., Appendix A（The History and Mystery of Grounding, 2008）. Available at http://www.iaei.org/products/pdfs/historyground.pdf. Accessed September 22, 2008.
- Terrell, D. L. and Keenan, R. K. *Digital Design for Interference Specifications*, 2nd ed., Pinellas Park, FL, The Keenan Corporation, 1983.
- Waaben, S. "High-Performance Optocoupler Circuits," *International Solid State Circuits Conference*, Philadelphia, PA, February 1975.

参考図書

- Brown, H. "Don't Leave System Ground to Chance." *EDN/EEE*, January 1972.
- Cushman, R. H. "Designers Guide to Optical Couplers." *EDN*, July 20, 1973.
- DeDad, J. "The Pros and Cons of IG Wiring." *EC & M*, November 2007.
- *Integrating Electronic Equipment and Power Into Rack Enclosures*, Middle Atlantic Products, 2008.
- Morrison, R. *Grounding and Shielding*, 5th ed., New York, Wiley, 2007.
- Morrison, R. *Grounding and Shielding in Facilities*, New York, Wiley, 1990.
- *The Truth — Power Distribution & Grounding in Residential AV Installations*. Parts 1 to 3, Middle Atlantic Products, 2008. Available at http://exactpower.com. Accessed February 2009.

第 4 章
平衡化とフィルタリング

4.1　平衡化

　平衡回路とは二つの導線の回路であり，両信号導線とこれに接続されるすべての回路は，基準導線（通常はグラウンド）やほかのすべての導線に関して有限の同じインピーダンスを持つ。平衡化の目的は，二つの導線でのノイズの受信を等しくするためであり，この場合，そのノイズはコモンモード信号となって負荷端で相殺できる。二つの信号導線のグラウンドに対するインピーダンスが等しくない場合は，システムが不平衡になる。したがって，グラウンドリターン導線を持つ回路は不平衡であり，ときにはシングルエンド回路と呼ばれることもある。

　平衡化は見過ごされることが多いノイズ低減手法であり——多くの場合，費用対効果の高い手法であるが——ノイズをシールドのみで得られるレベルより低く抑えたいときに，シールドと組み合わせて用いられることがある。さらに，用途によっては，シールドに代わって重要なノイズ低減技術として用いられる。

　平衡回路によってコモンモードノイズを最も有効に低減させるためには，終端を平衡させるだけではなく，相互接続（ケーブル）も平衡させる必要がある。終端を平衡させるには，トランスを用いるか差動増幅器を用いるかの二つの方法で実現できる。

　平衡システムがノイズを低減する優れた事例は電話システムであり，その信号レベルは通常数百 mV である。電話ケーブルは，シールドされていないツイストペア線からなり，高電圧（4～14 kV）の交流電力線と何 km も平行して設置されることが多く，しかも電話から 50/60 Hz のハムノイズが聞こえることはめったにない。これは，電話システムが，信号源側も負荷側も平衡させた平衡システムであることの結果である。ごくまれにハムノイズが聞こえることもあるが，それは，何か平衡を崩す原因がケーブルに生じた場合（水がケーブル中に入った場合など）に起こることであって，平衡が回復すればこの問題はなくなる。

　以下では，図 4-1 に示す回路を検討する。R_{S1} が R_{S2} と等しい場合は信号源が平衡し，R_{L1} が R_{L2} と等しい場合は負荷が平衡している。この状態では，両方の信号導線がグラウンドに対して同じインピーダンスを持つので，この回路は平衡化されることになる。回路が平衡するには，V_{S1} が V_{S2} と等しくなくてもよいことに注意のこと。二つの電圧源の一方，あるいは両方の電圧がゼロであっても回路は平衡化される。

　図 4-1 では，二つのコモンモードノイズ電圧 V_{N1} と V_{N2} が導線と直列に示されている。このノイズ電圧はノイズ電流 I_{N1} と I_{N2} を発生させる。信号源 V_{S1} と V_{S2} は一緒に

なって信号電流 I_S を生成する。負荷の両端に発生する総電圧 V_L は次式に等しい。

$$V_L = I_{N1}R_{L1} - I_{N2}R_{L2} + I_S(R_{L1}+R_{L2}) \tag{4-1}$$

最初の2項がノイズ電圧を表し，第3項が希望信号電圧を表している。I_{N1} と I_{N2} とが等しく R_{L1} と R_{L2} とが等しければ，負荷の両端に発生するノイズ電圧はゼロで，式(4-1)は簡略され次式になる。

$$V_L = I_S(R_{L1}+R_{L2}) \tag{4-2}$$

これは，電圧が信号電流 I_S のみによることを表す。

図4-1では，問題を単純化するために抵抗性終端にした。実際には，抵抗成分とリアクタンス成分の両者の平衡が重要である。図4-2では，もっと一般化した回路であり，抵抗性終端と容量性終端の両方を示す。

図4-2に示す平衡回路で，V_1 と V_2 は誘導性の受信電圧であり，電流発生器 I_1 と I_2 は，回路に容量的に結合されるノイズを表す。信号源と負荷のグラウンド電位の差異は V_{cm} で表す。信号導線1と2が互いに近接して配置されると，特にツイストペアにねじるのが望ましいが，二つの誘導性結合ノイズ電圧 V_1 と V_2 は等しくなり，負荷の部分

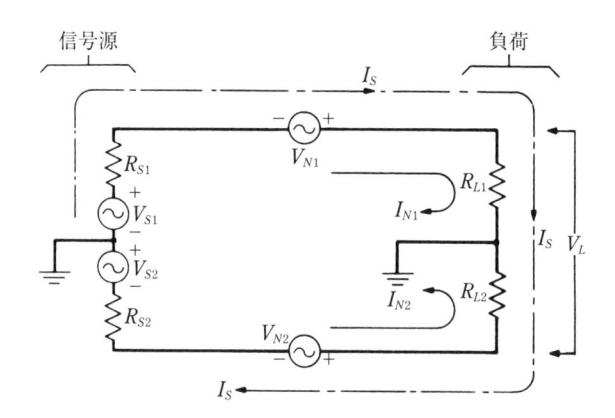

図 4-1 平衡化の条件は，$R_{S1} = R_{S2}$，$R_{L1} = R_{L2}$，$V_{N1} = V_{N2}$，$I_{N1} = I_{N2}$

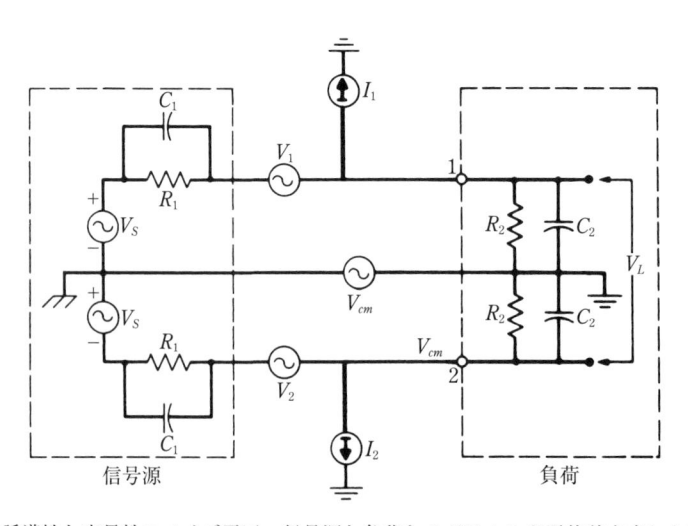

図 4-2 誘導性と容量性のノイズ電圧，信号源と負荷とのグラウンド電位差を表した平衡回路

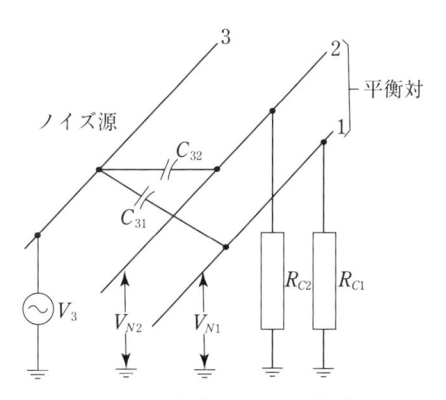

図 4-3 平衡導線での容量性受信

で相殺される。

負荷端子 1 と 2 との間に表れるノイズ電圧は，容量性結合の結果であるが，図 4-3 を参照して求められる。容量 C_{31} と C_{32} は，ノイズ源（この場合は導線 3）との容量性結合を表す。インピーダンス R_{C1} と R_{C2} はそれぞれ導線 1 と 2 からグラウンドへの総抵抗を表している[*1]。

導線 3 の電圧 V_3 により導線 1 に誘起される容量性結合ノイズ電圧 V_{N1} は式(4-3)で表される（式 2-2）。

$$V_{N1} = j\omega R_{C1} C_{31} V_3 \qquad (4\text{-}3)$$

同じく電圧 V_3 によって導線 2 に誘起されるノイズ電圧は次式で表される。

$$V_{N2} = j\omega R_{C2} C_{32} V_3 \qquad (4\text{-}4)$$

回路が平衡であれば，抵抗 R_{C1} と R_{C2} は等しい。また，導線 1 と 2 が近接して配置されていれば，さらにツイストペアによじってあるほうが望ましいが，容量 C_{31} は C_{32} にほとんど等しい。このような条件のもとでは，V_{N1} は V_{N2} にほぼ等しく，容量的に結合されたノイズ電圧は負荷では相殺されてしまう。終端が平衡になれば，ツイストペアケーブルは容量性結合に対して保護を与える。終端が平衡していてもいなくても，ツイストペアは磁界に対する保護作用があるので（2.12 節参照），ツイストペアを用いた平衡回路では導線をシールドしなくても，磁界からも電界からも保護することができる。しかし，完全な平衡を得ることは困難であり，なんらかのほかの保護策が必要になってくるので，シールドを施すことがやはり望ましい。

図 4-2 で，信号源と負荷との間の接地電位差 V_{cm} は，端子 1 と 2 とでは等しい電圧を生じることに注意のこと。この電圧は互いに打ち消し合い，負荷間に新たなノイズ電圧を発生しない。

4.1.1 コモンモード（ノイズ）除去比

コモンモード（ノイズ）除去比（Common-mode (noise) Reduction Ratio：CMRR）は，平衡の度合いやコモンモードノイズ電圧除去における平衡回路の有効性を定量化するために用いられる計量値である。

[*1] R_{C1} と R_{C2} は，いずれも R_1 と R_2 との並列組み合わせに等しい（図 4-2 参照）。

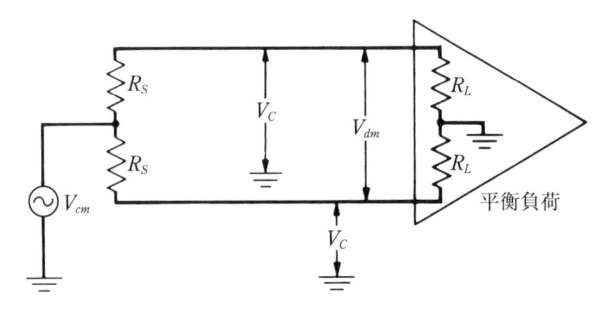

図4-4　CMRRを定義する回路

図4-4は，コモンモード電圧 V_{cm} が加えられた平衡回路を示す。CMRR が完全なら増幅器の入力に加わる差動モード電圧 V_{dm} はゼロになる。しかし，回路に若干の不平衡があるので，コモンモード電圧 V_{cm} のために，小さな差動モードノイズ電圧 V_{dm} が増幅器の入力に表れることになる。CMRR や平衡度は，dB 表示で次式で定義される。

$$\text{CMRR} = 20 \log \left(\frac{V_{cm}}{V_{dm}}\right) \text{[dB]} \tag{4-5}$$

平衡度をよくすればするほど，回路の CMRR が高くなり，大幅なコモンモードノイズ低減が得られる。良好に設計された回路では，代表的な値で 40〜80 dB の CMRR を期待するのが妥当であろう。これよりもさらによい CMRR も可能であるが，特別なケーブルが必要となったり，回路ごとのトリミングが必要となったりする。

信号源の抵抗 R_S が負荷抵抗 R_L より十分小さければ——これが通常の場合だが——増幅器の入力端子で，各導線からグラウンドへの電圧 V_C はほとんど V_{cm} に等しくなるので，式(4-5)の V_{cm} を V_C に置き換えた次式で CMRR を再定義することができる。

$$\text{CMRR} = 20 \log \left(\frac{V_C}{V_{dm}}\right) \tag{4-6}$$

信号源と負荷が（たとえば電話のように）十分な距離で物理的に隔てられている場合は，式(4-6)の定義が望ましい。その理由は，V_C と V_{dm} いずれもが同じ回路端で測定できるからである。

理想的に平衡化したシステムでは，コモンモードノイズが回路に侵入しない。しかし実際には，信号源の不平衡，負荷の不平衡，ケーブルの不平衡，あるいは浮遊/寄生インピーダンスの不平衡などの小さな不平衡がノイズの抑制を制限する。抵抗性とリアクタンスの平衡を考慮する必要がある。周波数が高くなると，リアクタンスの平衡のほうが重要になる。

多くの場合，実際の用途では，負荷は平衡しているが信号源は平衡していない。**信号源の抵抗の不平衡** ΔR_S により発生する CMRR は図4-5 を参照して求める。この場合の CMRR は次式で表される。

$$\text{CMRR} = 20 \log \left[\frac{(R_L + R_S + \Delta R_S)(R_L + R_S)}{R_L \Delta R_S}\right] \tag{4-7}$$

通常の場合のように，R_L が $R_S + \Delta R_S$ よりもずっと大きい場合は，式(4-7)は次式に書き換えられる。

$$\text{CMRR} = 20 \log \left[\frac{R_L}{\Delta R_S}\right] \tag{4-8}$$

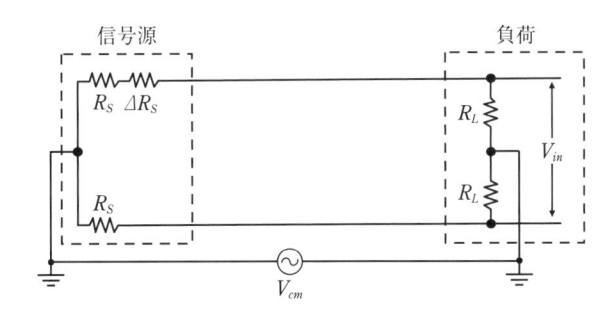

図4-5 平衡回路における信号源抵抗の不平衡によるCMRRへの影響を表す回路

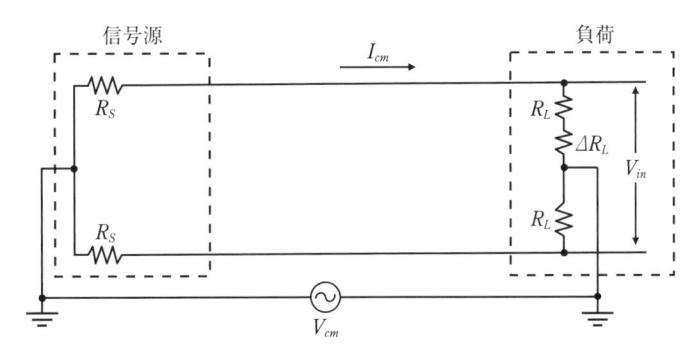

図4-6 平衡回路における負荷抵抗の不平衡によるCMRRへの影響を表す回路

信号源の一方の端がグラウンドに接続されている場合など，不平衡の信号源と平衡した負荷とが用いられる場合は，ΔR_S は信号源の総抵抗 R_S と等しくなる。

たとえば，R_L が10 kΩ で ΔR_S が10 Ω の場合の CMRR は 60 dB になる。

図4-5 に示す回路のノイズ性能への，信号源の不平衡による有害な影響は，次の施策によって低減できる。

・コモンモード電圧を低減すること。
・信号源の不平衡 ΔR_S を低減すること。
・コモンモードの負荷インピーダンス R_L を増大させること。

負荷抵抗の不平衡による CMRR は図4-6 を参照して求めることができる。図において ΔR_L は負荷抵抗の不平衡を表す。その CMRR は次式で表される。

$$\mathrm{CMRR} = 20\log\left[\frac{(R_L+R_S+\Delta R_L)(R_L+R_S)}{R_S \Delta R_L}\right] \tag{4-9}$$

R_L が R_S より十分大きいとき，式(4-9)は次式になる。

$$\mathrm{CMRR} = 20\log\left[\left(\frac{R_L}{R_S}\right)\left(\frac{R_L+\Delta R_L}{\Delta R_L}\right)\right] \tag{4-10}$$

たとえば，R_S が100 Ω で R_L が10 kΩ で ΔR_L が100 Ω の場合，CMRR は 80 dB になる。式(4-10)から，CMRR は R_L/R_S 比の関数であることがわかる。ΔR_L を考慮しなくても，この比が大きいほどノイズ低減率は大きくなる。そのため，信号源のインピーダンスを低くして負荷のインピーダンスを高くすれば，CMRR を大きくできる。理想的には，信号源のインピーダンスをゼロにして，負荷のインピーダンスを無限大にすることが望ましい。

式(4-8)と式(4-10)から，信号源が不平衡の場合でも負荷が不平衡の場合でも，大きな負荷抵抗がCMRRを最大にすることがわかる．負荷抵抗を無限大とした場合，不平衡の信号源抵抗にも負荷抵抗にも電流が流れず，ノイズによる電圧降下が発生して回路に結合するようなこともないので，それが正しいことがわかる．

　図4-6の負荷抵抗が$X\%$の公差を持つ実際の抵抗の場合，最悪の場合には一方の負荷抵抗が$X\%$高めの値で，他方の抵抗が$X\%$低めになる場合がある．単位を〔%〕でなく比で示した値pで抵抗の公差を表すと，$\Delta R_L = 2pR_L$または$\Delta R_L/R_L = 2p$となる．そのため$R_L \gg \Delta R_L$の場合，式(4-10)の$\Delta R_L/(R_L+\Delta R_L)$の項は抵抗の公差の2倍になり，式(4-10)は次式に書き直せる．

$$\text{CMRR} = 20 \log \left(\frac{1}{2p}\right)\left(\frac{R_L}{R_S}\right) \tag{4-11}$$

ここで，pは比で表した負荷抵抗の公差である．たとえば，R_Sが500Ωであり，負荷抵抗R_Lがおのおの10kΩで1%の公差の抵抗の場合，CMRRは最悪の場合で60dBになる．

4.1.2　ケーブルの平衡化

　相互接続ケーブルに関しては，ケーブルを構成する2導線間で抵抗とリアクタンスの両者を平衡させる必要がある．そのため，両導線は抵抗もリアクタンスも等しくなければならない．多くの場合，回路の不平衡はケーブルの不平衡よりも大きい．しかし，たとえば100dB以上の大きなコモンモード除去が必要な場合や非常に長いケーブルを扱う場合は，ケーブルの不完全さを考慮する必要がある．

　多くのケーブルで，抵抗の不平衡は微小であり無視できる．一方，容量の不平衡は，通常3～5%程度である．低い周波数では，容量のリアクタンスは回路のインピーダンスに比べて十分小さいので，容量の不平衡は無視できる．しかし，高い周波数では，容量の不平衡を考慮する必要がある．

　編組シールドのケーブルでは，適切に終端すれば誘導性の不平衡は事実上存在しない．ケーブルのシールドが不適切に終端されると，つまりシールドを360°で接続しなかった場合には，問題を生じることがある．

　特にドレイン線（アース線）を持つシールドケーブルは，ドレイン線を流れる電流があるため，編組シールドケーブルよりもインダクタンスの不平衡が大きい．ドレイン線は，ケーブルの導線の一方の導線に偏って近くなり，その導線に強く結合する．ドレイン線の抵抗は，低周波ではアルミ箔シールドよりも1桁ほど小さいので，ほとんどのシールド電流がアルミ箔シールドよりもドレイン線のほうに流れる．このため信号導線への誘導結合の不平衡が大きくなる．

　10MHz以上の周波数では，表皮効果によりシールド電流がアルミ箔に流れるため，誘導性の不平衡は大幅に軽減される．しかし，よくあることだが，アルミ箔シールドケーブルがドレイン線を介して終端されると，ケーブルの端部近くにインダクタンスの不平衡が表れる．その理由は，シールド電流がアルミ箔シールドの断面に均一に流れないためである．ドレイン線に流れる電流と不適切なシールド終端という上記の二つの問題によるインダクタンスの不平衡があるため，ドレイン線付きのアルミ箔シールドケーブ

ルは，コモンモードノイズを大幅に抑制する必要があるような感度の高い回路で使用してはならない。

平衡化の効果とシールドの効果とは相加効果がある。シールドは，信号線のコモンモードノイズの受信量を低減するために用いられる。平衡化は，コモンモードノイズの電圧が差動モード電圧に変換されて負荷に結合することを低減させる。

回路が 60 dB の平衡度を持ち，ケーブルがシールドされていないものと仮定する。また，ケーブルの二つの導線が 300 mV のコモンモードノイズ電圧を電界結合で受信するものとする。平衡化により，負荷へ結合するノイズはこれより 60 dB 低下して 300 μV になる。ケーブルの導線の周りに 40 dB のシールド効果を有する接地シールドが加えられた場合，両導線のコモンモードの受信電圧は 3 mV まで低減される。負荷に結合するノイズは，平衡化によってこれより 60 dB 低下して 3 μV になる。このことは，ノイズが 100 dB 低下する結果を表している。すなわち，シールドによって 40 dB 低下し，平衡化によって 60 dB 低下する。

回路の平衡化は周波数に依存する。通常周波数が高くなると，大きな CMRR を維持することが難しくなる。それは，周波数が高くなると，浮遊容量が平衡化に影響を及ぼすからである。

4.1.3　システムの平衡化

システムの構成要素である個々の素子の CMRR がわかっても，その素子を組み合わせたシステム全体の CMRR は必ずしも予測できない。たとえば，二つの素子の不平衡が互いに補い合うことにより，総合 CMRR が個々の素子の CMRR よりも大きくなり得る。その逆に，素子の不平衡の組み合わせが悪くて，総合 CMRR が個々の素子の CMRR よりも小さくなることもある。

システム全体のよい平衡化を保証する一つの方法は，個々の素子の CMRR をシステム全体の目標の CMRR よりも高く規定することである。しかし，この方法では最も経済的なシステムを得ることができなくなる。システムを構成する素子が複数用いられた場合，システム全体の CMRR を見積るもう一つの方法は，システム全体の CMRR を，最悪素子の CMRR に等しいと仮定することである。この方法は，最悪素子の CMRR がほかの素子より 6 dB 以上悪い場合に，特に有効な方法である。

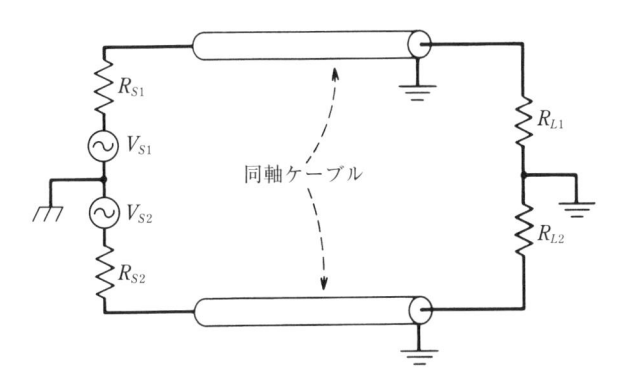

図 4-7　平衡回路での同軸ケーブルの使用例

ツイストペアケーブルは本質的に平衡形なので，ツイストペアケーブルやシールドツイストペアケーブルが，平衡化システムでの相互接続ケーブルとしてたびたび用いられる。一方，同軸ケーブル（同軸線）は本質的に非平衡構造である。これを平衡形システムに用いる場合には2本のケーブルを用い，図4-7に示すような使い方をすべきである。この方法の例として，18章および図18-8に示す平衡化した差動電圧プローブがある。

4.1.4　平衡負荷

4.1.4.1　差動増幅器

差動増幅器は平衡化システムの負荷として多用される。図4-8は，基本的な差動増幅器を示す。これは，三角形の記号で表す演算増幅器（オペアンプ）で構成され，回路の性能を決定する帰還（フィードバック）抵抗やほかの複数の抵抗とで囲まれている。オペアンプは，差動入力端子とシングルエンドの出力端子を有する。**理想的な**オペアンプは次の特性を持つ。

・非常に大きな電圧利得（ゲイン）A，理想的には無限大
・＋と－の入力端子間の入力抵抗 R_{in} が無限大
・出力抵抗 R_{out} の値がゼロ
・CMRR が無限大

この理想的なオペアンプの特性は，実際には実現し得ないが，それに近づくことができる。典型的なオペアンプは，直流でのゲインが10万，入力抵抗が数 MΩ，出力抵抗は数 Ω である。オペアンプだけの CMRR は，フィードバック抵抗などがないとき，普通は 70〜80 dB の範囲にある。実際の増幅器を構成するために抵抗が付加された場合に，オペアンプのゲインなどを理想的なものと仮定すると解析が非常に簡単になる。フィードバック抵抗と付加抵抗を加えると，オペアンプはシングルエンド増幅器，差動増幅器，反転増幅器，あるいは非反転増幅器として構成できる。

図4-8に示す増幅器は差動入力の反転増幅器である。差動入力電圧に対するこの増幅器の差動ゲインは次式になる。

$$A_{dm} = -\frac{R_2}{R_1} \tag{4-12}$$

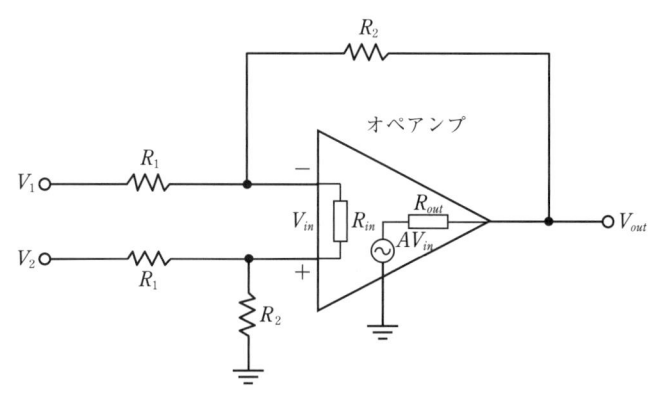

図4-8　基本的な差動増幅器

フィードバック抵抗は負入力端子に接続され，＋と－の入力端子間の電圧を低い値（理想的にはゼロ）にする。増幅器の正端子と負端子との間の電圧は小さい（理想的にはゼロ）ため，V_1 と V_2 の電位を持つ入力端子間の差動モードの入力インピーダンスは次式になる。

$$R_{in(dm)} = 2R_1 \tag{4-13}$$

ここで，オペアンプの入力端子には電流が流れていないことに注意すること。その理由は，そのインピーダンスが理想的には無限大であるからである。現実には入力電流はフィードバック抵抗を通って出力端子へと流れ，オペアンプの正端子に接続する抵抗 R_2 と R_1 を通って戻ってくる。

二つの入力端子（V_1 と V_2 をつないで）とグラウンドとの間のコモンモード入力インピーダンスは次式になる。

$$R_{in(cm)} = \frac{(R_1+R_2)}{2} \tag{4-14}$$

図 4-6 の R_L を図 4-8 の R_1+R_2 に等しくすれば，図 4-6 は平衡化信号源で駆動される差動増幅器を表すことになる。図 4-6 での等価的な差動入力電圧 V_{in} は，図 4-8 の V_1 と V_2 との間の電圧に等しくなる。図 4-6 でのコモンモード電圧 V_{cm} から生じる入力電圧 V_{in} は，コモンモード入力電流 I_{cm} に負荷抵抗の不平衡分 ΔR_L を掛け算した値，すなわち $V_{in} = I_{cm}\Delta(R_1+R_2)$ になる。電流 I_{cm} は $V_{cm}/[R_s+\Delta(R_1+R_2)+(R_1+R_2)]$ に等しくなる。$R_2 \gg R_1$，$R_2 \gg \Delta(R_1+R_2)$ であって $R_2 \gg R_s$ の場合は，増幅器の等価的な差動モード入力電圧は次式になる。

$$V_{in} = \frac{\Delta R_2}{R_2}(V_{cm}) \tag{4-15}$$

コモンモード電圧 V_{cm} が生じる増幅器の出力電圧 V_{out} は，式 (4-15) の V_{in} に式 (4-12) の差動ゲイン A_{dm} を掛けて計算され次式になる。

$$V_{out} = \frac{\Delta R_2}{R_2}(A_{dm}V_{cm}) \tag{4-16}$$

したがって，コモンモード電圧ゲインは次式で表される。

$$A_{cm} = \frac{V_{out}}{V_{cm}} = \frac{\Delta R_2}{R_2}(A_{dm}) = \frac{\Delta R_2}{R_1} \tag{4-17a}$$

ここで，式 (4-17a) における $\Delta R_2/R_2$ の項は，最悪でも抵抗 R_2 の公差の 2 倍である。抵抗の公差に％ではなく数値 p を用いると，式 (4-17a) は次式に書き直せる。

$$A_{cm} = 2pA_{dm} = \frac{2pR_2}{R_1} \tag{4-17b}$$

差動増幅器の CMRR は，式 (4-15) の V_{in} を式 (4-5)（図 4-4 参照）の V_{dm} に置き換えることで定義され，次式で表される。

$$\mathrm{CMRR} = 20\log\left(\frac{V_{cm}}{V_{dm}}\right) = 20\log\left(\frac{R_2}{\Delta R_2}\right) = 20\log\left(\frac{1}{2p}\right) \tag{4-18}$$

図 4-8 に示す差動増幅器が，抵抗 R_1 と R_2 に 0.1 ％ の公差の抵抗を使用した場合，式 (4-18) から CMRR は 54 dB になる。

多くの書物（Frederiksen, 1988；Graeme et al., 1971）では，差動増幅器の CMRR を

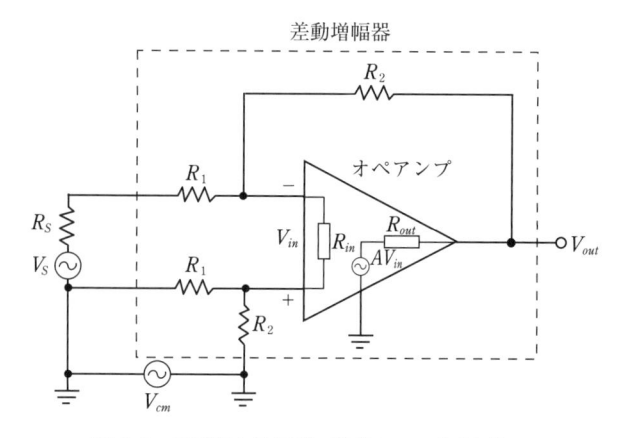

図 4-9　不平衡な信号源で駆動される差動増幅器

次式で定義している。

$$\mathrm{CMRR} = 20 \log \left(\frac{A_{dm}}{A_{cm}} \right) \tag{4-19}$$

式(4-17b)を式(4-19)の A_{cm} に代入すると，$\mathrm{CMRR} = 20 \log (1/2p)$ になるが，これは式(4-18)に一致する。

整合した抵抗を使って平衡化した信号源で駆動すれば，差動増幅器は大きな CMRR を持つ。しかし，よくあることだが，図 4-9 のように不平衡な信号源で駆動されると，信号源の不平衡の結果として CMRR はかなり低下する。

不平衡な信号源で駆動される平衡化回路の CMRR は式(4-8)で表された。この式は，図 4-9 で表される差動増幅器で $R_2 \gg R_1$ の場合には，次式に書き直せる。

$$\mathrm{CMRR} = 20 \log \frac{R_2}{R_S} \tag{4-20}$$

図 4-9 で $R_S = 500\,\Omega$，$R_2 = 100\,\mathrm{k}\Omega$ の場合，式(4-20)から $\mathrm{CMRR} = 46\,\mathrm{dB}$ になる。式(4-20)により差動増幅器の入力インピーダンスを上昇させると，それに比例して CMRR が増加することは明らかである。信号源抵抗 R_S を減少させることでも増幅器の CMRR を増加させることができる。

したがって，不平衡な信号源で駆動される差動増幅器の CMRR を改善する最善の方法は，増幅器のコモンモードの入力インピーダンスを数 $\mathrm{M}\Omega$ 以上にすることである。先の例で，R_2 が $100\,\mathrm{k}\Omega$ の代わりに $2\,\mathrm{M}\Omega$ になれば，CMRR は $72\,\mathrm{dB}$ になり $26\,\mathrm{dB}$ 改善される。しかし，このように大きな値の抵抗は，入力部に熱ノイズを発生させる源になるので現実的ではない。抵抗が発生する熱ノイズの大きさは，抵抗値の平方根の関数である（8.1 節参照）。

4.1.4.2　計装用増幅器

別法として，二つの高インピーダンスのバッファアンプを差動増幅器の入力段に設置する手法がある。高インピーダンスで非反転型のバッファアンプは，標準的なオペアンプを用いて，信号を正の入力端子から入力し，そのフィードバック信号を負の入力端子に入力することによって構成できる。この手法は，図 4-10 に示す典型的な計装用増幅器を構成する。

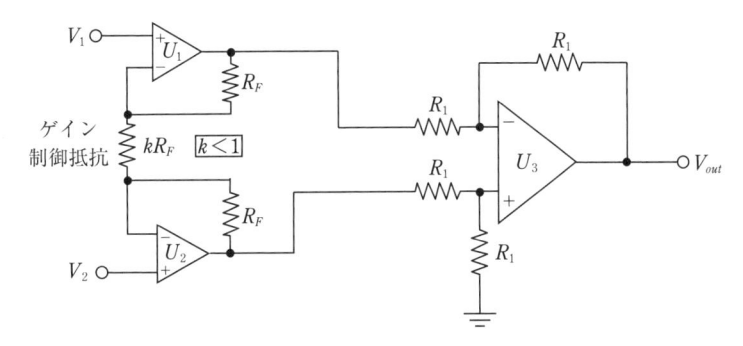

図 4-10 計装用増幅器

表 4-1 図 4-10 の計装用増幅器の差動モードとコモンモードのゲイン

ゲインの種類	バッファアンプ (U_1 と U_2)	差動アンプ (U_3)	計装用増幅器総計
A_{dm}	$1+(2/k)$	1	$1+(2/k)$
A_{cm}	1	$2p$	$2p$

　計装用増幅器の構成は，二つのペア抵抗の比を替える代わりに，一つの抵抗（kR_F）によりゲイン制御ができる利点もある。この場合は，オペアンプの正の入力端子にはフィードバックしないので，計装用増幅器の入力インピーダンスはオペアンプの入力インピーダンスに等しくなる。この構成により，入力インピーダンスを 1 MΩ 以上にすることができる。

　計装用増幅器の入力に電線の交流が誘導する場合は，図 4-10 の回路において，バッファ回路の入力端子とグラウンドとの間にシャント（短絡）抵抗を追加する必要があり，入力トランジスタのバイアス電流を流す経路を提供する。そのため，バイアス電流が極めて少ないトランジスタや電界効果トランジスタ（Field Effect Transistor：FET）のオペアンプを使用する必要がある。この場合のコモンモードの入力インピーダンスは，入力抵抗とオペアンプの入力インピーダンスの並列構成になる。

　計装用増幅器では，ゲインはバッファアンプ（U_1 と U_2）により設定され，差動増幅器（U_3）はゲインが 1 を持つように設定される。バッファアンプは，コモンモードのゲインが 1 であり，差動モードのゲインが $A_{dm} = 1+(2/k)$ である。ここで，k は 1 より小さい定数である。

　バッファアンプは，コモンモードのゲインが 1 であるため，コモンモードノイズはすべて差動増幅器（U_3）によって除去される。2 段の計装用増幅器のゲインを表 4-1 にまとめた。

　式(4-19)から，計装用増幅器の CMRR は次式で表される。

$$\mathrm{CMRR} = 20 \log \left(\frac{A_{dm}}{A_{cm}}\right) = 20 \log \left(\frac{A_{dm}}{2p}\right) = 20 \log \left(\frac{1+\dfrac{2}{k}}{2p}\right) \tag{4-21}$$

　式(4-21)を式(4-18)と比較すると，同じ公差の抵抗に対して計装用増幅器は，等価な差動増幅器よりも CMRR が $20 \log (A_{dm})$ 大きい。公差が 0.1 % の抵抗を用いたゲイン

が 100 の計装用増幅器では CMRR は 94 dB になる。公差が 0.1 % の抵抗を用いたゲインが 100 の差動増幅器では，式(4-18)から CMRR はわずか 54 dB である。

差動増幅器では，抵抗公差に起因して増幅器の入力部でコモンモードから差動モードへの変換が起こる。このコモンモード信号から差動モードに変換された信号は，増幅器の差動モードのゲインで増幅される。計装用増幅器では，同様な変換が差動増幅器（図 4-10 の U_3）の入力部で起こるが，この増幅器は差動ゲインが 1 であるので，コモンモードから差動モードに変換された信号は増幅されない。

そのため，計装用増幅器では，コモンモードが差動モードに変換されるゲインが 1 の差動増幅器 U_3 の入力部の前段で，バッファ U_1 と U_2 がゲインを生じることにより CMRR が改善される。

表 4-2 は計装用増幅器の CMRR を抵抗の公差と差動モードのゲインの関数で表す。

表 4-2　計装用増幅器の〔dB〕で表した CMRR

抵抗の公差	$A_{dm}=1$	$A_{dm}=10$	$A_{dm}=100$	$A_{dm}=1000$
1 %	34	54	74	94
0.1 %	54	74	94	114
0.01 %	74	94	114	134

4.1.4.3　変成器結合入力

大きなコモンモードインピーダンスを得るもう一つの方法は，変成器を用いることである。変成器は，図 4-11 のように差動増幅器やシングルエンド増幅器でも用いられる。変成器を用いると，低周波のコモンモード入力インピーダンスは変成器の 1 次巻き線と 2 次巻き線との間のきわめて大きな値の絶縁抵抗によって定まることになる。高周波では，変成器の巻き線間の容量もコモンモード入力インピーダンスに影響する。変成器は信号源と負荷をガルバニック・アイソレーション（直流絶縁）する。変成器はまた一方，寸法が大きくまたコストも高くなりがちである。しかし，性能はよい。

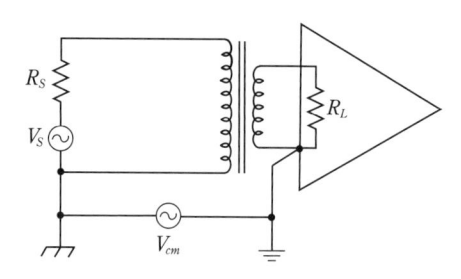

図 4-11　変成器を使って，コモンモードの負荷インピーダンスを増加させ，ガルバニック・アイソレーション（直流絶縁）を行う。

4.1.4.4　入力ケーブルのシールドの終端

上述したように，ケーブルのシールドは両端でグラウンド接続するのが普通である。しかし，計装用増幅器のようなコモンモード入力インピーダンスの高い増幅器を使う場合は，入力ケーブルのシールドは信号源のグラウンドにのみ接続されることが多い。その場合は，増幅器の高い入力インピーダンスはケーブルの容量で短絡され，それが増幅

器の入力インピーダンスを下げ，システムのCMRRを下げる。ケーブルのシールドが信号源側でグラウンド接続されたら，ケーブルの容量は信号源の抵抗を短絡するが，信号源の抵抗はすでに十分に小さいのでCMRRが低下することはない。しかし，この構成では，高周波回路やデジタル回路が共存している製品からの放射ノイズが増大する場合が多い。そのため，CMRRを最大化するか放射ノイズを最小化するかは，トレードオフの関係にある。放射ノイズを最小化するためには，シールドは両端でグラウンド接続する必要がある。

[例4-1] 高いインピーダンスの差動増幅器の入力は，600 Ωの不平衡な信号源から98 pF/m（30 pF/ft）の分布容量を持つケーブルを介して供給される。そのケーブルの長さが30 mの場合，ケーブルの総容量は3 nFになる。ケーブルのシールドが増幅器側で接地される場合，ケーブルの容量は増幅器の入力インピーダンスを短絡するので，その入力インピーダンスはケーブルの容量性リアクタンスを超えることはない。1 000 HzでCMRRは式(4-8)から次式となる。

$$\mathrm{CMRR} \leq 20 \log \left[\frac{1}{2\pi f C \Delta R s}\right]$$

したがって，

$$\mathrm{CMRR} \leq 20 \log \left[\frac{1}{2\pi (1\,000)(3\times 10^{-9})(600)}\right] = 40\ \mathrm{dB}$$

システムのCMRRは，増幅器の実際の入力インピーダンスにかかわらず，ケーブルの容量によって制約され，40 dBよりも大きくならない。増幅器の実際の入力インピーダンスが2 MΩで，ケーブルのシールドが信号源側でグラウンド接続される場合は，ケーブルの容量が信号源のインピーダンスを短絡し，CMRRは70 dBになる。

4.2 フィルタリング

フィルタは，信号の特性を変えたり，ときには減衰させたりするために用いられる。フィルタには，差動モード用のフィルタとコモンモード用のものがある。信号線用，すなわち差動モード用のフィルタは十分に理解されている。その設計に関しては多くの本や論文がある。しかし，コモンモードフィルタについては不可解なものと思われることが多く，あまりよく理解されていない。

4.2.1 コモンモードフィルタ

コモンモードフィルタは，ケーブルのノイズを抑制するために通常使われ，意図する差動モード信号を妨げられずに通させるものである。なぜコモンモードフィルタの設計は，差動モードフィルタの設計よりも難しいのであろうか。その理由は，基本的には次の三つがある。

・信号源のインピーダンスが通常はわからない。
・負荷のインピーダンスも通常はわからない。
・フィルタはケーブルの意図した信号（差動モード）をゆがめてはならない。

フィルタの有効性は，それが間に挿入される信号源と負荷のインピーダンスに依存する。差動モードフィルタについては，駆動回路の出力インピーダンスが比較的容易にわかるし，負荷の入力インピーダンスもわかりやすい。しかし，コモンモード信号については，その発生源は，回路図のどこにも記載されていない回路が発生するノイズであり，負荷はアンテナとして働くケーブルであり，負荷インピーダンスはあまり知られていないうえに周波数によって変化するし，ケーブルの長さや導線の直径，ケーブルの配線の形によっても変わる。

コモンモードフィルタの場合，発生源のインピーダンスは通常，プリント回路板（Printed Circuit Board：PCB）のグラウンドインピーダンスであり（小さいが誘導性のため周波数とともに増加する），その負荷はアンテナとして振る舞うケーブルのインピーダンスである（これは，ケーブルの共振点以外の周波数では大きな値である）。そのため，発生源のインピーダンスも負荷のインピーダンスも正確にはわからないが，その大きさと周波数特性を知る手掛かりはある。

コモンモードフィルタが意図する差動モード信号をゆがめないために，フィルタの差動モードの通過帯域は次の条件を満たす必要がある。

・狭帯域の信号には，そこにある最高周波数
・広帯域のデジタル信号の場合は，$1/(\pi t_r)$ の周波数（t_r は信号の立上り時間）

差動モードすなわち信号線用のフィルタ（クロック線用フィルタなど）は，信号源や信号ドライバのできるだけ近くに置くべきである。一方，コモンモードフィルタは，ケーブルが筐体から出入りする箇所になるべく近く置くべきである。

図4-12は，単純な2素子のローパスのコモンモードフィルタであり，直列素子とシャント（短絡）素子とからなる。このフィルタは信号線とリターン線の両方に挿入して使う。この図は，フィルタに接続されたコモンモード（ノイズ）の電圧源と差動モード（信号）の電圧源も示す。

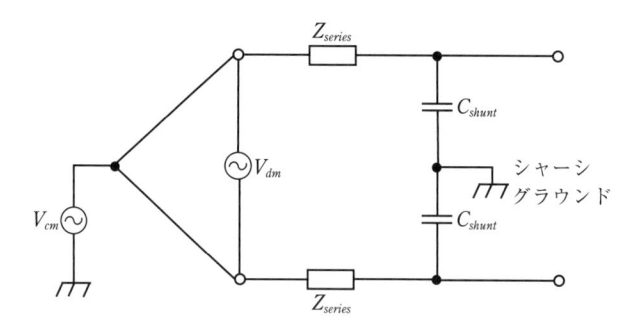

図4-12　2素子型コモンモードフィルタを信号線とリターン線とに設置した例

コモンモード電圧源に対しては，二つのシャントコンデンサが並列に挿入されて，総容量 $2C_{shunt}$ を持つ。差動モード電圧源に対しては，その二つのコンデンサは直列に挿入されて，総容量 $C_{shunt}/2$ を持つ。そのため，コモンモードノイズ源からは差動モード信号源から観測されるよりも4倍大きな容量が観測されることになる。このように，フ

ィルタのシャント容量は，差動モード信号よりもコモンモードノイズに対して効果的であるため望ましい状態である。

しかしながら，コモンモードノイズ源に対しては，二つの直列インピーダンスは並列に挿入されて総インピーダンス $Z_{series}/2$ を持つ．一方，差動モード信号源に対しては，その二つの直列インピーダンスが直列に挿入されて総インピーダンス $2Z_{series}$ を持つ．そのため，差動モード信号源からは，コモンモードノイズ源から観測されるよりも4倍大きな直列インピーダンスが観測されることになる．フィルタの直列インピーダンスは，コモンモード電圧に対する効果が差動モード電圧に対する効果よりも大きいことが望ましいので，この結果はよくない．そのため，コモンモードフィルタにおける直列素子はコモンモードチョーク（3.5 節参照）として構成され，この場合，差動モードインピーダンスはゼロになり，直列インピーダンスはコモンモードノイズにのみ影響して差動モード信号には影響しなくなるからである．

コモンモードフィルタは通常，1 素子から 3 素子を次の形に配置して構成したローパスフィルタである．
- 1 素子フィルタ
  - 一つの直列素子
  - 一つのシャント素子
- 多素子フィルタ
  - L 型フィルタ（一つの直列素子と一つのシャント素子）
  - T 型フィルタ（二つの直列素子と一つのシャント素子）
  - π 型フィルタ（二つのシャント素子と一つの直列素子）

1 素子フィルタの優位点は，それが一つの部品だけで構成できる点である．多素子フィルタの優位点は，1 素子フィルタが有効でない場合にも効果的に機能する点と，1 素子フィルタよりも大きな減衰効果が得られる点である．

フィルタ内のシャント素子は，ほとんどの場合は容量である．その値はフィルタが有効に働くべき周波数の範囲により定まる．フィルタ内の直列素子は，抵抗，インダクタまたはフェライトである．直流電圧の低下が許される場合は抵抗が使える．直流電圧の低下が許されない場合は，インダクタかフェライトを使う必要がある．その理由は，いずれも電圧降下がゼロかあるいは極めて小さい値だからである．低周波（10～30 MHz 以下）の場合はインダクタを使い，高周波ではフェライトを使う．インダクタを使う場合，Q ファクターの高い部品では 4.3.1 項で議論するような共振の問題が生じることがある．そのため，インダクタの Q ファクターを下げるために小さな値の抵抗が直列に挿入されることが多い．フェライトのコモンモードチョークは差動モード信号に影響しない利点も持つ．

フィルタによる減衰は，インピーダンスの不整合の結果として生じる．上記で議論したように，信号源のインピーダンスは通常は低く，共振周波数以外では負荷インピーダンスが高い．そのため，L 型フィルタは低いインピーダンスの信号源側には高インピーダンスの素子（直列素子）を設置し，高いインピーダンスの負荷側には低インピーダンス素子（シャント容量）を設置することにより最も有効に働く．

フィルタの直列素子を有効に働かせるためには，信号源のインピーダンスと負荷のインピーダンスの和よりも大きなインピーダンスを持たせるべきである。フィルタのシャント素子を有効に働かせるためには，信号源のインピーダンスと負荷のインピーダンスを並列に接続したインピーダンスよりも小さなインピーダンスを持たせるべきである。

そのために，次の三つの状態が可能である。(1) 信号源のインピーダンスと負荷のインピーダンスがともに低い場合は，直列素子が有効である，(2) 信号源のインピーダンスと負荷のインピーダンスがともに高い場合は，シャント抵抗が有効である，(3) 信号源のインピーダンスと負荷のインピーダンスの一方が低く，他方が高い場合は，(どちらがそうであっても) 1素子フィルタは有効ではなく，多素子フィルタを用いなければならない。

直列素子は，ケーブルの共振周波数の近傍 (そこでは信号源のインピーダンスと負荷のインピーダンスとがともに低い) で使う場合に最も有効に働く。一方，ケーブルの共振周波数より上の領域 (そこでは信号源のインピーダンスが比較的高く負荷のインピーダンスも高い) では，シャント容量が最も有効に働く。ケーブルには共振点が複数あって，そこではインピーダンスが落ち込み，直列素子が有効に働くことになる。ケーブルがダイポールアンテナとして働く場合には，第1共振点ではケーブルは70Ω近くのインピーダンスを持つ。ケーブルがモノポールアンテナとして働く場合には，そのインピーダンスは35Ωになる。

多段フィルタでは，フィルタの段数が多くなるほど，減衰が終端インピーダンスに影響されなくなる。不整合の大部分は，実際の信号源と負荷のインピーダンスに影響されずに，フィルタ素子自体間で発生させられる。

シャント容量は，グラウンドに低いインピーダンスで接続させる必要があるが，それをどのグラウンドに接続したらよいのか？ PCBのグラウンドで発生したコモンモードノイズを抑制しようとするとき，フィルタのコンデンサは筐体やシャーシのグラウンドに接続する必要がある。回路のグラウンドとシャーシのグラウンドがPCBの入出力 (I/O) 部分で接続される場合，これは推奨されることだが，その接続部分ではシャーシのグラウンドと回路のグラウンドは一致する。

コモンモードフィルタは，装置の筐体に出入りするすべての導線に設ける必要があることに注意のこと。その導線には回路のグラウンド線も含まれる。フィルタにシャントコンデンサを用いるときには，各導線間に一つのコンデンサを設置する必要があり，これにはグラウンド線も含まれる。直列の抵抗やインダクタを用いる場合には，各導線に直列に一つの素子を挿入する必要があり，これにはグラウンド線も含まれる。しかし，フェライトコアの場合は，1本のケーブルのすべての導線を1個のフェライトコアの中を通すことにより，1素子だけで足りる。これは，フェライトの主要な利点であり，1素子が多くの導線を扱える。

L型フィルタで直列素子とシャントコンデンサが一緒に使われるとき，直列素子はフィルタの回路側 (こちらが低インピーダンス側だから) に配置し，コンデンサはケーブル側 (こちらが高インピーダンス側だから) に配置すべきである。コンデンサは，回路のグラウンドに対してインピーダンスが低い信号源側では十分には働かないため，この構成が必要である。高インピーダンスの直列素子がシャントコンデンサより回路側に置

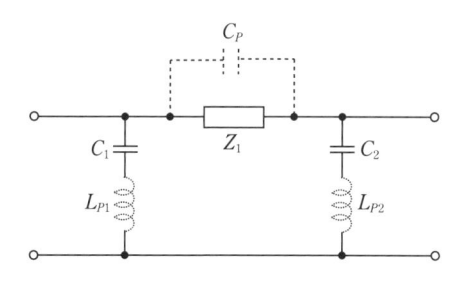

図 4-13　ローパス π 型フィルタとその寄生素子

かれる場合，その直列素子は信号源インピーダンスを上昇させ，そのコンデンサが有効に働けるようになる。フェライトをコンデンサよりもケーブル側に置いた場合は，すでにインピーダンスが高いケーブルのインピーダンスを増加させるだけであって，フィルタにはほとんど効果がない。

4.2.2　フィルタでの寄生効果

図 4-13 に示すローパス π 型フィルタについて考える。このフィルタは一つの直列インピーダンスと二つのシャントコンデンサからなる。寄生容量 C_P が直列インピーダンス Z_1 に並列に入り，寄生インダクタンス L_{P1} と L_{P2} が二つのコンデンサ C_1 と C_2 のおのおのに直列に入る。周波数が高くなると直列素子が容量性になり，二つのシャント素子が誘導性になる周波数に至る。その周波数では，ローパスフィルタはハイパスフィルタに転換している。設計する際に，ローパスフィルタからハイパスフィルタへの転換点が，使用する周波数範囲内にないことを確認しておく必要がある。

この転換が起こる周波数はフィルタの配置による。貧弱なフィルタの配置では，この転換は数十 MHz 以下の周波数でも起こる。よいフィルタの配置では，この転換は数百 MHz 以上の周波数で起こるようにできる。配置だけでこれだけの差が出る！　ある周波数以上では，ローパスフィルタがすべてハイパスフィルタになる。それとは逆に，ある周波数以上ではその寄生素子によって，ハイパスフィルタがすべてローパスフィルタになる。

多くの場合に，高い周波数ではフィルタの機能を発揮させるために，意図する素子の値よりも寄生素子の制御が重要になる。

4.3　電源のデカップリング

多くの電子システムにおいて直流配電システムが使われる。そのため，その直流配電システムが，システムの回路間でノイズを結合させる通路にならないようにすることが重要である。配電システムの目的は，負荷電流が変動する状況にあっても，すべての負荷に一定の直流電圧を供給することである。それに加えて，負荷で発生した交流ノイズが，その直流電源バスに交流電圧を発生させないようにもしなければならない。

電源供給は，理想的にはインピーダンスがゼロの電圧源である。しかし，実際の電源供給はインピーダンスがゼロではないので，そこに接続された回路間に結合するノイズ源を表す。電源は有限のインピーダンスを持つだけでなく，さらに電源を回路に接続す

る導線はそのインピーダンスを増加させる。図 4-14 は回路図に出てくる代表的配電システムを表している。直流電源——電池，電源，コンバータ——は，ヒューズを介して二つの導線で可変負荷 R_L に接続されている。局所的なデカップリングコンデンサ C が負荷に並列に追加されることもある。

詳細な回路解析のためには，図 4-14 の簡略化回路を図 4-15 に示すような回路に拡大しなければならない。ここで R_S は電源のインピーダンスを表し，電源の変動率の関数であり，抵抗 R_F はヒューズの抵抗を表す。R_T, L_T, C_T なる素子は，それぞれ電源と負荷とを接続するのに用いられる伝送線路の分布抵抗，分布インダクタンス，分布容量である。電圧 V_N はほかの回路から配線内に結合されるノイズを表す。デカップリングコンデンサ C はそれに付随した抵抗 R_C とインダクタンス L_C とを有しており，抵抗 R_L は負荷を表している。

侵入するノイズ V_N は先に 2 章と 3 章で述べたような技術で最小にすることができる。デカップリングコンデンサ C の効果は 4.3.1 項で説明する。図 4-15 からデカップリングコンデンサ C と V_N を除くと図 4-16 になるが，この回路を配電システムの性能を求めるのに用いることにする。さらに図 4-16 を二つの部分に分けて解析することに

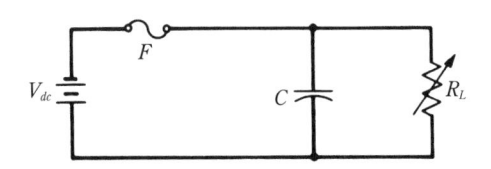

図 4-14 回路図に記載される直流配電システム

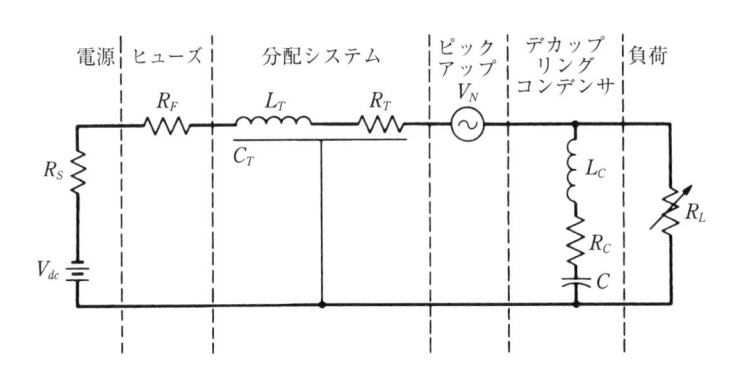

図 4-15 寄生素子を含めた直流配電システムの実際の回路

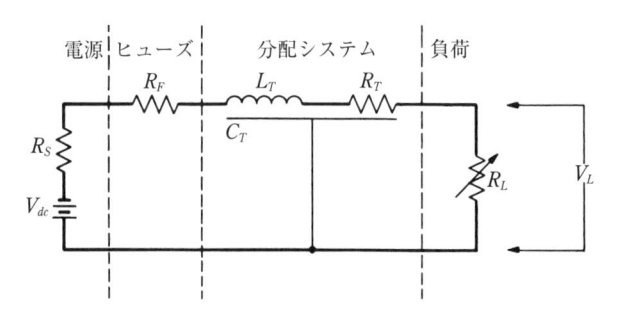

図 4-16 図 4-15 からデカップリングコンデンサとノイズ受信電圧を取り去った回路

より，問題がいっそう簡略化できる．一つ目は静的な，すなわちシステムの直流動作を求める解析であり，二つ目はシステムの過渡的な，すなわちノイズ動作を求める解析である．

静的電圧降下は最大負荷電流と抵抗 R_S，R_F，R_T とで決まる．電源の出力インピーダンス R_S は，電源変動率を改善することで低減できる．配電線の抵抗 R_T は，導線の断面積 A と長さ l および導線材料の体積抵抗率（ρ）の関数であり，次式で表される．

$$R_T = \rho \frac{l}{A} \tag{4-22}$$

銅の体積抵抗率 ρ は 1.724×10^{-8} Ω·m である．最小直流負荷電圧は次式で表せる．

$$V_{L(\min)} = V_{dc(\min)} - I_{L(\max)} (R_S + R_F + R_T)_{\max} \tag{4-23}$$

配電回路の過渡的ノイズ電圧は，負荷電流の急激な変化によって発生する．電流変化が瞬時的であると仮定すると，結果としての電圧変化の振幅は，次式の伝送線路の特性インピーダンス（Z_0）の関数になる．

$$Z_0 = \sqrt{\frac{L_T}{C_T}} \tag{4-24}$$

すると，負荷端での瞬時的電圧変化 ΔV_L は，次式になる．

$$\Delta V_L = \Delta I_L Z_0 \tag{4-25}$$

電流が瞬時的に変化するという仮定は，デジタル回路では現実的なものであるが，アナログ回路では必ずしもそうとはいえない．しかし，アナログ回路でも各種配電システムのノイズ特性を比較する性能指数として，直流配電伝送線路の特性インピーダンスが用いられる．ノイズの影響を最も少なくするには，配電システムの伝送線の特性インピーダンスはできる限り小さく，一般的には，1 Ω 以下にすることが望ましい．したがって，式(4-24)は配電線の容量は大きく，インダクタンスは小さくなくてはならないことを示している．

インダクタンスを低減するために，導線の断面を円形の代わりに長方形にし，電源線とリターン導線とをできるだけ接近させる．この両対策は伝送線路の容量を増大させ，また導線間を誘電率の高い材料で絶縁することでも容量を大きくできる．図 4-17 は，各種構造の導線の特性インピーダンスを示す．これらの方程式は，図中の不等式が満足されない場合でも使用可能である．この場合の条件として周縁の効果を無視しているので，実際の値よりも大きな Z_0 の値を与えることになる．また，各種材料の比誘電率（ε_r）を表 4-3 に示した．最適な配電線とは，できるだけ幅広く平行な平板導線で，一方を他方の上に重ね合わせて，その間隙をできる限り狭く密着させたものということになる．

特性インピーダンスの非常に低い配電システムを得ることの難しさを示すのに，いくつかの数値例を示すのが有効であろう．まず誘電体であるテフロン® を介して，直径の 1.5 倍の距離に配置された二つの円形平行線を考える．その特性インピーダンスは次のとおりである．

$$Z_0 = \frac{120}{\sqrt{2.1}} \cosh^{-1}(1.5) = 80 \text{ Ω}$$

誘電体を空気とした場合，この特性インピーダンスは 115 Ω となる．実際の特性イ

構造	式
平行線	$Z_0 = \dfrac{120}{\sqrt{\varepsilon_r}} \cosh^{-1}\left(\dfrac{D}{d}\right)$ ただし，$D/d \geq 3$，$Z_0 = \dfrac{120}{\sqrt{\varepsilon_r}} \ln\left(\dfrac{2D}{d}\right)$
グラウンド面上の線	$Z_0 = \dfrac{60}{\sqrt{\varepsilon_r}} \cosh^{-1}\left(\dfrac{2h}{d}\right)$ ただし，$2h/d \geq 3$，$Z_0 = \dfrac{60}{\sqrt{\varepsilon_r}} \ln\left(\dfrac{4h}{d}\right)$
平行平板導線	ただし，$w \gg h$ かつ $h \gg t$，$Z_0 = \dfrac{377}{\sqrt{\varepsilon_r}}\left(\dfrac{h}{w}\right)$
グラウンド面上の平板導線	ただし，$w \gg h$，$Z_0 = \dfrac{377}{\sqrt{\varepsilon_r}}\left(\dfrac{h}{w}\right)$
並置された平板導線	ただし，$w \gg t$，$Z_0 = \dfrac{120}{\sqrt{\varepsilon_r}} \ln\left(\dfrac{\pi(h+w)}{w+t}\right)$

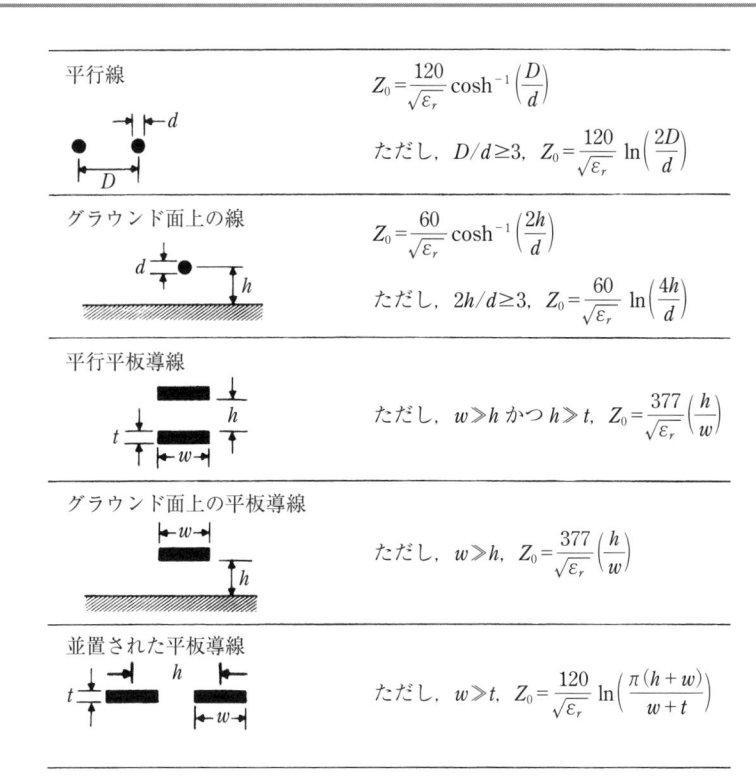

図 4-17　各種導線構造の特性インピーダンス

表 4-3　各種材料の比誘電率

材　質	ε_r
空気	1.0
発泡スチレン	1.03
発泡ポリエチレン	1.6
多孔質ポリエチレン	1.8
テフロン®*	2.1
ポリエチレン	2.3
ポリスチレン	2.5
ナイロン	3.0
シリコンラバー	3.1
ポリエステル	3.2
ポリ塩化ビニル（PVC）	3.5
エポキシ樹脂	3.6
デルリン™	3.7
ゲテック®**	3.9
ガラスエポキシ	4.5
マイラー®*	5.0
ポリウレタン	7.0
ガラス	7.5
セラミック	9.0

*　デュポンの商標名 Dupont, Wilmington, DE. の登録商標
**　General Electric, Fairfield, CT の登録商標の商標名

ンピーダンスは，電磁界の一部はテフロン®，残りは空気中にあるのでこれらの値の間にあり，この場合 100 Ω が妥当なところである。

第 2 の例として，厚さ t が 0.069 mm で幅 w が 0.508 mm の二つの平板導線が，エポ

キシガラス材でできた PCB 上に隣り合わせて置かれているものとする。この間隔 h が 1.016 mm の場合，特性インピーダンスは次式で計算される．

$$Z_0 = \frac{120}{\sqrt{4.5}} \ln\left(\frac{\pi(1.016+0.508)}{0.508+0.069}\right) = 120\,\Omega$$

誘電体が空気の場合，その特性インピーダンスは 254 Ω になる．PCB の表面の配線では，電磁界の一部が空気中にあり，ほかの一部がエポキシガラス中にあるので実際の特性インピーダンスはこれらの値の間にあり，この場合 187 Ω が妥当なところである．

上述した例は，二つとも普通の構造のものであり，いずれも特性インピーダンスの非常に低い伝送線路ということではなかった．しかし，幅 6.35 mm の二つの平板導線が 0.127 mm の薄いマイラーシート® を介して，互いに重ね合わされて配置されているものとすると，特性インピーダンスは次の値になる．

$$Z_0 = \frac{377}{\sqrt{5}}\left(\frac{0.127}{6.35}\right) = 3.4\,\Omega$$

誘電体が空気の場合，その特性インピーダンスは 7.6 Ω になる．電磁界の一部はマイラー® 中にあり，一部は空気中にあるので実際の特性インピーダンスはこれらの値の間にあり，この場合 5.5 Ω が妥当である．

このような構成は，先の例に比べて非常に低い特性インピーダンスの伝送線路になるが，それでもまだ非常に低い特性インピーダンスであるとはいえない．

上記の例は，特性インピーダンスが 1 Ω 以下の配電システムを得ることが困難であることを示す．この結果，所望の低インピーダンスを得るために，デカップリングコンデンサを負荷端の電源バスの両端に配することが必要になってくる．これは良好な方法ではあるが，個別コンデンサもその直列インダクタンスのため，高周波数ではインピーダンスを低く保てない．しかし，伝送線路はこれを適切に設計しさえすれば，高周波数においてもインピーダンスを低く維持することができる．低周波でのアナログ回路のデカップリングを次章で議論する．高周波のデジタル論理回路のデカップリングについては 11 章を参照されたい．

4.3.1 低周波アナログ回路のデカップリング

電源とその配電システムは理想的な電圧源ではないので，配電システムを経由して結合するノイズを最小化するために，各回路または回路のグループごとにデカップリングを施すのがよい．この施策は，設計者が配電システムの回路の電力の消費量を制御できないときには特に重要である．

抵抗とコンデンサおよびインダクタとコンデンサからなるデカップリング回路網を用いることにより，回路を電源から隔離し回路間の結合を除去し，電源供給系のノイズが回路に侵入しないようにしている．破線で示したコンデンサを無視すると，図 4-18 はこの 2 種の構成を示す．図 4-18(A) に示す RC フィルタを用いたときには，抵抗での電圧降下が電源供給電圧を低下させる．この電圧降下がこの構成のフィルタ能力を制限する．

図 4-18(B) に示す LC フィルタは，電源供給電圧において同じ損失を与える場合で比較すれば，特に高周波においてより大きなフィルタリングが行える．しかし，LC フィ

第4章 平衡化とフィルタリング

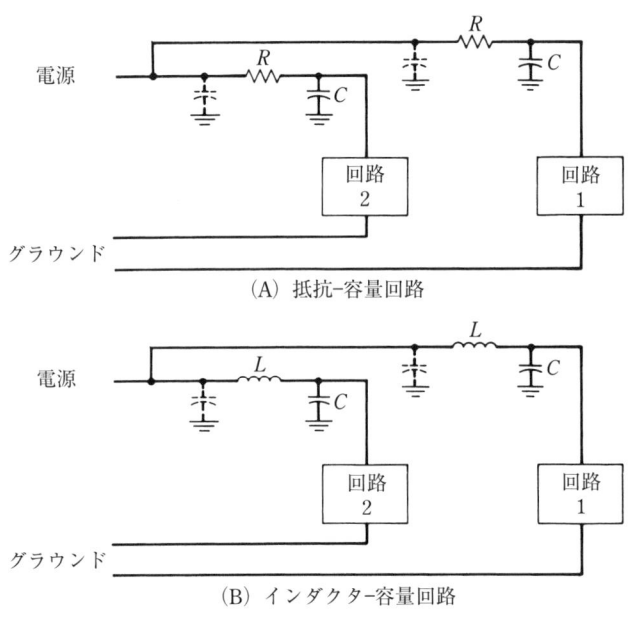

(A) 抵抗-容量回路

(B) インダクター容量回路

図 4-18　回路のデカップリング

ルタは，次式で表される共振周波数を持つ。

$$f_r = \frac{1}{2\pi\sqrt{LC}} \tag{4-26}$$

この共振周波数では，フィルタを通過する信号のほうが，フィルタのない場合よりも大きくなることがある。注意をしなければならないことは，この共振周波数が，そのフィルタに接続する回路の通過帯域よりも十分小さいことを確認することである。LC フィルタの共振周波数におけるゲインの大きさは，次式で表すダンピング係数に反比例する。

$$\varsigma = \frac{R}{2}\sqrt{\frac{C}{L}} \tag{4-27}$$

ここで R はインダクタの抵抗である。LC フィルタの共振周波数近くでの応答を図 4-19 に示す。共振周波数でのゲインを 2 dB 以下に制限するためには，減衰率を 0.5 以上にしなければならない。必要なら，減衰率を大きくするために，インダクタに直列に追加抵抗を加えることができる。用いるインダクタは，回路が必要とする直流電流を飽和せずに通すことができなければならない。図 4-18 に破線で示したような第 2 のコンデンサを各部に追加して，回路から配電線に戻るノイズへのフィルタ能力を高めるようにする。これによりフィルタが π 回路に変わる。

ノイズを考慮すると，図 4-18(A) の RC 回路のような減衰フィルタのほうが，図 4-18(B) の LC 回路のようなリアクティブフィルタより望ましい。減衰フィルタでは，望ましくないノイズ電圧は熱に変えられノイズ源が除去される。しかし，リアクティブフィルタでは，ノイズ電圧は移動されるだけである。ノイズ電圧は，負荷に表れずにインダクタに表れ，そこで放射されて回路のほかの箇所で問題を生じることがある。そのため，この放射を除去するためにインダクタのシールドが必要になることもある。

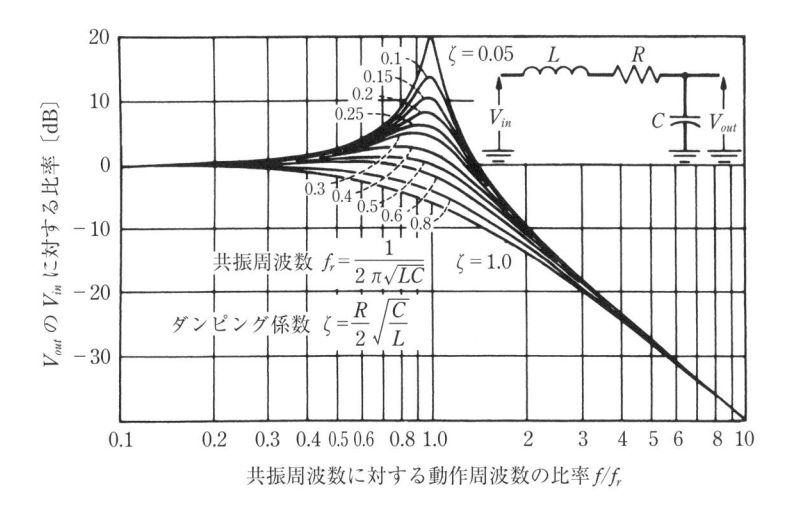

図 4-19 減衰定数がフィルタの応答に及ぼす影響

共振周波数 $f_r = \dfrac{1}{2\pi\sqrt{LC}}$

ダンピング係数 $\zeta = \dfrac{R}{2}\sqrt{\dfrac{C}{L}}$

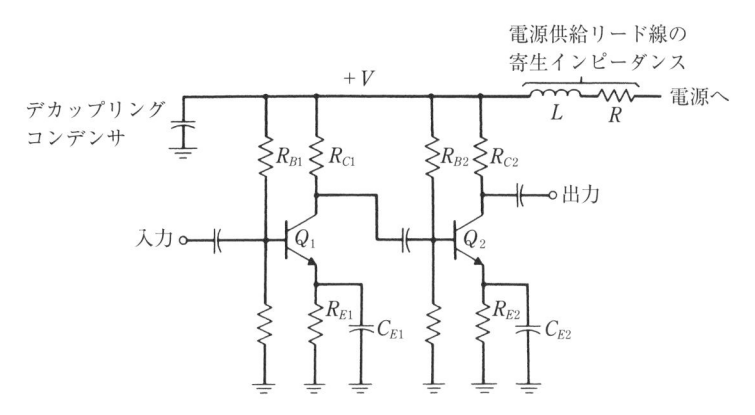

図 4-20 2段トランジスタ増幅器の電源デカップリング

4.3.2 増幅器のデカップリング

　たとえ一つの増幅器を電力供給回路に接続する場合でも，電力供給回路のインピーダンスを考慮する必要がある．図 4-20 は，典型的な2段トランジスタ増幅器の回路図を示す．この回路を解析するとき，電源線とグラウンドとの間の交流インピーダンスはゼロと想定されている．この想定は，デカップリングコンデンサが増幅器の電源とグラウンドとの間に設置されていない限り保証できない（電源とその配線はインダクタンスと抵抗を持つからである）．このコンデンサは，増幅器がゲインを持つ周波数帯域で短絡回路として働く．この周波数帯域は，信号が増幅される周波数帯域よりもずっと広いことがある．その短絡回路が増幅器の電源端子間に設置されていないと，その回路は配電線に対して交流電圧のゲインを持つ．電源線上のこの信号電圧は，抵抗 R_{b1} を介して増幅器の入力部にフィードバックされて発振を引き起こす可能性がある．

4.4 容量性負荷の駆動

伝送線路のような容量性負荷を駆動するエミッタフォロワは，配電線の不適切なデカップリングにより生じる高周波の発振を起こしやすい[*2]。図 4-21 は，このような回路を示す。電源線の寄生インダクタンスからなるコレクタのインピーダンス Z_C は，周波数とともに増大し，エミッタのインピーダンス Z_E は，ケーブル容量により周波数とともに減少する。したがって，高周波ではトランジスタのコレクタ（図 4-21 の A 点）に大きな電圧ゲインを持つ。

$$電圧ゲイン \approx \frac{Z_C}{Z_E} \tag{4-28}$$

これがトランジスタの周囲とバイアス抵抗 R_B を介して交流フィードバック経路を提供し，発振の可能性を生じる。同じ増幅器の前段も同じ電源に接続される場合，このフィードバックは前段の増幅器にも伝搬して，発振の可能性がさらに大きくなる。発振は出力ケーブルの有無に影響されることが多い。その理由は，ケーブルがエミッタの容量に影響して，高周波のゲインとトランジスタの位相シフトにも影響するからである。

リード線の寄生インダクタンスを減少させるためには，増幅器の電源端子（A 点）

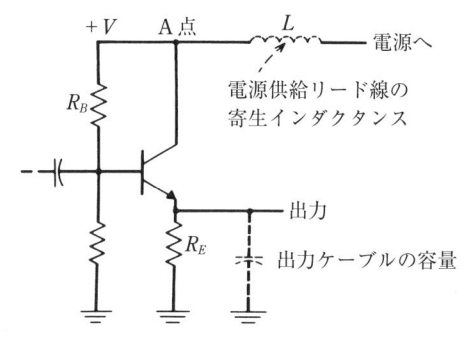

図 4-21　容量性負荷を駆動するエミッタフォロワ

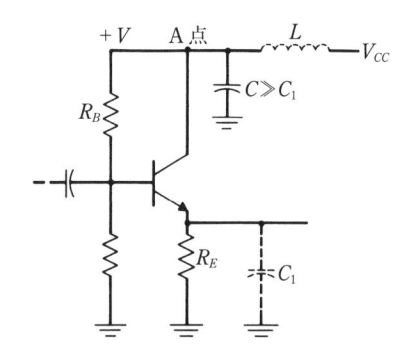

図 4-22　電源からデカップリングされたエミッタフォロワ

[*2] 電源のインピーダンスがゼロでも，設計が不適切だと容量性負荷を持つエミッタフォロワは発振する。Joyce and Clark（1961, pp. 264-269）と Chessman and Sokol（1976）の論文を参照。

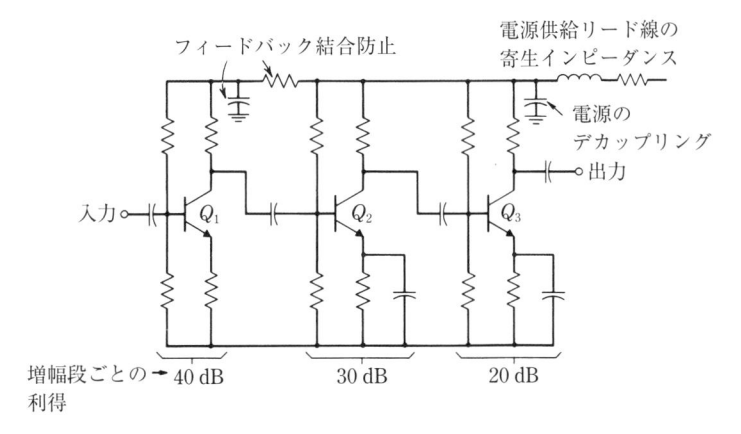

図4-23 増幅器の各段間の電源供給のフィードバックのデカップリング

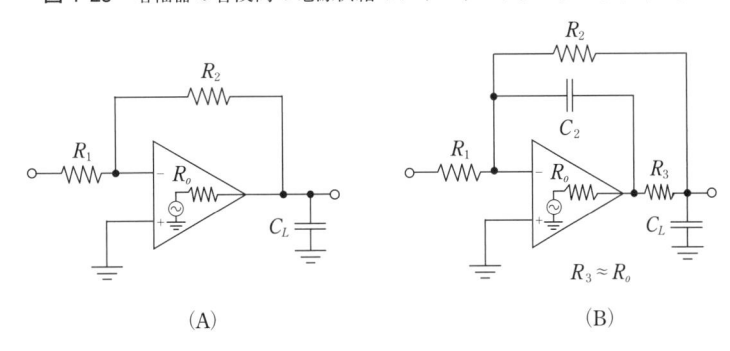

図4-24 （A）容量性負荷を駆動するオペアンプ
（B）増幅器Aを安定化させるためのC_2R_3補償回路

の位置によい高周波グラウンドを設置しなければならない。

これを実現するために，図4-22に示すようにA点と増幅器のグラウンドとの間にコンデンサを接続する。このコンデンサの容量は，エミッタの容量C_1よりも大きくしなければならない。これがトランジスタのコレクタの高周波ゲインを常に1より小さくすることを保証する。

増幅器の電源端子にコンデンサを設置することは，電源とグラウンドとの間の交流インピーダンスをゼロにすることを保証しない。そのため，信号の一部は依然として回路の入力部にフィードバックする。ゲインが60 dB以下の増幅器では，通常このフィードバックは発振を引き起こすことはない。しかし，それより高いゲインを持つ増幅器では，このフィードバックにより発振が引き起こすことは多い。フィードバックは図4-23のように，RCフィルタを第1段への電源に加えることによりさらに低減できる。第1段の増幅器は低レベルの信号を扱うため必要な直流電流が小さいので，フィルタの抵抗部分での直流の電圧降下はあまり害を与えない。

同様な共振の問題は，オペアンプ（差動やシングルエンド）が図4-24(A)のように大きな容量性負荷を駆動する際にも発生する。この場合は，負荷容量はシールドケーブルの容量である。この容量値には数nFから数μFまでの幅がある。増幅器の出力インピーダンスがゼロならば問題は発生しない。増幅器の出力抵抗R_oと負荷の容量C_Lがローパスフィルタを構成し，それが出力信号の位相を変えている。周波数が高くなるに

つれて，このフィルタによる位相シフトが大きくなる。このフィルタの極点，すなわち限界周波数は $f = 1/(2\pi R_o C_L)$ である。この周波数になると位相シフトが $45°$ になる。内部の位相補償容量による位相シフトと出力フィルタの位相シフトの和が $180°$ になると，抵抗 R_2 を介する負のフィードバックが正のフィードバックに変わってしまう。これが増幅器のゲインが 1 以上の周波数で起これば，この回路は発振する。この出力フィルタの限界周波数が高くなるほど，増幅器の安定性はよくなる。これに関する詳細な議論は，Grame（1971, pp. 219-222）を参照されたい。

この問題には，種々の解決策がある。一つは出力インピーダンスが非常に小さい増幅器を用いることである。ほかにできることは，図 4-24(B) のように，追加コンデンサ C_2 と追加抵抗 R_3 を回路に加えることである（Franco, 1989）。抵抗 R_3（通常は R_o と等しくする）は負荷容量を増幅器から分離する。容量の小さいフィードバックコンデンサ C_2（10～100 pF）は位相を進ませ（ゼロ点），容量 C_L の位相の遅れ（極点）を補正する。これにより正味の位相シフトを減少させ，回路の安定性を回復させる。

4.5　システム帯域幅

単純ではあるが見逃されがちなシステムのノイズの低減手法は，システムの帯域幅を意図する信号が必要とする帯域幅だけに制限することである。回路の帯域幅を信号が必要とする以上に広くすることは，余分なノイズがシステムに入ることを許容することになる。システムの帯域幅は開かれた窓にたとえることができる。窓を広く開ければ，落ち葉やゴミ（ノイズ）がたくさん吹き込まれる。

同じ原理がデジタル論理回路の場合にも応用できる。高速論理回路（高速な立上り時間）は，低速なものより高周波ノイズを発生しやすく影響されやすい（12 章を参照）。

4.6　変調と符号化

システムの妨害への感受性は，シールド，グラウンド接続，ケーブルなどに関わりがあるだけでなく，信号に適用されている符号化や変調方式によって左右される。振幅変調，周波数変調，位相変調などの変調システムは，それぞれ固有のノイズ耐力を有している。たとえば振幅変調は振幅の乱れに非常に敏感であるが，周波数変調は振幅の乱れに対しては感度が非常に鈍い。パルス振幅符号化，パルス幅符号化，パルス繰り返し率符号化などのデジタル変調技術も，ノイズ耐力を強化する目的で用いられている。各種の符号化や変調方式の利点は，文献（Panter, 1965 ; Schwartz et al., 1966）に記載されている。ここではそれを繰り返すことはしない。

要約

- 平衡形システムでは，抵抗分とリアクタンス分の両方の平衡を保つ必要がある。
- 平衡形システムでは，平衡の度合いが増すほど，すなわち CMRR が高くなるほど，システムに結合するノイズが小さくなる。

- 平衡化は，これをシールドと併用することによりさらにノイズを低減できる。
- 信号源の出力インピーダンスが低く，負荷の入力インピーダンスが高ければ（あるいはその逆）1素子フィルタは効果がなく，多素子フィルタを使用する必要がある。
- ある周波数以上になると，寄生素子によってローパスフィルタがハイパスフィルタに変わる。
- 直流配電システムの特性インピーダンスが低くなるほど，ノイズが入りにくい。
- 大部分の配電システムは低インピーダンスにできないので，おのおのの負荷にデカップリングコンデンサを設置する必要がある。
- ノイズの点では，リアクティブフィルタよりも減衰フィルタが望ましい。
- 容量性負荷を駆動する増幅器は，適切に補償したりデカップリングしたりしないと発振することがある。
- ノイズを最小化するためには，システムの帯域幅は，意図する信号を伝送するのに必要な最小限の帯域幅より広くしてはいけない。

問題

4.1 式(4-7)を導け。

4.2 図4-4の平衡化回路が60 dBのCMRRを持ち，300 mVのコモンモードのグラウンド電圧を有するとき，平衡化負荷に発生するノイズ電圧はいくらになるか？

4.3 図4-5の回路が5 Ωの信号源不平衡を有するとき，$R_L \gg (R_S + \Delta R_S)$ を仮定して，次を解け。
   a. 負荷抵抗が5 kΩの場合，CMRRはいくつになるか？
   b. 負荷抵抗が150 kΩの場合，CMRRはいくつになるか？
   c. 負荷抵抗が1 MΩの場合，CMRRはいくつになるか？

4.4 平衡化回路で負荷抵抗の公差が半分になるとき，CMRRは最悪の場合でどのくらい増すか？

4.5 平衡化回路のCMRRを最大にするために，負荷抵抗の信号源抵抗に対する比はどうすればよいか？

4.6 図4-8に示した差動増幅器で，R_1 と R_2 が1%の公差の4.7 kΩと270 kΩの抵抗の場合，次の問いに答えよ。
   a. 差動モード入力インピーダンスはいくつか？
   b. 差動モードゲインはいくつか？
   c. コモンモード入力インピーダンスはいくつか？
   d. コモンモードゲインはいくつか？
   e. CMRRはいくつか？

4.7 図4-10のオーディオアンプで，$R_F = 1$ kΩ，$kR_F = 100$ Ω，$R_1 = 10$ kΩであって，全抵抗の公差が1%の場合次の問いに答えよ。
   a. 差動モードゲインはいくつか？
   b. CMRRはいくつか？

4.8 図4-8と類似する差動増幅器と図4-10に類似する計装用増幅器とが，差動ゲイン

が 50 になるように設計され，両者とも同じ公差の抵抗を持っているものとする。どちらの増幅器のほうが大きな CMRR を持つか？　その CMRR の差は何 dB か？

4.9 どのような状況で 1 素子フィルタが無効になるか？

4.10 a. 直列フィルタ素子が有効に働くためには，そのインピーダンス値をいくつにすればよいか？

b. 並列フィルタ素子が有効に働くためには，そのインピーダンス値をいくつにすればよいか？

4.11 コモンモードフィルタの設計が差動モードフィルタよりも難しい理由を三つ挙げよ。

4.12 コモンモードフィルタの並列コンデンサはどこにつなげばよいか？

4.13 コモンモードフィルタの寄生素子は，どうやって最小化できるか？

4.14 直流配電システムで特にどのパラメータが性能指数として使われるか？

4.15 図 P 4-15 に示される層構成の電源バス配線が 5 V 直流電源から負荷に 10 A の電流を供給し，そのバス配線の長さが 5 m の場合，次の問いに答えよ。

a. この配電システムで直流の電圧降下はどのくらいあるか？

b. 電源バスの特性インピーダンスはいくつか？

c. 負荷電流が突然に 0.5 A 上昇すると，電源バスの電圧はいくら変化するか？

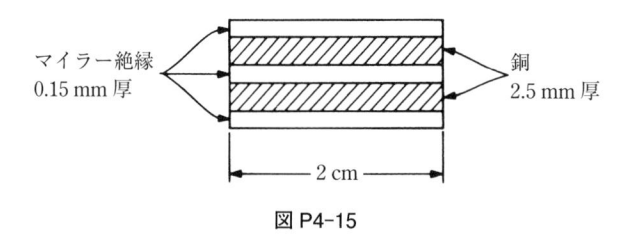

図 P4-15

参考文献

- Chessman, M. and Sokol, N. "Prevent Emitter Follower Oscillation." *Electronic Design*, June 21, 1976.
- Franco, S. "Simple Techniques Provide Compensation for Capacitive Loads." *EDN*, June 8, 1989.
- Frederiksen, T. M. *Intuitive Operational Amplifiers*. New York, McGraw-Hill, 1988.
- Graeme, J. G., Tobey, G. E., and Huelsman, L. P. *Operational Amplifiers*. New York, McGraw-Hill, 1971.
- Joyce M. V. and Clarke, K. K. *Transistor Circuit Analysis*, Reading, MA, Addison-Wesley, 1961.
- Panter, P. F. *Modulation, Noise, and Spectral Analysis*, New York, McGraw-Hill, 1965.
- Schwartz, M. *Information Transmission, Modulation and Noise*, 2nd ed. New York, McGraw-Hill, 1970.
- Schwartz, M., Bennett, W. R., and Stein, S. *Communication Systems and Techniques*, New York, McGraw-Hill, 1966.

参考図書

- Feucht, D. L. *Why Circuits Oscillate Spuriously*. Part 1: BJT Circuits, Available at http://www.analogzone.com/col_1017.pdf. Accessed April 2009.
- Feucht, D. L. *Why Circuits Oscillate Spuriously*. Part 2: Amplifiers, Available at http://www.analogzone.com/col_1121.pdf. Accessed April 2009.
- Nalle, D. "Elimination of Noise in Low Level Circuits." *ISA Journal*, Vol. 12, August 1965.
- Siegel, B. L. "Simple Techniques Help You Conquer Op-Amp Instability." *EDN*, March 31, 1988.

第5章
受動素子

 実際の部品は"理想的"なものではなく，理論的な部品とは異なる特性を持つ（Whalen and Paludi, 1977）。この違いを認識することが部品を適切に応用するために重要である。本章では受動部品の性能に影響する特性に注目し，ノイズ低減回路への応用を考える。

5.1　コンデンサ

 コンデンサはその誘電体材料によって分類される。各種のコンデンサはある応用分野には適するが，ほかの分野には適さないという特性を持つ。実際のコンデンサは純粋な容量のみではなく，図5-1の等価回路に示すように，抵抗とインダクタンスとを有する。Lは等価直列インダクタンス（Equivalent Series Inductance : ESL）であり，コンデンサの構造とリード線とに由来する。抵抗R_2は誘電材の並列リークと体積抵抗率の関数である。R_1はコンデンサの等価直列抵抗（Equivalent Series Resistance : ESR）であり，コンデンサの減衰係数の関数である。

 コンデンサを選定する際に最も重要な検討事項の一つが動作周波数である。コンデンサが有効な最大周波数は，コンデンサの構造に由来するインダクタンスとリード線とによって制限される。コンデンサは，それ自体のインダクタンスによってある周波数で自己共振する。自己共振よりも低い周波数では，コンデンサは容量性であり，周波数の上昇とともにインピーダンスが減少する。自己共振よりも高い周波数では，コンデンサは誘導性になり，周波数の上昇とともにインピーダンスが増加する。図5-2は，$0.1\,\mu\mathrm{F}$の紙コンデンサのインピーダンスが周波数とともにどのように変化するかを示す。図からわかるように，このコンデンサは2.5 MHzあたりで自己共振する。外部リード線やプリント回路板（Printed Circuit Board : PCB）のトレースは，この共振周波数を低くする。

 表面実装型コンデンサは，その寸法が小さいうえにリード線が短いため，リード線付きコンデンサに比べインダクタンスがかなり小さく，そのため高周波用コンデンサに適している。一般的にいって，コンデンサの外形が小さいとインダクタンスが小さい。典

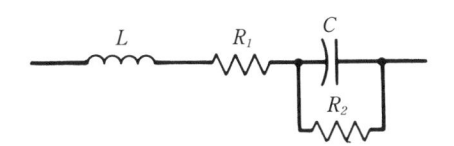

図5-1　コンデンサの等価回路

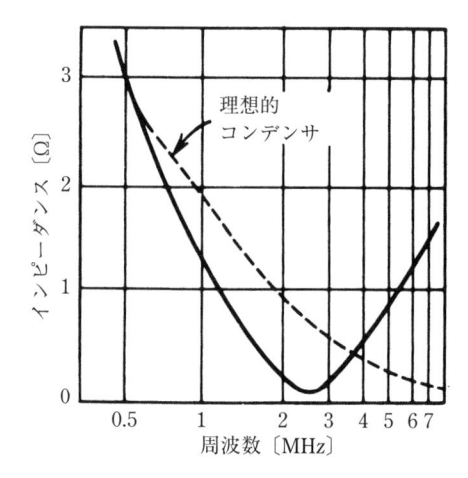

図 5-2　0.1 μF 紙コンデンサのインピーダンスの周波数特性

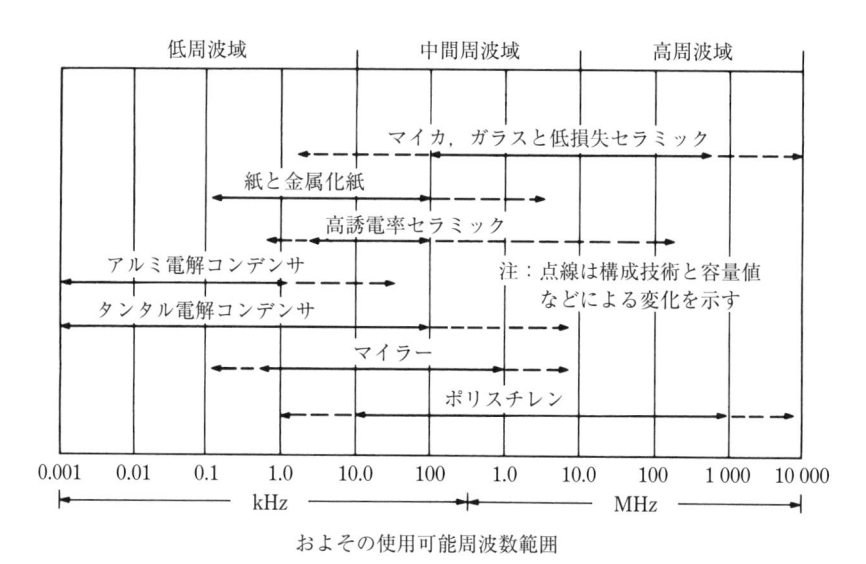

図 5-3　各種コンデンサのおよその使用可能周波数範囲

型的な表面実装型の積層セラミックコンデンサのインダクタンスは，1〜2 nH のレベルである。0.01 μF の表面実装コンデンサで 1 nH の直列インダクタンスを持つものは，50.3 MHz の自己共振周波数を持つ。特種なパッケージ設計により，くしの歯状に多層化したリード線を形成すれば，コンデンサの等価インダクタンスを数百 pH にまで小さくすることができる。

　図 5-3 は，各種コンデンサが使用できるおよその周波数範囲を示す。高周波の限界は，自己共振あるいは誘電体損失の増加によって定まる。低周波の限界は，そのタイプのコンデンサで実用上可能な最大の容量値によって定まる。

5.1.1　電解コンデンサ

　電解コンデンサの主要な利点は，小さなサイズのパッケージで大きな容量値が得られることである。容量対体積比では電解コンデンサが最も大きい。

電解コンデンサを使用する際の重要な注意点は，それが極性を有し，その極性を間違えずに直流電圧を加える必要があることである。非極性のコンデンサは，同じ容量と同じ定格電圧を持つ二つの電解コンデンサを，極性を逆方向に直列に接続することで得られる。その結果，容量が各コンデンサの半分で，定格電圧は各コンデンサと同じコンデンサが得られる。異なる定格電圧のコンデンサを直列につないだ場合は，その定格電圧は低いほうの定格電圧になる。

電解コンデンサには，アルミ電解とタンタル電解の2種類がある。

アルミ電解コンデンサは，1Ω以上の直列抵抗を持つ場合があるが，普通は1/10Ωの数倍程度である。その直列抵抗は，誘電体損失に由来して周波数とともに増大し，温度の低下に伴い増大する。−40℃での直列抵抗は25℃の場合の10～100倍になる。アルミ電解コンデンサは，寸法が大きいためインダクタンスも大きい。そのため，これは低周波用のコンデンサであり，25 kHzを超える周波数では使われない。これは低周波のフィルタやバイパスやカップラとして最もよく使われる。アルミ電解コンデンサは，寿命を長くするために定格電圧の80～90％で使う必要がある。しかし，定格電圧の80％以下の電圧で使用しても信頼性が向上することはない。

アルミ電解コンデンサを交流（AC）や脈動する直流（DC）回路で使うとき，リップル電圧がその最大定格を超えないようにする必要がある。そうでないと，過大な内部発熱が生じる。最大リップル電圧は通常120 Hzで規定されており，これは全波整流ブリッジ回路のフィルタコンデンサに特有の動作である。電解コンデンサの温度は寿命を短くする主要因であり，その最大定格温度を超えて使用してはならない。

固体タンタル電解コンデンサは，アルミ電解コンデンサよりその直列抵抗が小さく，容量の体積比も大きいが，アルミ電解コンデンサよりも高価である。タンタルコンデンサは同じ容量のアルミ電解コンデンサより直列抵抗が1桁ほど小さいことがある。固体タンタルコンデンサはインダクタンスが小さく，アルミ電解コンデンサより高い周波数で使うことができ，数MHzでもよく使われる。一般的に，固体タンタルコンデンサはアルミ電解コンデンサより，時間，温度，衝撃に対して安定している。アルミ電解コンデンサとは異なり，固体タンタルコンデンサは，定格電圧よりも低い電圧で使うことで信頼性が改善される。一般的には，定格電圧の70％以下で使う必要がある。交流や脈動する直流回路で使われる場合，リップル電圧は，その最大定格を超えてはならない。そうでないと，内部発熱によりコンデンサの信頼性が損なわれる。タンタルコンデンサにはリード付きタイプと表面実装タイプとがある。

5.1.2　フィルムコンデンサ

フィルムコンデンサと紙コンデンサは，電解コンデンサよりも直列抵抗がかなり小さいが，インダクタンスは依然として大きい。その容量対体積比は電解コンデンサよりも小さく，数 μFまでの容量を持つ。これらは，数MHzまでの中程度の周波数で使えるコンデンサである。近年の応用では，フィルムコンデンサ類［マイラー®[*1]（ポリエステル），ポリプロピレン，ポリカーボネイト，ポリスチレン］が，紙コンデンサの代わ

---

*1　マイラーはデュポン社の登録商標である。

図5-4 円筒状コンデンサの帯は，その端子が外側の箔に接続されていることを示している。この端子をグラウンド接続することが必要。

りに使われている。このコンデンサは 1 MHz 以下の周波数で動作する回路で，一般的にはフィルタ，バイパス，カップリング，タイミングやノイズ抑制などに使われている。

ポリスチレンフィルムコンデンサは直列抵抗が非常に小さく，容量の周波数特性が非常に安定していて，極めて優れた温度安定性を持つ。中程度の周波帯のコンデンサではあるが，論議したタイプの中でほかのすべての点で理想に近いコンデンサである。フィルタのように，正確な容量値はもちろんのこと時間と温度に対する安定性を要求される精密な用途に用いられることが多い。

紙コンデンサとフィルムコンデンサは，通常円筒状に巻かれる。このコンデンサは，一端の周りに図5-4に示すような帯が印してある。この帯はときには一つの点に置き換えられる。この帯または点のある側のリードは，コンデンサの外側の箔に接続されている。このコンデンサは極性を持たないが，帯のある側のリードはできるだけグラウンドあるいは共通の基準電位に接続すべきである。そうすることで，コンデンサの外部電界との結合を最小にするシールドとしてコンデンサの外側の箔が機能することができる。

5.1.3　マイカコンデンサとセラミックコンデンサ

マイカコンデンサとセラミックコンデンサは，直列抵抗とインダクタンスが非常に小さい。したがって，これらは高周波用のコンデンサであり，リードを短く保てば 500 MHz あたりまで使える。このコンデンサの表面実装型のものの中には，GHz 領域まで使えるものがある。これらのコンデンサは，通常は無線周波数（Radio-frequency：RF）の回路で，高速デジタル回路のデカップリングだけでなくフィルタ，バイパス，カップリング，タイミング調整，周波数選択用に用いられる。高K（高誘電率）のセラミックコンデンサを除けば，これらのコンデンサは通常は，時間，温度，電圧に関し非常に安定である。

セラミックコンデンサは，ほぼ100年の間高周波回路に使われてきた。初期のセラミックコンデンサは"ディスクコンデンサ"であった。しかし，最近数十年間のセラミック技術の長足の進歩により，セラミックコンデンサは今や多くの型や形状や構成を持ち，高周波コンデンサの主力商品になった。

マイカの誘電率が低いため，マイカコンデンサはその容量のわりには寸法が大きくなる傾向にある。セラミックコンデンサの長足の進歩とマイカコンデンサの小さな容量対体積比によって，大部分の低電圧，高周波用の分野でセラミックコンデンサがマイカコンデンサに置き換わった。マイカコンデンサはkV程度の高い絶縁破壊電圧を持つので，無線送信機などの多くの高電圧の無線周波数用途に依然として使用されている。

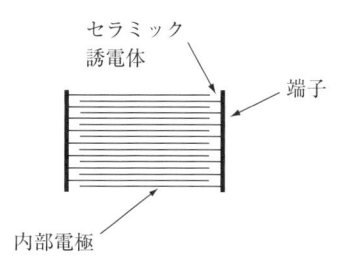

図5-5 多層セラミックコンデンサの構造

表5-1 代表的コンデンサの故障モード

コンデンサの形式	通常な使用	過電圧印加時
アルミ電解コンデンサ	開　放	短　絡
セラミック	〃	〃
マ イ カ	短　絡	〃
マ イ ラ ー	〃	〃
金属化マイラー	漏　洩	ノイズ発生
固体タンタル	短　絡	短　絡

　多層セラミックコンデンサ（Multilayer Ceramic Capacitor : MLCC）は図5-5に示すように，チタン酸バリウムなどのセラミック材の間に互いに入り組んだ金属電極で分離された多層構造からなる。この構造は多くのコンデンサを効率的に並列に接続する。数ミクロンの厚さのセラミック層を数百層も有するMLCCも存在する。

　この種の構造は，一つの層の容量を層数倍したのと同じ総容量が得られる利点がある。それと同時に，一つの層のインダクタンスを層数で割ったに等しい総インダクタンスと同程度に小さくできる利点がある。多層コンデンサ構造は，表面実装技術と組み合わせると，ほぼ理想的な高周波コンデンサをつくることができる。いくつかの小容量（数十pF）の表面実装型MLCCは，数GHz領域の自己共振周波数を持つことができる。

　多くの多層セラミックコンデンサは$1\mu F$以下の容量を持ち，50 V以下の電圧定格を持つ。電圧定格は層間の狭い間隙により制限される。しかし，狭い間隔と大きな層数とを合わせて，$10 \sim 100 \mu F$程度の容量値を持つ大容量MLCCがつくれるようになった。積層セラミックコンデンサは，優れた高周波コンデンサであり，高周波フィルタのみならずデジタル論理回路のデカップリング用途にも広く使われる。

　一方，高K（高誘電率）のセラミックコンデンサは単なる中域周波用のコンデンサである。時間，温度，周波数に関して比較的不安定である。その主要な利点は，標準的な積層セラミックコンデンサに比べて，体積当りの容量が大きいことである。高誘電率のセラミックコンデンサは，通常バイパスコンデンサ，カップリングコンデンサ，ブロッキングコンデンサ用途で，精度を問わない回路で使われる。もう一つの欠点は，過渡電圧により破壊される可能性があることである。そのため，それらを直接低インピーダンスの電源回路に接続してバイパスコンデンサとして使うことは推奨できない。

　表5-1は種々のタイプのコンデンサが，通常の使用時と過電圧が印加された場合の代表的故障モードを示す。

5.1.4 貫通コンデンサ

表 5-2 は，小さなセラミックコンデンサの共振周波数に対してリード長が与える影響を示す。共振周波数を高く保つには，それが機能する最も小さな容量のコンデンサの使用が望ましい。

しばしば直面することであるが，共振周波数を問題の周波数より高く保てない場合には，共振周波数よりも高い周波数でのコンデンサのインピーダンスは，インダクタンスのみによって定まる。この条件ではどの容量のコンデンサも同じ高周波インピーダンスを持ち，低周波特性の改善のためには大きな容量値が使用できる。この場合，コンデンサの高周波インピーダンスを低減する唯一の方法は，コンデンサの構造によるインダクタンスとそのリードを減らすことである。

直列共振周波数でのコンデンサのインピーダンスは，図 5-2 のように理想的なコンデンサ（インダクタンスがない）よりも実際には小さい。しかし，共振周波数よりも高い周波数では，そのインダクタンスは周波数とともにインピーダンスを上昇させる。

金属筐体を貫通するか，またはそのうえに配置するように設計された貫通形コンデンサを用いることにより，コンデンサの共振周波数を高くできる。図 5-6 は，このようなコンデンサがシャーシやシールドに搭載されている場合を，その回路表示とともに示している。貫通形コンデンサは 3 端子素子である。その容量はリードとコンデンサの金属ケースとの間にあり，二つのリード端子間にはない。貫通形コンデンサはグラウンドとの間に導線がないため，非常に低いインダクタンスのグラウンド接続を持つ。存在するどのリードのインダクタンスも信号線に直列であり，実際にコンデンサの効果を増加させる。なぜなら，それが貫通形コンデンサを T 型のローパスフィルタへと変化させるからである。図 5-7 はリードインダクタンスを含み，標準的なコンデンサと貫通コンデンサの等価回路を示す。結果として，貫通形コンデンサは非常に優れた高周波特性を持

表 5-2 セラミックコンデンサの自己共振周波数

容量値	自己共振周波数〔MHz〕	
〔pF〕	$\frac{1}{4}$ in リード	$\frac{1}{2}$ in リード
10 000	12	—
1 000	35	32
500	70	65
100	150	120
50	220	200
10	500	350

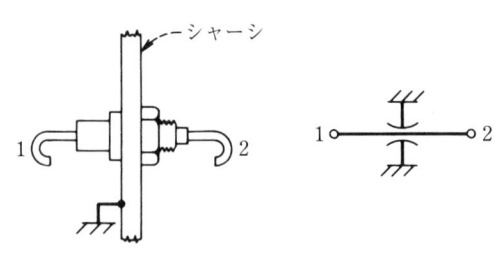

(A) シャーシ搭載状態　　(B) 回路図表示

図 5-6　代表的な貫通形コンデンサ

(A) 標準形　　　(B) 貫通形

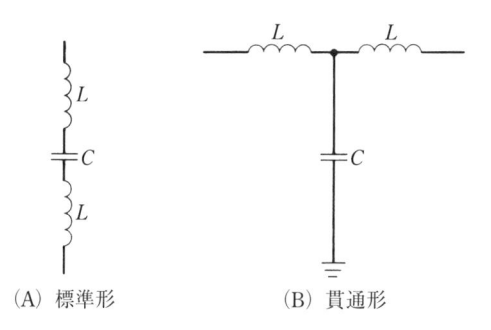

図 5-7　標準コンデンサと貫通コンデンサのリードインダクタンス

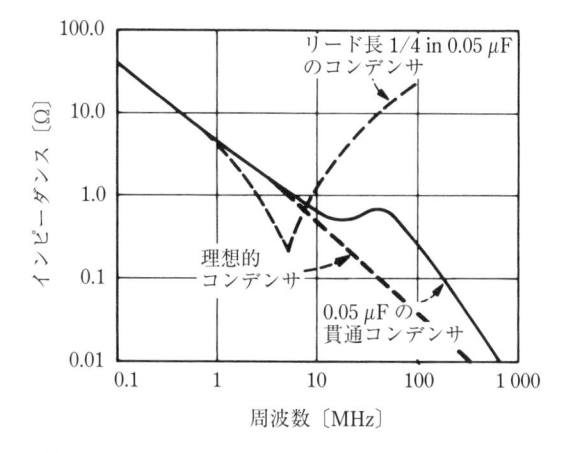

図 5-8　0.05 μF のコンデンサのインピーダンス特性。
貫通形コンデンサの改善された特性を示す。

つ。図 5-8 は 0.05 μF の貫通形コンデンサと標準的な 0.05 μF のコンデンサのインピーダンスの周波数特性を示す。この図は，貫通形コンデンサでは高周波インピーダンスが低く改善されていることを明確に示している。

貫通形コンデンサは，電源電力（交流あるいは直流の）や低周波の信号を回路に供給するために用いられ，その際に同時に電源線や信号線に乗るすべての高周波ノイズをグラウンドにシャント（短絡）する。これはきわめて効果的だが，標準的なコンデンサよりも高価になる。

5.1.5　コンデンサの並列化

低周波から高周波までの全周波数帯域で満足な特性を持つ単一のコンデンサはない。この周波数帯域でフィルタリングするためには，2 種類のコンデンサが並列に接続されて用いられる。たとえば，低周波フィルタ用に必要な容量を得るために電解コンデンサを一つ使い，高周波で低インピーダンス提供するために小さなインダクタンスのマイカコンデンサやセラミックコンデンサを並列に接続して用いる。

しかし，コンデンサを並列接続すると，コンデンサとそれを接続するリードのインダクタンスで構成される並列・直列共振の結果，共振問題が発生することがある（Danker, 1985）。これにより，ある周波数で大きなインピーダンスピークを発生するこ

とがある。これは並列にしたコンデンサの容量が大きく異なるか、両コンデンサ間の接続リードが長いときに厳しい。これについては、11.4.3項と11.4.4項を参照のこと。

5.2　インダクタ

　インダクタ（誘導子）は、それが巻かれているコアの種類で分類できる。最も一般的な二つの分類は、空芯コア（すべての非磁性体材料はこのグループに属する）と磁性体コアとである。磁性体コアのインダクタは、コアが開放形か閉鎖形かでさらに細分できる。理想的なインダクタは、インダクタンスのみを有しているものであるが、実際にはそれを巻くのに用いた線の直列抵抗や巻き線間の分布容量がある。これを図5-9の等価回路に示す。容量は集中定数のシャントコンデンサで表されており、したがってある周波数で並列共振する。

　インダクタのほかの重要な特性は、漏えい磁界の発生とその影響の受けやすさである。**空芯コアや開放形磁性体コアのインダクタは最も妨害を起こしやすい。**というのは、その磁束は図5-10(A)に示すように、インダクタからかなりの距離の所まで伸びているからである。閉鎖形コアに巻かれたインダクタでは、ほぼすべての磁束が図5-10(B)に示すように磁性体内にとどまっているため、外部磁束がずっと少なくなっている。

　磁界による感受性に限るならば、磁性体コアのインダクタのほうが空芯コアのインダクタよりも影響を受けやすい。開放形磁性体コアのインダクタは、コア（磁気抵抗の低い経路）が外部磁界を集束し、磁束の多くがコアを通るように働くため、最も影響を受けやすい。事実、開放形磁性体コアの誘導子（棒状コア）は、小型のAMラジオの受信アンテナとして用いられている。閉鎖形の磁性体コアは開放形コアよりも影響を受けにくいが、空芯コアよりは影響を受けやすい。

　インダクタの磁界および電界を限定された空間に閉じ込めるのに、シールドが必要に

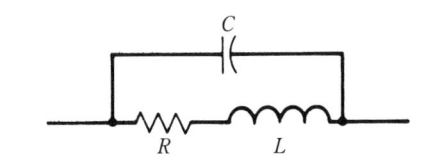

図5-9　インダクタの等価回路

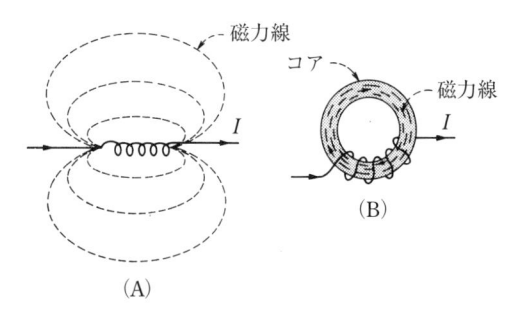

図5-10　(A)空芯コアと(B)閉鎖形磁気コアのインダクタからの磁界

なることが多い。銅やアルミニウムのような低抵抗材でできたシールドは電界を閉じ込める。高周波ではシールド内に発生する渦電流のために磁束の通過をも防止する。しかしながら，低周波で磁界を閉じ込めるためには，高透磁率の磁性材料を用いなくてはならない[*2]。

たとえば高品質のオーディオ周波数のトランスは，ミューメタルでシールドされることが多い。

5.3 トランス

複数のインダクタンスを通常は同一の磁性コアを用いて意図的に結合させると，トランス（変成器）が構成される。トランスは回路間を直流的に分離するために用いられる。その一例が図3-34に示したような，グラウンドループを切断するための分離トランスである。この場合，唯一の必要な結合は磁界で生ずるものである。実際のトランスは理想的なものではないので，図5-11に示すように1次巻き線と2次巻き線との間に容量性結合があり，1次側から2次側へのノイズ結合を許すことになる。

この結合は図5-12に示すように，静電シールドつまりファラデーシールド（2巻き線間のグラウンド線）を設けることで除去できる。このシールドの設計が適切であって，かつこれがグラウンド接続されていれば，磁気的結合になんらかの影響を与えずに容量性結合のみを除去できる。図5-12ではこのシールドは点Bでグラウンド接続しなくてはならない。もしこれを点Aでグラウンド接続したとすると，シールドはV_Gの

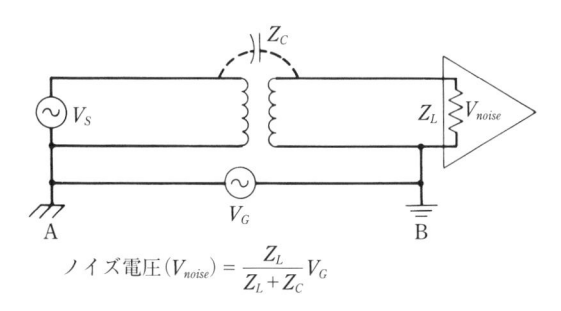

$$\text{ノイズ電圧}(V_{noise}) = \frac{Z_L}{Z_L+Z_C}V_G$$

図5-11 実際の変成器では1次と2次の巻き線の間に磁気結合とともに容量結合もある。

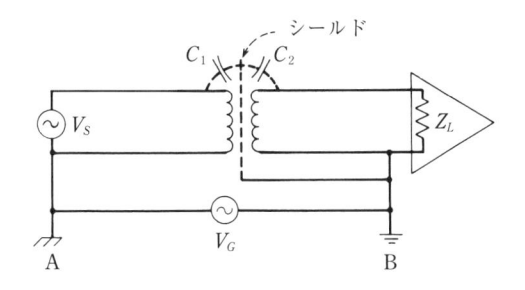

図5-12 変成器の巻き線間のグラウンド接続された静電シールドにより容量結合が取り除かれる。

[*2] 磁界シールドに関する詳細は6章を参照のこと。

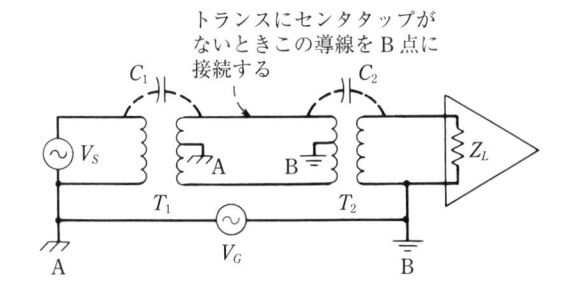

図 5-13 二つのグラウンド接続された変成器によっても静電シールドができる。

電位にあり，ノイズはコンデンサ C_2 を介して負荷に結合される。したがって，シールドと点 B との接続を簡単にするためにトランスは負荷の近傍に置く必要がある。一般的法則として，シールドはノイズ源の反対側の端点に接続すべきである。

静電シールドは図 5-13 に示すように，非シールドトランスを 2 個用いることでも達せられる。T_2 の 1 次回路はグラウンド接続することが必要で，それも中点端子で行うことが好ましい。T_1 の 2 次巻き線も，中点端子があるならば C_2 の一端をグラウンド接続電位に近く保つ意味でグラウンド接続するのがよい。トランスに中点端子がない場合，トランス間を結ぶ導線の一つを図 5-13 に示すようにグラウンド接続してもよい。しかし，この接続法は適切に設計された静電シールド付きトランスよりは効果が少ない。しかし，図 5-13 の接続は，静電シールドされたトランスが回路内のノイズ結合を効果的に低減し得るかどうかを試験所で確かめるときに用いられる。

5.4 抵抗器

固定抵抗器は三つの基本的タイプに分類できる。すなわち，(1) 巻き線形，(2) 皮膜形，(3) 固体形である。抵抗の正確な等価回路は，抵抗器のタイプと製造工程に依存する。しかし，図 5-14 の回路は多くの場合に満足できるものである。代表的な固体抵抗器ではシャント容量が 0.1〜0.5 pF 程度の大きさである。インダクタンスは，抵抗器本体そのものがインダクタンスを持つ巻き線抵抗の場合を除き，主としてリードのインダクタンスである。巻き線抵抗器やほかのタイプの非常に低抵抗の抵抗器以外では，インダクタンスは，回路分析では通常無視できる。しかしながら，抵抗器のインダクタンスのため，外部磁界からピックアップによる影響を受けやすくなる。外部リード線のインダクタンスは，表 5-4 のデータを用いて近似することができる。

高い抵抗値を用いるときには，シャント容量が重要になる。たとえば 0.5 pF のシャント容量を持つ 22 MΩ の抵抗を考える。145 kHz では容量性リアクタンスは抵抗の 10

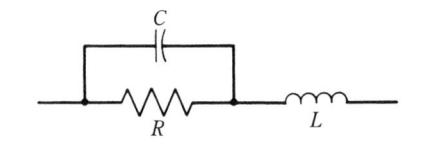

図 5-14 抵抗器の等価回路

表 5-3 各種の周波数で測定した 1 MΩ 1/2 W カーボン抵抗のインピーダンス

周波数〔kHz〕	インピーダンス 大きさ〔kΩ〕	位相角〔°〕
1	1 000	0
9	1 000	−3
10	990	−3
50	920	−11
100	860	−16
200	750	−23
300	670	−28
400	610	−32
500	560	−34

％である。この抵抗器をこの周波数以上で用いる場合，この容量が回路の性能に影響を及ぼすことがある。

表 5-3 には 1/2 W 炭素抵抗器の各周波数で測定したインピーダンスの大きさと位相角を示している。なお，この抵抗器の公称値は 1 MΩ である。500 kHz ではインピーダンスは 560 kΩ に落ち，位相角が −34° となることに注意されたい。このように，容量性リアクタンスが重要な要素となってくる。

5.4.1 抵抗器のノイズ

すべての抵抗器は，その構造とは無関係にノイズ電圧を発生する。この電圧は，熱ノイズと，ショットノイズや接触ノイズのようなそのほかのノイズ源からなる。このうち熱ノイズは除去できないが，そのほかのノイズは最小化や除去ができる。したがって，総ノイズ電圧は熱ノイズ電圧に等しいか，それより大きい。これについては 8 章でさらに説明する。

三つの基本的な抵抗器の種類のうちで，巻き線抵抗器が最もノイズが少ない。良質の巻き線抵抗器のノイズは，熱ノイズによるものよりも大きくならない。これと反対の極にあるのは固体抵抗器で，最もノイズが大きい。固体抵抗器は，多くの個別粒子をモールド成型してつくられているため，熱ノイズのほかに接触ノイズを発生する。固体抵抗器に流れる電流がゼロのときには，ノイズは熱ノイズそのものに近くなる。電流が流れると，その電流に比例して新たなノイズが生じる。図 5-15 は，10 kΩ の炭素固体抵抗器が発生するノイズを二つの電流レベルについて示している。低周波でのノイズは圧倒的に接触ノイズであり，周波数に反比例する特性を有している。ノイズのレベルが熱ノイズに等しいところまで下がる周波数は，抵抗器の種類によって大きく替わり，また電流レベルに依存する。

皮膜抵抗器が発生するノイズは，固体抵抗器が発生するものよりもはるかに小さいが，巻き線抵抗器よりは大きい。この追加ノイズはやはり接触ノイズであるが，材料が比較的均質なため，ノイズの量は固体抵抗器よりもかなり少ない。

抵抗器内のノイズに影響を及ぼすほかの重要な要因は抵抗器の電力定格である。同じタイプで同じ値の二つの抵抗器が，二つとも同じ電力を消費している場合，出力定格の大きな抵抗器のほうのノイズが通常低い。Campbell と Chipman は，同一の条件下で動作する 1/2 W 固体抵抗器のノイズ電圧の 2 乗平均値（rms）と 2 W 固体抵抗器のそ

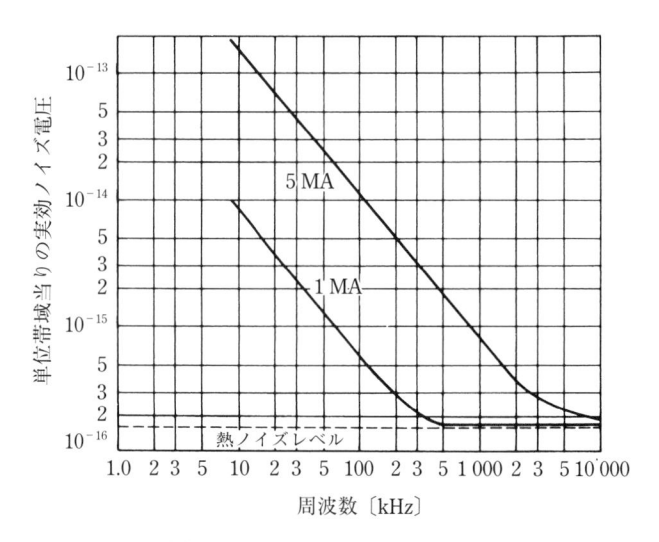

図 5-15　10 kΩ の炭素固体抵抗のノイズ電圧に対する周波数と電流の影響

れとでは，約3倍違うというデータを提示した（1949 年）。この差は式(8-19)(8 章）の係数 K によるものであり，抵抗器の形状に依存する変数である。

可変抵抗器も固定抵抗器に固有のすべてのノイズを発生するが，さらに接触可動子からもノイズを発生する。この追加のノイズは，抵抗器を流れる電流とその抵抗値に比例する。しかし，全体のノイズを減らすには抵抗器に流れる電流と抵抗値自体の双方を減らさなくてはならない。

5.5 導線

導線は素子とは通常考えられていないが，しかしこれはノイズおよび電子回路の高周波特性に対して，非常に重要な特性を持っている。多くの場合，それは実際に電子回路の中で最も重要な部品になる。波長の数分の1程度の長さの導線が有する二つの重要な特性は，抵抗とインダクタンスである。抵抗が重要なのは明らかであるが，インダクタンスは見落とされることが多い。しかし，多くの場合にインダクタンスは抵抗よりも重要である。比較的低い周波数においてさえ，導線は抵抗よりも多くの誘導性リアクタンスを持つのが普通である。

5.5.1　円形導線のインダクタンス

断面が丸くて直径 d の直線導線の外部ループインダクタンスは，その中心がグラウンドプレーンから h の高さにあるとき，

$$L = \frac{\mu}{2\pi} \ln\left(\frac{4h}{d}\right) \text{[H/m]} \tag{5-1}$$

である。ただし，ここでは $h > 1.5\,d$ と仮定している。

自由空間の透磁率 μ は，$4\pi \times 10^{-7}$ H/m に等しく，したがって式(5-1)は，

$$L = 200 \ln\left(\frac{4h}{d}\right) \text{[nH/m]} \tag{5-2a}$$

表 5-4　円形導線のインダクタンスと抵抗

線番 〔AWG〕	直径 〔in〕	抵抗値 〔mΩ/in〕	インダクタンス〔nH/in 当り〕		
			グラウンド平面上 0.25 in	グラウンド平面上 0.5 in	グラウンド平面上 1 in
26	0.016	3.38	21	25	28
24	0.020	2.16	20	23	27
22	0.025	1.38	19	22	26
20	0.032	0.84	17	21	24
18	0.040	0.54	16	20	23
14	0.064	0.21	14	17	21
10	0.102	0.08	12	15	19

と書き直され，単位を〔nH/in〕に替えると，

$$L = 5.08 \ln\left(\frac{4h}{d}\right) \text{〔nH/in〕} \tag{5-2b}$$

となる。

式(5-2a)と式(5-2b)では，h と d は，単位が一致する限りどの単位でもよい。その理由は，それに関わるのは二つの数値の比だけだからである。

先の方程式は導線自身の内部磁界の効果は含んでおらず，外部インダクタンスのみを表すものである。実際には，全インダクタンスは内部と外部のインダクタンスの和である。断面が円形で，均一な低周波電流の流れている直線導線の内部インダクタンスは，ワイヤの太さに関係なく 1.27 nH/in である。導線の間隔が接近しない限り，内部インダクタンスは，外部インダクタンスに比べ無視できる。高い周波数での電流を考えるならば，表皮効果により電流が導線の表面近傍に集中するので，内部インダクタンスはさらに減少する。したがって，外部インダクタンスが通常唯一の重要なインダクタンスということになる。

表 5-4 には，各種ゲージの固体導線についての外部ループインダクタンスと抵抗の値を掲げた。この表は，導線をグラウンド平面に近づけるほどインダクタンスが減少することを示す。グラウンド平面がリターン電流経路になっていると想定している。逆に，導線をグラウンド平面から高く上げるとインダクタンスは増える。

表 5-4 はまた導線の直径が太くなるほど，インダクタンスが低くなることを示す。インダクタンスと導線の直径とは，式(5-1)に示すように対数的な関係にある。このため，導線の直径を太くするだけで低いインダクタンス値を得ることは容易ではない。

均一で逆方向の電流が流れる二つの平行円形導線のループインダクタンスは，導線自身の内部の磁束を無視すると，

$$L = 394 \ln\left(\frac{2D}{d}\right) \text{〔nH/m〕} \text{ または } L = 10 \ln\left(\frac{2D}{d}\right) \text{〔nH/in〕} \tag{5-3}$$

となる。式(5-3)で D は中心間の距離，d は導線の直径である。

5.5.2　矩形導線のインダクタンス

プリント回路板（Printed Circuit Board：PCB）のトレースのように断面が矩形の導線のループインダクタンスは，伝送線路の特性インピーダンス Z_0 が $\sqrt{(L/C)}$ 式(5-16)であるというよく知られた関係を利用して求めることができる。

$$L = CZ_0^2 \tag{5-4}$$

IPC-D-317A（1955）では，グラウンド平面上の高さ h にある矩形断面の導線（マイクロストリップ線路）の特性インピーダンスと容量の式を与えている。IPCの式を式(5-4)に代入することで，PCBの矩形断面の導線のループインダクタンスを次式のように求めることができる。

$$L = 200 \ln\left(\frac{5.98\,h}{0.8\,w+t}\right) \text{[nH/m]} \text{ または } L = 5.071 \ln\left(\frac{5.98\,h}{0.8\,w+t}\right) \text{[nH/in]} \tag{5-5}$$

ここで，w は伝送線路の幅であり t は伝送線路の厚さ，h は伝送線のグラウンド平面からの高さである。式(5-5)は $h>w$ の場合にのみ有効な式である。式(5-5)で h，w，t は，それらの比だけが関わるので，どの単位系でもよい。

[例 5-1] 幅 0.080 in 厚さ 0.025 in の矩形断面の導線は，26番ゲージの円形断面の導線と同じ断面積を持つ。両者の導線が接地平面から 0.5 in 上方にある場合，26 Ga の円形断面の導線のインダクタンスは（式(5-2b)から）25 nH/in である。一方，矩形断面の導線のインダクタンスは（式(5-5)から）19 nH/in にすぎない。この結果は，平らな矩形断面の導線は，断面積が同じ円形断面の導線よりもインダクタンスが小さいことを示している。

5.5.3　円形導線の抵抗

　抵抗は導線の非常に重要な第2の特性である。導線の太さの選択は一般に許容できる電圧降下によって決まるが，この電圧降下は導線の抵抗と最大電流との関数である。導線の単位長さ当りの抵抗は次式で表される。

$$R = \frac{\rho}{A} \tag{5-6}$$

ここで，ρ は導線材料の体積抵抗率（導電率の逆数）であり A は電流が流れる断面の面積である。銅については $\rho = 1.724 \times 10^{-8}$ Ω-m $(67.87 \times 10^{-8}$ Ω-in$)$ である。直流において電流は導線の断面に均一に分布し，円形断面の導線の直流抵抗は次式で表される。

$$R_{dc} = \frac{4\rho}{\pi d^2} \tag{5-7}$$

ここで，d は導線の直径である。ρ に代入する定数が〔Ω-m〕の単位を持つ場合 d には〔m〕の単位を持つ定数を代入する必要があり，R_{dc} は〔Ω/m〕の単位の値で表される。ρ に代入する定数が〔Ω-in〕の単位を持つ場合 d には〔in〕の単位を持つ定数を代入する必要があり，R_{dc} は〔Ω-in〕の単位の値で表される。表5-4には各種の太さの導線についての直流抵抗を掲げてある。

　周波数が高くなると，表皮効果のために導線の抵抗が増大する。ここで表皮効果とは，導線内の電流で誘起された磁界により導線表面近傍に電流が集中することをいう。表皮効果は 6.4 節で説明する。周波数が高くなるにつれて，電流は導線の表面の薄い円環リングに集中する（図 P5-7 参照）。これにより電流が流れる部分の断面積が実効的に減少し，したがって実効抵抗が増大することになる。**そのため高周波ではすべての電流が表面電流になり，中空の円筒が中空でない導線と同じ交流抵抗を持つ。**

中空ではない円形の銅の導線では，直流抵抗と交流抵抗とは近似的に次式で関係づけられる（Jordan, 1985）。

$$R_{ac} = (96d\sqrt{f_{MHz}} + 0.26)R_{dc} \tag{5-8}$$

ただし，d は〔in〕で表した導線の直径，f_{MHz} は〔MHz〕で表した周波数である。

式(5-8)は $d\sqrt{f_{MHz}}$ が 0.01（d が〔in〕で）以上の場合，1% 以内の精度であり，22番ゲージの線で $d\sqrt{f_{MHz}}$ が 0.01 以上になるのは 0.15 MHz 以上の周波数の場合である。$d\sqrt{f_{MHz}}$ が 0.008 以下のときはこの式は使用すべきではない。$d\sqrt{f_{MHz}}$ が 0.004 以下の場合にはこの式と関りなく交流抵抗は直流抵抗とほぼ等しくなる。導線の材料が銅以外のものであれば，式(5-8)の第1項に次の係数を掛ける。

$$\sqrt{\frac{\mu_r}{\rho_r}}$$

ここで，μ_r は導線材料の比透磁率で，ρ_r は材料の銅と比較した場合の比抵抗率である。表6-1に種々の材料の比透磁率と導電率（体積抵抗率の逆数）を示す。

周波数が十分高いとして式(5-7)を式(5-8)に代入すると，式(5-8)内の係数の 0.26 が無視でき，円形断面の導線の交流抵抗を表す式が得られる。d を〔in〕単位で表す公式は次式になる。

$$R_{ac} = \frac{8.28 \times 10^{-2}\sqrt{f_{MHz}}}{d} \text{〔mΩ/in〕} \tag{5-9a}$$

$d\sqrt{f_{MHz}}$ が 0.03（d は〔in〕の単位）以上の場合に式(5-9a)の精度は誤差 10% 以内にある。この条件は 22 番ゲージの導線では 1.5 MHz 以上となる。d の単位が〔in〕の場合，$d\sqrt{f_{MHz}}$ が 0.08 以上の場合に式(5-9a)が誤差，数% 以内の精度で成り立つ。

単位を〔mΩ/m〕に替えると，次式になる。ここで d の単位は〔mm〕である。

$$R_{ac} = \frac{82.8\sqrt{f_{MHz}}}{d} \text{〔mΩ/m〕} \tag{5-9b}$$

以上の式(5-9a)，(5-9b)は，導線の交流抵抗は周波数の平方根に比例することを示す。

5.5.4 矩形導線の抵抗

導線の交流抵抗は，その形状を変えることにより減らすことができる。矩形導線は同じ断面積の円形導線より交流抵抗が低くなる。これは，その表面領域（周辺の長さ）が大きいためである。高周波電流は導線の表面にのみ流れることを思い起こされたい。矩形導線は，同一断面積の円形導線よりも交流抵抗もインダクタンスも低いので，高周波導線として優れている。したがって，平板のストラップや編組線がグラウンド線として一般に用いられている。

幅 w と厚さ t の矩形導線では，直流電流は導線の断面全体に均一に分布して流れるので，直流抵抗は式(5-6)を用いて次式で表される。

$$R_{dc} = \frac{\rho}{wt} \tag{5-10}$$

孤立した矩形導線では，図5-16のように大部分の高周波電流は導線表面のおおよそ1表皮深さの厚みの中を流れると考えられるので，その交流抵抗を容易に計算できる。

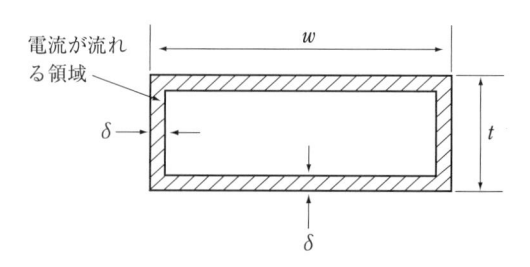

図5-16 矩形断面導線の高周波電流は表面の1表皮深さ内に含まれる。

電流が流れる断面積は $2(w+t)\delta$ になる。ここで w と t は矩形導線の幅と厚さを表し，δ は導線の表皮深さを表す。ここで，$t>2\delta$ であると仮定した。式(5-6)の面積 A に $2(w+t)\delta$ を代入することで次式を得る。

$$R_{ac} = \frac{\rho}{2(w+t)\delta} \tag{5-11}$$

銅の表皮深さ(式(6-11a))は，次のとおりである。

$$\delta_{copper} = \frac{66\times 10^{-6}}{\sqrt{f_{MHz}}} [\text{m}] \tag{5-12}$$

式(5-12)を式(5-11)に代入することで矩形断面の導線の交流抵抗を表す次式が得られる。

$$R_{ac} = \frac{131\sqrt{f_{MHz}}}{(w+t)} [\text{m}\Omega/\text{m}] \tag{5-13a}$$

ここで，w と t は〔mm〕単位で表す。

単位を〔mΩ/in〕に替えると次式になる。

$$R_{ac} = \frac{0.131\sqrt{f_{MHz}}}{(w+t)} [\text{m}\Omega/\text{in}] \tag{5-13b}$$

ここで，w と t は〔in〕の単位で表す。

矩形導線の交流抵抗は周波数の平方根に比例し，導線の幅と厚さの和に反比例する。矩形導線の多くは $t \ll w$ であって，交流抵抗が導線の幅 w に反比例する。

上記の交流抵抗の式は，すべて孤立した直線導線を前提にした式である。その導線がほかの電流が流れる導線の近くにある場合は，その交流抵抗はこれらの式で計算された値よりも大きくなる。その交流抵抗の増加分は，ほかの導線に電流が流れることが影響して，電流が導線の片側に偏ることにより生じる。電流が偏ることにより，電流が流れる断面積が減るので抵抗が増える。円形導線の場合，この効果は，導線が近隣の導線から少なくとも直径の10倍以上隔たっている場合には無視できる。

5.6 伝送線路

導線が長くなると，すなわち，導線の長さがそこを流れる信号の波長に近くなると，導線は5.5節で扱ったように単純な**集中定数**系の RL 網では表せない。信号が導線を伝搬する際に生じる位相の変化により，導線の位置により電圧と電流の大きさが替わる。電流（または電圧）が最大になる位置と電流（または電圧）が最小かゼロになる位置とがあるので，導線の位置によってインピーダンス（抵抗，インダクタンス，または容

5.6 伝送線路

| 同軸ケーブル | マイクロストリップ線路 | ストリップ線路 | 平行線路 | 導波管 |

図 5-17　一般的な伝送線路の形状

量）が替わる。たとえば，導線の電流がゼロの位置に抵抗を挿入しても，その抵抗の付加による電圧降下はない。その逆に，導線の電流が最大の位置に挿入した抵抗は，大きな電圧降下を生じる。このような状況では，信号線とそのリターン経路とは伝送線路として一緒に扱うべきである。すなわち，線路の**分布定数**モデルを使わなければならない。

周波数領域で働く一般的な法則は，導線の長さが波長の10分の1以上ある場合，またはデジタル信号の場合は時間領域で，信号の立上り時間が線路の伝搬遅延時間（伝搬速度に反比例する）の2倍以下の場合は，伝送線路として扱わなければならない。

それでは伝送線路とは何であるか？　伝送線路とは，ある箇所からほかの箇所へ電磁界エネルギーを導くために用いられる複数の，必ずとはいわないが通常は2本の導線である。理解すべき重要な概念は，電磁界やエネルギーをある箇所からほかの箇所へ移送するのであり，電圧や電流を移送するのではない。電圧や電流は，電磁界が存在する結果としてのみ存在する。伝送線路はその形状と導線の数とで分類できる。一般的な伝送線路のいくつかは次のものである。

- 同軸ケーブル（2）
- マイクロストリップ線路（2）
- ストリップ線路（3）
- 平衡線路（2）
- 導波管（1）

（　）内の数は伝送線路を構成する導線の数を示す。上に挙げた5例の形状を図5-17に示す。

最も一般的な伝送線路は，おそらく同軸ケーブル（同軸）であろう。同軸ケーブル中では，電磁界エネルギーは中心線と外部線（シールド）の内表面間の誘電体の中を伝搬する。

PCB上では，伝送線路は，単一または複数の平面に隣接する平坦な矩形導線（たとえばマイクロストリップやストリップ線路）から通常は構成される。

ストリップ線路の場合は，電磁界エネルギーは導線間の誘電体中を伝搬する。マイクロストリップ線路の場合は，信号線路はPCBの表面層上にあり，電磁界の一部は空気中を伝搬し，残りはPCBの誘電体中を伝搬する。

平衡線路は同じ寸法形状の二つの導線で構成され，グラウンドやほかのすべての導線との間に等しいインピーダンスを持つ（たとえば二つの平行円形導線）。この場合に電磁エネルギーは導線周囲の誘電体中，多くは空気中を伝搬する。

導波管は電磁エネルギーを導く単一の空洞導体からなる。導波管ではエネルギーは導

線中心の空洞を伝搬する。ほとんどの場合，伝送媒体は空気である。大部分の導波管はGHzの周波数帯域で使われる。導波管は上記のほかの伝送線路と異なる重要な特性を持つ，それは直流信号を伝送できないことである。

伝送線路の導線は電磁エネルギーのガイドであるにすぎないことに注意のこと。電磁エネルギーは誘電体中を伝搬する。伝送線路では，エネルギーの伝搬速度vは次式で表される。

$$v = \frac{c}{\sqrt{\varepsilon_r}} \tag{5-14}$$

ここで，cは真空（自由空間）中の光速度であり，ε_rは電磁波が伝搬する媒体の比誘電率である。誘電率が大きくなればなるほど伝送速度が遅くなる。表4-3は種々の材料の比誘電率を示す。光速度cは近似的には300×10^6 m/s（12 in/ns）である[*3]。多くの伝送線路では誘電体により，伝搬速度が光速度の約1/3から光速度まで変化する。伝送線路で用いられる多くの誘電体に対し，信号の伝搬速度は真空中の光速度の約半分であるので，伝送線路を伝搬する信号の速度は約15 cm/ns（6 in/ns）である。この伝搬速度は覚えておくと便利な数値である。

記憶すべき重要な点は，伝送線路上を光速度近くで伝搬するのは電磁エネルギーであり，それは誘電体中であって導線内の電子ではないということである。導線内の電子の速度は約0.01 m/s（0.4 in/s）である（Bogatin, 2004, p. 211）。この電子の速度は自由空間での光速度の約300億分の1の遅さである。そのため，**伝送線路中で最も重要な材質は電磁（界）エネルギーを伝搬する誘電体であって，導線ではない**。導線はエネルギーを伝搬するガイドにすぎない。

伝送線路は短い導線をかたどる単純な直列RL網の代わりに，図5-18のように多数の，理想的には無限のR-L-C-G素子で表すべきである。各素子の伝送線路上の実際の位置が重要であるので，これらの素子を1か所に集中することはできないことに注意すべきである。多くの区間を用いるほどモデルは正確になる。図5-18でRは導線の単位長当りの抵抗〔Ω/m〕を表し，Lは単位長当りのインダクタンス〔H/m〕を表す。Cは二つの導線間の単位長当りの容量〔F/m〕を表し，Gは二つの導線を隔てる誘電体の単位長当りのコンダクタンス（抵抗の逆数）〔S/m〕を表す。

伝送線路の大多数の解析では，伝搬はもっぱら横電磁界（TEM）モードを想定する。TEMモードでは，電界と磁界が互いに垂直であり，その電磁界のなす平面を横断して

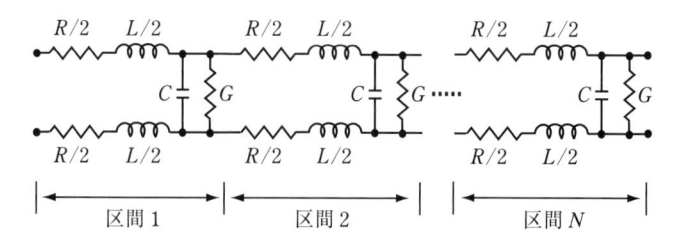

図5-18 2導線伝送線路の分布定数モデル

[*3] 真空中の光速度は，正確には299,792,485 m/s（186,282.397 mi/s）である。

（垂直な方向に）伝搬する．TEM モードの伝搬を維持するには，伝送線路は二つ以上の導線から構成される必要があるので，導波管は TEM モードの電磁界を伝送できない．導波管はエネルギーを横電界（TE$m, n$）モードや横磁界（TM$m, n$）モードで伝送する．添え字の m と n は，矩形導波管の X 方向と Y 方向の半波長の波の数を表す．

伝送線路の最も重要な属性は，特性インピーダンス，伝搬定数，高周波**損失**の三つである．

5.6.1 特性インピーダンス

信号が伝送線路に注入されると，導線をガイドにして電磁波が伝送線路の誘電体中を速度 v で進む．電磁波は伝送線路の導線に電流を誘導する．この電流は図 5-19 のように信号導線を流れ，導線間の容量を介して，リターン線を通して波源側へ戻る．電流は伝送線路導線間の容量を通して伝搬する波の波頭でのみ流れる，理由は線路のそこだけで電位が変化しているからであり，容量に流れる電流は $I = C\,(dV/dt)$ に等しい．

伝搬速度が有限であるため，注入された信号は最初は線路の終わりにどのような終端があるかを知らず，線路の終わりがどこにあるかも知らない．そのため電圧と電流とは線路の特性インピーダンスによって関係づけられる．図 5-19 が，終端が開放された伝送線路を電圧と電流とが伝搬できるという重要な原理を明確に示している．

図 5-18 に示した伝送線路のパラメータにより特性インピーダンス Z_0 は次式で表される．

$$Z_0 = \sqrt{\frac{R + j\omega L}{G + j\omega C}} \tag{5-15}$$

伝送線路の解析は，線路に損失がないと仮定すると非常に簡単になる．実際の伝送線路の多くは低損失であるので，無損失線路の方程式がその特性記述に適している．無損失伝送線路では R と G がゼロである．図 5-20 に無損失伝送線路のモデルを示す．式 (5-15) に $R = 0$ と $G = 0$ を代入すると，よく知られ，よく引用される無損失伝送線路の特性インピーダンス式が得られる．

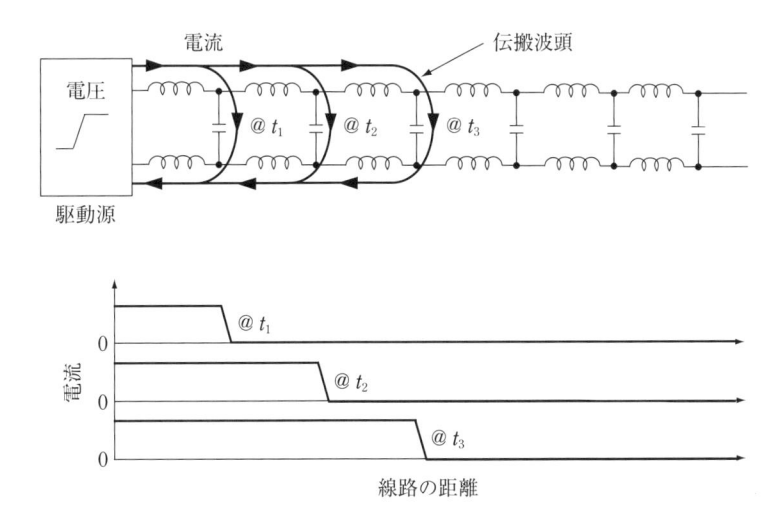

図 5-19 線路を信号の立上りが伝搬するにつれ，信号とリターンの電流がともに伝送線路の導線上を流れる．$t_3 > t_2 > t_1$ であることに注意．

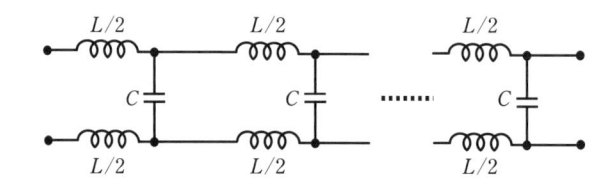

図 5-20 無損失伝送線路の分布定数モデル

$$Z_0 = \sqrt{\frac{L}{C}} \tag{5-16}$$

式(5-16)のどれか二つのパラメータが既知であれば，第3のパラメータが計算できることに気づくことが重要である．よく示される伝送線路の特性は，特性インピーダンスと単位長当りの容量のみである．しかし，この情報だけで単位長当りのインダクタンスの計算には十分である．

三つの場合を除いて，線路の形状をパラメータとして表現する伝送線路の特性インピーダンスの解析式はすべては近似式にすぎない．三つの例外とは，(1) 同軸線路，(2) 二つの同じ平行円形導線，(3) 導線平面上の円形導線である．伝送線路の特性インピーダンスを求めるために公表されている数式の間で数値が10%以上異なることは珍しくない．多くの公表されている数式は特性インピーダンスの限られた範囲で正確なだけである．この三つの厳密な数式は次のとおりである．

同軸線路の特性インピーダンスは，

$$Z_0 = \frac{60}{\sqrt{\varepsilon_r}} \ln\left[\frac{r_2}{r_1}\right] \tag{5-17}$$

ここで，r_1 は内部導線の半径，r_2 は外部導線の半径であり，ε_r は導線間の材料の比誘電率である．

二つの同じ円形の平行な導線の特性インピーダンスの公式は，

$$Z_0 = \frac{120}{\sqrt{\varepsilon_r}} \ln\left[\left(\frac{D}{2r}\right) + \sqrt{\left(\frac{D}{2r}\right)^2 - 1}\right] \tag{5-18a}$$

ここで，r は各導線の半径，D は導線間の距離や間隔，ε_r は導線を囲む材料の比誘電率である．しかし，この公式は $D \gg 2r$ の場合，次式で近似されることが多い．

$$Z_0 = \frac{120}{\sqrt{\varepsilon_r}} \ln\left[\frac{D}{r}\right] \tag{5-18b}$$

問題の対称性から，導線平面上の高さ h にある円形導線の特性インピーダンスは，二つの円形導線を距離 $2h$ 離して置いた伝送線路の厳密に半分の値になる．そのため，導線平面上の円形導線からなる伝送線路の特性インピーダンスは，次式で表される．

$$Z_0 = \frac{60}{\sqrt{\varepsilon_r}} \ln\left[\left(\frac{h}{r}\right) + \sqrt{\left(\frac{h}{r}\right)^2 - 1}\right] \tag{5-19a}$$

ここで，r は導線の半径であり h は導線平面上の高さである．式(5-19a)は $h \gg r$ の場合に次式に近似できる．

$$Z_0 = \frac{60}{\sqrt{\varepsilon_r}} \ln\left[\frac{2h}{r}\right] \tag{5-19b}$$

大部分の実用的な伝送線路の特性インピーダンスは約 25～500 Ω の範囲内にあり，

最も一般的には 50〜150 Ω の範囲内にある。

5.6.2　伝搬定数

伝搬定数は，信号が伝送線路を伝搬するときの減衰と位相シフトを表す。図 5-18 のパラメータで表すと伝搬線路の伝搬定数 γ は次式になる。

$$\gamma = \sqrt{(R+j\omega L)(G+j\omega C)} \qquad (5\text{-}20)$$

一般的に伝搬定数は実数部と虚数部を有する複素数である。その実数部を α とし虚数部を β とすると伝搬定数が次式で表せる。

$$\gamma = \alpha + j\beta \qquad (5\text{-}21)$$

実数部 α は減衰定数であり虚数部 β は位相定数である。無損失伝送線路の場合は式(5-20)の実数部と虚数部は次式になる。

$$\alpha = 0 \qquad (5\text{-}22\mathrm{a})$$

$$\beta = \omega\sqrt{LC} \qquad (5\text{-}22\mathrm{b})$$

式(5-22a)により，多くの無損失伝送線路の減衰定数はゼロである。式(5-22b)は信号が伝送線路を伝搬する場合の位相定数を単位長当りのラジアンで表す。

[例 5-2] ある伝送線路が 12 pF/ft の容量と，67.5 nH/ft のインダクタンスを有する場合，式(5-22b)により，100 MHz の信号が伝送線路を伝搬するとき 0.565 rad/ft（32.4°/ft）の位相シフトを生じる。そして式(5-16)からその特性インピーダンスは 75 Ω である。

5.6.3　高周波損失

以上で吟味した無損失線路のモデルは，多くの場合 100〜数百 MHz までの広い周波数範囲で多くの実際の伝送線路のよい表現であるが，信号が伝送線路を進む際の減衰を計算に入れていない。信号の減衰を計算に入れるためには，線路の損失を考慮しなければならない。

二つの主要な伝送線路損失は，（1）導線の抵抗に由来する抵抗損失と，（2）誘電体が伝搬する電界からエネルギーを吸収し材料を加熱することで生じる誘電体損失である。最初のタイプの損失は式(5-20)の R 項に影響し，二つ目のタイプの損失は式(5-20)の G 項に影響する。

伝送線路の損失を表す一般式は複素数である。通常は計算を簡単にするため低損失近似を用いる。この近似では，R と G はゼロではないが $R \ll \omega L$ であり，$G \ll \omega C$ である関係を満足するくらいに小さいと仮定する。この仮定は高周波ではほとんどの実際の伝送線路にあてはまる。

損失線路の減衰定数を導くことは本書の対象外であるが，損失が小さい場合は，減衰定数（式(5-20)の実数部分）は次式で近似できる（Bogatin, 2004, p. 374）。

$$\alpha = 4.34\left[\frac{R}{Z_0} + GZ_0\right] [\mathrm{dB/単位長}] \qquad (5\text{-}23)$$

ここで，R と G は周波数に依存し，周波数とともに増加する。式(5-23)は伝送線路の単位長当りの損失を表す。式(5-23)の第 1 項は導線の抵抗による減衰であり，第 2 項は伝送線路の誘電体損失による減衰である。

5.6.3.1 抵抗損失

抵抗損失は伝送線路に用いる導線の特性に関係する唯一の伝送線路パラメータである。ほかのパラメータはすべて誘電体材料や線路の配置に関係する。導線の抵抗損失のみによる減衰は次式になる。

$$\alpha_{ohmic} = 4.34\left[\frac{R}{Z_0}\right] \quad (5\text{-}24)$$

ここで，R は 5.5.3 項と 5.5.4 項で導かれた導線の交流抵抗である。たとえば同軸ケーブルやマイクロストリップ線路やストリップ線路のように，伝送線路を構成する二つの導線の寸法が大幅に異なる場合，抵抗およびその結果である損失の大部分は小さい方の導線に起因し，大きい導線の抵抗は多くの場合無視される。これらの場合小さい導線が通常信号線路であり，大きい導線はリターン導線である。

事例によっては，信号導線の交流抵抗に 1.35 程度の補正係数を掛け，リターン導線の追加抵抗を計算に入れる。マイクロストリップの信号線路では，その抵抗は式(5-13)で予想された値よりも大きくなる，なぜなら，大部分の電流が導線の直下にのみ集中するからである。この場合は，補正係数は 1.7 が適当であろう。

式(5-9a)の単位を〔Ω/in〕に変換して式(5-24)の R に代入すると次の円形断面の導線の減衰定数を与える式が得られる。

$$\alpha_{ohmic} = \frac{36\,000\sqrt{f_{MHz}}}{dZ_0}\,[\text{dB/in}] \quad (5\text{-}25)$$

ここで，d は導線の直径を〔in〕単位で表したものである。

式(5-13b)の単位を〔Ω/in〕に変換して式(5-24)の R に代入すると，次の矩形断面の導線の減衰定数を与える式が得られる。

$$\alpha_{ohmic} = \frac{0.569\times 10^{-3}\sqrt{f_{MHz}}}{(w+t)Z_0}\,[\text{dB/in}] \quad (5\text{-}26)$$

ここで，w は導線の幅で t は導線の厚さであり両者とも〔in〕単位で表す。

5.6.3.2 誘電体損失

誘電体の吸収に由来する減衰は次式で表される。

$$\alpha_{dielectric} = 4.34[GZ_0] \quad (5\text{-}27)$$

誘電体中の損失は材料の損失係数に依存する。材料の損失係数は，蓄積エネルギーに対し 1 Hz 当り材料内で消費されるエネルギーの比で定義される。その値は，損失角 δ のタンジェント $\tan(\delta)$ で通常表される。

表 5-5　一般的な誘電体材料の損失係数

材　料	$\tan(\delta)$
真空/自由空間	0
ポリエチレン	0.0002
テフロン®*	0.0002
セラミック	0.0004
ポリプロピレン	0.0005
ゲテック®**	0.01
FR4 エポキシガラス	0.02

＊　デュポンの商標名
＊＊　ジェネラルエレクトリックの商標名

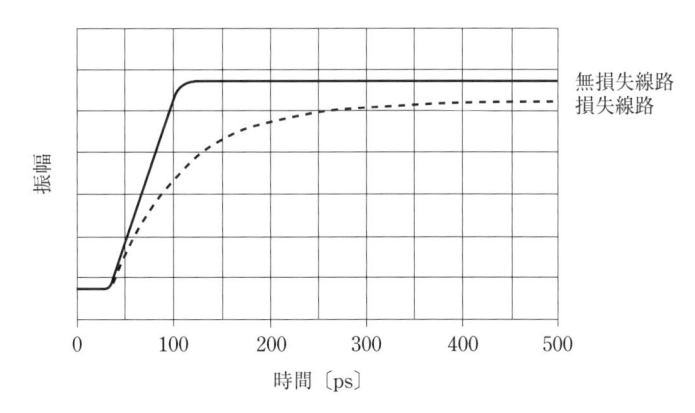

図 5-21 損失性の伝送線路上の矩形波の時間領域での応答，振幅の減少と立上り時間の増加

材料の $\tan(\delta)$ が大きくなればなるほど損失が大きくなる．表 5-5 は一般的な誘電体材料のいくつかの損失係数（誘電正接）$\tan(\delta)$ を表す．

伝送線路の G，C，Z_0 に関わる特性値のいくつかと光速度を使って，式(5-27)を次式に書き換えることができる（Bogatin, 2004, p. 378）．

$$\alpha_{dielectric} = 2.3 f_{GHz} \tan(\delta) \sqrt{\varepsilon_r} [\text{dB/in}] \tag{5-28}$$

ここで，$\tan(\delta)$ は誘電体材料の誘電体損失であり ε_r は比誘電率である．誘電体損失は伝送線路の配置に依存せず，誘電体材質にのみ関わることに注意のこと．

式(5-25)や式(5-26)から抵抗損失は周波数の平方根に比例することがわかる．一方，式(5-28)から誘電体損失は周波数に直接比例することがわかる．したがって，誘電体損失は高い周波数で支配的になる．

短い伝送線路（通常の PCB の信号線路）については，周波数が 1 GHz 以下では伝送線路の損失は通常無視できる．

正弦波信号の場合は，伝送される信号の振幅は損失や減衰により小さくなる．しかし，矩形波信号の場合は，信号の高周波成分が低周波成分よりも大きく減衰する．したがって，矩形波が線路を伝搬するにつれて図 5-21 のように，振幅が減少するとともに信号の立上り時間が増加する．多くの場合，伝送される信号の品質にとっては，立上り時間の増加は振幅の減少よりも害がある．経験則として，FR4 エポキシガラス誘電体の PCB 伝送線路を伝搬する矩形波信号の立上り時間は，約 10 ps/in の割合で増加する（Bogatin, 2004, p. 389）．

5.6.4　C, L と ε_r 間の関係

伝搬速度は誘電体材料の関数であり，線路の容量とインダクタンスも誘電体材料および線路の配置が関係するので，容量とインダクタンスと伝送速度はすべて相互に関係がある．伝搬速度は次式で表される．

$$\nu = \frac{c}{\sqrt{\varepsilon_r}} = \frac{1}{\sqrt{LC}} \tag{5-29}$$

特性インピーダンスの式(5-16)と伝搬速度の式(5-29)との関係から，特性インピーダンスを用いて伝送線路の L と C を表した次式が導かれる．

$$L = \frac{\sqrt{\varepsilon_r}}{c} Z_0 \tag{5-30}$$

$$C = \frac{\sqrt{\varepsilon_r}}{c} \frac{1}{Z_0} \tag{5-31}$$

ここで，c は自由空間中での光速度（300×10^6 m/s）である。

式(5-30)と式(5-31)は伝送線路の特性インピーダンス，容量，インダクタンスと誘電率を関係づける式であり非常に有用である。それら四つのパラメータのうちどれか二つがわかると，式(5-30)と式(5-31)を使って残りの二つのパラメータを求めることができる。

式(5-30)から，インダクタンス L は線路の誘電率と特性インピーダンスのみの関数であると判断できる。式(5-31)は容量 C について同様の関係を示している。そのため，同じ特性インピーダンスと誘電体材料を持つすべての伝送線路はその寸法，配置や構造にかかわらず，単位長当り同じインダクタンスと容量を持つ。たとえば，比誘電率が 4 で 70 Ω のすべての伝送線路は，容量 95 pF/m（2.4 pF/in），インダクタンス 467 mH/m（11.8 nH/in）を持つ。

5.6.5 最終考察

「信号の相互接続はどのような場合に伝送線路になるのか」との質問をよく受ける。この答えは簡単であり，信号経路は常に伝送線路である。しかし，相互接続が十分短い場合は，それが伝送線路であることを無視でき，実際の性能を予測するに十分な答えを得ることができる。5.6 節の第 2 段落に示された判定基準を立上り時間 1 ns の矩形波に適用すると，3 in 以上の信号の相互接続は長い線路であり，伝送線路として解析しなければならない。

伝送線路では，線路の末端や線路配置の変化で起こるインピーダンスの変化に信号が遭遇すると，いつでも信号反射を生じる。ビアや直角曲げはすべてインピーダンスの不連続に寄与する。伝送線路反射の話題は本書の対象ではない。この話題は，どのような伝送線路の教科書にも適切に説明されている。少し時代遅れではあるが古典的な伝送線路理論の優れた本は，Skilling 著 *Electric Transmission Lines*（1951）。信号品質を維持する技術と伝送線路のデジタル回路への応用についての 2 冊の優れた参考図書，Johnson と Graham の著作 *High-Speed Digital Design*（1993）と Hall らの著作の *High-Speed Digital System Design*（2000）がある。

5.7　フェライト

フェライトは酸化鉄，コバルト，ニッケル，亜鉛，マグネシウムや一部の希土類金属から構成される非導電性セラミック類に対する総称である。入手可能なフェライトの種類は多く，各メーカが独自の酸化物構成を開発したからである。二つの会社が正確に同じ構成を使うことはないので，フェライトの複数ソース化は難しい。フェライトは強磁性材に比べて一つの大きな利点を持っている。それは，電気抵抗が高くて，GHz 帯まで渦電流損を低くすることである。強磁性材の渦電流損は周波数の 2 乗で増大する。こ

図 5-22 入手可能なフェライトの各種構造形

のため，多くの高周波用途でフェライトが材料として選択される。

フェライトに用いられる材料成分が，利用できる周波数帯域を決める。フェライトは多くの構造形が入手でき（図 5-22 参照），ビーズ，リードつきビーズ，表面実装型のビーズ（図示せず），円形ケーブルコア，フラットケーブル用コア，ワンタッチ式コア，複数の穴があるコア，ドーナツ状のコアなどがある。

フェライトは，直流での電力損失を生じることなく，また低周波の信号に影響せずに，回路に高周波抵抗を挿入する安価な方法である。フェライトは基本的に，低周波や直流でほとんど抵抗を持たない高周波交流抵抗と考えられる。フェライトビーズは小形であり，素子のリードや導線に被せることで簡単に装着できる。表面実装型のフェライトも容易に入手可能である。フェライトは 10 MHz 以上の不要信号の減衰に最適であるが，応用分野によっては，1 MHz 程度の低い周波数まで有効にすることができる。フェライトビーズを適切に用いれば，高周波発振を抑制し，コモンモードや差動モードをフィルタリングし，ケーブルからの伝導ノイズや放射ノイズを低減させる。

図 5-23(A)には導線に装着した小形円筒ビーズを示す．図 5-23(B)には直列抵抗を持つインダクタとして，その高周波等価回路を示す．その抵抗およびインダクタンスは周波数に依存する．抵抗はフェライト材料内の高周波ヒステレシス損失によるものである．図 5-23(C)はフェライトビーズに用いられている代表的な記号である．

フェライトビーズ製造者のほとんどは，素子のインピーダンスの大きさの周波数特性を規定することで素子を特徴づけている．なお，インピーダンスの大きさは次式で与えられる．

$$|Z| = \sqrt{R^2 + (2\pi f L)^2} \qquad (5\text{-}32)$$

ここで，R はビーズの等価抵抗であり，L は等価インダクタンスであり，二つとも周波

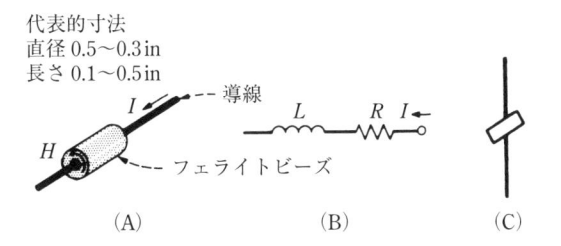

図 5-23 (A)導線上のフェライトビーズ，(B)高周波等価回路，(C)代表的な回路図記号

第5章 受動素子

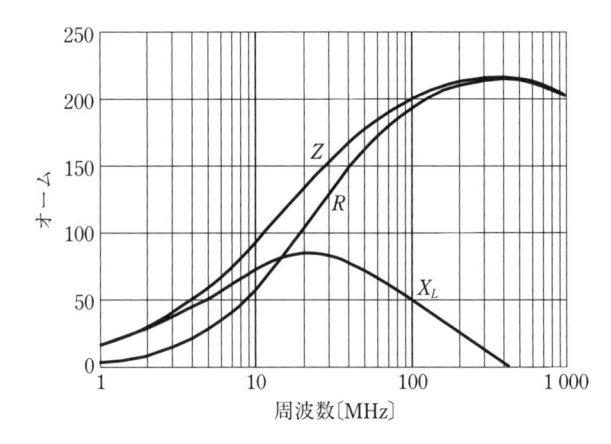

図 5-24 43 型のフェライトコアのインピーダンスと抵抗とインダクタンス
（©2005 Fair-Rite 社，許可を得て掲載）

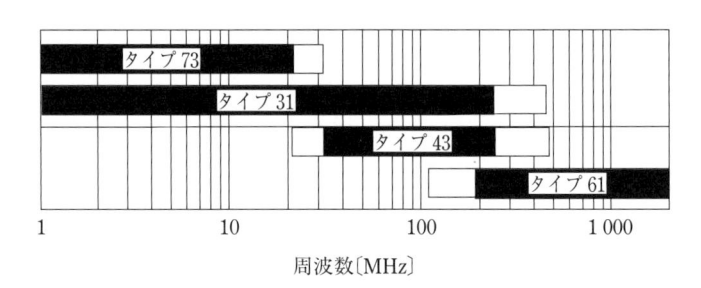

図 5-25 種々のフェライト材料の，ノイズ低減に使用する場合の推奨使用周波数領域
（©2005 Fair-Rite 社，許可を得て掲載）

数に依存して変わる．製造者によっては，一つの周波数（通常は 100 MHz）か，数個の周波数のインピーダンスを規定するだけである．

図 5-24 は典型的なフェライトコアのインピーダンスのデータを示す（Fair-Rite, 2005, p. 147）．フェライトがノイズ低減用に用いられる場合は，インピーダンスが主に抵抗性である周波数帯域でたいがい用いられる．図 5-25 に種々のフェライト材料をノイズ低減用に用いるときに推奨する周波数帯域を示す（Fair-Rite, 2004, p. 155）．図からわかるように，フェライトは 1 MHz～2 GHz の周波数帯域で利用できるものが得られる．

フェライトビーズのインピーダンスは，ワイヤを複数巻きすることで巻き数の 2 乗に比例して増加できる．しかし，その一方でワイヤ間の容量も増すので，フェライトの高周波インピーダンスを減少させる．利用できる低い周波数範囲の近傍でフェライトのインピーダンス改善が必要なとき，ワイヤの複数巻きを使用する可能性を見過ごしてはいけない．実用的な観点からは，2～3 巻き以上の使用はまれである．しかし，ノイズ低減用途で用いられる多くのフェライトは 1 回巻きだけで使われる．

ノイズ低減用に用いるフェライトの形状で，最も一般的なのは円筒状コアやビーズである．円筒の長さが長くなるとインピーダンスが高くなる．コアの長さを長くすることは，複数のフェライト素子を使うことと等価である．

フェライトが与える減衰の大きさは，フェライトを付加する回路の電源側のインピー

ダンスと負荷側のインピーダンスに依存する。フェライトが有効であるには，関係する周波数において，電源側と負荷側のインピーダンスの和よりも大きなインピーダンスをフェライトが追加しなければならない。大部分のフェライトは数百 Ω 以下のインピーダンスを持つので，低インピーダンスの回路で最も有効に機能する。単一のフェライト素子が十分大きなインピーダンスを持たないとき，複数巻きにするか複数のフェライト素子を用いることがある。

小さなフェライトビーズは，スイッチングトランジスタで発生する高周波発振，あるいは回路内の寄生共振を減衰するための使用が特に有効である。また，複数導線のケーブルを囲むように置いたフェライトコアは，コモンモードチョークとして働き，回路から高周波ノイズが伝導して出入りするのを防止するのに有効である。

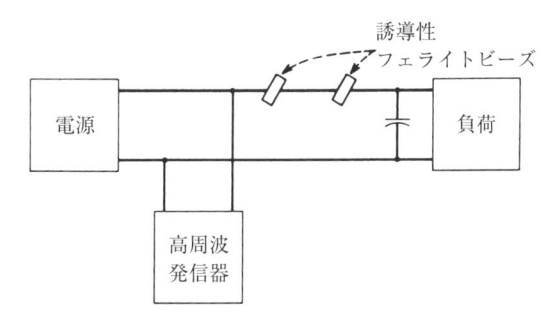

図 5-26 負荷から高周波発振ノイズを締め出す L-C フィルタを構成するために用いたフェライトビーズ

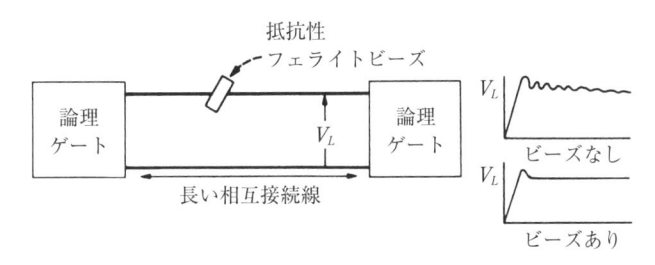

図 5-27 高速論理ゲート間の長い相互接続に乗るリンギングを抑えるのに用いた抵抗性のビーズ

図 5-28 水平出力回路の寄生振動を抑える目的でカラー TV セットに装着されたビーズ

第 5 章　受動素子

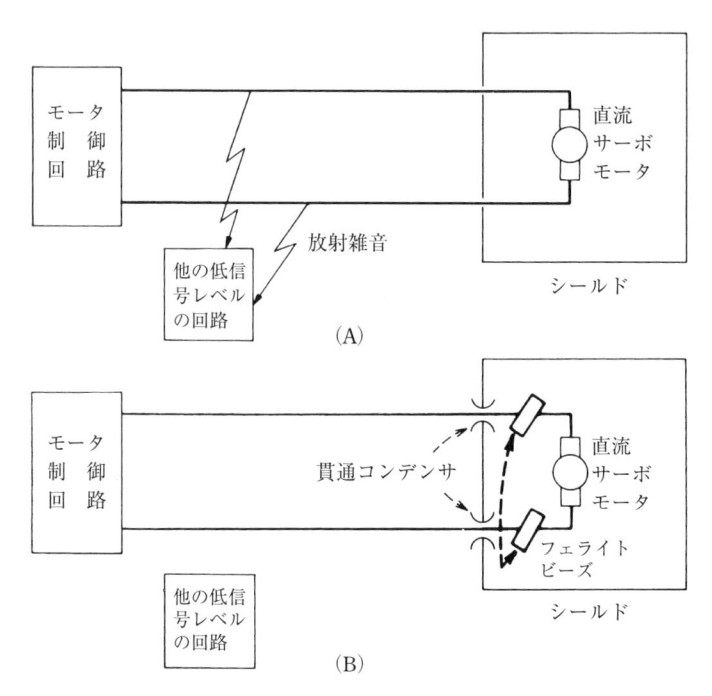

図 5-29　(A)モータの高周波整流子ノイズが低レベル回路を妨害している．(B)この妨害を取り除くため，貫通形コンデンサとともにビーズが用いられている．

　図 5-26 から図 5-29 まで，フェライトビーズの代表的な応用例を示す．図 5-26 では二つのフェライトビーズを用いて $L\text{-}C$ ローパスフィルタを構成し，負荷の直流電圧を下げずに高周波発振信号が負荷に達するのを防いでいる．使用したフェライトは発振器の発信周波数で誘導性である．図 5-27 では，二つの高速論理ゲート間をつなぐ長い配線で発生するリンギングの減衰に抵抗性のフェライトビーズを用いている．

　図 5-28 には，PCB に搭載した二つのフェライトビーズを示す．この回路はカラーテレビセットの水平出力回路の一部であり，二つのビーズを寄生発振の抑制に使用している．

　さらに異なったフェライトビーズの応用例を図 5-29 に示す．図 5-29(A)は，モータ制御回路に接続された直流サーボモータを示す．モータからの高周波整流子ノイズがモータのリードに乗り，モータのシールドから外に導き出されてリードから輻射し，ほかの低レベル回路を妨害する．モータには加速特性が必要であり，このためモータのリードには抵抗を挿入できない．この場合の解決法は，図 5-29(B)に示すように 2 個のフェライトビーズと 2 個の貫通形コンデンサを追加することである．フェライトビーズと貫通形コンデンサを有するモータの写真を図 5-30 に示す．図のように，二つのフェライトビーズがモータの各リード線に設置され，直列インピーダンスを増加させている．

　フェライトを差動モードフィルタとして直流が流れる回路に使用する場合は，フェライトのインピーダンスへの直流電流の影響を考慮する必要がある．直流電流が増すとフェライトのインピーダンスは減少する．図 5-31 は小さなフェライトビーズ（長さ 0.55 in，外径 0.138 in）のインピーダンスを直流バイアス電流の関数として示す（Fair-Rite, 2005）．図のように，電流がゼロの場合における 100 MHz でのインピーダンスは 200 Ω

図 5-30 直流モータの電力リード上の整流子ノイズを除去するのに，フェライトビーズと貫通形コンデンサとが用いられている。

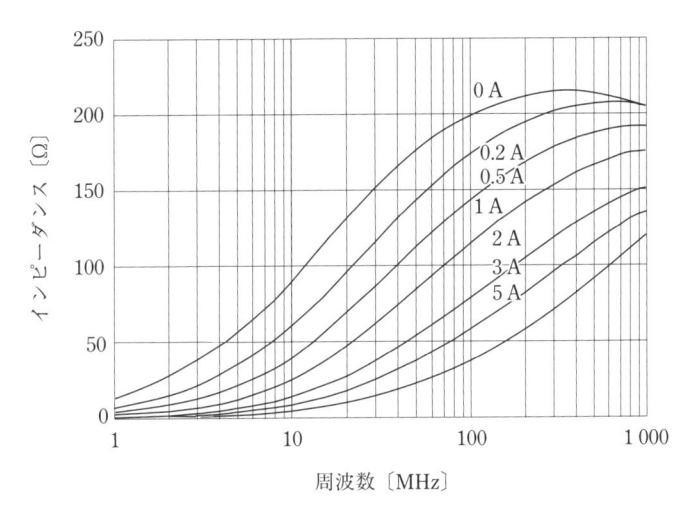

図 5-31 直流バイアス電流ごとのフェライトビーズのインピーダンス周波数特性（ⓒ 2005 Fair-Rite 社，許可を得て掲載）

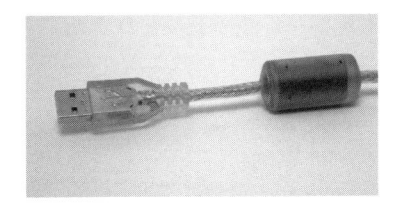

図 5-32 放射ノイズを抑制するために USB ケーブルに装着されたフェライトコア

であり，電流が 0.5 A の場合には 140 Ω に下がり，電流が 1 A の場合には 115 Ω まで下がる。

　フェライトコアは，複数ケーブルに対するコモンモードチョークとして用いることが多い（3.5 節参照）。たとえば，パソコン本体とビデオモニタをつなぐビデオケーブルのほとんどに，フェライトコアが装着されている。フェライトコアは 1 回巻きトランスの

コモンモードチョークとして働き，ケーブルを伝わってケーブルから放射するノイズを低減し，同様にケーブルが受信するノイズを低減する。図 5-32 は USB ケーブルからの放射ノイズを低減するためにケーブルに設置したフェライトコアを示す。ワンタッチ式コア（図 5-22）は，配線後のケーブル群に，たとえそれが大型コネクタを持っていたとしても，簡単に設置することができる。

要約

- 電解コンデンサは低周波用コンデンサである。
- すべてのコンデンサはある周波数で自己共振し，これが高周波での使用を制限する。
- マイカコンデンサとセラミックコンデンサは高周波用途に優れている。
- 空芯コアのインダクタは閉鎖形コア（トロイダルのような）のインダクタよりも多くの外部磁界を発生する。
- 磁性体コアのインダクタは，空芯コアのインダクタより妨害磁界の影響を受けやすい。
- 静電シールド付きトランスは，巻き線間の容量性結合を減らす目的で用いられる。
- すべての抵抗器は種類に関係なく同量の熱ノイズを発生する。
- 低レベル回路の可変抵抗器は，それに直流が流れないように配置すべきである。
- オーディオ周波数を超えると，導線は通常，抵抗より誘導性リアクタンスが大きい。
- 平板の矩形導線は円形導線よりも交流抵抗とインダクタンスが小さい。
- 導線の交流抵抗は周波数の平方根に比例する。
- 伝送線路とは，導線が直列に接続され電磁界エネルギーをある箇所からほかの箇所へ伝送するものである。
- 導線が 1/10 波長よりも長くなれば，伝送線路として扱うべきである。
- 矩形波信号の立上り時間が，その線路の遅延時間の 2 倍以下では伝送線路として扱うべきである。
- 無損失伝送線路の特性インピーダンスは $\sqrt{L/C}$ である。
- 伝送線路の信号速度は $C/\sqrt{\varepsilon_r}$ である。
- 伝送線路の最も重要な特性は次のものである。
    - 特性インピーダンス
    - 伝搬定数
    - 高周波損失
- 普通の PCB では信号が 152 mm 進むのに 1 ns 要する。
- PCB を伝搬する矩形波の信号の立上り時間は，信号が進むにともない約 0.4 ps/mm の割合で増加する。
- 同じ特性インピーダンスと比誘電率を持つすべての伝送線路は，その単位長当りのインダクタンスと容量が同じである。
- 伝送線路の主要な損失は次の二つである。
    - 抵抗損失
    - 誘電体損失

- 導線の抵抗損失は周波数の平方根に比例する。一方，誘電体損失は周波数に比例する。
- 高周波では誘電体損失が優勢になる。
- 伝送線路で最も重要な材料は導線ではなく誘電体である。
- 交流電流は終端が開放された伝送線路を流れ得るし，実際に流れる。
- 三つの伝送線路トポロジーのみが，厳密な特性インピーダンスの解析式を持つ。
    - 同軸ケーブル
    - 二つの平行な円形導線
    - 導線平面上の円形導線
- フェライトをノイズ抑制に使う場合は，そのインピーダンスが抵抗性になる周波数領域で使う。
- フェライトコアとフェライトビーズは，低周波ではほとんどインピーダンスを持たず，回路に高周波抵抗（損失）を結合し交流抵抗として機能する。
- フェライトは，インピーダンスの周波数特性を規定して通常特徴づけられる。
- ケーブルに設置されたフェライトコアはコモンモードチョークとして機能し，それは伝導と放射の両ノイズの低減に有効である。

問題

5.1　a. コンデンサは通常どのパラメータで特徴づけられるか？
　　b. コンデンサの種類を選ぶときに考慮すべき最も重要な要素は何か？

5.2　a. 低周波用のコンデンサの種類を二つ挙げよ。
　　b. 中間周波帯域のコンデンサの種類を二つ挙げよ。
　　c. 高周波用のコンデンサの種類を二つ挙げよ。

5.3　次の用途に適切なコンデンサの種類は何か？
　　a. 高周波で低電圧用途
　　b. 高周波で高電圧用途
　　c. デジタル論理回路でのデカップリング用途

5.4　導線のインダクタンスはその直径にどう関係するか？

5.5　以下の周波数，0.2, 0.5, 1, 2, 5, 10, 50 MHz における 22 番ゲージの銅線の交流抵抗の直流抵抗に対する比の表をつくれ。

5.6　0.5×2 cm の矩形断面の銅線に関して
　　a. 1 m 当りの直流抵抗の値はいくらか？
　　b. 10 MHz における 1 m 当りの抵抗はいくらか？

5.7　a. 式(5-9b)を導け。その際に高周波では電流の大部分が，図 P5-7 のように銅線の表面の環状の断面に流れ，その環の幅は表皮深さ δ であることに注意せよ。また，$d \gg \delta$ と仮定せよ。
　　b. 設問 a における条件 $d \gg \delta$ は $d \geqq 10$ の場合に成り立つとして，設問 a の答えが有効になるためには $d\sqrt{f}$ はどうならなければならないか？

5.8　導線の誘導性リアクタンスと交流抵抗は周波数によってどう変わるか？

図 P5-7

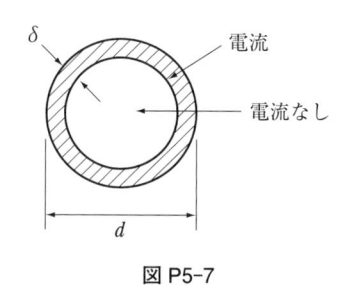

5.9 図 P5-9 は，幅 w で厚さ t の矩形断面の導線の交流抵抗と直流抵抗の時間の関数の両対数グラフである。
   a. 矩形断面の導線でのグラフの折れ点周波数においては，表皮深さが何と等しくなるか？
   b. $t \ll w$ のときの設問 a はどうなるか？
   c. 設問 b の答えの根拠を説明せよ？
   d. 図 P5-9 に示す交流抵抗の部分の傾きは何になるか？

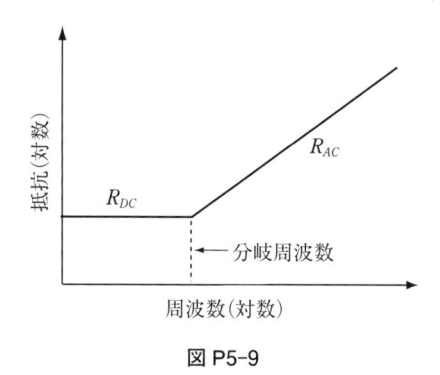

図 P5-9

5.10 接地平面上の 25.4 mm の高さにある直径が 6.35 mm の円形導線と，幅が 12.7 mm で厚さが 2.54 mm の矩形導線との二つの導線について次の問いに答えよ。
   a. 両導線の断面積はいくら？
   b. 円形導線の直流抵抗と 10 MHz における交流抵抗とインダクタンスを求めよ。
   c. 矩形導線の直流抵抗と 10 MHz における交流抵抗とインダクタンスを求めよ。
   d. それらの結果を比べると両導線の特徴はどう結論づけられるか？

5.11 PCB に配線の幅が 0.2 mm で厚さが 36 μm の配線があり，その配線は接地平面より 0.5 mm の高さにあるものとする。この配線の 100 MHz における抵抗と誘導性リアクタンスはいくらか？

5.12 導波管の持つ独特な特徴を二つ挙げよ。

5.13 普通の伝送線路では信号が 914 mm 進むのにどのくらいの時間がかかるか？

5.14 75 Ω の伝送線路は 56 pF/m の容量を持つ。この伝送線路のインダクタンスはいくらか？

5.15 次の同軸ケーブルの特性インピーダンスはいくらであるか。内側導線の直径が 2.74 mm で外側導線の直径が 8.9 mm で誘電体の比誘電率が 2 の同軸ケーブル。

5.16 伝送線路の信号の伝送速度と誘電体損失は伝送線路の何の特性であるか？

5.17 比誘電率が2で特性インピーダンスが50Ωの伝送線路の1m当りのインダクタンスと容量はいくらか？

5.18 伝送線路が325 nH/mのインダクタンスと130 pF/mの容量を持つとき，
  a. この伝送線路の特性インピーダンスはいくらか？
  b. 10 MHzの正弦波が3m進むと位相シフトはどのくらいになるか？

5.19 FR4のエポキシガラスのPCB上のストリップ線路で幅が0.15 mmで厚さが36 μmで特性インピーダンスが50Ωのストリップ線路では，3 GHzでの減衰はおおよそいくらか？

5.20 フェライトコアのインピーダンスを増加させる方法を二つ挙げよ。

参考文献

- Bogatin, E. Signal Integrity—*Simplified*. Upper Saddle River, NJ, Prentice Hall, 2004.
- Campbell, R. H. Jr. and Chipman, R. A. "Noise From Current-Carrying Resistors, 25-500 kHz," *Proceedings of the IRE*, vol. 37, August 1949, pp. 938-942.
- Danker, B. "New Methods to Decrease Radiation from Printed Circuit Boards," *6th Symposium on Electromagnetic Compatibility*, Zurich, Switzerland, March 5-7, 1985.
  Fair-Rite Products Corp. Fair-Rite Products Catalog, 15th ed. Wallkill, NY, 2005.
- Hall, S. H. Hall, G. W. and McCall, J. A. *High-Speed Digital System Design*. New York, Wiley, 2000.
- IPC-D-317A, *Design Guidelines for Electronic Packaging Utilizing High-Speed Techniques*. Northbrook, IL, IPC, 1995.
- Johnson, H. W. and Graham, M. *High-Speed Digital Design*. Englewood, NJ, Prentice Hall, 1993.
- Jordan. E. C., ed. *Reference Data for Engineers : Radio, Electronics, Computer, and Communications*, 7th ed. Indianapolis, IN, Howard W. Sams, 1985. p. 6-7.
- Skilling, H. H. *Electric Transmission Lines*. New York, McGraw Hill, 1951.
- Whalen, J. J. and Paludi, C. "Computer Aided Analysis of Electronic Circuits—the Need to Include Parasitic Elements." *International Journal of Electronics*. vol. 43, no. 5, November 1977.

参考図書

- Henney, K. and Walsh, C. *Electronic Components Handbook*, Vol. 1, New York, McGraw-Hill, 1957.
- Rostek, P. M. "Avoid Wiring-Inductance Problems," *Electronic Design*, vol. 22, December 6, 1974.

第6章
シールディング

　シールドは，二つの空間領域の間に設置する金属の仕切りである。それは，一方の領域から他方の領域への電磁界の伝搬を抑制するために使われる。図6-1に示すように，シールドがノイズ源を囲むならば，シールドは電磁界を封じ込めるために使われる。この構造は，シールドの外側にあるすべての敏感な機器を保護する。また，図6-2に示すように，電磁放射から領域を隔離するためにシールドが使われる。このテクニックはシールドの中に入れられた特定の機器だけを保護する。全体的なシステムの観点から，ノイズ源をシールドすることが，ノイズを受けるもの（レセプタ）をシールドすることよりもいっそう効果的である。しかし場合によっては，ノイズ源の放射（たとえば放送局のように）を許容しなければならない。そして，個々のレセプタのシールドが必要になることがある。

　シールドをどんなによく設計しても，そのあとにケーブルの挿入のような代替的な経路によって

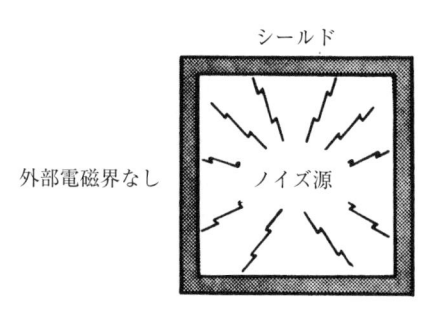

図6-1　シールドの外側にある機器へのノイズ結合を防ぐためにノイズ源がシールドされたシールドの応用例

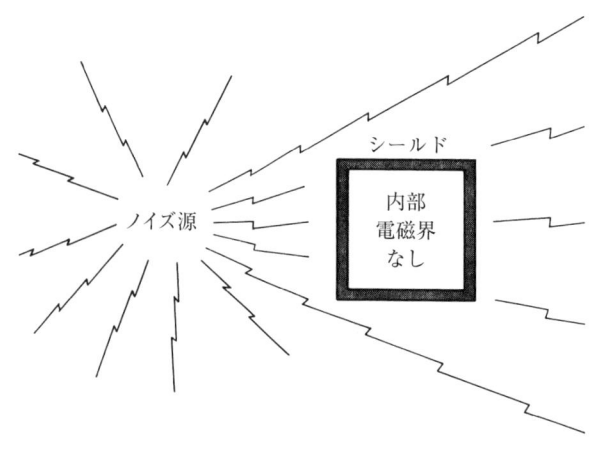

図6-2　ノイズ侵入を防ぐためにレセプタがシールドされたシールドの応用例

電磁エネルギーが筐体に出入りするのを許容してしまっては，ほとんど意味がない。ケーブルは，シールドの一端でノイズを拾い他端にそれを伝達する。このノイズは再び放射する。シールドされた筐体の安全性を維持するために，ノイズ電圧は筐体に入るすべてのケーブルから除去されるべきである。この手法は，信号ケーブルと同様に電源ケーブルにも応用される。シールドされた筐体に入るケーブルシールドは，その境界を越えるノイズ結合を防ぐために筐体に接続する必要がある。

本章は二つのパートに分類する。前半は開口部のないソリッドなシールドの効果を取り上げる。6.10節から始まる後半のパートでは，シールド効果について開口部の影響を取り上げる。

6.1 近傍界と遠方界

電磁場の特性は，放射源（アンテナ）やそれを取り囲む媒体，放射源と観測点との間の距離によって決まる。放射源に近い観測点では，電磁場の性質は主に放射源の特性によって決まる。放射源から遠い点では，電磁場の性質は主に電磁場が伝搬する媒体に依存する。したがって，放射源を取り囲む空間は図6-3に示すように二つの領域に分かれる。放射源の近くは近傍界もしくは誘導界である。波長(λ)を2πで割った長さ（およそ1/6波長）より遠い距離は遠方界もしくは放射界である。$\lambda/2\pi$前後の領域は近傍界と遠方界との遷移領域である。

電界(E)の磁界(H)に対する比が波動インピーダンスである。遠方界では，この比は媒体の特性インピーダンス（たとえば空気や自由空間では，$E/H = Z_0 = 377\,\Omega$）に等しい。近傍界では，その比は放射源の特性と放射源から電磁場の観測点までの距離で決まる。ノイズ源が高電流で低電圧($E/H<377$)であれば，近傍界は磁界が支配的である。逆にノイズ源が低電流で高電圧($E/H>377$)であれば，近傍界は電界が支配的である。

ロッドアンテナや直線状アンテナの輻射源インピーダンスは高い。アンテナ近くの波動インピーダンス（主に電界）もまた高い。距離が遠くなるにつれて電界強度は弱くなり相補的な磁界が発生する。近傍界では$(1/r)^3$の割合で電界が減衰するが，磁界は$(1/r)^2$の割合で減衰する。したがって，直線状アンテナからの波動インピーダンスは，距離とともに低くなり，図6-4に示すように遠方界領域で自由空間のインピーダンスに

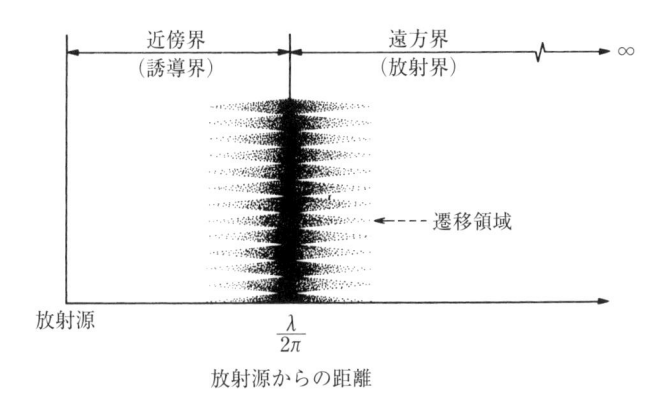

図6-3 放射源を取り囲む空間は，近傍界と遠方界の二つの領域に分かれる。近傍界から遠方界への遷移は$\lambda/2\pi$の距離で発生する。

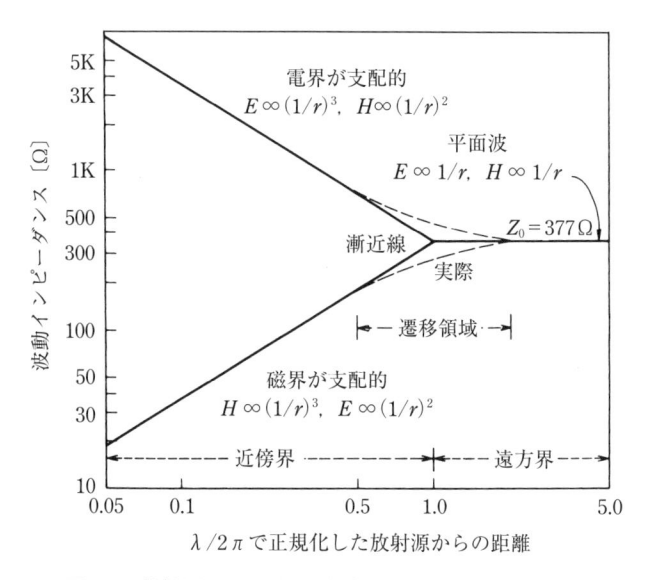

図 6-4 放射源からの距離に依存する波動インピーダンス

漸近的に近づく。

　ループアンテナがつくり出す電磁界のように磁界が支配的な場合，アンテナ近くの波動インピーダンスは低い。アンテナからの距離が遠くなるにつれて磁界は $(1/r)^3$ の割合で減衰して，電界は $(1/r)^2$ の割合で減衰する。したがって，波動インピーダンスは距離とともに高くなり，$\lambda/2\pi$ の距離で自由空間のそれに近づく。遠方界では電界と磁界の両方が $1/r$ の割合で減衰する。

　近傍界では電界と磁界の比は一定ではないので，電界と磁界を別々に考えなければならない。しかし，遠方界では電界と磁界が組み合わさって，377Ω のインピーダンスを持つ平面波となる。したがって，平面波が議論されるときは，遠方界であることを前提としている。電界と磁界が個々に議論されるときは，近傍界であることを前提としている。

6.2　特性インピーダンスと波動インピーダンス

本章では，次の媒質定数を使うものとする。

> 透磁率 μ（自由空間では $4\pi \times 10^{-7}$ H/m）
> 誘電率 ε（自由空間では 8.85×10^{-12} F/m）
> 導電率 σ（銅では 5.82×10^{7} S/m）

電磁波の波動インピーダンスは次式で定義される。

$$Z_W = \frac{E}{H} \tag{6-1}$$

媒質の特性インピーダンスは次式で定義される（Hayt, 1974）。

$$Z_0 = \sqrt{\frac{j\omega\mu}{\sigma + j\omega\varepsilon}} \tag{6-2}$$

遠方界で平面波の場合，Z_0 も波動インピーダンス Z_W に等しい。絶縁体（$\sigma \ll j\omega\varepsilon$）の特性インピーダンスは周波数に依存せず，次式で表される。

$$Z_0 = \sqrt{\frac{\mu}{\varepsilon}} \tag{6-3}$$

自由空間では Z_0 は 377 Ω に等しい。導体（$\sigma \gg j\omega\varepsilon$）の場合，その特性インピーダンスはシールドインピーダンス Z_S と呼ばれ，次式で表される。

$$Z_S = \sqrt{\frac{j\omega\mu}{\sigma}} = \sqrt{\frac{\omega\mu}{2\sigma}}\,(1+j) \tag{6-4a}$$

$$|Z_S| = \sqrt{\frac{\omega\mu}{2\sigma}} \tag{6-4b}$$

銅の場合，1 MHz で $|Z_S|$ は 3.68×10^{-4} Ω に等しい。式(6-4b)の定数にこの数値を代入することで，次の結果が得られる。

銅では，

$$|Z_S| = 3.68 \times 10^{-7} \sqrt{f} \tag{6-5a}$$

アルミニウムでは，

$$|Z_S| = 4.71 \times 10^{-7} \sqrt{f} \tag{6-5b}$$

鋼鉄では，

$$|Z_S| = 3.68 \times 10^{-5} \sqrt{f} \tag{6-5c}$$

一般に任意の導体も，

$$|Z_S| = 3.68 \times 10^{-7} \sqrt{\frac{\mu_r}{\sigma_r}} \sqrt{f} \tag{6-5d}$$

比導電率（σ_r）と比透磁率（μ_r）の代表値を表 6-1 に示す。

表 6-1 各種材質の比導電率と比透磁率

材　質	比導電率 σ_r	比透磁率 μ_r
銀	1.05	1
焼きなました銅	1.00	1
金	0.7	1
クロミウム	0.664	1
アルミニウム（ソフト）	0.61	1
アルミニウム（焼き戻し）	0.4	1
亜鉛	0.32	1
ベリリウム	0.28	1
真ちゅう	0.26	1
カドミウム	0.23	1
ニッケル	0.20	100
青銅	0.18	1
プラチナ	0.18	1
マグネシウム合金	0.17	1
スズ	0.15	1
鋼鉄（SAE 1045）	0.10	1 000
鉛	0.08	1
モネル	0.04	1
Conetic（1 kHz）	0.03	25 000
ミューメタル（1 kHz）	0.03	25 000
ステンレス鋼（Type 304）	0.02	500

6.3 シールド効果

本節では，近傍電磁界と遠方電磁界の両方でのシールド効果を論じる。シールド効果は多くのさまざまな方法で分析することができる。一つの方法は，図6-5に示すように回路理論を使うことである。回路理論による方法では，入射した電磁場はシールドに電流を誘導する。次にこの電流は，もとの電磁場を打ち消すさらなる電磁場をある空間領域に生成する。私たちは，シールドの開口部（6.10節）を扱うときにこの方法を採る。

しかし，本章のほとんどで，S. A. Schelkunoff（1943, pp. 303-312）によって独創的に開発された手法を使う。Schelkunoffの手法とは，損失と反射成分に関する伝送線路問題としてシールドを取り扱うことである。損失は，シールド内部に発生した熱によるものであり，反射は入射波とシールドインピーダンスとの間のインピーダンスの違いによるものである。

シールド効果は，シールドがもたらす電界と磁界の双方の強度，もしくは電界と磁界のどちらかの強度の減少の観点から規定される。シールド効果はデシベル〔dB〕[*1]の単位で表現するのが便利である。デシベルを使用することで，さまざまな作用によって生じるシールド効果を加算して全体のシールド効果を得ることが可能になる。シールド効果（S）は電界では次のように定義される。

$$S = 20 \log \frac{E_0}{E_1} \text{〔dB〕} \tag{6-6}$$

磁界では次のように定義される。

$$S = 20 \log \frac{H_0}{H_1} \text{〔dB〕} \tag{6-7}$$

前の式で，$E_0(H_0)$ は入射した電界（磁界）の強度である。$E_1(H_1)$ はシールドを抜け出て伝達される電界（磁界）の強度である。

シールドされた筐体の設計において，二つの主要な考慮すべき項目がある。

それは，(1) シールド材質自体のシールド効果と (2) シールドの切れ目や開口部に起因するシールド効果である。この二つの項目は，本章で個別に検討される。

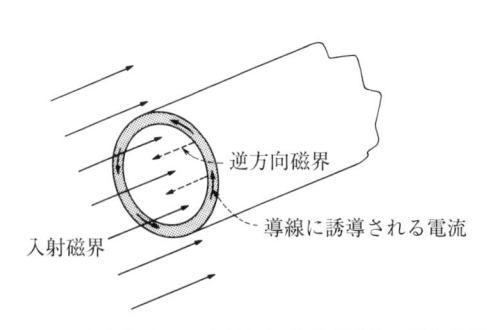

図6-5 非磁性体は磁気シールドをもたらす。入射した磁界は導線に電流を誘導して，入射した電磁場を打ち消す逆方向の磁界をシールドで囲まれた空間領域内に生成する。

[*1] デシベルを考察した付録Aを参照。

最初に，継ぎ目や穴がないソリッドな材質のシールド効果を究明する。次に切れ目と穴の効果を検討する。高い周波数では，シールド全体のシールド効果を決めるのは開口部のシールド効果であり，シールド材質に固有なシールド効果ではない。

シールド効果は，周波数やシールドの形状，電磁場を測定するシールド内の位置，弱まる電磁場の種類，入射角度と偏向で変わる。本節では導電性材質の平面薄板によってもたらされるシールド効果を検討する。この単純な形状は，一般的なシールドの概念を紹介するのに役立つ。そして，材質の特性がシールド効果を決めるのを示すが，シールドの形状がもたらす効果は含まない。平面薄板計算の結果は，さまざまな材質の相対的なシールド効果を見積もるのに有益である。二つの種類の損失が，金属表面にぶつかる電磁波によってもたらされる。その電磁波は金属表面から一部分が反射する。そして，伝達した（反射しない）一部の電磁波は減衰しながらシールドを通る。吸収損失もしくは侵入損失と呼ばれる後者の効果は，近傍電磁界または遠方電磁界いずれにおいても，そして電界もしくは磁界でも同じである。しかしながら，反射損失は電磁場の種類と波動インピーダンスに依存する。

開口部がないソリッドな材質の全体のシールド効果は，吸収損失(A)＋反射損失(R)＋薄板シールドにおける多重反射からなる補正係数(B)に等しい[*2]。したがって，全体のシールド効果は次のように示すことができる。

$$S = A + R + B \, [\text{dB}] \tag{6-8}$$

式(6-8)のすべての項はデシベルで表現しなければならない。もし，吸収損失Aが9 dBより大きければ，多重反射係数Bを無視することができる。現実的な見地から，電界と平面波に対してもBを無視することができる。

6.4 吸収損失

電磁波が媒質を通過するとき，その大きさは図6-6に示すように指数関数的に減少する（Hayt, 1974）。この減衰は，シールドに誘導された電流が抵抗損失と材質の加熱を引き起こすことから発生する。したがって，次のように示すことができる。

$$E_1 = E_0 e^{-t/\delta} \tag{6-9}$$
$$H_1 = H_0 e^{-t/\delta} \tag{6-10}$$

ここで，$E_1(H_1)$は図6-6に示すようにシールド内の距離tでの電磁波の強度である。電磁波のもともとの強度の$1/e$もしくは37％に減衰するために必要とする距離は，表皮深さとして定義され，次式に等しい。

$$\delta = \sqrt{\frac{2}{\omega\mu\sigma}} \, [\text{m}]^{*3} \tag{6-11a}$$

式(6-11a)でμとσの代わりに数値を代入し単位を替え，[in]単位で表皮深さを示すと，

[*2] 実際のところ$R+B$は全体の反射損失である。便宜上，多重反射を無視する反射損失Rと無視された多重反射に対する補正係数Bの二つの部分に分けている。

[*3] 6.2節に記載した定数（MKS単位系）が使われるとき，式(6-11a)で計算される表皮深さは[m]単位である。

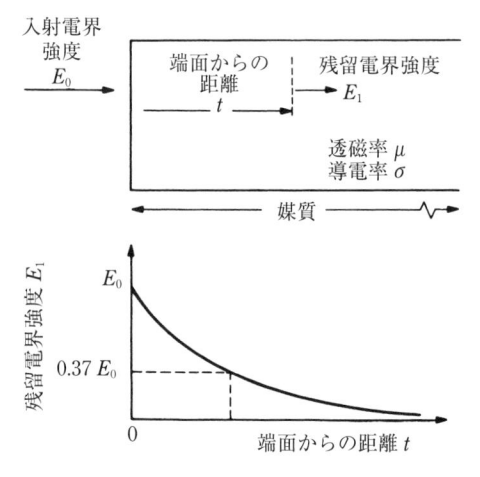

図6-6 吸収材質を通る電磁波は指数関数的に減衰する。

$$\delta = \frac{2.6}{\sqrt{f\mu_r \sigma_r}} \;[\text{in}] \tag{6-11b}$$

ここで，μ_r と σ_r はシールド材質の比透磁率と比導電率である。各種材質の比透磁率と比導電率の値を表6-1に示す。

銅，アルミニウム，鋼鉄，ミューメタルに対するいくつかの典型的な表皮深さを表6-2に示す。

シールドを通る吸収損失は，したがって次式で書くことができる。

$$A = 20 \log \frac{E_0}{E_1} = 20 \log e^{t/\delta} \tag{6-12a}$$

$$A = 20\left(\frac{t}{\delta}\right)\log(e) \;[\text{dB}] \tag{6-12b}$$

$$A = 8.69\left(\frac{t}{\delta}\right) \;[\text{dB}] \tag{6-12c}$$

この式からわかるように，表皮深さと等しい厚さのシールドの吸収損失は約9dBである。シールドの厚さを2倍にすると，損失のデシベル値は2倍になる。

図6-7は，t/δ の比に対する吸収損失をデシベルでプロットしたものである。この曲線は，平面波，電界あるいは磁界に適用できる。

式(6-12c)に式(6-11b)を代入すると，吸収損失に関する次の一般的な数式が得られる。

表6-2 各種材質の表皮深さ

周波数	銅〔in〕	アルミニウム〔in〕	鋼鉄〔in〕	ミューメタル〔in〕
60 Hz	0.335	0.429	0.034	0.014
100 Hz	0.260	0.333	0.026	0.011
1 kHz	0.082	0.105	0.008	0.003
10 kHz	0.026	0.033	0.003	—
100 kHz	0.008	0.011	0.0008	—
1 MHz	0.003	0.003	0.0003	—
10 MHz	0.0008	0.001	0.0001	—
100 MHz	0.00026	0.0003	0.00008	—
1000 MHz	0.00008	0.0001	0.00004	—

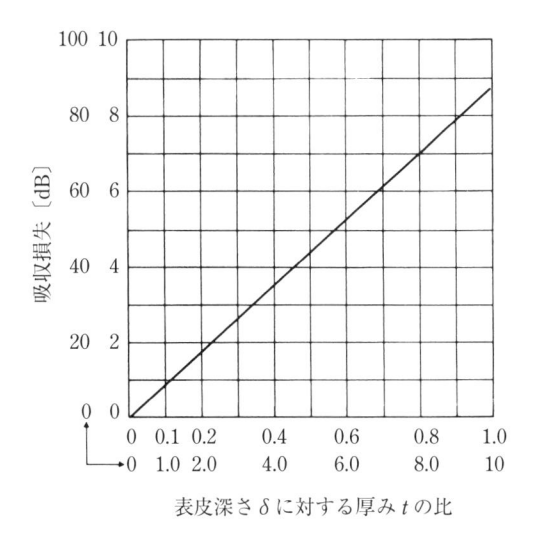

図 6-7 吸収損失は厚みに比例し，シールド材質の表皮深さに反比例する。このプロットは電界と磁界もしくは平面波に使うことができる。

$$A = 3.34t\sqrt{f\mu_r\sigma_r} \; [\text{dB}] \tag{6-13}$$

この式で，t は〔in〕単位でのシールドの厚みに相当する。式(6-13)は，吸収損失〔dB〕がシールド材質の導電率と透磁率の積の平方根に比例することを示す。

式(6-13)は図 6-8 にプロットされる。それは一般的な吸収損失曲線であり，パラメータ $t\sqrt{f\mu_r\sigma_r}$ に対する吸収損失 A をデシベルでプロットしたものである。ここで，t は〔in〕単位でのシールドの厚みであり，f は〔Hz〕単位での周波数である。そして，μ_r と σ_r はそれぞれシールド材質の比透磁率と比導電率である。

銅と鋼鉄それぞれの，二つの厚みに対する吸収曲線対周波数が図 6-9 にプロットされる。この図から観察できるように，銅の薄い板（0.5 mm（0.02 in））は 1 MHz で大きな吸収損失（66 dB）をもたらすが，1 000 Hz より低い周波数ではほとんど損失がない。

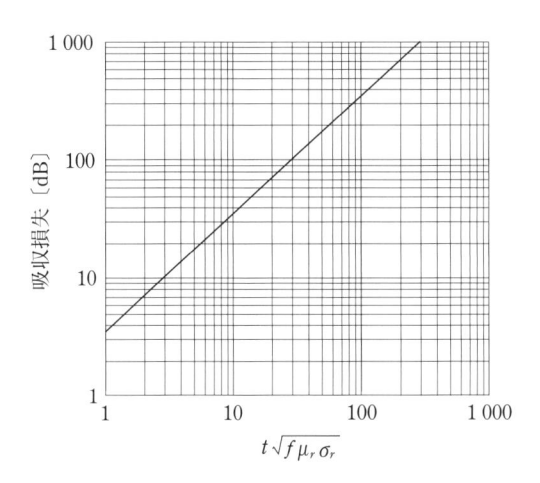

図 6-8 一般的な吸収損失曲線

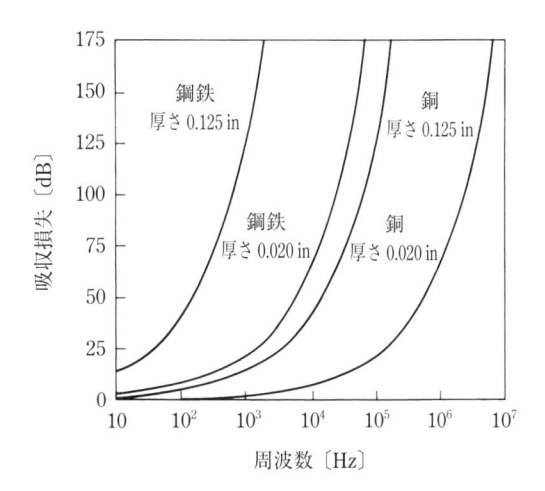

図 6-9 吸収損失は周波数とシールド厚みとともに増加する。鋼鉄は同じ厚みの銅より大きな吸収損失をもたらす。

図6-9は，吸収損失の与え方について銅を超える鋼鉄の優位性をはっきりと示している。しかし，1 000 Hzより低い周波数で相当の吸収損失をもたらすには，鋼鉄を使うときでも厚い板を使う必要がある。

6.5 反射損失

二つの媒質間の界面での反射損失は，図6-10に示すように媒質間の特性インピーダンスの違いに関連がある。インピーダンス Z_1 を持つ媒質からインピーダンス Z_2 を持つ媒質に透過する電磁波の強度は次式で表される（Hayt, 1974）。

$$E_1 = \frac{2Z_2}{Z_1+Z_2}E_0 \tag{6-14}$$

$$H_1 = \frac{2Z_1}{Z_1+Z_2}H_0 \tag{6-15}$$

$E_0(H_0)$ は，入射する電磁波の強度であり，$E_1(H_1)$ は，透過した電磁波の強度である。

電磁波がシールドを通るとき，図6-11に示すように電磁波は二つの境界にぶつかる。第2の境界は，インピーダンス Z_2 を持つ媒質とインピーダンス Z_1 を持つ媒質との間にある。この境界を通って通過する電磁波 $E_t(H_t)$ は次式で与えられる。

$$E_t = \frac{2Z_1}{Z_1+Z_2}E_1 \tag{6-16}$$

$$H_t = \frac{2Z_2}{Z_1+Z_2}H_1 \tag{6-17}$$

シールドが表皮深さと比較して厚いならば[*4]，そのとき全体の通過波の強度は，式(6-16)と式(6-17)に式(6-14)と式(6-15)をそれぞれ代入することで求められる。これは，前述の式(6-13)で考慮された吸収損失を無視する。したがって，厚いシールドに対する全体の通過波は次式で表される。

$$E_t = \frac{4Z_1Z_2}{(Z_1+Z_2)^2}E_0 \tag{6-18}$$

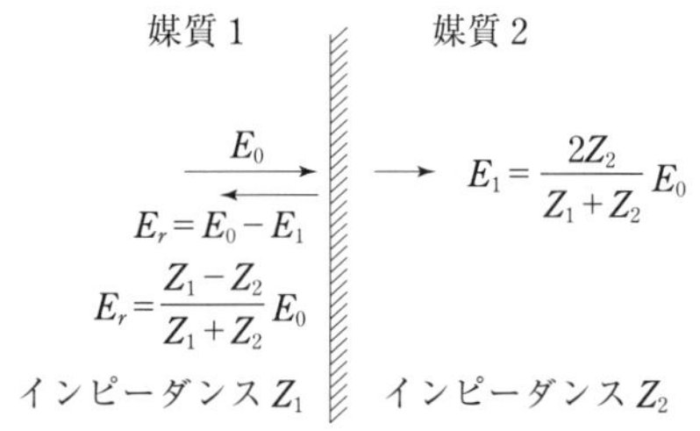

図6-10 入射する電磁波は一部が二つの界面で反射し，一部が界面を透過する。透過した電磁波は E_1，反射した電磁波は E_r である。

[*4] シールドが薄い場合はシールドの吸収損失が小さいので，二つの境界の間で多重反射が発生する（6.5.6項の"薄板シールド内の多重反射"を参照）。

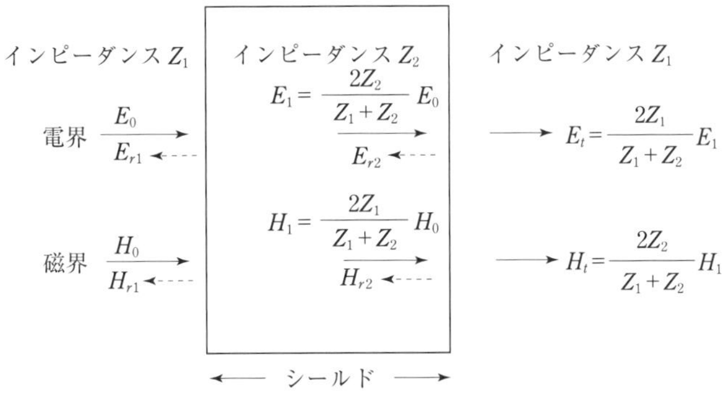

図 6-11 部分的な反射と透過シールドの両境界で発生する。

$$H_t = \frac{4Z_1Z_2}{(Z_1+Z_2)^2}H_0 \quad (6\text{-}19)$$

ここで留意すべきは，電界と磁界がそれぞれの境界で異なる反射をするにもかかわらず，両境界を通った正味の影響は，電界と磁界について同じだということである。シールドが金属で絶縁体を包囲するならば，そのとき $Z_1 \gg Z_2$ である。これらの状況下で電磁波がシールド（第1境界）に入るとき，最も大きな反射（最少の透過波）が電界で発生する。そして，電磁波がシールド（第2境界）を離れるとき，最も大きな反射が磁界で発生する。**電界の場合，主要な反射が第1境界の表面で発生するので，非常に薄い材質でも優れた反射損失をもたらす。**しかし，磁界の場合主要な反射が第2境界の表面で発生する。そして，後に示すようにシールドの中の多重反射はシールド効果を大幅に減少させる。$Z_1 \gg Z_2$ のとき，式(6-18)と式(6-19)は次式のように変換できる。

$$E_t = \frac{4Z_2}{Z_1}E_0 \quad (6\text{-}20)$$

$$H_t = \frac{4Z_2}{Z_1}H_0 \quad (6\text{-}21)$$

Z_1 の代わりに波動インピーダンス Z_W を使い，Z_2 の代わりにシールドインピーダンス Z_S を使い，多重反射を無視すると，反射損失は電界や磁界について次式のように書くことができる。

$$R = 20\log\frac{E_0}{E_1} = 20\log\frac{Z_1}{4Z_2} = 20\log\frac{|Z_W|}{4|Z_S|} \text{〔dB〕} \quad (6\text{-}22)$$

ここで，Z_W：シールドに入る前の波動インピーダンス（式(6-1)），Z_S：シールドのインピーダンス（式(6-5d)）

これらの反射損失方程式は，垂直方向入射でシールドに接近する平面波に対するものである。電磁波が垂直方向入射以外で接近するならば，そのとき入射角度とともに反射損失は増加する。曲率半径が表皮深さよりずっと大きいときは，その結果は曲がった界面にも適用できる。

6.5.1 平面波に対する反射損失

平面波（遠方電磁界）の場合，波動インピーダンス Z_W は自由空間の特性インピーダンス Z_0（377 Ω）に等しい。したがって，式(6-22)は次式になる。

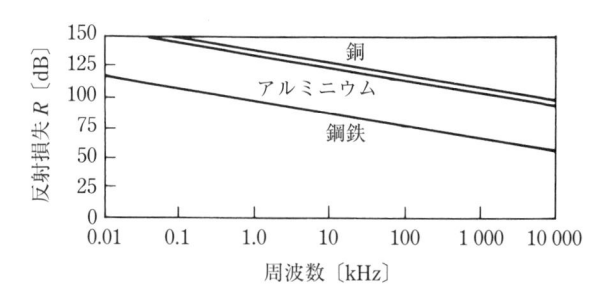

図 6-12 平面波に対する反射損失は，低い周波数のほうが大きく，高い導電率材質の方ほうが大きい。

$$R = 20 \log \frac{94.25}{|Z_s|} \text{〔dB〕} \tag{6-23a}$$

したがって，シールドインピーダンスが低くなればなるほど反射損失は大きくなる。$|Z_s|$ の代わりに式(6-5d)を使って式(6-23a)を再整理することで次式になる。

$$R = 168 + 10 \log\left(\frac{\sigma_r}{\mu_r f}\right) \text{〔dB〕} \tag{6-23b}$$

図 6-12 は，銅とアルミニウムと鋼鉄という三つの材質の反射損失対周波数のプロットである。図 6-9 とこれの比較は，鋼鉄は銅よりもずっと大きな吸収損失を持つが反射損失はより小さいことを示す。

6.5.2 近傍界領域における反射損失

近傍電磁界では，磁界に対する電界の比率はもはや媒質の特性インピーダンスでは決まらない。代わりに，磁界に対する電界の比率は輻射源（アンテナ）の特性のほうに多く依存する。輻射源が高電圧で低電流であれば波動インピーダンスは 377 Ω より大きく，電磁場はハイインピーダンスになり，もしくは電界が支配的になるだろう。輻射源が低電圧で高電流であれば，そのとき波動インピーダンスは 377 Ω より小さくなり，電磁場はローインピーダンスになり，もしくは磁界が支配的になるだろう。

反射損失(式(6-22))は，波動インピーダンスとシールドインピーダンスの比率の関数なので，反射損失は波動インピーダンスとともに変化する。ハイインピーダンスの電磁場（電界）は平面波よりも高い反射損失を持っている。同様に，ローインピーダンスの電磁場（磁界）は平面波より低い反射損失を持っている。このようすは図 6-13 に示してあり，輻射源から 1 m と 30 m の距離に銅シールドを置いたときの結果である。同様に，比較のために平面波反射損失も示してある。

輻射源とシールドとの間の距離がいくつであっても，図 6-13 の三つの曲線（電界，磁界，平面波）は，輻射源とシールドとの間の距離が $\lambda/2\pi$ に等しくなる周波数で一緒になる（λ は波長）。間隔が 30 m のとき，電界と磁界の曲線は 1.6 MHz の周波数で一緒になる。

図 6-13 に示される曲線は，電界もしくは磁界のみをつくり出す点輻射源に対するものである。しかし，ほとんどの現実的な輻射源は，電界と磁界の両方の組み合わせである。したがって，現実的な輻射源に対する反射損失は，図に示す電界の線と磁界の線と

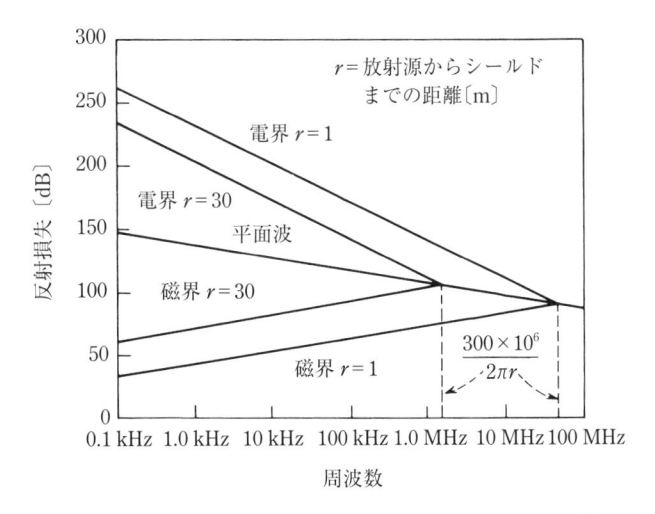

図 6-13　銅シールドにおける反射損失は，周波数，輻射源からの距離，波の種類とともに変化する

の間のどこかに引かれる。

　図 6-13 は，電界の反射損失が $\lambda/2\pi$ の分離距離まで周波数とともに減少することを示す。その距離を超えると，平面波に対する反射損失と同じになる。磁界の反射損失は，この場合も同様に，$\lambda/2\pi$ の分離距離まで周波数とともに増加する。それからは，平面波の反射損失と同じ率で減少し始める。

6.5.3　電界の反射損失

　点輻射源からの電界の波動インピーダンスは，$r<\lambda/2\pi$ のとき，次式で近似できる。

$$|Z_W|_e = \frac{1}{2\pi f \varepsilon r} \tag{6-24}$$

ここで，r は輻射源からシールドまでの距離〔m〕であり，ε は誘電率である。反射損失は式(6-22)に式(6-24)を代入することで決めることができ，次式で与えられる。

$$R_e = 20 \log \frac{1}{8\pi f \varepsilon r |Z_S|} \text{〔dB〕} \tag{6-25}$$

もしくは，自由空間における ε の値を代入すると次式で与えられる。

$$R_e = 20 \log \frac{4.5 \times 10^9}{fr|Z_S|} \text{〔dB〕} \tag{6-26a}$$

ここで，r は〔m〕である。$|Z_S|$ の代わりに式(6-5d)を使って再整理すると，式(6-26a)は次式になる。

$$R_e = 322 + 10 \log \frac{\sigma_r}{\mu_r f^3 r^2} \text{〔dB〕} \tag{6-26b}$$

　図 6-13 において"電界"と印された線は，r を 1 m と 30 m とした銅シールドに関する式(6-26b)のプロットである。その式とプロットは，電界だけをつくり出す点輻射源から特定距離での反射損失を表す。しかし，現実の電界輻射源は，電界に加えていくらか小さな磁界成分を持つ。したがって，それは図 6-13 の電界の線と平面波の線との間のどこかに反射損失を持つ。一般的に，これらの二つの線の間のどこに実際の輻射源があるかわからないので，電界に対する反射損失を決めるのに，平面波に対する計算式

(式(6-23b))が普通使われる．そのとき，実際の反射損失は式(6-23b)で計算される値より等しいか大きい．

6.5.4 磁界の反射損失

磁界の点輻射源からの波動インピーダンスは，$r<\lambda/2\pi$ を前提として次式で近似できる．

$$|Z_W|_m = 2\pi f\mu r \tag{6-27}$$

ここで，r は輻射源からシールドまでの距離であり，μ は透磁率である．反射損失は，式(6-22)に式(6-27)を代入することで決定でき，次式で与えられる．

$$R_m = 20\log\frac{2\pi f\mu r}{4|Z_S|} \text{〔dB〕} \tag{6-28}$$

もしくは，自由空間における μ の値を代入すると次式で与えられる．

$$R_m = 20\log\frac{1.97\times10^{-6}fr}{|Z_S|} \text{〔dB〕} \tag{6-29a}$$

ここで，r は〔m〕である．$|Z_S|$ の代わりに式(6-5d)を使って再整理すると，式(6-29a)は次式で与えられる．

$$R_m = 14.6 + 10\log\left(\frac{fr^2\sigma_r}{\mu_r}\right) \text{〔dB〕}^{*5} \tag{6-29b}$$

ここで，r は〔m〕である．

図6-13において"磁界"と印された線は，r を1mと30mとして銅シールドに関する式(6-29b)のプロットである．式(6-29b)と図6-13のプロットは，磁界だけをつくり出す点輻射源から特定距離での反射損失を表現する．現実の磁界輻射源の多くは，磁界に加えて小さな電界成分を持つ．したがって，反射損失は，図6-13の磁界の線と平面波の線の間のどこかにある．一般的に，これらの二つの線の間のどこに実際の輻射源があるかわからないので，磁界に対する反射損失を決めるのに式(6-29b)を使うべきである．そのとき，実際の反射損失は，式(6-29b)で計算される値より等しいか大きくなる．

輻射源までの距離がわからない場合には，低い周波数での近傍磁界の反射損失は通常ゼロと仮定できる．

表6-3 式(6-30)で使われる定数

場の種類	C	n	m
電界	322	3	2
平面波	168	1	0
磁界	14.6	-1	-2

---

*5 R の解に負の値が得られるならば，代わりに $R=0$ を使って多重反射係数 B を無視する．R の解が正の値で0に近いならば，式(6-29b)は少し誤差がある．この場合，式の導出の際に仮定した $Z_1 \gg Z_2$ を満足しないので誤差が発生する．R が0のとき誤差は3.8dBで，それは R が大きくなるにつれて減少する．しかし，現実的な見地からこの誤差は無視できる．

6.5.5 反射損失の一般式

多重反射を無視することで，反射損失の一般式を次式のように書くことができる。

$$R = C + 10 \log\left(\frac{\sigma_r}{\mu_r}\right)\left(\frac{1}{f^n r^m}\right) \tag{6-30}$$

ここで，平面波，電界，磁界それぞれの定数 C, n, m を表6-3に示す。

式(6-30)は平面波では式(6-23b)，電界では式(6-26b)，磁界では式(6-29b)に等しい。式(6-30)は，反射損失がシールド材質の導電率をその透磁率で割った関数であることを示す。

6.5.6 薄板シールド内の多重反射

シールドが薄い場合，図6-14に示すように，第2境界からの反射波は第1境界で反射し，それから第2境界に戻って再反射する。これは厚いシールドの場合には，吸収損失が大きいので無視することができる。波が2度目に第2境界に届くころには，そのときまでにシールドの厚みを3回通っているので，その振幅は無視できる。

電界については，入射波の大部分が第1境界で反射してしまい，ごくわずかな波しかシールド板内に入ってこない。これは式(6-14)と $Z_2 \ll Z_1$ という事実から理解できる。したがって，シールド内の多重反射は電界に対しては無視することができる。

磁界については，式(6-15)に示すように $Z_2 \ll Z_1$ のとき，大部分の入射波が第1境界でシールドの中に入る。通過した波の振幅は入射した波の実質2倍である。シールド内部でそのように大きな振幅の磁界を持つために，シールド内部の多重反射の影響を考慮しなければならない。

厚み t と表皮深さ δ のシールド内における磁界の多重反射に対する補正係数は次式で表される。

$$B = 20 \log(1 - e^{-2t/\delta}) \,[\text{dB}]^{*6} \tag{6-31}$$

図6-15は，t/δ の関数として補正係数 B をプロットしたものである。ここで，補正係数は負の値ということに注意すべきである。そして，薄いシールドにおける多重反射の結果として，(式(6-30)で表したものに比べると) シールド効果が少ないことを示す。

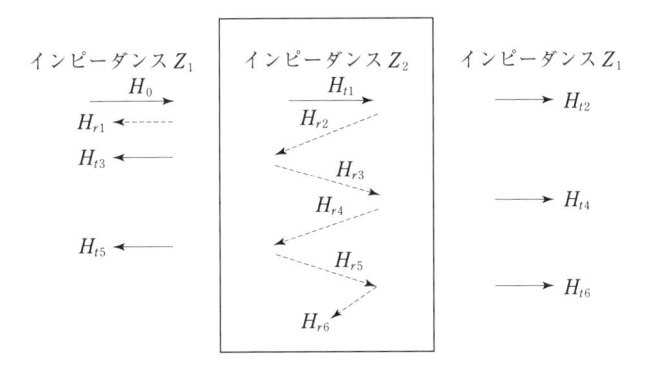

図6-14 薄板で発生する多重反射。それぞれの反射で波の一部が第2の境界を通って通過する。

---

*6 この計算については付録Cを参照。

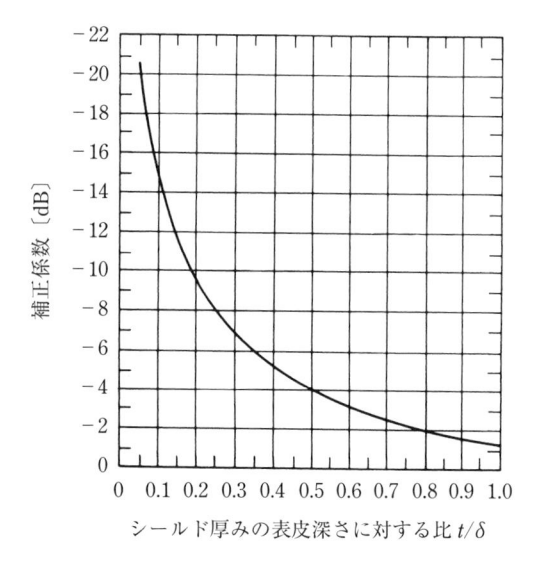

図 6-15　磁界での薄いシールドに対する多重反射損失補正係数(B)。t/δ が非常に小さい値に対する B の値については付録 C の表 C-1 を参照。

6.6　吸収，反射の複合損失

6.6.1　平面波

　遠方電磁界において平面波に対する全体損失は，式(6-8)に示すように吸収損失と反射損失の合成である。平面波に対しては，多重反射補正項 B は通常無視される。それは，反射損失が非常に大きくて補正項が小さいからである。吸収損失が 1 dB より大きいならば，補正項は 11 dB 以下であり，吸収損失が 4 dB より大きいならば，そのとき補正項は 2 dB 以下である。

　図 6-16 は，厚み 0.5 mm（0.02 in）のソリッドな銅シールドの全体的な減衰，つまりシールド効果を示す。この図からわかるように，**周波数の増加とともに反射損失が減少**

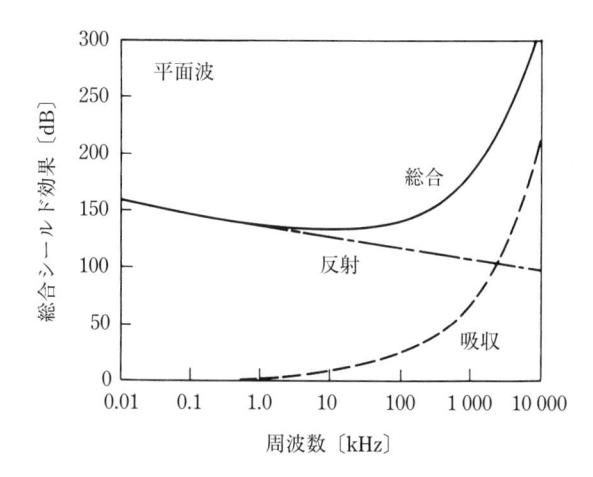

図 6-16　遠方電磁界における厚み 0.5 mm（0.02 in）の銅シールドのシールド効果

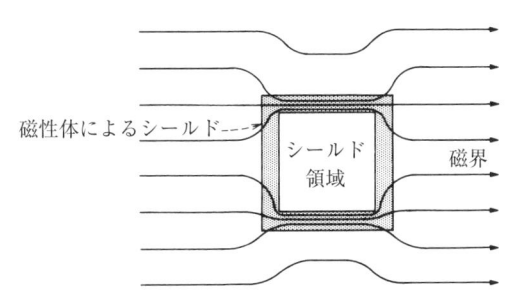

図6-17　磁界に対して低い磁気抵抗経路を与えて，シールドされた領域の周辺に磁界を迂回させるシールドとして磁性体が使われる。

する。なぜならば，周波数とともにシールドインピーダンス Z_S が増加するからである。しかし，**吸収損失は表皮深さの減少のために周波数とともに増加する**。シールド効果が最小になるのはある中域の周波数であり，この場合は 10 kHz である。図6-16 から，低い周波数の平面波に対しては，反射損失が減衰のほとんどの割合を占めることは明らかである一方で，高い周波数では減衰のほとんどが吸収損失によってもたらされる。

6.6.2　電界

電界に対する全体損失は式(6-8)に示したように，吸収損失(式(6-13))と反射損失(式(6-26))の合成によって求められる。多重反射補正係数 B は，電界の場合，通常無視される。なぜならば，反射損失が非常に大きくて補正項が小さいからである。**低い周波数**では，電界に対する主要なシールド機構は反射損失である。**高い周波数**では，主要なシールド機構は吸収損失である。

6.6.3　磁界

磁界に対する全体損失は式(6-8)に示したように，吸収損失(式(6-13))と反射損失(式(6-29))の合成によって求められる。シールドが厚い場合（吸収損失＞9 dB），多重反射補正係数 B を無視することができる。シールドが薄い場合には，式(6-31)や図6-15 の補正係数を考慮する必要がある。

近傍電磁界においては，低い周波数の磁界に対する反射損失は小さい。この作用は，シールドが薄い場合は多重反射のためになおさら断言される。**磁界に対する主要な損失は吸収損失である**。低い周波数では吸収損失と反射損失の両方が小さいので，全体のシールド効果は低い。したがって，低い周波数の磁界をシールドすることは困難である。低い周波数の磁界に対する付加的な防御は，保護する回路の周辺に磁界を迂回させるために，低い磁気抵抗の磁界の分路を与えることによってのみ達成できる。この手法は図6-17 に示される。

6.7　シールド方程式の要約

図6-18 は，厚み 0.5 mm（0.02 in）のソリッドなアルミニウムシールドの電界，平面波，磁界に対する複合シールド効果を示す。この図からわかるように，低い周波数の磁

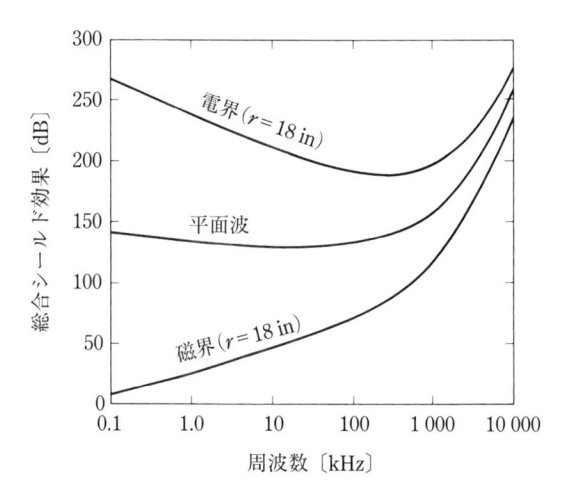

図 6-18 厚み 0.5 mm（0.02 in）のソリッドなアルミニウムシールドの電界，平面波，磁界に対するシールド効果

界を除けば，すべての場合にかなりのシールド効果がある。

高い周波数（1 MHz 以上）では，すべての場合に吸収損失が支配的であり，実用的に十分厚い**ソリッドな**シールドのどれもが，ほとんどの用途に対して十分なシールド効果をもたらす。

図 6-19 はさまざまな状況下でのシールド効果を決定するときに，どの式を使うかを示す要約である。さまざまな状況下でソリッドなシールドによってもたらされるシールド効果の定性的な要約は，本章の終わりの要約（表 6-9）にある。

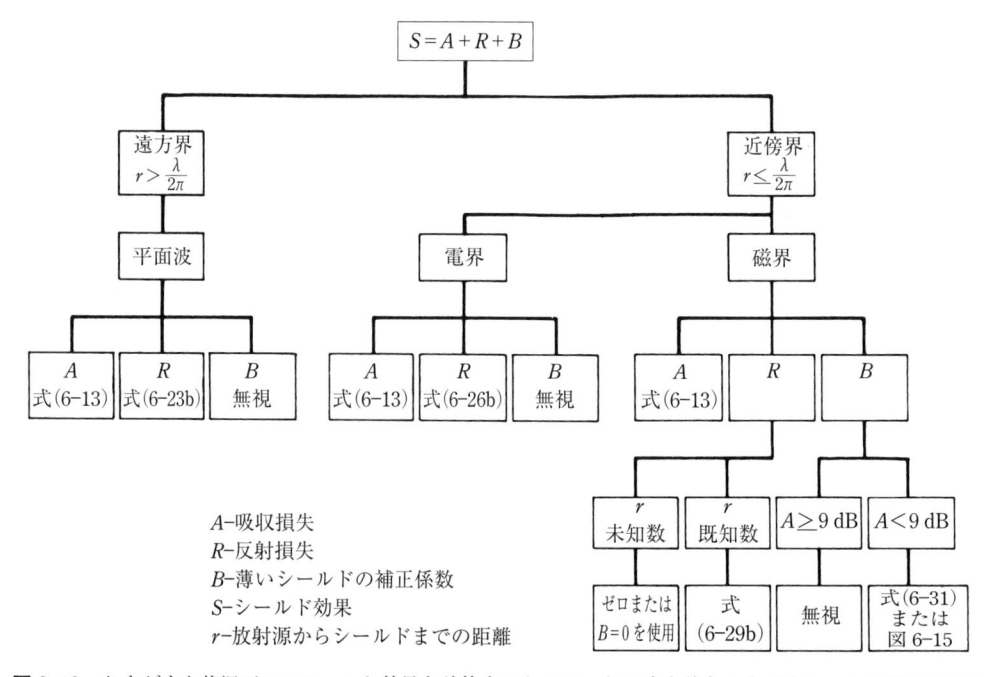

A — 吸収損失
R — 反射損失
B — 薄いシールドの補正係数
S — シールド効果
r — 放射源からシールドまでの距離

図 6-19 さまざまな状況下でのシールド効果を計算するために，どの式を使うかを示すシールド効果の要約

6.8 磁性材料によるシールド効果

良導体の代わりに磁性体をシールドとして使う場合，透磁率 μ は増加し，導電率 σ は減少する。これは次の効果を持つ。

1. ほとんどの磁性体は，導電率の減少より透磁率の増加のほうが大きいので，吸収損失が増加する（式(6-13)を参照）。
2. 反射損失が減少する（式(6-30)を参照）。

シールドを通る全体損失は，吸収による損失と反射による損失の合計である。**低い周波数の磁界の場合反射損失は非常に小さく，吸収損失が主要なシールド効果の作用である。これらの状況下で，吸収損失を増大するために磁性体を使うと有利になることが多い**。低い周波数の電界や平面波の場合，主なシールド作用は反射損失である。したがって，磁性体を使うとシールド効果は減少することになる。

磁性体がシールドとして使われるとき，よく見落とされる三つの特性を考慮しなければならない。これらの特性は，

1. 透磁率は周波数とともに減少する
2. 透磁率は電磁場の強度に依存する
3. ミューメタルのように高い透磁率の磁性体を機械加工すると，磁性体の磁気特性を変えてしまうことがある

磁性体に与えられている透磁率の値のほとんどが，静的もしくは直流における透磁率である。周波数が増大するにつれて透磁率は減少する。通常，直流における透磁率が大きくなればなるほど，周波数の増大に伴う減少は大きくなる。図6-20は，種々の磁性体に関する透磁率の周波数特性をプロットしたものである。図からわかるように，ミューメタル（ニッケル，鉄，銅，モリブデンの合金）は，直流における透磁率が冷延鋼板

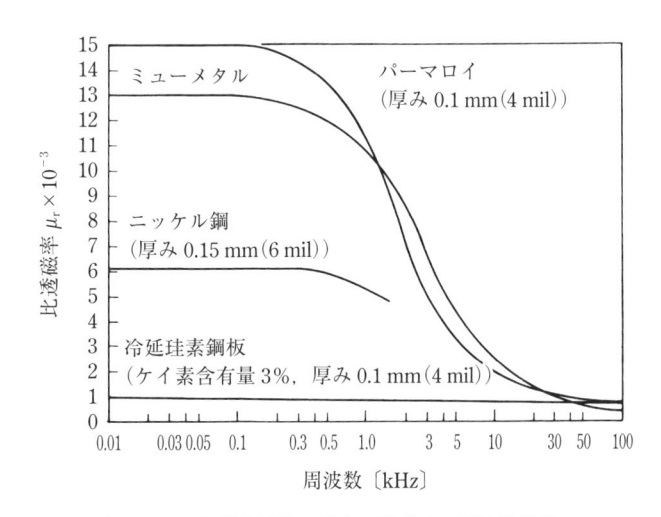

図6-20　各種磁性体に関する透磁率の周波数特性

表 6-4 周波数に対する鋼鉄の比透磁率

周波数	比透磁率 μ_r
100 Hz	1 000
1 kHz	1 000
10 kHz	1 000
100 kHz	1 000
1 MHz	700
10 MHz	500
100 MHz	100
1 GHz	50
1.5 GHz	10
10 GHz	1

のそれの 13 倍であるが，100 kHz においては冷延鋼板と同じである．高い透磁率を持つ材質は，10 kHz 以下の周波数での磁界シールドとして非常に有効である．

100 kHz 以上では，鋼鉄の透磁率は徐々に低下し始める．表 6-4 は周波数に対する鋼鉄の透磁率について代表値を表にしたものである．

吸収損失は高い周波数で支配的である．そして式 (6-13) が示すように，吸収損失は透磁率と導電率の積の平方根の関数である．銅に関して比導電率と比透磁率との積は 1 に等しい．鋼鉄の導電率は銅の約 1/10（表 6-1）なので，比透磁率が 10 に下がると，比導電率と比透磁率の積は 1 に等しくなる．鋼鉄では，これが 1.5 GHz の周波数で発生する（表 6-4）．したがって，その周波数以上では，鋼鉄は銅に満たない吸収損失を実際に持つ．なぜなら，減少した鋼鉄の導電率を克服するほどは透磁率が大きくないからである．

シールドとしての磁性体の有効性は，磁界強度 H とともに変化する．標準の磁化曲線を図 6-21 に示す．静的透磁率は H に対する B の比である．図からわかるように，最大の透磁率，したがって最大のシールド効果は，磁界強度が中間のレベルにあるときに得られる．これより磁界強度が高くても低くても，透磁率，したがってシールド効果は低くなる．高い磁界強度で透磁率が下がる作用は飽和に起因し，飽和は材質の種類とその厚さに応じて変化する．飽和点を優に上回る磁界強度では，透磁率は急速に低下する．一般的に，透磁率が高ければ高いほど飽和を引き起こす磁界強度は低くなる．磁性体の仕様書の多くが最良の透磁率を提供するが，これは最適な周波数と磁界強度での数

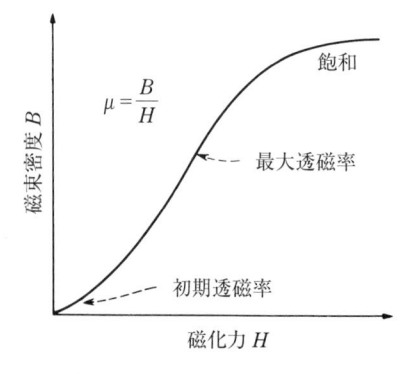

図 6-21 標準的な磁化曲線．透磁率はその曲線の傾きに等しい．

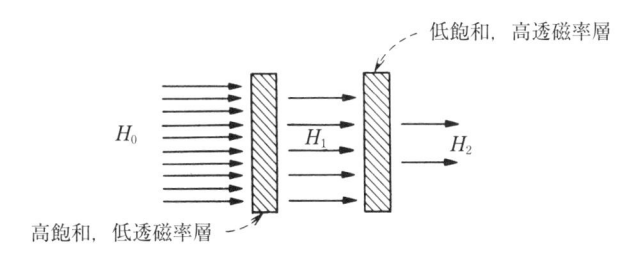

図 6-22　飽和現象を克服するために多層構造の磁気シールドを使うことができる。

値である。そのような仕様書は誤解を招く可能性がある。

　飽和現象を克服するために，多層構造の磁気シールドを使うことができる。図 6-22 に例を示す。そこでは，第 1 のシールド（鋼鉄のような低い透磁率の材質）が高い磁界強度で飽和し，第 2 のシールド（ミューメタルのような高い透磁率の材質）が低い磁界強度で飽和する。最初のシールドは，第 2 のシールドを飽和させない程度に磁界強度を低減し，その後第 2 のシールドが磁界シールド効果のほとんどをもたらす。この多層構造のシールドは，第 1 のシールドに銅のような導体，第 2 のシールドに磁性体を使って構成することもできる。低透磁率で高飽和の材質は，磁界の発生源に最も近いシールド側に常に配置される。困難な場合には，目的とする磁界減衰を得るためにさらなるシールド層を必要とすることがある。多層構造シールドのほかの利点は，付加した反射面から反射損失の増大が発生することである。

　ミューメタルやパーマロイのような高透磁率材質を機械加工すると，それらの磁気特性を劣化させることがある。この劣化は，材質を落下もしくは衝撃にさらした場合にも起こる。そのときその材質をもとの磁気特性に戻すために，機械加工もしくは成形後，再び適切に焼きなましをする必要がある。

6.9　実験データ

　各種金属板の低周波磁界のシールド効果を測定した試験の結果を図 6-23 と図 6-24 に示す。測定は輻射源と受け側を 2.54 mm（0.1 in）離した状態の近傍電磁界で行われた。シールドは 0.0762〜1.52 mm（3〜60 mil）の厚みで，試験周波数は 1〜100 kHz までの帯域である。図 6-23 は，1 kHz での磁界のシールド効果に関して，銅を超える鋼鉄の優位性をはっきりと示す。しかし，100 kHz では鋼鉄は銅よりわずかに優位なだけである。100 kHz と 1 MHz との間のどこかに銅が鋼鉄より優れたシールドになる点がある。

　また，図 6-23 は，磁気シールドとしてミューメタルの周波数の影響を実証している。ミューメタルは 1 kHz で鋼鉄より大きな効果があるが，10 kHz では鋼鉄がミューメタルより大きな効果がある。100 kHz では，鋼鉄，銅，アルミニウムすべてがミューメタルより優れている。

　図 6-24 では，1 kHz〜1 MHz までの各周波数で薄い銅シールドとアルミシールドによってもたらされる磁界減衰量を示すために，図 6-23 の一部のデータを再プロットした。

　要約すれば，鋼鉄もしくはミューメタルのような磁性体は，低い周波数でアルミニウ

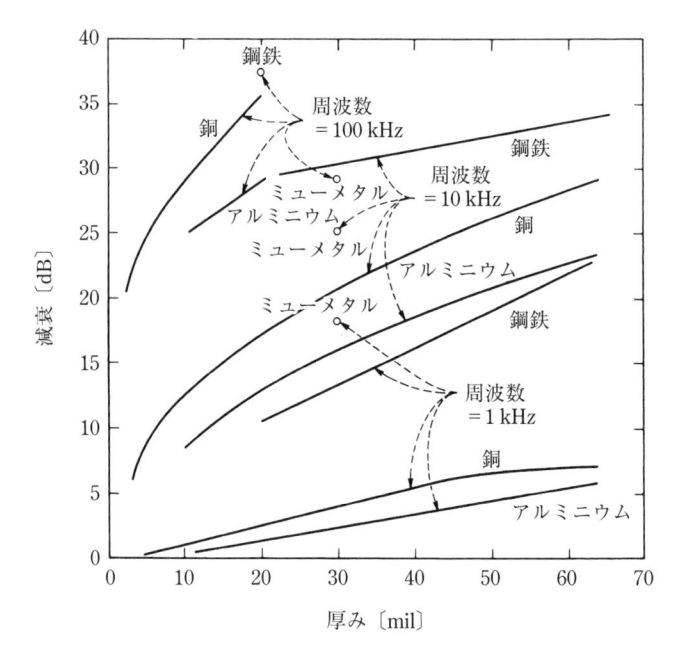

図 6-23　近傍電磁界での金属板の磁気減衰に関する実験データ

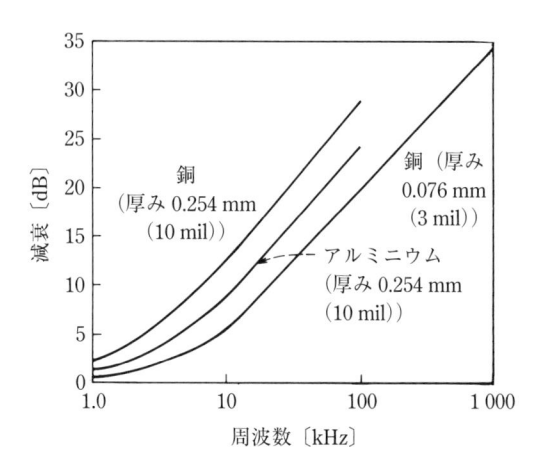

図 6-24　近傍電磁界での導体板の磁界減衰を測定する試験の実験結果

ムや銅のような良導体よりも優れた磁界シールドとなる。しかし，高い周波数では良導体のほうが優れた磁気シールド効果をもたらす。

ソリッドな非磁性シールドの磁気シールド効果は周波数とともに増大する。したがって，シールド効果の測定は対象とする最も低い周波数で行うべきである。磁性体のシールド効果は，透磁率の低下の結果として周波数の増加とともに減少することがある。ソリッドでないシールドの効果もまた，開口部を通じて増加する漏れのために周波数とともに減少することになる。

6.10 開口部

6.9節では，開口部がないソリッドなシールドを前提とした。低周波の磁界を例外として，100 dB 以上のシールド効果を得るのが容易であることを示した。しかし，実際にはほとんどのシールドはソリッドではない。アクセスカバー，ドア，ケーブルのための穴，換気，スイッチ，ディスプレイ，接合部や継ぎ目があるはずだ。これらの開口部のすべてがシールドの効果を大幅に低下させる。**実際問題として，高い周波数では，シールド材質固有のシールド効果より開口部を介した漏れのほうが重要である。**

開口部は電界の漏れよりも磁界の漏れのほうに多くの影響を持つ。したがって，磁界の漏れを最小化する方法に大きな注目が注がれる。ほとんどすべての場合において，これと同じ方法が電界の漏れを最小化するのに有効である。

開口部からの漏れの総量は，主に次の三つの項目によって決まる。
1. 開口部の面積ではなく最大の直線長さ
2. 電磁界の波動インピーダンス
3. 電磁界の周波数

面積ではなく最大の直線長さが漏れの総量を決めるという事実は，シールドに対して回路理論の手法を使うことで一番うまく理解できる。この手法では入射電磁界がシールドの中に電流を誘導する。その結果この電流はさらなる電磁界を生成する。その新しい電磁界はある空間領域でもとの電磁界を打ち消す。特に入射電磁界から反対側のシールド上の領域である。この打ち消し作用が発生するためには，誘導されたシールド電流が誘導された状態のまま影響を受けないで流れるのを許容しなければならない。開口部が異なる経路で誘導電流が流れることを強いるならば，生成される電磁界はそのときもとの電磁界を完全には打ち消さない。そしてシールド効果は低下する。より多くの電流が迂回を余儀なくされるほどシールド効果の低下が大きくなる。

図 6-25 は，誘導されるシールド電流に開口部がどのような影響を及ぼすかを示す。

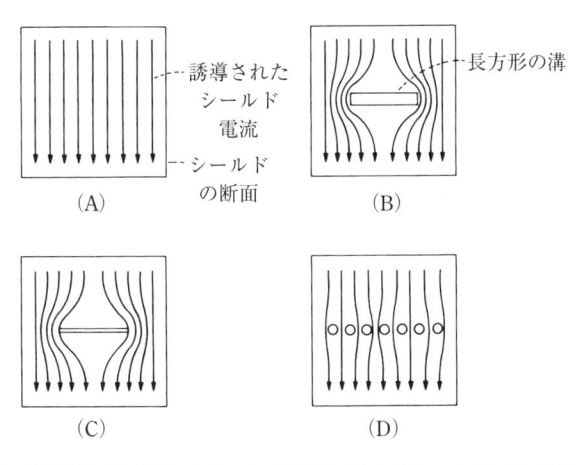

図 6-25　磁気的に誘導されたシールド電流に対するシールドの不連続性の影響

図 6-25(A) は開口部のないシールド部分を示し、誘導されるシールド電流も示す。図 6-25(B) は長方形の溝（スロット）が誘導電流をどのように迂回させるかを示す。その結果漏れを引き起こす。図 6-25(C) は同じ長さでもっと狭い溝を示す。この狭い溝は図 6-25(B) の広い溝のように、誘導電流に対してほとんど同じ作用を持つ。したがって、開口面積が大幅に減っているにもかかわらず、同量の漏れを引き起こす。図 6-25(D) では、小さな穴の集まりは、電流に対して図 6-25(B) の溝よりも迂回作用がはるかに小さいことを示す。したがって、たとえその二つの開口部の総面積が同じでも漏れは少なくなる。このことから、多数の小さな穴が同じ総面積を持つ大きな穴よりも漏れが少ないことは明白である。

図 6-25(B) と図 6-25(C) に示した長方形の溝は、スロットアンテナを形成する（Kraus と Marhefka, 2002）。溝の長さが 1/10 波長よりも長いならば、そのような溝はたとえ非常に狭くてもかなりの漏れの原因になる。継ぎ目と接合部はたいてい効率的なスロットアンテナを形成する。最大の直線長さが 1/2 波長に等しいとき、スロットアンテナから最大放射が発生する。

スロットアンテナ理論に基づいて、単一開口部のシールド効果を測ることができる。開口部の最大の直線長さが 1/2 波長に等しいとき、スロットアンテナは最も効率のよい放射体になるので、この寸法に対するシールド効果を 0 dB と定義できる。開口部の長さが 1/10 になるごとに 20 dB の割合で放射効率は減少する。それゆえにシールド効果は同じ割合で増加する。したがって、**1/2 波長以下**の最大の直線長さを持つ開口部に対して、シールド効果は dB 単位で次式に等しい。

$$S = 20 \log \left(\frac{\lambda}{2l} \right) \tag{6-32a}$$

ここで、λ は波長であり、l は開口部の最大の直線長さである。式(6-32a)は次式に書き換えることができる。

$$S = 20 \log \left(\frac{150}{f_{MHz} l_{meters}} \right) \tag{6-32b}$$

開口部の長さ l について式(6-32b)を解くことで次式が与えられる。

$$l_{meters} = 20 \log \frac{150}{10^{\frac{S}{20}} f_{MHz}} \tag{6-33}$$

ここで、S はデシベルでのシールド効果である。

スロットアンテナ理論では、スロットアンテナからの放射の大きさと指向性は、電界と磁界が入れ替わり、偏波面が 90° 回転することを除いてそれを補完するアンテナのそ

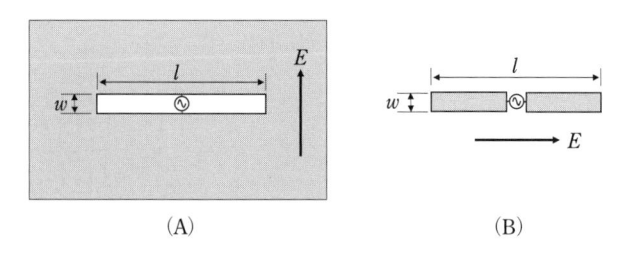

図 6-26　(A) スロットアンテナ、(B) その補完的なダイポールアンテナ

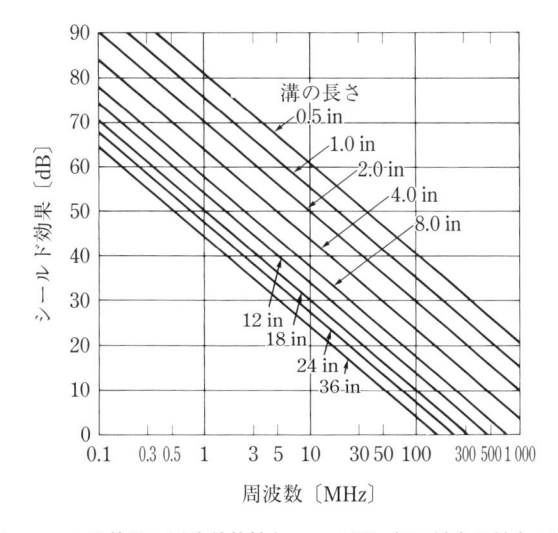

図 6-27　シールド効果の周波数特性と一つの開口部に対する最大の溝の長さ

表 6-5　20 dB のシールド効果を得るための最大溝長さの周波数特性

周波数〔MHz〕	最大溝長さ〔in〕
30	18
50	12
100	6
300	2
500	1.2
1 000	0.6
3 000	0.2
5 000	0.1

れに等しい，と述べている（Kraus と Marhefka, 2002p. 307）。補完アンテナは部品が入れ替わったものである。したがって，空気（溝）が金属に入れ替わる。そして，図 6-26 に示すように，溝が切られた金属は空気に入れ替わる。スロットアンテナを補完するアンテナはダイポールアンテナである。

図 6-27 は，各種溝の長さに対するシールド効果の周波数特性を示す。式(6-32)と図 6-27 はともに一つの開口部だけのシールド効果を表す。商用製品の溝の長さを管理する際，1/20 波長より大きい開口部を避けるのが最良である（これは 20 dB のシールド効果をもたらす）。表 6-5 は，各周波数での 1/20 波長に相当する最大の溝の長さを与える。

6.10.1　複数の開口部

二つ以上の開口部は筐体のシールド効果を低下させる。その低下量は（1）開口部の数，（2）周波数，（3）開口部間の間隔によって決まる。

近接させて間隔をあけた直線状に並んだ開口部について，シールド効果の低下は開口部の数（n）の平方根に比例する。したがって，複数の開口部からのシールド効果はデシベルで次式のように表される。

$$S = -20 \log \sqrt{n} \quad (6\text{-}34\text{a})$$

または，

$$S = -10 \log n \quad (6\text{-}34\text{b})$$

式(6-34)は，同じ寸法で近接して間隔をあけた直線状に並んだ開口部に適用される。ここで，配列全体の長さは1/2波長より短いとする。式(6-34)のSは負の値になることに注意のこと。

同じ寸法の穴が直線状に並んだ正味のシールド効果は，穴一つのシールド効果の式(6-32b)に複数の開口部のシールド効果の式(6-34a)を加えたものである。すなわち次式で表される。

$$S = 20 \log \left[\frac{150}{f_{MHz} l_{meters} \sqrt{n}} \right] \quad (6\text{-}35)$$

異なる表面上に配置された開口部は異なる方向で放射するので，全体のシールド効果を低下させない。したがって，一方向での放射を最少化するために，製品の表面全体に開口部を分散させるのが有利である。

表6-6は，式(6-34)に基づいて複数開口部によるシールド効果の低下を示す。

式(6-34)は，図6-28(A)に示すように近接して間隔をあけた直線状に並んだ開口部に適用できるが，図6-28(B)に示すように2次元的に並んだ穴に直接的に適用することはできない。しかし，もし穴の初めの列だけを考えれば，そのときは近接させて間隔をあけた直線状に並んだ開口部であるので，式(6-34)が適用できる。初めの列の穴は，図6-25(D)に示したように電磁界誘導シールド電流を穴の周りに迂回させる。したがって，シールド効果が低下する。

2列目の穴が加えられても，著しい付加的な電流の迂回を引き起こさない。したがって，2列目の穴にはシールド効果へのさらなる有害な影響はない。同じことが3列目から6列目の穴についてもいえる。したがって，図6-28(B)で，この場合6列だが，1列目の穴だけを考慮する必要がある。この手法は近似的ではあるが，ほかの複雑な問題に対しても妥当な設計手法であることを経験が示してきた。そして，2次元配列の穴に式

表6-6 開口部の数とシールド効果の低下

開口部の数	S〔dB〕	開口部の数	S〔dB〕
2	－3	20	－13
4	－6	30	－15
6	－8	40	－16
8	－9	50	－17
10	－10	100	－20

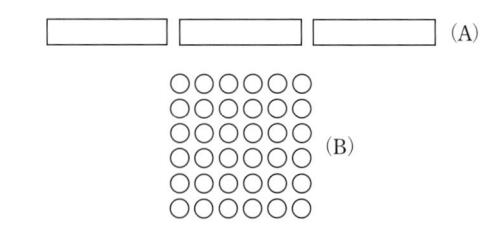

図6-28 (A) 近接させて間隔をあけた直線状に配列した三つの長方形開口部，(B) 36個の丸い穴の2次元配列

(6-34)を適用することが可能である．複数開口部のさらに多くの詳細な取り扱いについては，Quine（1957）の論文を参照のこと．

一般原則として，2次元配列の穴に式(6-34)を適用するとき，水平，垂直もしくは対角線上に直線に並んだ穴の最大数を決める．そして，nについてその数だけを使う．たとえば，6×12の配列で72個の穴の場合，nは12になりシールド効果は複数の穴のために11 dB低下するだろう．

6.10.2 継ぎ目

継ぎ目は長く狭い溝で，その長さ方向に沿った各点で電気的接触をしたりしなかったりする．

一つの寸法があまりにも小さく，場合によるとたった1000分の数インチなので，放射する構造として継ぎ目を想像するのはときに困難である．これは前述したように，溝からの放射の大きさは補完アンテナの放射強度と等しくなるという事実を考えることで，最もよく想像することができる．

長く狭い継ぎ目の補完は，明らかに効率のよいアンテナ，ダイポールアンテナのように見える長く細いワイヤである．この概念は，放射エミッションの決定に面積より溝の長さが重要である理由を明確に示す．溝の長さは補完ダイポールアンテナの長さを意味する．たまたま継ぎ目の長さがほぼ1/2波長程度であるならば，継ぎ目は効率のよいアンテナになる．したがって，結果として生じるアンテナの長さを短くするために，継ぎ目に沿って短い間隔で電気的な接続点を保証することが必要である．周期的な接続点を持つ継ぎ目は，その結果，近接させて間隔をあけた直線状に並んだ開口部として考えることができる．

継ぎ目の長さに沿って，望むシールド効果をもたらすに十分小さな間隔で安定した電気的接触を持つべきである．接触は，(1)複数の締め具，(2)接触ボタン，(3)接触フィンガー，もしくは(4)導電ガスケットを使うことによって得られる．継ぎ目に沿った連続的な電気的接触は望ましいが，非常に大きなシールド効果が要求されるとき，または高周波のときを除いてたいてい必要としない．

適切に設計された継ぎ目は，はめあい部品間によい電気的連続性をもたらす．継ぎ目を横断する伝達インピーダンスは，対象とする周波数帯域にわたって5 mΩの近傍にあるべきである．そして，それは時間や経年劣化で大幅に増えてはならない．自動車技術会（Society of Automotive Engineers：SAE）の標準規格 ARP1481は，継ぎ目のインピーダンスに関して2.5 mΩを提示している．伝達インピーダンスの意味についての議論は，6.10.3項を参照のこと．合わせ面の間の低い接触抵抗は，主に次の二つの項目の関数である．

1. 導電面や導電性仕上げを持つ
2. 適切な圧力を与える

継ぎ目の両側の材質は導電性にすべきである．むき出しの金属の多くが初めはよい低インピーダンス面をもたらすが，皮膜がないままにすると，金属は酸化，陽極酸化，腐食を起こす．そして，それは表面インピーダンスを劇的に増加させる．さらに，もし二

表6-7　有効性順に記載した金属の導電性仕上げ

仕上げ	圧力〔psi〕	経年性能
金	<5	優れる
スズ	<5	優れる
電気亜鉛めっき（亜鉛）	50〜60	非常によい
ニッケル	>100	非常によい
溶融めっき（アルミニウム亜鉛）	>100	よい
亜鉛めっき	>100	よい
ステンレス鋼（不動態）	>100	非常によい
アルミニウム（未処理）	>200	普通
アルミニウム上の無色クロム酸塩	>200	普通
アルミニウム上の黄色クロム塩酸	>200	普通以下

つの異種金属が接触しているならば，それは大気のどんな湿気雰囲気の中でもガルバーニ電池（いわゆる電池）を形成し，ガルバニック腐食が起こる（1.12.1項を参照）。この結果を避ける一つの方法は，継ぎ目の両側の接触面上に同じ金属を使うことである。

ほとんどの金属は，製品寿命を通じて低い接合インピーダンスとするために導電性仕上げを必要とする。好ましいいくつかの導電性仕上げを表6-7に表す。表の最上部のほうの仕上げがよりよく機能する。表の下の方へ行くに従いシールド性能は低下する。表6-7は二つの合わせ面が同じであることを想定している。ここで留意すべきは，ほとんどの材質が，適切な機能のために100〜200 psi（Pascal per inch）近くの圧力を必要とすることである。柔らかく可鍛性がある金とスズは，低インピーダンス接合を生成するのにほかの仕上げほど多くの圧力を必要としない。

貴金属である金は低い接触抵抗を持ち，どんな環境にさらされても安定している。可鍛性のある金は，低インピーダンス接合を得るのに少ししか接触圧力を必要としない。金に関する唯一のマイナス事項はその価格である。高信頼性設計には金が使われることが多く，あらゆる環境に通常は適合する。0.001 mm（50 μin）ほどの薄い金メッキで十分なことが多い。金は通常，0.002 mm（100 μin）のニッケルの上にめっきされ，母材の中への金の拡散を妨げる障壁を与える。金はニッケル，銀，ステンレス鋼などとの継ぎ目でガルバニックに相性がよい。相性がよいとはその材質が継ぎ目で一緒に使えることを意味し，適切な圧力が加えられるとほかの追加処理もなしに，初期も経年後も低インピーダンス接合を維持する。しかし，金は管理された湿気環境を除いてスズとは相性がよくない。

スズも低接触抵抗を提供しほとんどの環境で安定している。スズは非常に可鍛性があるので，約5 psi以上の圧力があれば接合部のインピーダンスを劣化させない。スズはほとんど金と同様に機能し，価格は大幅に安く，あらゆる環境に適合する。スズは，ニッケル，銀，ステンレス鋼，アルミニウムとの継ぎ目でガルバニックに相性がよいが，金とはよくない。

スズに関する主なマイナス事項は，金属ウィスカの成長が起こり得ることである。ウィスカとは，ある種の金属の表面から成長する微細な結晶である。ウィスカは極めて小さく，直径が数μm，長さは50〜100 μmである。ウィスカはその表面から離脱して，電子装置の中で回路を短絡させる。

スズでの金属ウィスカの成長は，次の手法により除去もしくは最小限にすることがで

きる（MIL-HDBK-1250, 1995）。
1. 薄いめっきよりはむしろ厚いめっきを使う
2. 電着スズよりはむしろ溶融スズを使う
3. スズめっきをリフローで使用してストレスを解放する
4. 環境での湿気を最小限にする
5. 2～5％の共蒸着した鉛とともにスズめっきを使う
6. 有機光沢剤の使用を避ける

　ニッケルもほとんどの環境において安定しており，適切な圧力により低い接触抵抗を提供する。ニッケルは硬いので100 psi以上の圧力が必要である。ニッケルは，スズ，ステンレス鋼，銀，金との継ぎ目でガルバニックに相性がよい。

　医療電子機器と同様に多くの低価格商用製品でも，ステンレス鋼の使用が一般的になっている。ステンレス鋼は2次めっき工程を必要としないので，スズやニッケルでめっきしたより安価な鋼鉄の代替手段である。ステンレス鋼はアルミニウムや鋼鉄よりもはるかに導電性は小さいが，継ぎ目に使われるとき十分な圧力が加わる限り，ステンレス鋼の小さい導電性を埋め合わせて余りあるほど，ほとんどの環境において固有の表面安定性がある。ほとんどの用途において，ステンレス鋼は付加的な処理や皮膜を必要としない。ステンレス鋼は，スズ，ニッケル，金との継ぎ目でガルバニックに相性がよい。

　空気にさらされた未処理のアルミニウムは，厚みの限られた安定した薄い初期酸化物を形成し，優れた腐食抵抗を持つ。この膜は非導電性だが，簡単に突き通せるので十分な圧力を加えると導電性が得られる。未処理のアルミニウムはスズとの継ぎ目で相性がよい。

　クロメート化成皮膜は，金属，通常はアルミニウムやマグネシウム合金を腐食から保護するために使われる。その処理はまず，酸によるアルミニウムのエッチングからなる。次に強酸化剤を加えて表面の化学変換を生成する（酸化させる）。その結果，表面上に極微な薄膜ができる（通常，マイクロインチ厚みにすぎない）。しかし，これらの皮膜は**非導電性**である。二つの合わせ面を優れた電気的接触とするためには，非導電性クロメート表面仕上げを突き通す必要がある。この突き通しの容易さは，クロメート化成皮膜の厚みの関数であり，皮膜の厚みをその色以外では容易に制御することも容易に測定することもできない。厚みが増大するにつれて，皮膜の色は透明から黄色，緑色，茶色と暗くなる。厚くなった皮膜は，電気抵抗の増大とともに腐食抵抗の増大をもたらす。

　表6-8はクロメート化成皮膜の分類を記載する（ASTEM B449, 1994）。

　電気的接触を必要とする接合部には，透明色の，場合によって黄色のクロメート化成皮膜だけを検討すべきである。MIL-STD-C-5541Eのクラス3皮膜にしたがって，透明なクロメート仕上げを指定するのが最良である。MIL-STD-C-5541Eのクラス3は，$1\,in^2$当り5 mΩ以下の初期表面抵抗を要求し，168時間の塩水噴霧照射の後に200 psiの電極圧力で測定して，$1\,in^2$当り10 mΩ以下の初期表面抵抗を要求する。その一方，濃く色づけた茶色と緑色の皮膜は，1 000 Ωを軽く超える表面抵抗を持つことができる。

表6-8 クロメート化成皮膜の分類

クラス	外観	腐食防止
1	黄から茶	最大
2	黄	中程度
3	透明	最小
4	薄緑から緑	中程度

Alodine® と Iridite™ は,商用で利用できる二つのクロメート化成工程の商標名である[*7]。

皮膜の厚みに加えて,クロメート仕上げの接触抵抗に重要なほかの変量は,

1. 圧力
2. 表面粗さ
3. 合わせ面の平面度

圧力の増大,表面粗さの増大,面の平面度の増大に伴い接触抵抗は減少することになる。

透明なクロメート仕上げされたアルミニウムは,スズとニッケルを持つ継ぎ目でガルバニックに相性がよい。

マグネシウム合金鋳造は,デジタルカメラのような多くの小型携帯用電子機器で一般的になっている。これらの用途におけるマグネシウムの利点は,(1) 軽量であり,(2) 変形性に優れることであり,抜き勾配が最小で寸法精度が最高の薄壁の鋳造を可能にする。継ぎ目があるときのマグネシウムの問題は,腐食しやすいことである。マグネシウムはすべての構造用金属の中で貴金属性が最も低く,表1-13に示すように,ガルバニック列の陽極側に表れる(金の反対側)。金が接合部にとって最良の金属であるならば,マグネシウムは最悪である。マグネシウムは腐食性があるので,大部分の環境に対して満足できる唯一の表面仕上げは,最小厚みが0.025 mm(0.001 in)のスズめっきである(ARP1481, 1978)。

接点を二つの導電金属にするだけでは,十分な低インピーダンス接合は得られない。機構設計の一部としてその接点間に十分な圧力を与える必要がある。これは,締め金具によって,または接合部設計になんらかの形でバネ圧力を組み込むことによって実現できる。そのとき設計は,たとえ最悪の寸法公差の下でも,そして製品が経年劣化してもその圧力を保証しなければならない。ほとんどの表面仕上げがおよそ100 psi以上の圧力を必要とする。

導電性ガスケットを使うと,接合部設計において機構的な公差に起因する隙間をふさぐばかりでなく,要求される圧力も提供できる。しかし,ガスケットメーカが規定するように,やはり十分な圧力を加える必要がある。

---

*7 Alodine は,Henkel Surface Technologies の登録商標である。Iridite は,MacDermid Industrial Solutions の商標である。

6.10.3 伝達インピーダンス

　　継ぎ目や接合部のシールド効果は，正確に測定するのが難しいパラメータである。なぜなら，多くの変数を持つ複雑な放射試験設備を必要とするからである。シールドの接合部品間の電気的接触の，信頼性が高く再現性があり優れた品質測定法は，その伝達インピーダンスを測定することである。伝達インピーダンスの概念は，シールドケーブルの効果を測定する手段として75年以上前に始まった。2.11節を参照（Schelkunoff, 1934）。この概念はその後拡張され，シールド筐体の接合部の作用を含むようになった（Faught, 1982）。

　　基本的に伝達インピーダンス試験は，既知の高周波電流が流れる接合部の電圧を測定する。電流に対する電圧の比が伝達インピーダンスである。トラッキングジェネレータを持つスペクトラム・アナライザと図6-29に示すような適切な同軸試験治具を使うことで，試験試料の伝達インピーダンスを広い周波数スペクトルにわたって非常に容易に測定できる[*8]。

　　シールド効果は，測定された伝達インピーダンスの逆数に比例する。シールド品質（これはシールド効果にかなり近い）は，入射波インピーダンス Z_W を伝達インピーダンス Z_T で割った比として SAE ARP 1705 で定義されている。したがって，伝達インピーダンスとシールド効果の関係が与えられる。

$$S = 20 \log \frac{Z_W}{Z_T} \tag{6-36a}$$

平面波の場合，式(6-36a)は次式になる。

$$S = 20 \log \frac{377}{Z_T} \tag{6-36b}$$

　　図6-30は加速経年試験（エイジング）の前後で，異種金属のさまざまな組み合わせで測定した伝達インピーダンスデータを示す（Archambeault と Thibeau, 1989）。エイジングは，標準的な商品環境の中で5～8年の暴露を模擬することを目的とする。試料は，塩素 10 ppb（100億分の1），一酸化窒素 200 ppb（2 000億分の1），水素 10 ppb

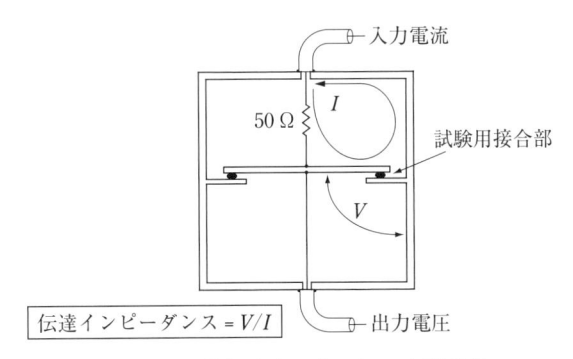

図 6-29 同軸伝達インピーダンス試験治具

[*8] 測定は容易であるが試験の設定は容易ではない。試験治具自体を含む完全な設定は，試験の周波数範囲（通常 1 GHz まで）にわたって 50 Ω インピーダンスを保つ必要がある。これは，試験システム内で生成される反射が，測定へ誤差を誘発するのを防ぐのに必要である。

第6章　シールディング

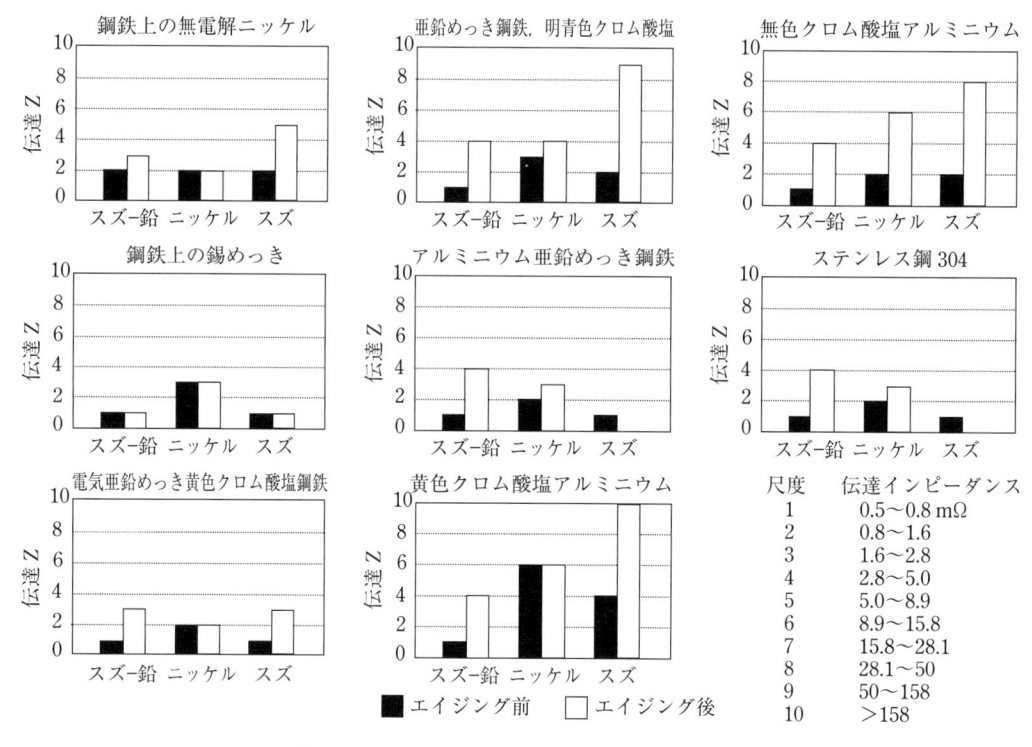

図6-30　伝達インピーダンス比較（©IEEE 1989）

尺度	伝達インピーダンス
1	0.5～0.8 mΩ
2	0.8～1.6
3	1.6～2.8
4	2.8～5.0
5	5.0～8.9
6	8.9～15.8
7	15.8～28.1
8	28.1～50
9	50～158
10	＞158

（100億分の1）を含む環境室の中で，温度と湿度を管理して14日間エイジングされた。

各グラフは，3種類の導電ガスケットと接合させためっき金属に関するものである。ガスケットは，ベリリウム銅のバネフィンガを，スズめっき，ニッケルめっき，スズ-鉛めっきしたものである。黒い棒グラフは初期の伝達インピーダンスを示し，白い棒グラフはエイジング後の伝達インピーダンスを示す。スズめっきガスケットについては，アルミニウム-亜鉛めっきした鋼鉄やステンレス鋼鉄とともに使った場合の，エイジング後のデータは入手できなかった。

試験では1 MHz～1 GHzの周波数帯域にわたって試料の伝達インピーダンスを測定したが，最悪インピーダンスだけを図6-30にプロットした。ここで留意すべきは，縦軸は実際の伝達インピーダンスではなく目盛り番号を表すことである。それぞれの目盛り番号に対応する伝達インピーダンスの範囲を図の中に記載している。

5 mΩ以下の伝達インピーダンスの維持を基準に使うことは，図6-30の棒グラフで縦軸目盛り4以下の読みに相当する。スズめっき鋼鉄が，エイジングでインピーダンスの増加を示さない唯一の試験材質であったことに注意。

図6-31(A)に示すように，継ぎ目のインピーダンスは，抵抗成分と容量成分の並列接続で構成される。抵抗は接合部品間の実際の電気的接触の関数であり，主に表面仕上げと圧力によって決まる。容量は実際の電気的接触を必要とせず，むしろ継ぎ目の両側の表面積と間隔に依存する。図6-31(A)に示すような突き合わせ接合とは対照的に，フランジや重なり（図6-31(B)）を持つ継ぎ目を設計することは容量を増加させる。しかし，接合部品間に十分な圧力で直接的な電気的接触を与えることなく，単に容量の増

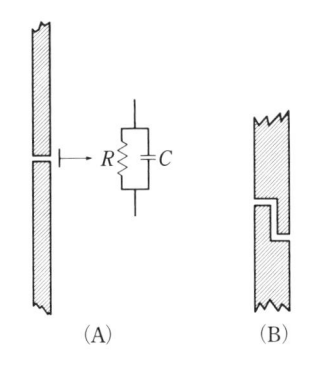

図6-31 (A) 抵抗成分と容量成分からなる継ぎ目のインピーダンス
(B) 継ぎ目の重なりは接合部を横断する容量を増加させる

加だけでは低インピーダンス継ぎ目は形成できない。前述したように，優れたシールド効果のためには，継ぎ目間の伝達インピーダンスは数 mΩ 以下にすべきである。継ぎ目にとって大きな容量である 100 pF は，周波数 1 GHz では 1.6 Ω のインピーダンスを持つ。この結果は，数 mΩ よりほぼ 3 桁大きい。したがって，容量の増大は継ぎ目のインピーダンスを減少させるのにあまり効果がない。なぜなら，継ぎ目の総インピーダンスにとって影響が小さいからである。

6.11 遮断周波数以下の導波管

開口部の穴が深さを持つなら，すなわち図 6-32 に示すように導波路を形成するように形づくられるなら，付加的な減衰が開口部から得られる。

導波管は遮断周波数を持ち，遮断周波数以下では減衰器となる。円形導波管の遮断周波数は次式である。

$$f_c = \frac{6.9 \times 10^9}{d} \text{[Hz]} \tag{6-37}$$

ここで，d は [in] 単位で直径である。方形導波管の遮断周波数は次式である。

$$f_c = \frac{5.9 \times 10^9}{l} \text{[Hz]} \tag{6-38}$$

ここで，l は導波管の断面の [in] 単位での最大寸法である。

動作周波数が遮断周波数よりはるかに低いなら，円形導波管（Quine, 1957）の磁界シールド効果は次式である。

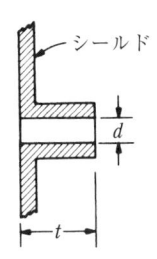

図6-32 直径 d と深さ t を持つ導波路が形成された開口部の穴の断面

フレーム

EMIガスケット

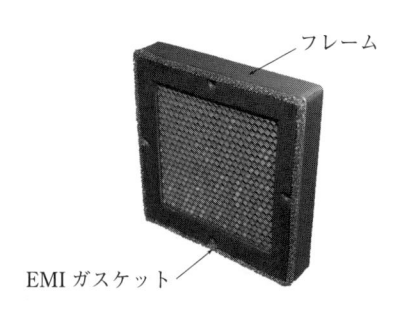

図6-33 ハチの巣状の換気パネル。筐体に電気的接触させるために使われるEMIガスケットを示す背面図。（MAJR Products Corpの好意により掲載）

$$S = 32\frac{t}{d} \text{[dB]} \tag{6-39}$$

ここで，図6-32に示すようにdは穴の直径であり，tは深さである。方形導波管（Quine, 1957）のシールド効果は次式である。

$$S = 27.2\frac{t}{l} \text{[dB]} \tag{6-40}$$

ここで，lは穴の断面の最大直線寸法であり，tは穴の長さまたは深さである。

式(6-39)や式(6-40)から決まるシールド効果は，開口部の大きさに起因するもの(式(6-32b))に**加算される**。直径の3倍の長さを持つ導波管は，100 dB近い付加的なシールド効果を持つことになる。

この原理の典型的な応用例は，図6-33に示すようなハチの巣状の換気パネルである。据え付けるとき，パネルの全周囲を筐体に電気的に接触させなければならない。孔の最大寸法は通常3.175 mm（1/8 in）で，パネルの厚みは通常12.7 mm（1/2 in）である。これによりt/dの比率は4となり，導波管効果による付加的なシールド効果128 dBが得られる。

6.12　導電性ガスケット

理想的なシールドは，開口部がない連続的な導電性筐体，ファラデーケージである。連続溶接，ろう付けやはんだ付けでつくられた接合部は，最大のシールド効果をもたらす。リベットやネジはあまり好ましくないが，実用的な接合部になることが多い。ネジを使うなら，実用できる範囲で間隔を狭くすべきである。接点の間隔は，形成される細長い隙間の最大寸法を，必要とするシールド効果の程度に適した長さに制限するようにすべきである。必要とするネジの間隔が小さすぎて実用的でないなら，電磁妨害（Electromagnetic Interference：EMI）ガスケットを検討すべきである。

EMIガスケットの主要な機能は，継ぎ目の二つの接合部品間に導電性の経路を提供することである。EMIガスケットは，筐体上の適切な表面仕上げと組み合わせて，接合部品間に優れた電気的な連続性を与える。したがって，接合部のインピーダンスを最少化して筐体のシールド効果を増大させる。EMIガスケットが，継ぎ目でつくられた隙間をただ埋めるだけではなく，継ぎ目全域に低インピーダンスの導電性経路を与えることでよく機能することを覚えておくことは重要である。

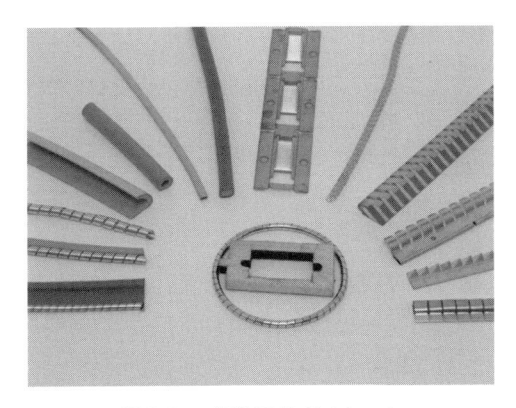

図 6-34　各種 EMI ガスケット

　EMI ガスケットのさらに一般的な種類には，導電性エラストマ，金属バネフィンガ，金網，らせん状リボン，発泡体を覆うファイバなどがある．新しいガスケット技術には，所定の位置に形成して金型で切り取るワイヤニットがある．それぞれの種類に長所と短所がある．ガスケットは，スズ，ニッケル，ベリリウム銅，銀，ステンレス鋼鉄など，各種の材質と表面仕上げで利用できると同時に，各種の断面の設計でも利用できる．導電接着剤，コーキング，封止材も利用できる．各種ガスケットの一部を図 6-34 に示す．

6.12.1　異種金属の接合

　二つの異種金属が接合されるとき，1.12.1 項で論じたようにガルバニック結合が形成される．したがって，ガスケットの材質は腐食を最小限にするために，接合面でガルバニック的に適合できるように選択しなければならない．

　スズ，ニッケル，ステンレス鋼鉄は，互いにすべて適合し，接合部や継ぎ目で一緒に突き合わせても問題を引き起こさない．これらすべての材質は，100 psi 以上の圧力で突き合わせたとき，経年後ももとの導電率近くを維持する．

　アルミニウムは多くの問題を提起する．アルミニウムは，それ自体とスズにも適合する．透明や黄色のクロム酸塩仕上げをしたアルミニウムもまた，ニッケルに適合する．

　銀はアルミニウムに適合しない．しかし，銀は発泡体を覆うファイバ上の導電材質や導電性エラストマガスケットとして使われることが多い．銀で充填された導電性エラストマと発泡体を覆う銀のガスケットファイバは，純粋な銀と同じガルバニック作用がないことを経験が示している．それどころか，特にアルミニウムと接合されるとき，ガルバニック腐食が予測よりずっと少ない．異なる金属とこれらのガスケットの適合性を判断するために，ガスケットメーカのデータを調査すべきである．

　バネフィンガ EMI ガスケットは，多くの場合ベリリウム銅からつくられる．なぜなら，ベリリウム銅はバネ材質の中で最も導電性がよいからである．しかし，ベリリウム銅はほかの材質と適合性があまりよくない．したがって，ベリリウム銅バネフィンガを使うとき，筐体と適合性のあるガルバニック結合を形成するためにスズやニッケルでめっきすべきである．しかし，バネフィンガがベリリウム銅と接合するなら，めっきしないままにすることができる．

図6-30は，エイジング前後の各種ガルバニック結合について測定した伝達インピーダンスのデータを示す。Automotive Engineers Aerospace 協会の推奨案 ARP1481, Corrosion Control and Electrical Conductivity in Enclosure Design には，ほぼ50種の金属，合金，仕上げに関して，実験，試験，実際の使用を通じて開発されたガルバニック結合の各種組み合わせの適合性について広範囲なマトリックスが記載されている。

6.12.2　導電性ガスケットの取り付け

　図6-35は，筐体とカバーとの間にEMIガスケットを取り付ける正しい方法と正しくない方法を示す。ガスケットは，ネジ穴周辺の漏れから保護するために溝の中でネジの内側に置くべきである。接合部や継ぎ目の間の電気的な連続性のために，その金属には，塗装，酸化物，絶縁膜がないようにすべきである。接合面は導電性仕上げにして腐食から保護すべきである。

　EMI 保護と環境保護の両方が必要であれば，そのときは二つの別のガスケット，またはEMIと環境の複合ガスケットを使うことができる。複合ガスケットは，通常シリコンゴムの環境ガスケットと組み合わせた導電性のEMIガスケットである。複合や二つの別のガスケットのように，環境とEMIの両方のガスケットが取り付けられる場合，EMIガスケットは環境ガスケットの内側にすべきである。

　板金筐体では，EMIガスケットは図6-36に示す方法の一つで取り付けることができる。

　図6-35と図6-36の両方に示す継ぎ目の設計において，EMIガスケットは圧縮状態

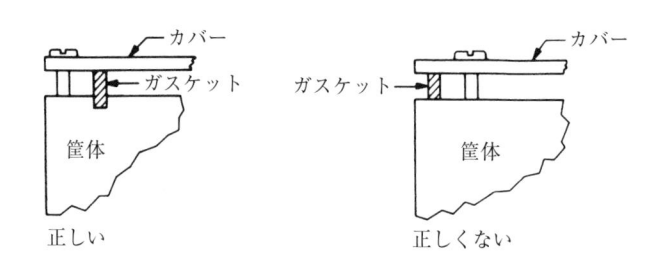

図6-35　EMIガスケットの正しい取り付け法と正しくない取り付け法

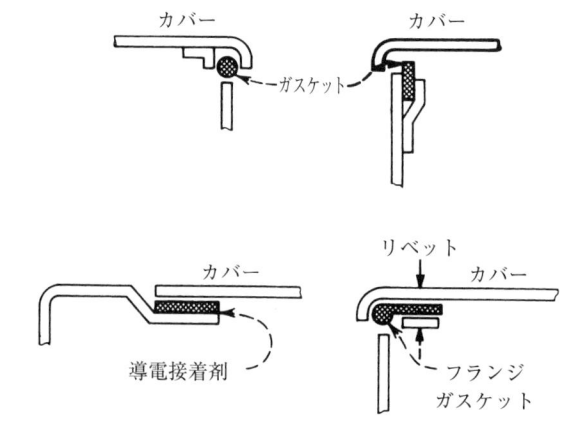

図6-36　板金筐体における，EMIガスケットを取り付ける適切な方法

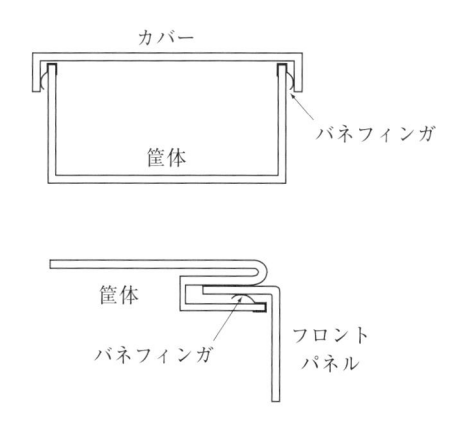

図 6-37 締め具を必要としない EMI ガスケットの取り付け方法

にあり，ガスケットを適切に圧縮するのに必要な圧力を与えるために，ネジやほかのなんらかの手段を必要とする．しかし，図 6-37 に示す継ぎ目の設計では，ガスケットは変形状態で取り付けられ，必要な圧縮状態を与える締め具を必要としない．ガスケットが変形状態にあるとき，継ぎ目の設計自体が，組み立て時に圧力を与える．同様に，図 6-37 に示す設計では，継ぎ目の性能はカバーやフロントパネルの正確な位置決めに関係しない．

表面仕上げと取り付け方法に加えて，EMI ガスケットを選定する際に次のことも考慮すること．
- 必要とするシールド効果の程度
- 環境（空調状態，高湿度，塩水噴霧など）
- 圧縮ひずみ
- 必要とする圧縮圧力
- 固定間隔の必要条件
- ガスケットの取り付け方法
- 保守性，開閉寿命など

継ぎ目の設計は，ガスケット材質を適切に圧縮するのに十分な圧力を与えて，低インピーダンス接合を保証する必要がある．しかし，ガスケットを過度に圧縮すると，永久に変形して弾力性をなくす．その後の開け閉めが，ガスケットが適切に機能するための十分な圧縮を与えなくなる．したがって，圧縮ひずみを避けなければならない．

圧縮ひずみを避けるには，機械的停止機構を継ぎ目に設計して，ガスケットへの最大圧縮値を超えるのを防ぐべきである．これは，標準でガスケットの直径や高さの 90 % である．ほかの手法は溝の中にガスケットを取り付けることである．溝を使うとき，深さだけでなく幅もまた重要である．溝の断面は，完全に圧縮されたガスケットの状態を保持するのに十分な空間を持つように設計する必要がある．あり継ぎの溝のほうが高価であるが，この用途で非常に効果的に使われることが多い．適切に設計されたあり継ぎの溝は，継ぎ目を分解したときガスケットが溝から飛び出すのを防ぐ付加的な利点を持つ．

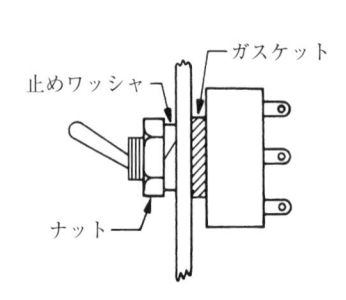

図 6-38　パネルにおける，EMI ガスケットを使ったスイッチの取り付け

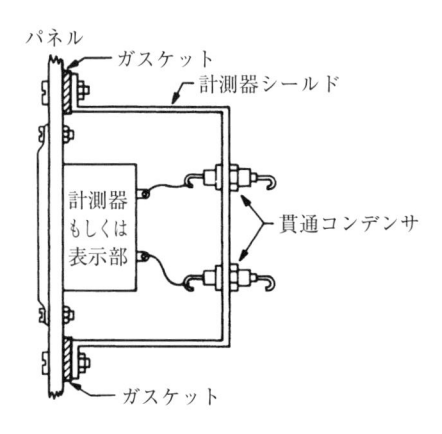

図 6-39　シールドパネル内の計測器や表示部の取り付け方法

　意図する用途のために適切なガスケットや表面仕上げの選定を相談できる，優れたアプリケーションエンジニアリング部門を主要なガスケットメーカの多くが持っている。

　大きな開口部を覆うために穴の空いたシート素材や網かけが使われる場合，その素材の繊維間に電気的な連続性を持たせるべきである。加えて，網かけの全周囲は筐体と電気的な接触を持たなければならない。網の目的は，電流が開口部全域に流れるのを可能にするためであり，開口部を覆うためだけではないことを覚えておくこと。

　導電ガスケットは，シールド内に取り付けたスイッチや制御素子の周りにも使うことができる。これは図 6-38 に示すように取り付けることができる。

　計測器や液晶表示装置（Liquid Crystal Display : LCD）の表示部のためにパネルに空けた大きな穴は，ほかの優れたシールドの効果を完全に損なう可能性がある。計測器や LCD の表示部をシールドパネル内で使う場合には，計測器や表示部の穴にシールド効果を与えるために，図 6-39 に示すようにそれを取り付けるべきである。事実上，これは表示部の後方にシールドを置く。表示部に出入りするすべてのワイヤは，シールド効果を損なうのを避けるために，3 章と 4 章で論じたようにシールドやフィルタが必要である。

　最適なシールド効果のために，通常の環境ガスケットの代わりに EMI ガスケットを使って，筐体を"電気的に隙間がない"ように考えるべきである。

6.13　"理想的な"シールド

　たとえば，設計の複雑性やコストに関係なく，"理想"のシールドを設計したがっているとする。多分，磁性体でシールドをつくって吸収損失を最大にするだろう。これには鋼鉄がよい選択である。錆の防止とどんな継ぎ目にも優れた電気的な連続性を与えるために，おそらくほとんどの環境で安定な低接触抵抗を持つスズのような材質で鋼鉄をめっきするだろう。継ぎ目での電磁エネルギーの漏れを避けるために，一つを除いたすべての継ぎ目に溶接やはんだ付けをするだろう。コストは問題にしないことを思い出すこと。この唯一の継ぎ目は，カバーであり，溶接やはんだ付けをしないで筐体に電子装

置を出し入れできるようにする。

　カバーと筐体との間のこの唯一の継ぎ目は，導電性の表面仕上げを必要とする。すでに鋼鉄に適用したスズめっきを使うと，コストも増えず簡単である。最大限のシールド効果を得るために，継ぎ目の設計は，二つの接合部品が全長にわたって優れた電気的接触になるようにすべきである。同様に継ぎ目の設計は，接合部品の間に $100 \sim 200\,\mathrm{psi}$ 以上の高い接触圧力を与える必要がある。コストは関係ないが，電気的な連続性を保証するのにガスケットや締め具が必要ないならそれもよい。珍しい設計手法であるが，カバーと筐体との間の圧入が実行可能かもしれない。

6.14　導電性の窓

　大きなのぞき窓は高度の光透過性を必要とするので，シールドすることが困難である。結果として，特別な導電性窓がこれらの用途のためにつくられる。導電性の窓をつくる二つの主な手法は，(1) 透明な導電性皮膜，(2) ワイヤメッシュスクリーンである。

6.14.1　透明な導電性皮膜

　きわめて薄い透明な導電性皮膜は，プラスチックやガラスのような光学基材の上に真空蒸着できる。この手法は結果的に，適度な光透過性と優れたシールド特性をもたらす。蒸着膜の厚みは数 $\mu\mathrm{in}$ なので，吸収損失はほとんど発生せず，主なシールド効果は反射損失による。したがって，導電性の優れた材質が使われる。シールド効果は皮膜の抵抗率の関数（厚みに依存する）であり，光透過性が皮膜の薄さに依存するので，トレードオフが必要である。標準的な表面抵抗は，$70 \sim 85\,\%$ の光透過性で $10 \sim 20\,\Omega/$ スクエアの範囲である。

　高い安定性と優れた導電性のために，金，インジウム，銀，酸化亜鉛が蒸着材質として通常使われる。導電性皮膜は光学的品質のポリエステルフィルムの上にも蒸着することができ，窓を形成するために2枚のガラスやプラスチックの間に積層される。

6.14.2　ワイヤメッシュスクリーン

　導電性のワイヤメッシュや穴あきの金属と網は，シールド窓を形成するために2枚の透明なプラスチックやガラス板の間に積層される。ほかの手法は，透明なプラスチックの中にワイヤメッシュスクリーンを鋳込むことである。皮膜窓に勝るワイヤメッシュスクリーン窓の主な利点は，光透過性である。ワイヤメッシュスクリーンは，$98\,\%$ もの高い光透過性を持つ。電子レンジのドアは，のぞき窓として穴あき金属スクリーンの優れた使用例である。

　ワイヤメッシュスクリーンは，[in] 当り $10 \sim 50$ の導線を持つ銅やステンレス鋼鉄のメッシュからつくられることが多い。これらのスクリーンは，標準で $80 \sim 98\,\%$ という最高の光透過性をもたらす。[in] 当り $50 \sim 150$ の導線を持つメッシュでつくる窓は，最高のシールド効果をもたらすが光透過性を低下させる。すべてのワイヤメッシュスクリーンにおいて，優れたシールド効果のために交差部分でのワイヤ接合が必要である。

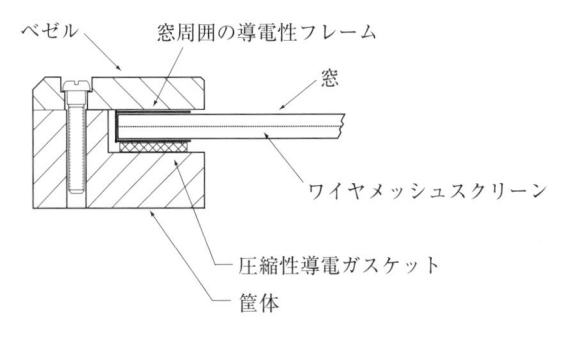

図 6-40 導電性窓の取り付け

一般に，ワイヤメッシュや穴あき金属スクリーンは，導電性皮膜された窓よりも大きなシールド効果をもたらす。主な欠点は，回折によって視野がときどき妨げられることである。

6.14.3 窓の取り付け

シールド窓（ワイヤメッシュであろうと導電性皮膜であろうと）の取り付け方法は，全体的な性能の決定において窓自体の材質と同様に重要である。取り付ける窓は，ワイヤメッシュスクリーン（または導電性皮膜）と取り付ける筐体の表面との間に，窓の周囲全体にわたって優れた電気的接触を持つようにする必要がある。窓の設計は，導電性皮膜やワイヤメッシュが，組み立て部品の周囲を囲む端部で扱いやすいようにする。図6-40 は導電性窓を取り付ける最善の方法の一つを示す。

6.15　導電性塗装

プラスチックは電気製品のパッケージとしてよく知られている。シールド効果をもたらすために，このプラスチックを導電性にしなければならない。そして，次の二つの基本的な方法がこれを達成するために使われる。(1) プラスチックを導電性材質で塗装する，もしくは (2) 導電性フィラーを入れてプラスチックを成形する。導電性プラスチックを使うとき，重要な検討事項は必要とするシールド効果，費用そして最終製品の美観である。

先に論じたように，シールド効果は，使用する材質だけでなく筐体の継ぎ目と穴を介する漏れの管理によっても決まる。開口部の管理については，6.10 節で述べたすべてが，導電塗装プラスチックシールドに適用できる。ソリッドな金属シールドの場合にあるように，開口部は通常，高周波のシールド効果の制約要因である。導電性プラスチックの使用に際して最も困難でそれゆえに高価なものは，開口部特に継ぎ目を介する漏れの管理であることが多い。開口部や溝の最大の許容長は式(6-33)で与えられ，一定長さのシールド効果は，式(6-32b)で与えられる。

プラスチック上に使われる導電塗装は一般に薄い。したがって，高周波になってやっと吸収損失が重要になる。結果として，多くの場合反射損失が主なシールド効果の作用である。シールドとして効果的であるために，導電性プラスチックは，数 Ω/スクエア

以下の表面抵抗を持つ必要がある。したがって，銀，銅，亜鉛，ニッケル，もしくはアルミニウムのように高い導電性の材質を使うべきである。導電塗装の反射損失は，式 (6-22) で近似できる。ここで，Z_W は波動インピーダンス，Z_S は塗装の表面抵抗で Ω/スクエアである。たとえば，1 Ω/スクエアの表面抵抗を持つ導電塗装は，約 39.5 dB の平面波 ($Z_W = 377$) 反射損失を持つ。

しかし，静電気放電（Electrostatic Discharge : ESD）に対する保護だけを与えるために，数百 Ω/スクエアに至るかなり大きな表面抵抗を使うことがある。したがって，ESD 保護だけが要求される場合，炭素や黒鉛材がよく使われる。

導電塗装されたプラスチックを使うときのほかの考慮すべき事項は，すべての露出金属が 25 A のサージ電流に耐えることを要求する IEC 60950-1 とほかの電気安全要件である。一部の薄い導電塗装はこの試験に合格することができない。

導電性プラスチック筐体をつくるいくつかの方法を次に示す。

1. 導電性塗料
2. 火炎/アークスプレー
3. 真空蒸着
4. 無電解めっき
5. 金属箔の裏張り
6. 金属フィラー入りプラスチック成形

導電性塗料と無電解めっきは，EMI シールドのために最も一般的に使われる二つの方法である。

6.15.1 導電性塗料

今日使われる多くの電気製品が，導電性塗料で塗装されている。塗装は，結合剤（通常はウレタンやアクリル）と導電性絵具（銀，銅，ニッケルや黒鉛）からなる。標準的な混合は，80 % もの導電性フィラーと 20 % の有機結合剤だけを含む。ニッケルと銅は最も一般的に使用されるフィラーである。

導電性の塗料は，純粋な金属ほどよくないが，優れた表面伝導率（1 Ω/スクエア以下）をもたらす。なぜなら，導電率は塗料内の導電性粒子間の接触を通じてのみ得られるからである。導電性塗料の表面伝導率は，純粋な金属のそれより 1〜2 桁少ない。

導電性塗料は，標準的なスプレー装置で容易に塗れる。そして，筐体の一部が塗装されないように筐体の一部をマスクできる。この工程は安価である。しかし，最大の効果を得るためには，継ぎ目全域で適切な圧力と電気的な連続性を与えるように筐体を設計しなければならない。したがって，プラスチック部品の型は複雑である。プラスチック筐体が導電塗装される可能性を考慮せずに設計されるならば，継ぎ目設計は優れたシールド効果を得るのにたぶん適切でないだろう。

導電性塗料は一般的に使用され，銀を含むものを除き一般的な塗装方法のなかで最も安価である。

6.15.2 火炎/アークスプレー

火炎/アークスプレーの塗装方法では，低融点金属の線材や粉末（通常は亜鉛）が特殊なスプレーガンの中で溶かされ，プラスチック材質の上に吹き付けられる。この方法は，優れた導電性を持つ硬質で濃密な金属皮膜を生成する。その欠点は，塗布作業に特殊な装置と技術を必要とすることである。したがって，この方法はスプレー塗装より高価である。しかし，導電性塗料の場合にあるように非導電性結合剤の中の金属粒子でなく，純粋な金属がプラスチックの上に沈殿するので優れた結果をもたらす。

6.15.3 真空蒸着

真空蒸着では，通常はアルミニウムのような純粋な金属を真空槽の中で蒸発させ，槽内でプラスチック部品の表面に凝結して接着し，その表面上にきわめて均一で純粋なアルミニウムの皮膜を形成する。しかし，その皮膜は無電解めっきほど均一ではないが，通常は十分すぎる。金属を沈殿する区域としない区域とを管理するために，その区域を簡単にマスクできる。この手順は，優れた接着性と導電性を持つ表面を生成する。この方法の欠点は，高価で特殊な装置を必要とすることである。

真空蒸着は，少量生産工程や短い納期が要求されるときによく使われる。この処理は，自動車装備品，おもちゃ，模型，装飾備品などで使うために，装飾品に見えるクロムめっき金属をプラスチック上に生成するのに使うこともできる。

6.15.4 無電解めっき

無電解めっき，もしくは厳密な呼び方である化学析出は，沈殿させられる金属により触媒される管理された化学反応によって，金属皮膜（通常はニッケルや銅）を沈殿させることからなる。これは，めっきする部品をケミカルバスの中に沈めることによって実現できる。この工程は，非常に優れた導電性を持つ純粋な金属の均一な皮膜を生成し，単純な形状にも複雑な形状にも適用できる。その導電性は純粋な金属に近い。この工程は前述の塗装方法より高価であるが，優れた性能のために一般的に使われる。

この工程は，プリント回路板（Printed Circuit Board：PCB）上のめっきスルーホール（ビア）を生成するために使われるのと同じである。

電磁環境両立性（Electromagnetic Compatibility：EMC）シールドのために，ニッケルの薄い層を厚い銅の層の上に沈殿させる2段階の工程が通常使われる。シールドの大部分は銅層によってもたらされる。しかし，ニッケルは銅の二つの欠点を克服する。(1) 銅は柔らかく，剥がれ落ちたり，接合部の繰り返しの組み立てと分解で簡単にすり減ったりする，(2) 銅は酸化し，時間とともに非導電的な表面を形成する。硬くて環境的に安定しているニッケルは，この二つの問題を克服する。複雑になるが，プラスチック部品の特定領域にだけ選択的にめっきすることもできる。しかし，これは少し付加的な工程を必要とし，それゆえに工程のコストが増大する。

多くの事例で無電解めっきは，プラスチック筐体で高水準のシールド効果を得るのに好まれる方法である。それは，ほかのすべての塗装方法を評価する基準であると考えられる。適切な継ぎ目の設計と開口部の管理を組み合わせると，無電解めっきは高水準のシールド効果を与えることができる。

6.15.5 金属箔の裏張り

接着性の裏張りを持ち加圧のみで接着する金属箔（通常は銅もしくはアルミニウム）は，プラスチック部品の内部に適用される。金属箔の裏張りは非常に優れた導電性をもたらす。部品を被膜するこの方法は，ほとんどの場合試作品で使われる。この方法は時間がかかり多くの手作業を必要とするので，通常は製造に好ましくない。複雑な形状の部品をこの方法で覆うのもまた困難である。

6.15.6 充填プラスチック

導電性プラスチックは，射出成形に先立って導電性の媒介物をプラスチック樹脂に混ぜ合わせてつくることができる。その結果が射出成形可能な混合物である。導電性材質は，ファイバ，薄片あるいは粉末の形をしている。2回の塗装作業を必要とせずに，広範囲の導電性がこの手法で得られる。標準的な導電性フィラーは，アルミニウム薄片，ニッケルや銀でめっきされた炭素繊維，ステンレス鋼鉄ファイバである。結果として生じる導電性は通常限定的である。なぜならば，導電性はプラスチック内の導電性粒子間の接触の結果だからである。

導電性充填材の充填率は，所望の電気的特性を得るために10〜40％まで変化する。しかし，充填率が高いと多くの場合，機械的特性，着色性，基礎材質の美観を変化させ，変化した機械的特性がその用途に適合しなくなることもある。

充填プラスチックの主な利点は，導電性を得るために素材を塗装する2次工程を除去できることである。しかし，導電性素材はプラスチックの内部にあるので，表面は導電性でないかもしれない。これは継ぎ目や接合部の間の導電性の管理を困難にする。継ぎ目で導電性粒子を露出させるために，材質の端部で2次的な機械加工作業を必要とすることがある。これは，2次工程を必要としない利点を無効にする。

EMCシールドを目的として導電性の充填プラスチックを使う発想は，約35年前に刺激的な宣伝で紹介されたが，期待に応えられなかった。導電性の充填プラスチックは，限られた導電性だけを必要とする場所のESD制御を目的として一部の事例でうまく使われてきた。しかし，この工程はプラスチックのEMCシールドを目的として，簡単，安価，普遍的な解決策としての期待に応えられなかった。

6.16 内部シールド

シールドは必ずしも筐体レベルで行う必要はない。筐体内部で個々のモジュール，カードケージなどをシールドすることにより，部分組み立て品レベルで行うこともできる。個々の構成部品グループの周囲を基板レベルでシールドすることによってシールドはPCBレベルまで落とすこともできる。基板レベルでは，PCB上に5面シールドを搭載して，スルーホールや表面実装技術でグラウンドプレーンに接続する。そのとき，基板のグラウンドプレーンがシールドの第6面になる。

図6-41は携帯電話の基板とそれに搭載するシールドを示す。このシールドは，基板全体をシールドするだけでなく，基板自体の異なる区域間もシールドする。この例で，シールドはステンレス鋼鉄であり，PCB上の接合面は金めっきされている。二枚貝形

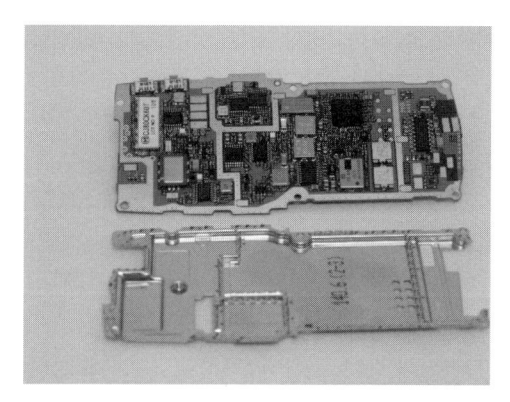

図 6-41　基板レベルのシールド（下側）を持つPCB（上側）

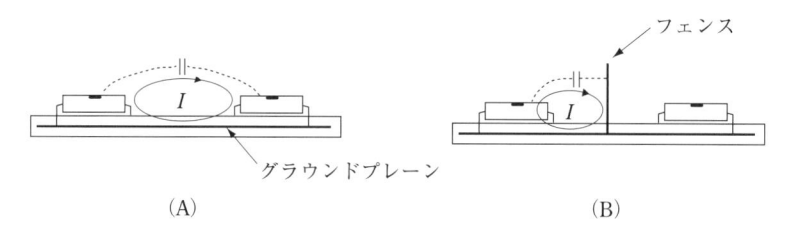

図 6-42　(A) IC間の寄生容量結合，(B) PCBフェンスの使用により遮断される寄生容量。電流 I は寄生容量を介したノイズ結合を表す。

の携帯電話機の両半分を普通に保持する六つのネジは，PCBにシールドを取り付けるためにも使われる。シールド上に隙間なく置かれた曲げバネタブは，ネジ穴の間に周期的な間隔で基板への接触を形成する。ネジ穴は 44.45 mm（1.75 in）離れているにもかかわらず，バネタブは開口部の最大直線寸法を 2.54 mm（0.1 in）に制限する。この寸法は 5.9 GHz での 1/20 波長に等しい。

　本章は今まで，製品を完全に囲むシールドだけを考え，開口部を管理する重要性を強調した。しかし，場合によっては部分的なシールドが内部のシールドに有効である。たとえば図 6-42 に示すように，敏感な部品の周りにフェンスを置くことは，近傍界の容量結合を減少させるのに有効である。これは本当のシールドではなく，隣接する回路間の容量結合を遮断するだけの方法であると，そのように異議を唱えることもできる。図 6-42(B) に示すように，フェンスは PCB のグラウンドプレーンに接続して，遮断した容量結合電流のリターン電流経路を提供する必要がある。デジタル論理回路と入出力 (I/O) 回路との間でフェンスは効果的に使用されることが多く，I/O に対するデジタルノイズの結合を最少化する。

　電源プレーンやグラウンドプレーンをそれらの間に配置された層をシールドするために使うことにより，シールドは PCB の中でさえ利用できる。この一例を図 16-17 に示す。高速信号は 3 層と 4 層を引き回され，2 層と 5 層のプレーンでシールドされる。PCB 内の 1 オンスの銅プレーンは，30 MHz より上のすべての周波数で表皮深さの 3 倍以上の厚みとなる。2 オンスの銅プレーンに関しては，これは 10 MHz より上で当てはまる。

　しかし，それでも一部の放射が基板の縁から発生することがある。層数の多い基板で

は，複数のグラウンドプレーンをシールドとして使うことができ，狭い間隔のグラウンドビアで基板の周囲を囲んで相互に接続でき，基板からの端部放射を低減したり除去したりする。GHz以上の信号を持つ一部の高周波基板では，基板の縁を銅でめっきしてシールドを完全にする。

6.17 空洞共振

金属箱に囲まれたエネルギーは，箱の内部の壁で反射する。電磁エネルギーが箱の中に入り込むなら（箱内部の発生源からもしくは外部エネルギーの漏れから箱の中に），箱は空洞共振器のように振る舞う。エネルギーが一つの面からほかの面に反射するので，筐体の寸法と形状によって決まる定在波を箱の中に引き起こす。箱の共振と一致する周波数では，これらの定在波は筐体内のいくつかの地点で高い電界強度を引き起こし，他の地点ではゼロになる。**立方体の箱に関して，最も低い共振周波数**は次式である（White, 1975）。

$$f_{MHz} = \frac{212}{l} \tag{6-41}$$

ここで，f_{MHz}は〔MHz〕での共振周波数，lは〔m〕での箱の一面の長さである。これより上の周波数でさらなる共振が発生する。

一般に，長方形の箱は次式で決まる複数の共振周波数を持つ（White, 1975）。

$$f_{MHz} = 150\sqrt{\left(\frac{k}{l}\right)^2 + \left(\frac{m}{h}\right)^2 + \left(\frac{n}{w}\right)^2} \tag{6-42}$$

ここで，l，h，wはそれぞれ，箱の長さ，高さ，幅〔m〕であり，k，m，nは，さまざまな可能性のある伝搬モードを示す正の整数（0，1，2，3など）である。この整数はいつでも二つ以上がゼロにはなり得ない。たとえば，$k=1$，$m=0$，$n=1$は，伝搬モードTE101の最も低い共振周波数を示す。伝搬の最も低次に一致する共振周波数は，1に等しい二つの整数（k，mもしくはn）を持ち，ほかの整数は0である。

式(6-42)は，$w=h=l$とすることで立方体の箱に適用できる。最も低い共振周波数の場合，整数k，m，nは，1，1，0に等しく順不同である。上記の条件を式(6-42)に代入すると式(6-41)となる。

6.18 シールドのグラウンド接続

製品を完全に包囲するソリッドなシールド（ファラデーケージ）は，どんな電位にあっても効果的なシールドを与える。すなわち，外側の電磁界がシールド内の回路に影響を及ぼすのを防ぎ，その逆もまた同様に防ぐ。したがって，シールドはグラウンド接続を必要とせず，シールドとして振る舞うためになんらかの明確な電位を持つ必要はない。しかし，ほとんどの事例でシールドは回路の共通電位に接続して，シールドとシールドされた筐体内部の回路との間の電位差を防ぐべきである。

しかし，多くの実例において，シールドはほかの理由からグラウンド接続すべきである。製品が交流電力線に接続されるなら，グラウンド接続は安全要件である。グラウン

ド接続されたシールドは，漏電電流のリターン経路を提供してブレーカを作動させ，装置から電力を除去し製品を安全にする。グラウンド接続はシールド上の静電気の増加も防ぐ。

システムのすべての金属部分は，シールドのグラウンド接続の有無にかかわらず電気的に互いに接合すべきである。それぞれの部品はできれば少なくとも二つの位置で，ほかの金属部品と低インピーダンス接続を持つべきである。ネジが導電性仕上げを持つならば，ネジを利用して部品を接合することができる。あるいは，歯付き座金やタッピングネジが，非導電性の塗料や仕上げ面を突き破るために使われる。

要約

- シールドされた筐体を出入りするすべてのケーブルは，シールドするかフィルタすべきである。
- シールドされた筐体に入るシールドケーブルは，そのシールドを筐体に接合すべきである。
- 反射損失は電界と平面波に対して大きい。
- 反射損失は低周波の磁界に対して普通は小さい。
- シールドの1表皮深さの厚みは，約9 dBの吸収損失をもたらす。
- 反射損失は周波数とともに減少する。
- 吸収損失は周波数とともに増加する。
- 磁界は電界よりシールドするのが難しい。
- 低周波の磁界に対してシールドするには，高い比透磁率を持つ材質を使うこと。
- 電界，平面波，高周波の磁界に対してシールドするために，高い導電性材質を使うこと。
- 吸収損失は導電率に透磁率を掛けたものの平方根の関数である。
- 反射損失は導電率を透磁率で割った関数である。
- シールド材質の透磁率を増加させることは，吸収損失を増加させて反射損失を減少させる。
- 開口部の管理は高周波シールドのかぎである。
- 開口部の面積ではなく最大直線寸法が漏れの量を決定する。
- 漏れを最少化するには，シールドされた筐体の継ぎ目全域に電気的な接触が存在する必要がある。
- シールド効果は開口部の数の平方根に比例して減少する。
- ほとんどのシールド材質に関して，1 MHzより上では吸収損失が支配的である。
- 低周波のシールド効果は主にシールド材質によって決まる。
- 金属シールドと同じように，導電性めっきのプラスチックにおいても開口部の管理は重要である。
- シールドは筐体レベルで行うだけでなく，モジュールレベルやPCBレベルでも行うことができる。
- シールド効果をあげるためにグラウンド接続する必要はない。

表 6-9 シールド効果の定性的な要約

材質	周波数 〔kHz〕	吸収損失* 電磁界,平面波	反射損失		
			磁界**	電界	平面波
磁性体 ($\mu_r = 1\,000$, $\sigma_r = 0.1$)	<1 1〜10 10〜100 >100	弱以下 平均以上 優れる 優れる	悪い 弱以下 弱い 平均以下	優れる 優れる 優れる よい	優れる 優れる よい 平均以上
非磁性体 ($\mu_r = 1$, $\sigma_r = 1$)	<1 1〜10 10〜100 >100	悪い 悪い 弱い 平均以上	弱い 平均的 平均的 よい	優れる 優れる 優れる 優れる	優れる 優れる 優れる 優れる

分類	減衰
悪い	0〜10 dB
弱い	10〜30 dB
平均的	30〜60 dB
よい	60〜90 dB
優れる	>90 dB

＊ 厚み 0.8 mm（1/32 in）のシールドに関する吸収損失
＊＊ 放射源から 1 m の距離における磁界の反射損失（距離が 1 m より近くなればシールド効果は減少し，遠くなれば増加する）

・表 6-9 は，開口部がないソリッドなシールドに適用できるシールドの定性的な要約である．

問題

6.1 10 kHz における銀，黄銅，ステンレス鋼の特性インピーダンスの大きさは？

6.2 黄銅シールドの厚み 1.5748 mm（0.062 in）に関して，次の周波数：a. 0.1 kHz，b. 1 kHz，c. 10 kHz，d. 100 kHz での表皮深さと吸収損失を計算しなさい．

6.3 吸収損失だけを考慮して，60 Hz の電磁場に対して 30 dB の減衰をもたらすシールドの設計を論じよ．

6.4 a. 1 000 Hz の平面波に対する厚み 0.0254 mm（0.001 in）の銅シールドの反射損失量は？
 b. 厚みが 0.254 mm（0.01 in）に増えた場合の反射損失量は？

6.5 10 kHz の磁界発生源から 25.4 mm（1 in）の距離に配置された厚み 0.381 mm（0.015 in）の銅シールドのシールド効果を計算しなさい．

6.6 6.5 の問題のシールドが遠方界に配置されたときのシールド効果は？

6.7 10 kHz の電界発生源から 305 mm（1 ft）離れて配置された厚み 0.8128 mm（0.032 in）のソフトアルミニウムシールドのシールド効果は？

6.8 電界または磁界の発生源から 152.4 mm（6 in）の距離にシールドが配置された．どの周波数より上で遠方界方程式を使うべきか？

6.9 1 kHz の磁界に対する三つの異なる厚みの銅シールド，0.508 mm（0.02 in），1.064 mm（0.04 in），1.524 mm（0.06 in）の吸収損失を計算せよ．

6.10 直線的に配列した 10 個のまったく同じ穴を含むシールドは，100 MHz で 30 dB のシールド効果を持つ必要がある．一つの穴の最大直線寸法は？

6.11 シールドが，直径 3.175 mm（1/8 in）の 5×12 配列の冷却穴を持つ．250 MHz で

のシールド効果は？

6.12 シールドされた空調パネルが，3.175 mm（1/8 in）の 20×20 配列の 400 個の円形穴から構成される。パネルの厚みは 12.7 mm（1/2 in）である（したがって，穴は 12.7 mm（1/2 in）の深さを持つ）。250 MHz でのパネルの概算のシールド効果は？

6.13 製品が，200 MHz で 20 dB のシールド効果を必要とする。10×10 配列で並べられた 100 個の小さな円形の冷却穴（すべて同じ大きさ）を使うつもりである。一つの穴の最大寸法は？

6.14 継ぎ目全域によい電気的連続性をもたらすために必要とされる二つの事項は？

6.15 ガスケットを備えた接合部の測定された伝達インピーダンスは 10 mΩ である。入射平面波に対する接合部のシールド効果は？

6.16 610 mm（2 ft）立方筐体の最も低い共振周波数は？

6.17 610 mm×914 mm×1829 mm（2 ft×3 ft×6 ft）の箱の最も低い共振周波数は？（この問題の解決には特別な考えが必要かもしれない）

参考文献

- Archambeault, B. and Thibeau, R. "Effects of Corrosion on the Electrical Properties of Conducted Finishes for EMI Shielding," *IEEE National Symposium on Electromagnetic Compatibility*, Denver, CO, 1989.
- ARP 1481. *Corrosion Control and Electrical Conductivity in Enclosure Design*, Society of Automotive Engineers, May 1978.
- ARP 1705. *Coaxial Test Procedure to Measure the RF Shielding Characteristics of EMI Gasket Materials*, Society of Automotive Engineers, 1994.
- ASTM Standard B 449. *Standard Specifications for Chromates on Aluminum*, April 1994.
- Faught, A. N. "An Introduction to Shield Joint Evaluation Using EMI Gasket Transfer Impedance Data," *IEEE International Symposium on EMC*, August 1982, pp. 38-44.
- Hayt, W. H. Jr. *Engineering Electromagnetics*, 3rd. ed. New York, McGraw-Hill, 1974.
- IEC 60950-1, *Information Technology Equipment —Safety—Part 1 : General Requirements*, International Electrotechnical Commission, 2006.
- Kraus, J. D., and Mrhefka, R. J. *Antennas*. 3rd ed., New York, McGraw-Hill, 2002.
- MIL-HDBK-1250, *Handbook For Corrosion Prevention and Deterioration Control in Electronic Components and Assemblies*, August 1995.
- MIL-STD-C-5541E, *Chemical Conversion Coatings on Aluminum and Aluminum Alloys*, November 1990.
- Quine, J. P. "Theoretical Formulas for Calculating the Shielding Effectiveness of Perforated Sheets and Wire Mesh Screens," *Proceedings of the Third Conference on Radio Interference Reduction*, Armour Research Foundation, February, 1957, pp. 315-329.
- Schelkunoff, S. A. "The Electromagnetic Theory of Coaxial Transmission Lines and Cylindrical Shields," *Bell Sys Tech J*, Vol. 13, October 1934. pp. 532-579.
- Schelkunoff, S. A. *Electromagnetic Waves*. Van Nostrand, New York, 1943.
- White, R. J. *A Handbook of Electromagnetic Shielding Materials and Performance*, Don White Consultants, Germantown, M. D., 1975.

参考図書

- Carter, D. "RFI Shielding Windows," Tecknit Europe, May 2003, Available at www.tecknit.co.uk/catalog/windowsguide.pdf. Accesed July 2008.

- Cowdell, R. B. "Nomographs Simplify Calculations of Magnetic Shielding Effectiveness," *EDN*, vol. 17, September 1, 1972. Available at www.lustrecal.com/enginfo.html. Accessed July 2008.
- Cowdell, R. B. "Nomograms Solve Tough Problems of Shielding," *EDN*, April 17, 1967. Available at www.lustrecal.com/enginfo.html. Accessed July 2008.
- Chomerics. *EMI Shielding Engineering Handbook*. Woburn, MA, 2000.
- *IEEE Transactions on Electromagnetic Compatibility, Special Issue on Electromagnetic Shielding*, vol 30-3, August 1988.
- Kimmel, W. D. and Gerke, D. D. "Choosing the Right Conductive Coating," *Conformity*, August, 2006.
- Miller, D. A. and Bridges, J. E. "Review of Circuit Approach to Calculate Shielding Effectiveness," *IEEE Transactions on Electromagnetic Compatibility*, vol. EMC-10, March 1968.
- Molyneux-Child, J. W. *EMC Shielding Materials, A Designers Guide*, Butterworth-Heinemann, London, U. K. 1997.
- Paul, C. R. *Introduction to Electromagnetic Compatibility*, Chapter 11, Shielding, 2nd ed., Wiley, New York, 2006.
- Schultz, R. B. Plantz, V. C. and Bush, D. R. "Shielding Theory and Practice," *IEEE Transactions on Electromagnetic Compatibility*, vol. 30-3, August 1988.
- Schultz, R. B. *Handbook of Electromagnetic Compatibility*, (Chapter 9, Electromagnetic Shielding), Perez, R., ed., New York, Academic Press, 1995.
- Vitek, C. "Predicting the Shielding Effectiveness of Rectangular Apertures," *IEEE National Symposium on Electromagnetic Compatibility*, 1989.
- White, R. J. and Mardiguian, M. *Electromagnetic Shielding*, Interference Control Technologies, Gainesville, V. A., 1988.

Young, F. J. "Ferromagnetic Shielding Related to the Physical Properties of Iron," *IEEE Electromagnetic Compatibility Symposium Record*, IEEE, New York, 1968.

# 第 7 章
接点の保護

　電流の流れている回路で接点が開閉するときは必ず，その接点間に放電（絶縁破壊）が発生し得る。この放電は，接点が閉じかけているが完全には接触していない間に始まる。接点が閉じかけている場合は，接点が閉じるまで放電が続く。接点が開きかけている場合は，放電の条件が成り立たなくなるまで放電が続く。放電が起こると必ず，なんらかの物理的な損傷が接点に発生し，その有効寿命が短くなる。さらに放電は高周波の放射をもたらし，配線類に電圧や電流のサージを導く。このサージは，ほかの回路に影響する妨害のもとになることがある。

　接点への物理的損傷を最小にするために使う技法は，放射や伝導の妨害を減らすために使うものと同様である。本章で論議する接点保護の回路網は，接点と負荷により発生されるノイズの量を大幅に減らすと同時に，接点の寿命を延ばす。スイッチング接点では2種類の放電が重要である。これらは，ガス放電またはグロー放電と金属蒸気放電またはアーク放電である。

7.1　グロー放電

　接点間のガスがイオン化[*1]されると，二つの接点間に自律的なグロー放電またはコロナが発生し得る。このような放電はタウンゼント放電とも呼ばれる。グロー放電を始めるのに必要な電圧は，ガスの種類，接点間の間隔，そしてガスの圧力との関数である。ガスが常温常圧の空気なら，グロー放電を開始するのに必要な電圧は 0.0076 mm

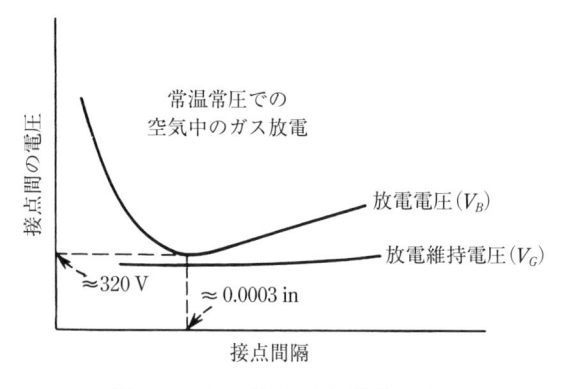

図 7-1　グロー放電の電圧対接点間隔

---

*1　ガス中には，放射性崩壊や宇宙放射線や光によって自由電子や自由イオンが少し存在する。電界をかけると，これらの自由電子や自由イオンが微小電流をつくり出す。電界が十分に大きいと電子は十分な速度（エネルギー）を得て，中性の原子や分子に衝突することによってほかの電子を解き放ちガスをイオン化する。外部から加えた電圧が必要な電界強度を維持できる場合は，このプロセスは自律的となる。

（0.0003 in）の間隔で 320 V である。間隔がこれより長くても短くても放電開始電圧は高くなる。図 7-1 は，グロー放電を開始するのに必要な放電電圧（V_B）対接点の分離間隔を示す。放電が発生した後は，ガスのイオン化を維持するのは少し低い電圧（V_G）で十分であり，空気中で V_G は約 300 V である。図 7-1 からわかるように，この維持電圧は接点間隔に関係なくほぼ一定である。グロー放電を維持するのに最小限の電流も必要であり，代表的には数 mA である。

グロー放電を避けるためには，接点間の電圧を 300 V 以下に保持すべきである。 このようにすると，アーク放電による接点の損傷が唯一の関心事となる。

7.2 金属蒸気放電またはアーク放電

アーク放電はグロー放電よりずっと低い電圧と狭い放電間隔で発生する。さらに，これはガスを必要としないので真空中でも発生し得る。アーク放電は電界により誘起された電子放射[*2]によって開始される。これには約 0.5 MV/cm（1×10^{-5} cm で 5 V）の電位勾配が必要である。

エネルギーを持っていて保護されていない接点が開いたり閉じたりすると，必ずアーク放電ができる。なぜなら，接点間隔が狭いと電位勾配は放電に必要な値を常に超えるからである。アーク放電が発生すると，電子は陰極の微小な面積つまり電界の最強部分から放射される。

顕微鏡スケールで見ると表面はどこも起伏があるので，陰極上の最も高くて最もとがった点が最大の電位勾配を持ち，電界放射のための電子の放出源となる。これを図 7-2 に示す。電子の流れは空隙を横切りながら扇状に広がり，最後に陽極に衝突する。局部電流は非常に密度が高く，接点材料を（I^2R 損失によって）数千度（ケルビン）まで加熱する。この温度は接点の金属を蒸発させるほどである。一般に陽極と陰極のどちらが先に蒸発するかは，二つの接点間のどちらで熱が発生し，移動されるかの割合によって決まる。つまり両接点の寸法，材料，間隔によって決まる。

溶融金属の外観は，電界放出（電子の流れ）から金属蒸気によるアーク放電への遷移を表している。この遷移は代表的には 1 ナノ秒（10^{-9} 秒）以下の時間で起こる。いったん金属の溶融が表れると，接点間に導電性の「ブリッジ」を形成する。その結果，放電開始に必要な電圧以下に電位勾配が下がったとしてもこのアークは持続する。この金属の蒸気によるブリッジは，電源電圧と回路のインピーダンスのみにより制限される電流を流す。アークが始まった後は，外部回路が陰極接点電位に打ち勝つだけの電圧が供給され，陽極や陰極の金属材料を蒸発させるだけの電流が流れている限り，アーク放電は持続する。両接点が離れていくにつれて，溶けた金属のブリッジは伸びていき最後には切れてしまう。アーク放電を維持していくのに必要な最小の電圧と電流は，最小アーク放電電圧（V_A）および最小アーク放電電流（I_A）と呼ばれる。両者の代表的な値を

[*2] 金属内の電子は金属内部を自由に動き回る。この電子の一部は金属表面から飛び出すに足る速度を得る。しかし，逃げ去るとき電界ができ電子は表面に引き戻される。十分な電位勾配を持つ外部電界が存在する場合は，電子を表面に引き戻す力に打ち勝てる。したがって，電子は表面から離れて自由になる。

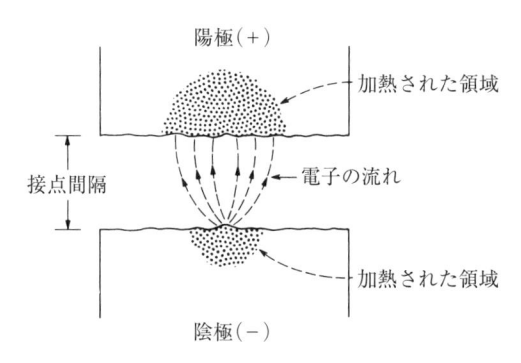

図7-2 アーク放電の開始

表7-1 接点アークの放電特性

素　材	最小アーク放電電圧（V_A）	最小アーク放電電流（I_A）
銀	12 V	400 mA
金	15 V	400 mA
金合金*	9 V	400 mA
パラジウム	16 V	800 mA
プラチナ	17.5 V	700 mA

* 金69%，銀25%，プラチナ6%

表7-1に示す（Relay and Switch Industry Association, 2006）。電圧か電流の一方でもこの値以下に下がると，アーク放電は消滅する。

異なった材料の接点間のアーク放電の場合，V_A は陰極（負の接点）の材料で決まり，I_A はどちらかの接点材料（陽極または陰極）の低いほうのアーク放電電流になると推測されている。しかし，表7-1に掲げた最小アーク放電電流の値は，損傷のないきれいな接点に対しての値であることに注意すること。アーク放電を起こして接点が損傷を受けてしまった後は，最小アーク放電電流が表7-1に掲げた値の1/10までに下がってしまうことがある。

要約すると，アーク放電は接点材料の関数であり，また比較的低電圧・大電流という特性がある。これと対照的にグロー放電は接点間のガス（通常は空気）の関数であり，比較的高電圧・小電流という特性がある。7.8節で説明するように，アーク放電は低い電圧でも発生するのでこれを防ぐのは難しい。アーク放電が発生したら，電流を最小アーク放電電流以下の値に保って放電の継続を防ぐのがよい。

7.3 交流回路と直流回路

接点の寿命を長く保つためには，アーク放電がいったん発生したらこれをすぐに消滅させ，接点材料の損傷を最小にする必要がある。アーク放電をすぐに消滅させることができないと，接点金属の一部が一方から他方に移転してしまう。放電による損傷の程度は，そのエネルギー，つまり〔電圧〕×〔電流〕×〔時間〕に比例する。

接点間の電圧が高ければ高いほど，アーク放電を消滅させることは困難になる。アーク放電が起こっている状態でも，電圧が定格電圧と同じかまたはそれ以下ならば，1組の接点はボルト・アンペア定格値を大抵処理できるが，電圧が定格値より高い場合には

必ずしもそうではない。

1組の接点は次の理由のため，直流電圧よりもずっと高い交流電圧を通常は処理することができる。

1. 交流電圧の平均値は実効値よりも小さい
2. 電圧が10～15Vよりも低い間は，アーク放電が始まることはない
3. 極性が反転するので，各接点とも同じ回数陽極になったり陰極になったりする。
4. 電圧がゼロの値を通過するとき，アーク放電は消滅する

したがって，直流30V定格の接点は一般に交流115Vを処理できる。しかし，交流用スイッチが一つ不利な点は，必要なときに適切な接点保護回路を備えることがずっと難しいことである。

7.4 接点の材料

負荷レベル（電流）に応じて異なった接点材料を選ぶ必要がある。電流ゼロ（乾式回路）から大電流までにわたって，一つの材料で有効なものはない。パラジウムは接点が腐食したような状態でも，大電流負荷に対して良好である。銀および銀カドミウムは大電流負荷にはよく動作するが，アーク放電が起こらないような条件では機能しない。金および金合金は，小電流または電流がゼロの状態ではよく機能するが，大電流ではひどく腐食してしまう。

定格電流値が0～2Aまでの，いわゆる"汎用リレー"が多く販売されている。これらは，銀やパラジウムのような重負荷用の接点材料の上に普通硬質金めっきをしたものである。これを小電流で使った場合，金めっきがあるため接触抵抗は小さいままである。大電流負荷で使うと，最初の数回の動作で金めっきが燃えてしまって大電流用の接点材料が残る。このため，汎用リレーをいったん大電流で使用した後は，もはや小電流用として使用できない。

銀の上に軟質金めっきした場合にも，ときどき問題が生じる。この場合は，銀が金めっきを突き抜けて接点上に高抵抗の被膜（銀の硫化物）をつくってしまう。その結果，この高抵抗被膜のため，これが接触を悪くする原因となる。

7.5 接点の定格

接点の定格は，抵抗性負荷に供給できる電圧と電流の最大値として通常決められている。接点がこの定格状態で動作しているときでも，開閉するたびに瞬間的なアーク放電[*3]が起こる。このような状態で使うと，定格で定められた電気的寿命期間まで接点が使用できる。機械的寿命の定格は，乾式回路（電流がゼロ）の寿命である。

[*3] 少しのアーク放電は，接点の表面に形成される薄い絶縁膜を燃やしてしまうので，実際には有用なことがある。

接点によっては，抵抗性負荷定格に加えて誘導性負荷に対しても定格を持つ。3番目の共通定格（誘導性負荷定格）は，定常状態より投入直後のほうがずっと大電流を流すモータや照明器具の負荷定格である。

これらの定格は，接点保護に何も使っていない場合を想定している。適切な保護回路を使っていると，定格の電圧や電流で使用した場合は接点の寿命は延びるし，また定格の寿命に対しては定格以上の電圧や電流で使用することができる。

7.6 突入電流の大きい負荷

負荷が抵抗性でない場合，接点は定格を適切に緩和して使用するか，または保護する必要がある。ランプ，モータおよび容量性負荷ではすべて，接点を閉じた最初に定常状態よりもずっと大きな電流が流れる。たとえば図7-3に示すように，ランプのフィラメントでは初期電流として通常の定格電流の10～15倍が流れる。ランプが負荷の場合，一般的には接点は通常の抵抗性負荷容量の20％の定格でしか使用できない。

容量性負荷の場合にも非常に大きな初期電流が流れる。コンデンサへの充電電流を制限するのは，外部回路の直列抵抗だけである

モータは代表的な値として，定格電流の5～10倍の初期電流を通常流す。さらにモータのインダクタンスは，電流が切れたとき高い電圧（誘導性キック）を発生する。これもまたアーク放電を引き起こす。したがって，モータでは"開"と"閉"の両方で接点の損傷を引き起こすので，これを開閉するのは難しい。

大きな突入電流が流れる回路では，接点を保護するために，まず初期電流を制限する必要がある。初期電流値を制限するために接点に直列に抵抗を入れることは，いつでもできることではない。なぜなら，直列抵抗は定常時の電流も制限するからである。抵抗では満足な結果が得られない場合，直流抵抗の低いインダクタンスを初期電流の制限用として使用することができる。負荷が軽い場合，接点のリードにフェライトビーズを入れることにより，定常時の動作電流に影響なく初期電流を十分に制限することができる。

負荷が重い場合には，図7-4に示すようなスイッチ機構付きの電流制限抵抗が必要と

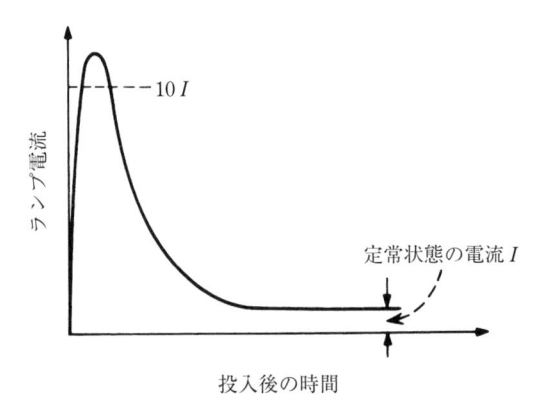

図7-3 ランプの電流対時間特性

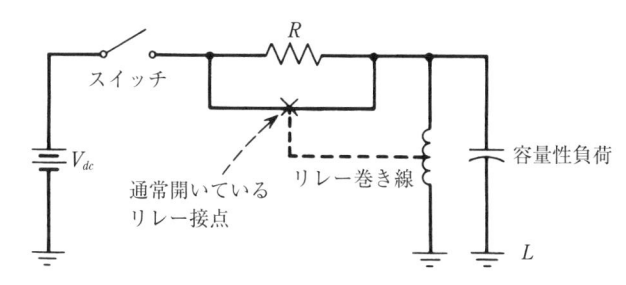

図7-4 接点の保護用にスイッチ機構付きの電流制限抵抗を使用した例

なる。ここでは容量性負荷に並列にリレーが接続され通常は開いているリレー接点が，電流制限抵抗の両端に接続されている[*4]。スイッチが閉じると，容量性負荷の充電電流は抵抗 R によって制限される。容量性負荷の両端の電圧が上昇しリレーが動作すると，通常開いているリレーが閉じて電流制限抵抗を短絡する。

閉じようとしている接点に関するもう一つの問題は，チャッタやバウンスである。これは接点が最初に接触した後，再び飛びはねて（バウンス）離れて回路を切ってしまうものである。接点によってはこの現象が10回以上続くこともあり，そのたびに接点は電流の開閉を繰り返す。このような繰り返しのアーク放電は，回路に動作上の問題を引き起こすばかりでなく，接点にかなりの損傷と高周波の放射などの問題を引き起こすことになる。

7.7 誘導性負荷

インダクタンス(L)の両端に発生する電圧は次式で表される。

$$V = L\left(\frac{di}{dt}\right) \tag{7-1}$$

式(7-1)は，インダクタンスに流れる電流が急に切断されるときに，大きな過渡電圧が発生することを表す。変化の割合 di/dt が大きくなって，かつ負になると大きな過渡的な逆電圧または誘導性キックをもたらす。理論的には，電流がある有限値から瞬時にゼロになると，誘起される電圧は無限大となる。しかし，実際には接点のアーク放電や回路の容量のため，このようなことは起こらない。しかし，非常に大きな電圧が発生することは確かである。この大きな過渡誘導電圧を抑えるためには，di/dt の値を小さくすることである。

直流12Vの電源で動作しているインダクタンスからその電流が急に切断されることにより，50〜500Vの電圧が発生することはまれではない。図7-5は，電流が切断されたときのインダクタンスの両端の電圧波形を示す。接点が誘導性負荷への電流を切断したときに発生する大きな電圧は，接点に著しい損傷を与える。また，適切な保護回路を設けないと，ノイズの放射や伝導の原因ともなる。このような条件のもとでは，インダクタンスに蓄えられたエネルギーの大部分は，アーク放電の形で消費されることになり

[*4] リレーの代わりに電力電界効果トランジスタ（Field Effect Transistor：FET）も使える。

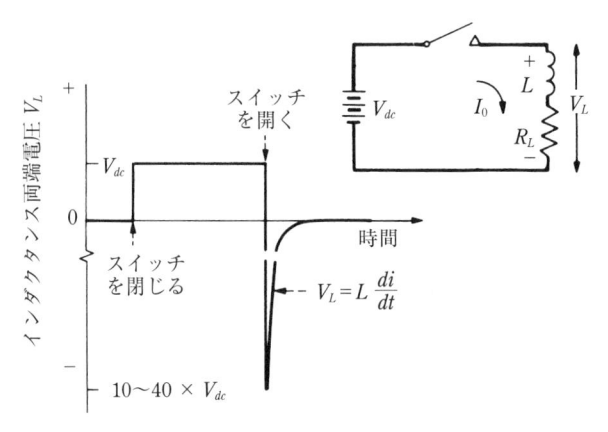

図7-5 スイッチ開閉時の誘導性負荷の両端の電圧

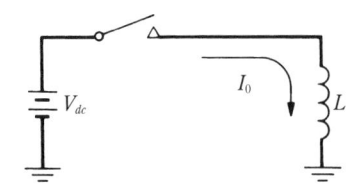

図7-6 スイッチにより制御される誘導性負荷。スイッチが開いたとき，インダクタンスに蓄えられたエネルギーの多くは，スイッチの接点間で生ずるアーク放電で消費される。

過大な損傷を引き起こす。

図7-6の回路は，誘導性負荷により1組の接点が受ける損傷を説明するのに使える。この図で，電池はスイッチ接点を通して誘導性負荷に接続されている。負荷の抵抗は無視できるものと仮定する。この条件は低抵抗のモータに実際に当てはまる。定常電流は回路の抵抗よりもモータの逆起電力（Counter Electromotive Force：CEMF）により制限される。そこで，電流 I_0 がインダクタンスに流れているとき，スイッチを開いてみよう。インダクタンスの磁界内に蓄えられたエネルギーは $(1/2)LI_0^2$ である。

スイッチを開いたとき，どんなことがインダクタンスの磁界エネルギーに起こるだろうか。回路の抵抗が無視できる場合，すべてのエネルギーは接点間のアーク放電として消費されるか，または放射されなければならない。なんらかの保護回路がないと，このような目的に使われるスイッチの寿命はあまり長くない。

7.8 接点保護の基礎

図7-7は接点の放電の条件を必要な電圧と間隔の関係として要約したものである。この図には，グロー放電を開始するのに必要な電圧とグロー放電を維持するのに必要な最低電圧が示されている。さらに，アーク放電を開始するのに必要な0.5 MV/cmという電位勾配と，アーク放電を維持するのに必要な最低電圧も示されている。したがって，太線は接点間に放電が発生するのに必要な合成条件を表している。この太線の右下側の領域では放電は発生せず，この線の左上側の領域で接点間の放電が発生する。

図7-7の放電電圧と間隔の関係を放電電圧と時間の関係に書き換えると，放電情報の

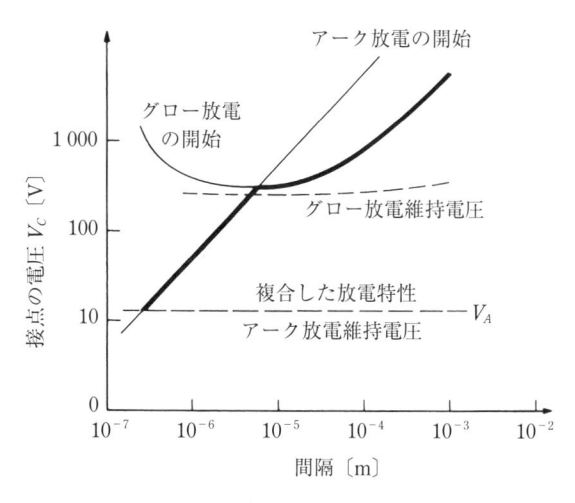

図 7-7 接点放電に対する電圧と間隔の関係

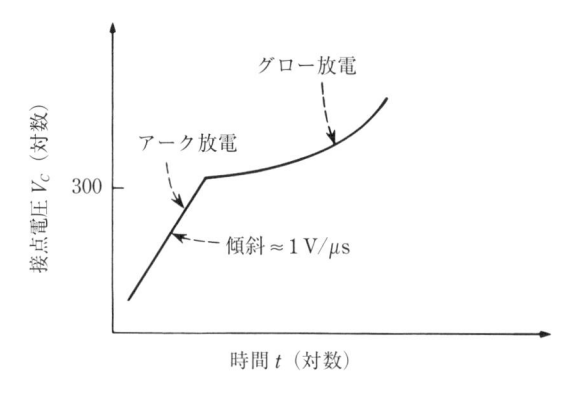

図 7-8 接点の合成放電電圧対時間の特性

もっと有効な表し方となる．この変換は接点の分離速度がわかれば可能である．図 7-8 に時間の関数で示した合成放電特性の代表例を示す．図 7-8 から接点の放電を避けるための二つの要件がわかる．

1. グロー放電を避けるため接点間電圧を 300 V 以下に保つこと
2. 接点間電圧の初期上昇の割合をアーク放電が発生するのに必要な値より低く保つこと（1 V/μs という値はほとんどの接点に対し十分である）

特定の用途で接点放電を避けることができない場合には，この放電が継続しないようにする必要がある．これは，放電を継続していくのに必要な電流より回路で使用できる電流が，常に小さくなるように構成することを意味する．

ある特定の条件で放電が発生するかどうかを判定するには，接点を開いたときに接点間に発生する電圧を知る必要がある．次にこの電圧の値を図 7-8 で比較する．接点電圧が放電特性の上側の領域にあれば接点放電が発生する．

図 7-9 では，誘導性負荷がスイッチ S を介して電池に接続されている．スイッチを開いたとき，接点間に発生するはずの電圧で放電が発生しない場合，この電圧は「有効

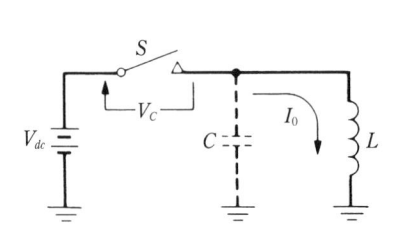

図7-9 誘導性負荷を制御する接点。コンデンサ C は配線の浮遊容量を表す。

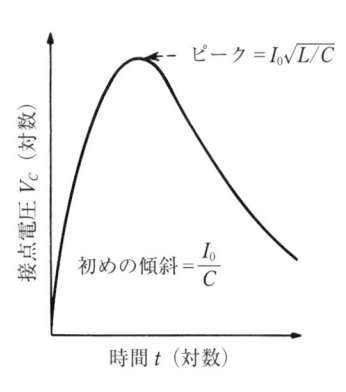

図7-10 図7-9の回路での接点放電がないと仮定した場合の，開こうとする接点間の有効回路電圧

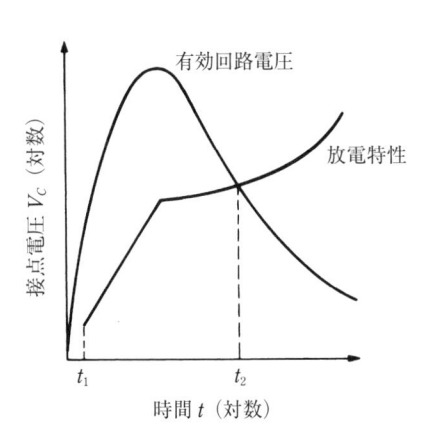

図7-11 図7-9の回路での有効回路電圧と接点放電特性との比較

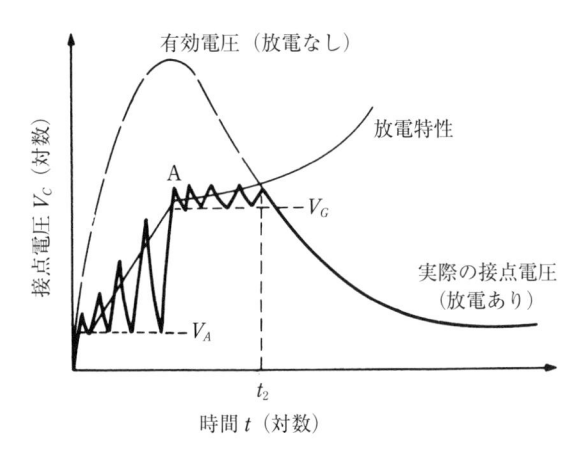

図7-12 連続したグロー放電を維持するほどでない電流の場合の，図7-9の回路での実際の接点間電圧

回路電圧」と呼ばれる。図7-9の回路に対する有効回路電圧を図7-10に示す。I_0 はスイッチが開かれた瞬間にインダクタンスに流れる電流，C は配線の浮遊容量である。図7-11は有効回路電圧（図7-10）と接点放電特性（図7-8）とを比較したものである。電圧は t_1 から t_2 の間で放電特性を超えるので，この期間は接点間に放電が発生する。

放電が発生することがわかったので，さらに図7-9の接点が開いたとき，何が起こるかもっと詳細に考察してみよう。スイッチを開いたとき，インダクタンスの磁界は電流 I_0 を流し続けようとする。電流はスイッチを通して流れることはできないので，代わりに浮遊容量 C を通して流れ込むか，図7-12に示すようにコンデンサ C は充電され電圧が I_0/C の初期勾配をもって上昇していく。この電圧が放電特性カーブを超えるとすぐに接点間にアーク放電が発生する。この点での有効電流の値が，最小アーク電流 I_A より小さい場合，容量 C が放電し，その電圧がアーク放電維持電圧 V_A より下がるまでの時間だけアーク放電が継続する。コンデンサ C が放電した後，再び C を充電するという経過を繰り返し，電圧はグロー放電電圧（図7-12のA点）に達する。A点に達すると，グロー放電が起こる。グロー放電を維持するのに必要な電流が得られない場合，

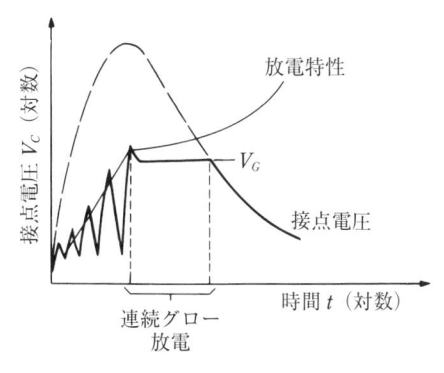

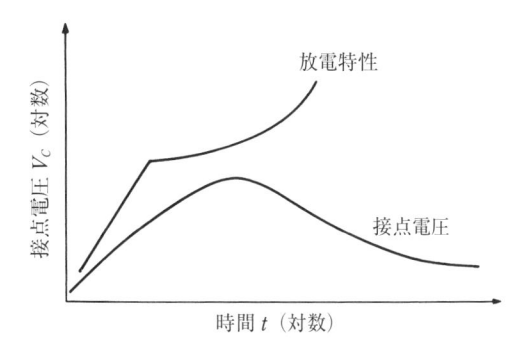

図 7-13 図 7-9 の回路で電流がグロー放電を継続するに足る場合の接点間電圧

図 7-14 図 7-9 の回路でコンデンサの容量が放電を阻止するに足る場合の接点間電圧

電圧が最小グロー電圧 V_G 以下に下がるまでの時間だけ，グロー放電が持続する[*5]。こういう経過が t_2 までの時間繰り返され，t_2 以降はこれ以上の放電を起こすのに必要な電圧が得られなくなる。

どの時点においても有効電流が最小アーク電流 I_A を超えている場合，安定したアーク放電が発生し，有効電圧または有効電流が最小グロー電圧または電流以下に下がるまでアーク放電は継続する。図 7-13 は，グロー放電を継続していくには十分であるが，アーク放電には不十分な電流が流れるときの波形を示している。

浮遊容量 C が十分に大きいか，またはそれと並列に個別のコンデンサを加えた場合，ピーク電圧と接点間電圧の最初の立上りの割合を，アーク放電が発生しない点まで下げることができる。この波形を図 7-14 に示す。しかし，このようにコンデンサを付加すると，この充電電流が大きくなり，スイッチを閉じるときの接点損傷を引き起こすことになる。

図 7-9 の共振回路で，スイッチが開かれたときに起こる電気振動は，近傍の機器に対して高周波妨害を与えることがある。この振動は，回路を過制動するほどの抵抗とコンデンサを付加することによって止めることができる。振動が発生しないための要件は，7.10.2 項の式(7-6)で述べている。

7.9 誘導性負荷での過渡現象の抑圧

誘導性負荷を制御する接点を保護するため，またノイズを放射したり伝導したりするのを防ぐため，ある種の接点保護回路をインダクタンスの両端や接点の両端またはその両方に普通は付加する必要がある。保護回路を負荷または接点のどちらに付加しても同じ効果が得られることもある。大きなシステムでは，負荷は 2 個以上の接点によって制御することもあるので，おのおのの接点ごとに付けるより，負荷側に保護回路を設けたほうが経済的となろう。

[*5] 十分な電流が得られれば，グロー放電はアーク放電に移り，電圧は V_G ではなく V_A まで下がることになる。普通 V_A のような低い電圧では，アーク放電を継続していくほどの電流は得られないので，この時点で放電は消滅する。

第7章 接点の保護

条件が厳しい場合，インダクタンスと接点の両方に保護回路を設けて妨害を排除し，接点を適切に保護する必要がある。そのほかの場合，どの程度の保護回路を使うかは動作上の要求によって制限される。たとえば，リレーのコイルに保護回路を付加すると復旧時間が長くなる。この場合の保護回路は，動作上の要求とリレーを制御する接点に対しての適切な保護との妥協を図る必要がある。

ノイズを低減させる観点からは，ノイズ源——この場合はインダクタンス——に対して，できるだけの過渡現象の抑制処置をとることが通常は望ましい。多くの場合，この処置は接点に対しても十分な保護となり得る。そうならないときには，接点に対して別の保護を付加することが必要となる。

接点保護回路の部品定数を正確に計算することは難しい。これには回路設計者は普通知らないパラメータがいくつかある。たとえば，配線のインダクタンスや容量および接点が分離する速さなどである。まず，単純化した設計方程式を立てることから始めて，多くの場合要求を満足する接点保護回路を準備することになる。その後実験的手法により，意図した用途での回路の効果を確認すべきである。

保護回路は次の二つに分類できる。一つは通常インダクタの両端に付加する保護回路，ほかは通常接点間に付加する保護回路である。しかし，これらの保護回路の中には，どちらにも適用できるものもある。

図7-15は，リレーコイルやインダクタンスに通常付加する六つの保護回路例を示したもので，いずれも電流を切断したときに発生する過渡電圧を最小にするためのものである。図7-15(A)はインダクタLに並列に抵抗Rを接続したものである。スイッチを開くとその前にどんな電流が流れていたとしても，インダクタの電流は抵抗を通って流れることになる。したがって，過渡電圧のピーク値は抵抗の値が大きくなると増大するが，定常状態電流と抵抗値の積に制限される。抵抗Rを負荷抵抗R_Lと等しくした場合，過渡電圧は電源電圧の大きさに制限される。この場合，接点間の電圧は電源電圧にコイル誘起電圧を加えたもの，つまり電源電圧の2倍になる。この回路は，負荷に電圧がかかっているときはいつでも抵抗に電流が流れているので，むだな電力を消費する。Rを負荷抵抗に等しくしたならば，抵抗Rは負荷抵抗R_Lの定常状態における電力と同

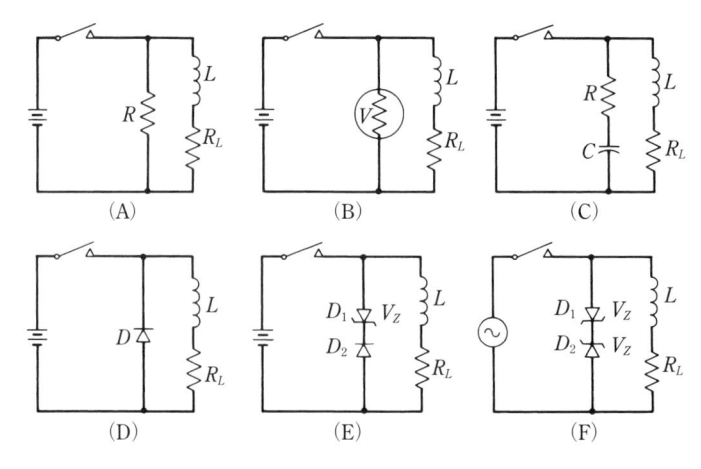

図7-15 電流が切断されたときにインダクタンスに発生する「誘導性キック」を最小とするために負荷に接続する保護回路

じ電力を消費する。

　図7-15(B)はインダクタと並列にバリスタ（電圧依存性抵抗）を接続した構成である。バリスタにかかる電圧が低いときにはバリスタの抵抗値は大きく，その電圧が高くなると抵抗値は小さくなる。バリスタは図7-15(A)の抵抗と同じように働き，しかも回路に電圧がかかっているときの電力消費は少ない。

　さらによい回路構成を図7-15(C)に示す。これは抵抗RとコンデンサCを直列に接続し，それをインダクタに並列に付加したものである。この回路では，インダクタに電圧がかかっているときの電力消費はない。接点を開くとコンデンサは最初に短絡回路として働き，インダクタ内の電流が抵抗に流れる。抵抗とコンデンサの値は7.10.2項のRC回路のところで述べる方法により求めることができる。

　図7-15(D)はインダクタに半導体ダイオードを接続したものである。ダイオードは回路に電圧がかかっているとき，これに電流が流れないような極性で接続する。しかし，接点が開くと，インダクタに発生する電圧は電源電圧と逆の極性となる。この電圧はダイオードを順方向にバイアスし，インダクタの過渡電圧を非常に小さい値（ダイオードの順方向電圧にダイオードのIR電圧降下を加えたもの）に制限する。したがって，開いた接点間の電圧はほぼ電源電圧に等しい。この回路は過渡電圧を抑えるのに非常に効果的である。しかし，インダクタ内の電流の減衰時間は前述の回路のどれよりも長くなり，動作上の問題が発生することがある。

　たとえばインダクタがリレーの場合，復旧時間が長くなる。リレーの復旧時間を短くするために図7-15(D)のダイオードに直列に小さな値の抵抗を挿入すると，過渡電圧が高くなるという欠点が出てくる。このダイオードは，電源電圧の最大値より高い電圧定格を持つ必要がある。ダイオードの電流定格は，最大負荷電流より大きくする必要がある。接点がまれにしか動作しない場合，ダイオードのピーク電流定格を使用することができる。接点が1分間に数回以上動作する場合は，ダイオードの連続電流定格を使用すべきである。

　図7-15(E)に示すように整流ダイオードに直列にツェナーダイオードを挿入すると，インダクタンス中の電流を早く減衰させることができる。しかし，この保護方法は前述のダイオードの方法ほどよくなく，また余分の部品を使う。この場合，開いた接点間の電圧はツェナー電圧と電源電圧の和となる。

　ダイオードによる回路図7-15(D)，(E)はどちらも交流回路には使えない。交流電源または両極性の直流で動作するような回路では，図7-15(A)〜(C)の回路かまたは図7-15(F)のように2個のツェナーダイオードを互いに逆向きに接続した回路を使って保護することができる。おのおのツェナーダイオードは，交流電源電圧のピーク値よりも大きな最大定格電圧と最大負荷電流に等しい電流定格を持つ必要がある。

7.10　誘導性負荷の接点保護回路

7.10.1　C回路

　図7-16は，誘導性負荷を制御する接点間によく使う3種類の接点保護回路を示したものである。直流電流の断続によって発生するアーク放電を抑える最も簡単な方法は，

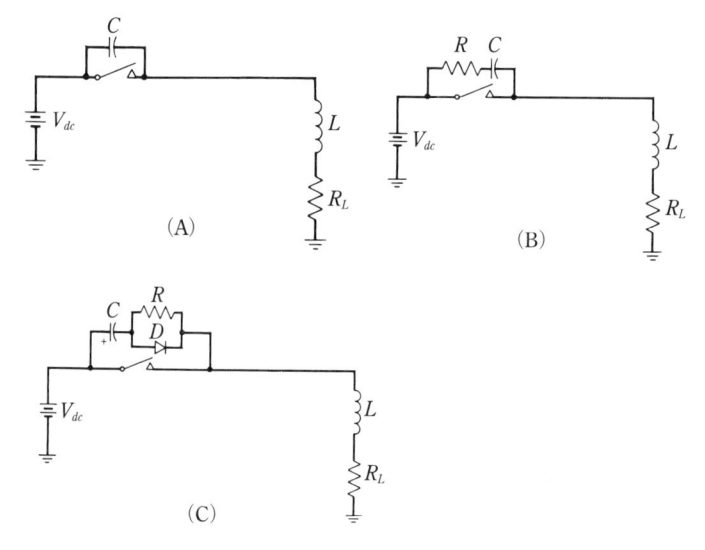

図 7-16 スイッチ接点の両端に接続する接点保護回路

図 7-16(A)に示すように，接点間にコンデンサを接続することである。コンデンサの値が十分な大きさであれば，接点が開いたときに負荷電流は瞬間的にコンデンサのほうに流れることになり，アーク放電は発生しない。しかしながら，接点が開いた状態では，コンデンサは電源電圧 V_{dc} まで充電される。次に，接点が閉じるとコンデンサは接点を通して放電し，その初期放電電流値は配線や接点などの寄生抵抗だけで制限される。

コンデンサの値が大きいほど，また電源電圧が高いほどコンデンサに蓄えられるエネルギーが増大するため，接点を閉じたときのアーク放電による損傷が大きくなる。接点が閉じるときバウンスするかチャタリングすると，電流が多数回の断続を行うため，接点はさらに損傷を受ける。このような理由のため，接点間にコンデンサだけを接続することは一般に推奨できない。もし使う場合には，コンデンサの値は次項の説明に従って決めること。

7.10.2 *RC* 回路

図 7-16(B)は図 7-16(A)の欠点を克服した回路であり，接点を閉じたときのコンデンサの放電電流を制限するようにしたものである。これは，コンデンサに直列に抵抗 R を挿入して放電電流を制限する。接点を閉じたときは，放電電流を制限するために抵抗の値はできるだけ大きいほうがよい。しかし，接点が開いた場合には，アーク放電を防止するコンデンサの効果を抵抗が減らすので，抵抗値はできるだけ小さいほうが望ましい。したがって，実際の R の値は，相反する二つの要求条件を妥協させるようにして選ぶ必要がある。

抵抗 R の最小値は接点を閉じるときの条件から決められる。コンデンサの放電電流が接点の最小アーク放電電流 I_A になるように抵抗値を選ぶことができる[*6]。R の最大

[*6] 放電電流を $0.1 I_A$ に抑えるのが望ましい。しかし，抵抗 R の値は，二つの相反する要求の妥協の産物なので，このことは RC 回路では一般に不可能である。

値は接点を開いたときの条件から決められる。開いた接点間電圧の初期値は I_0R に等しい。R が負荷抵抗に等しい場合，接点間の瞬時電圧は電源電圧に等しい。R の最大値は負荷抵抗の値と通常は等しくして，開いた接点間に発生する初期電圧を電源電圧に抑える。したがって，R の限度値は次式のように表せる。

$$\frac{V_{dc}}{I_A} < R < R_L \tag{7-2}$$

ここで，R_L は負荷抵抗である。

C の値は次の二つの要求を満足するように選ばれる。すなわち，(1) 接点間のピーク電圧は 300 V を超えないこと（グロー放電を避けるため），(2) 接点間電圧の初期上昇の割合は 1 V/μs を超えないこと（アーク放電を避けるため）。(2) の要件は，C の値を負荷電流 1 A 当り少なくとも 1 μF とすれば満足される。

コンデンサ C にかかるピーク値電圧は，回路抵抗を無視し，かつ誘導性負荷のエネルギーのすべてがコンデンサに移転されると仮定して通常計算できる。この条件のもとでは，

$$V_{C(peak)} = I_0 \sqrt{\frac{L}{C}} \tag{7-3}$$

ここで，I_0 は接点を開いたとき，負荷インダクタンスに流れている電流である。コンデンサ C の値は，常に $V_{C(peak)}$ が 300 V を超えないように選ぶべきである。したがって，

$$C \geq \left(\frac{I_0}{300}\right)^2 L \tag{7-4}$$

さらに，接点間電圧の初期上昇率を 1 V/μs に抑えるため，

$$C \geq I_0 \times 10^{-6} \tag{7-5}$$

状況によっては，インダクタとコンデンサでできた共振回路は振動しないこと（過制動）が望ましい。振動しない条件は，

$$C \geq \frac{4L}{R_1^2} \tag{7-6}$$

ここで，R_1 は LC 回路に直列の全抵抗である。図 7-16(B) の場合は $R_1 = R_L + R$ となる。しかし，非振動の条件は大きな値のコンデンサが必要となるので，この要件に通常は固執してはいけない

RC 保護回路は低コストでありまた小型であるため，最も広く使用されている。さらに，負荷の復旧時間に対する影響が小さい。しかし，RC 回路は完璧ではない。抵抗があるため接点を開いたとき接点間に瞬時電圧（$= I_0R$）が生じ，そのために初めに少しのアーク放電が発生する。図 7-17 は，接点の放電特性上に重ねて，適切に設計された RC 回路を持つ接点間に発生する電圧を示す。本図は，接点間の瞬時電圧増加によって初期のアーク放電が発生することを示している。

7.10.3 *RCD* 回路

図 7-16(C) はもっと高価な回路ではあるが，図 7-16(A)，(B) の回路の欠点を克服したものである。接点が開くと，コンデンサ C は図に示す極性で電源電圧まで充電され

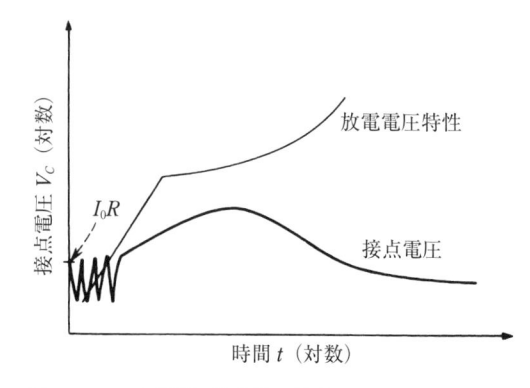

図 7-17 RC 保護回路を持つ接点が開いたときの電圧

る。接点を閉じると，コンデンサは電流制限抵抗 R を通して放電することになる。しかし，再び接点を開くとダイオード D が抵抗を短絡した結果，負荷電流は瞬時的に接点が開いている間にコンデンサに流れ込むことになる。ダイオードは，電源電圧より大きな（降伏電圧）最大定格電圧と適切な定格サージ電流（最大負荷電流より大きな値）を持つ必要がある。コンデンサの値は，RC 回路と同様にして選ぶ。接点が開いたとき，ダイオードは抵抗を短絡してしまうので，抵抗値を選ぶのにもはや妥協の必要はない。したがって，抵抗値は，接点を閉じたときの電流を最小アーク電流の 1/10 以下に制限するように選ぶことができる。

$$R \geq \frac{10\ V_{dc}}{I_A} \qquad (7\text{-}7)$$

RCD 回路は適切な接点保護回路である。しかしほかの回路より高価であり，また交流回路には使用できない。

7.11　トランジスタスイッチで制御される誘導性負荷

　誘導性負荷がトランジスタスイッチにより制御されている場合は，電流を切ったときにインダクタにより発生する過渡電圧が，トランジスタの最大定格電圧を超えないことを保証するように注意しなければならない。このために最も効果的で最もよく使われる方法は，図 7-18 に示すようにインダクタに並列にダイオードを接続することである。この回路でダイオードは，トランジスタがインダクタの電流を切ったときトランジスタのコレクタを $+V$ にクランプすることになり，これによりトランジスタの電圧を $+V$ に制限する。図 7-15 に示したどの保護回路も使用できる。ツェナーダイオードをトランジスタに並列に接続することも一般によく行われる。どの場合も，トランジスタにかかる電圧が最大定格電圧以下になるように回路を設計する必要がある。

　非常に大きな過渡電流が誘導性負荷と保護ダイオードの間のパスに流れる。したがって，このループ面積を最小にして，過渡電流によって発生する放射を制限する必要がある。ダイオードは誘導性負荷にできるだけ近づけておくこと。保護ダイオードがリレードライバ IC に含まれているとき，この考慮は特に重要である。そうしないとループが大きくなる。

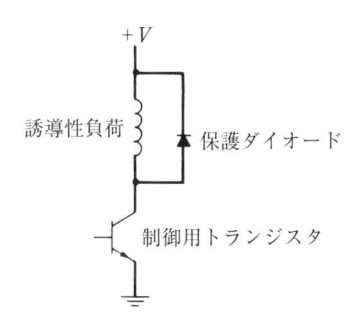

図 7-18 トランジスタ制御の誘導性負荷を保護するのに使うダイオード

7.12 抵抗性負荷での接点保護

　300 V 以下の電源電圧で動作している抵抗性負荷の場合は，グロー放電は始まらないので配慮する必要はない．電源電圧が最小アーク放電電圧 V_A（約 12 V）より大きければ，接点が開くときか閉じるときのどちらかでアーク放電が発生する．アーク放電がいったん発生すると，それが継続するかどうかは負荷電流の大きさに依存する．

　負荷電流が最小アーク放電電流 I_A より小さければ，最初はアーク放電が発生してもすぐに消滅する．この場合，ごく小さい損傷が接点に発生するが，一般に保護回路は必要としない．回路の寄生容量や接点の飛びはねがあるとアーク放電が継続し，アーク放電を何回も繰り返す．このような種類のアーク放電が発生すると高周波の放射源となることがあるので，妨害を抑えるためにある種の保護が必要となろう．

　負荷電流が最小アーク放電電流 I_A より大きいと，連続的なアーク放電が発生する．この連続アーク放電はかなりの損傷を接点に与える．しかし，電流が接点の抵抗回路電流定格の値よりも小さい場合で，かつ接点の動作回数定格が十分であるならば，接点の保護は必要ないかもしれない．

　抵抗性負荷に接点保護回路が必要とされる場合，どのタイプの保護回路を使うべきであろうか．抵抗回路で接点にかかる最大電圧は，開・閉時ともに電源電圧である．したがって，電源電圧が 300 V 以下ならば，接点保護回路に高電圧保護の機能を付与する必要はない．この機能（電圧に対する保護作用）はすでに回路に備わっている．接点保護回路に必要な機能は，この場合アーク放電が発生しないように，初期の接点電圧の上昇率を抑えることである．これは接点間に図 7-16(C) の RCD 回路を使うことによって最もよく実現できる．

7.13 接点保護の選択指針

　次に述べる指針は，各種の負荷に対する接点保護の形式を決定するためのものである．

1. 負荷が誘導性でなく，その電流が最小アーク放電電流よりも小さい場合は，一般に接点保護を必要としない
2. 負荷が誘導性であって，その電流が最小アーク放電電流よりも小さい場合には

RC 回路またはダイオードを保護回路として使うべきである

3. 負荷が誘導性であって，その電流が最小アーク放電電流よりも大きい場合には RCD 回路またはダイオードを保護回路として使うべきである
4. 負荷が誘導性でなく，その電流が最小アーク放電電流よりも大きい場合は，RCD 回路を保護回路として使うべきである。この場合，電源電圧が 300 V よりも低ければ，式(7-4)を満足しなくてもよい

7.14 例

いくつかの計算例を示して，接点保護回路の適切な選択の仕方をもっとよく理解してもらおう。

[例 7-1] 150 Ω，0.2 H のリレーのコイルが，電源電圧が直流 12 V で銀接点のスイッチを通して動作している。問題はリレーの両端に設ける接点保護回路を設計することである。

定常負荷電流は 80 mA で，この値は銀接点に対する最小アーク放電電流より小さい。したがって，保護回路は RC 回路またはダイオードが適切である。接点間の電圧上昇率を 1 V/μs 以下に保つため式(7-5)から，保護回路の容量値は 0.08 μF より大きいこと。接点を開いたときの最大電圧を 300 V 以下に保つため，式(7-4)から容量値は 0.014 μF より大きいこと。式(7-2)から抵抗値は 30〜150 Ω であること。したがって，適切な接点保護回路は，100 Ω と 0.1 μF の直列回路を接点間または負荷間のどちらかに接続することである。

[例 7-2] インダクタンス 1 H，抵抗 53 Ω の電磁ブレーキが，電源電圧が直流 48 V で銀接点のスイッチを通して動作している。RC 接点保護回路を使う場合，抵抗値は式(7-2)から $120 < R < 53$ となる。これは実現不可能なので，RCD 回路のようなもっと複雑な回路にする必要がある。RCD 回路では抵抗値は式(7-7)から 1 200 Ω より大きいこと。ブレーキの定常直流電流は 0.9 A である。したがって，接点を開いたときの電圧上昇を抑えるため，式(7-5)により容量値は 0.9 μF より大きいこと。式(7-4)からコンデンサはさらに 9 μF よりも大きくなければならない。したがって，300 V 定格の 10 μF のコンデンサを使って，1 500 Ω の抵抗とダイオードを図 7-19 に示すように使える。

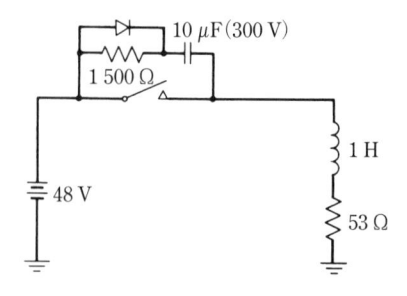

図 7-19 [例 7-2] の接点保護回路

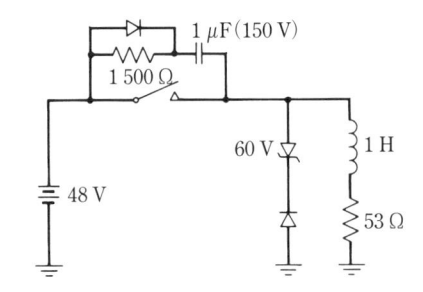

図 7-20 ［例 7-2］の代わりの接点保護回路。この回路は小型コンデンサの使用を可能にする。

　$10\,\mu\text{F}$，$300\,\text{V}$ のコンデンサは，必然的に形状が比較的大きい。このような大型コンデンサの使用を避けるのに，次のような代替案を使うこともできる。$60\,\text{V}$ のツェナーダイオードと整流ダイオードを直列にして負荷に並列に接続すると，負荷の最大過渡電圧は $60\,\text{V}$ に抑えられる。接点が開いたとき接点間にかかる最大電圧は，ツェナー電圧に電源電圧を加えた $108\,\text{V}$ となる。したがって，保護回路の容量値は，接点間の最大電圧を $300\,\text{V}$ に抑えるように選ぶ必要はない。なぜなら，最大電圧はすでにダイオードによって $108\,\text{V}$ に抑えられているからである。容量値は式(7-5)を満足するだけでよい，したがって，図 7-20 に示すように，$1\,\mu\text{F}$，$150\,\text{V}$ のコンデンサを使うことができ，物理的に大きな $10\,\mu\text{F}$，$300\,\text{V}$ のコンデンサの使用は避けることができる。

要約

- スイッチ接点には二つの放電が重要である。つまり，グロー放電またはガス放電と，アーク放電または金属蒸気放電である。
- アーク放電は接点材料の関数である。
- グロー放電は接点間のガスの関数である。
- アーク放電は低電圧と高電流に特徴がある。
- グロー放電は高電圧と低電流に特徴がある。
- グロー放電を避けるには，$300\,\text{V}$ 以下に接点間電圧を保つこと。
- アーク放電を避けるには，接点間電圧の初期上昇率を $1\,\text{V}/\mu\text{s}$ 以下に保つこと。
- ランプ，モータ類および容量性負荷は，接点を閉じたときの突入電流が大きいので，接点損傷の原因となる。
- 誘導性負荷は，電流の切断時に高電圧を発生するので最も大きな損傷を与える。
- RC 回路は保護回路として最も広く使われている。
- RCD 回路またはダイオードは最も効果の大きい保護回路である。
- 接点保護回路がリレーの復旧時間に与える影響を考慮すること。
- インダクタに並列に接続されたダイオードは，過渡電圧を効果的に抑える。しかし，この方法はインダクタ中の電流が急速に減衰するのを妨げるので，動作上の問題を引き起こすことがある。

問題

7.1 グロー放電とアーク放電のうち，どちらの放電を防ぐのが難しいか。また，それはなぜか。

7.2 1 H，400 Ω のリレーコイルが 30 V の直流電源で動作している。この回路の RC 接点保護回路を設計せよ。

7.3 図 7.15(E) のツェナーダイオード保護回路で接点が開閉するとき，次の三つの波形をプロットせよ。接点の放電はないと仮定する。
   a. 負荷間の電圧（V_L）
   b. 負荷電流（I_L）
   c. 接点間の電圧（V_C）

7.4 a. 銀接点を持つ機構スイッチが，巻き線抵抗 240 Ω，インダクタンス 10 μH，24 V の直流リレーを制御するのに使用されている。スイッチ接点を RC 回路で保護する場合，使用すべき抵抗とコンデンサの値を求めよ。

   b. 100 Ω 抵抗を接点保護回路に使用する場合，振動しない（過制動）ための保護回路に必要とされるコンデンサの値はいくつか。

7.5 図 7-16(C) の RCD 回路を問題 7.4 a. の接点を保護するために使用する場合，R，C およびダイオード D の特性を決定せよ。

参考文献

・Relay and Switch Industry Association（RSIA），*Engineers' Relay Handbook*. 6th ed. Arlington, VA 2006.

参考図書

・Auger, R. W. and Puerschner, K. *The Relay Guide*, New York, Reinhold, 1960
・Bell Laboratories. *Physical Design of Electronic Systems*. Vol. 3: Integrated Devices and Connection Technology, Chapter 9 (Performance Principles of Switching Contacts). Englewood Cliffs, N. J, Prentice-Hall, 1971.
・Dewey, R. "Everyone Knows that Inductive Loads Can Greatly Shorten Contact Life." *EDN*, April 5, 1973.
・Duell, J. P. Jr. "Get Better Price/Performance from Electrical Contacts." *EDN*, June 5, 1973.
・Holm, R. *Electrical Contacts*. 4th ed. Berlin, Germany, Springer-Verlang, 1967.
・Howell K. E. "How Switches Produce Electrical Noise." *IEEE Transactions on Electromagnetic Compatibility*, vol. EMC-21, No. 3, August, 1979.
・Oliver, F. J. *Practical Relay Circuits*. New York, Hayden Book Co., 1971.
・Penning, F. M. *Electrical Discharge in Gases*. New York, Phillips Technical Library, 1957.

第8章

固有雑音源

　外部雑音結合が回路からすべて取り除かれても，ある種の固有雑音源や内部雑音源に起因する理論的な最低雑音レベルが存在する。この雑音源の実効値は明瞭に定義されているが，瞬時値は確率的に予言できるにすぎない。固有雑音はほとんどすべての電子部品に存在する。

　本章では三つの最重要な固有雑音源である，熱雑音，抵抗雑音，接触雑音をカバーする。さらにポップコーン雑音，ランダム雑音の測定法を議論する。

8.1　熱雑音

　熱雑音は抵抗内の電子の熱活性によって発生して，回路に存在する雑音の下限値を決めるもとになる。熱雑音は抵抗雑音あるいは「ジョンソン雑音」とも呼ばれる（J.B. Johnsonがその発見者）。Johnson（1928）は，すべての導体内に不規則な電圧が存在し，その値は温度に関係するということを発見した。Nyquist（1928）がその後，熱力学を用いて雑音電圧を数学的に述べた。彼は抵抗器で発生するオープン回路実効雑音電圧を次式で示した。

$$V_t = \sqrt{4kTBR} \tag{8-1}$$

ここで，k：ボルツマン定数（1.38×10^{-23} ジュール/K），T：絶対温度〔°K〕，B：雑音の帯域幅〔Hz〕，R：抵抗値〔Ω〕

　室温（290°K）で$4kT$は1.6×10^{-20}〔W/Hz〕に等しい。式(8-1)において，帯域幅Bは考慮すべきシステムの等価雑音帯域である。等価雑音帯域幅の計算は8.3節に述べる。

　熱雑音は抵抗を持つすべての素子に存在する。17℃（290°K）の温度における熱雑音電圧を図8-1に示す。通常の温度変化は，熱雑音電圧の値には小さな影響しか与えない。たとえば，117℃の雑音電圧は，17℃に対して図8-1で与えられた値よりわずか16％多いだけである。

　式(8-1)は，熱雑音電圧が帯域幅の平方根と抵抗値の平方根に比例することを示している。したがって，熱雑音電圧を減らすためには，抵抗値と帯域幅を最小にするのがよい方法である。仮にそれでも熱雑音が問題ならば，極端に低い温度（絶対零度近傍）で回路を動作させるか，またはパラメトリック増幅器を使用することで，かなりの削減が可能である。パラメトリック増幅器の利得は，速い割合で変化するリアクタンスに由来するので熱雑音を含んでいない。

　抵抗器の中の熱雑音は図8-2に示されるように，抵抗と直列に熱雑音電圧源V_tを加えることで表される。V_tの大きさは式(8-1)で決まる。抵抗と並列に次式で表される等価実効値雑音電流源を考えると都合がよい。

第8章 固有雑音源

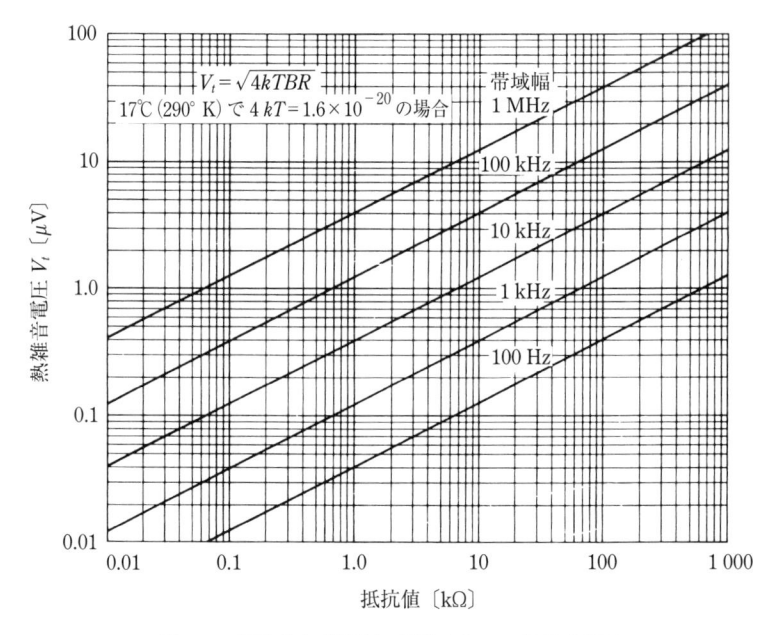

図8-1 抵抗値と帯域幅の関数としての熱雑音電圧

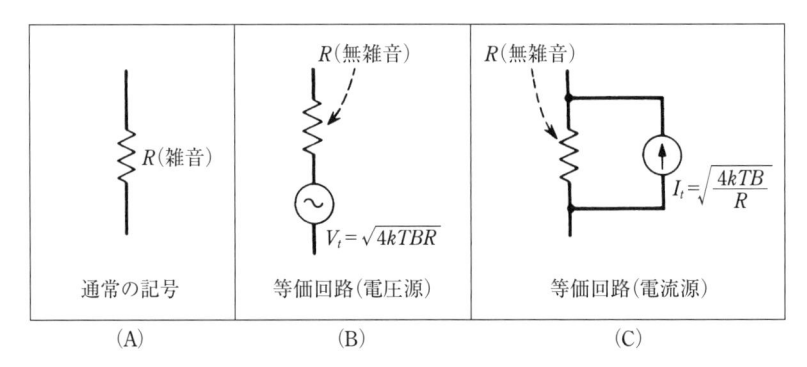

図8-2 抵抗内部の熱雑音（A）は電圧源（B）あるいは電流源（C）として表される。

$$I_t = \sqrt{\frac{4kTB}{R}} \tag{8-2}$$

このことは，図8-2にも示されている。

　熱雑音は，抵抗器の種類に関係ない普遍関数である。たとえば，1000Ωのカーボン抵抗器は，1000Ωのタンタル薄膜抵抗器と同じ量の熱雑音を発生する。実際の抵抗器は熱雑音より大きな雑音を有しており，熱雑音以下ということはない。この余分な付加された雑音は，ほかの雑音源によるものである。実際の抵抗器における雑音の考察については，5.4.1項で行っている。

　電子回路素子は，唯一エネルギーを消費する際に熱雑音を発生する。したがって，リアクタンスは熱雑音を発生しない。このことは，図8-3に示すように抵抗とコンデンサが接続された例を考えることによって論証できる。ここで，コンデンサが熱雑音電圧 V_{tc} を発生するという間違った仮定をする。電圧源 V_{tc} が抵抗に供給する電力は $P_{cr} =$

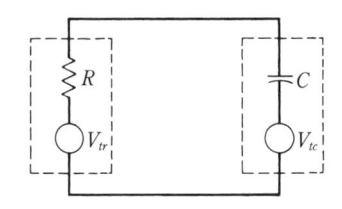

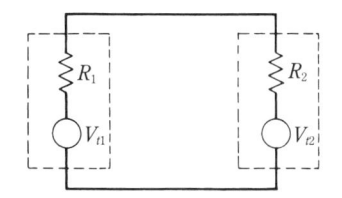

図 8-3 V_{tc} がゼロに等しいならば，RC 回路は熱力学的な平衡にある。

図 8-4 並列に接続されている 2 個の抵抗は熱力学的な平衡にある。

$N(f)V_{tc}^2$ となる。ここで，$N(f)$ はゼロでない回路網関数である[*1]。コンデンサは電力を消費しないので，電圧源 V_{tr} がコンデンサに供給する電力はゼロである。熱力学平衡の観点から，抵抗がコンデンサに供給する電力は，コンデンサが抵抗に供給する電力に等しくなければならない。さもなければ，一つの部品の温度が上昇し，ほかの部品の温度は下がることになる。したがって，

$$P_{cr} = N(f)V_{tc}^2 = 0 \tag{8-3}$$

関数 $N(f)$ は，すべての周波数でゼロにならないので，電圧 V_{tc} がゼロでなければならず，このことはコンデンサが熱雑音を発生できないことを明示している。

今度は，図 8-4 に示すように，等しくない二つの抵抗を（同じ温度で）相互に接続して熱力学平衡を調べてみよう。

電圧源 V_{t1} が抵抗 R_2 に供給する電力は，

$$P_{12} = \frac{R_2}{(R_1+R_2)^2}V_{t1}^2 \tag{8-4}$$

V_{t1} に式(8-1)を代入すると，

$$P_{12} = \frac{4kTBR_1R_2}{(R_1+R_2)^2} \tag{8-5}$$

電圧源 V_{t2} が R_1 に供給する電力は，

$$P_{21} = \frac{R_1}{(R_1+R_2)^2}V_{t2}^2 \tag{8-6}$$

V_{t2} に式(8-1)を代入すると，

$$P_{21} = \frac{4kTBR_1R_2}{(R_1+R_2)^2} \tag{8-7}$$

式(8-5)と式(8-7)を比較すると，次の結論を得る。

$$P_{12} = P_{21} \tag{8-8}$$

この式から二つの抵抗は，熱力学平衡にあることを示している。

電圧源 V_{t1} が抵抗 R_1 に供給する電力は，これまでの計算では考慮されていない。この電力は，抵抗 R_1 で発生し消費される。したがって，抵抗 R_1 の温度に影響を与えない。同様に，電圧源 V_{t2} が抵抗 R_2 に供給する電力も考慮する必要がない。

図 8-4 にあるような二つの抵抗が同じ値の場合について考えてみると，これらの抵抗間に最大電力伝送が発生する。これは次式のように書ける。

$$P_{12} = P_{21} = P_n = \frac{V_t^2}{4R} \tag{8-9}$$

[*1] この例で $N(f) = [j\omega/(j\omega+1/RC)]^2/R$

V_t に式(8-1)を代入すると次式になる。

$$P_n = kTB \tag{8-10}$$

kTB の量は「有効雑音電力」と呼ばれる。室温（17℃）における帯域幅 1 Hz 当りのこの雑音電力は，$4×10^{-21}$ W で抵抗値に無関係である。

受動素子の任意の接続によって発生する熱雑音も，その等価回路のインピーダンスの実数部に等しい抵抗によって発生する熱雑音に等しい，ということが文献（van der Ziel, 1954, p. 17）に示されている。このことは，複雑な受動回路網の熱雑音を計算するのに有用である。

8.2 熱雑音の特性

　熱雑音電力の周波数分布は均一である。スペクトルのどの特定の帯域幅でも雑音電力は一定であり，抵抗値には関係ない。たとえば，100～200 Hz の間の 100 Hz 帯域における雑音電力は，1 000 000～1 000 100 Hz の間の 100 Hz の帯域における雑音電力に等しい。広帯域オシロスコープで見ると，熱雑音は図8-5 のように表れ，周波数に対して均一な電力分布を有する。このような雑音は「白色雑音」と呼ばれ，非常に多くの周波数成分からなっている。熱雑音以外の多くの雑音源もこの特性を有し，同様に白色雑音と呼ばれている。

　熱雑音の実効値は明確に定義されているが，その瞬時値は確率という観点から定義されているにすぎない。熱雑音の瞬時値はガウス分布や正規分布となる。平均値はゼロで，実効値は式(8-1)で与えられる。図8-6 に熱雑音の確率密度関数を示す。どの二つの値の間の瞬時電圧を得る確率も，その二つの値の間の確率密度関数の積分値に等しい。この確率密度関数は振幅ゼロで最大となり，ゼロに近い値が最も頻度が高いことを示している。

　波形の波高率は，ピーク値の実効値に対する比で定義される。図8-6 に示されている熱雑音に対する確率密度関数は，正負の両方の大きな値に対しては漸近的にゼロに近づいている。このカーブは決してゼロにならないため，瞬時雑音電圧の値に有限な限界値

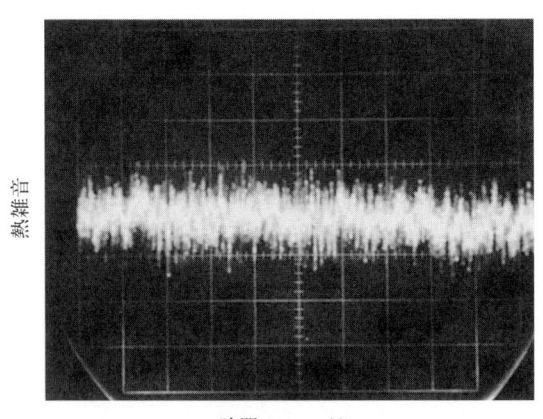

時間 200 μs/div

図 8-5　広帯域オシロスコープで見た熱雑音（水平軸の掃引は 200 μs/div である）

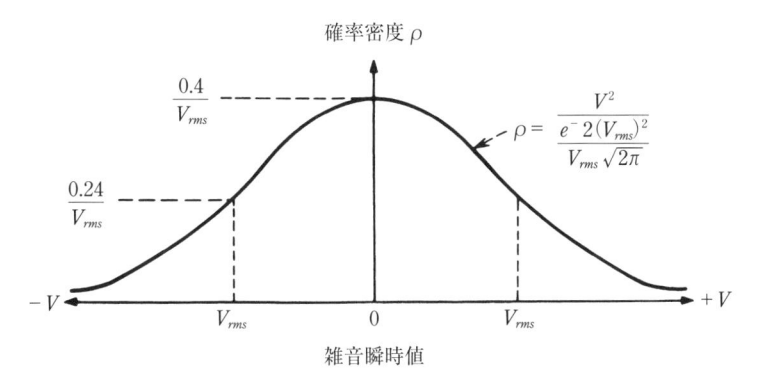

図 8-6 熱雑音の確率密度関数（ガウス分布）

表 8-1 熱雑音の波高率

せん頭値が超えた 時間のパーセント	波高率 〔ピーク値/実効値〕
1.0	2.6
0.1	3.3
0.01	3.9
0.001	4.4
0.0001	4.9

はない。これをもとに，波高率は無限大となり得るが，これはあまり有益な結論ではない。定められた時間率で起こるピークに対する波高率を計算することによって，もっと有用な結果が得られる。表 8-1 にその結果を示す。通常，時間の少なくとも 0.01 % に起こるピークのみが考慮され，熱雑音に対して約 4 という波高率が用いられる。

8.3 等価雑音帯域幅

雑音の帯域幅 B は，考えているシステムや回路の電圧利得を 2 乗した帯域幅である。雑音の帯域幅は通過帯域では一様な利得を有し，通過帯域外では利得がゼロのシステムに対して定義される。図 8-7 は，低域通過回路と帯域通過回路に対するこの理想的な応答特性を示している。

実際の回路はこのような理想的な特性ではなく，図 8-8 に示すような応答特性を持つ。したがって，実際の非理想的な帯域幅が実用になるのと同じ結果を与えるために，方程式に使用できる等価雑音帯域幅を見つけることが課題である。白色雑音源（スペクトル上どこでも特定の帯域幅に対して等しい雑音電力を持つ）の場合には，等価雑音帯域幅の面積が実際のカーブの下の面積に等しくできるなら，その目的は達成される。低域通過回路に対してこのことが図 8-9 に示されている。

いかなる回路網伝達関数 $A(f)$（電圧あるいは電流比で表される）に対しても，一定の伝達振幅 A_0 を持つ等価雑音帯域幅がある。その帯域幅は次式で示される。

$$B = \frac{1}{|A_0|^2} \int_0^\infty |A(f)|^2 df \tag{8-11}$$

代表的な帯域通過関数を図 8-10 に示す。A_0 は通常 $A(f)$ の最大絶対値がとられる。

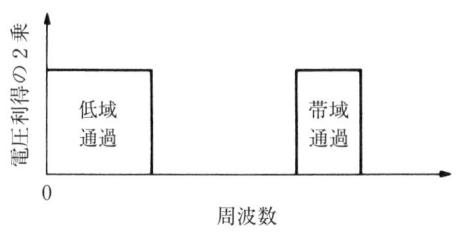

図 8-7 低域通過および帯域通過回路素子の理想的な帯域幅

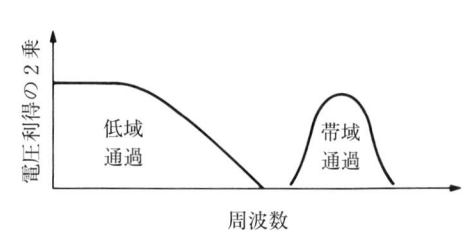

図 8-8 低域通過および帯域通過回路素子の実際の帯域幅

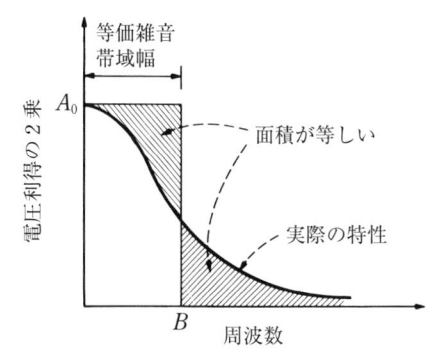

図 8-9 低域通過の実際の特性と等価雑音帯域幅。この曲線は直線目盛りで描かれている。

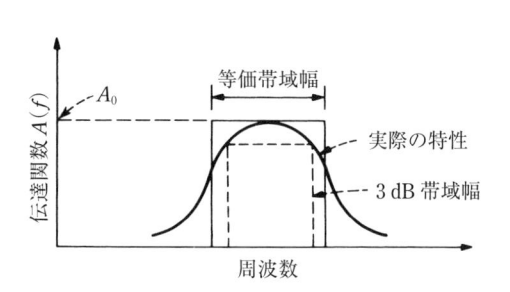

図 8-10 いかなる回路の伝達関数も一定の伝送比を有する等価帯域幅として表現される。

[**例 8-1**] 図 8-11 の簡単な RC 回路の等価雑音帯域幅を計算せよ。単一極（時定数）回路の周波数に対する電圧利得は次のようになる。

$$A(f) = \frac{f_0}{jf + f_0} \tag{8-12}$$

ここで，

$$f_0 = \frac{1}{2\pi RC} \tag{8-13}$$

図 8-11 に示されているように周波数 f_0 は電圧利得が 3 dB 下がったところの周波数である。$f = 0$ で，$A(f) = A_0 = 1$ である。式(8-12)を式(8-11)に代入すると次式が得られる。

$$B = \int_0^\infty \left(\frac{f_0}{\sqrt{f_0^2 + f^2}}\right)^2 df \tag{8-14a}$$

$$B = f_0^2 \int_0^\infty (f_0^2 + f^2)^{-1} df \tag{8-14b}$$

これは，$f = f_0 \tan\theta$ とすることにより積分される。

したがって，$df = f_0 \sec^2\theta d\theta$ となる。これを式(8-14b)に代入すると，

$$B = f_0 \int_0^{\pi/2} d\theta \tag{8-15}$$

これを積分すると次の結果が得られる。

$$B = \frac{\pi}{2} f_0 \tag{8-16}$$

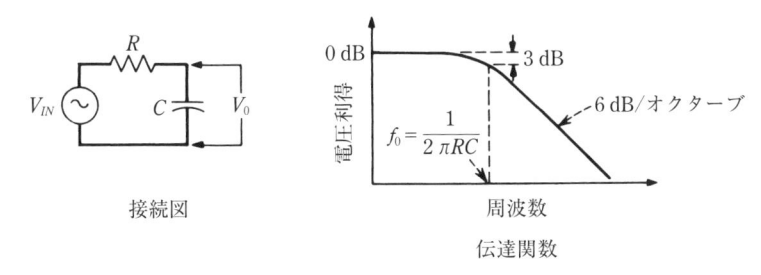

図 8-11 　RC 回路

表 8-2 　雑音帯域 B の 3 dB 帯域幅 f_0 に対する比

極　数	B/f_0	高周波ロールオフ〔dB/オクターブ〕
1	1.57	6
2	1.22	12
3	1.15	18
4	1.13	24
5	1.11	30

したがって，この回路に対する等価雑音帯域幅は，3 dB 電圧帯域幅 f_0 の $\pi/2$ 倍，あるいは 1.57 倍である．この結果は，単一極の低域通過フィルタで示されるどのような回路にも適用できる．また，この結果は，トランジスタのような特定のアクティブ素子にも適用でき，単一極の低域通過回路のようにモデル化できる．

表 8-2 は，種々の数の極を有する回路に関して 3 dB 帯域幅に対する雑音帯域幅の比を示している．見てわかるように，極の数が増えると雑音帯域幅は 3 dB 帯域幅に近づく．極の数が 3 以上の場合，わずかな誤差はあるが雑音帯域幅の代わりに 3 dB 帯域幅を用いることができる．

雑音帯域幅を決める第 2 の方法は，図式的に積分して求めることである．これは，線形のグラフ用紙に電圧利得の 2 乗と周波数をプロットすることで行える．雑音帯域幅の長方形は，図 8-9 に示されているように雑音帯域幅曲線の下の面積が，実際の曲線の下の面積に等しくなるように描ける．

8.4 　ショット雑音

ショット雑音は，電位障壁を越えて流れる電流に関係する．これは，電子（またはホール）のランダム放出に起因する平均的な電流変動によるものである．この雑音は，真空管にも半導体にも存在する．真空管のショット雑音は，カソードからの電子のランダム放出により生じる．半導体のショット雑音は，トランジスタのベースを介してキャリアのランダム拡散およびホールと電子のペアのランダム生成と再結合により生じる．

ショット効果は，W. Shottky によって 1918 年に理論的に解析されている．彼は実効雑音電流が次式で表されることを示した（van del Ziel, 1954, p.91）．

$$I_{SH} = \sqrt{2qI_{dc}B} \tag{8-17}$$

ここで，q：電荷（1.6×10^{-19} C），I_{dc}：平均直流電流〔A〕，B：雑音帯域幅〔Hz〕

式(8-17)は式(8-2)に似ている。ショット雑音の電力密度は周波数に対して一定であり，振幅はガウス分布となる。この雑音は白色雑音であり，熱雑音で前述したものと同じ性質となる。式(8-17)を帯域幅の平方根で割ると，

$$\frac{I_{sh}}{\sqrt{B}} = \sqrt{2qI_{dc}} = 5.66 \times 10^{-10}\sqrt{I_{dc}} \qquad (8\text{-}18)$$

式(8-18)から帯域幅の平方根に対する雑音電流の値は，素子を流れる直流電流だけの関数となる。したがって，素子を流れる直流電流を測定することにより，雑音の量を非常に正確に測定することができる。

9.2節で考察しているように，増幅器の雑音指数の測定において，いろいろな白色雑音源を利用すると，この測定はかなり簡単にできる。ダイオードは白色雑音源として使用することができる。ショット雑音がダイオードにおける顕著な雑音源ならば，ダイオードに流れる直流電流を測定することによって雑音電流の実効値は簡単に求められる。

8.5　接触雑音

接触雑音は，二つの材料間の不完全な接触による伝導度の変動によって引き起こされる。これは，スイッチやリレーの接点などのように，二つの導体が結合するところではどこでも起こる。それはまた，トランジスタやダイオードでも内部の不完全な接触により発生し，多くの微小粒子が一緒にモールドされている複合抵抗やカーボンマイクでも起こる。

接触雑音は多くのほかの呼び方がある。抵抗の内部で発生するときには「余剰雑音」と呼ばれ，真空管の内部で起こるときには「フリッカ雑音」と呼ばれる。その特有な周波数特性のために，「$1/f$雑音」あるいは「低周波雑音」と呼ばれることが多い。

接触雑音は素子を流れる直流電流値に正比例する。電力密度は周波数の逆数($1/f$)で変化し，その振幅はガウス関数となる。帯域幅の平方根に対する雑音電流I_fはおおよそ次式のように示される（van der Ziel, 1954, p.209）。

$$\frac{I_f}{\sqrt{B}} \approx \frac{KI_{dc}}{\sqrt{f}} \qquad (8\text{-}19)$$

ここで，I_{dc}：直流電流の平均値〔A〕，f：周波数〔Hz〕，K：材料と寸法に関係する定数，B：周波数(f)を中心とした帯域幅

接触雑音の大きさは$1/f$特性を持っているので，低い周波数で非常に大きくなることに注意しなければならない。接触雑音を説明するこれまでの理論の多くは，ある程度低い周波数では，振幅が一定になると予測している。しかし，一日に数サイクルのような低い周波数でも接触雑音の測定値は$1/f$特性を示す。この周波数特性により，接触雑音は低周波回路における最も重要なノイズ源となる。

$1/f$雑音や接触雑音は"ピンク雑音"とも呼ばれる。ピンク雑音とは帯域制限された白色雑音である。その特性は，3 dB/octのフィルタを通過させた白色雑音のそれに似ている。白色雑音はそれぞれの単位帯域幅の雑音電力が等しく，周波数軸を対数にしてプロットすると，3 dB/octで上昇する電力で与えられる。しかし，ピンク雑音はオクターブ（または10倍）帯域幅に対して雑音電力が等しく，その結果周波数軸が対数で

あるときその応答は平坦になる．たとえば，2〜4 kHz 間のオクターブでのピンク雑音電力は，20〜40 kHz のオクターブでの雑音電力に等しくなる．しかし，白色雑音では，20〜40 kHz 帯での雑音電力は 2〜4 kHz 帯の雑音電力の 10 倍（3 dB）となる．

ピンク雑音の特性は低周波に重点を置き，オクターブ当りの電力が等しく，人間の聴覚応答に非常に近い．加えて，ピンク雑音はいくぶん会話の周波数スペクトルに似ており，特有の周波数や振幅がない．結果的に，ピンク雑音源は，オーディオシステムの試験に使われることが多い．オーディオ試験に使う際，ピンク雑音は一般に，たとえばダイオードのような白色雑音源をフィルタリングして発生させる．

8.6 ポップコーン雑音

バースト雑音とも呼ばれるポップコーン雑音は，半導体ダイオードで初めて発見され，最近では IC にも再び表れてきた．バースト雑音が増幅されスピーカに供給されると，トウモロコシのはじけるような音がするので，熱雑音が裏で油で揚げる音を出すこともあり，ポップコーン雑音と呼ばれるのである．

本章で述べたほかの雑音源とは異なり，ポップコーン雑音は製造上の欠陥によるので，製造工程を改善することにより除去することができる．この雑音は，半導体素子の接合部の欠陥，通常は金属の不純物によって引き起こされる．図 8-12 に示すようにポップコーン雑音はバーストモードで発生し，不連続なレベルの変化を引き起こす．雑音の幅は数 μs から数秒間にわたって変化する．繰り返しは周期的ではなく，毎秒数百パルスから 1 分間に 1 パルス以下にわたって変化する．しかし，素子の特定のサンプルについては，その振幅が接合部の欠陥の特性の関数であるためほぼ一定である．代表的な値として，その振幅は熱雑音の 2〜100 倍である．

ポップコーン雑音の電力密度は $1/f^n$ 特性を有し，ここで n は通常 2 である．この雑音は電流に関係した現象なので，ポップコーン雑音電圧は，たとえば演算増幅器の入力回路のような高インピーダンスの回路で最大である．

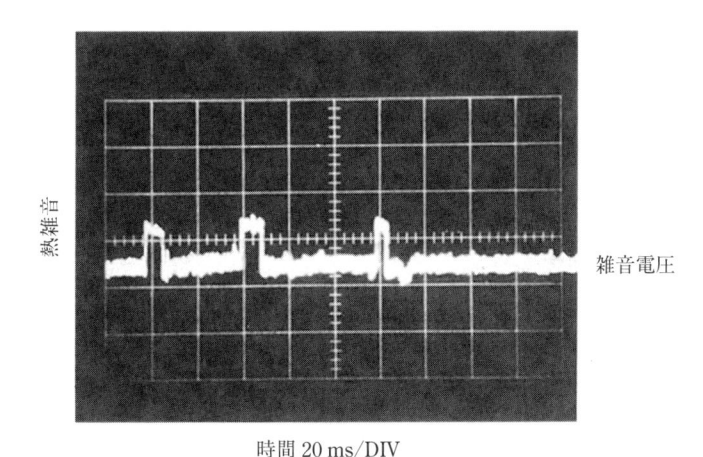

時間 20 ms/DIV

図 8-12　ポップコーン雑音の IC 演算増幅器の出力波形．基準線とバーストの上にあるランダム雑音は熱雑音である．

8.7 雑音電圧の加算

互いに関係がなく独立して発生する雑音電圧や雑音電流には相関がない。相関のない雑音源が一緒に加えられると，総電力は個々の電力の和に等しい。二つの雑音電圧発生源 V_1，V_2 を同時に加えると次式が成り立つ。

$$V_{total}^2 = V_1^2 + V_2^2 \tag{8-20}$$

したがって，総雑音電圧は次式のように書ける。

$$V_{total} = \sqrt{V_1^2 + V_2^2} \tag{8-21}$$

したがって，相関のない雑音電圧は，個々の雑音電圧の2乗和の平方根である。

二つの相関のある雑音電圧は次式を用いることによって加算できる。

$$V_{total} = \sqrt{V_1^2 + V_2^2 + 2\gamma V_1 V_2} \tag{8-22}$$

ここで，γ は $+1$ から -1 の間の値を取る相関係数である。$\gamma = 0$ のとき，二つの電圧には相関がなく，$|\gamma| = 1$ のときには二つの電圧は完全に相関がある。γ の値が $0 \sim +1$，あるいは $0 \sim -1$ の場合には二つの電圧の間には部分的に相関がある。

8.8 ランダム雑音の測定

雑音測定は，回路や増幅器の出力で通常行われる。これには二つの理由がある。(1) 出力雑音は大きいので測定が容易である，(2) 雑音メータの接続が測定される装置の入力回路側のシールド，グラウンドまたは平衡を混乱させる可能性を避けられる。等価入力雑音の値が必要な場合には，出力雑音を測定し，回路の利得で割って等価入力雑音を得る。

ほとんどの電圧計は，正弦波電圧の測定を目的としているので，ランダム雑音源に対する応答をあらかじめ調べておく必要がある。雑音メータには一般的に三つの要件がある。(1) 雑音電力に応答すること，(2) 波高率が4以上であること，(3) 帯域幅は，測定される回路の雑音帯域幅の少なくとも10倍であること。ここで，白色雑音を測定するときに使用される何種類かのメータについて，その応答特性を考えてみよう。

帯域幅と波高率が十分ならば，真の実効値型メータが最良の選択である。波高率が3だと誤差は1.5％以下で，波高率が4ならば誤差は0.5％以下であり，メータの読み値を修正する必要がない。

最も一般的な交流電圧計は波形の平均値に応答するが，実効値を読み取るように較正された目盛りとなっている。このメータは，整流器を使用し測定される波形の平均値に応答する。正弦波に対して実効値は平均値の1.11倍である。そのため，メータの目盛りは，測定された値の1.11倍の読みになるように較正されている。しかし，白色雑音に対する実効値は，平均値の1.25倍である。したがって，白色雑音を測定するために使用すると，平均値メータの読み値は低すぎる。帯域幅と波高率が十分であれば，そのようなメータでは，読み値を1.13倍するか1.1 dBを加えることにより白色雑音測定に使える。雑音波形のピーク値の切り抜きを避けるため，メータの半分より下側の目盛りで測定したほうがよい。

表 8-3 白色雑音を測定するために使用されるメータの特性

メータの種類	修正係数	備考
真の実効値	なし	メータの帯域は雑音の帯域より 10 倍以上大きく，メータのクレスト係数は 3 あるいはそれ以上
平均値測定で較正された RMS	読みを 1.13 倍あるいは 1.1 dB 加える	メータの帯域は雑音の帯域より 10 倍以上大きく，メータのクレスト係数は 3 あるいはそれ以上 尖頭値のクリップを避けるために目盛りの 1/2 以下の領域で読むこと
尖頭値応答で較正された RMS	使用してはならない	
オシロスコープ	RMS ≈ p-p 値の約 1/8	ランダム雑音波形であること 極端な尖頭値は除く

　ピーク応答の電圧計は，使用される個々のメータの充放電の時定数によって応答が変わるので雑音測定には使用すべきでない。

　見過ごされることが多いが，オシロスコープは白色雑音を測定するのに非常に優れた装置である。オシロスコープがほかの測定器に勝る利点は，測定しようとする波形が見られることである。この方法により，測定しているのが所望のランダム雑音であり，ピックアップや 60 Hz のハムではないことを確認できる。白色雑音の実効値は，オシロスコープで測定した最大振幅値の約 1/8 である[*2]。オシロスコープの最大振幅値を決定するとき，波形の中で 1～2 個の突出したピークは無視する。少し経験を積めば，この方法で実効値が正確に読み取れる。60 Hz のハムやほかのランダムでない雑音源があるときでも，オシロスコープでランダム雑音が測定できる。なぜなら，その波形が画面上で区別できて，それらと分離して測定できるからである。

　表 8-3 に白色雑音を測定する際に使用される各種メータの特性を要約した。

要約

- 熱抵抗は抵抗を有するすべての素子に存在する。
- リアクタンスは熱雑音を発生しない。
- 受動素子のどのような接続における熱雑音も，等価回路インピーダンスの実数部の抵抗に発生する熱雑音に等しい。
- ショット雑音は電位障壁を越えて電流が流れるときに発生する。
- 接触雑音（$1/f$ 雑音）は，均一な材料の中を電流が流れると必ず発生する。
- 接触雑音は低周波でのみ問題となる。
- ポップコーン雑音は，製造工程を改善することにより除去できる。
- 雑音の帯域幅は 3 dB 帯域幅より広い。
- 極の数（時定数）が増えると雑音の帯域幅は 3 dB 帯域幅に近づく。
- 熱雑音の波高率は通常 4 と仮定してよい。
- 各単位帯域幅で等しい電力を有する雑音（たとえば熱雑音やショット雑音）は，白色雑音と呼ばれる。

---

*2　この値は，白色雑音に対して波高率を 4 と仮定している。

- 能動帯域幅や10倍帯域幅当りの電力が等しい雑音（たとえば$1/f$雑音や接触雑音）は，ピンク雑音と呼ばれる。
- ピンク雑音の特徴は，3 dB/octの低域通過フィルタを通した白色雑音に似ている。
- 非相関の雑音を電力で加算するときは，次のようになる。

$$V_{total} = \sqrt{V_1^2 + V_2^2 + \cdots V_m^2}$$

問題

8.1 室温（290 °K）のとき，帯域幅100 kHzである50 Ω系の測定器では，最小の雑音電圧をいくらにすることができるか？

8.2 帯域幅10 kHzでシステム内の5 000 Ωの抵抗により発生する雑音電圧を次の温度について計算せよ。
  a. 27℃（300 °K）
  b. 100℃（373 °K）

8.3 図P8-3に示す回路の帯域幅の平方根ごとの熱雑音電圧を計算せよ。

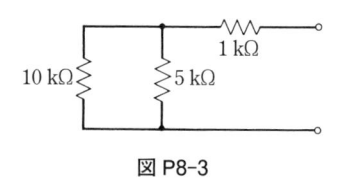

図 P8-3

8.4 図P8-4に示す増幅器から出力されるノイズ電圧を決定せよ。増幅器の周波数応答は下記に等価と仮定する。
  a. カットオフ周波数2 kHzの理想的な低域通過フィルタ
  b. カットオフ周波数99～101 kHzの理想的な帯域通過フィルタ

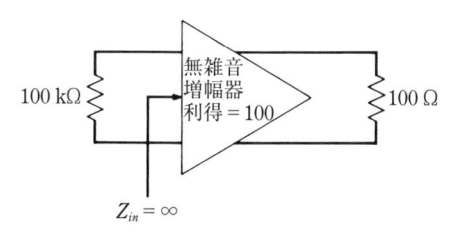

図 P8-4

8.5 図P8-5の回路において，室温で周波数が1 590 Hzにおける，端子A-A間に発生する帯域幅の平方根当りの電圧を決定せよ。

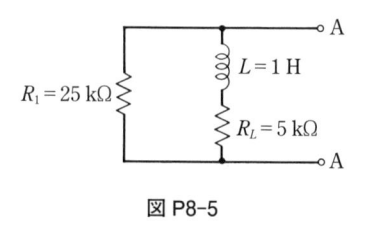

図 P8-5

8.6 100 kΩ 抵抗による等価雑音電流発生器を決定せよ。
ここで，$T = 290\,°K$，$B = 1\,MHz$

8.7 3 dB の帯域幅が 3.3 kHz で，12 dB/oct を有する低域通過フィルタの雑音帯域幅を決定せよ。

8.8 ダイオードは白色雑音源として使われる。ダイオードを流れる電流は，10 mA に等しい。$\sqrt{B}$ ごとの雑音電流はどうなるか？

8.9 雑音源は，$1/f$ のスペクトル密度となることは知られている。周波数幅 100～200 Hz で測定した雑音電圧は $2\,\mu V$ である。
   a. 200～800 Hz の周波数幅の雑音電圧はいくらか？
   b. 2 000～4 000 Hz の周波数幅の雑音電圧はいくらか？

8.10 あるシステムに三つの相関のない雑音電圧源が存在する。その三つの雑音電圧の絶対値は，$10\,\mu V$，$20\,\mu V$，$32\,\mu V$ である。全体の雑音電圧はいくらになるか？

参考文献

· Johnson, J. B. "Thermal Agitation of Electricity in Conductors." *Physical Review*, vol. 32, July 1928, pp. 97-109.
· Nyquist, H. "Thermal Agitation of Electric Charge in Conductors." *Physical Review*, vol. 32, July 1928, pp. 110-113.
· van der Ziel, A. *Noise*. Englewood Cliffs, N. J. Prentice-Hall, 1954.

参考図書

· Baxandall, P. J. "Noise in Transistor Circuits, Part 1. " *Wireless World*, vol. 74, November 1968.
· Bennett, W. R. "Characteristics and Origins of Noise — Part I. "*Electronics,* vol. 29, March 1956, pp. 154-160.
· Campbell, R. H., Jr. and Chipman, R. A. "Noise from Current-Carrying Resistors 20 to 500 Kc." *Proceedings of I. R. E.,* vol. 37, August 1949, pp. 938-942.
· Dummer, G. W. A. *Fixed Resistors*. London, U. K. Sir Isaac Pitman, 1956.
· Lathi, B. P. *Signals, Systems and Communications,* Chapter 13. New York, Wiley, 1965.
· Mumford, W. W. and Scheibe, E. H. *Noise Performance Factors in Communication Systems*. Horizon House, Dedham, MA, 1969.
· van der Ziel, A. *Fluctuation Phenomena in Semi-Conductors*. New York, Academic, 1959.

第9章
能動素子のノイズ

バイポーラトランジスタ，電界効果トランジスタ（Field Effect Transistor : FET），演算増幅器（オペアンプ）は，固有のノイズ発生メカニズムを持っている。本章ではこれらの内部ノイズ源を議論し，ノイズ性能を最適化するのに必要な条件を示す。

能動素子のノイズを扱う前に，どのようにノイズが定義され測定されるかの一般的な話をする。この一般分析は，さまざまな素子のノイズを分析するために使用できるノイズパラメータ標準セットを提供する。素子ノイズを規定する一般的方法は，(1) ノイズ指数と (2) ノイズ電圧とノイズ電流のモデルの使用である。

9.1　ノイズ指数（ノイズファクタ）

ノイズ指数の概念は，真空管のノイズを評価する方法として1940年代に開発された。いくつかの厳しい制約にもかかわらず，この概念は現在もまだ広く使われている。ノイズファクタ(F)は素子のノイズ性能を理想的な（無雑音）素子のノイズ特性と比較する量である。それは次のように定義される。

$$F = \frac{実際の素子のノイズ電力出力(P_{no})}{理想的な素子のノイズ電力出力} \tag{9-1}$$

理想的な素子のノイズ電力出力は，ソース抵抗の熱雑音電力による。ソースのノイズ電力を測定するための標準温度は290°Kである。したがって，ノイズ指数は次のように書くことができる。

$$F = \frac{実際の素子のノイズ電力出力(P_{no})}{ソースノイズによる電力出力} \tag{9-2}$$

ノイズ指数の等価的な定義は，入力の信号対雑音比（Signal-to-Noise : S/N）を出力の信号対雑音比で割ったものである。

$$F = \frac{S_i/N_i}{S_o/N_o} \tag{9-3}$$

これらの信号対雑音比は，入力インピーダンスが負荷インピーダンスに等しい場合を除いて電力比率でなければならない。その場合，電圧の2乗，電流の2乗または電力の比

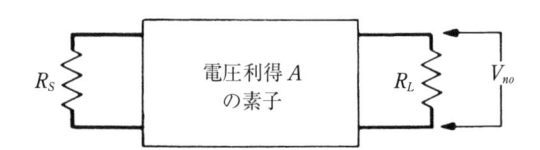

図 9-1　抵抗源がノイズ指数の測定に使用される。

9.1 ノイズ指数（ノイズファクタ）

である。

すべてのノイズ指数の測定は，図 9-1 に示すように抵抗性の信号源で行なければならない。よって，開放端の入力ノイズ電圧は信号源の抵抗 R_S の熱雑音（V_t）そのものとなる，

$$V_t = \sqrt{4kTBR_S} \tag{9-4}$$

標準温度 290 °K のとき，これは，

$$V_t = \sqrt{1.6 \times 10^{-20} BR_S} \tag{9-5}$$

R_L 両端で測定した出力電圧の，開放端の信号源電圧に対する比で定義された電圧利得 A を素子が有していると，R_S の熱雑音に起因する出力電圧の成分は AV_t である。R_L 両端で測定した総出力ノイズ電圧 V_{no} を用いて，ノイズ指数は次のように書くことができる。

$$F = \frac{(V_{no})^2/R_L}{(AV_t)^2/R_L} \tag{9-6}$$

または，

$$F = \frac{(V_{no})^2}{(AV_t)^2} \tag{9-7}$$

V_{no} はソースのノイズと素子ノイズの両方の影響を含む。式(9-4)を式(9-7)に代入する。

$$F = \frac{(V_{no})^2}{4kTBR_S A^2} \tag{9-8}$$

ノイズ指数の次の三つの特性は式(9-8)を見るとわかる。

1. 負荷抵抗 R_L に依存しない
2. 信号源抵抗 R_S に依存する
3. 素子に全くノイズがなければノイズ指数は 1 である

デシベルで表されるノイズ指数はノイズフイギュア（NF）と呼ばれ，次式になる。

$$NF = 10 \log F \tag{9-9}$$

質的な感覚においてノイズフイギュアとノイズ指数は同じであり，普通の会話ではよく言い換えられる。

式(9-8)の分母は帯域幅の項なので，ノイズ指数は次の二つの方法で定義できる。(1) 規定の周波数で 1 Hz の帯域幅で測定されたスポットノイズ，または，(2) 規定の帯域幅で測定した積分ノイズや平均値ノイズ。素子のノイズが白色ノイズであって，回路の帯域幅制限部の前で発生するならば，スポットノイズ指数と積分ノイズ指数は等しい。これは，帯域幅が増すと，総ノイズとソースノイズが同じ係数で増加するからである。

ノイズ指数の概念には，三つの重要な制約がある。

1. ソースの抵抗を増すと，回路の総ノイズを増加し，ノイズ指数を減少させることがある
2. 純粋にリアクティブなソースを使用すると，ソースノイズがゼロになるのでノイズ指数は意味がなく，これによりノイズ指数は無限大になる
3. 素子のノイズがソースの熱雑音の数パーセントにすぎない（ある種の低ノイズ

FETのように）ならば，ノイズ指数は二つのほとんど等しい数値の比を取る必要がある。この手法は不正確な結果を生むことになる。

　二つのノイズ指数の直接比較は，両方が同じソース抵抗で測定されるときだけ意味がある。ノイズ指数はソース抵抗と同時に，バイアス条件，周波数，温度で変化し，ノイズ指数を規定するときはこれらすべてを定義すべきである。

　ある値のソース抵抗のノイズ指数がわかっていても，ほかの値のソース抵抗のノイズ指数を計算で求めることはできない。これはソースノイズと素子ノイズはソース抵抗が変わると変動するからである。

9.2 ノイズ指数の測定

ノイズ指数は，その測定方法を説明することでさらによく理解できる。二つの方法がある。
1. 単一周波数法
2. ノイズダイオード法，または白色ノイズ法

9.2.1 単一周波数法

単一周波数法による試験法を図9-2に示す。V_Sは測定周波数に設定された発振器であり，R_Sはソース抵抗である。ソースV_Sをオフして，出力実効ノイズ電圧V_{no}を測定する。この電圧は二つの部分からなり，一つはソース抵抗の熱雑音電圧V_t，二つ目は素子のノイズである。

$$V_{no} = \sqrt{(AV_t)^2 + (素子ノイズ)^2} \tag{9-10}$$

次に発信器V_Sをオンして，その出力電圧が2倍になるまで（出力の実効電圧は前に測定したものより3 dB増加する）入力信号を増加する。これらの条件下で次式が成り立つ。

$$(AV_S)^2 + (V_{no})^2 = 2V_{no}^2 \tag{9-11}$$

よって，

$$AV_S = V_{no} \tag{9-12}$$

式(9-12)を式(9-7)に代入して次式が得られる。

$$F = \left(\frac{V_S}{V_t}\right)^2 \tag{9-13}$$

式(9-5)からV_tを代入して次式を導く。

$$F = \frac{V_S^2}{1.6 \times 10^{-20} B R_S} \tag{9-14}$$

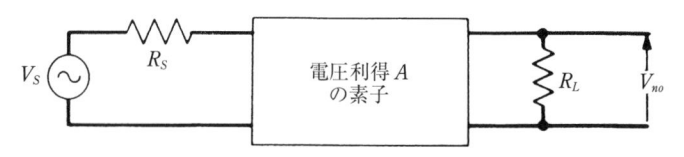

図9-2　ノイズ指数測定のための単一周波数法

ノイズ指数は R_L の関数ではないので，測定はどんな負荷抵抗を使ってもよい。

この方法の欠点は，素子[*1]のノイズ帯域幅が既知でなければならないことである。

9.2.2 ノイズダイオード法

ノイズ指数を測定する優れた方法は，白色ノイズ源としてノイズダイオードを使用することである。測定回路を図 9-3 に示す。I_{dc} はノイズダイオードを流れる直流であり，R_S はソース抵抗である。ダイオードのショットノイズは式(9-15)である。

$$I_{sh} = \sqrt{3.2 \times 10^{-19} I_{dc} B} \tag{9-15}$$

テブナンの定理を使うと，ショットノイズ電流発生器は R_S に直列に入った電圧発生器 V_{sh} で置き換えることができる。

$$V_{sh} = I_{sh} R_S \tag{9-16}$$

実効ノイズ電圧出力 V_{no} は，最初ダイオード電流をゼロにして測定される。この電圧は二つの部分からなり，ソース抵抗の熱雑音と素子のノイズによるものである。

$$V_{no} = \sqrt{(AV_t)^2 + (素子ノイズ)^2} \tag{9-17}$$

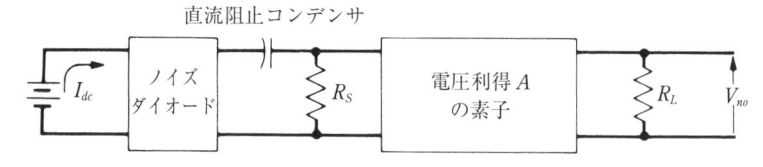

図 9-3 ノイズ係数を測定するためのノイズダイオード法

次に，ダイオード電流を出力ノイズ電圧が 2 倍になるまで増加させる（出力の実効電圧で 3 dB 増加させる）。これらの条件下で次式を満足する。

$$(AV_{sh})^2 + (V_{no})^2 = 2(V_{no})^2 \tag{9-18}$$

したがって，

$$V_{no} = AV_{sh} = AI_{sh} R_S \tag{9-19}$$

式(9-19)の V_{no} を式(9-7)に代入して式(9-20)を得る。

$$F = \frac{(I_{sh} R_S)^2}{V_t^2} \tag{9-20}$$

I_{sh} と V_t について式(9-15)と式(9-5)をそれぞれ代入して，式(9-21)を得る。

$$F = 20 I_{dc} R_S \tag{9-21}$$

ノイズ指数はいまや，ダイオードを流れる直流電流とソース抵抗の値のみの関数となる。これらの量は二つとも簡単に測定できる。素子の利得もノイズ帯域幅も知る必要はない。

9.3 ノイズ指数から S/N と入力ノイズ電圧を計算する方法

いったんノイズ指数がわかると，信号対雑音比（S/N）と入力ノイズ電圧の計算に使

[*1] ノイズ帯域幅は，通常 3 dB 帯域幅に等しくないことを覚えておくこと（8.3 節を参照）。

用することができる。これらの計算には，回路で使用するソース抵抗はノイズ指数の測定で使ったのと同じであることが重要である。式(9-8)を書き直すと，

$$V_{no} = A\sqrt{4kTBR_S F} \tag{9-22}$$

入力信号が V_S であれば，出力信号電圧は $V_o = AV_S$ である。したがって，出力信号とノイズ電力の比率は次式である。

$$\frac{S_o}{N_o} = \frac{P_{signal}}{P_{noise}} \tag{9-23}$$

または，

$$\frac{S_o}{N_o} = \left(\frac{AV_S}{V_{no}}\right)^2 \tag{9-24}$$

V_{no} の代わりに式(9-22)を代入すると，

$$\frac{S_o}{N_o} = \frac{(V_S)^2}{4kTBR_S F} \tag{9-25}$$

式(9-23)，式(9-24)，式(9-25)で用いたように，S/N は電力比に相当する。しかしながら，S/N はときとして電圧比で表される。規定された S/N が電力比なのか電圧比なのかに十分注意すること。この二つは数値的に等しくないからである。デシベルで表現すると，電力 S/N は $10\log(S_o/N_o)$ である。

もう一つの役に立つ量は，出力ノイズ電圧（式(9-22)）を利得で割った，全等価入力ノイズ電圧（V_{nt}）である。

$$V_{nt} = \frac{V_{no}}{A} = \sqrt{4kTBR_S F} \tag{9-26}$$

全等価入力ノイズ電圧は，回路の総ノイズを表す単一ノイズ源である。**最適なノイズ特性を得るには，V_{nt} を最小にすべきである。**V_{nt} を最小化することは信号電圧を一定にして，S/N を最大にすることと等価である。このことは，9.7 節の最適ソース抵抗のところでさらに議論する。

等価入力ノイズ電圧は二つの部分から構成される。一つはソースの熱雑音，もう一つは素子のノイズによるものである。

素子のノイズ V_{nd} で表すと，総等価入力ノイズ電圧は式(9-27)のように書くことができる。

$$V_{nt} = \sqrt{(V_t)^2 + (V_{nd})^2} \tag{9-27}$$

ここで，V_t はソース抵抗の開回路の熱雑音電圧である。式(9-27)を V_{nd} について解くと，

$$V_{nd} = \sqrt{(V_{nt})^2 - (V_t)^2} \tag{9-28}$$

式(9-4)と式(9-26)を式(9-28)に代入すると次式を得る。

$$V_{nd} = \sqrt{4kTBR_S(F-1)} \tag{9-29}$$

9.4　ノイズ電圧とノイズ電流モデル

ノイズ指数の限界を克服する優れた手法は，等価ノイズ電圧と電流の項でノイズをモデル化することである。図9-4に示すように，実際の回路網は，回路網の入力側に接続された2個のノイズ発生器 V_n と I_n を持つノイズのない素子としてモデル化できる。

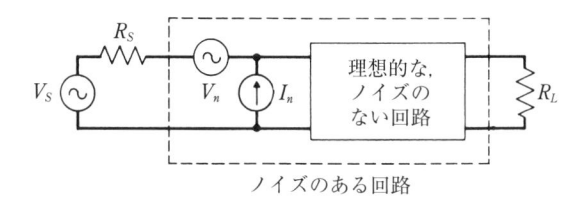

図 9-4 理想的なノイズのない回路に入力ノイズ電圧源と入力ノイズ電流源を加えて
モデル化されたノイズのある回路

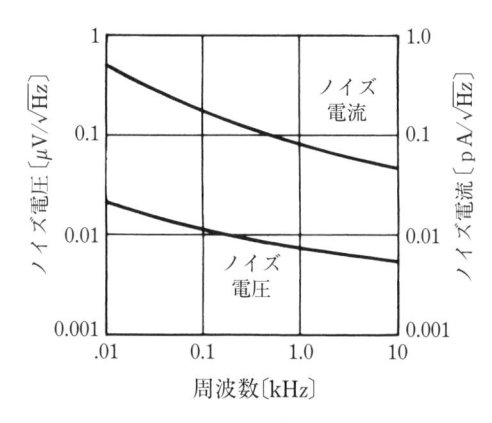

図 9-5 典型的なノイズ電圧 $V_n/\sqrt{B}$ とノイズ電流 $I_n/\sqrt{B}$ の曲線

V_n は $R_S = 0$ のときに存在する素子ノイズを表し，I_n は R_S がゼロでないときに存在する付加された素子のノイズを表している．これら二つのノイズ発生器に加えて，複雑な相関係数（ここでは示さない）を加えると，素子のノイズ特性を完全に表すことができる（Rothe and Dahlke, 1956）．V_n と I_n は通常ある程度相関性があるが，その相関係数の値は製造メーカのデータシートにはほとんど書かれていない．加えて，素子に対する V_n と I_n の値の範囲が広いので，相関係数の影響を隠してしまっている．したがって，相関係数をゼロに仮定することが一般的な手法である．本章の残りではそのようにしている．

図 9-5 はノイズ電圧とノイズ電流の代表的な曲線を示す．図 9-5 を見るとわかるように，このデータは，通常 $V_n/\sqrt{B}$ と $I_n/\sqrt{B}$ が周波数に対してプロットされている．ある周波数帯域にわたるノイズ電圧またはノイズ電流は，周波数に対して $[V_n/\sqrt{B}]^2$ または $[I_n/\sqrt{B}]^2$ を積分し，その結果の平方根を計算することによって得られる．$V_n/\sqrt{B}$ または $I_n/\sqrt{B}$ が所望の帯域幅に対して一定の場合は，総ノイズ電圧または総ノイズ電流は $V_n/\sqrt{B}$ または $I_n/\sqrt{B}$ に帯域幅の平方根を乗じて簡単に求まる．

これらの曲線と図 9-4 の等価回路を用いて，いかなる回路に対しても総等価入力電圧，S/N，ノイズ指数が決定できる．これはどのような抵抗あるいはリアクティブなソースインピーダンスおよびいかなる周波数スペクトルに対しても行える．しかし，素子はその曲線が規定されるバイアス条件近傍で動作しなければならない．いろいろなバイアス点に対して，これらのノイズ発生器の変化を示す追加の曲線が与えられることが多い．これらの一連の曲線により，すべての動作条件下で素子のノイズ特性が完全に規定

第9章 能動素子のノイズ

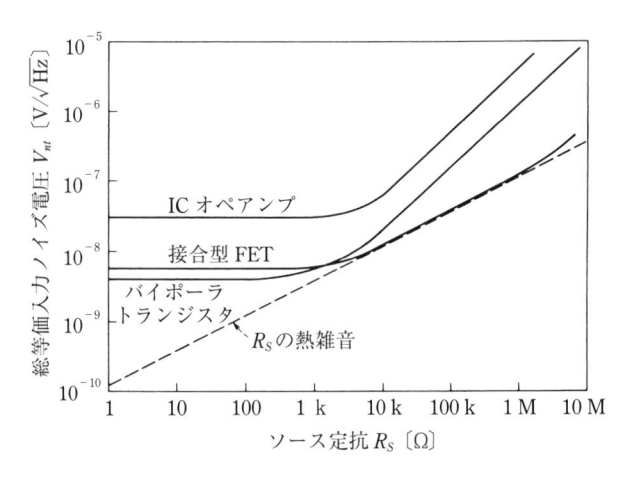

図9-6 3種類の素子に対する典型的な総等価ノイズ電圧の曲線

される。

等価パラメータ V_n, I_n でノイズデータを表すことは，いかなる素子にも使用できる。FETやオペアンプは，通常この方法によって規定される。

いくつかのバイポーラトランジスタの製造メーカは，ノイズ指数の代わりに V_n-I_n パラメータを使い始めている。

素子の総等価入力ノイズ電圧は重要なパラメータである。ノイズ源間に相関がないと仮定して，V_n, I_n, の影響を結びつけているこの電圧とソースの熱雑音は，次式のように書くことができる。

$$V_{nt} = \sqrt{4kTBR_S + V_n^2 + (I_n R_S)^2} \quad (9\text{-}30)$$

ここで，V_n と I_n は帯域幅 B におけるノイズ電圧とノイズ電流である。最適ノイズ特性にするために，式(9-30)で表される総ノイズ電圧は最小にすべきである。これは9.7節の最適ソース抵抗でもっと詳しく議論する。

帯域幅の平方根に対する総等価入力電圧は次式のように書くことができる。

$$\frac{V_{nt}}{\sqrt{B}} = \sqrt{4kTR_S + \left(\frac{V_n}{\sqrt{B}}\right)^2 + \left(\frac{I_n R_S}{\sqrt{B}}\right)^2} \quad (9\text{-}31)$$

素子のノイズのみによる等価入力ノイズ電圧は，式(9-30)から熱雑音電圧成分を引くことによって計算できる。その等価入力素子ノイズは次式のようになる。

$$V_{nd} = \sqrt{V_n^2 + (I_n R_S)^2} \quad (9\text{-}32)$$

図9-6は代表的な低ノイズバイポーラトランジスタ，接合型FET，オペアンプに対する帯域幅の平方根当りの総等価ノイズ電圧のプロットである。ソース抵抗によって発生する熱雑音も示されている。熱雑音の曲線は総入力ノイズ電圧に下限を置いている。この図を見ると，ソース抵抗が 10 kΩ と 1 MΩ との間にあるときは，このFETはソース抵抗の熱雑音よりもほんの少し大きな総ノイズ電圧を持っていることがわかる。ソース抵抗がこの範囲にあるときは，ノイズに関してこのFETは理想的な素子に近づく。しかし，低いソース抵抗では，バイポーラトランジスタはFETよりもノイズが一般的に小さい。多くの場合，オペアンプはほかの二つの素子よりもノイズが大きい。この理由は，9.12節のオペアンプにおけるノイズのところで議論する。

9.5　V_nとI_nの測定

素子のパラメータV_nとI_nを測定することは，比較的に容易である。その方法は図9-4を参考にし，式(9-30)から総等価ノイズ電圧V_{nt}が次式であることを思い出すことにより最もよく説明できる。

$$V_{nt} = \sqrt{4kTBR_S + V_n^2 + (I_n R_S)^2} \tag{9-33}$$

V_nを決めるために，ソース抵抗をゼロに設定する。そうすると式(9-33)の最初と最後の項はゼロになり，出力ノイズ電圧V_{no}が測定される。回路の電圧利得がAならば，$R_S = 0$に対して，

$$V_{no} = AV_{nt} = AV_n \tag{9-34}$$

等価入力ノイズ電圧は，$R_S = 0$に対して，

$$V_n = \frac{V_{no}}{A} \tag{9-35}$$

I_nを測定するためには，大きなソース抵抗で第2の測定を行う。式(9-33)で最初の二つの項が無視できる程度に，ソース抵抗は大きくなければならない。これは，測定された出力ノイズ電圧V_{no}が次の条件ならば正しい。

$$V_{no} \gg A\sqrt{4kTBR_S + V_n^2}$$

これらの条件下で等価入力ノイズ電流は，大きなR_Sに対し，

$$I_n = \frac{V_{no}}{AR_S} \tag{9-36}$$

9.6　V_n-I_nによるノイズ指数とS/Nの計算

等価入力ノイズ電圧V_nとその電流I_nとソース抵抗R_Sがわかれば，ノイズ指数は図9-4を参考に計算できる。この導き方は問題9-10に示す。結果は，

$$F = 1 + \frac{1}{4kTB}\left(\frac{V_n^2}{R_S} + I_n^2 R_S\right) \tag{9-37}$$

ここで，V_nとI_nは対象とする帯域幅Bにわたる等価入力ノイズ電圧とその電流である。

ノイズ指数が最小になるR_Sの値は式(9-37)をR_Sで微分することによって決定される。最小ノイズ指数のための導かれたR_Sは，

$$R_{so} = \frac{V_n}{I_n} \tag{9-38}$$

式(9-38)を式(9-37)に逆に代入すると，最小ノイズ指数は，

$$F_{\min} = 1 + \frac{V_n I_n}{2kTB} \tag{9-39}$$

出力電力のS/Nも図9-4の回路から計算できる。その導き方は問題9-11に示す。結果は次式である。

$$\frac{S_o}{N_o} = \frac{(V_S)^2}{(V_n)^2 + (I_n R_S)^2 + 4kTBR_S} \tag{9-40}$$

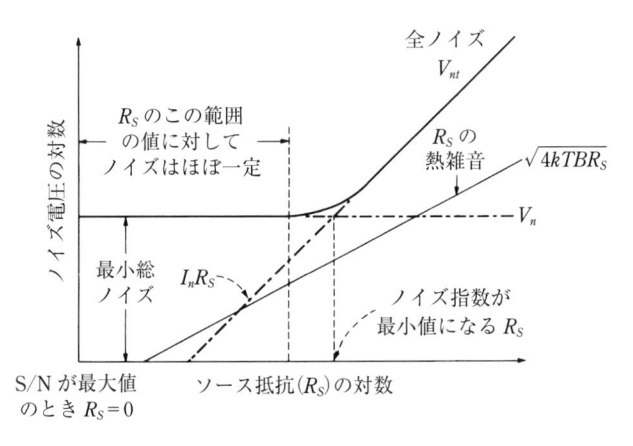

図9-7 代表的素子の総等価入力ノイズ電圧 V_{nt}. 総ノイズ電圧は式(9-30)に見られるように三つの成分（熱雑音, V_{nt}, I_nR_S）からなる。

ここで，V_S は入力信号電圧である。

一定の V_S に対して，$R_S = 0$ のとき，最大の S/N が得られる。

$$\left.\frac{S_o}{N_o}\right|_{\max} = \left(\frac{V_S}{V_n}\right)^2 \tag{9-41}$$

V_S が一定で R_S が変化するとき，最小ノイズ指数は $R_S = V_n/I_n$ のときであるが，S/N は $R_S = 0$ のとき最大となることに注目のこと。したがって，最小ノイズ指数は必ずしも最大 S/N や最小ノイズを表すことにならない。このことは代表的な素子の総等価入力ノイズ電圧 V_{nt} のプロットである図9-7を見ることでよく理解することができる。$R_S = V_n/I_n$ のとき，熱雑音に対する素子ノイズが最小となる。しかし，素子ノイズと熱雑音は $R_S = 0$ のとき最小となる。最小等価入力ノイズ電圧（および最大 S/N）は数字的に $R_S = 0$ で生じるが，実際には図9-7に示すように，その値がほとんど一定となる R_S の値の範囲がある。この範囲では素子の V_n が優勢なノイズ源である。大きな値のソース抵抗に対しては，I_n が優勢なノイズ源である。

9.7 最適なソース抵抗

$R_S = 0$ のとき S/N は最大となり，$R_S = V_n/I_n$ のときノイズ指数は最小となるため，最良のノイズ特性を示す最適なソース抵抗はいくらかという疑問が出てくる。実際のソースはすべて有限のソース抵抗を持つため，ソース抵抗ゼロを要求することは非現実的である。しかし，図9-7に見られるように，R_S が小さい限り総ノイズ電圧がほとんど一定になる範囲の値がある。

現実には，回路設計者は必ずしもソース抵抗を管理できるとは限らない。なんらかの理由で固定されたソース抵抗が使われる。このソース抵抗は最小ノイズ指数を発生する値に変換されるべきではないかとの疑問が出てくる。この質問に対する答えは変換がどう行われるかによる。

実際のソース抵抗が $R_S = V_n/I_n$ より小さいとき，その抵抗を増やすために物理的な抵抗を R_S に直列に挿入すべきでない。こうすることは三つの有害な影響を生みだす。

1. 大きなソース抵抗のため熱抵抗が増加する（この増加は $\sqrt{R}$ に比例する）。
2. 入力ノイズ電流発生器から大きな抵抗を流れるノイズを増加させる（この増加は R に比例する）。
3. 増幅器に入る信号の量を減少させる。

しかしながら，このノイズ特性は，変圧器を用いて R_S の値を実効的に $R_S = V_n/I_n$ に近い値に上げて改善でき，素子に発生するノイズを最小にできる。同時に信号電圧は，変圧器の巻き線比だけ上げられる。この効果は，ソース抵抗の熱雑音も同じ割合でステップアップされるので相殺される。しかしながら，これを行えば全体としてS/Nは改善される。

実際のソース抵抗が最小ノイズ指数に必要な値より大きければ，R_S の高い値を $R_S = V_n/I_n$ に近い値に変換することによって，ノイズ特性は改善する余地がある。しかしながら，このノイズは低インピーダンスソースを用いた場合より大きくなる。

最適ノイズ特性のためには，できる限り低いソースインピーダンスを用いるべきである。一度これが決まると，このソースをインピーダンス $R_S = V_n/I_n$ に整合するように変圧器が結合することによって，ノイズ特性を改善することができる。

変圧器を用いて可能になる S/N の改善は，式(9-3)を次式のように書き換えてみるとよくわかる。

$$\frac{S_o}{N_o} = \frac{1}{F}\left(\frac{S_i}{N_i}\right) \tag{9-42}$$

固定ソース抵抗を仮定し，どんな巻き線比の理想的な変圧器を追加しても，入力のS/N は変わらない。固定された入力の S/N に対して，ノイズ指数 F が最小のとき出力の S/N は最大になる。素子がソース抵抗 $R_S = V_n/I_n$ を見るとき，F は最小になる。したがって，実際のソース抵抗を結合する変圧器は F を最小化し，出力の S/N を最大にする。ソース抵抗の値が固定していなければ，F を最小にするように R_S を選択することは，必ずしも最適ノイズ特性を示すことにはならない。しかし，与えられたソース抵抗 R_S に対しては，最もノイズの少ない回路は最小の F を持つ回路である。

変圧器結合を使うとき，変圧器の巻き線の熱雑音を考慮しなければならない。これは，1次側巻き線の抵抗値と，2次側巻き線の抵抗値を巻き数比の2乗で割った値をソース抵抗に加えることでなされる。巻き線比は2次側巻き回数を1次側巻き回数で割った値で定義される。トランスからの余分なノイズがあったとしても，実際のソース抵抗値が最適ソース抵抗値よりも桁違いに大きい場合は，S/N は増加し，変圧器を使う意味がある。

トランスを使うときにもう一つ考えなければならないノイズ源は，磁界を検出するトランスの感度である。この検出を許容範囲まで低減するためにトランスのシールドが必要になることが多い。

変圧器結合による S/N の改善は，S/N 改良係数（Signal-to-Noise Improvement：SNI）として表現され，次式のように定義される。

$$\text{SNI} = \frac{\text{トランスを用いた}(S/N)}{\text{トランスを用いない}(S/N)} \tag{9-43}$$

S/N改良係数はまた，さらに便利な次式で表現できる。

$$\text{SNI} = \frac{(F)\text{トランスなし}}{(F)\text{トランスあり}} \tag{9-44}$$

9.8 直列段のノイズ指数

　最適ノイズ特性のためにシステムの構成要素を設計する際に，S/Nと総等価入力ノイズ電圧を使うべきである。一度システムの構成要素が設計されると，個々の構成要素のノイズ特性をノイズ指数で表すと便利がよい。個々の構成要素のノイズ指数は，次のように組み合わされる。

　直列に接続された回路網の全体のノイズ指数は，Friis（1944）によって式(9-45)のように示された（図9-8参照）。

$$F = F_1 + \frac{F_2 - 1}{G_1} + \frac{F_3 - 1}{G_1 G_2} + \cdots + \frac{F_m - 1}{G_1 G_2 \cdots G_{m-1}} \tag{9-45}$$

ここで，F_1とG_1は，1段目のノイズ指数と得られる電力利得[*2]であり，F_2とG_2は2段目のそれである，以下同様となる。

　式(9-45)は，**システムの初段で十分な利得G_1があれば，その総ノイズ指数は基本的には初段のノイズ指数F_1によって決まる**という重要な事実を明示している。

[例9-1]　図9-9は伝送線路上に直列に動作している多くの同じ増幅器を示す。各増幅器は電力利得Gを持ち，増幅器間のケーブル部の損失がGであるように，増幅器が離れて配置されている。このような配列は電話幹線やCATVの分配システムに使われ

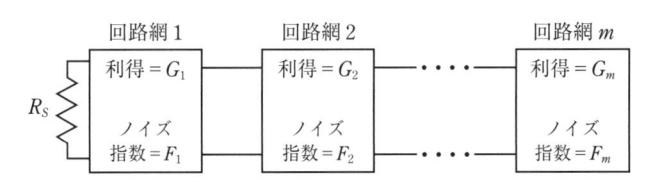

図9-8　直列の回路網

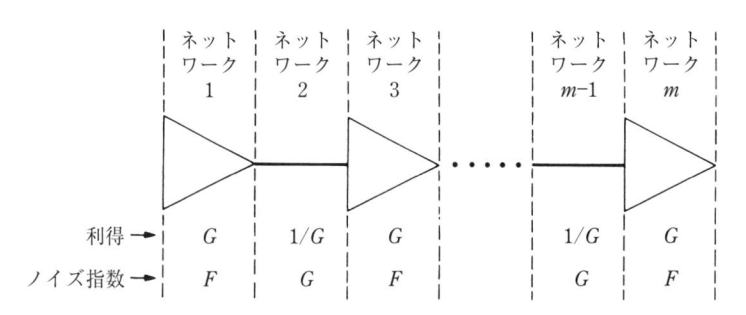

図9-9　同一の増幅器が伝送線路上に等間隔で配置されている。

[*2] $G = A^2 R_S/R_o$，ここでAは，開放端電圧利得（開放端出力電圧を信号電圧で割ったもの）。R_Sは信号源抵抗，R_oは回路網の出力インピーダンスである。

る。各増幅器は G に等しい電力利得とノイズ指数 F を持つ。ケーブル部分は挿入利得 $1/G$ とノイズ指数 G を持つ[*3]。このとき，式(9-45)は次式になる。

$$F_t = F + \frac{G-1}{G} + \frac{F-1}{1} + \frac{G-1}{G} + \frac{F-1}{1} + \cdots + \frac{F-1}{1} \tag{9-46}$$

$$F_t = F + 1 - \frac{1}{G} + F - 1 + 1 - \frac{1}{G} + F - 1 + \cdots + F - 1 \tag{9-47}$$

K 番目の増幅器と $K-1$ 番目のケーブル部分に対しては

$$F_t = KF - \frac{K-1}{G} \tag{9-48}$$

$FG \gg 1$ ならば，

$$F_t = KF \tag{9-49}$$

全体のノイズ指数は次式に等しい。

$$(NF)_t = 10 \log F + 10 \log K \tag{9-50}$$

したがって，全体のノイズ指数は初段の増幅器のノイズ指数に，増幅器の段数の対数の10倍を加えたものに等しい。これを別の見方をすると，段数が2倍になるごとに，ノイズ指数は3 dBずつ増加するということである。これは直列にできる増幅器の最大段数を制限する。

[**例 9-2**] 図 9-10 は，300 Ω に整合された伝送線路で TV 装置に接続されたアンテナを示している。伝送線路が 6 dB の入力損失があり，テレビ装置の NF が 14 dB だとすると，TV 装置の端子で 40 dB の S/N を得るためには何 V の信号電圧がアンテナ端子に必要か？ この問題を解くために，このシステムのすべてのノイズ源は 1 点（この場合は TV セットの入力）で等価ノイズ電圧に変換されている。そして，ノイズ電圧は結合されて，必要な S/N を発生するために必要な信号レベルが計算される。

4 MHz の帯域幅を持つ 300 Ω の入力インピーダンスによる TV 装置の入力での熱雑

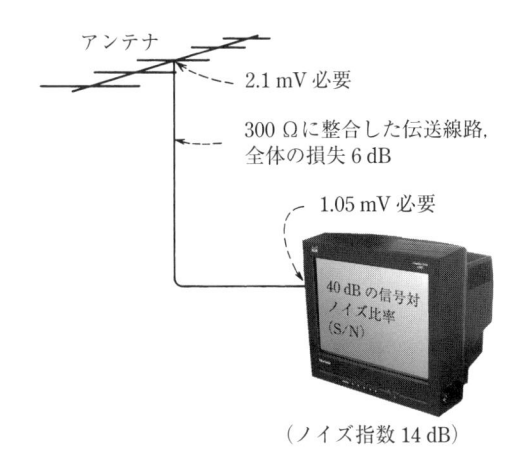

アンテナ
2.1 mV 必要
300 Ω に整合した伝送線路，全体の損失 6 dB
1.05 mV 必要
40 dB の信号対ノイズ比率 (S/N)
（ノイズ指数 14 dB）

図 9-10　アンテナに接続された TV 装置

[*3] これはケーブル部分に基本雑音指数の定義式(9-1)を適用することで導かれる。ケーブルはその特性インピーダンスが整合した伝送線路と考えられる。

音は，−53.2 dBmV（2.2 µV）である[*4]。なぜなら，TV 装置は入力熱雑音に 14 dB を加えるので，総入力ノイズレベルは −39.2 dBmV（熱雑音電圧〔dB〕＋ ノイズ指数〔dB〕）である。40 dB の S/N が要求されるので，増幅器の入力の信号電圧は ＋0.5 dBmV でなければならない（総入力ノイズ〔dB〕＋S/N〔dB〕）。伝送線路が 6 dB 損失を持つので，アンテナ端子での信号電圧は ＋6.5 dBmV または 2.1 mV でなければいけない。この例のように，各項を直接加算するには，すべての量は同じインピーダンスを基準にする必要がある。ここでは 300 Ω である。

9.9 ノイズ温度

回路や素子のノイズ特性を規定するもう一つの方法は，等価入力ノイズ温度（T_e）の考えである。

回路の等価入力ノイズ温度は，回路出力で観測されたノイズ電力を発生するのに必要なソース抵抗温度の増加と定義される。ノイズ温度測定のための，標準基準温度 T_0 は 290 °K である。

図 9-11 は，温度 T_0 でソース抵抗 R_S を持つノイズの出る増幅器を示す。測定された総出力ノイズは V_{no} である。図 9-12 は，図 9-11 の増幅器と同じ利得とソース抵抗 R_S を持つ理想的な，ノイズのない増幅器である。ソース抵抗の温度を T_e まで増加させると，測定された総出力ノイズ V_{no} が図 9-11 と同じになる。そのとき T_e は増幅器の等価ノイズ温度である。

等価入力ノイズ温度は，次式でノイズ係数 F に関係する。

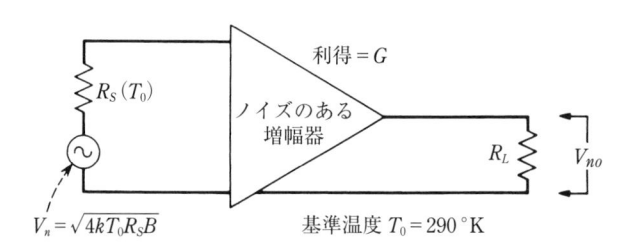

図 9-11 ノイズのある増幅器

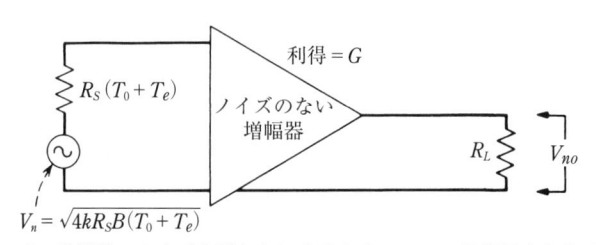

図 9-12 増幅器のノイズを明らかにするためにソース抵抗温度を上げる。

[*4] 300 Ω 抵抗と，4 MHz 帯域幅の室内温度（290 °K）における，開放端ノイズ電圧は 4.4 µV である。この信号源が 300 Ω 負荷に接続されると，この電圧の半分すなわち 2.2 µV が負荷に供給される。

$$T_e = 290(F-1) \tag{9-51}$$

ノイズ指数 NF に対しては,

$$T_e = 290(10^{NF/10}-1) \tag{9-52}$$

等価入力ノイズ電圧と電流（V_n-I_n）の関係で，ノイズ温度は次式のように書くことができる。

$$T_e = \frac{V_n^2 + (I_n R_s)^2}{4kBR_s} \tag{9-53}$$

多くの増幅器を直列に接続した場合の等価入力ノイズ温度は，次式で表すことができる。

$$T_{e(total)} = T_{e1} + \frac{T_{e2}}{G_1} + \frac{T_{e3}}{G_1 G_2} + \cdots \tag{9-54}$$

ここで，T_{e1} と G_1 は初段の等価入力ノイズ温度と利用できる電力利得であり，T_{e2} と G_2 以降も同様に考えられる。

9.10　バイポーラトランジスタのノイズ

代表的なバイポーラトランジスタに対するノイズ指数の周波数特性を，図9-13に示す。ノイズ指数は周波数の中央帯域でほぼ一定で，両サイドで上がっていることがわかる。低い周波数でのノイズ指数の増加は，「$1/f$ ノイズ」や接触ノイズ（8.5節参照）によるものである。$1/f$ ノイズと周波数 f_1 はコレクタ電流の増加に伴って増える。

周波数 f_1 以上で，そのノイズはベース抵抗の熱雑音とエミッタとコレクタとの接合部のショットノイズからなる白色ノイズ源により発生する。その白色ノイズ源はベース抵抗が小さく，電流利得が大きく，α カットオフ周波数の高いトランジスタを選ぶことで最小化できる。f_2 以上の周波数でのノイズ指数の増加は，(1) これらの周波数でのトランジスタの利得の低下と (2) 出力接合部（コレクタ）で発生したトランジスタノイズによる。したがって，トランジスタ利得による影響を受けない。

一般的なオーディオ用トランジスタでは，ノイズが増加し始める f_1 以下の周波数は1～50 kHz の間であろう。ノイズが増加する f_2 以上の周波数は普通10 MHz よりも大きい。高周波（Radio-frequency : RF）用に設計されたトランジスタでは f_2 はもっと高い。

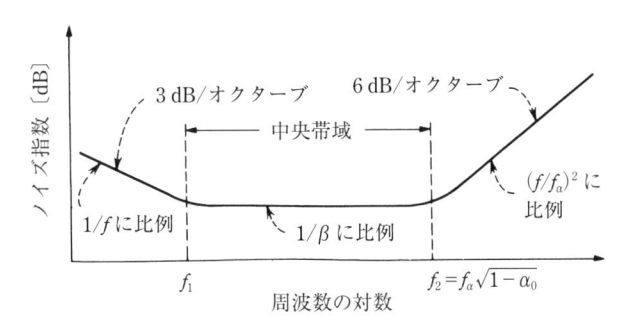

図9-13　バイポーラトランジスタのノイズ指数と周波数

9.10.1 トランジスタのノイズ指数

バイポーラトランジスタのノイズ指数の理論的な表現は，図9-14のように漏えい項I_{CBO}を無視したトランジスタのT型等価回路で始めることにより導出できる。r_c($r_c \gg R_L$) を無視し，次のノイズ源——(1) ベース接続の熱雑音，(2) エミッタダイオードのショットノイズ，(3) コレクタのショットノイズ，(4) ソース抵抗の熱雑音，——を加えることにより，その回路は図9-15に示す等価回路に置き換えることができる。

ノイズ指数は図9-15の回路図から得られ，その関係は次式で与えられる。

$$I_c = \alpha_o I_e \tag{9-55}$$

$$r_e = \frac{kT}{qI_e} \approx \frac{26}{I_e[\text{mA}]} \tag{9-56}$$

$$|\alpha| = \frac{|\alpha_o|}{\sqrt{1+(f/f_\alpha)^2}} \tag{9-57}$$

ここでα_oはトランジスタのベース接地の電流利得αの直流値，kはボルツマン定数，qは電子の電荷，f_αはトランジスタのαカットオフ周波数，fは可変周波数である。この等価回路を使い Nielsen (1957) はトランジスタのノイズ指数を次式のように示した。

$$F = 1 + \frac{r_b'}{R_S} + \frac{r_e}{2R_S} + \frac{(r_e + r_b' + R_S)^2}{2r_e R_S \beta_o}\left[1 + \left(\frac{f}{f_\alpha}\right)^2(1+\beta_o)\right] \tag{9-58}$$

ここで，β_oはエミッタ接地の電流利得βの直流値である。

$$\beta_o = \frac{\alpha_o}{1-\alpha_o} \tag{9-59}$$

式(9-59)は$1/f$ノイズの影響は含んでおらず，図9-13のf_1以上のすべての周波数で有効である。$1/f$ノイズはコレクタ回路のαI_eと並列にノイズ電流源に付加して表され

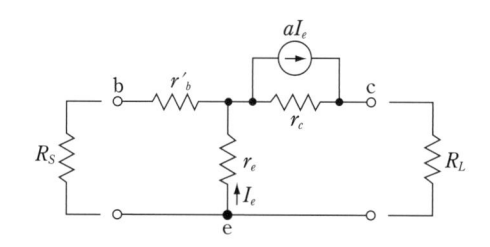

図9-14 バイポーラトランジスタのT型等価回路

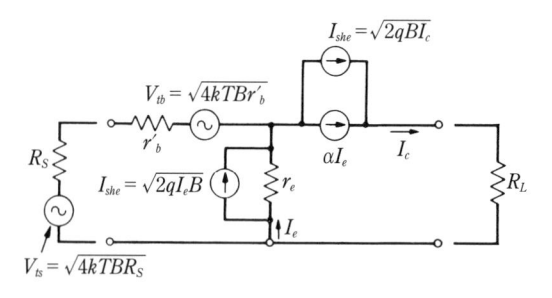

図9-15 バイポーラトランジスタのノイズ等価回路

る。

式(9-58)の第2項はベースの熱雑音を表し，第3項はエミッタのショットノイズを表し，第4項はコレクタのショットノイズを表す。式(9-59)はエミッタ接地やベース接地回路でも適用可能である。

最小ノイズ指数のためのソース抵抗 R_{so} の値は式(9-58)を R_S で微分し，結果をゼロと置くことで決定できる。このソース抵抗は次式となる。

$$R_{so} = \left[(r_b'+r_e)^2 + \frac{(2r_b'+r_e)\beta_o r_e}{1+(f/f_\alpha)^2(1+\beta_o)} \right]^{1/2} \quad (9\text{-}60)$$

ほとんどのバイポーラトランジスタでは，ノイズ指数を最小にするソースの抵抗値は最大電力利得を得るときの値に近い。ほとんどのトランジスタの応用においては，トランジスタを α カットオフ周波数よりかなり低い周波数で動作させる。この条件 ($f \ll f_\alpha$) で，$\beta_o \gg 1$ と仮定すると，式(9-60)は次式に簡略化される。

$$R_{so} = \sqrt{(2r_b'+r_e)\beta_o r_e} \quad (9\text{-}61)$$

すべての場合ではないが，ベース抵抗 r_b' が無視できると式(9-61)は次式になる。

$$R_{so} \approx r_e \sqrt{\beta_o} \quad (9\text{-}62)$$

式(9-62)はまた，ノイズ指数を最小にするソース抵抗をすばやく近似するのに便利である。式(9-62)はトランジスタのエミッタ接地電流利得 β_o が高ければ，R_{so} の値も高くなることを示す。

9.10.2　トランジスタの V_n-I_n

等価入力ノイズ電圧とその電流のモデルのパラメータを決定するために，最初に総等価入力ノイズ電圧 V_{nt} を決めなければいけない。式(9-58)を式(9-26)に代入してその結果を2乗すると次式が得られる。

$$V_{nt}^2 = 2kTB(r_e+2r_b'+2R_S) + \frac{2kTB(r_e+r_b'+R_S)^2}{r_e\beta_o} \times \left[1+\left(\frac{f}{f_\alpha}\right)^2(1+\beta_o)\right] \quad (9\text{-}63)$$

等価入力ノイズ電圧の2乗 V_n^2 は式(9-63)で $R_S=0$ にすることによって得られる（式(9-34)，式(9-35)を参照）。そして，次式が得られる。

$$V_{nt}^2 = 2kTB(r_e+2r_b') + \frac{2kTB(r_e+r_b')^2}{r_e\beta_o} \times \left[1+\left(\frac{f}{f_\alpha}\right)^2(1+\beta_o)\right] \quad (9\text{-}64)$$

I_n^2 を決めるために，式(9-63)を R_S^2 で割る。そして，R_S を大きくすると（式(9-34)と式(9-36)を参照）次式が得られる。

$$I_n^2 = \frac{2kTB}{r_e\beta_o}\left[1+\left(\frac{f}{f_\alpha}\right)^2(1+\beta_o)\right] \quad (9\text{-}65)$$

9.11　電界効果トランジスタのノイズ

接合型FETにおける三つの重要なノイズメカニズムがある。(1) 逆バイアスゲートで発生するショットノイズ。(2) ソースとドレインとの間のチャネルに発生する熱雑音。(3) ゲートとチャネルとの間の空間電荷領域に発生する $1/f$ ノイズ。

図 9-16 は接合型 FET のノイズ等価回路である。ノイズ発生器 I_{sh} はゲート回路のシ

g_{11} = 入力アドミッタンス
g_{ts} = 順方向トランスコンダクタンス [A/V]
G_S = ソースアドミッタンス

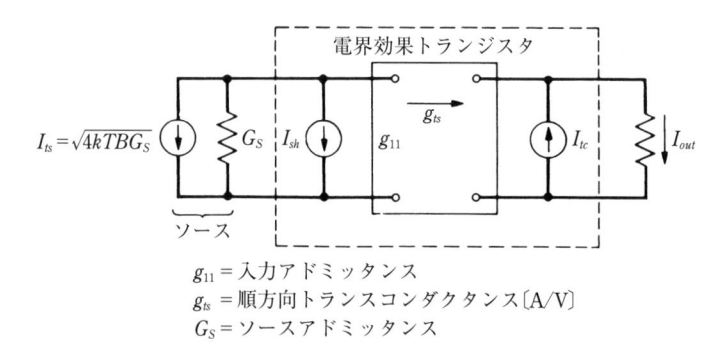

図 9-16 接合型電界効果トランジスタのノイズ等価回路

ョットノイズを表し,そして発生器 I_{tc} はチャネルの熱雑音を表す。I_{ts} はソースアドミッタンス G_S の熱雑音である。FET は入力アドミッタンス g_{11} を持っており,順方向のトランスコンダクダクタンス g_{fs} を持っている。

9.11.1 FET のノイズ指数

図 9-16 で I_{sh} と I_{tc} との間に相関がないと仮定すると[*5],総出力ノイズ電流は次式のように書くことができる。

$$I_{out} = \left[\frac{4kTBG_S g_{fs}^2}{(G_S+g_{11})^2} + \frac{I_{sh}^2 g_{fs}^2}{(G_S+g_{11})^2} + I_{tc}^2\right]^{1/2} \tag{9-66}$$

ソースだけの熱雑音による出力ノイズ電流は次式である。

$$I_{out}(\text{ソース}) = \left(\frac{\sqrt{4kTBG_S}}{G_S+g_{11}}\right)g_{fs} \tag{9-67}$$

ノイズ指数 F は式(9-66)を 2 乗し,式(9-67)を 2 乗したもので割ると,次式になる。

$$F = 1 + \frac{I_{sh}^2}{4kTBG_S} + \frac{I_{tc}^2}{4kTBG_S(g_{fs})^2}(G_S+g_{11})^2 \tag{9-68}$$

I_{sh} は入力ショットノイズであり,次式に等しい。

$$I_{sh} = \sqrt{2qI_{gss}B} \tag{9-69}$$

ここで,I_{gss} は総ゲート漏れ電流である。I_{tc} はチャネルの熱雑音であり次式に等しい。

$$I_{tc} = \sqrt{4kTBg_{fs}} \tag{9-70}$$

式(9-68)に式(9-69)と式(9-70)を代入すると次式がわかる。

$$\frac{2q}{4kT}Ig_{ss} = g_{11} \tag{9-71}$$

ノイズ指数に対して次式が得られる。

$$F = 1 + \frac{g_{11}}{G_S} + \frac{1}{G_S g_{fs}}(G_S+g_{11})^2 \tag{9-72}$$

アドミッタンスの代わりに抵抗で式(9-72)を書き直すと次式が得られる。

$$F = 1 + \frac{R_S}{r_{11}} + \frac{R_S}{g_{fs}}\left(\frac{1}{R_S}+\frac{1}{r_{11}}\right)^2 \tag{9-73}$$

[*5] 高い周波数では,ノイズ発生源 I_{sh} と I_{tc} との間にある種の相関がある。しかしながら,現実的には通常無視される。

式(9-72)も式(9-73)も$1/f$ノイズの影響を含まない。式の第2項はゲート接合のショットノイズの寄与を表している。第3項はチャネルの熱雑音の寄与を表している。

低ノイズ動作のために，FETは高い利得（大きなg_{fs}）と高い入力抵抗r_{11}（ゲートの漏えい電流が小さい）を持つべきである。

一般に低周波数では，ソース抵抗R_sはゲート漏えい抵抗r_{11}よりも小さい。この条件下で式(9-73)は次式になる。

$$F \approx 1 + \frac{1}{g_{fs}R_S} \tag{9-74}$$

絶縁ゲートFET（Insulated Gate FET：IGFET）や金属酸化FET（Metal Oxide FET：MOSFET）の場合，p-nゲート接合がなく，ショットノイズがない。よって式(9-74)が適用できる。しかしながら，IGFETやMOSFETの場合は，$1/f$ノイズは接合型電界効果トランジスタ（Junction FET：JFET）の場合よりも大きいことが多い。

9.11.2　FETノイズのV_n-I_n表示

総等価入力ノイズ電圧は式(9-73)を式(9-26)に代入することで得られる。

$$V_{nt}^2 = 4kTBR_S\left[1+\frac{R_S}{r_{11}}+\frac{R_S}{g_{fs}}\left(\frac{1}{R_S}+\frac{1}{r_{11}}\right)^2\right] \tag{9-75}$$

式(9-75)で$R_s = 0$にすると，等価入力ノイズ電圧の2乗が得られる（式(9-34)と式(9-35)を参照）。

$$V_n^2 = \frac{4kTB}{g_{fs}} \tag{9-76}$$

I_n^2を決めるために，式(9-75)をR_S^2で割ってR_Sを大きくすると（式(9-34)と式(9-36)を参照），次式が得られる。

$$I_n^2 = \frac{4kTB(1+g_{fs}r_{11})}{g_{fs}r_{11}^2} \tag{9-77}$$

$g_{fs}r_{11} \gg 1$のときには式(9-77)は次式になる。

$$I_n^2 = \frac{4kTB}{r_{11}} \tag{9-78}$$

9.12　オペアンプのノイズ

オペアンプの入力段は，素子のノイズ特性を決定するために最も重要である。ほとんどの集積オペアンプは2個または4個の入力トランジスタを使用した差動入力の構成をしている。図9-17はオペアンプで使用される代表的な2トランジスタ入力回路の単純化した概念図を示す。2個の入力トランジスタが使われているので，ノイズ電圧は単一のトランジスタ入力段の約$\sqrt{2}$倍になる。加えて，あるモノリシックトランジスタは個別トランジスタよりも電流利得(β)が低くて，そのことがノイズを増加させる。

したがって，一般的にオペアンプは個別トランジスタ増幅器よりも本質的にノイズが高い素子であるといえる。これは図9-6の代表的な等価入力ノイズ電圧曲線で見ることができる。オペアンプの前段に個別のバイポーラトランジスタを置いて低いノイズ性能を持たせ，オペアンプのほかの利点と合わせて使うことが多い。オペアンプは，低い温

第9章 能動素子のノイズ

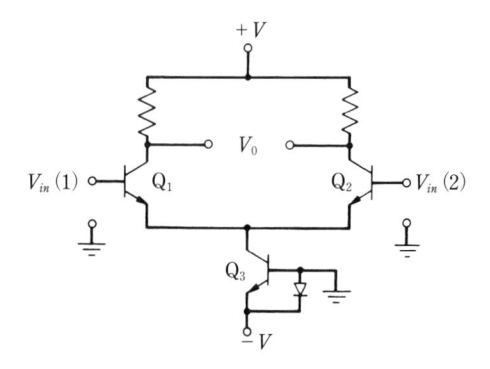

図9-17 集積回路（Integrated Circuit：IC）のオペアンプの典型的な入力回路図。トランジスタ Q_3 は入力トランジスタ Q_1，Q_2 に直流のバイアスを供給するため，定電流源として振る舞う。

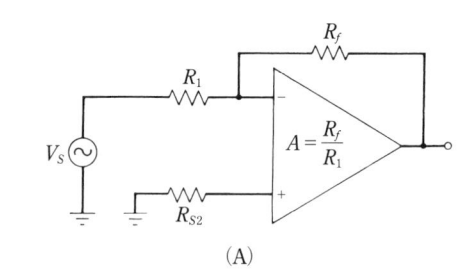

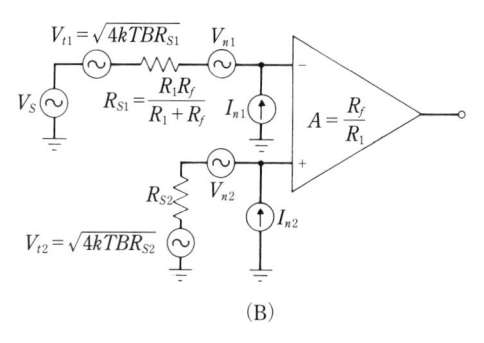

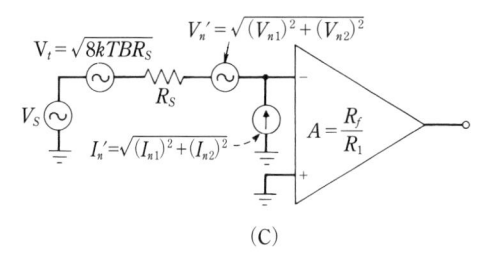

図9-18 (A) 典型的なオペアンプ回路，(B) 典型的なオペアンプのノイズ等価回路，(C) $R_{S1} = R_{S2} = R_{S3}$ の場合に一つの入力端子で結ばれたノイズ源を持つ(B)の回路

度ドリフトや低い入力オフセット電流の平衡入力という利点を有している。

オペアンプのノイズ特性は，等価入力ノイズ電圧と電流（V_n-I_n）を使うことで最も適切にモデル化できる。図9-18(A)は代表的な演算増幅回路を示す。図9-18(B)は同じ回路を等価ノイズ電圧と電流源で示したものである。

図9-18(B)の等価回路は，総等価入力ノイズ電圧を計算するために使われる。それは

次式である。
$$V_{nt} = [4kTB(R_{S1}+R_{S2})+V_{n1}^2+V_{n2}^2+(I_{n1}R_{S1})^2+(I_{n2}R_{S2})^2]^{1/2} \quad (9\text{-}79)$$
V_{n1}, V_{n2}, I_{n1}, I_{n2} も帯域幅 B の関数であることに注意する必要がある。

式(9-79)の二つのノイズ電圧源は，次のように定義することで結びつけられる。
$$(V_n')^2 = V_{n1}^2 + V_{n2}^2 \quad (9\text{-}80)$$
式(9-79)は次式に書き直すことができる。
$$V_{nt} = [4kTB(R_{S1}+R_{S2})+(V_n')^2+(I_{n1}R_{S1})^2+(I_{n2}R_{S2})^2]^{1/2} \quad (9\text{-}81)$$
電圧源は合成されたが，二つのノイズ電流源はまだ式(9-81)で必要である。しかしながら，$R_{S1} = R_{S2}$ なら，これは通常，入力バイアス電流による直流出力オフセット電圧が最小になる場合であるので，二つのノイズ電流発生器は次式を定義することで合成できる。
$$(I_n')^2 = I_{n1}^2 + I_{n2}^2 \quad (9\text{-}82)$$
$R_{S1} = R_{S2} = R_S$ であれば，式(9-81)は次式に簡略化できる。
$$V_{nt} = [8kTBR_S + (V_n')^2 + (I_n'R_S)^2]^{1/2} \quad (9\text{-}83)$$
このときの等価回路を図9-18(C)に示す。オペアンプから最適なノイズ性能（最大のS/N）を得るためには，総等価入力ノイズ電圧 V_{nt} を最小にすべきである。

9.12.1 オペアンプのノイズを規定する方法

オペアンプ製造メーカが，素子のノイズを規定するために使ういくつかの方法がある。図9-19(A)に示した等価回路に代表されるように，ときには各入力端子での V_n, I_n の値が提供される。入力回路の対称性のため，各入力でのノイズ電圧とノイズ電流は等しい。第2の方法は図9-19(B)のように，一つの入力にのみ加えられる合成された V_n' と I_n' が提供されることである。二つのノイズ電流発生器を結合するために，同じソース抵抗が二つの入力端子に接続されていると仮定しなければならない。図9-19(A)の個別の電圧発生器に対し，図9-19(B)の合成されたノイズ電圧発生器の値は次式である。
$$V_n' = \sqrt{2}\,V_n \quad (9\text{-}84)$$
$$I_n' = \sqrt{2}\,I_n \quad (9\text{-}85)$$
ほかの例では，製造メーカから与えられるノイズ電圧は合成された値 V_n' であり，ノイズ電流は各入力に別々に加えられた値 I_n である。この構成を表す等価回路を図9-19(C)に示す。したがって，ユーザはこの情報を使う前に，素子の製造メーカから与えられたデータはどの等価回路が適用されるかを確認する必要がある。これまでに，オペアンプノイズを規定するために使うべきこれら三つの方法のどれを標準にするか決まっていない。

9.12.2 オペアンプのノイズ指数

通常，ノイズ指数はオペアンプと関連しては使われない。しかしながら，ノイズ指数は式(9-83)を式(9-26)に代入して決定され，F について解くと次式となる。
$$F = 2 + \frac{(V_n')^2 + (I_n'R_S)^2}{4kTBR_S} \quad (9\text{-}86)$$

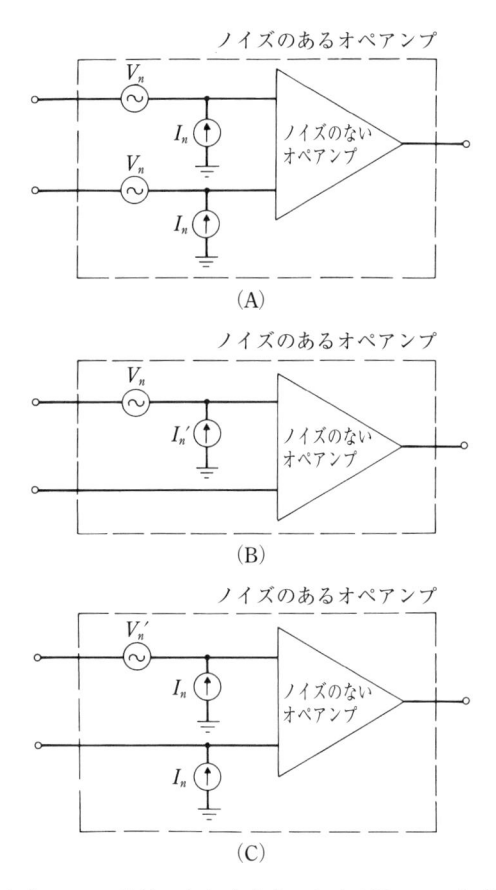

図 9-19 オペアンプノイズのモデル化法．(A) 各入力における別々のノイズ発生器，(B) 一つの入力に結合されたノイズ発生器，(C) 合成したノイズ電圧発生器を有する分離されたノイズ電流発生器

　式(9-86)は，ソースノイズが二つのソース抵抗 R_S の一つだけの熱雑音に起因していると仮定している．これは，オペアンプがシングルエンド増幅器として使用されるときに有効な仮定である．使用しない入力の抵抗 R_S の熱雑音は増幅器のノイズの一部と考えられ，この構成を使うために払われる一つの代償である．

　反転オペアンプ構成の場合は，使用しない入力の抵抗 R_S からのノイズはコンデンサでバイパスすればよい．しかしながら，非反転構成ではフィードバックがこの点に接続されるのでこれは不可能である．

　オペアンプのノイズ指数を定義する第 2 の方法は，ソースノイズが両方のソース抵抗（ここでは $2R_S$）の熱雑音からと仮定する．そのときのノイズ指数は次式のように書くことができる．

$$F = 1 + \frac{(V_n')^2 + (I_n' R_S)^2}{8kTBR_S} \tag{9-87}$$

式(9-87)はオペアンプが二つの入力が駆動される差動増幅器として使うときに適用できる．

要約

- 回路設計において，ソース抵抗が可変でソース電圧が一定ならば，ノイズ指数の最小化は最適ノイズ特性を必ずしも導くことにはならない。
- 与えられたソース抵抗に対しては，最小ノイズの回路は最も低いノイズ指数を持つものである。
- 最良のノイズ特性のためには，出力のS/Nを最大にすべきで，これは総入力ノイズ電圧 V_{nt} を最小にすることに等しい。
- ノイズ指数の考え方は，ソースが純リアクタンスの場合は意味がない。
- 最良のノイズ特性を得るために，低いソース抵抗を使うべきである（ソース電圧が一定と仮定した場合）。
- ノイズ特性は，ソース抵抗が $R_S = V_n/I_n$ の値になるようにトランス結合することで改善される。
- システムの初段の利得が高いとき，全システムのノイズは初段のノイズで決定される。
- 能動素子のノイズはいくつかの異なる方法で次のように規定できる。
    - 二つのノイズファクタ F として
    - 等価入力ノイズ電圧 V_n と入力ノイズ電流 I_n として
    - 等価入力ノイズ温度 T_e として

問題

9.1 式(9-1)から式(9-3)を導け。

9.2 どちらの素子が最も少ない等価入力素子ノイズ（$V_{nd}/\sqrt{B}$）を発生するか？
   a. $R_S = 10^4\,\Omega$ で測ったノイズ指数 10 dB のバイポーラトランジスタ
   b. $R_S = 10^5\,\Omega$ で測ったノイズ指数 6 dB の FET

9.3 あるトランジスタのソース抵抗 1.0 MΩ で測定したノイズ指数が 3 dB である。このトランジスタが入力信号 0.1 mV の回路で使われ，ソース抵抗が 1.0 MΩ とすれば，出力電力の S/N はいくらか？ システムの等価ノイズ帯域幅は 10 kHz と仮定する。

9.4 ある FET のノイズが以下のように定義されている。等価入力ノイズ電圧が $0.06\times10^{-6}\,[\mathrm{V}/\sqrt{\mathrm{Hz}}]$，等価入力ノイズ電流が $0.2\times10^{-2}\,[\mathrm{A}/\sqrt{\mathrm{Hz}}]$ とする。
   a. もしも，この FET がソース抵抗 100 kΩ，等価ノイズ帯域幅 10 kHz の回路で使われたときに，ノイズ指数はいくらか？
   b. 最小のノイズ指数になる R_S の値はいくらか？ この R_S の値でノイズ指数はいくらか？

9.5 低ノイズプリアンプが 10 Ω ソースから駆動されている。製造メーカから動作周波数での V_n と I_n の仕様が提供されている。

図 P9-6

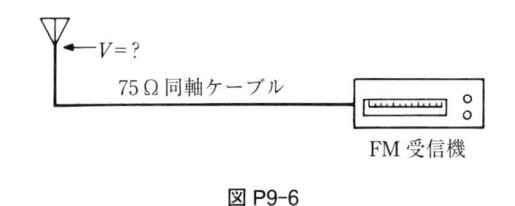

$$\frac{V_n}{\sqrt{B}} = 10^{-8} \; [\text{V}/\sqrt{\text{Hz}}]$$

$$\frac{I_n}{\sqrt{B}} = 10^{-13} \; [\text{A}/\sqrt{\text{Hz}}]$$

a. 最適ノイズ性能を提供する入力変圧器の巻き線比率を定義しなさい．
b. a. の変圧器を使った回路のノイズ指数を計算しなさい．
c. 10 Ω ソースに直接結合されたプリアンプのノイズ指数はいくらか？
d. この回路の SNI 指数はいくらか？

9.6 図 P9-6 は 75 Ω に整合した同軸ケーブル部分によって FM 受信機に接続された FM アンテナを示す．この装置の入力端子で要求される S/N は良好な品質受信のために 18 dB である．その受信機のノイズ指数は 8 dB である．

a. アンテナと受信機のケーブル接続で 6 dB の挿入損失がある場合，良好な受信品質を得るにはケーブルとアンテナの接続点で要求される信号の電圧はいくらか？
b. その電圧は本書の 9.8 節の［例 9-2］の演習のような TV 装置の場合よりも要求がかなり小さいのはなぜか？

9.7 等価入力ノイズ温度 (T_e) が 290 °K に等しいシステムのノイズ指数を求めよ．

9.8 あるトランジスタが周波数 $f \ll f_\alpha$ で動作している．このトランジスタのパラメータは $r_b' = 50\,\Omega$，$\beta_o = 100$ である．コレクタ電流が次の値のときの最小ノイズ指数とソース抵抗の値を計算せよ．

a. $10\,\mu\text{A}$ のとき
b. $1.0\,\text{mA}$ のとき
注：$r_e \approx 26/I_c \; [\text{mA}]$

9.9 接合型 FET が 100 MHz で測定された以下のパラメータを持つ．$g_{fs} = 1\,500 \times 10^{-6}$ ℧，$g_{11} = 800 \times 10^{-6}$ ℧．このトランジスタがソース抵抗 $1\,000\,\Omega$ の回路で使われたらノイズ指数はいくらか？

9.10 式(9-37)を導け，図 9-4 の等価回路と式(9-1)から始めよ．

9.11 式(9-40)を導け，図 9-4 の等価回路から始めよ．

参考文献

・Friis, H. T. "Noise Figures of Radio Receivers." *Proceedings of the IRE*, Vol. 32, July 1944.
・Mumford, W. W. and Scheibe, E. H. *Noise Performance Factors in Communication Systems*. Horizon House, Dedham, MA, 1968.
・Nielsen E. G. "Behavior of Noise Figure in Junction Transistors." *Proceeding of the IRE*, vol. 45, July 1957, pp. 957-963.

- Rothe, H. and Dahlke, W. "Theory of Noisy Fourpoles." *Proceedings of IRE*, vol. 44, June 1956. "

参考図書
- Baxandall, P. J. "Noise in Transistor Circuits" *Wireless World*, Vol. 74, November–December 1968.
- Cooke, H. F. "Transistor Noise Figure." *Solid State Design*, February 1963, pp. 37–42.
- Gfeller, J. "FET Noise." EEE, June 1965, pp. 60–63.
- Graeme, J. "Don't Minimize Noise Figure." *Electronic Design*, January 21, 1971.
- Haus, H. A., et al. "Representation of Noise in Linear Twoports." *Proceedings of IRE*. Vol. 48, January 1960.
- Letzter, S. and Webster, N. "Noise in Amplifiers." *IEEE Spectrum*, vol. 7, no. 8, August 1970, pp. 67–75.
- Motchenbacher, C. D. and Connelly, J. A., *Low Noise Electronic System Design*. New York, Wiley, 1993.
- Robe, T. "Taming Noise in IC Op-Amps." *Electronic Design*, vol. 22, July 19, 1974.
- Robinson, F. N. H. "Noise in Transistors." *Wireless World*, July 1970.
- Schiek, B., Rolfes, I., and Siwevis, H. *Noise in High-Frequency Circuits and Oscillators*, NewYork, Wiley, 2006.
- Trinogga, L. A. and Oxford, D. F. "J. F. E. T. Noise Figure Measurement." *Electronic Engineering*, April 1974.
- van der Ziel, A. "Noise in Solid State Devices and Lasers." *Proceedings of the IEEE*, vol. 58, August 1970.
- van der Ziel, A. *Noise in Measurements*. New York, Wiley, 1976.
- Watson, F. B. "Find the Quietest JFETs." *Electronic Design*, November 8, 1974.

第10章
デジタル回路のグラウンド接続

　デジタルシステムも，かなりのノイズと妨害の可能性を持つ無線周波数（Radio-frequency：RF）システムである．多くのデジタル設計者はデジタル設計の課題に精通しているが，必ずしも自分が正に設計している RF システムの設計と解析の処理に関する素養を十分備えているとは限らない．それが結局，デジタル設計者を優れたアンテナ設計者にしてしまうことになるが，彼らはそれを知らない！

　その上，多くのアナログ設計者が今やデジタル回路を設計しており，グラウンド接続，電源分配や相互接続に，異なる技法が必要なことを理解していないかもしれない．たとえば，一点グラウンドはある種の低周波のアナログ回路では望ましいかもしれないが，デジタル回路では，それはノイズの結合と放射の主要な原因となり得る．

　たった数 mA の直流電流を引き込む，小さなデジタル論理ゲートは，最初は重大なノイズ源とは思えない．しかし，高いスイッチング速度とそれらを相互に連絡するインダクタンスと合わさって，主要なノイズ源となる．インダクタを通過する電流が変化するとき発生する電圧の大きさは，

$$V = L\frac{di}{dt} \tag{10-1}$$

ここで，L はインダクタンス，di/dt は電流の変化率である．たとえば，電源供給の布線のインダクタンスが 50 nH の場合を考える．論理ゲートが切り替わるとき，過渡電流が 50 mA で，ゲートが 1 ns で切り替わるとき，電源供給布線の両端に発生する電圧は式(10-1)から 2.5 V である．この結果に代表的システムのゲート数を掛け，このようなシステムの代表的供給電圧がたった 3.3 V であることを考えるとこれが主要なノイズ源であることがわかる．ノイズ電圧はシステムのグラウンド，電源や信号導線に発生する．

　10，11，12，14 章がデジタル回路の理論と設計技法を（1）グラウンド接続法，（2）電源分配，（3）放射の抑制，そして（4）サセプタビリティについておのおのカバーする．

10.1　周波数領域と時間領域

　デジタル回路の設計者は時間領域で考える．しかし，電磁環境両立性（Electromagnetic Compatibility：EMC）を考えるときは，周波数領域で考えるほうがよい．システムからの放射に対する法律上の要件は，妨害抑制部品のコンデンサ，フェライト，フィルタ，シールドの特性と同様に，周波数で規定されている．周波数領域と時間領域はフーリエ変換（Paul, 2006）で関係づけられており，12.1.3 項で論議する．

　矩形波の高調波成分は無限大まで伸びている．しかし，ある点を超えると，高調波のエネルギー成分は低くて無視できる．この地点は論理の帯域幅と考えることができ，フ

ーリエ係数が 20 dB/dec から 40 dB/dec に減衰の傾きを変えるブレークポイントが表れる（12.1.3 項で論議する）。したがって，デジタル信号の帯域幅は次式で立上り時間 t_r と関係づけることができる。

$$BW = \frac{1}{\pi t_r} \qquad (10\text{-}2)$$

たとえば，1 ns の立上り時間は 318 MHz の帯域幅と等価である。最新の集積回路（Integrated Circuit : IC）技術では，ナノ秒以下の立上り時間が一般的である。たとえば，低電圧差動信号（LVDS）は 300 ps の立上り時間を持ち，1 GHz の帯域幅に相当する。

10.2　アナログ回路とデジタル回路

アナログ回路は増幅器を含むことが多く，外部ノイズの回路への混入が少量でも妨害を引き起こす。これは非常に低い信号レベル〔mV または μV〕で動作する回路や高利得増幅器を含む回路で発生する。

それに比べ，デジタル回路は増幅器を含まず，多くのアナログ回路に比べ比較的大きな信号レベルで動作する。相補型金属酸化膜半導体（Complementary Metal-Oxide Semiconductor : CMOS）回路はノイズマージンが V_{CC} 電圧の約 0.3 倍つまり 5 V 電源では 1.5 V である。したがって，デジタル回路は，低レベルのノイズ受信には固有のイミュニティ（免疫性）を持つ。しかし，デジタル論理の供給電圧の低下傾向（たとえば 3.3 V と 1.75 V）の帰結として，この固有のノイズイミュニティは着実に低下している。

10.3　デジタル論理ノイズ

アナログ回路では，外部ノイズ源が通常は主要な懸案事項である。一方，デジタル回路では，内部ノイズ源が通常は主要な懸案事項である。デジタル回路の内部ノイズは，以下が原因である。(1) グラウンドバスノイズ（"グラウンドバウンス" と呼ばれることが多い），(2) 電源バスノイズ，(3) 伝送線路の反射，そして (4) クロストークである。この中で最も重要なグラウンドバスノイズと電源バスノイズは本章と 11 章でおのおの扱う。クロストークは 2 章でカバーし，反射はデジタル論理設計に関する多くの優れた書物において，Blakeslee (1979)，Barna (1980)，Johnson と Graham (2003) により書かれているので，この話題はここでは触れない。

10.4　内部ノイズ源

図 10-1 は四つの論理ゲートからなる簡略化されたデジタルシステムを示す。ゲート 1 の出力がハイからローに切り替わったとき，何が起こるかを考える。ゲート 1 が切り替わる前はその出力はハイで，ゲート 1 と 2 の間の配線の浮遊容量が供給電圧レベルに充電される。ゲート 1 が切り替わるときその浮遊容量は，ロー状態がゲート 3 まで転送される前に放電されなければならない。したがって，この浮遊容量を放電するために大きな過渡電流がグラウンドシステムを通過する。グラウンドインダクタンスのため，こ

の電流がゲート1と2のグラウンド端子間にノイズ電圧パルスを発生する。ゲート2の出力がローであれば，このノイズパルスが図10-1に示すように，ゲート4の入力に結合する。これがゲート4を切り替えることがあり，信号の品質問題を引き起こす。

図10-1はさらに，このグラウンドノイズに付随するほかの問題，ケーブル放射を示す。このシステムに出入りするケーブルも，図に示すようにこの回路グラウンドを基準にしている。したがって，グラウンドノイズ電圧のある割合がケーブルをアンテナとして励起し放射の原因となり，EMC問題を引き起こす。EMC問題を引き起こすのに必要なノイズ電圧は，信号の品質問題を引き起こすのに必要なノイズ電圧より約3桁小さい。グラウンドノイズ電圧を下げる最も現実的な方法はグラウンドシステムのインダクタンスを低減することである。

ゲート1の出力とグラウンド線を経由する浮遊容量からの放電経路はほとんど抵抗がない。それは高Q直列共振回路を形成し，発振しやすく，ゲート1の出力電圧を図10-2に示すように負側に振動させる。

この直列共振回路のQ（すなわち共振利得）は次式に等しい。

$$Q = \frac{1}{R}\sqrt{\frac{L}{C}} \tag{10-3}$$

抵抗やフェライトビーズによるゲート出力へのダンピングの追加（図10-2(B)参照）はこのリンギングを減らす。

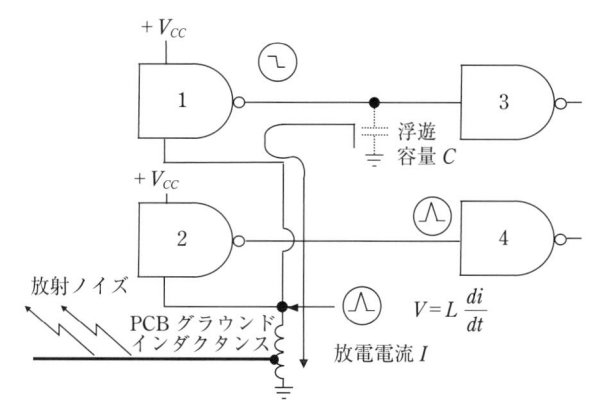

図10-1 ゲート1の出力がハイからローに切り替わったとき起こるグラウンドノイズ

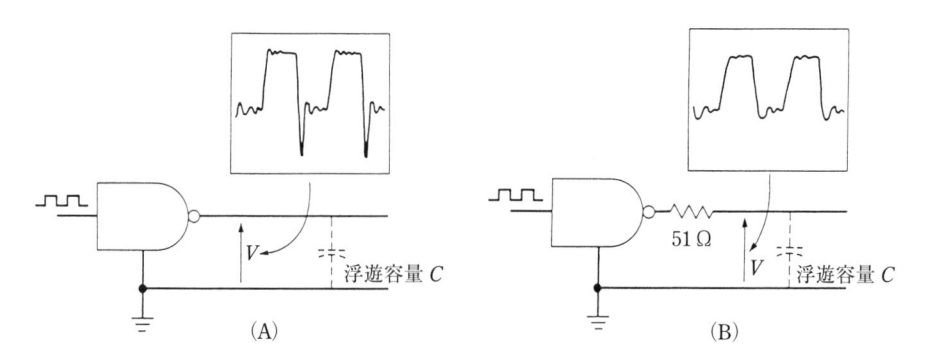

図10-2 TTL出力電圧波形，(A)浮遊容量とグラウンドインダクタンスに起因するリンギング，(B)出力抵抗追加によりダンピングされたリンギング

10.4 内部ノイズ源

トランジスタ-トランジスタ論理（Transistor-Transistor Logic：TTL）ゲートの場合，TTLは正の電源に直列に内部抵抗を持つので，図10-2に示すように，大部分のリンギングは負の遷移時に発生する。CMOS論理ゲートは内部抵抗を持たないので，リンギングは，負側と正側の両遷移で通常等しく発生する。これを図10-3に示す。

代表的トーテムポール出力回路（プルダウントランジスタの上にプルアップトランジスタ）を持つCMOSインバータ論理ゲートの回路図を示す図10-3を参照すれば，デジタル論理の第2のノイズ源は理解できる。出力がハイのとき，pチャネルトランジスタ（上部）がオンで，nチャネルトランジスタ（底部）がオフである。逆に出力がローのとき，nチャネルトランジスタがオンで，pチャネルトランジスタがオフである。しかし，切り替えの途中で，短時間両トランジスタが同時にオンの時間がある。この導通の重なりが，論理ゲート当り50～100 mAの大きな電源供給過渡電流スパイクをつくり出す。マイクロプロセサのような大規模集積回路は，過渡電源供給電流が10 Aを超えることがある。この電流は，オーバラップ電流，競合電流，貫通電流のように違う名称で呼ばれる。同様な効果がTTLおよび多くの論理ファミリーでも発生するが，TTLはトーテムポール出力回路に直列に電流制限抵抗を持つので，ピークの過渡電流は低い。しかし，CMOSの定常電流や平均電流はTTLより小さいが，過渡電流は大きいことに注意のこと。しかし，エミッタ結合論理（Emitter-Coupled Logic：ECL）はトーテムポールトポロジーを使用しないので，切り替え時に大きな過渡電流を引き込まない。

したがって，デジタル論理ゲートがスイッチするときはいつでも，電源から大きな電流を引き出す。この電流が負荷の容量を充電し，トーテムポール出力回路に短絡電流をもたらす。この電流が電源とグラウンド線のインダクタンスを通過し，供給電圧に大きな過渡電圧降下をもたらす。この大きな過渡電源供給電流はCMOS論理回路の主要なノイズ源であり，その回路からの放射ノイズに貢献する。この解決策は（11章参照）おのおのの集積回路（IC）の近傍に，過渡電流をインダクタンスである電源とグラウンドの線を通すことなく供給するための，デカップリングコンデンサやコンデンサといった電荷源を置くことである。

これら二つの内部ノイズ源で発生するノイズを最小化するために，すべてのデジタル論理システムは次のような条件で設計しなければならない。

1. 低インピーダンス（インダクタンス）グラウンドシステム

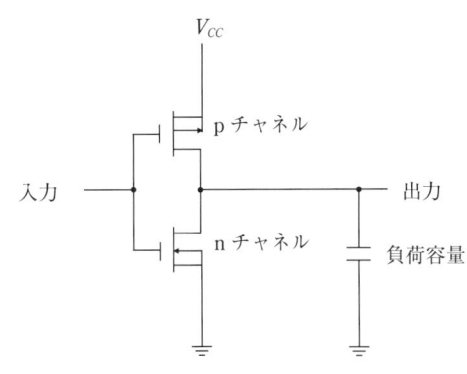

図10-3　トーテムポール出力回路を持つCMOS論理ゲートの基本回路

2. 各論理ICの近傍の電荷源（デカップリングコンデンサ）

本章は低インダクタンスグラウンドを得るための課題を扱い，11章はデカップリングや電源分配の問題を扱う．

10.5 デジタル回路のグラウンドノイズ

過渡グラウンド電流は，システム内ノイズ電圧および伝導ノイズと放射ノイズとの，主要な発生源である．過渡グラウンド電流からのノイズを最小化するには，グラウンドのインピーダンスを最小化しなければならない．代表的プリント回路板（Printed Circuit Board：PCB）トレース（1オンス銅導線，幅0.006 in，リターン導線から0.02 in）は抵抗82 mΩ/in（式(5-10)参照）とループインダクタンス15 nH/in（式(10-5)参照）を持つ．周波数に対する15 nHのインピーダンスを，これは式(10-2)により論理素子の立上り/立下り時間に関係するが，表10-1に示す．見てのとおり，1 MHz以上のすべての周波数において15 nHインダクタンスのインピーダンスは抵抗82 mΩより大きい．10 MHz以上の周波数では，そのインダクタンスはその抵抗より数桁大きい．立上り時間1 ns（式(10-2)から帯域幅318 MHz）のデジタル信号に対し，グラウンド線は約30 Ω/inの誘導性リアクタンスを持つ．したがって，デジタルプリント回路板をレイアウトする際の最大の懸案事項は，インダクタンスである．グラウンド回路のインピーダンスを最小化するには，インダクタンスを1桁以上低減しなければならない．

10.5.1 インダクタンスの最小化

インダクタンスの抑制には，それが回路の物理的特性にどのように依存するかを理解することが役に立つ．

インダクタンスは導線の長さに直接比例する．この事実は，クロックリード線，線路ドライバやバスドライバのような大きな過渡電流を運ぶ高周波リード線の長さを最小化するといったように利用することができる．しかし，これは万能な解決策ではない．なぜなら，大きなシステムではいくつかのリード線は長くなってしまうからである．これは大規模集積回路（Large-Scale Integration：LSI）が優位性を持つ理由になる．大量の回路を単一ICチップの長さに収め，その相互接続リード線のインダクタンスを大幅に低減する．

インダクタンスは導線の直径や平らな導線の幅の対数に逆比例する．電流リターンプ

表10-1　長さ1 inのプリント回路板トレースのインピーダンス（15 nH）

周波数〔MHz〕	立上り時間〔ns〕	インピーダンス〔Ω〕
1	318	0.1
10	32	1.0
30	11	2.8
50	6.4	4.7
100	3.2	9.4
300	1.1	28
500	0.64	47
1 000	0.32	94

レーンからの高さ h に位置する直径 d の単一円形導線のループインダクタンスは，

$$L = 0.005 \ln\left(\frac{4h}{d}\right) \, [\mu\mathrm{H/in}] \tag{10-4}$$

この場合 $h > 1.5\,d$ である。

PCB 上の平らな導線のループインダクタンスは，

$$L = 0.005 \ln\left(\frac{2\pi h}{w}\right) \, [\mu\mathrm{H/in}] \tag{10-5}$$

ここで，w は導線の幅。この式は長く細いトレースにのみ適用できる。$h \geq w$.

式(10-4)と式(10-5)を等しいと置くと直径 d の丸い導線と同じインダクタンスを持つ平らな導線に必要な幅を決定でき，それは，

$$2w = \pi d \tag{10-6a}$$

または，

$$w = 1.57 d \tag{10-6b}$$

トレース幅はトレースの厚みよりはるかに大きいと仮定すると，式(10-6b)は平らな導線が丸い導線と表面積が同じなら，インダクタンスも等しくなることを示す。

式(10-4)と式(10-5)における対数関係から，導線の直径や幅を増やしても，インダクタンスを大きく低減することは難しい。代表例として，直径や幅を2倍（100％の増大）にしてもインダクタンスは20％しか減少しない。インダクタンスの50％低減には寸法を1200％に増大する必要がある。インダクタンスの大幅低減が必要なとき，それを達成するには何かほかの方法を見つけなければならない。

回路のインダクタンスを下げるほかの方法は電流の流れに代替の経路を与えることである。この経路は，必ずしも物理的にではなく電気的に並列でなければならない。二つの同じインダクタンスが並列にされる場合，相互インダクタンスを無視すると，等価インダクタンスは一つの導線の半分になる。四つの経路を並列にすると，インダクタンスは1/4になる。インダクタンスは並列経路の数に逆比例するので，相互インダクタンスを抑制（最小化）できるとすると，この方法はインダクタンスの低減に有効である。

10.5.2 相互インダクタンス

二つの導線を並列にするとき，総合インダクタンスの計算に相互インダクタンスの影響を考慮しなければならない。同じ方向に電流を運ぶ二つの並列導線の正味の部分インダクタンス（L_t）は次のように書ける。

$$L_t = \frac{L_1 L_2 - M^2}{L_1 + L_2 - 2M} \tag{10-7}$$

ここで，L_1 と L_2 は二つの導線の部分自己インダクタンスで M はその間の部分相互インダクタンスである。二つの導線が同一（L_1 が L_2 に等しい）とすると式(10-7)は次のように簡略化できる。

$$L_t = \frac{L_1 + M}{2} \tag{10-8}$$

式(10-8)は相互インダクタンスが並列導線のインダクタンスの全体的な低減を抑制することを示す。そのインダクタンスが互いに近接（密結合）していると自己インダクタンス（$L_1 \approx M$）に近づき，総合インダクタンスは単一導線のインダクタンスにほぼ等

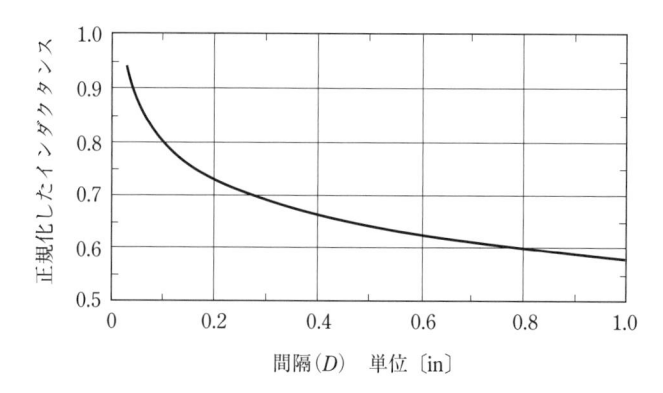

図 10-4 同一方向に電流を運ぶ並列導線のインダクタンスに対する間隔の影響。インダクタンスは単一導線のそれに正規化している。

しくなる。

導線が遠く離れると（粗結合），相互インダクタンスは小さくなり，総合インダクタンスは単一導線の初期のインダクタンスの 1/2 に近づく。したがって，導線間隔の相互インダクタンスに対する影響を決定する必要がある。

部分インダクタンスの理論（付録 E 参照）を用いて，同方向に電流を運ぶ並列導線の正味の部分インダクタンスに対する間隔の影響を決定できる。式(10-8)の部分自己インダクタンス L_1 に式(E-14)，部分相互インダクタンス M に式(E-17)を代入すると，二つの並列導線の正規化した正味の部分インダクタンスは，

$$\frac{L_t}{L_1} = \frac{\ln\left(\frac{2l}{r}\right)+\ln\left(\frac{2l}{D}\right)-2}{2\left[\ln\left(\frac{2l}{r}\right)-1\right]} \tag{10-9}$$

ここで，D は二つの導線の間隔，l はその導線の長さ（$l \gg D$）と r は各導線の半径である。

長さ 3 in で 24 番ゲージの 2 本の導線について，式(10-9)のプロットを図 10-4 に示す。見てわかるように，大部分のインダクタンス減少は最初の 0.5 in 内の間隔で見られる。0.5 in より大きな間隔は，インダクタンスをそれほど大きく減少させない。

10.5.3 デジタル回路グラウンドシステムの実際

実際の高速デジタル回路のグラウンドシステムは，相互に通信するすべての IC 間に低インピーダンス（低インダクタンス）接続を提供する必要がある。これを実現する最も実際的な方法は，できるだけ多くの（並列）グラウンド経路を提供することである。この結果は格子を使うと最も簡単に実現できる。

インダクタンス（誘導性リアクタンス）のインピーダンスは周波数に直接比例する。したがって，同じグラウンドインピーダンスを維持するには，グラウンドのインピーダンスを周波数に比例して低減する必要がある。これはデジタル論理の周波数が増大するとともに，グラウンド格子をさらに細かくして並列経路をできるだけ多く提供することを意味する。この概念を限界まで拡張すると，その結果は無限の並列回路つまりプレーン（平面）になる。グラウンドプレーンは最適な性能を提供するが，格子こそが求めら

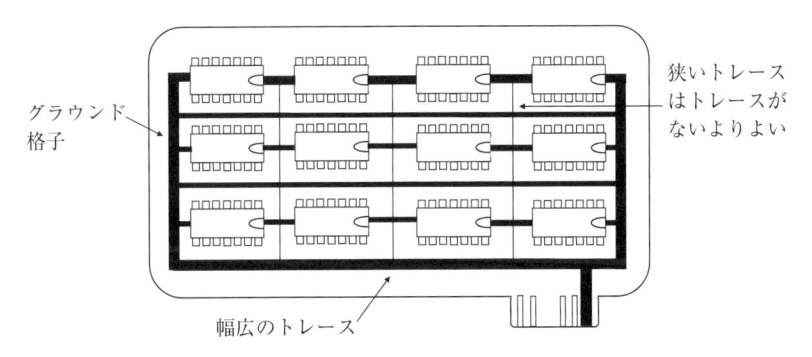

図 10-5 プリント回路板上の格子状グラウンド

れる基本的トポロジーであることを覚えておくことが重要である。

　格子は図 10-5 に示すように，基板上にグラウンドトレースを垂直と水平に配線することにより PCB 上に提供できる。両面 PCB では，水平トレースを基板の一方の面に通し，垂直トレースを他方の面に通す。両面のグラウンドトレースは，交差する地点で，めっきスルーホール（ビア）で互いに接続する。この配列は，すべての必要な信号の相互接続に十分な余地を残す。

　混み合った基板でも，基板を最初に配置するとき，ほんの少し余分な手間をかけるだけで，納得のいく格子をつくることができる。この手法を採るなら，信号経路を通す前に，最初にグラウンド格子を基板上に置くことが重要である。いったん信号導線を通した後に，基板上に格子を置くのは不可能ではないが困難である。グラウンド格子は製品に単位当りコストを追加しないので，費用対効果の高いノイズ低減技法である。

　直流電流を扱う（電圧降下を最小にする）のに必要な，主要なグラウンド分配導線は幅の広いトレースでつくるべきだが，このグラウンド格子はさらに細いトレースで結ぶことができ，これらの追加したトレースがグラウンド機構にさらに多くの並列経路を提供する。設計者にとって，グラウンド機構の一部に細い導線を使うのは気乗りしないかもしれないが，この事実を理解することは重要である。

　トレースの幅は直流や低周波に対する配慮であり，抵抗を下げるために用いられるということを自覚することが重要である。一方，トレースの格子化は高周波に対する配慮であり，インダクタンスの低減に用いられる。この二つの効果は互いに独立である。

　格子は，かなり粗い格子であっても，グラウンドノイズを一点グラウンドより 1 桁以上も低減することができる。たとえば，German（1985）の表 10-2 のデータは，同じ両面 PCB 上に同じ部品配置をした，グラウンド格子の有無による，IC の各種組み合わせのグラウンドピン間のグラウンドノイズ電圧の測定値である。この場合，最大グラウンド電位差は 1 000 mV から 250 mV に下がり，グラウンドピン IC15 と IC16 間の電圧は，グラウンド格子を導入した場合に 1 000 mV から 100 mV に低下した。その最大放射ノイズも，一点グラウンド構造の 49.2 dBμV/m からグラウンド格子の 35.8 dBμV/m に，7.1 dB 改善された。

　部分インダクタンスの理論を用い（付録 E 参照），Smith と Paul は格子間隔のインダクタンスに対する影響を研究した（1991）。その結論は，最大のグラウンドノイズ低

表 10-2　ピーク差動グラウンド電圧〔mV〕

測定位置	一点グラウンド	グラウンド格子
IC1-IC2	150	100
IC1-IC3	425	150
IC1-IC4	425	150
IC1-IC5	450	150
IC1-IC6	450	150
IC1-IC7	450	150
IC1-IC8	425	225
IC1-IC9	400	175
IC1-IC10	400	150
IC1-IC11	625	200
IC1-IC12	400	150
IC1-IC13	425	250
IC14-IC11	900	200
IC15-IC7	850	125
IC15-IC10	900	125
IC15-IC16	1 000	100

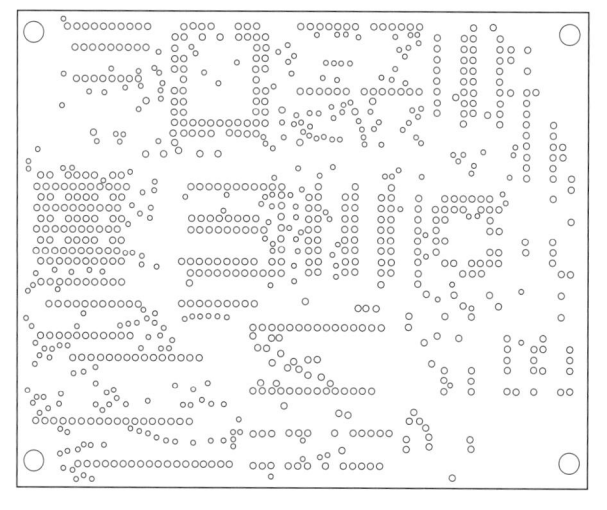

図 10-6　代表的プリント回路板のグラウンドプレーン

減を得るには，格子間隔 0.5 in 以下を用いるべきであるということである。

　グラウンドプレーンは数 10 MHz までは両面基板でうまく使用されてきた。しかし，約 5 MHz や 10 MHz 以上ではグラウンドプレーンを真剣に考慮すべきである。

　図 10-6 は代表的な PCB のグラウンドプレーンを示す。このプレーンはベタではなく穴でいっぱいである（スイスチーズによく似ている）ことに注意。この穴は，ビアまたはスルーホール部品のリードが基板を貫通する箇所に，グラウンドと短絡させないために必要である。実際，図 10-6 のグラウンド構造は，グラウンドプレーンよりも細密な格子のほうによく似ている。これは素晴らしことであり，格子は最初に切望したものだからである。

　グラウンドシステムはデジタル論理 PCB の基礎である。グラウンドシステムがよくないと，問題の修復は困難であり，初めからやり直してグラウンドを適切に実施するしかない。したがって，すべてのデジタル PCB はグラウンドプレーンまたはグラウンド格子で設計すべきである。

10.5.4　ループ面積

インダクタンスを低減するもう一つの重要な方法は，電流の流れで囲まれるループ面積を減らすことである。電流が逆方向に流れる二つの導線（たとえば信号とそのグラウンドリターントレース）の総ループインダクタンス L_t は次式に等しい。

$$L_t = L_1 + L_2 - 2M \tag{10-10}$$

ここで，L_1 と L_2 は個々の導線の部分自己インダクタンス，M はその間の部分相互インダクタンスである。二つの導線が同じだと式(10-10)は簡単になり，

$$L_t = 2(L_1 - M) \tag{10-11}$$

総ループインダクタンスを最小化するには，導線間の部分相互インダクタンスを最大にすべきである。したがって，二つの導線はその間の面積を最小にするために，できるだけ近接させるべきである。

二つの導線間の磁気結合係数 k が 1 であると，相互インダクタンスは自己インダクタンスに等しくなるので，

$$M = k\sqrt{L_1 L_2} \tag{10-12}$$

閉ループの総インダクタンスはゼロになる。高周波において，同軸ケーブルはこの理想的状態に近づく。

したがって，信号とリターンの電流経路を互いに近接させて置くことは，インダクタンス低減の効果的方法の一つである。これは密に結合されたツイストペアや同軸ケーブルで実現できる。この構成で 1 nH/in 以下のインダクタンスが可能である。

複数のグラウンドリターン経路を持つシステムのループ面積はいくらか？　関係のある領域は実際に電流が流れる経路で囲まれた総面積である（Ott, 1979）。したがって，重要なのは，電流がそのソースに戻るときに取る経路である。これが，設計者の意図しない経路であることが多い。

式(10-8)と式(10-11)を比較すると，非常に重要な結論が導かれる。**総インダクタンスを最小化するには，同じ方向に電流を運ぶ二つの導線は（たとえば二つのグラウンド線）は分離すべきである。しかし，逆方向に電流を運ぶ二つの導線は（電源とグラウンドまたは信号線とグラウンド線のような）できるだけ相互に近接させるべきでる。**

付録 E には詳細なインダクタンスの考察があり，ループインダクタンスと部分インダクタンスの重要な違いを検討する。

10.6　グラウンド電流分布とインピーダンス

グラウンドのトポロジーは高周波 PCB の性能に非常に重要であり，グラウンドプレーンは大部分の高周波 PCB に使用されるので，グラウンドプレーンの特性を理解することが重要である。たとえば，信号トレース直下のリターン電流の実際の分布はどうか，グラウンドプレーンのインピーダンスはいくらかなどである。

PCB グラウンドプレーン上の電圧降下は基板に終端するケーブルを励起し，図 10-1 に示すように，それをダイポールやモノポールのアンテナとして放射させる。長さ 1 m のアンテナが連邦通信委員会（Federal Communication Commission：FCC）の放射規制要件を超えるのに必要な電流は非常に小さく，数 μA 近辺である（表 12-1 参照）。し

たがって，非常に小さなグラウンドノイズ電圧でも重要である。なぜなら，数 mV の電圧だけでこの大きさの電流を引き起こすからである。

グラウンドプレーンは，トレースよりインダクタンスがかなり少ないことは事実であるが，グラウンドプレーンのインダクタンスも無視できない。グラウンドプレーンがインダクタンスを低減するメカニズムは，電流を拡散させて多くの並列経路を提供することである。グラウンドプレーンのインピーダンスを計算するには，プレーン内の電流分布を先に確定する必要がある。

グラウンドプレーンのインダクタンスを分析する多くの論文と記事（たとえば Leferink と van Doorn, 1993）が書かれてきた。著者たちは通常，電流がプレーンの断面全体を均一に流れることを想定しているが，これは発生しにくい。

10.6.1 基準プレーンの電流分布

10.6.1.1 マイクロストリップ線路

マイクロストリップ線路は基準プレーン上のトレースからなる。マイクロストリップ線路を取り巻く電磁界を図 10-7 に示す。表皮効果のため（6.4 節参照）高周波の電磁界はプレーンに侵入できない[1]。基準プレーン電流（リターン電流）は，隣接プレーンに電気力線が終端する所に存在する[2]。図 10-7 から，マイクロストリップトレース下の基準プレーン電流はトレース幅以上に広がって，リターン電流の流れに多くの並列経路が提供されることがわかる。しかし，基準プレーン上の電流分布は本当はどうなっているのだろうか？

Holloway と Kuester がマイクロストリップトレースの基準プレーン電流密度の表現式を導いた（1995）。評価した構成は図 10-8 に示すように，幅 w，プレーン上の高さ h

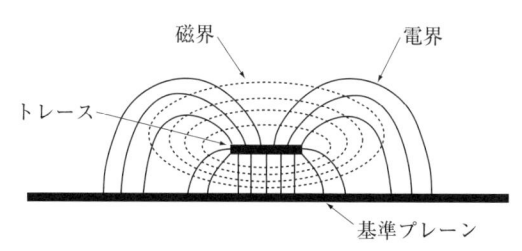

図 10-7 マイクロストリップ線を囲む電磁界

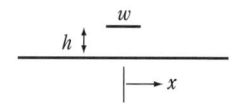

図 10-8 マイクロストリップ線路の構成

---

[1] 1 オンス銅プレーンでは，その銅プレーンが 3 表皮深さ以上の厚みを持つ 30 MHz 以上のとき，正しい。1/2 オンス銅では 120 MHz で正しく，2 オンス銅では 8 MHz 以上で正しい。

[2] これは隣接プレーンがグラウンドプレーンか電源プレーンかに関係なく正しい。したがって，この項では隣接プレーンを，グラウンドプレーンや電源プレーンでなく単に基準プレーンと呼ぶ。

10.6 グラウンド電流分布とインピーダンス

のトレースである。トレースの中心から距離 x における基準プレーンの電流密度 $J(x)$ を次式に示す。

$$J(x) = \frac{I}{w\pi}\left[\tan^{-1}\left(\frac{2x-w}{2h}\right) - \tan^{-1}\left(\frac{2x+w}{2h}\right)\right] \tag{10-13}$$

$J(x)$ は電流密度で，I はそのループの総電流である。式(10-13)の電流密度は最小のインダクタンスを生み出すに必要な分布である。この電流密度は周波数に関係なく一定になる。唯一の制約は，誘導性リアクタンスに比べプレーンの抵抗が無視できるほど，周波数が十分高いことである。一般に，これは数百 kHz 以上の周波数で発生する。

図10-9は，x/h の関数として式(10-13)を正規化したプロット $[J(x)/J(0)]$ である。プロットの縦軸はトレース中央の直下（$x = 0$）のプレーン中の電流密度で正規化しており，横軸はトレースの高さで正規化（x/h）してある。見てわかるように，大部分の電流がトレースの近くに残る。トレースの中央から，トレース高さの5倍の距離の電流密度は小さく，カーブの傾斜は非常に緩やかである。傾斜が緩やかなので，トレースの中央から離れてもいくらかの電流が残ることになる。

式(10-13)を $+x$ から $-x$ まで積分すると，トレースの中央から $\pm x/h$ 間のプレーンの部分に含まれるマイクロストリップ電流の割合が求まる。結果を図10-10に示す。ここでは水平軸はトレースの高さで正規化（x/h）されている。観測されるように，50％

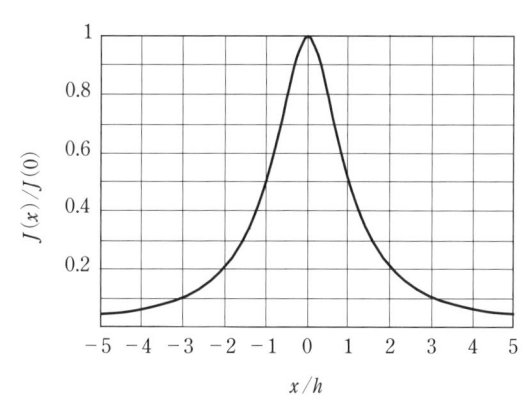

図 10-9 マイクロストリップ線路に対する基準化電源プレーン電流密度

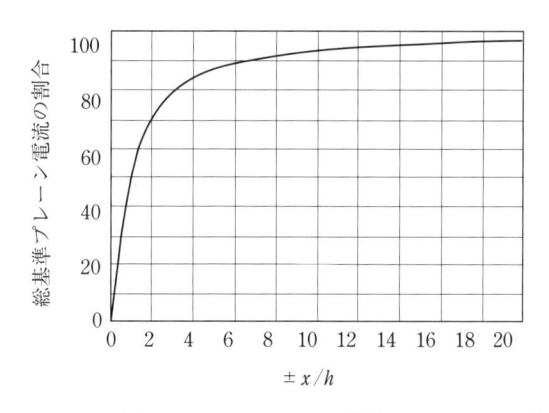

図 10-10 ±x/h 間のマイクロストリップ基準プレーン電流の積分値

の電流が±トレース高さの距離以内に，80％の電流が±トレース高さの3倍の距離以内に，97％の電流がトレース高さの±20倍以内に存在する。

トレースの幅が高さより小さい場合（$w \leq h$）は，式(10-13)は次式に近似でき，

$$\frac{J(x)}{J(0)} = \frac{1}{1+\left(\frac{x}{h}\right)^2} \tag{10-14}$$

さらに，トレースの中心線からx/hの基準プレーン電流のみを考慮すると，式(10-14)は簡単になる。

$$\frac{J(x)}{J(0)} = \frac{h^2}{x^2} \tag{10-15}$$

隣接トレース間のクロストークは，トレースがつくり出す電磁界の相互作用の結果であり，電磁界は電流の存在するところで終了する。したがって，式(10-15)は，隣接マイクロストリップ間のクロストークがトレース高さの2乗割る間隔距離の2乗であることを示す。式(10-15)は，**トレース間の距離は同じであっても，トレースを基準プレーンに近づけるほどクロストークが減る**という重要なことを明示している。これはトレースをもっと離すという場合に比べ，PCB上の価値ある地面を使いつくすことなく，クロストークを低減する効果的な方法を提供する。

10.6.1.2 ストリップライン

ストリップラインは，図10-11のように二つのプレーンの間に対称的に置かれたトレースからなる。Chris Hollowayが2000年の論文の付録で，ストリップライン構成の基準プレーン電流を導いた。トレース中央からの距離xの基準プレーン電流密度を次式で示した。

$$J(x) = \frac{I}{w\pi}\left\{\tan^{-1}\left[e^{\left(\frac{\pi(x-w/2)}{2h}\right)}\right]-\tan^{-1}\left[e^{\left(\frac{\pi(x+w/2)}{2h}\right)}\right]\right\} \tag{10-16}$$

式(10-16)は2枚のプレーンの片方だけの電流密度を示す。したがって，総基準プレーン電流密度は式(10-16)の2倍である。図10-12はストリップライン電流密度とマイクロストリップライン電流密度を比較する。これは，式(10-13)からの正規化電流密度$J(x)/J(0)$と，式(10-16)からの正規化電流密度の2倍（両プレーンの総ストリップライン電流を表す）をx/hに対してプロットする。見てわかるように，ストリップラインの場合はマイクロストリップラインの場合ほどにその電流は広がらない。さらに，トレース中央からトレース高さの4倍の距離でストリップライン電流密度がほぼゼロになることに気がつくこと。

図10-13は，式(10-16)を$+x$から$-x$まで積分した値の2倍をx/hの関数として示す。このカーブは両プレーンの総電流を示し，その電流の半分が各プレーンを流れる。このカーブはトレースの中心線から$\pm x/h$間のプレーンに含まれるストリップライン

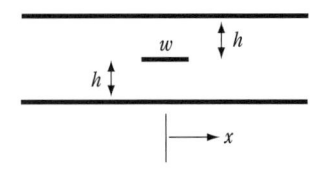

図 10-11 ストリップラインの構成

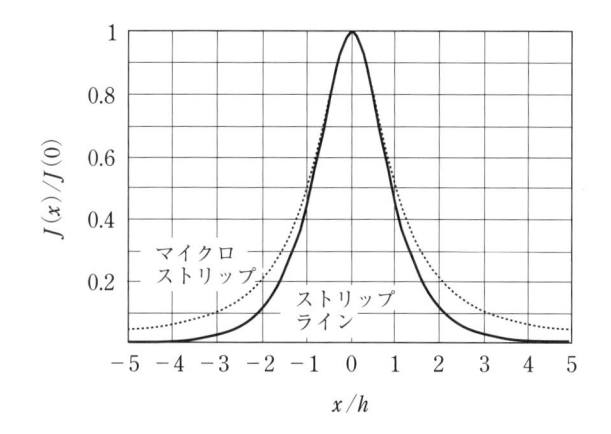

図 10-12 ストリップライン(実線)とマイクロストリップ(点線)の正規化基準プレーン電流密度

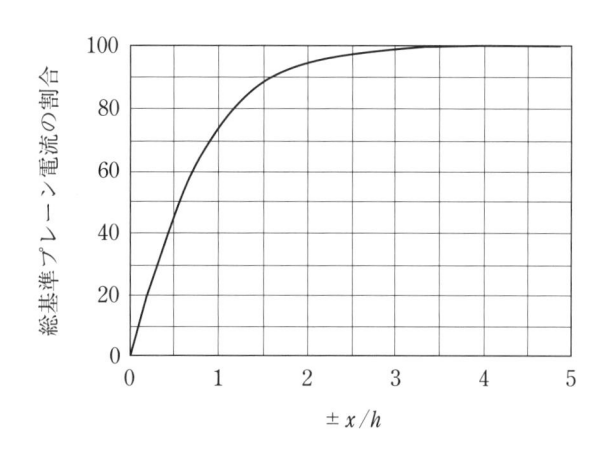

図 10-13 ±x/h間の総ストリップライン基準プレーン電流分布の積分。この電流の半分が二つのプレーンのおのおのを流れる。

のリターン電流の割合を示す。ストリップライン電流の74%が±トレース高さの距離内に含まれ,99%の電流が±高さの3倍の距離内に含まれる。したがって,ストリップラインの基準プレーン電流は,マイクロストリップラインの基準プレーン電流ほど広がらない。

10.6.1.3 非対称ストリップライン

非対称ストリップラインは図10-14に示すように,二つのプレーン間に非対称に置かれたトレースからなる。

非対称ストリップラインはデジタル論理回路基板で広く用いられ,ここでは2枚の直交して配線される信号層が2枚のプレーン間に置かれる。2枚の信号層は直交して配線

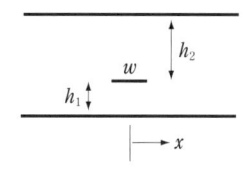

図 10-14 非対称ストリップラインの構成

されるので，その間の相互作用は最小である。この構成を用いる理由は，二つのストリップライン回路に対し3枚のプレーンではなく，2枚のプレーンだけを必要とするからである。しかし，どちらのストリップライン回路に対してもプレーンは非対称である。この構成では，h_2 は $2h_1$ に等しい。

HollowayとKuesterが非対称ストリップラインの基準プレーン電流密度の式を導いた（2007）。非対称ストリップラインに対し，トレースの中心から距離 x での，そのトレースにいちばん近いプレーンの基準プレーン電流密度を示した。

$$J_{close}(x) = \frac{I}{w\pi}\left[\tan^{-1}\left(\frac{e^{\frac{\pi(x-w/2)}{h_1+h_2}} - \cos\left(\frac{\pi h_1}{h_1+h_2}\right)}{\sin\left(\frac{\pi h_1}{h_1+h_2}\right)}\right) - \tan^{-1}\left(\frac{e^{\frac{\pi(x+w/2)}{h_1+h_2}} - \cos\left(\frac{\pi h_1}{h_1+h_2}\right)}{\sin\left(\frac{\pi h_1}{h_1+h_2}\right)}\right)\right]$$

(10-17a)

ここで，h_1 はトレースといちばん近いプレーン間の距離，h_2 はトレースと遠いほうのプレーンとの間の距離である（図10-14参照）。

トレースから遠いほうのプレーンの基準プレーン電流密度は，

$$J_{far}(x) = \frac{I}{w\pi}\left[\tan^{-1}\left(\frac{e^{\frac{\pi(x-w/2)}{h_1+h_2}} - \cos\left(\frac{\pi h_2}{h_1+h_2}\right)}{\sin\left(\frac{\pi h_2}{h_1+h_2}\right)}\right) - \tan^{-1}\left(\frac{e^{\frac{\pi(x+w/2)}{h_1+h_2}} - \cos\left(\frac{\pi h_2}{h_1+h_2}\right)}{\sin\left(\frac{\pi h_2}{h_1+h_2}\right)}\right)\right]$$

(10-17b)

図10-15は式(10-17a)と式(10-17b)の，$h_2 = 2h_1$ の場合の，x/h_1 の関数として正規化したプロットである。このプロットはトレース中央の直下（$x = 0$）の両プレーンの電流密度の総和で正規化されている。トレース直下で，約75％の電流が近接したプレーンに，25％の電流が遠いプレーン上にある。しかし，トレース高さの約3倍（h_2/h_1 の比が2の場合）以上離れると，近いプレーンと遠いプレーンの両者の電流は同じになる。

図10-16は，三つの条件すべて（$h_2 = 2h_1$ の非対称ストリップライン，ストリップライン，マイクロストリップライン）の電流密度を x/h_1 に対して示す。ストリップラインと非対称ストリップラインの場合，プロットした電流は2枚のプレーン上の電流の

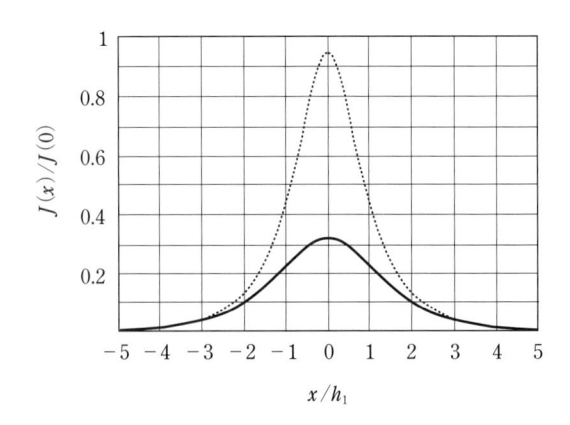

図 10-15　非対称ストリップラインの正規化基準プレーン電流密度，$h_2=2h_1$．点線は近接プレーンの電流を示し，実線は遠いプレーンの電流を示す。

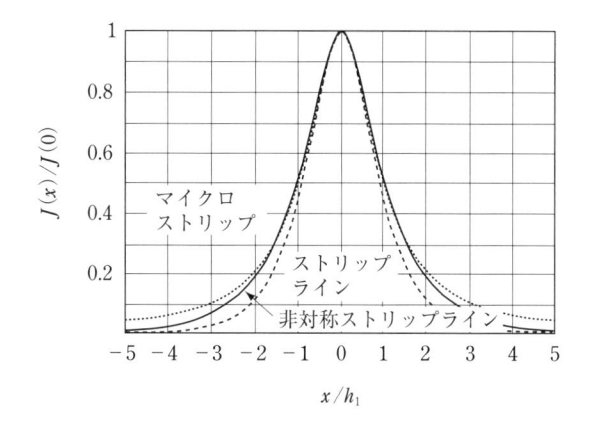

10.6 グラウンド電流分布とインピーダンス

図 10-16 マイクロストリップ（点線），ストリップライン（破線），非対称ストリップライン（実線）に対する正規化基準プレーン電流密度．ストリップラインと非対称ストリップラインのプロットは二つのプレーン電流の和である．

表 10-3 非対称ストリップラインに対する各プレーンの総電流に対する割合

h_1/h_2	近いプレーン	遠いプレーン
1	50 %	50 %
2	67 %	33 %
3	75 %	25 %
4	80 %	20 %
5	83 %	17 %

総和である．図から観察されるように，$x/2h_1$ が2以下のとき，非対称ストリップラインの電流密度はマイクロストリップラインのそれとほぼ同じである．しかし x/h_1 が4より大きくなると，非対称ストリップラインの電流密度はマイクロストリップラインよりストリップラインのほうに近づく．

式(10-17a)と式(10-17b)を $x = -\infty$ から $+\infty$ まで積分するとおのおののプレーンの総電流が求まる．積分すると，

$$I_{close} = \left(1 - \frac{h_1}{h_1 + h_2}\right)I \tag{10-18a}$$

$$I_{far} = \left(\frac{h_1}{h_1 + h_2}\right)I \tag{10-18b}$$

ここで，h_1 は近い基準プレーンからの距離，h_2 は遠いプレーンからの距離である．

表 10-3 は各プレーンの総電流の割合を h_2/h_1 比の関数として一覧表にしている．

$h_2 = h_1$ を式(10-17a)と式(10-17b)に代入すると両式ともにストリップラインの電流密度の式(10-16)になることは興味深い．同じように h_2 が ∞ に近づくことが許されると，式(10-17a)はマイクロストリップラインの電流密度の式(10-13)になる．したがって，式(10-17a)と(10-17b)は三つの一般的PCB伝送線路トポロジーのいずれに対しても基準プレーンの電流分布を与える万能な式である．

基準プレーンの電流分布に関するさらなる論議が，アナログとデジタルの混合信号PCBの配置について17章で継続される．17.2節，17.6.1項，17.6.2項を参照のこと．

10.6.2 グラウンドプレーンのインピーダンス

線路やPCBトレースのインダクタンスの計算はかなり簡単であるが，プレーンのインダクタンス計算は複雑である．1994年に，筆者はマイクロストリップグラウンドプレーンの正味の部分インダクタンスを究明する測定を実施した．

10.6.2.1 測定されたインダクタンス

グラウンドプレーンでの電圧降下は電流×インピーダンスに等しく，周波数領域で次式のように表現できる．

$$V_g = I_g[R_g + j\omega L_g] \tag{10-19}$$

ここで，R_gはグラウンドプレーンの抵抗で，L_gはグラウンドプレーンの正味の部分インダクタンスである．

インダクタンスは電流の変化率と電圧に関係する．式(10-1)がこの関係を時間領域で表現した．したがって，グラウンドプレーンの1区間での電圧降下は時間領域で表現できる．

$$V_g = L_g\left(\frac{di}{dt}\right) + IR_g \tag{10-20}$$

高い周波数を仮定するとインダクタンスの項が支配的になり，抵抗の項は無視できて次のように書ける．

$$L_g = \frac{V_g}{di/dt} \tag{10-21}$$

この仮定の有効性は10.6.2.3でさらに詳細に論議する．式(10-21)から，グラウンドプレーン電圧が測定でき，信号のdi/dtがわかれば，グラウンドプレーンのインダクタンスを求めることができる[*3]．

10 MHzの矩形波で駆動したマイクロストリップ線路の下のグラウンドプレーンの1区間での電圧降下を測定した．電流の変化率は負荷抵抗両端の信号を測定し決定した．グラウンド電圧降下とdi/dtを知り，式(10-21)を用いてグラウンドインダクタンスを計算した．

試験PCBを図10-17に示す．これは基板の上部に1本のトレースと基板の下部にグラウンドプレーンを持つ両面基板からなり，それでマイクロストリップ線路を構成する．各種の厚みのラミネート基板を使用して，トレースとグラウンドプレーンとの間の

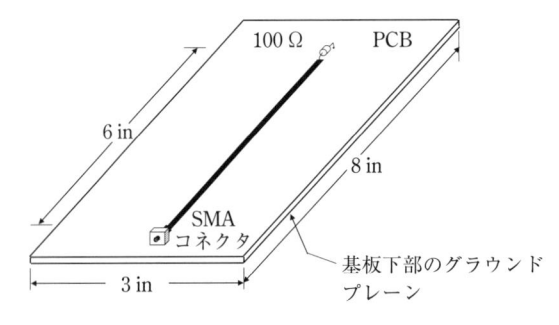

図10-17 グラウンドプレーンのインダクタンス測定用の試験基板

[*3] これを正しく行うことは難しい．ここで用いた方法を付録EのE.4節に記述した．

間隔を変えることができた。線路は長さ 6 in であり 100 Ω の抵抗で終端した。グラウンド電圧降下を測定する試験ポイントはグラウンドプレーンに沿って 1 in ごとに設けた。グラウンド電圧の測定には，グラウンドプレーンの上部（トレース側）から図 10-18 に示すように高周波 50 Ω 差動プローブを用いた。試験設定に関する詳細は付録 E の E.4 節に記載する。

図 10-19 はグラウンドプレーンのインダクタンスの測定結果を示す[*4]。このインダクタンスはトレースの中央近くのグラウンドプレーンを 1 in 間隔で測定した。図 10-19 は，相互インダクタンスの上昇の結果として，トレースの高さとともにグラウンドプレーンのインダクタンスが減少することを明示している。このインダクタンスは，トレース高さが 0.010 in から 0.060 in に変化するに伴いおよそ 0.1 nH/in から 0.7 nH/in に変化した。これに比べ，代表的な PCB トレースのインダクタンスは 15 nH/in である。**トレースの高さの減少はグラウンドプレーンインダクタンスを低減するだけでなく，もっと重要なのは，グラウンドプレーン電圧を下げることであり，これにより基板からの放射を低減することになる。**

インダクタンスは，実質的にはトレース幅には独立である。なぜなら，インダクタンスは幅の対数に関係するからである。トレース高さ 0.020 in では測定されたグラウンドインダクタンスは約 0.15 nH/in で，つまり，**一般的なトレースのインダクタンスより 2**

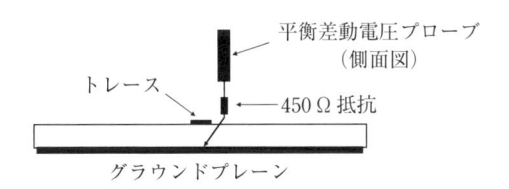

図 10-18 グラウンド電圧測定の仕組み

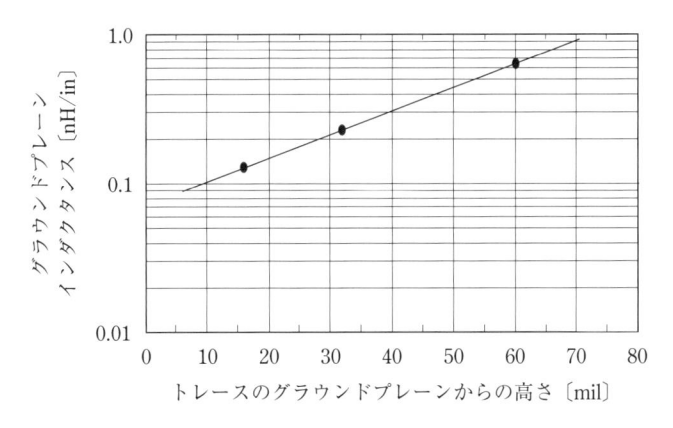

図 10-19 トレース高さ〔mil〕（1 mil = 0.001 in）に対するグラウンドプレーンインダクタンスの測定値〔nH/in〕。測定ミスと思われるのでトレース高 7 mil のデータは省略した（10.6.2.3 参照）。

[*4] 7 mil のデータポイントはこのプロットから外してある。このデータポイントに関するトラブルはグラウンドプレーンの 10.6.2.3 で論議する。

桁小さい。グラウンドプレーンのインダクタンスが低くても，それは無視できない。40 mA のデジタル論理電流が流れると，グラウンドプレーンの電圧降下は 15 mV/in と測定された。

10.6.2.2 グラウンドプレーンインダクタンスの計算値

Holloway と Kuester は先に導いたマイクロストリップグラウンドプレーン電流分布の式(10-13)を用いて，1998 年にグラウンドプレーンのインダクタンスを計算できた。しかし，含まれる積分が複雑なため，インダクタンスの閉形式表現をつくり出すことはできなかった。しかし，各種のマイクロストリップ構成に対するインダクタンスの計算値のカーブを示した。提示された一つのカーブは，図 10-19 で提示した結果を得るために測定した形状に対するものである。図 10-20 は Holloway と Kuester が 1998 年計算した結果と，OTT が 1994 年に測定した 0.050 in 幅のトレースに対する結果との比較である。この計算結果は，トレース高さ≧10 mil（1 mil = 0.01 in）についての測定結果とよく相関が取れている。

10.6.2.3 小さなトレース高さに対する食い違い

トレース高さ＜10 mil に対しては，測定値と理論的結果は異なるように見える。理論的インダクタンスは下がりつつあるが，一方高さ 7 mil のトレースのインダクタンスの測定値は 16 mil のデータポイントに比べ実際にはわずかに上昇している。最初に思いついた考えは，この測定点で測定データが間違っているということであった。これはたぶん，測定でつかめなかったなんらかの影響が，低いトレース高さで作用しているのであろう。

図 10-20 からわかるのは，トレース高さの小さい値に対するグラウンドプレーンインダクタンスは，トレースのそれ（15 nH）の 1/150（0.1 nH）に低減されたということである。さらに図 10-9 から結論できるのは，グラウンドプレーン電流が広がる程度はトレース高さの関数であること，なぜなら，電流の広がりは x/h の関数だからである。小さな高さに対し，グラウンドプレーン電流の広がりはわずかであるので，グラウンドプレーンの抵抗は増大することになる，なぜなら，電流は狭い銅の中を流れるからであ

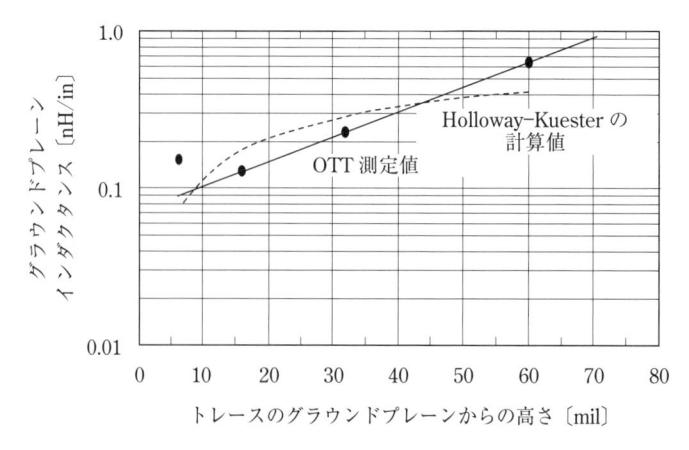

図 10-20 グラウンドプレーンインダクタンスのトレース高さに対する計算値と測定値の比較

る。上記の二つの効果（トレース高さの減少に従いインダクタンスは下がり，抵抗は増大する）により式(10-21)を見直すことになる。そして，無視していたグラウンドプレーン抵抗が測定データに影響し始めたのではないかという疑問がわいてくる。

10.6.2.4　グラウンドプレーン抵抗

HollowayとHuffordはマイクロストリップグラウンドプレーンの交流抵抗計算に必要な情報を提供した（1997）。抵抗は式(10-13)のグラウンドプレーン電流分布に基づいている。

$$R_g = \frac{2R_s}{w\pi}\left\{\tan^{-1}\left(\frac{w}{2h}\right) - \frac{h}{w}\left[\ln\left\langle 1 + \left(\frac{w}{2h}\right)^2\right\rangle\right]\right\} \quad (10\text{-}22)$$

ここで，R_sはLeontovich表面インピーダンスであり次式に等しい。

$$R_s = \frac{1}{\sigma\delta} \quad (10\text{-}23)$$

ここで，σは導電率（銅は5.85×10^7ジーメンス），δは材料の表皮深さである。式(6-11)を式(10-23)に代入すると，

$$R_s = \sqrt{\frac{\pi f\mu}{\sigma}} \quad (10\text{-}24)$$

見てわかるように，R_sは周波数の平方根に比例する。グラウンド抵抗R_gはしたがって，周波数，トレース幅，トレース高さの関数である。グラウンドプレーンの抵抗は周波数の上昇とともに増大することになる。

100 MHzにおける幅 0.010 in トレースのトレース高さに対する式(10-22)のプロットを図 10-21 に示す。トレース高さ>10 mil で抵抗は小さいが，トレース高さが小さくなると，抵抗は著しく増大する。これは，小さなトレース高さに対するインダクタンス測定にグラウンドプレーン抵抗が影響するという考えに信用性を与える。

10.6.2.5　グラウンドプレーンのインダクタンスと抵抗の比較

上述したように，グラウンドプレーンインダクタンスの閉形式の方程式はない。図10-19のデータにカーブを整合させ，次のグラウンドプレーンインダクタンス〔nH/in〕の経験式をつくり出した。

$$L_g = 0.073\times10^{15.62h} \quad (10\text{-}25)$$

ここで，hはトレースの高さ in である。

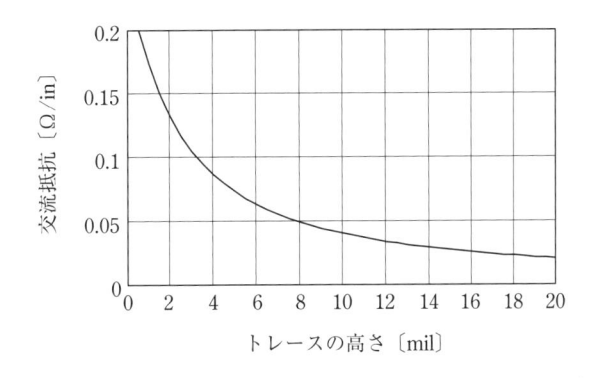

図 10-21　トレース幅 0.010 in, 100 MHz における AC グラウンドプレーン抵抗〔Ω/in〕トレース高さ〔in〕の関数として。

式(10-25)は 0.050 in 幅のトレースに対するものであるが，Holloway と Kuester はインダクタンスがトレース幅に対し鈍感であることを示した (1998)．これは OTT の実験から導かれた．トレース幅を 1 桁増大してもインダクタンスの増加は 5 ％以下である．したがって，トレース幅に関係なく，式(10-25)はグラウンドプレーンインダクタンスの妥当な近似として用いられることになる．

グラウンドプレーンの誘導性リアクタンスは，したがって，

$$X_{Lg} = 2\pi f L_g = 4.59 \times 10^{-10} f 10^{15.62 h} \tag{10-26}$$

図 10-22 は，0.010 in 幅トレースの 100 MHz における，グラウンドプレーンの誘導性リアクタンス X_{Lg}（式(10-26)）とグラウンドプレーン抵抗 R_g（式(10-22)）の，トレース高さに対するプロットである．

図 10-22 を見てわかるように，グラウンドプレーンからのトレース高さが低くなるに従い誘導性リアクタンスも減少するが，グラウンドプレーン抵抗は低いトレース高さに対し著しく増大する．図 10-22 はさらに，0.010 in 幅のトレースの 100 MHz におけるグラウンドプレーン抵抗が，高さ約 6.5 mil の所でグラウンドプレーンの誘導性リアクタンスと等しくなることを示す．このトレース高さ以下では，グラウンドプレーン抵抗の大きさはグラウンドプレーン誘導性リアクタンスより大きい．

図 10-23 は周波数 200 MHz における同様のプロットである．図 10-22 と図 10-23 を比較してわかることは，周波数が上がると，誘導性リアクタンスよりグラウンドプレー

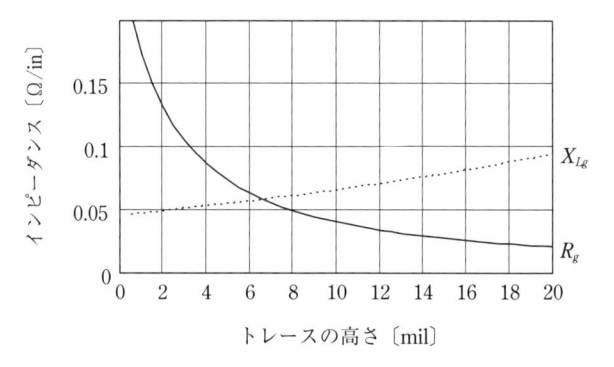

図 10-22 0.010 in 幅トレースに対し，トレース高さ〔mil〕の関数として 100 MHz におけるグラウンドプレーンリアクタンス X_{Lg} と抵抗 R_g

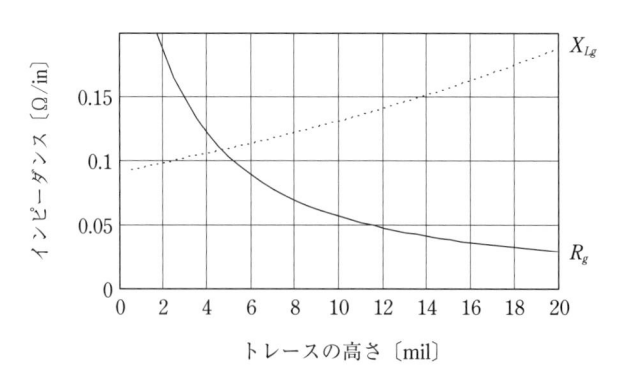

図 10-23 0.010 in 幅トレースに対し，トレース高さの関数として 200 MHz におけるグラウンドプレーン誘導性リアクタンス X_L と抵抗 R_g

ン抵抗が大きくなるトレース高さが下がるということである．図 10-22 と図 10-23 は，一般的には 9 mil 以下の**低いトレース高さでは，グラウンドプレーン抵抗が支配的になる**ことを示す．これは，グラウンドプレーンインダクタンスは，低いトレース高さでは予期される測定値よりも高いことの説明になる．上記の重要性は，トレースをグラウンドに近づけることによって，**グラウンドプレーンインピーダンスをどれだけ低くできるかに限界がある**ことである．

グラウンドプレーン抵抗（式(10-22)）は式(10-13)の電流分布に基づき，図 10-21 に示してある．この分布の算出にあたり，Holloway と Kuester はグラウンドプレーンインダクタンスが支配的インピーダンスだと仮定した（1997）．言い換えると，電流分布は最小インダクタンスに必要とされるものに基づいて計算され，グラウンドプレーン抵抗はその電流分布を基に計算された．したがって，電流分布は，抵抗が誘導性リアクタンスに比べ無視できる限りにおいて正確である．上に示したように，これが正しいのは，この抵抗値が誘導性リアクタンス値に等しいところよりトレース高さが大きな場合だけである．したがって，**図 10-20 でプロットしたインダクタンスの測定値と計算値は，低いトレース高さ（<10 mil）の場合はともに誤りである．**

10.6.2.6 臨界の高さ

交流抵抗が誘導性リアクタンスと同じになるトレース高さを臨界高さと定義し，h_C と名付ける．上記の論議は，トレース高さが h_C 以下のときのグラウンドプレーンの電流分布はどうなっているかという疑問につながる．現時点でこの疑問に対する答えはわからないが，起こりそうな可能性について推測することができる．図 10-21 で示したように，小さなトレース高さに対し，抵抗が上昇し続けるとは思われない．なぜなら，式 (10-22) は図 10-9 の電流分布に基づいており，これはトレース高さが臨界の高さ h_C より低いとき正しくないと結論づけたものである．

しかし，推測に基づいて次のように議論することができる．

h_C 以下のトレース高さでは抵抗が支配的である．今，トレースの高さを少しずつ低くしたと仮定しよう．グラウンドプレーン電流は図 10-9 で示した以上に広がろうとし，抵抗（これが今や支配的である）を下げようとするであろう．しかし，電流がさらに広がろうとするとインダクタンスが増加して，抵抗はもはや支配的ではなく，したがって電流は広がらなくなる．しかし，インダクタンスの観点からは電流は広がりを狭めようとする（図 10-9 に示すように）．しかし，そうなると抵抗がさらに増大することになり，電源は広がらない．この一連の理由づけを進めると，トレース高さをもう少し低くすると，唯一の論理的結論に達する．すなわち，**トレースをこの臨界値よりも低くしても，電流分布は大きく変化しない．**

上記の推測に基づく議論から，以下の結論を得る．トレースの高さ h_C 以下では電流分布は一定になり，したがってグラウンドインピーダンスも一定になる．言い換えると，**トレースの高さを変えてグラウンドプレーンインピーダンスを下げられる量には限界がある．**トレース高さ h_C 以下では，グラウンドインピーダンスは下がることなく一定になる．

グラウンド抵抗とグラウンドインダクタンスは臨界高さで大きさが等しく，位相が90°ずれていて，この高さでのグラウンドインピーダンスは $1.41\,X_{Lg}$（または $1.41\,R_g$）である。臨界高さの値はトレース幅と周波数の両者の関数である。しかし，トレース幅の変化量は小さく無視できる。

図 10-24 は 0.010 in 幅トレースの周波数対臨界高さ（h_C）の値を示す。トレース高さがこの値以下になると，グラウンドインピーダンスはもう下がらず，一定のままである。

図 10-25 は 0.010 in 幅のトレースの臨界高さ（ここでは $R_g = X_{Lg}$）における R_g（または X_{Lg}）の周波数に対する値のプロットである。この点におけるグラウンドプレーンインピーダンスは $1.41\,R_g$ に等しい（これは $1.41\,X_{Lg}$ にも等しい）。このインピーダンスが周波数とともに直線的に上昇することに注意。

上記を要約すると，大きなトレース高さでは，グラウンドプレーンインピーダンスが支配的なインピーダンスである。トレースがグラウンドプレーンに近づくと，インダクタンスは減少するがグラウンドプレーン抵抗が上昇する。最終的に（トレース高さ h_C で）抵抗が誘導性リアクタンスに等しくなり，トレース高さを下げても，インピーダンスがそれ以上は下がらない点に達する。

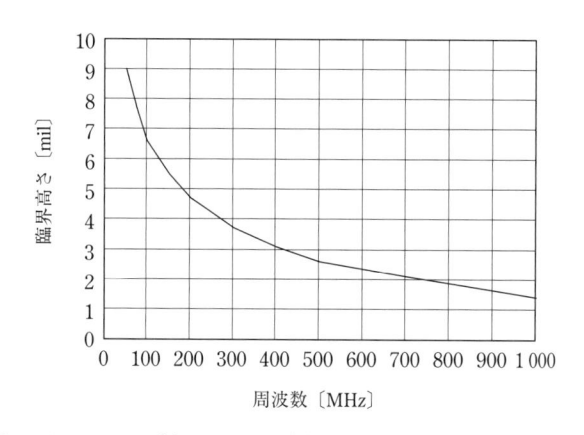

図 10-24 0.010 in 幅トレースに対する周波数を関数とする臨界高さ

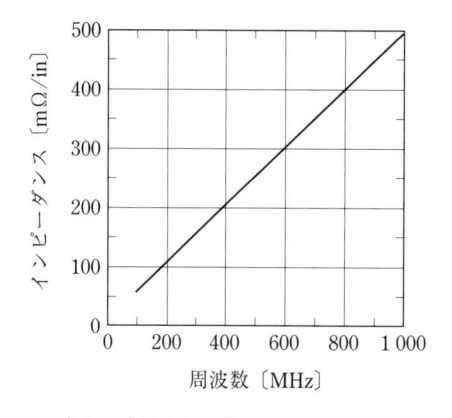

図 10-25 トレース高さが臨界高さに等しいとき，0.010 in 幅トレースに対し周波数対グラウンドプレーンインピーダンス（R_g と X_{Lg}）

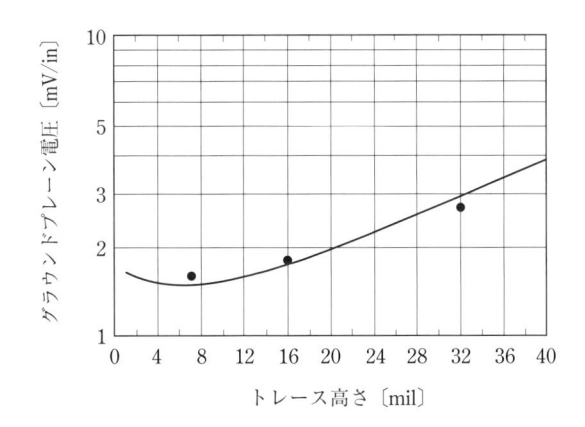

図 10-26 0.050 in 幅トレースに対し，50 MHz で計算したグラウンドプレーン電圧〔mV/in〕。測定値を点で示す。

10.6.3 グラウンドプレーン電圧

EMC の観点から，最も重要なのはグラウンドプレーンインピーダンスではなく，そのインピーダンスで発生するグラウンドプレーンの電圧降下である。このグラウンドプレーン電圧が PCB に接続されたどんなケーブルをも励起し，コモンモード放射の原因となる（12.3 節と図 12-2 参照）。今やグラウンドプレーン電圧を計算するのに十分な情報を得た。式(10-22)と式(10-25)を式(10-19)に代入して，グラウンドプレーン抵抗とグラウンドプレーンインダクタンスの合成効果に起因するグラウンドプレーン電圧の式を得る。

$$V_g = I_g \left\langle \frac{2\sqrt{\frac{\pi f \mu}{\sigma}}}{w\pi} \left\{ \tan^{-1}\left(\frac{w}{2h}\right) - \frac{h}{w}\left[\ln\left\langle 1+\left(\frac{w}{2h}\right)^2\right\rangle\right]\right\} + j\omega 0.073 \cdot 10^{15.62h} \right\rangle \quad (10\text{-}27)$$

図 10-26 は式(10-27)のプロットであり，幅 0.05 in のトレースに 50 MHz，40 mA のグラウンド電流が流れたときの値である。同じ構成でグラウンドプレーン電圧を測定した。図 10-26 に点で示す測定電圧は計算結果とよく一致する。

10.6.4 末端効果

グラウンドプレーン電流分布とグラウンドプレーンインピーダンスに関するこれまでの議論や事実上すべてのほかの公表された論文は，図 10-8 に示した単純な断面構造を解析するだけで，ビアを通してグラウンドプレーンに電流が流れ込み，流れ出る，トレースの始まりと終わりで何が起こるかを考慮していない。

図 10-27 は，マイクロストリップトレース下のグラウンドプレーン電流分布の単純な表現である。トレースの端から遠く離れた所から，電流は式(10-13)で定義され図 10-9 に示された電流分布で広がる。グラウンドプレーンインダクタンスを下げるのは電流の拡散であるので，電流が圧縮されてビア上のプレーンに流れ込み，流れ出る必要がある各末端で何が起こるだろうか？ 電流の広がりがインダクタンスを下げるなら，末端での電流の圧縮はインダクタンスを上昇させる必要がある。したがって，**トレースの全長に沿う総グラウンドプレーンインダクタンスは，主として各末端での大きなインダクタ**

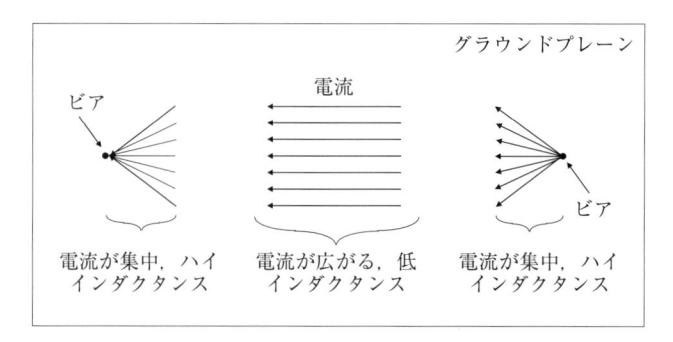

図 10-27 マイクロストリップトレースの下のグラウンドプレーン電流の表示。

ンスにより決定され，これはビアの大きさに電流を圧縮することにより発生する。

　グラウンドプレーンインダクタンスがビアの近傍で上昇するという仮説を確かめるために，グラウンドプレーンの 1 in 間隔のインダクタンス測定を，ビアからの各種距離で実施した。ビアの近傍では，1/2 in 間隔と 1/4 in 間隔で実施した。結果を図 10-28 にプロットした。水平軸上に示した距離は測定間隔の中心までの距離である。見てわかる

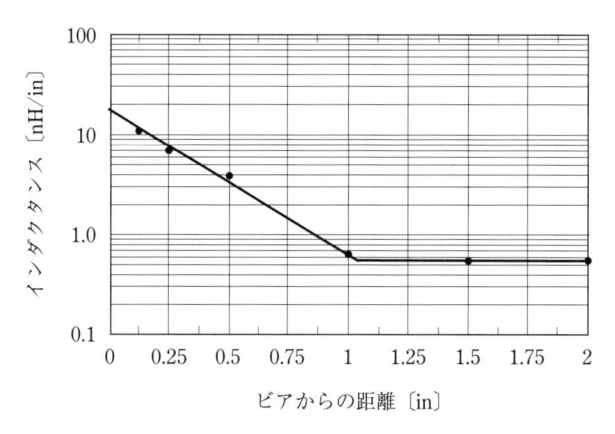

図 10-28　ビアからの距離を関数とするとグラウンドプレーンインダクタンス

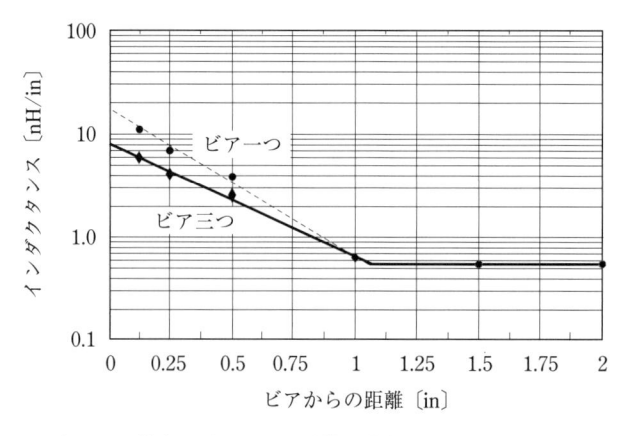

図 10-29　ビア一つと三つの場合，ビアからの距離に対するグラウンドプレーンインダクタンス。破線がビア一つ，実線がビア三つである。

ように，ビアから遠く離れるとインダクタンスは小さく一定である．しかし，ビアからの距離が小さくなるとインダクタンスは上昇する．この場合，電流の集中によるグラウンドプレーンインダクタンスの上昇は，ビアから 1 in 以内で発生する．ビアからゼロの距離で，このカーブがトレースのインダクタンスである 15 nH/in に近づくことは興味深い．

複数ビアを使用してこの影響を減らすことができる．なぜなら，電流はそれほど圧縮される必要がないからである．図 10-29 は単一ビアと 3 個のビアについて，ビアからの距離に対して測定されたインピーダンスを示す．この複数ビアの例は，トレースに垂直な線に沿って，0.1 in 離れた三つのビアからなる．ビアから距離ゼロの三つのビアの場合のグラウンドプレーンインダクタンスは，一つのビアの場合の約 1/2 である．

しかし，多くの場合混み合った高密度 PCB での複数ビアの使用は現実的でない．しかし，デカップリングコンデンサの場合，基板上の空間が許せば，デカップリングコンデンサと直列のインダクタンスを下げて有利になるので，11.7 節で論じるように，複数ビアの使用は非常に望ましい．

10.7　デジタル論理電流の流れ

前節で論じたように，高周波電流の最低インピーダンス（インダクタンス）の信号リターン経路は，信号トレースに直接隣接するプレーン内にある．図 10-30 に示した 4 層 PCB 積層の場合，最上層の信号に対するリターン電流経路は電源プレーンになる．先に論議したように，マイクロストリップトレース上の信号に起因する電気力線は図 10-7 に示したように，プレーンの目的に関係なく，隣接のプレーン上で終端する．表皮効果のため，高周波では電界はプレーンに侵入できないので，信号は電源プレーンの下にグラウンドプレーンがあることを知らず，したがってリターン電流は電源プレーン上を流れる．これは問題を起こさないであろうか？　リターン電流はグラウンドプレーン上を流れるほうがよいのではなかろうか？　この疑問に答えるには，まずデジタル論理信号電流が実際にどのように流れるかを分析する必要がある．

多くの技術者と設計者は，デジタル論理電流がどのようにどこを流れるか，デジタル論理の電流源は何かについて混乱している．まず，**ドライバ IC は電流源**でないことを説明しよう．IC は直流電流のスイッチとして機能するにすぎない．電流源はデカップリングコンデンサやトレースと負荷の寄生容量である．

ノイズや EMC の観点から過渡（スイッチング）電流のみが重要であり，過渡電流の流れは線路の末端の負荷に依存しない（図 5-19 関連の論議を参照）．線路の伝搬時間は有限なので，過渡電流は信号が線路を横断し終わるまで負荷のインピーダンスが何であるかを知らない．

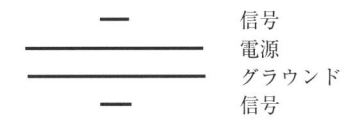

```
━━━　　　信号
━━━━━　電源
━━━━━　グラウンド
━━━　　　信号
```

図 10-30　一般的 4 層プリント回路板の積層

リターン電流経路は，伝送線路，ストリップライン，マイクロストリップのトポロジーおよび論理の遷移がハイからローかローからハイかに関係する。さらに，マイクロストリップ線路の場合，リターン電流の経路はトレースがグラウンドプレーンと電源プレーンのどちらに隣接するかに関係する。ストリップラインの場合は，そのトレースが二つのグラウンドプレーンの間か，二つの電源プレーンの間か，グラウンドプレーンと電源プレーンとの間に位置するかに関係する。

図 10-31 は CMOS 論理ゲートの回路を示し，その出力信号トレースが電源プレーンとグラウンドプレーンの間に位置し，これはストリップライン構成である。さらにこの図に含まれているのは，負荷の IC，ソースのデカップリングコンデンサ，信号トレースの寄生容量と負荷容量である。図 10-32 から図 10-37 は各種の構成可能な論理電流経路を示す。

10.7.1 マイクロストリップ線路

図 10-32 はグラウンドプレーンに隣接したストリップライン上を流れるローからハイへの遷移電流経路を示す。見てわかるように，電流源はデカップリングコンデンサである。電流は CMOS 論理ゲートの上部トランジスタ通して信号トレースを負荷のほうに

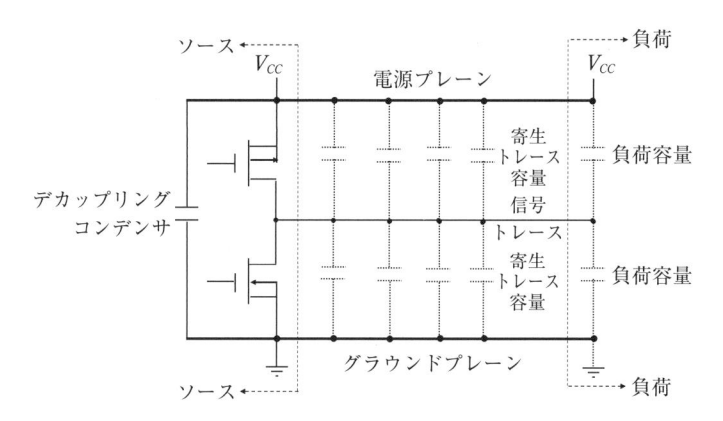

図 10-31 電源とグラウンドのプレーンとの間に位置するストリップラインを駆動する CMOS 論理ゲート回路

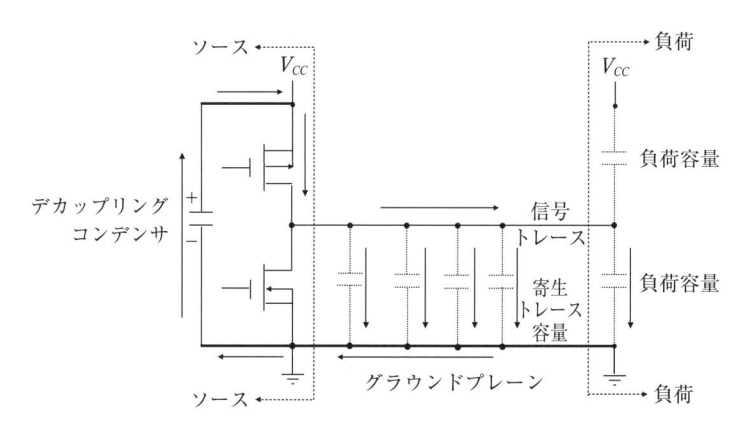

図 10-32 ローからハイの遷移時に，グラウンドプレーンに隣接するマイクロストリップ上の電流の流れ

流れ，トレースとグラウンドの浮遊容量[*5]を通り，グラウンドプレーン上をデカップリングコンデンサへと戻る。

図 10-33 はグラウンドプレーンに隣接するマイクロストリップ線路上のハイからローへの遷移時の電流経路を示す。見てわかるように，電流源はトレース–グラウンド間の寄生容量である。電流は信号トレースをドライバ IC に向かって流れ，CMOS ドライバの下部トランジスタを通り，トレース–グラウンド間の容量を短絡して電流の流れを形成する。この場合，デカップリングコンデンサはこの電流経路に含まれないことに注意。

図 10-34 は電源プレーンに隣接するマイクロストリップ線路上をローからハイへの遷移で流れる電流経路を示す。図からわかるように，電流源はトレース–電源プレーン間の寄生容量である。電流は電源プレーンをソースに向かって流れ CMOS ドライバの上

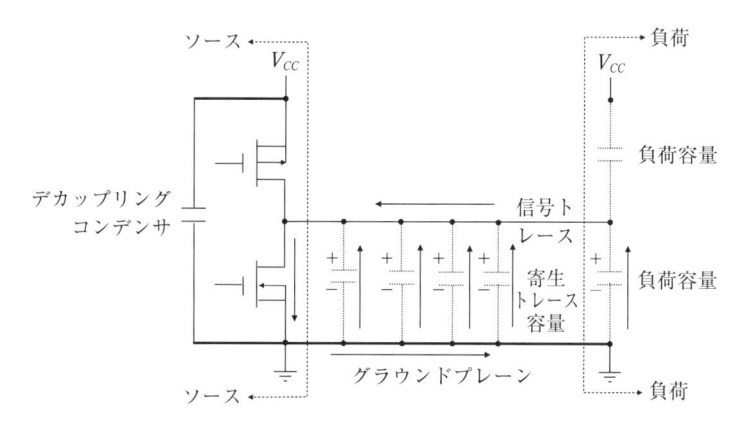

図 10-33 ローからハイへの遷移時に，グラウンドプレーンに隣接するマイクロストリップラインに流れる電流

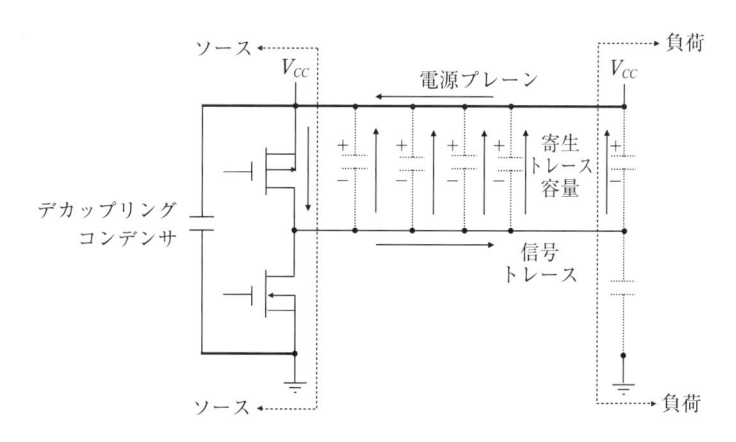

図 10-34 ローからハイへの遷移時に，電源プレーンに隣接するマイクロストリップ線路上を流れる電流

[*5] 本章では，トレースとグラウンドの寄生容量をいうときは，いつでも寄生トレース容量 + 負荷容量を意味する。

部トランジスタを通り，信号トレース上を戻る。この場合，CMOS ドライバの上部トランジスタがトレース-電源プレーン間の容量を短絡して電流の流れをつくる。前の例と同じく，デカップリングコンデンサはこの電流経路に関わらない。

図 10-35 は電源プレーンに隣接するマイクロストリップ線路上のハイからローへの遷移で流れる電流経路を示す。図からわかるように，電流源はデカップリングコンデンサである。電流は電源プレーンを流れ，トレース-電源プレーン間の容量を通り，信号トレース上をドライバ IC に戻り，ドライバの下部トランジスタを通り，デカップリングコンデンサへ戻る。

10.7.2　ストリップライン

図 10-36 は電源とグラウンドの両プレーンに隣接するストリップライン上のローからハイへの遷移に対する電流経路を示す。図からわかるように，電流源はデカップリングコンデンサとトレース-電源プレーン間の寄生容量である。デカップリングコンデンサ電流（実線の矢印）は CMOS ドライバの上部トランジスタを通り，信号トレースを負荷に向かって下り，トレースとグラウンドプレーン寄生容量を通り，グラウンドプレーン上をデカップリングコンデンサへと戻る。トレース-電源プレーン間容量電流（破線

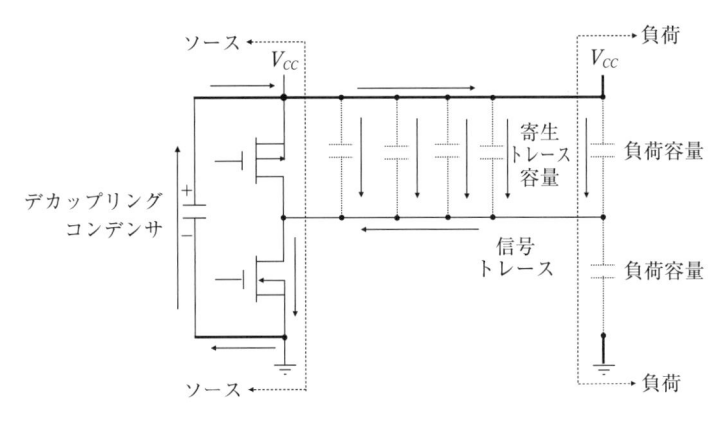

図 10-35　ハイからローへ遷移時に，電源プレーンに隣接するマイクロストリップライン上の電流の流れ

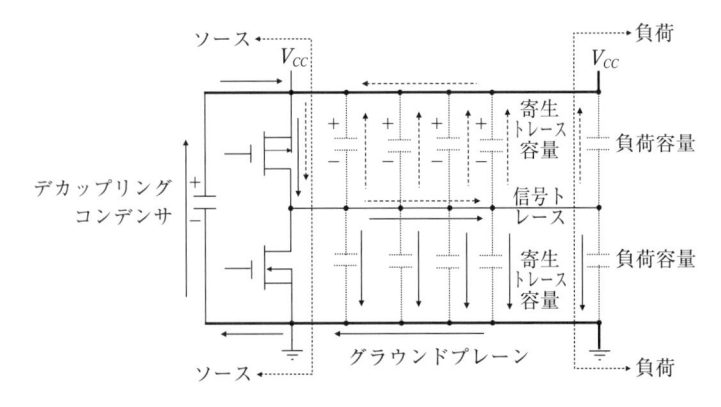

図 10-36　ローからハイへの遷移時に，グラウンドと電源プレーンに隣接するストリップライン上の電流の流れ

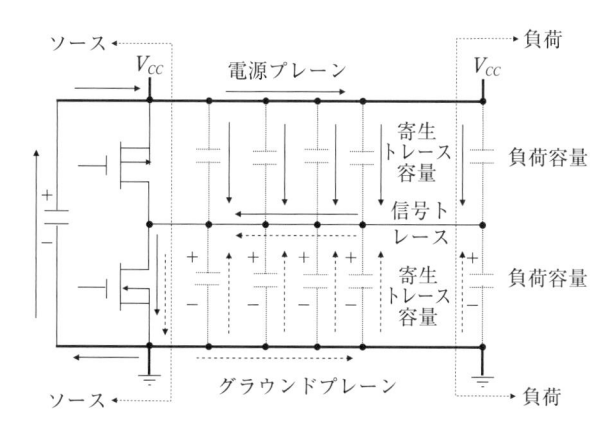

図10-37 ハイからローへの遷移時に，グラウンドと電源プレーンに隣接する
ストリップライン上を流れる電流

矢印）は電源プレーン上をドライバICに向かって戻り，上部ドライバトランジスタを通り信号トレース上を戻る。この構成では，電流はグラウンドと電源の両プレーンを流れ，両プレーンの電流は同じ方向に流れることに注意．この場合負荷からソースに向かってである。

図10-37は電源とグラウンドの両プレーンに隣接するストリップ線路上をハイからローへの遷移で流れる電流経路を示す．図からわかるように，電流源は**デカップリングコンデンサ**と**トレース-グラウンドプレーン間**の容量である．デカップリングコンデンサ電流（実線矢印）は電源プレーンを下り，トレース-グラウンドプレーン間の容量を通り，信号線をドライバICへ戻りCMOSドライバの下部トランジスタを通り，デカップリングコンデンサに戻る．トレース-グラウンドプレーン間の容量電流（破線矢印）は，信号線をドライバICへ戻りCMOSドライバの下部トランジスタを通り，デカップリングコンデンサに戻る．この構成では電流はグラウンドと電源の両プレーンを同じ方向に流れることに注意．この場合電流方向はソースから負荷方向である．

二つのグラウンドプレーンを基準に取るストリップ線路の場合，電流源と電流経路は，一つのグラウンドプレーンを基準とするマイクロストリップ線路の場合（図10-32と図10-33）と同じである．ただし，ストリップ線路の場合，各プレーンが総電流の半分を運ぶことを除く．二つの電源プレーンを基準とするストリップ線路の場合，電流の流れは，一つの電源プレーンを基準とするマイクロストリップ線路（図10-34と図10-35）と同じである．ただし，ストリップ線路の場合，各プレーンが総電流の半分を運ぶことを除く．

ストリップ線路の場合はすべて，電流は二つの異なる信号ループを流れ，二つのループの電流は逆方向に流れ，一つは反時計方向（Counter Clockwise：CCW），ほかは時計方向（Clockwise：CW）であり，その上各ループは総電流の半分しか流れない．したがって，二つのループからの放射は低減され互いに打ち消す方向にある．したがって，ストリップライン構成はマイクロストリップライン構成より放射がかなり少ない．その上，発生する放射に対し2枚のプレーンがシールドを提供する．これが放射をさらに減少させる．

表 10-4 デジタル論理電流の流れ

構成	基準プレーン	遷移	電流源	リターン電流経路
マイクロストリップ	グラウンド	ローからハイ	デカップリングコンデンサ	グラウンドプレーン
マイクロストリップ	グラウンド	ハイからロー	寄生トレース容量	グラウンドプレーン
マイクロストリップ	電源	ローからハイ	寄生トレース容量	電源プレーン
マイクロストリップ	電源	ハイからロー	デカップリングコンデンサ	電源プレーン
ストリップライン	電源とグラウンド	ローからハイ	デカップリングコンデンサと寄生トレース容量	電源プレーンとグラウンドプレーン
ストリップライン	電源とグラウンド	ハイからロー	デカップリングコンデンサと寄生トレース容量	電源プレーンとグラウンドプレーン
ストリップライン	グラウンドとグラウンド	ローからハイ	デカップリングコンデンサ	グラウンドプレーン
ストリップライン	グラウンドとグラウンド	ハイからロー	寄生トレース容量	グラウンドプレーン
ストリップライン	電源と電源	ローからハイ	寄生トレース容量	電源プレーン
ストリップライン	電源と電源	ハイからロー	デカップリングコンデンサ	電源プレーン

10.7.3 デジタル回路電流の流れのまとめ

上記の諸例から，1枚または複数の基準プレーンがグラウンドか電源かの違いは，電流に差異を与えないと結論できる。上記のすべての例で，電流が直接発生源に小さなループ面積で戻ることに支障はない。電流が発生源に戻るに際し，その道を外れ，大きなループ面積を通して流れなければならない例はない。したがって，基準プレーンが電源かグラウンドかは問題でない。

表 10-4 はその結果を示し，上記で論議した 10 例について電流源とリターン電流経路を掲載した。

ローからハイへの遷移を含むすべての例について，電流は電源ピンからドライバ IC に入り，信号ピンからドライバ IC を出る。また，ハイからローへの遷移を含むすべての例で，電流はドライバ IC に信号ピンから入り，グラウンドピンからドライバ IC を出る。これはどのような基準プレーンが使用されるかやその構成に関係なく起こる。

要約

- 高速のスイッチング速度のため，デジタル論理は放射ノイズの主要な発生源である。
- デジタルシステムはアナログシステムとは異なるグラウンド接続技法を必要とする。
- EMC 問題を引き起こすのに必要なノイズ電圧は，信号の品質問題に必要な電圧より約 3 桁少ない。
- ノイズ抑制に関し，デジタル論理システムの配置で，唯一最も重要な配慮事項はグラウンドインダクタンスの最小化である。
- デジタルシステムのグラウンドインダクタンスはグラウンド格子やグラウンドプレーンを用いて最小化できる。
- グラウンドプレーンはグラウンドトレースより通常 2 桁小さいインダクタンスを持つ。
- グラウンドプレーンインダクタンスは小さいとはいえ，なお無視できない。
- グラウンドプレーンインダクタンスが非常に小さい理由は，電流がプレーン中に広がることができるからである。

- トレースとリターンプレーンとの間の距離を離すと，リターンプレーンインダクタンスも増大する。
- 高周波信号の最低インピーダンスリターン経路は信号トレース直下のプレーンである。したがって，デジタル論理電流はそのトレースに隣接するプレーン上を戻り，そのトレースの両側にある距離まで広がる。
- 次は，リターン電流の広がりが少ない順に並べた伝送線路トポロジーのリストである。
    - ストリップライン
    - 非対称ストリップライン
    - マイクロストリップ
- ストリップラインでは，99％のリターン電流がプレーン上でトレース高さの±3倍の距離に含まれる。
- マイクロストリップ線路では，97％のリターン電流がプレーン上でトレース高さの±20倍の距離に含まれる。
- 基準プレーンからのトレース高さの低減は，
    - プレーンのインダクタンスを下げる。
    - プレーン中の電圧降下を減らす。
    - 放射ノイズを減らす。
    - 隣接トレース間のクロストークを減らす。
- 通常 0.010 in 以上の大きなトレース高さでは，リターンプレーンのインダクタンスがプレーンの主要なインピーダンスとなる。
- しかし，ある限界高さ以下では，グラウンドプレーン抵抗が主要なインピーダンスとなる。
- 電流がビアの所でプレーンに流れ込むか流れ出す。ビア近傍でのグラウンドプレーン電流の圧縮はプレーンのインダクタンスを増大する。
- 多くの技術者たちは，デジタル論理電流がどのようにどこを流れるかとデジタル論理電流源が何であるかについて混乱している。
- ノイズまたは EMC の観点から過渡（スイッチング）電流のみが重要である。
- デジタル論理の電流源は論理ゲートではない。
- 電流源は（1）デカップリングコンデンサと（2）トレースの浮遊容量と負荷の容量，またはそのどちらかである。
- 基準プレーンが電源かグラウンドのいずれであるかは電流の流れに影響しない。
- 類似の寸法構造のストリップラインからの放射は，マイクロストリップからの放射より非常に少ない。

問題

10.1 低いインダクタンス構造をもたらす基本的なグラウンドトポロジーは何か？

10.2 a. グラウンドトレースの幅は何のパラメータに影響するか，どの周波数で重要か？

b. グラウンドの接地は何のパラメータに影響するか，どの周波数で重要か？

10.3 信号リターン電流の何％がトレースの中心線からトレース高さの±2倍の位置にある基準プレーンの部分に含まれるか？

a. マイクロストリップ線路の場合？

b. ストリップ線路の場合？

10.4 マイクロストリップ線路の場合，二つの隣接トレース間のクロストークにどのように影響するか？

a. 基準プレーンからのトレース高さ？

b. 二つのトレースの距離？

10.5 非対称ストリップ線路で，一つの基準プレーンから 0.005 in，ほかの基準プレーンから 0.015 in 離れている。

a. 信号電流の何％が近いプレーンを流れるか？

b. 信号電流の何％が遠いプレーンを流れるか？

10.6 図 10-18 に示したグラウンドプレーン電圧はなぜグラウンドプレーン上部から測定したのか？ グラウンドプレーンの下部から測定するほうがはるかに容易だろうに。

10.7 0.010 in 幅のマイクロストリップ線路の場合を考える。

a. 600 MHz での最小グラウンドプレーンインピーダンスはいくらか？

b. それはいくらのトレース高さで起こるか？

10.8 デジタル論理電流の二つの可能性のある電流源は何か？

10.9 ストリップラインがマイクロストリップラインより放射が少ない，二つの理由を挙げよ。

10.10 a. 二つの電源プレーン間に位置するストリップライン上のローからハイへの遷移時のデジタル論理電流が流れる図を描け。

b. ローからハイへの遷移時の電流源は何か？

c. ハイからローへの遷移時の電流源は何か？

参考文献

- Barna, A. *High Speed Pulse and Digital Techniques*. New York, Wiley. 1980.
- Blakeslee, T. R. *Digital Design with Standard MSI and LSI*, 2nd ed. New York, Wiley, 1979.
- German, R. F. Use of Ground Grid to Reduce Printed Circuit Board Radiation. *6th Symposium and Technical Exhibition on Electromagnetic Compatibility*, Zurich, Swizerland, March 5-7, 1985.
- Holloway, C. L. Expression for Conductor Loss of Strip-Line and Coplanar-Strip (CPS) Structures. *Microwave and Optical Technology Letters*. May 5, 2000.
- Holloway, C. L. and Hufford, G. A. Internal Inductance and Conductor Loss Associated with the Guround Plane of a Microstrip Line. *IEEE Transactions on Electromagnetic Compatibility*, May 1997.
- Holloway, C. L. and Kuester, E. F. Closed-Form Expressions for the Current Density on the Ground Plane of a Microstrip Line. with Applications to Ground Plane Loss. *IEEE Transactions on Microwave Theory and Techniques*, vol. 43. no. 5, May 1995
- Holloway, C. L. and Kuester, E. F. Net Partial Inductance of Microstrip Ground Plane. *IEEE Transactions on Electromagnetic Compatibility*, February 1998.
- Holloway, C. L. and Kuester, E. F. Closed-Form Expressions for the Current Densities on the Ground Plane of Asymmetric Striplilne Structures. *IEEE Transactions on Electromagnetic Compatibility*, February 2007.
- Johnson, H. W. and Graham. M. *High-Speed Signal Propagation. Advanced Black Magic*, Upper Saddle River, NJ, Prentice Hall, 2003.
- Leferink, F. B. J. and van Doorn, M. J. C. M. Inductance of Printed Circuit Board Ground Planes. *IEEE International Symposium on Electromagnetic Compatibility*, 1993.
- Ott. H. W. Ground——A Path for Current Flow. *IEEE International Symposium on Electromagnetic Compatibility*. 1979.
- Paul, C. R. *Introduction to Electromagnetic Compatibility*, 2nd ed. (Chapter 3, Signal Spectra——the Relationship between the Time Domain and the Frequency Domain, New York, Wiley, 2006.
- Smith, T. S. and Paul, C. R. "Effect of Grids Spacing on the Inductance of Ground Grids." *1991 IEEE International Symposium on Electromagnetic Compatibility*, Cherry Hill, NJ, August 1991.

参考図書

- Grover, F. W. *Inductance Calculations, Working Formulas and Tables*, Research Triangle Park, NC, Instrument Society of America, 1973.
- Mohr, R. J. "Coupling Between Open and Shielded Wire Lines Over a Ground Plane." *IEEE Transactions on Electromagnetic Compatibility*, September 1967.

第11章
デジタル回路の電源分配

4章で述べたように,理想的な直流電源(DC)分配系の特徴は下記である。
1. 一定の直流電圧を負荷に供給する
2. 負荷で生成される交流ノイズを伝搬させない
3. 電源とグラウンドとの間の交流インピーダンスが0Ωである

　理想的には,電源分配のレイアウトはグラウンド系と同一で,それと平行でなければならない。しかし,これは現実には必ずしも可能ではなく,必要でもない。電源を適切にデカップリングすることによりほとんどの電源ノイズを抑制できるので,電源格子や電源プレーンによる分配系は望ましくはあるが,適切なグラウンド系ほど重要ではない。もし妥協が必要なときは,基板の利用できるスペースを使って,できるだけ最良のグラウンド系を提供し,ほかの方法で電源ノイズを抑制するほうがよい。
　プリント回路板(Printed Circuit Board:PCB)から電源プレーンをなくすことの長所を称賛する人も実際に多い(Leferinkとvan Etten, 2004; Janssen, 1999)。

11.1　電源供給のデカップリング

　電源のデカップリングは,回路に給電する電源バスからその回路機能を分離させる手段である。これにより次のような二つの効果が得られる。
1. ある集積回路(Integrated Circuit:IC)からほかのICへの影響を低減する(IC間結合)。
2. 電源とグラウンドとの間を低インピーダンスにして,設計者が意図したようにICを動作させる(IC内の結合)[1]。

　図11-1(A)に示すように,論理ゲートがスイッチングするとき,過渡電流 dI が電源分配系に発生する。この過渡電流はグラウンドトレースと電源トレースの両方に流れる。電源とグラウンドのインダクタンスを通して流れる過渡電流は,ノイズ電圧を発生し,論理ゲートの V_{CC} 端子とグラウンド端子間に表れる。さらに,この過渡電流が大きなループを流れて効率のよいループアンテナになる。
　インダクタンス L_P と L_G を低減すること,およびこれらのインダクタンスを流れる

---

[1] 電子回路やICの正しい動作は,アナログもデジタルも,電源とグラウンドとの間の低い(理想はゼロ)交流インピーダンスに依存する。この前提は,電源とグラウンドが同じ交流電位にあるということである。

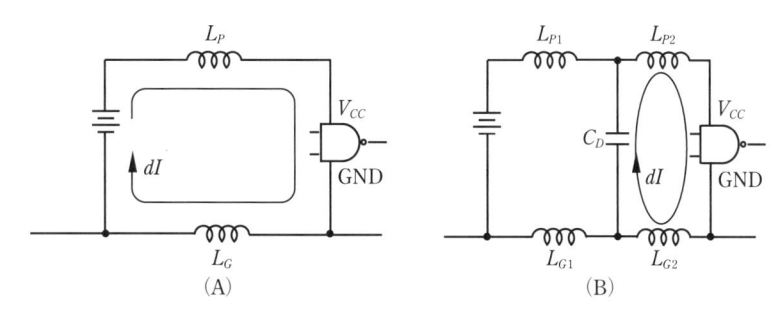

図 11-1 (A)デカップリングコンデンサなし，および(B)デカップリングコンデンサあり の過渡電源電流

電流の変化率（dI/dt）低減することにより，過渡電圧の大きさを低減できる。電源とグラウンドのプレーンや格子を使用することによって，インダクタンスを低減できるがなくなることはない，これは10章で説明した。ループ面積とインダクタンスは両方とも，ほかのソースたとえばコンデンサを一つまたは複数，図11-1(B)に示すように論理ゲートの近くに配置することによって過渡電流を最小にできる。論理ゲートのノイズ電圧はコンデンサ C_D とそれとゲートまでのトレース（図11-1(B)の L_{P2} と L_{G2} で表す）の関数である。コンデンサの数，タイプ，値，ICに対する配置位置がこの効果を決定するのに重要である。

したがって，デカップリングコンデンサは二つの目的がある。第1に，ICがスイッチングするとき，デカップリングコンデンサが低インピーダンスパスを介して必要な過渡電流を供給することができるよう，ICに近接して電荷の供給源となる。このコンデンサが必要な電流を供給できない場合は，電源バスの電圧にディップを生じて，ICは正しく動作しないことがある。デカップリングコンデンサの第2の目的は，電源とグラウンドのレール間に低い交流インピーダンスを提供することであり，これによりICから電源/グラウンド系に逆注入されるノイズを効果的に短絡する（または少なくとも最小にする）。

11.2　過渡的な電源電流

デジタルICがスイッチングするとき，2種類の過渡電流が発生する。この電流を図11-2に示す。第1に，論理ゲートがローからハイにスイッチングすると過渡電流 I_L が負荷容量 C_L を充電するのに必要である。この電流は出力に接続された論理ゲートだけに発生する。第2の電流はICのトーテムポール出力構造により発生するものであり，これはハイからローとローからハイの両方の遷移時に発生する。このスイッチングサイクルの途中で両方のトランジスタが部分的にオンして，電源との間に低インピーダンスを形成して過渡電流 I_D を引き込む。これを図11-2に示す。このダイナミックな内部電流は外部負荷に接続されないゲートにも発生する。

これらの過渡電源電流は論理回路の状態を変化させるたびに発生する。これら二つの電流のうちのどちらが支配的かは，ICのタイプによる。クロックドライバ，バッファやバスコントローラのような，I/Oドライバを多数有するデジタルICでは，過渡負荷

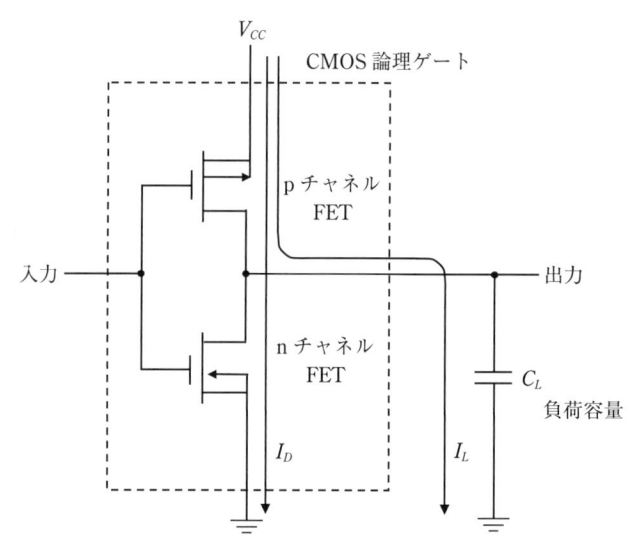

図11-2 CMOS論理ゲートがスイッチングするときに生じる過渡電流

電流 I_L が支配的である。大型の ASIC，マイクロプロセッサやそのほか多数の内部処理を持つ素子は，ダイナミックな内部電流 I_D が支配的になる。これらの電流の大きさは次の手段により推定できる。

11.2.1 過渡的な負荷電流

過渡的な負荷電流の大きさは，図11-2に示すように，IC の容量負荷 C_L の影響を考慮することによって決定できる。負荷容量を通る過渡電流はスイッチングサイクルの間，$I_L = (C_L V_{CC})/t_r$ である。IC に接続される負荷数が2個以上の場合，C_L に負荷数 n を掛け，過渡負荷電流の大きさは次式で与えられる。

$$I_L = \frac{nC_L V_{CC}}{t_r} \tag{11-1}$$

ここで，C_L は負荷容量，n は IC の負荷数，V_{CC} は IC の電源電圧，t_r は出力波形の立上り時間である。代表的な（Complementary Metal-Oxide Semiconductor：CMOS）ゲートは負荷として振る舞い，入力容量は7～12 pF である。

過渡電流パルスの波形は，式(11-1)でピーク値と立上り時間 t_r の2倍に等しいパル

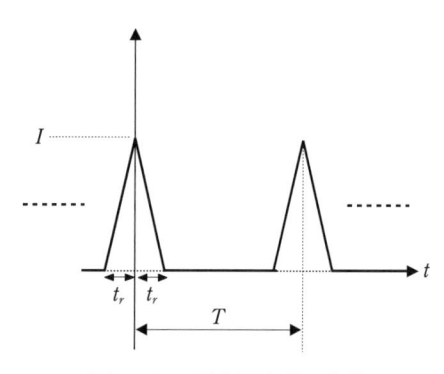

図11-3 二等辺三角形の波形

ス幅を持つ三角波（図 11-3 参照）で近似できることが実験で示されている（Archambeault, 2002, Radu et al., 1998）。この過渡負荷電流は，ローからハイへの遷移時にのみ通常発生する。これは表 10-4 に示したように，電源またはデカップリングコンデンサがローからハイへの遷移時[*2]の過渡負荷電流の供給源だからである。

たとえば，5 V 電源で動作する素子が立上り 1ns の出力パルスを持ち，おのおの 10 pF の入力容量を持つ 10 個の CMOS 負荷を駆動するとき，500 mA の I/O 過渡電流になる。

11.2.2 ダイナミックな内部電流

過渡的な負荷電流よりも貫通電流を推定するほうが難しいことが多い。ほとんどの IC データシートには，IC が引き込む過渡的な電源電流の情報は何もない。しかし，CMOS 素子のデータシートの中には，等価的な電源消費容量 C_{PD} の値を提示することにより，内部消費電流の情報を提供するものがある。電源消費容量は，貫通電流の大きさを推定するのに使用できる等価的な内部容量として考えられる。このアプローチは，負荷容量 C_L が過渡的な負荷電流の大きさを決定するのに使用された手法に似ている。この容量はゲート当りの容量として規定されることが多い。したがって，全体の電源消費容量は，ゲート当りの容量 C_{PD} に同時にスイッチングする（判断は難しい）ゲート数を乗じたものである。ほかの IC データシートは実際にはダイナミック電源電流 I_{CCD} の値を表にしている。これは〔A/MHz〕の単位で表される。

ダイナミック内部電流 I_D の大きさは次式のいずれかを使用して推定できる。

$$I_D = I_{CCD} f_0 \tag{11-2a}$$

$$I = \frac{nC_{PD}V_{CC}}{t_r} \tag{11-2b}$$

ここで，I_{CCD} はダイナミック電源電流，f_0 はクロック周波数，C_{PD} はゲート当りの電源消費容量，n はスイッチングするゲート数，V_{CC} は電源電圧，t_r はゲートのスイッチング時間である。

このダイナミック電流パルスの波形は，クロックのエッジに関係し，図 11-2(A) または図 11-2(B) により決まるピーク値を持つ三角波により近似することもできる。パルス幅は立上り時間 t_r の 2 倍に等しい。（Archambeault, 2002 または Radu et al., 1998）。ダイナミック内部電流はクロックの各遷移時（ローからハイ，ハイからロー）に発生するので，ダイナミック内部電流はクロック周波数の 2 倍の高調波を含む。

11.2.3 過渡電流のフーリエスペクトル

図 11-3 に示す二等辺の三角波に対して，第 n 次高調波の電流振幅は次式で表される（Jordan 1985, pp. 7-10）。

$$I_n = \frac{2It_r}{T}\left(\frac{\sin\left(\frac{n\pi t_r}{T}\right)}{\frac{n\pi t_r}{T}}\right)^2 \tag{11-3}$$

[*2] この一つの例外は，電源とグラウンドのプレーンに隣接するストリップラインである。この場合，デカップリングコンデンサはハイからロー，ローからハイへの両方の遷移で電流源となる。

ここで，I は三角波の振幅，t_r は立上り（立下り）時間，T は周期，n は高調波の次数である．

図 11-4 は両対数目盛りで表した，t_r/T の比率が 0.1 の高調波の包絡線のプロットである．図からわかるように，$1/\pi t_r$ の周波数より上では，高調波は周波数とともに 40 dB/dec で落ちていき，偶数と奇数の高調波が表れる．

表 11-1 は初めの六つの高調波の電流の割合と t_r/T 比の関係を表す．注意すべき点は，立上り時間が速くなる（t_r/T がより小さくなる）につれて，基本波の電流割合は減少し周波数（高調波の次数）とともに下り方が遅くなり，t_r/T 比の 0.1 以下に対して基本周波数の電流含有率は 20％以下となる．

$1/\pi t_r$ の周波数は基本周波数の k 倍に等しい周波数で発生する．ここで k（これは整数ではない）は次式に等しい．

$$k = \left(\frac{1}{\pi}\right)\left(\frac{T}{t_r}\right) \tag{11-4}$$

表 11-1 の実線はどの高調波の間に $1/\pi t_r$ の周波数が入るかを示している．

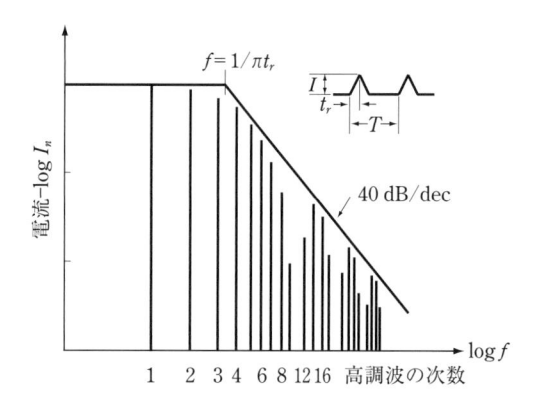

図 11-4 二等辺三角波のフーリエ級数の包絡線

表 11-1 二等辺三角波に対する t_r/T 比率対最初の六つの高調波の電流割合

	高調波					
t_r/T	1	2	3	4	5	6
0.05	10 %	10 %	9 %	9 %	8 %	7 %
0.1	19 %	18 %	15 %	12 %	8 %	5 %
0.2	35 %	23 %	10 %	2 %	0 %	< 1 %
0.3	44 %	15 %	2 %	2 %	3 %	< 1 %

11.2.4 過渡電流の総計

IC が引き込む過渡電流の総計は，過渡的な負荷電流 I_L と動的な内部電流 I_d の総和である．図 11-5 はすべての過渡電流の波形を示す．過渡的な負荷電流のスパイクはクロック周波数で発生し，動的な内部電流スパイクはクロック周波数の 2 倍で発生する．

Archambeault（2002, pp. 127-129）は図 11-5 の電流波形を使って，V_{CC} 対グラウンドノイズ電圧の測定値と予測値のよい相関関係を実証した．

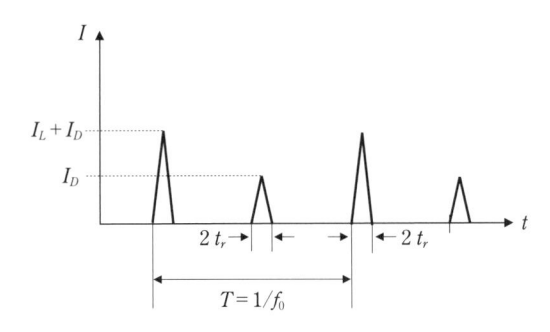

図 11-5　IC に流れる総過渡電流の波形

11.3　デカップリングコンデンサ

　効果的な電源供給デカップリングの実現は，クロック周波数の増加と立上り時間の高速化の結果として，かなり困難になってきた．効果のないデカップリングは，過剰な電源バスノイズと過剰な放射をもたらすことになる．

　ほとんどの設計者はデジタル論理 IC をデカップリングするのに単一の，$0.1\,\mu\mathrm{F}$ か $0.001\,\mu\mathrm{F}$ のコンデンサを IC のそばに置く．この手法は過去 50 年間デジタル IC に使用されてきた方法であるが，今もなお正しい手法であろうか？　結局，IC 技術は過去 50 年間にどれだけ変化してきただろう？　この手法がこんなにも長い間機能してきたことは興味深い．もしかすると，われわれはデジタル IC の新たなデカップリング方法を必要とする時期にあるということに，誰も驚くべきでない．

　デカップリングとは，図 11-6(A) に示すように，過渡スイッチング電流を供給するために，IC に隣接してコンデンサを配置するプロセスではなく，図 11-6(B) に示すように，過渡スイッチング電流を供給するために IC に近接して LC 回路網を置くプロセスである．すべてのデカップリングコンデンサは，直列にインダクタンスを持つ．したがって，デカップリング回路は直列共振回路である．図 11-7 からわかるようにインダクタンスは次の三つから発生する．

1. コンデンサ自体
2. 接続する PCB トレースとビア
3. IC 内部のリードフレーム

　図 11-7 はディップ（Dual In-line Package : DIP）に対するものだが，インダクタン

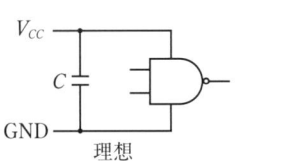

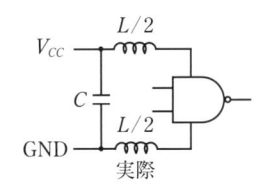

(A)　理想的なデカップリング回路　　(B)　実際のデカップリング回路

図 11-6

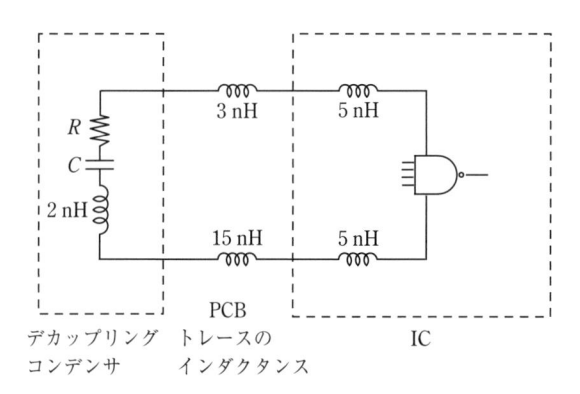

図 11-7 ICの対角線に電源とグラウンドを持つDIPに接続される
デカップリングコンデンサの等価回路

ス値の合計はなお，ほかのICパッケージで得られるものを代表している。図11-7はコンデンサが，DIPの片側に配置され，電源またはグラウンドの一方に近接して，他方からは約1in離れていることを想定している。

表面実装技術（Surface Mount Technology：SMT）の内部インダクタンスそのものは，代表的に1～2nHであり，PCBを接続するトレースやビアにより，レイアウトによっては5～20nH以上増加する。また，ICの内部リードフレームはICパッケージの形式により3～15nHのインダクタンスを持つことがある。しかし，PCB接続トレースのインダクタンスは，システム設計者が管理できる唯一のパラメータである。

したがって，ICとデカップリングコンデンサの間のトレースのインダクタンスを最小にすることは，非常に重要である。PCBのトレースはできる限り短くしてループ面積を最小にするように，できるだけ近接して配置すべきである。図11-7から，デカップリングコンデンサのインダクタンスに対する寄与は，最低であることに気がつく。したがって，これは大きな問題ではない。

上記から，インダクタンスの合計は少なくとも10nH～最大40nHまで変化し，代表的には15～30nHの範囲にあることがわかる。このインダクタンスがデカップリング回路の効果を制限する。**「電源とグラウンドとの間には，コンデンサではなくLC回路を配置している！」**という事実を覚えておくことは非常に重要である。

このコンデンサとインダクタンスの組み合わせのため，デカップリング回路はある周波数で共振する。この共振周波数では，誘導性リアクタンスの強度は容量性リアクタンスの強度に等しく，回路は非常に低インピーダンスであり，効果的なバイパスとなる。共振周波数より上では回路は誘導性となり，インピーダンスは周波数とともに増加する。LC回路の共振周波数は次式である。

$$f = \frac{1}{2\pi\sqrt{LC}} \tag{11-5}$$

図11-8は各種のデカップリングコンデンサに30nHのインダクタンスを直列に接続したときのインピーダンスの周波数特性を示す。最上部の水平軸の目盛りは等価的なデジタル論理素子の立上り時間を示し，最下部水平軸の周波数に対応する。立上り時間と周波数の関係は $t_r = 1/\pi f$ である。

11.3 デカップリングコンデンサ

　容量性リアクタンスが誘導性リアクタンスに等しくなる点はコンデンサとインダクタの組み合わせの共振周波数である。共振点のインピーダンス（回路の直列抵抗に等しい）は低くなる。なぜなら，容量性リアクタンスは誘導性リアクタンスを打ち消し，抵抗分だけが残るからである。

　図11-8からわかるように，一般に使用される $0.1\,\mu\mathrm{F}$ のコンデンサを $30\,\mathrm{nH}$ のインダクタンスとともに使用して $3\,\mathrm{MHz}$ で共振する。$0.01\,\mu\mathrm{F}$ のコンデンサは $9\,\mathrm{MHz}$ で共振する。これらは今日の $100\,\mathrm{MHz}$ 以上のクロックでは役に立たない。およそ $50\,\mathrm{MHz}$ を超えると，デカップリング回路のインピーダンスは使用するコンデンサの値にかかわらず $30\,\mathrm{nH}$ のインダクタンスにより支配される。優れたレイアウトができてインダクタンスが図11-8の $30\,\mathrm{nH}$ の半分になったとすると，共振周波数は $\sqrt{2}$ 倍，つまり1.41倍だけ増加する。したがって，直列に $15\,\mathrm{nH}$ インダクタンスと $0.1\,\mu\mathrm{F}$ のコンデンサは約 $4\,\mathrm{MHz}$ で共振し，$0.01\,\mu\mathrm{F}$ のコンデンサは約 $13\,\mathrm{MHz}$ で共振することになる。

　図11-8は，**ICのそばにコンデンサを一つだけ配置することは，コンデンサの値や配置にかかわらず，デジタルICを50 MHz以上でデカップリングするのに効果がない**こ

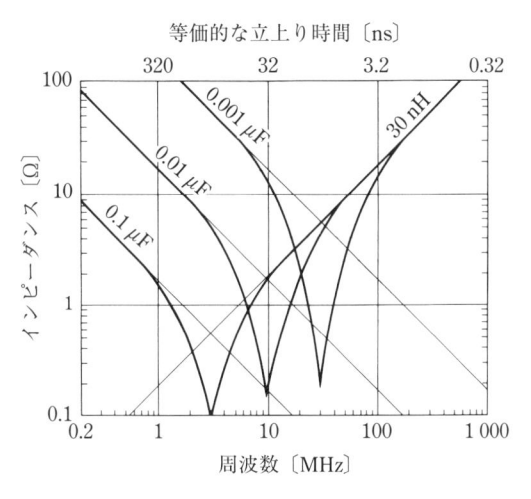

図11-8 各種のデカップリングコンデンサに $30\,\mathrm{nH}$ のインダクタンスを直列に接続したときのインピーダンスの周波数特性

デカップリングコンデンサあり　　　　　デカップリングコンデンサなし

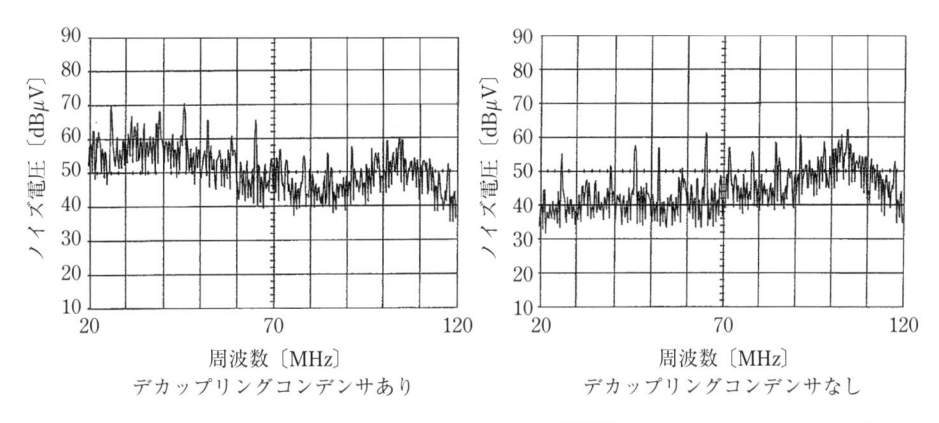

図11-9 PCBの V_{CC} 対グラウンドのノイズ電圧の周波数特性。デカップリングコンデンサの有無による。

とを明示している。図11-8は，また，50 MHz 以下の周波数では，共振部分を問題となる周波数に移すように別の容量値を選択することにより，デカップリング回路を調整できることも示している。しかし，この手法は 50 MHz 以上では役に立たない。

図11-9は，基板に 0.01 μF のデカップリングコンデンサを使用したとき，V_{cc} 対グラウンドのノイズ電圧測定値の周波数特性を示す。これは基板にデカップリングコンデンサがありとなしの状態で，IC の電源端子とグラウンド端子との間で測定した。20〜70 MHz の周波数帯域ではデカップリングコンデンサの存在は V_{cc} -グラウンド間のノイズ電圧値を極めて減少させた。しかし，70〜120 MHz の周波数帯域では，デカップリングコンデンサの有無にかかわらずノイズ電圧は同じである。この結果により，このコンデンサはこの周波数帯域では効果がないことがわかる。これは図11-8で予測した結果の確認となる。

11.4 効果的なデカップリング戦略

効果のないデカップリングにより，V_{cc} バスがクロックの高調波で汚染されると，信号品質問題を生じて過剰な放射の原因となり得る。高速なデカップリング問題の解決策として考えられるのは，

1. 立上り時間を遅くする
2. 過渡電流を減らす
3. コンデンサに直列のインダクタンスを減らす
4. 多数のコンデンサを使う

上記の最初の二つの方法は技術の進歩に反しており，問題に対する長期的な解決策にはならない。デカップリングコンデンサの直列インダクタンスの低減は望ましく，常にできる範囲まで実施すべきであるが，これ自体は高速デカップリング問題の解決にはならない。コンデンサに直列の総合インダクタンスがたとえ 1 nH まで減少したとしても，これはあり得ないことだが，0.01 μF のコンデンサを持つデカップリング回路は 50 MHz の共振周波数を持つだけである。したがって，単一コンデンサによるデカップリング回路の共振周波数は現実的なコンデンサ値を使って数百 MHz に移動することは不可能である。

表11-2 は 5，10，15，20，30 nH のインダクタンスを直列にしたときの各種のコンデンサの共振周波数を表にしている。

表11-2 から導かれる結論は，ほとんどの場合，デカップリング LC 回路の共振周波数を，現在の多くのデジタル電子回路に使用する一般的なクロック周波数以上に上げる

表 11-2 示した値のインダクタンスを直列に持つ各種コンデンサ値の共振周波数〔MHz〕

コンデンサ〔μF〕	5 nH	10 nH	15 nH	20 nH	30 nH
1	2.3	1.6	1.3	1	0.9
0.1	7.1	5	4.1	3.6	3
0.01	22.5	16	13	11	9
0.001	71.2	50	41	36	30

ことは不可能である．わずか 10 nH のインダクタンスで 100 pF のコンデンサとしても共振周波数は 50 MHz である．

デカップリング回路の共振点より下側の周波数で，二つの重要な項目がある．(1) 必要な過渡電流を提供するのに十分な容量を持つ（図 11-12 参照）．(2) IC で発生するノイズ電流を短絡するのに十分低いインピーダンスを提供する（11.4.5 項参照）．

しかし，共振点の上側で最も重要な考慮は，インダクタンスを十分に低くすることであり，デカップリング回路がなおも低インピーダンスでノイズ電流を短絡することである．したがって，インダクタンスを十分に低くできる方法が見つかれば，デカップリング回路は共振点より上側でなおも効果がある．

11.4.1 複数のデカップリングコンデンサ

単一デカップリングコンデンサの回路では，十分低いインダクタンスは得られない．したがって，高周波デカップリング問題の真の解決策は，デカップリングコンデンサを複数使用することである．次の三つの手法が提案されてきている．

1. 同じ値のコンデンサを複数使用する
2. 別の値の 2 個のコンデンサを使用する
3. 複数の値のコンデンサを使用する．通常は 1/10 ずつ異なる
   たとえば，1 μF，0.1 μF，0.01 μF，0.001 μF，100 pF

11.4.2 同じ値の複数のコンデンサ

図 11-10 に示すように同一の LC 回路が複数接続されたとき，総容量 C_t は次式になる．

$$C_t = nC \tag{11-6a}$$

ここで，C は一つの回路の容量，n は並列の回路数である．同一の LC 回路が n 個並列のときの総インダクタンスは，

$$L_t = \frac{L}{n} \tag{11-6b}$$

ここで，L は一つの回路のインダクタンスである．式(10-8)を参照することにより，式(11-6b)は，個別回路のインダクタ間の相互インダクタンスがその自己インダクタンスに比べて無視できる場合だけ正しい．したがって，LC 回路は互いに物理的に離れていなければならない．

式(11-6a)と(11-6b)から気がつくのは，同一の LC 回路が並列のとき，容量（よいパラメータ）は回路数で乗算され，インダクタンス（悪いパラメータ）は回路数で除算さ

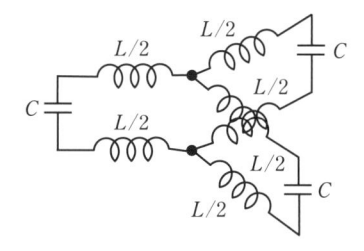

図 11-10 同一の LC 回路を 3 個接続

れることである．したがって，回路のインダクタンスは十分な数のLC回路を並列にして，望みの数値に低減できる．

複数のLC回路を効果的に並列にする要件は下記である．
1. コンデンサは同じ値にして，電流を等分する
2. 各コンデンサはほかとは別のインダクタンスを通してICに供給する．したがって，発生する相互インダクタンスのために各コンデンサは一緒に配置してはならず，分散して配置する

デカップリング回路の効果を解析する優れた手法は，共振周波数を考慮するよりも，図11-11に示すようにICをノイズ電流発生器とみなすことである．するとデカップリング回路は，問題の周波数帯域で低インピーダンスになるように設計することができ，ノイズ電流を短絡し，電源バスが汚染されるのを防止する．デカップリング回路のインピーダンスの最大許容値は，**目標インピーダンス**と呼ばれることがあり，たとえば100〜200 mΩとされる．選択したデカップリング回路のインピーダンスは計算できて，どの周波数帯域でそのインピーダンスが目標インピーダンスより小さいかを決定する．目標インピーダンスを決める情報はさらに11.4.5項を参照のこと．

図11-12は同一のLC回路の並列数を変化させたときの（1, 8, 64, 512），インピーダンスの周波数特性を示す．どの場合も総容量は0.1 μFに等しく，各コンデンサの直列のインダクタンスは15 nHである．

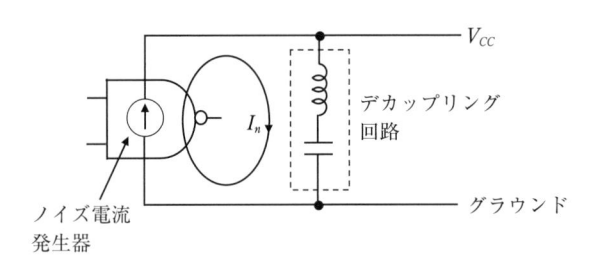

図11-11 ノイズ電流発生器としてのIC

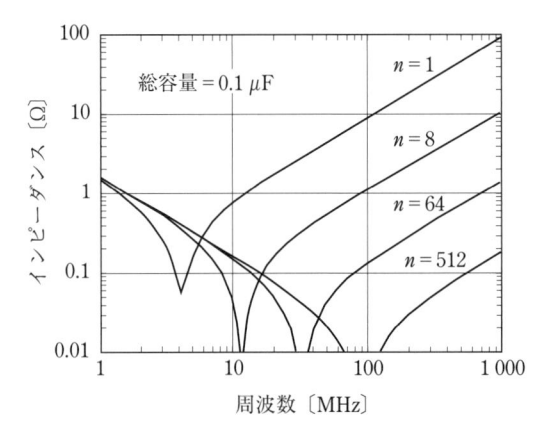

図11-12 直列に15 nHのインダクタンスを持ち，512個以下のコンデンサからなるデカップリング回路に対するインピーダンスの周波数特性．すべての場合，総容量は0.1 μFに等しい．

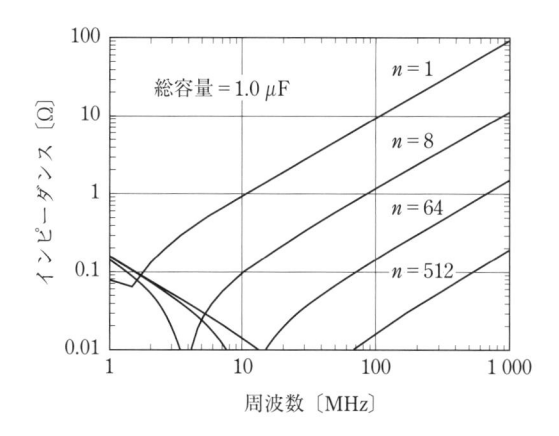

図 11-13　直列に 15 nH のインダクタンスを持ち，1〜512 個の等価のコンデンサからなるデカップリング回路に対するインピーダンスの周波数特性。どの場合も総容量は $1.0\,\mu\mathrm{F}$ である。

　高周波インピーダンスは複数のコンデンサ回路を使うことによって大幅に低減できるが，低周波のインピーダンスはそうではなく，単に共振点が移動するだけである。実際に低周波では，単一コンデンサを使用するときよりもインピーダンスは高い。これは，これらの周波数で低インピーダンスとなるには，総容量，この場合 $0.1\,\mu\mathrm{F}$ が大きくないからである。

　図 11-13 は図 11-12 に似ているが，この場合は多数のコンデンサを加算して**総容量**が $1\,\mu\mathrm{F}$（$0.1\,\mu\mathrm{F}$ でなく）である。結果として，低周波でのインピーダンスは大幅に低減される。コンデンサが 512 個の場合，LC デカップリング回路のインピーダンスが 1〜1 000 MHz の間で $0.2\,\Omega$ 以下であることを図 11-13 は示す。64 個の場合，インピーダンスは 1〜350 MHz の間で $0.5\,\Omega$ 以下である。図 11-13 で気づくべきことは，デカップリング回路の共振周波数は図 11-12 の回路の共振周波数よりも低いこと，しかし，デカップリング効果は改善される（広い範囲で低インピーダンスとなる）ので，大量の同一コンデンサの使用は，広い周波数範囲で低インピーダンスのデカップリング回路を効果的に提供する手法だということである。大型の IC をデカップリングするときに，この戦略は非常に効果的である。

11.4.3　二つの異なる容量の複数のコンデンサ

　容量の異なる二つのデカップリングコンデンサが推奨されることがある。容量値の大きなコンデンサは効果的な低周波デカップリングを提供し，小さなコンデンサが効果的な高周波デカップリングを提供するという理論に基づいている。値の異なる 2 個のコンデンサを使うと，図 11-14 に示すように，二つの異なる共振ディップを持ち，これが優れている。

　上記内容は正しいが，別のコンデンサを並列にすると，二つの回路間に発生する並列共振（反共振と呼ばれることがある）には潜在的な問題がある。図 11-14 は $0.1\,\mu\mathrm{F}$ と $0.01\,\mu\mathrm{F}$ のコンデンサ（おのおの 15 nH の直列インダクタンスを持つ）を並列にしたインピーダンスのプロットを示す。図 11-14 は，15 nH のインダクタンスを直列に持つ 2 個のコンデンサによりできる二つの共振点，4.1 MHz と 13 MHz を明示する。しかし，

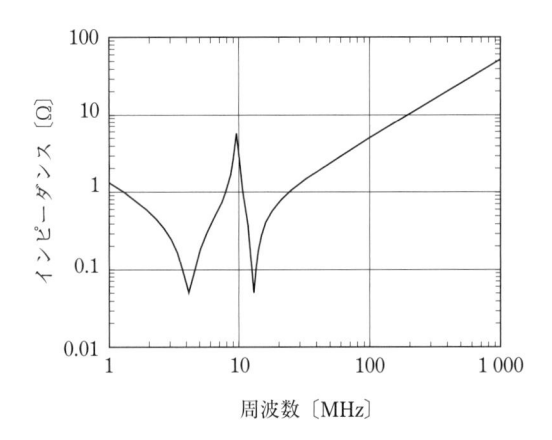

第11章 デジタル回路の電源分配

図11-14 直列に15 nHのインダクタンスを持ち,0.1 μFと0.01 μFのコンデンサからなるデカップリング回路に対するインピーダンスの周波数特性

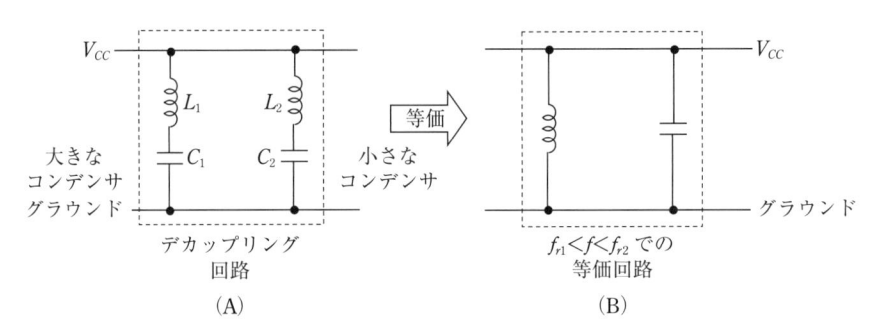

図11-15 (A) 値の異なる2個のコンデンサを持つデカップリング回路
(B) Aの等価回路 $f_{r1}<f<f_{r2}$

インピーダンスのスパイクが9 MHzあたりで発生することに気づいてほしい。このスパイクが悪さをする。これは,Paul(1992)が述べたように,二つの回路間の並列共振または反共振による影響である。

これが発生する理由は図11-15(A)を参照することにより理解できる。ここでは別の値のコンデンサを持つ二つのLCデカップリング回路がV_{CC}とグラウンドとの間に接続されている。$C_1 \gg C_2$,$L_1 = L_2$と仮定する。f_{r1}はコンデンサC_1がインダクタL_1と共振する周波数であり,f_{r2}はコンデンサC_2がインダクタL_2と共振する周波数である。

どちらかの回路が共振する周波数以下では($f<f_{r1}$),両方の回路は容量性に見えて,総容量は二つのコンデンサの合計に等しく,現実の目的に対しては大型コンデンサとちょうど同じである。したがって,値の小さいコンデンサはデカップリング回路の性能にほとんど影響がない。

両方の回路が共振する周波数より上では($f>f_{r2}$),両方の回路は誘導性に見えて,総インダクタンスは並列の二つのインダクタに等しい,つまりそのインダクタンスの1/2である。これがf_{r2}以上の周波数でデカップリングを改善する。

しかし,二つの回路の共振点の周波数の間$f_{r1}<f<f_{r2}$では,大きなコンデンサを持つ回路は誘導性になり,小さい容量の回路はなお容量性である。したがって,二つの回路の等価回路は図11-15(B)に示すインダクタを並列に持つコンデンサである。また

は並列共振回路，そのインピーダンスが共振点で大きく，図 11-14 に示す共振スパイクを発生する。

共振ピークの正確な形状，振幅，位置は，二つのコンデンサ値の比率，コンデンサの等価抵抗（Equivalent Series Resistance : ESR）および PCB レイアウトの関数として変化する。二つのコンデンサ値が 2 対 1 の比率内にあれば，共振ピークの強さは容認できる値に低減される．なぜなら，共振ディップの中で発生するからである。たとえば同じ公称値のコンデンサでさえ，その許容誤差の中で値が異なる。20〜50 ％ の公差を持つ 2 個のコンデンサ間で生じる共振ピークは問題を起こさない。反共振に伴う主要な問題は，二つのコンデンサが 1 桁以上離れた値を持つときに起こる。

したがって，値の異なる 2 個のコンデンサをデカップリング回路に使用したときの結論は，

- 大きなコンデンサ回路が共振する周波数より下では，小さなコンデンサ回路はデカップリング性能に**効果はない**
- デカップリングは，両方のコンデンサ回路が共振する周波数より上で**改善される**。なぜなら，インダクタンスが減るからである
- 二つの共振周波数の間のある周波数で，並列共振回路網により生じるインピーダンスのスパイクのために，デカップリングが**実際に悪くなる**，これが悪さをする

たとえば，Bruce Archambeault（2001）は，種々のデカップリング法の効果について情報を提供した。ネットワークアナライザを使って，試験 PCB の電源からグラウンドプレーンとの間のインピーダンスを測定した。値の異なる 2 個のデカップリングコンデンサの場合に対する彼の結論は，

"第 2 のコンデンサ値を付加しても，高周波でのデカップリング性能に顕著な改善は見られなかった。実際，代表的なノイズエネルギーが存在する周波数帯域（50〜200 MHz）でデカップリング性能は悪くなる。"

Archambeault のデータからわかるのは，二つのデカップリング回路の共振周波数間のいくつかの周波数で，50〜200 MHz の周波数帯域で，コンデンサがまったく同じ値であるときに比べてノイズは 25 dB も増加した。

11.4.4 多数の異なる容量の複数コンデンサ

値の異なる複数のコンデンサ（1 桁ずつ異なるのが通例）も推奨されることがある。これは，値の異なる複数の共振により生じる多数のインダクタンスディップは利点がある．なぜなら，多くの周波数で低インピーダンスを提供するからだという理論に基づく。

しかし，多数の異なるデカップリングコンデンサを使うと，さらなるインピーダンススパイクが産み出される。図 11-16 は，4 個の値の異なるデカップリングコンデンサ（15 nH のインダクタンスを直列に持つ）を使ったときのインピーダンスプロットである。実線は 0.1 μF, 0.01 μF, 0.001 μF, 100 pF のコンデンサを並列にしたときのプロットである。各コンデンサは 15 nH のインダクタンスを直列に持つ。図からわかるよう

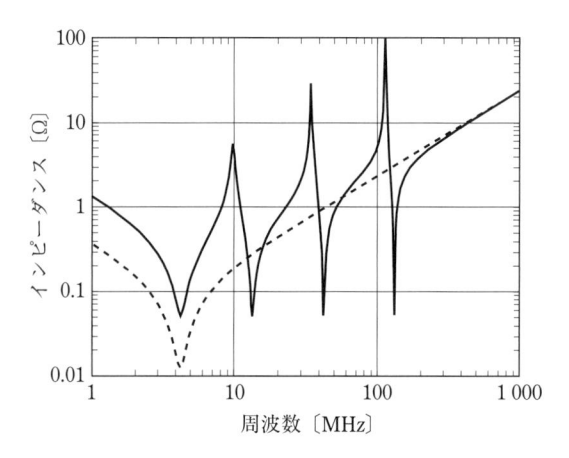

図 11-16　0.1 μF，0.01 μF，0.001 μF，100 pF のコンデンサからなるデカップリング回路に対するインピーダンスの周波数特性（実線）および 0.1 μF のコンデンサ 4 個からなる回路（破線）。両回路とも各コンデンサは 15 nH のインダクタンスを直列に持つ。

に，各値のコンデンサに対して 4 個の共振ディップが存在する。しかし，反共振もインピーダンスプロットに 3 個の共振スパイクを生じる。あるクロックの高調波がこのスパイク周波数に合致するか近傍にあると，電源とグラウンドとの間のノイズは実際に増加する。この手法は"ロシアンルーレット"をしているのと同じだと考える，なぜなら，いかなるクロック高調波も，この共振スパイクの近傍に落ちてこないことに望みをかけなければならないからである。図 11-16 からわかるように，共振ピークの振幅は周波数とともに増加し，一方共振ディップのインピーダンスには変化がない。

しかし，値の異なる 4 個のコンデンサの代わりに 0.1 μF のコンデンサを 4 個使う場合は，インピーダンスは図 11-16 の破線によりプロットされる。両方ともコンデンサの数は同じである。低い周波数でインピーダンスが低いのは，4 個の 0.1 μF の並列コンデンサにより生じる総容量の結果である。共振スパイクがないのは，コンデンサをすべて同じ値にした結果である。200 MHz を超えると，0.1 μF のコンデンサ 4 個でも，値の異なる 4 個のコンデンサの場合でも結果は同じである。これらの周波数では，コンデンサに直列のインダクタンスだけが問題であり，両方とも 4 個のインダクタンスが並列にあるという事実の結果である。しかし，200 MHz 以下では，複数の値のコンデンサの場合の共振ディップに対応する数個の周波数を除いて，結果は 4 個の 0.1 μF ほうが優れている。あなたの製品にはどちらのインピーダンスプロットがよいだろうか。

したがって，私が推奨する効果的な高周波デカップリングは，同じ値の複数のコンデンサを使うことである。この手法は効果があり，値の異なる複数のコンデンサを使う手法よりも落とし穴が少ない。

11.4.5　目標インピーダンス

効果的なデカップリング回路とするには，問題の周波数帯域全体で，その回路のインピーダンスをある目標値より低くしなければならない。これが実現できれば，共振周波数の位置は問題ではない。目標インピーダンスが 200 mΩ なら，コンデンサ 64 個構成の場合，図 11-12 に示したように，目標インピーダンスが 200 mΩ 以下となる帯域は

8〜130 MHz までである。

しかし，その周波数帯域内で一定の目標インピーダンスを使うことは非常に限定的であり，必要ない。式(11-3)と図 11-4 から，三角波の高調波の振幅は $1/\pi t_r$ の周波数を超えると 40 dB/dec で落ちることがわかる。したがって，目標インピーダンスは，この周波数から上でノイズ電圧の上昇なしに上げることができる。目標インピーダンスが 20 dB/dec の割合で上昇してよければ，この周波数より上でノイズはなお 20 dB/dec で減少することになる。この手法はデカップリング回路の設計を大幅に簡略化して，必要なコンデンサの数を少なくする。

この手法を使うと，効果的な高周波デカップリングを提供するのに必要なデカップリングコンデンサの数を容易に見積もることができる。コンデンサの最小数 n は次式に等しい。

$$n = \frac{2L}{Z_t t_r} \tag{11-7}$$

ここで，L は各コンデンサに直列のインダクタンス，Z_t は低周波での目標インピーダンス，t_r は論理素子のスイッチング時間（立上り/立下り）である。少なくともこの数のコンデンサを使うと，デカップリング回路の高周波インピーダンスを目標インピーダンス以下に保持することになる。

最適なデカップリング設計の鍵は式(11-7)で，どのインダクタンスを使うかを知ることである。IC チップ自体の V_{cc} 対グラウンドノイズに関する限り，総合インダクタンス（デカップリングコンデンサ，PCB トレース，IC リードフレーム）を考慮しなければならない。しかし，IC リードフレームのインダクタンスについてはPCB レベルで何もすることができない。その上，IC の V_{cc} 対グラウンドノイズを測定するとき，チップではなく IC のピンで測定する。さらに PCB の電源バスのノイズ汚染に関する限り，問題になるのは IC 対 PCB インタフェースの電圧，つまり IC ピンでの電圧でありチップ自体のノイズ電圧ではない。

したがって，デカップリングの目的は IC ピンでの V_{cc} 対グラウンドノイズを最小にすることである。これを実現するために，IC 内部のインダクタンスは無視できる。したがって，考慮すべきはデカップリングコンデンサのインダクタンスと，ビアを含むPCB トレースのインダクタンスである。優れた SMT コンデンサの内部インダクタンスは 1.5 nH 以下である。PCB トレースのインダクタンスは 10 nH/in 以下であり，0.062 in 厚の PCB の貫通ビアのインダクタンスは約 0.8 nH である。

低周波の目標インピーダンスは，総合過渡電流の振幅と供給電圧の許容変動を考慮することで決定されることが多い。

$$Z_t = \frac{kdV}{dI} \tag{11-8}$$

ここで，dV は供給電圧の過渡変動許容値，dI は IC の消費する過渡電流の大きさ，k は次のパラグラフで説明する補正係数である。

われわれの懸案事項が V_{cc} 対グラウンドノイズスパイクとその回路動作への影響であると仮定する。表 11-1 から 50 % を超えない電流が，周波数 $1/\pi t_r$ より下の帯域に含まれると判断できる。したがって，低周波の目標インピーダンスを 2 倍に増加できる，

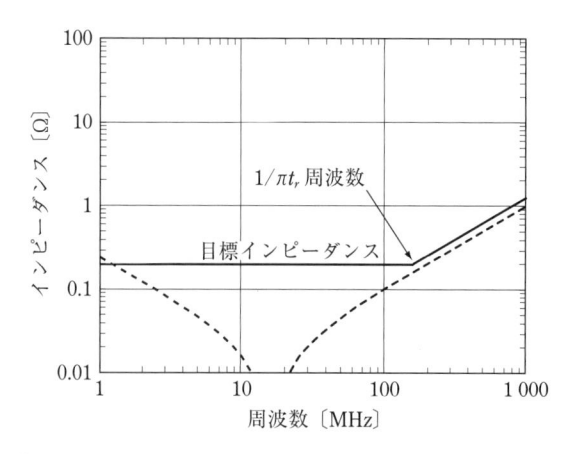

第11章 デジタル回路の電源分配

図11-17 目標インピーダンス（実線） $0.01\,\mu F$ のコンデンサ64個からなるデカップリング回路のインピーダンス（破線）。それぞれ10 nHのインダクタンスを直列に持つ。

なぜなら式(11-8)で使われるdIは総過渡電流だからである。したがって，この場合は式(11-8)で$k=2$を使うことができる。この手法は総合ノイズ電圧スパイクを総過渡電流の目標インピーダンス倍以下に制限する。

たとえば立上り/立下り時間が2 ns，電圧5 Vで動作する大型ICをデカップリングする場合を考えると，最大電圧変動を供給電圧の5％以下にすることが望ましい。ICが消費する総過渡電流が2.5 Aと仮定する。式(11-8)から$k=2$で低周波の目標インピーダンス$200\,\mathrm{m}\Omega$を得る。各デカップリングコンデンサが10 nHのインダクタンスを直列に持つと仮定する。すると目標インピーダンスは$1/\pi t_r$の周波数まで$200\,\mathrm{m}\Omega$となり，これは立上り時間2 nsでは159 MHzに等しく，この周波数以上で目標インピーダンスを20 dB/decの割合で増加することが許される。この目標インピーダンスを図11-17の実線で示す。

式(11-7)から，159 MHzで$200\,\mathrm{m}\Omega$の目標インピーダンスにするには，50個のコンデンサが必要だと判定する。対象とする最低周波数が2 MHzだとすると，2 MHzで$200\,\mathrm{m}\Omega$の目標インピーダンスを満たすのに必要な総デカップリング容量は400 nFとなる。400 nFを50で割ると，各コンデンサの最小容量は8 000 pFとなる。総容量は式(11-12)の過渡電流条件にも適合しなければならない，この場合も当てはまる。設計者が$0.01\,\mu F$コンデンサを64個使うとすれば，そのインピーダンス対周波数のプロットは図11-17の破線で示すものになる。このデカップリング回路は1.3 MHz以上の全周波数で目標インピーダンス以下となる。

11.4.6 埋め込み型PCB容量

同じ値のコンデンサを多数使うという概念を極限まで突きつめると，理想的なデカップリング構成は無数の微小コンデンサを使うこと（つまり個別コンデンサを使う代わりに分散容量を使うこと）であるという結論に達する。

この結論はPCBの電源プレーンとグラウンドプレーンとの層間容量を活用することで実現できるのではなかろうか。50 MHz以上で効果を上げるには，電源-グラウンドのプレーン間容量は約$1\,000\,\mathrm{pF/in}^2$が必要となる。しかし，標準的な0.005〜0.01 inの

プレーン間隔では，この値の 1/5〜1/10 の容量しか提供しない。

したがって，分布容量の概念を活用するなら，追加の容量を持つ新しい PCB 構造を開発する必要がある。この分布容量の増加は次の二つの手法で実現できる。

1. プレーン間隔を狭くする
2. PCB 素材の誘電率を増加する

11.4.6.1 デカップリング容量の有効領域

しかし，有効なデカップリング容量は，電源-グラウンドプレーン対の総合容量ではない。電磁エネルギーは伝搬速度が有限なため，効果的なプレーン間容量は，デカップリングされる IC の有限半径 r 内に位置する領域の容量だけである。これを図 11-18 に示す。これより遠く離れたプレーン間容量に貯えられた電荷は，スイッチング過渡時間内にその IC まで到達できない。

誘電体内の電磁エネルギーの伝搬速度は式(5-14)で表されるが，ここに再掲する。

$$\nu = \frac{c}{\sqrt{\varepsilon_r}} \tag{11-9}$$

ここで，c は光速（12 in/ns），ε_r は素材の比誘電率である。

有効な容量の領域の半径は次式に等しい。

$$r = \nu t = \frac{12t}{\sqrt{\varepsilon_r}} \tag{11-10}$$

ここで，r は半径〔in〕，t は電荷の移動に必要な時間〔ns〕，ε_r は素材の比誘電率である。FR-4 エポキシガラス PCB（$\varepsilon_r = 4.5$）上で 0.5 ns で電荷を移動しようとするなら，r は約 3 in となる。

電源-グラウンドプレーン対の有効な容量は，

$$C = \frac{\varepsilon A_e}{s} \tag{11-11}$$

ここで，ε は誘電率，s はプレーン間隔，A_e はプレーンの有効な面積である。

容量は有効な面積（伝搬速度と IC の立上り/立下り時間で決まる），プレーン間の間隔および誘電率に比例する。式(11-11)からわかるように，**プレーン間間隔の減少は，基板の有効なデカップリング容量を増加する有効な方法の一つである。**

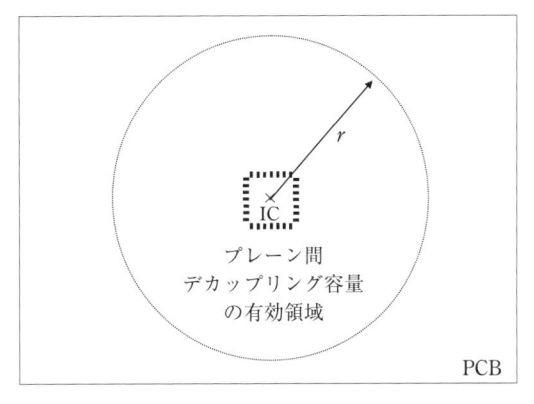

図 11-18　プレーン間デカップリング容量の有効領域

しかし，容量を増やすためにPCBの誘電率を増加させると，式(11-9)からわかるように伝搬速度が遅くなる．こうして誘電率が増えると，有効な領域の半径は ε の平方根で減少し，有効な容量の円の面積はこの2乗，または ε に比例して減少する．したがって，式(11-11)から，**PCBの誘電率の変更は有効なデカップリング容量には何の効果もないと判断する**，なぜなら，ε が増加するだけ有効な領域 A_e が減少するからである．

したがって，有効なプレーン間デカップリング容量はPCB素材の誘電率にかかわらず同じであり，有効な容量を増加する唯一の有効な方法は両プレーンをより近接させて配置することである．したがって，大型高速のデジタル論理PCB上で，非標準の（高価な）高誘電率の素材を使って埋め込みのデカップリング容量を増やすのは利点がなく，有効なデカップリング容量を効果的に増加する唯一の方法は，電源とグラウンドのプレーンを互いに近接させて配置すること，または電源とグラウンドプレーンを多数使用することである[*3]．

11.4.6.2　埋め込み容量の実際的使用

1989～1990年にZycon社（ZyconはHadcoとなり，現在はSanmina）は，標準のFR-4エポキシガラスを誘電材に使って，プレーン間間隔を2milにした特殊なPCBラミネート（積層板）を開発した．この積層板はZBC-2000®[*4]として知られており，500 pF/in^2 のプレーン間容量を提供する．PCB内にこの積層からなる電源とグラウンドのプレーンの2セットを使って，望みの1 000 pF/in^2 の容量が得られる．

Sanmina（HowardとLucas, 1992）とUnisys（Sisler, 1991）がこの2mil厚の埋め込み容量PCBの特許を持っているが，この技術はすぐに利用できて複数の供給源がある．Sanminaのこの技術の商標はBurried Capacitance（埋め込み容量）である．この技術は20年前から利用できたが，今になって普及してきた．埋め込み容量のPCBに変更するのに，新しいアートワークは必要ないので簡単である．層の積み方を変更するだけである．したがって，この技術を試行するのは非常に容易であり，標準の方法と埋め込み容量を使ったものの2セットの試作品をつくって，両者の性能を比較することができる．最も標準的な積層法を図11-19に示す．

埋め込み容量方式を使ったほかの層積み上げも可能であり，16.4.2項で述べる．電源とグラウンドプレーンの対を二つ使うので，埋め込み容量を使うと4層板は6層板に，6層板は8層板になる．ZBC-2000®積層は標準の積層より若干高価である．主なコスト増加は追加の2PCB層の印刷が必要だからである．

図11-20は，図11-19の積層を使用した埋め込み容量PCBおよび電源とグラウンドプレーンを一つずつ持つほかは同一の標準（埋め込み容量のない）PCB上での，1～200 MHzまでの V_{cc} 対グラウンドノイズ電圧を示す（Sisler, 1991）．図11-20の二つの曲線を比較すると，埋め込み容量の基板では30 MHz以上でノイズが大幅に減少しており，60 MHz以上では測定できるノイズは実質的に存在しない．図11-20で示され

[*3] プレーン間デカップリング容量の有効円より面積の小さいPCBの場合，基板全体が有効なデカップリング容量に寄与する．この場合，素材の誘電率を増加するとデカップリング容量が増加する．高誘電率素材の ε_r は，デカップリング容量の有効円の半径を決めるのに用いる伝搬遅延の計算に使用しなければならない．

[*4] ZBC-2000® はSanmina-SCI, San Jose, CAの登録商標である．

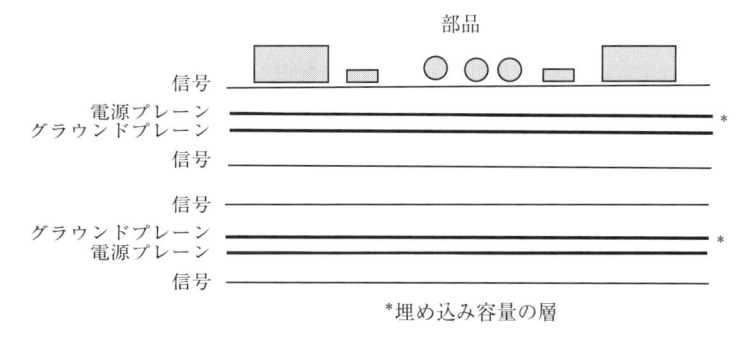

図 11-19　代表的な埋め込み容量 PCB の積層

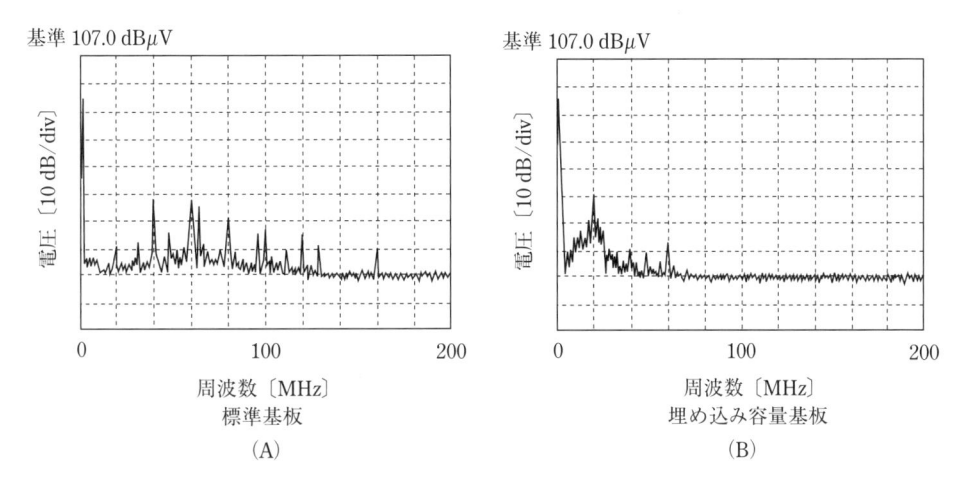

図 11-20　0〜200 MHz までの V_{cc} 対グラウンドノイズ電圧 (A)標準 PCB 上，(B)埋め込み容量 PCB 上（©1991 UP Media Group）

るデータで，標準基板は 135 個のデカップリングコンデンサを搭載し，埋め込み容量基板ではデカップリングコンデンサはない．両方とも同じバルク型デカップリングコンデンサを持っている（11.8 節参照）．

しかし，デカップリングは 30 MHz 以下，特に 20 MHz で埋め込み容量基板のほうが悪かった．これは，埋め込み容量基板がこれらの低周波で有効な十分な総合容量を持たなかった結果である．この結果は図 11-12 に似ている．ここではコンデンサ数の増加が電源分配回路の高周波インピーダンスを下げたが，低周波のインピーダンスを下げなかった．低周波のインピーダンスを下げるには図 11-12 と図 11-13 を比較して証明されるように容量の追加が必要である．

図 11-20(B)の場合，もとの 135 個のデカップリングコンデンサの中に 4 個を追加配置することによって（それにより総合容量を増加する），埋め込み容量基板の低周波ノイズ電圧は標準基板と同程度まで下がった．

また，埋め込み容量 PCB が 5 GHz もの高い周波数で，基板に個別デカップリングコンデンサをゼロまたはごく少数つけるだけでも，有効なデカップリングを提供することが示された．5 GHz 以上の周波数での測定結果は知らないが，これ以上の周波数で埋め込み容量の手法の効果はない，と疑う理由はない．

埋め込み容量基板の利点はほかにもある。プレーン間隔が近接したため，および電源プレーンとグラウンドプレーンを複数使用したために，電源プレーンとグラウンドプレーンのインダクタンスは大幅に減少する。なぜなら，埋め込み容量の電源/グラウンドプレーンのサンドイッチは，その低い L/C 比（式(10-3)参照）の結果として低 Q 構造になる傾向があるので，共振問題も最小になる。さらに，デカップリングコンデンサとその関連するビアを 90 % 以上削除することにより，基板の配線が簡単になり，基板のサイズも小さくできる場合が多い。用途によっては，個別のデカップリングコンデンサの大半を除去することで，基板両面の SMT 部品の必要がなくなるようにし得る。

埋め込み容量の基板は，基板上のどこでも電源対グラウンドノイズ電圧は同じだが，個別のコンデンサを使う標準の基板では，測定する場所ごとに電源対グラウンドノイズ電圧が異なる。

将来，ある種の埋め込み容量 PCB が業界の標準になると確信している。なぜなら，これにより個別コンデンサの数を最小にして高周波での電源供給デカップリングを提供するのに簡単で有効な手法を提供するからである。埋め込み容量が普通に使われるようになるのは Sanmina と Unisys の特許が期限切れになったときに加速されるだろう。理論的には，分布容量によるデカップリングは周波数が高くなるほど効果が大きい。一方で個別コンデンサによるデカップリング回路は，周波数が高くなるにつれて効果が下がってくる。

11.4.7 電源供給の分離

高周波デカップリング問題の真の唯一の解決策は，個別か埋め込みの多数のコンデンサを PCB に使用することである。

基本的なデカップリング問題を解決するものではないが，貧弱なデカップリングの有害な副作用を最小にするために，別の手法が使われてきている。その目的は，無効なデカップリングの結果であるノイズの多い電源プレーンが，残りの PCB 部を汚染することを防止することである。

この目的は電源プレーン内のノイズの多い部分を PCB の残りの部分から分離し分割することによって，また図 11-21 で示すように，分離したプレーンに π 型フィルタを通して電源を供給することによって実現できる。この手法は分離した電源プレーンのノイズを低減せず，デカップリング効果を改良もしないが，このノイズが電源プレーンの主要部を汚染することを防止する。

この手法が最も有効なのは，高周波で動作する回路が少ないときである。高周波回路は残りの回路部分から分離され，図 11-22 に示すように分離された電源プレーンから給

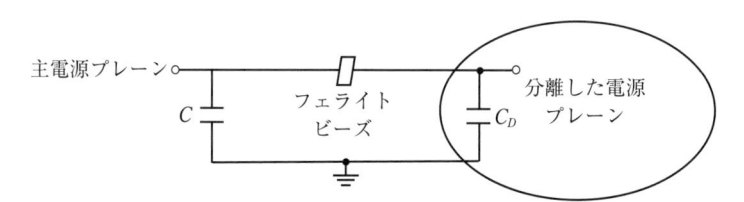

図 11-21　分離した電源プレーンへの給電に使われるフィルタ

図 11-22 分離した電源プレーンの例

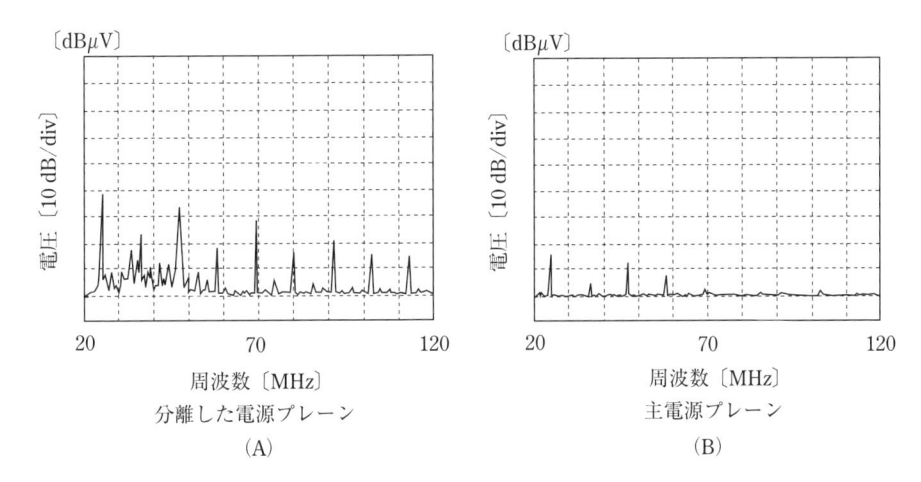

図 11-23 PCB の 20〜120 MHz における V_{cc} 対グラウンドノイズ電圧
(A)分離した電源プレーン上 (B)主電源プレーン上

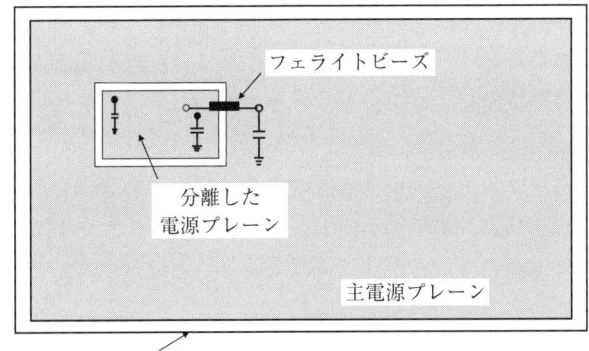

電される。たとえばマイクロプロセッサが高周波クロックで動く唯一のチップの場合は，このマイクロプロセッサとそのクロック発信器は，分離された電源プレーンから給電される。別の回路でも分離した電源プレーンを複数使うことができる。

図 11-23 は，マイクロプロセッサとその発信回路に給電する分離プレーンを持つ PCB の 20〜120 MHz における V_{cc} 対グラウンドノイズ電圧を示す。図 11-23(A)は，マイクロプロセッサに給電する分離したプレーンの V_{cc} 対グラウンドノイズ電圧を示す。図 11-23(B)は，主電源プレーンの V_{cc} 対グラウンドノイズ電圧を示す。図 11-23(A)で，マイクロプロセッサのデカップリング効果がない結果として，多数のクロックノイズがあることがわかる。図 11-23(A)と図 11-23(B)を比較すると，主 V_{cc} プレーンのクロックノイズは 60 MHz 以上で実質的に除去され，60 MHz 以下でも分離電源プレーンのノイズと比べて格段に低減されていることがわかる。

注意すべきは，この手法を使うとき，電源プレーン分割部を横切って隣接層に信号トレースを配線してはならないことである。もしそうすれば，16.3 節で述べるようにリターン電流パスを妨害することになる。分離プレーンから給電される IC に接続するすべ

ての信号トレースは，固体プレーン（電源またはグラウンド）に隣接した層で配線しなければならない．したがって，この手法には配線制限がある．一方，前述した分散容量手法はよく機能し，コンデンサとその関連ビアの削除の結果として，実際に配線を容易にする．

分離電源プレーン手法は実際の電源プレーンを分割する代わりに，信号層上に分離プレーンをプリントすることによって実施されることがある．この場合，分離した電源プレーンは電源の島，または"電源だまり"と呼ばれることが多い．分離した電源プレーンも電源の島の手法も結果は同じである．

11.5　放射に対するデカップリングの効果

デジタル論理ICがスイッチングするときに流れる過渡的な電源電流は，次の3種類のメカニズムで放射を生じる．

1. ICとデカップリングコンデンサとの間のループを流れる過渡的な電源電流が，放射ループの原因になる．
2. グラウンドのインピーダンスを通して流れる過渡的な電源電流がグラウンドノイズ電圧を発生して，それがシステムに接続されるケーブルを励起して放射を生じる．
3. V_{cc}対グラウンドノイズ電圧が電源バスを介してほかのIC（I/Oドライバなど）に結合して，最終的に電源・信号ケーブルに到達して放射を生じる．

効果的なデカップリングは上記3種の放射メカニズムをすべて最小にできる．

図11-24(A)は1個のICとそのデカップリングコンデンサC_1を示す．デカップリングループからの放射は，ループ面積×ループを流れる電流に比例する（式(12-2)参照）．コンデンサがICに近くて面積が小さいほど放射は少ない．

さらに，過渡的な給電電流もグラウンドに電圧降下をもたらす．これを図11-24(A)

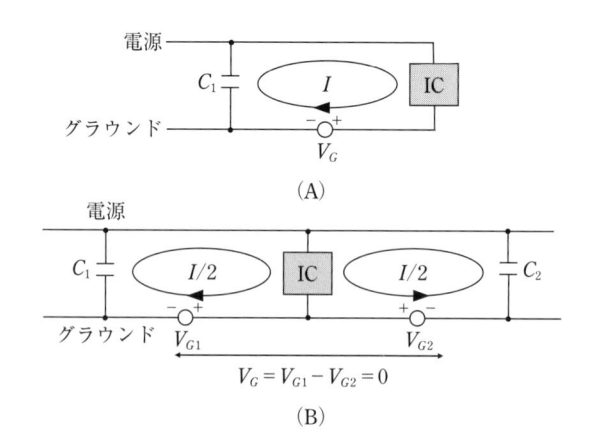

図11-24　ICのデカップリングコンデンサループに対する電流
(A)デカップリングコンデンサが1個の場合
(B)同一のデカップリングコンデンサが2個の場合

の V_G で示す．このグラウンドノイズ電圧はシステムに接続されたどのケーブルをも励起して，図 12-2 に示し，12.2 節で論議するように，ケーブルからのコモンモード放射を引き起こす．

図 11-24(B) は図 11-24(A) と同じ IC を示すが，ここでは同じデカップリングコンデンサ C_1 と C_2 を持ち，おのおのが当該 IC の両側に位置している．2 個のコンデンサは値が等しく，IC に対して対称的に配置されているので，IC がスイッチングするときそれぞれ半分ずつ供給する．したがって，コンデンサ C_1 を含むループからの放射は半分になり 6 dB 下がる．コンデンサ C_2 を含むループの電流は過渡的な電源電流の残りの半分を受け持ち，同量の放射を生じることになる．

しかし，C_1 に関するループ電流は時計回りであり，C_2 に関するループ電流は反時計回りであることに注目のこと．したがって，これら二つのループからの放射は加算されず減算となり，二つのループは互いに打ち消し合う．この打ち消しが完全でないとしても，その放射は大幅に減少する．打ち消しが 12 dB にすぎないと仮定しても，ループ放射の減少の総計は 18 dB となる（6 dB はループ電流の半減から，12 dB はループの打ち消しから）．

図 11-24(B) で，過渡的な給電電流によってグラウンドノイズが 2 か所で発生することに注目のこと．しかし，この二つは極性が逆なので，その IC を含むグラウンドプレーン部分にまたがる正味の電圧はゼロである．したがって，基板に接続されるいかなるケーブルからのコモンモード放射もまた大幅に減少するであろう．したがって，一つの IC に 2 個のデカップリングコンデンサを使うと，過渡的な給電電流により生じるコモンモード放射も差動モード放射も大幅に減少する．放射をさらに同量だけ減らすには，さらにコンデンサが 2 個，合計 4 個が必要となる．さらに放射を同量だけ減らすには，もう 4 個のコンデンサが必要となり，合計 8 個のコンデンサが必要となる．毎回コンデンサの数を倍にしなければならない．

では，どこでコンデンサの増設効果が最大になるのか？　明らかに二つ目のコンデンサを追加するときである．この結果からくる疑問は，IC をデカップリングするのに，わずかな費用追加で大きな改善が得られるのに，なぜ今まで IC 1 個をデカップルするのに 1 個のコンデンサしか使わなかったのか，である．

上記の議論からデジタル IC のデカップリングに関し次の勧告が導かれる．

- DIP 1 個に最低 2 個のコンデンサを使うこと．これらのコンデンサは IC の反対側に配置する．
- 小型の方形 IC パッケージ（四辺形フラットパック）には，少なくとも 4 個のコンデンサを使うこと．それぞれ 4 辺に配置する．
- 大きな過渡的な給電電流を消費する大型 IC（マイクロプロセッサなど）は，一般に多くの（場合によっては数百個）デカップリングコンデンサを必要とする．この種の IC には，個別にデカップリング要件を分析すること．

さらに上記と 11.4 節で述べた効果的なデカップリングは，V_{CC} 対グラウンドノイズ電圧を最小にする．これにより V_{CC} バスの汚染を減らし，このノイズが回路基板上のほかの IC に結合して生じる放射を大幅に低減する．

11.6 デカップリングコンデンサのタイプと容量

デカップリングコンデンサは高周波電流を供給しなければならない。したがって，低インピーダンスの高周波コンデンサとすべきである。このため多層セラミックコンデンサが望ましい。

低周波（デカップリング回路網共振点以下）での効果的デカップリングには，総デカップリング容量は次の2要件を満たさなければならない。(1) 総容量は，対象とする最低周波数で，目標インピーダンス以下になるよう十分に大きいこと。(11.4.5項参照)，(2) ICがスイッチングするときに必要な過渡的電流を供給できるように大きな容量を持ち，その一方で供給電圧を必要な許容範囲内に保つこと。

この後者の要件を満たすために，容量の最小値は次式である。

$$C \geq \frac{dIdt}{dV} \qquad (11\text{-}12)$$

ここで，dV は，時間 dt に発生する過渡電流 dI により引き起こされる供給電圧の許容過渡の電圧低下である。たとえばICに2 nsの間，500 mAの過渡電流が必要な場合で電源供給電圧の過渡的な変化を0.1 V以下に制限したいならば，容量は少なくとも0.01 μFでなければならない。

前述したように，デカップリング回路の低周波効果だけが容量値による影響を受け，高周波の性能は単に，いかにインピーダンスを低く抑えるかにより決定される。インダクタンスは，使われるコンデンサの数と各コンデンサに直列のインダクタンスにより決定される。多層のSMTコンデンサの内部インダクタンスは，主にそのパッケージ寸法で決まる。3216（(米国)電子工業会（Electronic Industries Alliance：EIA）では1206）のSMTパッケージコンデンサは1608（EIAでは0602）のコンデンサの約2倍のインダクタンスを持つ。3216（EIAでは1206）のコンデンサはインダクタンスが1.2 nHであり，1608（EIAでは0603）のコンデンサは約0.6 nHのインダクタンスである。

したがって，デカップリングコンデンサのよい選び方は，その用途に適用可能な最小パッケージ寸法のものを使うことであり，そのパッケージ寸法の中で容易に入手できる最大値のコンデンサを使うことである。小さな値のコンデンサを選んでも高周波性能はよくならず，低周波での効果をも低下させる。

11.7 デカップリングコンデンサの配置と搭載

デカップリングコンデンサは，ICにできるだけ近接させて配置して，ループ面積とインダクタンスをできるだけ小さくしなければならない。

よく受ける質問は，デカップリングコンデンサはICの電源ピンとグラウンドピンに直接接続すべきか，それとも電源プレーンとグラウンドプレーンに直接接続すべきか，である。その答えは状況次第である。トレースが短くインダクタンスが最小であれば，どちらの構成も効果的である。トレース長に加えて，ビアの長さもインダクタンスの決定に際して考慮すべきである。推奨として，純粋なデジタル基板ではコンデンサとIC

の両方とも電源プレーンとグラウンドプレーンに直接接続すべきである。

しかし，コンデンサを直接ICの電源とグラウンドのピンに接続すると，必要なビア数を低減でき混雑したPCB上の貴重なスペースを節約できる。ループ面積を小さくできるならば，コンデンサを直接ICの電源とグラウンドのピンに接続することは完全に容認できる手法である。したがって，質問に対する単純な答えはない。デカップリングコンデンサを直接接続するのは，ICなのか電源プレーンとグラウンドプレーンなのか，どちらが一番よい方法かは個別に評価して決定することになる。インダクタンスを最小にすることは，コンデンサとICとの間のループ面積を最小にすることを意味する，これが極めて重要である。ループ面積を最小にするコンデンサ配置が，最良の結果をもたらす。

図11-25は，2012（EIAでは0805）のSMTデカップリングコンデンサの搭載パッドと基板積層の中央にある電源-グラウンドのプレーン対間のおよそのインダクタンスを示す。ここにはコンデンサ自体のインダクタンスは含まない。搭載用パッド，トレースおよびビアのインダクタンスだけである。インダクタンスは3 nH〜0.5 μH以下まで，コンデンサの搭載方法だけによって変動することに注意のこと。

多数のビアは搭載パッドから電源-グラウンドのプレーン対（10.6.4項参照）までのインダクタンスを低減する。しかし，ビアは基板の空間を浪費する。逆方向の電流を流すビアを近接させて配置すると，相互結合の結果としてやはりインダクタンスが低減される。これが，図11-25に示すサイドビア構成のほうが，エンドビア構成よりもインダクタンスが少ない理由である。

狭いトレース
0.006 in 0.050 in
インダクタンス：2.8 nH

広いトレース
0.025 in 0.050 in
インダクタンス：2.1 nH

エンドビア
インダクタンス：1.1 nH

サイドビア
インダクタンス：0.7 nH

複数ビア(2)
インダクタンス：0.5 nH

複数ビア(3)
インダクタンス：0.4 nH

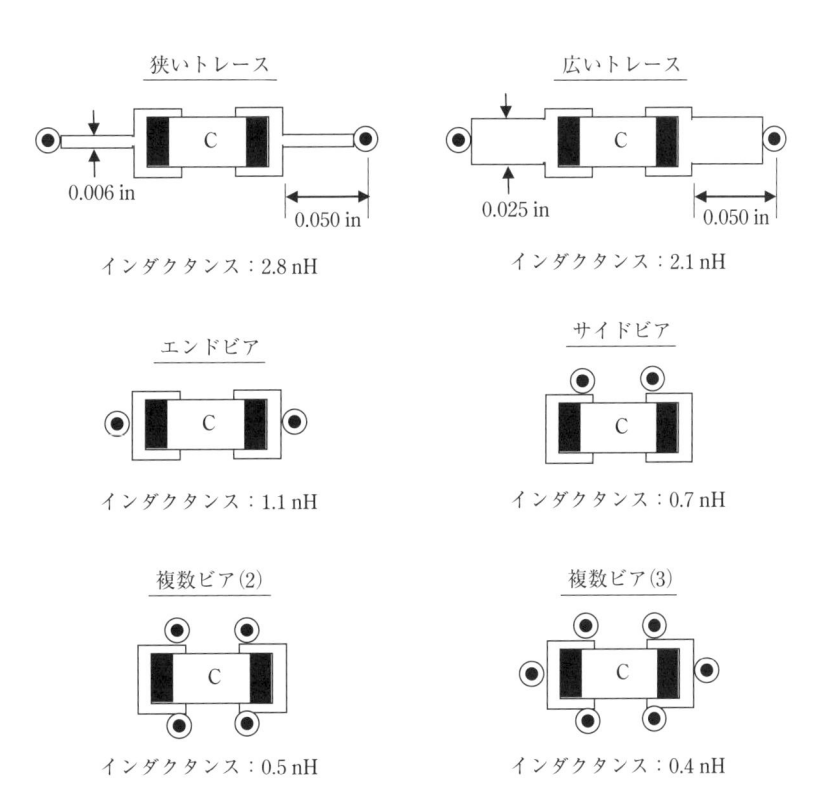

図11-25 2012（EIAでは0805）SMTデカップリングコンデンサの各種搭載構成のインダクタンス

ICに使用するデカップリングコンデンサが1個か2個のときは，その配置が重要である。しかし，使用するコンデンサが1個や2個でなく大量である場合は，その配置は重要でなくなる。コンデンサをICの周囲に分散させて，ICに対して対称になるようにすること。

筆者も含めて設計者の多くは，個々のIC基準でデカップリングするのが普通である。つまり，設計者は個別のICごとに必要なコンデンサの適切な数と値を決める。しかし，別の方法は値の等しい大量のコンデンサを基板全体に分散させ，個別のICの位置にかかわらず電源とグラウンドのプレーンに直接接続することによって，PCBを全体としてデカップリングすることである。この全体的アプローチが一番機能するのは，すべてのICが同じような過渡電流要件を持つ回路基板に使われたときである。一方，個別のICデカップリング手法は，基板上で各ICが広範囲に変わる過渡電流要件を持つときによく機能する。

デカップリングコンデンサ配置でほかに考慮すべきことに次がある。
- PCBは片面実装か，または両面実装か？
- ICパッケージは周辺ピン配置かグリッドアレーか？
- PCBは電源とグラウンドのプレーンをどれだけ持つか，積層は何層か，プレーン間の間隔は？
- ICは電源とグラウンドのピンをいくつ持つのか？

11.8 大容量デカップリングコンデンサ

論理素子がスイッチングするとき，ICのデカップリングコンデンサはその電荷の一部を放出する。次に論理素子がスイッチングする前に，ICのデカップリングコンデンサは再充電されねばならない。再充電電流は，個別のICデカップリングコンデンサよりもかなり低い周期で発生する。これは，PCB上の大容量のデカップリングコンデンサかコンデンサ群から供給される。個別ICのデカップリングコンデンサは，論理素子のスイッチング速度（基本的に立上りと立下り時間に連動する）で機能しなければならない。大容量のデカップリングコンデンサは，クロック周期の半分で個別のデカップリングコンデンサを通常再充電しなければならない。したがって，クロック周波数の2倍以下で動作する。

大容量コンデンサの値は重要ではないが，それが関係するICのデカップリングコンデンサの合計値よりも大きくすべきである。大容量デカップリングコンデンサの一つは，電源が基板に入る位置に配置すべきである。ほかの大容量コンデンサを戦略的に基板の周辺に配置すべきである。大容量デカップリングコンデンサは，少なすぎるよりは多すぎるのがよい。大容量デカップリングコンデンサは普通は $5 \sim 100 \mu F$（$10 \mu F$ が代表的）であり，小さい等価直列インダクタンスを持つべきである。過去にはタンタル電解コンデンサが普通だった。しかし，コンデンサ技術の進歩により，この用途で多層セラコンがより一般的になってきた。アルミ電解コンデンサはタンタルコンデンサより1桁以上インダクタンスが高いので使うべきではない。

大容量デカップリングコンデンサは，個別のICのデカップリングコンデンサと容量

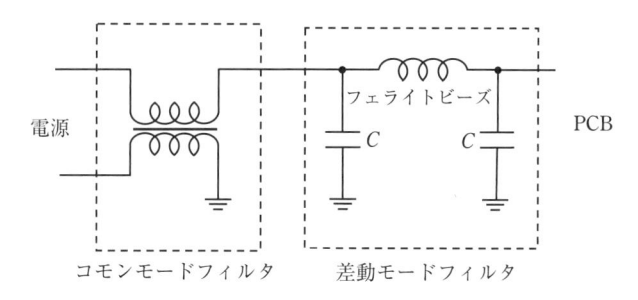

図 11-26 代表的な電源入力フィルタ

値が異なるので，反共振インピーダンススパイクが二つの異なるコンデンサ値で発生する。しかし，大容量コンデンサの容量が大きいので，インピーダンススパイクははるかに低い周波数で，低い振幅で発生し，通常は問題にならない。大容量コンデンサの少量の等価直列抵抗が実際に役立っている。これがある程度のダンピングを提供し，発生する共振ピークの振幅を低減するからである。

11.9 電源入力フィルタ

外部ノイズは回路基板に導かれ，内部ノイズはDC電源リードで基板から出ていくかもしれない。高周波の給電過渡電流はデジタル論理基板に閉じ込めるべきであり，DC給電配線まで流出させてはならない。したがって，電源入力フィルタは標準設計の実際であるべきである。図11-26は代表的な電源入力フィルタ回路を示す。これは差動モード部とコモンモード部の両方を持つ。差動モードフィルタは，フェライトビーズやインダクタを直列素子として持つ通常π型フィルタである。

フィルタ素子の代表値は，$0.1 \sim 0.01\,\mu\mathrm{F}$ のコンデンサと，問題の周波数帯域でインピーダンスが $50 \sim 100\,\Omega$ のフェライトビーズである。この用途では，直流電流によるフェライトビーズの飽和を避けることが重要である。インダクタを使う場合，代表値は $0.5 \sim 5\,\mu\mathrm{H}$ である。

コモンモードのフィルタ素子は，PCB上のコモンモードチョークかDC電源ケーブル上のフェライトコアである。

要約

- IC論理ゲートがスイッチするとき，必要な過渡電源電流の一部または全部を，低インピーダンスパスを通して供給するデカップリングコンデンサが必要である。
- デカップリングコンデンサは，電源グラウンドシステムに戻ってくるノイズを短絡し，少なくとも低減するために必要である。
- デカップリングは，コンデンサをIC近傍に配置して過渡的なスイッチング電流を供給するためだけでなく，LC回路をIC近傍に配置して過渡的なスイッチング電流を供給するためである。
- デカップリングコンデンサ類の値は，低周波デカップリング効果に重要である。

- デカップリングコンデンサ類の値は，高周波には重要ではない。
- 高周波で，最も重要な条件は，デカップリングコンデンサに直列のインダクタンスを低減することである。
- 有効な高周波デカップリングには多数のコンデンサの使用が必要である。
- 多くの場合，複数の値のコンデンサを使うより単一の値のデカップリングコンデンサを使うほうが効果的である。
- 最適な高周波デカップリングには個別コンデンサをまったく使わず，むしろ分散容量PCB構造を使うべきである。
- デカップリングの基本原則は電流ループをできるだけ小さくすることである。

問題

11.1 立上り500 ps，動作電圧3.3 VのCMOSが2個のCMOSゲートを駆動するときの過渡負荷電流の振幅はいくつか？ 各CMOSゲートは入力容量が10 pFと仮定する。

11.2 無効なデカップリングが放射を引き起こすメカニズムを三つ挙げよ。

11.3 デカップリングコンデンサに直列なインダクタンス源を三つ挙げよ。

11.4 デカップリングが効果的となる上側の周波数を決める要因を二つ挙げよ。

11.5 デカップリングが効果的となる最低周波数を決めるのは何か？

11.6 1個のICに対して合計デカップリング容量の最小値を決めるとき，満足すべき二つの基準は何か？

11.7 1個のICに使うデカップリングコンデンサの最小数はいくつか。また，それはなぜか？

11.8 多数のコンデンサを効果的に並列にする二つの要件は何か？

11.9 デカップリングに同じ値の多数のコンデンサを使う利点を三つ挙げよ。

11.10 問題11.9の三つの回答の中で，値の異なるデカップリングコンデンサを使用した場合に適用できないのはどれか？

11.11 値の異なるデカップリングコンデンサを使用したときの問題点は何か？

11.12 周波数1 MHz以上で，立上り3 nsのデジタルICを効果的にデカップリングしたい。低周波の目標インピーダンスを100 mΩとして，各コンデンサは直列に5 nHのインダクタンスを持つと仮定する。

  a. 値の同じ個別コンデンサをいくつ使用すべきか？

  b. 各コンデンサの最小値はいくらか？

11.13 大型マイクロプロセッサ，3.3 V電源から過渡電流10 Aを引き込む。論理素子の立上り/立下り時間は1 nsである。V_{cc}からグラウンドへのノイズ電圧ピークを250 mVに制限することが望ましい。各デカップリングコンデンサは，5 nHのインダクタンスを直列に持つ。デカップリングは同じ値の多数のコンデンサを用い，20 MHz以上のすべての周波数で効果的とすること。

  a. 目標インピーダンス対周波数のプロットを描け。

  b. 必要なデカップリングコンデンサの最小値はいくつか？

c. 個別デカップリングコンデンサの最小値はいくつか？
d. 値の大きなコンデンサを効果的に使用できるか？

11.14 ある IC が 1 A の過渡電流を 1 ns 引き込む。給電電圧の低下を 0.1 V 以下にするために必要なデカップリングコンデンサの最小値はいくらか？

11.15 10×12 in の埋め込み容量 FR-4 エポキシガラス PCB は，1 in^2 当り 500 pF の電源-グラウンド対のプレーン容量を持つ。論理素子の立上り時間は 300 ps である。デカップリングコンデンサの電荷は，立上り時間内に IC まで到達しなければならないと仮定する。このとき，有効なプレーン間デカップリング容量はいくらか？

参考文献

- Archambeault B. "Eliminating the MYTHS about Printed Circuit Board Power/Ground Plane Decoupling" *ITEM*, 2001.
- Archambeault, B. *PCB Design for Real-World EMI Control*. Boston, MA, Kluwer Academic Publisher, 2002.
- Howard, J. R. and Lucas, G. L., Inventors; Zycon Corp, assignee. Capacitor laminate for use in capacitive printed circuit boards and methods of manufacture. U. S. patent 5, 079, 069, January 7, 1992.
- Janssen, L. P. "Reducing The Emission of Multi-Layer PCBs by Removing the Supply Plane." *1999 Zurich EMC Symposium*, Zurich, Switzerland 1999.
- Jordan, E. C. *Reference Data for Engineers*. Indianapolis, IN, Howard W. Sams, 1985.
- Leferink F. B. J. and van Etten, W. C. "Reduction of Radiated Electromagnetic Fields by Removing Power Planes." *2004 IEEE International Symposium on Electromagnetic Compatibility*, Santa Clara, CA, August 9-13, 2004.
- Paul, Clayton R. "Effectiveness of Multiple Decoupling Capacitors." *IEEE Transactions on Electromagnetic Compatibility*, May 1992.
- Radu, S., DuBroff R. E., Hubing, T. H. and van Doren, T. P. "Designing Power Bus Decoupling for CMOS Devices." *1998 IEEE EMC Symposium Record*, Denver, CO, August 1998.
- Sisler, J., inventor; Unisys Corp., assignee, Method of making multilayer printed circuit board, U. S. patent 5, 010, 641, April 30, 1991.
- Sisler, J., "Eliminating Capacitors From Multilayer PCBs." *Printed Circuit Design*, July 1991.

参考図書

- Hubing, T. H., et al. "Power-Bus Decoupling With Embedded Capacitance in Printed Circuit Board Design." *IEEE Transactions on Electromagnetic Compatibility*, February, 2003.
- Wang, T. "Characteristics of Buried Capacitance™." *EMC Test and Design*, February 1993.

第12章
デジタル回路の放射

現在の規制環境のもとでの電磁環境両立性（Electromagnetic Compatibility：EMC）技術は，電子機器を市場に送り出す際に重要な役割を担う。製品出荷のスケジュールに合わせるための主要な課題が，製品の機能や性能の問題ではなく，EMC試験を通すことにあることが多い。

適当なコストでデジタルシステムからの放射を抑制することは，デジタル論理回路を設計するのと同じくらいに複雑で困難である。放射抑制は設計当初からの問題として扱うべきであり，設計の全段階を通して必要なリソースを集めなければならない。

本章では放射プロセスをモデル化し，放射が依存するパラメータの概要を述べる。また，放射を信号の電気的特性とシステムの物理的特性の関数として予測する手法を提供する。放射に影響するパラメータを知ることが，放射を最小にする技法を開発するのに役立つ。

デジタル電子機器からの放射は，**差動モードかコモンモード**のいずれかである。差動モード放射は回路の通常動作の結果であり，図12-1に示すように，回路導体で形成されるループに流れる電流によって生じる。このループは主に磁界を放射する小さいアンテナとして振る舞う。この信号電流ループは回路動作に必要だが，放射を抑制するためにはこの大きさと面積を設計過程で抑制しなければならない。

コモンモード放射はしかし，**回路の寄生要素**の結果であり，回路導線の好ましくない電圧降下の結果である。グラウンドインピーダンスを通して流れる差動モード電流は，デジタル論理グラウンドシステムに電圧降下を生じる。ケーブルがシステムにつながれるとコモンモードのグラウンド電位で駆動され，図12-2に示すように，電界を放射するアンテナを形づくる。この寄生インピーダンスはシステム内に意図して設計したわけではないので，文献に示されるように，コモンモード放

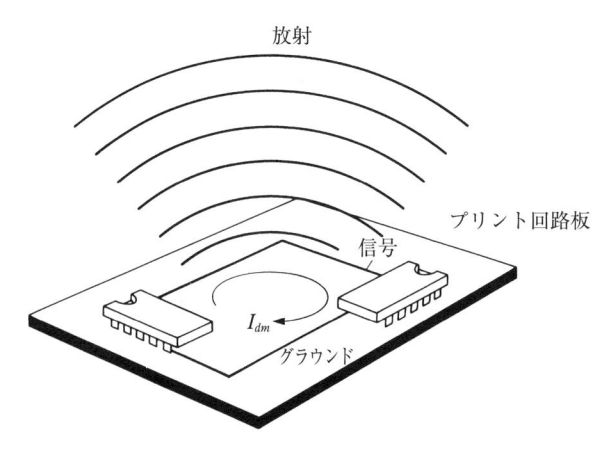

図12-1　プリント回路板からの差動放射モード

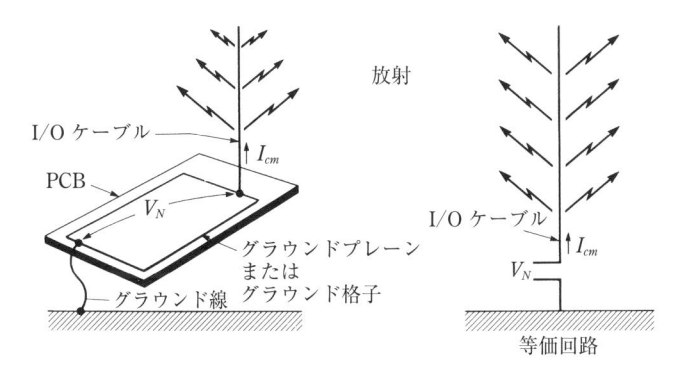

図 12-2 システムケーブルからのコモンモード放射

射は理解しにくく抑制しにくい。設計段階においてコモンモード放射問題を扱う手法を準備するようにしなければならない。

12.1　差動モード放射

差動モード放射は，**微小ループ**アンテナ[*1] としてモデル化できる。電流 I_{dm} を運ぶ面積 A の微小ループアンテナに対する電界 E は，**自由空間**の距離 r のところで測定され，遠方界では次式に等しい（Kraus and Marhefka, 2002 p. 199 Eq. 8）。

$$E = 131.6 \times 10^{-16} (f^2 A I_{dm}) \left(\frac{1}{r}\right) \sin \theta \tag{12-1}$$

ここで，E は〔V/m〕，f は〔Hz〕，A は〔m^2〕，I_{dm} は〔A〕，r は〔m〕である。θ は観測点とループ面の垂直軸との角度である。

周囲の長さが波長の 1/4 以下の小さいループでは，電流はどこでも同位相である。しかし，大きいループでは電流は同位相ではなく，したがって，全体として加算されるより減算される。

図 12-3 に示すように，小さいループアンテナの自由空間アンテナパターンは円環（ドーナツ形）である。最大放射はループの側面からでありループ平面内にある。ループ平面に垂直な方向には放射は発生しない。電界はループ平面方向に偏波されるので，図 12-3 に示すように，同じ方向に偏向したアンテナで受けるときに，放射電界強度の最大値が検出される。

ループの周囲の長さが波長の 1/4 を超えると，図 12-3 の放射パターンはもはや適用されない。周囲長が波長に等しいループでは放射パターンは 90° だけ回転し，最大放射はループに直角方向に発生する。したがって，小さいループでの放射ゼロの点が大きなループでは放射最大の点となる。

式(12-1)は円形ループから導いたがほかのどんな平面形ループにも適用できる。なぜなら，小さいループでの最大放射はループの形には無関係で，その面積だけに依存するからである（Kraus and Marhefka, 2002 p. 212 Eq. 8）。**面積が同じ微小ループアンテナ**

[*1] 微小ループとは，周囲の長さが波長の 1/4 以下のループである。

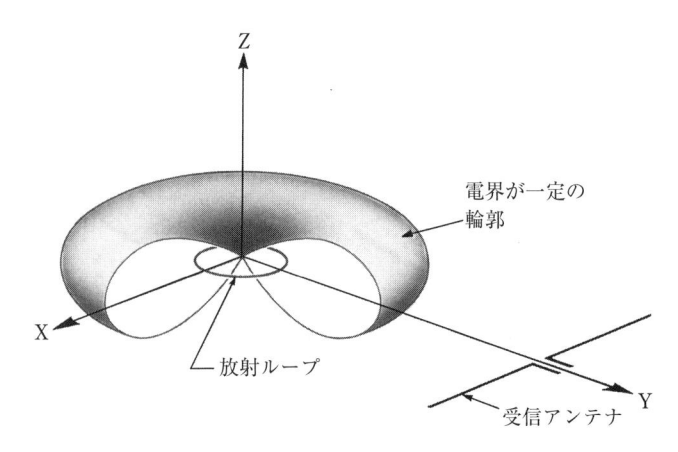

図 12-3 微小ループアンテナの自由空間放射パターン

は形状にかかわらず放射も同じである。

　式(12-1)の第1項は伝送媒体の特性を表すので，この自由空間の場合は一定である。第2項は放射源つまりループの特性を規定する。第3項は発生源から遠ざかるにつれて，電界が減少することを表す。最終項はループ平面の垂直軸に対する測定点の角度方向（Z軸からの）を表す。

　式(12-1)は，近くに反射物のない自由空間に置かれた小さいループ用である。しかし，電子機器からの放射測定の多くは自由空間でなくグラウンドプレーンを持つオープンサイトで実施される。グラウンドは考慮すべき反射面を提供する。グラウンドの反射分だけ余分に6 dB（2倍），測定値が増大し得る。これを考慮すると式(12-1)を2倍にしなければならない。

　グラウンド反射を補正し，ループ面（$\theta = 90°$）の距離 r で測定すると仮定すると，式(12-1)は**オープンエリア**用に書き直すことができる。

$$E = 263 \times 10^{-16}(f^2 A I_{dm})\left(\frac{1}{r}\right) \tag{12-2}$$

式(12-2)は放射が，電流 I，ループ面積 A，周波数 f の **2 乗**に比例することを示す。周波数の2乗項はEMC技術者に将来にわたって仕事を保証してくれる。

　測定距離3 mで式(12-2)は次式に書き換えできる。

$$E = 87.6 \times 10^{-16}(f^2 A I_{dm}) \tag{12-3}$$

したがって，差動モード（ループ）の放射は次のようにして低減できる。

1. 電流値を下げる
2. 電流が持つ周波数や高調波成分を減らす
3. ループ面積を減らす

　正弦波以外の電流波形では，式(12-2)に代入する前に電流波形のフーリエ級数を決定しなければならない。

12.1.1　ループ面積

　デジタルシステム設計で差動モード放射を抑制する第1の方法は，流れる電流で囲ま

れる面積を最小にすることである。これは信号リードとそのリターンリードを一緒に近接させて配置することを意味する。このことは、クロックリードやバックプレーン配線や接続ケーブルに特に重要である。

たとえば、周波数 30 MHz の 25 mA 電流が約 10 cm² のループに流れるなら、3 m 距離で測定した電界強度は 197 μV/m となる。この電界強度は米国のクラス B 製品（住宅地域用）の許容値の約 2 倍である。

規定の放射レベルを超えない最大ループ面積を求めるには、式(12-2)をループ面積について解くと、

$$A = \frac{380Er}{f^2 I_{dm}} \qquad (12\text{-}4)$$

ここで、E は放射許容値〔μV/m〕、r はループと測定アンテナの距離〔m〕、f は周波数〔MHz〕、I は電流〔mA〕、A はループ面積〔cm²〕。

たとえば、FCC/CISPR のクラス B の 3 m で 100 μV/m の放射許容値になるときの、30 MHz で 25 mA に対する最大ループ面積は 5 cm² である。

放射に対する法的許容値に適合させるシステムを設計するなら、ループ面積は非常に小さくしなければならない。このような条件のもとで、式(12-2)は放射を予測するのに適用できる。

12.1.2 ループ電流

電流値がわかっていれば、式(12-2)を使って放射を予測することはやさしい。しかし、正確な電流値がわかることはあり得ない。したがって、それをモデル化し、実測し、推定する。電流は、ループを終端する負荷インピーダンスと同様に、ループを駆動する回路のソースインピーダンスに依存する。ループ電流は、広帯域電流プローブで測定できる。この測定には PCB トレースを切って、電流プローブを挟むだけの長さの線を直列に追加する必要がある。

12.1.3 フーリエ級数

デジタル回路は方形波を使うので、放射を計算する前に、電流の高周波成分を知らなければならない。左右対称の方形波（実際は立上りと立下りの時間が有限なので台形波、図 12-4 に波形を示す）に対する第 n 次高調波は次式で表される（Jordan, 1985, pp. 7-11）。

$$I_n = 2Id \left[\frac{\sin(n\pi d)}{n\pi d} \right] \left[\frac{\sin\left(\frac{n\pi t_r}{T}\right)}{\frac{n\pi t_r}{T}} \right] \qquad (12\text{-}5)$$

ここで、I は図 12-4 で示す方形波の振幅、d はデューティサイクル $[t_0/T]$、t_r は立上り時間、T は周期、n は高調波の次数である。ほかの項は次元を持たないので、I_n の単位は I の単位と同じである。式(12-5)は立上り時間と立下り時間が等しいことを仮定している。等しくなければ、最悪二つのうちの小さいほうを計算に使うべきである。

デューティが 50 %（$d = 0.5$）の場合、第 1 高調波（基本波）は $I_1 = 0.64I$ の振幅を

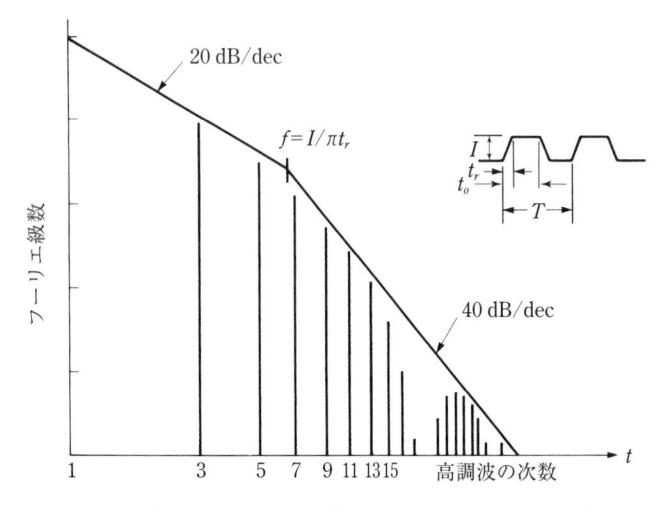

図 12-4　デューティ 50 % 台形波のフーリエスペクトル包絡線

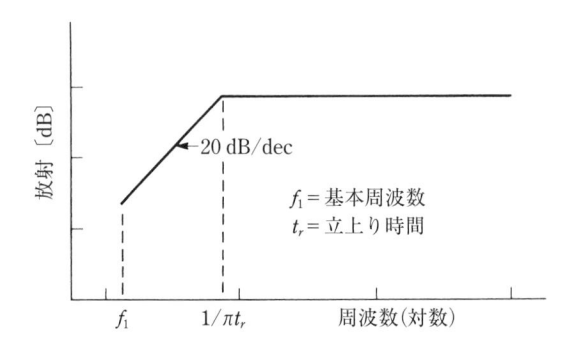

図 12-5　差動モード放射の包絡線対周波数

持ち，奇数高調波だけが表れる。立上り時間（t_r）が周期（T）よりずっと小さい通常の場合に対して，図 12-4 は対称波の高調波の包絡線を示す。高調波は $1/\pi t_r$ の周波数まで 20 dB/dec で落ち，その後は 40 dB/dec で落ちる。これは立上り時間が長くなるにつれて，高調波電流が減っていくことを示す。

差動モード放射は，まず式(12-5)から各高調波に含まれる電流を決めることによって計算できる。次にこの電流と各周波数を式(12-2)に代入する，この計算をその後各高調波について繰り返す。

ループが振幅一定の電流によって駆動されるなら，式(12-2)の周波数の 2 乗項は放射が周波数に対し 40 dB/dec で増大することを表す。式(12-2)と式(12-5)を組み合わせた結果は，$1/\pi t_r$ 以下の周波数では 20 dB/dec で放射が増加し，この周波数より上では一定となることを示す[*2]（図 12.5）。

図 12-5 は，放射に対する立上り時間の重要さを明確に示している。立上り時間で決

[*2] 実際に，ループの周囲長が 1/4 波長になる周波数を超えると高周波の放射は下落する。微小ループの式(12-2)の仮定が有効でなくなるからである。これは，$f\,[\mathrm{MHz}] = 75/C\,[\mathrm{m}]$ で発生する（$C\,[\mathrm{m}]$ はループの外周長である）。

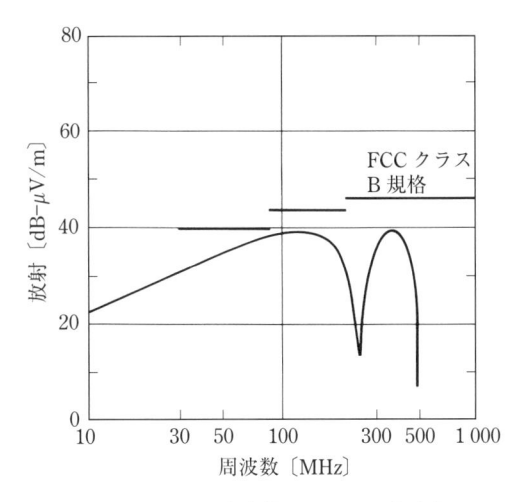

図 12-6 放射スペクトルと FCC クラス B 許容値。6 MHz，立上り 4 ns，35 mA，ループ面積が $10\,\text{cm}^2$ のクロックに対するスペクトルを表す。

まるブレークポイントの後ろでは，周波数増加に伴う放射増加は止まる。放射を最小にするには，機能が許す限り信号の立上り時間をできるだけ遅くするのが望ましい。

たとえば，ループ面積 $10\,\text{cm}^2$ を流れる立上り時間 4 ns，周波数 6 MHz のクロックについて，3 m 距離での放射測定を図 12-6 に示す。このループはピーク電流 35 mA の方形波で駆動される。

12.1.4 放射の包絡線

図 12-5 で示す放射の包絡線は，その周波数，ピーク電流，立上り時間とループ面積がわかれば簡単に推定できる。放射包結線の形はわかっているので，基本周波数の放射だけを計算すればよい。基本周波数（デューティ 50 %）のフーリエ係数は，$I_1 = 0.64I$ である。ここで I は方形波電流の振幅である。

基本周波数での放射は，方形波電流の振幅値の 0.64 倍を式 (12-2) に代入することによって計算できる。この周波数での放射を $[\text{dB}\,\mu\text{V/m}]$ で片対数用紙にプロットできる。この点から 20 dB/dec だけ増加する線を $1/\pi t_r$ の周波数まで引く。その上の周波数では水平線を引く。これが差動モードの放射の包絡線を表す。

12.2 差動モード放射の抑制

12.2.1 基板のレイアウト

差動放射の抑制を開始するのは，プリント回路板のレイアウトからである。抑制コストを下げるには，基板を設計し始めるときに放射を考慮しなければならない。

放射の抑制のためにプリント回路板（Printed Circuit Board : PCB）をレイアウトするとき，信号トレースによって形成されるループ面積を最小にしなければならない。信号や過渡電源電流によってつくられるループ面積を**すべて**制御するのは膨大な作業である。幸いなことに，すべてのループをそのつど対処する必要はない。最も重要なループ

は個別に分析すべきだが，そのほかの重要ではない大部分のループは（これはループの大部分である）よい PCB レイアウト慣例を用いることにより抑制できる。

　最も重要なループは**最高周波数**で動作し**信号が周期性**を持つものであり，つまり常に同じ波形を持つものである。

　周期性がなぜ重要であるかは以下によって理解できる．ある程度の寸法（面積）のループがある量の電流を運ぶときのみ，多くのエネルギーを放射できる．その全エネルギーが一つの周波数であるか，限られた周波数であるなら，各周波数の振幅は高くなる．しかし，エネルギーが周波数スペクトル全般にわたって拡散しているなら，どの周波数のエネルギーもずっと低くなる．クロックは通常，システムの中で最高の周波数で周期性があり，そのエネルギーの多くは基本波＋低次の奇数高調波から構成される少数の周波数帯域に集中している．したがって，これらの周波数での振幅は大きくなる．

　図 12-7(A) は，典型的なデジタル回路からの放射スペクトルを示す．図 12-7(B) は，クロック信号だけが動作したときの同じ回路からの放射を示す．最大放射は両者でほぼ同じである．図 12-7(B) の場合は 95％以上の回路はオフしている．多くの場合，クロック周波数からの放射はほかのすべての回路からの放射を超えている．

　クロック信号は PCB で最初に配線しなければならない．全力を尽くして，ループ面積ができるだけ小さくなるように配線しなければならない．クロックトレース長は最小にして，ビアの数も最小にする．多層板ではクロックは切れ目のない（分割のない）電源プレーンまたはグラウンドプレーンに隣接する層に配線する．クロックトレース層とリターンプレーンとの間は，できるだけ間隔を小さくする．

　両面板では，クロックトレースはグラウンドリターントレースに隣接させる．クロック配線にはこだわりを持つ．

　もちろん，クロックだけがシステム内の唯一の周期性信号ではない．ほかの多くのストローブ信号や制御信号も周期性がある．マイクロプロセッサを使用するシステムでは，クロック（CLK），アドレスラッチイネーブル（ALE），ローアドレスストローブ（RAS），コラムアドレスストローブ（CAS）がある．本書ではクロックという用語は，クロック信号だけでなく高周波の周期性信号についても使用する．

　プリント板を出ていくリードにクロックが結合しないようにするため，クロック回路は入出力（I/O）ケーブルや入出力回路から離して配置しなければならない．

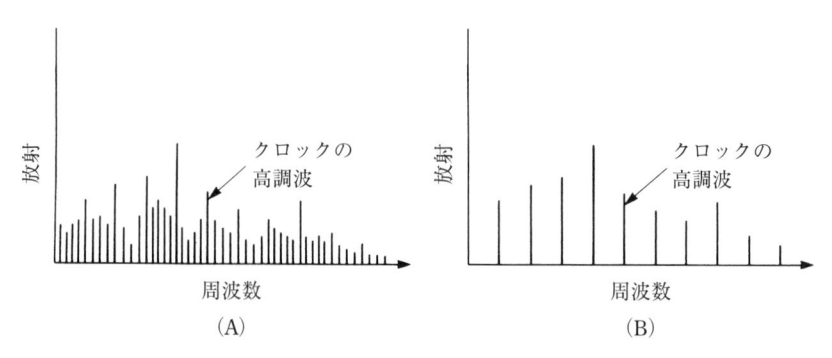

図 12-7　典型的なデジタル回路からの放射スペクトル．
(A) は全回路の動作時，(B) はクロック信号だけの動作時

クロストークを最小にするため，クロックリードはデータバスや信号リードと長い距離を平行して走らせてはならない。デジタル論理基板のクロストークは John と Graham（1993），Paul（1985），Catt（1967）がより詳細に述べている。

アドレスバスやデータバスはクロックの次に2番目の放射源である。これらは終端され大電流を流すことが多く，その放射は電流に比例するからである。クロックほどには重要でないが，それらのループ面積も吟味して最小にしなければならない。これは多層基板上の一つのプレーンに隣接して配線することにより実現する。

両面基板では，8本のデータやアドレスのリードグループに隣接して，少なくとも1本の信号リターン（グラウンド）を用意すること。このリターントレースは最下位アドレスビットリードに添わせて配置するのが最もよい。最下位アドレスは，周波数が通常いちばん高い電流だからである。ほかの多くの雑信号ループの面積は，グラウンド格子やグラウンドプレーンを使うことで抑制できる。これは内部で発生するノイズ量を最小にするのにも必要である（10章と11章参照）。

ラインドライバやバスドライバも大電流を運ぶので加害者になり得る。しかし，その信号はランダム性なので，広い帯域ノイズを発生するが単位帯域当りのエネルギーは少ない。ラインドライバやバスドライバは，それが駆動する線の近くに配置しなければならない。PCB を出ていくケーブルのドライバは，コネククのそばに置かなければならない。基板外の負荷を駆動するラインドライバ集積回路（Integrated Circuit : IC）を，基板内部のほかの回路を駆動するために共用してはならない。

もう一つの重要な放射雑音源は，デジタル論理ゲートのスイッチに必要な過渡的な電源電流である。このループ面積は11章に示すようにデカップリングすることにより抑制できる。

差動モード放射は周波数の2乗に比例しており，またループ面積を小さくすることにより抑制でき，このループ面積は主として PCB 上の配置に依存している。過去5～10年でクロック周波数は劇的に上昇した，おそらく10倍以上であろう。したがって，差動モード放射は100倍以上にも増大した。PCB 技術によりループを小さく配線する能力が決まるが，その間に改善されたのはわずかであり，おそらく2倍である。

したがって，放射問題は100倍以上に増加し，それをより小さなループを配線することで処理する能力は改善されたが，せいぜい2倍である。差動放射モードを抑制する能力に関する戦いでは明らかに負けている。したがって，この放射を抑制するとすれば，PCB をシールドすることを除いて，われわれは何かほかの，できれば慣例にとらわれない，放射を低減する方法を思いつかなければならない。二つのよく知られた手法に，ループの打ち消しとスペクトル拡散クロックがある。

12.2.2 ループの打ち消し

ループを十分に小さく配線できない場合，二つのループが互いに打ち消すように配線する簡単な方法が見つけられないだろうか。図12-8(A)に示すような，1本のクロックトレースとそのグラウンドリターンパスの場合を検討する。このループからの放射は，ループ面積とそのループ内の電流の関数である。もしこれが，PCB 技術でトレースを配線できる最も近接したものを示すものであれば，PCB をシールドする以外にこれ以

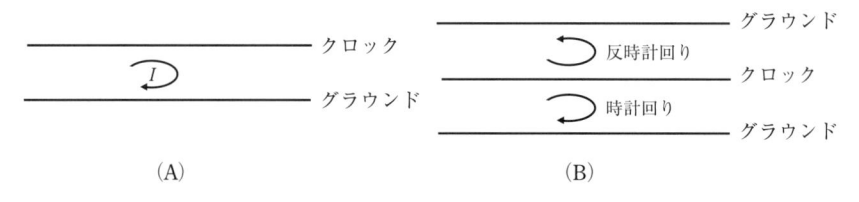

```
─────────── クロック           ─────────── グラウンド
      ⟲                        ⟲ 反時計回り
─────────── グラウンド          ─────────── クロック
                                ⟲ 時計回り
                               ─────────── グラウンド
        (A)                            (B)
```

図 12-8　(A) グラウンドリターントレースが一つのクロッククレース
　　　　　(B) グラウンドリターントレースが二つのクロックトレース

上放射を低減できない。

　しかし，図 12-8(B) に示す配置を考えてみよう。ここには，両側に一つずつ，2 本のリターン（グラウンド）トレースを持つ 1 本のクロックトレースがある。したがって，図 12-8(A) で示したものと同じ面積をおのおのが持つ二つのループができる。もしこの二つのリターン（グラウンド）トレースがクロックトレースに対し対称的に配置されると，リターン電流は二つのパスに分割されることになる。したがって，図 12-8(B) の下側のループは図 12-8(A) のループの半分だけとなり，放射も半分つまり 6 dB 低くなる。

　もちろん，放射のもう半分は図 12-8(B) の上側のループにあり，下側のループと同じだけ放射する。しかし，上側のループは電流が反時計回りであり，下側は時計回りであることに気がつく。したがって，上側ループからの放射は下側ループからの放射に加算されず，むしろ打ち消される。この打ち消しは完全ではないがかなりよい。したがって，図 12-8(B) は図 12-8(A) より放射が 20 dB も小さい。

　図 12-8 で示すトレースは PCB の同じ層，または別の層に配線されると考えられる。後者の場合は，二つのグラウンドプレーン間に位置する PCB 層に配線されたクロックを表す。

12.2.3　ディザードクロック

　ループ面積を減らさずに放射を削減するもう一つの手法は，放射の周波数スペクトルを拡散することであり，ここではどの周波数でも放射の振幅は削減される。この放射の拡散はディザードクロックまたはスペクトル拡散クロックにより実現できる。基本的には，実施していることはクロック周波数の変調である。

　クロックのディザリングとは，クロック周波数を少しだけ低い周波数で意図的に変化させることである。これはクロックのエネルギーを周波数領域で拡散させるので，個別の周波数での放射のピーク振幅を低くする（おのおのの小さな周波数帯域が少ないエネルギーを持つから）。最善の設計をすれば，この方法で放射は 15 dB 低減できる。典型的な結果は 10～14 dB の幅にある。基本周波数が 100 kHz だけシフトする場合，2 次の高調波は 200 kHz，3 次の高調波は 300 kHz，以下同様にシフトすることに注目のこと。

　低減の程度はディザリングの波形と周波数の隔たりの関数である。最適な変調波は標準波形ではなく，むしろ図 12-9 に示す特殊な波形であり，"Hershey Kiss" と呼ばれることが多い。この変調波はしかし，Lexmark (Hardin, 1997) により特許化されている。各種ディザリング波形の詳細な情報は Hoekstra (1997) を参照されたい。

　"Hershey Kiss" は三角波とはあまり違わない。三角波変調は "Hershey Kiss" より

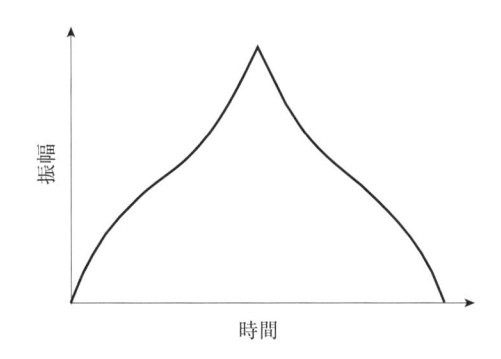

図 12-9　スペクトル拡散クロックの最適な変調波形

数 dB だけ低減が劣るだけである．したがって，ほとんどのディザリングクロック回路は三角波を使用する．

代表的なスペクトル拡散クロックの仕様は次のように読める．
・変調波：三角形
・変調周波数：35 kHz
・周波数偏差：0.6 %
・変調方向：下方
・放射減少：12 dB

スペクトル拡散クロックを容認できないシステムもあるが，ほとんどの場合可能である．多くのパソコンやプリンタはスペクトル拡散クロックを使用している．完全なリアルタイム精度が要求される場合，スペクトル拡散クロックは問題になることがある．しかし，多くのフェーズロックループはスペクトル拡散クロックでよく動作する．

クロックディザリングの基本的な手法は二つあり，一つは**中央拡散**，ほかは**下方拡散**である．中央拡散は，クロックはその非変調周波数の上方と下方に処理される．下方拡散では，クロックは通常周波数から下方のみに拡散される．放射の低減は両者同じである．下方拡散の利点は，タイミングマージン問題を引き起こしにくいことである．なぜなら，クロック周波数が増加しないからである．

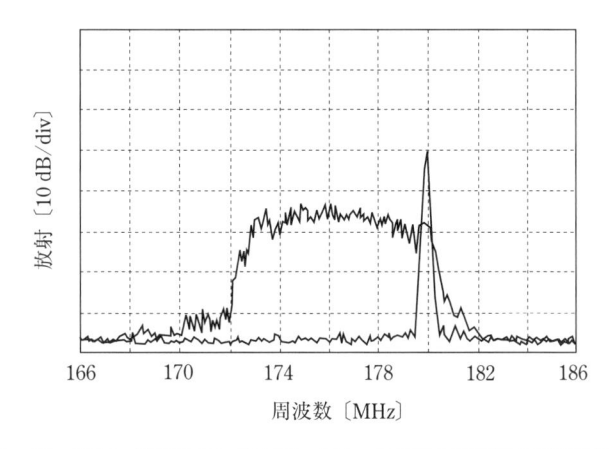

図 12-10　ディザリング有無での 60 MHz クロックの第 3 高調波の周波数スペクトル

図 12-10 は 60 MHz クロックと第 3 高調波の，ディザリング有無での放射レベルを示す。この場合，ディザードクロックは下方拡散であり，低減レベルは 13 dB である。

ループ面積を低減，またはループを打ち消すと，差動モード放射は低減できるが，同じ周波数で発生されるコモンモード放射には効果がない。しかし，クロック周波数をディザリングすると，両方の放射モードを低減する。なぜなら，それは放射源（つまりクロック）の特性を変えるからである。したがって，ディザードクロック法は，ディザードクロックに関わるすべての放射モードを低減することにより大きな効果をもたらす。

12.3　コモンモード放射

差動モード放射は設計と PCB の配置で抑制できる。一方，コモンモード放射は抑制するのが困難であり，製品の総合的放射性能を決めることが多い。

コモンモード放射の最も一般的な形態は，システム内のケーブルからの放出である。放射周波数は図 12-2 に示すように，コモンモード電位（通常はグラウンド電位）によって決まる。コモンモード放射の場合，そのケーブルの目的に関係なく，それがシステムに接続され，なんらかの方法でシステムグラウンドに基準づけされていることが重要である。放射される周波数はケーブルの内部の意図的信号と関係ない。

コモンモード放射は，ノイズ電圧（グラウンド電位）で駆動されるダイポールまたはモノポールのアンテナ（ケーブル）としてモデル化できる。長さ l の**ショートダイポール**アンテナに対して，発信源からの距離 r の遠方界で測った電界強度の大きさは（Balanis, 1982, p. 111, Eq. 4-36a），

$$E = \frac{4\pi \times 10^{-7}(flI_{cm})\sin\theta}{r} \tag{12-6}$$

ここで，E は〔V/m〕，f は〔Hz〕，I はケーブル（アンテナ）上のコモンモード電流〔A〕，l と r は〔m〕，θ は観測しているアンテナの軸からの角度である。最大電界強度はアンテナ軸から直角（$\theta = 90°$）の場合に発生する。

小型ダイポールアンテナの自由空間アンテナパターンは，Z 軸に沿って配置されたダイポールアンテナについて，小型ループアンテナ（図 12-3）のそれと同じである。無限の基準平面上のモノポールのパターンと振幅は，ダイポールと同じになるが平面の上半分だけにある。

式(12-6)は，均一な電流分布を持つ理想的ダイポールアンテナについて有効である。現実のダイポールアンテナでは，線の開放端で電流はゼロになる。短いアンテナでは，電流分布はアンテナの長手方向に均一である。したがって，アンテナの平均電流は最大電流の半分だけである。

実際には，図 12-11 に示すように，ダイポールやモノポールの開放端に金属キャップを取り付けるとより均一な電流分布が得られる。これは端部の容量分が増加して，より多くの電流を端部まで流してアンテナに均一な電流分布をもたらす。出来上がったアンテナは，容量装荷アンテナまたはトップハットアンテナと呼ばれる（Stutzman and Thiel, p. 81）。この構成はアンテナ（ケーブル）がほかの機器に接続されるのと似ている。それで，トップハットアンテナは理想的な均一電流アンテナモデルを近似し，式

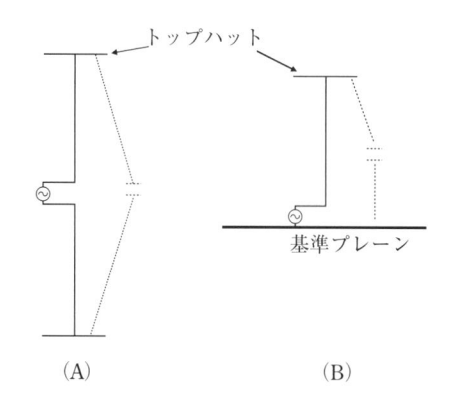

図 12-11 容量を付加したダイポールやモノポール

(12-6)が適用できる．

アンテナ軸に直角（90°）の距離 r で測定した場合，MKS 単位を使用して，式(12-6)は次式に書き直せる．

$$E = \frac{12.6 \times 10^{-7}(flI_{cm})}{r} \tag{12-7}$$

式(12-7)は，放射が周波数とアンテナ長およびアンテナ上のコモンモード電流の大きさに比例することを示す．この放射を最小化する基本的な方法は，コモンモード電流を制限することであり，この電流は回路の通常動作にはまったく必要がないものである．

したがって，コモンモード（ダイポール）放射は次の方法で抑制できる．
1. コモンモード電流の大きさを低減する
2. 電流の持つ周波数を下げるか高調波成分を低減する
3. アンテナ（ケーブル）長を低減する

正弦波以外の電流波形には，式(12-7)への代入の前に，電流のフーリエ級数を決定しなければならない（12.1.3 項参照）．

式(12-7)の周波数項は，電界が放射周波数 f とともに 20 dB/dec で増加することを示す．ケーブルが一定電流で駆動されるなら，式(12-7)とフーリエ級数の式(12-4)を組み合わせた正味の結果は，コモンモード放射スペクトルの包絡線は周波数が $1/\pi t_r$ まではフラットで，その周波数から先は 20 dB/dec の割合で減少することを示す．

図 12-12 は，コモンモード放射の包絡線と周波数の関係を示す．高い周波数では落ちていくので，図 12-5 と図 12-12 を比較すると，コモンモード放射は低い側の周波数で問題となりがちであり，差動モード放射は高い側の周波数で問題となりがちであると結論づけることができる．1〜10 ns の立上り時間に対して，コモンモード放射は 30〜80 MHz の周波数帯域で発生する．

式(12-7)を電流 I に対して解くと，

$$I_{cm} = \frac{0.8Er}{fl} \tag{12-8}$$

ここで，E は電界強度〔μV/m〕，I_{cm} は〔μA〕，f は〔MHz〕，r と l は〔m〕である．

表 12-1 は，1 m 長のケーブルの場合に 50 MHz で規定の放射規制限度値を超えない，

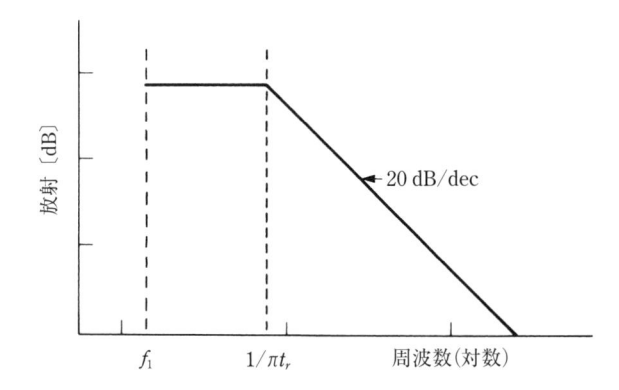

図 12-12　コモンモード放射の包絡線対周波数

表 12-1　1 m 長ケーブルの 50 MHz での最大許容コモンモード電流

規制	許容値	距離	最大許容コモンモード電流
FCC クラス A	90 μV/m	10 m	15 μA
FCC クラス B	100 μV/m	3 m	5 μA
MIL-STD 461	16 μV/m	1 m	0.25 μA

およその最大許容コモンモード電流を表にしている。

同じ放射を生み出すのに必要なコモンモード電流に対する差動モード電流の割合は，式(12-2)を式(12-7)と等しいと置いて，電流比を求めることによって決められる。

$$\frac{I_{dm}}{I_{cm}} = \frac{48 \times 10^6 l}{fA} \tag{12-9a}$$

ここで，I_{dm} と I_{cm} とは，それぞれ同じ放射を生み出すのに必要な差動モード電流とコモンモード電流である。ケーブル長 l が 1 m，ループ面積 10 cm² (0.001 m²)，周波数が 48 MHz なら，式(12-9a)は，

$$\frac{I_{dm}}{I_{cm}} = 1\,000 \tag{12-9b}$$

式(12-9b)から，これは同じ量の放射電界を生み出すのに，コモンモード電流よりも差動モード電流が 3 桁大きい強さが必要なことがわかる。言い換えると，コモンモードの放射機構は差動モードの放射機構よりはるかに効率的であり，数 μA のコモンモード電流は数 mA の差動モード電流と同じ量の放射を引き起こし得る。

長いケーブル（$l > \lambda/4$）に対して，短いケーブルから導かれた式(12-6)と式(12-7)は，放射を過大に見積もることになる。これは，ケーブル長が $\lambda/4$ を超えることになるすべての周波数で $\lambda/4$ 予測値を適用することで修正できる。この理由を理解するために，2.17 節の電気的に長いケーブルについての説明を参照のこと。

長いケーブル（$l > \lambda/4$）に対して式(12-7)は次式のように書き直せる。

$$E = \frac{94.5 I_{cm}}{r} \tag{12-10}$$

ここで，I_{cm} はコモンモード電流，r は測定距離〔m〕，である。長いケーブルに対して，コモンモード放射の包絡線はケーブル長や周波数の関数ではなく，ケーブルのコモンモード電流の関数であることに注意のこと。

12.4 コモンモード放射の抑制

　差動モード放射の場合と同様に，コモンモード放射を低減するためには，信号の立上り時間と周波数を制限することが望ましい。

　実際には，ケーブル長は相互接続される部品や機器の間の距離で決まり，設計者は管理できない。さらにケーブル長が波長の1/4に達すると，位相外れの電流の存在のため，放射がケーブル長（図2-50と式(12-10)参照）とともに増え続けることはない。

　したがって，設計者が完全に管理できる式(12-7)中の唯一のパラメータは，コモンモード電流である。コモンモード電流は放射の「制御弁」と考えられる。**コモンモード電流はシステムの正常動作にまったく必要がない。**

　ケーブル上の正味のコモンモード電流は次の手法によって抑制できる。

1. コモンモード源の電圧（通常グラウンド電位）を最小にする
2. ケーブルに直列に大きなコモンモードインピーダンス（チョーク）を入れる
3. ケーブルの外部で電流を短絡する
4. ケーブルをシールドする
5. ケーブルをPCBグラウンドから分離する（たとえばトランスや光結合で）

　使用するコモンモード抑制手法は，ケーブル上のコモンモード電流（通常はクロック高調波）に作用し，機能上必要な差動モード信号に影響してはいけない。過去には，多くのI/O信号の周波数はクロック周波数よりかなり低くて，これは容易に達成できた。しかし，現在は多くのI/O信号はクロック周波数と同等か実際にそれ以上なので（たとえばUSBやインターネット），コモンモード抑制手法が希望信号に影響しないという要求を困難にしている。

12.4.1 コモンモード電圧

　コモンモード放射を抑制する第1ステップは，放射アンテナ（ケーブル）を駆動するコモンモード電圧を最小にすることである。これはグラウンド電圧を最小にすることに通常関わり，10章で説明したように，グラウンドインピーダンスを最小にすることを意味する。このためにグラウンドプレーンやグラウンド格子を使用するのが効果的である。グラウンドプレーンのスロットはグラウンドインピーダンスを非常に増加させるので，スロットを排除することの重要性（16.3.1項参照）も強調しすぎることはない。

　回路グラウンドと筐体をどこでどのように一緒に接続するか適切に選択することも，ケーブルにコモンモード電流を押し出すのに（3.2.5項参照）利用できるコモンモード電圧の量を決定する上で重要である。回路と筐体との接続点が，ケーブルが基板に終端される点から遠くなるほど，この2点間に大きなノイズ電圧が存在する可能性が高い。次項で説明するように，外部ケーブル上のコモンモード電流に対する基準プレーン，またはリターンプレーンは筐体である。これを図12-3(A)に示す。したがって，PCBのI/O部の回路グラウンドは，筐体と同じ電位になければならない。これを実現するために，二つのグラウンドはこの領域で接続しなければならない。効果を上げるには，この

接続のインピーダンス（インダクタンス）は問題の周波数範囲全体で極めて低くなければならないので，通常は多点接続が必要である。

グラウンド電位を最小にしても，コモンモード放射を抑制するのに十分ではない。ケーブルに $5\mu A$ のコモンモード電流を駆動するのに，わずか数 mV 以下のグラウンド電圧で十分である。したがって，コモンモード放射抑制のために追加の技法が一般に必要とされる。

12.4.2 ケーブルのフィルタとシールド

グラウンド電圧を管理してもコモンモード電流を十分に低減できない場合，なんらかのフィルタでケーブルからコモンモードノイズを除去するか，ケーブルをシールドすることによりケーブルからの放射を除去しなければならない。

ケーブルのシールドと終端については2章で議論した。ケーブルシールドの終端方法によってシールド効果にどのように影響するかの例を図12-13に示す。

図12-13(A)は筐体を出るシールドのないケーブルを持つ，シールド筐体に入った製品を示す。コモンモード電圧 V_{cm}（通常はグラウンド電位）はコモンモード電流 I_{cm} をシールドなしのケーブルに押し出す。この電流はケーブルに戻らず，むしろケーブルと筐体との間の寄生容量 C を通して送信源に戻る。この寄生容量 C を通した抑制されない電流の流れは，放射（付録Dに説明するように）を示す。ケーブル上のコモンモード電流を測定すれば I_{cm} であり，放射量は式(12-7)で決定される。

図12-13(B)は図12-13(A)に似ているが，この場合は適切に終端されたシールドケーブルが使用され，シールドは筐体に360°で接続されている。コモンモードノイズ電圧 V_{cm} は図12-13(A)と同じく，やはりケーブルの中心線に電流 I_{cm} を駆動する。しかし，この場合シールドは，中心線と筐体との間の寄生容量を阻止する。したがって，電流は中心線とシールドとの間の寄生容量を通して流れて，シールド面の内側を戻る。なぜな

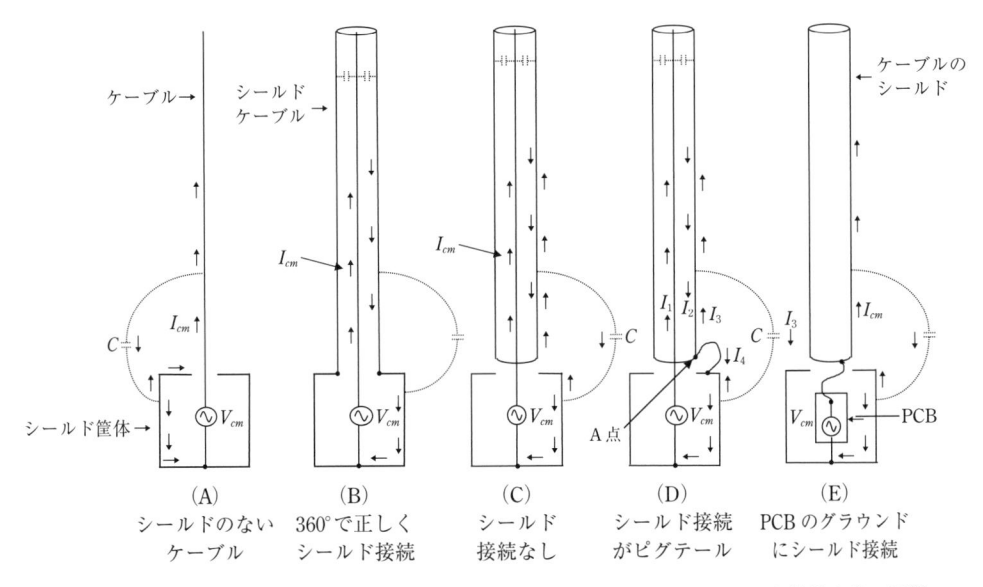

図12-13 コモンモードケーブル電流およびケーブル放射へのケーブルシールド終端方法の影響

(A) シールドのないケーブル
(B) 360°で正しくシールド接続
(C) シールド接続なし
(D) シールド接続がピグテール
(E) PCBのグラウンドにシールド接続

ら，シールドは筐体と360°の優れた電気的接触を持つので，電流は筐体を通して送信源に戻る。この場合，ケーブルの正味のコモンモード電流はゼロであり，ケーブル放射はない。

図12-13(B)では，シールドはその存在だけでは放射を防止しないことに注意。むしろシールドは，本来放射するリターン電流を非常に小さいループを通して直接送信源に戻すことで機能している。シールドが電流を運ばなければ放射防止に効果がない。このシールドはリターン電流を効果的に運ばねばならず，シールドの終端方法はシールド特性にとって重要である。

図12-13(C)は図12-13(B)に似ているが，この場合シールドは筐体にまったく終端されていない。コモンモード電圧V_{cm}は，やはりケーブルの中心線上に電流I_{cm}を押し上げる。また，シールドの存在が中心線と筐体との間の寄生容量を阻止する。したがって，電流は中心線と筐体との間の寄生容量を通して流れて，シールドの内部表面を下ってケーブルの根元まで流れる。この点までは図12-13(B)と図12-13(C)はまったく同じように振る舞う。

しかし，図12-13(C)でシールドは終端されないので，電流は筐体上を送信源まで戻ることはできない。したがって，電流はシールドの外側を回って流れ上がり，シールドの外部表面と筐体との間の寄生容量Cを通り，筐体を通って送信源に戻る[*3]。ケーブルのコモンモード電流を測定するとI_{cm}だが，放射は式(12-7)で決定される。したがって，図12-13(C)の構成は，シールドがあるにもかかわらず，図12-13(A)と同じ放射である。

図12-13(D)で，シールドは筐体に1本のピグテールで終端されている。コモンモード電流の流れの分析は，シールドの内部表面の根元（図12-13(D)のA点）に電流が到達するまで図12-13(C)と同じである。A点で電流分割があり，電流I_2の一部I_3はシールドの外側を上り，シールドの外側と筐体との間の寄生容量を通り，残りの電流I_4はピグテールを流れて筐体に戻る。

中心線上の電流I_1とシールドの内部表面の電流I_2の大きさは同じで向きが逆であり打ち消し合い，ケーブル上の正味のコモンモード電流として電流I_3がシールドの外部表面を流れる。その放射は式(12-7)にI_3を代入することにより決定できる。ピグテールが長いほどインピーダンスは高くなり，電流I_3と放射は大きくなる。ピグテールの長さは，この構成からの放射を調節するのに使用できる効果的な加減抵抗器である。ピグテールで終端したどのケーブルにもA点で電流分割が発生するので，ピグテールで終端したシールドはどれも放射するに違いないと推論できる。唯一の疑問はどれだけかということである。

図12-13(D)から，シールドの外側を含む電流経路は容量性であるが，ピグテールを含む電流経路は誘導性であることがわかる。したがって，ケーブル上のコモンモード電流が正弦波でなく矩形波である場合，高次の高調波はシールドの外部表面を含む経路を選択して放射することになるが，低次の高調波はピグテールを含む経路を選択して放射

[*3] 高周波での表皮効果の結果として，導線の電流はすべて表面電流である。したがって，シールドの外表面は事実上シールドの内表面から独立した別の導線である。

第12章 デジタル回路の放射

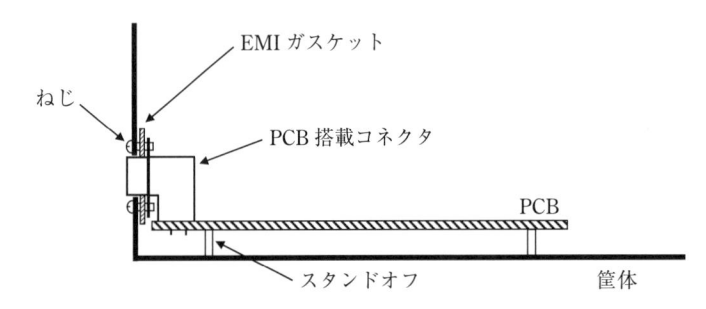

図12-14 PCBに搭載するコネクタのバックシェルは筐体と360°で接触すること

はしない。

図12-13(E)は，シールドが筐体の代わりにPCB回路のグラウンドに終端されている場合を示す。**シールドケーブル上のシールドはシールドされていないことに留意のこと**。したがって，コモンモードノイズ電圧 V_{cm} はシールドを励起し，シールド上にコモンモード電流 I_{cm} を押し出す。そしてシールドは，図12-13(A)に示したシールドなしのケーブルの場合と同様に放射する。図12-13(E)に示す例では，シールドが問題となっているので，中心線はあえて必要としない。ケーブル上のコモンモード電流を測定すると，中心線の有無にかかわらず I_{cm} となる。

ケーブルシールドはPCBグラウンド（図12-13(E)）ではなく，筐体（図12-13(B)）に終端すべきであるが，筐体ではなくPCB上にI/Oコネクタを搭載する経済的利点がある。しかし，効果を上げるためにはコネクタのバックシェルをやはり筐体に360°で接触しなければならない。これを実現する一つの方法を図12-14に示す，コネクタはPCBに搭載されるが，PCBが筐体内にあるとき，コネクタのバックシェルは，電磁妨害（Electromagnetic Interference：EMI）ガスケットや金属バネフィンガを使って筐体にねじ止めされ360°の接触を保つ。

I/Oケーブルのフィルタリングは，コモンモードノイズに直列に高インピーダンスを追加する（コモンモードチョークやフェライトコア）か，低インピーダンス（コンデンサ）で分路をつくり，コモンモードノイズを"グラウンド"にそらすことで実現できる。しかし，どのグラウンドか。この短絡コンデンサは"汚れた"論理グラウンドではなく"きれいな"グラウンド，通常は筐体に接続しなければならない。上述したI/Oコネクタの場合と同様に，I/OケーブルのフィルタコンデンサをPCBに搭載することには，経済的な利点がある。これは次項で説明する。コモンモードフィルタの各種構成は4.2節で詳細に説明した。

12.4.3　I/Oグラウンドの分離

I/Oコネクタおよびケーブルのフィルタコンデンサまたはその一方をPCBに搭載することになった場合には，PCB上に筐体グラウンドへの接続手段が必要となる。設計の早い段階でこれを考慮しないと，このようなグラウンドが必要とされる時と場所で入手できなくなる。

この接続手段は，すべてのI/O接続コネクタを基板の1か所に配置して，独立した"I/Oグラウンドプレーン"をこの領域に用意することで実施できる。ここは筐体への

12.4 コモンモード放射の抑制

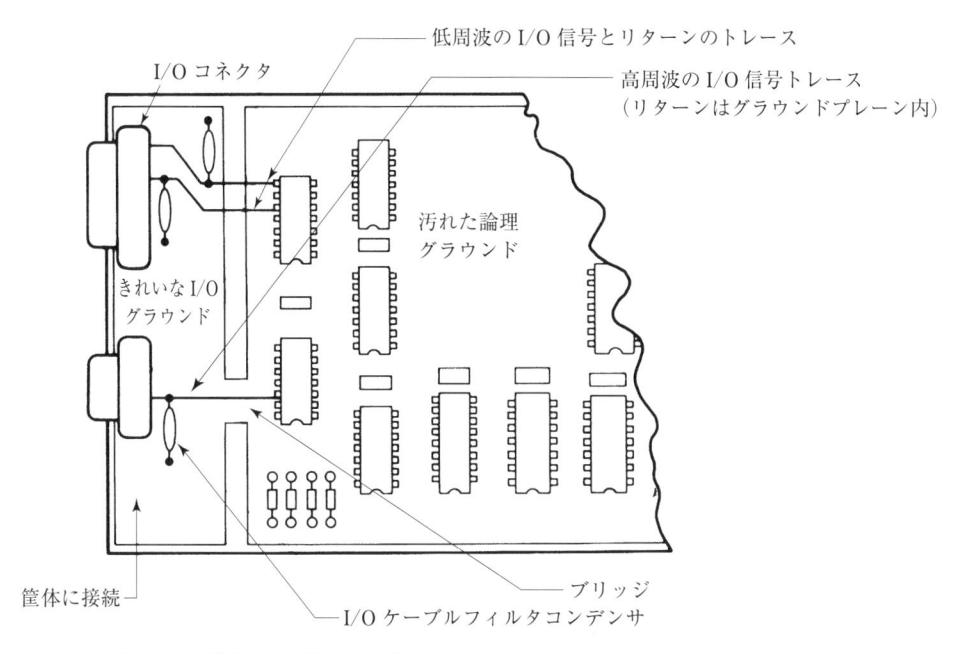

図 12-15 独立した"きれいな"I/Oグラウンドプレーンを持つデジタルPCB。ここにはI/Oケーブルのフィルタコンデンサとコネクタだけ搭載

低インピーダンス接続を持ち，デジタル論理グラウンドとは1点のみで接続する。このようにすると，ノイズの多いデジタル論理グラウンド電流が"きれいな"I/Oグラウンドを通過し，汚したりすることはない。

図12-15 はこの概念の実施例を示す。I/Oグラウンドプレーンの汚染を防ぐために，ここに接続する部品はI/Oケーブルのフィルタコンデンサと I/O コネクタのバックシェルだけである。このグラウンドは筐体に低インピーダンスで接続しなければならない。I/Oグラウンドプレーンはインダクタンスを最小にするために多点で筐体に接続し，低インピーダンス接続を用意すべきである。I/Oグラウンドと筐体グラウンドとの間でこの接続を行わないか，あるいは（関係する周波数帯で）十分に低いインピーダンスでないと，I/Oグラウンドプレーンは効果がなく，実をいうと，この設計手法でもケーブルからの放射は増加する。しかし，正しく実施すれば，この手法はよく機能し，多くの商用製品で首尾よく使われている。

適切に設計すれば，I/Oグラウンドプレーンスロットを横断するトレースは問題にならなくなる。低周波のI/O信号（5〜10 MHz 以下）は，図12-15 に示すように，駆動ICとコネクタとの間を2本のトレース（信号とリターン）を使って接続すべきである。その結果，信号リターン電流はグラウンドプレーンではなく，対をなすトレースの中を通る。この対をなすリターントレースはI/Oグラウンドプレーンではなく，コネクタピンに接続するのみである。

高周波I/O信号（5〜10 MHz 以上）は，図12-15 に示すように，トレースがブリッジを横切って配線される限り，グラウンドプレーンに隣接する単一の信号トレースとして配線できる。この手法は，トレースの下にリターン電流用の途切れのない経路を提供し，これは混合信号PCB配置に関する図17-1(B)に示す手法に似ている。ブリッジは

必要なトレース数を収容するに十分な幅に加えて，グラウンドプレーンの上にトレース高さの20倍の広さ（トレース高さ0.005 inに対して0.1 in 幅）を両側に持たせること。これによりブリッジ幅はリターン電流の97％に十分に対応することができる（表17-1参照）。

高周波信号に対して，対をなすリターントレースの代わりにブリッジを使用する理由は，リターンパスのインピーダンス（インダクタンス）を低減することである。10.6.2項で述べたように，グラウンドプレーンはトレースより2桁小さいインダクタンスを持つ（トレースが15 nH/in，プレーンは約0.15 nH/in）。

I/Oグラウンドは筐体の延長と考えるべきである。図12-13(A)で示したように筐体は外部ケーブルのコモンモード電流に対する基準プレーンまたはリターンプレーンである。このことは付録Dでさらに詳述する。筐体は製品の高周波基準と考えることができる。この手法を，PCBの周囲および直上の金属筐体の切断面を包み込むものとして考えることが好ましい。

この手法を目に見えるようにする（視覚化する）別の方法は，PCBは論理グラウンドが途切れるところで終わり，コネクタ類が短い線で基板から突き出ているかのように考えることである。コンデンサはその後，各信号線と筐体との間に接続され，ケーブルからの高周波ノイズを短絡する。ただし，基板に付加される線に宙づりにする代わりに，コネクタとコンデンサは便宜上，実際にはPCBに搭載され，I/Oグラウンドプレーンに接続される。このことは正に筐体の延長である。

これをすべて機能させるかぎは，I/Oグラウンドと筐体との間を**低インダクタンス**で接続することである。このことは強調しすぎることはない。

PCBの電源プレーンをI/Oグラウンド領域まで延長することを許すべきではない。電源プレーンは，高周波論理ノイズを通常含んでおり，I/O領域まで延長すると，このノイズがI/O信号とグラウンド線に結合することになる。私はいつも二つのI/Oグラウンドプレーンをこの領域にプリントする。一つはPCBのグラウンドプレーン層上であり，ほかは基板のPCB電源プレーン層上である。

私は先に，グラウンドプレーンにスロット（またはスプリット）を持たせるべきではないと強調した。なぜなら，スロットを通る片終端の信号トレースはどれもリターンパスが中断されるからである。それなら，なぜ私は今グラウンドプレーンにスロットを推奨しているのか。そうではなく，デジタル論理グラウンドプレーンは中断のない固体のプレーンであり，I/Oプレーンは実は筐体の延長であり，これはたまたまPCB上にプリントされているにすぎない。前述したように両者は，図12-15に示す"ブリッジ"で，この場合は1点で，きつく結合されている。このブリッジは，必要な高周波トレースを配線するのに必要な幅だけであるべきである。

この概念はどんなシステム構成にも，大型の複数基板からなるシステムでも適用できる。重要な点はシステム内のどこかに，シャーシに接続されるきれいなI/Oグラウンドがあるということである。すべてのシールドのないケーブルはシステムを出る前にこのグラウンドにデカップリングすべきである。大型システムでは，このI/Oグラウンドは，ケーブル入り口にあって，コネクタとI/Oケーブルのフィルタコンデンサだけを含む分離したPCBであってもよい。ノイズをケーブルから除去した後，ノイズがケ

ーブルに再度結合しないように注意深く管理すること。したがって，きれいな I/O グラウンドはケーブルのシステムへの出入り口に配置すべきである。

I/O ケーブルのフィルタコンデンサの効果は，駆動回路のコモンモードソースインピーダンスに依存する。ときには，直列抵抗，フェライト，またはインダクタをケーブルフィルタコンデンサに追加するか，代わりに使用することによってよい結果が得られる。組み込みの短絡コンデンサや直列インダクタ素子（通常はフェライト）を持つフィルタピンコネクタも同様に機能し，使用できる。

12.4.4　コモンモード放射問題の取り扱い

放射問題を起こすのに必要なコモンモード電流は非常に小さいので，設計の早い段階でなんらかの対策をしない限り，ほとんどすべてのケーブルにこの問題がある。ケーブルの数 μA のコモンモード電流でも放射問題を引き起こすのに十分であり，これを発生するのに必要なグラウンドノイズは数 mV 以下にすぎない。

したがって，新規設計を開始するに際して，電源ケーブルを含むすべてのケーブルのリストを作成して，ケーブル上のコモンモード電流を低減し除去するためにどんな技法を使用するかを文書化することは，優れた実施法である。その後，試作機の段階で，すべてのケーブルのコモンモード電流は 18.3 節で述べる技法を用いて実験室で容易に測定でき，その結果を式(12-8)で決まる適切な許容値と比較する。これにより設計者は，製品に組み込んだコモンモード抑制の効果を最終評価試験に先立って評価できる。

要約

- 放射の抑制は製品の初期の設計とレイアウトの時期に考慮すべきである。
- 差動モード放射は周波数の 2 乗，ループ面積およびループ内の差動電流に比例する。
- 差動モード放射を抑制する主要な手法は，ループ面積を低減することである。
- PCB 技術（小さなループを配線する能力）は増加する放射に追従できていない。これは，差動モードの放射方程式の周波数 2 乗項に起因する。
- ループを十分に小さくできないと，拡散クロックやループ打ち消しのようなほかの型破りな技法が必要となる。
- 最も重要な信号は最高周波数信号と周期性信号である。
- コモンモード放射は，周波数，ケーブル長およびケーブル内のコモンモード電流に比例する。
- 方形波の高調波成分は，基本周波数ではなくその立上り時間で決まる。
- コモンモード放射を抑制する第 1 の手法は，ケーブル上のコモンモード電流を低減するか，除去するかによる。
- ケーブル上のわずか数 μA またはそれ以下のコモンモード電流であっても，放射限度値に不合格となり得る。
- コモンモードは次で低減できる。
    - グラウンドノイズ電圧の低減
    - I/O ケーブルのフィルタリング

- I/O ケーブルでシールドすること。
- コモンモードと差動モードの放射はどちらも，信号の周波数を下げ，および信号の立上り時間を遅くすることでまたはその一方で低減できる。
- I/O コネクタのバックシェルとケーブルフィルタコンデンサは，回路グラウンドではなく，筐体グラウンドに接続しなければならない。
- ケーブルシールドは筐体に 360° で接続すべきである。
- ほとんどのコモンモード放射問題は 300 MHz 以下で発生し，ほとんどの差動モード放射問題は 300 MHz 以上で発生する。

問題

12.1　a. 差動モード放射はどんなタイプのアンテナを使ってモデル化できるか？
　　　b. コモンモード放射はどんなタイプのアンテナを使ってモデル化できるか？

12.2　放射源が図 11-3 に示す二等辺三角形の電流パルスの場合，差動モードおよびコモンモードの放射の包絡線の形状を示せ。

12.3　100 MHz でデューティ 50 % の方形波電流は振幅 0.5 A，立上り 0.5 ns である。第 5 高調波の振幅はいくらか？

12.4　ループ面積，周波数，電流を低減する以外に，製品からの差動モード放射を低減する三つの手法を挙げよ。

12.5　小さいループと小さいダイポールとでは，どちらが放射構造として効果的か？

12.6　長さ 4 in，リターン導体から 0.062 in の PCB トレースに，10 MHz，立上り 3.18 ns のクロック信号が流れている。電流は 50 mA と仮定する。
　　　a. 基板から 3 m の距離で，基本周波数での放射電界強度〔dBμV/m〕を求めよ。
　　　b. 10〜350 MHz までの放射の包絡線を図示せよ。
　　　c. FCC クラス B 許容値に対する最悪マージンはいくつか。その周波数は？

12.7　a. 問題 12.6 の放射はどの周波数以上で低下し始めるか？
　　　b. 低下の傾きは？

12.8　微小な円形ループと微小な方形ループが同じ周波数で同じ電流が流れている場合，どちらの放射が大きいか？

12.9　クロック周波数の増加は，差動モードとコモンモードのどちらで放射に大きく影響するか？

12.10　長さ 0.5 m のケーブルで，コモンモード電流の 75 MHz 成分が 50.8 μA として測定された。ケーブルから 3 m の距離での電界強度を求めよ。

12.11　94 MHz で 25 mV のグラウンドノイズを持つシステムに，FCC クラス A 製品の放射許容値を超えずに，接続できる最大ケーブル長はいくらか。94 MHz でのコモンモードインピーダンスは 200 Ω と仮定する。

12.12　距離 3 m での FCC クラス B の放射許容値は 75 MHz で 100 μV/m である。この許容値を超えずに 0.5 m のケーブルに流せるコモンモード電流はいくらか？

参考文献

- Balanis, C. A. *Antenna Theory, Analysis and Design,* New York, Harper & Row 1982.
- Catt, I. "Crosstalk (Noise) in Digital Systems." *IEEE Transactions on Electronic Computers,* December 1967.
- Hardin, K. B. inventor ; Lexmark International Inc., assignee. Spread Spectrum Clock Generator. U. S. patent 5, 631, 920. May 20, 1997.
- Hoekstra, C. D. "Frequency Modulation of System Clocks for EMI Reduction," *Hewlett-Packard Journal,* August 1997.
- Johnson, H. W. and Graham, M. High-Speed Digital Design, Englewood Cliffs, Prentice Hall, NJ, 1993.
- Jordan, E, C. *Reference Data For Engineers.* Indianapolis, IN, Howard W. Sams, 1985.
- Kraus J. D. and Marhefka, R. J. *Antennas,* 3rd ed. New York, Mcgraw Hill, 2002.
- Paul C. R. "Printed Circuit Board EMC." 6th *Symposium on EMC,* Zurich, Switzerland, March 5-7, 1985.
- Stutzman, W. L. and Thiel, G. A. *Antenna Theory and Design,* New York, Wiley, 1981.

参考図書

- Gardiner, S et al. "An Introduction to Spread Spectrum Clock Generation for EMI Reduction." *Printed Circuit Design,* January 1999.
- Hardin, K. B., Fessler, J. T. and Bush, D. R. "Spread Spectrum Clock Generators for Reduction of Radiated Emission." *1994 IEEE International Symposium on Electromagnetic Compatibility,* Chicago, IL, August 1984.
- Mardiguian, M. *Controlling Radiated Emission by Design,* 2nd ed. Boston, MA, Kluwer Academic Publishers, 2001.
- Nakauchi, E. and Brasher, L. "Techniques for Controlling Radiated Emission Due to Common-Mode Noise in Electronic Data Processing Systems." *IEEE International Symposium on Electromagnetic Compatibility,* September 1982.
- Ott, H. W. "Controlling EMI by Proper Printed Wiring Board Layout. " 6th *Symposium on EMC,* Zurich, Switzerland, March 5-7, 1985.

# 第 13 章
伝導妨害波

機器で発生したノイズ電流が電源線へ伝導すると，公共の交流電力配電システムから電磁放射が発生する可能性がある[*1]。これを抑制するために，伝導妨害波に関する規制が定められている。通常，このノイズ電流は非常に小さく，同じ電源線に接続しているほかの機器に直接障害を与えることはないが，電源線から電磁放射を発生させるのに十分な大きさがあるため，AM ラジオなどに対する障害を引き起こす可能性がある。伝導妨害波の規制値は 30 MHz 以下の周波数帯に設けられている。この帯域では，多くの電気製品がそれ自体で強い電波を出すことはないものの，交流電力配電システムが効率的なアンテナとなって電波を出す可能性がある。**したがって，伝導妨害波に関する規制は，実は放射妨害波に関する規制が形を変えたものである**。連邦通信委員会（Federal Communication Commission：FCC）の伝導妨害波の規制値は，表 1-5, 表 1-6, 図 18-12 に示している。

これに加えて，製品の中には交流電力配電システムに対して非線形性の負荷となっているものがある。その負荷では，入力電流の波形が正弦波でないため，高調波成分を多く含み，電力配電システムの動作を悪化させる可能性がある。このため，欧州連合（EU）は電子機器から発生する高調波成分の放射を規制するための規格を設けている[*2]。この規制値は表 18-3 に示している。

交流電源線に直接つながるのは製品内の電源回路であるため，電源回路とパワーラインフィルタの設計が，伝導妨害波や高調波妨害波に大きな影響を及ぼす。このことは，スイッチング電源や可変速モータドライブの場合について，特に当てはまることである。

13.1　電源線インピーダンス

伝導妨害波規制は，製品から交流（AC）［直流（DC）の場合もある］電源線へ逆送するコモンモードノイズ電圧の値を制限している。この電圧は，活線（hot）（黒）とグラウンド線（緑），および中性線（neutral）（白）とグラウンド線（緑）の間で測定される［保安線は黄と緑の縞模様］。直流電源線の場合は，プラス側の導体とグラウンドおよびマイナス側の導体とグラウンドとの間で，測定が行われる。製品が発生した伝導ノイズ電流がノイズ電圧に変換されるのは，電源線インピーダンスが存在するためである。図 13-1 は，100 kHz～30 MHz の周波数帯における，交流電源線のインピーダンスの

---

*1　自動車，軍事，そのほかのいくつかの規格が，直流電源線に対する伝導妨害波の規制値を定めている。
*2　これに加えて，IEEE Std 519, *Recommended Practices and Requirements for Harmonic Control in Electrical Power Systems* では，個々の機器ごとではなく顧客（設備）ごとに，電力配電システムへの高調波の放出量に限度値を設けている。これは米国で広く使用され，個々の顧客から電力配電システムにフィードバックする高調波を制限している。

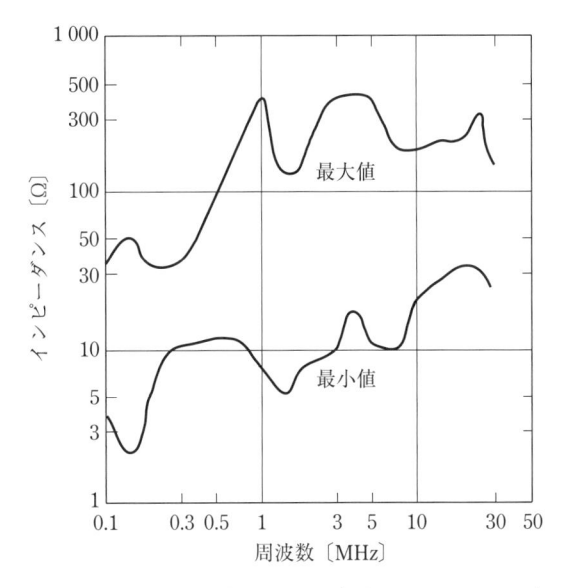

図 13-1　115 V 交流電力線のインピーダンス測定結果 ©IEEE1973，許可を得て転載

最大値と最小値をプロットしたものである（Nicholson and Malack, 1973）。これらのデータは，米国各地のさまざまな地域で，フィルタを設けていない商用交流電源線 36 か所に対して行われた測定の結果である。図からわかるように，電源線インピーダンスの値は 2～450 Ω の範囲に分布している。

このように電源線インピーダンスは大きな幅を持つため，伝導妨害波の再現性のよい試験結果を得ることは難しい。再現性のある結果を得るには，製品から交流電源線側を見たときのインピーダンスが安定もしくは固定されている必要がある。これは，電源線インピーダンス安定化回路網（Line Impedance Stabilization Network : LISN）[*3] を使用することで実現できる。

13.1.1　電源線インピーダンス安定化回路網

伝導妨害波試験では，製品と実際の電源線との間に LISN という装置を挿入する。この装置は，150 kHz～30 MHz の周波数帯において，製品の電源線側の端子から見たインピーダンスを既知の値にするために用いられる。LISN は，電源線の活線側に一つ，中性線側に一つ挿入される。三相電源線では，3 個の LISN が使用される。

大部分の伝導妨害波試験で用いられる 50 μH LISN の回路を図 13-2 に示す。LISN の電源線の活線側に挿入された 1 μF のコンデンサ C_2 は，実際の電源線におけるインピーダンスの変動を短絡して，それが試験結果に影響を与えないようにしている。50 μH のインダクタ L_1 は，図 3-1 の電源線インピーダンスの測定結果に示したのと同様に周波数とともに上昇するインピーダンスを提供する。

コンデンサ C_1 は，伝導妨害波計測器を電源線に結合するために使われている。1 000 Ω の抵抗 R_1 は，LISN が電源線から外されたとき LISN のコンデンサを放電させる。こ

---

*3　LISN は擬似電源回路網（Artificial Mains Network : AMN）と呼ばれることもある。

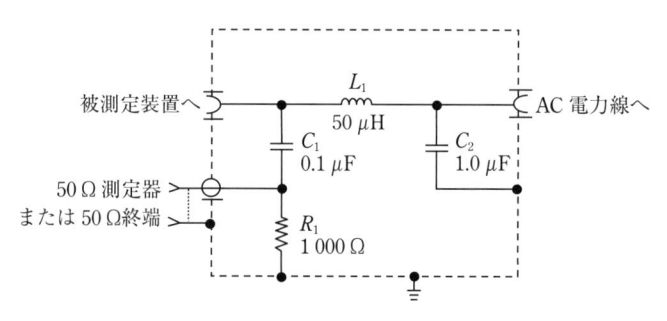

図 13-2 伝導妨害波試験用の 50 μH LISN の回路

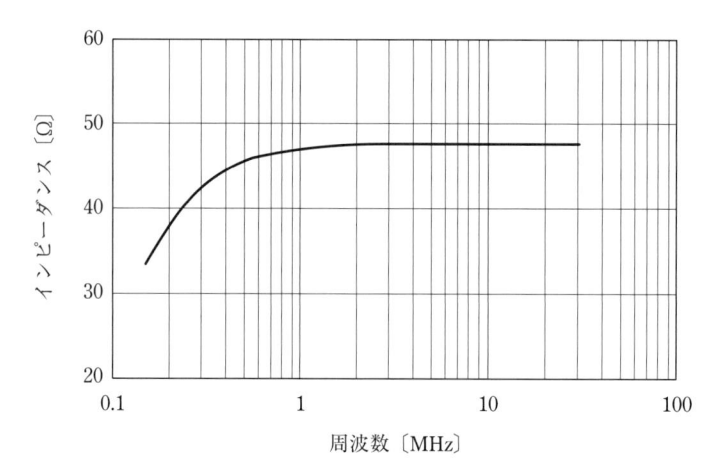

図 13-3 50 μH LISN の EUT 端子を見たときのインピーダンス

れは LISN の充電されたコンデンサによる感電防止に必要である。計測器（スペクトラム・アナライザや RF レシーバ）は，R_1 に対して 50 Ω のシャント抵抗となり，周波数に対し LISN インピーダンスが上昇するのを防止する。計測器の 50 Ω 入力インピーダンスが LISN のインピーダンスの一部であることの理解が重要である。

LISN の被測定装置（Equipment Under Test：EUT）側端子を見たときのインピーダンスを図 13-3 に示す。図からわかるように，0.15～30 MHz までの周波数帯の大部分でインピーダンスが 48 Ω[*4] に近い値を持つことがわかる。インピーダンスがこの値を大きく下回るのは，500 kHz 以下だけである。

LISN インピーダンスの周波数に対する上昇は，50 μH のインダクタに起因する。この LISN インピーダンスは，図 3-1 に示した電源線インピーダンス実測結果の平均値を近似する。結果として，伝導妨害波の測定に際し，標準化されたインピーダンスとして LISN を使うことはよい選択である。LISN は，500 kHz～30 MHz の帯域のほとんどでインピーダンスが 50 Ω に近いため，単に 50 Ω の抵抗としてよくモデル化される。

[*4] 測定ポートの 50 Ω の抵抗と，1 000 Ω の抵抗 R_1 を並列接続した場合の合成抵抗である。

13.2 スイッチング電源

　高度に洗練された現在のスイッチング電源（Switched-Mode Power Supply：SMPS）は，85％以上の効率で動作し，寸法や重量は同等のリニア電源の数分の1である．だが，これらすべての利点は多くの欠点を伴う．第1に，SMPSは伝導妨害波と放射妨害波双方の主要な発生源である．SMPSは，スイッチング周波数の高調波の大きなノイズ電流（コモンモード，差動モードともに）を電源線に流し返す．

　さらに，電源線電圧の全波整流が容量性の入力フィルタに供給され，電圧サイクルのピークにフィルタのコンデンサが再充電される際に，電源線にスパイク状の電流を発生させる．電流は1周期の間ずっと流れるわけではないので，電流波形は多量の高調波ひずみを含む．結果として生ずる波形は奇数高調波（3次，5次，7次，9次など）に富み，電力会社の変圧器の過熱を引き起こす可能性がある．三相電力配電システムでは，過剰な中性線電流をつくり出す．図13-4は，スイッチング電源の入力端子に発生する典型的な電圧・電流波形を示している．この電源によって引き出されるパルス状の交流電流は，より高い周波数の高調波成分を含むだけでなく，同じ電力定格の正弦波よりはるかに大きい電流のピーク値を持つ．電源線インピーダンスとそこを流れるピーク電流によって，電圧波形にもひずみが生じ，ピーク部で波形が平らになる可能性がある（図13-4には示されていない）．

　SMPSには多くの異なる接続形態があるが[*5]，本章ではスイッチング電源における電磁環境両立性（Electromagnetic Compatibility：EMC）問題の代表例として，フライバックコンバータを取り上げる．図13-5はフライバックコンバータ式SMPSの単純化した回路図である．

　フライバックコンバータでは，全波ブリッジが交流電圧を整流する．全波整流電圧はコンデンサ C_F で平滑化され，交流電圧波形のピーク値に近い直流電圧をつくり出す．パルス幅変調（Pulse Width Modulation：PWM）制御回路が，デューティ比が可変の方形波をスイッチングトランジスタの入力端子に印加する．この電圧の可変デューティ比

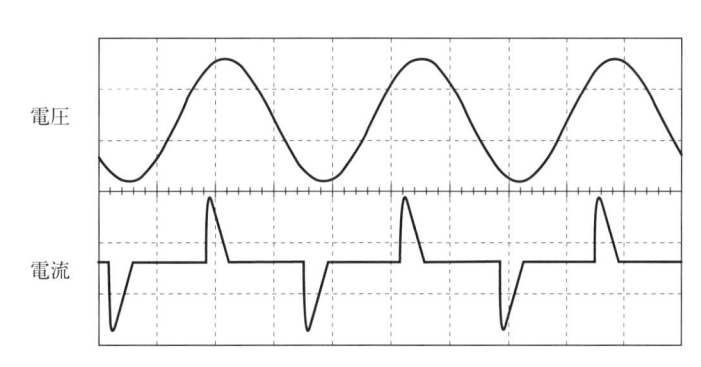

図13-4　スイッチング電源の入力波形　上が電圧，下が電流を表す

[*5] 一般的な接続形態には，buckコンバータ，boostコンバータ，buck-boostコンバータ，flyback（フライバック）コンバータ，half bridgeコンバータ，full bridgeコンバータ，共振コンバータがある（Hnatek, 1989, Chapter 2）．

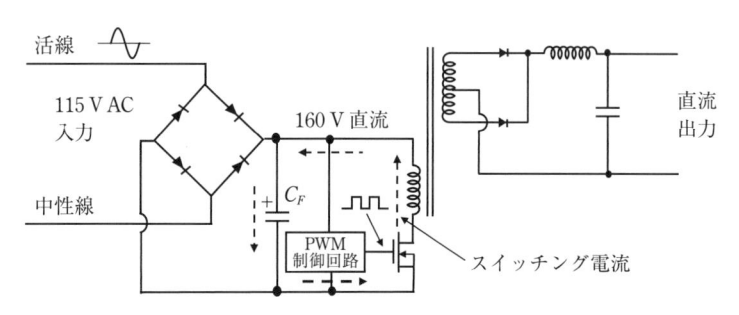

図 13-5 フライバックコンバータ式 SMPS の単純化した回路

（値は出力側の負荷によって決められる）が，出力電圧の調整安定化を行う[*6]。スイッチングトランジスタが方形波電圧を変圧器に引加し，これが 2 次側の巻き線で減圧され，それが整流され，フィルタを経て，直流（DC）の出力電圧となる。変圧器に複数の 2 次巻き線を設けることによって，多数の異なる直流電圧を得ることもできる。

変圧器は電源のスイッチング周波数（典型的な値は 50 kHz～1 MHz）で動作するため，50 Hz や 60 Hz 用の変圧器と比べてずっと小型軽量化することができる。電力スイッチング素子は，バイポーラトランジスタ，または金属酸化膜半導体電界効果トランジスタ（Metal-Oxide Semiconductor Field Effect Transistor：MOSFET）である。このトランジスタは方形波をスイッチングするので（一般に立上り時間 25～100 ns で），線形領域での動作時間が短く，電力消費を最小化でき，高効率な電源設計を可能とする。

しかし，SMPS の回路構成は，複数のノイズ源を持つ。そのうちいくつかは回路の通常の動作によるものであり（差動モードノイズ），そのほかのものは回路の寄生容量によるものである（コモンモードノイズ）。スイッチング電源は，コモンモードと差動モードの両方のノイズ電流をスイッチング周波数の高調波で発生させる。

SMPS で遭遇する伝導妨害波問題の大きさの概念を得るために，電源内部の動作レベルと伝導妨害波の規制値を比較してみよう。115 V の入力の場合，SMPS は交流電源線に直接つながれた 160 V の方形波電圧を発生する。なぜなら，1 次側（交流電源線側）に SMPS を電源線から分離するトランスがないからである。FCC Class B の伝導妨害波規制値は（500 kHz～5 MHz までの帯域で）631 μV（56 dBμV）である。160 V の 631 μV に対する比は 253,566（108 dB）である。つまり，放射の許容値はスイッチング電源の動作レベルの約 25 万分の 1 である。したがって，規制許容値に収めるためには，スイッチング電源の動作レベルを 110 dB 以上抑制する必要がある。SMPS 自体の設計の仕方によって，ある程度ノイズを下げることはできるが，規制に適合するためには，ほぼすべての場合において追加のパワーラインフィルタが必要となる。

13.2.1 コモンモード放射

コモンモード放射の主な要因は，1 次側のグランドに対する寄生容量である。この容

[*6] 出力電圧がサンプリングされ，PWM 制御回路に帰還（光アイソレータ経由が多い）される。この帰還回路は図 13-5 には示していない。電源の出力電圧の変化に対応して，スイッチングトランジスタを駆動する方形波のデューティサイクルを替えることで電圧の安定化を行う。

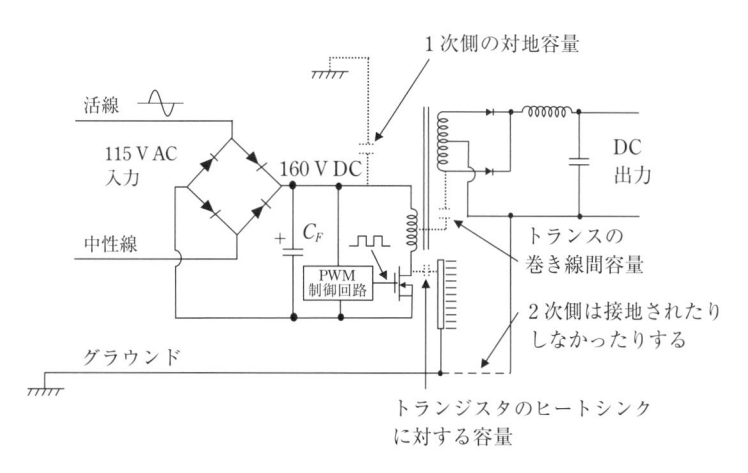

図 13-6　スイッチング電源のグラウンドに対する寄生容量を示す

量に寄与する三つの要素は，図 13-6 に示すようにスイッチングトランジスタのヒートシンクに対する静電容量，トランスの巻き線間の容量，そして 1 次側の配線の寄生容量である。

ノイズに最も寄与するのは，通常スイッチングトランジスタとヒートシンクとの間の静電容量である。この容量は次の方法で低減できる。(1) トランジスタとヒートシンクとの間にファラデーシールドを持つ絶縁熱ワッシャーを使う，(2) 厚目のセラミック製のワッシャー（ベリリウム酸化物など）を使う，(3) ヒートシンクをグラウンドに落とさない。ファラデーシールド付き絶縁熱ワッシャーは，銅シールドが 2 枚の薄い絶縁層で挟まれた構造をしている。これを効果的に使うためには，銅シールドをスイッチングトランジスタのソース側端子に接続する必要がある。バイポーラ型のスイッチングトランジスタの場合は，エミッタ端子に接続する。いくつかのメーカで，こうしたファラデーシールド付きの熱ワッシャーをつくっている。

ヒートシンクをグラウンドから電気的に浮かせる場合は，安全性の理由から，人が触れることができないようにヒートシンクを保護する必要がある。スイッチングトランジスタとヒートシンクとの間の絶縁熱ワッシャーが破壊された場合，ヒートシンクの電位が交流電源線に等しくなり，感電の危険が生じる。

寄生容量に 2 番目に効いてくるのは，トランスの巻き線間容量である。設計者は物理的に小さなトランスを求めるので，1 次側と 2 次側の巻き線が互いに接近して配置され，これにより巻き線間容量が大きくなる。巻き線どうしを遠ざけたトランスやファラデーシールド付きトランスを使用することにより，この容量を低減できる。ファラデーシールド付きトランスの欠点は，コストの上昇とサイズ増大の可能性である。

第 3 の寄与分である 1 次側の配線の静電容量は，注意深い部品配置，注意深い配線やプリント回路板（Printed Circuit Board：PCB）のレイアウトで下げることができる。

図 13-6 の回路に LISN を追加し[7]，コモンモードの伝導妨害波の経路だけを示すように描き直したのが，図 13-7 である。注意すべきは，コモンモード電流にとって

---

* 7　本章では，LISN のインピーダンスを 50 Ω の抵抗で表す。

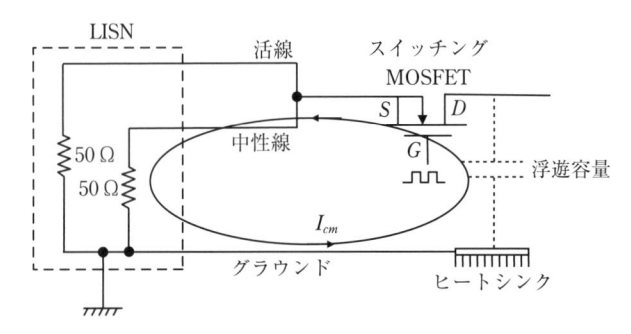

図 13-7 スイッチング電源のコモンモード等価回路

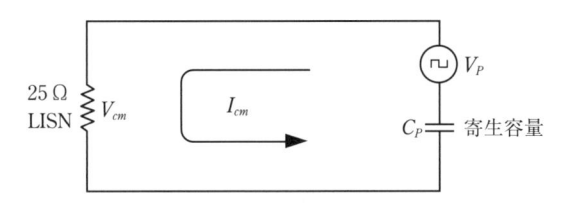

図 13-8 スイッチング電源の単純化されたコモンモード等価回路

LISN のインピーダンスは，50 Ω の抵抗 2 個が並列となり 25 Ω に見える点である．図 13-7 の回路は，スイッチングトランジスタをフィルタ用コンデンサ C_F にかかる直流電圧と同じピーク振幅を持つ矩形波電圧源で表すと，さらに単純化できる．この単純化された SMPS のコモンモード等価回路を図 13-8 に示す．

図 13-8 から，スイッチング電源が高い電源インピーダンスを持つと断定でき，これは C_P の持つ容量性リアクタンスと大きさが等しい．コモンモード電流とそれに伴う LISN の電圧は，おおむねこの寄生容量の大きさで決まる．C_P の典型的な値は 50～500 pF 程度である．

図 13-8 の回路から，LISN 抵抗にかかるコモンモード電圧 V_{cm} の大きさを計算することができる．

$$V_{cm} = 50\pi f C_P V(f) \tag{13-1}$$

ここで，$V(f)$ は周波数 f における電圧源 V_P の大きさである（問題 13-1 参照）．

電圧源は矩形波であるため，フーリエスペクトル式 (12-5) を用いて電圧 $V(f)$ の高調波成分を求めることができる．図 12-4 から，矩形波ではフーリエのスペクトルの包絡線が周波数 $1/\pi t_r$（t_r はスイッチングトランジスタの立上り/立下り時間）まで 20 dB/dec の割合で減少し，これより高い周波数では 40 dB/dec の割合で減少することを知った（図 12-4 を参照）．

式 (13-1) の周波数の項は，20 dB/dec で増大することを示している．したがって，式 (13-1) とフーリエスペクトル $V(f)$ を組み合わせると，コモンモードの伝導妨害波電圧 V_{cm} は図 13-9 に示すように周波数 $1/\pi t_r$ までフラットで，それより高い周波数では 20 dB/dec の割合で減少することがわかる．図 13-9 のグラフは伝導妨害波の包絡線を表しているが，実際の放射は基本周波数 F_0 の高調波でのみ存在する．

放射は周波数 $1/\pi t_r$ までフラットで，そこから 20 dB/dec で減少するので，包絡線全

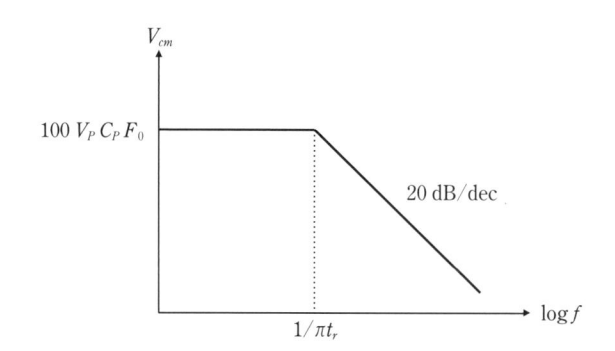

図 13-9 周波数に対するコモンモードの伝導妨害波電圧

体をプロットするには，放射を 1 ポイントだけ，たとえば基本周波数でだけ計算すればよい．12.1.3 項のフーリエ級数に関する情報から，基本周波数の振幅が $0.64\,V_P$ であることを知った．式 (13-1) の f に基本周波数 F_0 を，$V(f)$ に $0.64\,V_P$ を代入すると，基本周波数におけるコモンモード伝導妨害波の大きさを表す次式が得られる．

$$V_{cm} = 100\,V_P F_0 C_P \tag{13-2}$$

立上り時間が 100 ns の場合，図 13-9 の屈曲点は 3.18 MHz である．式 (13-2) より V_P は電源線電圧で決まる値なので，SMPS の基本周波数を選んだ時点で，コモンモードの伝導妨害波を減らすために設計者が管理できる残されたパラメータは，寄生容量 C_P だけであると結論できる．

また図 13-9 から，スイッチングトランジスタの立上り時間を長くしても（電力消費が増えるという望ましくない効果が発生する），コモンモードの伝導妨害波の最大値は下がらないことがわかる．立上り時間を長くする唯一の効果は，グラフの屈曲点を低周波側へ移動することである．これにより高い周波数帯の放射を減らせるが，低周波の放射の最大値は下げられない．

[例 13-1] $V_P = 160\,\text{V}$，$C_P = 200\,\text{pF}$，$t_r = 50\,\text{ns}$，$F_0 = 50\,\text{kHz}$ の場合，コモンモードの伝導妨害波包絡線は 150 kHz〜6.37 MHz まで 160 mV で，それより高い周波数で 20 dB/dec の割合で下がる．この結果は，クラス B の製品に許される放射より約 48 dB 大きい．したがって，製品を規格に適合させるには，50 dB 以上コモンモードを減衰させるパワーラインフィルタが必要となる．

13.2.2 差動モード放射

図 13-5 に示すように，電源の通常の動作では，スイッチングトランジスタがトランジスタ，トランス，フィルタ用コンデンサ C_F からなるループに，スイッチング周波数で電流を供給する．スイッチング電流が電源回路内のこのループを流れている限り，差動モードの放射は発生しない．

しかし，コンデンサ C_F の一番の目的は，全波整流された交流ラインの電圧をフィルタリングすることである．したがって，フィルタ用コンデンサは静電容量が大きく，高耐圧（一般に 250〜1 000 µF，耐圧 250 V 以上）であるが，理想的なコンデンサからはほど遠い．これはかなり大きい等価直列インダクタンス（Equivalent Series Inductance：ESL）L_F と，等価直列抵抗（Equivalent Series Resistance：ESR）R_F を持つ。この寄生インピーダンスのために，スイッチング電流のすべてがコンデンサ C_F を流れるわけではなく，コンデンサの端子で電流の分流が起こる。図13-10に示すように，スイッチング電流の一部はこのコンデンサの中を流れ，残りはブリッジ型全波整流器を通って電源線に流れ出る。電源線に流れ出したスイッチング電流は，差動モードのノイズ電流としてLISNに流れる。注意しておきたい点は，差動モード電流にとって，LISNは100Ωの抵抗（50Ωの抵抗2個の直列）に見えることである。図13-10の回路は，スイッチングトランジスタを電流源 I_P で置き換え，ブリッジ型整流回路を削除することにより，さらに単純化できる。図13-11は単純化された等価回路であり，差動モードの伝導妨害波の電流経路だけを示している。

　図13-11の回路から，入力リプルフィルタコンデンサの容量 C_F が大きいため，電源の差動モードインピーダンスが低いことがわかる。差動モード電流とそれに伴うLISNの電圧はいずれも，主として寄生回路定数（L_F と R_F）とフィルタコンデンサ C_F の搭載方法によって決まる。コンデンサの搭載法が不適切だと，コンデンサに直列に追加のインダクタンスが発生する。

　図13-11の回路から，LISNの抵抗両端の差動モード電圧 V_{dm} を計算することができる。コンデンサ C_F は電源線周波数の2倍（100 Hz または120 Hz）で低インピーダンスになるように選ぶ。したがって，伝導妨害波の周波数（これは電源線より3桁以上の高い周波数）における容量性リアクタンスはゼロに近い。たとえば，250 μFの理想的なコンデンサの容量性リアクタンスは，50 kHzで0.01 Ωである。よって，寄生回路定

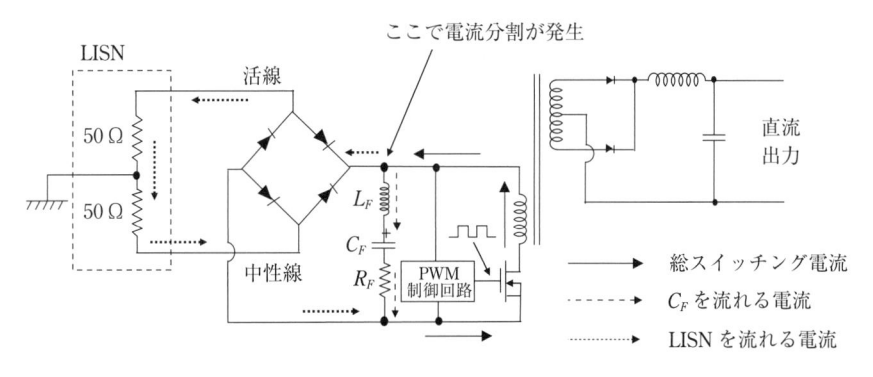

図 13-10 スイッチング電源の差動モード電流経路，コンデンサ C_F の端子で電流の分流が起こることに注意

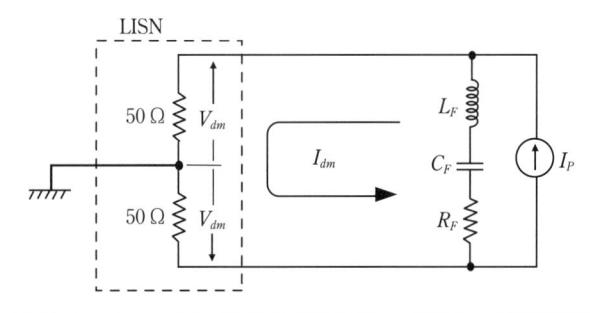

図 13-11 スイッチング電源の単純化された差動モード等価回路

数 L_F と R_F がスイッチング周波数における支配的なインピーダンスである。

13.2.2.1 フィルタ用コンデンサの ESL の影響

さしあたって R_F を無視し，C_F の容量性リアクタンスが考えている帯域でゼロと仮定すると，差動モードノイズ電流 I_{dm} を次式で計算することができる。

$$I_{dm} = \frac{j2\pi f L_F I(f)}{100 + j2\pi f L_F} \tag{13-3}$$

ここで，電流 $I(f)$ は電流源 I_P の周波数 f における大きさである。

$2\pi f L_F \ll 100$ の範囲では（現実的な仮定である）[*8]，式(13-3)は次のように変形できる。

$$I_{dm} = \frac{j2\pi f L_F I(f)}{100} \tag{13-4}$$

差動モードの LISN の電圧 V_{dm} は，50 Ω と I_{dm} の積に等しい。よって，LISN の電圧の大きさは次のように書き直せる。

$$V_{dm} = \pi f L_F I(f) \tag{13-5}$$

1 次側のスイッチング電流を矩形波で近似し，式(12-5)のフーリエスペクトルを用いることにより，電流の周波数特性 $I(f)$ を求めることができる。図 12-4 から，フーリエスペクトルの包絡線は周波数 $1/\pi t_r$（t_r はスイッチングトランジスタの立上り/立下り時間）までは 20 dB/dec の割合で減少し，それより高い周波数では 40 dB/dec の割合で下がっていく。

周波数 f の項があるため，式(13-5)は周波数が増えるにつれて 20 dB/dec の割合で増加する。よって，式(13-5)と $I(f)$ のフーリエスペクトルを組み合わせると，図 13-12 に示すように，差動モード伝導妨害波の包絡線は，周波数 $1/\pi t_r$ までフラットで，それより高い周波数では 20 dB/dec の割合で減少する。図 13-12 は，ESR を無視して，差動モード伝導妨害波の包絡線を周波数に対してプロットしたものである。

放射は周波数 $1/\pi t_r$ までフラットでそこから 20 dB/dec で下がるので，包絡線全体をプロットするには 1 ポイントだけ，たとえば基本周波数だけで放射を計算すればよい。12.1.3 項のフーリエ級数によると，デューティ比 50 % の矩形波の基本周波数成分の振幅は $0.64\,V_P$ である。式(13-5)で f に基本周波数 F_0 を，$I(f)$ に $0.64\,I_P$ を代入すると，

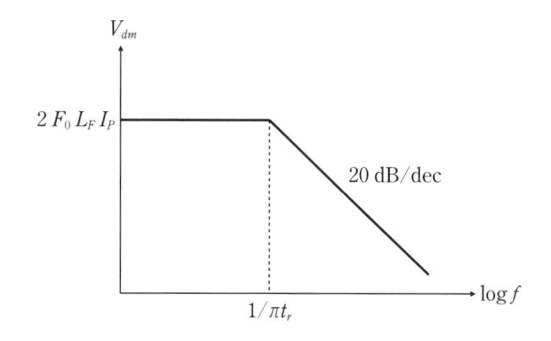

図 13-12　周波数に対する差動モード伝導妨害波の包絡線（入力リプルコンデンサの等価直列抵抗 R_F は無視した）

[*8] たとえば，$f = 500$ kHz，$L_D = 50$ nH の場合，$2\pi f L_F$ は 0.16 Ω である。

基本周波数における差動モード伝導妨害波の大きさを表す次式が求まる。
$$V_{dm} = 2F_0 L_F I_P \tag{13-6}$$
ここで，I_Pはノイズ電流源のピーク値である。

I_Pが電源の電力定格で決まることを理解すると，式(13-6)から，スイッチング電源の基本周波数を決めた時点で，差動モード伝導妨害波を減らすために設計者が管理できる残されたパラメータは，入力側のリプルフィルタコンデンサの寄生インダクタンスL_Pだけであることがわかる。

[例13-2] $I_P = 4$ A，$L_F = 30$ nH，$t_r = 50$ ns，$F_0 = 50$ kHz の場合，入力側のリプルフィルタコンデンサのESRを無視すると，差動モードの伝導妨害波の包絡線は 150 kHz～6.37 MHz までの帯域で 12 mV であり，それより高い周波数帯では 20 dB/dec の割合で下がる。この結果は，クラスBの製品に許されている放射より約 26 dB 大きい。したがって，製品を規格に適合させるには，30 dB 以上差動モードを減衰させるようなパワーラインフィルタが必要となる。

例13-2の結果を例13-1と比べると，コモンモードのノイズ電圧は差動モードのノイズ電圧より 20 dB 以上大きく，これが支配的な放射であることがわかる。式(13-2)によれば，コモンモードの伝導妨害波はスイッチング電圧の強度に正比例するが，式(13-6)によると差動モードの伝導妨害波はスイッチング電流の強度に正比例する。したがって，高電圧・小電流のスイッチング電源ではコモンモードの放射が支配的になり，低電圧・大電流のスイッチング電源では差動モードの放射が支配的となる。

式(13-2)と式(13-6)から，コモンモードの放射が支配的となる基準を次式で表すことができる。
$$V_P > \frac{L_F I_P}{50 C_P} \tag{13-7}$$

式(13-7)は，式(13-2)と式(13-6)を$V_{cm} > V_{dm}$に代入し，V_Pについて解いて求めたものである。式(13-7)の不等式が満足されない場合は，差動モードの放射が支配的になる。

13.2.2.2 フィルタ用コンデンサのESRの影響

図13-12に示した差動モード放射の包絡線は，入力側のリプルフィルタコンデンサのESRを無視していた。電源線周波数（50 Hz または 60 Hz）では，静電容量によるリアクタンスがコンデンサの支配的なインピーダンスとなる。1 MHz より高い周波数では，誘導性のリアクタンスがコンデンサの主要なインピーダンスとなる。これらの帯域の間には，抵抗が支配的なインピーダンスとなるような特定の周波数帯がある。抵抗が支配的となるには，抵抗値がL_Fによる誘導性のリアクタンスより大きくなければならない。この条件は次式で表される。
$$f < \frac{R_F}{2\pi L_F} \tag{13-8}$$

差動モード伝導妨害波に対するESRの影響として，図13-13に示す差動モード放射の包絡線に，周波数$R_F/2\pi L_F$で低い周波数の新しい屈曲点が生まれる。この屈曲点より低い周波数では，放射は周波数が下がるにつれて 20 dB/dec の割合で上昇する。たとえば，ESL が 30 nH，ESR が 0.1 Ω のフィルタリングコンデンサでは，低周波側の屈

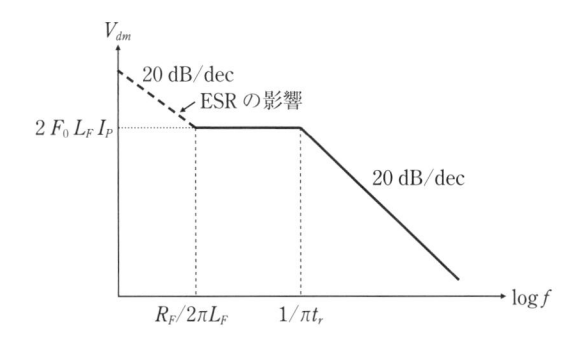

図13-13 周波数に対する差動モード伝導妨害波の包絡線（入力フィルタコンデンサの
ESRとESLの影響を含む）

曲点は531 kHzに生じることになる。

商用のClass B（図1-4参照）と軍事用の伝導妨害波許容値は，いずれも500 kHzより周波数が下がるにつれて20 dB/decの割合で上昇する傾斜を持つ。商用のClass Aの許容値は，放射の許容値が500 kHzを境に低周波側で階段状に6 dB増加する。これにより，フィルタコンデンサのESRが原因となって，低周波における差動モード放射が増加することによる悪影響を最小化するようになっている。低周波の屈曲点が500 kHz以下である限り，入力側のフィルタリングコンデンサのESRは問題にならないはずである。この屈曲点が500 kHz以下となる条件は，次式のとおりである。

$$R_F \leq \pi 10^6 L_F \tag{13-9}$$

以上の議論から，入力のリプルフィルタコンデンサでは，その直列インダクタンス成分と直列抵抗成分を低く抑えるべきであることは明らかである。

これと同様の手順で，スイッチング電流が矩形波で表せないようなほかの電力変換機についても，差動モード放射の包絡線を決定することができる。つまり，電流波形のフーリエスペクトルを求め，式(13-5)と組み合わせて差動モード放射の包絡線を決定するのである。たとえば，SMPSの接続形態によっては，スイッチング電流を三角波で表すほうが正確な場合がある。Clayton Paulが著書 "Introduction to Electromagnetic Compatibility" の3章 "Signal Spectra—the Relationship between the Time Domain and the Frequency Domain" において任意の波形に対するフーリエスペクトルの計算方法について，良質な議論を展開している（Paul, 2006）。

電力変換機の設計で，入力リプルフィルタコンデンサとして，2個のコンデンサを直列に用いるものがある。これはコンデンサの定格電圧を増やしたり，倍電圧回路をつくったりするために使われ，その電源が115 Vと230 Vのどちらの交流電源線でも動作できるようにする。しかし，この手法は総容量値（好ましいパラメータ）を半分にし，ESRとESL（好ましくないパラメータ）を2倍に増やす。その結果，差動モード伝導妨害波を増大させる。

図13-8のコモンモードの等価回路と図13-11の差動モードの等価回路を組み合わせると，SMPS全体のノイズの等価回路を得ることができる。この結果を図13-14に示す。図13-14の差動モードソースインピーダンスは，ESLとESRを持ったリプルフィルタコンデンサのインピーダンスである。コモンモードインピーダンスは，1次側（交

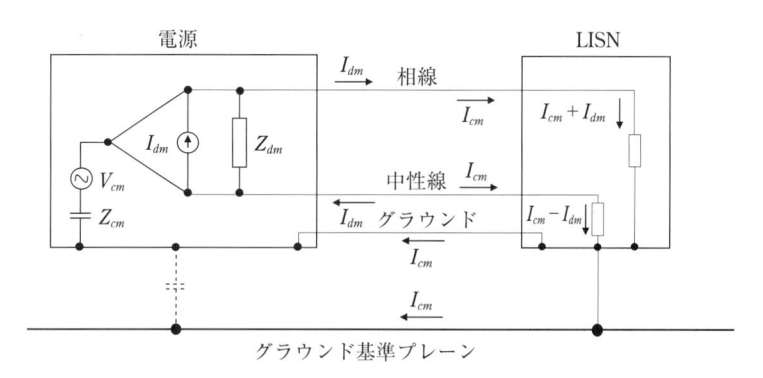

図13-14 スイッチング電源とLISNのノイズの等価回路，コモンモードと差動モードのノイズ源と電流を示している。

流電源線側）と筐体やグラウンドとの間の静電容量のインピーダンスである。電源に2線コードを用いる場合，図13-14の電源とLISNとの間のグラウンド線は存在しない。

　この図はコモンモードと差動モード両方の電流経路も示している。図からわかるように，差動モードのノイズ電流は電源線（相線と中性線）だけを流れるが，コモンモードのノイズ電流は外部のグラウンド基準プレーンにも流れる。ここで注意したいのは，相線（活線）に接続されたLISNインピーダンスを通って電流が流れる場合はコモンモードと差動モードの電流が加算され，中性線につながるLISNインピーダンスを流れる場合は引き算される点である。18.6.1項で議論するとき，この知識があると，コモンモードと差動モード雑音のどちらの放射が支配的かを測定により判定することができる。

　電源の筐体は，接地することも，しないこともある。接地しない場合，コモンモードのグラウンド電流は，図13-14に示すように，電源とグラウンドとの間の寄生容量を通って戻る。オープンフレーム電源（金属筐体がない）は接地がない電源のよい例で，グラウンドに対する寄生容量がコモンモードのリターン電流経路となる。

13.2.3　DC-DCコンバータ

　スイッチング電源に関するここまでの議論は，DC-DCコンバータに対しても適用することができる。一般的なDC-DCコンバータの単純化した回路は，図13-5から全波整流ブリッジを除いたものと同じである。これまでの理論や結論は，すべてではないにせよほとんどそのまま使うことができる。［例13-3］は，ここまでに展開したSMPSに関する理論をDC-DCコンバータの場合に適用したものである。

［例13-3］入力が28V，20Aで，1次側の寄生容量が100pFで，100kHzで動作し立上り時間100nsのスイッチングトランジスタを持つ直流入力コンバータを考える。入力側のコンデンサのESRは0.05Ω，ESLは20nHとする。式(13-2)から，コモンモードの伝導妨害波は398kHz〜3.18MHzまでの帯域で28mV，これより高い帯域では，20dB/decの割合で減少する。式(13-6)から，差動モードの放射は398kHz〜3.2MHzまで80mVである。398kHz以下では20dB/decの割合で増加し，3.18MHz以上では放射は20dB/decの割合で減少する。

　この場合，差動モードの放射のほうがコモンモードよりも大きいことに注意のこと。

なぜならこの電源が，低電圧・大電流だからである．この結論は，式(13-7)を評価しても導くことができる．

13.2.4 整流ダイオードのノイズ

SMPSには，取り組むべきノイズ源がほかにもある．このノイズ源の一つは，整流に使用されるダイオードである．ダイオードに順方向のバイアスがかかっている場合，PN接合部の容量に電荷が蓄積される．ダイオードがターンオフ（逆方向バイアス）されると，電荷は取り除かれる（Hnatek, 1989, p. 160）．これをダイオードの逆回復という．ダイオードがターンオフするとき，電圧波形上に鋭い負のスパイクを生じ，大きなリンギングが発生し，高周波の差動モードノイズ源となる．

ダイオードの中には，ファストリカバリダイオードがあり，これは鋭いターンオフ特性を持ち，ソフトリカバリダイオードのように緩やかにターンオフするものもある．ファストリカバリダイオードは電力消費が小さく高効率であるため，通常は電源設計者に好まれるが，ソフトリカバリダイオードに比べて高い周波数のノイズスペクトルを出す．

この点に関する主要な違反者は2次側の整流器であり，1次側ダイオードに比べはるかに大きな電流レベルで動作するからである．このパルスノイズは，SMPSの2次側から外部へ伝導し，トランスを介して電源の1次側へ逆流することがある．どちらの場合も，ダイオードノイズは差動モードの伝導妨害波となって表れる．

ダイオードのスイッチングによる高周波ノイズの解決策の一つは，図3-15に示すように各整流ダイオードに並列にスパイク電圧抑制のためのスナバ回路を置くことである（Hnatek, 1989, p. 190）[*9]．スナバ回路は直列 RC 回路であり，代表的値は470 pFと10 Ω である．スナバはダイオードがターンオフする際に，接合部に蓄積された電荷を放電するための電流経路を提供する．高周波の電流がスナバとダイオードのループを流れるので，このループ面積をできるだけ小さくすべきである．

図13-15で2個の整流ダイオードのどちらか一方が必ずオンになっていることを考えると，2個のスナバ回路がトランスの2次側巻き線の両端に効果的に接続されている．

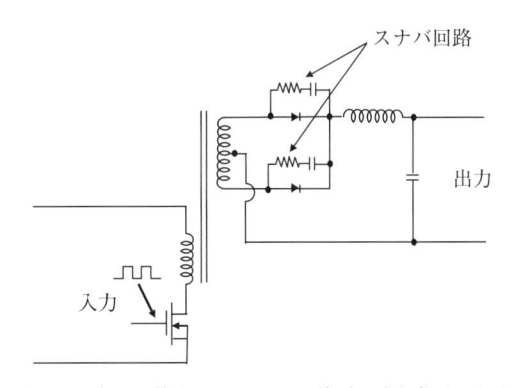

図13-15 電源の2次側の整流ダイオードに並列に取り付けられたスナバ回路

[*9] RC スナバ回路は，リンギングを減らすため，スイッチングトランジスタに並列に挿入されることもある．

いくつかの例では，特に低電力のコンバータの場合には，各整流ダイオードに対して個別にスナバ回路を設けるのでなく，この2次側巻き線に対して1個のスナバを置くこともある[*10]。

別の対策方法として，小さいフェライトビーズを整流ダイオードに直列に追加することが挙げられる。フェライトビーズは，整流器に直列に高周波のインピーダンスを高くして高周波のリンギング電流を抑制する。多くの場合，フェライトビーズとスナバ回路を併用することが最も有効である。

SMPSのリンギング抑制に小さなフェライトビーズを使うという概念は，電源の中のほかのスイッチング素子についても適用することができる。ダイオード，整流素子，スイッチングトランジスタに直列に小さなフェライトビーズを入れることは，素子のスイッチング時に発生するリンギングを抑えるための効果的な手段である。

13.3　パワーラインフィルタ

ここまでの議論や例で示したように，伝導妨害波規制に適合するためには，SMPSにパワーラインフィルタがほぼ必ず必要とされる。フィルタはコモンモード，差動モード両方のノイズ電流を減衰させるものでなければならない。

パワーラインフィルタは LC で構成されるローパスフィルタである。発生源（電源）と負荷（LISN）のインピーダンスによって，フィルタの厳密な構成が決まる。なぜなら，フィルタによる減衰はインピーダンス不整合の関数であり，パワーラインフィルタの役割は，発生源と負荷のインピーダンスの不整合を最大化することだからである（Nave, 1991, p. 43）。

コモンモードノイズにとって，電源は高インピーダンスのノイズ発生源（小さい寄生容量）であり，LISNは低インピーダンスの負荷（25 Ωの抵抗）である。最大のノイズ減衰効果を得るには，高インピーダンスのフィルタ素子（インダクタ）を低インピーダンスの負荷（LISN）に対向させ，低インピーダンスのフィルタ素子（コンデンサ）を高インピーダンスの発生源（電源）に対向させる必要がある。図13-16はパワーラインフィルタの一般的な回路構成である。2個のライン-グラウンド間のコンデンサ（C_1 と C_2）とコモンモードチョーク L_1 が，ローパス LC フィルタのコモンモード部分を形成している。

ライン-グラウンド間のコンデンサの最大値は，各種の安全機関が課する漏えい電流規制により制限される。グラウンドへの過度の漏えい電流は感電の危険ありと見なされ，規制されている。世界各地の漏えい電流に対する規制値は，製品分野と保安機関によって0.5〜5 mAまでと幅がある[*11]。たとえばアメリカ保険業者安全試験所（Underwriters Laboratories Inc.：UL）は多くの民生品に対して0.5 mAの漏えい電流規制を課している。115 Vのシステムでは，この規制によって，フィルタのライン-グラウンド

[*10]　スナバ回路は，リンギングとノイズの削減に非常に効果があるが，望ましくない副作用もある。たとえば，適用した素子の消費電力の増加および両端の電圧の増加や通過する電流の増加など。

[*11]　ある種の医療機器は，10 µAという低い漏えい電流規制値を持つ。こうした用途では，パワーラインフィルタでグラウンドとの間にコンデンサを挿入することはできない。

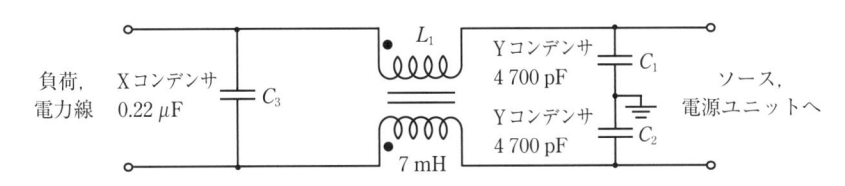

図 13-16　パワーラインフィルタのトポロジーと典型的な素子の値

間コンデンサの最大値が 0.01 μF に制限される。

　図 13-16 のコンデンサ C_1 と C_2 は Y コンデンサと呼ばれており，ライン–グラウンド間の用途として UL などの安全機関が型式認定し，リスト化したものを使用しなくてはならない。同様にライン間のコンデンサ C_3（X コンデンサと呼ばれる）も，ライン間の用途で型式認定を受けたものでなければならない。

　スイッチング周波数の低次の高調波成分を抑制するのに必要な高いインダクタンスを得るために，L_1 は高透磁率のコアに巻かれる。大きな交流電源線の電流によるコアの磁気飽和を防ぐため，インダクタの二つの巻き線は同一のコアに巻かれ，コモンモードチョークを構成する。電源線電流はそれぞれの巻き線で逆向きのため，これらの電流によってコアにつくられる磁束は打ち消し合う。

13.3.1　コモンモードのフィルタリング

　実務上，ライン–グラウンド間のコンデンサは通常，漏えい電流規制の許容値の半分の値である[*12]。コモンモードのノイズ電圧には，2 個のライン–グラウンド間コンデンサが並列に見える。したがって，コモンモードに対する実効的な容量は，2 個のコンデンサの静電容量の和となる。この容量が決まると，必要なコモンモード減衰量を得られるようにコモンモードチョークの値が決定される。チョークの典型的な値は 2～10 mH である。必要な減衰量を得るために 10 mH 以上のインダクタンスが必要な場合は，チョークの寄生容量を抑えるために，複数のチョークコイルを直列に用いるべきである。

13.3.2　差動モードのフィルタリング

　差動モードノイズに対して，2 個の Y コンデンサが直列に接続される。したがって，差動モードに対する実効的な静電容量は，1 個のコンデンサの容量の半分である。これにより，特に最も必要とされる低い周波数でほとんど差動モードフィルタ効果がないが，漏えい電流に関する要求から容量の値を大きくすることもできない。これらのコンデンサが差動モードの減衰に寄与するのは，通常あまり必要とされない 10 MHz 以上においてだけである。したがって，差動モードのフィルタリングに関して，これらのコンデンサは通常無視される。

　差動モードに対して大きな静電容量を得るには，ライン間コンデンサ C_3（X コンデンサ）をパワーラインフィルタに追加することである。このコンデンサはグラウンドに

＊12　この理由は，パワーラインフィルタだけで製品全体に許された漏えい電流規制を使い切ることができないからである。ある程度の余裕分を電源または製品自体のために残しておく必要がある。したがって，これらのコンデンサは，漏えい電流規制の半分に寄与する容量しか持てない。

接地されないので，容量の値は漏えい電流規制によって制限されることはない．典型的なコンデンサの値は 0.1～2 µF である．安全上の理由から，抵抗（通常 1 MΩ）がこのコンデンサに並列に挿入されることがある．この抵抗は，電源を切ったときコンデンサを放電させるために使われる．

電源に質の悪いリプルフィルタコンデンサや 2 個のコンデンサを直列に用いる場合には，電源線間に第 2 の X コンデンサをコモンモードチョークの電源装置側に挿入すると効果的である．

13.3.3　漏えいインダクタンス

コモンモードチョークの漏えいインダクタンスは，差動モードに対するインダクタンスの存在を決定するので，パワーラインフィルタで重要である．理想的なコモンモードチョークは，差動モードのインダクタンスをまったく持たない．差動モードのノイズ電流は各巻き線で逆向きになるため，コアの磁束はすべて打ち消し合う．

チョークやトランスの漏えいインダクタンスは，二つの巻き線間の不完全な結合に起因する．つまり，一方の巻き線で発生した磁束の全部は，他方の巻き線に結合していないからである．したがって，差動モード電流が巻き線を流れると，打ち消されない漏えい磁束がある程度発生する．漏えい磁束の発生によって，巻き線が差動モードの小さなインダクタンスを持つことになる．

パワーラインフィルタで，漏えいインダクタンスはよくもあり悪くもある．漏えいインダクタンスによって，チョークのそれぞれの巻き線に直列に小さな差動モードのインダクタンスが生じる．このインダクタンスは，X コンデンサとともに LC フィルタを構成し，差動モードに対してフィルタ効果を発生させる．しかし，大きすぎる漏えいインダクタンスは，交流電源電流の低い値でコモンモードチョークの磁気飽和を引き起こすが，これは望ましくない特性である．人生におけるさまざまなことと同様に，少量であれば役立つが，多すぎるのはよくないのである．

一般にコモンモードチョークは，差動モードのフィルタ効果を適量だけ持ち，かつ電源線の定格電流で磁気飽和が起こらないように，特定の漏えいインダクタンス値を持つように設計・製造される．典型的な電源線のチョークは，コモンモードインダクタンスの 0.5～5 % 程度の漏えいインダクタンスを持っている．

コモンモードチョークの漏えいインダクタンスは，一方の巻き線を短絡して他方の巻き線のインダクタンスを測定することによって，容易に測ることができる．漏えい磁束がなければ，トランスと同じ働きによって短絡巻き線に電流が誘導されるため，インダクタンスはゼロになる．したがって，この試験方法でなんらかのインダクタンスが測定されれば，それは漏えいインダクタンスの結果に違いない．

図 13-16 の差動モードフィルタの回路は，X コンデンサ C_3 と L_1 の漏えいインダクタンスを含んでいる．コモンモードフィルタの場合のように，差動モードフィルタも LC ローパスフィルタの構成を持っており，ソースと負荷のインピーダンスによって正確な構成が決まる．差動モードのノイズに対しては，電源回路は低インピーダンス源（大きいフィルタコンデンサ C_F）であり，LISN は高インピーダンスの負荷（抵抗 100 Ω）である．最大限のノイズ減衰効果を得るには，低インピーダンスのフィルタ素子

(コンデンサ C_3) を高インピーダンスの負荷 (LISN) に対向させ，高インピーダンスのフィルタ素子（漏えいインダクタンス L_1）を低インピーダンスの発生源（電源回路）に対向させるべきである．これは正に図13-16で素子が配列されている方法である．この電源線フィルタの接続形態を，コモンモードと差動モードのソース・負荷インピーダンスの表とともに図13-17に示す．

通常は，最初にコモンモードチョークの漏えいインダクタンスの検討から始め，続いて必要な減衰を与えるために，ライン間コンデンサ C_3 の容量を選択する．このようにコモンモードフィルタを先に設計し，差動モードフィルタを後で設計するのが通例である．

さらに差動モードの減衰が必要な場合は，2個の差動モードインダクタを，図13-18のように追加することができる．差動モードインダクタは，透磁率の低いコアに巻き付けることにより，電源線周波数の大きな電流によって磁気飽和が起こらないようにしたものである．その典型的なインダクタンスは数百 μH である．

図13-17のパワーラインフィルタは，図13-19に示すようにコモンモード成分と差動モード成分に分離することができる．図13-19の(A)は差動モードフィルタの回路，図

負荷のインピーダンス	モード	電源のインピーダンス
低い	コモンモード	高い
高い	差動モード	低い

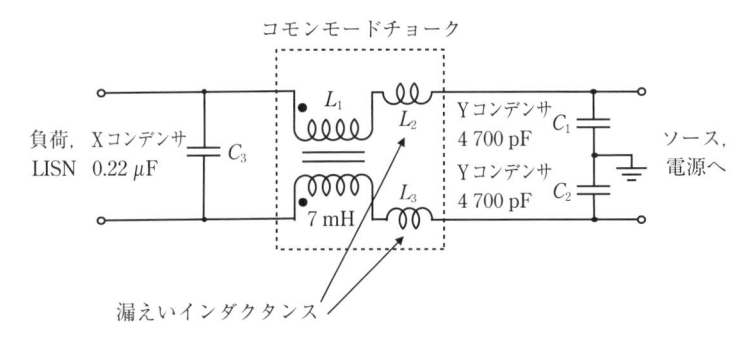

図13-17 コモンモードチョークの漏えいインダクタンスを含むパワーラインフィルタの図と負荷と電源のインピーダンスの表

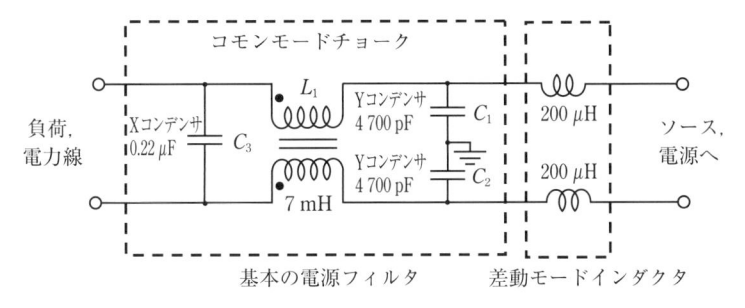

図13-18 2個の差動モードインダクタを追加したパワーラインフィルタ

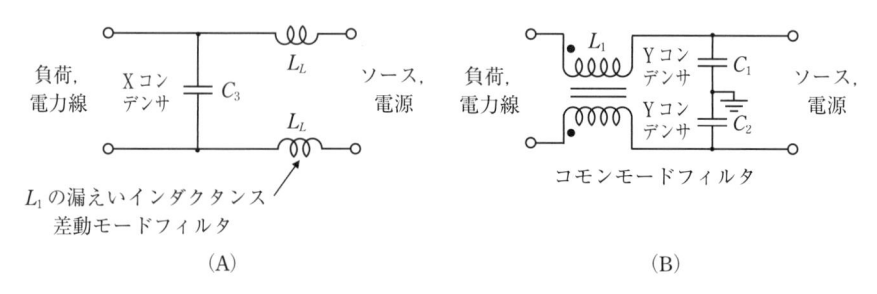

図 13-19 パワーラインフィルタの等価回路(A)差動モードフィルタ，(B)コモンモードチョーク L_1 の漏えいインダクタンス

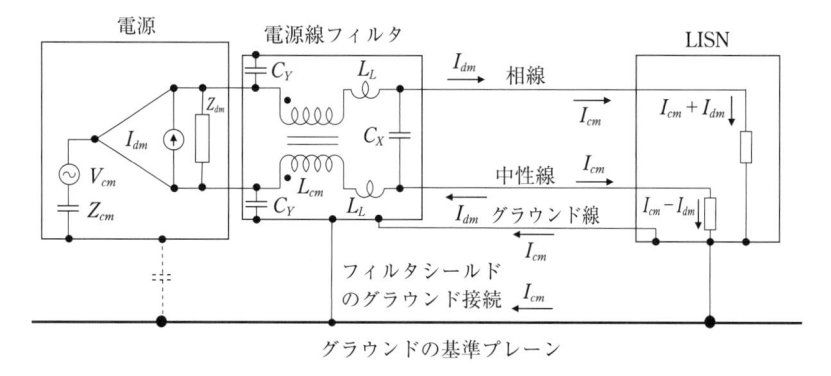

図 13-20 スイッチング電源，パワーラインフィルタ，LISN のノイズの等価回路

13-19の(B)はコモンモードフィルタの回路である．図 13-19(A)のインダクタンス L_L はコモンモードチョーク L_1 の漏えいインダクタンスを表している．

図 13-20 は，SMPS，パワーラインフィルタ，LISN という全体のノイズに関する等価回路である．コモンモードチョークの漏えいインダクタンスは L_L で表されている．コンデンサ C_Y とチョーク L_{cm} はコモンモードノイズをフィルタリングし，コンデンサ C_X は漏えいインダクタンス L_L とともに差動モードフィルタを構成する．

図 13-20 から，パワーラインフィルタのシールド（フィルタが金属で覆われていない場合はフィルタのグラウンド）の接続は，Y コンデンサに直列になることがわかる．したがって，この接続部にインダクタンスが存在すれば，コモンモードフィルタとしての Y コンデンサの効果を劣化させてしまうことになる．

13.3.4 フィルタの搭載法

図 13-21 は，金属筐体に覆われた商用のパワーラインフィルタを示している．このフィルタの性能は，フィルタの電気的な設計と同様あるいはそれ以上に，フィルタがどこにどのように搭載されているか，リード線がどの経路に配線されているかなどに依存する．図 13-22 は，パワーラインフィルタの効果を著しく損なうような，実装に伴うよくある問題点を三つ示している．

第 1 に，電源線が筐体に入る点の近くにフィルタが実装されていない．このため，露出した電源線が筐体内部の電磁界からノイズを拾ってしまう．パワーラインフィルタは，フィルタの後部の交流電源線に乗ったノイズを何も防ぐことはできない．

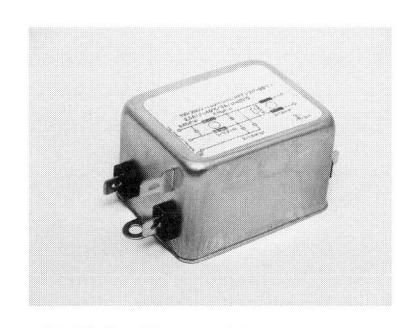

図13-21 金属筐体に覆われた商用のパワーラインフィルタ

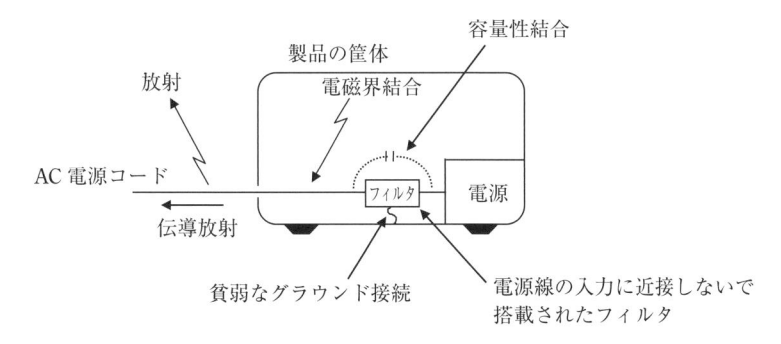

図13-22 パワーラインフィルタの不適切な実装と接地

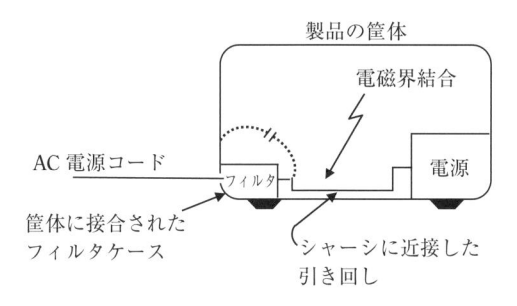

図13-23 適切な実装と接地がされたパワーラインフィルタ

　第2に，フィルタを筐体に接地するワイヤが大きなインダクタンスを持っており，フィルタのYコンデンサの効果を損なっている。フィルタの製造メーカは図14-11(C)に示す方法を用いて，Yコンデンサが筐体と極めて低いインピーダンスで接続されるように，フィルタ内部のYコンデンサを実装する。

　第3に，ノイズが大きい電源-フィルタ間配線と交流電源線との間に容量性結合が発生している。フィルタ入力のリード線を出力の直流電力のリード線の近くに配線してはならない。寄生容量による結合が最大になるからである。

　図13-23は以上の三つの問題をすべて克服した，適切なパワーラインフィルタ配置を示す。フィルタは電磁界がフィルタリングされた電源線に結合しないように，交流電源線が筐体に入るところに実装されている。金属筐体も，フィルタの入力ケーブルとフィルタされた電源線との容量結合を防いでいる。

　フィルタは，その金属ケースが筐体と直接の接続を持つように実装され，これが内部

図 13-24　電源コードコネクタが付いた商用パワーラインフィルタ

の Y コンデンサと直列に加わるいかなるインダクタンスをも除去する。フィルタのケースと筐体との間のいかなる線も，そのインダクタンスによりフィルタの効率を悪化させる。たとえ短い線であっても，十分誘導性があるので避けるべきである。

　フィルタと電源との間のケーブルは，ノイズのピックアップを最小限に抑えるため，筐体の近くをはわせるべきである。フィルタの入力リード線に関しても，信号線のケーブル（特にデジタル信号のケーブル）から離して，デジタル論理の PCB の上や近くを通さないようにすべきである。図 13-23 に示した配置に対する，さらなる改善方法は電源回路を電源線に直接接するように配置することである。

　以上の議論が，図 13-24 に示すように交流電源コードのコネクタの一部としてパワーラインフィルタを持つ利点を指摘する。この構成では電力コードが筐体へ入る位置にフィルタが強制的に配置され，フィルタの金属フランジを筐体（塗装前の金属表面）にねじ止めやリベット止めされる際に，Y コンデンサが適切に接地される。**パワーラインフィルタを適切に実装し配線することの重要性は，強調しすぎることはない。**

13.3.5　電源線フィルタを組み込んだ電源

　スイッチング電源の中には，パワーラインフィルタを電源コンバータと同じ PCB 上に搭載しているものがある。これは通常サイズとコストを抑えるために行う。PCB 上に組み込まれるフィルタは，独立の筐体に入った市販フィルタの半分のコストで組み込めることが多い (Nave, 1991, p. 29)。しかし，この配置方法では，これまでに議論したフィルタの適正な実装・配線に関するルールのうち，すべてではないがいくつかに違反することが多い。この配置方法に伴う三つの問題点を次に述べる。

1. Y コンデンサを筐体に接続する長いトレース（インダクタンスが非常に大きい）。多くの場合，Y コンデンサのグラウンド配線は PCB 上で数 in の長さを持ち，加えて 1 in 以上の筐体への金属製スペーサがある。この Y コンデンサを接地する導線はかなりの長さとなり，高周波のフィルタ素子として効果がなくなる。
2. シールドされていないコモンモードチョークへの磁気結合。PCB 搭載のフィルタはほとんどシールドされないため，スイッチングトランス，大きな di/dt 信号を含む PCB の電流ループおよびコモンモードチョークとの間で，強い磁界結合が起こる可能性がある。これにより電源ノイズが Y コンデンサを迂回して直接チョークに結合し，ノイズをほとんど減衰しないまま電源線へ流出させてしまう。この

問題は，PCB上のコモンモードチョークの配置と向きを適切にするか，または基板上のチョークかパワーラインフィルタ部分にシールドを被せることで克服できる．シールドはアルミニウムではなく，鉄またはほかの磁性材料でつくる必要がある．磁界結合の低減については，13.7 節を参照されたい．
3. フィルタへの入力・出力のトレース．この二つの間の寄生容量を最大化するように配線され，これによりフィルタ周りのノイズが電源線に結合する．

フィルタが電源に組み込まれているとき，伝導妨害波試験に合格するために第2の市販フィルタの追加を必要とすることが多い．**磁界結合と高いグラウンドインダクタンスは，ともにボード上のフィルタの効果を著しく悪化させる要因である．**電源に組み込まれたフィルタが効果を発揮するのは，適切なフィルタの搭載方法や配置に関し，先に論議したすべての問題が設計の過程で考慮された場合に限る．

13.3.6 高周波ノイズ

パワーラインフィルタは，スイッチング電源の高調波の抑制に最適化されており，高周波ノイズ（$>10\,\mathrm{MHz}$）の抑制にはそれほど効果がない．電源ノイズの高周波における減衰は，主にコモンモードチョークの巻き線間容量と，Yコンデンサに直列のインダクタンスによって制限される．入力フィルタへ戻ってきた高周波のノイズ（たとえばデジタル論理の高調波）は，30 MHz以下であれば交流電源線に伝導妨害波として表れ，30 MHz以上であれば放射妨害波として表れる可能性がある．この問題の最良の処理方法は，発生源であるデジタル論理PCBでの対策である．直流電圧が基板に入る位置に，コモンモードと差動モード両方のフィルタを搭載し，11.4 節，11.9 節で扱ったグラウンドノイズの最小化とデカップリングの最適化を適用して基板を設計しなくてはならない．

この高周波ノイズのほとんどはコモンモードなので，電源の直流出力の位置（直流ケーブル上）に小さなフェライトビーズを置くと，30 MHz以上のノイズの抑制に効果がある．最後の手段として，ファラデーシールド付きの電源トランスを使用して，電源の出力から入力へコモンモードノイズが戻るのを防ぐこともできる．

フィルタと電源との間の交流電源線上に位置するフェライトビーズは，ケーブルのフィルタ端に近接させて置くと，高周波ノイズをフィルタから除去するのに効果的である．

ノイズに敏感であるために生じる別の問題として，電源の直流出力の高周波ノイズが給電先の装置に妨害を与えることが挙げられる．たとえば，高感度のラジオ受信機や低レベルのアンプに給電するスイッチング電源の場合である．

スイッチング周波数（直流出力回路に全波整流を使う場合はその2倍の周波数）でのリプル成分に加えて，スイッチング電源の出力リード上のノイズは，大振幅の急峻な電圧スパイク（この間隔はスイッチング周波数に関連する）とそれに続く大きなリンギングからなっていることが多い．電圧スパイクの典型的な振幅は，最大で $50\,\mathrm{mV}\sim1\,\mathrm{V}$ 程度である．このリンギングは $5\sim50\,\mathrm{MHz}$ の周波数を持つ．この高周波ノイズは，通常は差動モードとコモンモードの両方であり，電源の直流出力側に高周波フィルタの追加

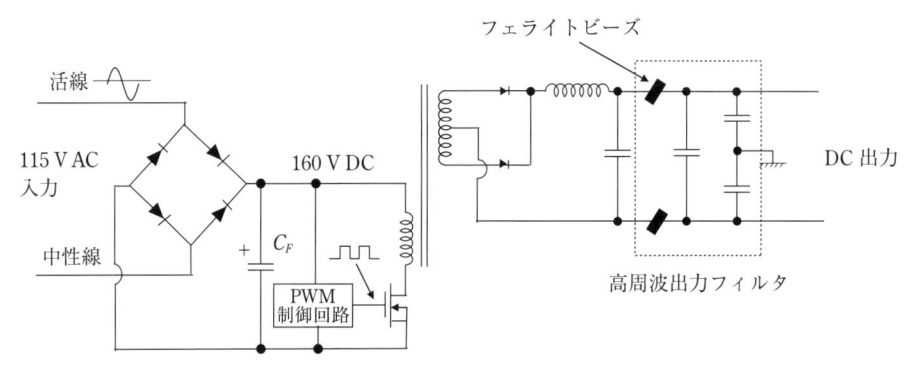

図 13-25 直流出力の高周波フィルタを持つスイッチング電源

を必要とすることがある。

　直流出力における高周波のフィルタ効果は，図 13-25 に示すように，両方の導線にフェライトビーズを直列に挿入し，非常に短いリード線を持つ高周波用の差動モードコンデンサを二つの直流出力リード間に配置することで得られる。コンデンサの値は，対象とする帯域の一番低い周波数で数 Ω 以下になるものを選ぶべきである。フィルタリングが 30 MHz 以上でのみ必要なときは，1 000 pF のコンデンサで十分である。30 MHz 以下では，0.01 μF のコンデンサが好ましい。高周波のフィルタリングは，出力リードをグラウンド（シャーシ）にバイパスするコンデンサを追加することで完了し，高周波のコモンモード分の減衰を強める。

　フェライトビーズ材は，対象とする帯域の一番低い周波数で 50 Ω 程度のインピーダンスを持ち，そのフェライトが磁気飽和することなく出力電流を流せるものを選択すべきである。フェライトビーズを両出力リードに使用すると，コモンモードと差動モード両方のフィルタリング効果が得られる。さらなるフィルタリング効果が必要なら，各リードに複数のビーズを使用して，直列インピーダンスを増加すべきである。

　高い周波数（30 MHz 以上）では，直流出力ケーブルからの放射が，放射妨害波問題を引き起こす可能性がある。これはフェライトビーズ（コモンモードチョーク）をケーブルの両導線を囲むように取り付けることで低減できる。

　敏感な負荷に対して SMPS で給電するときの別の手法は，異なるスイッチング接続形態，たとえば準共振，ゼロ電流スイッチング，ゼロ電圧スイッチングなどの使用である。この接続形態では，スイッチング電流波形は電流と電圧がゼロとなる点で切り替わる正弦波の半波になる。これはスペクトル成分が低減されてノイズ発生が非常に少ない。

13.4　1 次側から 2 次側へのコモンモード結合

　スイッチング電源でコモンモード電流が発生する別のメカニズムを，図 13-26 に示す。これは入力回路と出力回路がともに電源外部で接地されている結果である。この場合，スイッチングトランジスタはノイズ電圧の発生源として働き，大きな dV/dt を電源トランスの 1 次側巻き線に発生させる。電圧の大きさは，スイッチング電圧のピーク

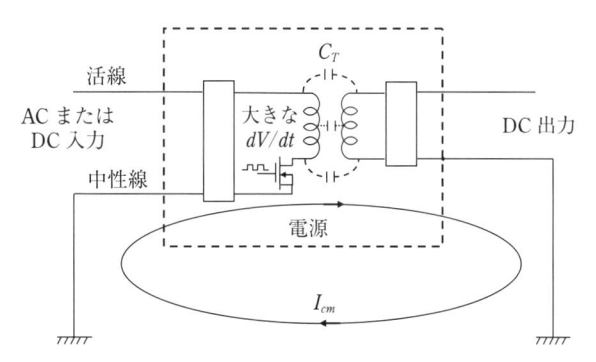

図 13-26 電源の1次側と2次側の dV/dt 結合の例

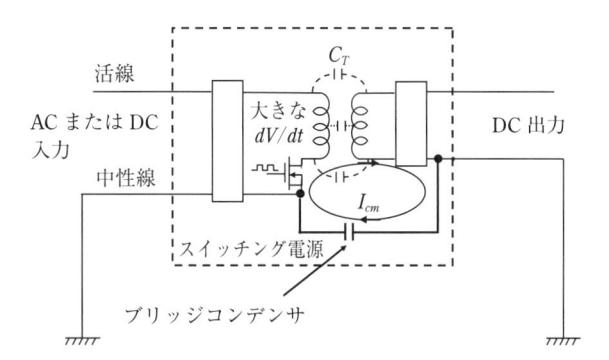

図 13-27 電源外部コモンモードグラウンドループをバイパスするブリッジコンデンサの活用

値とゼロとの間で変化する。この dV/dt は図 13-26 に示すように、トランスの巻き線間容量 C_T を通して、コモンモード電流 I_{cm} を出力側のグラウンドへと流す。出力回路が接地されていなくとも、出力回路とグラウンドとの間の寄生容量のため電流ループが存在する。

この電源外部コモンモード電流は、電源内部に電流が流れるためのインダクタンスの少ない小さなループをつくることにより除去できる、または少なくとも最小化できる。これは図 13-27（Grasso and Downing, 2006）に示すように、電源内の1次側の共通端子と2次側のグラウンドとの間に「ブリッジコンデンサ」を追加することによって実現できる。このコンデンサは交流電源線の入力と2次側のグラウンドとの間をつなぐものであるため、安全機関が認定したものでなければならない。通常は、1 000〜4 700 pF の Y コンデンサ（コモンモードフィルタに使用されるのと同じタイプのコンデンサ）が用いられる。効果を高めるには、PCB 上で基板配線のインダクタンスを最小化（短く広い配線を使用）できる位置にブリッジコンデンサを配置し、コモンモード電流のループを小さくする必要がある。

巻き線間結合の問題をなくす、あるいは最小に抑える別の方法として、ファラデーシールド付きのトランスを使用して巻き線間の容量を効果的に下げることや、コモンモードチョークを直流出力のリードに加えてコモンモード電流を抑えることが挙げられる。

13.5 周波数ディザリング

SMPS のコモンモードと差動モード両方の放射を減らす別の手法として，スイッチング周波数を変化させることが考えられる。狭帯域のエネルギーをより広帯域に拡散することによって，どの周波数のピーク値も下げることができる。この技法は 12.2.3 項で議論したデジタル回路のクロックの拡散と似た方法である。いくつかのパルス幅変調 (PWM) 電源コントローラ IC がこの機能を組み込んでいる。この変調波形は通常，数百 Hz の三角波であり，最大数 kHz の変動幅を持つ。

漏えい電流規制値が低く（たとえば，ある種の医療機器では $10\,\mu\text{A}$），パワーラインフィルタとして Y コンデンサを使用できない（使ってもコンデンサの容量は厳しく制限される）製品においては，周波数ディザリングやブリッジコンデンサの使用はコモンモード放射の抑制に極めて役立つ技法である。

13.6 電源の不安定性

電源回路とパワーラインフィルタの相互作用により，ある条件下で電源が不安定になる場合がある。スイッチング電源が負の入力インピーダンスを持つため[*13]，パワーラインフィルタで適正に終端しなければ，実際に不安定になることがある。

安定化電源回路が負のインピーダンスを持つことは，入力電圧が変化したときの動作を分析すれば，簡単に示すことができる。今，インピーダンスが一定の負荷に電源が電力を供給している状況を考える。出力電圧が一定であれば，出力電流も一定で出力電力も一定になる。すると，入力電力もまた一定でなければならない。入力電力が一定のままで入力電圧が下がると，入力電流が増大して電力を一定に保持しなければならない。入力電圧の減少時に入力電流が増加するこの反応は，負の抵抗の作用である。

電源回路が低インピーダンスの交流電源線から遠く離れて直接動作していれば，通常は安定である。しかし，この電源と電源線との間にパワーラインフィルタのインピーダンスが挿入されると，電源を不安定にする可能性がある。

負の入力インピーダンスを持つ電源回路が正の出力インピーダンスを持つパワーラインフィルタに接続されたら，何が起こるだろうか。電源電圧がわずかに減少すると，電源回路は電流をもっと引き出して電力を一定にしなければならない。増加した電流はフィルタの出力インピーダンスに電圧降下を増加させ，電源回路の入力電圧を低下させる。すると電源はさらに多くの電流を流そうとし，入力電圧をさらに低下させる。このプロセスが繰り返されるため，不安定になるのである！

装置を安定に保つには，**フィルタの正の出力インピーダンスは，電源の負の入力インピーダンスより小さくなければならない** (Nave, 1991, p. 121)。安定性に関する詳しい議論については，Mark Nave の *Power Line Filter Design for Switched-Mode Power Supplies* の 6 章を参照されたい。

---

* 13　これは電源のフィードバックループのバンド幅内の周波数において発生する。

13.7　磁界放射

　スイッチング電源は強い磁界を発生させ，これは多くの問題を引き起こす可能性がある。軍事や自動車関連のいくつかの製品を除いては，磁界の放射に関する規制値は存在しない。しかし磁界は，電源やその近傍に置かれた回路の動作に悪影響を及ぼすおそれがある。

　電源内部の磁界の主な発生源は，(1) 電流の時間変化率 di/dt が大きい電流ループ，(2) スイッチングトランスである。低周波磁界の効果的なシールドは実現が難しいため (6章参照)，磁界はその発生源で制御する (磁界の発生を防ぐか，小さく抑える) ほうがよい。

　di/dt が大きい重要な電流ループは，その面積を最小化するように注意深く配置する必要がある。図13-28は，スイッチング電源における二つの最も重要なループを示している。それは，スイッチングトランジスタのループ (1次ループ) と整流回路のループ (2次ループ) である。二つのうち，一般に整流回路のループのほうが di/dt が大きいため，磁界の発生に関して最も重要であることが多い。ループからの磁界放射は，ループの (1) 面積と (2) di/dt に比例する。電源設計者が最も制御しやすいパラメータは，ループの面積である。PCBの配置と配線を注意深く行うことによりループ面積を低減することができる。1次側と2次側のループは相互に離し，それぞれをできる限り小さくすべきである。

　パワーラインフィルタが電源回路と同じ基板上に配置される場合は，電源トランスとパワーラインフィルタとの間で磁界結合が発生することが多い。低コストで製造しやすいため，多くの商用電源はEコアのトランスを使用している。しかし，Eコアのトランスでは，かなりの漏えい磁界が発生する場合がある。トランスの漏えい磁界を減らす一つの方法は，Eコアの代わりにトロイダルコアを使用することである。トロイダルコアのトランスは漏えい磁束量がずっと小さいが，製造が難しく，その結果高価である。

　Eコアのトランスから漏えい磁束を減らす簡単な方法は，短絡巻き線 ("腹巻き" と呼ばれることもある) を使用することである。短絡巻き線は幅の広い銅をトランスの巻き線の周りに巻きつけたものである (Nave, 1991, p. 180 参照)。短絡巻線は漏えい磁束とだけ磁気結合を起こし，低インピーダンスで大電流の2次巻き線として作用する。短絡巻き線に誘導された電流は，漏えい磁束と逆向きの磁界を発生させ，元の漏えい磁束

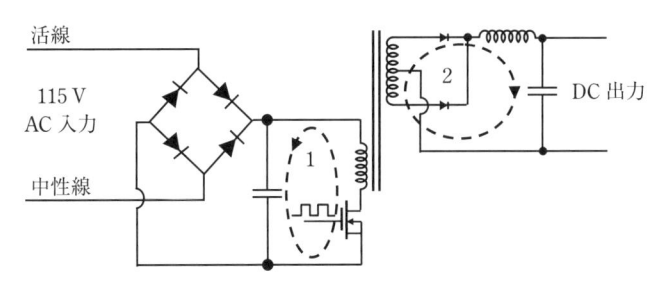

図13-28　スイッチング電源で重要なループ面積 (1) スイッチングトランジスタのループ (1次ループ) と (2) 整流回路のループ (2次ループ)

の大部分を打ち消す。

　基板搭載用のパワーラインフィルタを使用するときは，常にフィルタと電源トランスをできるだけ離して，磁界結合をできるだけ小さくするよう注意を払う必要がある。距離を離すことは，近傍界の結合を減らすための有効な方法である。近傍界では，発生源からの距離の3乗に反比例して減少する。

　磁界はプリント回路板上の別の回路に結合して，その回路の信号にノイズを引き起こす可能性がある。これらの信号を保護する最もよい方法は，ループ面積を減らすことである。単純な技法の一つは，信号トレースとリターントレースを相互に近づけて配線して，ループ面積を最小にすることである。また，ワイヤーをツイストするか，またはプリント回路板上のトレースを入れ替えることも，磁界結合から回路を保護するための有効な方法である。注意深く保護することが必要な敏感なトレースの一つに，電源の出力電圧を調整する電圧フィードバック信号線がある。この信号が電源トランスの近くを通るなら，磁界に対する感受性を減らすツイストペア線を模擬するために，信号トレースとそのグラウンドリターンのトレースを基板上で周期的に入れ替えるべきである。

　図13-29は，電源内部の磁界結合がどのように直流出力の導線にコモンモードノイズ電流を発生させるかを示す，興味深い例である。図の網掛け部分への磁界結合は，直流出力側の束線にコモンモード電圧 V_{cm} を誘導する。この電圧は直流出力のケーブルにコモンモード電流を発生させる。

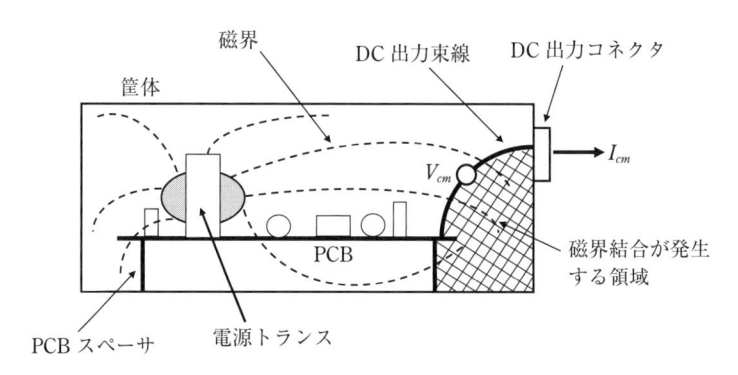

図13-29 電源の直流出力導線にコモンモード電圧を誘起する磁界

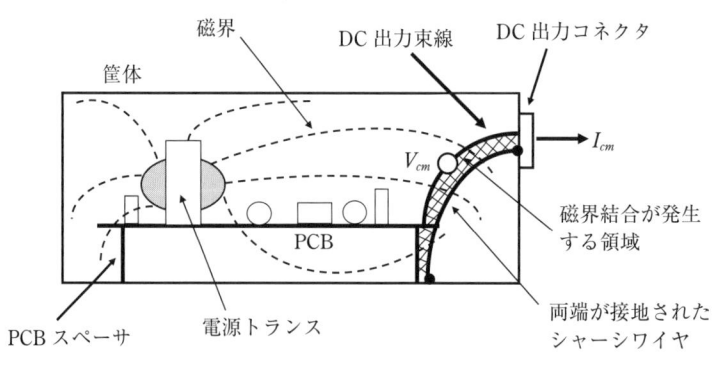

図13-30 電源の直流出力上のコモンモード電流を削減する"シャーシワイヤ"の適用

この問題に対する新しい解決策は，図13-30に示すように直流出力ケーブル束線のプリント回路板への接続位置に近い筐体上の点と，出力コネクタ近くの筐体上の点との間を1本の線でつなぐことである（"シャーシワイヤ"と呼ばれることもある）。この線は出力の束線に近接して配線する。この方法により，漏えい磁界がコモンモード電圧を発生するループの面積をかなり小さく抑えることができ，これがその電圧とそれに伴うコモンモード出力ノイズ電流を減らす。

　シャーシワイヤの技法は，磁界の結合を防ぐために両端接地のシールド付きケーブルを用いるという，2.5.2項で議論した技法の変種といえる。シャーシワイヤは，出力ケーブル束線に疑似的なシールドを付けようという「お金のない人の」試みといえる。事実，直流出力ケーブル束線に実際にシールドを付け，そのシールドを両端で筐体に接続すれば，この技法の効果を高めることができる。

　個々の直流出力リードと筐体との間にコンデンサを挿入することも，この問題を最小化するために行われる。しかし，効果を高めるためには，コンデンサを出力コネクタの位置に配置しなければならず，単なる線で接続する場合と比べてかなり高価になる。この用途で，コンデンサフィルタピンコネクタがよく機能する。

　磁界の放射を防ぐために電源のシールドが必要とされる場合は，最後の手段として，アルミではなく鉄やほかの磁性材料をシールドに使用すべきである。

13.8　可変速モータドライブ

　高出力の半導体可変速モータドライブは，交流誘導モータの速度を容易に制御でき，効率が高いため産業界で広く使われるようになっている。また，ハイブリッド自動車や電気自動車でも，一般的に使われている。可変速モータドライブが登場する前は，交流誘導モータの速度を変化させる唯一の現実的な方法は，ギア，ベルト，プーリを組み合わせた機構を利用することであった。可変速モータドライブでは，モータに送る電流の周波数と振幅を変化させることによって，速度制御を実現している。このため，可変速モータドライブは可変周波数ドライブと呼ばれることもある。

　可変速モータドライブは交流誘導モータの同期回転速度が，交流電源の周波数とモータのステータの極数によって決まる原理に基礎を置いている。これらのパラメータ間の関係は，次式のとおりである。

$$RPM = \frac{120 \times f}{p} \tag{13-10}$$

ここで，RPMは1分間当りの回転数で示すモータの速度，fは電源の周波数，pはモータの極数である。誘導モータはすべり効果[14]のために，同期速度よりも約4%低い速度で回転する。式(13-10)からわかるように，交流モータの速度を電気的に変化させる唯一の簡便な方法は，周波数を変えることである。

---

*14　すべりとは，モータ（ロータ）の回転速度と，ステータの回転磁界の速度の差のことである。誘導モータの回転力をつくり出しているのはこのすべりの現象であり，ステータの回転磁界にロータが追いつこうとして発生する。4極，60 Hzの誘導モータの同期回転速度は1 800 rpm（式(13-10)より）だが，すべりの影響で，実回転速度は通常1 750 rpmとなる。

しかし，モータのトルクは，モータへの印加電圧の印加周波数に対する比の関数である。したがって，トルクを一定に保つためには，周波数を変化させるときに，必ず電圧もそれに比例して変える必要がある。目的は電圧対周波数の比を一定に保つことである。たとえば230 V，60 Hzで動作するように設計されたモータを，30 Hzの電源で動かす場合，電圧は115 Vに下げなければならない。

多くの可変速ドライブは，電圧が230 Vか460 Vで，1/4〜1 000 hpの範囲の三相モータ用に設計されている。可変速モータドライブを使うと，モータは数Hzの周波数で低い電圧で始動することができる。これは商用電源の最大電圧と最高周波数を加えたとき，モータ始動時に発生する大きな突入電流を防止する利点がある。この方法では，モータは事実上ゼロの速度のときに，定格トルクの100 %を出すことができる。そして可変速ドライブは，周波数およびそれに比例して電圧を上げていき，電源線から過大な電流を取り出すことなく，モータを管理された速度で加速することができる。通常の可変速モータドライブは，出力周波数を2〜400 Hzまで変化させることができる。

基本的な三相可変速モータドライブについて，簡単なブロック図を図13-31に示す。整流回路は三相交流入力を直流電圧に変換し，その電圧は直流接続路のコンデンサに充電される。次にインバータ回路が直流電圧を高周波の定電圧パルス列に変換する。出力されるパルス幅は，モータ巻き線のインダクタンスによりフィルタリングされたとき，準正弦波電流波形になるように変調され，その振幅はその正弦波電流の周波数に比例して変化する。電圧パルス幅が広ければ広いほどモータの電流は大きくなり，狭ければ狭いほど電流は小さくなる。典型的なパルス幅変調（PWM）インバータの出力電圧と出力電流の波形を図13-32に示す。ドライブ回路に組み込まれたマイクロプロセッサがイ

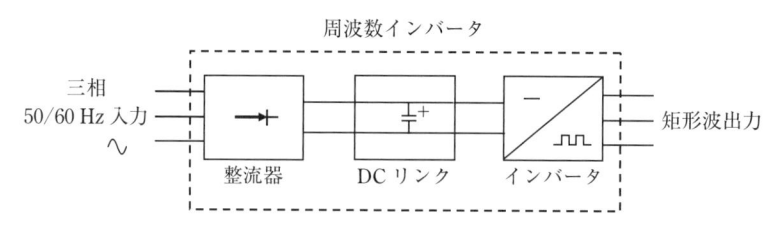

図 13-31　可変速モータドライブの単純化したブロック図

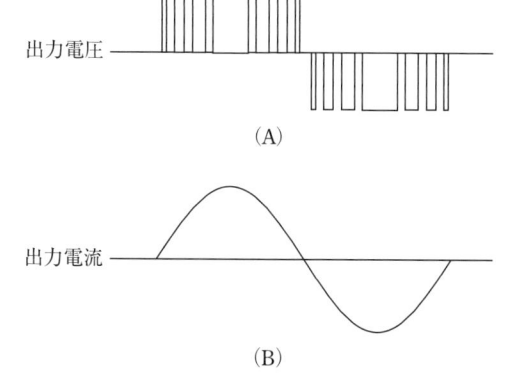

図 13-32　可変速モータドライブの出力波形。(A)はパルス幅変調電圧波形，(B)はフィルタリングされたモータの電流

ンバータの動作全体を制御し，出力電圧パルスの幅を適切に調整する。

　パルスがON/OFFする速度がスイッチング周波数あるいはキャリア周波数である。スイッチング周波数が高いほど電流波形は滑らかになり，正弦波の再現性が高くなる。これはデジタル・アナログ変換器において，ビットが多いほどデータの分解能が高く，滑らかなアナログ波形を生成できることに似ている。この電流波形は正弦波成分に加えて，スイッチング周波数の高調波からなる高周波ノイズをある程度含んでいる（図13-32には示されていない）。

　可変速ドライブを実現するためのスイッチング素子は何種類か入手可能であるが，今日では絶縁ゲートバイポーラトランジスタ類（Insulated Gate Bipolar Transistors：IGBT）が最も広く使われている。図13-33は，三相交流電源からの電力で動作して三相モータを駆動する，PWM制御の可変速モータドライブの出力段の回路図である。このドライブ回路は，スイッチング電源と共通した特性を多く持つが，出力電圧を下げるための電源トランスがなく，2次側の電圧を直流に変換する整流回路がない点が異なる。可変速モータドライブは，広帯域の伝導妨害波と放射妨害波の発生源であり，入力側の交流電源線に高調波ひずみを引き起こす主要因である。

　可変速モータドライブの別の優れた点は，三相交流モータを駆動する際，単相の交流あるいはハイブリッド自動車や電気自動車のように直流さえも電源として使用できることである。いずれの場合にも，入力は最初から直流であるか，または直流へとまず変換される。その直流が刻まれてパルス幅変調された矩形波パルスとなり，周波数と振幅が可変の準正弦波電流によって三相モータを駆動する。

　図13-33に示すように，ドライブ回路のインバータ回路部は3対のIGBTからなっている。各ペアは三相モータのいずれか一つの相を駆動する。各ペアのうち一方のIGBTは出力電圧を直流の陽極電圧の値まで引き上げ，他方は直流の負極電圧の値に引き下げる働きをする。これはデジタル論理ゲートの"トーテムポール出力"と似ている。しかし，その動作を理解するには，1対のトランジスタの動作のみを考えればよい。

　図13-34は基本的な可変速モータドライブの単純化された回路図であり，1対のスイッチングトランジスタのみを示している。電源部は，直流電源から直接あるいは単相や三相の交流電源を整流することによって，直流電圧をコンデンサC_Fに供給する。上側のトランジスタがON（下側はOFF）になると，ドライブ回路から正の電圧パルスが出力される。下側のトランジスタがON（上側はOFF）になると，負の電圧パルスが出力される。この矩形波出力電圧のON/OFFスイッチングは，典型的には2〜15 kHzの間の速さで発生する。スイッチング電源との類似性から，モータの巻き線は電源のト

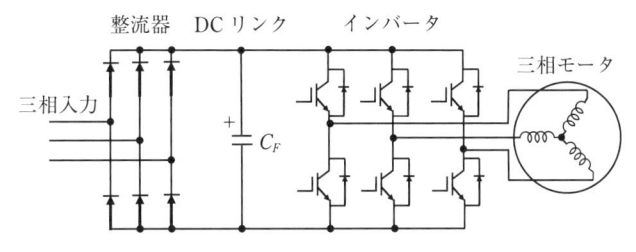

図13-33　PWM方式の可変速モータドライブの駆動回路

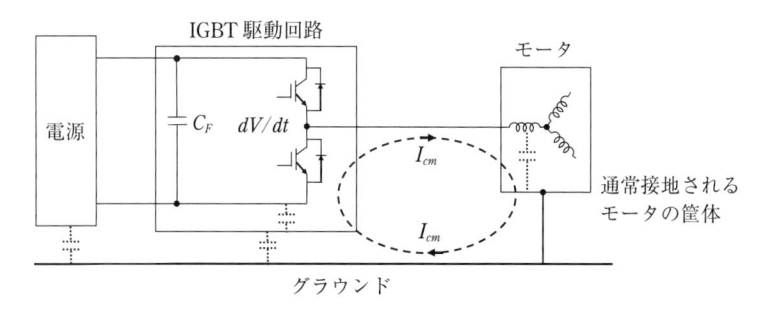

図 13-34 可変速モータドライブの出力側の単純化された回路図

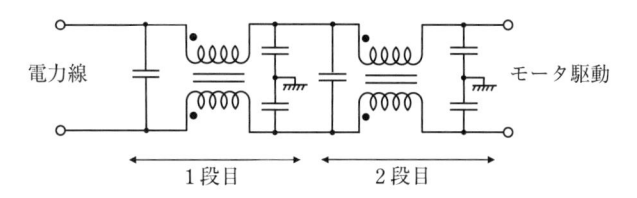

図 13-35 単相交流入力の可変速モータドライブに用いられる 2 段のパワーラインフィルタ

ランスに似ており，IGBT はスイッチングトランジスタに相当する。

　可変速モータドライブに関する主なノイズ問題は，モータケーブルからのコモンモードの伝導妨害波および放射妨害波である。コモンモード伝導妨害波は，すでに 13.2.1 項でスイッチング電源に関して議論したのと似た形で発生する。

　1 次側（入力側）の伝導妨害波は，2 段のパワーラインフィルタを使うことで通常は制御できる。2 段のフィルタは，図 13-35 に示すように 2 個のコモンモードチョーク部を含むことが多い[*15]。

　可変速モータドライブにおいて，2 次側（出力側）のコモンモード電流はさらに問題になりやすく，また制御が難しい場合が多い。図 13-34 に示すように，2 個の IGBT の接続部分には大きな dV/dt が表れ，コモンモード電流 I_{cm} を外部のモータケーブルへと流すノイズ源になる。モータの巻き線とハウジングとの間に寄生容量（代表的な値は 100〜500 pF）があるため，コモンモード電流は外部のグラウンドを通って IGBT 駆動回路部に戻ってくる。

　実用上は，三つの部位（電源部，IGBT 駆動回路部，モータ）のいずれも，意図的に接地される場合もされない場合もある。これらが接地されない場合であっても，寄生容量によってコモンモードの電流ループができてしまう。この状況は，図 13-26 に示したスイッチング電源からトランスを除いた場合と似ている。どちらの場合も，スイッチング素子が dV/dt の発生源となり，寄生容量を通じてグラウンドへコモンモード電流を流している。電源の場合は，コモンモード電流がトランスの内部巻き線間容量を通じて

[*15] ノイズ減衰効果を高めるために，2 段のフィルタが用いられる。ただ単に 1 個のコモンモードチョークを用いてそのインダクタンス値を大きくするよりも，2 個のコモンモードチョークを用いるほうが好まれるのは，二つの理由による。インダクタンスを増したチョークを 1 個だけ使うと，第 1 に電源ラインの電流による磁気飽和が起こりやすくなる。第 2 に，13.3.1 項でコモンモードフィルタに関し述べたように，巻き線間の静電容量が大きくなり，2 個のチョークの場合よりも高周波のフィルタ効果が悪化する可能性がある。

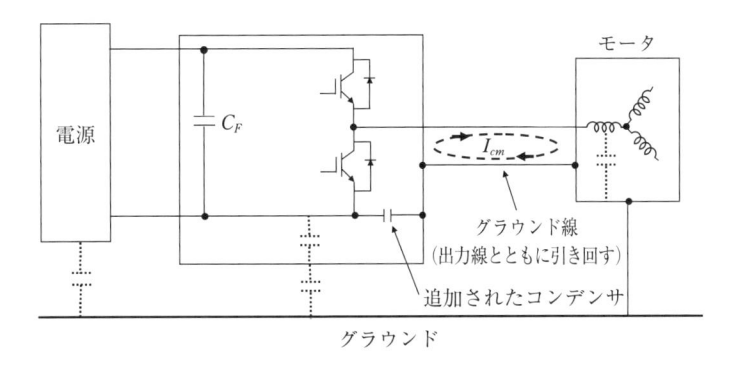

図13-36 モータのハウジングとドライブの筐体の間に追加されたグラウンド線，およびコモンモード電流のリターン経路をつくる，ドライブ筐体とスイッチ負荷側をつなぐコンデンサ

流れる．モータドライブの場合，コモンモード電流はモータの巻き線とグラウンドとの間の容量を通じて流れる．

　理論的には，ノイズ発生源（この場合はスイッチングによる dV/dt）はいつでも減らしたほうがよい．しかし，スイッチングの立上りを遅くして dV/dt を減らすことは，機能の観点から考えて望ましくない．その理由は，スイッチングトランジスタが線形領域にとどまる時間が長くなり，多くの電力を消費する結果，ドライブの効率を悪化させてしまうからである．立上り時間を長くすることでコモンモードの伝導妨害波を下げられるのは，$1/\pi t_r$ より高い周波数に限られる．だが，スイッチングを少しでも遅くすると，高調波成分を下げるのに大きな効果があることは，覚えておくこと．また，この対策は RC フィルタを挿入し，場合によっては単にフェライトビーズを IGBT のゲート駆動回路に追加するだけで，かなり容易に実現できる．

　また別の手法は，外部のグラウンド以外にコモンモード電流のリターン経路を用意することである．モータのハウジングをスイッチ回路の共通部（負の線路）と接続するグラウンドリターン線をモータケーブルに追加することも一つの解決策であるが，実施が現実的でないことが多い．モータのハウジングをグラウンドから浮かせなければならないか，スイッチ回路の共通部をグラウンドに接続しなければならないが，両者ともできそうにない．

　もっと現実的な手法は，図13-36 に示すように，モータのハウジングと可変速ドライブの筐体との間にグラウンド線を走らせ，駆動回路の筐体とスイッチ共通部の間にコンデンサを挿入することである．この手法は，図13-27 のスイッチング電源でブリッジコンデンサを使用したのと似た考え方である．

　グラウンド線は，モータケーブル上のシールドの形で実行できる．これは実用的な手法であるだけでなく，シールドがモータドライブケーブルからの放射妨害波を減らすという利点が加わり，二重の働きをする．さらに，ケーブルにフェライトコアを追加（駆動回路の近くに）すれば，低周波の差動モードのモータドライブ電流に影響を与えずに，ケーブルのコモンモードインピーダンスを高周波で増やすことができる．フェライトはコモンモード電流を減らし，ケーブルからの放射も減らす．フェライトコアの手法は，シールドありまたはシールドなしのモータドライブケーブルに使うことができる．

　ほかの手法は，インダクタ（ラインリアクタとか dV/dt チョークと呼ばれることが

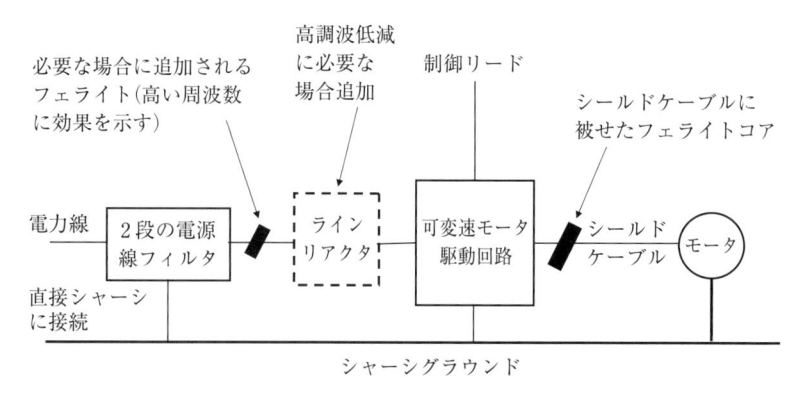

図 13-37　伝導ノイズと高調波を抑圧する可変速モータドライブのブロック図

多い)を各モータ駆動トランジスタ対の出力に直列に挿入する方法である。この手法は，スイッチ自体を遅くした場合に起こるであろうスイッチの消費電力増加なしに，モータ電流の立上り時間を長くする。この立上り時間の増加は，ケーブルのコモンモード電流のスペクトル成分を低減する。欠点は，飽和せずにモータ電流を流せるように，インダクタを物理的に大きくしなければならないことである。

図 13-37 は，コモンモード電流と高調波（13.9 節を参照）を抑制した可変速モータドライブのブロック図である。シールドケーブルのシールドとフェライトコアが，出力側のコモンモード電流とケーブルからの放射を抑制している。パワーラインフィルタは可変速モータドライブの電源線側の伝導妨害波を抑制している。

13.9　電源高調波の抑制

欧州連合（EU）は，商用交流電源の配電システムに直接接続される製品について，その製品が出す高調波電流成分の許容値を定めている。表 18-3 にこの許容値を示す。

高調波の発生は，交流電源線に接続された負荷の非線形動作によるものである。この問題の主要因は，全波整流回路とそれに続く入力フィルタコンデンサである。この組み合わせは，スイッチング電源と可変速モータドライブのどちらにも共通してよく用いられる。この回路では，入力電圧の大きさが入力フィルタコンデンサの電圧を超えた場合のみ，電流が交流電源線から引き出される。その結果，電流は図 13-4 に示すように電圧波形のピーク時にだけ流れる。結果として生じる電流波形は，奇数次の高調波成分を豊富に含むことになる。こうした状況では，全高調波ひずみ（Total Harmonic Distortion：THD）の値が 70～150％ に及ぶことも珍しくない。

この問題を克服するには，なんらかの形の力率補正回路が必要となる。力率補正回路は二つの一般的な分類，受動型と能動型に分類することができる。受動型力率補正回路は受動素子のみ，通常はインダクタを使用する。受動型力率補正は単純だが，高調波ひずみを低レベルにするのが難しく，また交流電源周波数で動作するため部品が物理的に大きくなることがある。

しかし，能動型力率補正回路は，受動素子と能動素子の組み合わせを用いる。能動素子は，通常スイッチングトランジスタや集積回路（Integrated Circuit：IC）制御回路で

ある。受動素子は通常ダイオードやインダクタである。回路は高い周波数で動作するので，交流電源線周波数で動作する場合に比べてインダクタのサイズを小さくできる。能動型力率補正回路は，低レベルの THD を実現することができ，5％以下という例もある。

高調波成分を低減するには，電流パルスを電圧波形サイクルの大部分にわたって広げなければならない。これを実現する三つの可能な方法を次に示す。

・整流回路の後に容量性ではなく誘導性の入力フィルタを使用する
・能動型力率補正回路を使用する
・整流回路の交流側に力率補正用のインダクタを追加する

13.9.1 誘導性入力フィルタ

誘導性の入力フィルタを用いると電流波形を広げることができ，多くの場合，高調波成分を十分に減らして製品を適合させる。図 13-38 は，誘導性の入力フィルタを持つ SMPS の典型的な入力波形を示す。インダクタは di/dt を制限するため，電流波形の立上りを遅くする。さらに電流パルスを広げピークの振幅を小さくし，電流波形の総高調波成分を減らす。図 13-38 の電流波形を図 13-4 の波形と比べてみること。

13.9.2 能動型力率補正

スイッチング電源の場合，高調波問題の極めて優れた解決法は，能動型の力率補正（Power Factor Corrector：PFC）回路を使うことである。この回路は物理的に小さくつくることができ，電流のひずみを低いレベルに抑えることができる。いくつもの PFC 回路があり，これは周期全体にわたって電流パルスを分散する。図 13-39 は，能動型力率補正回路の一般的手法を示す。この回路はブーストコンバータの構成を採用して，能動型高調波フィルタをつくる。この回路は不連続電流モードの PFC 回路で，数百 W 以下の電源回路で使われることが多い。PFC 制御回路と PWM 電源制御回路の機能を一つの IC にまとめている IC メーカもある。

PFC 制御回路は，全波整流された入力電圧と入力電流を監視している。制御回路は PFC スイッチを高い周波数（数十 kHz）で ON/OFF させ，PFC インダクタを通して三角波形の入力電流を引き出す。各三角波パルスのピーク振幅は，入力電圧に比例するように制御される。したがって，この三角波パルスの包絡線は正弦波となり，その正弦波のピーク値は電源の消費電力とともに変化する。PFC 回路の入力にあたる図 13-39

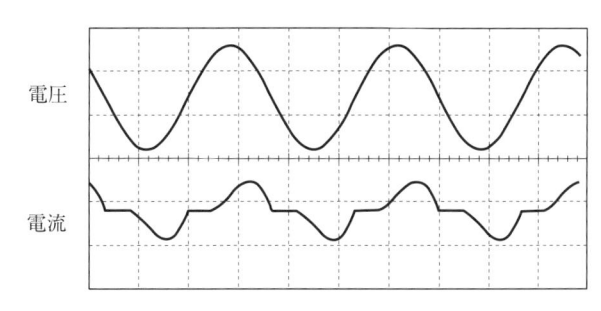

図 13-38　誘導性の入力フィルタを持つスイッチング電源の典型的な入力波形

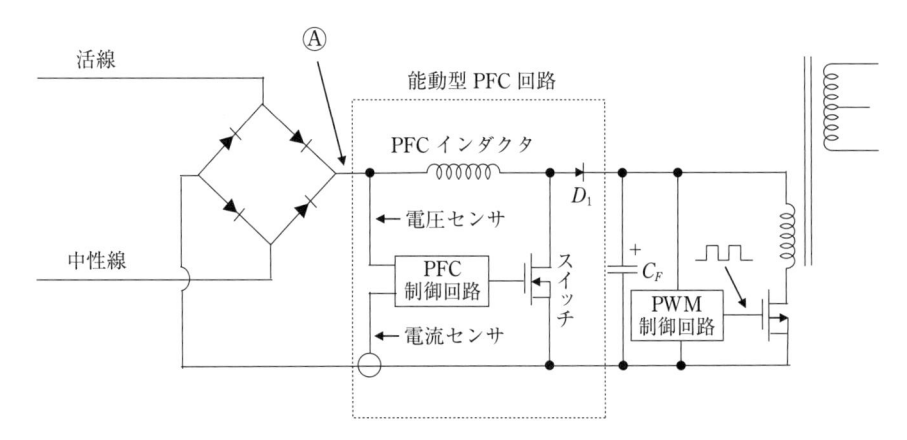

図 13-39　能動型力率補正を行ったスイッチング電源

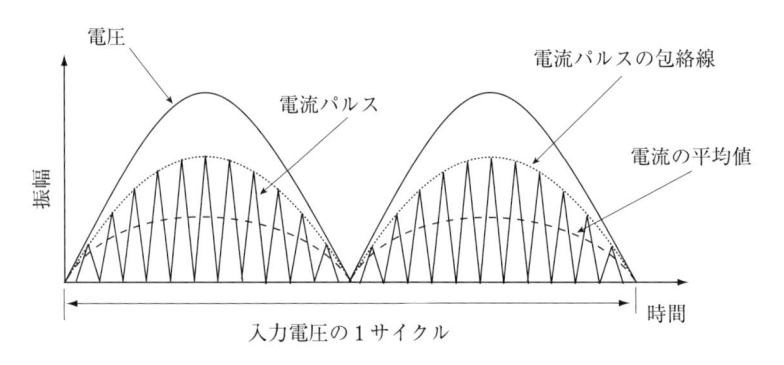

図 13-40　能動型力率補正回路の入力電圧と電流の波形，波形は図 13-39 の A 点のものである。

の A 点の電圧と電流を，交流電源線の入力電圧のまるまる 1 周期について図 13-40 に示す。

　三角波電流パルスは PFC のインダクタを通して連続的に流れるので，その平均電流は三角波パルスのピークの半分の振幅を持つ正弦波になる。そして，パワーラインフィルタの差動モードインピーダンスが，これらの三角波パルスを平均化するために使われ，パワーラインフィルタの入力端に正弦波状の電流をつくり出す。その振幅は，SMPS の消費電力に比例する。

　この PFC スイッチが ON すると，三角波電流がインダクタにエネルギーを蓄える。PFC のインダクタは，PFC スイッチが OFF している間に，ダイオード D_1 を通して電源線フィルタのコンデンサ C_F を充電する（図 13-39 参照）。このダイオードは，PFC スイッチが ON したときに，フィルタコンデンサ C_F が PFC 回路へ逆方向に放電するのを防ぐために必要である。

13.9.3　交流電源線リアクタ

　整流回路の交流側の力率補正インダクタは，誘導性の入力フィルタと似た結果を引き起こす。しかし，インダクタが電源回路の交流側にあるときは，電源線が不平衡になってコモンモードノイズが差動モードノイズに変換されないように，単相線の場合は 2 個，三相線の場合は 3 個のインダクタを入れなければならない。スイッチング電源で

は，この手法はほとんど実用的でない。

　しかし，可変速モータドライブにおいては，交流電源線の交流線リアクタ（インダクタ）は高調波問題を解決するための一般的かつ実用的な手法である。これは単相・三相どちらの交流電源線にも使用することができる。図13-37に，高調波の抑制のため交流線リアクタを備えた可変速モータドライブのブロック図を示す。交流線リアクタは，交流電源線の過渡的な過電圧からこのモータドライブを保護するのにも有効である。

要約

- 交流電源線のインピーダンスは，100 kHz～30 MHzの範囲で約2～450 Ωまで変化する。
- スイッチング電源のコモンモード放射は，入力電圧に比例する。
- スイッチング電源のコモンモード放射は，筐体やグラウンドに対する1次側の寄生容量に比例する。
- スイッチング電源の差動モード放射は，入力電流の強度に比例するため定格電力の関数になる。
- 差動モード放射に最も大きな影響を与える電源の素子は，入力リプルフィルタコンデンサである。
- 差動モード放射は約500 kHz以上ではESLに比例し，それ以下の帯域では入力リプルフィルタコンデンサのESRに比例する。
- コモンモード，差動モードのいずれの放射も，電源のスイッチング周波数に正比例する。
- コモンモードの減衰に影響を与える電源線フィルタの素子は，Yコンデンサとコモンモードチョークである。
- 差動モードの減衰に影響を与えるパワーラインフィルタの素子は，Xコンデンサとコモンモードチョークの漏えいインダクタンスである。
- 電源線フィルタの効果は，フィルタの電気的な設計と同様に，フィルタをどこにどのように取り付けるか，およびリード線をどのように配線するかによる。
- 電源線フィルタが電源と同じPCBに搭載されている場合，磁界による結合やYコンデンサに直列なグラウンドの高いインダクタンスによって，フィルタの効果が著しく損なわれる可能性がある。
- 電源と電源線フィルタの相互作用によって，電源の動作が不安定になる場合もある。
- 電源の磁界を弱めるためには，
    - 大きなdi/dtを持つ電流ループの面積をできるだけ小さくする。
    - Eコアのトランスの代わりにトロイダルコアのトランスを使用する。
    - Eコアのトランスに短絡巻き線を追加する。
    - アルミニウムではなく，鉄またはほかの磁性材料で装置をシールドする。
- ブリッジコンデンサは，スイッチング電源のコモンモード伝導妨害波を抑えるのに有効である。
- コモンモード，差動モードの両方の伝導妨害波を減らす別の方法に，電源の周波数を

- 意図的に変化させることが挙げられる。
- 交流電源線の高調波ノイズの主要な発生源は，全波整流回路とそれに続く入力フィルタコンデンサである。これは次のどちらの回路でも共通である。
    - スイッチング電源
    - 可変速モータドライブ
- 可変速モータドライブは，多くの点でスイッチング電源とよく似た振る舞いを示し，また同じ EMC 問題を持っている。
- 可変速モータドライブの交流入力線における伝導妨害波は，通常，パワーラインフィルタで抑制される。このフィルタは二つのコモンモードフィルタ部分を持つことが多い。
- 可変速モータドライブの出力ラインにおける伝導妨害波は，モータのハウジングとドライブの共通部との間にグラウンド線とコンデンサを追加することによって，非常によく抑制できる場合が多い。グラウンド線は，コモンモードのノイズ電流に対して代替リターン経路となる。
- スイッチング電源と可変速モータドライブの交流電源線における高調波電流を減らすために，次の方法を使うことができる。
    - 入力フィルタとして容量性でなく誘導性のものを用いる。
    - 能動型力率補正回路を使用する。
    - 力率補正インダクタ（ラインリアクタ）を交流電源線に追加する。

問題

13.1　a. 式(13-1)を導出せよ。
　　　b. 式(13-1)を導くために，どのような仮定が必要か？
　　　c. 問題 13.1b の仮定が妥当であることを示せ。

13.2　230 V，50 Hz のシステムにおいて 0.5 mA の漏えい電流規制に適合するために，パワーラインフィルタのライン-グラウンド間（Y コンデンサ）の容量は，最大でいくらまで許されるか？

13.3　図 13-4 と図 13-38 の電流波形の主な相違点を三つ挙げよ。

13.4　スイッチング電源が以下の特性を持つ。

　　　スイッチング周波数：100 kHz

　　　最大スイッチング電流：4 A

　　　入力電圧：交流 115 V

　　　（入力リプルフィルタコンデンサの直流電圧は 160 V）

　　　入力リプルフィルタの特性は次のとおり。

- 静電容量：470 μF
- 定格電圧：250 V
- ESL：30 nH
- ESR：0.1 Ω
- スイッチングトランジスタの立上り時間：75 ns

・1次（入力）側の回路のグラウンドに対する寄生容量：150 pF

　コモンモード伝導妨害波の包絡線を，150 kHz～30 MHz までの範囲で両対数グラフで描画せよ．

13.5　問題 13.4 の電源回路について，差動モード伝導妨害波の包絡線を，150 kHz～30 MHz までの範囲で，両対数グラフで描画せよ．

13.6　12 V，10 A 入力の DC-DC コンバータにおいて，コモンモードと差動モードのどちらの伝導妨害波が支配的になると考えられるか．入力リプルフィルタコンデンサは問題 13-4 に挙げた特性を持ち，1次側回路のグラウンドに対する寄生容量は 100 pF とする．

13.7　交流パワーラインフィルタのコモンモードチョークの漏えいインダクタンスは，どのような重要性を持つか？

13.8　適切に取り付けられた電源線フィルタにおいて，高周波のコモンモード減衰効率を制限するパラメータは何か？

13.9　115 V，60 Hz の電源線に接続したときに 10 μA の漏えい電流要求を満たすため，パワーラインフィルタの Y コンデンサに許される静電容量の最大値はいくらか？

13.10　差動モードの伝導妨害波に最も影響を与えるスイッチング電源のパラメータを，スイッチング周波数と定格電流以外に二つ挙げよ．

13.11　スイッチング電源のコモンモード伝導妨害波の最大値に最も大きく影響するのは，スイッチング周波数とトランジスタの立上り時間のどちらか？

参考文献

・Grasso, C. and Downing B. "Low-Cost Conducted Emissions Filtering in Switched-Mode Power Supplies." *Compliance Engineering*, 2006 Annual Reference Guide.
・Hnatek, E. R. *Design of Solid State Power Supplies*, 3rd ed. New York, Van Nostrand Reinhold, 1989.
・Nave, M. J. *Power Line Filter Design for Switched-Mode Power Supplies*. New York, Van Nostrand Reinhold, 1991.
・Nicholson, J. R. and Malack, J. A. "RF Impedance of Power Lines and Line Impedance Stabilization Networks in Conducted Interference Measurements." *IEEE Transactions on Electromagnetic Compatibility* May, 1973.
・Paul, C. R. *Introduction to Electromagnetic Compatibility*, 2nd ed. NewYork, Wiley, 2006.

参考図書

・EN 61000-3-2. *Electromagnetic Compatibility（EMC）—Part* 3-2：Limits—Limits for harmonic current emissions（equipment input current≤16 A per phase）. CENELEC, 2006.
・Erickson, R. W., and Maksimovic, D. *Fundamentals of Power Electronics*. 2nd ed. New York, Springer, 2001.
・Fulton, R. W. "Reducing Motor Drive Noise." Part 1, *Conformity*, July 2004.
・IEEE Std. 519. *Recommended Practices and Requirements for Harmonic Control in Electrical Power Systems*. IEEE, 1992.
・Schneider, L. M. "Noise Source Equivalent Circuit Model for Off-Line Converters and its Use in Input Filter Design." *IEEE 1993 International Symposium on Electromagnetic Compatibility*, Washington, DC, August 1983.
・Severns, R. *Snubber Circuits For Power Electronics*, ebook, www.snubberdesign.com/snubber-book.html, Rudolf Severns, 2008.

第14章
RFとトランジェントのイミュニティ

1996年以来，市販製品に対する放射とイミュニティ（免疫性）の両者を対象とする欧州連合（EU）のEMC規制によって，電磁イミュニティの問題に関心が高まってきた。デジタル回路は，放射を生み出す第1の要因であり（12章参照），低レベルのアナログ回路は，無線周波（Radio-frequency：RF）の感受性が最大の関心事である。しかし，デジタル回路は，RF電界より静電気放電（Electrostatic Discharge：ESD）などの高電圧トランジェントのほうにかなり影響を受けやすい。本書の中（たとえば2章ケーブルと6章シールド）ですでに扱った題材の多くは，放射やイミュニティに同じように適用できる。

イミュニティは，電磁妨害がある中で品質劣化することなしに動作する製品の能力と定義される。イミュニティの逆は感受性である。それは，電磁妨害があると誤動作したり，性能が低下したりする装置の性質である。

本章ではイミュニティのための電子システムの設計を扱う。無線周波イミュニティ，トランジェントイミュニティおよび電源線妨害へのイミュニティすべてについて記述する。すべての機器で，イミュニティを同じ程度に設計する必要がないことを明確にすべきである。適切なイミュニティレベルを選ぶときには，製品の用途，誤動作の潜在的な重要性，ユーザの期待値，製品が使われる電磁環境および適用可能な規制要件を考慮すべきである。

製品がイミュニティ要件を満足する必要がなくても（たとえば米国だけで販売される商品），現場での障害を回避し，使用者を満足させるようにイミュニティの設計や試験をすることは賢明である。したがって，すべての製品は少なくとも最低限の伝導，放射，トランジェント，電源線のイミュニティを設計し試験すべきである。

14.1　性能判定基準

イミュニティ要件と試験について生じる一つの問題（それは放射については問題ではない）は，何をもって故障とするかである。イミュニティ試験中に，製品が損傷するかまたは危険になるなら，それを故障と判定することに誰でも同意できる。しかし，実質的な損傷の前や製品が危険になる前に，何をもって故障とするかについて，異なる解釈をする余地が多くある。たとえば，テレビのイミュニティ試験中に，ディスプレイの垂直保持が壊れ，画面表示が1，2回垂直にスクロールしたら，それは故障なのだろうか？　人によってその質問に対する答えは違うかもしれない。

名誉のためにいうと，欧州連合（EU）のイミュニティ規格は三つの故障判定基準を定義している。各イミュニティ試験は，三つの判定基準のうちのどれがその試験に適用できるかを指定する。

三つの判定基準は次のとおりである（EN 61000-6-1, 2007）。

判定基準 A：機器は，**試験中と試験後に**，意図したとおりに動作を継続すること。性能の劣化や機能の喪失は許されない。

判定基準 B：機器は，**試験後に**，意図したとおりに動作を継続すること。試験後の性能の劣化や機能の喪失は許されない。試験中の性能の劣化は許される。しかし，動作状態や記憶データの変化は許されない。

判定基準 C：機能が自己回復可能であるか，制御の操作によって復元できるならば，**機能の一時的な喪失は許される**。

判定基準 A は RF イミュニティに適用でき，判定基準 B はいくつかの電源線妨害の場合だけでなくトランジェントイミュニティに適用でき，判定基準 C は電源線の大きな落ち込み（ディップ）と中断の場合に適用できる。

14.2　RF のイミュニティ

無線周波妨害（Radio-frequency Interference：RFI）は，家庭用娯楽機器，コンピュータ，自動車，軍用機器，医療機器および大型の産業用プロセス制御機器を含むすべての電子システムにおいて深刻な問題になり得る。

電磁界に対する製品の感受性を制御するか，または制限するために無線周波イミュニティ基準が存在する。一般に，50 MHz 以上の高周波では電磁エネルギーは，機器とそのケーブルに容易に直接結合する。ほとんどの製品は，一般に 50 MHz 以下の低い周波数では，電磁エネルギーの効率的な受信器になるほど大きくない。結果として，ほとんどの場合これらの周波数では，電磁結合はケーブルで発生する。ケーブルはその長さが波長の 4 分の 1 か半分であるときに最も効率的な受信アンテナになる。50 MHz の半波長は 3 m である。

3 m のケーブルを均一な電磁界にさらす必要があるということは，実施が困難な試験である。それは大型の試験室と高価な機器を必要とする。したがって，13 章で議論した伝導妨害のケースと類似して，試験は電磁界ピックアップを模擬するために，ケーブルの導線に電圧を直接印加することによって行われる。これらは「伝導イミュニティ試験」と称されるが，実はまさに変装した放射イミュニティ試験といえる。

市販製品のための伝導 RF イミュニティ基準は，一般に 150 kHz～80 MHz において 3 V（住宅用/商業用製品）または 10 V（産業機器）の 80 % の振幅変調（Amplitude Modulation：AM）の RF 電圧が，交流電源ケーブルにコモンモードで結合されたときに，製品が性能劣化することなく適切に動作すること（判定基準 A）を要求する（EN 61000-6-1, 2007）。この試験はまた，その長さが 3 m 以上ならば信号ケーブル，直流電源ケーブル，グラウンド線にも適用しなければならない。電圧はケーブル線にコモンモード電圧として印加される。シールドのないケーブルの場合，150 Ω（発生源の 50 Ω のソースインピーダンスに各導線への $100 \times n$ Ω の抵抗を加える：n はケーブルの導線数）のコモンモードインピーダンスを通して，電圧を各導線に静電結合する。シールドケーブルの場合は，電圧を 150 Ω の抵抗（発生源の 50 Ω のソースインピーダンスに

100 Ωの抵抗を加える）を通してシールドに直接結合する。

市販製品向けの放射 RF イミュニティ基準は，一般に 80～1 000 MHz において 80 % の AM 変調の 3 V/m（住宅用/商業用製品）または 10 V/m（産業機器）の電界を照射したときに，製品が性能劣化することなく適切に動作すること（判定基準 A）を要求する。自動車と軍用製品には最高 200 V/m までの高い電界強度が適用される。

14.2.1　RF の環境

送信機から距離 d での電界強度は容易に計算できる。小さな等方向性の放射体（すべての方向に等しく放射する）を仮定すると，ソースから距離 d での電力密度 P は，半径が距離 d に等しい球の表面積によって分割された実効放射電力（Effective Radiated Power：ERP）に等しい。

$$P = \frac{\mathrm{ERP}}{A_{sphere}} = \frac{\mathrm{ERP}}{4 \cdot \pi \cdot d^2} \tag{14-1}$$

電力密度 P 〔W/m^2〕は電界 E × 磁界 H に等しい。遠方界の場合は E/H は 120π (377) Ω に等しい。これを式(14-1)に代入し，E について解く。

$$E = \frac{\sqrt{30 \cdot \mathrm{ERP}}}{d} \tag{14-2}$$

ここで，ERP は送信機電力×アンテナ利得であり，数値で表現される。小さな携帯形送信機では，アンテナ利得は通常 1 であると仮定できる。ダイポールアンテナでは，利得は 2.14 dB に等しく，または等方向性の放射体の 1.28 倍に等しい。

式(14-2)は FM 送信に適用可能である。AM 送信では，変調ピークを考慮して，式(14-2)の 1.6 倍になる（80 % 変調と仮定する）。

たとえば，5 万 W の FM 放送局は 1.6 km（約 1 mile）の距離で 0.77 V/m の電界強度を発生する。しかし，600 mW の携帯電話は 1 m の距離で 4.24 V/m の電界強度を発生する。この例からわかるように，近くの低電力の送信機は，遠い高電力の送信機より多くの脅威を電子機器に与えることが多い。

カナダ産業省は，カナダで無線環境を調査した結果，都市と郊外で予測される最大の電界強度は 10 kHz～1 万 MHz の周波数範囲で 1～20 V/m の間で変動したと結論づけた（カナダ産業省，1990）。

電界強度が 10 V/m 以上でない限り，デジタル回路は通常放射 RF エネルギーの影響を受けにくい。しかし，電圧レギュレータを含む低レベルのアナログ回路は 1～10 V/m レベルの放射 RF 電界の影響を非常に受けやすい場合が多い。

14.2.2　オーディオ整流

無線周波感受性は，通常**オーディオ整流**に関係している。オーディオ整流とは，低周波回路内の非線形要素による高周波 RF エネルギーの意図しない検波（整流）である。変調した RF 信号が（バイポーラトランジスタのベース-エミッタ接合のような）非線形要素に遭遇するときに，信号は整流されて，回路内にその変調が出現する。変調されていない RF 信号の場合は，直流オフセット電圧が発生する。変調した RF 信号の場合は，変調周波数と等しい交流電圧が回路に表れる。直流オフセットや変調周波数は通常

低周波アナログ回路の通過帯域の中にあり，それゆえ妨害を起こす可能性がある．この典型例は家庭用のハイファイやステレオを妨害する 27 MHz の市民バンド無線である．

オーディオ整流は，電圧レギュレータ，電源，産業用プロセス制御システム，温度や圧力センサなどの低周波フィードバック制御システムと，ステレオシステム，電話機，マイクロフォン，アンプ，テレビなどのオーディオ・ビデオ回路，そしてまれにはデジタル回路にさえ発生する．前者の場合は，復調された RF 信号がいつも聞こえたり見えたりする．後者の場合は，復調された RF 信号は制御システムの中で直流や低周波のオフセット電圧を引き起こし，制御機能を乱す．

問題になるオーディオ整流では，次の二つの現象が起こる必要がある．
・第 1 に RF エネルギーがピックアップされる．
・第 2 に RF エネルギーが整流される．

上記のどちらかを取り除けば，オーディオ整流は発生しない．

RF エネルギーは，通常ケーブルによってピックアップされる．また，特に高い周波数の場合は回路自体によってピックアップされる．ほとんどの場合に，RF エネルギーが遭遇する最初の pn 接合で検波される．まれに，不良はんだ接続や貧弱なグラウンド接続が持つ整流特性によっても検波が起こる．

最も危険な回路は，通常アンプや線形の電圧調整回路などの低レベルのアナログ回路である．

14.2.3 RFI の低減技術

放射 RF と伝導 RF イミュニティの両者は，それらが放射電磁結合の形式なので，同じ技法を使って処理される．図 14-1 は RFI から保護すべき典型的な回路例を示す．これは，センサ，シールドのないケーブル，プリント回路板（回路を実装した板，Printed Circuit Board：PCB）からなる．通常，ケーブルはコモンモードと差動モードの RF エネルギーをピックアップする．センサ回路と PCB 回路はその信号を整流する．

ケーブルは，コモンモードチョーク（コモンモード）とツイストペア（差動モード）を使って，またはシールドすることにより（両方のモード），RF エネルギーをピックアップすることから保護できる．多くの製品にとって最も敏感な周波数は，ケーブルが共振する周波数である．センサやケーブルの PCB 端または整流しているデバイスで適

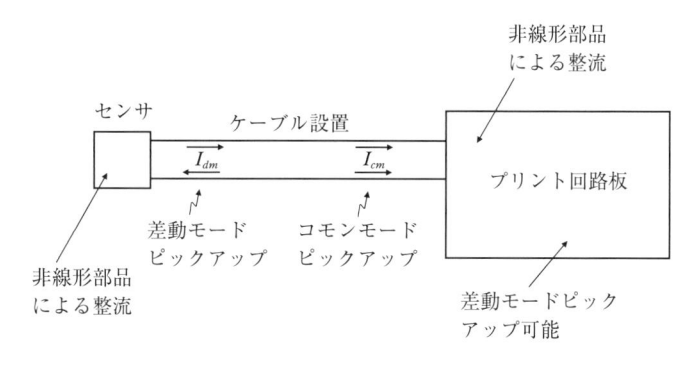

図 14-1 RF イミュニティの例

切にフィルタリングすると，RFエネルギーをバイパスできて問題を取り除くことができる。

RFI低減技法は以下の項目に適用できるし，適用すべきである。
- デバイスレベルで
- ケーブルに
- 筐体に

14.2.3.1 デバイスレベルの保護

RFI抑制はデバイスレベルで始まり，次に筐体とケーブルレベルの保護で補完できる。最も危険な回路は，最も低い信号レベルで動作するものであり，入出力（I/O）ケーブルの近くに配置されたものである。

すべての危険な信号，特に低レベルのアンプの入力回路とフィードバック回路のループ面積は，できるだけ小さくすること。敏感な集積回路（Integrated Circuit : IC）は直接その入力でRFフィルタによって保護すべきである。直列インピーダンス（フェライトビーズ[*1]，抵抗器，インダクタ）とシャントコンデンサからなるローパスRCフィルタは，図14-2に示すように，敏感なデバイスの入力で使うことで，デバイスからRF電流を遠く迂回させ，オーディオ整流を防止する。

効果的なRFIフィルタは，50〜100Ωのインピーダンスを持つ直列要素と数Ω以下のインピーダンスを持つシャント要素（通常はコンデンサ）を用いてつくられ，両者の値は対象とする周波数で決定される。

抵抗は直流電圧降下が許される直列要素に使われる。フェライトビーズは30MHz以上の周波数でよく機能し，いかなる直流電圧降下も生じない。

直列要素は約10MHz以下で50〜100Ωのインピーダンスを持つべきなので，インダクタを使う必要がある。直列インピーダンスが62.8Ωであるケースを考える。適切なインダクタンス値を決定するのが簡単になるので，この値を選んだ。誘導性リアクタンスの大きさは次式のように表せる。

$$X_L = 2\pi fL = 62.8 \tag{14-3}$$

すなわち，

$$fL = 10 \tag{14-4}$$

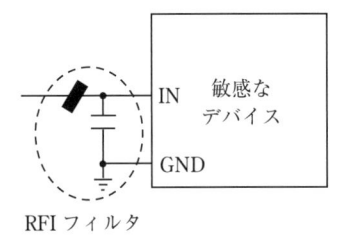

図14-2　敏感なデバイスへのインプットにおけるRFIフィルタ

[*1] フェライトビーズは直流から1MHzまで事実上0Ωの小さな交流抵抗として機能する。それは30MHz以上で最も効果がある。

表 14-1　理想的なコンデンサのインピーダンス〔Ω〕

周波数〔MHz〕	0.047 µF	0.01 µF	4 700 pF	1 000 pF	470 pF	100 pF
0.3	11.3	53	112.9	530	1 129	5 300
1.0	3.3	15.9	33.9	159	339	1 590
3.0	1.1	5.3	11.3	53	113	530
10	0.3	1.59	3.4	15.9	33.9	159
30	0.11	0.53	1.1	5.3	11.3	53
100	0.03	0.16	0.34	1.6	3.4	15.9
300	0.01	0.05	0.11	0.53	1.13	5.3
1 000	0.003	0.02	0.03	0.16	0.34	1.6

したがって，周波数とインダクタンスの積が10になるインダクタを選ぶこと。たとえば，1 MHzで10 µH，または10 MHzで1 µHのように。

場合によっては，直列要素がケーブルやPCBトレースのインダクタンスであるとして，1個のシャントコンデンサが効果的である。

表14-1は，さまざまな周波数における理想的なコンデンサ（直列インダクタンスや抵抗のない）のインピーダンス値のリストである。80～1 000 MHzの周波数範囲（欧州連合（EU）が放射イミュニティ試験の実施を要求する周波数範囲）で，1 000 pFは0.16～1.99 Ωのインピーダンスを持つRFフィルタコンデンサの有効値である。低い周波数の伝導イミュニティ問題では，大きな値のコンデンサが必要とされる。

フィルタのシャント要素は数Ω以下のインピーダンスを持つ必要があるため，インピーダンスが1.6 Ωであるケースを考える。容量性リアクタンスの大きさは次のようになる。

$$X_C = 1/2\pi fC = 1.6 \qquad (14\text{-}5)$$

すなわち，

$$fC = 0.1 \qquad (14\text{-}6)$$

したがって，周波数と容量の積が0.1になるコンデンサを選ぶ。たとえば100 MHzでは1 000 pFである。

たとえば，低いソースインピーダンスと大きな負荷インピーダンスを持つ信号線に挿入されたLフィルタのケースを考える。フィルタが62.8 Ωの直列要素と1.6 Ωのシャント要素を持っているならば，それは32 dBの減衰を与える。

効果を上げるには，シャントコンデンサは**短いリード，事実上ゼロ**で搭載しなければならない。これは極めて重要であり，強調しすぎではない。多くのフィルタの欠点は，シャントコンデンサの直列のインダクタンスである。このインダクタンスは，コンデンサ自体のインダクタンスと，敏感なデバイスの入力とグラウンドとの間でコンデンサを接続するために使われるPCBのトレースとを含む。

バイポーラトランジスタアンプの場合では，RFエネルギーの整流はベース-エミッタ接合でいつも発生する。図14-3はトランジスタのベースとエミッタとの間に接続されたRCフィルタの例を示す。図14-3から図14-5で，直列フィルタ要素は抵抗器として表される。しかし，前に議論したように，直列要素はフェライトビーズやインダクタであってもよい。

ほとんどの集積回路（IC）アンプの場合では，入力トランジスタのベース-エミッタ接合に集積回路（IC）のピンでは近づけない。この場合に，RFフィルタをデバイスの

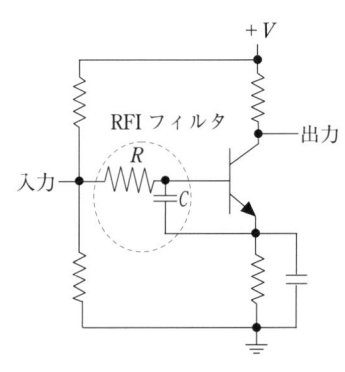

図14-3　トランジスタアンプのベース-エミッタ接合に適用したFRIフィルタ

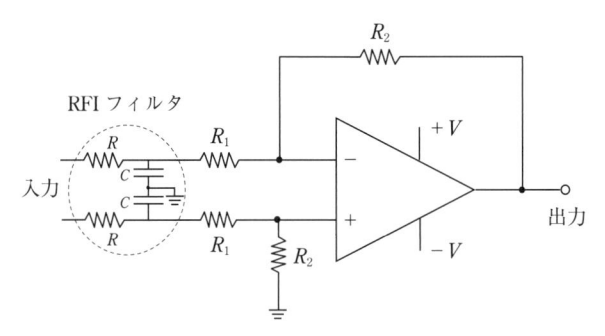

図14-4　オペアンプの入力に適用したRFIフィルタ

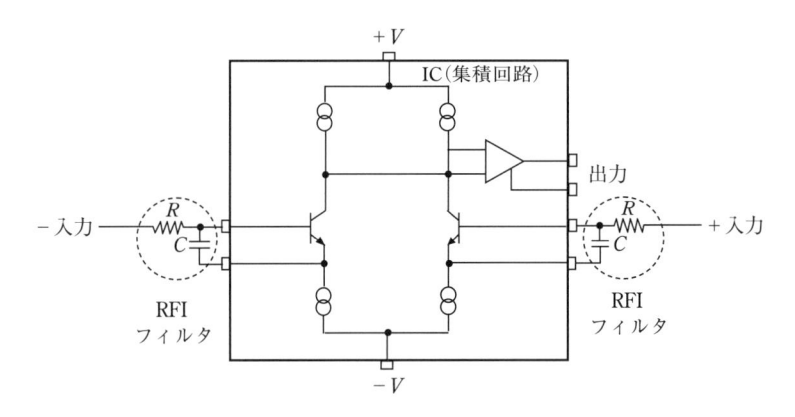

図14-5　入力トランジスタのベース-エミッタ接合に直接適用されるRFIフィルタを持つIC計装用アンプ

入力に適用して，RFエネルギーがパッケージに入らないようにする。図14-4はオペアンプの入力に適用したRFIフィルタを示す。

　たとえばいくつかのICアンプ（たとえばAD620計装用アンプ）は，入力トランジスタのベースとエミッタへの直接のアクセスを実際に提供しており，図14-5に示すように，ベース-エミッタ接合間にRFフィルタリングをユーザが直接適用できる。

　リモートセンサも，図14-1で示すように，非線形デバイス（トランジスタ，ダイオード，半導体アンプなど）を含んでいて，オーディオ整流を防止するために保護を必要

                    フェライトビーズ
                              光エンコーダ

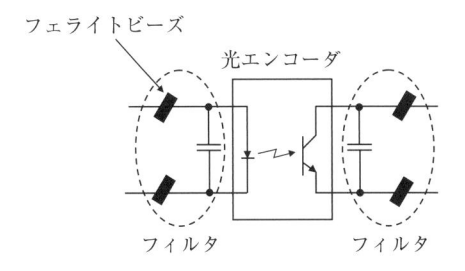

                    フィルタ   フィルタ

図 14-6　オーディオ整流を低減するための光エンコーダのフィルタリング

とすることがある。センサの線路は受信アンテナとして動作し，センサの pn 接合は整流器として動作する。そのような場合，ケーブルのセンサと PCB 端は両者とも，オーディオ整流を防止するためにフィルタを必要とする。図 14-6 は，発光ダイオード（Light Emitting Diode : LED）とフォトトランジスタからなる光エンコーダに適用された RFI フィルタリングを示す。このフィルタは直列要素にはフェライトビーズを，シャント要素にはコンデンサを使用する。

　電源プレーンとグラウンドプレーンを持つ多層 PCB は，片面板や両面板よりかなり大きな RF イミュニティを有する。これはプレーンにより提供される低いグラウンドインピーダンスと小さなループ面積との結果である。電源とグラウンドとの間の十分な大きさの容量と効果的な高周波電源デカップリングは，低周波アナログ回路であっても，優れた RF イミュニティのために重要である。

　直接的な電界によって引き起こされるノイズには，基板内グラウンドプレーンと同様の効果を持つ外部イメージプレーン[*2]を片面板や両面板の PCB に追加することが有効である。このプレーンは金属箔や薄い金属でつくって，PCB のできるだけ近くに置く。RF 周波数でイメージプレーンに誘導された電流は，直接的な誘導電界に対して打ち消し電界を発生する。イメージプレーンが PCB に接続されていなくても，電界打ち消し効果は発生する。金属シャーシの近くに PCB を搭載しても同様の効果がある。

　回路グラウンドは，入出力領域（3.2.5 項と 12.4.3 項を参照）のシャーシに低インピーダンスで接続し，どの RF エネルギーもシャーシに迂回させるべきである。高周波基板はシャーシ接続に追加の回路グラウンドを必要とするかもしれない。しかし，このグラウンド接続は**入出力領域に追加するもの**であり，その置き換えではない。

　3 端子レギュレータを含む電圧レギュレータもまた RF 電界に対して感受性を示す。これは，RF フィルタコンデンサをレギュレータの入出力に直接追加することによって処理できる。通常 1 000 pF の値が適正である。レギュレータの入出力のリードに小さなフェライトビーズを追加すると，フィルタの効果が増大する。このコンデンサは，レギュレータの適切な動作と安定のために必要とされる大容量のコンデンサに追加して，図 14-7 に示すようにレギュレータの共通ピンに直接接続する。

[*2] PCB の下に平行して置かれる導電性プレーン。導電性プレーンで得られる結果は，すべてプレーンに誘起される同等の電流イメージによりもたらされるので，これはイメージプレーンと呼ばれる（German, Ott, Paul, 1990）。

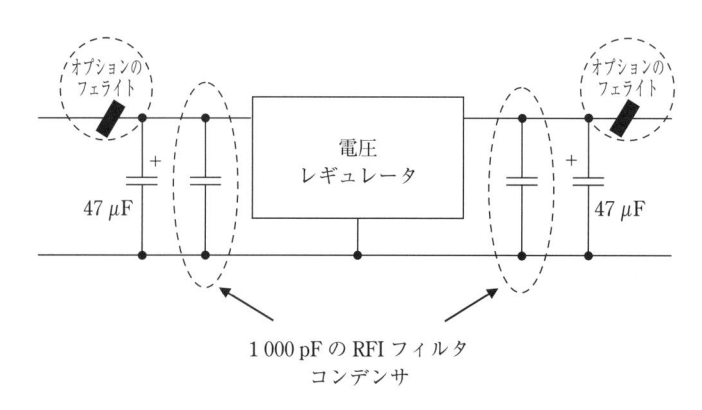

図 14-7　電圧レギュレータを RFI から保護する。

14.2.3.2　ケーブル抑制技術

多くの場合，RF エネルギーはケーブルによってピックアップされる。したがって，このピックアップを最小化することは優れた RF イミュニティ設計に重要である。シールドケーブルには，品質がよく，被覆率の高い編組線，多重編組線，金属箔で覆われた編組線を適切に終端したものを用い，ピグテールやドレイン線なしで（2.15.1 項を参照）使用すること。RF イミュニティにスパイラルシールドケーブルは使わない。360°で接触する金属バックシェルを持つケーブルコネクタは理想的なシールド終端方法であるが，ほかの安価な手法も効果的である。図 14-8 は，金属ケーブルクランプを使ってシールドケーブルを効果的に終端する方法を示す。ケーブルクランプは，ケーブルが筐体に入るところにできるだけ近く配置する。

ケーブルシールドはシールド筐体が拡張したものとみなす。したがって，どのようにケーブルシールドを筐体に接続するかにより，シールドがどれほど有効であるかが決まる。回路グラウンドにではなく筐体に 360°で接続すること。

I/O ケーブルをシールドしないならば，ツイストペアを使い，ケーブルが筐体に出入りする位置にフィルタを付ける。これは前に議論した敏感なデバイスフィルタに追加してである。I/O コネクタのできるだけ近くに I/O フィルタを置き，I/O フィルタのシャントコンデンサを回路グラウンドではなく筐体に接続する。コンデンサフィルタピンコネクタは高価ではあるが，この点では効果的である。コモンモードチョーク（フェライトコア）は，RF 感受性を低減する手助けとして外部ケーブルに使う。

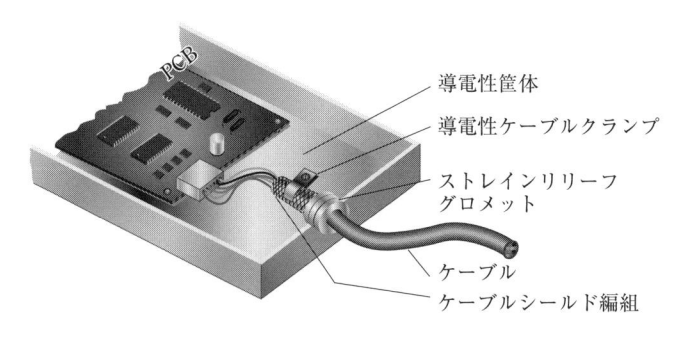

図 14-8　ピグテールや同軸コネクタなしにシールドケーブルを効果的に終端する簡単な方法

最適なRFイミュニティのために，リボンケーブルとフレックス回路にはケーブルの幅に分散させた複数のグラウンド線を含めるべきである。ケーブル全幅のグラウンドプレーンを持つリボンケーブルとフレックス回路はさらに優れている。このケーブルグラウンドプレーンをできるだけその幅全体で接続する。ケーブルグラウンドプレーンの効果は，適切に接地した銅テープをフラットケーブルの片側に追加することによって模擬できる。

ケーブルやコネクタの中に複数のグラウンド線を置くと，信号のループ面積を減らし，ケーブル両端間のグラウンド電位差を最小化する。理想的には，信号線とグラウンド線の比率は1対1である。それが各信号線に隣接のグラウンド線を提供するのであれば，2対1の比率であってもよく機能する。3対1の比率では，各信号線はグラウンド線の2本分の距離内となる。導線の総数を制限しながら，妥当な数のグラウンド線を提供するので，3対1の比率は優れた設計の妥協案である。ケーブルの信号の周波数が高くなるほど，多くのグラウンドを使うべきである。どんな場合でも，信号線とグラウンド線の比率は5対1を超えてはならない。

内部ケーブルも感受性問題に寄与する可能性がある。フェライトのコモンモードチョークを使用し，接合部や開口部を避けてシャーシに近づけてケーブルを配線すると，イミュニティを高めることになる。内部ケーブルにケーブルシールドを使うなら，最善の手法はそのシールドを両端でシャーシに接続することである。短い内部ケーブルでは，片側のみシールド接地するのが適当かもしれないが，ピグテールではなく適切に接続すること。

シールドされない筐体の製品では，ケーブルフィルタはイメージプレーンに接続してよい（German, Ott, Paul, 1990）。また，イメージプレーンはPCBによる直接的なRFピックアップを減らす。ほかのどのオプションも使用できないなら，フィルタを回路のグラウンドプレーンに接続する。ただし，この手法は筐体や別のイメージプレーンとの接続ほど有効でない。

14.2.3.3 筐体抑制技術

高周波の放射RF電界は，製品の回路や内部ケーブルに直接結合できる。開口部が適切に管理されるなら（6.10節参照），アルミニウム，銅，スチールでつくった薄いシールドが効果的である。これの唯一の例外は低周波磁界の場合である。低周波磁界（<500 kHz）には，厚いスチールシールドが必要とされる。たとえば，50 kHzで動作しているスイッチング電源のシールドはアルミニウムでなくスチールにすべきである。

シールドされた筐体の開口（接合部，冷却ホールなど）は，最長寸法を1/20波長に制限すべきである。これにより開口を通して約20 dBの減衰が得られる。いくつかの条件下で，開口はもっと小さな寸法に制限される必要があるかもしれない。表14-2は，10 MHz〜5 GHzの各種の周波数に対する概算の1/20波長寸法を示す。

ほとんどのRFイミュニティ規制が1 000 MHzまでの試験を要求しているので，1.5 cm（0.6 in）の最長寸法は通常良好な設計の判定基準である。

RF漏えいを決定するのは，開口部の面積ではなく最長寸法であることに注意すること（6.10節参照）。細長いスロット（たとえば接合部）は，面積は広いが最長寸法の小さい冷却ホールよりも漏えいが多い。

表14-2 周波数に対する1/20波長に対応する概算寸法

周波数〔MHz〕	1/20波長寸法
10	1.5 m (5 ft)
30	0.5 m (1.6 ft)
50	0.3 m (12 in)
100	0.15 m (6 in)
300	5 cm (2 in)
500	3 cm (1.2 in)
1 000	1.5 cm (0.6 in)
3 000	0.5 cm (0.2 in)
5 000	0.3 cm (0.1 in)

　筐体の接合部に良好な電気的接続を提供するために，機構設計では，接合面の間に導電性の仕上げと適正な圧力を備えなければならない（6.10.2項参照）。低インピーダンス接続にするために，ほとんどの表面仕上げは100 psi以上の圧力を必要とする。

　シールドを通過するフィルタリングのないケーブルは，どれもシールドの外側から内側に，またはその逆方向にRFエネルギーを運んでしまい，シールドの効果を低減させる。したがって，シールドを貫通するケーブルはすべてフィルタするか，またはシールドして，一方の環境から他方へのエネルギーの転送を避けなければならない。

　電界の強さが10 V/mより大きくない限り通常はないが，デジタル回路もまたRFエネルギーの影響を受ける。デジタルの感受性問題が見えたなら，その解決策はアナログ感受性のために述べた上記の解決策と同様である。ケーブルからのRFエネルギーをデカップリングする。そして，敏感なデジタル回路の入力でフィルタを使う。しかし，デジタル回路についての通常の感受性問題は，高速の立上り時間，高電圧のトランジェントパルスによるものである。

14.3　トランジェントのイミュニティ

　欧州連合（EU）は製品に高電圧トランジェントイミュニティも試験することを要求する。電子機器の設計者が考慮する必要のある，基本的な三つのタイプの高電圧トランジェントがある。それらは，

・静電気放電（ESD）
・電気的高速トランジェント（Electrical Fast Transient : EFT）
・雷サージ

　高電圧トランジェントに対して最も敏感な回路は，リセット，割り込みおよび制御線などのデジタル制御回路である。これらの回路がトランジェント電圧によってトリガされると，システム全体の状態を変化させることができる。

　市販製品のための欧州連合（EU）のトランジェントイミュニティ基準は，トランジェントイミュニティ試験後の機能劣化や機能喪失なしで意図どおりに製品が動作を継続することを要求している。試験実施中の性能劣化は許される。しかし，動作状態や記憶データの変化は許されない（性能判定基準B）。いくつかの重大な用途（医療機器のいくつかのタイプなど）では，ESD事象（EN 60601-1-2, 2007）の間でさえ擾乱が許さ

表14-3 高電圧トランジェントの特性

トランジェント	電圧	電流	立上り時間	パルス幅	パルスエネルギー
ESD	4〜8 kV	1〜数 10 A	1 ns	60 ns	1〜数 10 mJ
EFT（単発）	0.5〜2 kV	数 10 A	5 ns	50 ns	4 mJ
EFT（バースト）	0.5〜2 kV	数 10 A	n/a	15 ms	数 100 mJ
サージ	0.5〜2 kV	数 100 A	1.25 μs	50 μs	10〜80 J

れない場合がある。

表14-3は三つの高電圧トランジェントの特徴を要約したものである。二つの最も重要なパラメータは，立上り時間とエネルギーである。ESDとEFTが類似の立上り時間とエネルギーレベルを持つことに，表14-3から気がつく。しかし，サージは，ナノ秒でなくマイクロ秒というずっと遅い立上り時間を持ち，振幅が3〜4桁以上のエネルギーを含んでいる（ミリジュールでなくジュール）。したがって，ESDとEFTは同様な方法で処理できるが，サージは別に対処しなければならないことが多い。

14.3.1 静電気放電（ESD）

接触放電と気中放電という二つの試験方法がESDに適用できる。接触放電において，**除電**された放電電極を被測定装置に接触して置き，放電は試験機内のスイッチによって開始する。しかし，気中放電では，空気を通して放電（スパーク）が起こるまで，試験器の**帯電した電極**を被測定装置に近づける。接触放電は多くの再現可能な結果を生じ，好ましい試験方法である。気中放電は実際のESD事象を正確に模擬するが再現性がなく，接触放電が適用できないところ，たとえばプラスチック筐体の製品にのみ使われる。

欧州連合（EU）の静電気放電試験は，製品が ±4 kV の接触放電と ±8 kV の気中放電に合格することを要求する（性能判定基準B）。試験機は 330 Ω のソースインピーダンスを持ち，8 kV の放電電流を 24 A に制限している。放電は，通常使用中や保守作業中にアクセス可能な箇所や機器の表面に印加する。

ESD軽減技法は15章で扱う。

14.3.2 電気的高速トランジェント（EFT）

リレーや接触器（contactor）などの誘導性負荷の電源を切断すると，電源分配システムに高周波インパルスの短いバーストを発生する。商用電源の力率補正コンデンサのスイッチングも振動性の電源線トランジェントの別の原因である。

図14-9は欧州連合（EU）のEFT/バースト試験のインパルスの波形を示す。1分以上の間で 300 ms ごとに 75 回のパルスを繰り返したバーストからなる。それぞれの個別パルスは，5 kHz の繰り返し周波数で立上り時間 5 ns とパルス幅 50 ns を持つ。住宅用/商業用製品では，個々のパルスの振幅は，信号線と制御線には直流電源線と同様に ±0.5 kV，交流電源線には ±1 kV であり，コモンモード電圧として印加される。工業製品では，EFTパルスは交流と直流の電源線に ±2 kV，信号線に ±1 kV まで実施する。試験機は 50 Ω のソースインピーダンスを持っている。長さが 3 m 以上の信号線，制御線およびグラウンド線にのみ試験が要求される。

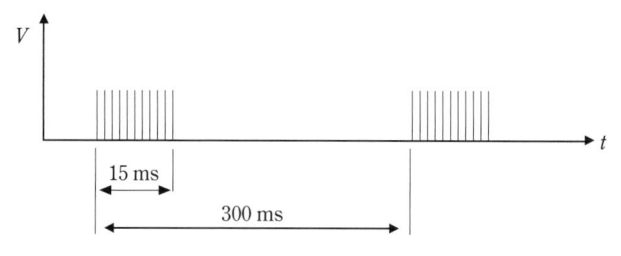

図 14-9　EFT 試験インパルス

14.3.3　雷サージ

　欧州連合（EU）のサージ要件は，交流電源線への直接の落雷を模擬することを意図していない。むしろそれは，近傍の落雷や事故あるいは嵐で生じた電柱の倒壊によって起こされる電源線の高圧サージを模擬することを意図している。高電流負荷が突然スイッチオフしたときにも，電源線のインダクタンスによって電圧サージが発生する。

　欧州連合（EU）のサージ試験機は，$8\,\mu s$ の立上り時間と $50\,\mu s$ のパルス幅（振幅の 50% ポイント間）の短絡回路への電流サージと同時に，$1.25\,\mu s$ の立上り時間と $50\,\mu s$ のパルス幅（振幅の 50% ポイント間）のオープン回路への電圧サージを発生するように設計されている。試験機は $2\,\Omega$ の有効ソースインピーダンスを持っている。電圧サージは信号線ではなく交流と直流の電源線に，両方ともコモンモードと差動モードで印加する必要がある。交流電源線では，電圧レベルはラインとグラウンドとの間に $\pm 2\,kV$，ラインとラインとの間に $\pm 1\,kV$ である。直流電源線では，電圧レベルはラインとグラウンドとの間，ラインとラインとの間に $\pm 0.5\,kV$ である。$\pm 0.5\,kV$ パルスはまたすべてのグラウンド線に印加しなければならない。

　ほとんどの高電圧トランジェント妨害は，ESD を除いてケーブルに印加する。ESD は筐体に印加する。表 14-4 は住宅用/商業用製品[*3]のための EFT とサージの電圧レベルを要約し，どのように試験電圧を適用するか，コモンモードか差動モードかを規定する（EN 61000-6-1, 2007）。

14.3.4　トランジェント抑制回路

　トランジェント保護回路のいくつかの望ましい特性を次に挙げる。

・電圧制限

表 14-4　EFT とサージ試験のための適用マトリックス（住宅用と商業用の環境）

ケーブル	EFT	サージ	サージ
	コモンモード	コモンモード	差動モード
AC 電力源	$\pm 1\,kV$	$\pm 2\,kV$	$\pm 1\,kV$
DC 電力源*	$\pm 0.5\,kV$	$\pm 0.5\,kV$	$\pm 0.5\,kV$
信号線*	$\pm 0.5\,kV$	n/a	n/a
接地線	$\pm 0.5\,kV$	n/a	n/a

＊3 m を超える長さのケーブルのみに適用される

＊3　工業用製品では，EFT パルスは交流と直流の電源線に $\pm 2\,kV$，信号線に $\pm 1\,kV$ まで実施する（EN61000-6-2, 2005）。

- 電流制限
- 電流迂回
- 高速処理
- エネルギー処理能力がある
- トランジェント耐性
- システム操作への影響は無視できる
- フェイルセーフ機構
- 最小コストと最小サイズ
- 無保守または最小保守の要求

ほとんどの場合に，上記の目的すべてが同時に満たされることはない。

トランジェント電圧抑制回路の一般的な構成を図 14-10 に示す。この回路は直列素子とシャント素子の両者からなる。シャント素子は，コンデンサなどの線形のデバイスでもよいが，多くの場合，通常の回路動作の間は大きなインピーダンスを持っているが，高電圧トランジェントが表れると，ずっと小さなインピーダンスになるような非線形絶縁破壊デバイスであり，トランジェント電流をグラウンドに流す。

このような働きは，ツェナーダイオード，ガス放電管，電圧可変抵抗などの絶縁破壊デバイスやクランプデバイスで実現できる。前者では，トランジェントがデバイスの絶縁破壊電圧を超えると，シャントデバイスの電圧がほぼ一定になる。後者では，トランジェントがデバイスの絶縁破壊電圧を超えると，シャント抵抗がほぼ一定になる。

直列素子は，シャントデバイスを通るトランジェント電流を制限するために使われ，Z_1 と Z_2 で構成される分圧器になるため，保護される回路に加えられる電圧を減らす。直列素子は抵抗器，インダクタ，フェライトであるが，場合によってはそれはトランジェント発生源のソースインピーダンスと，導線の寄生インダクタンスや抵抗から構成される。電源回路では，ヒューズや電流遮断器のインピーダンスも直列インピーダンスの一部になる。

直列素子が回路内のどこかに存在しなければならないことを理解することは重要である。さもなければ，絶縁破壊後にシャントデバイスを通る電流は無限大になる。したがって，トランジェント抑制器を使うときはいつでも，どこで何が直列インピーダンスを構成するかを設計者が考えることが重要である。トランジェント発生源のソースインピーダンスや，デバイスへの配線や PCB トレースのインピーダンスも一つの部品かもしれない。

トランジェントを効果的に抑制するには次の 3 方面のアプローチを必要とする。
- 1 番目は，トランジェント電流を迂回させる
- 2 番目は，敏感なデバイスを損傷や擾乱から保護する
- 3 番目は，トランジェントに強いソフトウェアを書く（この課題は 15.10 節で扱う）

トランジェント抑制のために使われる多くの技法は，RFI イミュニティのために以前に議論した内容に類似している。ほとんどの高電圧トランジェント妨害がケーブルに適用されるので，ケーブル保護はトランジェントイミュニティ設計の重要な側面になる。

14.3.5 信号線の抑制

I/O信号ケーブル保護は，ケーブルが製品に入る箇所にトランジェント電圧抑制（Transient Voltage Suppression：TVS）ダイオードを付加することにより実現できる。TVSダイオードはツェナーダイオードに似ているが，そのトランジェント電力定格に比例する大きなpn接合領域を持っている。この増大した接合領域は，ダイオードの容量分も増大させ，信号線に容量性負荷を追加し，場合によっては回路の通常動作に悪影響を及ぼすことがある。

トランジェント電圧抑制ダイオード（ときにはシリコン・アバランシェダイオードとも呼ばれる）は単方向構成でも，双方向構成でも入手できる。TVSダイオードの三つの最も重要なパラメータは次のとおりである。

- 逆スタンドオフ電圧
- クランプ電圧
- ピークパルス電流

TVSダイオードを選ぶ場合，そのダイオードが回路の最大動作電圧や信号電圧を切らないことを保証するために，その逆スタンドオフ電圧は，保護される回路の最大動作電圧より大きくなければならない。最大クランプ電圧は，ピークパルス電流を受けたときにダイオードに表れるピーク電圧を表す。これは，保護される回路が，トランジェント期間に損傷なしで耐えなければならない電圧である。

ピークパルス電流は，そのダイオードが損傷なしで耐えられる最大トランジェント電流である。TVSダイオードの前に，抵抗器のような直列インピーダンスを回路に追加する（図14-10のZ_1）ことは，そのダイオードを通るピークパルス電流を制限するのに役立つ。

TVSダイオードは，トランジェントエネルギーを敏感な回路から離して効果的に迂回させるために，シャーシに低インダクタンスで接続しなければならない。たとえば，PCBの1/2 inトレースを絶縁破壊電圧9 VのTVSダイオードの両端に直列接続した場合，10 A/nsのトランジェントパルスが流れたときの全体の電圧は159 Vになる。これは，15 nH/inの配線インダクタンスに基づく。典型的なトランジェントパルスはPCB上の配線に6 V/mm（150 V/in）の電圧降下を引き起こせる。したがって，最適な性能を得るためには，適切なレイアウトが重要である。

図14-11はPCB上のTVSダイオードに考えられる三つのレイアウトを示す。図14-11(A)は，ダイオードの両リードに相当のインダクタンスを持つ典型的な実装配置を示

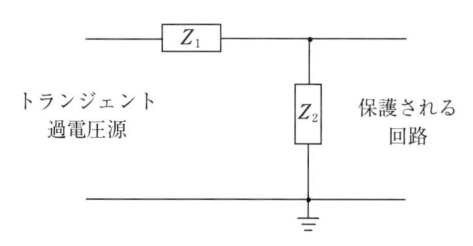

図14-10　1段構成のトランジェント電圧保護回路

し，これはトレースのトランジェント電圧を制限する際にダイオードを無力にする．図 14-11(B)では，ダイオードは，グラウンド-ダイオード間のインダクタンスをほぼゼロに減らすようにグラウンドに近接させ実装される．ダイオードから保護されるトレースにトレースを配線すると，これは再び TVS ダイオードに直列に大きなインダクタンスを追加して，それを同様に無力にする．図 14-11(C)は再びグラウンドに近接させて搭載されたダイオードを示すが，ダイオードから保護されるトレースへトレースを配線する代わりに，保護されるトレースをダイオードに直接配線すると，ダイオードに直列のインダクタンスは事実上ゼロとなり，効果的なトランジェント電圧保護をもたらす．

図 14-12 は，四つのバイポーラ TVS ダイオードによりトランジェント過電圧から保護される RS-232 インタフェースを示す．グラウンド線も TVS ダイオードで保護されることに注意のこと．回路グラウンド-シャーシグラウンド間の内部接続がケーブル入口点になく，また低インダクタンスでないために，これが要求されることが多い．

デジタルデバイスの動作状態を変更することができるマイクロプロセッサのリセット，割り込み，その他の制御入力は，立上り時間の速いトランジェントによる誤ったトリガから保護すべきである．これは，ESD や EFT によって生成されたような鋭く，幅の狭いトランジェントパルス（1～50 ns）に対する感受性を弱めるために，図 14-2 で示したのに似た小さなコンデンサや RC 回路網（50～100 Ω，500～1 000 pF）を IC 入力に追加することにより保護する．

電源プレーンとグラウンドプレーンを持つ多層 PCB は，片面や両面の基板より大きなトランジェントイミュニティを有する．これは層間容量と直列に，低いグラウンドインピーダンスと低いインダクタンスを持つ結果である．PCB 埋め込み容量技法もまた，11.4.6 項で議論するように，トランジェントイミュニティを効果的に増大させるために

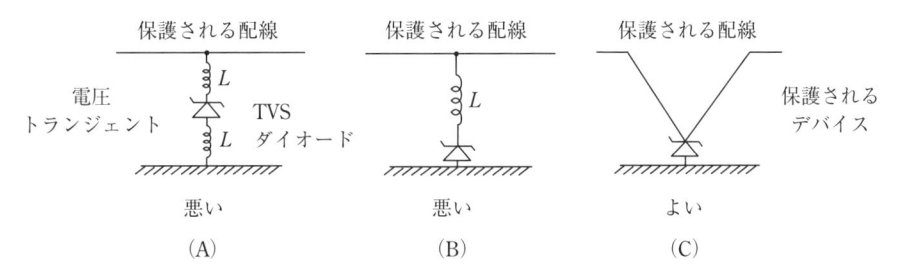

図 14-11 TVS ダイオードの実装構成．(A)と(B)は不適切な実装を示し，(C)は適切な実装を示す．

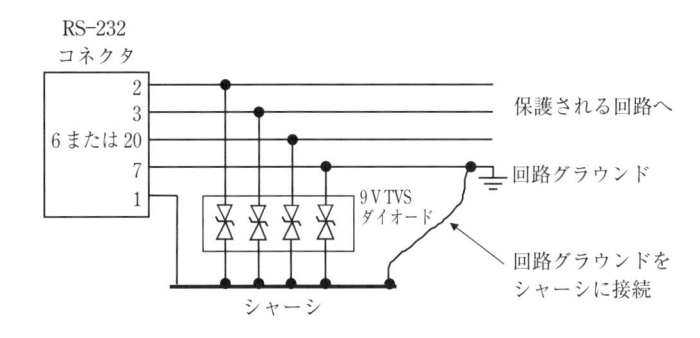

図 14-12 四つの TVS ダイオードによってトランジェント過電圧から保護される RS-232 入力

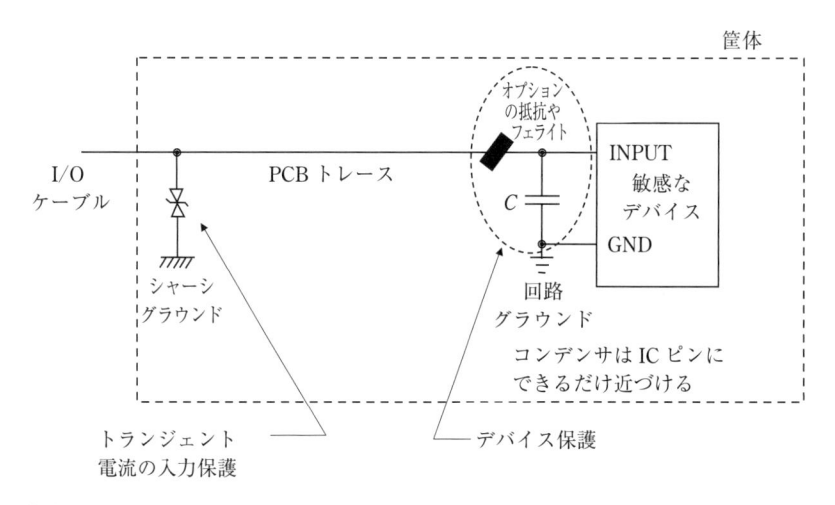

図 14-13　トランジェント保護デバイスのグラウンド接続

（注）保護デバイスはどんな直列インダクタンスも最小にするようにグラウンド接続する。

使うことができる。十分に大きなバルクデカップリング容量も，それがトランジェント電荷[*4]によって発生する電源電圧の変動を減少させるので，トランジェントイミュニティを向上させるのに効果的である。電圧，電荷，容量の間の関係は式(15-1)に示される。式(15-1)からわかるように，トランジェント電流によって発生する電荷 Q の一定の変動分に対して，電圧の変化量は容量によって決まる。追加の電荷がシステムに注入されるときに，容量が大きいほど電圧変化が小さい。

図 14-13 はトランジェント電流の入力保護と敏感なデバイスの強化の組み合わせを示す。その目的が，トランジェント電流を PCB から遠くに迂回させることなので，入力ケーブルのトランジェントサプレッサがシャーシに接続されることに気づいてほしい。しかし，敏感なデバイスの入力の保護フィルタは，その目的が，デバイスの入力ピンとグラウンドピンとの間に出現するどのようなトランジェント電圧でも最小化し除去することであるので，回路グラウンドに接続される。

14.3.6　高速信号線の保護

USB 2.0，高速イーサネット，IEEE Std 1394（FireWire と iLink）などの 100 Mb/s 以上の汎用のシリアルバスのデータ転送速度を持つ高速の入出力インタフェースは，高電圧トランジェント保護について特別な問題を提起する。所望の信号に影響するのを避けるために，これらの多くのインタフェース線の容量負荷は数 pF 以下に保持しなければならない。ほとんどの TVS ダイオードとほかのトランジェント抑制デバイスは，ガス放電管を除いてあまりにも多くの容量を持っている。しかし，ガス放電管は ESD や EFT の保護に使うには反応が遅すぎる。ほとんどの TVS ダイオードは数十〜数百 pF の範囲までの容量を持っている。特別に低容量の TVS ダイオードは 1〜10 pF の範囲の容量付きで入手できる。このダイオードは通常最高約 100 MB/s までのデータ転送速

[*4]　電荷 Q は Idt の積分に等しい。

度で使用可能であるが,それ以上では使用できない。

　特殊なポリマ電圧可変抵抗器（Voltage Variable Resistors：VVR）は特にこの高速用途のために開発されてきた[*5]。それらは 0.1〜0.2 pF の典型的な容量,$10^{10}\,\Omega$ のオフ状態抵抗および数 Ω のオン状態抵抗を持つバイポーラデバイスである。しかし,トリガ電圧はほとんどの TVS ダイオードよりかなり高い。VVR はクローバデバイスであり,オンに切り替え後のクランプ電圧は,トリガ電圧よりも低い。約 35 V のクランプ電圧とピークトランジェント電流定格 30 A では,典型的なトリガ電圧は 150 V である。このポリマ VVR は最高 2 GHz までの信号周波数のデータ線で使用できる。

　図 14-14 は,三つの異なる高速インタフェースにトランジェント保護を提供するために TVS ダイオードと VVR を組み合わせた使用例を示す。TVS ダイオードは直流電源

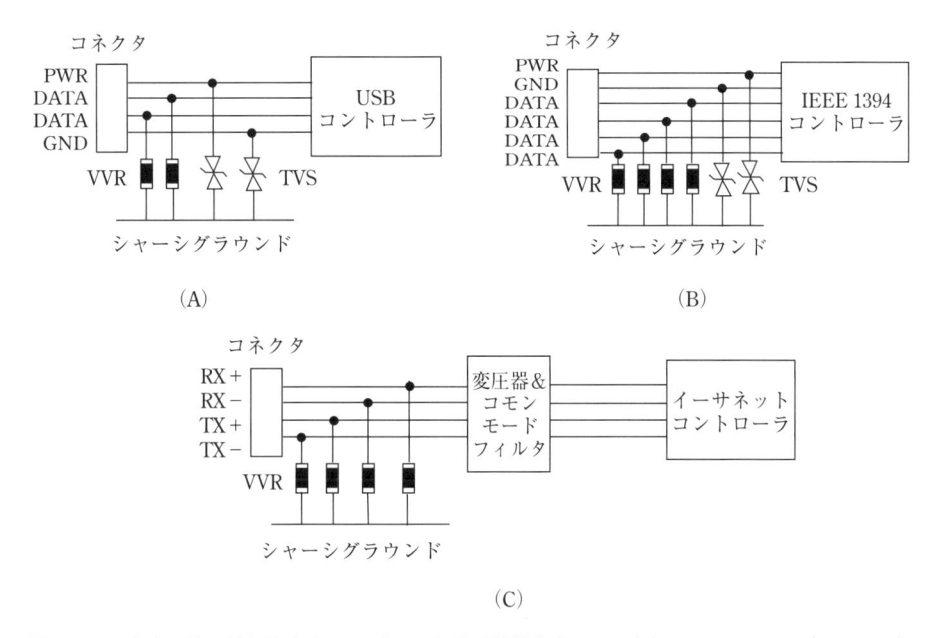

図 14-14 高速回路に適用したトランジェント電圧保護 (A) USB, (B) IEEE Std 1349（FireWire）, (C) イーサネットインタフェース

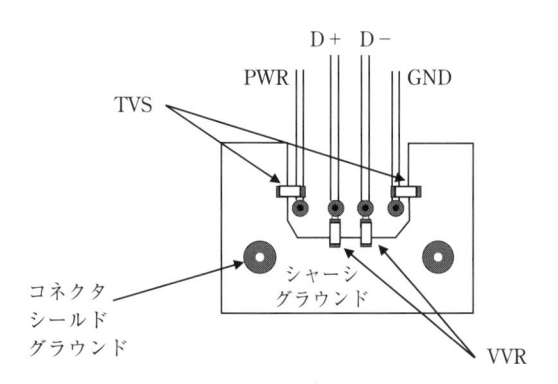

図 14-15 高速な USB ポートを保護しているトランジェント抑制デバイスのための PCB 配置

＊5　たとえば,littlefuse 社の PulseGuard®,Cooper Electronics 社の SurgX®。

線で，VVRは高速なデータ線で使われる．図14-12で示したように保護デバイスはシャーシグラウンドに接続されることに注意してほしい．

図14-15はUSBインタフェースを保護しているトランジェント抑制デバイスの最適な実装例である．本図はUSBコネクタの下でPCBの裏側を示す．表面実装の抑制デバイスは，それに直列のどのようなインダクタンスも最小化するように実装されて，トランジェント電流を回路から離れるように迂回させるために，回路グラウンドではなくシャーシグラウンドに接続される．PCBのシャーシグラウンドプレーンは実際のシャーシに直接かつ複数で接続すべきである．

14.3.7 電源線のトランジェント抑制

トランジェント電圧保護は，交流や直流の電源入力点で必要とされることが多く，通常はパワーラインフィルタである．これはEFTとサージに対して保護するために必要である．自動車や工業用プロセス制御機器は，大きな電源線スパイクがよくあり，したがって電源線トランジェント保護を必要とすることが多い環境にある．

多くのパワーラインフィルタは，ESDやEFTなどの低エネルギートランジェントを処理することができる．必要とされるなら，パワーラインフィルタや電源への入力ケーブルにコモンモードのフェライトチョークを付加することによって，電源線でEFTやESDをさらに抑制できることが多い．パワーラインフィルタは，電源線トランジェントと同時に高周波ノイズを均等に減衰する線形デバイスである．低レベルの高周波ノイズを抑制するように最適化されているが，これは高電圧トランジェントをも減衰し，コモンモードと差動モードの両トランジェントにある程度の保護を提供する．

しかし，サージはESDやEFTより1 000倍以上大きなパルスエネルギーレベルを持っており，まったく別の問題である．この高エネルギーパルスに対するトランジェント保護は，パワーラインフィルタに先立って要求されることが多い．3タイプの非線形トランジェント保護が，高電力トランジェントに通常使用される．それらを次に示す．

- トランジェント電圧抑制（TVS）ダイオード
- ガス放電管
- 金属酸化バリスタ（Metal Oxide Varistor：MOV）

トランジェント電圧抑制ダイオードとMOVは，電圧クランプデバイスである．これは電圧をある一定レベルに制限するように動作する．それがターンオンすると，内部でトランジェントパルスエネルギーを消散させる．しかし，ガス放電管は**クローバー素子（一種の過電圧保護回路）**である．それがターンオンすると，その両端の電圧は非常に低い値に降下する．したがって，その消費電力はかなり低減される．これは極めて大きな電流を処理することができる．

TVSダイオードは，一般的に信号線と直流電源線に使われる（14.3.5項参照）．これはMOVほど電流容量やエネルギー消散能力を持たないが，低いクランプ電圧で使用できる．サージ電流は，TVSダイオードを使うために通常100 A以下に制限しなければならない．その応答時間はpsの範囲にあり，ESD，EFTおよびサージ保護のために使用できる．TVSダイオードは上に挙げた三つのトランジェント保護デバイスの中で最

も頑強ではない。

ガス放電管は，主として電気通信回路で使われる。これは μs 範囲の応答時間を持ち，最も遅く反応するトランジェント保護デバイスである。したがって，これは ESD や EFT の保護のために使用することはできない。これはクローバ素子であるので，内部でエネルギーをあまり消散する必要がなく，三つのトランジェント抑制デバイスの中で最も頑強である。多くの場合にこれは数万 A の電流に耐えることができる。

金属酸化バリスタは，亜鉛酸化物の種々の混合物からつくられた電圧可変（非線形）抵抗であり，このデバイスにかかる電圧の振幅がしきい値を超えたときに，その抵抗は減少する（Standler, 8 章, 1989）。MOV の典型的な V-I 曲線を図 14-16 に示す。図からわかるように，バリスタは，正と負の両方の電圧をクランプする対称型のバイポーラデバイスである。クランプ電圧は通常，バリスタを通る電流が 1 mA である電圧と定義される。デバイスが電圧をクランプするので，トランジェントパルスからのすべてのエネルギーはデバイス自体で消散しなければならない。

従来の MOV は，最も一般的に交流電源線で使われる。その応答時間は TVS ダイオードより遅く，ガス放電管より速い。これは数百 ns の範囲の応答時間を持っており，サージのためには十分に速いが通常は EFT や ESD には遅い。これは数百〜数千 A 範囲でサージ電流に耐えることができて，数十 J 以上のエネルギーを消散できる。

MOV は，サージ電流を受けると徐々に劣化する。これは一般に数百万回のサージと見積もられているので，通常は問題ではない。結局 MOV は，交流電源線サージから電子機器を保護するための最も優れたデバイスと思われる。

新しい多層 MOV が，PCB 用の表面実装パッケージで入手できる。これは，100 pF 以下の容量で，サブ ns の応答時間を持っている。このデバイスは，ESD と EFT の保護のために使うのに十分高速であり，10〜50 V の範囲で電圧をクランプすることができる。その消費電力（通常 1 J 以上）と電流定格（通常 100 A 以下）は従来の MOV ほど高くないが，その特性に適したところに多く利用できる。

設備やビルにおける最初のコモンモード雷（サージ）保護は，電力会社と電話会社によってその線路が建物に入る所に設置される。これは，交流電源線の場合，電源分配変圧器に中性線とグラウンド線の接続を加えた組み合わせで，図 3-1 に示したように，引込み口パネルでそれらを接地グラウンドに接続することによって実施される。

電話回線の場合，コモンモードサージ保護は，電話回線が建物に入るポイントの近く

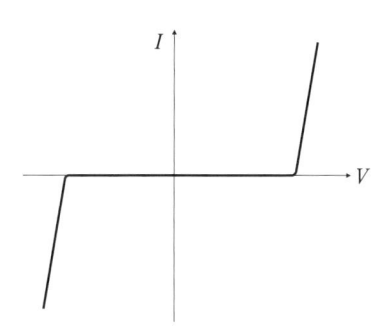

図 14-16　典型的な MOV の電流-電圧の関係

に配置された保護装置ブロックで提供される。今日のほとんどの場合に，これは2本の電話回線からグラウンドに接続された1対のガス放電管からなる。これはまた差動モードの保護も提供するが，ガス放電管の2倍のクランプ電圧になる。

電源線と電話回線はすでにコモンモードサージ保護を持っているので，施設やビル内に設置している電子機器は，差動モードサージ保護の追加を必要としているだけのことが多い。これは，電源線（電話回線）の場合，図14-17に示すように活線と中性線との間に接続した1個のMOVで簡単に実施できる。

差動モードとコモンモードの両方の保護を提供する，一般的に使われる電源線のサージ保護回路を図14-18に示す。この回路はMOVを3個使い，各ラインからグラウンドに1個ずつ，活線と中性線との間に1個である。多くの場合，この回路は，組み込みのサージ抑制器を持つ交流電源テーブルタップに組み入れられる。しかし，この手法は引込み口の下流で使われるときに不都合がある。接地されたMOVは設備内に大きなサージ電流（数百 A 以上）[*6]を引き込み，保安グラウンド線にそれを放出する。

したがって，図14-18のサージ保護回路は，電子機器や交流電源テーブルタップでの使用に推奨されない。グラウンド線に誘導される大きなサージ電流のために，保安グラウンドに高電位差が生成される。たとえば，30 m 長，12 ゲージのグラウンド線（5.2 mΩ/m 抵抗）における 500 A のサージ電流は 80 V の電圧降下を引き起こす。このグラウンド電圧が，機器のさまざまな部分を相互接続している信号線に表れ，損傷の原因になる。

どのMOVもグラウンドに接続されないので，図14-17の保護回路はこの問題がない。この設計は差動モードのサージ保護を提供するだけだが，多くの用途に十分である。しかし，場合によっては，欧州連合（EU）のサージ試験要件を満たすためにMOVの接地が要求されることになる。

建物の交流電源配線に設置された絶縁トランス（3.1.6項参照）は，それが設置され

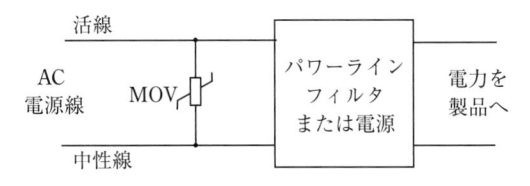

図14-17 交流電源線に差動モードのサージ保護を提供する単一MOV

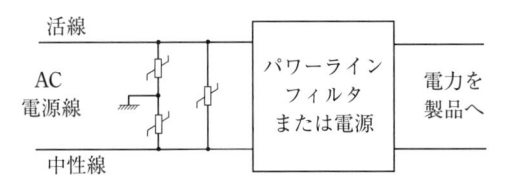

図14-18 電源線にコモンモードと差動モードのサージ保護を提供する三つのMOV

[*6] たとえば，2 kV のサージは 1 000 A の電流を発生する。

14.3 トランジェントのイミュニティ

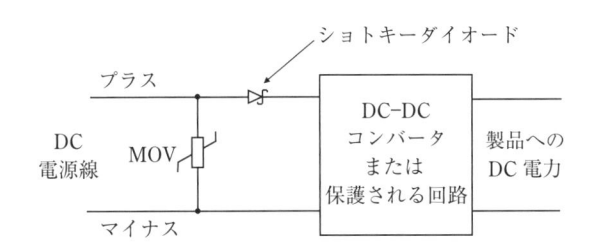

図 14-19　直流電源線に差動モードのサージ保護を提供する MOV とショットキーダイオード

表 14-5　トランジェント抑制デバイスの一般的な特性

デバイス	タイプ	応答時間	容量	利点	欠点	トランジェントのタイプ	代表的な用途
TVD ダイオード	クランプ	< 1 ns	> 10 pF	・低コスト ・クランプ電圧が低い	・電力処理容量に限度 ・$I < 100$ A	ESD, EFT サージ*	・信号線 ・直流電源線
標準の MOV	クランプ	数100 ns	10 pF ～10 μF	・低コスト ・電力処理能力が大	・クランプ電圧が高い ・多数回のサージで劣化	サージ	・直流電源線 ・交流電源線
多層の MOV 表面実装	クランプ	< 1 ns	10～2 500 pF	・電圧定格が低い ・高速スイッチング ・小型	・電力処理容量が小	ESD, EFT サージ	・PCB 用
電圧可変抵抗 VVR	クローバ	< 1 ns	< 1 pF	・非常に低容量 ・高速スイッチング	・クランプ電圧が高い	ESD, EFT	・高速信号線
ガス放電管	クローバ	μs 領域	< 1 pF	・高いサージ ・高信頼性 ・頑強	・高コスト ・絶縁破壊電圧が高い ・立上りが遅い	サージ	・通信線路
LC フィルタ	リニア	n/a	高い	・すでに回路に存在 ・消費電力が少ない	・電圧はクランプしない ・リンギングがある	ESD, EFT サージ	・電源 ・信号線

＊　電流が制限されている場合

る分岐回路のコモンモードのトランジェントを抑制するのにも効果的である．しかし，差動モードのトランジェントは阻止しない．

　直流電源線の差動モードのサージ保護は，図 14-19 に示す回路で行える．これは図 14-17 の回路に類似していて，ショットキーダイオードを追加して保護される回路に逆極性保護を提供する．ショットキーダイオードは，その低い順電圧降下のために使用される．このダイオードは，MOV の破壊電圧の超過に対して逆耐電圧を持つ必要がある．

　表 14-5 に多くの一般的なトランジェント抑制デバイスの特性をまとめる．

14.3.8　ハイブリッド保護回路

　EFT や ESD などの高速な立上り時間のトランジェントと，サージなどの高エネルギー，高電流トランジェントの両方のために保護が必要とされるなら，図 14-10 に示すように，すべての必要な条件を満たすように 1 段の回路設計するのは難しいことが多い．この場合に，2 段ハイブリッドトランジェント抑制回路を考慮すべきである（Stand-

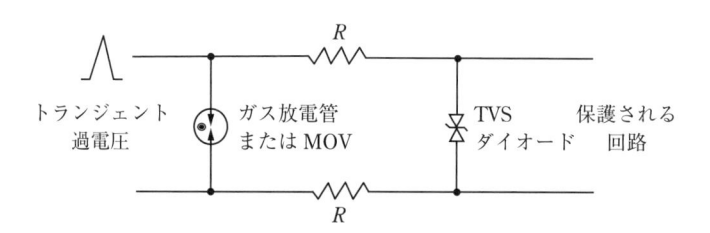

図 14-20　2段ハイブリッドトランジェント保護回路

ler, 1989, pp.113, 236-242)。TVSダイオードにガス放電管やMOVを加えた構成の2段ハイブリッド回路を図14-20に示す。保護される回路の最大電圧定格以下の電圧で，TVSダイオードは最初にターンオンする。TVSダイオードは，ガス放電管やMOVがターンオンする時間まで初期のトランジェントエネルギーを吸収する。TVSダイオードを通る電流は，直列抵抗に電圧降下を引き起こし，ガス放電管の電位を増大させ，その破壊電圧にまで達する。そのときトランジェントエネルギーの大部分を吸収するために，ガス放電管はターンオンする。

　抵抗値は，トランジェントパルスのソース抵抗と組み合わせたときに，TVSダイオード電流が安全な値に制限されるように選ぶ。さらに抵抗器は，ガス放電管の電圧をTVSダイオードの破壊電圧以上に増大させ，したがって，それはガス放電管のターンオンを可能にする。場合によっては，必要となる抵抗値は，通常の動作中に回路で許容されるものより大きくなる。このような場合に，直列素子は抵抗器である必要はない。高速な立上り時間のトランジェントに対して，それはインダクタ（またはできればフェライト），または抵抗器とインダクタ（またはフェライト）の組み合わせであってもよい。

　たとえば $1\,\mu\text{H}$ のインダクタンスは，サージを代表する $1\,000\,\text{V}/\mu\text{s}$ のトランジェントパルスにさらされるときに，そこに $100\,\text{V}$ の電圧降下が見られる。巻き線抵抗器は，ときとして一つの部品の中で抵抗とインダクタンスの両方を提供する直列素子として使うことができる。

14.4　電源線妨害

　機器設計者が関心のある他の電源線妨害は，電圧ディップと瞬断である。電圧ディップは，電源システムの障害およびモータや大型ヒータなどの高い突入電流を持つ製品を起動することによって発生する，交流電源線上の実効（root mean square：rms）電圧の短時間，一般に数サイクル以下の低下である。瞬断は，一般に数秒間の完全な電圧喪失である。これはシステム上の一過性の故障を取り除くために，電力会社によって実行された行動の結果として一般に発生する。

　表14-6は，欧州連合（EU）の交流電源線の電圧ディップと瞬断の要件をリストにしたものである（EN 61000-6-1, 2007）。これは，住宅用，商業用，準工業用の環境において動作する製品に適用できる。

　電源のディップや瞬断を乗り切るために，蓄積エネルギー源を必要とする。これは，

表 14-6　交流電源線の電圧ディップと瞬断の要件

試験	電圧低下	期間	性能判定基準
電圧ディップ	30 %	0.5 サイクル	B
電圧ディップ	60 %	5 サイクル	C
電圧瞬断	> 95 %	250 サイクル	C

直流電源の出力に十分な容量を持つことによって実現できる．製品は，少なくとも 17 ms 間（60 Hz の交流電源線周波数の約 1 サイクル）の交流電圧の完全な喪失でも適切に動作するように十分な容量を用いて設計すべきである．

よく知られたコンデンサの電流・電圧の関係は次式である．

$$i = C\frac{dv}{dt} \tag{14-7}$$

書き直すと，

$$C = \frac{i}{dv/dt} = \frac{i \cdot dt}{dv} \tag{14-8}$$

[例 14-1]　ある製品は電源から定常電流の 1 A を引き込み，適切な動作のための電圧仕様は 12 V ± 3 V である．製品の電源入力における交流電圧の 10 ms の完全な喪失を切り抜けるために，電源出力に要求される容量値はいくらか？

式(14-8)から，$C = 10 \times 10^{-3}/3 = 3{,}333\ \mu\mathrm{F}$ を得る．

14.4.1　電源線イミュニティ曲線

1980 年代初期に，コンピュータ事務機械工業会（Computer and Business Equipment Manufacturers Association：CBEMA），情報技術産業協会（Information Technology Industry：ITI）は，情報技術機器（Information Technology Equipment：ITE）に対する実用的な電源線イミュニティ分析曲線を確立した．この曲線は，多くの情報技術機器に機能の中断や喪失なしで許容される交流電源線の電圧エンベロープを定義する．幅広い追加の研究に基づいて，2000 年に ITI は図 14-21 に示したようにこの曲線を更新した．この曲線は他の業界と同様に ITE 業界内の基準になった．それは，通常単に CBEMA 曲線と呼ばれる（ITI，2000）．

機器の設計仕様として意図されていないが，この曲線はその目的のためによく使われる．品質のよい製品を生産したいメーカは，電源線妨害イミュニティのためのガイドラインとして CBEMA 曲線をよく使う．電源品質電圧試験機が利用でき，これは交流電源電圧を継続的に監視し，CBEMA 曲線の「機能の中断がない」限界を超えるどのような現象でも記録することができる．

CBEMA 曲線は，トランジェントと定常条件を含む単相 120 V，60 Hz の機器に適用可能な電圧許容誤差エンベロープである．これは時間に対する交流電圧の変化のパーセントのセミログプロットである．プロットは三つの領域を含んでいる．曲線の左側の領域は，製品が性能を劣化させることなく適切に動作する電圧許容誤差エンベロープを規定する．曲線の右下の電圧ディップ領域で，製品は適切に動作しなくてもよいが，破損してはならない．曲線の右上の電圧サージ領域は，禁止された領域である．機器がこの

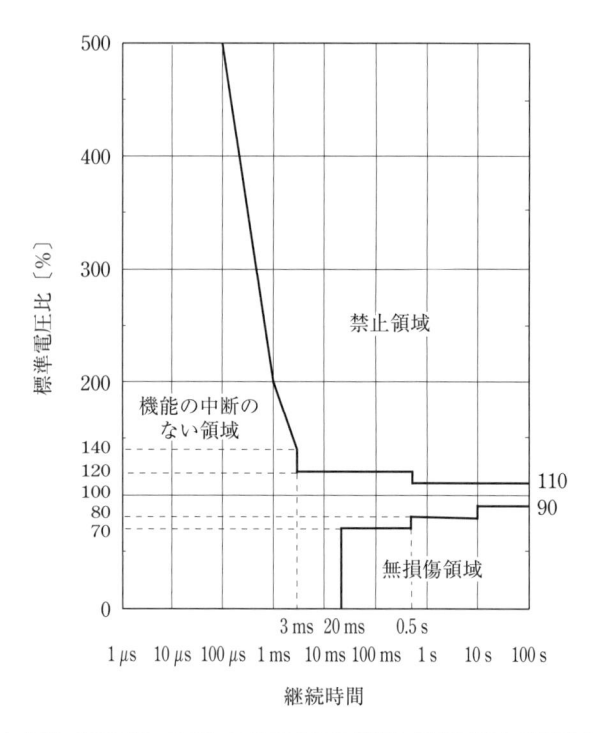

図 14-21 CBEMA 曲線（2000 年に改定）は単相 120 V 機器に適用可能な電源線電圧許容誤差エンベロープを定義する（© 情報技術産業協会，2000 年）。

条件を受けるならば，製品は誤動作するか，または破損する可能性さえある。

この曲線は，一般に定格 ±10 % の電圧変化において製品が無期限に動作することを示す。それは，20 % の電圧ディップ 10 s 間，30 % の電圧ディップ 0.5 s および 20 ms 間もの電圧の完全な喪失に耐えて，なおも適切に動作しなければいけない。

この曲線はまた，製品が一般に 20 % の電圧サージ 0.5 s，40 % の電圧増加 3 ms，および 100 % の増加 1 ms でも，適切に動作することを示す。

曲線の左領域に存在している 100 μs 以下の時間の電圧サージは，一般に近傍の落雷によるものである。曲線のこの部分において，電圧振幅よりもっと重要なのはトランジェントのエネルギーである。その意図は，製品にこの領域で最小 80 J のトランジェントイミュニティを提供するためである。表 14-3 にあるように，サージエネルギーは 80 J 以下なので，この結果は欧州連合（EU）のサージ試験要件と一致している。

CBEMA 曲線は 120 V，60 Hz のシステムにのみ適用可能であるが，表 14-6 で挙げた欧州連合（EU）の電圧ディップと中断の要件がこの曲線の限界と一致していることに注意してほしい。0.5 サイクル（50 Hz 電源線に対し 10 ms）の 30 % の電圧ディップは，CBEMA 曲線の機能の中断なしの領域内のディップを要求する。これは欧州連合（EU）の性能判定基準 B と一致している。5 サイクル（50 Hz の 100 ms）の 60 % の電圧ディップと 250 サイクル（50 Hz の 5 s）の 95 % 以上の中断は，曲線の無損傷領域内にあり，欧州連合（EU）の性能判定基準 C と一致している。

要約

- ほとんどの RF 感受性問題はオーディオ整流の結果である。
- オーディオ整流が問題となるには，次の二つの現象が起こらなければならない。
  - 第1に RF エネルギーがピックアップされる。
  - 第2に RF エネルギーが整流される。
- RFI 軽減技術はデバイスレベルで，ケーブルにそして筐体に適用すべきである。
- 敏感な信号のループ面積をできるだけ小さくする。
- RFI フィルタを敏感なデバイスの入力に追加する。
- フィルタの直列素子は対象の周波数に 50～100 Ω のインピーダンスを持つ。
- フィルタの直列素子は抵抗器，インダクタまたはフェライトである。
- 周波数とインダクタンスの積が 10 になるように，RFI フィルタのインダクタを選ぶ。
- RFI フィルタのシャント素子は対象の周波数に数 Ω 以下のインピーダンスを持つべき。
- 周波数と容量の積が 0.1 になるように，RFI フィルタのコンデンサを選ぶ。
- 1 000 pF のコンデンサは 80～1 000 MHz の周波数範囲で有効である。
- 回路が低周波で動作しても，RF デカップリングを使う。
- グラウンドプレーンと電源プレーンを持つ多層 PCB を使う。
- 可能な限り平衡回路を使う，特にアンプの低レベル入力に使う。
- 電圧レギュレータの入出力に高周波の容量性フィルタを追加する。
- 高品質なシールドケーブル，高い被覆の編組線，金属箔で覆われた編組線シールドを使う。
- 筐体に適切に，ピグテールやドレイン線なしでシールドを終端する。
- RF イミュニティに対してスパイラルシールドケーブルは使わない。
- シールドケーブルを使わないなら，ケーブルが筐体を出入りする I/O リードにフィルタする。
- リボンケーブルに対し，信号とグラウンドの導体比率を 3 対 1 に制限する。
- シールドされた筐体の開口の最大長さ寸法は，心配な最大周波数の 1/20 波長より短くする。
- アルミニウムや銅でつくられた薄いシールドであっても，500 kHz 以上の周波数で有効である。
- スチールシールドは 500 kHz 以下の周波数で使うべきである。
- 機器に影響する三つの最も一般的な高電圧トランジェントは次のとおりである。
  - 静電気放電
  - 電気的な高速トランジェント
  - 雷サージ
- 有効なトランジェント保護は次のとおり 3 方面の手法を含んでいる。
  - 第1に過渡電流を迂回させる。
  - 第2に敏感なデバイスを擾乱や損傷から保護する。

第3にトランジェントに強いソフトウェアを書く（15.10 節参照）。
- 非常に低い容量のポリマ VVR は 100 MB/s 以上のデータ転送速度の高速インタフェースのトランジェント保護のために使うべきである。
- 同様な技法が，ESD と EFT に対する保護に通常使用できる。
- しかし，サージは ESD や EFT より 1 000 倍大きなパルスエネルギーを持っており，追加のエネルギーを処理できる保護装置を必要とする。
- サージ保護は交流と直流の電源線上で必要とされる。
- サブナノ秒トランジェントとサージのための保護が両方とも必要であるときに，2 段のハイブリッド保護回路を必要とする。
- 表 14-5 はさまざまなトランジェント抑制デバイスの特性を要約する。
- 電圧ディップ，瞬断，サージなどの電源線妨害は，まぎれもない事実であり，それから保護すべきである。
- CBEMA 曲線（図 14-21）は機器のために電源線電圧許容誤差イミュニティのガイドラインとして使うことができる。

問題

14.1 10 kW の実効放射電力を持つ AM 放送局から 1 km の場所で電界強度はいくらか？

14.2 1 W の小さな携帯 FM 送信器から 1 m の場所で電界強度はいくらか？

14.3 FM 送信器はダイポールアンテナに 100 W を駆動している。アンテナから 10 m の場所で電界強度はいくらか？

14.4 電磁界は電界強度〔V/m〕，または電力密度〔W/m² または W/cm²〕で一般に測定され，定義される。電界強度 E〔V/m〕の方程式を遠方界の電力密度 P〔W/m²〕で書け。

14.5 送信機の電磁界が遠方界で測定して 10 mW/cm² の電力密度を持っているとき，電界強度は何 V/m になるか？

14.6 オーディオ整流とは何か？

14.7 a. 5 MHz の送信器によって発生する感受性問題から保護する RFI フィルタの中で使う直列インダクタの適切な値はいくらか？
　　 b. 上記のフィルタで使う適切な値のシャントコンデンサはいくらか？

14.8 L 型フィルタの減衰を計算するときに，フィルタが挿入される回路が低ソースインピーダンスと高負荷インピーダンスを持っていると通常仮定される。
　　 a. もしソースインピーダンスが低くないとき，それは性能またはフィルタにどう影響するか？
　　 b. もし負荷インピーダンスが高くないとき，それはフィルタの性能にどう影響するか？

14.9 最高 650 MHz までの周波数でシールドする，最小 20 dB を提供するシールド筐体の開口の最大寸法はいくらか？

14.10 2 A，500 ps の立上り時間の ESD パルスをクランプするとき，PCB 配線（ダイオ

ードのどちらの側にも 1/2 in（1.27 cm））を直列に持つ 12 V の TVS ダイオードの電圧降下はいくらか？

14.11 a. 300 MHz のとき 3/4 in（1.905 cm）の PCB 配線を持つ直列の 470 pF フィルタコンデンサのインピーダンスはいくらか？

b. 300 MHz のときの理想的な（直列インダクタンスのない）470 pF コンデンサのインピーダンスはいくらか？

14.12 a. 欧州連合（EU）の ESD 試験機は 4 kV の接触放電に設定される。短絡回路に放電されるときにピーク電流はいくらか？

b. 短絡回路に適用されるときに 1 kV の EFT パルスからのピーク電流はいくらか？

c. それが短絡回路に 2 kV のサージを放電しているときに，欧州連合（EU）のサージ試験機からのピーク電流はいくらか？

14.13 図 14-20 に示すハイブリッドのトランジェント保護回路は 150 V 絶縁破壊ガス放電管と 12 V 双方向性の TVS ダイオードを使う。直列抵抗はそれぞれ 10 Ω である。1 000 V，1 μs の立上り時間，50 μs のパルス幅サージ（5 Ω のソースインピーダンス）が回路に適用される。

a. TVS ダイオードを通る最大の初期電流はいくらか？

b. ガス放電管がオンした後に，TVS ダイオードを通る最大電流はいくらか？

c. ガス放電管を通る最大電流はいくらか？

14.14 ある製品は電源から定常電流の 0.5 A を引き込み，製品の適切な操作のための電圧仕様は，直流電圧が 9 V±2 V である。電源に発生する交流電圧の 20 ms の完全喪失を乗り切るために，製品の電源出力に要求される容量の値はいくらか？

14.15 ある製品はスイッチング電源（Switched-Mode Power Supply：SMPS）の出力から 95 mA の電流を引き込む。製品仕様は，直流電圧が 12±2 V である。電源は 1 200 μF の出力容量を持っている。もし SMPS の入力に交流電源の喪失があるとき，製品は 60 Hz の電源線の何サイクルまで動作することができるか？

14.16 120 V，60 Hz の電源線で動作する，欧州連合（EU）の性能判定基準 A を満たすコンピュータやプリンタの処理異常を予測しなさい。

a. 0.5 サイクルの 80 ％ の電圧降下では？

b. 5 サイクルの 40 ％ の電圧ディップでは？

c. 1 ms の 150 ％ の電圧サージでは？

d. 製品が上記のいくつかの条件で破損すると予測するか？

14.17 ITE 機器が適切に動作せず，破損すると思われる交流電源線条件（電圧振幅と継続時間）を定義しなさい。

参考文献

・EN 60601-1-2. *Medical Electrical Equipment—Part 1-2: General Requirements for Safety—Collateral Standard: Electromagnetic Compatibility—Requirements and Tests*, CENELEC, 2007.

・EN 61000-6-1. *Generic Immunity Standard for Residential, Commercial, and Light-Industrial Environments*, CENELEC, 2007.

- EN 61000-6-2. *Generic Immunity Standard for Industrial Environments*, CENELEC, 2005.
- German, R. F., Ott H., W. and Paul, C. R. "Effect of an Image Plane on Printed Circuit Board Radiation", *IEEE Electromagnetic Compatibility Symposium*, Washington, DC, August 21-23, 1990.
- Industry Canada. *EMCAB 1, Issue 3*. "Immunity of Electrical/Electronic Equipment Intended to Operate in the Canadian Radio Environment（0.010-10,000 MHz）." Industry Canada, June1990.
- *ITI（CBEMA）Curve Application Note*. Information Technology Industry Council. 2000. Available at www.itic.org/archive/iticurv.pdf.
- Standler, R. B. *Protection of Electronic Circuits from Overvoltage*. Wiley, New York, 1989.［Out of print］
- Standler, R. B. *Protection of Electronic Circuits from Overvoltage*. Frederica, DE, Dover, 2002［Paperback reprint of above book］.

参考図書

- AN-671. *Reducing RFI Rectification in Instrumentation Amplifers*. Analog Devices, Norwood, MA, 2003.
- Lepkowski, J. AND8229/D. *An Introduction to Transient Voltage Suppression Devices*, ON Semiconductor, 2005.
- Lepkowski, J. and Johnson, J. *Zener Diode Based Integrated Filters, an Alternative to Traditional EMI Filter Devices*, ON Semiconductor.
- General Electric. *Transient Voltage Suppression*, 5th ed. 1986.

第 15 章
静電気放電

　衣服のまとわりつき，ドアノブや金属に触れたときに発生するアーク放電，そして落雷というように，静電気はよく知られている。静電気は 2000 年以上前の古代ギリシャでも知られていた。中世には，魔術師がトリックの種として静電気の効果を使った。現代では，多くの有益な機能を実現するために静電気を利用している。この原理を使った製品例として，静電複写機，集じん器，空気清浄器，静電塗装がある。

　しかし，制御されていない静電気放電（Electrostatic Discharge：ESD）は，エレクトロニクス産業を危険にさらすようになった。1960 年代の初め頃から，集積回路（Integrated Circuit：IC），金属酸化膜半導体（Metal-Oxide Semiconductor：MOS），被膜抵抗やコンデンサ，水晶のような個別部品の多くが静電気放電の損傷を受けやすいということが認識されてきた。電子デバイスの小型化，高速化，低電圧化が進むにつれて，ESD に対する脆弱性が増大した。

　ESD の抑制は，電磁環境両立性（Electromagnetic Compatibility：EMC）やトランジェントイミュニティ（免疫性）の総合的な課題の中の特殊ケースである。後にわかるように，ESD に対するシステムの脆弱性を減少させるために使われる技法の多くが，トランジェントイミュニティの向上と放射妨害波の抑制に使われるものに類似している。

15.1　静電気の発生

　静電気はさまざまな方法で発生させることができるが[*1]，最も一般的には物質の接触とその後の分離によるものである。この物質は固体，液体，あるいは気体でもよい。二つの不導体（絶縁体）が接触するとき電荷（電子）が一方の物質から他方に移動する。電荷は絶縁体内ではあまり移動しないので，二つの物質が分離したときこの電荷はもとの物質には戻らない。二つの物質がもともと中性ならば，一方は正に，他方は負に帯電する。

　静電気を発生させるこの方法は，摩擦帯電（triboelectric changing）と呼ばれる。古くは，琥珀にウールを擦って静電気を発生させていた。**Tribos** は摩擦，そして **ēlektron** は琥珀を表すギリシャ語である。したがって，摩擦電気は"琥珀を擦る"ことを意味する。二つの物質間に電荷を発生させるために摩擦が必要であると思われがちだがそれは正しくない。実際に必要となるのは，物質が接触状態になってその後に分離されるということである。

　電子を吸収しやすい物質があれば電子を放出しやすい物質もある。摩擦電気系列は電

---

*1　摩擦電気や誘導帯電，圧電効果など。

表 15-1 摩擦電気系列

正		
1. 空気	12. アルミ	24. 発砲スチロール
2. 人間の皮膚	13. 紙	25. アクリル
3. 石綿	14. 綿	26. ポリエステル
4. ガラス	15. 木材	27. セルロイド
5. 雲母	16. 鋼鉄	28. オーロン
6. 人間の毛髪	17. 琥珀	29. 発砲ポリウレタン
7. ナイロン	18. 硬質ゴム	30. ポリエチレン
8. 羊毛	19. マイラー®*	31. ポリプロピレン
9. 毛皮	20. ガラスエポキシ	32. ビニール
10. 鉛	21. ニッケル,銅	33. シリコン
11. 絹	22. 真鍮,銀	34. テフロン®*
	23. 金,白金	負

* デュポン社の登録商標

子を放出しやすい順に物質を並べたものである。表15-1は，標準的な摩擦電気系列を示す。表の上位の物質は電子を放出しやすく正に帯電する。下位の物質は電子を吸収しやすく負に帯電する。しかし，この系列表はおよその目安であることを心にとどめておく必要がある。

二つの物質が接触するとき，系列表の上位の物質から下位の物質に電子が移動する。表15-1で二つの物質の位置関係が離れていることが必ずしも帯電量の大きさを示すものでない。帯電量の大きさは系列表の物質の位置関係だけでなく，表面の洗浄度，接触の強さ，摩擦量，接触面積，表面粗さ，分離の速度にも依存する。二つの同じ物質を接触させてその後に分離させたとき，どちらが正電荷に帯電し，どちらが負電荷に帯電するか予測できないが，電荷は発生する。

これのよい例はビニール袋を開いたときである。

電荷はクーロンで示されるが，測るのが難しい。したがって，電荷よりむしろ物体の静電電位（電圧で測定）を見る。電荷，電圧，容量の関係は，

$$V = \frac{Q}{C} \tag{15-1}$$

二つの物質が分離されると電荷の不平衡分Qは残ったままになる。したがって，VCの積は一定となる。二つの物質がすぐそばにあると容量は大きくなり電圧は低くなる。物質が分離されると容量は減少し電圧は高くなる。たとえば，容量が75 pFで電荷が3 μCの場合，電圧は40 kVになる。

摩擦電気は，絶縁体が導体から分離されるときにも発生するが，二つの導体を分離しても発生しない。後者の場合，導体内では電荷の移動度が大きいので，分離が始まると電荷はすぐにもとの物質に戻ろうとする。

このように，導体も絶縁体も，絶縁体との接触と分離によって容易に帯電することができる。密な接触が，静電気を発生させる電子の移動に必要なすべてである。摩擦すると，接触の強さが増大し接触する面積が増え，したがって電荷の移動が増大する。素早い分離が電荷の再移動の時間を減らし，移転する電荷量を増やしその後の電圧を上げさせる。

DOD-HDBK-263から引用した表15-2は，さまざまな状況のもとで発生し得る代表的な静電気電圧を示す。湿気が耐電圧に大きな影響を持つということに注目すべきであ

表 15-2 標準的な静電気電圧

静電気の発生方法	静電気電圧	
	10～20 % 相対湿度	65～90 % 相対湿度
カーペット上を歩く	35 000	1 500
ビニール床の上を歩く	12 000	250
作業者が作業台で動く	6 000	100
ビニール封筒を開ける	7 000	600
普通のポリエチレン袋を手に取る	20 000	1 200
発砲ポリウレタンが入った椅子に座る	18 000	1 500

る。低い湿度（20 % 以下）環境下では，家庭や職場にある日常品に 10 kV や 20 kV の静電気電圧が発生するのは珍しくない。しかし，湿度が 65 % より高くなるとこれは 1 500 V を下回る。

　静電気は表面現象であり，物質の内部ではなく表面にのみ存在する。絶縁体上の電荷は発生した領域にとどまり，物質の内部や表面全体に広がることはない。絶縁体を接地しても電荷を除去することはできない。

　電荷が導体上に発生した場合は，類似極性の電荷どうしは互いに分離したがる。したがって，導体表面では最も速く電荷が分離できるので，導体の表面全体に電荷が広がる。電荷は導体表面にのみ存在し内部にはまったくない。しかし，絶縁体と違って，帯電した導体を接地するとその電荷は除去される。

　静電気放電には通常次の 3 段階がある。
1. 電荷が絶縁体上に発生する
2. この電荷が接触や誘導によって導体に移動する
3. 帯電した導体が金属物体に近づいて放電が発生する

　たとえば，人がカーペットの上を歩くと，靴底（絶縁物[*2]）がカーペットと接触し分離するので，靴底が帯電する。この電荷は通常，誘導によって人体（導体）に移動する。人が金属物体（接地の有無に関わりなく）に触ると放電が発生する。放電が非接地物体（たとえばドアノブ）に発生すると，物体とグラウンドとの間の容量を通じて放電電流が流れる。

　帯電した絶縁体自体は直接的な ESD の脅威にはならない。絶縁体上の電荷は自由には動けないので，静電気放電を発生することはできない。帯電した絶縁体からの危険は，通常は誘導により人体のような導体に電荷を生成する可能性によってもたらされ，その後に放電ができる。

15.1.1 誘導電荷

　帯電した物体（絶縁体や導体）は静電界に囲まれている。中性導体が帯電した物体の近くにくると，静電界は図 15-1 に示すように，中性導体の平衡状態の電荷に分離を引き起こす。つまり，帯電した物体と逆の極性をもつ電荷が，帯電物体に最も近い側の中性導体の表面に発生し，遠い側の表面にはその逆極性の電荷が発生する。しかし，正負

＊2　静電気を消す靴もある（革底など）。

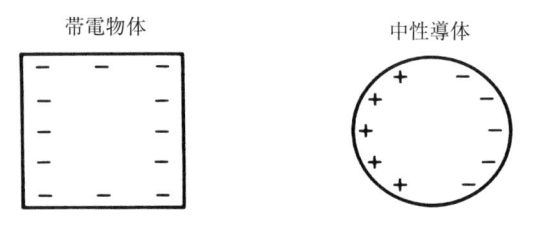

図 15-1 中性導体上の電荷は帯電した物体の近くで分離する。

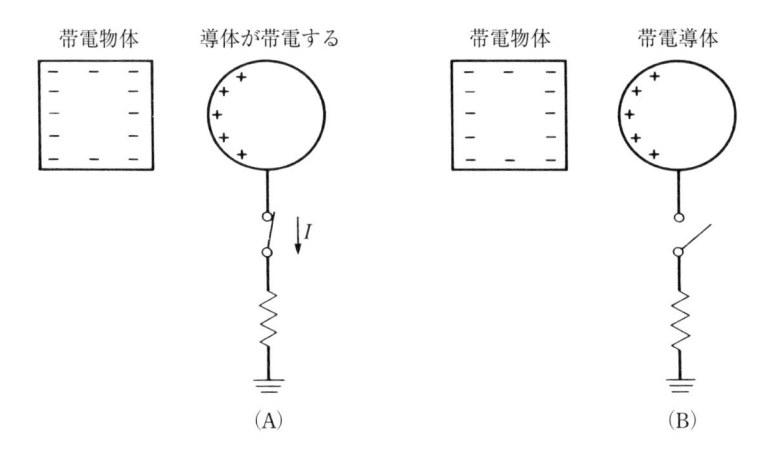

図 15-2 図 15-1 の中性導体が一瞬接地された場合(A)，負の電荷が流れ出し，導体を帯電したままにする(B)

の電荷量は等しいので導体は中性のままである。中性導体が帯電物体から離れると，正負の電荷は再結合する。

一方で，中性導体が帯電物体の近傍にある間に中性導体が接地されると（たとえば，その物体が人や接地物に触れると），帯電物体から遠い側の中性導体上の電荷は，図 15-2(A)に示すように流れ出す。次に接地を外すと，図 15-2(B)のように導体が帯電物体の近傍にある間は，導体は帯電物体に触れることなく帯電される。接地は瞬間的にすべきであり，かなりのインピーダンスを持ってよい（100 kΩ 以上）。

15.1.2 エネルギー保存

電荷は物体の表面にあるとはいえ，電荷と関係があるエネルギー（場）は物体の容量に蓄積される。通常，わずかな空隙の平行板間に容量が発生すると考えられる。しかし，すべての物体は固有の自由空間容量を持っている。物体そのものは一つの板で，第2の板は無限遠方に位置する。これは物体がもち得る最小の容量を意味する。不規則な形状を持つ物体でもその自由空間容量は主に表面積で決まる。したがって，自由空間容量は，その物体と同じ表面積を持つ球体と無限に位置する球体，すなわち二つの同心球体の単純な形状で考えることにより近似できる。

二つの同心球体間の容量は（Hayt, 1974, p. 159），

$$C = \frac{4\pi\varepsilon}{\left(\dfrac{1}{r_1}\right)-\left(\dfrac{1}{r_2}\right)} \tag{15-2}$$

ここで，r_1 と r_2 は二つの球体の半径（$r_2 > r_1$），ε は球体間の媒質の誘電率とする。

自由空間では，$\varepsilon = 8.85 \times 10^{-12}$ F/m である。外側の球体の半径が無限大とすると，式(15-2)は次式になる。

$$C = 111r \tag{15-3}$$

ここで，C は容量〔pF〕，r は球体の半径〔m〕である。

式(15-3)は自由空間内で隔離された物体の容量を表しており，物体の最小の容量を見積るのに使われる。その手順は，(1) 自由空間容量を計算したい物体の表面積を見積る，(2) その物体と同じ表面積を持つ球体の半径を計算する，(3) 式(15-3)から容量を計算する。さまざまな形を持つ物体の表面積を求める方程式を図15-3に示す。

たとえば，人体はほぼ直径1mの球体に相当する表面積を持つ。したがって，人体の自由空間容量は約50 pFである。地球は700 μFの自由空間容量を持ち，ビー玉は1 pF強の自由空間容量を持つ。

式(15-3)で与えられる自由空間容量のほかに，物体がほかの周辺物体に近接すること

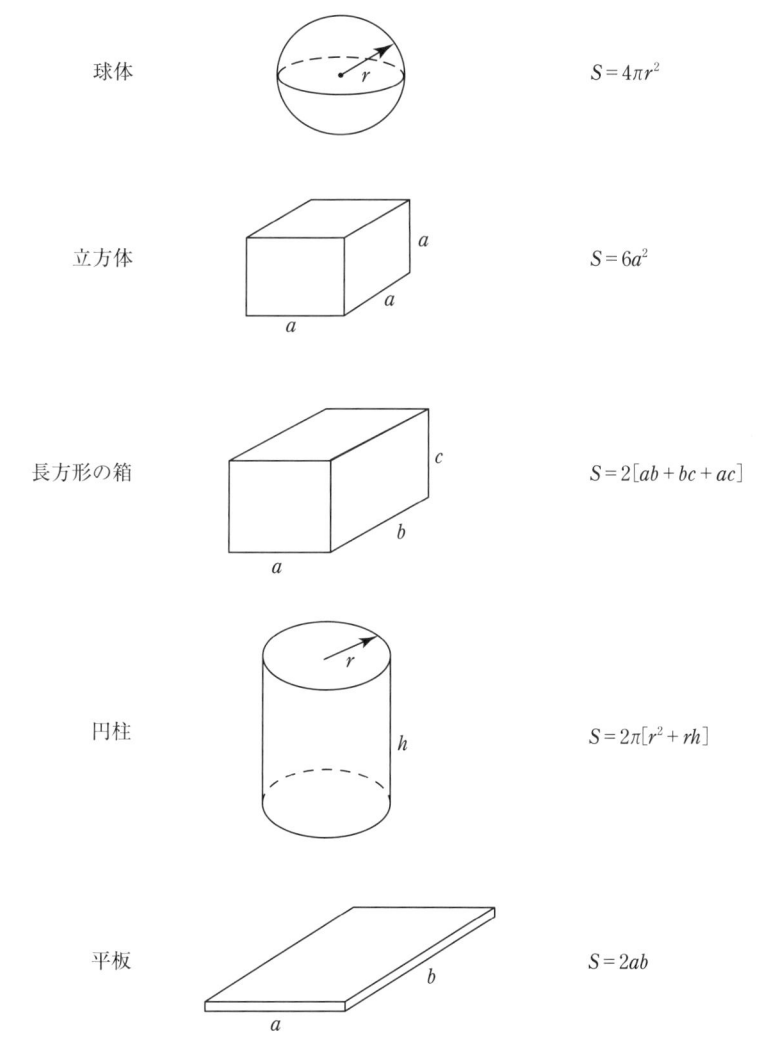

球体		$S = 4\pi r^2$
立方体		$S = 6a^2$
長方形の箱		$S = 2[ab + bc + ac]$
円柱		$S = 2\pi[r^2 + rh]$
平板		$S = 2ab$

図15-3 さまざまな形を持つ物体の表面積を求める公式

第15章 静電気放電

によって平行板容量が存在する。

2枚の平行板容量は次式に等しい。

$$C = \frac{\varepsilon A}{D} \tag{15-4}$$

ここで，Aは板の面積，Dは板間の距離である。

そのとき，物体の総容量は，近接した物体との平行板容量を求める式(15-4)と自由空間容量を求める式(15-3)を加えた合計となる。

15.2 人体モデル

人間は静電気放電の主要な発生源である。すでに論じたように，人体は容易に静電気を帯びることができる。この電荷は，静電気放電として人体から電子機器の敏感な部分に移動する。

この人体放電をモデル化するために，人体の容量から考える。自由空間容量の50 pFに加えて，人体の容量に主に寄与するのは，足底とグラウンドとの間の容量である。この値は，図15-4に示すように約100 pF（片足当り50 pF）である。さらに，建造物や壁などのほかの周囲物体に人が近接することによって50〜100 pFの追加容量が存在し得る。したがって，人体の容量は50〜250 pFの間で変化する。

ESDに使われる人体モデル（Human Body Model：HBM）を図15-5に示す。人体の容量 C_b は，摩擦帯電（またはほかの手段）によって電圧 V_b に充電され，人体抵抗 R_b を通じて放電が発生する。人体抵抗は放電電流を制限するので重要である。放電が人体のどの部分から発生するかによって，人体抵抗は約500 Ω〜10 kΩまで変化する。放電が指先から発生するなら，その抵抗は約10 kΩになる。手のひらなら1 kΩ，手の中にある小さな金属物体（たとえばかぎやコインなど）なら500 Ωになる。しかし，椅子やショッピングカートのように，人が接触している大きな金属物体から放電が発生する

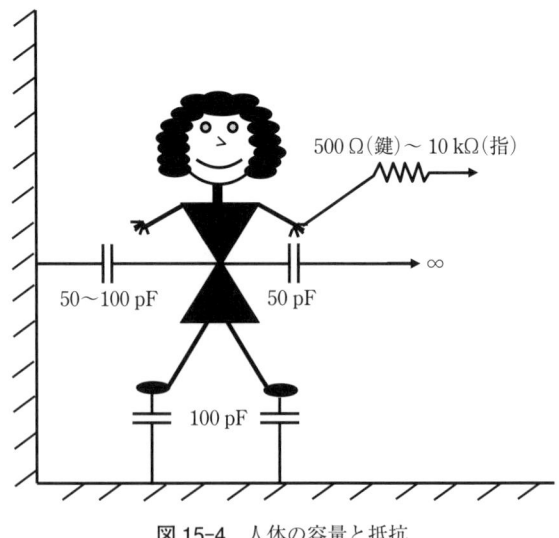

図15-4 人体の容量と抵抗

なら，人体抵抗は $50\,\Omega$ 近くまで小さくなる。

図 15-5 の回路図は，人体放電を模擬する ESD 試験で使われる。さまざまな ESD 試験規格は，モデルの構成要素に異なる数値を使っている。一般によく使われるモデルは，欧州連合（EU）の基本 ESD 標準規格 EN 61000-4-2 で規定されるように $150\,\text{pF}$ と $330\,\Omega$ で構成される。

図 15-6 は，EN 61000-4-2 で規定された専用の $2\,\Omega$ テストターゲットに放電して，$150\,\text{pF}$ と $330\,\Omega$ の人体放電モデルによって生成される標準波形を示す。立上り時間は

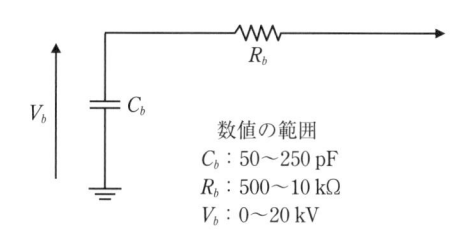

図 15-5 人体モデル

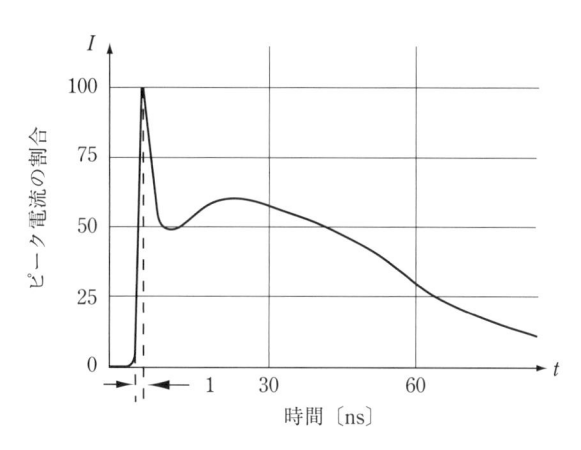

図 15-6 $150\,\text{pF}$ と $330\,\Omega$ の人体放電モデルによって生成される標準波形

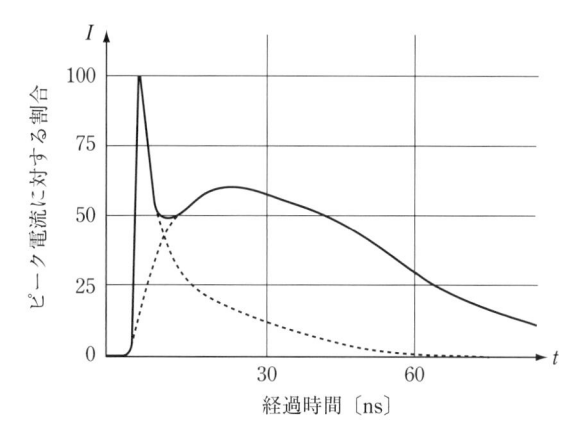

図 15-7 図 15-6 の波形は二つの波形からなる：速い立上りパルスは ESD 試験器のプローブ先端の自由空間容量の放電である，遅いパルスは試験器のグラウンドストラップのインダクタンスに直列な $150\,\text{pF}$ コンデンサからの放電である。

0.7～1 ns で，ピーク電流は 8 kV 放電で 30 A，4 kV 放電で 15 A である。

この波形は，実際には図 15-7 に示すように二つの放電の組み合わせである。速い立上り時間を持つ細いパルスは，ESD 試験器のプローブ先端（この形と寸法は標準規格で定義される）の自由空間容量の放電である。立上り時間が遅くて広いパルスは，試験器のグラウンドストラップのインダクタンス（図 15-5 には示さない）に直列な 150 pF コンデンサの放電である。

3 500 V 以下の電圧で発生する放電は，それに関与する人には感じられずわからないだろう。多くの電子デバイスがほんの数百 V の放電で損傷しやすいので，感じたり聞いたり見たりできない放電によって部品の損傷が発生する。それとは逆に，25 kV より高い電圧で発生する放電はそれに関与する人に痛みを伴う。

15.3　静電気放電

物体上に蓄積された電荷は，リークかアーク放電のいずれか一つの現象によって物体から離れる。物体を放電する手段としてはアーク放電を避けるほうがよいのでリークが望ましい。電荷は湿度のため空気を通じて物体からリークできる。湿度が高くなるほど，電荷は物体から速くリークするようになる。物体上の電荷は，正と負に帯電したイオンを空気中に生成するイオン発生器を使って中和することができる。逆極性のイオンが物体に引き付けられ，物体上の電荷を中和させる。イオンが多くあるほど電荷は速く中和されることになる。

帯電した導体からのリークは，その物体を意図的に接地して発生させることができる。この接地には，強い接地（インピーダンスが 0 Ω に近い）と電流の流れを制限する弱い接地（数百 kΩ～数 MΩ の大きなインピーダンス）がある。人体は導電性なので，導電性のリストストラップを使って人体を接地すると電荷が排出される。しかし，人体を接地しても，人体がまとう衣類（不導体）や発泡スチレンのコーヒーカップのように手に持ったプラスチック製品からの静電気は排出できない。これらの物体から電荷を取り除くには，イオン発生器や高い湿度（>50 %）を使う。

人体を接地すると，人が交流電源線やほかの高電圧と接触する場合に安全上の問題があるので，強い接地は避けるべきである。人体の接地で使われるインピーダンスは 250 kΩ 以上でなければならない。接地されるリストストラップは，通常 1 MΩ の接地抵抗を持つ。この抵抗が高くなるほど，物体から電荷を排出する時間は長くなる。

15.3.1　減衰時間

物体上の電荷は一定時間をかけてリークするので，重要なパラメータはその減衰時間（電荷を初期値の 37 % に減らす時間）である。減衰時間（緩和時間とも呼ばれる）は次式に等しい（Moore 1973, p. 26, Eq. 15）。

$$\tau = \frac{\varepsilon}{\sigma} \tag{15-5}$$

ここで，ε は物質の誘電率，σ は導電率である。減衰時間は物質の表面抵抗率で書くこともできる。

表 15-3　種々のクラスの物質の表面抵抗率

物質	表面抵抗率（Ω/平方）
導電性	$0\sim10^5$
静電気消散性	$10^5\sim10^{12}$
帯電防止性*	$10^9\sim10^{14}$
絶縁性*	$>10^{14}$

* 表面抵抗率 10^{14} は帯電防止性から絶縁性に遷移するには高すぎる。10^{12} Ω/平方がより現実的な値である。

$$\tau = \varepsilon\rho \tag{15-6}$$

式(15-6)から，減衰時間は物質の抵抗率を測る間接的な方法として使えることがわかる。

静電気は表面現象なので，物質をその表面抵抗率で分類することができる。表面抵抗率は，単位面積当りの抵抗（Ω/平方）という次元であり，物質の正方形断面で測った抵抗に等しい。正方形のサイズは重要ではなく，抵抗率は同じになる。表面抵抗率は，正方形の両サイドから二つの電極を当てる治具を使って測られる。電極間のスペースが電極の長さと同じである限りは，電極の長さにかかわらず抵抗は同じになる。つまり，二つの電極が 3 cm の長さなら 3 cm 離して配置しなければならない。

表面抵抗率に基づいて，DOD-HDBK-263 では表 15-3 のように物質を四つの種類に分類している。

単位面積当り 10^9 Ω 以下の表面抵抗率を持つ物質は，接地によって速やかに放電することができる。電荷がすでに物体上に存在しているなら，損傷を避けるために電流を制限してゆっくりと放電しなければならない。

導電体は電荷を消散させるのが最も速く，すでに帯電した電子デバイスの近くで使うときは危険にさらされる。帯電したデバイスが接地された導電体と接触すると，大きなピーク電流を伴って急速に放電され，結果的に損傷が生じることがある。

静電気消散物質は，電荷の消費がゆっくりと発生するので導電体よりも好まれる。接地された静電気消散物質は，電荷蓄積を防ぎ，すでに帯電した物体を安全に放電させるために使うことができる。

静電防止物質は電荷を消散させるのが最も遅いにもかかわらずその物質は有用である。それは，電荷が生成するよりも速く電荷を消散でき，物質の電荷蓄積を防ぐからである。この例としてピンク色のビニール袋がある。摩擦電気による帯電を防ぐために，物質の表面抵抗率は単位面積当り 10^{12} Ω/平方を超えてはならない。

静電気消散物質と静電防止物質のどちらも，それらの物質どうしやほかの物質から分離したとしても帯電しない。これらには類似の用途があり，ときには一緒に扱われる。これらの物質は，電子装置の製造ラインなど ESD に敏感な環境で使う物質として好まれる。

絶縁体は電荷を消散せず，それが持つ電荷をすべて保持する。例はビニール袋や発泡スチレン梱包材である。絶縁体は ESD に敏感な環境で使うべきではない。

15.4　機器設計における ESD 保護

　ESD 保護は，最初のシステム設計の一部とすべきであり，最後に，試験で問題ありとわかったときに追加すべきではない。

　効果的な ESD 耐性設計は 3 方面からのアプローチを必要とする。
- 第 1 に，次の手段でトランジェント電流の侵入を阻止もしくは最小限に抑える。
  - 効果的な筐体設計
  - ケーブルのシールディング
  - シールドのない外部ケーブルのすべての導線にトランジェント保護を用意する。

- 第 2 に，次のような敏感な回路を強化する。
  - リセット信号
  - 割り込み信号
  - 他の重要な制御信号

- 第 3 に，次にある誤りを検出し，できればその誤りを修正可能な，トランジェントに強いソフトウェアを書く。
  - プログラムフロー
  - 入出力 (I/O) データ
  - メモリー

　最適な ESD 保護のために，上記 3 方面のすべてに注意を向けなければならない。

　静電気放電からのエネルギーは，二つの手法で電子回路に結合され得る。
1. 直接伝導による
2. 場の結合による
    a　容量性結合
    b　誘導性結合

　放電電流（一般に数十 A）が敏感な回路を通じて直接的に流れると，直接伝導が発生する。これが回路に実際の損傷をもたらすことがある。

　ESD 問題を引き起こすのに直接放電を必要としない。ESD に伴う速い立上り時間を持つ高電圧と大電流は，強い電磁場を生成する。通常の電磁場は損傷を引き起こすものではないが，この電磁場は，実際に放電が発生した所からたとえ 1 m 以上離れていたとしても，多くの電子回路を誤動作させるのに十分な強さを持つ。

　回路やシステムは，次のいずれかによって静電気放電から保護される。
1. 発生源で静電気の蓄積を取り除く
2. 製品を絶縁処理して放電を防ぐ
3. 放電電流が敏感な回路をバイパスするように別の経路を用意する
4. 放電によって生成される電場に備えて回路をシールドする

5. 放電によって生成される磁場から回路を保護するために，ループ面積を小さくする

上述の1.～3.は，直接放電の制御に対応する。4.，5.は，関連する場の結合の制御に対応する。

電子システムでのESDが誘導する影響は，次の三つに分類できる。
1. ハードエラー
2. ソフトエラー
3. 一過性の乱れ

ハードエラーは，ハードウェアシステムに実際に損傷を引き起こす（たとえば集積回路（IC）の破壊）。ソフトエラーは，システム動作に影響を及ぼす（たとえば，メモリー内容の変化やプログラムのロックアップ）。一過性の乱れはエラーを引き起こさないが影響は感知できる（たとえば，CRTディスプレイの画面揺れやディスプレイ表示の瞬時的な変化）。

ESD障害に対する欧州連合（EU）の基準は次のとおりである（性能判定基準B）。

> 装置は試験後も意図したとおり動作を継続すべきである。性能の劣化や機能喪失は許されない。試験中の性能劣化は許容される。実際の動作状態や記憶データの変化は許されない。

言い換えると，一過性の乱れは許容されるがソフトエラーやハードエラーは許容されない。

ESD耐性がある機器を設計する最初のステップは，敏感な回路を通じて流れる直接放電を防ぐことである。これは，回路の絶縁処理や放電電流の迂回経路を用意することによって達成することができる。

スパークは，キーボードのキー周りの継ぎ目や空隙のような極めて狭い空隙を縫って侵入できるので，絶縁を使う場合それは完全でなければならない。たとえば，針穴程度

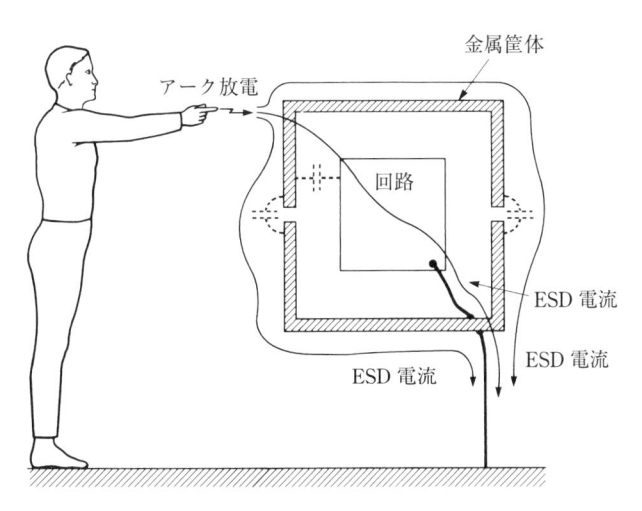

図15-8 継ぎ目に電気的な接続がない金属筐体への静電気放電

に小さいものを通して放電は発生し得る。

金属筐体内の製品の場合は，ESD電流の迂回経路として筐体を使うことができる。敏感な回路からESD電流を効果的に迂回させるために，筐体のすべての金属部品を接続しなければならない。筐体が電気的に連続してないと，図15-8に示すように，電流の一部は内部回路を通じて流れることを強いられる。

ESDの接合と接地の基本原理は，ESD電流を流したい所は低インピーダンスの多点接続として，ESD電流を流したくない所は一点接続とすることである。 したがって，筐体のすべての接合部や継ぎ目やヒンジなどに，高周波特性のよい電気的連続性（多点接続）を提供しなければならない。筐体が不適切に接続されると，ESDの電流経路は複雑で予測不可能であり，筐体と内部回路との間の寄生容量を通じて流れたりする。

15.5　ESDの侵入防止

ESDが侵入する三つの最も一般的な経路は，筐体，ケーブル，キーボード・制御パネルである。筐体には金属と樹脂があり，それぞれに長所・短所がある。ESDを低減する方法はそれぞれで異なる。

15.5.1　金属筐体

金属筐体の大きな長所はESD電流の迂回経路として使えることであり，短所は放電の発生を助長することである。

図15-9に示すように，接地された金属筐体に完全に囲まれて，筐体から絶縁された回路の状況を考える。回路は筐体外部への接続は何もない。ここで留意すべき点は，接地線が持つ大きなインダクタンスのせいで，初期ESD電流のほとんどが，筐体とグラウンドとの間の寄生容量を通じて流れるということである。放電が発生すると，寄生容量が充電されて筐体の電位が高くなる。10 kVで放電する場合，筐体は標準的に約1 kV～2 kVにまで電位が上がる。

導線のインダクタンスを6 nH/cm（15 nH/in）と仮定すると，1.8 m（6 ft）の接地線

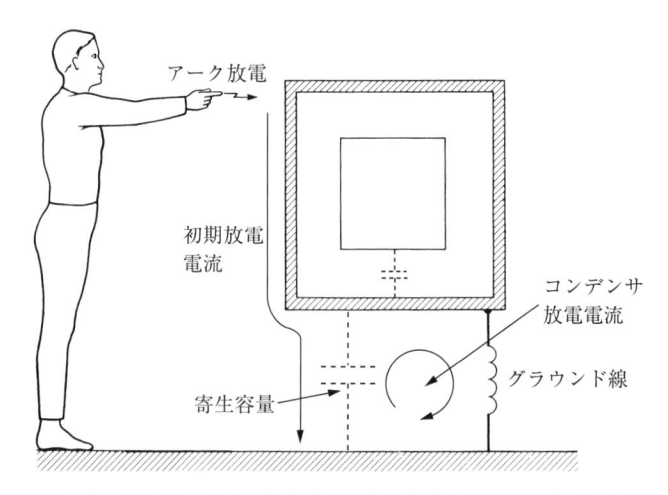

図15-9　回路を完全に囲んだ金属筐体への静電気放電。回路は外部接続がない。

は，約 $1\,\mu\mathrm{H}$ のインダクタンスを持つ。300 MHz で，$1\,\mu\mathrm{s}$ の立上り時間を持つ ESD 波形のスペクトル成分は，およそ $2\,\mathrm{k}\Omega$ の接地線インピーダンスをつくり出す。筐体のグラウンドへの寄生容量が充電されると，まずは筐体の電位を上昇させる。その後，接地線は非常に緩やかな速度でグラウンドとの寄生容量を放電させて，筐体をグラウンド電位に戻す。

放電の結果として筐体の電位が上昇すると，筐体内の回路も同じ電圧に上昇する。したがって，筐体と回路との間，もしくは回路の部品間に電位の差異はなく，回路は保護され完全に安全である。

筐体の不連続部（たとえば継ぎ目や穴）は，図 15-8 に示すように，ESD で誘導された場が筐体内部に結合するのを許すと同時に，筐体上に異なる電圧を発生させる原因となる。その後，この筐体の電圧と場が回路に結合してその動作に影響を及ぼすことができる。

この場の結合問題を解決するために二つの方法が使える。一つは，できるだけ完全な筐体にすることであり，これが最良である。継ぎ目やすき間の数を最小限にしてできるだけ不連続部のない筐体にすべきである。ESD がつくる場の結合を最小限にするために，筐体のすき間は最大でも 2.5 cm（1 in）の長さにすべきである。

二つ目の方法は，誘導結合を最小限にするために回路のループ面積を最小にすることである。さらに，筐体と回路との間の容量結合を妨げるために内部シールドを加えることである。この方法は，図 15-11 に付随する考察と 15.9 節の中で，詳細に議論する。

図 15-9 で示す状況は，回路は筐体外との接続が何もないという非現実的な構造である。図 15-10 のように，筐体で囲まれた回路を筐体外部のグラウンドに接続するのがもっと現実的な状態である。筐体に放電が発生すると，前述のように筐体の電位が高くなる。しかし，回路を外部のグラウンドに接続しているので，回路はグラウンド電位かそれに近い電位にとどまる。したがって，筐体と回路との間に大きな電位差が存在し，図 15-10 に示すように **2 次アーク放電** が発生することがある。この 2 次放電は電流を制限する人体抵抗なしで発生し，1 次放電より大きな電流（数百 A）を生成し，さらに多くの破壊性を秘めている。

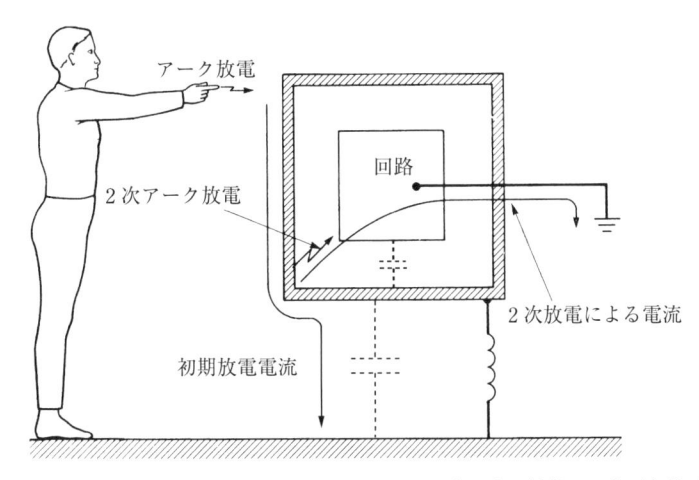

図 15-10　外部グラウンドへの接続を持つ回路を含む金属筐体への静電気放電

第15章　静電気放電

　筐体が接地されていない場合も同様の効果が発生する。しかし，この場合接地された筐体のように数kVまで上がるのではなく，放電源の電位近くまで上がるだろう。したがって，ESD保護のためにはすべての金属筐体を接地するのが望ましい。

　2次放電は，(1) すべての金属部品と回路との間の空隙を十分に確保するか，(2) 回路を金属筐体に接続して筐体と回路を同電位に保つことによって，阻止することができる。空隙は，接地された筐体については約2kV，接地されていない筐体については約15kVに耐えるに十分なものでなければならない。

　空気の絶縁破壊電圧は，標準温度と標準気圧（Standard Temperature and Pressure : STP）でおよそ3kV/mm（75kV/in）である。絶縁破壊電圧は気圧にほぼ比例し絶対温度に反比例する。アーク放電を防ぐ安全な空間距離は，この約3分の1すなわち1mm/kVだと通常考えられる。表15-4は，さまざまな電圧での安全な空間距離を示している。

　たとえ2次放電がなくても，金属筐体と回路との間に発生した強い電場が問題を引き起こす。回路への電界結合を防ぐために，敏感な回路を囲む，筐体内部の2次シールドが必要になることが多い。露出されていないこの2次シールドは，図15-11(B)に示すように回路のグラウンドに接続すべきである。

　回路を筐体に接続する場合，プリント回路板（Printed Circuit Board : PCB）のI/O領域を低インダクタンスで接続すべきである。これは，12.4.3項で述べたケーブルからのコモンモード放射を制限するために使う，回路とシャーシのグラウンド接続に似てい

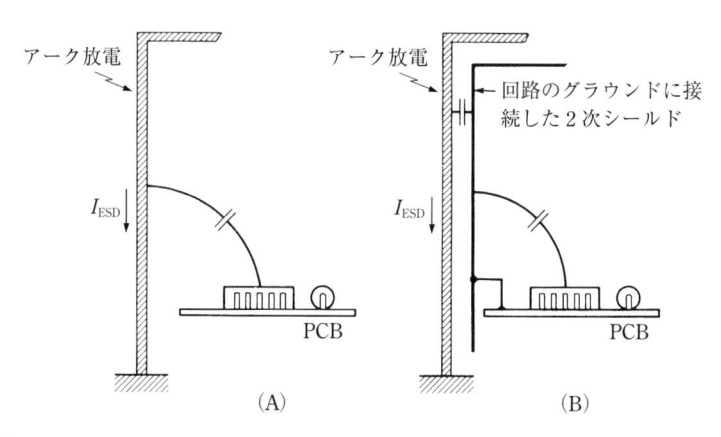

図15-11　金属筐体と回路との間の容量結合(A)，2次シールド(B)は回路と金属筐体との間の容量結合を遮断するために使用される。

表15-4　1mm/kVに基づく安全な空間距離

電　圧	空間距離〔mm〕	空間距離〔in〕
2 000	2	1/16
4 000	4	3/16
8 000	8	5/16
10 000	10	3/8
15 000	15	9/16
20 000	20	13/16
25 000	25	1

表15-5　ESD誘起電圧に対するシールド終端の効果（Palmgren, 1981）

シールドの終端方法	誘起信号電圧
シールドなし，もしくは筐体へのシールド接続なし	>500
ドレイン線をグラウンドに接続	16
コネクタへのシールドはんだ付け：ジャックのネジだけで筐体に接触しているコネクタ	2
コネクタへのシールドはんだ付け：コネクタと筐体間を360°接触	1.25
シールドを筐体に360°で直接固定（コネクタなし）	0.6

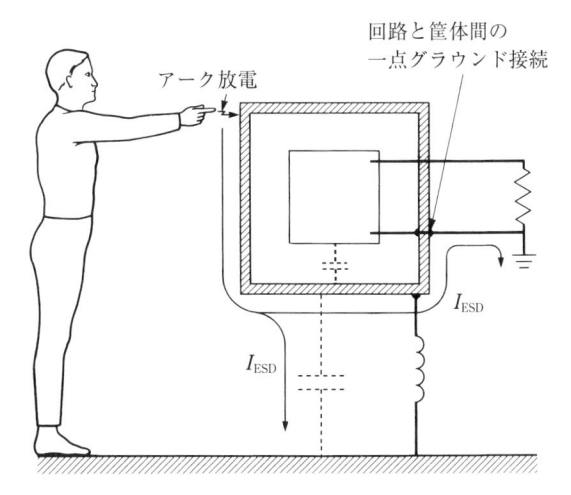

図 15-12　筐体と回路間に一点接続を持つ回路を含む金属筐体への静電気放電

る．したがって，この技法は二つの目的に利用できる．

　図 15-12 の構成がその結果を図解する．筐体に放電が発生すると，筐体の電位は上昇する．しかし，回路のグラウンドは筐体に接続されているので，回路の電位は筐体とともに上昇する．したがって，回路間や回路と筐体との間で電位の違いは存在しない．

　しかし，筐体上の高い電圧はどうなるか？　これは，コモンモード電圧としてインタフェースケーブルに転移され，ケーブルの先端側にあるものに印加される．したがって，この問題は，放電される筐体内の回路からケーブル先端の回路に転移される．そのケーブルが交流の電源ケーブルなら，一時的に数 kV が印加されても実害はないだろう．しかし，そのケーブルが低レベル回路に接続される信号ケーブルなら，回路はおそらく損傷を受けることになる．

　当然，逆のこともあり得る．ケーブルの遠端で回路に放電が印加されると，最初の筐体の内側で回路が損傷を受ける．筐体 A に放電が印加されて筐体 B 内の回路が損傷を受ける，この逆もまた同様である．筆者はこの現象を"古典的な ESD 問題"と呼ぶ．

　したがって，完全な導電筐体に囲まれそれに接続された回路では，主要な ESD 問題はインタフェースケーブルに伴って生じる．これらのケーブルは，ESD による損傷を防ぐように処理しなければならない．

15.5.2　I/O ケーブルの処理

　ケーブルは，(1) 直接放電，(2) アンテナとしての作用，(3) 前項で論じた古典的な 2 筐体の ESD 問題の結果として ESD の侵入地点となる．次の手法を適用することによりケーブルへの ESD 侵入を阻止するか，または最小限にとどめることができる．

1. ケーブルシールド
2. コモンモードチョーク
3. トランジェント電圧抑制ダイオード
4. ケーブルバイパスフィルタ

　ESD 保護のために，被覆率の高い編組シールドや金属箔で覆われた編組線シールド

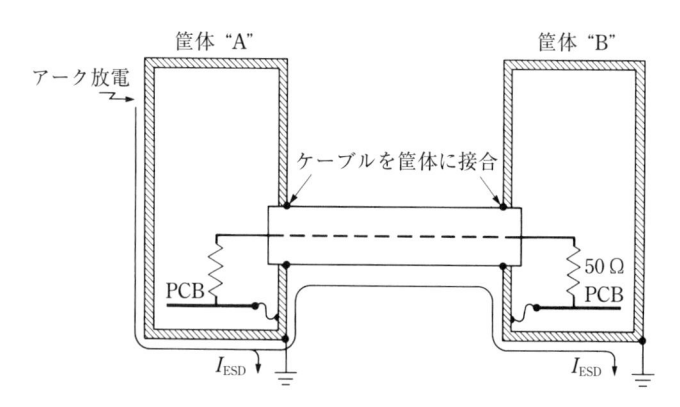

図15-13 二つの筐体を一つの連続した筐体にするために，二つの筐体がシールドケーブルで接続されている。

ケーブルを使うこと。最適な保護のためには，シールド端を360°で筐体に接続する必要がある。ESD保護に対する金属箔シールドケーブルの問題は，そのシールド端がドレイン線（ピグテール）で接続され，筐体に360°接続を形成できないことである。

ESD保護での適切なシールド終端処理の重要性を明らかにするために，図15-13に示すようにシールドケーブルで接続された二つの筐体の古典的なESD問題を考える。このアプローチを確認する一つの手段が，ケーブルのシールドを使って二つの筐体をつないで一つの筐体にしてしまう試みである。筐体へのシールドの接続は，放電中のこの構造のESD性能を決める最も重要なパラメータである。表15-5（p.454参照）に示すリストは，シールドの終端方法に応じて，10 kVの放電が筐体Aに発生したときに，筐体Bの50 Ωの信号ケーブルの終端抵抗で測定された電圧である（Palmgren, 1981）。すべての場合で，筐体の一つはシールド端を360°で接続しておいて，もう一つの筐体へのシールド端の接続方法を変化させている。

シールドを使わないか，もう一つの筐体に接続しないときは，筐体Bの50 Ω抵抗での電圧は500 V以上，おそらく1 kV前後になる。短いドレイン線（約19 mm（0.75 in））を使うと電圧は16 Vに減少する。ドレイン線を標準的に使われる長さ76 mm（3 in）〜102 mm（4 in）にすると，測定電圧はおそらく75 Vか100 Vに近くなる。

シールドがコネクタのバックシェルに360°ではんだ付けされると，バックシェルはDコネクタの二つのネジで筐体に接触するだけだが，電圧は2 Vに減少する。コネクタのバックシェルに360°ではんだ付けされたシールドで，二つの勘合するバックシェルが適切に360°接触を形成する状態では，測定電圧は1.26 Vになる。最終的に，コネクタを完全に取り除いてシールドを筐体に直接360°で固定した状態では，電圧は0.6 Vになる。したがって，筐体Aに10 kVが放電したとき筐体B内の50 Ωの負荷抵抗に誘導される電圧は，500 V以上から0.6 V（ほぼ1/1 000）へ減少した。ここで替えたのは，ケーブルシールドの終端方法だけである。

フェライトも，ケーブルシールドに追加するかまたはそれに置き換えると，非常に効果的なESD保護をもたらす。ESDのスペクトル密度は100〜500 MHzの領域内にあり，これはまさに多くのフェライトのインピーダンスが最大となる領域である。インタフェースケーブルに取り付けたフェライトやコモンモードチョークは，トランジェント

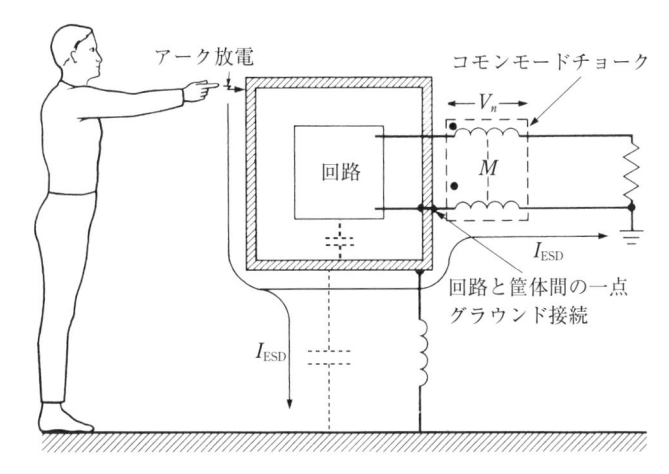

図 15-14　ESD 誘起ノイズ電圧（V_n）を下げるためにインターフェースケーブル上にコモンモードチョークを使う。

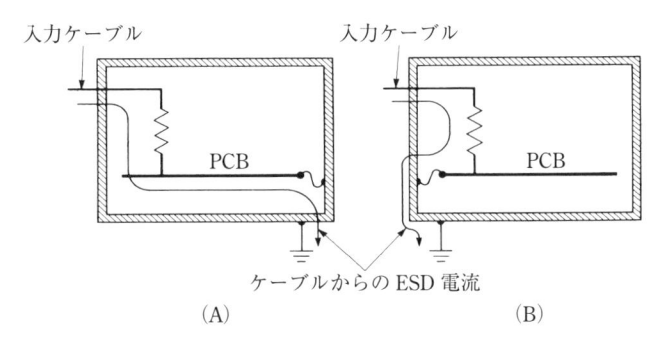

図 15-15　ESD 電流を PCB を通じて流させる PCB とシャーシとの間の不適切な接続(A)，ESD 電流を PCB から筐体に迂回させる適切な接続(B)

放電電圧のほとんどを，ケーブル端に接続された回路よりもむしろチョーク側で低下させる。これを図 15-14 に示す。ESD 波形の立上り時間は速いので，これを効果的にするためにチョークやフェライト端の浮遊容量は最小にしなければならない（3.6 節コモンモードチョークの高周波解析を参照）。回路を 1 点だけで筐体に接続するなら，図 15-15(A) ではなく図 15-15(B) のように，ケーブルが筐体を出入りする箇所近くをその接続点とすべきである。

I/O ケーブルがシールドされていない場合，図 14-12 に示すように，すべての導体にトランジェント電圧保護デバイスやフィルタを付けるべきである。保護用のデバイスは，ESD パルスの立上りエッジの間にターンオンするほど高速（$\ll 1$ ns）なものでなければならない。望ましいデバイスは，トランジェント電圧抑制（Transient Voltage Suppression：TVS）ダイオードである。このデバイスはスイッチングが速く（標準で $<10^{-12}$ s），大量のエネルギーを消散できる大きな接合領域を持っている。ガス放電管や金属酸化物バリスタ（Metal Oxide Varistor：MOV）は，通常 ESD 保護には動作が遅すぎる。14.3.5 項と 14.3.6 項で論じたように，最新の多層構造で表面実装の MOV は動作が速く ESD 保護に使うことができる。

TVS ダイオードは，保護する線路にいくらかの直列インピーダンスを追加できるな

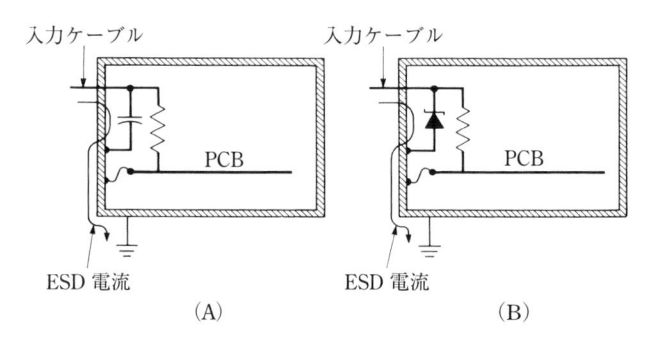

図 15-16　ケーブル上の ESD 電流を筐体に迂回させるために適切に接地されたコンデンサ(A)とトランジェント電圧抑制ダイオード(B)

ら，ESD に対してなおさら効果的である。それは二つの素子による L 型回路を形成する。その直列素子は，100～500 MHz の周波数帯域で 50～100 Ω のインピーダンスを持つべきである。抵抗とフェライトはこの用途でよく機能する。回路が低周波や抵抗による直流電圧降下を許容できないときは，フェライトを使うこと。

　また，トランジェント電圧保護器に代えて，直列抵抗（もしくはフェライト）とシャントコンデンサからなる L 型フィルタを使うこともできる。トランジェント保護器は，入力電圧を一定レベルにクランプする非線形デバイスであるのに対して，フィルタは線形であり，その減衰量に比例して ESD トランジェントを減少させる。ESD のほとんどのエネルギーが 100～500 MHz の領域内にあるので，フィルタはこの領域内では少なくとも 40 dB の減衰を提供するように設計すべきである。フィルタのシャント素子は通常，コンデンサ（100～1 000 pF），直列素子は抵抗やフェライト（50～100 Ω）である。ケーブル上のフェライトコアや筐体に直接実装される容量性のフィルタコネクタも，ESD 保護のために優れた L 型フィルタとなる。

　これらの保護部品は，それが生成するグラウンド電流が回路のグラウンドを通じて流れないように，取り付けるべきである。すなわち，図 15-16 に示すように，これらは筐体や分離した I/O グラウンドに接続すべきである（12.4.3 項を参照）。

　今論じたケーブル入力保護方法は部品の損傷を防ぐだろうが，ソフトエラーや一過性の乱れを防ぐことができない。ノイズ電圧がまだ入力部にあるからである。ソフトエラーを防ぐためには，システムの中にさらなるノイズ耐性を構築することによってこれらのノイズ信号を制御しなければならない。これは，敏感なデバイスへのフィルタの追加，平衡入力の使用，入力回路のストローブ，またはトランジェント信号に強いソフトウェアの設計で実現できる（15.10 節参照）。

15.5.3　絶縁された筐体

　絶縁された筐体の主要な長所は，放電の発生を抑制しやすいことである。しかし，**完全な絶縁でない限り，放電が発生し得る継ぎ目と隙間があることになる**。

　金属筐体の場合，シャーシや筐体は放電電流を内部の回路から遠ざける低インダクタンスの迂回経路として使うことができる。しかし，金属筐体でない場合は，迂回経路となるこの低インダクタンス経路が存在せず，多くの点で ESD の制御が困難である。

絶縁された筐体の主な短所は次である。
- 直接放電に対する便利な迂回経路がない。**交流電源コードの緑色のグラウンド線は，ESD グラウンドとしては使い物にならない**（15.7 節参照）。
- 間接放電に対するシールドがない（電界による結合）。
- 次のものを接続する便利な場所がない。
    - ケーブルシールド
    - コネクタバックシェル
    - トランジェント電圧抑制素子
    - 入力ケーブルフィルタ

したがって，製品がプラスチック筐体内にある場合，ケーブルシールド，トランジェント電圧抑制素子，I/O フィルタはどこに接続すべきか。次の三つの可能性がある。
1. 回路のグラウンドプレーン（芳しくない選択）
2. 12.4.3 項で論じたような，分離した I/O グラウンドプレーン（よい選択）
3. 製品の底部に加えた別の大きな金属板（最良の選択）

回路のグラウンドが ESD 電流を迂回するために使われると，大きなグラウンド電圧が生成されることがある。特に，連続したグラウンドプレーンが使われないときに，この電圧は損傷やソフトエラーを発生し得る。

すべてのケーブルが PCB の同じ領域内でシステムに入るなら，ESD ケーブル電流をバイパスさせるために分離した I/O グラウンドプレーン（12.4.3 項で論じたように）を使うことができる。しかし，この場合は金属筐体が存在しないので，I/O グラウンドは筐体に接続されないことになる。ESD 電流は，分離した I/O グラウンドプレーンを通り，このプレーンと実際のグラウンドの容量を通って流れることで，回路をバイパスする。この方法の有効性は，I/O グラウンドプレーンがどの程度大きいか，どの程度の容量をグラウンドに対して持つかに関係する。

しかし，最も望ましい方法は，システム内に分離した ESD グラウンドプレーンを持ち，基準電位と ESD 電流が流れるための低インダクタンス経路の両方の機能を果たさせることである。グラウンドを提供するのはこのプレートの自由空間容量である。図 15-17 にこの配置を示す。この方法を考えるときの質問はいつも，ESD グラウンドをどの程度の大きさにすべきかである。その答えは簡単で，ESD グラウンドはできるだけグラウンドに対して大きな容量を持つように，筐体と同じ大きさにすべきだということである。ESD グラウンドは厚く重いものにする必要はないが，大きくすべきである。プラスチック筐体の底の内側表面に導電性塗装するように，金属箔が非常によく機能する。

製品がプラスチック筐体の中にあるときに，ESD 電流を敏感な回路から離して迂回させる他の方法は，図 15-18(A) に示すように電源にダイオードクランプを使うことである。そのダイオードは電源バスにサージ電流を迂回させる。そして，保護する回路の入力から離して迂回させる。しかし，電源バスの中に ESD 電流を放出すると，供給電圧を一時的に増減させることになる。供給電圧のこの変動は，保護された回路や同じ電

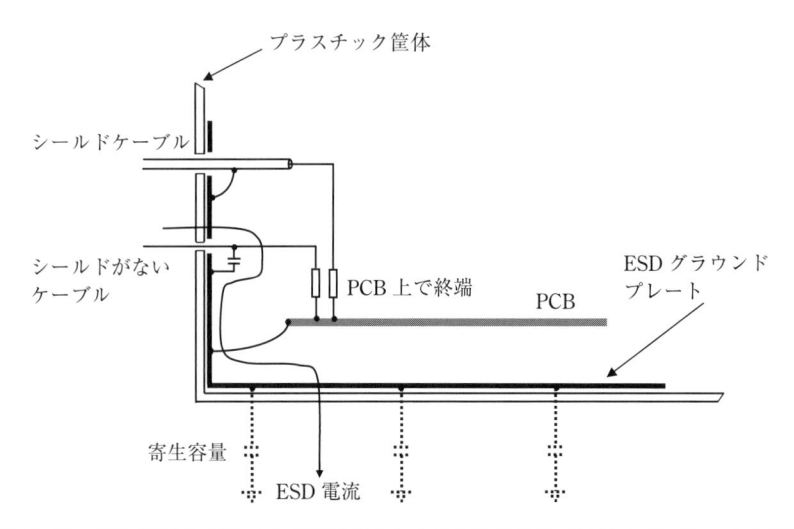

図 15-17　ESD 電流を PCB から迂回させるために金属の ESD グラウンドプレートを使用

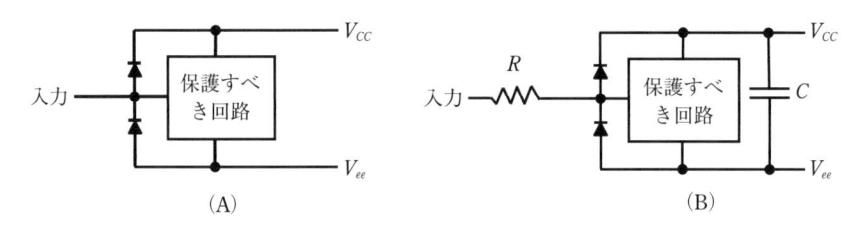

図 15-18　(A) 電源ラインへのダイオードクランプ，(B) (1) 直列抵抗の付加と (2) 電源バルクコンデンサの付加

源に接続された他の回路を混乱させたり，ある場合には損傷させたりすることさえある．

しかし，ダイオードによる手法は，二つの部品を追加すればよく機能するようにできる．まずは，ESD 電流の大きさを制限するために直列抵抗（またはフェライト）をダイオードの手前に加え，次にバルク容量（5～50 μF）を電源ラインに加える．この二つの方法を図 15-18(B)に示す．

コンデンサの電圧電流の関係は，次のように式(14-8)で表せた．

$$dV = \frac{idt}{C} \tag{15-7}$$

idt は電荷 Q を示すので，式(15-7)は次のように書き換えられる．

$$dV = \frac{dQ}{C} \tag{15-8}$$

したがって，ESD 事象によって電源グラウンドシステムに放出される固定の電荷量 dQ に対して，容量 C が大きくなるほど電圧 dV の変化は小さくなる．

プラスチック筐体を使うとき，筐体内の継ぎ目や隙間は ESD の侵入地点になり得るので，電子機器はここから離して置くべきである．1 mm/kV の安全な空間距離を使うこと．必要な空間距離を確保できないときは，隙間と電子機器との間に付加的な誘電材料を挿入すること．

シールドされていない筐体の製品に関しては，内部ケーブルを保護する配慮が必要である。この内部ケーブルは，ESD の直撃に悩まされそうにないが，ESD に関係する場の結合の影響を受けやすい。内部のケーブルへの場の結合はほとんどコモンモードなので，ケーブル全体を覆うフェライトコアが通常効果的である。

リボンケーブルは ESD の影響を特に受けやすく，コモンモード結合を最小化するためにフェライトチョークを付けるべきである。リボンケーブルはまた，ケーブル内のグラウンド（信号リターン）の数と位置に依存する差動モード結合の影響を受けやすい。リボンケーブルは，信号のループ面積を最小にするために，ケーブル内に均一に分配されるグラウンドを数多く持つべきである。各信号導線に 1 本のグラウンドが理想的である。しかし，これは通常 3 本の信号導線ごとに 1 本のグラウンドに緩和でき（信号 3 対グラウンド 1 の割合），信号 5 対グラウンド 1 の割合が最大限許容可能と考えられる。

15.5.4　キーボードとコントロールパネル

キーボードとコントロールパネルは，放電が発生しないような方法で設計しなければならない。もしくは，放電が発生したとき，電流が迂回経路を通じて流れ，敏感な電子機器を通じて直接流れないように設計しなければならない。多くの場合，図 15-19(A) に示すように，放電電流に迂回経路を与えるために，キーと回路との間に金属のスパークアレスタが設置されている。このスパークアレスタは筐体（金属の場合）あるいは分離した金属の ESD グラウンドプレートに接続すべきである。

図 15-19 に示すほかの保護方法は，コントロールやポテンショメータへの放電を阻止するための絶縁シャフトや大きなノブの使用（図 15-19(B)）と，キーボード全体を覆う空隙のない絶縁体の使用（図 15-19(C)）である。図 15-19(A) に示す構造は，ESD 電流の迂回経路を提供する。一方，図 15-19(B) と図 15-19(C) に示す構造は放電の発生

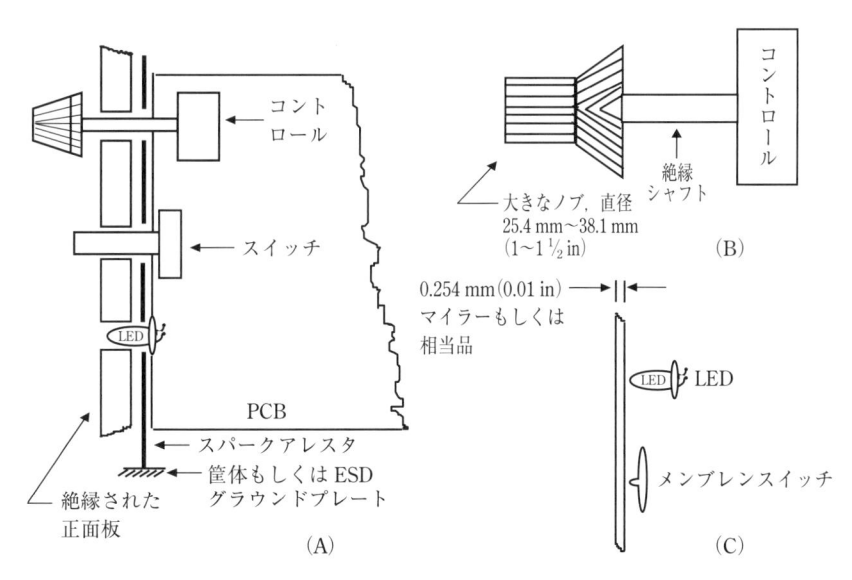

図 15-19　キーボードとコントロールパネルの ESD 抑制．(A) キーボードとコントロールパネル後方のスパークアレスタ，(B) コントロールパネル上の大きなノブと絶縁シャフト，(C) キーボードとコントロールパネルを覆う完全な絶縁

を阻止する。

15.6 敏感な回路の強化

ESD 電流の侵入を防ぐためにあらゆる努力をした後は，次のステップは敏感な回路の強化である。ESD の速い立上り時間により，デジタル回路はアナログ回路よりも乱されやすい。しかし，アナログ回路とデジタル回路は両方とも ESD 損傷を同じように受けやすい。

デバイスの動作状況を変えることができるリセット信号，割り込み信号，他の制御入力信号は，速い立上り時間や狭いパルス幅の ESD トランジェントによる誤トリガーに備えて保護すべきである。これは，たとえば ESD によって生成された急峻な ESD トランジェントに対する感受性を減らすために，小容量のコンデンサや抵抗/コンデンサ（もしくはフェライト/コンデンサ）回路（50〜100 Ω，100〜1000 pF）を IC の入力に加える（図 14-2 参照）ことで達成できる。これは 14.2.3.1 で論じたが，標準設計で実践すべきである。

多層 PCB は，両面基板より 1 桁かそれ以上の大きな ESD 耐性をもたらす。この改善は，電源プレーンとグラウンドプレーンの使用に付随する電源とグラウンドのインピーダンス低下の成果である。そして，信号ループ面積の縮小はプレーン使用の成果である。

また，十分に大きなバルクデカップリングの容量は，トランジェント耐性の向上に効果的である。なぜなら，それは 15.5.3 項で論じたように，トランジェント電荷によって引き起こされる電源電圧の変動を少なくするからである。

15.7 ESD のグラウンド接続

ESD のグラウンド接続について最初に覚えるべきことは，交流電源コードの緑色のグラウンド線は ESD の周波数では高いインピーダンスを持っているということである。前述したように，標準的な導線は 6 nH/cm（15 nH/in）のインダクタンスを持っている。したがって，長さ 1.8 m（6 ft）の交流電源コードのグラウンド線は，300 MHz で 2 kΩ の誘導性リアクタンスを持つ。これには，緑色の導線が実際に"接地"となる前の，建物の壁のコンセント裏側のすべての交流電源配線のインダクタンスを含まない。その長さは，容易に 15.24 m（50 ft）かそれ以上になり得る。全体の電源コードのグラウンドインピーダンスは，グラウンド線に新たな 17 kΩ を加えて 300 MHz でほぼ 20 kΩ となる。

ESD の現実のグラウンドや基準面は，シャーシ（もしくは金属筐体）や製品内の ESD グラウンドプレートと図 15-9 に示すその自由空間容量である。筐体や ESD グラウンドがちょうど 26 pF の容量を持つ場合には，300 MHz でのインピーダンスは 20 Ω となる。これは交流電源コードより 3 桁小さいインピーダンスを表す。

したがって，常に ESD 電流を回路から離して迂回させる方法は，入力回路のトランジェント電圧保護素子やフィルタを筐体に接続することである。金属筐体を使っていな

い場合には，トランジェント保護素子やフィルタを製品内の分離した ESD グラウンドに接続すること．金属筐体と ESD グラウンドのどちらもないときできることは，抵抗やフェライトで放電電流を制限しようと試みることであり，保護素子やフィルタをグラウンドプレーンに接続することである．グラウンドプレーンがないと本当に難しくなる．

図 14-13 は，トランジェント電流の侵入保護と敏感なデバイスの強化の組み合わせの例を示している．入力ケーブル上のトランジェント抑制素子はシャーシにグラウンド接続しなければならない．なぜなら，その目的はトランジェント ESD 電流を PCB から離して迂回させるためである．しかし，その目的はデバイスの入力端子とグラウンド端子間に表れるトランジェント電圧を最小限にするかまたは除去することにあるので，敏感なデバイスへの入力端子上の保護フィルタは，回路グラウンドに接続される．

大きな ESD 電流を製品の近くや内部のグラウンドに迂回させることは，システムに悪影響を及ぼし得る強い磁場を生成する．したがって，ある場合には，この電流値を減らすために ESD の侵入地点とグラウンドとの間に抵抗を加えると効果的である．これはよく**ソフトグラウンド**と呼ばれる．通常 100 Ω か 1 kΩ の抵抗が適切である．

15.8 グラウンドのない製品

静電気放電は接地されていない物体に発生するか？ 答えはイエスである．誰もが接地されていないドアノブでの放電を見てきた．この場合，ESD 電流の経路はどこか？ 外部のグラウンドに接続がない製品（たとえば電卓）では，ESD 電流経路は，侵入地点から対地に最大容量（最低インピーダンス）を持つ製品の一部を通ってグラウンドとなる．多くの小型携帯装置では，グラウンドに対して最大の容量を持つ部分はプリント回路板（PCB）である．PCB を通る ESD 電流の流れがあることは，一般には好ましい結果を与えない．

その解決策は，ESD 電流を流すためにグラウンドに対して低インピーダンス（大容量）を持つ迂回経路を与えることである．これは通常，製品の PCB の下に ESD グラウンドプレートを加えることで達成できる．このプレートは実際の PCB のグラウンド

図 15-20　電卓の二枚貝筐体の ESD グラウンドプレート（右）とプリント回路板（左）を示す

への容量を遮断する。一方で同時に，ESD 電流が流れるように，プレート自体とグラウンドとの間に大きな容量を与えている。これは金属筐体を使うときに起こることと似ている。この方法は，電卓のような多くの小型携帯装置に ESD 保護を与えるために使われる。

図 15-20 は，電卓のプラスチックの二枚貝筐体の内側を示す。写真左は PCB を示し，写真右は筐体の底にあるステンレス鋼の ESD グラウンドプレートを示す。図 15-20 の写真左で，PCB とキーボードとの間に配置された第 2 の金属プレートの一部を下側に見ることができる。これは，図 15-19(A)に示されたものに類似するスパークアレスタであり，これはキーボードへの放電に起因するトランジェント電流に迂回経路を与えるために使われる。

15.9　誘導された場による乱れ

製品への直接放電が必ずしも ESD 問題を引き起こすというわけではない。物体近くでの放電は強い電磁場を生成して，製品に結合しソフトエラーや一過性の乱れを引き起こす。この現象は，数 m 離れた所で発生した放電からも起こり得る。

15.9.1　誘導結合

トランジェント電流によってループに誘導される電圧は次式に等しい。

$$dV = \left(\frac{2A}{D}\right)\left(\frac{dI}{dt}\right) \tag{15-9}$$

ここで，A はループ面積〔cm^2〕，D は放電とループとの間の距離〔cm〕，dI/dt は ns 当りの電流である。図 15-21 は誘導結合の代表的な構成を示す。たとえば，PCB 上で影響を受けやすいループ面積が $10\ cm^2$ で，放電が 5 cm（2 in）離れて発生する状況を考える。20 A/ns の ESD トランジェント電流に対して，$10\ cm^2$ のループに誘導される電圧は 80 V になる。放電が 1 m 離れて発生するならば，誘導電圧は 8 V になる。この誘導された電圧の大きさは，回路の乱れやあるときには実際の損傷を引き起こすことは明らかである。

共通の ESD 試験規格が，この種の誘導結合を模擬する試験を要求しないことに気がつくのは興味深い。

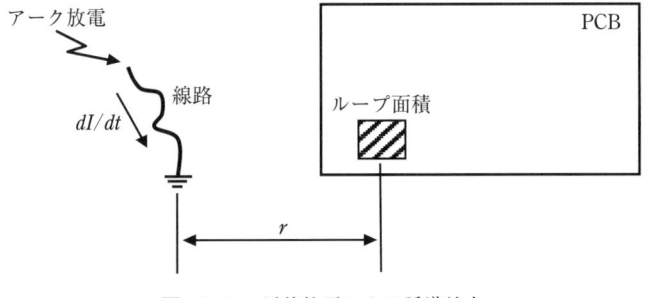

図 15-21　近傍放電による誘導結合

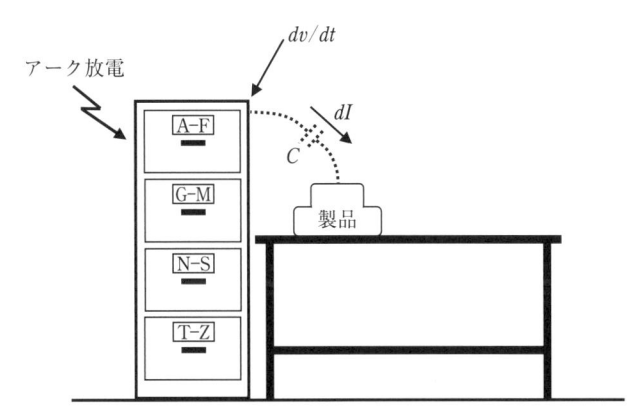

図 15-22 近傍の金属物体への放電による容量結合

15.9.2 容量結合

図 15-22 は，金属のファイルキャビネット近くのテーブル上に置かれているプラスチック筐体の製品を示す。キャビネットに放電が発生すると，製品とキャビネットとの間の寄生容量により製品に電流が注入される。

製品に注入されるトランジェント電流は次式に等しい。

$$dI = C\frac{dV}{dt}$$

ここで，C は pF，dV/dt は ns 当りの kV，t は ns である。

たとえば，製品とファイルキャビネットとの間に 10 pF の容量（大容量ではない）が存在するとき，（ファイルキャビネットへの放電に起因して発生した）ファイルキャビネット上の 2 000 V/ns の dV/dt が，製品に 20 A のトランジェント電流を注入することになる。これは確実に問題を引き起こすのに十分な電流である。

今日のほとんどの ESD 規格が，この種の容量結合を模擬する試験を必要とする。たとえば，欧州連合（EU）の ESD 規格である EN 61000-4-2 は，製品への直接放電だけではなく，製品近くに配置された垂直と水平の結合板への放電を要求する。製品は水平結合板上に絶縁されて配置されている。50 cm×50 cm の垂直結合板が，製品のそれぞれの 4 面から 10 cm の所に配置されている。このとき，放電は垂直と水平の結合板にも製品にも印加される。

15.10 トランジェントに強いソフトウェア設計

製品の ESD 保護への 3 番目の手法は，トランジェントに強いソフトウェアやファームウェアを作成することである。ESD 問題を最小限に抑えるうえで，適切に設計されたソフトウェアやファームウェアの役割を見過ごしてはならない。ESD トランジェントがプログラムを乱すとき，それが停止することなく速やかに回復するような方法でソフトウェアを設計すべきである。適切に設計されたソフトウェアは，ESD によって引き起こされるエラーを排除し最小限にすることで，長く動作することができる。

ESD に耐性のあるソフトウェアを書くうえで，二つの基本的手順がある。

- まず誤りを検出しなければならない
- 次にシステムは既知の安定状態に速やかに回復しなければならない

これを行うには，ソフトウェアは異常な状況を定期的にチェックする必要がある．その目的は，損傷に至る前にできるだけ速くエラーを検出することである．

ソフトウェアのエラー検出の技法は，一般的に三つの区分に収まる．

1. プログラムフロー内のエラー
2. 入出力エラー
3. メモリーエラー

15.10.1 プログラムフロー内のエラー検出

ノイズに耐えるソフトウェアを書く上で最も重要なことは，プログラム自体の健全さを保障することである．プログラムフロー内のエラーは，マイクロプロセッサの内部レジスタ（たとえばプログラムカウンタ）やプログラム命令の一部であるメモリービットの変化によって引き起こされ得る．その結果として，抜け出せない無限ループでプログラムは動かなくなることがある．存在しないメモリの中で命令に対処しようとするかもしれないし，データを命令として解釈しようとするかもしれない．障害に耐えるソフトウェアを書くときは，ESD事象がマイクロプロセッサのプログラムカウンタを勝手な値に設定する可能性があると想定すべきである．これは考えるよりも容易に起こる．

プログラムフロー内でエラーを検出するのは，次の二つの条件のうちどちらかを定期的にプログラムチェックすることからなる．

- プログラムがあまりにも長い時間を要していないか
- プログラムがメモリーの有効範囲内で動作しているか

この状況をチェックすることは難しくなく，数行の命令文だけを必要とする．使用できるいくつかの技法には，ウォッチドッグ（サニティ：健全さ）タイマ，ソフトウェアチェックポイント，エラートラップ，no-op戻りコード，未使用の割り込みベクトル位置の捕捉が含まれる．

無限ループに対する最も効果的な保護は，サニティタイマかウォッチドッグタイマである．多くのマイクロプロセッサは今，不可欠なサニティタイマを含んでいる．ないときは，このタイマは外部回路として実装することができる．その考えは，タイマを設定して特定の数値を超えたらマイクロプロセッサを初期化することである．ソフトウェアは，タイマが時間切れになる前に，タイマを初期化するサニティパルスを周期的に出力するように書く．すべてのものが正常に動作するならば，タイマは決して時間切れにならず，マイクロプロセッサを決して初期化しない．プロセッサが無限ループで動かなくなるなら，サニティパルスを出力しない．したがって，タイマは時間切れになりマイクロプロセッサを初期化して，システムが無限ループから抜け出すようにする．この過程でシステムにエラーが生じるかもしれないが，動かなくなることはもうない．そして速やかに回復する．サニティパルスのプログラムは，メインプログラムで繰り返し使うサブルーチンとして書くことができる．これは付加的な命令プログラムを少しだけ必要と

する。

　ソフトウェアトークンは別の方法である。トークンはソフトウェアモジュールの開始点と終了点に加えられる。開始トークンと終了トークンは同じ値に設定する。モジュールを出るときに終了トークンが開始トークンに一致しないなら，どこか他の場所からルーチンに飛び込んだことになる。そして，エラー回復プログラムに抜け出ることができ，起こり得る損傷を最小限に抑えて速やかに回復させる。

　プログラムが特定のメモリー領域に制限されるような方法で分割されるか，もしくはプログラムメモリがリードオンリーメモリ（ROM）内にあるならば，プログラムがメモリの有効領域の外にアクセスしようとすることを防ぐために，ソフトウェアにトラップを書き込むことができる。プログラムメモリの未使用部分は，最後にエラー処理ルーチンに飛ぶ"no-op"（もしくは類似するもの）命令で満たすべきである。このように，未使用もしくは存在しないメモリへの不用意なジャンプが発生するなら，エラー処理ルーチンが呼び出される。

　未使用のマイクロプロセッサのハードウェアの割り込みベクトル位置が，よくプログラムフローエラーの原因になる。未使用の割り込み入力にESDトランジェントが表れるなら，割り込みベクトル位置へのジャンプを引き起こすことになる。この位置がプログラム命令や保存されたデータを含むなら，予測できない結果が発生する。簡単な解決法は，すべての未使用の割り込みベクトル位置にエラー処理ルーチンへの"リターン"やジャンプを加えることである。

　プログラムフロー内でエラーが検出された時点で，できるだけ少ない損傷で既知の安定状態にシステムを復帰させることが必要になる。エラー処理ルーチンに制御を渡すことにより，この結果が得られる。最も簡単なエラー処理ルーチンはシステムの初期化である。しかし，場合によっては，この強引な方法は容認されないことがある。エラー回復は，損傷を見積もって必要に応じてプログラムを修復することからなる。これをどのようにすべきであるかは，問題になっている特定システムによって決まり，本書の範囲を超えている。

15.10.2　入出力でのエラー検出

　入出力へのトランジェントパルスは，システムの内外に誤った情報を伝える原因となる。出力エラーは，出力をエコー（センドバック）し，そのデータを送られたものと比較することにより検出できる。

　入力エラーは，入力データをソフトウェアフィルタリングするか，またはデータの妥当性をチェックすることにより管理できる。簡単なソフトウェアフィルタリング技法は，読み取りの時間を少しずらしながら入力データを連続してn回読むことであり，複数の読み取りが一致するときだけデータを受け取る。このように，有効な入力をトランジェントノイズスパイクから識別する。ESD保護のためには，読み取りの合間の遅延は数百nsで十分である。フィルタリングの程度は，選択したn値の関数であり，簡単に調整できる。nが大きいほど，よい入力フィルタリングになる。nは2か3の値が適切なESD保護を通常与える。

　図15-23は，データを受け取る前にn回連続する読み取りが一致するまで，入力デ

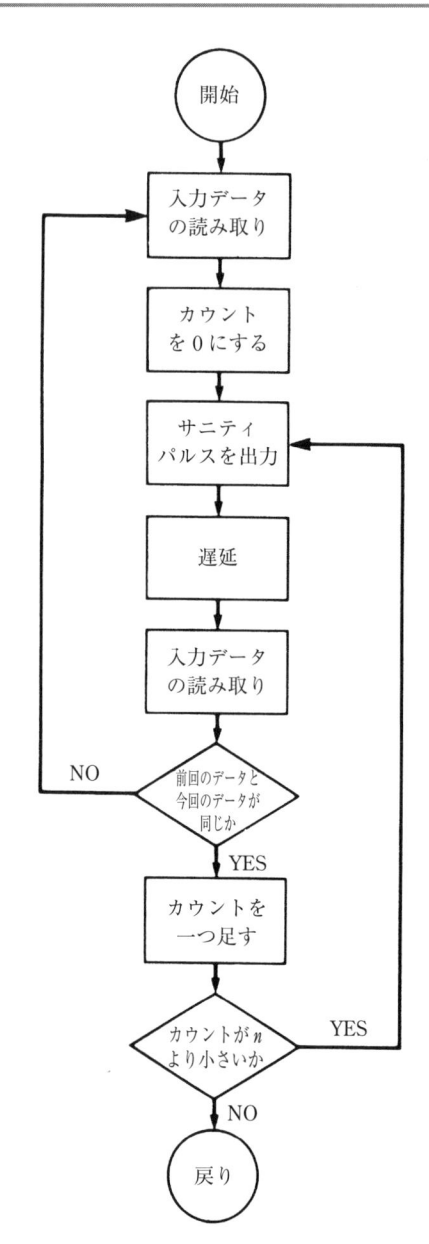

図15-23 入力データをフィルタしてサニティパルスを出力するソフトウェアのサブルーチン

ータを読むサブルーチンのフローチャートを示す。この同じルーチンが，サニティパルスも周期的に生成する。短いトランジェントノイズを無視することによって，プログラムは入力データ上でローパスフィルタとして機能する。

さらに，データを受け取る前に，形式や範囲の検査でデータの妥当性をチェックすることにより，入力データ保護を提供できる。このように，強烈な入力エラーがシステムに侵入して伝播する前に，入力エラーを検出して警告を与えることができる。

15.10.3　メモリ内のエラーを検出

ESDトランジェントノイズによって生じるメモリ内の変化は，すぐには影響がない

かもしれない．しかし，そのままにしておくと，これらのエラーは後でシステムに影響を及ぼし得る．この種のエラーを検出するために，メモリから引き出す全データは使用する前に妥当性を確認すべきである．多くの実用的な技法がデータの妥当性をチェックするために存在する．最も簡単なものは単一のパリティビットの使用である．さらなる技法には，チェックサムの使用，巡回冗長検査（Cyclical Redundancy Checks：CRC）やさまざまなエラー修正コードの使用が含まれる．これらの技法はすべてエラーの存在を検出でき，一部はエラーを修正できる．

たとえば，データワードごとに一つのパリティビットを加えることで奇数のビットエラーがすべて検出できる．データワードが奇数なら，パリティビットを1にセットする．データワードが偶数なら，パリティビットを0とする．メモリーからデータを読み出すとき，システムはパリティ試験を通過しないデータに警告を与えるために，この情報を使い，その妥当性を疑問視する．

エラー修正コードは，エラー検出とときにはある種のエラーの修正ができる．これは，各メモリーワードに特別なデータビットを加えることにより実現できる．たとえば，16ビットワードごとに6個の特別なデータビットを加えることで，1ビットや2ビットのエラーが検出でき，1ビットエラーは修正することができる．必要とするデータメモリー保護の程度は，システム全体の仕様の一部として決めなければならないものである．

エラーを検出する他の簡単なアプローチは，データをブロックとして蓄積してチェックサムやCRCを使うことである．チェックサムは，データのブロックで数を合計してデータとともにその合計をストアすることで機能する．データを再び読むとき同じ作業が実行され，その結果がストアされたチェックサムと比較される．

データのブロックにおけるエラー検出のためのもっと洗練されたアプローチは，CRCの使用である．CRCの背景の考えは，データのブロックを単一の2進数（ワード）wとして処理し，それを他の数（キーワード）kで割る．その商qは無視されて剰余rがCRCとして保存される．この処理のこれまでにない特徴は，簡単な割り算を使うということである．その手法は，kで割ったときに同じ剰余rを与える多くの異なる数wがあるので，絶対確実というわけではない．しかし，キーワードk内の桁nの数が増えるにつれて，エラーの未検出の確率は減少する．最初のバイナリーワードwがランダムであると仮定すると，エラーを検出しない確率はおよそ$1/n$に等しくなる．したがって，nを十分に大きくするなら，エラーの未検出の確率は非常に小さくなる．

パリティビットは，10進数の2（2進数の10）を除数k（キーワード）として使うCRCの簡単な形式であることに気づくのは興味深い．

CRCは，トランジェントに起因するビットエラーを検出するのが得意で，数学的に解析するのが容易で，デジタルシステムで実行するのが簡単なのでよく知られている．UNIXとLINUXの両OSにおいて，任意のファイルに32ビットCRCを自動的に生成する"cksum"機能がある．エラー検出のためのCRC手法はPetersonとBrownによる研究論文（1961）に最初に記載された．

さらにもう一つの簡単な形式のエラー検出は，重大なデータの複数のコピーを保存することであり，メモリからデータを読み出すとき二つのコピーを比較する．簡単ではあ

るが，この方法はメモリを浪費する．

15.11 時間窓

　クロックで動作するデジタルシステムでは，ESD 感受性が変化する**時間窓**がある．これは，異なる時間帯に，異なった機能を実行するシステムの結果であり，これらの機能の一部だけが ESD の影響を受けやすい．たとえば，コンピュータシステムはある時間窓の間ハードディスクドライブからデータを読み出すが，他の時間窓の間に周辺のデバイスにデータを送るか，計算を実行している．やがて後にコンピュータはディスプレイをリフレッシュするか，またはメモリにデータを書き込む．

　したがって，ESD 試験を行うとき，ESD 放電は，被試験装置（Equipment Under Test：EUT）の動作の全モードを対象とするために十分に長い時間帯にわたって製品に加えるべきである．これは，EUT 上のそれぞれの地点に多くの放電（場合によって数百回さらには数千回）を加えなければならないことを意味する．また，ESD 事象は EUT の動作に決して同期していない．ESD 事象はランダムに発生する．

　加えて，ESD 感受性は本質的に統計的なプロセスである．したがって，再現性のある結果を得るために，試験判定基準は妥当な統計的基礎を持つべきである．これは多くの放電を必要とする．また，合格・不合格の判定基準も統計的にすべきである．つまり，製品は，規定の多数回の放電から破損しない障害が x % 以下ということを示すにすぎない．しかし，現在の基準は，障害が許されない絶対的な判定基準を使う．

　上記の効果のどちらも，今日の商用の ESD 試験規格で考慮されていない．たとえば，EN 61000-4-2 は，EUT 上のそれぞれの試験ポイントに 10 回の放電だけを要求する．そして障害は許されない．これは試験工程を簡素化し短縮するためである．しかし，これは統計的に有意であるには，またすべての可能性がある時間窓をカバーするには十分な放電ではない．

要約

- ESD 保護は最初のシステム設計の不可欠な要素である．
- 次の 3 方面のアプローチが ESD 保護のために使われる．
    - 第 1 に直接放電の侵入を防ぐ
    - 第 2 に敏感な回路を強化する
    - 第 3 にトランジェントに強いソフトウェアを作成する
- システムの ESD 耐性強化には，電気的設計，機械的設計，ソフトウェア設計を必要とする．
- デジタル回路は，アナログ回路よりはるかに ESD 擾乱に敏感である．
- デジタル回路とアナログ回路の両方とも同じように ESD 損傷を受けやすい．
- デジタル IC で最も重要な入力信号は次である．
    - リセット信号
    - 割り込み信号

- ・制御信号
・敏感なデバイスは，重要な入力端子にトランジェント保護フィルタを持つべきである．
・ESD 保護フィルタは次で構成できる．
  - ・コンデンサ
  - ・抵抗とコンデンサ
  - ・フェライトとコンデンサ
・重要なデバイスのトランジェント保護フィルタは，筐体ではなくデバイスのグラウンドに接続すべきである．
・ESD は 100〜500 MHz の周波数帯域にスペクトル成分を持つ．
・露出するすべての金属は接続すべきである．
・ESD 保護のために，筐体のすき間は最大でも 2.5 cm（1 in）までにすべきである．
・プラスチック筐体内の製品は，"ESD グラウンド" プレーンを持つべきである．
・キーボードとコントロールパネルは，静電気放電に耐えるために慎重に設計しなければならない．
・すべてのケーブルは，ESD 保護のために次のどれかの処理をしなければならない．
  - ・シールド
  - ・トランジェント電圧保護
  - ・フィルタ
・ケーブルシールドを使う場合，シールドと筐体との間に 360° 接続が必須である．
・トランジェント電圧抑圧素子とケーブル入力フィルタは回路グラウンドではなく筐体に接続すべきである．
・トランジェント電圧抑制素子は次の要件を満たさなければならない．
  - ・速くオンオフする（＜1 ns）
  - ・その電流を処理できる
  - ・シャーシグラウンドにほとんどゼロのリード長で接続する
・プラスチック筐体内の製品に関して，内部ケーブルもまた ESD 保護をする必要がある．
・リボンケーブルは特に ESD の影響を受けやすい．
・リボンケーブルは，ケーブルに一様に分配される多数のグラウンドリターン導線を含むべきである．信号 3 対グラウンド 1 の割合か，さらに少ない割合が好ましい．
・プリント回路板上のすべてのループ面積はできるだけ小さく保つべきである．
・多層基板は両面基板に比べて ESD に対して 1 桁小さい感受性を持つ．
・フェライトは ESD 電流を制限するのに効果的である．
・ソフトウェアが "故障" しても，そのまま停止すべきではなく，速やかに回復すべきである．
・次の 3 種類のソフトウェアエラーの保護を行うべきである．
  - ・プログラムフロー
  - ・入出力信号の妥当性
  - ・メモリー内のデータの妥当性

問題

15.1 静電気放電は帯電した絶縁体から発生する可能性があるか？

15.2 中性導体が帯電した物体の近傍に来て接地された。
   a. 接地が取り外されて，導体が帯電した物体から離れるとき，導体は帯電するか？
   b. 導体が帯電した物体から離れて，接地が取り外されるとき，導体は帯電するか？

15.3 ポリエステル樹脂とアルミを一緒に擦って分離したとき，それぞれの物質上の電荷の極性は何であるか？

15.4
   a. 他の導体に導体を擦ることで導体を帯電できるか？
   b. 絶縁体に導体を擦ることで導体を帯電できるか？

15.5
   a. 逆極性の電荷が，分離した絶縁体の異なる領域に存在できるか？
   b. 逆極性の電荷が，分離した導体の異なる領域に存在できるか？

15.6 次の物体の自由空間容量を計算する。
   a. 直径 1.27 cm（1/2 in）のボールベアリング
   b. 直径 152.4 cm（5 ft）の金属めっきしたマイラー樹脂製の風船

15.7 0.2 m×0.25 m の平らな長方形プレートのおよその自由空間容量は？

15.8 寸法が 0.2 m×0.3 m×0.4 m の長方形金属筐体の自由空間容量は？

15.9 物質の表面抵抗率を測るとき，抵抗率を測る物質の正方形の大きさが重要ではない理由を説明せよ。

15.10 プラスチック筐体内の製品は，ESD 損傷から入力部を保護するために電源にダイオードクランプを使っている。回路は V_{cc} とグラウンドとの間に 0.5 μF の容量を持っている。ESD 事象は，電源とグラウンドバスの中に 100 ns の期間で 20 A の電流を放出する（電流が方形波だと仮定する）。
   a. V_{cc} とグラウンドとの間の電圧はどの程度変化するか？
   b. さらに 10 μF の容量が V_{cc} とグラウンドとの間に加えられると，V_{cc} とグラウンドとの間の電圧はどの程度変化するか？

15.11 ESD のための実際のグラウンドや基準導線は何か？

15.12 ESD 保護に使われる"ソフトグラウンド"の長所は何か？

15.13 5 cm² ループが 10 A/ns の放電地点から 10 cm に位置している。トランジェント電圧はそのループに何を誘導するか？

15.14 大きな金属物体は，プラスチック筐体内の近接する製品に 10 pF の容量を持つ。放電は金属物体に発生して，その電圧は 1 ns で 4 000 V に上昇する。トランジェント電流が製品の中に注入するのは何か？

15.15 ソフトウェア ESD 耐性強化は，エラーを検出するために，どのような三つの一般的カテゴリーで用意すべきか？

15.16 メモリ内のデータブロックのランダムエラーを検出するための CRC で，16 ビットワードがキーとして使われるとき，エラーが検出される可能性は何か？

参考文献
- DOD-HDBK-263. *Electrostatic Discharge Control Handbook*. Washington, DC, Department of Defense, May 2, 1980.
- EN61000-4-2. Electromagnetic Compatibility（EMC）—Part 4-2：Testing and Measurement Techniques—Electrostatic Discharge Immunity Test, 2001.
- Hayt, W. H. *Engineering Electromagnetics*. New York, McGraw-Hill, 1974.
- Moore, A. D. *Electrostatics and its Applications*. New York, Wiley, 1973.
- Palmgren, C. M. "Shielded Flat Cables for EMI and ESD Reduction." *1981 IEEE International Symposium on Electromagnetic Compatibility,* Boulder, CO, August 18-20, 1981.
- Peterson, W. W. and Brown, D. T. "Cyclic Codes for Error Detection." *Proceedings of the IRE,* January 1961.

参考図書
- Anderson, D. C. "ESD Control to Prevent the Spark that Kills." *Evaluation Engineering,* July 1984.
- Bhar, T, N. and McMahon, E. J. *Electrostatic Discharge Control,* New York, Hayden Book Co., 1983.
- Boxleitner, W. *Electrostatic Discharge and Electronic Equipment.* New York, IEEE Press, 1989.
- Calvin, H., Hyatt, H. and Mellberg, H. "A Closer Look at the Human ESD Event." *EOS/ESD Symposium,* 1981.
- Gerke, D. and Kimmel, W. "Designing Noise Tolerance into Microprocessor Systems." *EMC Technology,* March-April, 1986.
- Jowett, C. E. *Electrostatics in the Electronics Environment.* New York, Halsted Press, 1976.
- Kimmel, W. D. and Gerke, D. D. "Three Keys to ESD Systems Design." *EMC Test & Design,* September 1993.
- King, W. M. and Reynolds, D. "Personal Electrostatic Discharge：Impulse Waveforms Resulting from ESD of Humans Directly and through Small Hand-Held Metallic Objects Intervening in the Discharge Path." *1981 IEEE International Symposium on Electromagnetic Compatibility,* Boulder, CO, August 18-20, 1981.
- Mardiguian, M. *Electrostatic Discharge；Understand, Simulate and Fix ESD Problems*. Interference Control Technologies, 1986.
- Mardiguian, M. "ESD Hardening of Plastic Housed Equipment," *EMC Test & Design,* July/August 1994.
- Sclater, N. *Electrostatic Discharge Protection for Electronics*. Blue Ridge Summit, PA, Tab Books, 1990.
- Violette, J. L. N. "ESD Case History—Immunizing a Desktop Business Machine." *EMC Technology,* May/June 1986.
- Wong, S. W. "ESD Design Maturity Test for a Desktop Digital System." *Evaluation Engineering,* October 1984.

第16章
PCBのレイアウトと層構成

多くの製品において，電子部品がプリント回路板（Printed Circuit Board：PCB）上に配置する際，そのレイアウト設計は製品の機能と電磁環境両立性（Electromagnetic Compatibility：EMC）性能にとって重要である。PCBは回路図を物理的に実現したものである。

PCBのレイアウト設計は，製品間にEMC要件に合格するか，失敗するかに関わる。部品の配置，禁止領域，トレースの経路指定，層数，層構成（層の順序と層の間隔），リターン経路の不連続など，すべてが基板のEMC性能にとって重要である。

16.1　一般的PCBレイアウトの考慮事項

16.1.1　区分

部品の配置は重要であるが，基板のEMC性能に大きな影響を与えるPCBのレイアウトは見逃されることが多い。部品は論理機能ブロックごとにグループ化すべきである。これらのブロックは図16-1に示すように，(1) 高速論理，クロック，クロックドライバ類，(2) メモリー，(3) 中低速論理，(4) ビデオ，(5) オーディオと低周波アナログ回路，(6) 入出力（I/O）ドライバ類，(7) I/Oコネクタ類とコモンモードフィルタ類である。

適切に区分けされた基板では，高速の論理とメモリーをI/O領域近傍に配置してはならない。水晶や高周波の発振器は，それを使用する集積回路（Integrated Circuit：IC）の近傍に配置し，基板のI/O領域から離すこと。I/Oドライバ類は，そのコネク

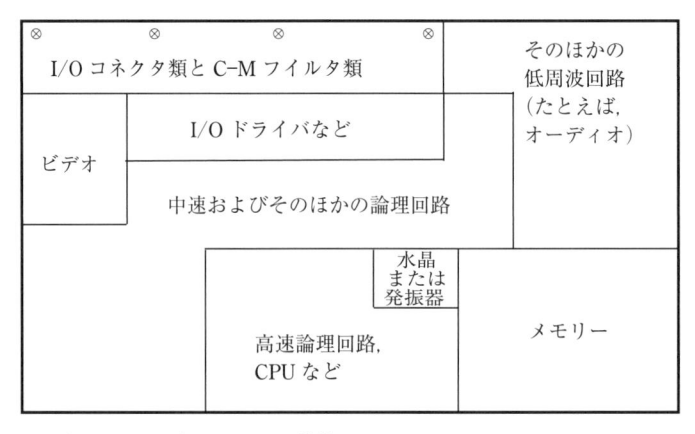

⊗ 回路グラウンドとシャーシの接続

図16-1　PCBの適切な区分け

タの近傍に配置し，ビデオと低周波アナログ回路は基板の高周波デジタル区域を通過することなく，I/O領域に出入りしなければならない。

適切な区分により，配線の長さを最短化し，信号品質（Signal Integrity：SI）を改善し，寄生容量結合を最小化して，PCBからの放射とサセプタビリティ（感受性）をともに削減する。

16.1.2 禁止領域

発振器と水晶および他の高周波回路をI/O領域から離しておくことに，特に注意を払うこと。これらの回路は高周波の場（電界，磁界ともに）を発生し，図6-42に示すように，I/Oケーブル類，コネクタや回路に容易に直接結合することができる。経験によれば，基板の寸法が許すなら，これらの高周波を発生させる回路はI/O領域から少なくとも13 mm（0.5 in）離せば寄生結合を最小にできる。

すべての重要な信号（16.1.3項で規定する）は，10.6.1項で説明したとおり，リターン電流がトレースの下に広がるように，基板の端から離して配線する。優れた設計ルールは，基板外周の周りに信号層とリターン層間隔の20倍の距離で禁止領域を定めることである。この禁止領域に重要な信号を配線してはならない（図16-2参照）。

16.1.3 重要な信号

経験によればPCB問題の90％は，10％の回路に起因する。したがって，この回路の10％にこそ，基板のレイアウトに最大の考慮を払うべきである。**放射**について最大の問題は，クロック，バス，いくつかの制御信号のように繰り返し波形を持つ高周波（速い立上り時間）のデジタル回路である。これらの信号は多数の大振幅で高周波の高調波を含む。通常，クロックが最悪の要因であり，バスと繰り返しの制御信号がこれに続く。

重要な信号を分類するのに有益な測定基準は，「信号速度」の概念である（Paul, 2006, p. 805）。信号の放射は，その電流の高周波スペクトル成分と直接相関がある。その高周波スペクトル成分や信号速度は次に比例する。

・信号の基本周波数 F_0
・立上り/立下り時間 t_r の逆数

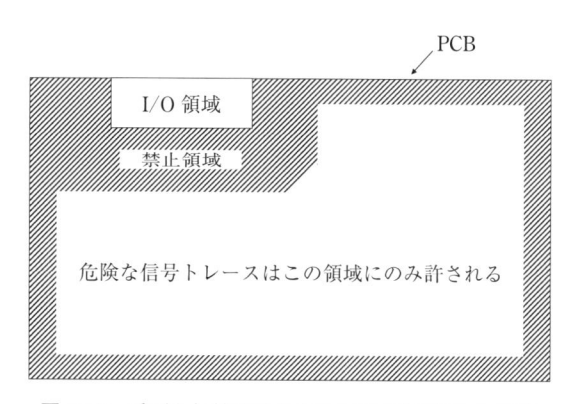

図16-2　重要な信号に対する禁止領域を規定したPCB

・ゲートが切り替わるときの過渡駆動電流 I_0 の大きさ

したがって，信号速度〔A/s^2〕を分類する効果的な基準は，

$$信号速度 \approx (F_0 I_0)/t_r \tag{16-1}$$

大きな電流と速い立上り/立下り時間を伴う高周波の繰り返し信号は，大きなスペクトル成分を持つ．したがって，信号の速度は，すべての重要な信号について考慮すべきである．

16.1.4　システムクロック

システムクロック類には被害妄想になれ！　クロックトレースは最初に配線することにより可能な限り短くし，最適な位置に配置すること．水晶，発振器，共振器とそれを使用する回路をできるだけ近づけて配置すること．水晶，発振器およびクロックドライバの下の基板の部品側にグラウンドプレーンを追加すること．このプレーンを主グラウンドプレーンに多数のビアで接続すること．こうすることで，水晶や発振器からの浮遊容量（電界）を終端とし，水晶の下の最上層に他の信号が配線されることを防止する．水晶や発振器が金属ケースであれば，必要な場合それを部品側のグラウンドプレーンにグラウンド接続することにより，この領域の上に基板レベルのシールド対策を用意できる．

20 MHz 以上の周波数を持つクロック出力トレースのすべてに，小さな直列ダンピング抵抗（またはフェライトビーズ）を追加すべきである．これはリンギング抑制の助けになり反射を抑制する．抵抗の追加がすでに短い配線を長くするのでなければ，短いクロック配線にも推奨できる[*1]．この抵抗の代表値は 33 Ω である[*2]．

クロック発振器とドライバは，V_{CC} ラインに直列にフェライトビーズを挿入して，この回路を主電力分配システムから分離すべきである．

16.2　PCB とシャーシのグラウンド接続

電子機器からの主要な放射源は，外部ケーブル上のコモンモード電流である．アンテナ理論の観点から，ケーブルは筐体を基準プレーンとしたモノポールアンテナと考えることができる（付録 E 参照）．アンテナを駆動する電圧はケーブルとシャーシとの間のコモンモード電圧である．したがって，ケーブル放射の基準は大地のような外部のグラウンドではない．

ケーブルと筐体との間の電位差を最小化すべきであり，PCB のグラウンドとシャーシとの間の接続が重要になる．**内部回路グラウンドは，ケーブルが PCB で終端される位置のできるだけ近くでシャーシに接続すべきである**．これは両者間の電位差を最小にするために必要である．この接続は無線周波数において低インピーダンスにすべきであ

[*1] インピーダンス整合のためドライバの内部抵抗を適切に設定した IC の選択または設計でも可能である．この場合，直列ダンピング抵抗の追加を避けることができる（訳者注）．
[*2] 配線の長さが長いとき（in. での長さが ≥ ns. でのドライバの立上り時間の 3 倍より大きいとき），伝送線路の特性インピーダンス － ドライバの出力抵抗に等しい値の直列ダンピング抵抗を用いる．

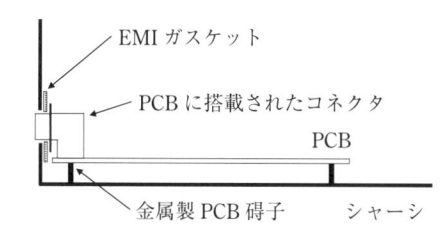

```
                    EMI ガスケット
                         PCB に搭載されたコネクタ
                              PCB

                    金属製 PCB 碍子    シャーシ
```

(注)コネクタバックシェルはシャーシと 360°の接続を保つこと

図 16-3 筐体に 360°で電気的に直接接続する I/O コネクタのバックシェル

る。回路グラウンドとシャーシとの間のいかなるインピーダンスも電位差を発生し，コモンモード電圧でケーブルを駆動し，放射が発生する。

　回路グラウンド-シャーシとの間は，不完全に置かれた金属製スタンドオフで接続され，大きな高周波インピーダンスを持つことが多い。この接続が EMC 目的に最適化されることはまれである。**この接続の設計は製品の EMC 性能に対し重要である**。この接続は短くすべきであり，インピーダンスが並列になるように複数箇所で接続すべきであり，その結果として，無線周波（Radio-frequency：RF）インピーダンスを下げる。図 16-1 は PCB の I/O 領域にある複数の回路グラウンド-シャーシ接続の例を示す。これはすべての I/O が PCB の 1 か所に集中する利点を示している。

　金属のバックシェルコネクタを使用した場合，そのバックシェルは 360°で筐体に直接電気的に（EMC ガスケットまたはほかの手段で）接続すべきである。そうすると，このコネクタバックシェルは，PCB のグラウンド基準プレーンと筐体との間の低インピーダンス接続の一部となる。これを図 16-3 に示す。

16.3　リターン経路の不連続性

　最適なプリント回路板レイアウトを決定する一つのかぎは，実際の信号リターン電流が，どこをどのように流れるかを理解することである。回路図は信号の経路のみを示す。一方，そのリターン経路については明白ではない。したがって，ほとんどの PCB 設計者は信号電流がどこを流れるか（明らかに信号配線の上）のみを考え，リターン電流がたどる経路に対する配慮はほとんどしない。

　上記の関心事に焦点を当てるには，高周波のリターン電流がどのように流れるかを思い出さなければならない。最低インピーダンスのリターン経路は，信号配線直下のプレーンである（これが電源プレーンかグラウンドプレーンかは関係ない），なぜなら，これが最低インダクタンス経路を提供するからである（3.2 節参照）。これは，さらに最小のループ面積も形成する。

　「表皮効果」のため，高周波電流はプレーン内に侵入できない，したがって，**電源プレーンとグラウンドプレーン上のすべての高周波電流は表面電流である**（10.6.1 項参照）。この効果は，PCB で 1 オンス銅の層に対し 30 MHz 以上の周波数で発生する[*3]。

[*3] これは，少なくとも 3 表皮深さを持つプレーンについていえる。2 オンス銅では，これは 8 MHz 以上で発生し，1/2 オンス銅では 120 MHz 以上で発生する。

したがって，**プレーンは実際は二つの導線である**。プレーンの表面を電流が流れるとき，プレーンの裏面には別の電流が流れるか，あるいは電流がまったく流れない。

主要なEMC問題と信号品質（SI）の問題はリターン電流経路に不連続が存在するとき発生する。この不連続によりリターン電流が大きなループを流れ，これがグラウンドインダクタンスと基板からの放射を増大し，同様に隣接トレース間にクロストークをもたらし，波形ひずみの原因となる。さらに，一定インピーダンスのPCB上のリターンプレーンの不連続は配線の特性インピーダンスを変化させ反射を引き起こす。PCB設計者が扱わなければならない最も一般的な三つのリターン経路の不連続は，次のとおりである。

- 電源プレーンやグラウンドプレーン内のスロットや分割
- 層を替える信号配線，これによりリターン電流の基準プレーンが替わる
- コネクタ周りやICの下のグラウンドプレーンの切り抜き

16.3.1 グラウンドプレーンと電源プレーンのスロット

隣接する電源プレーンやグラウンドプレーン上のスロットをトレースが横切るとき，図16-4(A)に示すように，リターン電流はトレース直下から迂回してスロットの周りを流れなければならない。これは電流が非常に大きなループ面積で流れる原因となる。長いスロットほど大きなループ面積になる。大きな電流ループは，グラウンドプレーンからの放射とインダクタンスを増大する。ともに望ましくない効果である。**グラウンドプレーンのスロットについていえる最も重要なことは，それをつくらないことである！** すべてのPCB設計者がこの単純な規則に従うなら，多くのEMC問題を防ぐことができる。スロットをつくらなければならないとき，隣接層上のスロットをすべてのトレースが横切らないことを確かめること。グラウンドプレーンのスロットや分割はPCBからの放射を20 dB以上増大しかねない。

図16-4(B)に，スルーホール部品とビアにより，複数のクリアランスホールを持つグ

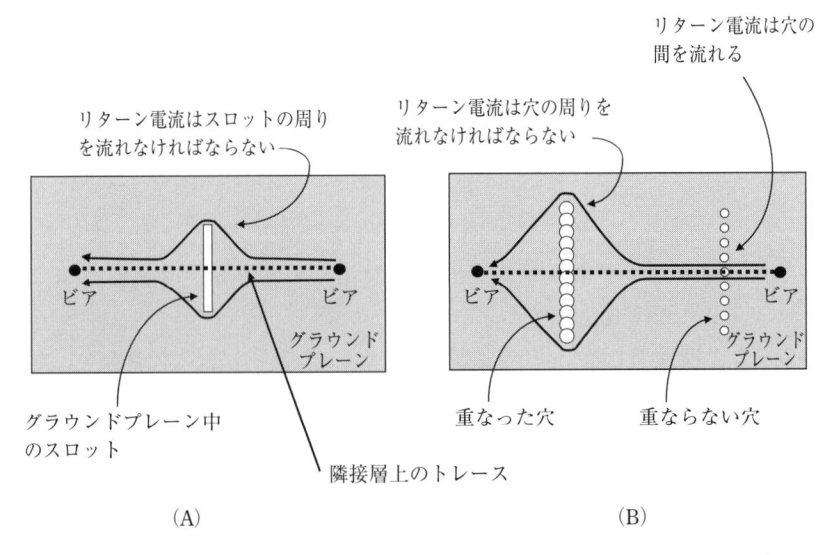

図 16-4　(A)スロットのあるグラウンドプレーン　(B)グラウンドプレーンの穴

表 16-1　スロット付きグラウンドプレーンによるグラウンドプレーン電圧の上昇

スロット長さ		グラウンドプレーン電圧〔mV〕
〔mm〕	〔in〕	
0	(0)	15
6.35	(0.25)	20
12.7	(0.5)	26
25.4	(1)	49
38.1	(1.5)	75
穴の直線配列*		15

* 15個の穴の直線配列，各穴の直径は1.32 mm（0.052 in）。この穴列は電流の流れの方向に垂直に位置し，直線距離25.4 mm（1 in）である。この穴列は図16-4(B)に示した穴列のように重なっていない。電位差の測定はグラウンドプレーン上トレース直下の25.4 mm（1 in）離れた位置で実施した。

ラウンドプレーンを示す。このクリアランスホールが重なるとスロットを形成し，図16-4(A)に示したスロット同様にリターン電流を迂回させる。しかし，このホールが重ならなければ，電流はホールとホールの間を流れ，リターン電流経路を著しく乱すことはなく，したがって基板のEMC性能にとって有害にならない。

表16-1は，プレーン内にスロットがある場合とない場合のグラウンドプレーン電位差の測定値のリストである[*4]。このスロットは，電流の流れに垂直方向に向いており，図16-4(A)に示したものと類似である。電圧測定はグラウンド上の25.4 mm（1 in）離れた2点間の（1.27 cm（1/2 in）ずつスロットの両側に離れた点）トレースの直下で行った。

測定は，10 MHz，3 ns立上り時間の信号をトレースに流し，グラウンドプレーンを戻して実施した。大きな電圧は，グラウンドプレーンインピーダンス上昇の表れである。

測定から明らかなように，グラウンドプレーン電圧はスロットの長さとともに増大する。スロット長38.1 mm（1.5 in）に対し，グラウンド電圧（したがってインピーダンス）は5倍（14 dB）に増大した。しかし，長さ25.4 mm（1 in）ピッチの重なりのない穴の列では，グラウンドプレーン電圧は増大しなかった。

16.3.2　グラウンドプレーンと電源プレーンの分割

図16-5で示す4層基板の例のように，隣接層にある分割部分[*5]を配線が横切るとき，リターン電流経路が分断される。この電流は，分割部分を渡るために他の経路を見つけなければならず，これが電流を非常に大きいループを描くよう仕向ける。

図16-5のようにトレースが電源プレーンの分割部分を横切る場合，最も近傍のデカップリングコンデンサへと方向転換し，リターン電流はベタのグラウンドプレーンへと乗り換える。次に電源プレーンが分割された反対側では，このグラウンドプレーンを流れている電流がトレースに近接した電源プレーンへ戻るための，もう一つのデカップリングコンデンサを見つけなければならない。電源プレーンとグラウンドプレーンとの間の内層面間の容量は，500 MHzよりかなり高い周波数の場合を除いて，十分な低イン

[*4] 測定技法についての論議は付録E, 4節を参照。
[*5] スプリットプレーンは，完全に離れた領域または部分に分割されたものである（図16-6参照）。一方スロットはプレーン中の有限の狭い開口である（図16-4(A)参照）。

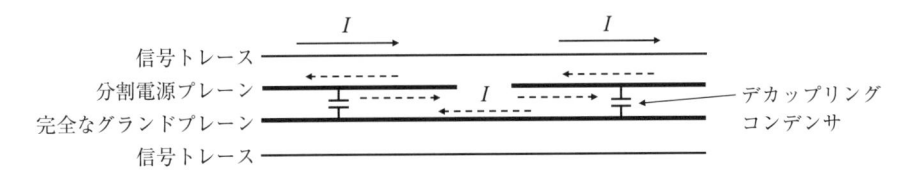

図16-5 隣接する電源プレーンの分割部分を横切る信号トレース。実線の矢印は信号電流経路，破線の矢印はリターン電流経路を示す。

ピーダンス経路を提供するには小さすぎる。この非常に大きなリターン電流経路は，リターン経路のインダクタンスとループ面積を著しく増大させる。

上記の例において，電源プレーンとグランドプレーンがともに分割されていたとすると，どのようにしてリターン電流はこのギャップを渡るのだろうか？ 場合によっては，電源供給源までのすべての経路を戻らなければならないだろう。分割されたプレーン問題の最良の解決策は，分割部分を渡るいかなるトレースも，特に重要な信号トレースは避けることである。上記の例においては，信号はベタのグランドプレーンが隣接する最下層の信号層で配線すべきであった。分割されたプレーンの続きの検討は17.1節にある。

今日の多くの製品は，動作に複数の直流（DC）電圧を必要とする。結果として，分割された電源プレーンの発生はありふれた出来事となっている。しかし，分割されたプレーンは，トレースが分割部分を横切らないように配線するよう制約される。

分割された電源プレーンで生ずる問題の処理には，有効な五つの手法がある。

・分割された電源プレーンと配線制限の共存
・それぞれの直流電圧に別々のベタの電源プレーンを用いる
・一つ以上の電圧に対し「電源島」を用いる。電源島は一つ以上のICの下にある信号層の（通常は基板の最上層か最下層），小さな孤立した電源プレーンである
・いくつかの，またはすべての直流電圧を信号層上のトレースとして配線する
・最後の選択肢として，トレースが分割されたプレーンを横切る箇所に縫い合わせ用コンデンサを追加する

それぞれの手法には利害得失がある。電源島の手法は，互いに隣接して設置された一つ以上のICによってのみ，一つの直流電源が使用されるとき最も有益な手法である。

信号トレースは，隣接プレーンにある分割部分を横切って走らせてはならないが，設計上の制約や費用上の考慮から，特に電源プレーンの場合，それが必要になることが多い。電源プレーンの分割部分をどうしても横切って信号トレースを配線しなければならないとき，電源プレーンの二つの切断部分間の分割部分を橋渡しするいくつかの小さな縫い合わせ用コンデンサを，図16-6に示すようにトレースの両側に一つずつ置く。この技法はプレーンの切断部分間の直流に対する絶縁を保ちながら，スプリットを横切る高周波に連続性を与える。このコンデンサはトレースから2.54 mm（0.1 in）以内に配置し，信号の周波数に従って，0.001～0.01 μFの値を持たせなければならない。

しかし，この解決策は理想にはほど遠い。なぜなら，リターン電流は今やビア，トレース，実装パッド，コンデンサ，実装パッド，トレース，そして最後に分割されたプレ

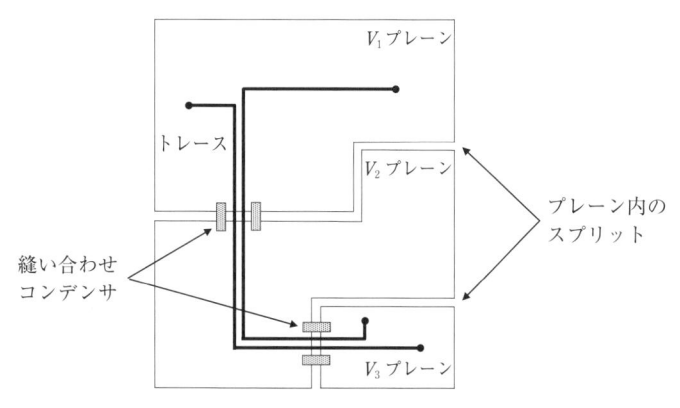

図 16-6　電源プレーンの分割部分を橋渡しする縫い合わせ用コンデンサ。分割部分を横切るトレースの信号電流にリターン経路を提供する。

ーンのほかの切断部分へのビアを通過しなければならない。これは，グラウンドのリターン経路のインダクタンス（インピーダンス）を約 5 nH 以上も増やすことになる。しかし，何もしない代案よりもよい。

5 nH は 100 MHz で 3 Ω，500 MHz で 16 Ω のインピーダンスを持つ。これらのインピーダンスはベタの（非分割）プレーンのそれより数桁大きい。Archambeault（2002, p. 76, Fig. 5-7）は，300 MHz において一つの縫い合わせ用コンデンサを使用した場合，放射ノイズが 28 dB 減少し，二つの縫い合わせ用コンデンサを使用した場合（配線の両側に一つずつ），32 dB 減少するデータを示した。この結果は，プレーンが連続で分割がない場合の 37 dB 低減と比較される。

16.3.3　基準プレーンの切り替え

信号トレースが一つの層から他の層に切り替わったとき，リターン電流も図 16-7 に示すように基準プレーンを変更しなければならないので，リターン電流経路が妨害を受ける。

リターン電流は，どのようにして一つのプレーンから他のプレーンへ流れるかの疑問が生ずる。先に述べた分割されたプレーンの場合のように，内層間の容量は低インピーダンスの経路を提供するには十分な大きさでない，したがって，リターン電流は最も近傍のデカップリングコンデンサ，またはプレーンの切り替えにプレーン間のビアを通して流れなければならない。基準プレーンの変更は明らかにループ面積を増大し，先に述

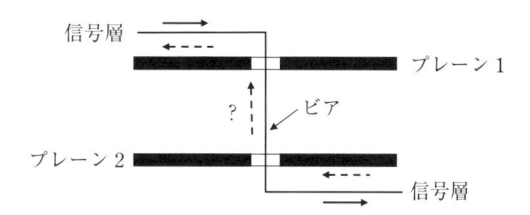

図 16-7　二つの異なるプレーンに隣接する二つの層を配線される信号トレース。このリターン電流（破線の矢印）はどうやってプレーン 2 の下からプレーン 1 の上まで到達するか？　実線の矢印は信号電流経路，破線の矢印はリターン電流経路を示す

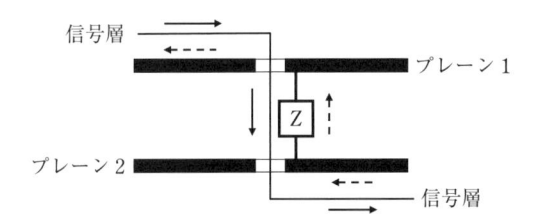

図16-8　信号トレースが層を替えることにより発生するリターン経路のインピーダンス。実線の矢印は信号電流経路，破線の矢印はリターン電流経路を示す

べた分割プレーンのすべての理由から望ましくない。図16-8に示すように，基準プレーンの変更は，リターン経路に実効的なインピーダンス（インダクタンス）を追加する。

この問題に対する一つの解決策は，可能な限り，（クロックのような）重要な信号の基準プレーンの切り替えを避けることである。電源プレーンからグラウンドプレーンへ基準プレーンを切り替えなければならないとき，二つのプレーン間に高周波電流のリターン経路を提供するため，信号ビアに隣接して追加のデカップリングコンデンサを追加してもよい。しかし，この解決策は理想的ではない，なぜならリターン経路に相当な追加インダクタンスが追加されるからである（一般にだいたい5 nH）。

もし二つの基準プレーンが同種（ともに電源かグラウンド）であるなら，信号ビアのすぐ近接にあるコンデンサの代わりにプレーン間ビア（グラウンドどうし，または電源どうし）を使用できることに注意すること。この手法は，非常に優れている。なぜなら，ビアで追加されるインダクタンス（したがってインピーダンス）はコンデンサとその実装によるインダクタンスより非常に小さいからである。**重要な信号が基準プレーンを切り替えるときは，いつでもビアやコンデンサの追加を大いに推奨する。**

現在のPCB設計者は多くの場合，この問題を無視してきた。通常，基板は，信号の異なる層への切り替えに特別の考慮なしに設計されても基板類は動作し，EMC要件に適合した。たぶん，ほとんどの基板はすでに多くのデカップリングコンデンサを実装していたのであろう。設計者が特別の予防策を講じなくても，これら既存のデカップリングコンデンサが問題を最小化する。しかし，基板設計の一部としてこの現象を考慮して修正していた場合，現存の基板がどれだけ改善できたかは推測するしかない。

図16-9は，長さ30 cmの単独の信号トレースを持つ4層試験PCBから測定された放射を示す（Smith, 2006）。その層構成は図16-7に示したものと類似しているが，両方のプレーンはグラウンドプレーンである。図16-9(A)は，トレースが一層のみに限定された場合の放射を示し，図16-9(B)は，トレースがその長さの中間で基板の上層から下層へ1回の遷移を行った場合の放射である。見てわかるように，放射は信号層が基板の上層から下層に遷移した場合のほうがかなり大きい。放射は247 MHz（図16-9(B)の◆印）で，信号が上層から下層に遷移する場合のほうが，信号が単一の層を配線したほうよりほぼ30 dB大きい。約2 GHz以上では，層間容量はリターン経路のインピーダンスを減少するのに十分となるので，両者の放射はほぼ同じである。

図16-9に提示したデータは，スペアナ（スペクトラム・アナライザ）のトラッキングジェネレータの出力で配線を励振し，3 GHzまでの周波数帯域を走査して取得した。

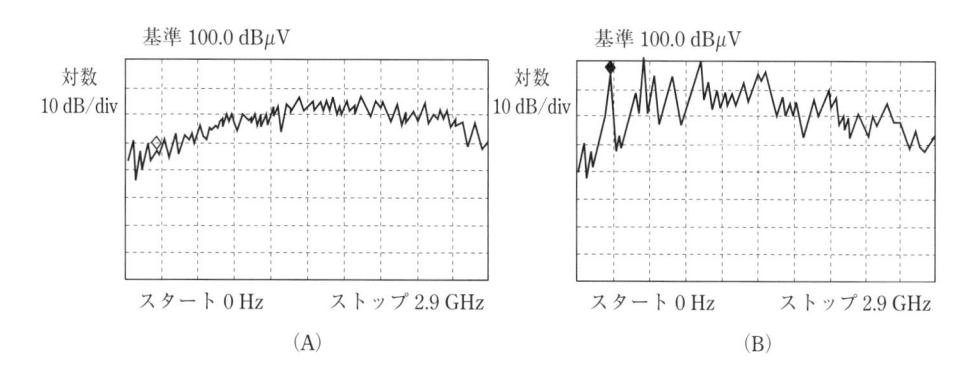

図 16-9　4 層試験 PCB からの放射ノイズ (A) 信号トレースが 1 層のみに限定された場合，(B) 信号トレースが基板の上層から下層へ 1 回の遷移を行った場合

二つのグラウンドプレーンは，負荷端で 2 か所，送端で 2 か所の計 4 か所を一緒に接続した。この試験基板には，プレーン間に一つもコンデンサを使用していない。プレーン間コンデンサやプレーン間ビアを追加していたなら，図 16-9(A) と図 16-9(B) に示した放射間にそれほど大きな差はなかったであろう。しかし，上記の例では二つの異なるプレーンを基準とする PCB の層間を遷移する信号トレースは，リターン経路が著しく不連続となり，放射ノイズを大きく増大することを明示する。

16.3.4　同一プレーンの表と裏を基準面とする

　信号が層を替え，最初に同じプレーンの表面を，後に同じプレーンの裏面を基準面とするとき，そのプレーンの表面から裏面へのリターン電流の遷移は，どのように行われるか？ 表皮効果のため，電流はプレーン内を通過できず，プレーンの表面上だけしか流れることができない。

　プレーンを通して信号ビアを落とすには，プレーンにクリアランスホール（アンチパット）を設けなければならない。そうしないと，信号は基準面と短絡してしまう。クリアランスホールの内表面はプレーンの表面と裏面を接続する面を与え，図 16-10 に示すように，プレーンの表面から裏面へリターン電流が流れる経路を与える。したがって，信号がビアを通過し，同じプレーンの反対側へ続くとき，リターン電流の不連続は発生しない。したがって，二つの配線層を使用する必要があるなら，**これは重要な信号を配線するのによく選ばれる方法である。**

　高速のクロックと他の重要な信号類は，次のような優先順位で配線すること。

・一つのプレーンに隣接するただ一つの層で

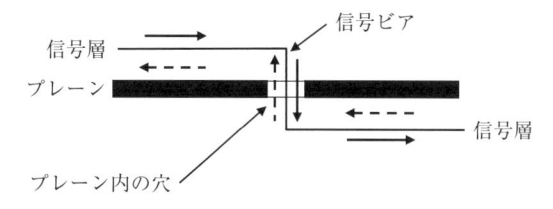

図 16-10　同じ基準プレーンに隣接する二つの層を配線される信号トレースプレーンの穴の内面がリターン電流に経路を提供する。

- 同じプレーンに隣接する二つの層で
- 同種類（グラウンドまたは電源）の二つの独立したプレーンに隣接する二つの層で，かつ信号トレースが層を切り替える場所にはどこでも，プレーン間ビアで二つのプレーンを一緒に接続して
- 異なる種類（グラウンドと電源）の二つの独立したプレーンに隣接する二つの層で，信号トレースが層を切り替える場所ではどこでも，コンデンサで互いのプレーンを接続して，したがってそれぞれが基準面となる
- 2層以上の層で。これはまったく使用しないことが望ましい

16.3.5　コネクタ

リターン電流の不連続がよく発生する他の箇所は，コネクタの近傍である。図16-11(A)に示すようにコネクタの下のグラウンドプレーンの銅が除去されると，リターン電流は大きなループをつくって，切り取った領域を回り道しなければならず，そのためPCB上にノイズの多い場所ができる。大きな（長い）コネクタは，この問題をさらに悪化させる。解決策は，図16-11(B)のように個々のコネクタピンの周りの銅だけを除去し，信号電流ループを小さく保つことである。

16.3.6　グラウンドの充填

グラウンドの充填またはグラウンドの注ぎ込みは，トレースのないPCBの信号層に銅を注ぎ込む手法である。この意図は信号トレースからはみ出る電界を低減し，ある程度のシールド性能を基板に提供することにより，放射と感受性を少なくすることである。効果的にするには，このグラウンドの充填箇所を，基板上の既存のグラウンド構造に多くの箇所で接続すべきである。もし適切にグラウンド接続しないと，銅の充填箇所は実際に放射と感受性ならびにトレース間のクロストークを増大させる。充填の少ない領域と細長い領域は，この点で特に問題となる。充填の少ない領域はなくすべきである。なぜなら，適切にグラウンド接続しないとよくないことを起こし，本当に事態を悪化させるからである。

銅の充填箇所がグラウンド接続なしで放置されると，孤立した充填領域にノイズが結

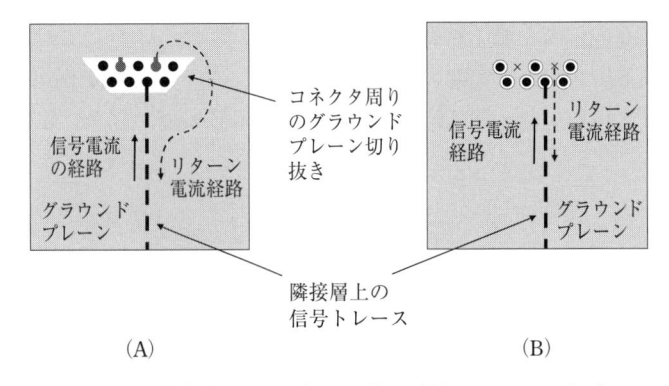

図16-11　PCBのコネクタ領域(A)すべてのコネクタピンに対してグラウンドプレーンの大きな領域を切り抜いた場合，(B)個々のコネクタピンの周りにグラウンドプレーンの小さな切り抜き穴を設けた場合

合し，それが容量的に近傍のトレースに結合しクロストークを増大する。適切にグラウンド接続されていない銅の充填箇所は ESD 問題も発生するおそれがある。**したがって，グラウンド接続されない銅の充填箇所を PCB 上に決して残してはいけない。**

両面基板上のアナログ回路ではよく用いられるが，銅の充填は高速デジタル回路では推奨できない。なぜなら，それはインピーダンス不連続の原因となり，機能上の問題につながる可能性があるからである。グラウンド充填を行った多層基板を使用する場合，多数の箇所で PCB グラウンドプレーンに接続しなければならない。多層基板でグラウンド充填を使う場合は，表面層にのみ実施すべきである。

16.4　PCB の層構成

PCB の層構成（層の順序と層の間隔）は，製品の EMC 性能を決める重要な要素である。優れた層構成は，PCB 上のループからの放射（差動モード放射）と基板に取り付けられるケーブルからの放射（コモンモード放射）を最小にする。しかし，質の悪い層構成は，両メカニズムによる過剰な放射の原因となる。

次の四つの要素は基板の層構成に関して重要である。

- 層の数
- プレーンの数と種類（電源とグラウンド）
- 層の配列順序
- 層間の間隔

通常，設計者は層数以外にはこれらの要素にあまり考慮を払わない。しかし，多くの場合ほかの三つの要素も等しく重要である。層間の間隔については，ときとして PCB 設計者でさえ知らず，PCB 製造者の裁量に任される。

層数の決定には，次のことを考慮すべきである。

- 配線すべき信号の数と PCB のコスト
- クロック周波数
- その製品が適合しなければならない放射要件はクラス A かクラス B か？
- その PCB は，シールドのある筐体に収納されるか否か？
- 設計チームの EMC 工学に対する専門知識

しかし，配線すべき信号数とコストのみが考慮されることが多い。現実にはこのすべての項目が非常に重要であり，等しく考慮すべきである。最少時間と最低コストで最適な設計を実現するには最後の項目が重要であり，決して無視すべきではない。たとえば，相当な EMC の専門知識を持つ設計チームは，2 層基板で受け入れ可能な設計を実施でき，一方経験の少ないチームは 4 層基板で設計したほうがよいであろう。

16.4.1　1 層基板と 2 層基板

1 層基板と 2 層基板は，PCB 設計者に EMC の課題を与える。これらの基板は EMC 性能ではなく，主にコストに対する考えから選択される。ここでの主たる EMC の懸念

事項は，ループ面積をできるだけ小さく保つことである．クロック周波数が 10 MHz 以下でのみ，1 層基板や 2 層基板を考えるべきである．この場合，3 次高調波は 30 MHz 以下である．1 層基板の唯一の利点はコストである．

1 層基板や 2 層基板のすべての重要な信号（16.1.3 項参照）は，最適な配線を保証するために最初に配線すべきである．重要な信号はグラウンドリターントレースを隣接させて，できるだけ短く配線すべきである．クロックとバスは信号トレースやバスの両側にグラウンドリターントレースを配置すべきである（12.2.2 項参照）．小さなダンピング抵抗（≈ 33 Ω）は，リンギングを抑えるためすべてのクロック出力に取り付けるべきである．水晶や発振器の下に，小さなグラウンドプレーンを配置すべきであり，その水晶や発振器の周りのケースをそのグラウンドプレーンに接続すべきである．1 層基板や 2 層基板では，通常高調波のエネルギーが非常に少ないので，発振器には水晶が選ばれる．

2 層のデジタル基板では，グラウンドと電源は格子を形成するように配線すべきである（10.5.3 項参照）．2 層デジタル基板にグラウンド格子が追加された場合，それがなかった場合に比べ，放射が 10～12 dB 減衰するのはまれではない．

すべてのクロック動作する IC の V_{CC} を，V_{CC} ラインに直列に小さなフェライトビーズを追加してデカップルすること．このフェライトビーズは，デカップリングコンデンサの電源側に実装する．基板の未使用領域をグラウンドで埋め，しかもこの埋め込みグラウンドを基板のグラウンド機構に複数箇所で接続し，浮いたままでないか確認すること．

クロックエネルギーを周波数スペクトルに拡散するために，クロックのディザリングを検討すること，それによって放射のピーク振幅を低減する．デザードクロックについては，12.2.3 項を参照のこと．さらに IC 当り**最低** 2 個のデカップリングコンデンサを使用する（四角いパッケージでは 4 個のコンデンサ）．この 2 個を IC の反対側に配置して，過渡的な給電電流に対して打ち消しループを形成する（11.5 節参照）．

上記の手法の多くは適用可能であり，多層の PCB にも適用できる．

1 層基板や 2 層基板に適用可能な最後の放射抑制の手法は，イメージプレーンの使用である（German, Ott, and Paul, 1990 ; Fessler, Whites, and Paul, 1996）．イメージプレーンは基板に近接させて置いた比較的大きな導電性金属のプレーンである．これはアルミや銅のフォイルのような単純なものでよい．適切に接続すると，それは PCB ばかりでなく接続したケーブルからの放射も低減できる．詳細については，掲載した参考文献を参照のこと．

2 層基板で放射とサセプタビリティ（感受性）を最小化するのに，なすべき二つの最も重要なことは次のとおりである．

1. 重要な信号（クロックなど）で形成するループ面積を小さくする
2. グラウンドと電源の構造を格子にする

16.4.2 多層基板

グラウンドプレーンと電源プレーンを用いる多層基板（4 層以上）は，2 層設計よりも放射ノイズに大きな低減をもたらす．よく使われる経験則によれば，他の要素を同じ

とすると，4層基板は2層基板より放射が20 dB以上も低い。次の理由から，プレーンを含む基板はプレーンを含まない基板より優れている。

- プレーンは信号をマイクロストリップ（またはストリップライン）構成で配線することを許す。この構成はインピーダンスが制御された伝送線路であり，1層基板や2層基板で使用されるランダムトレースより放射が非常に少ない
- リターン電流が隣接プレーンに存在するので，ループ面積が低減される
- グラウンドプレーンはグラウンドインピーダンスを大幅に低減するので，グラウンドノイズも少ない

2層基板は20〜25 MHzの周波数で，シールドのない筐体でうまく使われてきたが，これらの例は法則というより例外であり，設計チームは多くのEMC専門知識が必要となる。およそ10 MHz以上では，一般に多層基板を真剣に考えるべきである。

16.4.2.1　多層基板の目標

多層基板を使用するとき，**六つの設計目標**を次のように定めるべきである。

#1　信号層は**常に**プレーンに隣接させること
#2　信号層は隣接のプレーンにしっかりと結合（近接）させるべきである
#3　電源プレーンとグラウンドプレーンは互いに密接に結合させる[*6]
#4　高速の信号は，プレーン間の内層に配線する。そうすると，このプレーンがシールドとして機能し，高速トレースからの放射を閉じ込める[*7]
#5　複数グラウンドプレーンは非常に効果的である，なぜなら，基板のグラウンド（基準プレーン）インピーダンスを下げ，コモンモード放射を低減する
#6　重要な信号を2層以上で配線するとき，それらを同じプレーンに隣接する二つの層に限定する。すでに検討したように，この目標は通常無視されてきた

ほとんどのPCB設計では，六つすべての目標に適合することはできないので妥協が必要である。たとえばよく遭遇するのは，信号プレーンとリターンプレーンの密結合（目標#2）と電源プレーンとグラウンドプレーンの密結合（目標#3）の選択である。

ほかによくある選択は，信号を同じプレーンに隣接して配線する（目標#6）か，プレーン間に信号層を埋め込んで信号層をシールドする（目標#4）かである。基板の層数が許すなら，これらの目標を一つ以上満足させるべきである。EMCと信号品質の両方の観点から，通常は信号層をプレーン間に埋め込むより，リターン電流を単一のプレーン上に流すほうが重要である。

目標#1と#2は常に達成すべきであり，妥協は許されない。

多くの優れた基板の層構成は，この六つの設計目標のうち，四つか五つの目標を達成しているにすぎないが，これは完全に容認できる。現実のPCBが六つの目標をすべて

---

*6　設計によっては，電源プレーンをまったく使用しないのが望ましいことがある。さらに，11.4.6項で検討したようにIC電源供給のデカップリングを改善するために，特殊な高容量PCBラミネートが，電源-グラウンドプレーンサンドイッチ用に利用できる。
*7　7層以下の基板において，この目標#4と目標#3の両方を同時に満足することはできない。

満足するのはまれである．8層のPCBが，上記の六つの目標のうち五つを達成できる最少の層数である．4層または6層の基板では，上記の目標のいくつかについて常に妥協しなければならない．このような条件のもとで，どの目標が間近の設計で最も重要であるかを設計者は決定しなければならない．

上の段落から優れたEMC設計は4層基板や6層基板では達成できないと解釈してはならない．なぜならそれができるからである．それは，六つの目標のうち四つだけが同時に達成でき，いくつかの妥協が必要になることを示しているにすぎない．

機構的観点からもう一つの望ましい目標は，曲がりを防ぐために基板が対称的な（つり合いの取れた）断面を持つことである．たとえば，8層基板で，2層目がプレーンなら，7層目もプレーンにすべきである．ほかに考えるべき問題は層数を奇数にするか偶数にするかである．層数が奇数のPCBは製造できるとしても，偶数層の基板製造のほうが単純かつ安価である．ここに提示したすべての構成は対称であるか，偶数の層を持つつり合いの取れた構成を取る．もし非対称や奇数層の構成が許されるなら，さらなる層構成が可能である．

16.4.2.2　4層基板

4層基板は，2層基板以上にEMC性能と信号品質を向上させるのに使われる．そこに信号配線層は増えないが，信号層から電源トレースとグラウンドトレースを追い出す．

二つの信号層と二つのプレーンからなる一般的な4層基板構成を図16-12[*8]に示す（電源プレーンとグラウンドプレーンは入れ替わることがある）．それは内部に電源プレーンとグラウンドプレーンを持つ，均等に間隔を持たせた四つの層からなる．外側の二つの配線層は，通常直交して配線するトレースとなる．厚さ1.57 mm（0.062 in）の基板での層間間隔は約0.5 mm（0.020 in）である．

この構成は，2層基板より著しく優れているが，理想的な特性より少し劣り，この層構成は目標#1を満足するにすぎない．各層は間隔が均等なため，信号層と電流リターンプレーンとの間は間隔が大きい．さらに，電源プレーンとグラウンドプレーンとの間にも大きな距離がある．4層基板で両方の欠点を同時に修正することはできない．

標準のPCB構成技法では，隣接する電源プレーンとグラウンドプレーンとの間に約500 MHz以下で効果的なデカップリングを提供するのに十分な層間容量はない．したがって，デカップリングには他の手段を採らなければならない（11章で検討したようなデカプリングコンデンサの適切な使用）．したがって，信号層とプレーンを互いに近接させて配置すべきである．信号（トレース）層と電流リターンプレーンとの間の強い

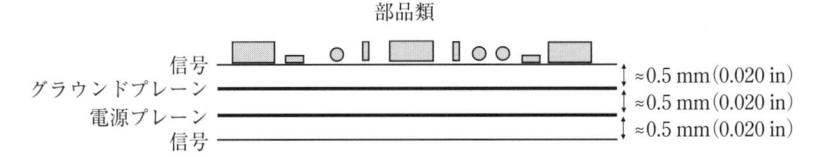

図16-12　一般的な4層基板構成．この構成は六つの目標の一つだけを満足する．

[*8] PCBの積層図では，電源プレーンとグラウンドプレーンを強調のため太線で示すのが慣例である．これはそれらが信号層より厚い銅でできていることを暗示する意図はない．

```
                                部品類
        信号    ▭ ▪ ○ ▯ ▭   ▯ ○ ○ ▫ ▭      ≤ 0.254 mm (0.010 in)
  グラウンドプレーン  ─────────────────────   
                                            ≥ 1.016 mm (0.040 in)
     電源プレーン  ─────────────────────
        信号    ─────────────────────       ≤ 0.254 mm (0.010 in)
```

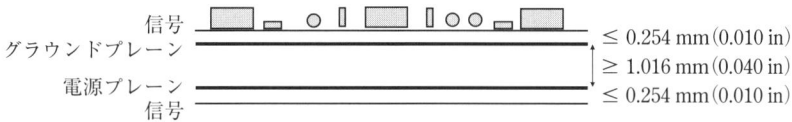

図 16-13　改善した 4 層基板構成。この構成は六つの目標の二つを満足する。

結合による利点は，電源プレーンとグラウンドプレーンとの間の層間容量のさらなる低下に起因する欠点を上回る。

したがって，4 層基板で EMC 性能を改善する最も単純な方法の一つは，信号層をできるだけプレーンに近接（≤0.254 mm (0.010 in)）させ，図 16-13 に示すように，電源プレーンとグラウンドプレーンとの間に大きなコア材（≥1 mm (0.040 in)）を用いることである。これは三つの利点があり欠点は少ない。

最初の利点は，信号ループ面積が小さく，したがって発生する差動モード放射も少ないことである。間隔が 0.127 mm (0.005 in)（トレース層とプレーン層との間）の場合，信号ループ面積は均等間隔構成に比べ 1/4 となる。差動モード（ループ）放射はループ面積に直接比例し，均等間隔の層構成に比べ 12 dB 下がり追加コストはない。

第 2 の利点は，信号トレースとグラウンドプレーンの強い結合はグラウンドプレーンインピーダンス（インダクタンス）を減らし，その結果，基板に接続されたケーブルからのコモンモード放射を減らすことである。図 10-19 の実験によるデータによれば，プレーンインダクタンスは，間隔を 0.5 mm (0.020 in) から 0.127 mm (0.005 in) に替えたとき，約 0.13 nH/in から 0.085 nH/in に減少する。これは，インダクタンスが 35 % 減少したということである。グラウンドインダクタンスを流れる差動モードの論理電流は，グラウンドノイズ電圧を発生するので，グラウンドノイズ電圧も同じ 35 % の減少となる。この電圧はケーブル上のコモンモード電流を駆動する電圧である。そのため，この電流もこの割合で減衰する。ケーブルからの放射はケーブル中のコモンモード電流に正比例する。したがって，ケーブルからの放射は同じ 35 % または 4 dB 弱減少することになる。

第 3 の利点は，近づいたトレースとプレーンの結合が隣接トレース間のクロストークを減少させることである。一定のトレース間隔に対し，このクロストークはトレース高さ[*9]の 2 乗に比例する（式(10-15)）。したがって，配線の高さを 0.51 mm (0.020 in) から 0.127 mm (0.005 in) に減らしたとき，クロストークは 1/16 に（つまり 24 dB）減少する。**これは 4 層 PCB で放射とクロストークの低減法として，最も単純で，最も安価で，最も見逃されている方法である。**図 16-13 の構成は目標 #1 と #2 を満足する。

図 16-12 や図 16-13 に示す電源プレーンが，異なる直流電圧に適応するように分割されるなら，配線がプレーンの分割部を横切らないように，最下層の信号層の配線を制約することが重要になる。いくつかのトレースが分割部分を横切るようであれば，縫い合わせのコンデンサをトレースが分割部分を横切る近傍に配置して，リターン電流経路に

＊9　トレース層と隣接プレーンとの間の間隔。

低いインピーダンスを与えなければならない。

　圧倒的多数の4層基板は上述した層構成であり，二つの信号層を外部に，二つのプレーンを中央に持つ。図16-13に示した層構成は，4層基板のほとんどの用途を満足する。しかし，他の構成方法もうまく利用されている。

　少し従来的でない手法を採るなら，信号層とプレーン層を逆転して図16-14(A)に示す層構成となる。この層構成の主要な利点は，外層のプレーンが内層の信号トレースにシールドを与えることである。欠点は，高密度PCBにおいて，部品の実装パッドによりかなりのグラウンドプレーンが切り裂かれることである。これはプレーンを逆にして，電源プレーンを部品実装面に配置し，グラウンドプレーンを基板のはんだ面に置くといくぶん緩和される。2番目に，設計者によっては，露出した電源プレーンを好まない。3番目に，埋め込み信号層は，不可能でないにしても基板の改造を困難にする。この層構成は目標#1，#2と#4を満足する。

　上記三つの問題のうち二つは，図16-14(B)に示す層構成で緩和される。ここで二つの外層はグラウンドプレーンで，電源は信号層内をトレースとして配線する。この電源は幅広のトレースを使用して信号層内を格子状に配線する。この構成で追加される二つの利点は，(1) 二つのグラウンドプレーンに非常に低いグラウンドインピーダンスを与えるので，ケーブルからコモンモード放射が少なくなり，(2) 二つのグラウンドプレーンは，基板の周囲全体を一緒に縫い合わせて，すべての信号配線をファラデーケージに閉じ込めることができる。この構成は目標#1，#2，#4，#5をたった4層で満足できる。

　第4の可能性を図16-15に示すが，一般には使用されないがうまく機能する。これは図16-13に類似しているが，電源プレーンをグラウンドプレーンに置き換え，電源は信号層内をトレースで配線している。この層構成は，図16-14の構成に関連する改造の問題を克服し，さらに二つのグラウンドプレーンによって低いグラウンドインピーダンスを与えることができる。しかし，プレーンにシールド効果はない。図16-15の構成は目

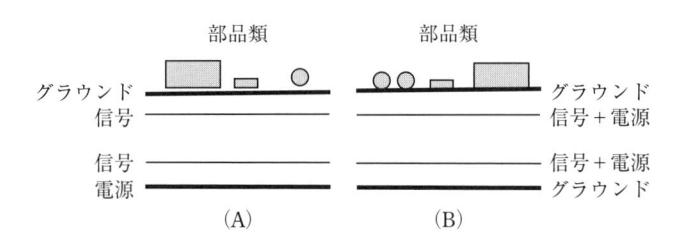

図16-14　信号トレースを内層に，プレーンを外層に持つ4層基板。(A)は六つの目標の三つを満足し，(B)は六つの目標の四つを満足する。

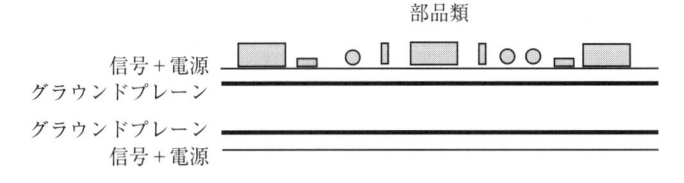

図16-15　二つの内層グラウンドプレーンを持ち，電源プレーンのない4層基板。この構成は六つの目標の三つを満足する。

標 #1, #2, #5 を満足し，目標 #3, #4, #6 を満足しない。よく知られたパソコン周辺機器メーカが多年にわたり，この層構成をうまく使用している。

見てのとおり，最初に想定した以上に，4 層基板には多くの選択肢がある。たった 4 層で，六つの目標のうち四つを満たすことができる。図 16-13，図 6-14(B)，図 16-15 は EMC に対しよく機能する。

16.4.2.3　6 層基板

大部分の 6 層基板は，四つの信号配線層と二つのプレーンから構成される。EMC の観点から，6 層基板は高周波信号をプレーン間の埋め込み層に配置して容易にシールドでき，かつ同一プレーンを基準面とする信号層を直交して配線することができるため，4 層基板より好まれる。

6 層基板で**使用すべきでない**層構成を図 16-16 に示す。このプレーンは，信号層に対するシールドの効果はないし，二つの信号層（1 層目と 6 層目）はプレーンに隣接していない。この構成が，唯一ほどほどによく機能するのは，高周波信号が 2 層目と 5 層目に配線され，1 層と 6 層には，低周波信号のみ配線する場合である。また，もっとよい構成は，1 層目と 6 層目に信号がまったくない（実装パッドと試験端子だけ）ときである。この構成で，1 層 6 層の未使用の領域は「充填グラウンド（ベタグラウンド）」を用意し，本来のグラウンドプレーンにビアでできるだけ多くの箇所で結びつけるべきである。この構成は目標 #3 だけしか満足しない。

利用できる 6 層で，高速信号に二つの内層を与える原理は（図 16-14 の 4 層基板で行ったように），図 16-17 で示すように容易に導入可能である。高速信号の配線層（3 層と 4 層）に加えて，この構成は低速信号の配線に二つの表面層も提供できる。

これは一般的な 6 層構成であり，放射の抑制に効果的である。この構成は目標 #1, #2, #4 は満足し，#3, #5, #6 は満足しない。深刻ではないが，主な欠点は，電源プ

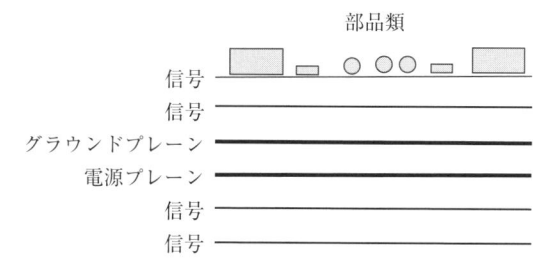

図 16-16　推奨できない 6 層基板。この構成は 6 層構成だが，六つの目標の一つしか満足しない。

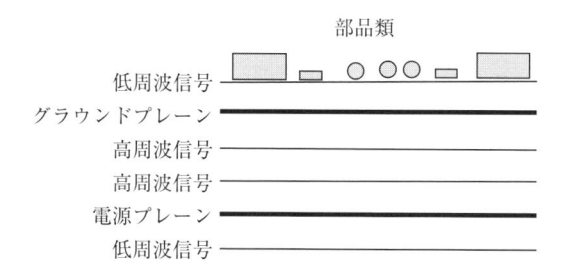

図 16-17　一般的で効果的な 6 層 PCB 構成であり，高周波信号にシールドを施す。この構成は六つの目標の三つを満足する。

```
                        部品類
信号(V₁)        ▭ ▫ ○○○ ▫ ▭
グラウンドプレーン ━━━━━━━━━━━━━
信号(H₁)        ─────────────


信号(V₂)        ─────────────
電源プレーン    ━━━━━━━━━━━━━
信号(H₂)        ─────────────
```

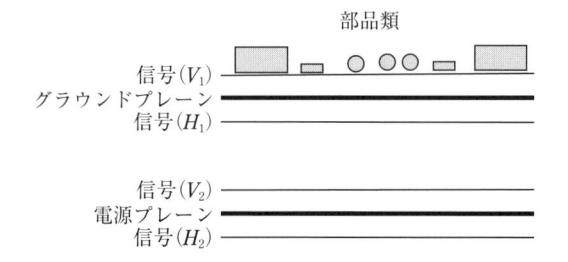

図 16-18　直交して配線される信号層が同じプレーンを基準とする 6 層 PCB 構成。この構成は六つの目標の三つを満足する。

レーンとグラウンドプレーンとの間の分離である．この分離のため，電源プレーンとグラウンドプレーンとの間に大きな容量がない．したがって，この制約を克服するためにデカップリングを注意深く設計する必要がある．

　一般的に近いとはいえないが，6 層基板の性能のよい層構成を図 16-18 に示す．図 16-17 と同じ層構成順だが層の割り当てが異なり，多くの場合に図 16-17 の層構成より優れた EMC 性能を示す．

　図 16-18 の，H_1 は信号 1 の水平方向への配線層を示し，V_1 は信号 1 の垂直方向への配線層を示す．H_2 と V_2 は信号 2 に対して同様のことを示している．この構成は，垂直に配線される信号が常に同じプレーンを基準に取ることが利点である．欠点は，1 層目と 6 層目の信号がシールドされないことである．したがって，この信号層は隣接プレーンに近接させて配置すべきで，所定の基板厚みは厚い中央コア材を使用してつくる．この基板に対する代表的な層間隔は，0.127 mm/0.127 mm/1 mm/0.127 mm/0.127 mm（0.005 in/0.005 in/0.040 in/0.005 in/0.005 in）であろう[*10]．この構成は目標 #1, #2, #6 は満足するが，#3, #4, #5 は満足しない．

　図 16-18 に示した層構成で複数の直流電圧が要求され，電源プレーンが独立に分離された電圧区画に分割されるなら，すべての重要な信号は，ベタのグラウンドプレーンに隣接した 1 層と 3 層だけで配線しなければならない．電源プレーンの分割箇所を横切らない信号は 4 層と 6 層を配線することができる．しかし，直流電圧の一つを信号層にトレースとして配線すると，この問題は避けることができる．

　4 層基板より 6 層基板で優れた EMC 特性を達成するのは容易である．6 層基板は，信号配線層を二つだけに限るのでなく四つ持つと同時に，二つのグラウンドプレーンを使用できる可能性が利点としてある．図 16-17 と図 16-18 の構成はともによく機能し，その差は図 16-17 は二つの高周波の信号層にシールドを提供し，一方の図 16-18 は，同一プレーンを基準面とする一対の直交する配線層を可能にすることである．図 16-17 は製品が非シールド筐体内にあるときよく選択され（高周波信号は外側のプレーンでシールドされるため），一方，図 16-18 の構成は製品がシールド筐体に収まるときに選択される．

---

*10　実際の層間隔は，いくつかの要素からこれらの数値とは異なる．たとえば，所定の総基板厚みと層に使われる銅の厚みによる．

16.4.2.4　8層基板

8層基板は二つの配線層を追加するか，または二つのプレーンを追加してEMC性能を改善するために使われる．両方の例は存在するが，大部分の8層基板の層構成は，配線層の追加というよりEMC性能の改善のために使用される．8層基板の6層基板に対するコストの増加割合は，4層を6層に移行するときの増加割合より少ない，これがEMC性能改善によるコスト増大の正当化を容易にする．したがって，大部分の8層基板は（そして，ここで集中して取り組む層構成は）四つの信号配線層と四つのプレーンからなる．

六つの配線層を持つ8層基板は，どのように層構成を決めようが絶対に**推奨できない**．六つの配線層を必要とするなら，10層の基板を使用すべきである．したがって，8層基板は最適化されたEMC性能を持つ6層基板と考えることができる．多くの層構成が可能だが，優れたEMC性能を与えることにより証明されている，いくつかの例だけを検討する．

優れたEMC性能を持つ8層基板の基本的な層構成を図16-19に示す．この構成は一般的で，初期の六つの目標のうち五つを満足するが，目標#6は満足しない．すべての信号層はプレーンに隣接し，そのすべての層が互いに強く結合している．高速の信号はプレーン間に埋め込まれ，プレーンはこれらの信号からの放射を低減するシールドを提供する．そのうえ，基板は複数のグラウンドプレーンを使用し，グラウンドインピーダンスを下げている．

最良のEMC性能と信号品質のためには，重要な高周波信号が層を切り替えるとき（たとえば図16-19の場合，4層目から5層目へ）グラウンドからグラウンドへのビアを信号ビア近傍の二つのグラウンドプレーン間に追加すべきである．これがリターン電流に対して信号ビアに隣接する経路を提供する．

図16-19の層構成は，11.4.6項で検討したように，2層と3層および6層と7層に，ある種の埋め込み容量技法を用いてさらに改善できる．この手法は高周波のデカップリングに著しい改善をもたらし，個別デカップリングコンデンサの使用をかなり少なくできる．

設計が二つの直流電圧（たとえば5Vと3.3V）を必要とするなら，図16-19の層構成を考えるべきである．二つの電源プレーンおのおのに異なる電圧を割り当てることができる．これは二つのベタの電圧プレーンがある設計となり，電源プレーンの分割の必要がなく，それに付随する問題もなくなる．

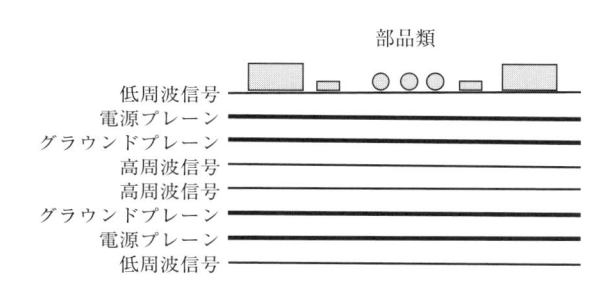

```
                        部品類
低周波信号   ━━━━━━━━━━━━━━━━
電源プレーン ━━━━━━━━━━━━━━━━
グラウンドプレーン ━━━━━━━━━━━━━━━━
高周波信号   ━━━━━━━━━━━━━━━━
高周波信号   ━━━━━━━━━━━━━━━━
グラウンドプレーン ━━━━━━━━━━━━━━━━
電源プレーン ━━━━━━━━━━━━━━━━
低周波信号   ━━━━━━━━━━━━━━━━
```

図16-19　優れたEMC性能を持つ一般的な8層PCB構成．この構成は六つの目標の五つを満足する．

```
                            部品類
グラウンドプレーン ━━━━━━━━━━━━━━━━━━
    信号($H_1$) ─────────────────
グラウンドプレーン ━━━━━━━━━━━━━━━━━━
    信号($V_1$) ─────────────────
    信号($H_2$) ─────────────────
    電源プレーン ━━━━━━━━━━━━━━━━━━
    信号($V_2$) ─────────────────
グラウンドプレーン ━━━━━━━━━━━━━━━━━━
```

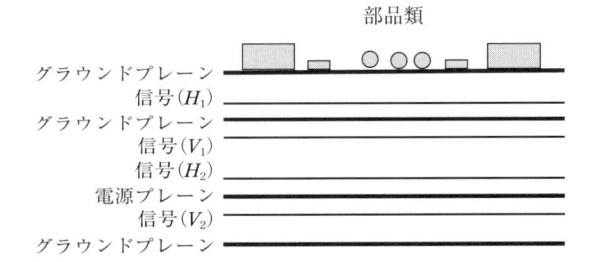

図 16-20 直交して配線される信号が同じプレーンを基準とする優れた 8 層 PCB 構成。高周波信号の配線層は，外側のグラウンドプレーンでシールドされる。この構成は六つの目標の五つを満足する。

もう一つの優れた 8 層構成を図 16-20 に示す。この構成は，図 16-18 の 6 層構成に似ているが，二つの外層にグラウンドプレーンを持つ。この構成により，すべての配線層が内層に埋め込まれシールドが施される。その上，直交して配線される高速信号は，同じプレーンを基準面にできる。

図 16-19 の層構成ほど一般的ではないが，この優れた構成も，先に提示した六つの目標のうちの五つを満足するが，目標 #3 は満足しない。この構成の代表的な層間隔は，0.254 mm/0.127 mm/0.127 mm/0.508 mm/0.127 mm/0.127 mm/0.254 mm（0.010 in/0.005 in/0.005 in/0.020 in/0.005 in/0.005 in/0.010 in）である。

2 層目と 4 層目の信号からのリターン電流の大部分が近いほうのグラウンドプレーン，この場合は 3 層目を戻るように，1 層と 2 層の間隔は 0.254 mm（0.010 in）を使用する。5 層目と 7 層目の場合も同様に，大部分の信号電流は 6 層目を戻る。信号層が二つのプレーン間にあるとき，信号とプレーンの距離が一方の 2 倍離れていると，電流の 67 % が近くのプレーンを流れ，電流の 33 % が遠いほうのプレーンを流れる（表 10-3 を参照）。

図 16-20 の層構成がさらに優れた層間隔は 0.381 mm/0.127 mm/0.254 mm/0.127 mm/0.127 mm/0.381 mm（0.015 in/0.005 in/0.010 in/0.005 in/0.005 in/0.015 in）であろう。この場合，遠い側のプレーンは，近い側のプレーンより信号層から 3 倍離れるので，リターン電流は近い側のプレーンに 75 % が，遠い側のプレーンに 25 % が流れる（表 10-3 参照）。

8 層基板のほかの可能性は，図 16-21 のようにプレーンを中央に移動することにより，図 16-20 を変更することである。これは，配線をシールドできないという犠牲を払って，電源プレーンとグラウンドプレーンのペアを強く結合できる利点を持つ。

これは基本的に図 16-18 の 8 層構成版であり，中央に強く結合した電源プレーンとグラウンドプレーンのペアを持つ。この構成の代表的層間隔は，0.152 mm/0.152 mm/0.381 mm/0.152 mm/0.381 mm/0.152 mm/0.152 mm（0.006 in/0.006 in/0.015 in/0.006 in/0.015 in/0.006 in/0.006 in）であろう。層間隔 0.152 mm（0.006 in）は，信号層とそれぞれのリターンプレーン間だけでなく電源プレーンとグラウンドプレーンとの間の強い結合を考慮しており，これが 500 MHz 以上のデカップリングを改善する。この構成は目標 #1，#2，#3，#5 と #6 を満足し，#4 は満足しない。これは優れた信号品質を持つ性能の卓越した構成であり，電源プレーンとグラウンドプレーンが強く結合しているた

部品類

信号(H_1)
グラウンドプレーン
信号(V_1)

グラウンドプレーン
電源プレーン

信号(H_2)
グラウンドプレーン
信号(V_2)

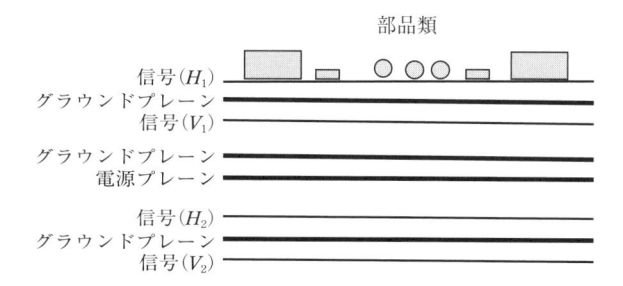

図 16-21 優れた信号品質と EMC 性能を持つ 8 層 PCB 構成。この構成は基板の中央に密に結合した電源グラウンドプレーンを持つ。この構成は六つの目標の四つを満足する。

部品類

低周波信号
グラウンドプレーン
高周波信号

分割電源プレーン
分割電源プレーン

高周波信号
グラウンドプレーン
低周波信号

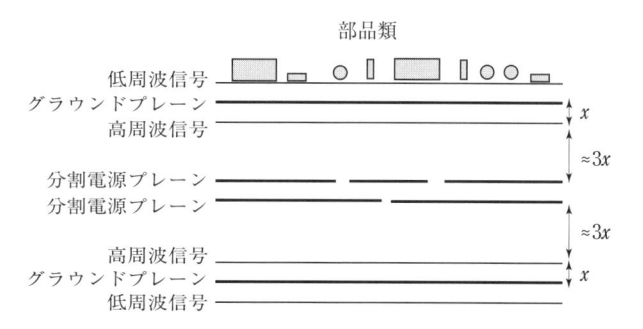

x
$\approx 3x$
$\approx 3x$
x

図 16-22 理想的ではないが受け入れ可能な，四つの信号層と二つの分割電源プレーンを持つ 8 層 PCB 構成。この構成は六つの目標の四つを満足する。

め，図 16-20 の層構成よりもよく選択される．図 16-21 の層構成は，高周波デカップリングの強化のために 4 層，5 層にある種の埋め込み PCB 容量技法を用いることにより，さらに改善できる．これは高周波信号に対し好ましい構成の一つである．

シールド筐体内の基板上の高周波信号（500 MHz 以上の高調波）に対して，図 16-21 の層構成がよく使われる．低周波および非シールド筐体内の製品には，図 16-20 の層構成が信号層をシールドするので使われるであろう．

上記三つの 8 層基板すべてが，六つの目標のうちの五つを満足することに注意のこと．

図 16-22 は，分割した電源プレーンが必要な 8 層基板に使える，理想的ではないが容認できる構成である．それは二つの分割したプレーンと四つの配線層を持つ．この層構成の代表的な層間隔は，0.152 mm/0.152 mm/0.381 mm/0.152 mm/0.381 mm/0.152 mm/0.152 mm （0.006 in/0.006 in/0.015 in/0.006 in/0.015 in/0.006 in/0.006 in）であろう．分割した電源プレーンは，グラウンドプレーン（2 層と 7 層）と比較すると，内層の信号層（3 層と 6 層）から 3 倍離れているので，信号のリターン電流の 75 ％はグラウンドプレーン上を，25 ％だけが分割電源プレーンを流れる（表 10-3）．これは分割した電源プレーンの不利な影響を 6 dB 改善する．この構成は目標の #1，#2，#4，#5 は満足するが，#3 と #6 は満足しない．

8 層以上の基板の使用に EMC の利点はほとんどない．8 層以上は，さらなる信号配線層が必要なときにのみ通常，使用される．六つの配線層を必要とするなら，10 層を使用すべきである．

16.4.2.5　10 層基板

10 層基板は，通常，六つの信号層と四つのプレーンを持つ。10 層基板に六つ以上の信号層は**推奨できない**。

層数の多い基板（10 以上）は薄い誘電体（一般的に 1.57 mm（0.062 in）厚の基板で 0.05 mm（0.006 in）以下）を必要とするので自動的にすべての隣接する層間で強い結合を持ち，目標 #2 と #3 を満足する。適切な層構成と配線により，目標の五つまたは六つすべてを満足することができ，優れた EMC 特性と信号品質を保つことができる。

10 層基板の一般的でほぼ理想的な層構成を図 16-23 に示す。この層構成がそのような優れた特性を持つ理由は信号プレーンとリターンプレーンの強い結合と高速信号層のシールド，複数グラウンドプレーンの存在，ならびに基板中央にある電源プレーン・グラウンドプレーンのペアの強い結合である。高周波デカップリング性能は，さらに 5 層と 6 層にある種の PCB に埋め込み容量技法を用いることにより改善できる。高速の信号は，通常内層に埋め込まれた信号層（この場合 3-4 層と 7-8 層）に配線する。

この構成のペアとなる直交した信号の配線の一般的な方法は，1 層と 10 層（低周波の信号のみを運ぶ）のペア，ならびに 3 層と 4 層のペア，および 7 層と 8 層（ともに高速の信号を運ぶ）である。このように信号をペアにすることにより，2 層と 9 層は内層の高周波信号トレースにシールドを施すことができる。そのうえ，3 層目，4 層目の信号は，中央の電源プレーン・グラウンドプレーンのペアにより 7 層目，8 層目の信号から隔離（シールド）される。たとえば，高速クロックはこれらのペアの一つに配線，高速のアドレスとデータバスは他のペアに配線する。このようにして，バスラインは，間にあるプレーンによってクロックノイズによる汚染から保護される。

重要な信号が一つの層から他の層へ切り替わる場所では，リターン電流の不連続を低減する目的でデカップリングコンデンサまたはプレーン間ビアのどちらか適当なほうが追加される。さもなければリターン電流の不連続が発生する（16.3.3 項を参照）。この構成は，多層基板の初期目標である六つのうち五つを満足するが，#6 の目標は満足しない。

図 16-23 に示した 10 層基板に，直交する信号を配線する他の可能性は，1 層と 3 層，4 層と 7 層，8 層と 10 層をペアにすることである。1 層と 3 層ならびに 8 層と 10 層がペアの場合，同一プレーンを基準面とする直交の信号を配線することが利点である。もちろん欠点は，1 層目または 10 層目に高周波信号が来ると，PCB に本来備わっているシールドが施されないことである。したがって，これらの信号層はそれらの隣接プレー

```
                              部品類
低周波信号          ━━━━━━━━━━━━━━━━
グラウンドプレーン   ━━━━━━━━━━━━━━━━
高周波信号          ━━━━━━━━━━━━━━━━
高周波信号          ━━━━━━━━━━━━━━━━
電源プレーン        ━━━━━━━━━━━━━━━━
グラウンドプレーン   ━━━━━━━━━━━━━━━━
高周波信号          ━━━━━━━━━━━━━━━━
高周波信号          ━━━━━━━━━━━━━━━━
グラウンドまたは電源プレーン ━━━━━━━━━━━━━━━━
低周波信号          ━━━━━━━━━━━━━━━━
```

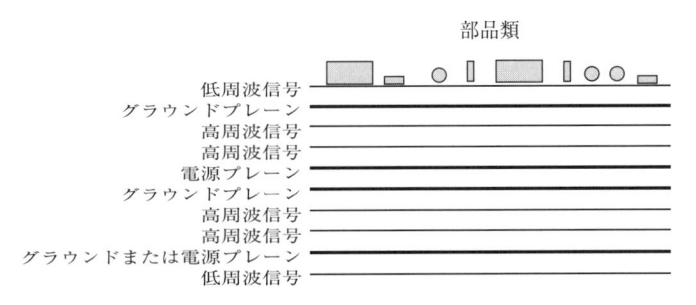

図 16-23　一般的に使用され，ほぼ理想的な 10 層 PCB 構成。この構成は六つの目標の五つを満足する。

ンに近づけるべきである（これは 10 層基板の場合，自然に発生する）。

上で検討した，それぞれ二つの 10 層配線構成は多くの利点を持ちほとんど欠点がない。主たる違いは，直交して配線する信号をどのようにペアとするかである。いずれの層構成も注意深く配置すれば，優れた EMC 性能と信号品質が得られる。

図 16-23 の層構成は，5 層と 6 層にある種の埋め込み PCB 容量の技法を用いて改善することができ，これは高周波の電源プレーン・グラウンドプレーンデカップリングを改善する。

図 16-24 は 10 層基板のもう一つの可能性のある層構成である。この構成は，電源プレーン・グラウンドプレーンのペア間隔の接近をあきらめている。代わりに，基板の外層のグラウンドプレーンによりシールドされた，三つの信号配線層のペアがつくれ，各ペアは互いに内部の電源プレーンとグラウンドプレーンで隔離されている。この構成では信号層はすべてシールドされ，互いに隔離される。図 16-24 の層構成は，外側の信号層に置く低速の信号がわずかで（図 16-23 のように），大部分の信号が高速であるとき非常に望ましい。

この層構成で，一つ考慮すべきは，外層のグラウンドプレーンが高密度 PCB 上で部品実装パッドとビアによりどの程度切り取られるかである。この問題は対応しなければならず，外層は注意深くレイアウトすべきである。この構成は目標 #1，#2，#4，#5 を満足し，#3 と #6 を満足しない。

図 16-25 は，10 層基板にまだ可能性のある他の層構成を示す。この層構成は，直交する信号を同一プレーンに隣接して配線する余地があるが，この過程の中で，電源プレ

部品類

グラウンドプレーン
信号 (H_1)
信号 (V_1)
グラウンドプレーン
信号 (H_2)
信号 (V_2)
電源プレーン
信号 (H_3)
信号 (V_3)
グラウンドプレーン

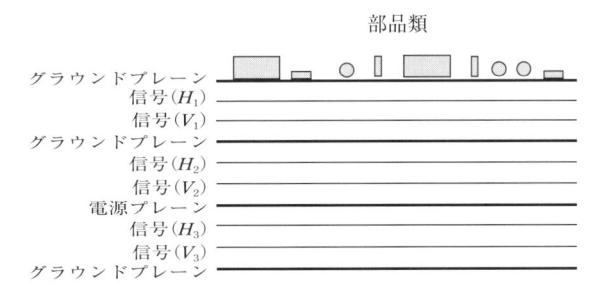

図 16-24 三つの信号層ペアを提供し，互いに隔離されシールドされた 10 層 PCB 構成。この構成は六つの目標の四つを満足する。

部品類

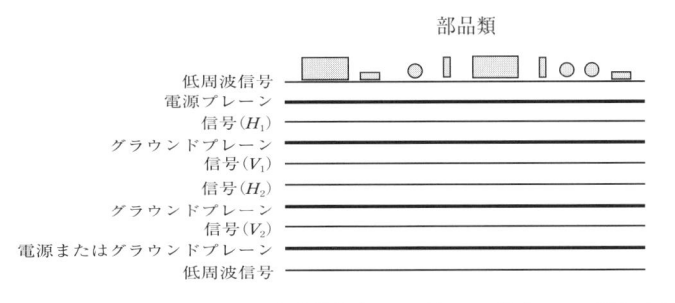

低周波信号
電源プレーン
信号 (H_1)
グラウンドプレーン
信号 (V_1)
信号 (H_2)
グラウンドプレーン
信号 (V_2)
電源またはグラウンドプレーン
低周波信号

図 16-25 直交配線する信号が同じプレーンを基準とする 10 層 PCB 構成。この構成は六つの目標の五つを満足する。

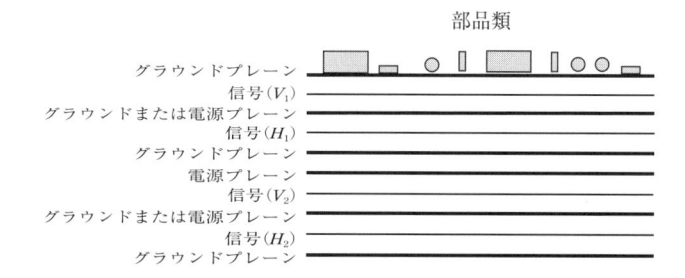

第16章 PCBのレイアウトと層構成

```
                              部品類
  グラウンドプレーン      ━━━━━━━━━━━━━━━━
  信号($V_1$)             ━━━━━━━━━━━━━━━━
  グラウンドまたは電源プレーン ━━━━━━━━━━━━━━━━
  信号($H_1$)             ━━━━━━━━━━━━━━━━
  グラウンドプレーン      ━━━━━━━━━━━━━━━━
  電源プレーン            ━━━━━━━━━━━━━━━━
  信号($V_2$)             ━━━━━━━━━━━━━━━━
  グラウンドまたは電源プレーン ━━━━━━━━━━━━━━━━
  信号($H_2$)             ━━━━━━━━━━━━━━━━
  グラウンドプレーン      ━━━━━━━━━━━━━━━━
```

図16-26 六つの目標すべてを満足する10層PCB構成．しかし，信号配線層は四つだけである．

ーン・グラウンドプレーンの間隔を近接させることを断念することになる．この構成は図16-20に示した8層基板に似ているが，二つの外層に低周波の配線層を追加している．

図16-25の構成は，目標#1，#2，#4，#5，#6を満足し，#3は満足しない．

図16-25の層構成は，さらに2層目と9層目をそれぞれ埋め込みPCB容量のペアに置き換えることで改善ができる（それによって目標#3を満足する）．しかし，これは実質的に12層基板に変えることになる．

図16-26は，最初に述べた目標の六つすべてを満足する．しかし，欠点はそれが信号配線層を四つしか持たないことである．この構成は，EMCと信号品質の両方で優れた特性を示す．図16-26の層構成は，5層目と6層目にある種の埋め込みPCB容量技法を用いることにより改善することができる．

16.4.2.6 12層以上の基板

層数の多い基板には多くのプレーンがある．それゆえに，異なる電源プレーンにそれぞれの電圧を割り当てられる十分なプレーンがあるため，電源プレーンの分割による問題を通常避けることができる．

目標の六つすべてを満足できる，12層基板の優れた層構成を図16-27に示す．これは，基本的に図16-25の10層基板に目標#3を満足させるため，二つのプレーンを追加したものである．図16-27の層構成の性能は，2層と3層および10層と11層にPCBへある種のPCB埋め込み容量技法を適用することにより改善できる．

設計が二つの分割電源プレーンを必要とすることになる複数の直流電圧を使用するなら，図16-28の層構成を検討すべきである．この構成において，分割された電源プレー

```
                              部品類
  低周波信号              ━━━━━━━━━━━━━━━━
  グラウンドプレーン      ━━━━━━━━━━━━━━━━
  電源プレーン            ━━━━━━━━━━━━━━━━
  信号($H_1$)             ━━━━━━━━━━━━━━━━
  グラウンドまたは電源プレーン ━━━━━━━━━━━━━━━━
  信号($V_1$)             ━━━━━━━━━━━━━━━━
  信号($H_2$)             ━━━━━━━━━━━━━━━━
  グラウンドまたは電源プレーン ━━━━━━━━━━━━━━━━
  信号($V_2$)             ━━━━━━━━━━━━━━━━
  グラウンドプレーン      ━━━━━━━━━━━━━━━━
  電源プレーン            ━━━━━━━━━━━━━━━━
  低周波信号              ━━━━━━━━━━━━━━━━
```

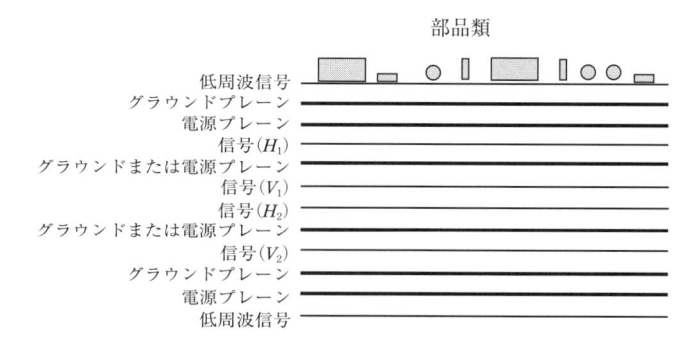

図16-27 信号配線層を六つ持ち，初期の六つの目標すべてを満足する10層PCB構成

```
                              部品類
          低周波信号    ━━  ━ ○ ━ ━ ○○ ━
          グラウンドプレーン ━━━━━━━━━━━━━━
          高周波信号    ━━━━━━━━━━━━━━
          高周波信号    ━━━━━━━━━━━━━━
          グラウンドプレーン ━━━━━━━━━━━━━━
          分割電源プレーン ━━━━━  ━━━  ━━
          分割電源プレーン ━━━━━━━  ━━━━
          グラウンドプレーン ━━━━━━━━━━━━━━
          高周波信号    ━━━━━━━━━━━━━━
          高周波信号    ━━━━━━━━━━━━━━
          グラウンドプレーン ━━━━━━━━━━━━━━
          低周波信号    ━━━━━━━━━━━━━━
```

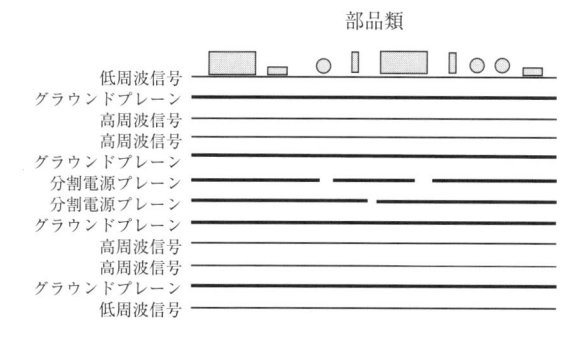

図 16-28 分割電源プレーンを必要とするとき考慮すべき，信号配線層を六つ持つ 12 層基板。二つの分割電源プレーンは二つのグラウンドプレーンで信号層から隔離されている。この構成は六つの目標の五つを満足する。

ンはベタのグラウンドプレーンによって信号層から分離されている。したがって，分割された電源プレーンに隣接する信号層はなく，分割されたプレーンを横切る信号について考慮する必要はない。図 16-28 の層構成は六つの配線層を持ち，初期の目標六つのうち五つを満足する。ここに示したように，目標の #6 は満足しない。

16.4.2.7 基本的な多層 PCB の構造

本章の例で示したように，PCB 設計者は，重要な信号層をプレーン間に挟み込むか（目標 #4），それとも重要な信号を同一プレーンに隣接する二つの層で配線するか（目標 #6），いずれかの選択に何回も直面する。

しかし，評判のよいやり方と逆に，高周波，優れた EMC 性能および信号品質には，重要な信号を同じプレーンに隣接した層に配線することが，重要な信号層をプレーン間に埋め込んでシールドすることより優先すべきだということを示す有力な証拠があると考えている[*11]。高速 PCB の EMC 性能と信号品質は，ともにこの手法で改善される（Archambeault, 2002, p. 191）。同一プレーンに隣接した層に信号を配線することは，リターン電流経路のインダクタンスを大きく低減する。なぜなら，ほとんどの PCB 設計者は，信号トレースに隣接させてプレーン間ビアを用意することをしないか，できないからである。これは 16.3.3 項で検討した。

このことが，層数の多い高速のデジタル論理基板に対する最適化した層構成を決定する一般的な手順を示唆する。基本的な層構成は，図 16-29(A) に示すような，一つのプレーンに隣接した二つの信号層（信号-プレーン-信号）と，図 16-29(B) に示すような，

```
     信号     ━━━━━━          ━━━━━━ グラウンド
     プレーン ━━━━━━          ━━━━━━ 電源
     信号     ━━━━━━
              (A)                 (B)
```

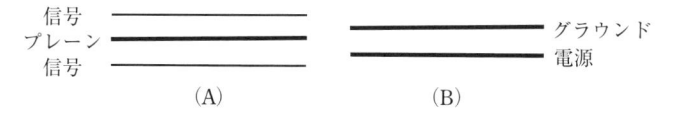

図 16-29 多層基板の二つの基本的な積層ブロック(A)一つのプレーンに隣接する二つの信号層，(B)電源とグラウンドのプレーン対

---

*11 このことは周波数が高くなるにつれて，そして信号品質が大きな問題になるにつれて，特に当てはまる。インピーダンスが一定の伝送線路の場合，異なるプレーンが基準面となっていると，遷移する箇所でインピーダンスの不連続が起こる。

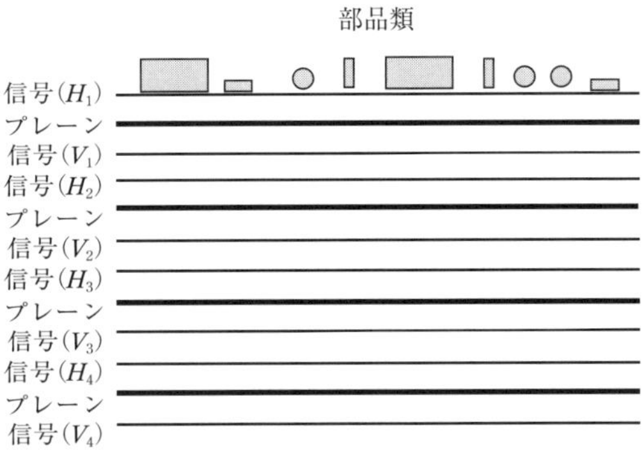

```
                              部品類
信号($H_1$)   ━━━━━ ▭ ▫ ○ ▯ ▭ ▯ ○○ ▭ ━━━━━
プレーン     ━━━━━━━━━━━━━━━━━━━━━━━━
信号($V_1$)   ━━━━━━━━━━━━━━━━━━━━━━━━
信号($H_2$)   ━━━━━━━━━━━━━━━━━━━━━━━━
プレーン     ━━━━━━━━━━━━━━━━━━━━━━━━
信号($V_2$)   ━━━━━━━━━━━━━━━━━━━━━━━━
信号($H_3$)   ━━━━━━━━━━━━━━━━━━━━━━━━
プレーン     ━━━━━━━━━━━━━━━━━━━━━━━━
信号($V_3$)   ━━━━━━━━━━━━━━━━━━━━━━━━
信号($H_4$)   ━━━━━━━━━━━━━━━━━━━━━━━━
プレーン     ━━━━━━━━━━━━━━━━━━━━━━━━
信号($V_4$)   ━━━━━━━━━━━━━━━━━━━━━━━━
```

図 16-30 図 16-29(A)に示した，基本積層ブロック構成した八つの配線層を持つ 12 層基板。この構成は六つの目標の五つを満足する。

表 16-2 PCB 積層の選択肢の要約

層数	配線層数	プレーン数	選択理由	目標満足度
2	2	0	低コスト	0
4	2	2	EMC と信号品質性能の改善	1〜2
6	4	2	EMC と信号品質性能の改善ならびに二つの信号層の追加	3
8	4	4	EMC と信号品質性能の改善	5
10	6	4	二つの信号層の追加	4 または 5
12	6	6	EMC と信号品質性能の改善	5 または 6
12	8	4	二つの信号層の追加	5
14	8	6	EMC と信号品質性能の改善	6

隣接する電源プレーン・グラウンドプレーンのペアとの，二つの基本構造の組み合わせで構成すべきである。この二つの構造を多様な方法で組み合わせて，6 層以上の PCB を形成できる。

たとえば，図 16-18 に示した 6 層の層構成は，図 16-29(A)の 2 組の組み合わせであり，図 16-21 に示した 8 層 PCB の層構成は，基本ブロックである図 16-29(A)を二つと図 16-29(B)のブロック一つを組み合わせたものである。

図 16-30 に示す，八つの配線層を持つ 12 層基板は，図 16-29(A)に示した基本的ブロック四つを使用して構成される。この層構成は，隣接する電源・グラウンド層がなく，そのため初期の六つの目標のうち五つを満足する。

図 16-29(B)の基本ブロックを図 16-30 に示した基板の中央に追加すれば，すべての設計目標を満足する 14 層基板ができあがる。

16.4.3　一般的な PCB 設計手順

前節では 4 層から 14 層の高速デジタル論理 PCB の各種層構成について検討した。優れた PCB の層構成は，放射を低減し，信号品質を改善し，電源バスのデカップリングの手助けをする。どの層構成が最良とはいえず，各例について実行可能な選択肢がいくつかあり，目標に対するなんらかの妥協が通常必要である。

表 16-2 は各種の一般的な層数の PCB に対し，配線層の数とプレーン数を要約したものである。ほかの組み合わせも可能だが，これらが最も一般的である。表 16-2 から，

なぜより多くの層を使用すべきかの発展過程が理解できる。

8層以上の基板の場合，五つまたは六つすべての目標を満足できることに注意。

層の数，層の種類（プレーンか信号），そして層の順序に加えて，次の要素も基板のEMC性能決定に重要である。
- 層の間隔
- 信号の直交配線に割り当てる信号層のペア
- 信号配線層のペアに対する信号類（クロック，バス，高速，低周波など）の割り当て

この基板の層構成についての検討は，対称な断面，偶数層，そして従来型ビアを持つ厚み1.6 mm（0.062 in）の標準基板を想定している。ブラインド，埋め込み，マイクロビア，非対称基板，奇数層の基板を考えるとほかの要素が作用し始め，基板層数の追加が可能となるだけでなく，多くの場合で望ましい。

次にPCBの層構成をつくり上げる際に必要な一般的手順を示す。
- 必要な信号配線層数の決定
- 複数の直流電圧の取り扱い方の決定
- 各種のシステム電圧に必要な電源プレーン数の決定
- 複数の電圧を同じ電源プレーン層に置くかの決定，それによって分割プレーンの必要性と隣接層の配線制限を決定
- 図16-29(A)のようにベタの基準プレーンに各信号層のペアを割り付ける
- 図16-29(B)のように電源プレーン・グラウンドプレーンをペアとする
- 層の順序を決定
- 層間隔を決定
- 必要な配線制限を定義

本章で提示した指針に従うと優れたPCBが実現でき，基板に付随する多くの最も一般的なEMC問題を避けることができる。図16-16を除いて，検討したすべての層構成が優良なEMC性能となる。

電流リターン経路の不連続を避けることは，おそらく非常に重要で，見過ごされることの多い，優れたPCB設計に関わる原則である。**リターン電流がどこを流れているかを考えること。**

混合信号PCBのレイアウトと配線に関するさらなる情報は，17章を参照されたい。

要約

- 多層基板の層構成の六つの主要な目標は次のとおり。
  - すべての信号層をプレーンに隣接させる。
  - 信号層とその隣接プレーンを強く結合させる。
  - 電源プレーン・グラウンドプレーンを強く結合させる。
  - 高周波信号はプレーン間に埋め込み，シールドすべきである。

- ・複数のグラウンドプレーンが望ましい。
  - ・直交して配線する信号は，同じプレーンに基準を取ること。
- ・上記の目標の五つか六つを満足するには 8 層以上の基板が必要である。
- ・できるだけ電源プレーンとグラウンドプレーンを持つ多層基板を使用する。
- ・部品の置き方と方向を十分考慮すること。
- ・電気回路の 10 % の重要な信号が，問題の 90 % の原因である。
- ・高いスペクトル成分を持つ繰り返し波形の回路は，重要な信号である。
  これらには次が含まれる。
  - ・クロック
  - ・バス
  - ・反復的な制御信号
- ・信号速度（スペクトル成分）は次に比例する。
  - ・基本周波数
  - ・立上り/立下り時間の逆数
  - ・電流の大きさ
- ・できるなら，高周波の直交信号は同一プレーンに隣接させること。
- ・大部分の多層基板構成に妥協が必要である。
- ・優良な EMC 特性を提供する多くの多層基板構成が存在する。
- ・プレーン類は友であり，スロットは敵である。
- ・重要なデジタル信号は，基板の周辺と I/O 領域から離して配線する。
- ・複数の直流電圧は次の手法の一つ以上を用いて扱うことができる。
  - ・電源プレーンを分割し，その手法が生み出す配線の制約を受け入れること。
  - ・独立のベタの電源プレーンを各電圧に割り当てる。
  - ・いくつかの電圧に対し信号層上に電源島を設ける。
  - ・いくつかの電圧を信号層上にトレースとして配線する。
  - ・最後の手段として，信号トレースが分割電源プレーンを横切らなければならないとき，縫い合わせコンデンサを使用する。
- ・重要な信号を 2 層以上で配線しなければならないとき，これらの層は同一プレーンに隣接させなければならない。
- ・EMC と信号品質の観点から，重要な信号の配線は，信号をプレーン間に埋め込んで信号層をシールドするより，同一プレーンに隣接して配線することを優先すべきである。基板をシールド筐体に収納するとき，特に気をつける。
- ・基板の I/O 領域で，回路グラウンドをシャーシに，非常に低いインダクタンスで接続すること。

問題

16.1 信号速度（スペクトル成分）は，どのパラメータに比例するか？

16.2 どこで回路グラウンドをシャーシグラウンドに接続すべきか？

16.3 I/O コネクタの金属バックシェルを，どこでどのように接続すべきか？

16.4 2層PCBをレイアウトする際に，従うべき二つの重要な目標は何か？

16.5 多層PCB上のリターン電流不連続の，三つの最も一般的原因は何か？

16.6 a. 電源プレーン・グラウンドプレーン中のスロットを避けるべき三つの理由を挙げよ。

b. 電源プレーン・グラウンドプレーン中にスロットが存在するとき，どのような制約を固守すべきか？

16.7 六つの多層PCB目標のどの二つを必ず守るべきか？

16.8 図P16-8で示した非対称断面の8層PCBで，この層構成法はどの基本的多層基板設計目標を満足するか？

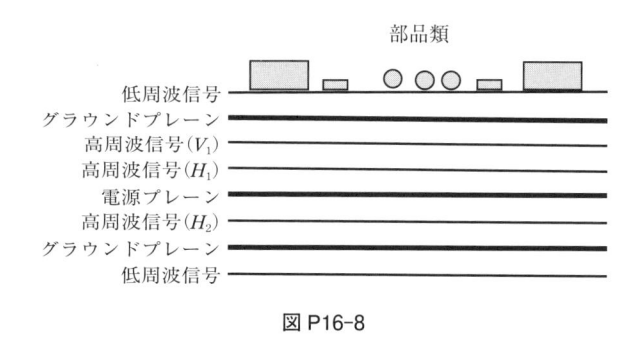

```
                                      部品類
低周波信号 ────────────  □□ □ ○○○ □    □
グラウンドプレーン ━━━━━━━━━━━━━━━━━━━━━━━━
高周波信号($V_1$) ────────────────────────
高周波信号($H_1$) ────────────────────────
電源プレーン ━━━━━━━━━━━━━━━━━━━━━━━━
高周波信号($H_2$) ────────────────────────
グラウンドプレーン ━━━━━━━━━━━━━━━━━━━━━━━━
低周波信号 ────────────────────────
```

図 P16-8

16.9 図16-19の層構成で，6層と7層上の電源プレーン・グラウンドプレーンを反転することの不利益は何か？

16.10 図16-20に示した8層層構成は，基本的8層PCBの六つの目標のどれを満足しないか？

16.11 図P16-11に示した12層PCB層構成は，基本的な多層PCB設計目標をいくつ満足するか？

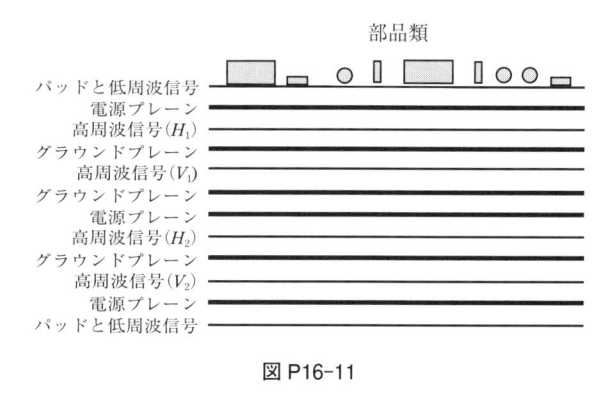

```
                                      部品類
パッドと低周波信号 ──────  □□ ○ □ □□ ○○ □
電源プレーン ━━━━━━━━━━━━━━━━━━━━━━━━
高周波信号($H_1$) ────────────────────────
グラウンドプレーン ━━━━━━━━━━━━━━━━━━━━━━━━
高周波信号($V_1$) ────────────────────────
グラウンドプレーン ━━━━━━━━━━━━━━━━━━━━━━━━
電源プレーン ━━━━━━━━━━━━━━━━━━━━━━━━
高周波信号($H_2$) ────────────────────────
グラウンドプレーン ━━━━━━━━━━━━━━━━━━━━━━━━
高周波信号($V_2$) ────────────────────────
電源プレーン ━━━━━━━━━━━━━━━━━━━━━━━━
パッドと低周波信号 ────────────────────────
```

図 P16-11

16.12 直流電圧の一つがPCBの最上面に位置する「電源島」を使用する。

a. この電源島の使用により，基板のレイアウトに関して，設計者は特定の配線制約を規定しなければならないか？

b. この電源島が基板の底の層に位置するときはどうか？

16.13 本書にないPCB層構成を描け。その層構成法はどの基本的設計目標を満足するか？

参考文献

- Archambeault, B. *PCB Design for Real-World EMI Control*, Boston, MA: Kluwer Academic Publishers, 2002
- Fessler, J. T., Whites, K. W., and Paul, C. R. "The Eeffectiveness of an Image Plane in Reducing Radiated Emissions." *IEEE Transactions on Electromagnetic Compatibility,* February 1996.
- German, R. F., Ott, H. W., and Paul, C. R. "Effect of an Image Plane on Printed Circuit Board Radiation. *1990 IEEE International Symposium on Electromagnetic Compatibility,* August 21-23, 1990."
- Paul, Clayton R. *Introduction to Electromagnetic Compatibility,* 2nd Ed. New York Wiley, 2006.
- Smith, D. C. *Routing Signals Between PWB Layers—Part 2, An Emission Example,* 2006. Available at www.dsmith.org. Accessed January 2009.

参考図書

- Archambeault, B. "Effects of Routing High-Speed Traces Close to the PCB Edge." *Printed Circuit Design & Fab,* January 2008.
- Bogatin, E. "An EMC Sweet 16." *Printed Circuit Design & Manufacture,* April 2006.
- Ott, H. W. *PCB Stackup, Part 1 to 6,* Henry Ott Consultants, 2002-2004. Available at http://www.hottconsultants.com/tips.html. Accessed January 2009.
- Ritchey, L. W. *Right the First Time, A Practical Handbook on High Speed PCB and System Design,* vol. 1. Speeding Edge, May 2003. Available www.speedingedge.com. Accessed April 2009.

第17章
ミックスドシグナル PCB のレイアウト

　ミックスドシグナル（アナログとデジタルの混成信号）プリント回路板（Printed Circuit Board：PCB）の設計とレイアウトは，骨の折れる仕事であり，この解決策は大部分の技術図書にあまり書かれていない。ミックスドシグナル PCB の問題は通常二つの状況のいずれか一つを含む。一つは，敏感な低レベルのアナログ回路〔オーディオや無線周波数（Radio-frequency：RF）〕を妨害するデジタル論理回路を含む。そして二つ目は，デジタル回路とアナログ回路の両方を妨害する，高出力モータやリレードライバ（ノイズの多いアナログ）回路を含む。

　以下の論議において，電磁環境両立性（Electromagnetic Compatibility：EMC）の二つの基本原理を心にとどめて置くこと。一つ目は，電流をそのソースにできるだけ局所的にかつコンパクトに，すなわちできるだけ最小のループ面積で戻すこと。二つ目は，一つのシステムには，ただ一つの基準プレーンを持たせること。電流が局所的かつコンパクトに戻らないと，ループアンテナを形成する。一つのシステムが二つの基準プレーンを持つと，ダイポールアンテナ[*1]を形成する。これらはともに望ましくない結果である。

17.1　グラウンドプレーンの分割

　議論を続ける前に，問題を定義しよう。問われることはアナログ回路がデジタル論理を妨害するか，ということではない。むしろ，**高速デジタル論理が低レベルのアナログ回路を妨害する可能性はあるか**，ということである。この懸念は筋が通っている。通常，デジタルグラウンド電流がアナロググラウンドプレーンを流れてはいけない。それゆえ，グラウンドプレーンをアナログ部とデジタル部に分割する方法がとられる。

　しかし，図 17-1(A) のようにグラウンドプレーンを分割し，トレースがそこを横切ると，電流のリターン経路はどうなるであろうか？　通常どこかの1点で二つのプレーンが接続されるとして，そのリターン電流は大きなループを描いて流れなければならない。大きなループで流れる高周波電流は，放射と高いグラウンドインダクタンスを形成する。大きなループを描いて流れる低レベルのアナログ電流は，電磁界を拾い上げやすい。上記はともに望ましくない結果である。

　グラウンドプレーンを分割し，その分割箇所をトレースが横切らなければならないとき，まず1か所でプレーンを接続し，図 17-1(B) のようにブリッジをつくる。次に，すべてのトレースがこのブリッジを横切るように配線すると，各トレースの直下に電流リターン経路ができ，小さなループ面積をつくることになる。

[*1] ダイポールアンテナに関するより詳しい情報は，付録 A を参照されたい。

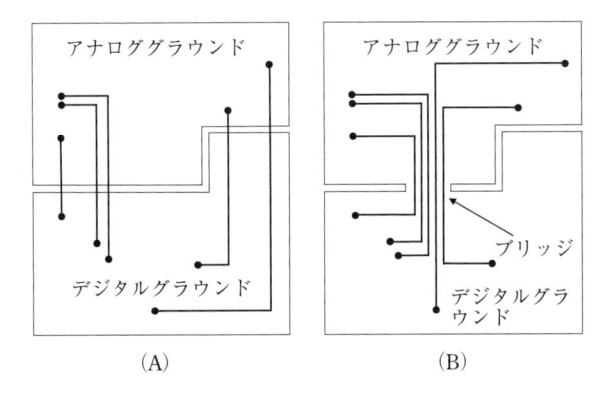

図17-1 (A) アナログとデジタルのグラウンドプレーン間のスプリットを横切る信号トレース,
(B) アナログとデジタルのグラウンドプレーン間のブリッジを横切る信号トレース

　分割プレーン上の信号の通過を受け入れ可能とする別の方法は，光絶縁器，磁気抵抗絶縁器やトランスの使用である．最初の例では，プレーンのスプリットを通過するのは光だけである．次の二つの例は，スプリットを通過するのは磁界である．もう一つの可能性はまさしく差動信号の使用である．この場合，信号は一方のトレースを流れ，他方のトレースを戻る．しかし，この手法は，他の三つの手法ほどよくはない[*2]．

　グラウンドプレーンが分割され，二つのグラウンドが，図17-2に示すように電源の位置にあるシステムの単一「スターグラウンド」点に戻ってくるまで分離されると，特別に悪い構成が表れる．この場合，スプリットを横切るトレースのリターン電流は，図に示すように電源供給グラウンドまで戻って流れなければならず，本当に大きなループである！　そのうえ，これはアナロググラウンドプレーンとデジタルグラウンドプレーン（これはRF電位が異なる）から構成され，長い給電グラウンド線で一緒に結ばれダイポールアンテナをつくり出す．

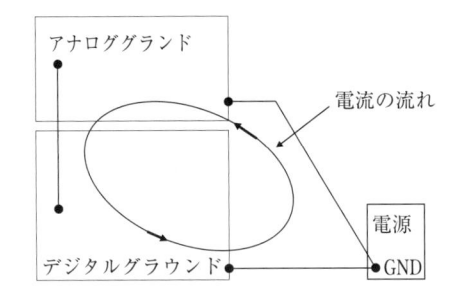

図17-2 電源のグラウンド端子の一点で接続された，アナログとデジタルのグラウンドプレーンとの間のスプリットを横切るトレースのあるまずい配置

---

*2 差動信号方式において，特に高周波信号の場合，グラウンドの経路はまだ問題である．差動信号の場合，通常，信号電流は第2のトレースを戻ると想定する．これは完全には真実でない．差動信号でも，あたかもそれらが独立に配線される，二つのシングルエンドトレースのように，電流は各導線の近傍のプレーン上を流れる（存在する電磁界のため）．しかし，適切な条件下ではこれら二つのグラウンドプレーン電流は打ち消し合う．

17.2 マイクロストリップグラウンドプレーンの電流分布

　上記の懸念に取り組むには，もう少し高周波電流の特性を理解することが助けになる。多層 PCB を想定すると，高周波電流は信号トレースに最も近いプレーン上を戻る。なぜなら，それが最小インピーダンス（最低インダクタンス）の経路だからである。マイクロストリップラインの場合（プレーン上のトレース），リターン電流は，そのプレーンが電源かグラウンドかに関係なく，隣接のプレーン上を流れる（10.6.1.1 を参照）。その電流は図 10-9 に示すようにプレーン中に広がる。しかし，それ以外はトレースに従う。

　表 17-1 はマイクロストリップトレースの中心線から距離 $\pm x/h$ 以内に含まれるグラウンドプレーン電流の割合を示す，h はトレースのグラウンドプレーンからの高さである（図 10-8 参照）。この数値は，プレーン上 0.254 mm（0.010 in）にある 0.127 mm（0.005 in）幅のトレースについて式(10-13)を $\pm x$ の区間を積分して計算したものである。さらに表に示すのは，トレースの中心線から距離 $>x/h$ 以上でのグラウンドプレーン電流の減少量〔dB〕である。

　たとえば，マイクロストリップトレースがプレーン上 0.254 mm（0.010 in）に位置したとき，97 % のリターン電流がトレースの中心線から ±5.08 mm（±0.200 in）のプレーンの部分に含まれる。

　上記から，デジタル信号トレースが適切に配線されれば，デジタルグラウンド電流は，グラウンドプレーンのアナログ部分を流れようとせず，アナログ信号を乱すことはないと結論できる。図 17-3 はミックスドシグナル基板の分割グラウンドプレーン上のデジタル論理トレースとそのリターン電流経路を示す。まず第一に，デジタルリターン電流の悪影響を防止するために，グラウンドプレーンを分割する必要があろうか？　答えは，その必要はない，である！

　したがって，グラウンドプレーンを一つだけを用いて PCB をデジタル領域とアナログ領域に**区分**することが好ましい。アナログ信号は基板のアナログ区画内**のみ**（すべての層について）を配線しなければならない。デジタル信号は基板のデジタル区画内**のみ**（すべての層について）を配線しなければならない。これが適切になされると，デジタ

表 17-1　マイクロストリップトレースの中央からの距離 $\pm x/h$ に含まれるグラウンドプレーン電流の割合

トレース中央からの距離	電流の割合〔%〕	グラウンドプレーン電流* x/h 以上の距離での減衰量〔dB〕
$x/h = 1$	50	12
$x/h = 2$	70	16
$x/h = 3$	80	20
$x/h = 5$	87	24
$x/h = 10$	94	30
$x/h = 20$	97	36
$x/h = 50$	99	46
$x/h = 100$	99.4	50
$x/h = 500$	99.9	66

＊　トレースの片側のみの電流を考慮し，6 dB 増加している。

第17章 ミックスドシグナル PCB のレイアウト

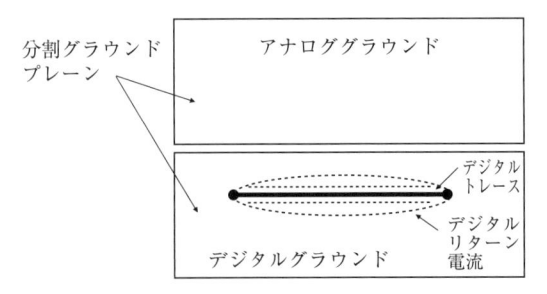

図 17-3 分割グラウンドプレーン PCB 上のデジタル論理トレースとそれに付随するグラウンドリターン電流

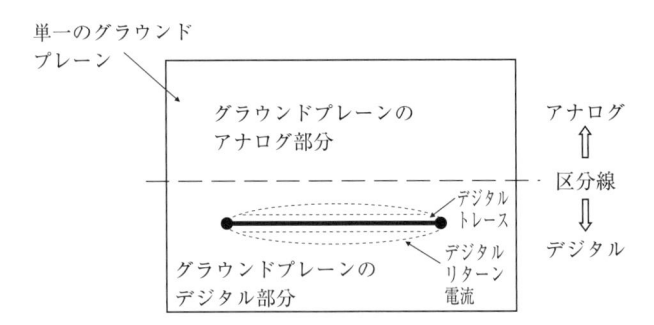

図 17-4 区分けされた，単一グラウンドプレーン。上のミックスドシグナル PCB 上のデジタル論理トレースと付随するグラウンドリターン電流。デジタルリターン電流はトレースの下に近接して残ることに注意

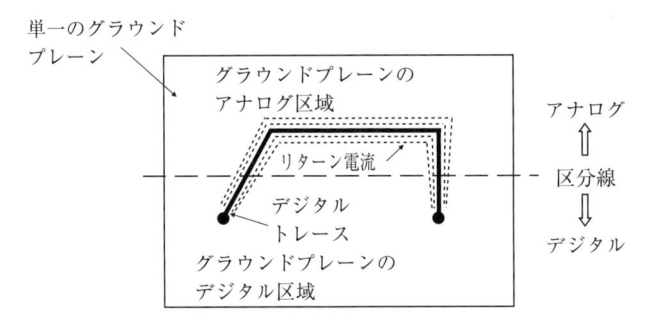

図 17-5 不適切に配線されたデジタル論理トレース。このデジタルリターン電流はグラウンドプレーンのアナログ区域を通して流れる。

ルリターン電流はアナログ領域のグラウンドプレーンに流れ込まず，図 17-4 に示すようにデジタル信号トレースの下にとどまる。AD 変換器は，図 17-8 に示すようにアナログとデジタル部分を横切るように配置できる。

　図 17-3 と図 17-4 の比較から，グラウンドプレーンを分割するかしないかに関係なく，デジタル論理グラウンド電流は同じ経路を流れることがわかる。アナログノイズ問題を起こすのはデジタル信号トレースが基板のアナログ領域に配線されたとき，またはその逆のときである。これを図 17-5 に示す。デジタルグラウンド電流が今あえてアナログ区画のグラウンドプレーンを流れる。しかし，この問題はグラウンドプレーンを分割しなかった結果ではないことに注意のこと。むしろ，問題はデジタル論理トレースの不適切な配線の結果である。その修復は，グラウンドプレーンの分割ではなく，デジタ

ル論理トレースの配線を適切にすることである。

　アナログ部分とデジタル部分に区分けされた単一のグラウンドプレーンを持つ PCB が，規律ある配線により，グラウンドプレーンの分割により生じるさらなる問題をつくり出さずに，他の難しいミックスドシグナルレイアウト問題の大部分を通常解決することができる。したがって，部品の配置と区分けが，優れたミックスドシグナルレイアウトにとって重要である。レイアウトが適切であれば，デジタルグラウンド電流は基板のデジタル区画にとどまり，アナログ信号に妨害を与えないだろう。しかし，上記の配線制約が 100 % 守られていることを保証するために，配線を注意深く確認しなければならない。完璧なレイアウトを一つの不適切なトレース配線が破壊してしまう。ミックスドシグナル PCB の自動配線はレイアウトの失敗につながることが多いので，マニュアル配線手法を採る必要がある。

17.3　アナログとデジタルのグラウンドピン

　ほかの問題はミックスドシグナル集積回路（Integrated Circuit：IC）のアナログとデジタルのグラウンドピンを，どこにどのように接続するかである。面白いことに，多くの A/D 変換器メーカは分割グラウンドプレーンの使用を勧めながら，そのデータシートやアプリケーションノートで，$AGND$（アナロググラウンド）と $DGND$（デジタルグラウンド）のピンは外部で同じ低インピーダンスのグラウンドプレーンに最小のリード長で接続しなければならないと述べている[*3]。$DGND$ と $AGND$ 接続間の余分なインピーダンスが，図 17-6 に示すように，IC 内部の浮遊容量結合を通してノイズをアナログ回路に結合する。

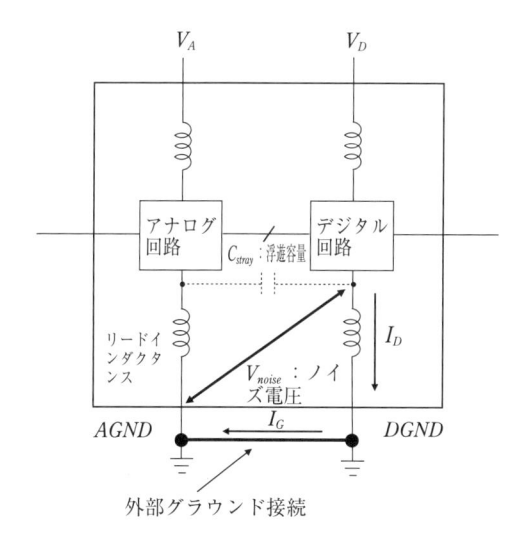

図 17-6　簡略化した A/D（または D/A）コンバータの内部モデル。デジタルグラウンド電流で発生するノイズ電圧（V_{noise}）を示す。

[*3] この理由は，多くの A/D コンバータは内部で接続したアナログとデジタルのグラウンドを持たないからである。したがって，この接続を，$AGND$ と $DGND$ のピンの外部での接続に頼っている。

図17-6に示したV_{noise}は，$DGND$リードフレームの内部インダクタンスを通して流れる過渡電流と，$AGND$と$DGND$との間の外部グラウンド接続のインダクタンスを通して流れる過渡電流に起因する。しかし，PCB設計者は外部グラウンド接続のインダクタンスしか管理できない。彼らの推奨はA/Dコンバータの$AGND$と$DGND$をともにアナロググラウンドプレーンに接続することである（17.5節も参照のこと）。

システムがA/D変換器をただ一つしか持たないとき，上記の要件は容易に満足できる。図17-7に示すように，グラウンドプレーンをアナログ部分とデジタル部分に分割し，コンバータの下部の1点でつなぐ。二つのグラウンドプレーン間の橋渡しはICの寸法分だけで行うべきで，このプレーンの分割箇所を横切ってトレースを配線してはいけない。これはICメーカのデモ用基板の典型である。

しかし，単独のA/Dコンバータでなく，システムが複数のコンバータを持つとき何が起こるか？　アナログとデジタルのグラウンドプレーンがそれぞれのコンバータの下部でつながれると，プレーンは複数の箇所で接続され，もはや分割ではない。プレーンが各コンバータの下で接続されないなら，$AGND$と$DGND$のピンを低インピーダンスで接続すべきという要件をどのように満足させるのか？

$AGND$と$DGND$のピンを接続する要件を満足し，その過程で追加の問題を起こさない，さらに優れた方法は，たった一つのグラウンドプレーンを使用することである。図17-8に示すように，グラウンドプレーンをアナログ領域とデジタル領域に区分すべき

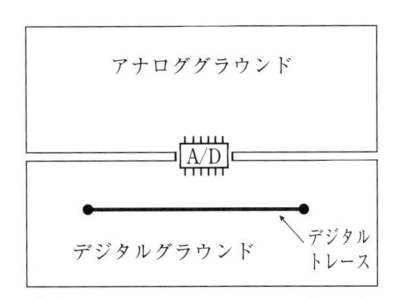

図17-7　一つのA/Dコンバータと一つの分割グラウンドプレーンを持つミックスドシグナルPCBの許容できる配置

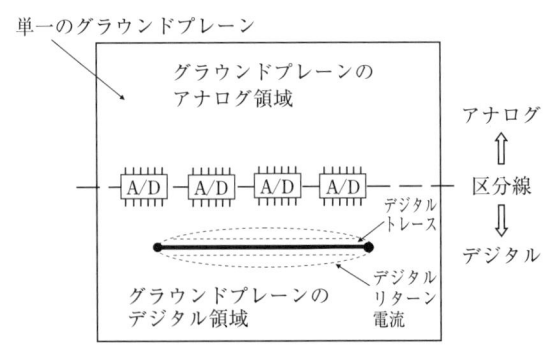

図17-8　複数のA/Dコンバータと単一のグラウンドプレーンを持つ，適切に区分けされたミックスドシグナルPCB

である。このレイアウトは，アナログとデジタルのグラウンドピンを低インピーダンスプレーンでつなぐ要件を満足し，かつ意図しないループやダイポールアンテナをつくらないというEMCの懸念事項にも適合する。

TerrellとKeenanが"*Digital Design for Interference Specifications*"（1997, p.3-18）の中で雄弁に述べたごとく，"汝の前に一つだけのグラウンドを持て"。

17.4 どのようなとき，分割グラウンドプレーンを使用すべきか？

分割グラウンドプレーンはこれまで使用すべきであったか？ 分割グラウンドの採用が適切な少なくとも3種類の例を思いつく。その例は次のとおり。

・低い漏えい電流要件（10μA）を持つ医療機器
・ノイズの多く高電力の電気機械装置に出力が接続される工業用プロセス制御装置
・初めからPCBが不適切にレイアウトされるおそれのあるとき

上に挙げた最初の二つの場合，グラウンドプレーンのスプリットを横切る信号は，通常，光またはトランスで結合され，グラウンドプレーンのスプリットをトレースが横切らない要件を満足する。この二つの例では，アナログ回路をデジタルグラウンド電流から保護するためにグラウンドプレーンを分割するのではなく，他の外的要因により課せられた理由によることに注意する。

しかし，最後の例は，今の論議にとって興味深い。ミックスドシグナル基板のレイアウトがよくない場合は，その性能が分割グラウンドプレーンの使用により改善できることを明確に示すことができる。

図17-5に示した状況を考えてみよう。ここでは，高速のデジタルトレースが基板のアナログ区画上に配線されており，区画規則の明らかな違反である。デジタルのリターン電流は信号トレースの下を流れるので，アナログラウンドプレーンの部分に流れ込む。この場合グラウンドプレーンを分割すると，図17-9に示すようにデジタルリターン電流をデジタルグラウンドプレーンに押し込むことによりPCBの機能的性能を改善する。しかし，これは信号トレースとそのリターン電流経路間に存在する大きなループ面積の結果として，基板からの放射ノイズを増大させる。それはさらにグラウンドプレーンのインピーダンスも増大させ，したがってこの基板に接続されるケーブルからの

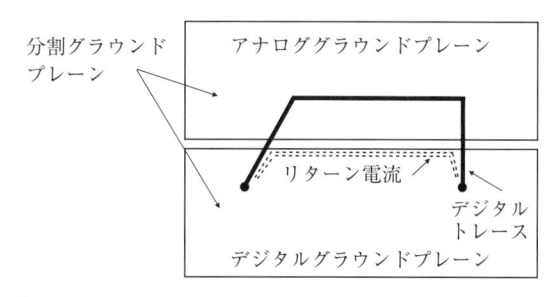

図17-9 不適切に配線されたデジタル論理トレースと分割グラウンドプレーン。デジタルリターン電流はデジタルグラウンドプレーンに閉じ込められている。

放射を増大させる。この場合，本当の問題はグラウンドプレーンが分割されなかったという事実ではなく，高速デジタルトレースの不適切な配線である。二つの誤りを重ねても正解にはならない！ 優れた解決策は，まずデジタル信号トレースを適切に配線することであり，グラウンドプレーンを分割しないことである。

PCBレイアウトに成功する秘訣は，**区分けと配線規律**を守ることであり，グラウンドプレーンを分割することではない。ほとんどの場合，システムに基準プレーン（グラウンド）を一つだけ持つのがよい。

あえてプレーンを分割する場合，避けるべき二つのことを示す。
・プレーンを重ねること
・スプリットを横切ってトレースを配線すること

プレーン間の重なりは，層間の容量を増大し，これが高周波での分離性を低下させる。分離はそもそもプレーンを分割する理由である。スプリットをトレースが横切ることは，隣接トレース間のクロストークを増大し，放射ノイズを20dB以上増大させることがある。

アナログとデジタルのグラウンドプレーンが分割されると，低容量で逆極性のショットキーダイオードが二つのプレーン間に接続されることが多く，直流（DC）電位差を数百mVに抑える。これは，両方のプレーンに接続を持つミックスドシグナルICに損傷を与えるのを防止するのに重要である。順方向電圧降下の低さ（典型的に300mV）と低容量のため，ショットキーダイオードが使用される。低いダイオード容量は，プレーン間の高周波結合を最小化する。

「チェーンソー」試験：分割プレーン基板上で，概念的にトレースやプレーンを切ることなく基板をスプリットで切断できるはずである。それができたら，その分割プレーン基板はたぶん適切にレイアウトされ，配線されていたといえる。

17.5　ミックスドシグナルIC

A/Dコンバータメーカのデータシートで提供されるレイアウト情報は，通常A/Dコンバータを一つだけ含む単純なシステムにのみ適用可能である（たとえばデモ基板）。メーカの推奨する手法は通常，複数のA/Dやデジタル・アナログ（D/A）のコンバータシステムや複数基板システムには適用できない。

A/DコンバータとD/Aコンバータは，デジタルポートとアナログポートを持つミックスドシグナルICである。そのような素子の適切なグラウンド接続とデカップリングについて多くの混乱がある。デジタル技術者とアナログ技術者は，これらの素子について違う見方をする傾向がある。

A/DコンバータとD/Aコンバータならびに他のミックスドシグナルICの大部分は，**アナログ部品と考えるべきである**。それらはデジタル部分を持つアナログICであり，アナログ部分を持つデジタルICではない。ICピンの*AGND*と*DGND*という名称は，これらのピンが内部でどこに接続されているかを表し，外部でどこにどのように接続すべきかを示す意図はない。これらのピンは通常，アナログのグラウンドプレーンに一緒

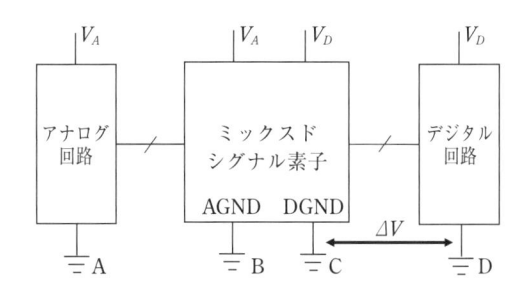

図 17-10 一般的なミックスドシグナルシステムのグラウンド接続。グラウンド A，B，C はアナロググラウンドプレーンに接続し，グラウンド D はデジタルグラウンドプレーンに接続すべきである

に接続し，基準を取り，デカップルしなければならない。もちろん，分割グラウンドプレーンでなく一つのグラウンドプレーンを使用する場合は，その箇所は議論の余地がある。

上記規則の例外は，大量のデジタル処理を行う大型のデジタル信号プロセッサ（Digital Signal Processor：DSP）である。この素子は大量の過渡電流をデジタル電源から引き込むので，データシートが特に指定しない限り，その $AGND$ ピンはアナロググラウンドに接続し，その $DGND$ ピンはデジタルグラウンドに接続すべきである。この素子は，内部のアナログ回路とデジタル回路との間に高度のノイズ耐力を持つように，特別に設計されている。

図 17-10 は，アナログ回路，ミックスドシグナル IC，デジタル回路からなるミックスドシグナルシステムを単純化した包括的ブロック図である。基板上にグラウンド電位差があるとすれば，どこが最も害の少ない場所であろうか？

・グラウンド A とグラウンド B との間
・グラウンド B とグラウンド C との間
・グラウンド C とグラウンド D との間

A と B との間のグラウンドノイズは，低レベルで敏感なアナログ回路に有害な影響がある。同じように，B と C との間のグラウンドノイズはミックスドシグナル IC 内で起こるアナログ・デジタル（またはデジタル・アナログ）変換に影響を与える。ノイズの有害な影響が最も少ない場所は二つのデジタルインタフェース間，つまり図 17-10 に ΔV で示した C と D との間である。これはデジタル回路がアナログ回路より大きな固有ノイズ耐力を持つからである。したがって，グラウンド A，B，C はすべてアナロググラウンドプレーンに接続すべきであり，グラウンド D はデジタルグラウンドプレーンに接続すべきである。

17.5.1 複数基板のシステム

デジタルグラウンドをアナロググラウンドから分離する他の方法は，デジタル回路を一つの PCB に，アナログ回路を別の PCB に置くことである。次に生じる疑問は，どちらの基板に A/D コンバータや D/A コンバータを搭載すべきかである。ミックスドシグナル IC がアナログ素子であることを思い出せば，答えは簡単である。図 17-11 に示すように，A/D コンバータや D/A コンバータはアナログ基板に搭載すべきである。こ

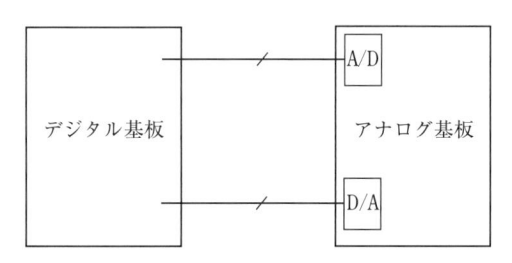

図 17-11 複数基板のミックスドシグナルシステムでは，A/D コンバータと D/A コンバータはアナログ基板に搭載すべきである．

の手法は（1）AGND と DGND ピンを低インピーダンスのアナロググラウンドプレーンに接続することを可能とし，（2）敏感なアナログ回路に最短経路を提供し，（3）アナログ回路をデジタルグラウンド電流から分離し，そして（4）二つの基板間に存在するすべての電位差をコンバータのデジタル入力（または出力）に振り向ける．ここは低レベルのアナログ入力（または出力）に適用するより問題が少ない．

17.6　高分解能の A/D コンバータと D/A コンバータ

　適切に区分けされ配線された（先に論議したように）単独のベタのグラウンドプレーンの使用は通常，中程度以下の分解能の A/D コンバータ（8，10，12，14 または 16 bit でも）には適切である．分解能がもっと高いシステム（18 bit 以上）では，適切な性能のためにさらなるグラウンドノイズ電圧分離が必要になることがある．このコンバータは数 μV 以下の最小分解能電圧を持つことが多い．

　一つの慎重な設計手法は，アナロググラウンドプレーンのノイズ電圧を，対象とする最小アナログ信号レベルより小さく保つことである．A/D（または D/A）コンバータの場合，最少分解可能な信号電圧レベル，最少有効ビット（Least Significant Bit：LSB）はコンバータのビット数とフルスケール基準電圧の関数である．基準電圧が低いほど，ビット数が多いほど，分解可能な最小信号電圧は小さくなる．表 17-2 は，1 V を基準とする A/D コンバータのビット数対分解能電圧のリストである．分解能レベルは，ほかの基準電圧に対しても，分解能に適当な係数を掛けることにより見積ることができる．たとえばそのコンバータが 2 V の基準を用いるなら，表中の分解能数に 2 を掛ける．

　表 17-2 に示すダイナミックレンジ数は，最大信号（基準電圧）に対する最小信号（LSB）の比率をデシベルで表したものである．これは基準電圧に関係なく同じである．ほとんどの実際の信号はダイナミックレンジが 100 dB 以下であることは興味深い．たとえば，ライブミュージックは 120 dB ものダイナミックレンジを持つかもしれないが，しかし，コンパクトディスク（CD）に録音されると，ダイナミックレンジは約 90 dB に制限される．

　必要なグラウンドノイズ電圧分離の概算は，優れたレイアウトの PCB を代表するデジタルグラウンドノイズ電圧 50 mV を想定して得られる．さらにアナロググラウンドノイズ電圧を 5 μV に制限することが望ましいと仮定する．この二つの数字の比は 1 万

17.6 高分解能の A/D コンバータと D/A コンバータ

表 17-2　1 V を基準とするコンバータの分解能電圧*

ビット数	分解能	ダイナミックレンジ
8	4 mV	48 dB
10	1 mV	60 dB
12	240 μV	72 dB
14	60 μV	84 dB
16	15 μV	96 dB
18	4 μV	108 dB
20	1 μV	120 dB
24	0.06 μV (60 nV)	144 dB

* 分解能はほかの基準電圧に対し拡張できる（すなわち，2 V 基準に対し分解能を 2 倍とする）

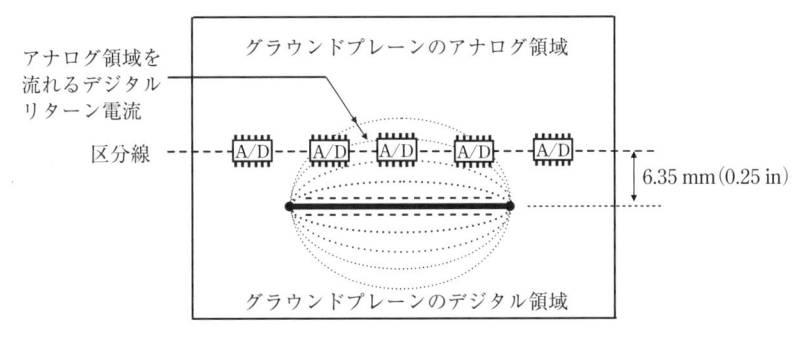

図 17-12　単一グラウンドプレーン上で適切に区分された基板。デジタルグラウンド電流のうちのわずか（1 % 以下）が，グラウンドプレーンのアナログ領域を流れる。

分の 1，つまり 0.01 % である。これは 80 dB のグラウンドノイズ分離に相当する。

　先の論議と，マイクロストリップトレースの表 17-1 から，大部分のリターン電流がそのトレースの下部または近傍を流れることが知られている。デジタルトレースをアナログ区画から 6.35 mm（0.25 in）以上離して置くと 99 % のデジタルリターン電流が PCB のデジタル区画にとどまる。そのトレースはグラウンドプレーンから 0.127 mm（0.005 in）（x/h 比は 50）の位置にあると仮定する。しかし，少量のデジタルリターン電流（< 1 %）が，図 17-12 に示すようにまだアナロググラウンドプレーンを流れる。前の段落で示したように，わずか 0.1 % または 0.01 % の総デジタルグラウンド電流でも，アナロググラウンドプレーンを流れると問題を起こしかねない。0.01 % 以下の電流は 80 dB 以上の電流減衰量を必要とし，一方 1 % の電流はわずか 40 dB の減衰量に相当する。

　表 17-1 から，アナロググラウンドからデジタルトレースを x/h 比 50 以上離しても，グラウンド電流はほとんど減らないことがわかる。したがって，x/h 比 50 を超えても，デジタルグラウンド電流のほんのわずかの部分が存在し，高分解能コンバータではノイズ問題がなおも存在することがある。

17.6.1　ストリップライン

　この問題に対して二つの解決策があり，ある種のグラウンドプレーン分割である。一つはデジタル論理トレースをストリップライン構成で走らせることである。なぜなら，ストリップラインのリターン電流は，マイクロストリップラインほど遠くまで広がらな

表 17-3 ストリップライントレースの中心線から距離 ±x/h 以内に含まれるグラウンドプレーン電流の割合

トレース中央からの距離	電流の割合〔%〕	距離 >x/h におけるグラウンドプレーン電流の減衰量〔dB〕*
$x/h = 1$	74	24
$x/h = 2$	94	36
$x/h = 3$	99	52
$x/h = 5$	99.95	78
$x/h = 10$	99.9999756	144

* トレースの片側の電流を考慮し 6 dB 増加し,二つのプレーンがあることを考慮しさらに 6 dB 増加した。

いからである。これは 10.6.1.2 で論議し,図 10-12 に示した。

表 17-3 はストリップライントレースの中心線から距離 ±x/h 以内に含まれるグラウンドプレーン電流の割合を示す。ここで x はトレースの中心線からの水平距離,h はグラウンドプレーンからのトレースの高さである(図 10-11 参照)。この数値は,式(10-16)で区間 ±x をプレーン上 0.254 mm(0.010 in),幅 0.127 mm(0.005 in)のトレースについて積分して計算したが,同様の結果はほかの寸法についても得られる。表にはトレースの中央から x/h 以上の距離におけるグラウンドプレーン電流の減衰量〔dB〕を示した。

ストリップラインの場合,トレース高さの ±3 倍の距離以内に 99 % の電流が含まれ,一方マイクロストリップラインでは,その距離はトレース高さの ±50 倍になる。電流の広がりは 1 桁以上減衰されることに注意。ストリップラインの場合,トレース高さの ±10 倍を超えて広がる電流の量は 0.0000244 % にすぎない。

したがって,デジタルストリップラインが 0.127 mm(0.005 in)以上アナログ部分から離れると,デジタルリターン電流の事実上 100 % が PCB のデジタル部分に残ることになる。トレースがグラウンドプレーンから 0.127 mm(0.005 in)にあると想定。デジタルトレースの高さが 0.254 mm(0.010 in)の場合,アナログ部分から 2.54 mm(0.10 in)だけ離せばよいであろう。

17.6.2 非対称ストリップライン

費用の点から,ストリップラインは各信号層当り二つのプレーンを必要とするのでデジタル論理基板ではほとんど使用されないが,非対称ストリップラインは普通である。非対称ストリップラインの場合,直交して配線される(これは層間の結合を最小化する)二つの信号層は二つのプレーン間に置かれる。いずれかの信号層について,一つのプレーンがそのトレースから距離 h にあると,ほかのプレーンは $2h$ の距離にある(図 10-14 参照)。非対称ストリップラインの場合,ストリップラインやマイクロストリップと同じく,基準プレーンは 10.7 節で論議したように電源またはグラウンドのどちらでもよい。図 17-13 はトレース片面の中心線上の正規化したグラウンド電流密度のログ-ログプロットを,基準プレーン上 5.08 mm(0.020 in),幅 0.127 mm(0.005 in)のトレースのマイクロストリップ,ストリップライン,非対称ストリップラインに対して x/h の関数として示している。非対称ストリップラインのプロットは,$h_2 = 2h_1$ の場合である。見てわかるように,非対称ストリップラインのグラウンドプレーン電流分布

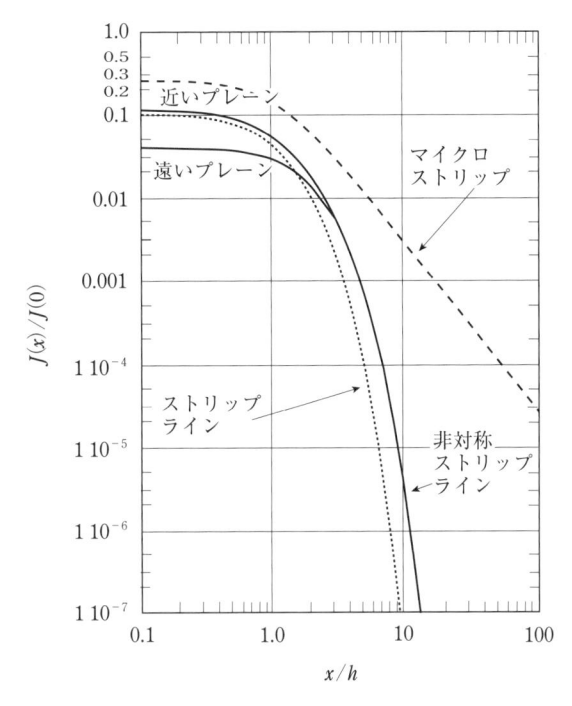

図 17-13 マイクロストリップ，ストリップライン，非対称ストリップライン対 x/h について，正規化したグラウンド電流密度のログ-ログプロット。非対称ストリップラインは $h_2 = 2h_1$ の場合である。

は，マイクロストリップよりもストリップラインにより近い。したがって，**非対称ストリップラインは，ストリップラインと同様に振る舞う**と結論できる。

図 17-13 は，リターン電流の広がりの制限に関し，ストリップライン（または非対称ストリップライン）がマイクロストリップラインより有利な点を明示する。高分解能のコンバータを単一グラウンドプレーンのミックスドシグナル基板上で用いるとき，デジタル信号がストリップライン（または非対称ストリップライン）として配線され，アナログ・デジタル区画の境界からトレース高さの少なくとも 5～10 倍離されていれば，問題ないはずである。非対称ストリップラインについて，中心線から $x/h = 3$ 以上の大きな距離での電流は両方のプレーンで同じであることは興味深い。

17.6.3　分離したアナログとデジタルのグラウンドプレーン

高分解能コンバータ問題に対する第 2 の手法は，基板を別々に離したアナログとデジタルのグラウンドプレーン領域に分割することである，図 17-14 に示すように，各 A/D コンバータの下部は，すべてベタでデジタルグラウンドプレーンにまだ接続されている。この手法は，システムに単一のベタのグラウンドプレーンを維持しながら，高分解能の A/D コンバータにさらなるグラウンドノイズ分離をもたらす。図 17-14 に示すレイアウトに対し，デジタルグラウンドプレーン電流はグラウンドのアナログ部分には流れ込むことはできない，なぜなら，デジタルプレーンとアナログプレーンとの間には電流ループができないからである。

この場合でさえ，アナログとデジタルのグラウンドプレーンは分割されないことに注

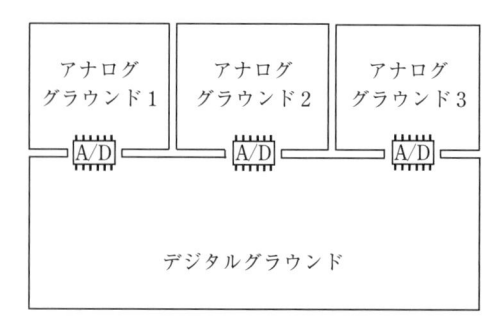

図17-14 隔離したアナログとデジタルのグラウンドプレーンを持つミックスドシグナルPCB。この手法は，単一のベタのグラウンドプレーンを維持しながら，高分解能のA/Dコンバータにさらなるグラウンドノイズ分離をもたらす。

意のこと。それらはすべて接続され，単一のベタのグラウンドプレーンを形成している。さらに，この手法を用いるとき，どの層であってもトレースはプレーンの分離スロットを横切らせてはならないことを覚えておくこと。

17.7　A/DコンバータとD/Aコンバータの周辺回路

　ミックスドシグナルPCBの設計において，グラウンドノイズを抑制するために，PCBのレイアウトに多大な努力が費やされることは多いが，一方で同じように性能に影響する設計のほかの側面が無視されている。

17.7.1　サンプリングクロック

　高精密サンプリングデータシステムでは，低ジッタでノイズのないサンプリングクロックが必須である。サンプリングクロックのジッタは，信号波形をサンプリングする時点を変化させ，これがサンプリングされた信号の振幅誤差を生じる。この誤差はクロックのジッタとサンプリングされる信号の変化速度の積に等しい。これを図17-15に示す。クロックジッタの結果として，波形が不規則な間隔でサンプリングされると，その後に本来の波形を正しく再構成できない。

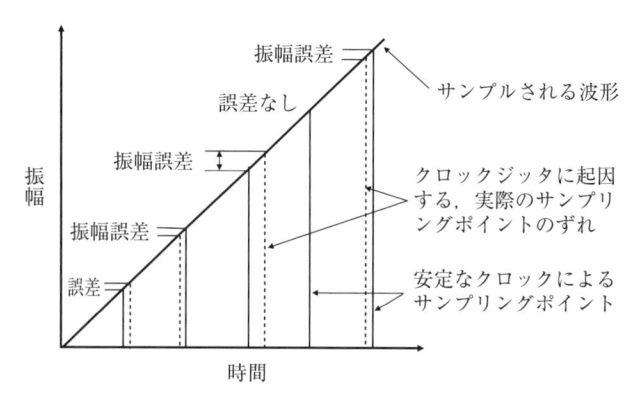

図17-15 サンプリングクロックのジッタが原因で，誤った時刻にサンプリングされた波形により生じる振幅誤差

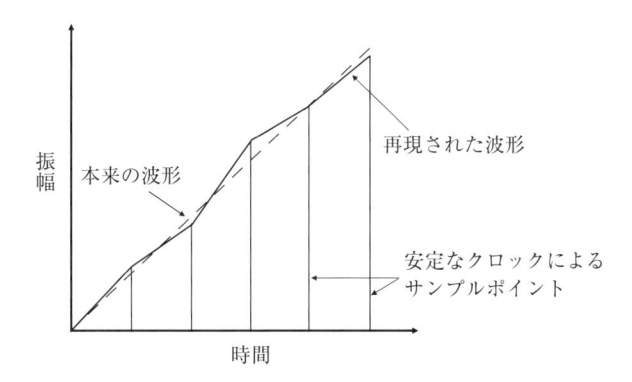

図 17-16 安定なクロックの D/A コンバータで再構成された図 17-15 の波形。実線が再構成された波形で，破線は本来の波形

　安定なクロックを持つ D/A コンバータでそのアナログ信号が再構成されても，信号が誤った時刻にサンプリングされてしまった結果として，その波形は誤差を生ずることになる（図 17-16 参照）。したがって，そのサンプリングは誤った振幅を再現する。クロックジッタは実質的に，先に論議したグラウンドノイズの影響と同様にシステムのノイズフロアを持ち上げる。

　A/D コンバータの信号対ノイズ比 S/N（Signal-to-Noise Ratio：SNR）に対するサンプリングクロックのジッタの影響は，次式で与えられる（Kester, 1997；Nunn, 2005）[*4]

$$S/N = 20 \log\left(\frac{1}{2\pi f t_j}\right) \tag{17-1}$$

　式(17-1)の S/N はデシベルで表現され，周波数 f の正弦波入力で，理想的な A/D コンバータ（クロックジッタ以外に余分なノイズ源がない）に対するものであり，これは，t_j なる実効値（root mean square：rms）のジッタのあるサンプリングクロックを持つ。

　たとえば，入力信号 100 MHz の理想的な A/D コンバータが rms 1 ps のジッタのサンプリングクロックを持つとき，S/N は 64 dB に等しい。この結果を表 17-2 に示したコンバータのダイナミックレンジデータと比較すると，上記の条件下で動作するコンバータは 10 bit 以上の分解能を達成できないと結論づけることができる。この結果は驚くべきことである！ 10 ps のクロックジッタはコンバータの分解能を 8 bit に制限する。100 MHz の信号をサンプリングする 20 bit の A/D コンバータの LSB を解像するには，そのクロックジッタは 1.5 フェムト秒[*5] 以下でなければならない。したがって，高周波の信号をサンプリングする場合，クロックジッタは重大な問題になり得ると結論づける。

　比較的低い周波数の信号をサンプリングするときでも，クロックジッタは主要なノイズ源になり得る。サンプリングクロックが rms 5 ps のジッタを持つ 20 bit の A/D コンバータでの 1 MHz 信号のサンプリングは，S/N を 90 dB に制限する。これは 20 bit のコンバータが 14 bit 以上の分解能を達成できないことを意味する。500 kHz の信号をサ

[*4] Nunn 氏の論文にはタイプミスがあり，その方程式は印刷時には間違っていた。
[*5] これは 1.5×10^{-15} 秒である。

ンプリングするときでさえ，この条件のコンバータは16 bit以上の分解能を達成できないことを意味する。

上記の例から結論できるように，多くの場合，サンプリングクロックのジッタに起因する誤差は，存在する可能性のあるどんなグラウンドノイズ電圧で生じる誤差よりはるかに大きい。

17.7.2　ミックスドシグナルの周辺回路

ミックスドシグナルICの周辺回路の適切なレイアウトとグラウンド接続は，システムのノイズ性能にとって極めて重要である。負荷と出力電流を最小化するために，ミックスドシグナル素子の各デジタル出力は一つの負荷だけに供給すべきである。

高分解能のコンバータでは，デジタル出力を中間バッファレジスタに接続するのもよい考えである。図17-17に示すように，このバッファはコンバータに隣接して設置して，ノイズの多いデジタルデータバスから絶縁する。このバッファはコンバータのデジタル出力の負荷軽減に役立ち（必要な出力電流を最小化），システムデータバスが，コンバータの浮遊内部容量を通してコンバータのアナログ入力にノイズを逆結合するのを防止する。そのうえ，直列の出力バッファ抵抗（100〜500 Ω）もバッファに追加して，またはバッファの代わりに使用して，デジタルドライバの負荷を最小化する。これはコンバータ出力の過渡電流を減衰させる。

コンバータと外部基準電圧との間のグラウンドノイズやサンプリングクロックは，コンバータの性能に影響を与える。したがって，基準電圧とサンプリングクロックはともに，デジタルグラウンドプレーンではなく，アナロググラウンドプレーンを基準とすべきである。A/DコンバータのサンプリングクロックはPCBのアナログ区画に置くべきであり，ノイズの多いデジタル回路から分離して，アナロググラウンドに接続しデカップルすべきである。

サンプリングクロックをデジタルシステムクロックから抽出するために，どうしてもデジタルグラウンドプレーン上に配置しなければならない場合，A/DコンバータやD/Aコンバータに差動で，またはトランスを通して転送して，二つのグラウンド間のノイズ電圧を除去すべきである。

図17-18は適切にグラウンド接続されたミックスドシグナルコンバータとその周辺回路を示す。ここでAはアナロググラウンド，Dはデジタルグラウンドを表す。

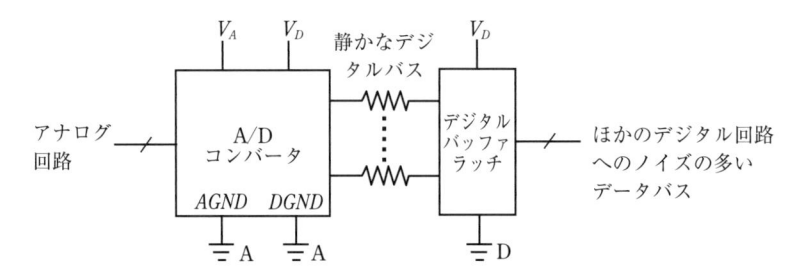

図17-17　デジタルの出力バッファやレジスタを持つA/Dコンバータ。出力ドライバの負荷減少とコンバータへのデジタルノイズのフィードバックを最小化する。

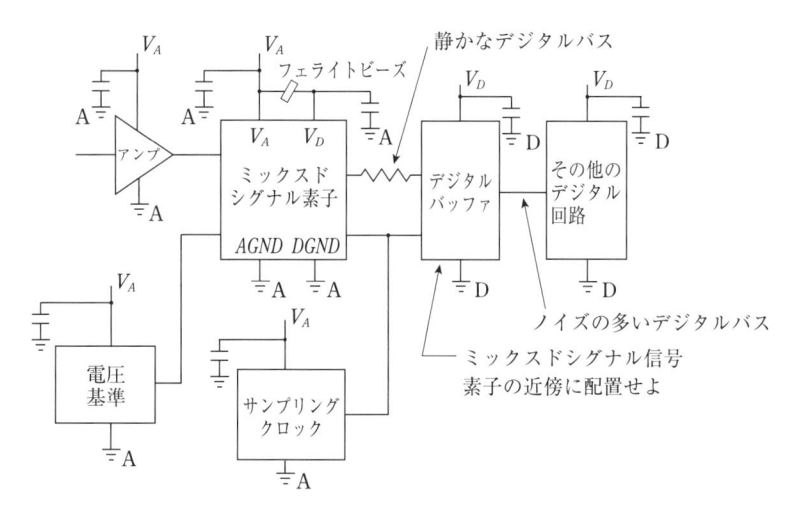

図 17-18　適切にグラウンド接続されたミックスドシグナル IC の周辺回路

17.8　垂直分離

　今までの議論は，基板のプレーン上でのアナログ回路とデジタル回路の区分けや分離に関係していた．これは水平分離と呼ばれる．アナログ回路とデジタル回路を基板の垂直，つまり Z 軸方向に分離または分割することが可能である．たとえば，両面板の表面実装基板の場合，デジタル回路を基板の表層に配線し，アナログ回路は基板の低面に配線することができる．この手法を用いる主たる理由は製品の寸法を縮小することである．たとえば，この手法は携帯電話機で広く用いられている．PCB の片面上のアナログ部品は，基板の他方の面のデジタル部品とプレーン（グラウンドまたは電源）で分離すべきである．

　垂直分離の手法の制約には次のものがある．デジタル電源は信号が層を切り替える場所のビアを通じて，アナログ信号トレースにノイズを誘起しかねない．この結合の大きさは，デジタル電源デカップリングの効果と，関係するビアの位置に依存する．貫通ビアもアナログ層とデジタル層との間の結合をもたらす．基板の反対区画まで伸びるビアの部分は，小さなスタブアンテナとして機能し，高周波エネルギーを拾い放射する．この作用をよく Z 軸結合と呼ぶ（King, 2004）．電源プレーンとグラウンドプレーンのアンチパッド（クリアランスホール）も高周波でなんらかの漏えい（結合）をもたらす．これらの項目は，ブラインドビアや埋め込みビアの使用により最小化や除去ができる[*6]．図 17-19 に代表的な垂直分離ミックスドシグナルの 8 層 PCB の層構成を示す．

　携帯電話機は，ミックスドシグナル PCB の効果的な垂直分離の優れた使用例である．これは，価格と小型化が重要な消費者市場で大量に販売されている．アナログ回路が基板の片面にあり，デジタル回路が通常 8 層基板の他方の面にある．ブラインドビアや埋

[*6]　ブラインドビアは基板を貫通しないビアである．埋め込みビアは内層間を接続するもので，基板の表面まで延長されない．

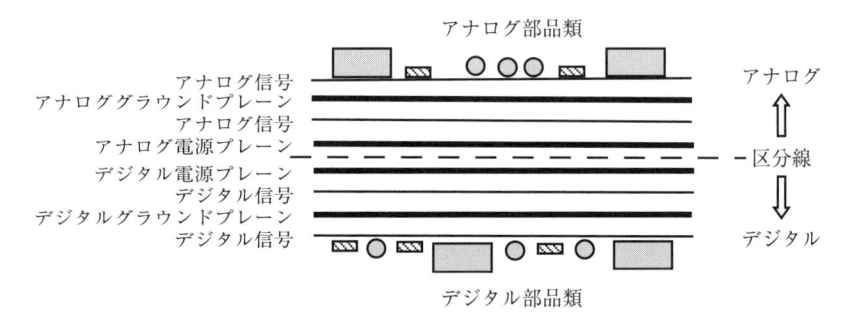

図17-19 垂直分離したミックスドシグナルPCBの代表的な層構成

め込みビアからなるマイクロビア技術が，結合の最小化と製品の寸法を縮小するために使用されている。

17.9 ミックスドシグナルの電源分配

17.9.1 電源分配

　　ミックスドシグナル基板は，アナログ回路とデジタル回路に対し独立の電源を用いることができる。これがよく分割電源プレーンをもたらす。電源プレーンに隣接するどの層のトレースもその分割部分を越えないように配線できれば，分割電源プレーンは容認できる[7]。電源プレーンの分割部を越えるようなトレースは，ベタのグラウンドプレーンに隣接した層で配線すべきである。多くの状況において，電源の一部，通常はアナログ電源をプレーンではなく信号層のトレースとして配線することにより，電源プレーンの分割を避けることができる。

　　アナログ電源は，次を含むいくつかの方法で入手可能である。
・独立の電源
・デジタル電源から電圧レギュレータを経由して
・デジタル電源からフィルタを経由して

　　電圧レギュレータを用いるなら，特に高分解能コンバータの場合，スイッチングレギュレータよりリニアレギュレータのほうが好ましい。なぜなら，その出力が余分なスイッチングノイズを含まないからである。フィルタを用いるなら，デジタル電源からすべてのアナログ回路に供給する単一のフィルタを置くか，ICごとにアナログ電源ピンとデジタル電源ピンとの間に個別のフィルタを置くか，場合によっては両方の組み合わせが用いられる。

　　デジタル回路は大量の電流を引き出し，大きな過渡電流を持つので，電源コネクタは基板のデジタル区画に置くべきである。電力をデジタル回路に直接供給でき，図17-20に示すように，フィルタするか調整してアナログ回路に給電する。アナログ電源レギュ

---

[7] なぜなら，電源プレーンは，隣接トレース層上の信号電流に対するリターン電流経路になるからで，プレーンが分割されるとリターン電流経路が妨げられるからである。

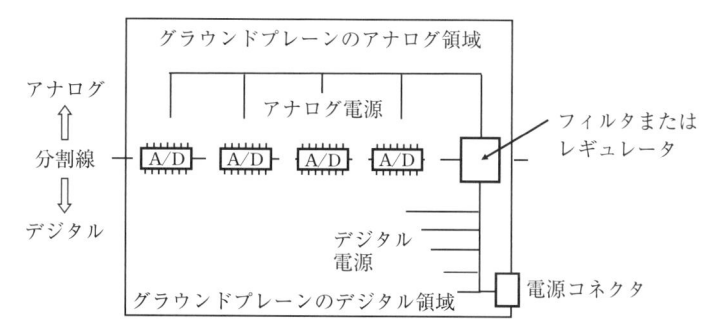

17.9 ミックスドシグナルの電源分配

図 17-20 適切に区分された PCB への単一電源からの給電

(注)基板のデジタル領域に大きな電源電流を納める

レータとフィルタは，基板のアナログ区画とデジタル区画をまたぐように置く．これは A/D コンバータの場合に似ている．

17.9.2 デカップリング

ほとんどのミックスドシグナル IC のデジタル電源は，アナロググラウンドにデカップルすべきである．しかし，デジタルのデカップリングコンデンサは，アナロググラウンドプレーンのデジタル電流を最小にするため，IC の $DGND$ ピンに**直接**接続しなければならない．これを図 17-21 に示す．

ミックスドシグナル IC のデジタル電源ピンは，デジタル電源かアナログ電源のどちらから給電してもよい．いずれの場合も，フェライトビーズや抵抗のような小さなインピーダンスで分離すべきである（図 17-21 の Z）．アナログ電源を使用するとこの分離は，デジタルノイズをアナログ電源から排除する助けになる．デジタル電源を使用すると，これはコンバータのデジタル回路とデカップリングコンデンサからの電源ノイズを排除する助けになる．

プロセッサやコーデックを持つ大型のデジタル信号プロセッサ（DSP）IC は，多数のデジタル回路を持つので，上記のグラウンド接続構想の例外である．これは個々のグラウンドプレーンに接続するために $AGND$ と $DGND$ を独立に持つべきである．この

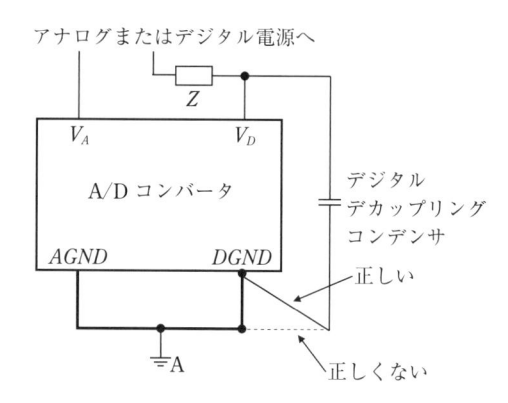

図 17-21 ミックスドシグナル IC 電源の適切なデカップリング．このデカップリングコンデンサは，ミックスドシグナル IC の $DGND$ に直接接続しなければならない．

```
       ┌─────────┐
       │ミックスド│■
       │シグナルIC│■───── デジタル電源のビア
       │         │■─┐
       │   V_D   │■ ├─ デカップリング
       │  DGND   │■ │   コンデンサ
       │         │■─┘
       │         │■───── アナロググラウンドプレーン
       │         │■       へのグラウンドビア
       │         │■
       └─────────┘
```

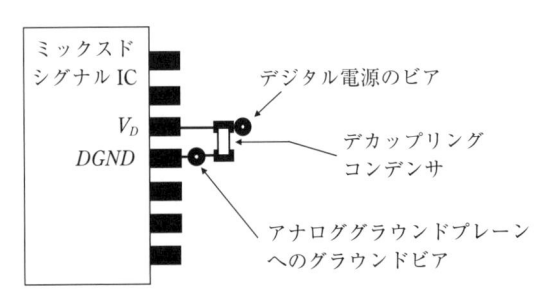

図17-22　ミックスドシグナルICに対するデジタルデカップリングコンデンサの搭載

チップは，アナログ回路とデジタル回路間でノイズをうまく分離するように通常設計されている。ICのデータシートの推奨事項を確認のこと。

図17-22は，ミックスドシグナルICに対するデジタルのデカップリングコンデンサの許容できるレイアウトを示す。図示したように，$DGND$ピンはアナロググラウンドプレーンに直接接続するビアを持ち，$AGND$ピンと$DGND$ピンとの間のインピーダンスを最小化する。デカップリングコンデンサのグラウンド端はできるだけ短いトレースでこのビアと$DGND$ピンに結ばれる。このレイアウトは，デカップリングコンデンサの過渡的グラウンド電流をアナロググラウンドプレーンから排除する。

17.10　工業プロセス制御装置（IPC）の問題

工業プロセス制御（Industrial Process Control：IPC）装置は，今まで検討してきたものとは少し違う問題をミックスドシグナル設計者に提起する。ここでは，デジタル回路や低レベルアナログ回路を妨害するモータ駆動，リレー駆動，ソレノイド駆動などのノイズの多いアナログ回路の場合である。なぜなら，モータ，リレー，ソレノイドの電流は低周波の信号であり，そのリターン電流は最小インダクタンスの経路，すなわち信号トレースの下部でなく，むしろ最小抵抗の経路を取るからである。今まで論議した原則はすべて適用できるが，しかし，その適用は少し異なる。

次はIPC問題のいくつかの処理法である。
・ノイズの多い信号には，プレーンでなくリターントレースを用いる（うまく機能する）
・グラウンドプレーンを区分し，横切る必要のあるトレースには単一のブリッジを用いる
・最小抵抗のリターン経路（直線経路）が基板のデジタル部分やアナログ部分を通過しないように，ノイズの多いアナログトレースを配線する
・グラウンドプレーンを分割し，グラウンドプレーンのスプリットをまたぐ必要のある信号に，光絶縁器，トランス，磁気抵抗絶縁器を用いる

図17-23は区分したグラウンドプレーンの使用例を示し，ここでは一方から他方へ渡る信号のために一つのブリッジを持つ。この手法は，グラウンドプレーン中の隙間や堀をまたいで信号を配線しない限りうまく機能する。

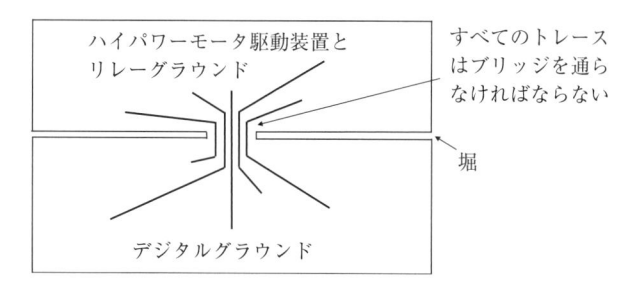

図 17-23 ノイズの多いアナロググラウンドをデジタルグラウンドに接続するブリッジを用いる，ミックスドシグナル IPC 基板の例。グラウンドプレーンの切れ目をトレースはまたぐことはできない。トレースはすべてブリッジを横切る必要がある。

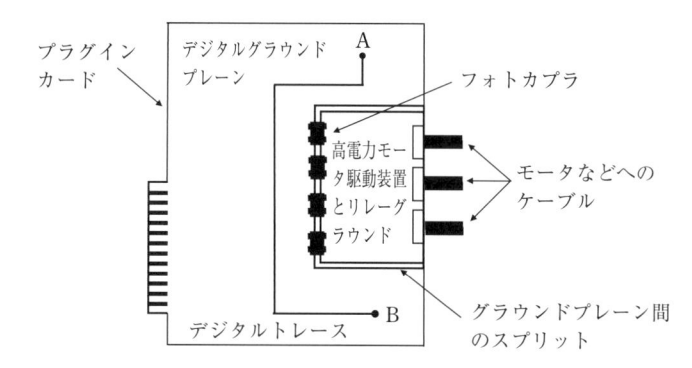

図 17-24 分割グラウンドプレーンと切れ目をまたいで通信する光カプラを持つ，ミックスドシグナル IPC 基板の例

図 17-24 は，スプリット間で通信するためのフォトカプラを持つ，分割グラウンドプレーン手法を用いたミックスドシグナル基板の例を示す。注意することは，ここに示すデジタルトレースは，A 点から B 点に行くのにデジタルグラウンドプレーン上を配線する必要があり，A 点から B 点へ直線的に走らせてはならないことである。直線的に走らせると，グラウンドプレーンのスプリットを横切ることになるからである。

要約

- ミックスドシグナル PCB は，アナログ区画とデジタル区画に分離する。
- 区画をまたぐには A/D コンバータや D/A コンバータを使う。
- グラウンドプレーンは分割せず，基板のアナログとデジタルの両区画にベタの一つのグラウンドプレーンを用いる。
- なんらかの理由でグラウンドプレーンや電源プレーンを分割したとき，いかなるトレースも隣接層のスプリットを横断させてはならない。
- トレースが電源プレーンのスプリットをまたぐ必要のあるときは，ベタのグラウンドプレーンに隣接した層を走らせる。
- デジタル信号は基板のデジタル区画内のみを走らせる。この規則はすべての層に適用する。
- アナログ信号は基板のアナログ区画内のみを走らせる。この規則はすべての層に適用

- グラウンドリターン電流が，実際はどこをどのように流れているか考えること．
- ミックスドシグナル PCB のレイアウトに成功するかぎは，単一のグラウンドプレーン，適切な区分けおよび配線規律である．
- 高分解能コンバータ（18 bit 以上）基板上のデジタル論理信号には，ストリップラインか非対称ストリップラインを用いる．
- 高分解能 A/D コンバータに対し，基板を独立に分離したアナログとデジタルのグラウンド領域に分けたい場合，各 A/D コンバータや D/A コンバータの下部でおのおのデジタルグラウンドに接続する．
- A/D コンバータと D/A コンバータおよび大部分のミックスドシグナル IC は，デジタル部分を持つアナログ素子であり，アナログ部分を持つデジタル素子ではないと考えるべきである．
- 複数基板からなるミックスドシグナルシステムで，A/D コンバータと D/A コンバータはアナログ基板に搭載すべきである．
- ミックスドシグナル IC のピン名称 $AGND$ と $DGND$ はこれらのピンがどこに内部で接続されているかを示し，どこでどのように外部で接続すべきかを意味しない．
- ほとんどのミックスドシグナル IC で $AGND$ と $DGND$ ピンはともに直接アナロググラウンドプレーンに接続すること．
- ミックスドシグナル IC でデジタルのデカップリングコンデンサは，直接デジタルグラウンドピンに接続すること．
- ほとんどのミックスドシグナルシステムは，単一のベタのグラウンドプレーンでうまくレイアウトできる．
- 高分解能のサンプリングデータシステムには，低ジッタのサンプリングクロックが不可欠である．
- ミックスドシグナルの周辺回路の適切なレイアウトとグラウンド接続法も，最適なシステム性能に不可欠である．

問題

17.1 ミックスドシグナル PCB のレイアウト成功のかぎは何か？

17.2 基準プレーンから 0.254 mm（0.010 in）に位置するデジタルトレースの両側のどれだけの距離以内に 99 % のリターン電流が存在するか？
    a. トレースがマイクロストリップ線路のとき
    b. トレースがストリップラインのとき

17.3 ミックスドシグナル PCB 上でグラウンドプレーンを分割するとき，避けるべき二つの事項は何か？

17.4 ミックスドシグナル PCB にはいくつの基準プレーンが必要か？

17.5 高分解能コンバータを扱う二つの方法は何か？

17.6 A/D コンバータや D/A コンバータの $ADNG$ ピンと $DGND$ ピンのラベルは何を意味するか？

17.7 ほとんどのミックスドシグナル IC は，デジタル素子，アナログ素子のどちらと考えるべきか？

17.8 60 MHz の入力信号をサンプリングするとき，rms ジッタ 300 フェムト秒のサンプリングクロックを持つ理想的 A/D コンバータで得られる最大 S/N と分解能（bit）はいくつか？

17.9 1 MHz の信号をサンプリングするとき，24 bit の分解能を達成する A/D コンバータに許容できる最大 rms サンプリングクロックジッタはいくつか？

17.10 オーディオ信号の帯域が 50 kHz に限定されていて，16 bit の A/D コンバータでサンプリングした。LSB を分解するに必要な最大許容クロックジッタは？

17.11 ほとんどのミックスドシグナル素子の $AGND$ と $DGND$ はどこに接続すべきか？

17.12 問題 17-11 に対する答えの例外は何か？

17.13 ミックスドシグナル IC で，デジタルのデカップリングコンデンサのグラウンド側はどこに接続すべきか？

参考文献

- Kester, W. "A Grounding Philosophy For Mixed-Signal Systems." *Electronic Design, Analog Applications Issue.* June 23, 1997.
- King, W. M. "Digital Common-Mode Noise: Coupling Mechanisms and Transfers in the Z-Axis." *EDN*, September 2, 2004.
- Nunn, P. "Reference-Clock Generation for Sampled Data Systems." *High Frequency Electronics*, September 2005.
- Terrel, D. L. and Keenan, R. K. *Digital Design for Interference Specifications*, 2nd ed. Pinellas Park. FL., The Keenan Corporation, 1997.

参考図書

- Holloway, C. L. and Kuester, E. F. Closed-Form Expressions for Current Densities on the Ground Plane of Asymmetric Stripline Structures. *IEEE Transactions on Electromagnetic Compatibility.* February, 2007.
- Johnson, H. "ADC Grounding." *EDN*, December. 7, 2000.
- Johnson, H. "Multiple ADC Grounding." *EDN*, February, 2000.
- Johnson, H. "Clean Power." *EDN*, August, 2000.
- Kester, W. *Mixed-Signal and DSP Design Techniques*, Chapter 10, (Hardware Design Techniques). Norwood, MA, Analog Devices, 2003.
- Kester, W. *Ask the Application Engineer—12, Grounding (Again)*, Analog Dialogue 26-2, Norwood, MA, Analog Devices, 1992.
- Ott, H. W. "Partitioning and Layout of Mixed-Signal PCB," *Printed Circuit Design*, June 2001.

第 18 章

事前適合 EMC 測定法

"正式な"電磁環境両立性（Electromagnetic Compatibility：EMC）測定法については多くのことが語られてきた。それは，屋外試験サイト（Open Area Test Site：OATS）や大きな半無響室のような高価で複雑な試験施設を用いて，各種の EMC 規則に従って実施する適合試験である。大型暗室は数億円（数百万ドル）もするものがある。しかし，安価な装置を使って製品開発の実験室で実施できて，製品の EMC 性能の目安になる，簡単な EMC 試験法についてほとんど書かれてこなかった。

　本章は製品開発実験室で実施できる EMC 測定法について述べる。この簡単な測定には，限られた比較的安価な装置しか必要としない。スペアナ（スペクトラム・アナライザ）を含むすべての必要な装置は総額 300 万円（3 万ドル）[2008 年の米ドルで] 以下で入手できる。すでにスペアナを持っているなら，150 万円（1.5 万ドル）の予算で十分である。この試験が設計の初期段階に製品設計者自身の実験室で実施できることは，大きな利点である。管理された環境の試験施設で実施される正式な EMC 測定ほど正確ではないが，簡単，迅速に，自分の作業台で容易に実施できるということは，特にそれが設計の初期に実施されると，精度の低下を上回る効果をもたらす。この試験を"作業台 EMC 測定"と呼びたい。

　製品設計段階の初期の EMC 試験の利点として次がある。

・最終適合試験に合格する確率を高めること
・EMC 試験所での適合試験に必要な再試験の回数を減らすこと
・設計後期での予想外をなくすこと（EMC 試験不合格で起こる）
・EMC の検討は設計の一部であることを確認すること──付け足しではない

EMC 試験所のデータによれば，最終試験のために提出された製品の 85 ％が不合格である。本章で述べる簡単な作業台 EMC 測定法を用いれば，統計が逆転して 85 ％以上が初回の規制適合試験に合格する。

18.1　試験環境

　放射ノイズ試験施設は，反射を抑えるために注意深く設計され，建設される。その目的は反射面を一つだけ持つことであり，それはグラウンドプレーンである。OATS は，近傍に金属物体のない屋外に施設を設置することによりこれを実現している。唯一の反射面はサイトに設置する金属グラウンドプレーンである。3 m や 10 m の測定距離を持つ大型の半無響室は同じ目的の金属グラウンドプレーン（暗室の床）を持ち，壁面と天井に無線周波（Radio-frequency：RF）吸収体（カーボン含浸ピラミッドコーンとフェ

ライトタイル）を用いて，RFエネルギーを吸収し反射を防いでいる*1。

作業台EMC測定の環境（設計者の実験室）は，上述したのとは正反対である。そこには通常，多くの管理されない反射面，つまり金属ファイルキャビネット，金属机や長椅子，さらに金属壁がある。したがって，この管理されない環境で放射ノイズ試験は実施したくない。放射ノイズを直接測定せず，放射ノイズに比例するなんらかのパラメータを測定する必要がある。

絶対に望まないのは小型のシールドルーム（吸収体なし）をつくり，製品と受信アンテナを部屋の中に置き，放射ノイズを測定することである。この方法は，そのような試験に付随する誤差を最大化する。壁面と天井からの大きな反射が放射ノイズパターンの中にヌルとピークを発生させ，最大 ±40 dB の誤差を発生させる（CruzとLarsen，1986）。

有益な作業台EMC測定は，試験を実施する管理されない環境により影響を受けない（少なくとも影響の少ない）ように実施する必要がある。

18.2　アンテナかプローブか

一つの特例を除き（18.9節参照），事前適合試験にはアンテナを使用しない。アンテナは寸法が大きく（通常は波長の1/2），近傍の反射に敏感であり，周囲の金属物体と影響し合う。

むしろ，1波長よりかなり小さい小型プローブを使用する。これは周囲の金属物体に近接させても使用でき，反射RFエネルギーに対し鈍感である。使用するプローブは寸法が数 in 以下であり，数 ft の寸法を持つアンテナに比べ小型である。たとえば，30 MHzにおいて同調ダイポールアンテナは5 m（16.4 ft）の長さである。

18.3　ケーブル上のコモンモード電流

実施できる最も有益な事前適合測定は，製品に付属するすべてのケーブル上のコモンモード電流を測定することであるのは間違いない。

ケーブルからの放射は式(12-7)で示したように，ケーブル上のコモンモード電流に直接比例する。コモンモード電流はケーブル上の不平衡電流（戻らない電流）である。この電流がケーブルを戻らないとするとそれはどこへ行くのだろうか？　どこへ放射するのか！　意図的信号の場合（差動モード信号），電流はケーブルの1本の線を流れていき，隣接の線を通して戻る，したがって，正味の電流はゼロであり，コモンモード放射は防止される。

ケーブルは常に製品から放射する主要な放射源であるから，コモンモード電流の測定は，習得できる測定の中で最も有効な試験の一つである。コモンモード電流は，高周波

---

*1　全無響室（床面に反射面を持たない）における，たぶん5 mの測定距離での放射ノイズ試験が国際EMC測定基準委員会で真剣に検討中である。しかし，この方法の問題点は，許容値が変更されることであり，製品に対する妨害の可能性に新たな検討を要する。試験法と許容値は相互に関連するからである。

クランプオン電流プローブ（図18-1に示すFischer Custom Communications Model F-33-1のような）とスペアナで容易に測定可能である。この電流プローブは直径約7 cm（2¾ in）で，中央に2.54 cm（1 in）のケーブル用の穴を持つ。試験設定を図18-2に示す。F-33-1電流プローブは2～250 MHzまで平坦な周波数特性を持つ。電流プローブの伝達インピーダンス[*2]は5 Ω（+14 dBΩ）であり，したがって，1 μAの電流は電流プローブから5 μVの出力を出す。

大部分のコモンモードケーブル放射は250 MHz以下で発生するので，F-33-1の帯域幅は通常は十分である。しかし，さらなる帯域を必要とする場合，F-61コモンモード電流クランプが1 GHzまで有効でありF-33-1より感度がよい。その周波数応答は40 MHz～1 GHzまで±1 dBである。F-61の伝達インピーダンスは18 Ω（+25 dBΩ）である。したがって1 μAの電流は18 μVの出力をプローブから出す。

すべてのケーブル上のコモンモード電流を測定するのを習慣としなさい！　開発段階の初期に，試作機に対して設計変更が容易な時期に，最終EMC適合試験を実施する前に行うこと。コモンモード電流試験に不合格なら，放射ノイズ試験にも失敗するだろう。

クラスBの製品では電流は5 μA（クラスAの製品では15 μA）以下でなければならない。この許容値は，1 m以上のケーブルに適用する。1 m未満のケーブルについては，許容電流はケーブル長に逆比例する。たとえば，0.50 m長のケーブルに対し，最大許容電流はクラスBの製品について10 μA（クラスAの製品では30 μA）である。

図18-1　コモンモード電流クランプ（Fisher Custom Communications社提供）

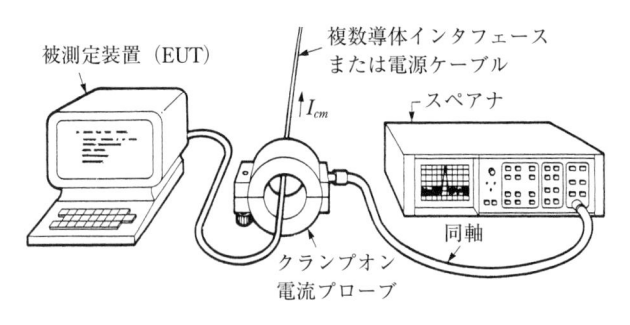

図18-2　コモンモード電流測定の試験配置

[*2] 伝達インピーダンス Z は，プローブ出力電圧 V と測定するケーブルの電流 I の比である。したがって，$Z = V/I$ (in Ω) または，$Z = 20 \log (V/I)$ (in dBΩ)。伝達インピーダンスが大きいほど，プローブの感度は大きい。

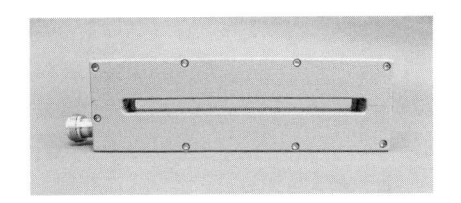

図 18-3　リボンケーブル用として開発されたコモンモード電流クランプ
(Fischer Custom Communications 社提供)

5 μA は 14 dBμA と等価である。F-33-1 プローブを用いて，5 μA の電流に対する出力電圧は電流〔dB〕に伝達インピーダンス〔dB〕を加えることにより求めることができる。

$$V = 14\,\text{dB}\mu\text{A} + 14\,\text{dB}\Omega = 28\,\text{dB}\mu\text{V} \tag{18-1}$$

したがって，長さ 1 m 以上のケーブル上の電流を測定したとき，プローブ出力電圧のスペアナの読みは，クラス B の許容値に合格するには，ケーブル放射は 28 dBμV 以下でなければならない。クラス A の製品では，電圧の読みは 38 dBμV 以下でなければならない。

ケーブルのシールド，非シールドに無関係に，この技法は有効である。ところで，この技法はケーブルシールド終端効果を決定する優れた方法でもある。コモンモード放射を抑圧するために，コモンモードフィルタをケーブルに使用するか，フェライトコアを入れるとき，電流プローブ測定はその効果を立証する。フィルタ（またはフェライト）を挿入する前後で，またはケーブルシールドの終端方法を替えたときに電流を測定すること。

リボンケーブル用の特別なクランプオン電流プローブもあるが（図 18-3），多くの場合それは必要ない。図 18-1 に示した標準の電流プローブの丸い穴にはまるようにリボンケーブルを丸めればよい。ケーブルを丸めてもコモンモード電流には影響はない。

すべてのケーブルをその目的のいかんにかかわらず測定すべきである。信号ケーブル，電源コード（交流または直流），光ケーブル，ビデオモニターケーブル，入出力 (I/O) ケーブル，電話ケーブル，その製品に付属するその他すべてのケーブルを測定すべきである。製品に接続されていればコモンモード放射源となり得る！

18.3.1　試験手順

実施したいことは，ありとあらゆるケーブルのコモンモード電流を 5 μA 以下（クラス A は 15 μA 以下）にすることである。しかし，ケーブルは互いに影響し合う可能性がある。一つのケーブルでコモンモード電流を減らすと，他のケーブルで増大する可能性がある。

一度に 1 本のケーブルをコモンモード電流クランプで測定する。コモンモードフィルタ，フェライトチョーク，ケーブルシールドなどを用いて電流を必要な許容値以下に削減し，続けて次のケーブルに同じことをする。すべてのケーブルが終わったなら，やり直す。なぜなら，先に修復したケーブルのいくつかで電流が上昇しているかもしれないからである。すべてのケーブルの電流が許容値以下になるまで繰り返す。各ケーブルに

ついて二，三度この処理を繰り返さなければならないことがある．終了すると各ケーブルの電流は $5\,\mu A$ 以下（クラスA装置は $15\,\mu A$）になるはずであり，ケーブルはもはや放射ノイズ問題を起こさないはずである．

18.3.2 注意事項

ケーブルは製品から結合したエネルギーと同様に，地域のFM放送局やTV放送局のような外部送信源からもエネルギーを拾い上げて放射する．したがって，すべての測定は，測定しようと思っているものを測定していることを確かめなければならない[*3]．コモンモード電流測定の簡単な確認試験は，製品の電源を切り，信号の読みがゼロであることを確かめることである．もし読みが残るとすれば，外部からの拾い上げである．このようにして，一般にFM放送局が拾い上げられるので，88〜108 MHz帯（米国で）の信号は疑うべきであり，たぶん外部送信源からであろう．試験を常に同じ場所で実施する場合，近郊のFM局すべての周波数を知っておくべきである．

被試験ケーブルに定在波が立つ場合がある．このような場合，電流プローブをケーブルに沿って移動し最大電流位置を検出する．30 MHz以上の周波数では，最大点を検出するのに約 1 m（手を伸ばした長さ）移動すればよい．ケーブルの長さが 30 m であっても，ケーブルクランプをケーブル全長で移動する必要はない．多くの場合，最大点は被測定装置に近いプローブ位置で発生する．

可能な各種のEMC試験すべての中で，コモンモード電流測定は最も有益であり，EMC規格適合を達成するのに要する費用と時間の観点から，最大の見返りを提供する．やり方を覚えて頻繁に実施すること！

18.4 近傍界の測定

12章で示したように，デジタル電子回路の放射はコモンモードや差動モード放射として発生する．前節のケーブル電流測定は，コモンモード放射メカニズムに関する情報を提供する．次に必要なのは，差動モード放射に関するなんらかの情報である．差動モード放射は，プリント回路板（Printed Circuit Board：PCB）上のループを巡って流れる電流の結果である．この電流ループは，磁界を放射する小型のループアンテナとして機能する．したがって，できるのはPCB近傍の磁界を測ることである．これは，図2-29(C)で示したのと類似の小型シールドループプローブで実施できる．

Scott Roleson氏が1984年EDNの記事に，ループプローブの設計と構造を書いた（Roleson, 1984）．この磁界プローブの構造を図18-4に示す．この記事で書かれたプローブの市販品が，Fisher Custom Communications社からModel F-301シールドループセンサ（図18-5参照）として入手できる．

このループは直径約 2 cm（3/4 in），10〜500 MHzの周波数範囲で使用可能である．
このプローブは磁界に関して較正可能であるが，放射強度を決定するために，近傍界の測定結果を遠方界における電界に外挿することはできない．近傍界と遠方界に関する

[*3] これを「ヌル確認」といい，ゼロの結果を示すべき試験であり，試験設備の評価に用いられる．

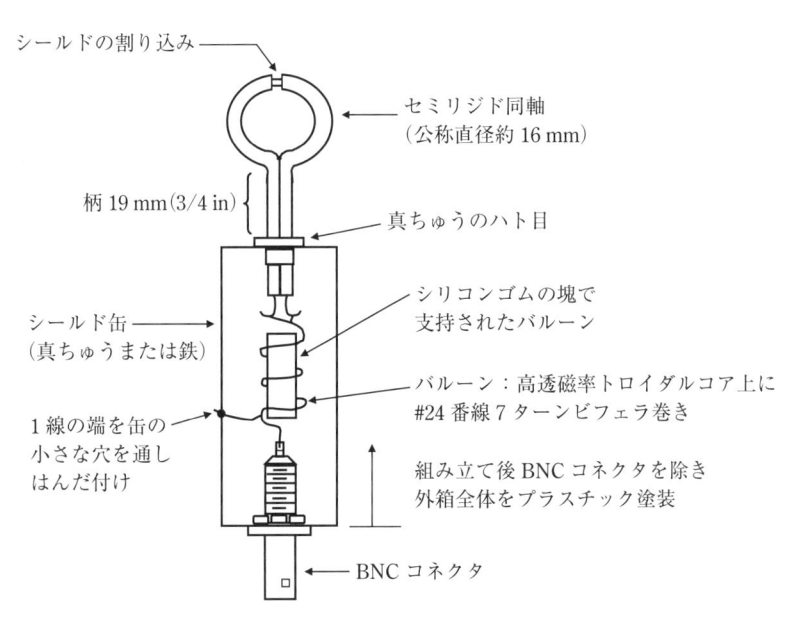

図18-4 シールドループ磁界プローブの詳細構造

図18-5 小型スプリットシールド磁界ループプローブ

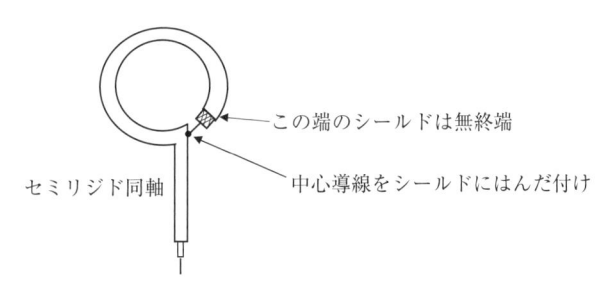

図18-6 同軸ケーブルでできた簡単な磁界プローブ

さらなる情報は，6.1節を参照のこと。したがって，このプローブによる測定は，定性的であり定量的ではない。しかし，これらの測定は差動モード放射の過剰な発生源を示し，製品に変更や改造を施した場合の前後の比較を行うのに有効である。

上記の磁界プローブの代わりに，50 Ωの同軸ケーブルで簡単な自家製プローブをつくることができる。ケーブルの一端で直径2〜2.5 cm（3/4〜1 in）のループをつくり，図18-6に示すようにケーブルの芯線をシールドにはんだ付けする。シールドはこの端で終端しないままにしておく。電界除去能力は"Roleson probe"ほどよくないが，その性能はほとんどの事前適合試験に適切である。このプローブの利点は，安価でありつ

くりやすいことである。この構造と同じ市販品もある。たとえば，EMCO（ETS Lindgren）7405 近傍界プローブセットや A. R. A. Technologies HFP-7410 プローブセット。両者とも磁界プローブと電界プローブ[*4]を含む。

18.4.1 試験手順

PCB 上を"ホットスポット"（強い磁界を持つ位置）を求めてプローブで走査する。この磁界は，通常クロックの高調波の周波数で発生する。

ホットスポットが見つかったとき，その近傍の PCB レイアウトを本書全体で論議したよい EMC 慣行に違反するものがないか確認する。PCB に変更を施した後，その磁界が振幅を下げたかどうか確認する。

多くの場合，大部分の放射の原因が集積回路（Integrated Circuit : IC）であることを見つけるであろう。この場合，その部品の上に基板レベルのシールドを検討すべきである。

これらの試験を実施する際，プローブは垂直か水平のいずれかに保持できる。プローブが垂直のとき（ループ平面が基板に垂直な場合），最大の電界強度を検出するために，0°～90°回転する必要がある。

プローブが水平に使用されたとき（ループ平面は基板と平行），プローブを回転する必要はない。プローブを垂直に使用するのが好ましい。なぜなら，基板上の各種高さの部品の間や周りに到達するのが容易であるから。

18.4.2 注意事項

二つの磁界の読みを比較する場合（修復の前後のように），プローブは基板からまったく同じ距離に維持すべきである。磁界強度の大きさは発生源からの距離の3乗で減衰する。記憶と繰り返しが最も容易な距離はゼロである。したがって，私はプローブを垂直に保持し，基板や部品（IC など）に接触させる。この距離は最大の振幅の読みを与える。

小型のシールド磁界プローブは外部磁界に対し鈍感であるので，観察しているものが被測定装置から来たと容易に想定できる。しかし，この仮定はプローブを基板から離し，読みの大きさが急激に低下することで確認できる。なぜなら，磁界強度は発生源からの距離の3乗で低下するからである。もちろん，もう一つの選択肢は被測定回路の電源を切り，読みが消えるのを確認することである。

18.4.3 筐体の継ぎ目と開口部

上述したように，小型のシールド型磁界プローブはシールド筐体の継ぎ目や開口部からの漏れを探すのに用いることができる。

図 18-7 に示すように，ループ平面をシールドに平行にプローブをシールドに隣接させる。プローブを継ぎ目や開口部に沿って移動し，強い磁界の存在を探す。

開口部の場合，最大の磁界強度は開口部の端で発生し，中央でヌルになる。これは，

[*4] 事前適合試験では，電界プローブは通常必要とされないか，用いられない。

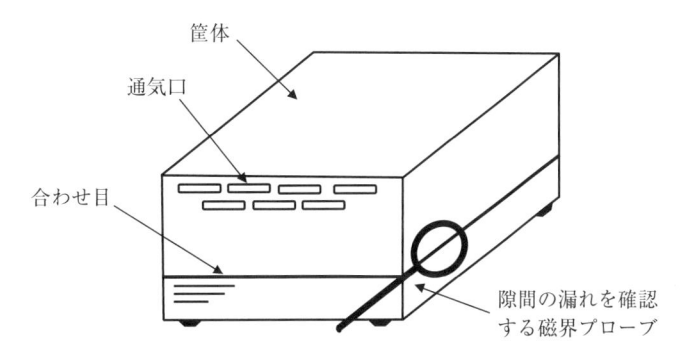

図 18-7　磁界プローブを用いた匡体の開口部での漏れの確認

誘起されるシールド電流が（この電流が磁界をつくる）開口部の端で図 6-25 に示したように最大となる。

上記の二つの EMC 事前適合測定（コモンモード電流と PCB 近傍の磁界）は最も重要であり，初期の試作モデルで，および正式な EMC 試験施設での最終適合試験の前に再度，実施すべきである。

18.5　ノイズ電圧の測定

ノイズ電圧の測定は，放射ノイズ源の正確な位置を示す助けになる。これらの測定の多くは，標準の 10 倍不平衡スコーププローブと高周波オシロスコープで行うことができる。

実施すべき有益な測定には，クロックの波形，IC の V_{CC}-グラウンドノイズ電圧，PCB 上のグラウンド差動ノイズ電圧，I/O グラウンドとシャーシ間のコモンモード電圧がある。

クロック波形の測定は，波形上のリンギングおよびアンダーシュートとオーバシュートを見つけるのに有効である（図 10-2(A)参照）。これらのいずれかの状態が存在するとき，過渡現象を止めるために信号出力に直列に小さな抵抗やフェライトビーズを挿入することにより，それらは通常除去できる（図 10-2(B)参照）。一般に，33 Ω の値が初期値として適当である。そして，その値を変え，問題を除去できる最小の値を見つける。

V_{CC}-グラウンドノイズ測定は，電源デカップリングの効果を判定するのに有効である。オシロスコープを見ると，信号の切り替わりのたびにノイズスパイクが表れるであろう。これらの測定は，読み取り装置としてオシロスコープの代わりにスペアナで実施できる。これは，周波数に対するデカップリングの効果に関する追加の情報を提供し，疑問点を非常にはっきりさせる。

I/O 領域（ケーブルが PCB 上で終端される場所）で PCB グラウンドとシャーシとの間のコモンモードノイズ電圧を測定すると，ケーブルを励起し放射を起こさせるコモンモード電圧が示される。コモンモードケーブル電流測定（先に論議した）は類似の優れたケーブル放射試験である。しかし，この試験にはさらなる選択肢がある。

18.5.1 平衡差動プローブ

別々のICのグラウンドピン間の差動ノイズ電圧の測定は，PCBグラウンド構造の品質の証拠を提供する（表10-2参照）。グラウンド上の2点間を測っているので，この測定は標準的な不平衡プローブより平衡差動プローブを用いて実施すべきである（付録EのE.4参照）。

ほとんどの測定器メーカはその装置用に，高インピーダンスの電源付き「電界効果トランジスタ（Field Effect Transistor：FET）入力」差動プローブをつくっている。このプローブは，非常に高価であり，壊れやすく（過大な電圧が印加されたとき，そのFET入力の結果として容易に損傷を受ける），帯域幅が限定されていることが多い。これらの問題はすべて克服できる，グラウンド間のノイズ電圧測定に高入力インピーダンスが不要であることが理解できれば，これらの問題は克服できる。この用途には数百〜1 000 Ωの入力インピーダンスで十分である。図18-8と図18-9は自家製の倍率10の平衡受動形差動プローブの構造の詳細を示し，これはこの用途で十分機能し，1 000 Ωの入力インピーダンスを持つ（Smith, 1993）。このプローブは，図4-7で示した同軸ケーブルを利用した平衡回路の原理の実際の応用例である。ケーブルシールドは，プローブチップ端で回路に接続すべきでないことに注意のこと。

オシロスコープでこの平衡プローブを使用するとき，その入力はスコープの二つのチャネルに供給し，その一つを反転して二つの入力を加算する。しかしながら，この受動形差動プローブをスペアナに使用するとき，入力は一つしかない。したがって，スペアナにその信号を印加する前に，二つの信号の引き算をしなければならない。これは高周

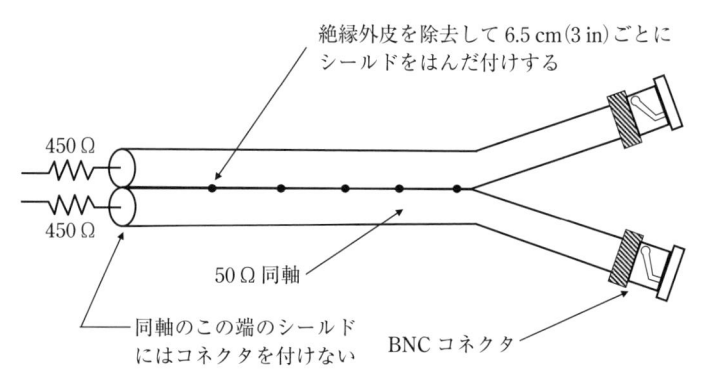

図18-8　受動形差動電圧プローブの構造詳細

図18-9　180°合成器を持つ自家製の倍率10の受動形差動電圧プローブ

波 180° 合成器（Mini-Circuits Model ZFSCJ-2-1 のような）により容易に達成できる。この合成器は 1～500 MHz の周波数応答を持ち，約 4 dB の挿入損失を持つので，電圧を測定するときにこれを考慮しなければならない。図 18-9 は 180° 合成器を持つ自家製の倍率 10 の受動形差動プローブを示す。このプローブは 500 MHz まで機能し，必要なら 1 GHz まで機能するように改良できる。しかし，GHz 版は 20 倍プローブとなる。

平衡プローブの二つのケーブルのうち一つだけつくられると，それは 500 Ω の入力インピーダンスを持つ DC～500 MHz の不平衡プローブとなる。

18.5.2　DC～1 GHz プローブ

プローブの 500 MHz 以上の周波数応答を，合成器のほかに何が制限するのかについては，オシロスコープの入力インピーダンスが真の 50 Ω でないという事実がある。これはスコープの入力容量（典型的に 3～10 pF）と 50 Ω の並列である。500 MHz 以上では，この容量がプローブケーブルに反射を引き起こし，信号をプローブチップに跳ね返す。プローブチップの抵抗は 50 Ω でなく 450 Ω なので信号は再度反射する。この反射波がケーブル上を行ったり来たりして定在波が立ち，測定に誤差を発生させる。解決策はプローブチップに（中心導線とシールドとの間）50 Ω 終端を 450 Ω 抵抗のケーブル側に置くことである。このシャント抵抗に直列のインダクタンスを減らすために，この終端は 4 本の 200 Ω 抵抗を並列にして構成する。Doug Smith 氏は彼のウェブサイトで同様な不平衡プローブの詳細な構造を記述している（Smith, 2004）。平衡差動プローブでは，構造詳細で示唆した 976 Ω の代わりに 450 Ω のチップ抵抗を用いて，グラウンドリードは外したままで，平衡プローブの両チップを記述どおりに改造する。この平衡プローブ構成に対し，プローブをスペアナに接続する場合は，上で論議したよりも広い帯域幅の合成器を使用しなければならない。

18.5.3　注意事項

高周波のノイズ測定を行う場合，オシロスコープの入力インピーダンスを 1 MΩ でなく，50 Ω に設定してあることを確認すること。

PCB 上の高周波ノイズ電圧を測定する場合，リードが PCB からの漏えい磁界を拾わないことを保証するために，リードの向きが重要である。リードは PCB に対し垂直に置かなければならない（付録 E の E.4 参照）。

18.6　伝導ノイズの測定

伝導ノイズの事前適合試験は線路インピーダンス安定化回路（Line Impedance Stabilization Network：LISN）を用いて容易に実施できる（13.1.1. 項参照）。伝導ノイズの事前適合試験は規格に規定されたのと同じ方法で実施できる。

図 18-10 は FCC と CISPR で規定された伝導ノイズ試験設定を示す。事前適合試験では，よくグラウンドプレーンなしで実施される。しかし，もっとよい方法は，伝導ノイズ試験を非金属実験台や図 18-11 に示す台車の上で実施することである。この台車は規格で規定されたほど大きくないが，グラウンドプレーンを持っている。

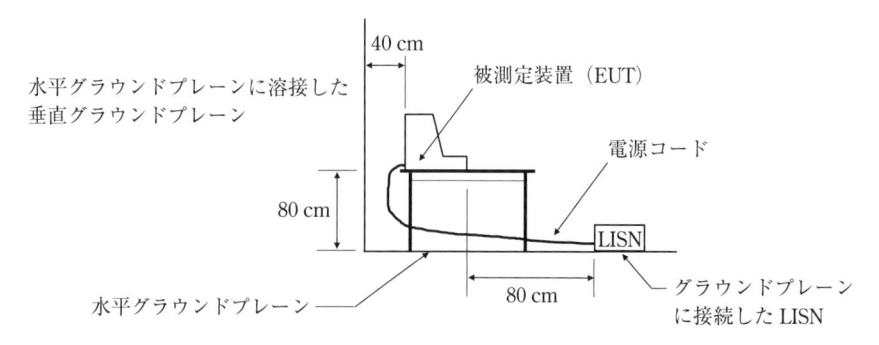

図 18-10 FCC/CISPR 規格に従った伝導ノイズ試験設定

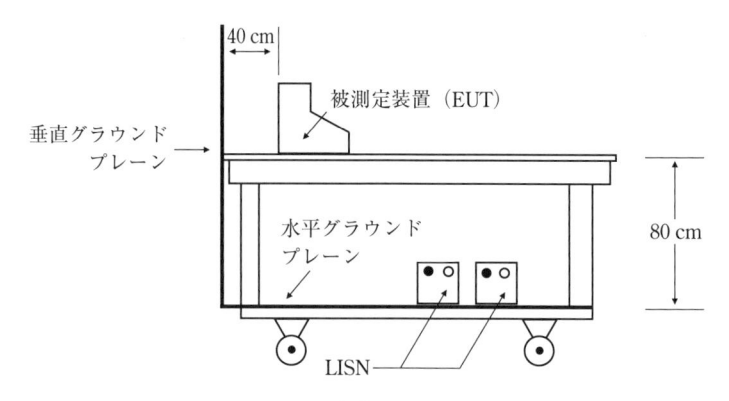

図 18-11 実験台車上の伝導ノイズの事前適合試験配置

　実験台には二つの LISN が必要であり，交流電源線の各線に一つずつ接続する。したがって，多くのメーカは二つの LISN を一つの筐体に収め，測定ポートを一方の線路から他方に切り替える手段を提供している。測定ポートを切り替えたとき，未使用のポートには 50 Ω の終端が自動的に接続される。

　FCC と欧州連合（EU）はともに，準尖頭値検波（峡帯域）と平均値（広帯域）伝導ノイズ測定の実施を要求する。おのおのの許容値を図 18-12 に示す。平均値の許容値はクラス A 製品ではピーク許容値より 13 dB 低く，クラス B 製品では 10 dB 低い。

18.6.1　測定手順

　二つのグラウンドプレーン（用いた場合）から適切な位置に被測定装置（Equipment Under Test：EUT）を設置する。EUT を LISN に接続し，LISN を電源線に接続する。スペアナを LISN の電圧測定ポートに接続する。ピークまたは準尖頭値検波器を用いてスペアナを 10 kHz の分解能帯域幅に設定する。

　電源線の各サイドからグラウンド（相線からグラウンドへと中性線からグラウンドへ）間のコモンモード電圧を測定する。スペアナで平均値にセットして同じ測定を繰り返す[*5]。伝導ノイズ測定は通常 150 kHz〜30 MHz の間で実施し，未使用の LISN 測定

＊5　ピーク検波器や準尖頭値検波器を用いて平均値許容値に適合させた場合，その EUT は平均値に合格したとみなすべきであり，平均値検波器による測定は必要ない。

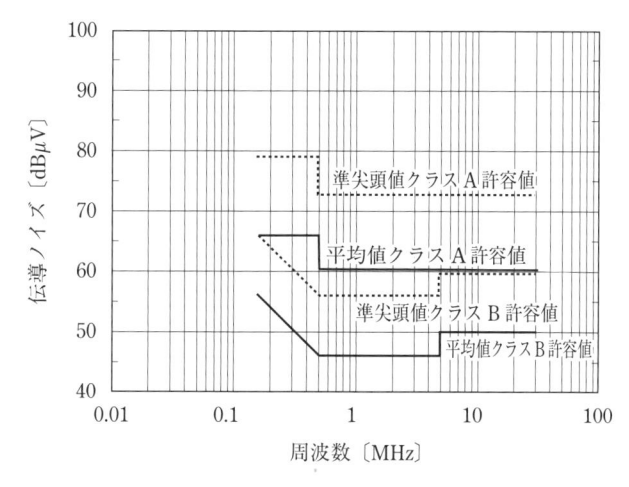

図 18-12 FCC/CISPR 準尖頭値と平均値の伝導ノイズ許容値

端子は，常に 50 Ω の抵抗で終端しておく．

18.6.2 注意事項

ノイズが外部電源線から入り込む可能性がある．したがって，思っているものを測定しているかどうかを確認する検証試験を実施すべきである．伝導ノイズ試験の単純な検証試験は製品の電源を切って信号が消えるか確認することである．信号が残るなら，それは外部電源線ノイズに間違いない．LISN と外部電源線との間に電源線フィルタを追加すれば，外部から結合したノイズを低減する助けになる．

LISN の測定ポートに直接スペアナを接続できるが，この方法はスペアナを損傷する可能性があり，誤った読みの原因になる．交流電源線に接続されたほかの装置が大きな過渡電圧を発生し，スペアナの敏感な入力部を破損する可能性がある．さらに，大きな 50/60 サイクル成分が測定信号に表れ，スペアナの入力回路に過負荷をかけ，これも読み取り誤差の原因になる．

したがって，規格では要求されないが，ハイパスフィルタ（信号の 60 Hz 成分を 60 dB 以上抑圧する）と電源線に表れるあらゆる過渡電圧を吸収する 10 dB の外部アッテネータを付加するのは，賢明なことである．この試験配置のブロック図を図 18-13 に示す．このハイパスフィルタと 10 dB 減衰器および追加のダイオードリミッタ（大きな過渡電圧をすべてクリップする）は図 18-14（たとえば Agilent 11947 Transient Limiter）に示すような単一部品として入手できる．外部アッテネータを考慮して，スペアナのリミットラインを 10 dB だけ補正するのを忘れないこと．スペアナはさらなる保護を提供するために，内部の 10 dB アッテネータも設定すべきである．

伝導ノイズ試験に付随する最も一般的な二つの問題は，スペアナの電源線周波数による過負荷と未使用の測定ポートを 50 Ω で終端しないことである．

18.6.3 コモンモードノイズと差動モードノイズの分離

今述べた伝導ノイズ試験手順は，コモンモード成分と差動モード成分の両方からなる総合ノイズを測定している．伝導ノイズ問題を分析する場合，コモンモードノイズと差

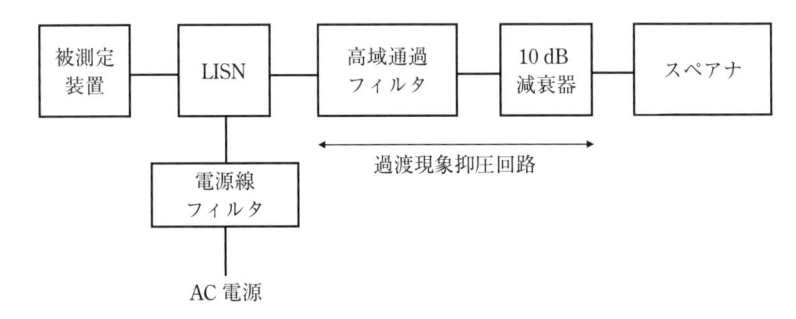

図 18-13　ハイパスフィルタと 10 dB アッテネータを含む伝導ノイズ測定器具設定のブロック図

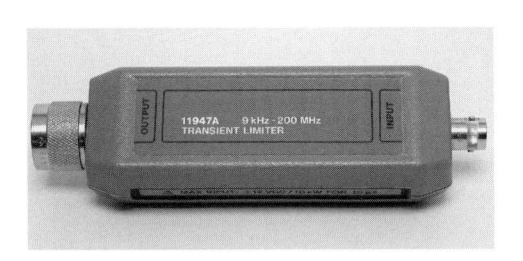

図 18-14　伝導ノイズ試験に用いられる過渡リミッタ

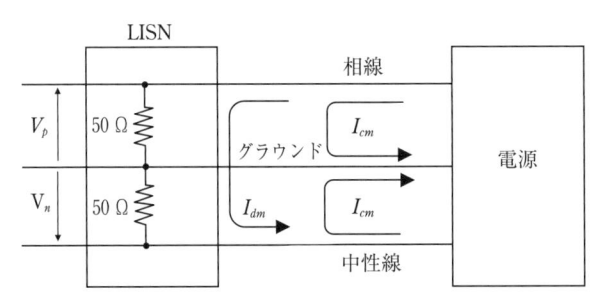

図 18-15　LISN に接続された電源。コモンモードと差動モードのノイズ電流を示す。

動モードノイズを区別できると助けになる。これが望ましいのは，種々の電源成分がコモンモードノイズ電流よりも差動モードノイズ電流に影響するからである（13.2 節参照）。同様に，電源線フィルタの種々の部品に差動モードノイズを抑圧し，他の部品がコモンモードノイズを抑圧する（13.3 節参照）。製品の伝導ノイズスペクトルでどのモードが優勢であるかを知ると，電源や電源線フィルタのどの部品に交換または変更が必要かの手がかりが得られる。それは基本的に問題を半分にする。

　図 18-15 は LISN に接続された電源を示し，電源からコモンモードと差動モードのノイズ電流が発生している。二つの 50 Ω 抵抗は LISN を代表する。LISN の相線側のノイズ電圧は，

$$V_p = 50(I_{cm} + I_{dm}) \tag{18-2}$$

LISN の中性線側のノイズ電圧は，

$$V_n = 50(I_{cm} - I_{dm}) \tag{18-3}$$

相線と中性線の電圧を加算すると，

$$V_p + V_n = 50(2I_{cm}) = 2V_{cm} \tag{18-4}$$

18.6 伝導ノイズの測定

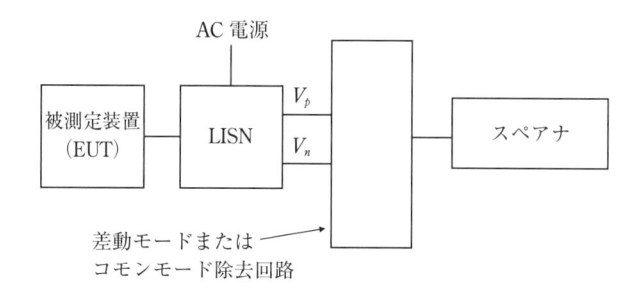

図 18-16　差動モードやコモンモードの除去回路を持つ伝導ノイズ試験配置

相線と中性線の電圧の差を取ると，

$$V_p - V_n = 50(2I_{dm}) = 2V_{dm} \tag{18-5}$$

したがって，二つの LISN 電圧を足すか引くかによって，コモンモードと差動モードノイズ電圧を決定することができる。

しかしながら，相線と中性線の電圧の加算と減算は，測定した後にはできない。なぜなら，測定は単に大きさであり，位相の情報はなんら提供しないからである。したがって，必要なのは，測定する前に二つの電圧を加算または減算する回路であり，位相情報は失われる。

図 18-16 はそのような回路の追加を含む伝導ノイズの試験設定である。相線と中性線の電圧を加算すると，それは差動モード除去回路と呼ばれ，二つの電圧を減算するとそれはコモンモード除去回路と呼ばれる。そのような回路は次の三つの条件を満足しなければならない。

・相線と中性線の電圧を加算（または減算）する
・合成電圧を 6 dB だけ減衰させる（その値を半分にする）
・LISN 出力のおのおのに 50 Ω 終端を提供する

18.6.3.1　差動モード除去回路

これを行う単純な回路の一つは，5 本の抵抗だけからなり，図 18-17 に示す（Nave, 1991, p.94,）。この回路は二つの入力電圧を加算するので，差動モード除去回路である。50 dB 以上のコモンモード除去を達成するためには，0.1 % の抵抗を用いなければならず，寄生物を排除するために注意深く配置しなければならない。使用に際し，まず回路なしで伝導ノイズ試験ができ，総ノイズ電圧（コモンモード ＋ 差動モード）が得られ

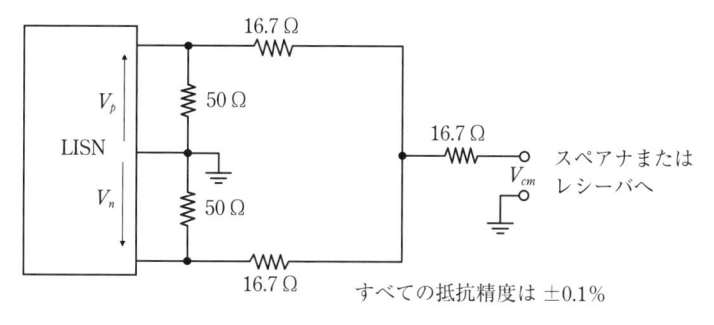

図 18-17　差動モード除去回路

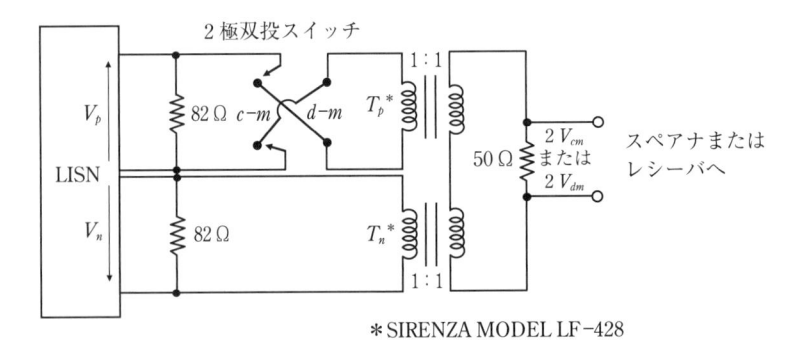

図 18-18　差動モード除去回路とコモンモード除去回路の組み合わせ

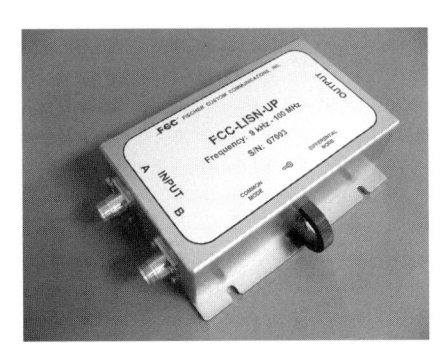

図 18-19　伝導ノイズ試験に使用する差動除去回路とコモンモード除去回路を複合した市販品
（Fischer Custom Communications 社提供）

る．次いで，差動モード除去回路を入れて，コモンモードノイズ電圧を得る．これら二つの差が差動モードノイズ電圧である．

18.6.3.2　切り替え可能なモード除去回路

　　差動モードノイズからコモンモードを分離するのに用いられる回路を図 18-18 に示す（Paul and Hardin, 1988）．この回路では LISN からの相線と中性線の両信号が二つの広帯域（10 kHz〜50 MHz）トランスの 1 次側に供給される．二つの信号の引き算は二つのトランスの 2 次側を直列に接続することにより達成される．加算は 2 極切り替えスイッチで 1 次信号の一つの極性を反転することにより達成される．この回路は，コモンモードと差動モードノイズ測定をスイッチ一つで切り替えられる利点がある．

　　しかし，この回路は必要な 6 dB 減衰を出力に提供しない．したがって，この出力は，所望のコモンモードノイズ電圧と差動モードノイズ電圧の 2 倍である．この制約はスペアナの許容限度を 6 dB 上げることで容易に克服できる．回路の出力とスペアナとの間に 6 dB，50 Ω のアッテネータを入れることでも十分である（好ましい）．すでに 10 dB のアッテネータを持つ図 18-13 の設定を使用した場合，スペアナの許容値に 4 dB の修正を施せばよい．この回路の図 18-19 の市販品は，Fischer Custom Communications 社から入手できる．

18.7　スペクトラム・アナライザ

　事前適合試験に必要な試験装置で，最も高価なのがスペクトラム・アナライザである。しかしながら，主要な測定器メーカ（Agilent, Tektronix, Anritsu, IFRなど）の多くは小型携帯型スペアナを100万～150万円（＄10,000～＄15,000）の価格帯（2008年の米ドル）でつくり，この用途に十分使える（図18-20参照）。さらに，他のメーカは限られた機能の100万円（＄10,000）以下のスペアナを提供し，このいくつかは事前適合試験に適用可能である。

　スペアナの周波数帯域は少なくとも1 GHz，マックスホールド機能付きであること。マックスホールドはスペアナをある時間走らせ，その間に発生したピーク信号振幅を記録する。入力インピーダンスは50 Ωであること。TV業界での使用を目的とするスペアナは，75 Ωの入力インピーダンスを持つ。

　スペアナは，ピーク検波器と平均値検波器の機能を持つこと。たいていの事前適合測定はピーク検波器で実施されるであろうが，伝導ノイズ試験はピーク検波器と平均値検波器で実施しなければならない。準尖頭値検波器もあることが望ましいが，事前適合試験に不可欠ではない。

18.7.1　検波器の機能

18.7.1.1　尖頭値検波器（Peak Detector）

　ほとんどのスペアナの初期設定は，ピーク検波器である。スペアナは中間周波数（Intermediate Frequency：IF）増幅器の出力の前に，簡単な包絡線検波器（シャントコンデンサを持つ直列ダイオード）を用いる。この検波器の時定数は，電圧が検波されたIF信号のピーク振幅に従う値になっている。

　ほとんどの事前適合試験は，ピーク検波器を用いて行う。なぜなら，準尖頭値や平均値検波器で測定するよりずっと速いからである。ピーク測定は，常に他の検波器で実施した場合に比べて等しいか大きい。したがって，すべての信号がピーク検波器で測定して規制許容値より低ければ，その製品は他の検波器で測定しても許容値以下であろうか

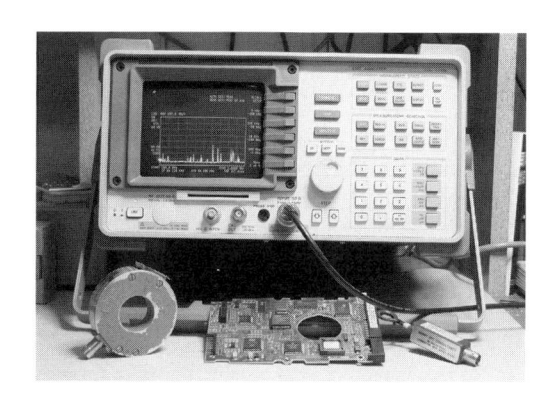

図18-20　事前適合試験に使用する可搬型スペアナ。左前方にクランプオンコモンモード電流プローブ，右前方にシールド形ループ磁界プローブを示す。

ら，それ以上の測定は不要である。

18.7.1.2 準尖頭値検波器（Quasi Peak Detector）

大部分の放射と伝導のノイズ許容値は，準尖頭値検波器の使用を基準としている。準尖頭値検波器は，信号のパルス繰り返し速度に従って信号を測定する。これはAMラジオに対する妨害の可能性を測る方法である。準尖頭値検波器は包絡線検波器の出力にフィルタを用いる。このフィルタは，その放電速度よりはるかに速い充電速度を持つ。したがって，信号の繰り返し速度が速ければ，フィルタコンデンサはより多く充電され，準尖頭値検波器の出力は大きくなる。準尖頭値検波器の読みは，常にピーク検波器の読みに等しいか少ない。連続信号（非パルス）に対して，準尖頭値検波器とピーク検波器の読みは常に等しい。準尖頭値検波器の特性は，CISPR 16-1-1（2006）に説明がある。

準尖頭値検波器は持てばよい機能であるが，事前適合試験に必須ではない。多くの製品について，ピーク検波器と準尖頭値検波器は同じ読みを与える。そうでない製品では，ピーク検波器は準尖頭値検波器に比べ高い読みを示す。このことはさらなるマージンを提供する。

18.7.1.3 平均値検波器（Average Detector）

伝導ノイズ試験だけで必要となる平均値検波器は，検出された包絡線の平均値を表示する。平均値検波器で包絡線検波器の出力は，分解能やスペアナの帯域幅IFよりはるかに少ない帯域幅のフィルタを通過する。これは，包絡線検波器で高周波成分をフィルタして信号の平均値をつくる。

各種スペアナ検波器機能に関するさらなる情報は，Schaefer（2007）を参照のこと。
表18-1は事前適合スペアナの最低仕様のリストである。

18.7.2 一般的測定手順

信号源やプローブをスペアナ入力に接続する。適切な周波数範囲と分解帯域幅を設定する（コモンモード電流クランプと磁界プローブ測定には100または120 kHz，伝導ノイズ試験には9または10 kHz）。検波器機能をピークに設定する。垂直軸をdBμVに設定し，大きな分割目盛りを10 dBとする。コモンモード電流と磁界測定には内部減衰器を0 dBに設定し，伝導ノイズ測定に10 dBに設定する。トレースを表示するために基準レベル（スクリーンの上部）を適切に設定する。事前適合測定の代表的レベル（放射と伝導）は70～80 dBμVである。

表18-1 事前適合試験用スペアナの最低仕様

パラメータ	仕様
周波数帯域	100 kHz～1 GHz
分解能IFバンド幅	9または10 kHzと100または120 kHz
検波器機能	尖頭値と平均値*
感度	<20 dBμV，100 kHz帯域幅で
表示機能	自走とマックスホールド
入力インピーダンス	50 Ω

＊ 準尖頭値検波はオプション

旧式または機能の限られたスペアナは，dBµV の代わりに dBm[*6] でのみ表示可能である。dBm と dBµV の関係は 107 dB である。

$$\text{dBm} = \text{dBµV} - 107 \text{ dB} \tag{18-6}$$

スペアナは測定のハードコピーを取るために，スクリーンの表示をプロッタに出力できなければならない。ある種のスペアナ（たとえば Agilent）は可搬型インクジェットプリンタにスクリーンのトレースを出力できる。ほとんどのスペアナはその表示を内部メモリーに蓄積もでき，後で読み出して測定中のトレースと比較できる。

18.8 EMC 処置用台車

EMC 測定の作業台に必要な装置類を試験所内の至る所に分散させて置くと，必要なときに必要なものが簡単に見つからないことがあるので，それらを 1 か所に集めておくほうがよい。それを「EMC 処置用台車」と呼ぶ。それは図 18-11 の電源ポート伝導妨害波試験カートから始めて，いくつかの変更を加え，さらに引き出しを数個取り付けることにより，図 18-21 のような「EMC 処置用台車」が容易に実現できる。

カートは金属ではない木，プラスチック，ファイバーグラスの材料でつくれる。そのカートは必要に応じてどこにでも移動でき，事前適合試験や必要な場合には装置の補修にも使うことができ，スペアナ，プロッタまたはプリンタをカート上に設置しておくことが可能である。二つの引き出しのうちの一つは，次のような必要なあらゆる試験器を入れておくために使用できる。

・コモンモード電流クランプ
・磁界ループプローブ
・平衡電圧プローブ
・トランジェントリミッタ
・コモンモードとディファレンシャルモードのノイズ除去回路
・同軸ケーブル，アッテネータほか
・小型の手作業工具

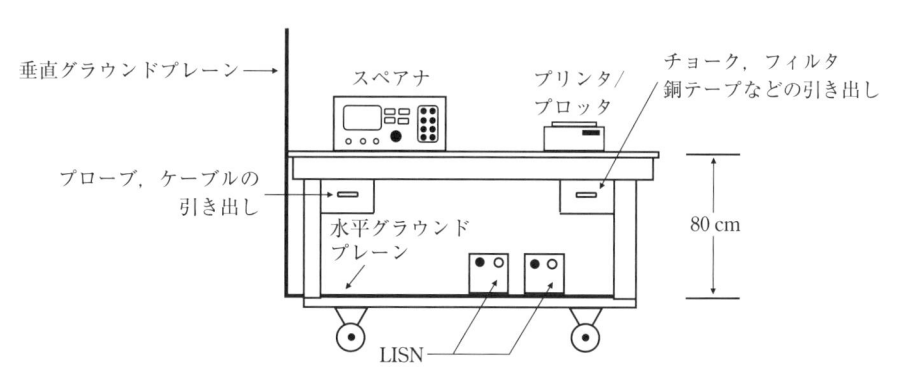

図 18-21　EMC 処置用台車は事前適合試験に必要なすべての機器を含む。

---

*6　1 mW 基準に対するデシベル（付録 A 参照）。

二つ目の引き出しが，ノイズを低減するために必要になるかもしれないEMC対策部品を保管しておくのに使用できる（18.8.1項を参照）。

多くの事前適合試験において，スペアナとプロッタはカートに置きっぱなしである。しかし，電源ポート伝導妨害波試験のときは処置用台車からスペアナとプロッタを取り外し，カートにEUT（卓上タイプの製品と仮定）を置き，垂直グラウンドプレーンから40 cm離す。

18.8.1 対策部品リスト

以下の品物や部品は，装置のEMC問題を改善したり分離したりするのに有用なものであり，処置用台車の引き出しに備えるべきである。

- ケーブルからのコモンモードノイズを低減するフェライトコア。多くのフェライトコアメーカが，ケーブルノイズ低減のための各種フェライト一式が利用できるキットを出している
- 筐体やケーブルのシールド特性を改善するアルミホイルや銅テープ
- ケーブルのシールド特性改善やグラウンドストラップとして使用する銅の編組線
- ケーブルシールドの終端を改善する小さな金属ケーブルクランプ。もし金属クランプがなければ，プラスチックケーブルクランプに銅テープを取り付けることで伝導性のクランプとする
- DB-9, DB-25, RJ-11, RJ-45用コネクタと共通な構造を持つフィルタピンコネクタとAC電源ラインフィルタ
- 電源ラインフィルタで1 000 pF〜2 μFのXコンデンサ，Yコンデンサとして使用されるAC保安用で当局により登録されている電源ライン用コンデンサ
- コネクタのバックシェルを直接シャーシにグラウンド接続するために使う，コネクタバックシェルのグラウンド接続用クリップや一般コネクタ用EMIガスケット
- 筐体の継ぎ目に導電性を強化するための導電性EMIガスケット一式とスプリングフィンガ
- クロック発振などを抑えるための10〜1 000 Ωの抵抗
- 470 pF〜0.1 μFの小型セラミックコンデンサと，50〜100 Ωのインピーダンスを持つフェライトビーズ
- 筐体の塗装や非導電性被膜を取り除くための紙ヤスリ。

「処置用台車」の使用により，事前適合試験や製品の手直しに必要なすべてのものが1か所で簡単に手に入る。これは時間の節約と必要なものを探すために実験室中を歩き回るという手間を省くことができる。この方法は測定器を使う場合にも有用である。というのは，すべての測定器がどこにあるか知らないと言い訳する必要がないからである！

18.9　1m放射ノイズ測定

18.9.1　測定環境

　放射ノイズ測定は18.1節で論議した，制御不可能な反射問題を解決できるなら，事前適合試験の一つとして実施できるであろう。

　これを行うためには，次の二つのことが満足されなければならない。
1. 反射波の大きさを低減する
2. 被試験製品から直接放射される希望信号の大きさを最大にする

　反射エネルギーは，被測定装置（Equpment Under Test：EUT）を反射面（金属面）からできるだけ離すことで最小化できる。それゆえ，試験を実施するための空間を見つける必要がある。室内の試験サイトとしては，使用されていない会議室，休憩室，カフェテリア，空いた倉庫などが考えられる。屋外の試験サイトとしては，車のいない駐車場や野原などが考えられる。可能ならば，EUTとアンテナ双方から少なくとも3m以内に大きな金属物体がない場所を探してみるのがよい。屋外サイトにつきものの悪天候になる可能性がないので，室内のサイトのほうが好ましい。

　希望信号を最大化するために，アンテナは通常のEMCサイトでの10m距離や3m距離ではなく，製品から1mの所で測定すべきである。すべての反射物体がアンテナとEUTの両方から少なくとも3m以上離れているならば，反射波は測定したい信号より15dB以上小さくなる[*7]。

　最大放射位置を見つけるのに非電導性のターンテーブルが必要である。基本的な試験配置は図18-22のとおりである。

　放射ノイズ測定はすでに述べた事前適合試験の代わりに実施すべきではなく，追加的なものとして使うことができる。

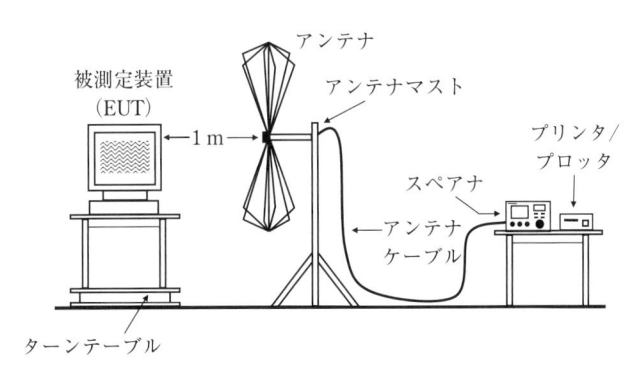

図18-22　簡単な1m放射ノイズ測定設備

[*7] これは，距離によって信号強度が$1/r$に低下するという遠方界の条件を想定している（rは半径または測定する距離）。電界は実際はもっと速く落ちるので，これは保守的な手法である。

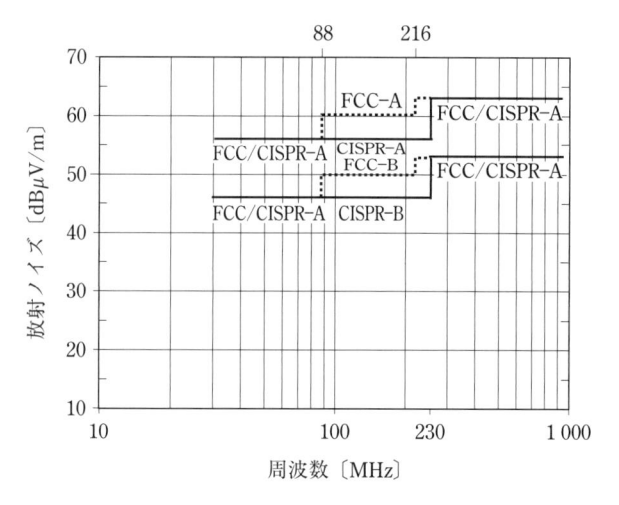

図 18-23　1 m 試験のために外挿した FCC と CISPR 放射ノイズ許容値

18.9.2　1 m 試験の許容値

遠方界においては，放射ノイズ測定の許容値は，測定距離の逆比例で換算できる．そのため，もし測定距離を 3 m を 1 m にすれば，許容値は 3 倍，すなわち 10 dB だけ増加させなければならない．しかしながら，測定距離が 1 m になると，被供試器やアンテナの大きさなどの複雑な要因がからまって，単純な外挿法では正確でなくなってしまう．

1 m 試験の経験から，6 dB の補正係数のほうが実際に近いことが知られている（Curtis, 1994）．これは，少し安全側であるとともに事前適合試験としては十分なものである．図 18-23 は 1 m の測定距離で，FCC と CISPR の放射ノイズ許容値を外挿した（6 dB 補正係数を使用）ものである．

18.9.3　1 m 試験用アンテナ

小型広帯域アンテナが 1 m EMC 試験には最適な選択である．多くの場合，バイコニカルアンテナ（30〜200 MHz）と小型ログペリアンテナが用いられる．理想とはかけ離れているが，この方法が多くの場合でよく機能している．

18.9.3.1　注意事項

ログペリアンテナを使用するときに注意事項がある．ログペリアンテナの作動エレメントは，周波数とともに変化する．もしログペリアンテナの本体中央と被供試器との間を 1 m に設定すると，高い周波数用のエレメントは 1 m の距離より近づくことになり，逆に低い周波数のエレメントは 1 m より遠くなる．そのため，最も小さい（長さの短い棒）ログペリで 1 m の試験をすることがあるかもしれない．しかし，これはアンテナの感度を低くする．同じような現象は認定 EMC テストサイトでも発生するが，試験距離が 3 m とか 10 m なので，ログペリアンテナの作動エレメントが移動する割合からして，1 m 試験の場合と比較すれば非常に小さい影響しかない．

1 m 試験のもう一つの問題は大きなアンテナエレメントの影響である．それは，製品から放射される電磁波のビーム幅が，アンテナの全体に投射されないことである．電界強度から出力電圧に変換するためのアンテナ較正係数は，アンテナ全体に均一に電磁波

18.9.3.2　1 m 試験用の理想アンテナ

1 m 事前適合試験用の理想アンテナは次のようなものである。
1. 広帯域，30～1 000 MHz
2. 物理的に小さいこと，12 in 長未満
3. 高感度であること，アンテナ係数（Antennd Factor：AF）[*8] 6 dB 未満
4. 合理的な範囲で周波数特性が平坦なこと

物理的に小さなアンテナであるということと非常に高感度なアンテナであるということは相反する関係にある。周波数 300 MHz 以下の小さなアンテナは，通常あまり効率的なものでない，すなわち感度が高いとはいえない。上記のすべての条件を兼ね備えるアンテナは存在しない。しかしながら，アクティブアンテナがそれに最も近づく可能性がある。

18.9.3.3　アクティブアンテナ

アクティブアンテナの利点は大きさが小さく，広帯域，高感度（アンテナ係数が小），平坦な周波数特性である（アンプの利得を通常のアンテナ特性の垂下特性に対して補償させることができる）。もちろん，アクティブアンテナにはいくつか欠点もあり，それはアンプの安定性，非線形ひずみ，ダイナミックレンジ（強信号下での過負荷）である。最初の二つは適切なアクティブ素子の選択と優れたアンプ設計により解決することができる。三番目の問題は出力レベルを（スペアナで）モニタして，全帯域にわたってアンプのバンド幅では飽和しないことを確認することにより達成できる。

大手のアンテナメーカでは，上記の条件を満足するアンテナは製造していない。しかしながら，中小企業で上記条件に近いものをつくっているメーカが存在していた。私の知る限り，まだどこからもそれを入手できない。

1997 年から事前適合試験でうまく使っていたアクティブアンテナはアリゾナ州タクソンの ETA Engineers という会社の製品であった。しかしながら，このアンテナはもう存在しない。そのアンテナは Model 100 Bowtop Antenna（図 18-24 参照）というものであった。このアンテナは基本的に蝶ネクタイアンテナを半分にしたもので，そのためモノポールであり，容量性のトップハットが付いていた。アンテナの仕様は次のとおりである。アンテナの最大サイズは 19.05 cm（7.5 in）。使用可能な周波数範囲は 30～700 MHz。その周波数範囲でのアンテナ係数の偏差は ＋6～－3.5 dB。このアンテナは周波数特性が 1 GHz まで達しないという点を除けば，1 m 事前適合試験における理想的な要求（小型，高感度，平坦な周波数特性）をすべて満足する。このアンテナがうまく機能したので，1 m 事前適合試験ではいつも使用していた。

（注）1 m EMC 試験を実施するときは，3 m や 10 m の試験時に要求されるアンテナ高さの変更は必要ない。アンテナ高さを変えて測定するというのは，被供試器からの直接波とグラウンドプレーンからの反射波が同相となって，それらが足し合わされること

[*8] アンテナ係数（AF）の単位〔1/m〕は，入射電界強度 E とアンテナ端子電圧 V の比である。だから，$AF = E/V$，または $V = E/AF$。したがって，アンテナ係数が小さければ小さいほど，アンテナは高感度である。

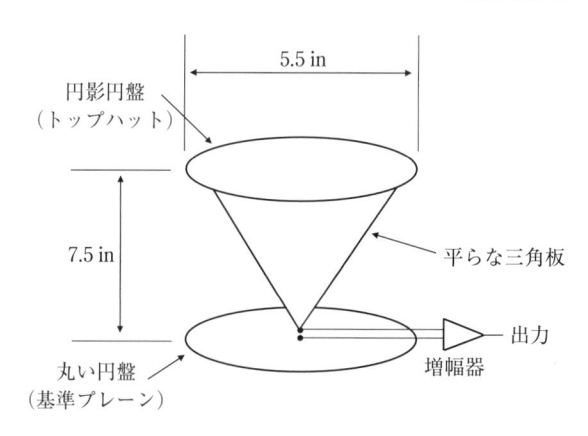

図 18-24 アクティブ蝶ネクタイアンテナ

を考慮するからである。1m 試験の場合，反射点はアンテナ位置の外側なので，アンテナでは検知されない。しかしながら，試験は垂直水平の二つの偏波面で実施しなければならない。試験を実施するときには，最大放射となるようにターンテーブルを回転させ，ケーブルを動かさなければならない。

ランダムに選定した製品に対する EMC 適合を試験するために，FCC により（バイコニカルアンテナとログペリアンテナを用いて）1m 室内放射ノイズ試験設備が使用されていることに着目すべきである。1m でのデータが製品の合格を示すならば，その装置は承認され，それ以上の試験はなされない。しかしながら，1m でのデータがその製品の不合格を示すならば，本当に不合格がどうか，FCC の 3m オープンテストサイトで再度試験される。

EMC 試験と対策手法に関する詳細な議論が，*Testing for EMC Compliance*（Montrose and Nakauchi, 2004）という本に記述されている。

18.10　事前適合イミュニティ試験

本章においては，ここまでは製品からの放射に関する簡単な EMC 試験について記述してきた。FCC はイミュニティ（免疫性）に関しては何の要求もしていないが，欧州連合（EU）と軍事用においては要求がある。また，医療機器，自動車用機器，航空用機器においては，イミュニティ要求を満足しなければならない。それゆえ，本節では製品の放射，伝導，トランジェントイミュニティに関する簡単ないくつかの事前適合試験について述べていく。

18.10.1　放射イミュニティ

誰でも，免許を受けた無線局に妨害を与えて FCC やその他の政府機関から罰則を受けるような重大なリスクを犯すことなく，30 MHz～1 GHz の周波数にわたり空間に RF エネルギーを無分別に放射することはできない。確かに，これはすべての人々に対して明確ではないけれど，1996 年に FCC が Public Notice 63811 を発布する必要性を感じたからであり，（FCC, 1996）である程度述べられている。

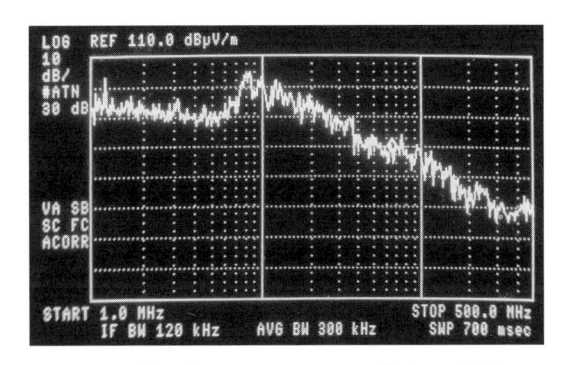

図 18-25　Dremel® 電動工具の 1～500 MHz 帯域での放射スペクトル

　試験所は，電子機器の RF イミュニティ試験を，オープンサイトで免許なく実施してはならないと警告されている……オープンサイトで RF イミュニティ試験を実施しようとする機関は，通信に対する妨害を避けるため，シールドルームや電波暗室のような近接エリアに RF エネルギーを閉じ込めるような方法で実施しなければならない。そうしないと，改正連邦通信法 1934 の 301 節に違反する。

　しかしながら，小さなシールドルームで事前適合放射イミュニティ試験を実施することは，放射ノイズ試験の実施が不可能であったと同じ理由で，実行不可能な選択である。つまり，反射の問題で放射電界パターンに制御不能なピーク点や消失点が発生するためである。

　それゆえ，その他の方法で事前適合放射イミュニティ試験は実施しなければならない。それには二つの方法がある。一つは低電力で広帯域の放射源を使用して，それを EUT に近接した場所に置く方法である。2 番目は，小電力無線通信や市民バンドラジオのような FCC で認可された公共の免許のいらない狭帯域の無線送信機を使用する方法である。しかしながら，この方法では特定のスポット周波数でしか試験ができない。

　簡易な広帯域電磁波放射源は，整流子と接続されたブラシのある小さなモータであり，電気ドリルや Dremel®[*9] 電動工具のようなものである。ブラシで発生するアーク放電が低レベルの広帯域電磁波放射源となる。Dremel® 電動工具の放射スペクトル特性を図 18-25 に示す。この放射は蝶ネクタイアンテナ（図 18-24）を用いて 30 cm 距離で測定された。そこからわかるように，放射特性は 1～10 MHz までは比較的平坦で，そこから 500 MHz までは 20 dB/dec で減衰していく。1～10 MHz の範囲では，信号レベルは 90 dBμV/m（0.03 V/m）である。

　PCB の放射電界に対する感受性の指標を提供する簡単な試験方法は，PCB の約 2.54 cm（1 in）上に Dramel® 電動工具を保持して，それを PCB 上で移動して，製品に不具合が生じるかどうか観測する。この試験で発生している電界強度はかなり低く，この距離で数 V/m だが，非常に感受性の高い回路を検出する。これは設計の初期段階で実行するのがよい試験である。対象製品がこの試験をパスできないならば，高周波電界に対して感受性が高すぎ，規制のイミュニティ要件を満足させる必要がなくても，対策をす

＊9　Robert Bosch Corp, mount Prospect, IL. の登録商標である。

表 18-2　各種低電力送信機の仕様

サービス業務	基準周波数	最大電力	1 m での V/m
市民バンドラジオ	27 MHz	5 W	12.3 V/m
ファミリーラジオ	465 MHz	500 mW	3 V/m
携帯電話	830 MHz/1.88 GHz	600 mW	6 V/m
コードレスフォン	各種*	200 mW	2.5 V/m
GMRS**	465 MHz	1〜5 W	5.5〜12.3 V/m

　* 今日（2006年）大多数のコードレス電話は次の帯域の一つで動作する。400 MHz，900 MHz，2.4 GHz，5.8 GHz。
 ** 一般的な移動無線サービス（General Mobile Radio Service：GMRS）は，FCC の免許を必要とする。しかし，多くの会社がすでに GMRS の使用免許を受けている。これらの送信機は，建物の構内やモールを巡回する警備人が使用するのを見かけるトランシーバーである。

べきである。このことはまた，特に片面基板や両面基板のアナログ回路の場合には，PCB のレイアウトがよくないということを見分けるのにすぐれた方式である。多くのデジタル回路はこの試験は難なくパスすることが多い。

　小型，携帯型や可搬型の送信装置も特定周波数での放射イミュイティ試験に使える。市民ラジオ，小電力無線通信の送信機，コードレス電話，携帯電話などすべてが使用できる。表 18-2 はアメリカで使用可能な免許不要の送信機の概略周波数，電力，1 m 距離での電界強度をリストアップしている。同様な無線サービスが他の国でも利用できる。

　電界強度は電力と距離の関数として式 (14-2) で近似できる。覚えておくと便利な数は，1 W の送信機から 1 m 距離での電界強度は 5.5 V/m である。この値は他の条件にも，電力の平方根と距離の逆数として見積もることができる。

　(注) 携帯電話は受信信号の強度により自動的に送信電力を変えている。そのため，個々のケースで送信電力がどの程度かを知ることは困難である。低電力の無線送信機は，表 18-2 と異なる仕様を持つものがあるので，事前適合試験前にその製品の電力や周波数に関する仕様を調べておくのが賢明である。

　事前適合試験を実施する際に，送信機を EUT とそのケーブルから適当な距離（必要な電界強度に対して）に置き，製品の反応を確認しながら短時間の送信から始めるのがよい。

18.10.2　伝導イミュニティ

　「チャタリングリレー」を線間に接続することにより，AC 電源線や DC 電源線にノイズを発生させることができる。それは図 18-26 のように通常時接点が閉じているリレーを線間に直列に接続することからなる。電源を投入するとリレーが接点を引き込み，その結果通常は閉じている接点が開となり，リレー接点の接続がなくなってまたもとに戻る。この繰り返しはリレーに電力が供給されている間は継続し，そのためにチャタリングリレーと呼ばれる。リレー接点が離れるときに，次式で示されるように大きな誘導性キック電圧が線間に発生する。

$$V = -L\frac{dI}{dt} \qquad (18\text{-}7)$$

この電圧は電源線電圧の通常 10〜100 倍に達し，数百〜数千 V になる。図 18-26 で

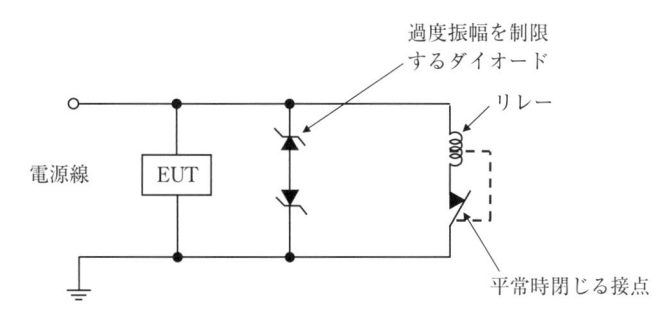

図 18-26　ダイオード電圧制限器を持ったチャタリングリレー回路

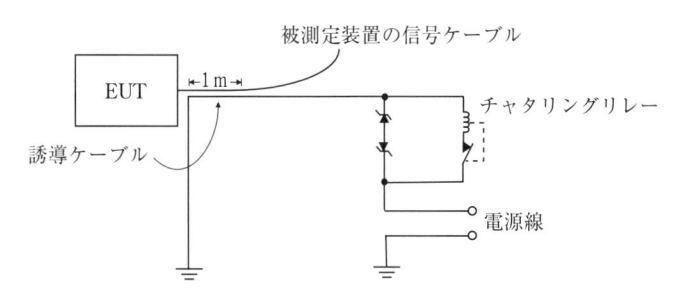

図 18-27　被測定装置（EUT）の信号ケーブルにノイズを誘導するチャタリングリレー

示すように，背中合わせの二つのツェナーダイオードをリレーに付加することにより，この電圧は制御（制限）できる。各種の降伏電圧を持つダイオードを，ロータリースイッチを通して接続したリレー回路を筐体に収めることにより，電源線のノイズ電圧の強さをスイッチ切り替えにより変更できる。この試験は電源線のノイズに対する EUT の感受性を判断するのに優れている。この試験は現実的でもある。それというのも多くの電源線には，リレーやソレノイドがつながっていることが多いからである。

チャタリングリレーは，図 18-27 のように信号ケーブルにノイズを誘起させるのにも使える。チャタリングリレーは別のケーブルで，別の電源で駆動する。このケーブルを試験するケーブルに約 1 m にわたって平行に密着させる。リレー回路から発生したノイズ電流が被試験ケーブルに磁気的に誘導される。リレー回路におけるダイオードの降伏電圧を切り替えることにより，誘導される試験電圧を変更することができる。

伝導 RF イミュニティ試験は，小型で携帯できる可搬形送信機（18.10.1 項で記述したような）を被試験ケーブルに近接させることでも模擬できる。

18.10.3　トランジェントイミュニティ

18.10.3.1　静電放電

事前適合の静電気放電（Electrostatic Discharge：ESD）試験は図 18-28 のような小型可搬形のバッテリー駆動の ESD 試験機で実施できる。一つには Thermo Scientific 社の MiniZap®[*10] というのがある。

ESD 試験機は，スペアナに続き 2 番目に高価な事前適合試験器である。標準的な値

＊10　Thermo Fisher Scientific 社，Waltham, MA の登録商標である。

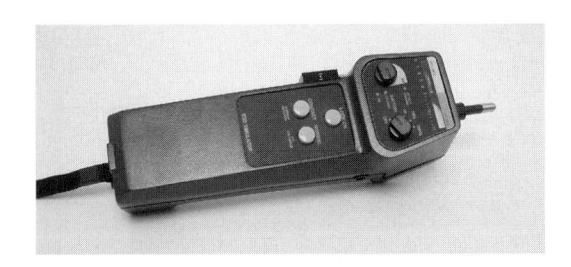

図 18-28　小型バッテリー駆動 ESD 試験器

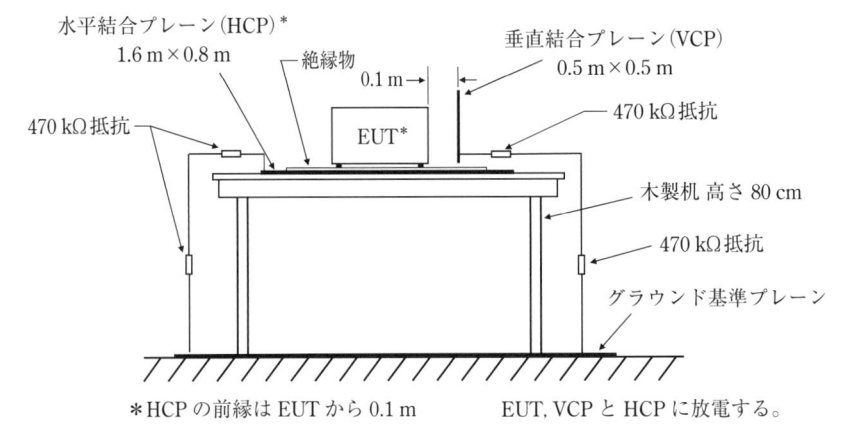

図 18-29　卓上機器の代表的 ESD 試験配置

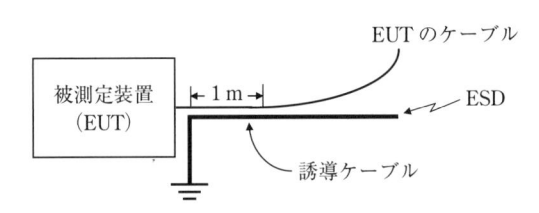

＊HCP の前縁は EUT から 0.1 m　　EUT, VCP と HCP に放電する。

図 18-30　ESD で誘起するケーブル過渡現象

段は 50 万〜100 万円（5 000〜10 000 米ドル，2008 年現在）である。しかし「貧しい人の」ESD 試験機は廉価なピエゾ効果を用いたバーベキュー用ガスライターからつくることができる。この装置の出力電圧は制御不可能であり，再現性もない。しかし，電圧は 10〜15 kV の範囲であり，簡便な ESD 試験器とすることができる。緊急時に，通常の ESD 試験機がない場合に再三使ったものである[*11]。

　事前適合試験に用いる ESD 試験機は，接触放電と気中放電が可能で，極性が切り替えできて，電圧が 1〜10 kV まで変更できるものでなければならない。試験機は人体を

[*11]　もう一つの市販装置 Zerostat 帯電防止ガンは圧電素子であり，粗い静電気試験に用いることができる。この装置は本来ビニール製レコードの静電気を除去するために開発されたもので，数 kV を発生する。引き金を引くと正電圧を発生し，引き金を離すと負の電圧を発生する。価格は約 $100（2008 年の米ドル）。製品がこの装置を使った ESD 試験に合格しないと，それは過度に敏感であり，修理が必要である。

モデルに，150 pF と 330 Ω の RC 回路で構成されている．単発と 1 秒間に 1 回または 10 回の繰り返しパルスに対応できるものが望ましい．

小型卓上型装置における典型的な ESD 試験設定を図 18-29 に示す．放電は EUT の接触可能な表面に直接か，または水平・垂直結合板の端面を通して行う．試験は正負両方の試験電圧で実施すべきである．

18.10.3.2 電気的高速トランジェント

ESD 試験機は EUT のケーブルのトランジェントを誘起するのにも使用できる．図 18-30 のように一端がグラウンド接続されたケーブルを 1 m の長さにわたってはわせて密着させ，もう一端のオープンのケーブル端に ESD パルスを印加する．1 秒間に 10 または 20 パルスの繰り返し周期に ESD 試験機を設定すると，電気的高速トランジェント（Electrical Fast Transient：EFT）試験を模擬できる．

線間の結合係数を 0.5 と仮定すると（妥当な仮定），ESD 試験機には所望の EFT 電圧の 2 倍の電圧をセットすることになる．たとえば，2 kV の電気的高速トランジェント試験では ESD 試験機の電圧を 4 kV で繰り返すという設定にする．

18.11　事前適合の電源品質試験

1.7.2 項にあるように欧州連合（EU）では高調波とフリッカという二つの独特の試験が要求されている．高調波試験では 40 次まで，高調波電流が AC 電源線に発生するレベルを規制している．問題の多くは，スイッチング電源，蛍光灯，回転速度が変えられるモータのような，高調波の多い電流を引き込む非線形負荷のときに発生する（13.9 節参照）．フリッカ要件は，製品が引き込む AC 電源線の過渡的な電流（突入電流）を規制している．電源線は一定量のインピーダンスを持つため，大きな過渡的電流は線間電圧の変動を引き起こし，光源の明るさのふらつきを発生する．

18.11.1　電源高調波

製品により生成される高調波電流は小型携帯電力計や高調波分析器により簡単に測定できる．図 18-31 に小型スイッチング電源の高調波ひずみ表示の一例を示す．パソコン，テレビ，携帯工具，照明装置などを除いて多くの製品が該当するクラス A 機器に対する高調波の許容値は，20 次までの偶数次と奇数次の高調波を表 18-3 に記載している．

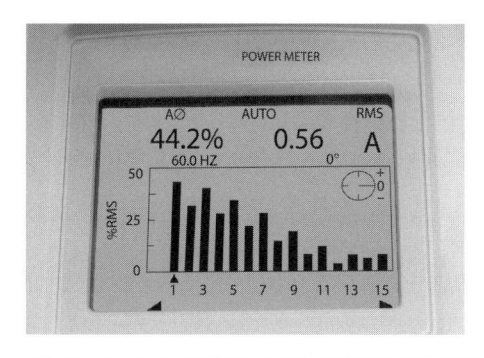

図 18-31　小型のスイッチング電源による高調波電流の高調波メータ表示

表 18-3　クラス A 装置に対する欧州連合（EU）高調波電流許容値，20 次高調波まで

高調波次数	電流〔A〕	高調波次数	電流〔A〕
1	……	2	1.08
3	2.30	4	0.43
5	1.14	6	0.30
7	0.77	8	0.23
9	0.40	10	0.18
11	0.33	12	0.15
13	0.21	14	0.13
15	0.15	16	0.12
17	0.13	18	0.10
19	0.12	20	0.09

19 次以上の奇数次高調波については，電流値が $2.25/n$ を超えないことが要求される（n は高調波次数）。20 次以上の偶数次高調波については電流許容値が $1.84/n$ となっている。この許容値は 40 次高調波まで適用される。

パソコンやテレビはより厳しく，電力定格により許容値が変わるクラス D 機器の許容値を満足しなければならない。クラス D 機器は表 18-3 の許容値も超えてはならない。

高調波分析器を持っていない場合，高調波ひずみを推定するおおまかな方法は，オシロスコープで入力電流を観測することである。波形を視覚的に観測するだけで，5％以上のひずみがあるかどうか簡単にわかる。電流波形がほぼ正弦波に見えるなら，その製品は高調波試験をパスすると考えられる。波形が図 13-4 に似ているようであればほぼパスしない。波形がひずんではいるが図 13-4 ほどひどくないというなら，製品が適合しているかどうかは判断が難しい。パルスの立上りが緩やかになり，パルスがサイクル中に広がっているほど，製品は合格する可能性が高くなる。

18.11.2　フリッカ

フリッカ規格では，多くの測定を行って，データ（振幅，周期，波形，妨害の繰り返し率を含む）の統計解析を実施して，フリッカ係数を求めることを要求している。これでは，事前適合試験として簡単に行うことはできない。

しかしながら，フリッカ要件の一部は測定可能であり，それは最大突入電流である。これは Fluke 330 シリーズ RMS 真値クランプメータのような，突入電流測定機能のあるクランプオン電流計で測定できる。

フリッカ規格には三つの適合レベルがあり，各レベルは別々の製品種別に適用される。レベル A は，レベル B とレベル C の範疇に入らない製品に対して適用される。レベル A は最も厳しい要求である。レベル B は 1 日に 2 回以上，自動か手動でオンオフされる装置に適用される。レベル C は必要に応じて使われる機器（たとえばヘヤードライヤ，掃除機）や，1 日に 2 回を超えない回数だけ自動的にオンオフされる機器に適用される。レベル C は規制がもっとも緩い。

AC 電源線の最大許容電圧低下はレベル A の製品は 4％，レベル B は 6％，レベル C は 7％ である。フリッカ試験の電源線のソースインピーダンスは，$0.4+j\,0.25\,\Omega$ に指定されている。このインピーダンスの絶対値は $0.472\,\Omega$ である。このインピーダンスを用

表 18-4　欧州連合（EU）の最大尖頭突入電流要件

試験レベル	最大相対電圧変動〔%〕	突入電流のピーク値〔A〕
A	4	20.3
B	6	30.5
C	7	35.6

いて，最大許容突入電流が試験の三つのレベルに応じて決定される．240 V の AC 電源線の結果を表 18-4 に示す．

120 V 電源線では電流レベルは表 18-4 の 1/2 である．

18.12　マージン

事前適合試験に直結するものではないが，試験マージンの問題は議論すべき重要な項目である．本章のみが EMC 試験に言及しているので，ここにその情報を含めることとする．本節の内容は主に正式な EMC 適合試験に関するものであり，事前適合試験は関係しない．

法律的には，適用される EMC 要件を満足させるだけでよいはずである．それではなぜマージンが必要となるのであろうか．それには主に二つの理由がある．(1) 製品のばらつき，および (2) 常に存在する測定の不確かさである．

18.12.1　放射ノイズマージン

放射ノイズ測定の不確かさには五つの要素がある．一つ目の要素は試験サイト（OATS や電波暗室）の性能であり，グラウンドプレーンの品質，反射をどの程度うまくコントロールしているかなどが含まれ，±2 dB の不確かさに容易に抑えることができる．

二つ目の要素は測定装置の較正と精度であり，ケーブル類もそこに含まれる．スペアナやレシーバのような測定器の精度はおそらく ±1.5 dB に等しい．同様にアンテナ較正の精度も通常は ±2 dB に等しい．アンテナとスペアナを結ぶ 15 m（50 ft）のケーブルロスについてはどうなっているか？ ケーブルロスは計測したものか，それとも仕様書によるものか？ もし計測したというなら，それはケーブルを何年前かに設置した前なのか後なのか，誰かに踏まれていないだろうか？ これにより ±0.5 dB の誤差はあるだろう．もしプリアンプを使用しているなら，おそらくさらに ±1.5 dB の不確かさが追加される．

上記の誤差の 2 乗和の平方根（root mean square : rms）により，製品のばらつきや次に述べるほかの項目がないとしても，およそ ±3.6 dB の不確かさとなる．

三つ目の要素は試験手順である．最大読み値となるようにターンテーブルを回転させてから，アンテナの高さを変えてピークを決めただろうか？ それともアンテナの高さを変えて最大読み値を決めてからターンテーブルを回転させただろうか？ その結果は違ってくるはずである．

四つ目の要素は試験配置である．製品に接続されているケーブルはどんな長さか？ のように引き回しているか？ 相互に接続される被試験装置の厳密な配置関係はどうか？

五つ目の要素は試験操作者の技能である．最大放射を見つけるために，たとえば，ケ

ーブルを操作して製品を回転させ，各周波数でどれだけ時間をかけたかである．

　七つの 10 m オープンテストサイトで放射ノイズ測定の再現実験を行ったところ，30～400 MHz の周波数範囲で，全部ではないが多くの読み値で平均 ±4 dB 以内の差異があった（Kolb, 1998）．

　ANSI C63-4 は，周波数 30～1 000 MHz での正規化サイトアッテネーション（Normalized Site Attenuation：NSA）測定により放射ノイズ試験サイトを立証することを要求する．許容範囲と見なされるには，測定した NSA[*12] が理想サイトの NSA 理論値の ±4 dB 内に入っていなければならない（ANSI C63-4, 2003）．そのため二つのサイトが互いに 8 dB まで読み値が違うこともあり得るが，それでも許容可能と考えられている．

　上記の不確かさの結果，多くの会社が自社製品に法的許容値より 6 dB マージンがあることを要求している．最終適合試験では 4～6 dB のマージンはおそらく妥当であり，6 dB マージンが望まれるところである．しかしながら，事前適合試験ではさらに大きく 6～8 dB のマージンが必要であろう．

18.12.2　静電気放電マージン

　ESD は 15.11 節で示したように，本質的に統計的プロセスである．製品には不具合が発生する確率がある．その確率が小さいなら，1 000 回以上も試験をしなければ不具合を発見できないだろう．欧州連合（EU）の ESD 規格では，各試験ポイント当り 10 回の試験だけを要求している．これは統計的に妥当なサンプル数ではない．

　15.11 節でも明らかなように，デジタル装置もまた「時間窓」を持っている．装置は時間が違うと違う機能で動作している．たとえばハードディスクからの読み出し，ハードディスクへの書き込み，メモリー（RAM）の読み込み，データの印字などである．それらの機能の一つだけが敏感だったら，放電とその機能の動作を同期させられるだろうか？

　環境も ESD 試験結果に影響を与える．湿度，温度，気圧のようなものにより試験結果が変わり得る．ESD ガンのグラウンドケーブルの引き回し方が結果に影響する．大きな放電電流による電磁界は，位置が違うと違うものになるからである．

　試験結果は試験方法にも影響を受ける．気中放電では，ESD 試験機の先端を装置に近づける速度が結果に影響する．同様に，試験機が製品に対して位置する的確な角度が試験結果に影響する．大事なことをいい忘れたが，試験サンプルが違うと ESD の感受性に違いが出る．

　これらの変動性を乗り越えるため，ならびに結果に信頼性を持たせるために，事前適合試験にある程度のマージンを持たせなければならない．たとえば欧州連合（EU）の ESD 規格では，製品は 4 kV の接触放電と 8 kV の気中放電に合格しなければならない．事前適合試験のときに 5 kV の接触放電と 10 kV の気中放電を実施することにより，ある程度のマージンが確保できる．

---

*12　サイトアッテネーションは規定の間隔を持ち，平坦な反射面（グラウンドプレーン）から既定の高さを持つ，二つのアンテナ間の経路損失の基準である．

要約

- 事前適合 EMC 試験は設計の初期段階および最終適合試験の前に実施すべきである。
- 最も有用かつ重要な事前適合試験は，**全**ケーブルに対するコモンモード電流測定である。
- 2 番目に重要な事前適合試験は，磁界プローブで PCB をスキャンすることである。
- 磁界プローブは，シールド筐体の開口や接合面の隙間の洩れをチェックするのにも使用される。
- ノイズ電圧測定は，放射ノイズ問題の発生源を特定するのに有用である。
- 有用なノイズ電圧測定には，クロック波形，IC の V_{CC}-グラウンド電圧，IC 間のグラウンドノイズ電圧，I/O グラウンドと筐体間のコモンモード電圧が含まれる。
- 事前適合 EMC 試験に必要なすべての装置は，EMC 処置用台車のように 1 か所に集めておくべきである。
- 事前適合試験の一部として放射ノイズ試験を実施するならば，開放空間（金属物体から離れて）で，測定距離 1 m で実施すべきである。
- 事前適合放射試験は，コモンモードケーブル電流測定の代わりではなく，それに加えるものである。
- 事前適合伝導放射試験は，LISN とスペアナを用いて自分の作業場所で簡単に実施できる。
- 伝導ノイズ事前適合試験を実施する際に，差動モードとコモンモードの伝導ノイズは，コモンモードや差動モードの除去回路を用いて簡単に区分できる。
- 放射イミュニティ試験は，スポット周波数ではパーソナル無線や市民バンド無線のような小型携帯送信装置で実施でき，また，ノイズ源としての電動ドリルや Dremel® 工具でも実施できる。
- チャタリングリレーは，AC 電源線や DC 電源線に過渡ノイズを誘起させるのに便利である。
- ESD 試験は，小型のバッテリー駆動 ESD 試験機や安価なピエゾ効果を用いたバーベキュー用ガスライターで試験できる。
- 事前適合放射ノイズ試験に用いる理想的な 1 m 測定用アンテナは，30～1 000 MHz までの帯域で，30 cm（12 in）より小さく，6 dB を超えない小さいアンテナ係数のものとすべきである。
- 小型**アクティブ**広帯域アンテナは 1 m 試験では便利であるが，これは商業用のものとしては簡単に入手できない。
- 1 m 放射ノイズ試験では，アンテナの高さを変える必要はないが，水平偏波と垂直偏波の両方で試験しなければならない。
- 1 m 放射試験では製品をターンテーブルに載せて回転させ，ケーブルを操作して最大放射を見つけなければならない。
- 3 m 放射許容値を 1 m 試験に外挿するのに増加させるレベルは 6 dB でよい。
- 小型シールドルーム（非電波暗室）で放射ノイズ試験を実施しては**ならない**。

- 放射ノイズ測定の不確かさは，±4 dB 以上になる。
- 製品は次のことを満足すべきである。
  - 最終適合試験のときは許容値から 4~6 dB のマージン
  - 事前適合試験では 6~8 dB のマージン

問題

18.1 なぜ小型シールドルームは，放射ノイズ測定に不向きなのか？

18.2 コモンモード電流 100 μA のケーブルの近傍に置いた F-33-1 コモンモード電流クランプからの出力電圧はどのくらいになるか？

18.3 3 m 長ケーブルのコモンモード電流を，F-33-1 電流クランプを用いて測定したとき，クラス B 機器に対する最大許容読み値は dBm でどれくらいか？

18.4 FCC クラス A 放射ノイズ許容値をパスするために，1/3 m 長ケーブルを F-61 コモンモード電流クランプで測定するときに，スペアナに設定すべき許容値はでれくらいの電圧〔dBμV〕か？

18.5 a.「ヌル確認」とは何か？
　　 b.「ヌル確認」の目的は何か？

18.6 平衡差動プローブを用いて IC の V_{CC}-グラウンド間のノイズ測定を実施する最適な「ヌル確認」とは何か？

18.7 コモンモード電流試験を製品のケーブルで実施するときに，測定電流が本当に被試験装置から出ており，外部からのものを拾っていないことを確実にするにはどうすればよいか？

18.8 次の EMC 事前適合試験は定量的か定性的か？
　　 a. コモンモード電流クランプ測定
　　 b. 磁界ループプローブ測定
　　 c. ノイズ電圧測定
　　 d. 伝導ノイズ測定

18.9 小型磁界ループプローブで使われる二つのものは何か？

18.10 以下の事前適合 EMC 測定からはどんな情報が得られるか？
　　 a. 製品からの差動モード放射ノイズ
　　 b. 製品からのコモンモード放射ノイズ
　　 c. 製品が引き起こす AC 電源電流の波形ひずみ

18.11 有用な事前適合ノイズ電圧測定の 4 タイプとは何か？

18.12 商業用，アクティブ，差動の各プローブの四つの欠点の名前は？

18.13 a. 伝導ノイズ試験のときに，トランジェントリミッタが与える三つの機能は何か？
　　 b. なぜトランジェントリミッタを伝導測定に使用するのか？

18.14 スペアナにある三つの一般的な検波器は何か？

18.15 製品とアンテナ双方から金属物体が 5 m 以上離れている場所で，1 m 放射ノイズ試験を実施すると仮定する。反射波による信号は測定信号より何 dB 以下になる

か？
18.16 欧州連合（EU）規格では，クラス A 機器の 33 次高調波の許容値はどれくらいか？
18.17 事前適合放射イミュニティ試験を実施する二つの方法とは何か？
18.18 放射ノイズ測定の不確かさの五つの要素は何か？

参考文献

・ANSI C63-4. *American National Standard for Methods of Measurement of Radio-Noise Emissions from Low-Voltage Electrical and Electronic Equipment in the Range of 9 kHz to 40 GHz*, 2003.
・CISPR C16-1-1. *Specification for Radio Disturbance and Immunity Measuring Apparatus and Method Part 1-1 : Radio Disturbance and Immunity Measuring Apparatus-Measuring Apparatus*, International Special Committee on Radio Interference（CISPR）, 2006.
・Cruz, J. E. and Larsen, E. B. *Assessment of Error Bounds for Some Typical MIL STD 461/462 Type of Measurements*. NBS Technical Note 1300, October 1986.
・Curtis, J. "Toil and Trouble, Boil and Bubble : Brew Up EMI Solutions at Your Own Inexpensive One-Meter EMI Test Site." *Compliance Engineering*, July/August 1994.
・FCC. Public Notice 63811, *Conditions for The Use of Outdoor Test Ranges For RF Immunity Testing*. July 3, 1996.
・Kolb, L., *Reproducibility of Radiated EMI Measurements*. Pan Alto, CA, Hewlett Packard, April 15, 1988.
・Montrose, M. I. and Nakauchi, E. M. "Testing for EMC Compliance." New York, IEEE Press, Wiley Intersciences, 2004.
・Nave, M. J. *Power Line Filter Design for Switched-Mode Power Supplies*. New York, Van Nostrand Reinhold, 1991.
・Paul, C. R. and Hardin, K. B. "Diagnosis and Reduction of Conducted Noise Emissions." *1988 IEEE International Symposium on Electromagnetic Compatibility*, Seattle, WA, August 2-4, 1988.
・Roleson, S. "Evaluate EMI Reduction Schemes with Shielded-Loop Antennas." *EDN*, May 17, 1984.
・Schafer, W. "Narrowband or Broadband Discrimination with a Spectrum Analyzer or EMI Receiver." *Conformity*, December 2007.
・Smith, D. C. *High Frequency Noise and Measurements in Electronic Circuits*. New York, Van Nostrand Reinhold, 1993.
・Smith, D. C. "DC to 1 GHz Probe Construction Plans." 2004. Available http://www.emcesd.com/1ghzprob.htm. Accessed April 2009.

参考図書

・AN-150. *Spectrum Analyzer Basics*, Agilent Technologies, 2004.
・AN-1328. *Making Precompliance Conducted and Radiated Emissions Measurements with EMC Analyzers*. Agilent Technologies, 2000.
・Gerke, D. and Kimmell, W. *EDN The Designer's Guide to Electromagnetic Compatibility, Chapter* 13（EMI Testing : If You Wait to the End, It's Too Late）. St. Paul, MN, Kimmell Gerke Associates, 2001.
・*LISN-UP*™ *Application Note*. Fisher Custom Communications, 2005.
・Roleson, S. "Using Filed Probes as EMI Diagnostic Tools." *Conformity*, March 15, 2007.
・Roleson, S. "Field Probes as EMI Diagnostic Tools." *Conformity*, September 2006.
・Smith, D. C. "Build It! Magnetic Field Probe." *Conformity*, June 2003.

付録 A
デシベル

dBで表されるデシベルは，電気工学分野において非常に多く使われるが，間違って理解されることの多い用語の一つである。デシベルは二つの電力の**比率**を対数で表した単位である。これは，次式のように定義される。

$$\mathrm{dB} = 10 \log \frac{P_2}{P_1} \tag{A-1}$$

デシベルは絶対的な量ではなく，常に二つの量の**比率**を表す。単位は電力利得（$P_2 > P_1$），あるいは電力減衰（$P_2 < P_1$）を表すのに使われる。後者は負の値となる。

デシベルは，Alexander Graham Bellにちなんで名付けられた**ベル**（bel）と呼ばれる対数で表す量からきている。1ベルは電力比が10であること（10倍の電力）を表す。これはもともと電話の音声のパワーを表すのに用いられる。ベルは大きな単位なので，ベルの1/10の単位であるデシベル（decibel：dB）が通常使われる。

対数で表された単位なので，値を圧縮したり広帯域にわたる量を表してグラフにプロットしたりしやすくなる。この特徴は電磁環境両立性（Electromagnetic Compatibility：EMC）分野での測定で非常に有益である。たとえば，電圧比100万対1は120 dBと表すことができる。

A.1　対数の性質

デシベルは対数を含んでいるので，対数の性質を見直してみる。ある数の**常用対数**（log）の値は，10の何乗であるかを表している[*1]。したがって，

$$y = \log x \tag{A-2}$$

であったら，

$$x = 10^y \tag{A-3}$$

となる。

対数には次のような有益な性質がある。

$$\log 1 = 0$$

1より大きい数の対数は正となる，
1より小さい数の対数は負となる，

$$\log(ab) = \log a + \log b \tag{A-4}$$

$$\log(a/b) = \log a - \log b \tag{A-5}$$

[*1] ある数の**自然対数**（ln）は，e（約2.718）を何乗すればその数に等しくなるかということを表す。常用対数と自然対数の関係は，$\log x = (\log_e)(\ln x)$，あるいは $\log x = 0.4343 \ln x$ である。

$$\log a^n = n \log a \tag{A-6}$$

式(A-6)から，ある数どうしの掛け算はそれらの数の対数どうしの和となり，割り算は差となる．このことは EMC の測定に有益である．たとえば，電磁界中にあるアンテナを長いケーブルでスペクトラム・アナライザに接続し，電圧を測定することを考える．このとき，入力電界強度にアンテナ係数を掛け，それに測定器とアンテナをつなぐケーブルの損失を掛け，そして使用しているアンプや減衰器の利得や損失を掛ける．しかし，すべての数値がデシベルで表されていたら，これらの利得や損失を足したり引いたりするだけでよい．これは簡単な作業である．

A.2 電力測定以外でのデシベルの利用

デシベルは電力を対象として定義されているが，一般化され電圧や電流の比を表すのにも使われる．それぞれ次式のように定義される．

$$\mathrm{dB}(\text{電圧比}) = 20 \log \frac{V_2}{V_1} \tag{A-7}$$

$$\mathrm{dB}(\text{電流比}) = 20 \log \frac{I_2}{I_1} \tag{A-8}$$

これらの式は，二つの電圧や二つの電流が同じインピーダンスで測定された場合のみ正しい．しかしながら，一般的に使用されるとき，式(A-7)と式(A-8)はインピーダンスの違いを無視して使われてしまう．

電圧利得と電力利得の関係は，図 A-1 を参照して表すことができる．増幅器に入力される電力は次式のようになる．

$$P_1 = \frac{V_1^2}{R_1} \tag{A-9}$$

増幅器から出力される電力は次式のようになる．

$$P_2 = \frac{V_2^2}{R_2} \tag{A-10}$$

増幅器の電力利得 G を dB で表すと次式のようになる．

$$G = 10 \log \frac{P_2}{P_1} = 10 \log \left[\left(\frac{V_2}{V_1} \right)^2 \frac{R_1}{R_2} \right] \tag{A-11}$$

式(A-4)と式(A-6)の性質を使うと，式(A-11)は次式のように書き換えられる．

$$G = 20 \log \frac{V_2}{V_1} + 10 \log \frac{R_1}{R_2} \tag{A-12}$$

式(A-12)を式(A-7)と比べると，電力利得の最初の項は式(A-7)で定義した電圧利得

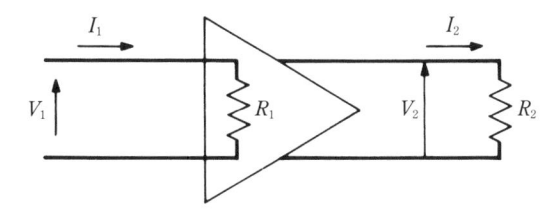

図 A-1 電力利得と電圧利得の比較のための回路

になっている。$R_1 = R_2$ であれば，式(A-12)の第2項はゼロとなり，dBで表した電圧利得と電力利得は数値的に等しくなる。しかし，与えられた電圧利得から電力利得を求めるには，R_1 と R_2 の抵抗値がわかっていなければならない。

同様に，図 A-1 の回路の電力利得は次のように表すことができる。

$$G = 20 \log \frac{I_2}{I_1} + 10 \log \frac{R_2}{R_1} \tag{A-13}$$

この場合，2項目の抵抗の比は式(A-12)の逆数であることに注意すること。

[例 A-1] 電圧利得 0.5，入力インピーダンス 100 Ω，負荷インピーダンス 10 Ω の回路がある。式(A-7)から，電圧利得をデシベルで表すと -6 dB となる。式(A-12)を使うと次式のようになる。

$$\text{dB（電力利得）} = -6 + 10 \log \frac{100}{10} = 4 \text{ dB} \tag{A-14}$$

したがって，この場合は電力利得のデシベル表示は正の値だが，電圧利得のデシベル表示は負の値となる。

A.3 電力損失・負の電力利得

点 2 の電力が点 1 より小さくなっている場合に，点 1 から点 2 への電力利得を計算してみよう。電力利得のデシベル表示は次式のようになる。

$$G = 10 \log \frac{P_2}{P_1} \tag{A-15}$$

電力の比 P_2/P_1 が 1 より小さいことを表すために，式(A-15)を次式のように書き換える。

$$G = 10 \log \left(\frac{P_1}{P_2}\right)^{-1} \tag{A-16}$$

式(A-6)の性質から，式(A-16)は次式のように表せる。

$$G = -10 \log \frac{P_1}{P_2} \tag{A-17}$$

したがって，電力損失は電力利得の負のデシベル値で表される。

A.4 電力の絶対レベル

デシベルは，式(A-1)の分母を，基準となる電力 P_0（たとえば 1 mW）にすることで，電力の絶対レベルを表すことができる。これは次のように表される。

$$\text{dB（絶対レベル）} = 10 \log \frac{P}{P_0} \tag{A-18}$$

式(A-18)は，基準電力 P_0 に対して大きいあるいは小さいという意味を含む絶対レベルを表す。この場合，利用者は基準電力を知る必要があるが，通常は dB の記号に簡略文字を追加して表す。たとえば，dBm は基準電力が 1 mW であることを表すのに使われる。表 A-1 に，よく用いられるデシベルの単位と基準値，そして簡略記号を示す。

表 A-1 dB を使った各種単位の基準値

表記	物理量	基準値	用途	注意
dBa	電力	$10^{-11.5}$ W	ノイズ	F1A 重み付けで測定
dBm	電力	1 mW		
dBrn	電力	10^{-12} W	ノイズ	ノイズ電力の基準
dBrnc	電力	10^{-12} W	ノイズ	"C-message" の重み付けで測定
dBspl	音圧	10 μPa*	音響	
dBu	電圧	0.775 V**	音響機器	
dBV	電圧	1 V		
dBmV	電圧	1 mV		
dBμV	電圧	1 μV		
dBμV/m	電界強度	1 μV/m	電磁界	
dBw	電力	1 W		

* SPL は Sound Pressure Level の略語。0 spl は 1 kHz において聞こえる閾値で，20 μPa に等しい。これはデシベルの本来の使い方であった。

** dBu は，インピーダンスが 600 Ω のとき dBm に等しい。ちなみに，600 Ω で 0.775 V のとき 1 mW である。

EMC の測定において，基準値を μV（あるいは μV/m）とした dBμV（あるいは dBμV/m）を基準にして会話することが多い。測定した信号が 40 dBμV であったら，それは 100 μV の信号を表している。80 dBμV の信号は 1 万 μV の信号である。

ここで，デシベルは絶対的な値ではなく，**常に数値の比である**ことを思い出してほしい。「増幅器の電圧利得は 22 dB である」という表現が理にかなっている。これは出力電圧を入力電圧で割った比の対数の 20 倍である。しかし，「増幅器から出力される信号レベルが 40 dB である」という表現は意味がない。なぜなら，デシベルは絶対的な値ではないからである。一方，「増幅器から出力される信号レベルが 40 dBmV」ということはできる。このとき，信号は 1 mV より 40 dB 大きい，すなわち 100 mV である。

したがって，デシベルは次の二つ場合においてのみ使うのが適切である。

- 一つ目として，**増幅器の利得やフィルタの減衰**といった二つの値の比について話していることがはっきりしている場合。
- 二つ目として，信号や測定値に対して比較する基準がはっきりしている場合。このときは，デシベルの記号に略字を添える必要がある。

A.5 デシベル表示した電力の加算

基準電力をもとにデシベル（たとえば dBm）で表された二つの電力を加算したいことがよくある。それぞれの電力は絶対電力に変換することができ，デシベル表記に戻すこともできるが，これは時間がかかる。次の方法は，そのような項を合成するときに使うことができる。

Y_1 と Y_2 はそれぞれ基準電力 P_0 として表されたデシベル値とし，P_1 と P_2 はそれぞれ Y_1，Y_2 の絶対電力値とする。ここで $P_2 \geq P_1$ と仮定する。式(A-18)と式(A-3)から次式のようになる。

$$\frac{P_1}{P_0} = (10)^{Y_1/10} \tag{A-19}$$

$$\frac{P_2}{P_0} = (10)^{Y_2/10} \tag{A-20}$$

から，
$$\frac{P_1}{P_2} = (10)^{(Y_1-Y_2)/10} \tag{A-21}$$
ここで，次式のようにデシベルで表された二つの電力の差を D とする．
$$D = Y_2 - Y_1 \tag{A-22}$$
すると次式のようになる．
$$P_1 = P_2(10)^{-D/10} \tag{A-23}$$
P_2 を両辺に加える．
$$P_1 + P_2 = P_2(1 + 10^{-D/10}) \tag{A-24}$$
P_1 と P_2 の和の電力を，P_0 を基準として表すと次式のようになる．
$$Y_T = 10 \log \left(\frac{P_1 + P_2}{P_0}\right) \tag{A-25}$$
これは次式のように書き換えられる．
$$Y_T = 10 \log (P_1 + P_2) - 10 \log P_0 \tag{A-26}$$
式(A-24)を使って $P_1 + P_2$ を置き換えると，次式のようになる．
$$Y_T = 10 \log [P_2(1 + 10^{-D/10})] - 10 \log P_0 \tag{A-27}$$
$$Y_T = 10 \log \left(\frac{P_2}{P_0}\right) + 10 \log (1 + 10^{-D/10}) \tag{A-28}$$

式(A-28)の最初の項は Y_2，すなわちデシベルで表された二つの電力の大きいほうを表す．2番目の項は，二つの電力を足し算したときに，Y_2 をどれだけ増加しなければいけないかということを表す．

dB で表された二つの電力の和は次の値だけ電力が増加するということに対応する．
$$10 \log(1 + 10^{-D/10}) \tag{A-29}$$
ただし，D はデシベルで表された二つの電力の差である．$D = 0$ のときにこの式は最大値 3 dB となる．したがって，二つの等しい電力を足し算すると，大きさは 3 dB 増加することになる．D を変化させたときのこの式の値を表 A-2 に示す．

表 A-2 デシベルで表された二つの電力値の加算

2つの電力の差 D 〔dB〕	大きいほうの値に加算される量 〔dB〕
0	3.00
0.5	2.77
1	2.54
1.5	2.32
2	2.12
3	1.76
4	1.46
5	1.19
6	0.97
7	0.79
8	0.64
9	0.51
10	0.41
11	0.33
12	0.27
15	0.14
20	0.04

付録 B
製品からの放射を最大にする 10 の方法

電磁環境両立性（EMC）のコンサルタントとして，この付録が必要かどうかわからない。経験上，多くの製品設計者がこれらの技術や実践方法をよく知っていることを承知している。しかし，この分野に不慣れな人や再確認したい人を手助けするため，このような知識を紹介し，早く熟練者になれるよう，あるいは経験者の仲間と肩を並べられるようにしたいと思う。次の項目は，製品からの放射を**最大**にする 10 の方法である。

1. 通常，**クロック**は放射を**最大**にする最も優れた要素である。最も高い周波数のクロック，可能な限り速い立上りを選びなさい。クロック周波数 100 MHz 以上で，1 ns 以下の立上り時間が特に望ましい。必要以上に高い周波数のクロック配線を基板の周囲に配線し，負荷端で周波数を分周すること。立上りが 1 ns 以下のクロックをオシロスコープで観測すると，理想的な矩形波に見える。この波形は，デジタル技術の指導者が好きな波形で，立上り時間が遅くて鈍った台形波とは違ったものである。
2. **クロックの配線**は重要である。クロック配線ができるだけ長くなるように基板設計をすること。また，クロック配線はグラウンド面や電源面，そしてそのほかのグラウンドやリターン配線などからなるべく離すこと。プリント回路板（Printed Circuit Board：PCB）に部品を配置する際には，すべての IC の向きや位置を，クロック配線がなるべく長くなるようにすること。クロック配線を PCB の外周に沿って配線したり，入出力（I/O）領域の近くを通るかまたは通過したりするのも望ましい。
3. グラウンドプレーンと電源プレーンにたくさんの**開口**を用意すること。余計な銅箔を取り除くと，PCB を軽くするだけでなく，信号のリターン電流が大きなループを流れるようにすることができる。これは電源プレーンとグラウンドプレーンのインダクタンスを増加させることになる。グラウンドのインピーダンスが増加すると，I/O ケーブルを励起するグラウンド電圧が増加し，よって放射が増加する。
4. **グラウンドプレーンを分割する手法**（たとえばアナロググラウンドとデジタルグラウンド）を使っているなら，たくさんの高周波クロック配線やバスのような高周波信号配線を分割されたグラウンド面をまたぐように配線しなさい。この方法により，グラウンドリターン電流を大きなループに流すことができる。この点についてもっと効果を得たいなら，リターン電流がすべて電源装置のグラウンド端子に戻るようにしなさい。その端子は唯一 2 枚のグラウンド面が接続されている点とする。この方法は，複数の電源プレーンを持つ場合にも適用できる。
5. 効果がないデジタル論理回路の高周波**デカップリング**を行うためには，0.1 μF のコンデンサ（0.1 μF がなければ 0.01 μF でもよい）を 1 個，集積回路（Integrated Circuit：IC）のそばに

配置すること。このデカップリング方法は，デジタル論理回路に対してここ40年もの間行われてきた方法で，現在でも正しい方法に違いない。もちろん，コストを下げることが目的であれば，デカップリングコンデンサをすべて取り除いてもいいし，3～5個のICにコンデンサを1個配置するのでもよい。決してIC 1個に対してコンデンサを複数使ってはいけない。なぜなら，コンデンサを複数使うとコストアップになり，部品を配置する場所も必要で，配線も複雑になるからである。

6. **シールドされていないI/Oケーブル**には，コモンモードフィルタやフェライトチョークなどを付けてはいけない。フェライトコアはケーブルに大きな出っ張りをつくり，見た目もよくない。さらに，多くのユーザは，それが何であり，なぜそこにあるのかを知らない。フィルタを使うのであれば，直列素子の容量やシャント素子に直列のインダクタンスのような寄生成分が最大となるように，PCBをレイアウトすること。また，フィルタを，ケーブルが筐体に出入りする場所からなるべく遠ざけるように配置しなさい。これにより，I/O信号がフィルタを通ってから筐体を出るまで，基板の高周波論理回路領域を通るように配線することができる。

7. I/O信号にシールドケーブルを使うのであれば，ケーブルのシールドを長い単線（ピグテール：ぶたのしっぽのような線）で終端処理しなさい。7.5～10 cm（3～4 in）のピッグテールであれば十分であるが，15～20 cm（6～8 in）あればなお効果的である。特に有効な方法は，ピグテールをコネクタのピンに接続することである。ピグテールを追加して製品内部のピンに接続し，そのシールドを回路のグラウンドにつなぐ。ケーブルシールドをどこにも接続しなければなおよい。この最後の方法は，製品の製造コストを下げることにもなる。

8. **論理回路のグラウンド**は筐体のどこかに接続すべきである。一つの方法は，I/Oケーブルから遠く離れたほうのPCBの端部を筐体に接続することである。この方法により，PCBの最大グラウンド電圧がI/Oケーブルを励起することになり，効率よく放射を行わせることになる。筐体に1点だけで接続するのであれば，長くて細い線やトレースを使うようにしなさい。このような方法（ケーブルシールドの終端処理が不十分，シールドしていないケーブルのフィルタが有効でない）で筐体に接続された回路グラウンドは，I/Oケーブルからの放射を**最大**にするのに非常に有効である。

9. 製品が**金属筐体**で囲われているのであれば，放射を**最大にする**ためにいろいろなことができる。何よりもまず，金属の継ぎ目を厚塗りの塗料や非導電性の材料で覆うこと。これによって腐食を抑え，見た目をよくすることができる。継ぎ目に導電性の材料を使う必要があるのなら，機械的な設計で，なるべく弱い力で金属面を接触させて電気的に接続させること。また，継ぎ目の数をできるだけ増やして，それぞれの継ぎ目の長さをできるだけ長くすること。換気口を広げることも，放射を**最大**にするのに有効である。

10. **電源フィルタ**を使うのであれば，電源コードが筐体に入る場所からなるべく遠くに設置すること。そうすれば電源コードを，筐体内の電源フィルタまで長く遠回りのルートで配線できる。フィルタの接地にも長い線を用いるべきである。どんな場合でも，フィルタの金属ケースを筐体に直接接続してはいけない。ほかの好ましい方法は，フィルタの入出力ケーブルを一緒に束ねたり編んだりすることである。こうすると，線の見た目がすっきりとする。

放射を**最大にする**方法は，設計段階においてほかにもたくさんあるが，上記の10例は，手始め

としては適当である．この付録に述べている例を使うと，製品からの放射量を少なくとも 20～40 dB 増加できるはずである．

　しかし，試作品を製作し試験した後で，その製品を実際に市場に出したいと決断するのであれば，EMC 技術者に相談したほうがよい．EMC 技術者は，製品に施すべき必要な解決策について手助けできるに違いない．その後であれば，その製品は規制に対する適合性試験に合格するであろう．**幸運を祈る！！！**

付録 C
薄いシールドでの磁界の多重反射

6.5.6 項の図 6-14 に示すように，波動インピーダンス Z_1 で伝搬する磁界が特性インピーダンス Z_2 の薄いシールドに入射したとする。シールドは薄く，伝搬速度は速いので，シールドにおける位相のずれは無視できる。このような状況では伝搬する磁界の総計は次式のように記述できる。

$$H_{t(\text{total})} = H_{t2} + H_{t4} + H_{t6} + \cdots \tag{C-1}$$

式 (6-10) と式 (6-15) から次式のように書くことができる。

$$H_{t2} = \frac{2Z_1 H_0}{Z_1 + Z_2}(e^{-t/\delta})K \tag{C-2}$$

ここで，K は媒質 2 から媒質 1 へ入る 2 番目の境界面の透過係数である（式 (6-17)）。

今，H_{t4} を次式のように書くことができる。

$$H_{t4} = \frac{2Z_1 H_0}{Z_1 + Z_2}(e^{-t/\delta})(1-K)(e^{-t/\delta})(1-K)(e^{-t/\delta})K \tag{C-3}$$

これは次式のように簡単化できる。

$$H_{t4} = \frac{2Z_1 H_0}{Z_1 + Z_2}(e^{-3t/\delta})(K - 2K^2 + K^3) \tag{C-4}$$

$Z_2 \ll Z_1$ である金属シールドの場合を考える。このとき，$K \ll 1$，$K^2 \ll K$，$K^3 \ll K$，以下同様となる。伝搬する磁界の総計は次式のように書くことができる。

$$H_{t(\text{total})} = 2H_0 K(e^{-t/\delta} + e^{-3t/\delta} + e^{-5t/\delta} + \cdots) \tag{C-5}$$

式 (C-5) のかっこ内の無限級数は次の限度値を持っている[*1]。

$$e^{-t/\delta} + e^{-3t/\delta} + e^{-5t/\delta} + \cdots = \frac{\operatorname{cosech}(t/\delta)}{2} = \frac{1}{2\sinh(t/\delta)} \tag{C-6}$$

式 (6-17) を K に代入し，式 (C-6) を式 (C-5) の無限級数に代入すると次式のようになる。

$$H_{t(\text{total})} = \frac{4H_0 Z_2}{Z_1}\left[\frac{1}{2\sinh(t/\delta)}\right] \tag{C-7}$$

あるいは，

$$\frac{H_0}{H_{t(\text{total})}} = \left(\frac{Z_1}{4Z_2}\right)2\sinh\left(\frac{t}{\delta}\right) \tag{C-8}$$

シールド効果は式 (C-8) の対数を取り，20 倍したもので次式のようになる。

$$S = 20\log\frac{Z_1}{4Z_2} + 20\log\left[2\sinh\left(\frac{t}{\delta}\right)\right] \tag{C-9}$$

Z_1 をシールドでの波動インピーダンス Z_W に，Z_2 をシールドのインピーダンス Z_S に置き換えると，次式のようになる。

[*1] *Standard Mathematical Tables*, 21st edition, p. 343 (Chemical Rubber Co., 1973)

表 C-1　非常に薄いシールドにおける反射損失補正係数 (B)

t/δ	B〔dB〕
0.001	-54
0.002	-48
0.004	-42
0.006	-38
0.008	-36
0.01	-34
0.05	-20

$$S = 20 \log \frac{Z_w}{4Z_s} + 20 \log \left[2 \sinh\left(\frac{t}{\delta}\right) \right] \tag{C-10}$$

式(C-10)の最初の項は反射損失 R であり，式(6-22)で定義されたものである．補正係数 B を計算するため，式(C-10)を式(6-8)に代入する．式(C-10)の2項目は $A+B$ に等しくなる．よって次式のように書ける．

$$B = 20 \log \left[2 \sinh\left(\frac{t}{\delta}\right) \right] - A \tag{C-11}$$

式(6-12a)を A に代入する．

$$B = 20 \log \left[2 \sinh\left(\frac{t}{\delta}\right) \right] - 20 \log e^{t/\delta} \tag{C-12}$$

項をまとめると，

$$B = 20 \log \left[\frac{2 \sinh(t/\delta)}{e^{t/\delta}} \right] \tag{C-13}$$

ここで，$\sinh(t/\delta)$ を指数関数で表すと，補正係数 B は次式のようになる．

$$B = 20 \log[1 - e^{2t/\delta}] \tag{C-14}$$

図6-15は，式(C-14)を t/δ の関数としてプロットしたものである．補正整数 B は常に負である．これは薄いシールドでは多重反射のためにシールド効果が小さくなることを意味している．

表C-1は，図6-15に表されていない，t/δ が非常に小さな値のときの B の値を表したものである．

付録 D

みんなにわかるダイポールアンテナ
（電磁気学の博士号を持たない人たちのために）

EMC 工学の本に，なぜこのアンテナ理論についての付録があるのだろうか。それは，基本的なアンテナ理論を理解することは，すべての電気エンジニア，特に EMC に関わるエンジニアにとって有益だからである。結局のところ，製品が電磁エネルギーを放射している，あるいはそれを受けているのであれば，その発生体をマイクロプロセッサや集積回路（IC），プリント回路板（PCB），電源コード，RS-232 ケーブルなど何か別の名前で呼んだとしても，それはアンテナなのである。

アンテナについて考える場合に重要な性質は，可逆性（訳注：相反性などとも呼ばれる）である。可逆性とは，放射体（アンテナ）が放射しやすいとき，逆にエネルギーを受信しやすいということである。アンテナからの放射を減らすものは，エネルギーの受信を抑える。したがって，放射と感受性の問題についての対策には，同じ技法を使うことができる。

D.1　みんなにわかるダイポールアンテナの初級編

ダイポールアンテナは，基本的なアンテナ構造であり，図 D-1 に示すように同一線上の 2 本の真っすぐな線（ポール，アーム）によってできている。ダイポールについて最初に知っておくべきことは，それが二つの素子からなることで，そのため名称に "ダイ（di）" という言葉が付いている。

終端が開放され，したがって閉回路になっていないダイポールに，駆動電流を流すことができるという事実をどうやって説明すればよいだろうか。電磁気学の場の理論を使わずに，このジレンマのような問題を説明する最も単純な方法は，図 D-2 に示すように，2 本のアーム（ポール）間の寄生容量を電流のリターン経路と考えることである。高い周波数においてはこの容量は低インピーダンスになる。この自然に発生する寄生容量に流れる電流が放射を発生させる。

したがって，ダイポールアンテナから放射するには二つの素子が必要であり，**放射量はダイポールに流れる電流に比例する**。図 D-2 からもう一つわかることは，**ダイポー**

図 D-1　ダイポールアンテナ

ルアンテナが動作するには"グラウンド"は必要でなく，2本のアーム間の容量があればよい．

動作を表す例えとして，人が拍手したときに何が起こっているか考えてみよう．拍手をすると音波が発生し，ダイポールアンテナの場合は電磁波が発生する．拍手するには手が二つ必要だが，ダイポールアンテナから放射するにも2本のアームが必要である．

モノポールアンテナの場合，放射するのに一つの素子しか必要ないのだろうか．その答えは「ノー」である．モノポールアンテナも二つの素子を必要とする．モノポールアンテナはダイポールアンテナをちょうど半分に切ったものである．二つ目の素子は通常，図D-3に示すように，一つのアームの下に存在する基準平面である．基準平面（2番目の素子）がなければ，モノポールアンテナは何か代わりになるもの，通常周囲の最も大きな金属体を見つけ出す．モノポールアンテナの電流経路は，図D-3に示すように，アームと基準平面との間の寄生容量を通る．基準平面は平面である必要はなく，接地されている必要もないことに注意のこと．アームに対して容量を持つ金属であれば，その形状は問わない．違った形状のモノポールアンテナの例を図D-4に示す．

モノポールアンテナの場合にも，"接地なし"で動作することに注意すること．

拍手の例えに戻って考えると，一方の手をポケットに入れて拍手しなさいといわれている状況である．その場合，自由なほうの手を使い，何かたたく物，たとえば膝とか机，テーブルあるいは壁などを探す．これこそまさにモノポールアンテナが行っていることである．

したがって，（ダイポールやモノポール）アンテナを構成するということは，二つの**金属間に無線周波（Radio-frequency：RF）の電位を持たせることである．二つの金属間の容量は電流リターン経路となる．**

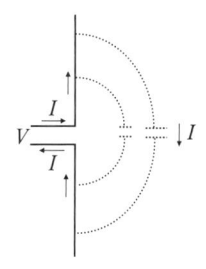

図 D-2 アーム（ポール）間の容量を通って流れるダイポールアンテナ電流

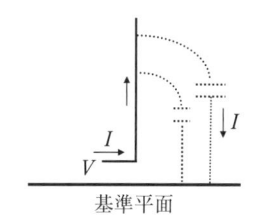

図 D-3 モノポールアンテナ．アーム（ポール）と基準平面を表す．

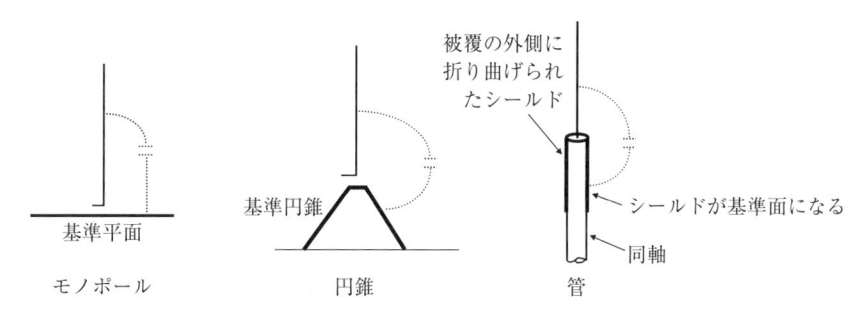

図 D-4 基本的なモノポールアンテナのいくつかの例

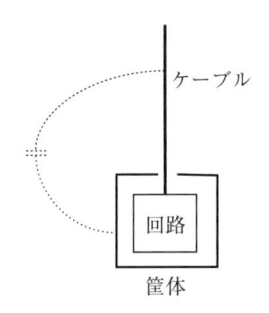

図 D-5　金属筐体の中にある，ケーブルが接続された製品

放射を抑制する方法は，二つのアンテナ素子を接続して同じ電位にすることである。二つの金属に電位があったとしても，電位差がなければ問題ない。

拍手の例えに再度戻ろう。もし二つの手を合わせてビニールテープで巻いたら（ダイポールアンテナの二つのアームを同電位にすることに等しい），手を離すことはできず拍手もできない。

それでは，これらのことは EMC にどう関係があるのかと聞かれるだろう。それは非常に多くのことと関係する。もう少し面白くなるように，図 D-5 に示すような，金属筐体に 1 本のケーブルが接続された単純な製品について考えよう。この製品をロケットに乗せ，宇宙へ発射し，地球の周回軌道を回っているとしよう。このような状況では，どうやって製品を"接地"すべきかという議論は無視できる。

しかし，筐体とケーブルとの間に電位差があれば，モノポールアンテナ（ケーブルがモノポールのアームで筐体が基準平面）となり，ケーブルは放射することになる。この電位差はコモンモード電圧といわれているものである。

ケーブルと筐体との間に電位差を持たせたくないので，内部の回路を筐体にどう接続するかが重要となる。**内部回路の基準（通常は回路グラウンドと呼ばれる）**は，ケーブルが接続されている所に極力近い点で筐体に接続すべきである。そうすれば，ケーブルと筐体の電位差を最小にすることができる。この接続は，RF 周波数において低インピーダンスでなければならない。回路基準と筐体との間のインピーダンスは電圧降下の原因となり，この製品に放射を生じさせる。実際，このグラウンドと筐体は貧弱な金属スペーサ（スタンドオフ）で接続され，無視できないインピーダンスになり得る。この接続が EMC 目的のために最適化されることはまずない。この接続とその方法は，製品の EMC 性能にとって非常に**重要**である（3.2.5 項を参照）。

ケーブルからの放射を低減する二つ目の可能性は，ケーブルを構成するすべての導線（グラウンドと呼んでいる線も含め）と筐体との間にコンデンサを接続して，ケーブルと筐体との間の RF 電位を短絡するためである。

3 番目には，ケーブルにコモンモードチョーク（フェライトコア）をかぶせ，コモンモードインピーダンスを高くし，それによって筐体とケーブルとの間のコモンモード電圧によって生じるケーブル電流を低減する。

最後に述べるが，決して軽んずべきでないのが，ケーブルをシールドし，シールドを適切に（2.15 節に示す 360°接続のように）筐体に終端することである。この場合，実質的にケーブルは筐体外に出ない。ケーブルシールドはちょうど筐体の延長と考えるこ

とができる。シールドがうまく機能するかどうかは，シールドと筐体との間の接続のよさ次第である。

以上の説明で注意することは，筐体が大地やほかの任意の基準に対してどのような電位であるかということではなく，単に筐体とケーブルとの間の電位差だけである。

製品を宇宙の周回軌道に乗せ，その後地球に戻すとしよう。どうやって筐体を外部の基準（大地や電源のグラウンド）に接地するかということは問題なのだろうか。EMCの観点からいえば「ノー」である。宇宙の周回軌道にいるときと同じことが適用できて，唯一守るべきことは，ケーブルと筐体との間にコモンモード電圧を持たせないことである。

D.2　みんなにわかるダイポールアンテナの中級編

これまでの説明で，ダイポールアンテナやモノポールアンテナがどのように振る舞うかがある程度わかったであろう。ここでは，モノポールアンテナの長さ方向の電流分布について，少し詳しく見てみよう。同じ結果をダイポールアンテナの2本のアームにそれぞれ適用すれば，ダイポールアンテナにも対応させることができる。

図D-6に示すように，モノポールアンテナの給電点から電流Iを注入することとする。アンテナの先端の電流はゼロでなければならない。したがって，電流は給電点のIから先端のゼロまで変化しなければならない。もしアンテナが波長の1/4に比べて短ければ（すなわち1/10波長以下），電流分布は基点から先端まで直線的である。もしアンテナが長いと，電流分布は正弦波関数となる。この分布を図D-7に示す。

アンテナは，放射が全長にわたって一定とならないことがはっきりわかる。基点の数mmが最大の放射を行い，先端の数〔mm〕はほとんど放射しない。平均電流は，短いアンテナで$0.5\,I$，1/4波長アンテナで$0.637\,I$である。理想的なアンテナ（アンテナ全長にわたり一定の電流）と比べ，短いダイポールアンテナ（ショートダイポールアンテナ）は半分の放射，1/4波長のダイポールアンテナは64％の放射を生じる。

これは，アンテナの実効長あるいは実効高さの概念に直接関係する。実効長（〔m〕表記）を入力された電界（〔V/m〕表記）に掛ければ，アンテナに誘導する電圧を求め

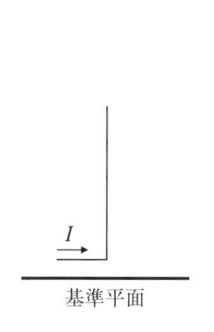

図D-6　モノポールアンテナへの電流供給

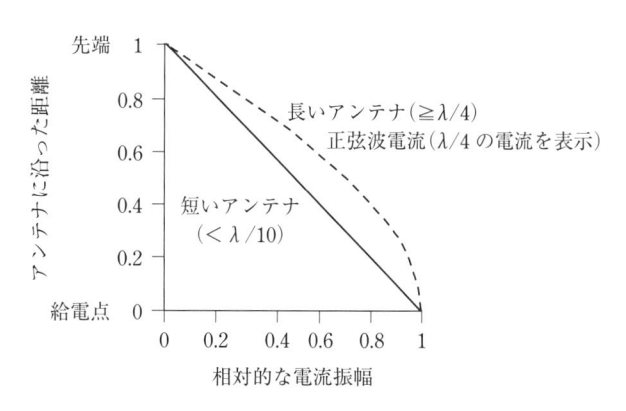

図D-7　モノポールアンテナの電流分布

図 D-8 容量性負荷の付いたモノポールアンテナ 　　図 D-9 容量性負荷の付いたダイポールアンテナ

ることができる。理想的な（電流分布が一定の）ダイポールあるいはモノポールアンテナでは，実効長はアンテナの実際の長さに等しい。しかし，短いダイポールアンテナ（あるいはモノポールアンテナ）では，実効長は実際の長さの半分となる。

ではどうすればアンテナをもっと効果的にできるのか。平均電流を増加させればよいのである。これは，アンテナ先端の電流を増やすということを意味する。電流は，アンテナ素子と基準面との間の寄生容量を流れることから，アンテナ先端と基準面との間の容量を増やす必要がある。

図 D-8 は"トップハット"と呼ばれる容量性負荷を付けたアンテナである。先端に大きな金属を追加することにより，アンテナの先端から基準面への容量を増やしてアンテナ先端の電流を増加させることができる。"トップハット"は金属の円盤であったり，放射状の線であったり金属球であったりする。モノポールアンテナの先端と基準面との間の容量を増やすものであれば，形状はなんでもよい。

すでに述べたように，ダイポールアンテナについても同じことができる。ダイポールアンテナでは"トップハット"をアームの両端に適用すればよい。その結果，アンテナは図 D-9 に示すような"ダンベル"アンテナとなる。

したがって，**ダイポールあるいはモノポールアンテナの先端に金属（容量）を追加することにより効果的に放射を増やすことができる**と結論づけられる。トップハットは容量を増やすので，共振に必要なアンテナの長さを短くする（付録 D.3.2 節参照）。なぜなら，このアンテナでは先端で電流がゼロとならないからである。これは，図 D-16 を検討するとわかることである。

これが EMC にいったい何の関係があるのかと再度聞かれるかもしれない。EMC に関係するのは，その製品を"トップハット"アンテナのようなものを形成する構造にしてはいけないということである。

図 D-10 に示すような製品について考えよう。この製品は長いケーブルを接続した

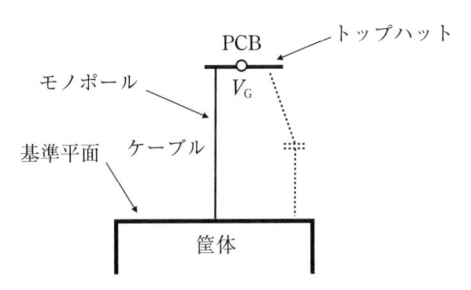

図 D-10 金属筐体の少し上に配置された PCB がトップハットアンテナを形成

```
            ドータボード
リボンケーブル    ○
        ━━━━━●━━━━ ‥‥
              $V_G$
━━━━━━━━━━━━━━━━━━━━━━
            マザーボード
```

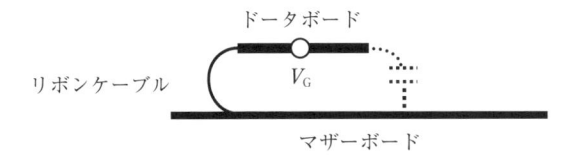

図 D-11　PCB の上に配置されたドータボードがトップハットアンテナを形成

PCB からなり，金属筐体から遠く離れた場所に置かれている。すでに"トップハット"アンテナが構成されており，この構造は効果的に放射する。ケーブルはモノポールアンテナで，筐体は基準面，そして PCB は"トップハット"である。したがって，**PCB が金属筐体を持つ製品に搭載される場合，それは可能な限り筐体の近くに配置し，その基準（グラウンド）は筐体に接続すべきである。**

　同じ状況は，図 D-11 に示すような，PCB の上にドータボードを配置する場合にも起こる。これは物理的な大きさが小さいため，図 D-10 の場合よりも悪くはないが，場合によっては問題となる。この場合の解決方法も単純である。ドータボードのグラウンドとマザーボードのグラウンドを複数の金属スペーサまたはほかの方法で接続すればよい。

　図 D-12 に興味深い例を示す。それは，図 D-5 の例に似ているが，今回の製品は金属筐体ではなくプラスチック筐体の中にある。この場合，製品はモノポールアンテナに対して基準面とはならないので，モノポールアンテナは基準面として働く外部の何かを見つけようとする。この基準面は実際のグラウンド（大地）や金属の台，ファイルキャビネット，近くの金属物体であったりする。製品が置かれる場所によって基準面は変わってくる。このような状況で，どうやってコモンモード放射を減らすのだろうか。

　この場合，アンテナの片側（基準面）を製品の一部として意図的に用意し，アンテナが場所によってグラウンドを探してしまうことを避ければよい。これを行う一つの例は，図 D-13 に示すように，金属板をプラスチック筐体の底に追加して，モノポールアンテナをここに短絡させることである。この金属板は厚く重くする必要はないが（金属箔でよい），ケーブルに対して最大の容量を持つように大きくすべきである。ここで，どのくらい大きければよいのかという質問をよく受ける。答えは簡単で，筐体の許す限り大きくということである。

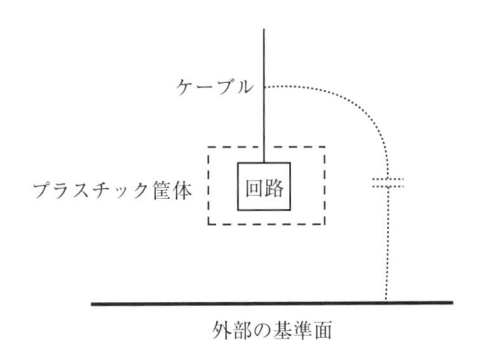

図 D-12　プラスチック筐体内にあるケーブルが接続された製品

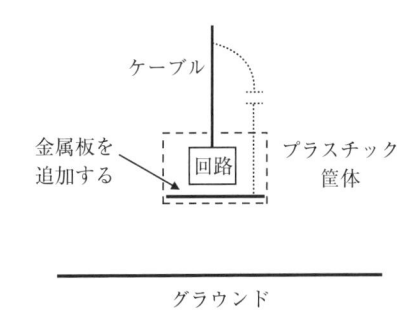

図 D-13　プラスチック筐体内にあり，金属基準平面が追加された製品

D.3 みんなにわかるダイポールアンテナの上級編

これまでの議論を読んでいれば、ダイポールアンテナに関してかなり多くのことがわかり、上級編に進む準備ができたといえる。本節では、ダイポールアンテナのインピーダンスを求めてみよう。このインピーダンスは、アンテナに結合するエネルギーやアンテナから出ていくエネルギーの性能を決めるので、非常に重要である。

D.3.1 ダイポールアンテナのインピーダンス

図 D-2 から、アンテナのインピーダンスを決める要素の一つがコンデンサであることがわかる。さらに、アンテナの線材アームがインダクタンスを持ち、このインダクタンスがコンデンサと直列に接続されていることがわかる。

アンテナから放射するとエネルギーが失われるので、この損失をこのモデルに組み入れなくてはいけない。エネルギーを消費する唯一の素子は抵抗なので、コンデンサとインダクタンスと直列となるように、このモデルに抵抗を追加している。したがって、**ダイポールアンテナの等価回路は、図 D-14 に示すような R, L, C の直列回路となる。**ここで抵抗 R_R は、放射によって失われるエネルギーを表すため"放射抵抗"と呼ばれる。

図 D-14 から、ダイポールアンテナは、実際は直列共振回路であることがわかる。共振周波数以下ではインピーダンスは容量性で、共振周波数以上では誘導性となり、共振周波数では抵抗性となる。

モノポールアンテナのインピーダンスは、ダイポールアンテナの半分である。これは図 D-15 から導かれる。図 D-15(A) はダイポールアンテナとそのインピーダンスを表している。図 D-15(A) のダイポールアンテナを半分に切り、切れ目にそって基準面を追加すると、図 D-15(B) に示すようなモノポールアンテナを形成できる。モノポールアンテナのインダクタンスと抵抗はダイポールの半分であり、容量はダイポールアンテナの2倍である。

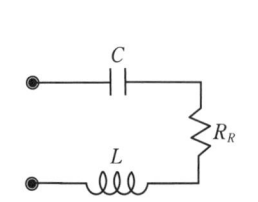

図 D-14 ダイポールアンテナのインピーダンスは RLC 直列回路

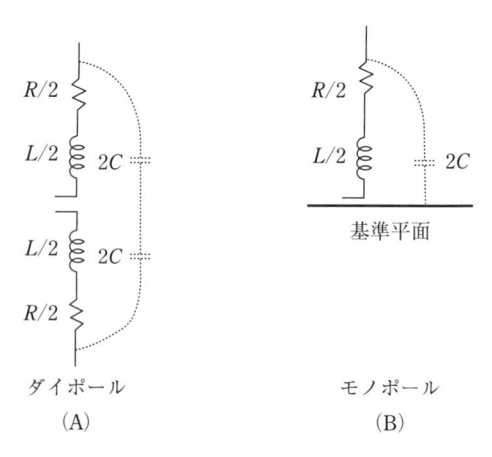

図 D-15 (A) ダイポールアンテナのインピーダンス、(B) モノポールアンテナのインピーダンス。ダイポールを半分に切ったものはモノポールと等価

D.3.2 ダイポールアンテナの共振

図D-14を見ると，共振周波数以下では，入力インピーダンスはコンデンサのインピーダンスがあるために大きく（>1 000 Ω）なる。共振周波数以上でも，やはりインダクタがあるためにインピーダンスは大きく（>1 000 Ω）なる。一方，共振周波数ではインピーダンスは低く（ダイポールアンテナでは70 Ω，モノポールアンテナでは35 Ω程度）なる。これは，共振周波数において誘導性リアクタンスと容量性リアクタンスが打ち消し合い，放射抵抗だけが残るためである。

入力インピーダンスが大きいと，コモンモード電圧（あるいはほかの同様な電圧）によってアンテナに電流を流すことは難しくなる。しかし，共振周波数ではインピーダンスが低いので，アンテナに多くの電流を流すことができる。したがって，ダイポール（モノポール）アンテナの共振は，EMCの観点から重要である。**共振周波数では，アンテナに外部エネルギーを誘導したり，アンテナからエネルギーを取り出したりすることは容易であり，したがってこれは電磁エネルギーの効果的な放射素子や受信素子となる。**

あとで説明するが，ダイポール（モノポール）アンテナの共振周波数はその長さに関係する。アンテナ素子の一つの長さが1/4波長となったときに共振が生じる。したがって，ダイポールアンテナは全長が1/2波長となったときに共振し，モノポールアンテナは全長が1/4波長となったときに共振する。

なぜそうなるのかという理由は，図D-7に関する議論，すなわちモノポールアンテナの電流分布を思い出すことで説明できる。どの時点でも，導線の長さ方向の電流分布は，図D-16(A)に示すように正弦波である。アンテナ素子に対して要求される境界条件は，先端の電流がゼロとなることである。図D-16(B)は，先端の電流をゼロとしたときの，さまざまな長さのアンテナ素子を表したものである。図からわかるように，アンテナ素子の長さが1/4波長のとき，給電点の電流は最大となる。電流が最大となる点は，インピーダンスが最小の点でもあり，すなわちこれが共振長を表すことになる。

アンテナ素子の長さが1/4波長より短い場合，給電点の電流は小さくなり，インピーダンスは高くなって，素子は共振より短い状態となる。アンテナ素子の長さが1/4波長より長い場合も，給電点の電流は小さくなり，インピーダンスは高くなり，素子は共振点を超えることになる。

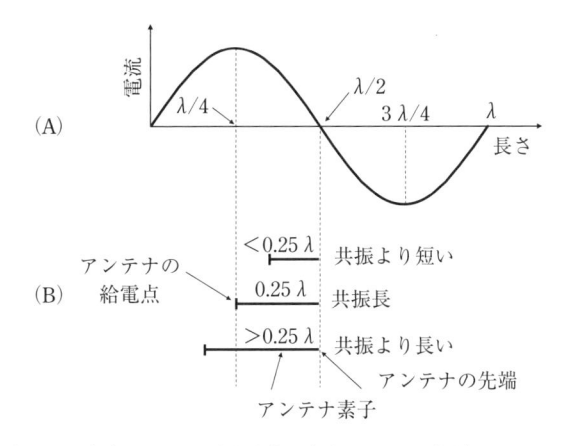

図D-16 (A) 導線の長さ方向に沿った電流分布　(B) いろいろな長さのアンテナ素子の電流分布

アンテナ長が 1/4 波長の奇数倍となるときにも共振が生じる。これは図 D-16 において正弦波電流（図 D-16(A)）を左に延長し，アンテナの給電点（図 D-16(B)）を次の電流最大点に移動することによって導かれる。これらの周波数では，共振のためケーブルからの放射は大きくなる。

D.3.3 受信ダイポールアンテナ

図 D-17(A) は電界 E に曝露されているダイポールアンテナを表している。また，図 D-17(B) は図 D-17(A) の受信ダイポールアンテナの等価回路を表している。ただし，Z_A はダイポールアンテナのインピーダンス（図 D-14），R_L は負荷インピーダンスである。ダイポールアンテナの実効長を L_e とすると，電界 E に曝露されたアンテナに誘起される電圧は次式のようになる。

$$V_i = L_e E \tag{D-1}$$

ただし，アンテナ長やアンテナが共振状態かどうかは無視している。

アンテナ末端の負荷 R_L に生じる電圧は次式のようになる。

$$V_L = \left(\frac{R_L}{R_L + Z_A}\right) V_i = \left(\frac{R_L}{R_L + Z_A}\right)(L_e E) \tag{D-2}$$

図 D-14 からインピーダンス Z_A は次式のようになることがわかる。

$$Z_A = R_R + X_L - X_C \tag{D-3}$$

式(D-3)は周波数特性を持つ。共振周波数より高いか低い周波数では，アンテナインピーダンス Z_A は高くなり，共振周波数では低くなる。このとき，2 項目と 3 項目が相殺し，放射抵抗 R_R だけが残る。したがって，V_L は共振時（Z_A が小さいとき）に最大となり，共振周波数より高いか低い場合（Z_A が大きいとき）小さくなる。

式(D-1)，式(D-2)，式(D-3)と図 D-17(B) で注意してほしいのは，アンテナ終端の電圧 V_L は周波数特性を持つのに，アンテナに誘起される電圧 V_i は周波数特性を持たないことである。したがって，共振していないアンテナが電圧を受信しないのが問題ではなく，アンテナが共振状態でないとき，アンテナのインピーダンス Z_A が大きいため，受信した電圧がアンテナに結合されないことに問題がある。

D.3.4 鏡像理論

ダイポールアンテナとモノポールアンテナの放射能力を比較してみよう。たとえば，

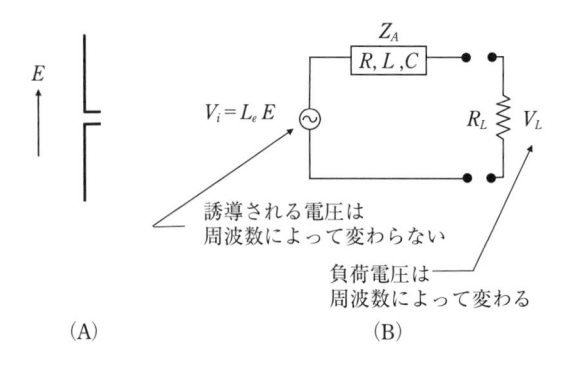

図 D-17 （A）受信ダイポール （B）受信アンテナの等価回路

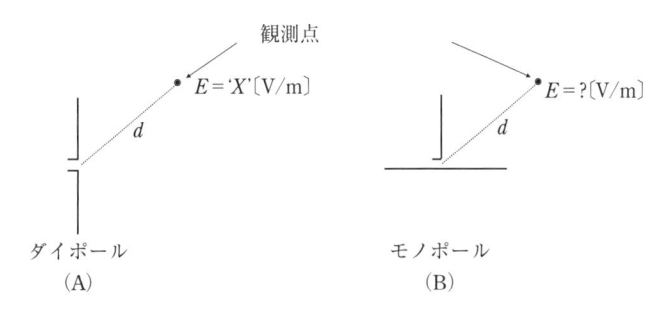

図 D-18 (A) 放射しているダイポール (B) 放射しているモノポール

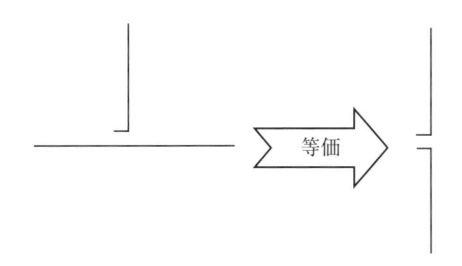

図 D-19 ダイポールとモノポールの等価性

図 D-18(A)に示すように，ダイポールアンテナの軸を基準とし，距離 d [m]，角度 45°における電界を測定すると仮定する。これを，図 D-18(B)に示す長さが半分であるモノポールアンテナに，ダイポールアンテナと同じ電流を流し，同じ距離の同じ点における電界と比較するにはどうしたらよいか。

この質問の答えには鏡像理論が使える。鏡像理論を理解する最も簡単な方法は，普段使う鏡を考えることである。なぜなら，非常に周波数が高いという点を除き，光は議論しているものと同じ電磁エネルギーだからである。

鏡（反射面）をのぞき込んだとき何が見えるだろうか。きっと自分自身が見えるであろう。鏡から3歩後ろに下がったとすると，その像はどうなるだろうか。それは，同様に3歩下がるであろう。したがって，鏡はその前にある物体の像をつくりだすのであり，その像は鏡の前の物体までの距離と同じだけ離れた鏡の裏側に位置する。

同じことが，基準面（反射面）上のモノポールアンテナにも生じる。基準面はモノポールアンテナの像を面の裏側に，面の上にあるアンテナと同じだけ離れた位置につくり出す。少し違ったいい方をすると，反射面に垂直な導体により上半球における任意の点に生じる電界は，もとの導体と基準面の下に等距離に位置する2番目の同一の導体とで生じる電界と同じである。ここで，もとの導体は基準面の上に残したままで，基準面を取り除いている。図 D-19 はこの等価構造を表す。したがって，モノポールアンテナは上半球でのダイポールアンテナと等価である。

最初の質問に対する答えは，上半球の電界に限れば，モノポールアンテナとダイポールアンテナは，観測点においてまったく同じ電界を生じるということである。

D.3.5 ダイポールアンテナアレー

ダイポールアンテナは単独で使わなければならないわけではなく，むしろいろいろな

組み合わせにより，送受信特性を改善することができる．ダイポールアンテナアレーの代表的な例として，八木アンテナとログペリオディック（ログペリ）アンテナの二つがある．

八木アンテナは，一つのアクティブなダイポールアンテナ（輻射器）と輻射器の前に配置する少し短めの導波器と呼ばれる複数のダイポール，そして輻射器の後ろに配置する少し長めの反射器と呼ばれるダイポールからなる．構成を図D-20に示す．八木アンテナの目的は，アンテナの利得を増加させることである．アンテナは受動素子なので，利得を得る（すなわち，ある1方向に対して多くのエネルギーを得る）ことは，どこか別の場所からエネルギーを得ることであり，ほかの方向のエネルギーは減少する．すなわち，ビーム幅は狭くなり指向性が高まる．最適化された八木アンテナは，ダイポールアンテナに対して約10 dBの利得を持つ．八木アンテナは，通常VHFテレビアンテナに用いられる．

ログペリアンテナは，複数の輻射器が並んだものであり，図D-21に示すように，その長さと間隔が徐々に短くなっていく．ログペリアンテナは給電線を使い，アンテナの前方からアンテナ素子ごとに互い違いに給電する．ログペリアンテナの目的は，広い周波数範囲にわたって効果的に動作させることである．違う周波数では違うダイポール素子が輻射器となる．ダイポールアンテナの入力インピーダンスは共振周波数以外では高くなることから，共振していないダイポールアンテナにはほとんど給電線から電流が流れない．

ログペリアンテナはほぼ一定のインピーダンスと放射パターンを，最も長い素子の共振周波数から最も短い素子の共振周波数まで持っている．ログペリアンテナは，300〜1 000 MHzの周波数範囲におけるEMC試験によく用いられる．

D.3.6　超高周波ダイポールアンテナ

1 GHz以上の高周波では，共振するダイポールアンテナの長さはとても短く，3 GHzでは約5 cm（2 in）となる．したがって，受信や輻射のエネルギーは非常に小さい．なぜなら，式(D-1)から誘導される電圧は入射電界強度Eに実効長L_e（実際のアンテナ長よりも短い）を掛けたものだからである．もしダイポールアンテナが長かったら，インピーダンスが高くなり，エネルギーが結合されなかったり，輻射されなかったりする．このジレンマを解決するのに何をすればよいか？　図D-22のように，小さなアンテナの後ろに大きな反射器を置き，焦点に大きなエネルギーを集め，そこに小さなダイ

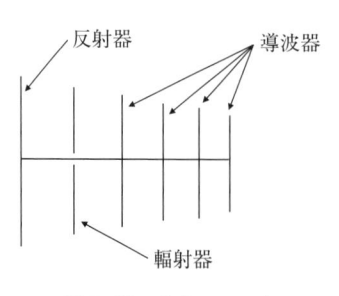

図D-20　八木アンテナ

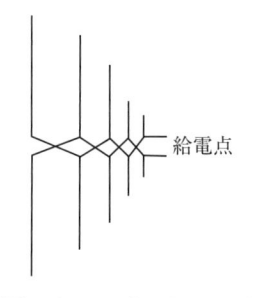

図D-21　ログペリアンテナ

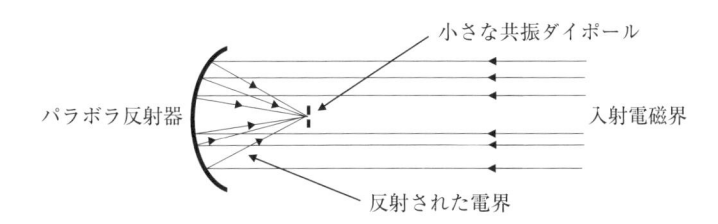

図 D-22 パラボラ反射器を持つ小さなダイポールアンテナは，効率的な超高周波アンテナである。

ポールアンテナを配置したらどうだろうか。これによりダイポールアンテナの位置の電界強度 E は増加し，受信できる電圧も上昇する。われわれは衛星受信アンテナとしてよく使っている。

要約

- ダイポール（またはモノポール）アンテナは二つの部分からなる。
- 放射の大きさはダイポール（またはモノポール）アンテナの電流に比例する。
- ダイポール（またはモノポール）アンテナは，動作するのにグラウンドを必要としない。
- モノポールアンテナは，ダイポールアンテナが変身したものである。
- ダイポール（またはモノポール）アンテナをつくるには，二つの金属間に高周波電位差を持たせればよい。
- 放射を減らすには，二つのアンテナ素子間の電位差をなくせばよい。
- 製品の内部回路の基準（グラウンド）は，筐体の，ケーブルが出入りする点になるべく近い場所に接続すべきである。
- アンテナの実効長（実効高さ）は，入射電界強度に対する，アンテナに誘導される電圧（端子電圧ではない）の比で定義される。
- ダイポールアンテナやモノポールアンテナの先端に金属（容量）を付加すると，放射効率を高める。
- PCB は金属筐体になるべく近く配置し，そのグラウンドを筐体に直接接続すべきである。
- 電気製品のプラスチック筐体には金属基準面を持たせるべきである。
- ダイポール（またはモノポール）アンテナの等価回路は，RLC の直列回路である。
- モノポールアンテナのインピーダンスはダイポールアンテナの半分である。
- 共振周波数では，エネルギーがアンテナと結合しやすくなる。したがって，この周波数においてアンテナは効果的な放射体（あるいは受信体）となる。
- アンテナの共振は，一つのアンテナ素子の長さが，1/4 波長になったときに生じる。
- 1/4 波長に対応する周波数の奇数倍の周波数でも，共振が生じる。
- モノポールアンテナとダイポールアンテナの両方とも同じ電磁界を発生する。

参考図書

- German, R. F. and Ott, H. W. *Antenna Theory Simplified*. One-Day Seminar, Henry Ott Consultants, 2003.
- Iizuka, L. "Antennas for Non-Specialists." *IEEE Antennas and Propagation*, February 2004.

付録 E
部分インダクタンス

　電子機器の EMC 問題を考える場合，インダクタンスは理解すべき重要な概念である。しかし，インダクタンスは十分に理解されていない。その結果，インダクタンスの意味やインダクタンスの計算，測定などに対して，無視できない誤解や混乱が生じてしまう。インダクタンスが意味するところを表したものが図 E-1 である。図 E-1 はなかなかよいたとえだと思うがどうだろうか。

E.1　インダクタンス

　電流が導線を流れると，図 E-2 に示すように，導線の周りに磁束 ϕ が生じる。もし電流が増加すると，磁束はそれに比例して増加する。インダクタンスは，電流と磁束の間の比例定数である。これは次のように表される。

$$\phi = LI \tag{E-1a}$$

ただし，ϕ は電流 I によって生じる磁束，L は導線のインダクタンスである。式(E-1a) を解くと，インダクタンス L は次式のようになる。

図 E-1　Milli と Henry の in-duck-dance（イン-ダック-ダンス）（Otto Buhler 提供）

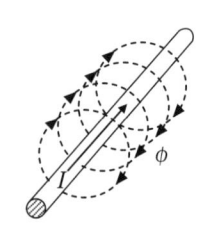

図 E-2　伝導路を囲む磁界

図 E-3 大きな in-duck-dance（イン-ダック-ダンス）のほうが大きなノイズを引き起こす（Kathryn Whitt 提供）。

$$L = \frac{\phi}{I} \tag{E-1b}$$

インダクタンスはいろいろな使われ方をされる。たとえば，自己インダクタンス，相互インダクタンス，ループインダクタンス，部分インダクタンスなどである。これらの違いを理解することが重要である。この違いは，式(E-1b)でインダクタンスを計算するときに，どの磁束 ϕ を使うかということに関係する[*1]。

式(E-1a)は，EMC エンジニアがなぜいつも，信号とグラウンド線のインダクタンスを小さくするように求められるのかを説明している。もしこれらの導線がインダクタンスを持つと，導線の周りに磁束 ϕ を発生させるが，その磁束はインダクタンスに比例するのである。閉じ込められていない磁束があると，放射が生じる。したがって，図 E-3 に示すように，導線のインダクタンスが増えると，より大きいノイズが発生する。

E.2 ループインダクタンス

磁束 ϕ が生じるためには，電流の流れが必要であり，電流が流れるためには電流ループが必要である。このことは，インダクタンスは完全なループが形成されているときだけ定義できるという間違った結論を導きやすい。Weber（1965）でさえ，"ループを形成しない配線のインダクタンスは意味がないと気づくことは重要である。"といっている。しかし，後に述べるようにこれは正しくない。

電流が流れる導線からの距離が r の点の磁束密度は，ビオ-サバールの法則で求められ，次式のようになる（2.4 節の式(2-14)）。

$$B = \frac{\mu I}{2\pi r} \tag{E-2}$$

ただし，r は導線の半径より大きい。B は磁束密度（ϕ/単位面積），μ は透磁率，I は導線の電流，そして r は導線と磁束密度を求めたい点との距離または半径である。

ループの**自己インダクタンス**は次式のようになる。

$$L_{loop} = \frac{\phi_T}{I} \tag{E-3}$$

[*1] 付録では，導線の外部インダクタンスを計算することだけを考える。外部インダクタンスは（図 E-2 に示すように）導線の内部ではなく，導線の外部の磁束だけを考えたものである。高周波において，内部インダクタンスは無視でき，外部インダクタンスが支配的となる。5.5.1 項を参照。

ただし，ϕ_T はループの表面領域を通過する全磁束，I はループの電流である。

ループ 1，ループ 2 との間の**相互インダクタンス**は次式のようになる。

$$M_{12} = \frac{\phi_{12}}{I_1} \tag{E-4}$$

ただし，ϕ_{12} はループ 1 で生じる磁束のうちループ 2 を通過するもの，I_1 はループ 1 で磁束を発生させる電流である。

興味深いのは，式(E-3)と式(E-4)を比較するとわかるが，相互インダクタンスの最大値は自己インダクタンスの値となることである。これは正しい。なぜなら，自己インダクタンスは全磁束 ϕ_T を，それを発生させた電流で割ったものだが，相互インダクタンスは磁束の一部である ϕ_{12} を電流で割ったものだからである。ある物の一部の最大値は，その物すべてということである。したがって，次式のように表せる。

$$M_{12} \leq L_{loop} \tag{E-5}$$

E.2.1 矩形ループのインダクタンス

いくつかの単純な形状であれば，インダクタンスを簡単に計算することができる。これは重要なポイントであり，インダクタンスの理論は単純であるが，インダクタンスの計算は複雑になることが多い。

図 E-4 に示すような，辺の長さが a と b で電流 I が流れている矩形ループを考えよう。ループの左側の導線を流れる電流によって生じる磁束が，ループの表面領域（$S = ab$）を通過する量は，微小面積 dS の磁束を，r 方向に r_1 から a まで足し合わせる（積分の意味）ことによって得られる。結果は次式のようになる。

$$\phi = BS = \int_{r_1}^{a} \frac{\mu I dS}{2\pi r} \tag{E-6}$$

ここで，r_1 は電流が流れる導線の半径である。左端から距離 r の位置における，ループの微小区間の表面領域 dS は，次式のように表せる。

$$dS = bdr$$

これを，式(E-6)の dS に代入する。

$$\phi = \frac{\mu I b}{2\pi} \int_{r_1}^{a} \frac{1}{r} dr = \frac{\mu I b}{2\pi} \ln \frac{a}{r_1} \tag{E-7}$$

対称性から，ループの右側の導線を流れる電流によって生じる磁束が，ループの表面領域を通過する磁束の量は，式(E-7)に等しい。

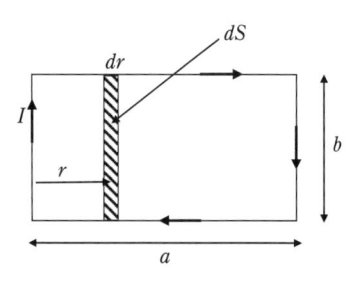

図 E-4　矩形ループ

同様に，ループの上側の導線を流れる電流によって生じる磁束が，ループの表面領域を通過する磁束の量は，次式のように書くことができる。

$$\phi = \frac{\mu Ia}{2\pi}\int_{r_1}^{b}\frac{1}{r}dr = \frac{\mu Ia}{2\pi}\ln\frac{b}{r_1} \tag{E-8}$$

再度対称性を考え，ループの下側の導線を流れる電流によって生じる磁束が，ループの表面領域を通過する磁束の量は，式(E-8)と同じである。

ループを通過する磁束の総和は，式(E-7)の2倍と，式(E-8)の2倍を足し合わせたもので，次式のように表せる。

$$\phi_T = \frac{\mu Ib}{\pi}\ln\frac{a}{r_1} + \frac{\mu Ia}{\pi}\ln\frac{b}{r_1} \tag{E-9}$$

そして，矩形ループのインダクタンスは次式に等しい。

$$L_{loop} = \frac{\phi_T}{I} = \frac{\mu}{\pi}\left[b\ln\frac{a}{r_1} + a\ln\frac{b}{r_1}\right] \tag{E-10}$$

式(E-10)はループの角における磁界のフリンジ効果を無視したものである。フリンジ効果を含めた矩形ループのインダクタンスを計算する正確な式は，式(E-20)に示す。

式(E-10)で表されるループインダクタンスは，ループのどの場所にも位置していて，**ループにおけるその位置は，はっきりとは決められない**。したがって，ループインダクタンスの観点から，図E-5(A)，E-5(B)，E-5(C)のすべての回路は同じように振る舞う。これらのモデルのどれかは正しいのだろうか？　いやたぶん正しいものはない。その質問には，ループインダクタンスの知識だけでは答えられない。それでは，どうしたらループの1区間だけのインダクタンスを決定できるだろうか。

たとえば，回路のグラウンドノイズを計算するために，グラウンド線のインダクタンスを求めたいとしよう。あるいは，ICがスイッチングして大きな過渡電流が流れたときに，PCBの電源電圧低下の大きさを見積るために，電源配線のインダクタンスを見積りたいとしよう。ループインダクタンスの知識は，これら両方のケースには役立たない。

正方形ループの場合は，図E-5(C)に示すように，ループの四つの辺それぞれに1/4のインダクタンスを仮定するのが適当に思われる。しかし，ループが正方形でないか，導線が同じ長さや太さでない場合はどうだろうか。たとえば，線の一つが26-Gaワイヤ（あるいは基板上の細いプリント配線）で，ほかの線が大きなグラウンドプレーンだとする。この場合，それぞれの導線（グラウンドプレーンとプリント配線）のインダクタンスは，ループインダクタンスの知識では見積れない。しかし，部分インダクタンスの理論によって，ループのそれぞれの辺のインダクタンスを見積ることができる。

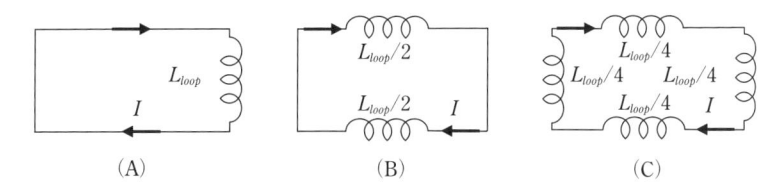

図E-5　ループインダクタンスはループに沿ってどこにでも配置することができる。

E.3 部分インダクタンス

部分インダクタンスの理論は，ループの一部分だけの独立したインダクタンスを定義しているので，理解すべき有益な概念である．この手法によって，グラウンドバウンスと電源配線による電圧低下の現象を説明することができる．グラウンドバウンスやグラウンド電位差は，グラウンドバスやグラウンドプレーンの部分インダクタンスに過渡電流が流れるときに生じる．電源配線による電圧低下や電源電圧のディップは，電源バスや電源プレーンの部分インダクタンスに過渡電流が流れるときに生じる．部分インダクタンスの理論を使わずに，これらの概念を説明することはできない．なぜなら，ループの1辺のインダクタンスはほかの方法で一意に決めることができないからである．

Ruehli（1972）はGrover（1946）の考え（研究）を拡張し，**特有のインダクタンスが不完全なループの一部分でつくられることを示した**．ループインダクタンスの場合と同じように，部分自己インダクタンスと部分相互インダクタンスがある．

E.3.1 部分自己インダクタンス

部分インダクタンスを理解するための生命線は，部分インダクタンスを計算するときに，式(E-1b)に示す磁束を決めるため，磁束密度の和を計算する表面領域を決定できるかどうかである．

例として電流が流れる導線の一部分を考えたとき，Ruehliは，部分自己インダクタンスの磁束の面は図E-6に示すように，部分導線を1辺に持ち，反対側の1辺は無限遠で，両脇の辺は部分導線に垂直な直線であるような面であることを示している．

したがって，部分導線の部分自己インダクタンスは，部分導線と無限遠との間の面を通過する磁束を，部分導線を流れる電流で割ったものである．

図E-6に示すような表面領域を通過する磁束は，次の面積分に等しくなる．

$$\phi = \int_S \bar{B} \cdot d\bar{S} \tag{E-11}$$

長さl，直径r_1の部分導線の部分自己インダクタンスは次式のように表される．

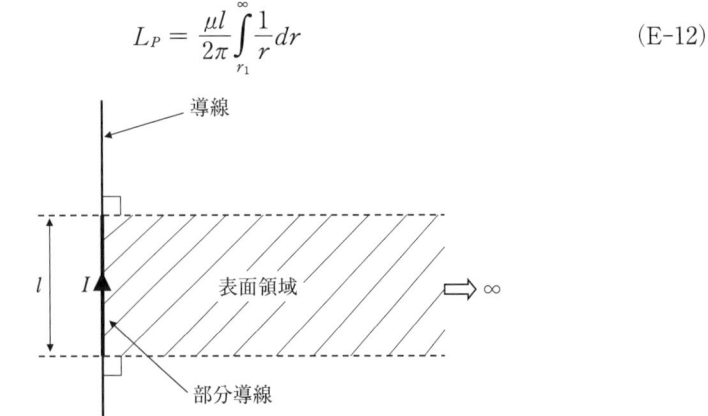

$$L_P = \frac{\mu l}{2\pi}\int_{r_1}^{\infty}\frac{1}{r}dr \tag{E-12}$$

図E-6 導線の一部の部分自己インダクタンスを形成する表面領域

式(E-12)は，無限遠の積分を含むため直接求めることができない。しかし，磁束密度 $\bar{B}$ はベクトル磁界ポテンシャル $\bar{A}$ の回転に等しいので，$\bar{B} = \bar{\nabla} \times \bar{A}$ と書くことができる。また，ストークスの定理を使い，式(E-11)の表面領域 S にわたる面積分を，ベクトル磁界ポテンシャル $\bar{A}$ を表面領域 S の周囲 C にわたる線積分に変換することができる。したがって，次式のようになる。

$$\phi = \int_S \bar{B} \cdot d\bar{S} = \int_C \bar{A} \cdot d\bar{l} \tag{E-13a}$$

一見して，式(E-13a)は無限積分の解決策になっていないように思われる。なぜなら，表面領域の周囲長も同じく無限だからである。表面領域の周囲は図 E-6 に示すように4辺を持つ。1辺は導線で，両脇は導線に垂直な2線，残りの1辺は導線と平行で無限遠にある。

しかし，ベクトル磁界ポテンシャルの線積分は，導線と接した辺だけを考えればよいことは簡単に説明できる。図 E-7 に示すように，ベクトル磁界ポテンシャル $\bar{A}$ は導線の電流 I の方向を向いている。無限遠ではベクトル磁界ポテンシャル $\bar{A}$ はゼロなので，表面領域の無限遠側の辺での積分はゼロとなる。導線に垂直な2辺は $\bar{A}$ に垂直なので，これらの経路の $\bar{A} \cdot d\bar{l}$ の線積分はゼロとなる。したがって，表面領域の周囲にわたる積分は，導線と接した辺を点 a から b まで積分することに簡単化できる。したがって，式(E-13a)は次式のように簡単化でき，かつ有限積分となる。

$$\phi = \int_a^b \bar{A} \cdot d\bar{l} \tag{E-13b}$$

ベクトル磁界ポテンシャル $\bar{A}$ を決定し，説明したような式に変換することは，本書の目的を超える複雑な数学的計算（Ruehli 1972 を参照）が必要で，前に述べたように，インダクタンスの理論は単純だが，インダクタンスの実際の計算は複雑になることが多いことを示している。

Grover（1946）によると，長さ l，半径 r_1 の丸い導線の場合，**部分自己インダクタンス**は次式のようになる。

$$L_P = \frac{\mu l}{2\pi}\left[\ln\frac{2l}{r_1} - 1\right] \tag{E-14}$$

ただし，μ は自由空間の透磁率で $4\pi \times 10^{-7}$ である。

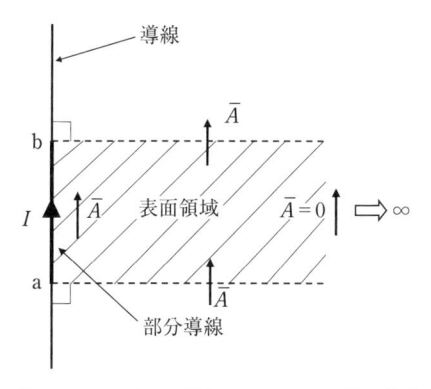

図 E-7 ベクトル磁界ポテンシャル $\bar{A}$ の方向

E.3.2 部分相互インダクタンス

2本の任意の導線間の**部分相互インダクタンス**は，先に述べた導線の部分自己インダクタンスを求めたのと同様の方法で求めることができる。この場合，Ruehliの説明では，部分相互インダクタンスの磁束の範囲は図E-8に示すように，1辺は部分導線2，もう1辺は無限遠，そして残りの辺は導線1に垂直な2直線である。

図E-8は，同一平面上にある，平行でなく位置ずれのある2本の部分導線による，部分相互インダクタンスの磁束の範囲である。2本の導線は同一平面上にある必要はないが，そのほうが解析は単純になる。

結局，2本の部分導線による部分相互インダクタンスは，2本目の部分導線と無限遠との間の表面領域を通過する磁束を，1本目の部分導線を流れる電流 I_1 で割った値になる。

図E-9に示すように，同一平面上にある2本の部分導線が，間隔 D で平行にある場合を考えてみよう。電流 I_1 によってつくられた磁束が，部分相互インダクタンスの面積（部分導線2と無限遠との間の表面領域）を通過する分を計算し，電流 I_1 で割ることで，2本の部分導線間の部分相互インダクタンスが次式のように計算できる。

$$L_m = \frac{\mu l}{2\pi}\int_D^\infty \frac{1}{r}dr \qquad \text{(E-15)}$$

ただし，l は電流が流れる部分導線の長さ，D は導線間の距離である。

先に，無限の積分は直接計算できないが，ストークスの定理を用いると，積分面の外

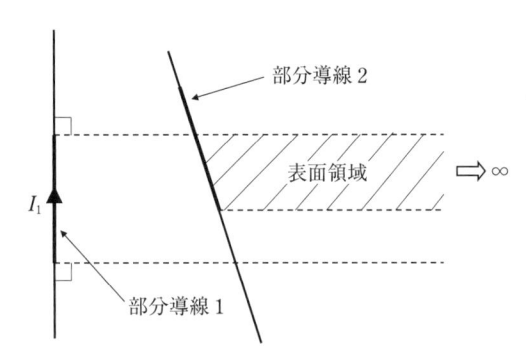

図E-8 2本の部分導線の部分相互インダクタンスを求めるための表面領域

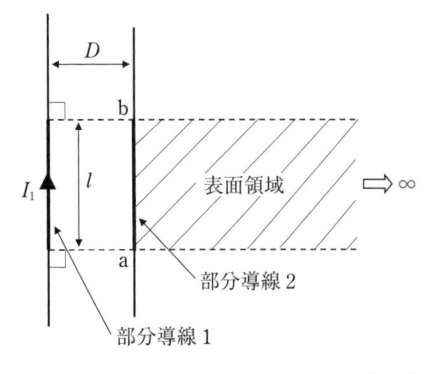

図E-9 同一平面上に平行に置かれた2本の部分導線による例

周辺にわたるベクトル磁界ポテンシャル $\overline{A}$ の線積分に変換できることを述べた。部分自己インダクタンスの場合，$\overline{A}$ の積分は，積分面の導線 2 に沿った辺において点 a から b までを積分するだけであった。この計算は，本書の範囲を超える数学的処理を必要とする（Ruehli, 1972）ことも述べた。

Grover（1946）は，間隔 D で平行に置かれた長さ l の 2 本の丸い線の場合，部分相互インダクタンスは次の無限級数で計算できることを示した。

$$L_{P12} = \frac{\mu l}{2\pi}\left[\ln\frac{2l}{D} - 1 + \frac{D}{l} + \frac{1}{4}\frac{D^2}{l^2} + \cdots\right] \tag{E-16}$$

もし $D \ll l$ であれば，式(E-16)は次式のように簡単化できる。

$$L_{P12} = \frac{\mu l}{2\pi}\left[\ln\frac{2l}{D} - 1\right] \tag{E-17}$$

E.3.3 正味の部分インダクタンス

任意の部分導線の**正味の部分インダクタンス L_{NP}** は，その部分導線の部分自己インダクタンスに，電流が流れているすべての近傍にある導線からの部分相互インダクタンスを加算あるいは減算したものである。部分相互インダクタンスの符号は，電流が流れる方向による。2 本の導線の電流が同方向に流れたら，部分相互インダクタンスの符号は正となる。2 本の導線の電流が逆方向であれば，符号は負となる。直交する導線間の相互部分インダクタンスはゼロである。

ループが複数の部分導線で構成されている場合，それぞれの導線の正味の部分インダクタンス（自己，相互を含め）を足し合わせると，ループインダクタンスになる。したがって，**ループインダクタンスは部分インダクタンスから求めることができるが，部分インダクタンスはループインダクタンスから求めることはできない**。よって，部分インダクタンスの理論のほうが基礎的な概念である。ループインダクタンスは，一般的な理論である部分インダクタンスの特殊な場合であるといえる。

E.3.4 部分インダクタンスの応用

E.3.4.1 矩形ループ

図 E-10 に示すような矩形ループを考える。ここで，r_1 は導線の半径，a は一辺の長さ，b はもう一辺の長さである。それぞれの辺が導線であることを考えると，ループの正味のインダクタンスは次式に等しくなる。

$$L_{loop} = (L_{P11} - L_{P31}) + (L_{P22} - L_{P42}) + (L_{P33} - L_{P13}) + (L_{P44} - L_{P24}) \tag{E-18}$$

ただし，L_{PXX} は各部分導線の部分自己インダクタンス，L_{PYX} は導線間の部分相互インダクタンスである。

式(E-18)に，式(E-14)の部分自己インダクタンスと式(E-17)の部分相互インダクタンスを代入すると，矩形ループのインダクタンスが求められる。

$$L_{loop} = \frac{\mu}{\pi}\left[b\ln\frac{a}{r_1} + a\ln\frac{b}{r_1}\right] \tag{E-19}$$

式(E-19)は，式(E-10)で示したループインダクタンスと一致している。これらの式はいずれもループの角で生じている磁界のフリンジング効果を無視している。

Grover（1946）は矩形ループのインダクタンスのもっと正確な式として次式を示し

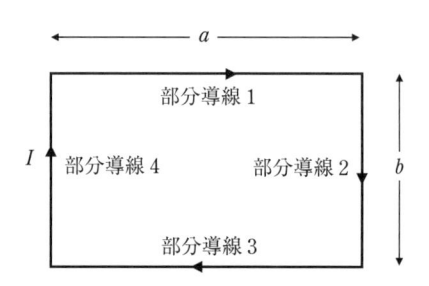

図 E-10　4本の部分導体による矩形ループ

ている。

$$L_{loop} = \frac{\mu}{\pi}\left[a\ln\frac{2a}{r_1} + b\ln\frac{2b}{r_1} + 2\sqrt{a^2+b^2} - a\sinh^{-1}\frac{a}{b}\right.$$
$$\left. - b\sinh^{-1}\frac{b}{a} - 2(a+b) + \frac{\mu}{4}(a+b)\right] \tag{E-20}$$

[例 E-1]　図 E-10 に示す矩形ループにおいて，$a = 1\,\text{m}$，$b = 0.5\,\text{m}$，$r_1 = 0.0001\,\text{m}$ とする。正味の部分インダクタンスの計算（式(E-19)）から，ループインダクタンスは $5.25\,\mu\text{H}$ となる。Grover の式（式(E-20)）からループインダクタンスは $4.97\,\mu\text{H}$ となる。これらの差はループの角のフリンジング効果によるものである。

ここで興味深いのは，式(E-18)に，部分自己インダクタンスとして式(E-12)の無限積分を部分相互インダクタンスとして式(E-15)の無限積分を代入し，次の定積分，

$$\int_{x_1}^{x_2}\frac{dx}{x} = \ln\frac{x_2}{x_1} \tag{E-21}$$

を使い，そして数学的な変形を繰り返していくと，式(E-18)は式(E-19)になる。これは，部分自己インダクタンスと部分相互インダクタンスの無限の項が相殺し，これらの項を計算しなくても済むようになるので，正しい結果となる。この導出は，後述する付録 E.3.5 項で出てくる，式(E-32)から式(E-33)を導出する処理に似ている。

E.3.4.2　半径が異なる2本の平行導線

図 E-11 に示すような，2本の近接した，半径の異なる導線について考える。導線の長さ l は導線どうしの間隔 D より十分長いとする。導線1の半径を r_1，導線2の半径を r_2 とする。

導線2の正味の部分インダクタンスは次式のようになる。

$$L_{NP2} = L_{22} - L_{12} \tag{E-22}$$

L_{22} に式(E-14)を，L_{12} に式(E-17)を代入すると導線2の正味の部分インダクタンスは次式のようになる。

$$L_{NP2} = \frac{\mu l}{2\pi}\left[\ln\frac{2l}{r_2} - \ln\frac{2l}{D}\right] \tag{E-23}$$

式(E-23)は重要な事実を表している。もし2本の導線に大きさが同じで逆方向の電流が流れていると，導線の正味の部分インダクタンスは減少する。なぜなら，式(E-23)の2項目にある部分相互インダクタンスが増加するためである。この方法は，イン

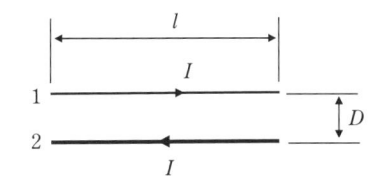

図 E-11　半径の異なる 2 本の平行導線

ダクタンスを減少させる実践的な方法である――**大きさが等しく逆方向の電流が流れる導線を互いに近づける**。

上記のことから次のことが明確にわかる。導線 2 がグラウンド線で，導線 1 が信号線路としたとき，**グラウンドインダクタンスはグラウンド線の特性だけでなく，グラウンドと信号線との距離が関係する**。信号線がグラウンドに近づくと，グラウンドインダクタンスは減少する。このことは，付録 E.4 節のグラウンドプレーンの測定で説明し，図 E-19 でその結果を紹介する。

E.3.5　伝送線路の例

部分インダクタンスの理論を，図 E-12 に示すような半径 r_1 で間隔 D の 2 本の同じ丸い導線からなる無限に長い伝送線路の，単位長当りのインダクタンスの計算に適用してみよう。無限に長い伝送線路を用いることにより，線路の端部に生じる影響は無視することができる。

伝送線路の正味の部分インダクタンスは次式のようになる。

$$L = (L_{P11} - L_{P21}) + (L_{P22} - L_{P12}) \tag{E-24a}$$

線路の対称性から $L_{P11} = L_{P22}$，$L_{P21} = L_{P12}$ なので，次式のようになる。

$$L = 2(L_{P11} - L_{P21}) \tag{E-24b}$$

L_{P11} に式 (E-14) を，L_{P21} に式 (E-17) を代入する。

$$L = \frac{\mu l}{\pi}\left[\ln\left(\frac{2l}{r_1}\right) - 1 - \ln\left(\frac{2l}{D}\right) + 1\right] \tag{E-25}$$

l で割って式を整理すると，2 本の導線による線路の**単位長当りのループインダクタンス**は次式のようになる。

$$L = \left(\frac{\mu}{\pi}\right)\ln\frac{D}{r_1} \tag{E-26}$$

ただし，$\mu = 4\pi \times 10^{-7}$ H/m である。

この解を確認するため，式 (E-26) を一般的な伝送線路方程式を使って得られる結果と比較してみる。5 章において伝送線路の単位長当りのインダクタンスは式 (5-20) となることを示した。

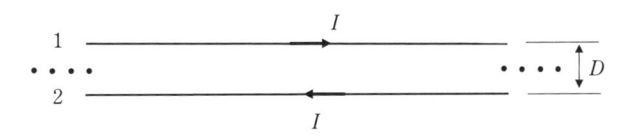

図 E-12　無限長の 2 線伝送線路

$$L = \frac{\sqrt{\varepsilon_r}}{c} Z_0 \tag{E-27}$$

ただし，c は光速，Z_0 は線路の特性インピーダンスである。

式(5-18b)より，2本の丸い導線でできた伝送線路の特性インピーダンスは次式のようになることがわかる。

$$Z_0 = \frac{120}{\sqrt{\varepsilon_r}} \ln\left[\frac{D}{r_1}\right] \tag{E-28}$$

式(E-28)を式(E-27)に代入すると，伝送線路のインダクタンスは次式のようになる。

$$L = \frac{120}{c} \ln\left(\frac{D}{r_1}\right) \tag{E-29}$$

光速は次式で与えられる。

$$c = \frac{1}{\sqrt{\mu\varepsilon}} = \frac{120\pi}{\mu} \tag{E-30}$$

式(E-30)を式(E-29)に代入すると，伝送線路のインダクタンスは次式のようになる。

$$L = \left(\frac{\mu}{\pi}\right) \ln \frac{D}{r_1} \tag{E-31}$$

これは，部分インダクタンスを使って導いた式(E-26)と等しい。

図 E-12 の伝送線路のインダクタンスは，式(E-24b)に，無限積分の式(E-12)と式(E-15)を，部分自己インダクタンスと部分相互インダクタンスにそれぞれ代入することによっても計算することができる。式は次のようになる。

$$L = \frac{\mu l}{\pi} \left[\int_{r_1}^{\infty} \frac{1}{r} dr - \int_{D}^{\infty} \frac{1}{r} dr \right] \tag{E-32}$$

式(E-21)の恒等式を用いて積分を計算し，l で割ると，単位長当りのインダクタンスは次式のようになる。

$$L = \frac{\mu}{\pi}\left[\ln\frac{\infty}{r_1} - \ln\frac{\infty}{D}\right] = \frac{\mu}{\pi}[\ln\infty - \ln r_1 - \ln\infty + \ln D]$$

$$= \left(\frac{\mu}{\pi}\right)\ln\frac{D}{r_1} \tag{E-33}$$

これは，式(E-26)の結果と等しい。

E.4　グラウンドプレーンのインダクタンスの測定試験配置

上記の部分インダクタンスの計算から，部分導線（PCB グラウンドプレーンやトレース）のインダクタンスや測定方法が自然と導かれる。導線に生じる電位差は，その導線の電流と周囲のすべての導線の電流の関数である。後者は導線間の相互インダクタンスによる影響である。

部分導線に沿ったインダクタンスによる電圧降下の大きさは，部分導線を流れる電流の変化の割合に比例する。これは式(10-1)で示されるが再掲する。

$$V = L \frac{di}{dt} \tag{E-34a}$$

または，$L = \phi/I$ より，

$$V = L\frac{d\phi}{dt} \tag{E-34b}$$

となる。式(E-34b)はファラデーの法則である。

注意すべきことは，抵抗の両端に生じる電位差は抵抗を流れる電流に比例するが，インダクタンスの電位差は，インダクタンスを流れる電流の変化の割合に比例することである。

式(E-34a)を導線電位差の計算に使うとき，式で用いるインダクタンス L は，どのような電圧が必要かによって変わってくる。ループ全体にわたる電圧を計算したい場合は，ループインダクタンス L_{loop} を使えばよい。そうではなく，ループの一部分の電圧降下を計算したい場合は，その部分導線の正味の部分インダクタンス L_{NP} を使うこと。同じ議論が，式(E-34a)でどの磁束 ϕ を適用すべきか考えるときに適用できる。

式(E-34a)を，ループの一部分の電位差 V_S を計算するように書き換える。

$$V_S = L_{NP}\frac{di}{dt} \tag{E-35}$$

ここで，L_{NP} は部分導線の正味の部分インダクタンスで，di/dt はその部分を流れる電流の変化の比率である。

Skilling（1951, pp. 102-103）は，この電位差が部分導線の両端に接続した測定器で計測できることを示した。用意された測定器のリード線は導線に垂直に接続され，導線から遠く離れるまで延ばされた。この測定方法は，測定する導線の電流の周囲にある磁界が測定器のリード線と電磁干渉を起こさないために必要である。

図 E-13 は，インダクタンスによる電圧降下を測定するために，電流が流れている部分導線に測定器を接続する，正しい方法と間違った方法を示している。図 E-13(A)では，測定器のリード線が，電流が流れている導線に平行に配線されている。この場合，電流が流れている導線で発生した磁界の結合によって，測定器のリード線に誤差電圧が生じてしまう。図 E-13(B)では，測定器のリード線が，電流が流れている導線に垂直に配線されている。この場合，リード線には誤差電圧が生じない。したがって，測定器のリード線は，電流が流れている導線に対し，遠く離れるまで（理想的には無限遠まで）垂直に配線すべきである。現実的には，測定器のリード線が，導線から適切な距離まで垂直に配線されれば，磁束密度は距離によって小さくなる（式(E-2)）ので，影響は無視できる。

ほかのいい方をすると，リード線は，図 E-6 に示す部分自己インダクタンスを構成する表面領域と交差してはならない。もしリード線が表面領域の外周に沿って配線されれば，ベクトル磁界ポテンシャルの積分への影響は，図 E-7 と式(E-13b)に示すように測定する導線に沿った部分だけになる。

式(E-35)を正味の部分インダクタンスについて解くと次式のようになる。

$$L_{NP} = \frac{V_S}{di/dt} \tag{E-36}$$

式(E-36)から，トレースやプレーンの一部の電位差 V_S が測定できれば，その部分の正味の部分インダクタンスは，測定電圧をその部分を流れる電流の変化の割合で割ることによって求められるということがわかる。電流の変化の割合は，信号トレースの終端に

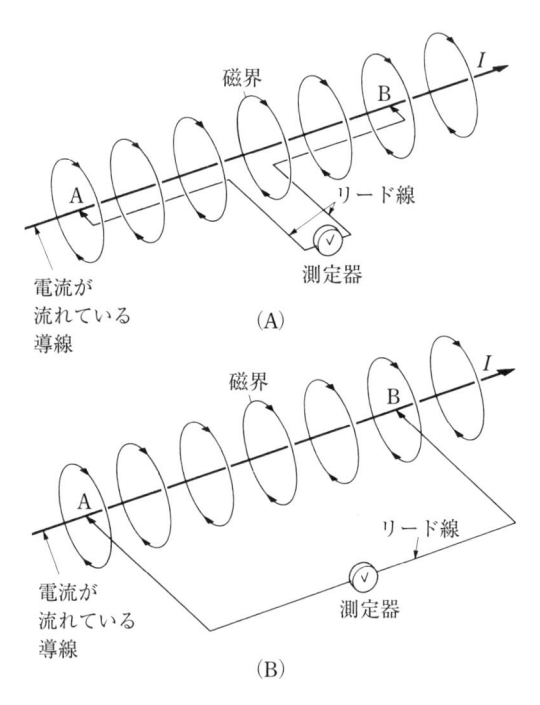

図 E-13 電流が流れる導線の一部の A, B 間の電圧降下を測定する試験配置。(A)電流が流れている導線に平行なリード線は，導線の磁界による誤差電圧を検出してしまう。(B)電流が流れている導線に垂直なリード線は誤差電圧を検出しない。

ある終端抵抗の電圧を測定することにより得られる。

グラウンドプレーンのノイズ電圧を測定するとき，(1) 測定器の周波数帯域，(2) 測定器の高周波における同相信号除去比（Common-mode Rejection Ratio：CMRR），(3) 測定器から被測定回路への配線に注意する必要がある。

グラウンドプレーンの電圧を測定するとき，広帯域のオシロスコープと測定周波数において最低 100：1 の高周波 CMRR を持つ広帯域の差動プローブを使わなければならない。広帯域の測定器はノイズの高周波成分の測定に欠かせない。

高 CMRR の差動プローブは，電流が流れる導線に生じる電圧降下の測定に用いる。なぜなら，オシロスコープのグラウンドは，プローブの先端と違う電位となるからである。

10.6.2.1 で述べたグラウンドインダクタンスの測定は，図 18-1 に示したように，500 MHz の周波数帯域を持つデジタルオシロスコープと同軸ケーブルで自作した 10：1 の差動プローブであった。図 10-17 に示すように，測定は 76.2×203.2 mm（3×8 in）の両面プリント回路板（PCB）で，基板表面に 1 本の信号線を用意し，裏面はすべてグラウンドプレーンとした。トレース長は 152.4 mm（6 in），トレース幅は 1.27 mm（0.050 in）で，100 Ω で終端した。グラウンドプレーンからトレースまでの距離を変えるために，いろいろな厚さの基板を用いた。試験したプリント回路板の断面構造を図 E-14 に示す。

グラウンドプレーンの電圧降下を測定する点は，トレースの下のグラウンドプレーンに沿って 25.4 mm（1 in）おきにとった。**表皮効果のため，トレースのリターン電流はグラウンドプレーンのトレース側にだけ流れる**。そのため，図 E-15 に示すように，グ

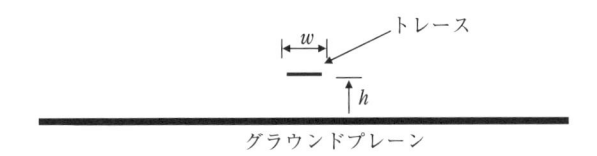

図 E-14　グラウンドプレーンのインダクタンスを測定するために使ったプリント回路板の断面構造

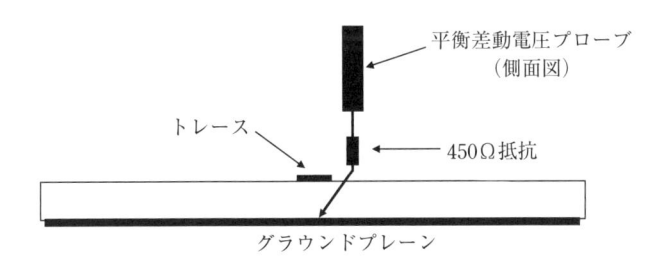

図 E-15　グラウンド電圧測定をしている平衡形差動プローブの側面図

ラウンドプレーン電圧はプリント回路板のトレース側から測定しなければならず，測定は非常にたいへんだった．図 E-16 のように，平衡差動プローブのリード線を 25.4 mm（1 in）間隔とし，PCB に対し 50.8 mm（2 in）まで垂直に配線した．

　グラウンドプレーンの部分自己インダクタンスを計算するため，振幅 3 V，立上り時間（10～90 %）が 3 ns の矩形波でトレースを駆動し，時間領域の測定を行った．周波数領域の測定は，トレースの駆動を矩形波ではなく正弦波とし，後は同様の方法で行った．

　図 E-17 は，時間領域と周波数領域の測定の構成の全体図を示している．時間領域の測定では，信号源として自作の 74HC240 による発振器を使った．

　180° 結合器（帯域 500 MHz，挿入損失 4 dB）の出力から，2 本の差動入力信号の差と等しい単一出力が得られる．グラウンドプレーンの電圧降下は通常とても小さく，平

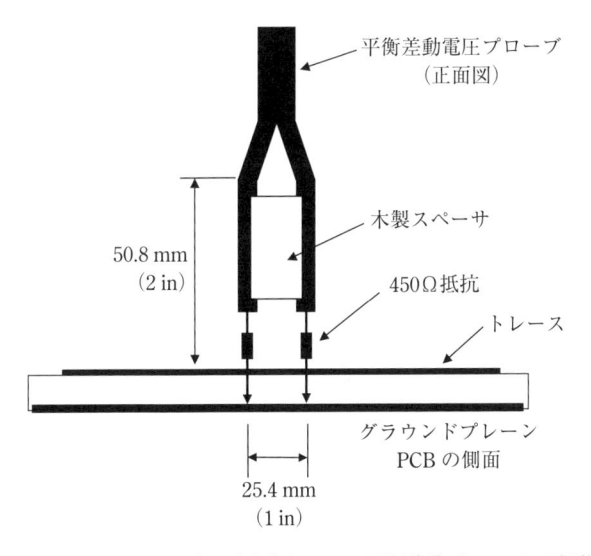

図 E-16　グラウンド電圧測定をしている平衡差動プローブの正面図

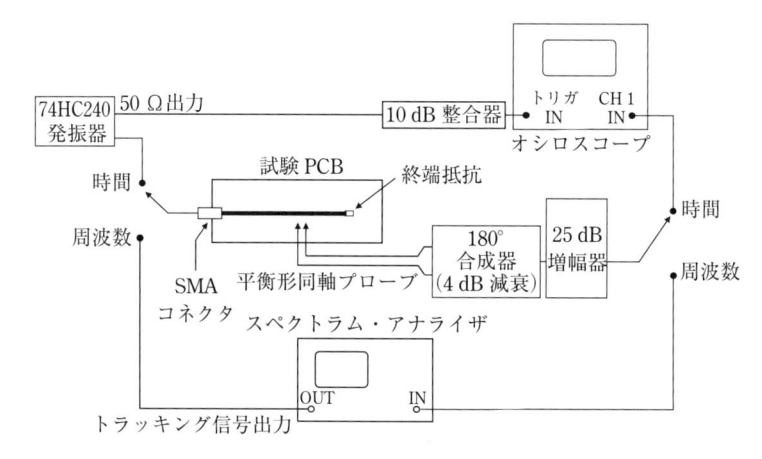

図 E-17　時間領域と周波数領域の両方でグラウンドプレーン電圧を測定する装置の配置

衡の差動プローブは 20 dB（10：1）の損失を持つので，25 dB の高周波増幅器（帯域 1.3 GHz）を，結合器とスペクトラム・アナライザまたはオシロスコープの間に入れた。プローブの損失と結合器の損失，増幅器の利得を合わせると，測定系全体で +1 dB の利得がある。

図 E-18 に，代表的なグラウンドノイズ電圧の波形を示す。グラウンドノイズのパルスは，矩形波信号が変化するタイミングで生じている。ローからハイへ変化するとき，正のグラウンドノイズ電圧パルスが生じ，ハイからローに変化するとき，負のグラウンドノイズ電圧パルスが生じる。

グラウンドプレーンの正味の部分インダクタンスの測定結果を図 10-19 に示す。

複雑ではあるが，Holloway と Kuester（1998）は，グラウンドプレーンの正味の部分インダクタンスを計算した。しかし，彼らの結果は閉形式の方程式として表されておらず，数値計算によってのみ求められる複雑な積分方程式の形である。

図 10-20 を図 E-19 に（高さ 7 mil のデータを除く）再掲し，ここで述べた 10 章における正味の部分インダクタンスの測定結果と，Holloway と Kuester による理論計算値を比較する。構成は（図 E-14 を参照），トレース幅 1.27 mm（50 mil），トレースの高さ 0.4 mm, 0.81 mm, 1.52 mm（16, 32, 60 mil）である。図 E-19 に示すように，ト

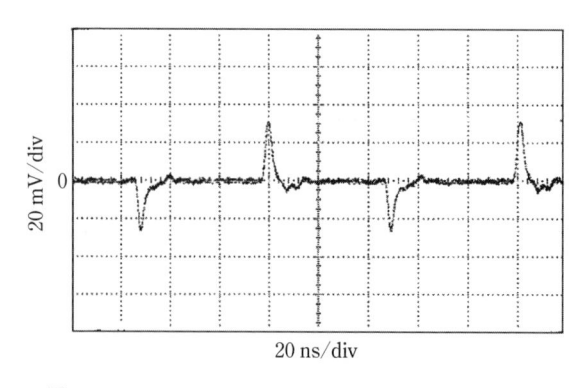

図 E-18　グラウンドプレーンのノイズ電圧の測定波形

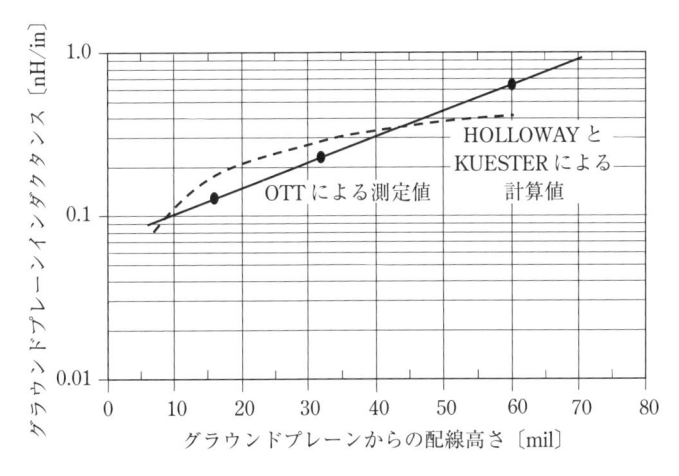

図 E-19 グラウンドプレーンインダクタンスの配線高さ依存性の測定値と理論値。これは 7 mil のデータを除き図 10-20 と同じもの。この点についての問題は 10.6.2.3 で議論している。

レースの高さが 0.4～1.52 mm の間では結果は比較的よく一致している。

E.5 インダクタンスの表記について

部分インダクタンスは，たとえば L_P のように，インダクタンスに添え字 P を付けて表すことが多い。ループインダクタンスは，部分インダクタンスと区別するために，添え字を付けないか，添え字に l やたとえば L_{loop} のように添え字に loop をつける。通常，使おうとするインダクタンスの種類は，インダクタンスの用語から明らかである。たとえば，電流経路全体のインダクタンスを考えるのならば，それはループインダクタンスを意味している。しかし，グラウンドインダクタンスのように，ループの一部分だけのインダクタンスを考えているのであれば，それは部分インダクタンスを意味している。したがって，本書では（本章を除いて）ループインダクタンスと部分インダクタンスを区別するための添え字は使っていない。用語の使用は区別をはっきりさせることが必要である。

要約

本付録では，ループの一部に起因する特別なインダクタンスについて説明した。部分自己インダクタンスと部分相互インダクタンスの二つがあり，個々の部分導線に対して計算することができる。この手法は，非常に強力でとても役に立つ。これによって，グラウンドノイズ電圧や電源配線の電圧降下などの推定を可能にする。

この方法の有効性を四角いループや直径が異なる平行 2 線の導線，無限長の伝送線路といったいくつかの導線の形状について，部分インダクタンス計算法を用いてインダクタンスを計算し，よく知られている別の方法で計算した結果と比較することによって示した。すべての場合について，結果はよく一致した。

部分インダクタンスを使うべき現実的な例として，大きなグラウンドプレーンのそば

に細いトレースを持つPCBがある。この場合，ループを構成するそれぞれの導線（信号トレースとグラウンドプレーン）のインダクタンスは，部分インダクタンスの理論なしに見積ることはできない。10章で示したように，（トレース対プレーン）二つの部分インダクタンスの大きさは約2桁も離れている。

また，ループインダクタンスは，ループを通過する磁束を見積ることにより計算でき，またループの一部の部分自己インダクタンスと部分相互インダクタンスのすべてを足し合わせることでも計算できることを示した。

覚えておいてほしいそのほかの重要なポイントとしては，ループインダクタンスは部分インダクタンスの情報から計算できるが，ループインダクタンスの情報から部分インダクタンスは導けないということである。

最後に，部分インダクタンスと部分インダクタンスによる電圧降下の測定を紹介し，適切な測定方法や測定されたグラウンドプレーンの部分インダクタンスが，HollowayとKuesterによる理論計算の結果とよく一致していることを示した。

参考文献

- Grover, F. W. *Inductance Calculations*. New York, NY, Dover, 1946, Reprinted in 1973 by the Instrument Society of America, Research Triangle Park, NC.
- Holloway, C. L. and Kuester E. F. "Net Partial Inductance of a Microstrip Ground Plane" *IEEE Transactions on Electromagnetic Compatibility*, February 1998.
- Ruehli, A. "Inductance Calculations in a Complex Integrated Circuit Environment," *IBM Journal of Research and Development*, September 1972.
- Skilling, H. H. *Electric Transmission Lines*. New York, McGraw-Hill, 1951.
- Weber, E. *Electromagnetic Theory*. Mineola, NY, Dover, 1965.

参考図書

- Hoer, C. and Love, C. "Exact Inductance Equations for Reactangular Conductors with Applications to More Complicated Geometries.", *Journal of Resarch of the National Bureau of Standards-C, Engr. Instrum.*, April-June, 1965.
- Paul, C. R. "What Do We Mean by 'Inductance'? Pard I: Loop Inductance." *IEEE EMC Society Newsletter*, Fall 2007.
- Paul, C. R. "What Do We Mean by 'Inductance'? Pard II: Partial Inductance." *IEEE EMC Society Newsletter*, Winter 2008.

付録 F

問題の解答

注意：これらの問題のいくつかは，正解は一つだけではない。したがって，ここに記述してある解答以外の解も正しい場合がある。

1章

問題 1.1 ノイズは，希望する信号以外の，回路にある信号の一部である。妨害はノイズによる望まない効果である。

問題 1.2　a. 当てはまる。
　　　　　　b. 消費電力が 6 nW 以下の規制除外製品なので必要がない。

問題 1.3　a. 試験装置は規制除外製品なので必要がない。
　　　　　　b. 技術基準適合が免除される装置でも，非妨害要求を満たす必要がある。

問題 1.4　a. 製造業者または輸入業者
　　　　　　b. ユーザ

問題 1.5　a. FCC　　b. EU　　c. FCC　　d. EU

問題 1.6　a. 216〜230 MHz　　b. 5.5 dB

問題 1.7　a. 150 kHz〜30 MHz　　b. 30 MHz〜40 GHz

問題 1.8　a. 装置は，そこから発生する電磁ノイズが，無線機器や通信機器そのほかの装置が意図したとおりに動作するのを妨害しないように，構成しなければならない。また，その装置は，外部で発生した電磁妨害に対して固有の耐性を持つよう構成しなければならない。
　　　　　　b. EMC 指令，2004/108/EC（当初の指令 89/336/EEC に代わるもの）

問題 1.9　その国の公式文書（官報）に記述されることによる。

問題 1.10　EU はイミュニティ要件を持つが，FCC はイミュニティ要件を持たない。

問題 1.11 電源高調波とフリッカ

問題 1.12 住宅地/商業地/軽工業地環境における共通規格。特に EN 61000-6-3 による放射規格と EN 61000-6-1 によるイミュニティ規格。

問題 1.13 いいえ。製品は EMC 指令に準拠しなければならないのであり，規格に準拠する必要はない。EU では規格は法的文書ではなく，指令がそれに当たる。

問題 1.14 1. 適合宣言
2. 技術構成ファイル

問題 1.15 FCC Part 15 B：法律
MIL-STD-461E：契約
2004/108/EC, EMC 指令：法律
航空機の RTCA/DO-160E：：契約
電話網装置の GR-1089：契約
電話端末装置の TIA-968：法律。なぜなら，FCC Part 68 がその準拠を要求するからである。
自動車の SAE J551：契約

問題 1.16 アメリカ合衆国：米国官報（Federal Register）
カナダ：カナダ官報（Canada Gazette）
欧州連合：EU 公報（Official Journal）

問題 1.17 いいえ。FCC ではなくアメリカ食品医薬品局 FDA が医療装置を規制している。

問題 1.18 1. ノイズ源
2. 結合経路
3. 被害機器

問題 1.19 周波数（F：Frequency），振幅（A：Amplitude），時間（T：Time）

問題 1.20 a. マグネシウム
b. ニッケル（不活性）

問題 1.21 亜鉛

2章

問題 2.1　a. 2.5 V　　b. 314 mV　　c. 15.7 mV

問題 2.2　a. 187 mV　　b. 12.6 mV　　c. 628 μV

問題 2.3　ノイズ結合の等価回路を図に示す。問題を単純化するための妥当な仮定は，$2C_{1G} \gg C_{12}$ である。

a. V_{N2}/V_{N1} の漸近的なグラフは，図の一番上の曲線である。

b. 容量 C が追加されたら C_{1G} が増加し，それによって結合の最大値は減少するが，曲線の変化点は一定である。このことは，図の真ん中の曲線からわかる。

c. ケーブル1のシールドは C_{12} を C''_{12} へ減少させる。これは結合の最大値をさらに減少させ，曲線の変化周波数を高くする。これは図の一番下の曲線からわかる。シールドの2番目の効果は，容量 C_{1G} を増加させ結合をさらに減少させることである。

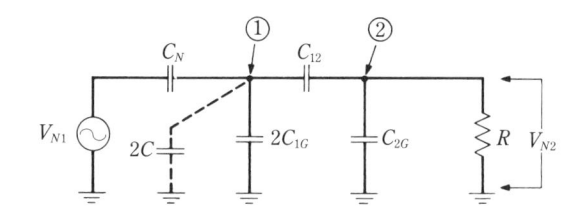

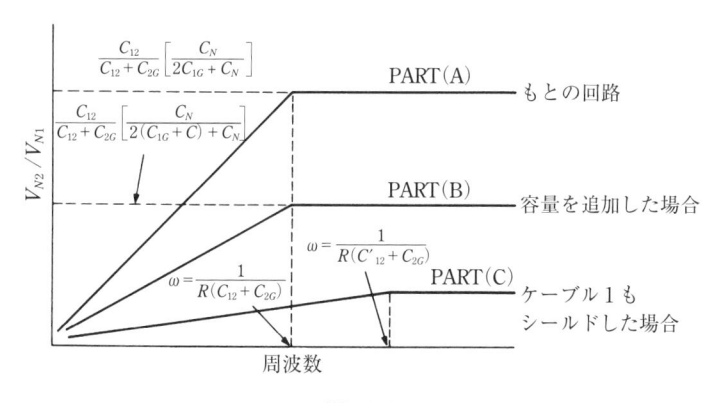

図 P2-3

問題 2.4　377 μV

問題 2.5　検知される磁界は，入力配線が交差する両側で逆の極性を持つ。そのため，ノイズ電圧は打ち消される。

問題 2.6　$M = \dfrac{\mu}{2\pi} \ln\left(\dfrac{b^2}{b^2 - a^2}\right)$

付録F 問題の解答

問題 2.7 a. 57.4 nH/m, 12.9 nH/m, 5.62 nH/m   b. 36 mV/m

問題 2.8 相互インダクタンスは，磁束を発生させる回路の自己インダクタンスと等しいか，それ以下である。

問題 2.9 a. $1/r$ b. $1/r^2$

問題 2.10 図 2-9(A) と 2-9(B) に示す等価回路を合成することで解答を得られる。
a. 一方の抵抗の両端電圧は 25 mV となり，他方の抵抗の電圧は 0 V となる。
b. 一方の終端抵抗で二つのノイズ電流が加算され，他方の終端抵抗では打ち消される。
c. 端子電圧が 25 mV であった終端抵抗は 0 V となり，0 V であった終端抵抗の端子電圧は 25 mV となる。

問題 2.11 式(2-2)から，容量的（電界的）な誘導は終端抵抗 R の関数となる。ツイストペア線の 2 本の導線が異なる終端抵抗で終端されたら，それらの線にはそれぞれ違う電圧が誘導され，線間に正味のノイズ電圧が発生する。二つの終端抵抗が等しければ，それらは同じ電圧を拾い，線間のノイズ電圧はゼロとなる。

問題 2.12 a. シールドの外は 100%，シールドの中は 0%
b. シールドの外は 0%，シールドの外は 100%

3章

問題 3.1 安全グラウンド（保安グラウンド）

問題 3.2 間違い。電源の接地は，コモンモードノイズに対してのみ影響を持つ。

問題 3.3 グラウンドプレーンかグラウンド格子（ZSRP）を使う。

問題 3.4 a. 電流 I_g b. インピーダンス Z_g

問題 3.5 a. 10～15 Ω   b. 25 Ω

問題 3.6 $V_B = (I_1 + I_2 + I_3)Z_1 + (I_2 + I_3)Z_2$

問題 3.7 筐体とグラウンドとの間のインダクタンスを減らすため。

問題 3.8 105 nH

問題 3.9　29 MHz。並列に 4 本の接地線があるので，それぞれの接地線のインダクタンスは 1/4 とすることを忘れないように。

問題 3.10　入出力 (I/O) 接続信号とケーブルの取り扱いが問題。

問題 3.11　複数の端末を持つ中央集中システムでは，端末部は局所的に接地されず，電源を中央集中システムから受け取るが，分散システムでは，端末部は局所的に電源とグラウンドを持つ。

問題 3.12　1. ループをつくらない。
　　　　　2. ループを許容する。
　　　　　3. ループを断ち切る。

問題 3.13　1. 絶縁トランス
　　　　　2. 光カプラ
　　　　　3. コモンモードチョーク

問題 3.14　それは NEC の要求に違反し，かつ安全でない。

問題 3.15　a. 90.4 Hz 以上　　b. 60 Hz で 10.8 dB，180 Hz で 20 dB，300 Hz で 24 dB

4 章

問題 4.1　図 4-4 と図 4-5 から，次のように書ける。
$$V_{dm} = \left[\frac{R_L}{R_L+R_S} - \frac{R_L}{R_L+R_S+\Delta R_S}\right]V_{cm} = \left[\frac{R_L \Delta R_S}{(R_L+R_S+\Delta R_S)(R_L+R_S)}\right]V_{cm}$$
式 (4-5) から
$$CMRR = 20\log\left(\frac{V_{cm}}{V_{dm}}\right) = 20\log\left[\frac{(R_L+R_S+\Delta R_S)(R_L+R_S)}{R_L \Delta R_S}\right]$$

問題 4.2　300 μV

問題 4.3　a. 60 dB　　b. 89.5 dB　　c. 106 dB

問題 4.4　6 dB

問題 4.5　可能な限り大きくする。

問題 4.6　a. 9.4 kΩ　　b. 57.5 倍または 35 dB　　c. 137.4 kΩ　　d. 1.15 倍または 1.2 dB
　　　　　e. 34 dB

問題 4.7 a. 21 倍または 26 dB　　b. 60 dB

問題 4.8 計装用増幅器は CMRR が 34 dB で，差動増幅器より大きい。

問題 4.9 信号源インピーダンスが小さく，負荷インピーダンスが大きいとき。またはその逆のとき。

問題 4.10 a. 信号源と負荷インピーダンスの合計より大きくする。
b. 信号源と負荷インピーダンスの並列インピーダンスより小さくする。

問題 4.11 1. 信号源インピーダンスが通常わからない。
2. 負荷インピーダンスが通常わからない。
3. フィルタは差動モード信号に影響を与えてはいけない。

問題 4.12 筐体やシャーシ，グラウンドへ。

問題 4.13 適切なレイアウトによる。

問題 4.14 電源分配システムの特性インピーダンス Z_0。

問題 4.15 a. 34.5 mV　　b. 1.26 Ω　　c. 630 mV

5 章

問題 5.1 a. 誘電体材料
b. 周波数

問題 5.2 a. アルミコンデンサ，タンタル電解コンデンサ
b. 紙コンデンサ，フィルムコンデンサ
c. マイカコンデンサ，セラミックコンデンサ

問題 5.3 a. セラミックコンデンサ
b. マイカコンデンサ
c. 多層セラミックコンデンサ

問題 5.4 インダクタンスは直径の対数に反比例する。

問題 5.5 0.2 MHz において $R_{ac}/R_{dc} = 1.33$　　0.5 MHz において $R_{ac}/R_{dc} = 1.96$
1.0 MHz において $R_{ac}/R_{dc} = 2.66$　　2.0 MHz において $R_{ac}/R_{dc} = 3.65$
5.0 MHz において $R_{ac}/R_{dc} = 5.63$　　10 MHz において $R_{ac}/R_{dc} = 7.85$

50 MHz において $R_{ac}/R_{dc} = 17.23$

問題 5.6 a. $0.172\,\mathrm{m\Omega/m}$ b. $16.57\,\mathrm{m\Omega/m}$

問題 5.7 a. 式 (5-6) から,$R = \rho/A$,$\rho = 1.724\times10^{-8}\,\Omega\cdot\mathrm{m}$。
$d \gg \delta$ の場合,$A = \pi d\delta$。
銅の場合,δ は式 (5-12) で与えられる。
$R_{ac} = \rho/A$。上記を ρ と A に代入すると式 (5-9b) が得られる。
b. $d\sqrt{f} \geq 0.66$。ただし,d の単位は [m]。

問題 5.8 誘導性リアクタンスは周波数に直接比例する。そして,交流抵抗は周波数の平方根に比例する。

問題 5.9 a. $\delta = \dfrac{wt}{2(w+t)}$ b. $\delta = \dfrac{t}{2}$
c. 遮断周波数は,導線の厚みが表皮深さの 2 倍となる周波数で生じ,高周波電流は導線の断面全体を流れる。このとき,交流抵抗と直流抵抗は等しくなると考えられる。
d. 傾きは $\sqrt{f}$ に比例する。言い換えると,10 dB/dec となる。

問題 5.10 問 a, b, c の答えは次の表のようになる。

導線	断面積	R_{dc}	10 MHz の R_{ac}	L
円形	$0.323\,\mathrm{cm}^2$	$5.35\,\mu\Omega/\mathrm{cm}$	$0.409\,\mathrm{m\Omega/cm}$	$5.51\,\mathrm{nH/cm}$
	$0.05\,\mathrm{in}^2$	$13.6\,\mu\Omega/\mathrm{in}$	$1.04\,\mathrm{m\Omega/in}$	$14\,\mathrm{nH/in}$
矩形	$0.323\,\mathrm{cm}^2$	$5.35\,\mu\Omega/\mathrm{cm}$	$0.272\,\mathrm{m\Omega/cm}$	$4.96\,\mathrm{nH/cm}$
	$0.05\,\mathrm{in}^2$	$13.6\,\mu\Omega/\mathrm{in}$	$0.690\,\mathrm{m\Omega/in}$	$12.6\,\mathrm{nH/in}$

d. 両導線は同じ断面積を持ち,同じ直流抵抗となる。しかし,矩形導線は丸導線より交流抵抗が 34 % 小さく,インダクタンスは 10 % 小さい。

問題 5.11 $X_L = 3.42\,\Omega/\mathrm{cm} = 8.69\,\Omega/\mathrm{in}$ $R_{ac} = 0.0547\,\Omega/\mathrm{cm} = 0.139\,\Omega/\mathrm{in}$

問題 5.12 次のいずれか二つ。
1. 導線が一つだけである。
2. 直流を通さない。
3. TEM モードの伝送を使わない。

問題 5.13 6 ns

問題 5.14 $314\,\mathrm{nH/m} = 96\,\mathrm{nH/ft}$

問題 5.15 $50\,\Omega$

問題 5.16 誘電率

問題 5.17 $L = 236\,\text{nH/m} = 6\,\text{nH/in}$　　$C = 94.5\,\text{pF/m} = 2.4\,\text{pF/in}$

問題 5.18 b. $50\,\Omega$　　c. $1.24\,\text{rad}$ あるいは $71°$

問題 5.19 比誘電率が 4.5 の場合（表 4-3）
$\alpha_{ohmic} = 3.31\,\text{dB/m} = 0.084\,\text{dB/in}$。基準平面の抵抗を無視する。
$\alpha_{dielectric} = 11.5\,\text{dB/m} = 0.293\,\text{dB/in}$
合計の減衰定数 $= 14.8\,\text{dB/m} = 0.377\,\text{dB/in}$

問題 5.20
1. 長い円筒形コアを使う。
2. コアへの巻き数を複数回にする。

6 章

問題 6.1　銀 $|Z_S| = 3.6 \times 10^{-5}\,\Omega$
黄銅 $|Z_S| = 7.2 \times 10^{-5}\,\Omega$
ステンレス鋼 $|Z_S| = 5.8 \times 10^{-3}\,\Omega$

問題 6.2

周波数〔kHz〕	表皮深さ	減衰量〔dB〕
0.1	2.01 mm（0.51 in）	1.1
1.0	0.630 mm（0.16 in）	3.3
10	0.197 mm（0.05 in）	10.6
100	0.0787 mm（0.02 in）	33.4

問題 6.3　非鉄材料はシールド厚さとして 4.7 mm（1.2 in）以上を必要とするため，現実的でない。しかし，鉄を使えばシールド厚みは 0.47 mm（0.12 in）となり，より現実的となる。ミューメタルのような高透磁率の材料では，シールド厚みがわずか 0.2 mm（0.05 in）となり，これが最適な解となるだろう。

問題 6.4　a. 138 dB　　b. 138 dB

問題 6.5　24 dB

問題 6.6　133 dB

問題 6.7　218 dB

問題 6.8　313 MHz 以上

問題 6.9

厚み	減衰量〔dB〕
0.0787 mm（0.020 in）	2.11
0.157 mm（0.040 in）	4.22
0.236 mm（0.060 in）	6.34

問題 6.10 1.5 cm（0.6 in）

問題 6.11 35 dB

問題 6.12 161 dB

問題 6.13 2.54 cm（1 in）

問題 6.14 1. 導電性の表面処理
2. 十分な圧力

問題 6.15 92 dB

問題 6.16 348 MHz

問題 6.17 183 MHz

7章

問題 7.1 アーク放電。なぜなら，要求される電圧は，グロー放電に必要な電圧よりずっと低いためである。

問題 7.2 43〜400 Ω の抵抗に 0.075 μF 以上のコンデンサを直列に接続したものを，負荷または接点の両側に接続する。（$R = 270Ω$，$C = 0.1 μF$ がよいと思われる）

問題 7.3 およその波形を次の図に示す。

a. 負荷電圧

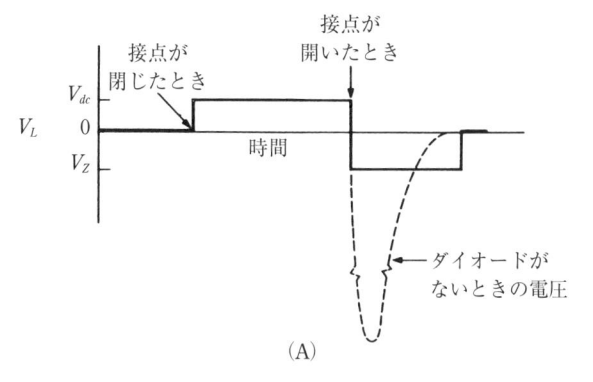

(A)

b. 負荷電流

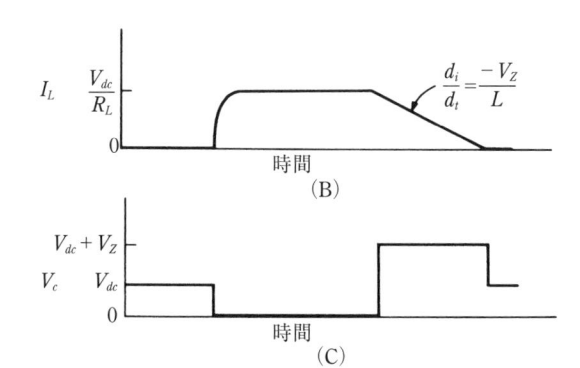

c. 接点電圧

問題 7.4 a. R の値が $60\sim240\,\Omega$,$C\geq0.1\,\mu\mathrm{F}$。($R=100\,\Omega$,$C=0.22\,\mu\mathrm{F}$ がよいと思われる)
b. $C\geq0.35\,\mu\mathrm{F}$

問題 7.5 $C\geq0.1\,\mu\mathrm{F}$　　$R\geq600\,\Omega$
定格電圧 $>24\,\mathrm{V}$,定格電流 $>100\,\mathrm{mA}$ のダイオード

8章

問題 8.1 $283\,\mathrm{nV}$

問題 8.2 a. $0.91\,\mu\mathrm{V}$　　b. $1.01\,\mu\mathrm{V}$

問題 8.3 $8.33\,\mathrm{nV}/\sqrt{\mathrm{Hz}}$

問題 8.4 a. $179\,\mu\mathrm{V}$　　b. $179\,\mu\mathrm{V}$

問題 8.5 $10\,\mathrm{nV}/\sqrt{\mathrm{Hz}}$

問題 8.6 $400\,\mathrm{pA}$

問題 8.7 $4\,\mathrm{kHz}$

問題 8.8 $56.6\,\mathrm{pA}/\sqrt{B}$

問題 8.9 a. $4\,\mu\mathrm{V}$　　b. $2\,\mu\mathrm{V}$

問題 8.10 $39\,\mu\mathrm{V}$

9章

問題 9.1

N_o：素子からの出力ノイズ電力　　S_i：素子への入力信号電力
N_i：素子への入力ノイズ電力　　S_o：素子の出力信号電力
G：素子の電力増幅率

とする。

式(9-1)から，

$$F = \frac{N_o}{GN_i}$$

分子分母に S_i を掛ける。

$$F = \frac{N_o S_i}{GS_i N_i} = \frac{N_o S_i}{S_o N_i} = \frac{S_i/N_i}{S_o/N_o}$$

問題 9.2　a. バイポーラ：$V_{nd} = 38\,\mathrm{nV}/\sqrt{\mathrm{Hz}}$　　b. FET：$V_{nd} = 70\,\mathrm{nV}/\sqrt{\mathrm{Hz}}$

したがって，バイポーラトランジスタが最小の等価入力素子ノイズを生じる。

問題 9.3　$S_o/N_o = 14.9\,\mathrm{dB}$

問題 9.4　a. $NF = 5.4\,\mathrm{dB}$　　b. $R_S = 300\,\mathrm{k}\Omega$　　$NF = 4.0\,\mathrm{dB}$

問題 9.5　a. 巻き数比 $= 100$　　b. $NF = 0.5\,\mathrm{dB}$　　c. $NF = 27.9\,\mathrm{dB}$　　d. $SNI = 556$

問題 9.6　a. $5\,\mu\mathrm{V}$

b. FM固有のノイズ耐性により，低いS/Nでも動作が可能である。また，$75\,\Omega$ の伝送線路は，$300\,\Omega$ のものより熱雑音が小さい。さらに帯域が狭いので，システムへノイズが入りにくい。

問題 9.7　$NF = 3\,\mathrm{dB}$

問題 9.8　a. $F = 1.11$, $R_S = 26\,500\,\Omega$　　b. $F = 1.25$, $R_S = 572\,\Omega$

問題 9.9　$NF = 6\,\mathrm{dB}$

問題 9.10　合計入力ノイズ電圧 V_{nt} は式(9-30)で与えられる。

入力熱ノイズ電圧 V_t は式(9-4)で与えられる。

ノイズ電力出力（合計または熱）は，得られたノイズ電圧の2乗に，デバイスの電力利得 G をかけ，信号源抵抗 R_S で割る。

$F = $ 合計ノイズ電力出力/熱ノイズに依存したノイズ電力出力

したがって，
$$F = \frac{(V_{nt})^2}{(V_t)^2} = \frac{4kTBR_S + (V_n)^2 + (I_nR_S)^2}{4kTBR_S} = 1 + \frac{1}{4kTB}\left[\frac{V_n^2}{R_S} + I_n^2 R_S\right]$$

問題 9.11 合計出力ノイズ電力は $N_o = \frac{V_{nt}^2}{R_S}(G)$，ここで V_{nt} は式(9-30)で与えられ，G はデバイスの電力利得。

合計出力信号電力は $S_o = \frac{V_S^2}{R_S}(G)$ で与えられる。

したがって，
$$\frac{S_o}{N_o} = \frac{V_S^2 G R_S}{R_S[4kTBR_S + V_n^2 + (I_nR_S)^2]G} = \frac{(V_S)^2}{(V_n)^2 + (I_nR_S)^2 + 4kTBR_S}$$

10章

問題 10.1 グラウンド格子（グリッド）。平面（プレーン）は正しい答えではない。平面は特性はよいが，"基本的"な構造ではない。

問題 10.2 a. 直流や低周波では抵抗
b. 高周波ではインダクタンス

問題 10.3 a. 70％　b. 94％

問題 10.4 a. 高さの2乗に比例する。
b. 配線間の間隔の2乗に反比例する。

問題 10.5 a. 75％　b. 25％

問題 10.6 表皮効果のため，配線の信号によるリターン電流は平面の上部にのみ存在することになる。グラウンド平面の上部の電圧はグラウンド平面の下部の電圧と異なる。

問題 10.7 a. $11.8\,\Omega/\text{m} = 300\,\text{m}\Omega/\text{in}$　b. $0.00945\,\text{mm} = 0.0024\,\text{in}$

問題 10.8 1. デカップリングコンデンサ
2. 配線と負荷の寄生容量

問題 10.9 1. 二つの信号電流ループがある。一つは時計回り（CW）の電流，もう一つは反時計回り（CCW）の電流で，二つのループからの放射は互いに打ち消し合うように働く。
2. 二つの基準平面が放射の原因となる電磁界をシールドするため。

問題 10.10 1. 次図を参照

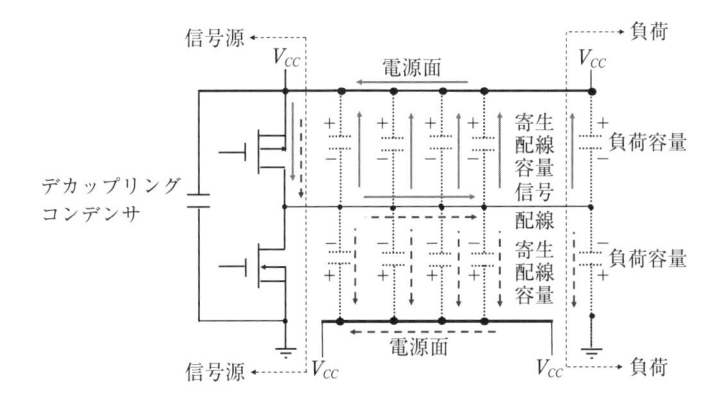

信号源 ← … V_{CC}　電源面　 V_{CC} … → 負荷

デカップリング
コンデンサ

寄生配線容量信号
負荷容量
配線
寄生配線容量
負荷容量

信号源 ← … V_{CC}　電源面　 V_{CC} … → 負荷

2. 配線の寄生容量
3. デカップリングコンデンサ

11章

問題 11.1　132 mA

問題 11.2　1. デカップリングコンデンサのループからの放射。
2. デカップリング電流がグラウンド電圧降下を引き起こす。それがシステムに接続されているケーブルを励振し，コモンモード放射を引き起こす。
3. 電源配線ノイズが同じ電源配線に接続されているほかの IC などに結合し，内部で I/O 信号や電源のケーブルに結合し，そして放射する。

問題 11.3　1. コンデンサ自体のインダクタンス
2. 配線とビア
3. IC のリードフレーム

問題 11.4　1. 使用しているコンデンサの数
2. それぞれのコンデンサに直列のインダクタンス

問題 11.5　使用しているすべてのコンデンサの合計容量

問題 11.6　1. 考慮すべき最も低い周波数において，リアクタンスが低周波ターゲットインピーダンスと等しいか低くなるくらい，容量が十分に大きくなくてはならない。
2. 合計容量は，IC が要求する合計過渡電流（式(11-12)）を供給できるくらい，十分大きくなくてはならない。

問題 11.7　二つ。なぜなら，それはデカップリングコンデンサからの，コモンモードと差動モードの両方の放射を劇的に低減するからである。

問題 11.8 1. 同じ値のコンデンサを使う。
2. IC 周辺に配置する。

問題 11.9 1. 合計容量が使用しているコンデンサの数に比例して増加する。
2. 合計インダクタンスは，使用しているコンデンサの数に反比例して減少する。
3. 並列共振，すなわち反共振がない。

問題 11.10 1. 容量はコンデンサの数に比例して増加するのではなく，それぞれの容量を足し合わせたものである。
2. 並列共振，すなわち反共振は存在する。

問題 11.11 二つのコンデンサ回路の間の並列共振（反共振）によって，インピーダンスの急激な上昇が生じる。

問題 11.12 a. 34 個   b. 0.05 μF

問題 11.13 a. 20～318 MHz において 50 mΩ。それ以上の周波数では 20 dB/dec で増加する。
b. 200 個のコンデンサ
c. それぞれのコンデンサが 800 pF
d. はい。大きな容量のコンデンサを使用しても，コンデンサのパッケージのインダクタンスの増加はない。

問題 11.14 0.01 μF

問題 11.15 4.5 nF

12 章

問題 12.1 a. 微小ループアンテナ
b. ダイポールアンテナまたはモノポールアンテナ

問題 12.2 差動モード：$1/\pi t_r$ の周波数まで 40 dB/dec で上昇し，それ以上の周波数では平坦になる。

コモンモード：$1/\pi t_r$ の周波数まで 20 dB/dec で上昇し，それ以上の周波数では 20 dB/dec で下降する。

問題 12.3 64 mA

問題 12.4 1. ループによる打ち消し   2. 周波数変動クロック（Dithered clock）
3. シールド

問題 12.5　小さいダイポール

問題 12.6　a. 13 dBµV/m
　　　　　b. 10 MHz で 13 dBµV/m，100 MHz で 33 dBµV/m になるまで上昇，そこから 350 MHz まで平坦。
　　　　　c. 88 MHz の周波数で 8 dB のマージンがある。

問題 12.7　a. 369 MHz　　b. 20 dB/dec

問題 12.8　両方は同じになる。

問題 12.9　差動モード。放射の式に f^2 の項があるため。

問題 12.10　$800\,\mu\text{V/m}$

問題 12.11　10.2 cm（4 in）

問題 12.12　$6.4\,\mu\text{A}$

13章

問題 13.1　a. 図 13-8 から，$V_{CM} = 25 I_{CM} = \dfrac{25 V(f)}{R_{LISN} + \dfrac{1}{j2\pi f C_P}}$　　$R_{LISN} \ll \dfrac{1}{j2\pi f C_P}$

　　　　　より，$|V_{CM}| = 50\pi f C_P V(f)$
　　　　　b. $R_{LISN} \ll 1/(2\pi f C_P)$
　　　　　c. （高く見積り）$C_P = 500$ pF，$f = 500$ kHz とすると，問題 13-1b の不等式は $25 \ll 637$ となる。

問題 13.2　6.92 nF

問題 13.3　図 13-38 の電流パルスは，1. 振幅が小さい。
　　　　　2. 幅が広い（1 周期の中でより広がっている）。　3. 高調波成分が少ない。

問題 13.4

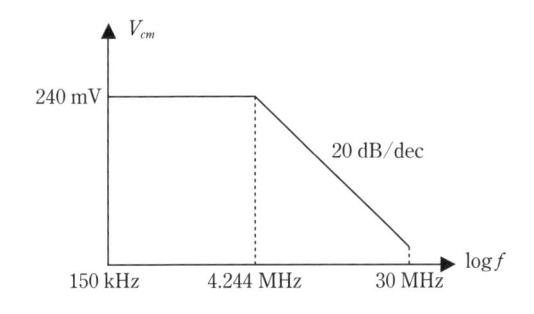

問題 13.5

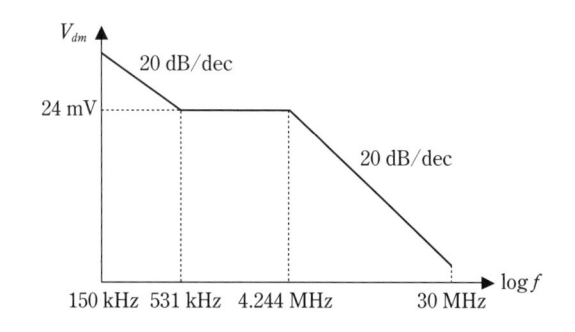

```
Vdm
     |\  20 dB/dec
24 mV|  _____
     |           \  20 dB/dec
     |            \
     |             \
     |_____ log f
   150 kHz 531 kHz 4.244 MHz 30 MHz
```

問題 13.6 式(13-7)から差動モードである。

問題 13.7 1. なんらかの差動モードのインダクタンスを与えるので，差動モードのフィルタ効果を高める。
2. 漏えいインダクタンスが大きすぎると，電源線電流によりコモンモードチョークが飽和してしまう。

問題 13.8 コモンモードチョークにある寄生容量およびYコンデンサ（グラウンドに接続したコンデンサ）に直列のインダクタンス

問題 13.9 231 pF

問題 13.10 リップル低減用入力フィルタコンデンサのESLとESR

問題 13.11 図13-9から観測されるように，スイッチング周波数である。

14章

問題 14.1 0.88 V/m

問題 14.2 5.48 V/m

問題 14.3 6.2 V/m

問題 14.4 $E = \sqrt{120 \cdot \pi \cdot P}$

問題 14.5 194 V/m

問題 14.6 低周波回路にある非線形素子による，高周波エネルギーの非意図的検出（検波）。

問題 14.7 a. $2\,\mu H$ b. $0.02\,\mu F$

問題 14.8 a. 減衰量を増加させる。
　　　　　　b. 減衰量を低減させる。

問題 14.9 式(6-33)から 2.3 cm（0.9 in）。

問題 14.10 72 V

問題 14.11 a. 20.1 Ω　　b. 1.1 Ω

問題 14.12 a. 12.12 A　　b. 20 A　　c. 1 000 A

問題 14.13 a. 39.5 A　　b. 6.9 A　　c. 163.1 A

問題 14.14 5 000 μF

問題 14.15 1.5 サイクル

問題 14.16 a. 図 14-21 の CBEMA 曲線から満足する。
　　　　　　　b. 図 14-21 から満足しない。
　　　　　　　c. 図 14-21 から満足する。
　　　　　　　d. 損傷を受けない。

問題 14.17 図 14-21 の右上の部分に入る，条件のあらゆる組み合わせ。

15 章

問題 15.1 いいえ，充電された導体だけが放電する。

問題 15.2 a. はい　　b. いいえ

問題 15.3 ポリエステル：負極　　アルミニウム：正極

問題 15.4 a. いいえ　　b. はい

問題 15.5 a. はい
　　　　　　b. いいえ，なぜなら電荷は導体上を移動可能なので，逆極性の電荷は再結合する。

問題 15.6 a. 0.7 pF　　b. 84.6 pF

問題 15.7 10 pF

問題 15.8 22.5 pF

問題 15.9 測定電極間の距離を2倍にすれば，それらの間の抵抗も2倍となる。正方形の範囲で測定を行うため，電極間の距離は2倍になるが，多くの平行な経路も2倍に増えるので，抵抗は半分になる。以上二つの効果を合わせると，測定を行う正方形の大きさにかかわらず抵抗は同じ値になる。

問題 15.10 a. 4 V　　b. 0.2 V

問題 15.11 シャーシ，金属筐体またはESDグラウンドプレーン

問題 15.12 ソフトグラウンドは，ESD電流の大きさやそれに伴う磁界を減らし，過渡的なエラーやソフトエラーの可能性を低減する。

問題 15.13 10 V

問題 15.14 40 A

問題 15.15 a. プログラムの流れ
b. I/Oデータの有効性
c. メモリーデータの有効性

問題 15.16 約94 %

16章

問題 16.1 1. 基本周波数に正比例
2. 信号電流の振幅に正比例
3. 立上り時間に反比例

問題 16.2 基板のI/O領域の中

問題 16.3 筐体に対して360°の結合を持たせる。

問題 16.4 1. 問題となる信号（クロックなど）のループ面積を非常に小さくする。
2. 電源とグラウンドに格子（グリッド）を使う。

問題 16.5 1. プレーン中の穴（スロット）や裂け目（スリット）
2. 信号配線の層間移動
3. コネクタ周辺におけるグラウンドプレーンの切断（空隙）

問題 16.6　a.　1. リターン電流が大きなループを流れるようにしてしまう。
　　　　　　　2. プレーンのインピーダンスを上昇させてしまう。
　　　　　　　3. 放射ノイズを増加させてしまう。
　　　　　b.　高周波信号の配線は，隣接する層の穴（スロット）をまたいではいけない。

問題 16.7　1. すべての信号層を基準プレーンに隣接させる。
　　　　　2. 信号層が隣接する基準プレーンと強く結合（近接）させる。

問題 16.8　指針の 1，2，4，5 番目

問題 16.9　信号配線が 4 層目から 5 層目に移るところで，グラウンド間のビアを隣接させることができない。

問題 16.10　指針の 3 番目（電源プレーンとグラウンドプレーンを近づけること）

問題 16.11　すべてを満足

問題 16.12　a.　いいえ。信号層がプレーンに隣接する（指針 1 番目）限り，2 番目の層は常にプレーンであるはず。したがって，内部信号層は電源の島と隣り合うことがない。しかし，電源の島は信号層のいくつかの配線チャネルを邪魔してしまう。
　　　　　b.　a.の答えと同じ

17章

問題 17.1　1. 単一のグラウンドプレーン
　　　　　2. 適切な区画区分
　　　　　3. 配線の規律正しさ

問題 17.2　a.　±1.27 cm（±0.50 in）
　　　　　b.　±0.076 cm（±0.030 in）

問題 17.3　1. 継ぎ目をまたぐ配線。
　　　　　2. プレーンの重なりを避ける。

問題 17.4　多くの場合，システムに信号基準プレーンを一つだけ用意するのがよい方法である。

問題 17.5　1. デジタル信号トレースをストリップ線路または非対称なストリップ線路として配線する。
　　　　　2. 図 17-14 に示された方法と同様に，PCB 上で分離されたアナロググラウンド領域とデジタルグラウンド領域を使う。

付録F　問題の解答

問題 17.6　ピンが内部で接続されている場所。ピンが内部のアナロググラウンドへつながっているのであれば $AGND$，内部のデジタルグラウンドへつながっているのであれば $DGND$。それらは，ピンが外部のどこに接続されるべきかということを表しているのではない。

問題 17.7　アナログ素子

問題 17.8　SNR ＝ 78.9 dB　　最大分解能 ＝ 12 bit

問題 17.9　10 fs（0.010 ps）

問題 17.10　50 ps

問題 17.11　アナロググラウンド

問題 17.12　大規模なデジタル回路を含む大きな DSP やコーデック

問題 17.13　$DGND$ ピンへ直接接続する。

18章

問題 18.1　壁の反射面のため

問題 18.2　54 dBμV または 500 μV

問題 18.3　−79 dBm

問題 18.4　58 dBμV

問題 18.5　a. ゼロになるかどうかを確かめる実験
　　　　　b. 試験装置の有効性を確かめる。

問題 18.6　測定で使うようにプローブを配置し，二つのプローブを短絡させる。電圧がゼロとなる。

問題 18.7　装置の電源を切り信号が消えたことを確かめる。

問題 18.8　a. 定量的　　b. 定性的　　c. 定量的　　d. 定量的

問題 18.9　1. PCB の周辺で磁界を測定する。

2. 筐体の隙間からの漏えいを測定する。

問題 18.10　a. PCB の近くの磁界
b. コモンモードケーブル電流
c. 高調波

問題 18.11　1. クロック波形
2. V_{cc} -グラウンド間の電圧
3. グラウンド電位差
4. ケーブル–筐体間のコモンモード電圧

問題 18.12　1. 高価である。
2. 損傷を受けやすい。
3. 周波数帯域に制限がある。
4. 電源を供給する必要がある。

問題 18.13　a. 1. 60 Hz を除去するためのローパスフィルタ。
2. 電源配線上にある過渡的な変化を低減するための 10 dB アッテネータ。
3. 電源配線の非常に大きな過渡変化をクリップするためのダイオードリミッタ。
b. スペクトラム・アナライザの入力を過負荷や損傷から守るため。

問題 18.14　1. ピーク（尖頭値）　　2. 平均　　3. 準尖頭値

問題 18.15　20 dB

問題 18.16　$\leqq 68$ mA

問題 18.17　1. 電動ドリルか Dremel® 電動工具を使い，広帯域の電磁界を発生させる。
2. Family Radio Service や市民バンド無線などの，免許なしで公的に使える小さな携帯送信機を使う。

問題 18.18　1. 試験サイトの品質　　2. 測定装置の精度　　3. 試験手順
4. 試験の配置　　　　　5. 試験担当者

索引

■ ギリシャ

π 型フィルタ　*137*

■ 数字

$1/f$ 雑音　*258*
1 m 放射ノイズ測定　*547*
1 層基板　*485*
2 次アーク放電　*453*
2 層基板　*485*
4 層基板　*488*
6 層基板　*491*
8 層基板　*493*
10 層基板　*496*
12 層基板　*498*
14 層基板　*500*
180° 合成器　*537*
360° 接触　*66*

■ A

ACTA　*5*
A/D コンバータ　*510*
AGND　*509*
AM ラジオ　*374*

■ B

BNC　*65*
Burried Capacitance　*340*

■ C

CBEMA　*435*
　──曲線　*435*
CE マーク　*19*
CENELEC　*20*
CISPR　*9*
CMRR　*125*
CRC　*469*

■ D

dB　*562*
DC-DC コンバータ　*386*
DGND　*509*
DSP　*513*

■ E

E コア　*399*
EFT　*18, 422*
EFT/バースト試験　*423*
EMC　*1*
　──規格　*4*
　──規制　*4*
　──規則　*528*
　──事前適合測定　*535*
　──処置用台車　*545*
　──指令　*16*
　──測定法　*528*
EMI　*1*
　──ガスケット　*216*
EN　*20*
ERP　*414*
ESD　*14*
　──グラウンドプレート　*463*
　──グラウンドプレーン　*459*
ESD 保護　*450*
ESL　*151*
ESR　*151*
EU　*9*
EUT　*9*

■ F

FAT　*24*
FCC　*4*
　──規則規定の Part 15　*4*
　──規則規定の Part 18　*4*
　──規則規定の Part 68　*5*
　──の規則　*4*
　──の規定　*4*
FDA　*13*
FET　*264*

■ H

HBM　*446*

■ I

IC　*15*
IEC　*20*
IL　*118*
I/O グラウンドプレーン　*368, 459*
I/O ケーブル　*420, 568*
　──のフィルタリング　*368*
IPC　*524*
ISM 機器　*4*
ISO　*14*
ITI　*435*

■ L

L 型フィルタ　*137*
LC フィルタ　*143*

索引

LISN *10*, *375*
LSB *514*

■ M

MIL-STD *22*
MLCC *155*
MOV *430*

■ N

N 型 *65*
NEBS *14*
NEC *83*
NF *265*
NIST *5*
NSA *558*

■ O

OATS *8*, *528*

■ P

PCB 上に組み込まれるフィルタ *394*
PCB の層構成 *485*
PFC *407*
Pin 1 Problem *70*
PWM *377*

■ Q

Q ファクター *137*

■ R

RC フィルタ *143*
RC 保護回路 *245*
RFI フィルタ *416*
RTCA *23*

■ S

SAE *14*
Schelkunoff *188*
SMPS *377*
　　――全体のノイズの等価回路 *385*
SNR *519*
STP *59*

■ T

T 型フィルタ *137*
tan(δ) *172*
TCB *5*
TE *169*
TEM *168*
THD *17*, *406*
TIA *5*
TM *169*
TVS *426*
　　――ダイオード *426*, *457*

■ U

UHF *65*
UTP *59*

■ V

V_{cc}-グラウンドノイズ *535*
VVR *429*

■ X

X コンデンサ *389*

■ Y

Y コンデンサ *389*

■ Z

Z 軸結合 *521*
ZSRP *88*

■ あ行

アクティブアンテナ *549*
アーク放電 *232*, *448*
アースグラウンド *83*
圧力 *212*
アドレスバス *359*
アナロググラウンド *509*
アナログ部品 *512*
網かけ *220*
アルミ電解コンデンサ *153*
アルミニウム *211*
アルミ箔シールド *128*
アンダーシュート *535*
アンテナのインピーダンス *578*
アンテナ理論 *572*

イーサネットケーブル *60*
位相シフト *148*, *171*
位相定数 *171*
一過性の乱れ *451*
一点グラウンド *95*
一点接続 *452*
意図的放射 *26*
イミュニティ *2*, *412*
イメージプレーン *486*
医療機器 *13*
インダクタ *158*
インダクタンス *41*, *162*, *584*
　　――の測定 *594*
　　――の表記 *599*

ウォッチドッグタイマ *466*
薄いシールド *570*
渦電流損 *174*
打ち消しループ *486*
埋め込み容量 *340*

エミッション *2*
エミッタフォロワ *146*
エラー処理ルーチン *467*
演算増幅器 *264*
遠方界 *185*, *353*

欧州規格 *20*
欧州電気標準化委員会 *20*
欧州連合 *9*
欧州連合（EU）官報 *24*
屋外試験サイト *528*
屋外試験場 *8*
オシロスコープ *261*
オーディオ技術学会 *70*

オーディオ整流　414
オーバシュート　535
オーバラップ電流　291
オペアンプ　264

■ か行

開口　567
　——部　205,534
外部アッテネータ　539
外部イメージプレーン　419
外部基準電圧　520
外部ループインダクタンス　162
回路解析　29
回路グラウンド　419
　——シャーシ接続　477
回路設計者　4
火炎/アークスプレー　224
可逆性　572
ガス放電　232
　——管　430
片端グラウンド接続　70
活線　374
過渡グラウンド電流　292
過渡的イミュニティ　18
過渡電流　313,323
過渡負荷電流　324
カナダ官報　24
カナダ産業省　15
可変周波数ドライブ　401
可変速モータドライブ　401
紙コンデンサ　153
雷サージ　422
ガルバニック・アイソレーション　134
ガルバニック結合　217
ガルバニック作用　26
貫通形コンデンサ　156
貫通電流　291,325
官報　24
緩和時間　448

危機アプローチ　2
技術構成ファイル　19
基準値　564
基準プレーン　512
　——電流　298
　——電流密度　302
　——の変更　481
基準平面　573
寄生インダクタンス　139
寄生インピーダンス　352
寄生成分　3
寄生容量　139,572
気中放電　423
キーボード　461
逆スタンドオフ電圧　426
吸収損失　189
　——曲線　191
吸収体　528
競合電流　291
共振周波数　144
鏡像理論　581
筐体の不連続部　453

共通インピーダンス結合　25,53,99
共通バッテリー分散システム　110
切り替え可能なモード除去回路　542
金　210
禁止領域　475
金属筐体　452,568
金属酸化バリスタ　430
金属蒸気放電　232
金属箔の裏張り　225
近傍界　185

空気の絶縁破壊電圧　454
空芯コア　158
空洞共振器　227
矩形ループのインダクタンス　587
区分　474
グラウンド　82
　——格子　294,486
　——システム　82
　——ストラップ　105
　——線　374
　——の充填　484
　——の電位定義　92
　——の電流定義　92
　——バウンス　289
　——バスノイズ　289
　——ピン　509
　——ループ　111
グラウンドノイズ　290
　——ノイズ電圧分離　514
グラウンドプレーン　294,528
　——インダクタンス　307
　——抵抗　307
　——電圧　311
　——電流の減少量　507
　——電流の割合　507
　——の分割　505
クラスA　6
クラスB　6
クランプオン電流プローブ　530
クランプ電圧　426
クロストーク　289
クロック　567
　——トレース　358
　——のジッタ　518
　——の配線　567
　——波形　535
グロー放電　232
クロメート化成皮膜　211
群構成システム　102,103
軍用規格　22

計装用増幅器　132
結合経路　24
ケーブルシールド　531
　——の終端　366
限界周波数　148
検証　7
減衰　171
　——器　215
　——時間　448
　——定数　171

索引

──フィルタ 144

コア 158
高圧配線 85
工業プロセス制御 524
航空無線技術委員会 23
高周波のフィルタリング 396
合成放電特性 239
光速度 168
高速の入出力インタフェース 428
広帯域アンテナ 8
広帯域電磁波放射源 551
高調波 17, 325
──試験 555
──分析器 555
高調波成分 288
──の放射 374
高調波電流 555
──成分の許容値 406
高電圧トランジェント 412
交流線リアクタ 409
小型携帯電力計 555
小型プローブ 529
国際電気標準会議 20
国際標準化機構 14
国際無線障害特別委員会 9
故障判定基準 412
故障モード 155
固体タンタル電解コンデンサ 153
固体抵抗器 161
固定抵抗器 160
古典的な ESD 問題 455
コネクタ 484
コモンモード 352
──除去回路 541
──信号 123
──チョーク 51, 112, 137, 177, 389
──電圧 131, 365
──伝導妨害波 381
──電流 529
──入力インピーダンス 131
──入力電流 131
──(ノイズ)除去比 125
──ノイズ電圧 535
──ノイズと差動モードノイズの分離 539
──フィルタ 135, 531
──放射 352, 362, 378
──放射スペクトル 363
固有雑音源 251
孤立システム 102
混合型シールドグラウンド接続 72
コンデンサ 151, 244
コントロールパネル 461
コンバータ 520
──のビット数 514
コンピテントボディ 19
コンピュータ事務機械工業会 435

■ さ行

最小ノイズ指数 271
最少有効ビット 514
最大ループ面積 355

最長寸法 421
最低雑音レベル 251
最適なソース抵抗 272
サイトアッテネーション 8
作業台 EMC 測定 528
鎖交磁束 41
サージ 18, 232
──要件 424
サセプタビリティ 2
雑音の帯域幅 255
雑音メータ 260
差動増幅器 130
差動入力電圧 131
差動ノイズ電圧 536
差動プローブ 536, 596
差動モード 352
──放射 352, 381, 532
サニティタイマ 466
三角波 325
三相の高電圧システム 83
サンプリングクロック 518

磁界結合 35
磁界の放射 399
磁界プローブ 57
磁化曲線 202
時間帯 24
時間窓 470
時間領域 288
磁気抵抗絶縁器 506
試験マージン 557
自己インダクタンス 41, 585
システムアプローチ 2
システムクロック 476
システムの帯域幅 148
磁性材料によるシールド効果 201
磁性体コア 158
事前適合イミュニティ試験 550
事前適合の静電気放電試験 553
事前適合放射イミュニティ試験 551
磁束 41, 584
──密度 585
実効長 575
実効放射電力 414
自動車工業会 14
シャーシグラウンド 83, 101
シャーシワイヤ 401
遮断周波数 215
シャント素子 425
シャント容量 118
周期性 358
自由空間 187, 353
集中定数 166
──部品の表現 29
充填プラスチック 225
周波数 24
──ディザリング 398
──領域 288
重要な信号 475
受信器 24
受電口 83
受動型力率補正回路 406

受動部品　151
巡回冗長検査　469
準尖頭値検波　538
　　　──器　543
情報技術産業協会　435
正味の部分インダクタンス　293, 591
常用対数　562
食品医薬品局　13
ショット効果　257
ショット雑音　257
ショットノイズ　161
ショットキーダイオード　512
ショートダイポールアンテナ　575
ジョンソン雑音　251
シールド　35, 184, 421
　　　──インピーダンス　187
　　　──ケーブル　35, 420, 568
　　　──効果　58, 188, 570
　　　──されたループアンテナ　57
　　　──遮断周波数　47
　　　──終端の要件　65
　　　──ツイストペア線　59
　　　──付きのリボンケーブル　74
　　　──伝達インピーダンス　58
　　　──電流誘導ノイズ　54
真空蒸着　224
シングルエンド回路　123
信号速度　475
信号対雑音比　267
信号対ノイズ比　519
信号のグラウンド　82
信号リターン　82
　　　──経路　313
新装置建設基準　14
人体抵抗　446
人体の容量　446
人体放電　446
人体モデル　446
振幅　24

垂直分離　521
スイッチング　323
　　　──電源　377
水平結合板　465
水平分離　521
スズ　210
スチールシールド　421
ステンレス鋼　211
ストークスの定理　589
ストリップ線路　167
ストリップライン　300, 515
スナバ回路　387
スプレー塗装　224
スペクトラム・アナライザ　543
スペクトル拡散クロック　360
スポットノイズ　265
スロットアンテナ　206

正規化サイトアッテネーション　558
静電気　441
　　　──消散物質　449
　　　──電圧　442

静電気放電　14, 422, 441
　　　──マージン　558
静電シールド　159
静電防止物質　449
整流ダイオード　387
積分ノイズ　265
絶縁グラウンド　89
絶縁された筐体　458
絶縁トランス　91
絶縁破壊　232
設計図面　3
接触雑音　251, 258
接触ノイズ　161
接触放電　423
絶対レベル　564
接地の俗説　91
接点　232
　　　──材料　235
　　　──の定格　235
　　　──保護回路　241
セラミックコンデンサ　154
ゼロ信号基準プレーン　88
全高調波ひずみ　406
線路インピーダンス安定化回路　537

相互インダクタンス　41, 43, 293, 585
層構成　474
総高調波ひずみ　17
総デカップリング容量　346
総等価入力ノイズ電圧　270
挿入損失　118
ソフトウェアトークン　467
ソフトウェアにトラップ　467
ソフトウェアフィルタリング技法　467
ソフトエラー　451
ソフトリカバリダイオード　387
ソレノイド駆動　524

■ た行

ダイオード　243
　　　──クランプ　459
　　　──の逆回復　387
　　　──リミッタ　539
台車　537
対数　562
体積抵抗率　141, 164
大地グラウンド　88
ダイナミック内部電流　325
ダイポールアンテナ　572
　　　──アレー　582
　　　──のインピーダンス　580
　　　──の共振　579
　　　──の等価回路　578
大容量のデカップリングコンデンサ　348
タウンゼント放電　232
多重反射　189, 571
多層基板　486
多層構造の磁気シールド　203
多層セラミックコンデンサ　155
立上り時間　167, 289, 356
多点グラウンド　40, 95
多点接続　452

単位長当りのループインダクタンス　*593*
単一周波数法　*266*
ダンピング　*290*
　　——係数　*144*
端末付属装置の管理委員会　*5*
断面の面積　*164*
短絡巻き線　*399*

チェックサム　*469*
チャタリングリレー　*552*
チャッタ　*237*
中間バッファレジスタ　*520*
中性線　*85, 374*
直線状アンテナ　*185*
直流絶縁　*134*
直列素子　*425*
直列ダンピング抵抗　*476*

ツイストペア線　*42, 59*
通信認証機関　*5*
ツェナーダイオード　*243*
継ぎ目　*209, 534, 568*

定格電圧　*153*
抵抗　*162*
　　——雑音　*251*
　　——損失　*171*
ディザードクロック　*360*
ディザリング　*486*
低周波雑音　*258*
低レベルのアナログ回路　*505*
デカップリング　*322, 567*
デカップリングコンデンサ　*323, 327*
　　——の配置　*346*
適合試験　*7, 528*
適合宣言　*5*
適切なパワーラインフィルタ配置　*393*
デジタルIC　*323*
デジタルグラウンド　*509*
デジタルシステム　*288*
デジタル信号プロセッサ　*513*
デジタル装置　*6*
デシベル　*188, 562*
データバス　*359*
デバイスレベルの保護　*416*
電圧ディップ　*434*
電圧利得　*563*
電圧レギュレータ　*522*
電界結合　*35*
電界効果トランジスタ　*264*
電解コンデンサ　*152*
電解作用　*28*
電気的高速トランジェント　*18, 422*
　　——試験　*555*
電気的接触　*209*
電源回路　*374*
電源格子　*322*
電源コネクタ　*522*
電源消費容量　*325*
電源線イミュニティ分析曲線　*435*
電源線インピーダンス安定化回路網　*10, 375*
電源線妨害へのイミュニティ　*412*

電源入力フィルタ　*349*
電源バスノイズ　*289*
電源フィルタ　*568*
電源プレーン　*322*
　　——の分割　*479*
電源分配　*322*
電源リターン　*82*
電磁環境両立性　*1, 2*
電磁結合　*35*
電子の速度　*168*
電磁妨害　*1*
電食　*26*
伝送線路　*167*
　　——の反射　*289*
伝導RFイミュニティ試験　*553*
伝導イミュニティ試験　*413*
伝導エミッション　*9*
伝導性エネルギー　*2*
伝導性結合ノイズ　*25*
伝導ノイズ　*537*
伝導妨害波　*374*
　　——試験　*375*
　　——の規制値　*374*
伝搬速度　*168, 169*
伝搬遅延時間　*167*
伝搬定数　*171*
電流源　*36*
電流制限抵抗　*236*
電流分布　*575*
電流密度　*299*
電力損失　*564*
電力の加算　*565*
電力の差　*566*
電力利得　*562*
電話回路網　*5*
電話システム　*123*

等価実効値雑音電流源　*251*
等価直列インダクタンス　*151*
等価直列抵抗　*151*
等価入力ノイズ温度　*276*
動作周波数　*151*
同軸ケーブル　*59, 167*
同時にスイッチング　*325*
同心球体間の容量　*444*
同相信号除去比　*596*
導線　*162*
同調ダイポール　*8*
導電性エラストマガスケット　*217*
導電性ガスケット　*212*
導電性仕上げ　*210*
導電性塗装　*222*
導電性皮膜　*221*
導電性フィラー　*223*
導電性プラスチック　*222*
導電性窓　*221*
導電率　*165*
導波管　*167, 215*
導波器　*582*
特性インピーダンス　*141, 169*
トップハット　*576*
　　——アンテナ　*362*

トーテムポール出力回路　291
トランジェントイミュニティ　412, 422
トランジェント電圧抑制　426
トランジェントに強いソフトウェア　465
トランジェント保護回路　424
トランジスタスイッチ　246
トランス　112, 159, 506
ドレイン線　456
トレースの経路指定　474
トロイダルコア　399

■ な行

内部インダクタンス　163
内部ケーブル　421
内部雑音源　251

二重シールドケーブル　60, 72
ニッケル　211
入力ノイズ電圧　267

縫い合わせ用コンデンサ　481

熱雑音　251
　　──電力の周波数分布　254
　　──の実効値　254
熱ノイズ　161

ノイズ　1
　　──源　24
　　──指数　264
　　──スパイク　535
　　──ダイオード法　266, 267
　　──電圧　535
　　──の多いアナログ回路　505
　　──ファクタ　264
　　──フイギュア　265
能動型力率補正回路　406
能動素子　264

■ は行

配電線の抵抗　141
ハイパスフィルタ　539
バイポーラトランジスタ　264
バウンス　237
白色雑音　254
白色ノイズ法　266
バースト　423
　　──雑音　259
バスドライバ　359
ハチの巣状の換気パネル　216
バックシェル　456
波動インピーダンス　185
ハードエラー　451
バネフィンガEMIガスケット　217
パラメトリック増幅器　251
バリスタ　243
パリティビット　469
パルス幅変調　377
パワーラインフィルタ　388, 430
反射器　582
反射損失　189, 571
半無響室　528

非意図的放射　26
ビオ-サバールの法則　43, 585
光カプラ　112
光絶縁器　506
非極性のコンデンサ　153
ピーク検波器　543
ピグテール　367, 568
　　──終端　66
ピークパルス電流　426
微小ループアンテナ　353
非シールドケーブル　35
非シールドツイストペア線　59
ヒステリシス損失　175
非線形絶縁破壊デバイス　425
被測定機器　9
非対称ストリップライン　301, 516
比透磁率　165, 187
比導電率　187
皮膜抵抗器　161
表皮効果　164
表皮深さ　35
表面粗さ　212
表面実装型コンデンサ　151
表面抵抗率　449
ピンク雑音　258

ファストリカバリダイオード　387
ファラデーシールド　159
　　──付き絶縁熱ワッシャー　379
　　──付きトランス　379
ファラデーの法則　41, 595
フィルタコンデンサのESR　384
フィルムコンデンサ　153
フェライト　174, 456
　　──コア　179
　　──チョーク　531
　　──ビーズ　178, 388
フェンス　226
複合シールド効果　199
複合（ハイブリッド）グラウンド　95
輻射器　582
複数のデカップリングコンデンサ　331
符号化　148
不確かさ　557
部品の配置　474
部分インダクタンス　585, 588
部分自己インダクタンス　588
部分相互インダクタンス　43, 590
部分的なシールド　226
不平衡プローブ　536
浮遊容量　36
フライバックコンバータ　377
フーリエ変換　288
フリッカ　17
　　──雑音　258
　　──要件　555
ブリッジ　369
　　──コンデンサ　397
フリンジング効果　591
プリント回路板設計者　4
フルスケール基準電圧　514
フレックス回路　421

プレーン間コンデンサ　483
プレーン間ビア　482
プレーン上のスロット　478
プレーンのインダクタンス　304
分割　567
　　──グラウンドプレーン　511
　　──電源プレーン　522
分散システム　102, 108
分布定数モデル　167
分離供給システム　91
分離したプレーン　342
分離トランス　160

平均値検波器　543
平均値ノイズ　265
平衡回路　123
平衡差動プローブ　536
平衡線路　167
米国国防省　22
　　──標準技術研究所　5
米国電気規定　83
米国電子通信工業会　5
平面度　212
閉ループ　41
並列共振　333
ベクトル磁界ポテンシャル　589
ベル　562
変圧器結合　273
変成器結合入力　134
編組シールド　61, 128
編組線シールドケーブル　455
編組被覆率　62
変調方式　148

保安グラウンド線　85
保安用のグラウンド　82
妨害　1
放射エミッション　8
放射界　185
放射許容値　8
放射性エネルギー　2
放射ノイズマージン　557
放射抑制　352
放電　232
包絡線　357
飽和現象　203
補完アンテナ　207
補助的なグラウンド線　87
ホットスポット　534
ポップコーン雑音　251, 259
ポリスチレンフィルムコンデンサ　154
ポリマ電圧可変抵抗器　429
ホーンアンテナ　8

■ ま行

マイカコンデンサ　154
マイクロストリップ線路　167, 298
マイクロストリップトレース　515
マイクロストリップライン　507
巻き線抵抗器　161
マクスウェルの方程式　28
マグネシウム合金　212

摩擦帯電　441
摩擦電気　441
　　──系列　441
　　──効果　28
マックスホールド機能　543
間に合わせ（応急）法　2

ミックスドシグナル　505
　　──ICの周辺回路　520
　　──集積回路(IC)　509, 512
ミューメタル　159, 201

無線周波イミュニティ　412
　　──基準　413
無線周波装置　4
無損失伝送線路　169
六つの設計目標　487
無電解めっき　224

目標インピーダンス　332, 336
モータ駆動　524
モノポールアンテナ　573

■ や行

八木アンテナ　582

有効回路電圧　239
有効雑音電力　254
有効な容量の領域　339
誘電正接　173
誘電体損失　171
誘導界　185
誘導結合　464
誘導性キック電圧　552
誘導性結合　35, 42
誘導性の入力フィルタ　407

容量結合　465
容量性結合　35
容量性負荷　576
容量装荷アンテナ　362
余剰雑音　258

■ ら行

ラインドライバ　359
らせんシールド　63
ランダム雑音　251
　　──源　260

リアクティブフィルタ　144
力率補正回路　406
リーク　448
理想のシールド　220
リターン経路　477
リップル電圧　153
リボンケーブル　73, 421, 461
両端グラウンド接続　71
リレー駆動　524
臨界高さ　309
リンギング　535

ループアンテナ　186

ループインダクタンス　293, 585
ループ電流　355
ループの打ち消し　359
ループプローブ　532
ループ面積　297

レイアウト設計　474
連邦記録　24
連邦通信委員会　4

漏えいインダクタンス　390

漏えい電流規制　388
ログペリオディック　582
論理回路のグラウンド　568
論理機能ブロック　474
論理電流経路　314

■ **わ行**

ワイヤメッシュスクリーン　221
割り込みベクトル　467

【著者紹介】

Henry W. OTT（ヘンリー W オットー）

　Henry Ott Consultants の社長兼主任コンサルタント。
　彼は子供のころは常に物を作り，それをバラバラにしていました。だから技術者になろうと考えていました。唯一の疑問は機械屋か電気屋かです。機械屋を目指して勉強していたとき，母が「将来は電気の世界だよ」と説得しました（彼女は正しかった）。1957年電気工学士を New Jersey 工科大学で取得。3年間空軍に入り，Florida の Eglin 空軍基地で研究開発士官として勤務。1960年空軍を除隊，New Jersey の Bell 研究所に就職。1963年 New York 総合大学で電気工学修士を取得。Bell 研究所において 1976 年『Noise Reduction Techniques in Electornic Systems』の初版，1988 年 2 版を出版した。この本は 6 カ国語に翻訳された。1988 年，Bell 研究所を離れ，独自の EMC コンサルテング事業を開始し，EMC のコンサルテングと訓練を開始した。
　1980 年代 Silicon Valley の多くの創業パソコン会社に対し EMC コンサルテングを実施した。2009 年最新の本『Electromagnetic Compatibility Engineering』を出版。この本はアメリカ出版社協会の 2009 年技術工学分野で "PROSE Award" を受領した。この賞は本に関する "Academy Award" に匹敵すると考えられている。

【監訳者紹介】

出口博一（でぐち・ひろかず）

1958 年	北海道大学電気工学科卒業
	富士通信機製造株式会社（現　富士通株式会社）入社。同社にてクロスバー交換機の方式設計・回路設計，電子 PBX，局用デジタル交換機の設計などに従事の後，交換機・電源の安全設計，EMC 適合設計に関する研究に従事。
1990 年	富士通インターナショナルエンジニアリング株式会社
1996 年	チュフプロダクトサービスジャパン株式会社
現　在	EMC を主にコンサルテイング業務を行う。エレクトロニクス実装学会シニア会員，NPO サーキとネットワーク会員，EMCT 研究会客員講師
著　書	Henry W. Ott『増補改訂版実践ノイズ逓減技法』監訳，ジャテック出版，1990
	Mark I. Montrose『プリント回路の EMC 設計　第 1 版』共訳，オーム社，1997
	Mark I. Montrose『プリント回路の EMC 設計　第 2 版』共訳，オーム社，2006

田上雅照（たがみ・まさてる）

1969 年	九州大学工学部通信工学科卒業
	富士通株式会社入社。電子交換機用各種記憶装置の開発を経て，製品安全設計，EMC 適合設計に関する研究開発に従事。CISPR 委員会 SC/I エキスパート。
2006 年	財団法人テレコムエンジニアリングセンター
2010 年	一般財団法人　VCCI 協会
現　在	VCCI 協会　技術参事
著　書	Henry W. Ott『増補改訂版　実践ノイズ逓減技法』共訳，ジャテック出版，1990
	Mark I. Montrose『プリント回路の EMC 設計　第 1 版』共訳，オーム社，1997
	Mark I. Montrose『プリント回路の EMC 設計　第 2 版』共訳，オーム社，2006

高橋丈博（たかはし・たけひろ）

1987 年	東京農工大学大学院電子情報工学専攻修士課程修了
	キヤノン(株)入社
1988 年	拓殖大学工学部助手
	工学部助教授を経て工学部教授，現在に至る
	主に，電子機器の電磁ノイズ発生メカニズムの解明やノイズ低減設計技術に関する研究に従事
1994 年	博士（工学）
2011 年	米国クレムソン大学客員研究員（2012 年まで）
	電子情報通信学会，電気学会，エレクトロニクス実装学会，IEEE 各会員
著　書	B. Archambealut ほか『EMI/EMC のための数値計算モデリング技術』監訳，三松，2006
	櫻井秋久ほか『EMC 概論演習』共著，科学技術出版，2012

詳解　EMC 工学　　　実践ノイズ低減技法

2013 年 6 月 20 日　第 1 版 1 刷発行	ISBN 978-4-501-32970-9 C3055
2023 年 5 月 20 日　第 1 版 3 刷発行	

著　者　ヘンリー W オットー
監訳者　出口博一，田上雅照，高橋丈博
　　　　　©Deguchi Hirokazu, Tagami Masateru, Takahashi Takehiro et al. 2013

発行所　学校法人 東京電機大学　　〒120-8551　東京都足立区千住旭町 5 番
　　　　東京電機大学出版局　　　　Tel. 03-5284-5386(営業)　03-5284-5385(編集)
　　　　　　　　　　　　　　　　　Fax. 03-5284-5387　振替口座 00160-5-71715
　　　　　　　　　　　　　　　　　https://www.tdupress.jp/

JCOPY　<(社)出版者著作権管理機構　委託出版物>
本書の全部または一部を無断で複写複製（コピーおよび電子化を含む）することは，著作権法
上での例外を除いて禁じられています。本書からの複製を希望される場合は，そのつど事前に，
(社)出版者著作権管理機構の許諾を得てください。
また，本書を代行業者等の第三者に依頼してスキャンやデジタル化をすることはたとえ個人や
家庭内での利用であっても，いっさい認められておりません。
［連絡先］Tel. 03-5244-5088，Fax. 03-5244-5089，E-mail : info@jcopy.or.jp

印刷：三美印刷㈱　　製本：三美印刷㈱　　装丁：鎌田正志
落丁・乱丁本はお取り替えいたします。　　　　　　　　　　　　　　　Printed in Japan

電子回路 関連図書

たのしくできる
やさしいディジタル回路の実験

白土義男 著　　A5判・184頁

自分の手で実験回路を組み，エレクトロニクス技術を体得することを目的としてまとめられている。デジタル・アナログ回路の対比から，回路図，部品，測定器についてわかりやすく解説した。

たのしくできる
やさしいアナログ回路の実験

白土義男 著　　A5判・196頁

簡単な実験や工作を行う中で，エレクトロニクス技術の基本を系統的に一つひとつ確認しながら身につけていくための，いわばガイドブックとして役に立つようまとめた学習書。

ポイントスタディ
新版 ディジタルICの基礎

白土義男 著　　AB判・208頁

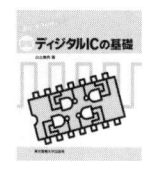

ディジタルICを学ぶ学生や技術者の入門書。2色刷で，左ページに解説，右ページに図を配置し，見開き2頁で1つのテーマが理解できるように工夫した。

ポイントスタディ
新版 アナログICの基礎

白土義男 著　　AB判・192頁

アナログICを学ぶ人のための入門書。アナログ回路には回路設計のノウハウがあり，著者独自の工夫がすべて実測データとともに詳しく解説されている。

はじめてのVHDL

坂巻佳壽美 著　　A5判・196頁

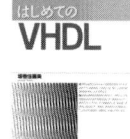

VHDLは電子システムの回路を記述するための言語である。具体的な回路作りを通して，VHDLによる回路記述の知識が身に付くよう構成。実例をもとに解説をしているので，効果的にVHDLが学べる。

よくわかる
メカトロニクス

見崎正行・小峯龍男 著　A5判・196頁

電子分野と機械分野の技術を融合したメカトロニクス。これらの概略と具体例を図面を多く取り入れて入門者向けにやさしく解説。

ディジタル電子回路の基礎

堀桂太郎 著　　A5判・176頁

ディジタル電子回路について網羅的に解説する。高専や大学のテキストに適する。姉妹書の「アナログ電子回路の基礎」により，電子回路の基礎事項を学習できる。

アナログ電子回路の基礎

堀桂太郎 著　　A5判・168頁

アナログ電子回路について網羅的に解説する。高専や大学のテキストに適する。姉妹書の「ディジタル電子回路の基礎」により，電子回路の基礎事項を学習できる。

＊定価，図書目録のお問い合わせ・ご要望は出版局までお願いいたします。
URL　https://www.tdupress.jp/